NATURALIS HISTORIA BIBLIAE

Schriften zur biblischen Naturkunde des 16.–18. Jahrhunderts

In Verbindung mit dem Deutschen Bibel-Archiv in Hamburg
herausgegeben von

HEIMO REINITZER

Band I

Hermann Heinrich Frey:
Therobiblia. Biblisch Thierbuch (Leipzig 1595)
Mit Vorwort und Registern herausgegeben von
Heimo Reinitzer

AKADEMISCHE DRUCK- u. VERLAGSANSTALT
GRAZ / AUSTRIA
1978

HERMANN HEINRICH FREY

THEROBIBLIA

BIBLISCH THIER- VOGEL- und FISCHBUCH

(Leipzig 1595)

Mit Vorwort und Registern
herausgegeben von
HEIMO REINITZER

AKADEMISCHE DRUCK- u. VERLAGSANSTALT
GRAZ / AUSTRIA
1978

Gefördert durch das Kulturreferat der Steiermärkischen Landesregierung,
die Joachim Jungius-Gesellschaft für Wissenschaften e.V.,
die Hamburgische Wissenschaftliche Stiftung,
das Kulturreferat der Stadt Graz

Um Vorwort und Register vermehrter fotomechanischer Nachdruck

Printed in Austria
ISBN 3-201-01042-1
96.78

VORWORT

Als 1929 der von bedeutenden Gelehrten und Organisationen der damaligen Zeit unterstützte Aufruf zur Gründung eines DEUTSCHEN BIBEL-ARCHIVS erging, knüpfte sich an das künftige Institut die Hoffnung auf interdisziplinäre Zusammenarbeit in der Erforschung des Buches der Bücher, seiner ‚nationalen Aneignung' und Einwirkung auf Literatur, Sprache, Kunst und Kultur im weitesten Sinn. Das unübersehbare Forschungsfeld grenzte der erste wissenschaftliche Leiter des Archivs, Hans Vollmer, auf die Bibelübersetzungen vor Luther ein und gab in 10 Bänden der Reihe ‚Bibel und deutsche Kultur' (Potsdam, 1931–1940) Zeugnis seiner Tätigkeit. Nach dem Tod Vollmers, durch zahlreiche innere und äußere Hindernisse bedingt, konnte die Zielsetzung des Archivs kaum noch verfolgt werden. Sie blieb bis heute unerfüllt, ohne an Gewicht und Aktualität zu verlieren.

Das Institut, das lange Zeit der Staats- und Universitätsbibliothek in Hamburg angegliedert war, ist heute als Archiv mit eigenständigen Forschungsaufgaben in das Germanische Seminar der Universität Hamburg integriert. Innerhalb dieses Rahmens und der dadurch gegebenen Möglichkeiten sollen, angepaßt an das aus Lehre und Forschung erwachsende Interesse, die einstmals formulierten Aufgaben schrittweise erfüllt und in Teilbereichen realisiert werden, so daß das DEUTSCHE BIBEL-ARCHIV zu einer Sammelstätte in der Erforschung der Bibelrezeption heranwächst, wo neben eigenständiger Arbeit interdisziplinäre und internationale Forschung archiviert, bereitgestellt und von da her wieder angeregt wird.

Die Reihe ‚Naturalis historia bibliae', deren erster Band vorliegt, will einen gewiß bescheidenen Beitrag zur Erforschung biblischer Traditionen in der Volkssprache leisten. Hier sollen vor allem deutschsprachige, ins deutsche Sprachgebiet wirkende oder hier gedruckte Texte des 16.–18. Jahrhunderts zugänglich gemacht, durch eine kurze Einführung beschrieben und durch Register zu Bibel- und Autoritätszitaten erschlossen werden, in denen Natur Gegenstand theologischen Interesses ist. Mit den Ausgaben soll ein Stück bisher wenig beachteter Geschichte der Naturwissenschaft präsentiert werden, in dem sich mittelalterliche Naturdeutung und -moralisation spiegelt, wo Bibelexegese durchaus im Angesicht der aufkommenden empirischen, nicht nur philologischen Naturkenntnis und einer doch stets christlichen Welterkenntnis betrieben wird. In einer Zeit, in der Geistes- wie Naturwissenschaften sich ihres eigenen Wertes und Wahrheitsanspruches weniger denn je gewiß sind, mag es gerechtfertigt erscheinen, Texte in Erinnerung zu rufen, in denen Naturkunde und Naturbetrachtung innerhalb einer wertverpflichteten Naturdeutung Funktion haben. Möge die beharrliche Tradition religiöser Naturansicht im hier vorgelegten und den folgenden Beispielen nicht nur Theologen und Literaturwissenschaftlern, Kunst- und Kulturhistorikern Gegenstand ihres Interesses, sondern auch Wissenschaftshistorikern und -theoretikern Objekt des Nachdenkens und der Nachdenklichkeit sein.

Die Reihe hätte nicht geplant, der erste Band nicht in Druck gehen können ohne die finanzielle Hilfe zahlreicher Institutionen. Zu besonderem Dank bin ich verpflichtet dem Kulturreferat der Steiermärkischen Landesregierung in Graz, der Joachim Jungius-Gesellschaft der Wissenschaften e. V. in Hamburg, der Hamburgischen Wissenschaftlichen Stiftung, dem Kulturamt der Stadt Graz, der Gemeinschaft der Freunde des Deutschen Bibel-Archivs e. V. in Hamburg.

Zu danken ist auch den zahlreichen Bibliotheken und Archiven, die über die in ihrem Besitz befindlichen Werke H. H. Freys bereitwillig Auskunft gaben, Kopien und Filme anfertigten oder die Exemplare durch Fernleihe zugänglich machten. Besonderen Dank schulde ich der Universitätsbibliothek Wien für die Bereitschaft, ihren Druck als Vorlage für die Reproduktion zur Verfügung zu stellen.

Ganz besonderen Dank sage ich schließlich der Akademischen Druck- und Verlagsanstalt in Graz, die die Reihe in ihr Verlagsprogramm aufzunehmen bereit war, und Herrn Dr. Biedermann für die sorgfältige und engagierte Betreuung des Bandes. H. R.

EINLEITUNG

In christlicher Sicht geschah die Schöpfung der Welt nur wegen der vernünftigen Wesen[1], der Mensch wurde nicht für die Natur, sondern die Natur für den Menschen geschaffen[2]. Ein derart sich legitimierendes Interesse an der Natur bestimmt diese nicht zum Gegenstand, sondern zum Mittel der Erkenntnis, „aus der Größe und Schönheit der Geschöpfe wird durch Vergleichung deren Schöpfer erschaut[3]." In diesem wert- und zweckorientierten Zugriff auf den Kosmos und seine einzelnen Erscheinungen wird alle Welt erklärt als ein Buch Gottes[4], als Schrift, aufgezeichnet vom Finger des Herrn[5]. Erde und Gestirn, Tiere, Gewächse und Steine sind durch ihre Eigenschaften Träger eines mehrdeutigen, geistigen Sinnes, in dem der Schöpfer sich offenbart und das Geheimnis seiner Schöpfung enthüllt; sie sind *exempla,* warnende oder Vorbild setzende Beispiele, Gegenstand moralisierender Reflexion; sie erhellen als *res* mit Zeichen- und Verweischarakter den Sinn der Heiligen Schrift und geben Hinweise für deren rechtes Verstehen, wie umgekehrt das Wort Gottes einer richtigen, d. h. christlichen Welterfassung dient[6].

Lang ist die Tradition naturdeutender Literatur, sie reicht über gut eineinhalb Jahrtausende vom ersten Physiologus bis zu den physikotheologischen Werken des 18. Jahrhunderts; sie ist abgefaßt meist in lateinischer, oft genug aber in einer der Volkssprachen und wird geformt durch exegetische Texte und Predigten, erbauliche Schriften und Moralisationen, durch Enzyklopädien oder Monographien, durch Sachbücher oder Dichtung.

Tradition ist Bewahrung und zwingt zur Stellungnahme, wo sie lebendig bleiben und nicht zur Formel ersterben will. Die Interpretation vorgefundenen Wissens, die funktionsbedingte Umdeutung von Überlieferung bedingt Variationen eines Themas, dessen bunte Vielfalt ohne Reduktionen unbeschreibbar ist, das sich aber exemplarisch zitieren und charakterisieren läßt.

Hermann Heinrich Freys Biblische Tierbücher[7], die in vorliegendem Band einer breiteren, interessierten Öffentlichkeit zugänglich gemacht werden[8], sind ein bedeutendes Beispiel christlicher Naturdeutung, von Traditionen getragen, zeitgebunden und neue Traditionen eröffnend.

Der Verfasser wurde 1549 in Dürrmenz bei Maulbronn als Sohn des Eusebius Frey geboren, eines der ersten evangelischen Geistlichen in Württemberg[9]. Er absolvierte sein theologisches Studium in Tübingen, wo sein Interesse zunächst der Arzneikunde gegolten hatte, erwarb 1569 den Magistergrad und wurde hierauf Prediger in Alstersbach, Maulbronn und Obereßlingen. Mit Fürsprache des Stuttgarter Hofpredigers Lucas Osiander (1534–1604) wurde Frey am 6. September 1577 als Nachfolger von Matthias Tinctorius[10] nach Schweinfurt berufen und entfaltete dort eine umfangreiche seelsorgerliche, gelehrt-publizistische und religionspolitische Tätigkeit. Von seinen Werken sind – außer dem Tierbuch – zu nennen:

Schmeichelteuffel: Das ist/ Ein kurtze Einfaͤltige Erklerung./ Was die Placentz Prediger/ So den obschwebenden/ mit aller macht regierenden Lastern/ nicht mit gebuͤrendem Ernst/ und Priesterlichem Eiver begegnen/ wehren und stewren/ fuͤr schreckliche Suͤnd/ wider Gott/ den Nechsten/ und sich selbs begehen. Auch Woher solcher Heuchelgeist seinen ursprung neme. Auß Gottes Wort/ und etlicher Hochgelehrten/ Alten und Neuwen Kirchenlehrer Schrifften zusammen gezogen und beschrieben. Schweinfurt: Valentin Kröner, 1581[11].

Vita Dr. Georgi Brunneri. Schweinfurt 1582[12].

Bei dem Begräbniß des kaiserl. Kammergerichts-Assessors Dr. Georg Brunner, über Pred. 7. 2,3. Schweinfurt 1582[13].

Bei der Beerdigung des Fürstlich Würzburg. Raths und Ritters Valentin von Münster, über Sir. 14. 18 f. Schweinfurt 1582[14].

Der Lesterlichen/ und Lecherlichen Papistischen Pfaffen Weihe: Und/ der Apostolischen Uhralten Christlichen/ bey der Ordination in der Reformierten Evangelischen Kirchen/ gebreuchlichen Ceremonien. Gegensatz und Vergleichung. Auß der Lection des Evangelii Matthei IIII. am Tag Andreae Apostoli/ und etlichen andern Buͤchern zusamen beschrieben und gepredigt. Schweinfurt: Valentin Kröner, 1584[15].

Bei der Leiche des Edlen und Ehrenvesten Wolfgang Christoph von Steinau genannt Steinrück, über Jes. 57. 1 f. Schweinfurt 1585[16].

Bei dem Hingang des Vesten, Achtbaren und erfahrenen alten Herrn Werners Wittstein, Fürstl. Henneberg. Raths und Dieners, über Off. Joh. 2. 7,11,17,26. 3. 5,12,21. Schmalkalden 1587[17].

Bey der Leyche unnd Begrebniß/ weyland des erbarn und wolweisen Herrn Johann Alberten/ gewesenen Buͤrgermeisters und Rhatfreunds in Muͤnerstadt/ von dannen er umb des heiligen Evangelij willen vertrieben/ zu Schweinfurt den 9. Junij/ Anno 1589. seines Alters im 79. und seiner ersten weerender Ehe im 49. Jhar/ sein zeitlich leben seliglich beschlossen hat. Schmalkalden: Michael Schmuck, 1589[18].

Kinderschutz/ Das ist: Christliche Predigt/ bey der Begraͤbniß des frommen und gehorsamen Catechismusschuͤlerleins/ Marthe Krebsin/ weyland des erbarn/ weisen und wolgelahrten Herrn Christoffen Krebsen/ Rhatfreunds zu Schweinfurt/ hinder lassenes Toͤchterleins und Waisleins/ etc. Schmalkalden: Michael Schmuck, [1598][19].

Philargyrus ecclesiastae. Der Geltnarr/ mit seinen sieben fuͤrnemsten thoͤrichten Eigenschafften/ vom koͤniglichen Prediger Salomone entworffen/ Allen geitzigen Leuten fuͤr augen gestellet/ und mehrers verstands halben mit etlichen Spruͤchen und Exempeln ausgefuͤret. Schmalkalden: Michael Schmuck, 1589[20].

Eleemosynarius ecclesiastae. Allmosengeber. Das eilffte Capitel im Prediger Salomonis/ von den Allmosen/ nach Anleitung Gottes Worts/ und etlicher Patrum Zeugnis geprediget/ zusammen verfasset/ und dieser jetzigen kalten lieblosen Welt zur Erinnerung in Druck verfertiget. Leipzig: Johann Beyer, 1591[21].

Christliche Predigt Von den fuͤrnembsten Widtfrawlichen Tuͦgenden. Bey dem Begrebnuß der Erbarn unnd Tugentsamen Frawen Anna Brunnerin/ weiland des Ehrnvhesten un̄ Hochgelahrten Herrn Georgen Brunners/ der Rechten Doctoris, und gewesenen Advocaten zu Schweinfurt/ hinderlassenen Widtwin. Gehalten den XXII. Januarij/ Anno 1593. Schmalkalden: [M. Schmuck?], [1593][22].

Lazarus Ptochomacarius, Lucae XVI. Von dem armen/ krancken/ verlassenen/ und in jener Welt seligen Lazaro: Auch von dem Weltseligen Reichen Epulone Anonymo, der nach diesem Leben in die hochste Armut/ hunger/ durst/ unausleschliches Fewer und hellische Qual komen ist: Nach den fuͤrnembsten Lehrartickeln beider staͤnde/ erinnerung/ trost und warnungsweise zu Schweinfurt/ als ein Renoval oder Encaenisticum Evangelium, mit vielen Spruͤchen und Exempeln ausgefuͤrt und geprediget. Schmalkalden: Michael Schmuck, 1595[23].

Voluptuarius ecclesiastae, Das ist: Christlicher Unterricht/ wie alle fromme und Gottfuͤrchtige Menschen jre wollust und zugelassene frewde von und an den eusserlichen Staͤnden/ Gaben und Guͤtern Gottes/ schoͤpfen und haben: Auch ihnen selbs zur ergetzlichkeit in diesem Leben/ so wol ihrem Nechsten zu trost und nutz/ seliglich gebrauchen koͤnnen. Aus dem Prediger Salomon zusammen getragen/ mit schoͤnen Spruͤchen und Exempeln heyliger Schrifft/ und der Vaͤter Zeugnuͤß/ erkleret und illustriret. Leipzig: Johann Beyer, 1596[24].

Christliche Leichtpredigt/ Bey dem begraͤbnuß/ Weiland des Erbarn/ Weisen/ Fuͤrsichtigen und Wolgelehrten Herrn/ Johannis Mylii/ Seniorn und Rathfreunds/ Auch vil Jar gewesenen Scholarchae zu Schweinfurt/ etc. Welcher die passionis Dominicae, anno 97. selig entschlaffen/ und auff den volgenden Ostermontag zu Erden bestattet worden ist. Nürnberg: Alexander Dieterich, [1597][25].

Hermann Heinrich Frey starb 1599, nachdem ein Streit mit dem calvinistisch orientierten Stadtphysicus Paulus Simler[26] ihn in den letzten Lebensjahren stark beansprucht hatte. Nach seinem Tode erschienen im Druck noch zwei Predigten, deren eine als Sammlung von 22 Kanzelvorträgen von seinem Amtsnachfolger im Auftrag der Stadt Schweinfurt zusammengestellt worden waren:

Luciae Predigten Das ist: Von dem Standt/ Amt/ Wesen und Wercken/ beydes einer Christlichen/ loͤblichen Obrigkeit/ Und auch Christlicher frommer Underthanen/ zwo und zwantzig underschiedliche Predigten/ von Jahr zu Jahr auff den Tag Luciae (daran man in dero deß H. Reichs Statt Schweinfurt/ die Empter zu ersetzen pfleget) gehalten/ Durch den Weyland Ehrwürdigen und Wolgelahrten Henricum Hermannum Frey/ gewesenen Superintendenten zu Schweinfurt: Jetzo aber auff Disposition und Anordnung eines Erbarn/ Wolweisen Raths daselbsten/ ubersehen/ und in Truck verfertiget Durch M. Johannem Schröderum, dieser Zeit Pfarrherrn daselbsten. Schweinfurt: Caspar Kemlein, 1605[27].

Bey der Leich/ weyland des Ehrnvesten/ Fuͤrsichtigen und Wolweisen Herrn/ Petri Sellmanns/ Sonsten Jung hanßen genand/ Anno 1593 gewesenen Buͤrgermeisters in der H. ReichsStadt Schweinfurth/ welcher auff den Osterabend ermeltes Jahrs in Gott verschieden/ Gehalten auff den Ostermontag [. . .] Coburg: Johann Forckel, 1628[28].

Die achtzehn, zum Teil umfänglichen Werke Freys weisen seinen Autor als gelehrten Prediger orthodox-lutherischer Provenienz aus. Die erste Schrift legt Zeugnis ab vom Selbstverständnis des jungen Pfarrers: Der „Schmeichelteufel" ist ein Predigerspiegel, der den christlichen Lehrer vor falschem Lob und vor Schmeichelei warnt, wobei die Sünde – wie nicht selten zu jener Zeit – als Teufel personifiziert dargestellt und angeprangert wird[29]. Schon in diesem Werk zeigt sich die Tendenz, Personen oder moralische Qualitäten unter Berufung auf Bibel, alte und neue Kirchenlehrer mit Tieren und deren *proprietates* zu vergleichen.

So heißt es gleich eingangs des Traktats: „Nach dem Cain nichts gutes in seinem Hertzen gegen Abel vorhatte: wirdt er durch Gott erinnert/ und gantz hefftig von der Suͤnde abgemanet/ in dem Gott die Suͤnde einem grawsamen Thier/ so fuͤr der Tuͤr liget/ ruhet/ und bald zum Zorn/ reissen und beissen/ kan erwecket werden/ vergleichet [Gen. 4; Ps. 28] [. . .] Syrach [21] mahlet die Suͤnde schraͤcklich genug: Fleuch fuͤr der Suͤnde/ spricht er/ wie fuͤr einer Schlangen: Denn so du ihr zu nahe kompst/ so sticht sie dich/ Ihre Zeene sind wie Loͤuwen Zeene/ unnd toͤdten den Menschen[30]."

War der „Schmeichelteufel" an den geistlichen Stand gerichtet, wandte sich der „Geldnarr" der Welt zu: Sie ruht auf drei Säulen, dem wahren Glauben, der äußeren Gerechtigkeit und der brüderlichen Liebe. Sie wird bedroht durch die drei vermessenen „Hellriesen", deren mächtigster der Philargyrus ist. Auch in dieser Predigt ist das Tier sinnfälliges Bild verwerflicher Eigenschaften: Unter Verweis auf Augustinus und Ambrosius charakterisiert Frey den Geiz der Reichen, der schlimmer und gefräßiger sei als reißende Wölfe, brüllende Löwen oder als Fische, die einander auffressen[31].

Natur ist aber nicht nur Warnung, sondern auch Vorbild für den Menschen, der vom Tier z. B. lernen kann, Hilfe zu bringen, wo Not herrscht. So heißt es in der Auslegung vom 11. Kapitel des Predigers Salomon im „Allmosengeber": „Die Voͤgel nisteln nicht umb ihret willen/ sondern das die Menschen die Jungen fangen/ und essen: Die Bienlein machen nicht allein ihnen den Honig/ sondern auch den Menschen: Die Schaffe geben den Menschen ihre Wolle zum Kleide. Die Ochsen Ackern nicht inen/ sondern dem Bawerßman. Wie wolte denn der Mensch alleine so eigennützig sein/ unnd andern Mitchristen nichts vorarbeiten und uberkommen woͤllen?[32]"

Die didaktische Verwendbarkeit der Natur in der Predigt als Bild göttlicher Macht, als anschauliches *exemplum*, als Vorbild oder Warnung für den Menschen, legte dem Prediger Frey wohl nahe, ein enzyklopädisches Lehr- und Handbuch für den Gebrauch in Kirche und Schule zu schreiben, in dem zu jedem Tier der Hl. Schrift die entsprechenden Bibelzitate und die dazugehörenden Auslegungen von Kirchenvätern und evangelischen Kirchenlehrern gesammelt und nebeneinander gestellt wurden.

Gleiches gab es im Mittelalter nicht, wohl aber Vergleichbares. Zu nennen wären hier etwa der „*Liber de natura rerum*" des Thomas von Cantimpré[33] oder das „Buch der Natur" Konrads von Megenberg[34]. Beiden Werken ist mit Freys „Biblischem Tierbuch" gemeinsam die Funktion als „Handbuch der Digression für den Prediger zur Erbauung der Gläubigen"[35]. Unterschiedlich ist nicht nur die Stoffauswahl, sondern vor allem der Quellbereich, aus dem die Autoren ihr Wissen schöpfen. Während Thomas und Konrad neben Ambrosius, Augustinus oder Hieronymus auch Plinius und Solinus, Isidor und Jacob von Vitry nennen, beschränkt sich Frey ganz auf die großen Autoritäten, besonders Hieronymus, Ambrosius, Augustinus, Johannes Chrysostomus, Hugo von St. Cher, Basilius, Gregor den Großen und Origenes. An diese reihen sich die evangelischen Lehrer, vor allem Luther, Johann Brenz und Lucas Osiander[36].

Freys „Therobiblia" zerfallen in drei einzelne Bücher, ein „Tier"-, „Vogel"- und „Fischbuch". Jeder der Teile enthält eine eigene Vorrede, das „Tierbuch" sogar zwei: Die erste von ihnen wendet sich an Bürgermeister und Rat der Stadt Schweinfurt und erinnert zunächst an die Vollkommenheit des ersten Menschen, der die Sündenverlorenheit der folgenden Generationen gegenübergestellt wird. Die Nachkommen Adams sind dem unvernünftigen, dummen und halsstarrigen Tiere ähnlicher als ihrem Stammesvater. Das gleiche behauptet Frey auch von den Christen, vor allem von den „Vernünftlern" in Glaubenssachen, die Narren seien und dem Tiere glichen, weil sie sich für weise hielten. Um das Bild des Tieres als Ebenbild stets und ohne Mühe vor Augen haben zu können, sammelt es Frey in seinem Werk, das damit der Selbsterkenntnis dienen soll und der „Vermenschlichung" des Lesers: denn der sich nicht selbst erkenne, sei dem Vieh vergleichbar.

Nach dieser predigthaften Rechtfertigung und Funktionsbestimmung des ganzen Werkes grenzt Frey seine Sammlung von anderen Tierbüchern oder Naturgeschichten seiner Zeit ab. Diese seien von „Physici" verfaßt, systematisch gegliedert oder alphabetisch geordnet, betrachteten nur die Natur, nicht aber deren spirituelle Bedeutung. Immerhin fügt Frey seinem Tierbuch ein alphabetisches Namenregister der besprochenen Tiere bei, um auf einen offensichtlichen Vorzug rein naturkundlicher Werke nicht verzichten zu müssen.

Der Prediger versteht sein „Biblisch Thierbuch" als den Beginn einer neuen Gattungstradition, wobei ihm freilich bewußt war, daß er in der Exegese hergebrachtes Bildlichkeitsdenken benutzte und fortsetzte. Dabei weiß er, daß das Wort Gottes nicht überall der Allegorese und „heimlichen Deutungen" bedürfe[37], sondern zuerst buchstäblich und im eigentlichen Sinn zu verstehen sei. Er rechtfertigt jedoch auch den Gebrauch der Allegorie durch deren Wahrheitsgehalt, Erkenntniswert und durch die Zweckdienlichkeit ihres Bildgehaltes: „An vielen orten gedenckt Lutherus der Allegorien, das sie eine grosse finsternůs unnd irrthumb in die heilige Schrifft eingefůhret haben/ aber gleichwol verwirfft er nicht alle/ sondern nur welche aus eignem Kopff gesponnen/ keinen grund inn Gottes Wort haben/ und nirgend zu dienen[38]."

Nicht nur über die Auslegung der Natur, sondern über die Tiere selbst legt Frey Rechenschaft ab: Es sei schwierig, das jeweilige Lebewesen mit seinem richtigen Namen zu bezeichnen, da in der Nomenklatur – bei Unkenntnis der Realität – Uneinigkeit bei den Interpreten und Widersprüche bei den Kommentatoren bestünden. Die Folge sei eine *diversitas nominum*, wobei verschiedene Tiere mit ähnlichen Eigenschaften gerne miteinander verwechselt würden[39].

Dem Widmungsschreiben an die Schweinfurter Ratsherren, in dem noch kurz die deutschen Übersetzungen der lateinischen Väterzitate begründet werden, folgt die zweite Vorrede, gerichtet an den christlichen Leser, aus der Zweck und Nutzen des Tierbuchs ersichtlich werden soll. Zunächst dient es zur Beseitigung vielfältiger Irrtümer, bestreitet etwa den Glauben der Manichäer, daß nur die guten Tiere von einem guten Gott, die bösen Tiere hingegen von einem Rachegott erschaffen worden seien. Ebenso wendet es sich gegen den Brauch der

Heiden und Ägypter, einige Tiere als göttliche Wesen zu verehren, gegen das Verbot der Kartäuser, Fleisch zu essen, gegen die Gier der Menschen, Tiere allein zur Befriedigung ihrer leiblichen Genußsucht zu mißbrauchen. Dagegen habe Gott dem Menschen die Tiere als Lehrmeister und *praeceptores* vorgestellt, die zur Tugend mahnten und vor Lastern abhalten sollten. Die Vielfalt und der Reichtum der Tierarten bestehe zur Verherrlichung des Schöpfers selbst und zum Nutzen des Menschen. In der Natur spiegle sich die Allmacht, Schöpfungskraft und unbegreifliche Weisheit des Herren. Dieser ernähre auch böse Tiere und zeige so Güte und Barmherzigkeit. Doch übe er auch zornige Rache, da er die Gottlosen durch böse Tiere bestrafe. Das Tier schließlich sei erschaffen zur Verherrlichung auch des Menschen, der über die Natur herrsche. Die Kreatur diene dem Menschen, der sich ihr gegenüber mitleidig zeigen solle. Das Vieh ernähre den Menschen, erfülle seinen höchsten Zweck aber als Vorbild für den Menschen, der zwar reicher an Verstand, ärmer aber in seinem Gehorsam Gott gegenüber sei.

Freys Tierbuch ist demnach Exempelsammlung, hilfreich dem Prediger, der aus ihr exzerpieren und zitieren kann, nützlich dem Christen, der in anschaulicher Weise moralisch belehrt werden will. Die religiösdidaktische Absicht des Werkes enthebt dieses (noch) der Diskussion mit naturkundlichen Schriften, die sich um Natur als erfahrbare Realität kümmern. Solche Arbeiten werden nur allgemein disqualifiziert, da in ihnen nicht die unmittelbare Einsicht enthalten sei in die Natur, Kraft und Wirkung der Tiere, wie sie einst Adam noch eigen war.

Es fehlt nicht nur der Ansatz systemkonfrontierender Kritik, auch systemimmanente Zweifel sind ausgeschlossen, widersprüchliche Rechtfertigungen verschiedener Sachverhalte stehen ungebrochen nebeneinander, alle Aussagen haben nur punktuelle Geltung und lassen sich in keine größere Ordnung einfügen. Die Theodizee als Problem existiert nicht: Gutes und Böses besteht in einer durch göttliche Weisheit geordneten Welt stets zum Nutzen auch dort, wo menschlichem Unverstand rationale Einsicht verwehrt ist, die dem Prediger aber eigen ist kraft seiner Kenntnis von Bibel und Väterschriften.

Die Moralisationen des Tierreichs zur Belehrung des Menschen scheinen zeit- und beziehungslos in einer politisch und religionspolitisch zwar spannungsgeladenen, aber nicht bewußt gemachten Welt zu stehen. Über die Kennzeichnung von Tugenden und Lastern verlieren die Träger sittlicher Eigenschaften an Bedeutung, die Polemik gegen geschichtlich greifbare Personen unterbleibt. Das ist nicht nur gattungsbedingt, sondern amtsverpflichtetes Wohlverhalten, das dem Vorgänger Freys wohl gefehlt hatte, was zu dessen Entlassung führte. Unpolitisch ist Freys Tierbuch deswegen aber nicht, sein Verfasser – wie die „Luciaepredigten" beweisen – zur politischen Stellungnahme durchaus befähigt. Auch richtet sich die Vorrede zum „Vogelbuch" an zwölf „Buͤrgermeister und Rathsverwandte" aus Würzburg, Volkach, Dettelbach, Münnerstadt und Neustadt, die wegen ihres evangelischen Glaubens im Zuge der Gegenreformation aus Ämtern und Heimat vertrieben worden waren. Die Verfolgten hatten sich in die freie Reichsstadt Schweinfurt geflüchtet und waren dort als Bürger aufgenommen worden[40]. Vogelbuch und Widmungsschreiben wenden sich gegen jene, die bei Christus nichts anderes als Friede, Freude und Reichtum suchen, und sind denen zugeeignet, die ihres Glaubens wegen Leid tragen und Verfolgung erfahren haben. Nicht nur, weil Gottes Sohn die Vögel (nach Matth. 6. 26) zu Lehr- und Zuchtmeistern des Menschen ernannt hat und der Mensch in Sünde wie der Vogel ins Netz fällt, verfaßt Frey seine Arbeit, sondern weil die Vögel ein Bild unrechter Verfolgung sind und Gott durch die Vögel allen Verjagten Schutz und Schirm verspricht: „Wie schwebende Vögel, so wird der Herr der Heerscharen Jerusalem beschirmen, schirmen und retten, verschonen und befreien" (Jes. 31. 5).

Auf die antijesuitische Tendenz des „Vogelbuches", die auch der „Pfaffenweihe" und der „Leichenpredigt für J. Albert" eigen ist, folgt die glaubenskonfirmative Aussage des „Fischbuches". Dessen Vorrede richtet sich – in lateinischer Sprache – an fünf Amtsbrüder, an die ehrwürdigen, durch Erziehung und Frömmigkeit aufs höchste ausgezeichneten Männer, an die Herren Valentin Bonficht, Georg Hugo, Adam Heunisch, Guilelmo Zeis und Georg Meder, die sich in der Kirche von Schweinfurt zusammengeschlossen haben, um sie zu verherrlichen. Der Stoff des Büchleins rechtfertigt diese Widmung, da das Alte und Neue Testament die hl. Apostel und andere Prediger von Gottes Wort mit dem Titel der Fischer (Dauagim) bezeichneten[41]. Der Name erinnert und mahnt an vielerlei Pflichten: Wie die Fischerei eine in den Augen der Welt verachtete und geringe Tätigkeit ist, gilt auch das kirchliche Amt bei den Menschen nichts, wie Gott denn auch seine Apostel zum Schauspiel der Welt werden ließ, töricht um Christi willen (1 Kor. 4. 9 ff.). Die Fischerei ist auch mühevoll, denn während alle schlafen, müssen nur die Fischer aufs Meer, um – oft erfolglos – die Netze einzuholen. So entbehren auch die Getreuen der Kirche nicht des Schweißes und der Mühen, wofür etwa Paulus (1. Kor. 9) ein Beispiel gibt. Der Beruf der Fischer, die im tiefen und stürmischen Wasser ihr Werk verrichten, ist gefährlich, doch auch die Prediger sind gezwungen, täglich viele Gefahren auf sich zu nehmen, wenn sie ihr Amt mit Ernst und Eifer ausfüllen wollen. Nur wenige gibt es, die jedem Wetter widerstehen, die meisten lassen sich erschreckt in die Flucht schlagen oder verfallen den Sirenengesängen des Schmeichlers. Den Fischer hält Hoffnung auf Beute und die Sorge um das tägliche Brot in seinem mühevollen und gefährlichen Amt. Der Prediger muß das Heil der ihm anvertrauten Seelen anstreben und Gerechtigkeit üben auch gegen Verderbte. Mit scharfer, doch traditioneller Polemik wendet sich Frey gegen jene (katholischen) Geistlichen, die ihr Amt mißbrauchen, die Freuden der Welt genießen und Diener des Antichrist eher als *milites Christi* sind. Mit der Widmung des „Fischbuches“ an die Kollegen anvertraut Frey ihnen die gemeinsame Aufgabe der Menschenfischerei, die zwar allgemein verachtet, mühsam und gefahrvoll, in Gottes Augen jedoch erhaben, glänzend und ehrenvoll ist.

Der dringliche Wunsch nach praktischer und praktizierbarer Morallehre, die antikatholische, streitbare Glaubenshaltung und die seelsorgerliche Selbstbestimmung des Predigers sind die funktionsgebenden Motive, aus denen heraus Frey sein dreiteiliges Tierbuch zusammenstellt. Die Tiere als Bildspender und Träger eines geistigen Sinnes werden – *in bonam* oder *in malam partem* – auf drei verschiedenen Ebenen verstanden, im geistlichen, weltlichen und im Hausstand. Im geistlichen Stand erfolgt die Allegorisierung der *res* in bezug etwa auf Gott, Christus, das Evangelium, die Frommen oder auf den Teufel, die Feinde Davids, den Papst, die Hohenpriester etc. Im weltlichen Stand ist das Auslegungsziel die weltliche Obrigkeit, die durch Großmut sich lobenswert, durch Tyrannei sich strafbar gezeigt hat. Im Hausstand ist das Tier vorbildliches oder abschreckendes *exemplum* für Situationen des täglichen Lebens, die Aussagen sind in lehrhafte Sprüche eingeschlossen: „Sey nicht ein Löw in deinem Haus und nicht ein Wüterich gegen deinen Gesind" (Eccli. 4. 30). Am wenigsten zweckmäßig und im theologischen Sinn einleuchtend ist die Einteilung und der Aufbau der einzelnen Bücher gelungen, die Kriterien erscheinen in bezug auf die moralische Zielsetzung des Werkes äußerlich. So besteht das Tierbuch aus fünf Teilen, deren erster von den reinen Opfertieren handelt (Schaf, Lamm, Widder – Ochs, Farre, Kuh, Kalb, Rind – Geiß, Ziegenbock, Böcklein). Der zweite Teil umfaßt reine Tiere, die dem Menschen als Nahrung dienen (Hirsch, Reh, Hinde – Urochse, Büffel, Steinbock, Rentier, Gemse – Schwein, Hase, Kaninchen). Der dritte Teil spricht über unreine, heimische Arbeitstiere (Roß, Pferd, Gaul – Esel – Maulpferd oder Esel – Kamel – Dromedar – Elefant – Hund – Katze), der vierte Teil über wilde, schädliche und reißende Tiere (Löwe – Panther, Leopard – Einhorn – Bär – Wolf – Fuchs – Hyäne – Affe), der fünfte und letzte Teil schließlich über giftige, kriechende Tiere, über Würmer und Ungeziefer (Drache – Schlangen – Otter, Natter – Basilisk – Skorpion – Blindschleiche, Eidechse, Molch, Wiesel, Igel – Maus – Kröte, Frosch – Maulwurf – Schnecke – Raupe – Ameise – Spinne – Würmer – Motten – Maden – Läuse – Floh).

Das Vogelbuch ist gegliedert in vier Teile, in einen über Vögel allgemein, über deren Eigenschaften und Bedeutungen. Der zweite Abschnitt handelt dann von reinen, eßbaren Vögeln (Taube – Turteltaube – Wachtel – Rebhuhn – Pfau – Hahn – Huhn – Sperling). Der dritte Teil spricht über unreine, wilde oder räuberische Vögel (Adler – Habicht, Sperber, Fischadler, Geier, Taubenfalke, Kuckuck, Häher, Taucher, Schwan, Wiedehopf – Eule, Nachteule, Uhu, Kauz, Fledermaus – Rabe – Strauß – Rohrdommel – Pelikan – Igelvogel – Storch – Reiher – Kranich – Schwalbe). Der vierte Teil endlich faßt kleine Vögel und fliegende Tierchen, vor allem Insekten zusammen (Heuschrecken – Käfer – Hornisse – Biene – Mücken, Fliegen).

Das Fischbuch ist von nur bescheidenem Umfang und erwähnt Fische im allgemeinen, dann den Walfisch, den Meerdrachen, Leviathan und die Eigel *(aluta)*.

Gewiß: dem modernen Betrachter mutet diese Systematik kurios an, und auch die Zeitgenossen Freys werden an ihr – im Vergleich mit Plinius, Aristoteles, Gesner oder Aldrovandi – ein Ungenügen empfunden haben. Doch liegt die Bedeutung der „Therobiblia" nicht in der systematischen Sammlung der biblischen Tiere, sondern in der Sammlung an sich und der funktional gebundenen Auslegung der tierischen *proprietates.* Diese Exegese orientiert sich an der Heiligen Schrift, an den Kirchenvätern und den evangelischen Kirchenlehrern und erhält aus ihnen einen sicheren Grund. So ist Tradition bewahrt, verwandelt und lebendig erhalten, Freys Tierbuch der Neuansatz für eine Gattung, die sich im Biblischen Tierbuch des Wolfgang Franz fortsetzt[42] und im „Hierozoikon" des Samuel Bochard seinen Höhepunkt erlebt[43]. Es wäre eine lohnende Aufgabe für die Forschung, die weitere Wirkung des Tierbuchs in Predigt und Dichtung, Exegese und bildlichen Naturdeutungen des 17. Jahrhunderts aufzudecken[44].

Anmerkungen:

1 Vgl. etwa Origenes, Contra Celsum IV, 99 (PG 11, 1179 AB): „*Supra probatum arbitror omnia propter hominem et omnes naturas rationis participes esse facta. Si ergo praecipue propter animal ratione praeditum omnia creata sunt, negit Celsus homini magis quam leoni aliisque ab eo enumerationis animantibus creata esse; nos haec negabimus a Conditore facta esse propter leonem, aut aquilam, aut delphinem; dicemus haec omnia creata esse propter animal compos, ‚et ut hic mundus, quod opus Dei est, integer et omni ex parte perfectus esset'.*"

2 Ambrosius, Hexaemeron V, 79 (PL 14, 253) beweist die Auferstehung u. a. durch die Erzählung vom Vogel Phönix: „*Doceat igitur nos haec avis vel exempla sui resurrectionem credere, quae et sine exemplo, et sine rationis perceptione ipsa sibi insignia resurrectionis instaurat. Et utique aves propter hominem sunt, non homo propter aves.*"

3 Vgl. Weish. 13. 5; Ähnlich Röm. 1. 20: „Denn sein unsichtbares Wesen, seine ewige Macht und Göttlichkeit sind seit Erschaffung der Welt an seinen Werken durch die Vernunft zu erkennen."

4 Augustinus, Enarratio in psalmum XLV, 4 (PL 36, 518): „*Liber tibi sit pagina divina, ut haec audias: liber tibi sit orbis terrarum, ut haec videas. In istis codicibus non ea legunt, nisi qui litteras noverunt: in toto mundo legat et idiota.*" Alanus ab Insulis, Rhythmus (PL 210, 579): „*Omnis mundi creatura Quasi liber, et pictura Nobis est, et speculum.*" Die Metapher kennt und benützt noch Johann Georg Hamann in den „Biblischen Betrachtungen eines Christen" (J. G. Hamann, Sämtliche Werke Bd. 1: Tagebuch eines Christen. Hrsg. von Josef Nadler. Wien 1949, S. 8 f.): „Ich will einige allgemeine Anmerkungen über die göttliche Offenbarung machen, die mir einfallen werden. Gott hat sich geoffenbart den Menschen in der Natur und seinem Wort. Man hat die Ähnlichkeiten und die Beziehungen dieser beyden Offenbarungen noch nicht soweit auseinander gesetzt und so deutlich erklärt, noch auf diese Harmonie gedrungen, worinn eine gesunde Philosophie sich ein weites Feld öfnen könnte. Beyde Offenbarungen müssen auf eine gleiche Art in unzähligen Fällen gegen die grösten Einwürfe gerettet werden; beyde Offenbarungen erklären, unterstützen sich einander, und können sich nicht wiedersprechen, so sehr es auch die Auslegungen thun mögen, die unsere Vernunft darüber macht. Es ist vielmehr der gröste Wiederspruch und Mißbrauch derselben, wenn sie selbst offenbaren will. Ein Philosoph, welcher der Vernunft zu gefallen das göttliche Wort aus den Augen setzt, ist in dem Fall der Juden, die desto hartnäckiger das neue Testament verwerfen, je fester sie an das alte zu hangen

scheinen. An diesen ward die Prophezeyung erfüllt, daß dasjenige ein Ärgernis und eine Thorheit in ihren Augen ist, was zur Bestätigung und zur Erfüllung ihr übrigen Einsichten dienen sollte. Die Naturkunde und Geschichte sind zwey Theile, auf welche die wahre Religion beruht. Der Unglaube und der Aberglaube gründen sich auf eine seichte Physik und seichte Historie. Die Natur ist so wenig einem blinden Ungefehr als ewigen Gesetzen unterworfen, als sich alle Begebenheiten aus Charakteren und Staatsgründen aufschlüßen lassen. Ein Newton wird als ein Naturkundiger von der weisen Allmacht und als ein Geschichtsschreiber von der weisen Regierung Gottes gleich stark gerührt werden. Gott offenbaret sich – der Schöpfer der Welt ein Schriftsteller – was für ein Schicksal werden seine Bücher erfahren müssen, was für strengen Urtheilen, was für scharfsinnigen Kunstrichtern werden seine Bücher unterworfen seyn – Wie viele armseelige Religionsspötter haben ihr täglich Brodt von seiner Hand genossen; wie viele starke Geister, gleich Herostratus, in der Verwegenheit ihnen eine Unsterblichkeit gesucht, in Todesangst um eine bessere gefleht haben."

5 Hugo de St. Victore, Eruditio didascal. VII, 4 (PL 176, 814): „*Universus enim mundus iste sensibilis quasi quidam liber est scriptus digito Dei, hoc est virtute divina creatus, et singulae creaturae quasi figurae quaedam sunt non humano placito inventae, sed divino arbitrio institutae ad manifestandam invisibilium Dei sapientiam. Quemadmodum autem si illiteratus quis apertum librum videat, figuras aspicit, litteras non cognoscit: ita stultus et animalis homo, qui non percipit ea quae Dei sunt (1. Cor 2), in visibilibus istis creaturis foris videt speciem, sed intus non intelligit rationem. Qui autem spiritualis est, et omnia dijudicare potest, in eo quidem quod foris considerat pulchritudinem operis, intus concipit quam miranda sit sapientia Creatoris.*"

6 Grundlegendes bei Friedrich Ohly, Schriften zur mittelalterlichen Bedeutungsforschung. Darmstadt 1977. Vgl. auch besonders Christel Meier, Überlegungen zum gegenwärtigen Stand der Allegorie-Forschung. Mit besonderer Berücksichtigung der Mischformen. In: Frühmittelalterliche Studien 10 (1976), 1–69.

7 Folgende Standortnachweise konnten ermittelt werden: Staats- und Stadtbibl. AUGSBURG: 4°Th Ex. UB BASEL: he III 1. Deutsche StB BERLIN: Bibl. Diez 4°688. Universitní knihovna BRNO: ST 1–50.136. Studienbibl. DILLINGEN: II82 T.1–3. Sächsische Landesbibl. DRESDEN: Zool. 715. UB ERLANGEN: 4°Trew 501–503; 4°Thl.X39^{ag}. Niedersächsische StUB GÖTTINGEN: 8°Theol.bibl. 338/3. Forschungsbibl. GOTHA: Math.4°298/4. Marienbibl. HALLE: S. 1.37Q. Fürstliche Bibl. HARBURG (über Donauwörth): XIII, 4.4°33. UB JENA: 4Th.XIX, 27 1–3. Kongelige Bibl. KØBENHAVN:

21–61.4°. The British Library LONDON: 453.b.2,1,3. Biblioteca Nazionale Braidense MILANO: Prot. 2497 thl 15/12/75. Bayerische StB MÜNCHEN: 4°Exeg. 310 1–3 (Vorbesitzer: Kloster POLLING); 4°Zool.126 (nur Vogelbuch). Landeskirchliches Archiv NÜRNBERG: Spit. J 101 4°. Stadtbibl. NÜRNBERG: Theol.555.4° (nur Tierbuch); Theol.497.4° (Vogel- und Fischbuch). Biblioteka Głowna POZNAN: Ti 4078. Prediger-Bibl. PREETZ: B VIII 12. UB SAARBRÜCKEN: 291°°. Sakristeibibl. St. Johann SCHWEINFURT: Sa3. Stadtbibl. SOEST: IVAa.6.9. Bibliothèque nationale et universitaire STRASBOURG: E 105 103 (mit hsl. Register). Stadtbibl. ULM: 418–420. UB UPPSALA: Teol., Isagog., Bibl. Arkeol. Biblioteka Narodowa WARSZAWA: XVI.Qu. 2935. Biblioteka Uniwersytecka WARSZAWA: 28.5.9.22.; 28.7.11.6. ÖNB WIEN: I 249.546/1–3. HAB WOLFENBÜTTEL: 249.8.Th. YALE-University NEW HAVEN, Conn.: Ichty.16th cent. (nur Fischbuch).

8 Der Ausgabe liegt zugrunde das Exemplar der ÖNB Wien.

9 Alle Daten bei Christian Heinrich Sixt, Hermann Heinrich Frey, Superintendent in Schweinfurt. Ein Beitrag zur Kirchen- und Städtegeschichte des sechzehnten Jahrhunderts. Nürnberg 1870.

10 Dieser hatte offenbar allzu scharfe, gegen die weltliche Obrigkeit gerichtete Predigten gehalten, so daß er (ähnlich wie L. Osiander) sein Amt verlor, vgl. Sixt, S. 5.

11 Verglichen mit dem Exemplar im Landeskirchl. Archiv NÜRNBERG: Spit. X 79/8. Weitere Standortnachweise: The British Library LONDON: 1481. aa.37C3. Sächs. Landesbibl. DRESDEN: Theol. ev. past. 132, 1. Biblioteka PAN GDANSK: Uph.o.300/1/. – Zum Drucker Valentin Kröner vgl. Josef Benzing, Die Buchdrucker des 16. und 17. Jahrhunderts im deutschen Sprachgebiete. Wiesbaden 1963, S. 390; Ders., Buchdruckerlexikon des 16. Jahrhunderts (Deutsches Sprachgebiet). Frankfurt am Main (1952), S. 153. – Die Predigt erschien noch einmal im Druck, im 2. Teil des „Theatrum Diabolicum", einer Sammlung von Teufelsbüchern, die Sigmund Feyerabend 1587 in Frankfurt am Main verlegte (Drucker: Peter Schmid). Vgl. dort Bl. 101–119. Standortnachweise: Marienbibl. HALLE: 0 1.7. Stadtbibl. ULM: Sign.?

12 Nicht ermittelt. Vgl. Sixt, S. 35–39.

13 Nicht ermittelt. Vgl. Sixt, S. 216.

14 Nicht ermittelt. Vgl. Sixt, S. 217.

15 Verglichen mit dem Exemplar in der HAB WOLFENBÜTTEL: 303 Th(1). Weitere Standortnachweise: Sächsische Landesbibl. DRESDEN: Theol.ev.asc. 360, 8. Landeskirchl. Archiv NÜRNBERG: Spit.Q 19/26 4°.

16 Nicht ermittelt. Vgl. Sixt, S. 217.

17 Nicht ermittelt. Vgl. Sixt, S. 217.

18 Verglichen mit dem Exemplar in der Sakristeibibl. St. Johann SCHWEINFURT: R 1.

19 Verglichen mit dem Exemplar in der Sakristeibibl. St. Johann SCHWEINFURT: R 1.

20 Verglichen mit dem Exemplar der Landesbibl. COBURG: Cas.A 2431. Weitere Standortnachweise: Sächs. LB DRESDEN: Theol.ev.mor.223^{m}. UB JENA: 8 Ms 25 526. Landeskirchl. Archiv NÜRNBERG: Spit. k 63/4.8°; D 144/1.8°; X 90/7.8° Sakristeibibl. St. Johann SCHWEINFURT: Sa 1. – Zum Drucker Michael Schmuck vgl. Benzing, Buchdrucker (wie Anm. 11), S. 384 f.; ders., Buchdruckerlexikon, S. 151.

21 Verglichen mit dem Exemplar der Deutschen StB BERLIN: Da 5155 (angebunden: 2 Komödien von Hermann Nicod. Frischlin, Rebecca und Susanna). Weitere Standortnachweise: UB ERLANGEN: Thl. V 192^{a}. Landeskirchl. Archiv NÜRNBERG: Spit. k 63/2.8°. UB TÜBINGEN: Gi 1148. – Zum Drucker Johann Beyer vgl. Benzing, Buchdrucker (wie Anm. 11), S. 266; Ders., Buchdruckerlexikon, S. 107.

22 Verglichen mit dem Exemplar der Landesbibl. COBURG: Cas 1448:13. Keine weiteren Standortnachweise.

23 Verglichen mit dem Exemplar der Ministerialbibliothek SCHAFFHAUSEN: Keine Sign. Weitere Standortnachweise: Landeskirchl. Archiv NÜRNBERG: Spit. k 63/3 8°. Sakristeibibl. St. Johann SCHWEINFURT: Sa2.

24 Verglichen mit dem Exemplar der UB TÜBINGEN: G.i.1149. Weitere Standortnachweise: Landeskirchl. Archiv NÜRNBERG: Spit.k.63/1.8°.

25 Nachgewiesen durch die Nationalbibliothek Széchényi BUDAPEST: Ant. 4545(39). Die Predigt ist bei Sixt nicht verzeichnet.

26 Vgl. Sixt, S. 130 ff. und Erich Saffert, Die Reichsstadt Schweinfurt von 1554 bis 1615. Der Wiederaufbau der Stadt nach dem Stadtverderben im Markgräfler Kriege. 2 Bde. Phil. Diss. Würzburg 1951.

27 Verglichen mit dem Exemplar der Württemberg. Landesbibl. STUTTGART: Theol.4° 2480. – Zum Drucker Kaspar Chemlin vgl. Benzing, Buchdrucker (wie Anm. 11), S. 390 und Saffert, S. 270.

28 Verglichen mit dem Exemplar der Stadtbibl. SCHWEINFURT: D 10 10(22).

29 Vgl. dazu die Ausgabe der Teufelbücher in Auswahl, hrsg. von Ria Stambaugh: Bd. 1: Ludwig Milichius, Zauberteufel. Schrapteufel. Berlin, New York 1970. Bd. 2: Johannes Strauss, Kleiderteufel. Florian Daul, Tanzteufel. Andreas Hoppenrod, Hurenteufel. Adam Schubart, Hausteufel. Nicolaus Schmidt, Zehn Teufel. Berlin, New York 1972. Bd. 3: Joachim Westphal, Hoffartsteufel. Berlin, New York 1973. Bd. 4 noch nicht erschienen (=Ausgaben Deutscher Literatur des XV. bis XVIII. Jahrhunderts, Bd. 23, 33, 41).

30 Zitat nach der Ausgabe im „Theatrum Diabolicum" (wie Anm. 11), Bl. 101.

31 Philargyrus ecclesiastae (wie Anm. 20), Einleitung. Vgl. auch das Gegenstück zum „Geldnarren", den Voluptuarius ecclesiastae (wie Anm. 24), wo nicht über den unrechten Gebrauch der Gaben und Güter Gottes, sondern von den geistlichen Freuden und von geistlicher Wollust – *gratia et gloria* – gesprochen wird. Dort etwa Bl. 55r: „Ein Gottloser der uber ein arm Volck regiret/ das ist ein bruͤllender Löw und giriger Bär (Prov. 28, 15)", etc.

32 Eleemosynarius ecclesiastae (wie Anm. 21), Bl. 11v. Vgl. auch Bl. 55v f.: „Was du wilt/ das dir gesche/ das solt du andern auch thun. Welches auch bey den unvernuͤnftigen Thieren gespuͤret wird. In obgemeldeter Homilia sagt Augustinus: Bestiis et pecoribus, Animalibus, avibus, serpentibus, communis est cibus, et tu homini victum? Die wilden Thier/ das kleine und grosse Viehe/ die Vogel und Schlangen/ haben das Essen oder Speisen unzertheilet miteinander unnd gemeine/ unnd du Mensch wilt einem andern Menschen die Nahrung versagen? Bistu nicht erger als die wilden Thier oder Viehe? Wie Gott zur Warnung den Straussen fuͤrgestellet hat/ Job 39. der sein Eyer auff die Erden lest/ und lest sie die heisse Erden außbruͤten. Er vergisst/ das sie maͤhten zu treten werden/ und ein wildes Thier sie zubrechen/ Er wird so hart gegen seinen Jungen/ als weren sie nicht sein/ achtets gar nicht/ das er umbsonst arbeitet/ denn Gott hat ihm die Weißheit genommen."

33 Thomas Cantimpratensis, Liber de natura rerum. Editio princeps secundum codices manuscriptos. Tl 1: Text [hrsg. von H. Boese]. Berlin, New York 1973.

34 Konrad von Megenberg, Das Buch der Natur. Die erste Naturgeschichte in deutscher Sprache. Hrsg. von Franz Pfeiffer. Stuttgart 1861, Neudruck Hildesheim, New York 1971.

35 Vgl. Boese, S. VI.

36 Vgl. die Register in diesem Band.

37 Vgl. auch die Vorrede zur „Pfaffenweihe" (wie Anm. 15): „Als habe ich diese Antithesin und Collation Deutsch/ auß etlichen Buͤchern kuͤrtzlich zusamen gefaßt/ beschrieben und gepredigt/ Und auff etlicher gelarter Leut/ so dieselbige gelesen/ anmahnung publicieret: dar mit der gemeine Mann/ die Juͤdischen und Heydnische ceremonien lesen/ die erzwungene Allegorias, Glossas oder bedeutung verstehn/ Und ob die geoͤlte unbeschorne Meßpriester den deutungen handelten und lebten/ greiffen moͤchten."

38 Vorrede, S. VIII. Vgl. auch Hans Wernle, Allegorie und Erlebnis bei Luther, Phil. Diss. Basel 1960.

39 Der Identifizierbarkeit und der Veranschaulichung der Tiere dienen auch die Holzschnitte, die den Beginn der einzelnen Kapitel schmücken und deren Tra-

dition in einer eigenen Untersuchung nachzuspüren wäre. Einige der Abbildungen finden sich bei Georg Schaller (Ein neuw Thierbuch. Eigentliche und auch gründliche beschreibung allerley vier und zweyfüssigen Thieren [. . .] Erstlich durch [. . .] H. Bocksperger [. . .] in visirung gestellt. Folgendts gerissen durch J. Amman [. . .] durch G. Schaller [. . .] in teutsche Reimen gefasset. Frankfurt/Main, 1569). Kaum einer der Holzschnitte dürfte eigens für Freys Tierbuch verfertigt worden sein. Die Titelvignette ist durch die Initialen HH und HR signiert, hinter denen sich wohl unbekannte sächsische Formschneider verbergen dürften (vgl. G. K. Nagler, Monogrammisten Bd. III, München 1863, S. 272. HH dort unter Nr. 1023 nachgewiesen). Das Portrait auf S. 2 zeigt H. H. Frey. Die Abbildung ist identisch mit dem Portrait, das in der Bötticherschen Bildnissammlung der Franckeschen Stiftung in Halle nachgewiesen ist (vgl. Hans Wolf Singer, Allgemeiner Bildniskatalog. Leipzig 1931, unver. Nachdr. Stuttgart 1967, Bildnr. 26948, Personennr. 9569). Die Auskunft verdanke ich der Universitäts- und Landesbibliothek Sachsen-Anhalt in Halle.

40 Ausführlich dazu Sixt, S. 75–126.

41 Vgl. Matth. 4. 19.

42 Wolfgang Franz, Historia Animalium Sacra in qua plerorumque animalium praecipue proprietates in gratiam studiosorum theologiae et Ministrorum Verbi ad usum εικονολογικον breviter accomodantur, In Academia VVitebergensi ante annos aliquot dictata. Wittenberg 1612.

43 Samuel Bochard, Hierozoici Sive bipartiti operis de animalibus scripturae, pars prior et posterior [. . .] Franeker 1619; London 1633; 1663; Frankfurt 1675; Leiden 1722, Leipzig 1793–99.

44 Vgl. Johann Heinrich Ursinus, Sacrorum et Philologicorum Miscellaneorum libri sex [. . .] Nürnberg: J. A. Endter, 1666. Lib IV: Animalium Biblicorum Nomenclator, S. 97–175, bes. S. 97 f.: „*de Animalibus Biblicis scripserunt Viri Docti plures; hi tamen praecipui: 1.* Herman Heinrich Frey *Ecclesiae Suinfurtensis Pastor, qui anno 1595. tribus libris edidit operosum Commentarium, in vernaculâ nostrâ, titulo θηρο-ορνιθο-ιχθυοβιβλια Biblisches Thier- Vogel- und Fischbuch: 2.* D. Franzius, *celeberrimi nominis Theologus, qui versatur in omnium oculis & manibus. 3. Nuperrimè, ante biennium Londini impressa prodierunt:* Samuelis Bocharti, *omni laude majora,* Hierozoica, *opus vastum pretiosumque, & ideó in paucorum manus venturum. Sciunt, quibus S. Literarum ex officio incumbit explicatio, quantum difficultatis Nomina & Historiae Animalium Sacrorum objicere soleant. Et tamen notitia haec quám jucunda, tám saepé necessaria est. Nam de utilitate nihil praefari opus est. Quamobrem factrum me operae pretium arbitrabar, si vel solum Nomenclatorem, in meum tuumue, studiosa juventus, usum, excerperem; additis S.*

Scripturae, ubi opus videbatur, locis, & indicatis obiter SS. Patrum Allegoriis, quarum mihi indicem Hieronymi Laureti Silva Allegoriarum *subministrabat.*"
H. H. Frey wird auch zitiert von Johann Conrad Dietrich, Antiquitates Biblicae, in quibus decreta, prophetiae, sermones, consuetudines, ritusque ac dicta Veteris Testamenti [. . .], qua sacris, qua profanis, expenduntur. Gießen und Frankfurt 1671.

INDICES

(Unter Mitwirkung von Christof Breitschuh)

I. INDEX LOCORUM SACRAE SCRIPTURAE

T = Tierbuch, V = Vogelbuch, F = Fischbuch. Die nicht foliierten Titelblätter und Vorreden des Tier- und Vogelbuches sind durchlaufend mit römischen Zahlen (Tierbuch: I–XII, Vogelbuch: XIII–XXIV) paginiert. Überall sonst ist fehlende oder falsche Foliierung in [ ] korrigiert: T [32] T [52] T [120] T [148] T [187] T [200] bis T [280] V [13] V [28] V [45] V [104] V [166] V [183] F [21] F [42] F [57] F [65] bis F [69]. Angaben, deren Identifikation zweifelhaft ist, sind durch (?) gekennzeichnet, fehlerhafte Zitate Freys sind stillschweigend korrigiert. Wenn nicht anders bezeichnet, folgen die Zählungen der Lutherbibel.

50. 8f.	T 12v
50. 9–11	V 17r
50. 10–12	T 2v
50. 13	T 111v
50. 14f., 23	T 53v
50. 23	T 13r
51. 7	V 75r
51. 9	T 86r
51. 19	T 13r, T 53v
55. 7	XIX, V 68r
56. 1	V 68r
57. 2	V 14v
57. 5	T [249]r
58. 4–6	T 340r
58. 5	T 332v
58. 7	T [249]r
58. 9	T 358r
59. 7f., 15f.	T [219]v
61. 5	V 15r
63. 11	T 295r
65. 14	T 27r
66. 15	T 53v, T 103r, T 111v
68. 12–14	V 65v
68. 23f.	T [212]r
68. 31	T 64r, T 94v
69. 31f.	T 77r
72. 6	T 14r
73. 5	F 3v
73. 22	T 146v
74. 12f.	F 54r
74. 14	F 63v
74. 17	F 45r
74. 19	V 77r
76. 7	T 153r
78. 26–31	V 84r
78. 30f.	F 29r
78. 45	T 354r
78. 46	T 360r, V 167r, V 174v
78. 52, 70–72	T 26r
79	T 5r
79. 1f.	V 10v
80	T 5r
80. 14	T 139v
84. 3f.	V 22r, V 155r
84. 3–5	XX
84. 4	V 100r
91. 1, 13	T 339v
91. 11	F 53r
91. 13	T [245]r, T 305r
92. 10f.	T [272]v
102. 7	V 125v, V 144r
102. 7–9	XIX
102. 8	V 100r
103. 1, 5	V 109r
103. 3	T 21v
104. 10f., 14, 18, 20–22, 27 f.	T 2v f.
104. 10–12, 16f.	V 2r
104. 17	V 148v, V 150r
104. 18	T 129v, T 141v
104. 24f.	F 6r
104. 25f.	F 43r
104. 26	F 63v
105. 29	F 40r
105. 30	T 354r
105. 34	V 174v
105. 40	V 84r
106. 19–21	T 68r, T 96v
114. 1, 4	T 46v
115. 4	T [228]r
118. 12	V 186r
119. 105	V
119. 176	T 21r
124. 6–8	XX
124. 7	V 100r
124. 7f.	V 23v
133. 1	F 2r
140. 2–4	T 332r
140. 4	T 340v
144. 11, 13	T 33r
144. 13	T 27r
144. 14f.	T 72r
147. 3	T 21v

II. INDEX AUCTORUM

PG = Patrologia cursus completus, Series Graeca, hg. von Jaques-Paul Migne, Paris 1857ff.
PL = Patrologia cursus completus, Series Latina, hg. von Jaques-Paul Migne, Paris 1844ff. (Nachdrucke: Turnhout)
Um das Register so einfach wie möglich zu halten, werden Texte nach der PG und PL auch dann zitiert, wenn neuere Editionen (etwa im CCL oder CSEL) vorliegen. Nicht identifizierte Zitate sind durch (?) gekennzeichnet.

Lib. 5,	cap. 16,	243	V 148r
Lib. 5,	cap. 16,	243f.	V 146r
Lib. 5,	cap. 17,	244f.	V 156v
Lib. 5,	cap. 18,	246	V 105r
Lib. 5,	cap. 19,	246f.	V 78r
Lib. 5,	cap. 19,	247	V 80v
Lib. 5,	cap. 20,	247f.	V 120v
Lib. 5,	cap. 21,	248ff.	V 179v f.
Lib. 5,	cap. 22,	251	V 122v
Lib. 5,	cap. 22,	252	V 181v
Lib. 5,	cap. 23,	252	T 141r
Lib. 5,	cap. 23,	253f.	V 164r
Lib. 5,	cap. 24,	254f.	V 124v
Lib. 5,	cap. 24,	255	V 90r
Lib. 5,	cap. 24,	255	V 126v
Lib. 6,	cap. 3,	261f.	V 44v
Lib. 6,	cap. 3,	262	T [231]v
Lib. 6,	cap. 3,	262	T [267]r
Lib. 6,	cap. 4,	262	T 363v
Lib. 6,	cap. 4,	262f.	T 363r
Lib. 6,	cap. 4,	263	T 358v
Lib. 6,	cap. 4,	263ff.	T [225]v
Lib. 6,	cap. 4,	263ff.	T [279]r
Lib. 6,	cap. 5,	269	T [204]r
Lib. 6,	cap. 5,	269f.	T [201]v
Lib. 6,	cap. 5,	270	T [206]v
Lib. 6,	cap. 6,	271	T [232]r

De Iacob et vita beata, PL 14, Paris 1882, Sp. 627–670.

Lib. 2, cap. 5, PL 14, 654		T 197v

Expositio evangelii secundum Lucam, PL 15, Paris 1887, Sp. 1607–1944.

Lib. 1,	PL 15,	1618f.	T 378v
Lib. 2,		1659f.	V 163r
Lib. 2,		1660	V 129v
Lib. 2,		1669	V 63v
Lib. 5,		1721	F 12v
Lib. 6,		1767	T 138r
Lib. 6,		1767	T 139r
Lib. 7,		1794f.	T 296v
Lib. 7,		1795	V 19r
Lib. 7,		1798	T 47r
Lib. 7,		1798ff.	T 284r f.
Lib. 7,		1806	T 21v
Lib. 7,		1817	V 99v

Lib. 7,		1819	V 28v f.
Lib. 7,		1834f.	T 179v f.
Lib. 7,		1838	V 20v
Lib. 7,		1845f.	T 20r
Lib. 7,		1848	T 137v
Lib. 7,		1851	T 92v
Lib. 8,		1860	T [215]r
Lib. 8,		1872f.	V 110r
Lib. 8,		1878	T 186r
Lib. 9,		1889f.	V 50v

De Noe [et arca], PL 14, Paris 1882, Sp. 381–438.

Cap. 17, PL 14, 411			V 133r f.

De paradiso, PL 14, Paris 1882, Sp. 291–332.

Cap. 12,	PL 14,	320	T 327v
Cap. 15,		329	T 330v
Cap. 15,		330	T 330v

De patriarchis, PL 14, Paris 1882, Sp. 707–728.

Cap. 4,	PL 14,	712f.	T [252]v
Cap. 4,		714	T 162v
Cap. 7,		717	T 336r f.
Cap. 12,		726	T 289v

Explanatio super psalmos XII, PL 14, Paris 1882, Sp. 963–1238, PL 15, Paris 1887, Sp. 1261–1604.

In ps. 118 expos., sermo 6,	PL 115,	1340f	T 290r
sermo 10,		1409	T 344v
sermo 11,		1431	T 301r

De Tobia, PL 14, Paris 1882, Sp. 797–832.

Cap. 2,	PL 14,	798	V 159r
Cap. 12,		811f.	T 342r

Pseudo-Ambrosius

Sermones spurii, PL 1879, Paris 1879, Sp. 625–758.

Sermo 5,	PL 17,	634f.	T 14v
Sermo 10,		644f.	V 55r
Sermo 39,		703f.	T [187]r
Sermo 41,		707ff.	T 297r
Sermo 46, cap. 2,		718f.	V 106v
Sermo 46, cap. 3,		720	T 332r

Ambrosiaster

Commentarius in 13 epistulas Paulinas, PL 17, Paris 1879, Sp. 47–536.

In epist. ad Rom., cap. 1,	PL 17,	61	V 31v
In epist. II ad Cor., cap. 11,		338	T 331r

In epist. ad Philipp., cap. 3,		437	T [216]r
In epist. I ad Tim., cap. 5,		506	T 64r

Anselm von Laon

Glosa ordinaria, PL 113 und 114, Paris 1879 (dort unter dem Namen des Walahfrid Strabo).

Die Hiob-Exegese wird nach Gregor dem Großen (PL 76) zitiert, die Klagelieder-Auslegung nach Paschasius Ratbertus (PL 120), Hesekiel nach Euseb. Hieronymus (PL 25), 1 und 2 Makkabäer nach Hrabanus Maurus (PL 109).

Lev. 11. 29,	PL 113,	330	T 351v
Deut. 33. 11,		489	V 103v
Deut. 33. 11,		489	V [104]r
Deut. 33. 11,		489	V [104]v
Nehem. 13,		724f.	F 30v
Tob. 2,		727	V 159r
Job 39. 13,	PL 76,	578	V 139r
Thren. 3,	PL 120,	1153f.	T [275]v
Ez. 47,	PL 25,	474	F 5v
I Mach. 2,	PL 109,	1174f.	T [205]v
II Mach. 6,		1235f.	T 132v

Benedictus Aretius

Novum Testamentum dn. n. Jesu Christi. Commentariis Benedicti Aretii [. . .] Editio postrema emendatissima, utilißimis ad marginem notis illustrata [. . .] Morgiae: Joannes de Preux, 1596.

(?)	V 31r
(?)	V 40r

Arator

De actibus apostolorum, PL 68, Paris 1866, Sp. 81–246.

Lib. 2, PL 68, 222	T 286r

Arnob

Commentarii in psalmos, PL 53, Paris 1865, Sp. 327–570.

Ps. 139,	PL 53,	549	T 332v
Ps. 146,		562	V 127v

Aurelius Augustinus

Contra Adimantum Manichaei discipulum liber unus, PL 42, Paris 1886, Sp. 129–172.

Cap. 24, PL 42, 168	T 361v

De adulterinis coniugiis libri duo, PL 40, Paris 1887, Sp. 451–486.

Lib. 1, cap. 27, PL 40, 470	T 135v

Lib. 1, cap. 16, PL 34, 185f. — T [238]v

In heptateuchum locutionum libri septem, PL 34, Paris 1887, Sp. 485–546.

Lib. 2, PL 34, 507 — T [223]r

Quaestionum in heptateuchum libri septem, PL 34, Paris 1887, Sp. 547–824.

Lib. 2,	quaest. 21,	PL 34,	602f.	T 320v
Lib. 2,	quaest. 93,		630	V 176v
Lib. 4,	quaest. 50,		742	T 165v
Lib. 5,	quaest. 38,		764	T 6r
Lib. 6,	quaest. 27,		790	V 176v
Lib. 7,	quaest. 50,		822	T 10v

De moribus ecclesiae catholicae et de moribus Manichaeorum, PL 32, Paris Sp. 1309–1378.

Lib. 2, cap. 17, PL 32, 1368ff. — T 1v

De peccatorum meritis et remissione et de baptismo paruulorum libri tres, PL 44, Paris 1865, Sp. 109–200.

Lib. 1, cap. 32, PL 44, 145 — T 316v

Enarrationes in psalmos, PL 36 und 37, Paris 1861 und 1845.

	En. in ps. 10,	PL 36,	131	V 100r
	En. in ps. 16,		146	V 14v
	En. in ps. 17,		152	T 123v
1.	En. in ps. 21,		168	T 80r
2.	En. in ps. 21,		176	T [217]r
	En. in ps. 28,		213	T [271]v
2.	En. in ps. 31,		272	T 151r
	En. in ps. 36, sermo 2,		369f.	T 362r
	En. in ps. 41,		465f.	T 122r
	En. in ps. 41,		475	T 362r
	En. in ps. 44,		508	T [207]v
	En. in ps. 46,		530	T 341v
	En. in ps. 54,		634	V 69r
	En. in ps. 56,		667	T [249]r
	En. in ps. 57,		679f.	T 340r f.
	En. in ps. 58, sermo 1,		698	V 95v
	En. in ps. 58, sermo 1,		702	T [211]v
	En. in ps. 65,		791f.	F 50v
	En. in ps. 66,		805	T 362v
	En. in ps. 67,		823	V 66v
	En. in ps. 67,		833	T [212]r
	En. in ps. 75,		964	T 153r
	En. in ps. 77,		1000	T 355v
	En. in ps. 77,		1000	V 168r
	En. in ps. 78,		1013	V 10v
	En. in ps. 79,		1025	V 139v

En. in ps. 83,	PL 37,	1060	V 100r
En. in ps. 90, sermo 2,		1168	T [245]v
En. in ps. 90, sermo 2,		1168	T 344v
En. in ps. 101, sermo 1,		1299f.	V 144r
En. in ps. 102,		1323f.	V 109v
En. in ps. 103, sermo 3,		1375	T [246]r
En. in ps. 103, sermo 4,		1385	F 43v
En. in ps. 113, sermo 1,		1479	T 47r
En. in ps. 117,		1497	V 187r
En. in ps. 139,		1806	T 332v
En. in ps. 146,		1912	T 152v

Questionum evangeliorum libri duo, PL 35, Paris 1845, Sp. 1321–1364.

Lib. 1, quaest. 36,	PL 35,	1330	V 95r
Lib. 1, quaest. 42,		1331	V 111r
Lib. 2, quaest. 2,		1333f.	F 12v
Lib. 2, quaest. 33,		1344f.	T 137r
Lib. 2, quaest. 33,		1346	T 93r
Lib. 2, quaest. 33,		1347f.	T 115v

Quaestionum septemdecim in evangelium secundum Matthaeum, PL 35, Paris 1845, Sp. 1365–1380.

Quaest. 5, PL 35, 1365 — T 298v

De diversis quaestionibus LXXXIII liber unus, PL 40, Paris 1887, Sp. 11–100.

Quaest. 81, PL 40, 97 — F 14r

Sermones, PL 38 und 39, Paris 1865, Sp. 32–1638.

Sermo 26, cap. 10,	PL 38,	176	T 178v
Sermo 82, cap. 11,		512	V 133r
Sermo 100, cap. 1,		603	T 298v
Sermo 112, cap. 3,		644	T 67r
Sermo 137, cap. 10,		761	T [280]r
Sermo 142,		1139f.	F 18v

Sermones ,dubii'

Sermo 364	PL 39,	1640f.	V 185r
[= sermo S. Caesarii 118],		1641	T 295r
		1641	T 301v

De sermone Domini in monte secundum Matthaeum libri duo, PL 34, Paris 1884, Sp. 1229–1308.

Lib. 2, cap. 5,	PL 34,	1277	V 6v
Lib. 2, cap. 20,		1300	T 135v
Lib. 2, cap. 20,		1300	T [218]r
Lib. 2, cap. 24,		1306	T 25v

De trinitate libri quindecim, PL 42, Paris 1886, Sp. 819–1098.

Lib. 2, cap. 6,	PL 42,	851f.	V 54r
Lib. 2, cap. 7,		853	V 54r

Lib. 3,	cap. 7,	875	T 320r
Lib. 3,	cap. 8,	876	V 184v
Lib. 3,	cap. 10,	880	T 318r
Lib. 3,	cap. 10,	880	T 319r

Pseudo-Augustinus

Expositio in apocalypsim, PL 35, Paris 1845, Sp. 2423–2460.

Hom. 4,	PL 35,	2423f.	T [242]v
Hom. 13,		2439f.	T 356v

Adversus Fulgentium Donatistam, PL 43, Paris 1865, Sp. 763–774.

PL 43, 768f. — V 189r

Contra Maximum haereticum Arianorum episcopum libri duo, PL 42, Paris 1886, Sp. 743–814.

Lib. 1, cap. 19, PL 42, 756f. — V 54r

De mirabilibus sacrae scripturae libri tres, PL 35, Paris 1845, Sp. 2149–2202. (Augustinus ‚Hibernicus')

Lib. 1,	cap. 4,	PL 35,	2155	F 8r
Lib. 1,	cap. 4,		2155	F 19v
Lib. 1,	cap. 14,		2162	T 50v
Lib. 1,	cap. 17,		2164	T 318v
Lib. 1,	cap. 19,		2166	T 360v
Lib. 1,	cap. 27,		2170	V 83r
Lib. 1,	cap. 27,		2170	V 83v
Lib. 1,	cap. 34,		2172	T 165r f.
Lib. 2,	cap. 6,		2177	T [255]r
Lib. 2,	cap. 15,		2180f.	V 128v
Lib. 2,	cap. 23,		2183f.	T [276]v
Lib. 2,	cap. 26,		2185	T 145v
Lib. 2,	cap. 32,		2191	T [238]v
Lib. 3,	cap. 2,		2193	V 184r
Lib. 3,	cap. 5,		2195	V 53v
Lib. 3,	cap. 15,		2200	F 19v

Sermones spurii, PL 39, Paris 1865, Sp. 1735–2354.

Sermo 20,	PL 39,	1781	T 380v
Sermo 21,		1784	V 188r
Sermo 32,		1808	T 315v
Sermo 32,		1808	T 316v
Sermo 47,		1838	V 159r

De spiritu et anima liber unus, PL 40, Paris 1887, Sp. 779–832.

Cap. 56, PL 40, 821 — T 375r

Liber exhortationis, vulgo de salutaribus documentis ad quemdam comitem, PL 40, Paris 1887, Sp. 1047–1078.

Cap. 28, PL 40, 1057 — T 323v f.

Basilius Caesar

Homilia in sanctam Christi generationem, PG 31, Paris 1885, Sp. 1457–1476.

PG 31, 1471	T [253]v

Homiliae in hexaemeron, PG 29, Turnhout (1959), Sp. 4–208.

Hom. 3,	PG 29,	75	VIII
Hom. 7,		151f.	F 25v f.
Hom. 7,		155	F 44r
Hom. 7,		158	F 25v f.
Hom. 7,		159	T 343v
Hom. 7,		162	F 10r
Hom. 8,		167f.	V 5v
Hom. 8,		171	V 85v
Hom. 8,		174	V 179r
Hom. 8,		175	V 151r
Hom. 8,		175	V 146r
Hom. 8,		175	V 147v
Hom. 8,		175f.	V 155v
Hom. 8,		178f.	V [104]v
Hom. 8,		179	V 120r
Hom. 8,		182	V 124v
Hom. 8,		182f.	V 164r
Hom. 8,		183	V 7r
Hom. 8,		183	V 122v
Hom. 9,		191	T [231]v
Hom. 9,		191	T 292r
Hom. 9,		191	T 292v
Hom. 9,		194	T 358v
Hom. 9,		194f.	T 362v
Hom. 9,		198f.	T [226]r
Hom. 9,		199	T 141r
Hom. 9,		199	T [265]v
Hom. 9,		199	T 341r
Hom. 9,		202	T [206]v
Hom. 9,		203	T [245]r

Homiliae super psalmos, PG 29, Turnhout (1959), Sp. 209–494.

Ps. 14,	PG 29,	274	T 141r
Ps. 28,		295	T 94v
Ps. 28,		295f.	T [271]v f.
Ps. 28,		299	T 121r f.

Homilia in principium proverbiorum, PG 31, Paris 1885, Sp. 385–424.

PG 31, 399	T 323r

Homilia exhortatoria ad sanctum baptisma, PG 31, Paris 1885, Sp. 424–444.

PG 31, 438f.	V 85v

Sermones ‚De moribus' a Symeone Metaphrasta collecti, PG 32, Paris 1886, Sp. 1116–1381.

Sermo 18 [de invidia et malevolentia], PG 32, 1343	T [269]r f.

Pseudo-Basilius

Epistulae, PG 32, Paris 1886, Sp. 220–1112.

Epist. 16 [contra Eunomium], PG 32, 279f.	T 365r

In psalmum XXVIII homilia secunda, PG 30, Paris 1888, Sp. 163–618.

PG 30, 79	T [272]r f.

Beda Venerabilis

Explanatio apocalypsis, PL 93, Paris 1862, Sp. 129–206.

Lib. 3, cap. 16, PL 93, 180f.	T 356v

In Lucae evangelium expositio, PL 92, Paris 1862, Sp. 301–634.

Lib. 4,	cap. 13,	PL 92,	509	T 300r
Lib. 6,	cap. 22,		607	V 91r
Lib. 6,	cap. 24,		631	F 19v f.

Bernhard von Clairvaux

(?)	T 188r

Bonaventura

Sermones de tempore et de sanctis in: S. Bonaventurae opera omnia, hg. von David Fleming, Bd. 9, Quaracchi 1901.

(?)	V 59v
(?)	V 108r

Johannes Brenz

Opera Joannis Brentii, 8 Bde, Tübingen 1576–1590.

In Genesim Commentarius, cap.	1,	Bd I,	16	V 5r
	21,		191	T 48v
	27,		228	T 114v
	41,		306	T 91r
	49,		342	T [120]v
In Exodum Commentarius, cap.	4,	Bd I,	391	T 175v
	8,		412	T 355r
	8,		414	T 381r
	10,		424f.	V 167r
	16,		461f.	T 372v
	21,		493	T 73r
	23,		507	V 177r
	25,		514	T 106v

In Leviticum Commentarius,	cap.	3,	Bd I,	762	T 60r
		3,		762f.	T 60r
		5,		768	V 47v
		5,		770	V 48r
		5,		771	V 48v
		5,		775	T 34v
		14,		822	V 49v
		17,		832f.	V 33v
		22,		879	T 105r
In Numeros Commentarius,	cap.	7,	Bd I,	932	T 40r
		11,		940	F 29r
		13,		948	V 172r f.
		19,		968	T 87r
		23,		979f.	T 79r
		24,		983	T [273]r
In Deuteronomium Commentarius,	cap.	22,	Bd I,	1071	V 34r
		22,		1072	T 74r
		23,		1077	T [211]r
In Josuam Commentarius prior,	cap.	9,	Bd II,	17	T 171v
		15,		72	T 176r
In librum Judicum Commentarius,	cap.	6,	Bd II,	125	T 81r
		7,		132	V 171r
		10,		146f.	T 169v
		15,		163	T 170v
		19,		177	T 177r
		19,		179	T 176v
		19,		179f.	T 177r
Homiliae in librum I Samuelis,	hom.	18,	Bd II,	304	T 353r
		23		343	T 42v
		35		437	T 70r
		54		584f.	T 93v
		in cap. 19,	Bd II,	657	T 109r
		in cap. 24,		679	T [221]r
		in cap. 26,		709	T 382v
		in cap. 30,		722	T 193r
Commentarius in librum II Samuelis,	cap.	2,	Bd II,	735f.	T 126r
		16,		806	T [223]r
		17,		810	T 174r
		21,		827	V 41r
Commentarius in librum I Regum,	cap.	10,	Bd II,	885f.	T [208]v
		10,		886	V 87v
		13,		906	T [235]v
		20,		959	T [236]v

Commentarius in librum II Regum,	cap.	2,	Bd II,	984	T [148]r
		2,		985	T [276]v
		2,		985	T [276]v
		5,		998	T 182r
		8,		1009	T 190r
		8,		1010f.	T [222]v
		17,		1053	T [234]v
		18,		1054	T 317r
Annotationes in Job,	cap.	4,	Bd III,	23	T [257]v
		8,		48	T 368v
		12,		69f.	F 9v
		12,		70	V 7v
		17,		96	T 374r
		20,		106	T 334v
		27,		130	T 369r
		28,		131	V 16r
		39,		175	T [239]v
		39,		176	T [270]v
		39,		177	V 136r
		39,		178	T 151v
		40,		181	T [202]v
		40,		182	T [203]r
		40,		182	T [203]v
		40,		182	T [204]v
		41,		185	F 58v
		41,		185	F 59v
		41,		186	F 60v
In librum Psalmorum explicationes,	Ps.	7,	Bd III,	225	T [247]r
		22,		307	T [248]v
		32,		403f.	T 150r
		42,		514	T 122v
		58,		688	T 332v
		58,		689	T [249]v
		58,		690	T 358r
		59,		698	T [220]r
		74,		857	V 77r
		80,		916	T 139v
		84,		940	V 22r
		84,		940	V 155r
		92,		991	T [273]r
Explicatio Ecclesiastae Salomonis,	cap.	9,	Bd IV,	89	T [227]r
		9,		96	V 26r

		9,		96		F 28r
		12,		120		V 173v
Commentarius in Isaiam,	cap.	2,	Bd IV,	178		T 357v
		7,		208		V 185v
		7,		208		V 189v
		14,		281f.		T 308r
		15f.,		284		T 89r
		15f.,		285		V 37r
		18,		302f.		V 11v
		19,		307		F 40v
		31,		403		T [237]v
		40,		496		T 46v
		41,		512		T 371v
		46,		593		V 34v
		59,		755		T 346r
		59,		755		T 367r
		60,		770		V 67v
		65,		851		T 321v
		66,		865		T 131r
		66,		865		T 352r
Annotationes in Jeremiam,	cap.	5,	Bd IV,	879		T [268]r
		51,		948		T 309v
Expositio in prophetam Hoseam,	cap.	8,	Bd IV,	1035		T 99v
Expositio in prophetam Amos,	cap.	1,	Bd IV,	1096		T [232]v
		3,		1113		T [233]r
		3,		1113		V [13]r
		3,		1115		T [238]r
Expositio in prophetam Jonam,	cap.	4,	Bd IV,	1185		F 46r
Homiliae in Lucae Evangelium,	cap.	2,	hom.	15, Bd V,	600	V 80v
		13,		5,	1146	T 299v
		13		5,	1148	V 94r
		17		20,	1251	V 110r
Homiliae in Johannis Evangelium,	cap.	2,	hom.	23, Bd VI,	123	V 52v
		10,		79,	425	T [280]r
		13,		22,	556	V 89v

Abraham Bucholzer

Isagoge Chronologica. Id est: Opusculum ad annorum seriem in sacris Bibliis contexendam, compendio viam monstrans [. . .] *Accessit Index chronologicus a mundo conditio ad annum Christi 1580 deductus. Santandrea 1596.*

S. 126 V 114r

Johannes Bugenhagen (Pomerius)

Joannis Bugenhagii Pomerani annotationes ab ipso iam emissae. In Deuteronomium. In Samuelem prophetam, id est duos libros Regum. Ab eodem praeterea conciliata ex Evangelistis historia passi Christi & glorificati, cum annotationibus. Indice adiecto. Basel: Adam Peter, 1524.

S. 41	V 177v

Johannes Calvin

Joannis Calvini opera omnia in IX tomos digesta. [. . .] Amsterdam: Schipper, 1671.

Commentarius in Genesim,	cap. 36,	Bd I,	186	T 181r
Commentarius in Jesaiam,	cap. 38,	Bd III,	241f.	T [236]v f.
	38,		242	V 154v

M. Tullius Cicero

De natura deorum lib. III, hg. von A. Stanley Pease. 2 Bde Cambridge, Mass. 1955–58.

Lib. III, cap. 15, § 39	F 11v

Cyprianus

Ad Fortunatum (de exhortatione martyrii), PL 4, Paris 1891, Sp. 677–702.

Cap. 11,	PL 4,	695	T 133r
Cap. 11,		699	T 132v

Pseudo-Cyprianus

Epistula ad Magnum, PL 3, Paris 1886, Sp. 1183–1200.

PL 3, 1198	T 348r

Anonymi tractatus ad Novatianum haereticum, PL 3, Paris 1886, Sp. 1255–1268.

PL 3,	1257	V 132v
	1259	V 63r

Christianus Druthmarus

Expositio in Matthaeum evangelistam, PL 106, Paris 1864, Sp. 1261–1504.

Cap. 28, PL 106, 1406	F 35r

Epiphanius von Salamis

Panarium, sive arcula adversus octoginta haereses, PG 41, Paris 1863, Sp. 173–1199.

Lib. 1,	tom. 3,	haer. 40,	PG 41,	682	V 189v
Lib. 2,	tom. 1,	haer. 64,		1179	T 145r
(?)					VIII

Erasmus von Rotterdam

Opera omnia [. . .] hg. von B. Rhenanus. 9 Bde, Basel 1540.

In evangelium Matthaei paraphrasis, Bd 7, 81 (zu Matth. 19, 24)	T 188r

Eusebius von Caesarea
Praeparatio evangelica, PG 21, Paris 1857, Sp. 21–1408.

Lib. 2,	cap. 1,	PG 21,	103	T [228]v
Lib. 8,	cap. 9,		630f.	V 102v f.

Christoph Fischer
Harmonia Evangelistarum, Das ist/ Die Gantze Evangelische Historien von unserm lieben einigen Heiland Jhesu Christo/ oͤrdentlich aus den vier Evangelisten in eine Historien zusamen gebracht/ in Fuͤnff Buͤcher geteilet und einfeltig erkleret/ durch M. Christofferum Fischer [. . .] *Vissen: Michael Kröner, 1577.*

Bl. 112v	T 283r

Glosa (ordinaria) s. Anselm von Laon

Gregor der Große
Moralium libri sive expositio b. Job, PL 75, Paris 1902, Sp. 509–1162 und PL 76, Paris 1878, Sp. 9–782.

Lib. 4,	cap. 9,	PL 75,	644f.	F 63r
Lib. 4,	cap. 9,		645	F 56r
Lib. 9,	cap. 33,		886f.	V 113r
Lib. 11,	cap. 3f.,		955f.	F 11r
Lib. 11,	cap. 4,		956	V 7v
Lib. 18,	cap. 34,	PL 76,	67	V 119v
Lib. 20,	cap. 39,		183	V 139v
Lib. 26,	cap. 17,		363f.	V 29v
Lib. 27,	cap. 18,		421	T 161v
Lib. 30,	cap. 3,		527–532	V 91r
Lib. 31,	cap. 8,		578	V 139r
Lib. 31,	cap. 20–22,		593f.	V 138v
Lib. 31,	cap. 25,		599f.	V 168r
Lib. 31,	cap. 46,		623f.	V 117v
Lib. 31,	cap. 47–53		625–631	V 105v
Lib. 32,	cap. 7,		640	V 74r
Lib. 33,	cap. 9,		682	F 56r
Lib. 33,	cap. 9,		682	F 56v f.
Lib. 33,	cap. 15,		691f.	V 30r
Lib. 33,	cap. 17,		694	F [57]v
Lib. 33,	cap. 24,		701f.	F 58r
Lib. 33,	cap. 26,		702f.	F 59r
Lib. 33,	cap. 26f.		703	F 59r
Lib. 33,	cap. 29,		707f.	T 351r
Lib. 33,	cap. 30,		708	F 60r
Lib. 33,	cap. 33,		710	F 60v

Lib. 33,	cap. 37,		714	V 168r
Lib. 34,	cap. 2,		718	F 61v
Lib. 34,	cap. 6,		724	F 62r f.

Homiliarum in Evangelica libri duo, PL 76, Paris 1849, Sp. 1075–1314.

Lib. 2, hom. 34, PL 76, 1247	T 20v

Hesychius

Commentarius in leviticum, PG 93, Paris 1865, Sp. 787–1180.

Lib. 1,	cap. 1,	PG 93,	798f.	T 60r
Lib. 1,	cap. 1,		799	T 13r
Lib. 1,	cap. 1,		802	V 76v
Lib. 1,	cap. 3,		817	T 105v
Lib. 2,	cap. 7,		867	V 33r
Lib. 2,	cap. 8,		882f.	T [52]r
Lib. 3,	cap. 11,		904	T 140v
Lib. 3,	cap. 11,		904	T 350r
Lib. 3,	cap. 11,		905	T 183v
Lib. 3,	cap. 11,		906	T 130v
Lib. 3,	cap. 11,		909	V 103r
Lib. 3,	cap. 11,		910	V 118v
Lib. 3,	cap. 11,		910	V 120r
Lib. 3,	cap. 11,		910	V 121v
Lib. 3,	cap. 11,		910	V 123v
Lib. 3,	cap. 11,		910	V 124v
Lib. 3,	cap. 11,		910	V 126r
Lib. 3,	cap. 11,		910	V 135v
Lib. 3,	cap. 11,		910	V 122r
Lib. 3,	cap. 11,		910	V 123r
Lib. 3,	cap. 11,		910f.	V 126v
Lib. 3,	cap. 11,		912	V 161v
Lib. 3,	cap. 11,		914f.	T 350r
Lib. 3,	cap. 11,		915	T 350v
Lib. 3,	cap. 11,		915	T 351v
Lib. 3,	cap. 11,		915f.	T 357r
Lib. 4,	cap. 12,		925f.	V 75r
Lib. 4,	cap. 14,		958	T 59v
Lib. 5,	cap. 17,		1035	V 32r
Lib. 6,	cap. 19,		1035	V 32r
Lib. 6,	cap. 22,		1073	T 105r

Hieronymus Stridonensis presbyter

Liber quaestionum hebraicarum in genesim, PL 23, Paris 1883, Sp. 983–1062.

PL 23, 1036	T 30r

Commentarius in ecclesiasten, PL 23, Paris 1883, Sp. 1061–1174.

PL 23,	1143	F 28v
	1148f.	T 160r
	1149	T 335r
	1151f.	T 333v
	1156	V 35r

Commentarius in Isaiam libri XVIII, PL 24, Paris 1845, Sp. 17–678.

Lib. 1,	cap. 1,	PL 24,	26	T 65v
Lib. 1,	cap. 1,		34	T 12r
Lib. 1,	cap. 2,		52	T 304r
Lib. 2,	cap. 2,		55	V 126v
Lib. 2,	cap. 5,		90	T [234]r
Lib. 4,	cap. 11,		148	T [243]v
Lib. 4,	cap. 11,		148	T 339r
Lib. 5,	cap. 14,		159	T 310v
Lib. 5,	cap. 14,		166	T 347r
Lib. 5,	cap. 16,		169	T 89r
Lib. 7,	cap. 21,		263	T [240]r
Lib. 10,	cap. 31,		350	V 14r
Lib. 10,	cap. 31,		356	T [237]r
Lib. 10,	cap. 32,		362	T 62v
Lib. 10,	cap. 34,		373	T 311r
Lib. 12,	cap. 40,		412	V 109r
Lib. 12,	cap. 41,		416	T 371r
Lib. 13,	cap. 46,		452f.	V 34v
Lib. 15,	cap. 56,		544	T [215]v
Lib. 17,	cap. 60,		591	T 184r
Lib. 18,	cap. 65,		651	T [244]r, T 3
Lib. 18,	cap. 66,		653f.	T 61v
Lib. 18,	cap. 66,		654	T [211]r
Lib. 18,	cap. 66,		670f.	T 149v
Lib. 18,	cap. 66,		676	T 375r

In Hieremiam prophetam libri VI, PL 24, Paris 1845, Sp. 679–900.

Lib. 1,	cap. 4,	PL 24,	711	V 8r
Lib. 1,	cap. 5,		714	T [267]v
Lib. 1,	cap. 5,		715	T 161r
Lib. 2,	cap. 5,		719	V 38r
Lib. 2,	cap. 10,		751	T 312r
Lib. 3,	cap. 12,		760	T [250]r
Lib. 3,	cap. 12,		761	V 87r
Lib. 3,	cap. 13,		768	T [266]v
Lib. 3,	cap. 14,		770	T 128r
Lib. 3,	cap. 14,		770	T 313r

Lib. 3,	cap. 15,		775	T [224]r
Lib. 3,	cap. 17,		789f.	V 44r
Lib. 4,	cap. 22,		815	T 174v

Commentarii in Ezechielem, PL 25, Paris 1884, Sp. 15–490.

Lib. 1,	cap. 2,	PL 25,	33	T 349r
Lib. 7,	cap. 22,		213	T [246]v
Lib. 11,	cap. 34,		329	T 24r
Lib. 11,	cap. 34,		331	T 55v
Lib. 14,	cap. 47,		474	F 24r

Commentarii in Danielem, PL 25, Paris 1884, Sp. 491–584.

Cap. 6,		PL 25,	526	T [238]v
Cap. 6,			526	T [239]r
Cap. 7,			528	T [260]v
Cap. 7,			529	T [278]r

Commentarii in Osee, PL 25, Paris 1884, Sp. 815–946.

Lib. 1,	cap. 4,	PL 25,	847	V 9r f.
Lib. 1,	cap. 4,		855	T 88r
Lib. 2,	cap. 5,		864	T 377r
Lib. 2,	cap. 7,		879	V 71r
Lib. 2,	cap. 9,		897	V 37v
Lib. 3,	cap. 11,		921	T [240]v
Lib. 3,	cap. 12,		929	T 358v
Lib. 3,	cap. 13,		934f.	T [274]v
Lib. 3,	cap. 14,		942	T 77v
Lib. 3,	cap. 14,		942	T 156r

Commentarii in Joelem, PL 25, Paris 1884, Sp. 947–988.

Cap. 1, PL 25, 953	T 359v

Commentarii in Amos, PL 25, Paris 1884, Sp. 989–1096.

Lib. 1,	cap. 3,	PL 25,	1017	T [233]r
Lib. 1,	cap. 3,		1020	T [238]r
Lib. 1,	cap. 3,		1022	T [209]v
Lib. 3,	cap. 6,		1061	T [210]r

Commentarii in Jonam, PL 25, Paris 1884, Sp. 1017–1152.

Cap. 4, PL 25, 1149f.	T 373r

Commentarii in Naum, PL 25, Paris 1884, Sp. 1231–1272.

Cap. 2,		PL 25,	1246	V 73r
Cap. 2,			1252	T [261]r

Commentarii in Abacuc, PL 25, Paris 1884, Sp. 1273–1338.

Lib. 1,	cap. 1,	PL 25,	1288	F [21]v
Lib. 2,	cap. 3,		1318	T 144r
Lib. 2,	cap. 3,		1331	T 144v
Lib. 2,	cap. 3,		1336	T 123v f.

Commentarii in Sophoniam, PL 25, Paris 1884, Sp. 1337–1388.

Cap. 2,	PL 25,	1370f.	V 134r
Cap. 3,		1373	T [259]r
Cap. 3,		1374	T [259]v
Cap. 3,		1374	T 291r
Cap. 3,		1376	T [259]v
Cap. 3,		1377	V 123r

Commentarii in Zachariam, PL 25, Paris 1884, Sp. 1415–1452.

Lib. 1,	cap. 1,	PL 25,	1424	T 143r
Lib. 2,	cap. 5,		1451	V 123v
Lib. 3,	cap. 11,		1500	T [260]r
Lib. 3,	cap. 11,		1507	T 24v
Lib. 3,	cap. 14,		1534	T 181v
Lib. 3,	cap. 14,		1535	T 184v
Lib. 3,	cap. 14,		1535	T 166v
Lib. 3,	cap. 14,		1539f.	T 151r

Commentarii in evangelium Matthaei, PL 26, Paris 1884, Sp. 15–228.

Lib. 1,	cap. 3,	PL 26,	30	T 191r
Lib. 1,	cap. 7,		48	T 135v
Lib. 1,	cap. 7,		49	T 25v
Lib. 1,	cap. 7,		49	T 282r
Lib. 1,	cap. 10,		66	T 323r
Lib. 1,	cap. 10,		66	V 67v
Lib. 2,	cap. 13,		93	V 28r
Lib. 3,	cap. 17,		132	F 34v
Lib. 3,	cap. 17,		132	F 35v
Lib. 3,	cap. 19,		144	T 184v
Lib. 3,	cap. 21,		157	T 51v
Lib. 4,	cap. 23,		178	T 188v

Epistulae, PL 22, Paris 1854, Sp. 325–1191.

Epist. 140 (ad Cyprianum Presbyterum), PL 22, 1174f. T 368r

Adversus Jovianum, PL 23, Paris 1883, Sp. 221–352.

Lib. 2, PL 23, 308 V 162r

Dialogi contra Pelagianos libri III, PL 23, Paris 1883, Sp. 517–618.

Lib. 2, PL 23, 592 T [266]v

Vita Malchi, PL 23, Paris 1883, Sp. 55–62.

PL 23, 59 T 364r

Pseudo-Hieronymus

Commentarii in librum Job siehe *Philippus Presbyter.*

Breviarium in psalmos, PL 26, Paris 1884, Sp. 849–1382.

Ps. 17,	PL 26,	921	T 123v
Ps. 19,		928	T 153r
Ps. 21,		931	T 119r

Ps. 21,	933	T 370r
Ps. 21,	933	T 80r
Ps. 21,	935	T [273]r
Ps. 28,	955	T 94v
Ps. 28,	955	T [271]v
Ps. 28,	956	T 121r
Ps. 32,	973	T 152v
Ps. 41,	1006	T 121v
Ps. 44,	1016	T [207]v
Ps. 54,	1041	V 68v
Ps. 56,	1047	T [249]r
Ps. 56,	1047	V 14v
Ps. 57,	1050	T [249]v
Ps. 71,	1090	T 15v
Ps. 77,	1115	T 355v
Ps. 79,	1120	T 139v
Ps. 83,	1136	V 22v
Ps. 89,	1159	T 369v
Ps. 101,	1195	V 126r
Ps. 102,	1201	T 141v
Ps. 103,	1202	F 43v f.
Ps. 104,	1206	T 355v
Ps. 123,	1282	V 25r
Ps. 146,	1332	T 152r

Commentarii in Proverbia Salomonis, in: Omnium operum divi Eusebii Hieronymi Stridonensis [. . .] *cum argumentis et scholiis Des. Erasmi Roterdami* [. . .], *8 Bde, Basel: Froben, o.J., Bd 7,* [*1516*].

Prov. 1,	Bd 7,	fol.	2vb f.	V 42r f.
Prov. 5,			7ra	T 127r
Prov. 5,			7rb	T 127v
Prov. 6,			7va	V 43v
Prov. 7,			8vb	T 74v
Prov. 11,			11va	T 140r
Prov. 17,			16va	T 277v
Prov. 21,			20ra	T 152r
Prov. 22,			20va	T 264r
Prov. 26,			24ra	V 158r
Prov. 27,			24vb	V 43r
Prov. 27,			25rb	T 38r
Prov. 27,			25rb f.	T 115r
Prov. 27,			25va	T 108r
Prov. 28,			25va	T 245r
Prov. 30,			27rb	F 64v

Prov. 30,	27rb f.		V 134v
Prov. 30,	27va		T 332r
Prov. 30,	27va f.		T 142r

(?)	T 62r
(?)	T 169r
(?)	T [220]r
(?)	T [251]v
(?)	T [275]r
(?)	T 289v
(?)	T 303r
(?)	T 303r
(?)	T 336v
(?)	V 34v
(?)	V 114v
(?)	V 117r
(?)	V 142v
(?)	V 168r

Hilarius von Poitiers

Tractatus super psalmos, PL 9, Paris 1844, Sp. 231–908.

Ps. 56,	PL 9,	363f.	V 14v
Ps. 60,		392	V 15r
Ps. 62,		406	T 295r

Commentarius in evangelium Matthaei, PL 9, Paris 1844, Sp. 917–1076.

Cap. 2,	PL 9,	925	T 191v f.
Cap. 2,		925	V 163v
Cap. 2,		927	V 56v
Cap. 6,		951	T [218]r
Cap. 10,		970	T 322v
Cap. 10,		973	V 99v
Cap. 14,		1001	F 17v f.
Cap. 19,		1027	T 191v f.
Cap. 21,		1036	V 51v

Honorius von Autun

(?)	V 109v

Hrabanus Maurus

Ennarrationum in librum numerorum libri IV, PL 108, Turnhout 1963, Sp. 587–838.

Lib. 2, cap. 8, PL 108, 661	V 84v

Commentaria in libros II paralipomenon, PL 109, Turnhout 1963, Sp. 279–540.

Lib. 3,	cap. 9,	PL 109,	477	T [209]r
Lib. 3,	cap. 9,		479	T 304r

Hugo von St. Chér

Hugonis de Sancto Charo Cardinalis Opera omnia. 8 Bde, Lyon: Hugueton & Barbier, 1669.

Liber Levitici,	cap. 11	Bd 1,112	V 118v
	11	112	V 119r
	11	112	V 121r
	11	112	V 121v
	11	112	V 122r
	11	112	V 122v
	11	112	V 123r
	11	112	V 123v
	11	112	V 125r
	11	112	V 135v
	11	112	V 147r
Liber Judicum,	cap. 2	Bd 1,193	F 4r
	14	209	V 185r
Liber III Regum,	cap. 10	Bd 1,275	V 88r
Liber Tobiae,	cap. 2	Bd 1,375	V 159v
Liber Psalmorum,	Ps. 7	Bd 2,14	T [246]r
	8	17	T 62v
	21	48	T 370v
	41	109f.	T 125r
	43	114	T 38v
	49	130	T 112v
	51	135	F 28v
	54	139	V 72r
	57	149	T [213]v
	61	154	F 4r
	62	158	T 298v
	73	190	T 307r
	77	205	V 168r
	77	205	V 168v
	77	208	T [274]r
	82	219	T 291r
	83	220f.	V 100v
	83	221	V 80r
	90	243	T 338v
	90	243	T 346v
	104	273	F 40r
	117	300	V 187r

LXX*

Liber Proverbiorum,	cap. 20	Bd 3,45	F 4r
	30	65	V 135r
	30	65	F 64v
Liber Ecclesiastes,	cap. 10	Bd 3,98	V 189r
Liber Cantici Canticorum,	cap. 2	Bd 3,116f.	T 124v
	5	131	V 130v
Liber Ecclesiastici,	cap. 11	Bd 3,192	V 178v
	30	230	T 161r
Liber Isaiae,	cap. 7	Bd 4,21	V 185r
	22	51	V 93r
	27	58	F 56v
	34	76	V 121r
	38	85	V 160r
	53	126	T 45v
Liber Jeremiae,	cap. 25	Bd 4,239	V 73v
Liber Ezechielis,	cap. 17	Bd 5,65	V 111v
	38	122	F 39v
Liber Sophoniae,	cap. 2	Bd 5,209	V 134r
Evangelium secundum Matthaeum,	cap. 23	Bd 6,75	V [79]v
Evangelium secundum Lucam,	cap. 6	Bd 6,152	V 62r
	8	180	T 139r
	12	209	V 133v
	19	247	T 163r
	22	265	V 91v
Epistola ad Phillippenses,	cap. 4	Bd 7,187	F [65]v
Liber Apocalypsis,	cap. 9	Bd 7,394	V 170r

Irenäus

Adversus haereses libri V, PG 7, Paris 1857, Sp. 433–1224.

Lib. 5,	cap. 8,	PG 7,	1143	T 9v
Lib. 5,	cap. 8,		1143	T 140v
Lib. 5,	cap. 30,		1205	T 336r

Isidor von Sevilla

Etymologiarum libri XX, PL 82, Paris 1850, Sp. 9–728.

Lib. 12,	cap. 1,	PL 82,	433	T 180v
Lib. 12,	cap. 2,		435	T [266]r
Lib. 12,	cap. 2,		435	T [266]v
Lib. 12,	cap. 3,		441	T 351r
Lib. 12,	cap. 8,		470	V 184r

Mysticorum expositiones sacramentorum, seu quaestiones in vetus testamentum, PL 83, Paris 1862, Sp. 207–442.

In Exod., cap. 14, PL 83, 293 — V 188r

Iohannes Chrysostomus

Homiliae 1–67 in genesim, PG 53, Paris 1862, Sp. 21–385, PG 54, Paris 1862, Sp. 385–580.

Hom. 16,	PG 53,	128	T 133v f.
Hom. 16,		129	T 329r
Hom. 37,		343f.	T 84v
Hom. 41,		382	T 102r
Hom. 48,	PG 54,	437	T 195r
Hom. 48,		439	T 196v
Hom. 55,		481f.	T 29r
Hom. 57,		496	T 30r
Hom. 57,		502	T 197v
Hom. 67,		574	T 162r
Hom. 67,		574	T [252]v

In Matthaeum homiliae 1–90, PG 57, Paris 1862, Sp. 13–472, PG 58, Paris 1862, Sp. 471–794.

Hom. 4,	PG 57,	49f.	T [262]v
Hom. 11,		193f.	T 341r
Hom. 12,		205	V 55v
Hom. 12,		205	V 57r
Hom. 22,		297f.	V [28]v
Hom. 24,		311	T 133v f.
Hom. 24,		311	T [217]v
Hom. 29,		354	T 138r
Hom. 29,		355	T 139r
Hom. 32,		376	T 369v
Hom. 34,		389	T 287v
Hom. 34,		390	T 324r
Hom. 50,	PG 58,	498	F 17v
Hom. 59,		567f.	F 34r
Hom. 70,		653f.	T 364v
Hom. 75,		682	V 96v

In Iohannem homiliae 1–88, PG 59, Paris 1862, Sp. 23–482.

Hom. 26,	PG 59,	159	T 314v
Hom. 86,		472	T 166r

In acta apostolorum homiliae 1–55, PG 60, Paris 1862, Sp. 30–384.

Hom. 27, PG 60, 205 T 376r

In epistulam I ad Corinthios argumentum et homiliae 1–44, PG 61, Paris 1862, Sp. 9–382.

Hom. 21, PG 61, 173 T 63r

In epistulam I ad Timotheum argumentum et homiliae, PG 62, Paris 1862, Sp. 501–600.

Hom. 15,	PG 62,	581	T 63v

Hom. 15, 581 T 64r

In epistulam II ad Timotheum homiliae 1–10, PG 62, Paris 1862, Sp. 599–662.

Hom. 10, PG 62, 657 T [239]r

De Chananaea, PG 52, Paris 1859, Sp. 449–460.

PG 52, 457 T [211]v

Ad Demetrium de compunctione liber, PG 47, Paris 1863, Sp. 393–410.

Lib. 1, PG 47, 402f. T 134v

De Lazaro conciones 1–7, PG 48, Paris 1862, Sp. 963–1054.

Conc. 1, PG 48, 972 T [210]r

Ad populum Antiochenum homiliae 1–21, PG 49, Paris 1862, Sp. 15–222.

Hom. 12,	PG 49,	129	T 363v
Hom. 12,		129	V 178v

Pseudo-Chrysostomus

In psalmum L homilia 1, PG 55, Paris 1862, Sp. 565–575.

PG 55, 568 V 88r

In Eliam prophetam sermo, PG 56, Paris 1859, Sp. 583–586.

PG 56, 583f. V 129r

Opus imperfectum in Matthaeum, PG 56, Paris 1859, Sp. 611–946.

Hom. 3,	PG 56,	648	T 191v
Hom. 3,		649	V 162v
Hom. 3,		651	T 341r
Hom. 4,		660	V 56r
Hom. 7,		674	F [21]r
Hom. 15,		719	T 378r
Hom. 17,		728	T [217]v
Hom. 18,		728	T 134r
Hom. 19,		736	T 25r
Hom. 19,		737	T 304r
Hom. 19,		738f.	T 281r
Hom. 24,		757	T 324v
Hom. 24,		757	V 67v
Hom. 24,		758	T 333r
Hom. 25,		764	V 99r
Hom. 30,		789	T 192v
Hom. 33,		810f.	T 185r
Hom. 37,		834f.	T 162v
Hom. 38,		841	V 51r
Hom. 41,		861f.	T 62r
Hom. 44,		884	T 189r
Hom. 46,		895	V 96v
Hom. 49,		918	V 111r
Hom. 54,		942	T 112r

Versiones latinae zitiert nach *Johannes Chrysostomus,* [. . .] *opera* [. . .] *5 Bde, Venedig 1548–1549.* (Die von Frey benutzte Ausgabe war ebensowenig zugänglich wie Bd 5 der hier zitierten.)

De ascensione Heliae,	Bd 1,	Bl. 134ra	T 145r
Homilia in Psalmum XXII,	Bd 1,	Bl. 180vb	T 17r
		180vb f.	T 18r f.
		181ra	T 18v
Homilia in Psalmum LXXI,	Bd 1,	Bl. 218vb	T 16r
Homilia in Psalmum XC,	Bd 1,	Bl. 220rb	T 305r
Homilia in Psalmum XCVI,	Bd 1,	Bl. 224rb	T 298r
Homiliae 27 varios in Matth. locos. Ex cap. II in vigilia Epiphaniae,			
hom. IV, Bd 2, Bl. 245rb			T [256]r f.
Ex Luca cap. XV. De patre et duobus filiis, homilia,			
	Bd 2,	Bl. 275ra	T 137r
	Bd 2,	Bl. 275rb	T 93v
Sermo in Pentecoste de sancto spirito, Bd 3, Bl. 200va			V 64v ff.
(?)			T 375v
(?)			V 77v
(?)			V 79r

Juvencus Presbyter

Evangeliorum libri IV, PL 19, Paris 1846, Sp. 53–346.

Lib. 1, v. 728–732, PL 19, 141	T 283r

Martin Luther

Martin Luthers Werke. Kritische Gesamtausgabe, hg. von J. K. F. Knaake, Weimar 1883ff.

Über das erste Buch Mose, Predigten,			
Kap. 1,	Bd 24,	46	V 3v
Kap. 1,		46f.	F 6v
Kap. 3,		84f.	T 327r
Kap. 3,		85f.	T 327r
Kap. 8,		191f.	V 131r
Kap. 8,		192f.	V 61r
Kap. 31,		543	T 30v
Kap. 49,		686	T [251]v
Kap. 49,		697	T 168r
Kap. 49,		697f.	T 336v
Kap. 49,		702	T 289r
Commentarius in Genesim,			
cap. 1,	Bd 42,	36	V 3r
cap. 1,		36f.	V 3v

cap. 17,		671	T 158r
cap. 23,		710	T [211]r
cap. 32,		734	V 103v
cap. 32,		738	T 306r
cap. 33,		741	T [273]v
cap. 33,		742	T [254]r f.
Operationes in Psalmos,			
Ps. 8,	Bd 5,	283	V 17r f.
Ps. 10,		341f.	T [248]r
Ps. 18,		529	T 123r
Ps. 22,		599	T 119v
Ps. 22,		599f.	T 119r
Ps. 22,		614	T 370r
Ps. 22,		628	T 65v
Ps. 22,		628	T 80r
Ps. 22,		628	T [248]v
Ps. 22,		632	T [217]r
Ps. 22,		656	T [271]r
Deutsche Auslegung des 67. [68] Psalms,			
v. 13,	Bd 8,	14f.	V 65v
v. 23,		24f.	T [213]r
v. 30,		29ff.	T 64v
Scholien zum 118. Psalm. Das schöne Confitemini,			
v. 12, Bd 31, 1,120f.			V 186v
In XV Psalmos graduum,			
Ps. 124, Bd 40, 3,147f.			V 24r
In Cantica Canticorum brevis, sed admodum dilucida enarratio,			
cap. 1,	Bd 31,2,	622f.	T 149r
cap. 2,		652	T 124v
cap. 2,		654	T 117v
cap. 2,		659f.	V 78v
cap. 2,		664	T 293r
cap. 2,		665	T 118r
cap. 4,		675f.	V 58v
cap. 4,		684	T 124r
cap. 5,		714f.	V 130r
cap. 5,		715	V 59r
cap. 5,		717	T [207]v
cap. 6,		724f.	T 107r
cap. 7,		739	T [208]v
cap. 8,		769	T 118v
Annotationes in Ecclesiasten,			
cap. 9,	Bd 20,	160	T [227]r

cap. 9,		160	T [245]v
cap. 9,		164	F 28r
cap. 10,		167	V 188v
cap. 10,		170	T 160v
cap. 10,		175	T 334r
In Esaiam scholia ex D. Martini Lutheri praelectionibus collecta,			
cap. 1,	Bd 25,	91	T 66r
cap. 1,		93	T 12r
cap. 10,		129	V 36r
cap. 11,		134	T 339r
cap. 11,		134	T 345r
cap. 13,		140f.	T 140r
cap. 13,		142	T 140v
cap. 15,		146	T 309r
cap. 16,		147	T 89r
cap. 16,		147	V 37r
cap. 21,		159	T [240]r
cap. 32,		212	T 62v
cap. 34,		218	T [273]v
cap. 34,		218f.	T 311r
cap. 35,		224	T [243]r
cap. 41,		264	T 371r
cap. 46,		296	T 34v
cap. 51,		320	T 128v f.
cap. 56,		349	T [216]r
cap. 59,		358f.	T 345v
cap. 59,		359	T 366v
cap. 60,		364	V 67r
cap. 65,		390	T 322r
cap. 66,		399	T 352r
cap. 66,		401	T 375r
Der Prophet Jona ausgelegt,			
Kap. 2,	Bd 19,	219	F 46v
Kap. 2,		232	F 46v
Kap. 4,		245ff.	F 47r
Kap. 4,		249f.	T 373v
Der Prophet Habakuk ausgelegt,			
Kap. 1,	Bd 19,	368f.	T 286v
Kap. 1,		369f.	V 115v
Kap. 1,		381f.	F 31r
Kap. 1,		383f.	F 32v
Kap. 1,		385	F 33r
Kap. 3,		435	T 123v

Der Prophet Sacharja ausgelegt,

Kap. 5,	Bd 23,	574f.	V 149r
Kap. 10,		626	T 147v
Kap. 11,		633	T [260]r
Kap. 11,		642	T 24v

Annotationes in aliquot capita Matthaei,

cap. 8,	Bd 38,	469	V 18r
cap. 8,		469f.	T 296r
cap. 8,		474	T 138v
cap. 8,		475	T 138r
cap. 10,		499	T 287r
cap. 10,		499	V 67v
cap. 10,		506f.	V 98v
cap. 13,		563f.	V 20r

Das fünfte, sechste und siebente Capitel St. Matthäi, (zitiert nach: *Dr. Martin Luthers sämmtliche Schriften, hg. von Joh. Georg Walch, 23 Bde, St. Louis/ Missouri 1880–1910*)

Bd 7,	532ff.	T 377v
	564ff.	V 26v
	596ff.	T [218]r
	603	T 338r
	630f.	T 25v
	636f.	T 282v

I. Epistel S. Petri gepredigt und ausgelegt,

Kap. 5,	Bd 14,	64	T [245]v

II. Epistel S. Petri gepredigt und ausgelegt,

Kap. 2,	Bd 14,	57f.	T 164v
Kap. 2,		64	T 136v

Vorrede auf die Offenbarung S. Johannis,

Die Deutsche Bibel,	Bd 7,	415f.	T 356v

Luther-Bearbeitungen von Veit Dietrich

Praelectiones in prophetas minores,

Amos B,	cap. 4,	Bd 13,	175 (Anm.)	T 88v
	cap. 6,		191 (Anm.)	T 66r

Auslegung des Propheten Hosea, zusammengetragen von Veit Dietrich (zitiert nach der Ausgabe *Walchs*),

Kap. 2,	Bd 6,	1150	V 15v
Kap. 4,		1179f.	V 8v
Kap. 4,		1180	V 9r
Kap. 4,		1199	T 88v
Kap. 4,		1199f.	T 48r
Kap. 5,		1213f.	T 376v

Kap. 5,		1213f.	T 379r
Kap. 5,		1215	T [232]r
Kap. 7,		1247	V 71r
Kap. 8,		1252	V 115v
Kap. 8,		1255f.	T 99v
Kap. 9,		1268	V 37v
Kap. 11,		1312f.	T [241]r
Kap. 11,		1313	V 22v
Kap. 13,		1345	T [266]r f.
Kap. 13,		1345	T [274]v
Kap. 14,		1368	T 77v
Kap. 14,		1369f.	T 155v

Auslegung des Propheten Joel, in Veit Dietrichs zweiter Bearbeitung (zitiert nach der Ausgabe *Walchs*),

Kap. 1,	Bd 6,	1496	T 359v
Kap. 1,		1496	V 165v
Kap. 3,		1620ff.	T [241]v

Auslegung des Propheten Micha, zusammengetragen von Veit Dietrich (zitiert nach der Ausgabe *Walchs*),

Kap. 1,	Bd 14,	1002	T 312r
Kap. 1,		1002f.	V 141v
Kap. 5,		1103	T 154r

Pietro Martire (Vermigli)

In duos libros Samuelis prophetae qui vulgo priores libri Regum appellantur [. . .] *2. Aufl. Zürich: Froschauer, 1567.*

2 Sam. 9.7, Bl. 228v	T [221]v

Philipp Melanchthon

Philippi Melanchthonis opera quae supersunt omnia, hg. von Carolus Gottlieb Bretschneider. 28 Bde, Halle (ab Bd 19: Braunschweig) 1834–1860.

Chronicon Carionis,

lib. 2, Bd 12, 838	T [269]r

In Danielem prophetam commentarius,

cap. 7, Bd 13, 859	T [268]v

Nova scholia Philippi Melanchthonis, in proverbia Salomonis, ad iusti pené commentarij modum conscripta. Hagenau: Johannes Secerius, 1531.

Prov. 26,	Bl. 121v	V 43r
Prov. 26,	219v	T 227v
(?)		T 264v f.
(?)		T 361r f.
(?)		V 30v
(?)		V 41v

Wolfgang Musculus

In Evangelium Mattaeum commentarii, tribus tomis digesti, quibus non solum singula quaeque exponuntur, sed & quid singulis Marci & Lucae differentibus locis, notandum sit, diligenter expenditur [. . .] *Basel 1544.*

439b	F 35v
440a	F 35v

Nicolaus von Lyra

Postilla super totam bibliam, Straßburg 1492, unver. Nachdr. Frankfurt/Main 1971.

Gen.	1.20	V 3v
Lev.	11.19	V 123v
III Reg.	12.14	T 349r
Job	39.26	V 117v
Job	40.10	T [200]v
Job	41.8	F [42]v
Ps.	103.26	F 43r
Cant.	5.11	V 130r
Sap.	12.8	V 176v
Tob.	6.8	F 52v

Nicolaus de Lyra, Incipiunt moralia super totam bibliam. [*Straßburg: G. Husner*] *o.J.*

Ex.	8	T 355v
Job	39	V 139r f.
Job	40	T [200]v
(?)		T [205]v
(?)		F 5v

Origenes

Homiliae in genesim, PG 12, Paris 1862, Sp. 145–282.

Hom. 17, PG 12, 257f.	T [252]r

Homiliae in exodum, PG 12, Paris 1862, Sp. 297–396.

Hom. 4,	PG 12,	322	T 355r
Hom. 4,		322	T 380r
Hom. 13,		393	T 55r
Hom. 13,		393	T 106v

Homiliae in leviticum, PG 12, Paris 1862, Sp. 404–574.

Hom. 1,	PG 12,	410	T 76r
Hom. 2,		413	T 13r
Hom. 2,		415	T 76v
Hom. 2,		416	T 75v
Hom. 3,		427	T 9r
Hom. 3,		433	T 50r
Hom. 3,		433	T 54r

Hom. 5,		452f.	T 60v
Hom. 8,		507	T 39v
Hom. 9,		512f.	T 110v f.
Hom. 24,		758	T 41r

Homiliae in numeros, PG 12, Paris 1862, Sp. 583–806.

Hom. 7,	PG 12,	619	V 172r
Hom. 13,		671	T 319v
Hom. 15,		683	T 79r
Hom. 27,		787	T 13r
Hom. 27,		787	T 109v

Homiliae in librum iudicum, PG 12, Paris 1862, Sp. 951–990.

Hom. 9, PG 12, 989 — T [214]v

Homiliae in canticum canticorum, PG 13, Paris 1862, Sp. 37–198.

Lib. 2,	PG 13,	129	T [148]v
Lib. 2,		130	T 143v
Lib. 3,		176f.	T 118r f.
Lib. 4,		193f.	T 293v f.
Lib. 4,		196	T 295v
Lib. 4,		196	T 300r
Lib. 4,		196f.	T 300v f.
Lib. 4,		197	T 302r f.

Homiliae in Jeremiam, PG 13, Paris 1862, Sp. 253–544.

Hom. 10,	PG 13,	366f.	T [250]r
Hom. 10,		367	T 303r

Commentarius in evangelium secundum Matthaeum, PG 13, Paris 1862, Sp. 829–1600.

PG 13,	1625f.	V 188r
	1669f.	V 111v

Pseudo-Origenes

Anonymus in Iob, PG 17, Paris 1857, Sp. 371–540.

Lib. 1, PG 17, 394ff. — T 83r

Lucas Osiander d. Ä.

Sacrorum Bibliorum pars I & II. Secundum veterem seu vulgatam translationem, ad fontes Hebraici textus emendata: et brevi ac perspicua explicatione illustrata [. . .] *Frankfurt/Main: Johannes Saurius, 1609.*

Gen.	49,	Bd 1,	Bl. 74	T 162r
Ex.	15,		97	T 149r
Num.	11,		196	V 82v
Deut.	32,		284	T 306r
Ios.	9,		303	T 172r
Iud.	6,		335	T 14v

3 Reg.	10,		500	V 87v
3 Reg.	12,		506	T 97v
3 Reg.	17,		516	V 128v
2 Par.	30,		674	T 81v
Iob	3,		743	F 63r
Iob	7,		749	F 45r
Iob	24,		773	T 374v
Iob	27,	Bd 1	Bl. 775	T 369r
Iob	28,		776	V 119r
Iob	28,		777	V 66v
Iob	35,		787	V 29r
Iob	39,		793	T 119v
Iob	39,		793	V 136r
Iob	39,		793	V 136v
Iob	39,		793	V 137r
Iob	39,		794	V 118r
Iob	40,		795	T [201]r
Ps.	32,		833	T 150r
Ps.	68,		875	V 66v
Ps.	74,		886	F 34r
Ps.	74,		887	V 77v
Ps.	104,		922	V 150v
Ps.	118,		939	V 186v
Prov.	1,		971	V 42r
Prov.	17,		977	V 43v
Prov.	26,		1006	V 30v
Prov.	27,		1008	V 42v
Prov.	27,		1009	T 108r
Prov.	30,		1013	F 64r
Prov.	30,		1014	T 142r
Prov.	30,		1014	T 361r
Prov.	30,		1014	V 164r
Eccl.	10,		1029	T 333v
Cant.	1,		1033	V 58v
Cant.	2,		1034	V 60r
Cant.	2,		1034	V 79r
Cant.	4,		1035	T [244]v
Cant.	6,		1037	V 58r
Is.	13,	Bd 2,	27	T 310v
Is.	34,		61	T [274]r
Is.	34,		61	V 134r
Is.	34,		61	V 145r
Ier.	5,		137	T [268]r

Ier.	5,			138	V 32r
Ier.	8,			144	T 156r
Ier.	14,			154	T 312v
Ier.	49,			218	V 116r
Ier.	50,			229	V 140v
Lam.	4,			237	T 312v
Lam.	4,			237	V 142r
Ez.	1,			246	V 112v
Ez.	13,			265	T 292v
Ez.	29,			303	V 39v
Ez.	47,			339	F 23r
Ez.	47,			339	F 23v
Dan.	7,			364	T [278]r
Os.	7,			396	V 70v
Ioel	1,			407	T 359r
Ioel	1,			407	V 165r
Ioel	3,			414	T [242]r
Am.	3,			420	T [209]v
Am.	4,			422	T 360r
Am.	6,			425	T [210]v
Am.	6,			426	T 157r
Am.	7,			426	V [166]r
Nah.	2,			453	T [261]r
Nah.	3,			455	V 173r
Hab.	1,			456	V 115r
Soph.	1,			462	V 9v
Soph.	2,			465	V 145v
Soph.	3,			466	T [259]r
Zach.	1,			473	T 143r
Zach.	5,			478	V 149v
Zach.	5,			478	V 149v
Zach.	14,			492	T 151r
Judith	6,	Bd 2,	Bl.	525	T 375r
Tob.	8,			561	F 52v
Sir.	11,			583	V 178r
Sir.	27,			606	T [250]v
Sir.	30,			611	T 161r
Sir.	33,			615	T 156v
Bar.	3,			650	V 36v
Bar.	6,			653	T [228]r
1 Makk.	6,			668	V 169v, T 2
Apoc.	9,			713	V 169v
Apoc.	12,			718	T 305v

Apoc.	14,		723	T 157v
Apoc.	16,		725	T 356r
Apoc.	20,		730	T 331v
Mt.	3,	Bd 2,2,	11	V 162v
Mt.	17,		67	F 36r
Mt.	23,		84	V 188v

Petrus Patiens (Gedultius)

Unterricht / / vom hochwirdigen Abendmal Christi / was die rechte Lehre und meinung / glaub und bekäntnuß / wort und reden seyen [. . .] Frankfurt/Main: Chr. Egenolfs Erben, 1575.

Bl. 21vff.	V 54v

Pomeranus s. Bugenhagen

Philippus Presbyter (Pseudo-Hieronymus)

Commentarii in librum Job, PL 26, Paris 1884, Sp. 655–850.

Cap. 28,	PL 26,	739	V 119r f.
Cap. 30,		750	V 139v
Cap. 35,		776	V 29v
Cap. 38,		807	V 92v
Cap. 39,		814	T [120]r
Cap. 39,		818ff.	V 137v
Cap. 39,		825f.	V 117v
Cap. 40,		829	T [202]v
Cap. 40,		831	T [203]r
Cap. 40,		833	T [204]v
Cap. 40,		834	F 55v
Cap. 40,		836	F 58r
Cap. 41,		838	F 58r
Cap. 41,		840	F 61v

Rupert von Deutz

In apocalypsim Joannis apostoli commentarius, PL 169, Paris 1894, Sp. 827–1214.

Lib. 4,	cap. 5,	PL 169,	928	T [242]v
Lib. 10,	cap. 18,		1150	V 12v

Tertullian

De praescriptione haereticorum, PL 2, Paris 1879, Sp. 9–92.

Cap. 4, PL 2, 18	T 25r

De virginibus velandis, PL 2, Paris 1879, Sp. 935–962.

Cap. 17, PL 2, 962	V 137v

Theophylactus

Enarratio in evangelium Matthaei, PG 123, Paris 1864, Sp. 143–488.

Cap. 3,	PG 123,	174	V 163v
Cap. 3,		179	V 56r
Cap. 7,		211	T [218]r
Cap. 7,		214	T 25v
Cap. 7,		214	T 282r
Cap. 10,		238f.	T 323v
Cap. 10,		239	V 68r
Cap. 11,		250	T 191r
Cap. 12,		271	T 341v
Cap. 13,		286	V 21v
Cap. 13,		290f.	F [21]v
Cap. 17,		335	F 36r
Cap. 19,		355	T [187]v
Cap. 21,		367	T 163r
Cap. 21,		371	V 52r
Cap. 25,		430	T 112v
Cap. 26,		458	V 90v

Enarratio in evangelium Marci, PG 123, Paris 1864, Sp. 487–682.

Cap. 1,	PG 123,	495f.	V 163v
Cap. 4,		535	V 21v
Cap. 9,		594	T 375v
Cap. 10,		602	T 188r
Cap. 11,		615	V 52r
Cap. 11,		615	V 51v
Cap. 13,		642f.	V 92r

Enarratio in evangelium Lucae, PG 123, Paris 1864, Sp. 683–1126.

Cap. 10,	PG 123,	839	T 348r
Cap. 14,		938	T 66v
Cap. 18,		1014	T 188r
Cap. 24,		1122	F 20v

Enarratio in evangelium Joannis, PG 123, Paris 1864, Sp. 1127–1348, PG 124, Paris, 1864, Sp. 9–318.

Cap. 1,	PG 123,	1171f.	T 43v
Cap. 2,		1198	V 52r
Cap. 2,		1198	V 53r
Cap. 2,		1198	V 67v f.
Cap. 3,		1210	T 315r
Cap. 10,	PG 124,	70	T 22v
Cap. 10,		71	T 281r
Cap. 21,		306f.	F 14r

Thomas von Aquin

Thomae Aquinatis opera omnia, hg. von Stanislaus Eduard Fretté. 34 Bde, Paris 1871–1880.

Catena aurea in Lucae evangelium, cap.	5,	Bd 17,	88	F 12v
	12,		216	V 128r

Rudolf Walther

In prophetas duodecim, quos vocant minores, Rudolphi Gualtheri Tigurini homiliae. Zürich: Froschauer, 1572.

In Habakuk prophetam,	hom. 4	F 32r
In Nahum prophetam,	hom. 9	V 173r f.
	9	V 175r

Williram von Ebersberg

Wilrami abbatis olim Eberespergensis in cantica Salomonis mystica explanatio, per Menradum Molterum in lucem restituta [. . .] *Hagenau: 1528.*

Bl. 5r	T [148]v f.
Bl. 7r f.	V 58v
Bl. 11r f.	T 118r
Bl. 13v	V 79v
Bl. 15r f.	T 293v
Bl. 24v	V 58v
Bl. 26r	T 107r
Bl. 29r	T 124r
Bl. 30v	T [244]v
Bl. 47r	V 130v
Bl. 47v	V 59r f.
Bl. 50r	T [208]r
Bl. 50r	T [208]r
Bl. 55v	T 107r
Bl. 58v	V 57v f.
Bl. 66r	T [208]r

ΘΗΡΟΒΙΒΛΙΑ:

Biblisch Thierbuch/

Darinne alle vierfüssige/ zahme/ wilde/ giff-
tige vnd kriechende Thier/ Vogel vnd Fisch (deren in der
Bibel meldung geschicht) sampt jren Eigenschafften
vnnd anhangenden nützlichen Historien
beschrieben sind.

Mit der alten vnd newen Kirchenlehrer Außle-
gungen fleissig erkleret/ vnnd auff die Drey Hierarchias,
den Geistlichen/ Weltlichen vnnd Haußstand Lehr/
straff vnnd Trostsweise gerichtet/ Durch

M. Hermannum Heinrychum Frey/
Pfarherrn in des H. Reichsstadt Schweinfurt.

In drey vnterschiedene Bücher abgetheilet/
vnd mit schönen Figuren gezieret.

15  95.

Mit Chur vnd Fürstlichen Priuilegien.

Gedruckt zu Leipzig/ bey vnd in Vor-
legung Johann: Beyers.

Den Ehrnvehsten/

Erbarn/ Fürsichtigen vnnd Wolweisen Herren Bürgermeistern vnnd Raht des Heiligen Reichs Stadt Schweinfurt/ Gottes Gnad/ Fried vnd reichen Segen/ durch Jesum Christum vnsern HERRN.

ES ist der Mensch inn seinem verstand/ willen vnd allen kräfften/ anfenglich gantz volkomen erschaffen worden/ das er nit allein Gottes sinn vnd meinung begreiffen vñ vernemen/ Sondern auch mit grosser lust vnd freudigem Hertzen/ hat ins werck setzen vnd volbringen können/ wie deñ die Erschaffung/ vnd etliche andere Lobsprüche des ersten Menschens ausweisen: Aber durch seine Sünde vnnd Vbertretung Göttliches Gebots/ ist eine solche schreckliche vnsegliche zerrüttung vnd verderbung/ des Menschlichen **verstands/ willens vnnd aller kräfften** eingeführet worden/ das er einem vnuernünfftigem tummen vnd halsstarrigen Thier (sonderlich die Geistliche sachen belangende) viel ehnlicher ist worden als dem ersterschaffenen Menschen.

Dis jämmerliche Metamorphosin vnd verenderung lernen wir etlicher massen/ nicht allein aus Gottes wort erkennen/sondern spůrens auch in des Menschen teglichen sachen vnd hendeln / die er inn den dreyen Hierarchijs oder Hausständen GOttes pflegt fürzunemen. Denn die Schrifft belangende/sagt David deutlich: Corrupti & abominabiles facti sunt. Die Thoren sprechen in jhrem Hertzen / Es ist kein Gott/sie tůgen nichts/ vnd sind ein grewel mit jhrem wesen/ da ist keiner der guts thue. Vnnd Paulus schreibt: Der natůrliche Mensch vernimpt nichts vom Geist Gottes / es ist jhm eine Thorheit/ vnnd kan es nicht erkennen. Abermals: Des Menschen φρόνημα, sinn/ist eine feindschafft wider Gott/vnd der Todt. Weil denn die vernunfft vnd sinne des Menschen verderbt vnd vntůchtig ist/so kan kein lust noch gefallen zu Gottes wort vñ willen verhanden sein/quia ignoti nulla cupido est: Viel weniger aber folget der gehorsam. Vnd ob schon der verstand vnd wissen / durch Gottes gnade da ist/ so heists doch gemeiniglich: Video meliora proboq́; deteriora sequor.

Eine solche schwacheit vnd gebrechligkeit (in den hohen Geistlichen sachen)findet man auch noch teglich bey den widergebornen Christen. Inmassen der heilige Paulus von sich selbs klagt/Rom.7. Das wollen habe ich wol/aber vollbringen das gute/finde ich nicht/denn Gott ist/ der das wollen vnd volbringen wircket/ nach seinem wolgefallen. Wo wir nun ferner mit vns / sonderlich den sichern/ achtlosen Menschen/ auff den augenschein kommen/ vnnd in den Hierarchijs erspiegeln wollen / so finden wir warlich wenig guts vnd nůtz-

liches.

liches. Denn was haben die Vernünfftler inn der Kirchen Gottes in Geistlichen sachen / jemals guts ausgerichtet? Ketzerey / Irrthumb / Zanck / Hader haben sie gestifftet. Und mus auch geschehen / wo man das wort Gottes / welches eine Leuchte unsers Fusses / unnd ein Liecht auff dem Wege ist / beseit thut / oder nur mit dem lincken Auge ansiehet / und die Vernunfft mit dem rechten. Da sie sich für weise halten / werden sie zu Narren / Roman. am 1. Cap. Ohne noht ists mit Exempeln zubeweisen / was die naseweise Klügling (on Gottes wort und Glauben) in dem Weltlichen Regiement und Hausstand / für unraht / schaden und zerrüttung angerichtet unnd verursacht haben / das manche von der Menschlichen Natur degeneriren / und wilde Viehische / nicht eines / sondern vielen Thieren art an sich nemen.. Wie Chrysostomus homil. 12. in Genes. bezeuget. Das Fewer verbirgt unnd hinderhelt seine angeschaffene krafft zubrennen (Daniel. 3.) Unnd der Mensch der zame / vernünfftig / gutthetig erschaffen ist / thut seiner Natur zu wider / verwandelt aus fahrlessigkeit seine art in wilde Viehische eigenschafft / darumb auch die H. Schrifft den vernünfftigen Menschen / umb dieser anmutung uñ untugend willen / der wilden unvernünfftigen Thieren namen pflegt zuzulegen. Nennet sie Hunde unterweilen / die so ungestümig / unverschemet sind. Die geylen und unzüchtigen Pferd unnd Hengst / welche ungelernig und toll sind / Esel: Die Rauberische unnd girige / Löwen unnd Pardel / Schlangen und Ottern heissens etliche / von wegen des Lists /

heimlichen Giffts vnd Bosheit. Idem homil. 23. ad pop. Antioch. Woher kan ich dich für einen Gleubigen erkennen/so doch alle deine wort vnnd wercke das widerspiel anzeigen? Ja/was sage ich von einem Gleubigen? Du kanst auch/wenn ich die warheit sagen soll / kein Mensch heissen? Denn weil du wie ein Esel leckest/ wie ein Ochs Geilheit vnnd muthwillen treibst / wie ein Hengst den Weibern nachwiehers / deines Bauchs wie ein Bär pflegest / dich wie ein Maulthier mästest / die bewiesene Vbelthat wie ein Camel in frischer Gedechtnis behelteſt/raubest wie ein Wolff / zörnest wie eine Schlange / stichst wie ein Scorpion / bist betriegerisch vnnd listig wie ein Fuchs / bewahrest die Bosheit wie eine Otter das Gifft. Wie kan ich dich vnter die Menschen zelen vnd rechnen/ so ich doch kein zeichen der Menschlichen Natur an dir sehen vnd spüren kan? Diss Chrysost. Vnd ist sich zuuerwundern / das dennoch etliche gefunden werden / die den alten Menschen (der so greslich vnnd schendlich in seinem Verstand/ willen vnnd kräfften verstellet vnd verderbet ist) loben / den freyen Willen vnnd mitwirckung in der Bekehrung / vortheidigen / oder sonst die adoranda mysteria vnnd Glaubens Artickel mit der tummen thörichten Vernunfft abmessen vnnd regulieren: Denn wenn sie inn der furcht GOttes vnd gebührender Demut nur jhre Abconterfeyung bey den Thieren fürgestellet/anschaweten/ würden sie jhren Ruhm vnd Lob bald fallen lassen.

Darmit

Darmit aber ein jeder Mensch solches Bildtnis geringer mühe zumal für Augen haben könte / habe ich alle Thier / so in Gottes wort gefunden werden / in dieses θηριβίβλιον. Biblische Thierbuch colligiert / vnd zusammen gebracht / mit der alten vnnd newen Kirchenlehrer Auslegung erkleret / vnnd auff etlicher wolgelarten vnnd hochverstendiger Männer Approbation gutachten vñ anhalten durch den Druck publiciert: Zuuersichtiglich / es möchte jederman daraus allerley Lehr / Trost / Warnung / Straff / schöpffen. Die vortreffliche Lehr ist / sich selbst erkennen / wie die Heiden auch gewust: Decidit è cœlo diuinum γνῶθι σεαυτόν: Denn wo man sich selbst nicht erkennet / so wird man nimmermehr zur Erkentnis Gottes vnnd Seligkeit kommen / sintemahl der alten Sage nach: Homo reconciliatur Deo διὰ τὸ γνῶναι ἑαυτὸν καὶ τὸν θεόν. Aus dieser eigen Erkentnis entspringt bald das Vrtheil von den Irrthumen / die des alten verderbten Menschens freyen Willen vnd Kräffte zum gantzen oder halben theil loben vnnd preisen. Dadurch wird ferner der stoltze Adam gedemütiget vnd zu schanden gemacht / der kaum dem tummen Viehe gleich vnnd die Thier für seine Præceptores, Lehrmeister vnnd Prediger erkennen mus. Wie der Psalm bezeuget: Homo cum in honore esset, non intellexit, comparatus est iumentis insensatis & similis factus est illis Aber daruon handelt das Buch selbsten.

Es seind zwar viel vnnd mancherley Thierbücher von Heiden vnnd Christen geschrieben worden / aber weit anderer form vnd meinung als hie geschicht / denn wo dergleichen vorhanden / were ich meiner mühe vnd arbeit geübriget gewesen. Doch mus ich darneben bekennen / das dieses Thierbuch als vielleicht vnuolkommen / vnordentlich gestellet / nit jederman gefallen möchte: Denn einer möchte οἰκονομίαν vnd dispositionem tadeln / das die Thier nicht in rechter ordnung nacheinander geschrieben / ja seltzam vnter einander gemengt weren. Antwort. Mir ist wol bewust / wie die Physici nach jhren vnterscheiden sie zusamen ordnen: Aber weil dis ein Biblisch Thierbuch sein solte / wolte ich meinem gutachten nach / diese form vnd weise gebrauchen / vnd ist gar leichtlich durch ein sonderliches Register eine andere ordnung zumachen. Einem andern möchten die weitgesuchte vnd vnterweilen vngereimte Allegoriæ oder heimliche deutungen misfallen. Das mus ich gestehen / das etliche seltzame Allegoriæ, sonderlich aus Origene, Hieronymo, Isychio, Hugone, Lyra. &c. eingeführet werden / vnd sind mir der Kirchenlehrer / sonderlich Lutheri meinung von diesen Auslegungen bekandt gnug. Basilius serm. 3. Hexaem. helts für somnia & aniles fabulas. Epiphanius spricht: πάντα τὰ θεῖα ῥήματα οὐκ ἀλληγορίας δεῖται, ἀλλὰ ὡς ἔχει. Das wort Gottes bedarff nicht vberall der Allegorien vnd heimlichen deutungen / sondern es ist nach dem Buchstaben / wie es lautet zuuerstehen / vnd gehöret nur ein fleissige nachforschung vnnd betrachtung darzu / das

man

man eines jeden Spruchs eigentlichen verstand erreiche. An vielen orten gedenckt Lutherus der Allegorien das sie eine grosse finsternůs vnnd jrrthumb in die heilige Schrifft eingeführet haben / aber gleichwol verwirfft er nicht alle / sondern nur welche aus eignem Kopff gesponnen / keinen grund inn Gottes Wort haben / vnd nirgend zu dienen. In Cap. 9. Gen. Nos cum damnamus Allegorias, de ijs loquimur, quæ proprio spiritu & ingenio sine scripturæ authoritate finguntur. Nam aliæ, quæ ad fidei Analogiam referuntur, non solúm ornant doctrinam, sed etiam consolantur. Demnach so hats eine andere meinung mit den Thieren / welche offt Allegorischer weise inn der Schrifft allegiert werden. Wo aber bey dem Thier keine Allegoria im Text ist / wird dennoch zuuor hierinnen der rechte natürliche verstand / die Principal tugend oder vntugend erzehlet / vñ hernach allererst der alten Speculation vnd heimliche deůtung / so doch weder dē articulis fidei noch moribus entgegen / obs schon vnterweilen ein inepta catachresis ist / hinzu gesezt / das sich der gůtige Leser nit zubeklagen hat. Auff das auch nicht jemand / sonderlich der Lateinischen Sprache vnerfahrne / ob den vielen vnnd langen Lateinischen eingeführten Sprůchen / vberdrůssig wůrde / ist allewege zuuor oder nach / die meinung vnd jnhalt Deudsch gegeben worden.

Ich kan auch vnuermeldet nit lassen / das etliche Sprůch von den Thieren mehr als in einem stand zufinden sind / welches entweder series textus mitbringet/oder die Allegoria einẽ andern statum erfordert/doch vitandæ repetitionis causa nur an einem ort gelesen werden. Wird auch niemand jrrẽ/ ob schon nit allewege der Thieren eigentliche namen getroffen sind/denn die Interpretes vnd Commentatores sind noch hierůber gantz streitig vnd widerwertig/vnd ist die grŏste vrsach dieser diuersitatis nominum das viel Thier vns hie zu Land vnbekant/vnd solche genennet werden / welche sich etlicher massen mit den eigenschafften reimen. Ich habe auch wissentlich der Autorum nomina gesetzt/ob schon die Bůcher/ daraus die Sprůch genom̃en/in dẽ censuris als supposititij ausgesetzt werden: In betrachtung/ das hie nit die Frage ist/ Quis dicat, sed quid dicatur, nicht die Person / sondern die sach selbst betrachtet wird/auch selten die streitigen Articul erŏrtert/sondern allein die Lehren angezeigt werden. Welchs alles ich zu meiner entschůldigung verzeichnen wolte.

Dieweil deñ/Erbare/Ersame/Fůrsichtige/wol weise/ grosgůnstige Herren/ein altes herkommen vnd brauch ist/die Opuscula, so durch den Druck publiciert werden/ gewissen vnd tauglichen Patronis zu dedicieren: Als habe ich allerhand vrsach wegen E. E. F. W. darzu erwehlen sollen. Denn ich erkenne mich / als einen von E. E. F. W. erforderten vnnd rechtberuffenen Kirchendiener/fůr Gott schůldig vñ verpflichtet/ meine anbefohlene Zuhŏrer/wie/welcher gestalt vnd womit ich kan zu der Fromigkeit/Gottseligkeit vñ allerley gutẽ wercken anzumahnen: Welches denn neben den můndlichen

Predig-

Predigten auch in diesem Thierbuch figürlich vnd gemäldts-
weise geschicht. Vnd weil ich dasse bige n der Auslegung des
H. Propheten Danielis / darin etl cher T ier vnd jhrer Ei-
genschafften erwehnet wird / suc s horis beschrieben ha-
be / halte ich darfür / E. E. F. W. r et rens vnd erforderns
rechtmesiger weise vnd eigenthümlich on mi / dadurch auch
die angehörte / in diesem vnnd andern wölff Kl inen Prophe-
ten / Lehrpuncten / vielleicht wid ru zu g müt möchten ge-
fürt werden. Jnmassen auch et iche Herr n ex ordine Se-
natorio, so n cht allein m t Ver d vnd Weisheit / sondern
auch singulari eruditione begab / as gelesen /
gebilliget vnd zur Edition ang ha te .

Jch habe auch angesehen E E F. W consensum vnd
eintrechtigkeit im Glauben vn L b n, durch Göttliche gnad /
mit dem Ministerio allhie D s ich also gentzlicher hoff-
nung vnd zuuersicht bin / E. . F W werden dieses Thier-
buch / eo uo offertur an n von m r gönstiglichen an
vnd auffnemen. Vnd bitte von Hertzen vnsern Allmechtigen
Jmmanuelem / der (als ein HERR aller Herren / vnnd
König aller Könige) die Verachtung auff die (Gottlose)
Fürsten schüttet / vnd den Bund der Gewaltigen los machet /
vnd dargegen den (frommen) Königen den Sieg giebt: Der
wolle auch E. E. F. W. in dieser gegenwertigen friedhäßi-
gen Zeit / in seinen starcken Schutz auffnehmen / seine reiche
Benedeyung zum Regiement geben / vnd vns allerseits in Er-

kentnis und Bekentnis des allein seligmachenden Glaubens/ zum ewigen Leben bewahren und erhalten / Amen. Geben in Schweinfurt den 20. Januar. Anno 1594.

E. E. F. W.

Allezeit gehorsamer und dienstwilliger Pfarrherr.

M. Hermannus Heinrychus Frey.

Epigramma ad Lectorem.
τοῦς θηροβίβλου.

REVERENDI, DOCTRINA,
PIETATE ET OMNI VIRTVTE CLARISSIMI
Viri, Dn. M. HERMANNI HEINRYCHI
FREII, Ecclesiæ Svinfurtensis Pastoris &
Superintendentis vigilantissimi.

Bruta docet liber hic quæ sint animalia sacris
Libris. Est dignus cognitione liber.
Nam quamvis ratione carent animalia bruta,
Nilq; suo sanæ pectore mentis habent:
Multa tamen nobis virtutum, multa malorum.
His exempla dedit conspicienda DEVS.
Hæc vt conspicias vno coniuncta libello,
Præstat felici FREIIVS *arte tibi.*
Hunc ergo placida tu suscipe fronte laborem,
FREIIO *& aut ri cuncta precare bona.*
Sic sanus superans & sospes secula multa,
Multa suo promet pectore scripta tibi.

M. Nicolaus VVillius Ciuis & Ludirector Svinfurtensis.

Vorrede an den Christlichen Leser / darinne der Nutz vnnd frommen dieses Thierbuchs auffs kürtzte erkleret vnd angezeigt wird.

ES finden sich bey den Menschen / des Viehes vnnd Thier halben / nicht wenig noch geringe Misbreuche / vnd Jrrthumen / derentwegen nicht vnnötig noch ohne nutz / dieses Thierbuch fürnemlich den Einfeltigen zum besten vndnachrichtung / zu publiciren vnnd an tag zugeben: Denn Erstlich / ist ein Jrrthumb der alten Ketzer der Manicheer / welche gottslesterlich fürgegeben vnd gelehret / Das die wilde Thier vnd Viehe / sonderlich welche gifftig / vnd den Menschen schedlich / nicht von dem einigen wahren guten Gott / sondern von dem Bösen (wie sie denn zween ewige Götter / einen Guten / den andern einen Bösen erdichteten) seien erschaffen worden. Wie Augustin. Tract. 1. in Iohan. bezeuget. 1.

Der ander Jrrthumb ist bey dem Eusebio de præpar. Euang. lib. 2. cap. 1. lib. 3. cap. 2. zusehen / der schreibet / Das etliche Heiden / besonders die Egyptier viel vnnd mancherley Thier als Götter geehret vnd angebetet haben / Dahin Paulus Rom. 1. auch sihet: Sie haben verwandelt die Herrligkeit des vnuergeng- 2.

vergenglichen Gottes in ein Bilde/gleich dem Menschen/der Vögeln/der vierfüssigen vnnd kriechenden Thieren.

3. Zum Dritten/seind alte vnnd newe Ketzer/welche das fleisch des Viehes vnnd Thier zu essen verbieten/Wie Augustinus schreibt/Das die Manicheer fürgaben/ es were ein mord vnd todschlag für Gott/ ein Thier vmbbringen/ Wider sie disputiret er hefftig lib. 2. de moribus Manich. cap. 17. vnd anderswo mehr. Auff diesem Weg gehen auch die Carthenser Mönch vnd andere Papisten einher/ die an gewissen Tagen fleisch essen bey einer Todsünde verbieten/ welche Lehr Paulus 1. Timoth. 4. Teuffelisch nennet/ Vnd Coloss. 2. So jhr denn nu abgestorben seid mit Christo den Satzungen der Welt/ was lasset jhr euch denn fangen mit Satzungen/als lebtet jhr noch in der Welt? Die da sagen/ Du solt nicht kosten/ꝛc.

4. Endlich/ ists auch ein grober vnuerstand vnnd misbrauch/ Das die Wollüstler vnd Fresser achten/ das Viehe sey nur vmb des Bauchs willen erschaffen/So doch Gott auch vieler anderer Vrsachen wegen die Thier vns zu præceptores vnnd Lehrmeister fürgestellet hat/ wie hernach ferner soll angezeiget werden. Wider diese vnnd dergleichen Jrrthumen vnnd Misbreuche ist dieses Biblisch Thierbuch gerichtet/ Sonderlich aber wird darin̄ angezeiget/ wie sie vns zu mancherley Tugenden anmahnen/vnd von den Lastern abschrecken/ ꝛc.

Die Erschaffung der Thier vnnd Viehes betreffende/ schreibt Moses Gene. 1. v. 24. GOtt sprach: Die Erde bring herfür lebendige Thier/ ein jeglichs

nach

nach seiner art / Vnnd es geschahe also: Also machet Gott die Thier auff Erden ein jegliches nach seiner art / vnd das Viehe nach seiner art / vnnd allerley Gewürm auff Erden nach seiner art: Vnd Gott sahe es das es gut war: Befihlet auch hernach / der Mensch soll vber sie herrschen / Vnnd wird diese Herrschafft drunden Gene. 9. nach der Sündflut wiederholet. Sie sind aber vor dem Menschen / am sechsten Tag / oder Freytag von Gott erschaffen. Demnach ist Gott auch ein Schöpffer aller Thiere vnd Viehe / was sie ja für ein art vnd eigenschafft haben / mögen die gleichstimmende Sprüch bedencken. Job spricht zu seinem Freund Sophar Cap. 12. Frage doch das Viehe / das wird dichs lehren / vnnd die Vögel vnter dem Himmel die werden dirs sagen / vnnd die Fische im Meer werden dirs erzelen. Wer weis solchs alles nicht / das des HErrn Hand das gemacht hat? Das inn seiner Hand ist die Seel alles / das da lebet / vnd der Geist alles Fleisches eines jeglichen. Diss wil auch andeuten Elihu / Cap. 35. Die Gottlosen fragen nicht darnach / wo ist Gott mein Schöpffer / der das geseng macht in der nacht / Der vns gelerter macht denn das Viehe auff Erden / vnd weiser denn die Vögel vnter dem Himmel. Sonderlich gehört hieher das Gesprech Gottes mit dem Job / Cap. 39. gehalten / dessen hernach inn vnterschiedlichen orten gedacht wird. Dauid zeiget vns auch den Schöpffer an / das Gott der Vater durch sein ewiges Wort / oder seinen Sohn / die Thier vnd alles Viehe erschaffen / vnnd hernach auch der angenommenen menschlichen Natur die Herrschafft darüber communicirt vnd vbergeben habe: Psal. 8. Du wirst jhn (des Menschen Sohn) zum HErrn machen vber deiner Hende Werck / alles hastu vnter seine Füsse gethan / Schafe vnd Ochssen allzumal / dazu auch die wildē Thier / die Vögel vnter dem Himel / vnd die Fisch im Meer / vnd was im Meer gehet. Psalm. 50. Alle Thier im Walde sind mein / spricht Gott / vnnd Viehe auff den Bergen / da sie bey Tausenden gehen / Ich kenne alles Gevögel auff den Bergen / vnd allerley Thier auff dem Felde ist für mir. Wo mich hungerte / wolt Ich dir nit dauon sagen / Denn der Erdbodem ist mein / vnd alles was drinnen ist. Jerem. 27. Ich habe die Erden gemacht / vnnd Menschen vnnd Viehe so auff Erden sind / durch meine grosse Krafft vnnd ausgestreckten Arm / vnnd gebe sie wem ich wil / rc. Syrach 17. GOtt hat von anfang seine Werck wol geordnet / vnd einem jeglichen sein eigen Werck gegebē: Vnd erhelt sie für vnnd für inn solcher Ordnung / rc. Weiter hat er auch auff die Erden gesehen / vnnd sie mit seinen Gütern erfüllet / vnnd machet das Erdreich voll Thier / welche wieder vnter die Erden kommen / rc. 4. Esdræ 6. Am sechsten Tag gebotestu (HErr) der Erden / das sie wilde Thier / Viehe vnd Würme herfür brächte / rc.

Wie nu Gott die Thier / Viehe vnd Gewürm / erschaffen hat / Also erhelt er sie auch bey jhrem Leben vnd Wesen / verschafft jnen die Nahrung / wie Gott verspricht Deuter. 11. Ich wil deinem Viehe Grass geben auff dem Felde. Psalm. 104. Du HErr lässest Brunnen quellen inn den Gründen / das die Wasser zwischen den Bergen hinfliessen / das alle Thier auff

dem

dem Felde trincke/vnd das Wild seinen Durst lesche. Du lessest Grass wachsen für das Viehe/Die hohen Berge sind der Gembsen zuflucht / vnnd die Steinklüfft der Caninichen / Du machest finsternis das Nacht wird/ da regen sich alle wilde Thier / die jungen Löwen/die da brüllen nach dem Raub/vnd jhre Speise suchē von Gott/ Wenn aber die Sonne auffgehet / heben sie sich dauon / vnnd legen sich in jhre Löcher/ rc. Es wartet alles auff dich / das du jhnen Speis gebest zu seiner zeit / Wenn du jhnen gibst / so samlen sie/ wenn du deine Hand auffthust/so werdē sie mit Gut gesettiget. Psal. 147. Lobet den HErrn/ der Grass auff Bergen wachsen lest/Der dem Viehe sein Futter gibt/den jungen Raben die jn anruffen/rc. Das sey gnug von der Thieren vnnd Viehes Erschaffung geredt.

Hie fallen zwo Fragen für / Die erste/ Wer jnen die Namen gegeben: Die ander/Ob Gott die wilde Thier so grausam/schedlich/ gifftig/ erschaffen habe oder nicht? zwo Fragen.

Die Erste betreffend / Antwortet Moses / Genes. 2. v. 19. Als Gott der HErr gemacht hatte von der Erden allerley Thier auff dem Felde/ vnd allerley Vögel vnter dem Himmel/brachte er sie zu dem Menschen (Adam) das er sehe/wie er sie nennet/denn wie der Mensch (Adam) allerley lebendige Thier nennen würde/so solten sie heissen. Vnnd der Mensch gab einem jeglichen Viehe vnd Vogel vnter dem Himmel/ vnnd Thier auff dem Felde seinen Namen: Welchs einer hohen Erkentnis vnnd Weisheit merckzeichen bey dem ersten Menschen war/wie Lutherus darüber 1.

in seinem lateinischen Genesi saget: Die werden wir erinnert der fürtrefflichen Erkentnis vnd Weisheit/ so Adam gehabt hat/der in seiner Vnschuld vnd Gerechtigkeit / die er inn der Erschaffung empfangen/ ohn einer newen Erleuchtung / allein Naturæ suæ bonitate, aus fürtrefligkeit vnnd güte seiner Natur/ alle Thier anschawet / vnd jhre Natur vnd Eigenschafft also erkent / das er allen vnnd jeden einen füglichen/ vnnd jhrer Natur bequemen Namen gibt: Auff welches Liecht vnnd Erkentnis auch billich die Herrschafft vber alle Thier erfolget ist: Das er mit einem wort die Löwen/Beeren/Wildschwein/Tiegerthier/ vnd was für mechtige Thiere sind/zu seinem Gehorsam / das jhrer Natur nicht zuwider / hat zwingen können/ꝛc. Welche hohe Weisheit durch die Sünde verlohren ist / vnnd ist kein Wunder / das wir keine Erkentnis Gottes haben / weil wir der Thieren Natur / was sie für krafft vnnd wirckung haben / nicht wissen noch kennen. Vnd ob schon viel Bücher von der Kreuter vnnd Thieren Eigenschafft geschrieben sind/ so mus man doch viel zeit vnd lange erfahrung darzu haben/ da in Adam weit ein anders Liecht gewesen ist / Der / so bald er ein Thier angesehen/seine gantze Natur vnnd Kreffte gewust hat / vnnd weit besser / als wenn wir vnser lebenlang allen vnsern fleis vnnd erforschung drauff wendeten. Hactenus Lutherus. Was aber der Mensch für ein Vnverstand vnnd Thorheit inn Geistlichen Sachen nach dem Fall vberkomen / das er erger als die Thier vnnd Viehe worden ist / wird hernach weitleufftig bewiesen.

Was die ander Frage antrifft/ Ob sie also gifftig 2.
vnnd schädlich erschaffen sein / wird drunden zu an- Vide infra.
fang des vierdten Theils bey den grausamen wilden
Thieren / im Capitel vom Löwen nach nothdurfft
beantwortet/ rc.

Bey dieser Erschaffung seind sonderlich die Vrsachen / Warumb GOtt so viel vnnd mancherley art der Thier vnnd des Viehes erschaffen habe / zu mercken:

1. Erstlich/ Dats Gott vmb seiner selbs willen gethan/ das er sich / sein Wesen vnnd Eigenschafft den vernünfftigen Creaturen dardurch vnd mit zu erkennen gebe. Rom. 1. Das man weis das GOtt sey/ ist den Heiden offenbahret/ denn GOtt hats jhnen offenbahret / damit das Gottes vnsichtbar Wesen/ das ist / seine ewige Allmechtigkeit vnnd Gottheit wird ersehen / denn man mus es mercken an den Wercken.

1. Zum Ersten/ wird sein allmechtige Krafft gespüret/ weil er durch sein Wort nit allein so viel vnzeliche tausent Thier/ Vieh vñ Gewürm erschaffen hat: sondern auch noch mechtiglich dieselbe erhelt / mehret/ speiset vnd trencket/ rc.

2. Zum Andern / gibt er an tag seine hohe vnbegreiffliche Weisheit / in dem er so mancherley species vnnd art / da eins dem andern vngleich / vnnd mit vnterschiedlichen Eigenschafften gezieret ist/ Etliche Vierfüssige / etliche Zweyfüssige / Kriechende / fliegende/ gehende / Zam / Wild / vergiffte / schädliche/ vnnd vnschädliche / Nützliche / erschaffen hat / rc. In diesem allen lobet das Werck den Meister.

Zum

3. Zum Dritten / Nicht weniger beweist der grosse GOtt seine vnsägliche Güte vnnd Barmhertzigkeit/ weil er die Thier/ so vergenglich/ grausam/ abschewlich / offt auch vergifft sind / dennoch erschafft/ erhelt/ mehret/ speiset vnd trencket / Wie der 36. Psalm saget: HErr du hilffest beide Menschen vnd Viehe. Vermahnet auch Christus seine Jünger vnnd alle Christen/ Matth. 6. vnd 10. Sie sollen sich mit dieser güte Gottes/ den vnnernünfftigen Thierlein vnd Vögelein erzeiget/ wider die Geitzsorge/ Verzweiffelung/ Trübsal vnnd Verfolgung auffrichten vnnd trösten/ Gott werde viel mehr sie als Gleubige ernehren vnd erhalten.

4. Endlich/ So lest auch Gott seinen Zorn/ Straffen vnd Gerechtigkeit sehen/ in dem er die Gottlosen mit/ in vnd durch die böse wilde Thier straffet / Leuit. 26. Wo jhr mir entgegen wandlet/ vnnd mich nicht hören wolt/ so wil ichs noch sieben mal mehr machen/ Vnnd wil wilde Thier vnter euch senden / die sollen ewre Kinder fressen/ vnnd ewer Viehe zerreissen/ vnd ewer weniger machen / vnd ewer Strassen sollē wüst werden. Syrach 40. Die wilden Thier/ Schlangen vnnd Scorpion sind auch zur Rache geschaffen / zu verderben die Gottlosen / Mit freuden thun sie seinen Befehl / vnnd sind bereit wo er jhr bedarff auff Erden/ vnd wenn das Stündlein kömpt/ lassen sie nicht ab. Psalm. 148. Lobet den HErrn auff Erden jhr Walfisch/ vnd alle Tieffen/ Fewer/ Hagel/ Schnee/ Dampff vñ Sturmwind/ die sein Wort ausrichtē/ ꝛc. Die Thier vnnd alles Viehe / Gewürm vnnd Vögel sollen loben den Namen des HERRN / Denn sein Name

Name allein ist hoch/ꝛc. Die drey Männer im Fewerofen sagen: Alle wilde Thier vnnd Viehe lobet den HERRN/ Preiset vnd rühmet jhn ewiglich. Diss alles geschicht mit dem löblichen gehorsam/ den die Thier vnd Viehe Gott leisten. Exenipla vnd Sprüche von Gottes Rach/ werden in specie drunden mehr folgen. Deut. 7. 28. 32. 1. Sam. 17. Job. 5. Psalm. 79. 80. Esai. 18. 56. Jerem. 7. 12. 15. 16. 19. 34. Ezech. 5. 14. 29. 32. 33. 39. Oseæ 2. 13. Sap. 11. 12. 16. 17. ꝛc.

Die ander Vrsach/ GOtt hat allerley Viehe/ 2.
Thier/ Fisch vnnd Vögel vmb des Menschen willen erschaffen/ vnd jhme darbey mancherley Nutzen erzeiget:

Erstlich/ Sind alle Thier vnnd Viehe zu des 3.
Menschen Glori vnd Herrligkeit gemacht worden/ das er vber sie herrschen/ vnnd sie jhme willigen Gehorsam leisten/ vnd für jhren Herrn erkennen solten/ Gene. 1. Herrschet vber Fisch im Meer/ vber die Vögel vnter dem Himmel/ vnnd vber alles Thier das auff Erden kreucht. Wird auch diese Herrschafft Gen. 9. dem Nohæ wiederholet. Vnnd wer dieser dienst vnnd gehorsam aller Thiere vnnd Viehes/ gantz vngezwungen vnnd willig gewesen/ ohn einiges sperren vnnd streuben. Man hat noch etlicher massen ein kleins stücklein von diesem dominio vber die Thier/ aber ist der vorigen Herrschafft gar vngleich/ Denn mit dem zahmen Viehe hats die gelegenheit/ das sie sich wider den Menschen auflehnen/ wehren/ offt jhn beschädigen. Psalm. 32. Seit nicht wie Ross vnnd Meuler/ die nicht verstendig sind/

welchen man Zäum vnnd Gebiss mus ins Maul legen/wenn sie nicht zu dir wollen. Es werden auch etliche wilde Thier mit list vnnd kunst gefangen/vnd mit grosser mühe zahm gemacht / Aber im Stand der Vnschuld hetts dieses vberall nichts bedurfft/ Sondern alle Thier weren diesem Wort vnnd Befehl Gottes / Dominamini bestijs terræ, gehorsam gewest.

Lutherus in Genes. 1. cap. spricht / Das wir mit gedancken nicht erreichen können / was das für ein Herrschafft gewest were ; Denn wir hettens nit bedurfft zur Nahrung/Kleidung/Hülff(wie jetzunder) Sondern hettē dem Menschen allein gedienet ad admirationem Dei & voluptatem sanctam, zur Verwunderung Gottes/vnd heiligem Wollust. Daraus den̄ abzunemē/was für ein grosse eusserliche glorivn̄ herrligkeit dem Menschen durch Adams Fall entgangen ist/ Das/da jhm zuuor alle grausame Thier für jhren Herrn hetten erkennen / vnnd gehorsam leisten müssen/Er sich nu für jhnen entsetzen/fürchten/ vnd offt grossen schaden an Haab vnd Gut/ Leib vnd Leben einnemen mus. Doch sollen wir mit freuden hoffen vnnd erwarten des ewigen Lebens / darinn diese vnnd viel grössere Herrschafft den ausserwehlten Kindern Gottes restituiret vnnd wieder eingeraumt wird werden / Wie Paulus zun Römern am 8. Cap. bezeuget : Die Creatur wird frey werden von dem dienst des vergenglichen Wesens / zu der herrlichen Freyheit der Kinder Gottes / Denn wir wissen das alle Creatur sehnet sich mit vns / vnnd engstiget sich noch jmmerdar / rc.

Dar-

Darnach vnnd zum Andern / Diewell Adam 2.
sich mit allen seinen Nachkommen auff vnnd von
dem verfluchten Acker jhr lebenlang nehren müssen/
vnd im schweis jhres Angesichts jhr Brot essen/ hat
der gnedige Gott aus mitleiden etliche Gehülffen/
von den Thieren / zu jhrer mühe vnnd arbeit verord=
net/so jhnen mit arbeiten / ackern / pflügen / fahren/
Last tragen/reiten/dreschen/ vnd in andern Sachen
behülflich sein solten : Daher die Heidnische Thier
oder Viehe bey den Latinis Iumenta, à iuuando, genent
werden. August. super Leuit. Iumenta sunt ea animalia,
quorum laboribus adiuuamur in portandis oneribus,
sicuti sunt Equi,asini , muli , Cameli, & si quid huiusmodi.
Gleichwol finden wir auch inn der Schrifft gewisse
Regel vnnd Gebot Gottes / wie sich die Menschen
gegen jhr arbeitendes Viehe mitleidend vnnd
barmhertzig halten sollen / Exodi 20. Gedencke des
Sabbaths das du jhn heiligest / Sechs tage soltu
arbeiten / aber am siebenden Tage soltu kein Werck
daran thun/ noch dein Sohn / Tochter / noch dein
Viehe/rc. Deut. 22. Du solt nicht ackern zumal mit
einem Ochsen vud Esel. Deut. 25. Dem dreschen-
den Ochsen soll man das Maul nicht verbinden.
Exodi 13. Leuit. 25. Sechs Jahr magstu dein
Feld beseen/ vnnd einerndten/ Aber im siebenden soll
mans nicht beseen / was von jhm selbs auffgehet/
soll den Armen/ Frembdlingen/vnnd dem Viehe ge-
lassen werden. Leuit. 24. Wer ein Viehe zu tod
schlegt/solls bezalen. Mehr Regeln findestu Exo. 22.
Doch sollen sie drunden bey einem jeglichen Thier
in specie erkleret werden.

3. Zum Dritten / Dat der barmhertzige himlische Vater auch etliche gewisse Thier vnnd Viehe inn die kalte verfluchte Kůchen des armen Sůnders erschaffen / vnd zur teglichen Nahrung vnd Haushaltung verordnet: Jn massen solche Fisch / Vögel vnd Thier vor dem Adam erschaffen / vnd er in ein volles Haus eingefůhret ist worden. Vnd ob er schon nicht gleich die Metzel vnd Schlachtbanck gehabt / ist dennoch dem Menschen nach der Sůndflut / dardurch er vnd andere Creaturen geschwecht / zu besserer Nahrung vnd Erquickung das Metzeln vnd Fleisch essen vergönnet worden / Gen. 9. Alles was sich regt vñ lebet / das sey ewer Speis / wie das grůne Kraut habe ichs euch alles gegeben. Allein esset das Fleisch nicht / das noch lebet in seinem Blut / denn ich wil auch ewers Leibs Blut rechen / vnd wils an den Thieren rechen. Von welchem Vorbehalt auch im erstẽ Apostolischẽ Concilio Act. 15. tractirt ist worden / vnd hat doch hernach bald auffgehört. Was aber den Jůden fůr Thier rein oder vnrein / zu essen erleubt oder verboten waren / liset man Leuit. 11. Deut. 14. Daruon hernach zu diesem Nutze gehören die Legenden der Ertzväter / von jhrem Viehe / darauff jhre Nahrung vnd Reichthumb stunde / Gott dasselbige den Frommen gesegnet / vnd den Gottlosen verflucht / Deut. 28. Wie inn den Exempeln der Sůndflut / vnnd der Egyptischen Plagen zusehen ist. Esau war ein Jäger / vnd jaget seinem alten Vater Jsaac Wiltpret / ꝛc. Mit diesem Nutze wird die Manicheische vnnd Papistische Ketzerey / welche droben vermeldet / gestraffet vnnd widerlegt.

Zum Vierdten / Wil Gott durch etliche Thier vñ jre 4.
eigenschafft die Menschen von Sündē vnd schanden
abmahnen: Denn ob sie wol mit der Vernunfft vnd
etlichen andern prærogatiuen weit alle vnuernünffti-
ge / stumme vnd thumme Thier vbertreffen / Jedoch /
was den gehorsam gegen Gott vnnd seinem Wort
anlanget / sind sie viel verruchter / widerspenstiger vñ
vngehorsamer / denn manches Thier / Wie diss drun-
den in specie bey den Thieren folgen wird. Merckt
diese Sprüch / darbey wirs mercken / vnnd billich die
Thier zu Lehr vnnd Zuchtmeister annemen sollen.
2. Petri 2. Die Wollüstler / geitzige falsche Prophe-
ten / verlassen den richtigen Weg / vnnd gehen jrre /
vnnd folgen nach dem Wege Bileam / welchem ge-
liebte der Lohn der Vngerechtigkeit / hatte aber eine
Straff seiner Vbertretung / nemlich das stumme
lastbar Thier redet mit Menschen stimme / vnd weh-
ret des Propheten thorheit / ꝛc. Job. 11. Ein vn-
nützer Mann blehet sich / vnnd ein geborn Mensch
wil sein wie ein junges Wild. Job. 24. Sihe / das Wild
gehet heraus zur Weide / wie die Gottlosen pflegen
frue zum Raub. Psalm. 49. Kurtz wenn ein Mensch
in der Würde ist / vnd hat keinen Verstand / so fehret
er dauon wie ein Viehe. Jerem. 2. Die Abgötter
sind wie ein Wild in der Wüsten / wenns für grosser
Brunst lechtzet / vnnd leufft das niemand auffhalten
kan. Hoseæ 8. Israel leufft hinauff zum Assur / wie
ein Wild in der Jrr. Tobiæ 6. Der Teufel hat vber
die gewalt / sagt Raphäel / welche Gott verachten /
vnnd allein vmb Vnzucht willen Weiber nemen wie
das thumme Viehe. 2. Macchab. 4. Der Hohe-

priester Menelaus handelte nicht wie ein Hoher-priester / sondern wie ein wütiger Tyrann / vnnd wie ein grausam wildes Thier.

Die Patres bezeugen auch / das manche Menschen viel vnuerstendiger vnnd böser als die wilden Thier sein. Basilius Homil. 9. in Hexam. S. transigamus oratione, &c. Wenn wir die wilde vnuernünfftige Thier wollen besehen / finden wir ein solche natürliche angeborne Fürsorg vnnd fleis für jhr Leben/ das wir Menschen billich zubesser vnd grösser sorge vnd verwahrung vnsers Leibs vnd Seelen vnd dero Seligkeit sollen angereitzt vnnd getrieben werden/ wir wollen denn hefftiger gestrafft vnnd verdampt werden/so wir auch den vnuernünfftigen Thieren nit wollen nachfolgen.

Chrysostomus homil. 4. in Matth. Wenn du wie ein Esel leckest/wie ein Stier stoltzierst/wie ein geyles Pferd/voll böser Brunst wieherst/ wie ein Beer frissest / dich wie ein Maulthier mestest / inn der feindschafft einem Camel nachfolgest / inn dem Rauben einem Wolff / wenn du zürnest vnd dich blehest wie ein Vncke oder Schlange / grausam stichst wie ein Scorpion / Wenn du wie ein Fuchs deinem Nechsten heimlich nachstellest / Dich mit dem gifft der Bosheit wie ein Nater bewehrest / Ja wie der Teufel selbs grimmige Krieg wider die Brüder fürnimmest / Weil du diß thust / Mit was vrsachen / fug/ weise oder Wege/kan ich dich in der Menschen Zahl setzen vnnd rechnen : So ich doch kein einiges Zeichen der Menschlichen Natur an dir sehe vnnd mercke? etc. Wie soll ich dich nennen? Ein wildes Thier? Aber dieselbigen seind ein jedes nur mit einer erzelten Eigenschafft vnd Laster behafft/ Du aber hasts offt alle an dir / vnnd vbertriffst weit alle vnuernünfftige thörichte Thier. Vnnd daruon werden speciatim bey den Thieren Exempel folgen.

In gemein stellet Gott diese ernstliche Warnung/ Das weder Mann noch Weib irgend mit einem Viehe zuthun soll haben / Wer sich also verunreinige / soll verflucht sein / vnnd des todes sterben/ Exodi 22. Leuit. 18. 20. Deuter. 27. Desgleichen spricht Gott Leuit. 19. Meine Satzung solt jhr halten / Das du dein Viehe nicht lassest mit anderley Thier zuschaffen haben (Isychius deutets auff die bekehrte Christen / das sie sich nicht wiederumb vnter das Jüdische Joch vnnd Jüdische Ceremonien begeben sollen.) Von dem Ana / Genes. 36. der dis Gebot (welchs zwar noch nicht schrifftlich durch Mosen gegeben / aber doch von Gott der Natur eingeschrieben war) vbertreten / vnnd Maulpferd erfunden hat / wird drunden in seinem eignen Capitel gesagt werden.

Zum Fünfften vnnd letzten / Werden bey diesen Thieren vnnd Viehe / viel vnnd mancherley löbliche Tugenden / Von dem Gehorsam gegen Gott : Von dem Glauben vnnd Hoffnung : Von der Danckbarkeit/ Messigkeit / Keuschheit / vnnd andern / inn den dreyen Stenden / gebreuchlichen vnnd nötigen 5.

Wer-

An den Christlichen Leser.

Wercken mehr / zur Nachfolg vnnd Exempel allen
Menschen vorgetragen / Wie denn auff diese vnnd
vorgehenden Nutzen / dieses Θηροβιβλίον fürnemlich
gerichtet ist : GOtt gebe seine Gnade vnnd Geist /
Das wir gehorsamlich folgen / vnd endlich
gar seinen Willen thun können
vnnd mögen /

A M E N.

Das

Das Erste Capitel/ Vom Schaf/Lam̃/vnd Wider.

1. Vom Schafe.

IN diß erste Theil wollen wir einschliessen / die Zame vñ heimischen Reine Thierlein / welche von dem Allmechtigen GOtt dem Jüdischen Volck nicht allein zu essen erleubet/ sondern auch jhme mit vnterschiedlichen Ceremonien vnd vrsachen auffzuopffern befohlen vnd geboten waren. Ehe wir aber dieselbige nacheinander besehen / sollen wir zuuor vernemen / aus was vrsachen Gott diesen Vnterscheid gemacht/etliche Thier erleubt/andere verboten hat.

Erstlich/ wolt Gott dem Jsraelitischen Volck / welchs 1.
er aus andern Menschen vnd Heiden außerlesen / vnnd zu seinem Eigenthumb erwehlet hat/ dieses Gebot von Reinen vnd vnreinen Thieren zum Gehorsam aufferlegen/ sie darmit zu probiren/ Ob sie jhm gehorchen wolten oder nicht/ muste also ein eusserliche pædagogia vnnd Zucht sein / sie im Gehorsam vnd zaum zubehalten. Seind auch die Christen jetzund daruor priuilegirt/ Handlen demnach die Bäpst gantz freuentlich /vnd wider die Christliche Freyheit / so diesen Vnterscheid wieder einführen.

C Dar-

2. Darnach / Wiewol alle Creaturen Gottes inn jhrem Wesen selbst betrachtet/gut/ vnd nicht vnrein seind: Hat dennoch Gott diesen Vnterscheid setzen wollen / daß er den Menschen seiner natürlichen Vnreinigkeit vnnd Verderbung erjnnert/ der die gute Gaben Gottes nicht recht vnnd wol gebrauchen vnd niessen kan. Vnd weil etliche Creaturen dem Men-
3. schen schädlich vnnd tödlich sein möchten / wil er jhr getrewer Medicus vnd Artzt sein/sie für gifft vnd schaden warnen/vnd
Exodi 15. also auch für jhren Leib sorge tragen / Wie er sich vnsern
Esai. 63. Artzt vnnd Meister zuhelffen nennet. Vber das solten die
4. Jüden durch die reine vnd vnreine Thier/ von der Geistlichen vnreinigkeit/Sünd vnd Schand abgemahnet / zur sauberkeit vnd Reinigkeit/gutē Wercken vnd Tugenden gereitzt vnd getrieben werden. Vnd in diesem stück bemühen sich die Patres sehr/das sie per Allegorias, Sünd / vnnd dargegen die Tugende einbilden. Wir wollen etlicher Zeugnis/in gemein von den Reinen vnd Vnreinen / allhier erwehnen.

Origenes. Origenes hom. 3. super Leuit. Alle Menschen die ohne vnd ausser Christo sind / werden vnreine Thier genennet/weil sie weder einigen Verstand noch Glauben haben. Immunda animalia sunt HOMINES qui extra Christum sunt, in quibus neque ratio neq; religio vlla est. Bald hernach: Munda animalia facilè possumus dicere, quòd Memoria Eruditio: Immunda sunt Concupiscentia & Ira. Vnreine Thier sein die böse Begierd/Zorn/ꝛc. Reine aber/Vernunfft/ Gedechtniß/ Vnterricht in geistlichen vñ weltlichen sachē/ ꝛc.

Irenæus. Irenæus lib. 5. aduersus hæres. Valent. Mundi sunt, qui in Patrem & Filium per fidem firmiter faciunt (hæc enim est firmitas eorum, quæ duplici sunt vngula) & eloquia Dei meditantur die ac nocte, vti operibus bonis adornentur, hæc enim est ruminantiū virtus. Immunda sunt,

quæ

quæ neq; duplicem vngulam habent, neq; ruminant, hoc est, qui neq; in Deum fidem habent, neq; eloquia eius meditantur. Hæc autem Ethnicorum est abominatio. Quæ autem ruminant quidem, non habent autem vngulam duplicem & ipsa immunda. Hæc Iudæorum est imaginalis descriptio, qui quidem Eloquia Dei in ore habentes, stabilitatem autem radicis suæ non figunt in Patre & Filio. Propter hoc autē lubricum est genus ipsorū. Etenim quæ sunt vnius vngulæ animalia facilè labuntur, firmiora autē sunt, quæ duplicem vngulam habent, succedentibus inuicem vngulis fissis secundum iter & altera vngula subbaiulat aliam. Immunda autem similiter sunt, quæ duplicem vngulam habent, non autem ruminant. Hæc est autem omnium videlicet hæreticorum ostensio, & eorum qui nō meditantur eloquia Dei, neq; operib. Iusticiæ adornantur. Qui enim sunt tales in patrem quidem & filium dicunt se credere, nunq; autē meditantur eloquia Dei, quemadmodum oportet, neq; Iusticiæ operib. sunt adornati. Das ist: Die Reine Thier seind die Christen / welche warhafftig an Gott Vater vnd Sohn gleuben / tag vnnd nacht vom Gesetz des HErrn reden / vnd jhr Leben darnach anrichten.
1. Die gar Vnreine / welche die Klawen nicht spalten / auch nicht widerkewen / sind die Abgöttische Heiden / so weder an Gott Vater vnd Sohn gleuben / noch Gottes Wort haben / vnd betrachtē.
2. Die ander art der Vnreinen / so die Klawen nicht spalten / vnd doch widerkewen / seind die Jüden / welche zwar jmmerdar Gottes Wort im Munde haben / vnd daruon reden / Aber haben den wahren Glauben an Gott Vater vnnd Sohn nicht.
3. Die dritte art der Vnreinen / so die Klawen wol spalten / aber nicht widerkewen / seind die Ketzer / so sich zwar darfür außgeben / als wenn sie an GOtt Vater vnnd Sohn gleuben /

Aber lesen/verstehen vnnd betrachten doch die H. Schrifft nit wie sichs gebüret/seind auch nicht mit guten Wercken gezieret. Diß Irenæus. Augustin. Quæst. super Iud. quæst. 50. versteht durch die Vnreine / das Gottlose Leben / welchs darmit solt angedeutet werden. Quid est immundum, nisi fortasse dissolutio disciplinæ, quæ esse cœperat in Israel, &c. Gleichmessige Außlegung zeiget auch der Priester Eleasarus dem Königlichen Egyptischen Gesandten Aristæo an / wie diß Eusebius de præpar. Euang. lib. 8. cap. 3. beschreibet. Aber hieruon gnugsam.

Wir wollen jetzund die lehrhaffte Eigenschafften/Geistliche Nütze / vnnd etliche denckwürdige Geschichte / von dem reinen Thierlein dem Schafe/dessen fast am meisten gedacht wird/erzelen: Vnd was dem Geistlichen/Weltlichen/Häußlichen vnnd Gemeinem Stande vnterschiedlichen zu fassen/ anzeigen.

Die 1. Lehr vom Gottesdienst.

Im ersten Geistlichen vnd Göttlichem Stande/ wird des Schafs weitleufftig erwehnet. Anfenglich/was die Opffer/das ist/den Gottesdienst anbelanget / als Exodi 20. Einen Altar von Erden mache mir / darauff du Schaf vnnd
Exodi 22. Rinder opfferst. Exodi 22. Dein erstes Schaf las sieben tage bey seiner Mutter sein / am achten Tag soltu mirs geben / 2c. Es wird aber zu mancherley Opffer gebraucht/Als zu Brand-
Leuit. 1. opffer / Leuit. 1. Wil einer von Schafen ein Brandopffer thun/ so opffer er ein Mänlin/ das ohne wandel sey / 2c. ohne
Leuit. 3. not ist es/ alle Ceremonien hie zu inseriren. Leuit. 3. Wil jemand dem HErrn ein Danckopffer von kleinem Viehe thun/ es sey ein Scheps oder Schaf / so sollen sie ohne wandel sein.
Leuit. 4. Leuit. 4. Wird einer aus der Gemeine ein Schaf zum Sündopffer bringen / so bringe er eine Sie / das ohn wandel ist/2c.
Num. 6. Num. 6. Wenn des Nasirs oder Verlobten / Gesetz seines

Gelübds aus ist/soll man jhn bringen für die Thür der Hütte
des Stiffts/vnd er soll bringen sein Opffer dem HErrn(neben
andern auch) ein järig Schaf ohn wandel/ zum Sündopffer.
Leuit. 5. Wenn eine Seele sündigen wird/ vnnd den gehörten Leuit. 5.
Fluch nicht anzeiget / oder sonsten etwas vnreines anrühret/
vnd wüste es nicht/der ist vnrein/ vnnd erkents hernach/daß er
gesündigt hette/ so soll er dem HERRN für die schuld seiner
Sünde / ein Schaf oder Ziegenmutter bringen zum Sünd-
opffer. Leuit. 14. Ein gereinigter vom Außsatz/soll neben an- Leuit. 14.
dern Opffern/auch ein järig Schaf dem Priester bringen/ etc.
Dieser Opffer von der Herd vnd Schafen/finde wir viel Exem-
pel in der H. Schrifft/Gen. 4. Abel bracht von den Erstlingen
seiner Herd/vnnd von jhren Fetten/ Vnd der HErr sahe gne-
diglich an Abel vnd sein Opffer. Welchs Opffer Ebre. 11.
gerühmet wird : Durch den Glauben hat Abel ein grösser
Opffer gethan denn Cain/durch welchen er Zeugnis vberkom-
men hat/ daß er gerecht sey/ da Gott zeugete von seiner Gabe.
2. Sam. 6. Da Dauid die Laden des HErrn vom Hauß 2. Sam. 6
ObedEdom gen Jerusalem mit freuden holete / ließ er je den
sechsten gang opffern neben einem Ochsen / ein fettes Schaf.
1. Reg. 1. Adonia wurff sich auffrührischer weise zum König
auff/vnd richtet ein groß Opffer an bey dem Stein Soheleth 1. Reg. 1
neben dem Brunn Rogel/opfferte auch viel Schafe/etc. Ma-
chet ein grosse Malzeit/ jsset vnnd trincket/ Aber Salomo lies
diesen seinen auffrührischen Bruder hernach tödten. In der
Einweihung des Tempels zu Jerusalem/1. Reg. 8. 2. Chro- 1. Reg 8
nic. 5. Opfferte Salomon dem HErrn hundert vnd zwentzig 2. Chron. 5
tausent Schaf/ja so viel das niemand zelen kundte. Assa Kö-
nig in Juda schlegt der Moren König Serah / plündert auch
die Städt vmb Gerar her / brachten Schafe die menge gen
Jerusalē/thet die Abgötterey ab/vnd opfferten die Frembdlingē

aus Jsrael/vnd opfferten dem HERRN von dem Raub/ den sie bracht hatten/Schafe/sieben tausent. 2. Chron. 15. Besihe auch weiter das reichliche Opffer Jehißkiæ/2. Chronic. 29. vnd 30. Dergleichen Historien findestu mehr/welche ohne not alle zumelden.

2. Chro. 35

Warumb Gott gebott zu opffern.

Dieweil aber der Weise Allmechtige Gott die Opffer selbs eingesetzt/vnd dem Jüdischen Volck geboten/hat ers nit vergebenlich vnd ohne vrsachen gethan/Sondern nötige vnd fruchtbarliche Lehr seinem Volck/inn gemein auch allen Christen fürbilden wollen.

Fürbildung des waren seligmachenden Glaubens/an Christum dz Lamb Gottes.

Zum Ersten/Soll dieses Opffer ein Vorbild vnnd andeutung sein/ein sichtbarliche Predigt der wahren Religion vnd seligmachenden Glaubens/vom einigen Opffer dem gecreutzigten Sohn Gottes JEsu Christo/wie bald hernach/vnnd auch im 2. par. vom Caiñ Zeugnis eingeführt werden. Dahin haben die Jüden in jhren opffern sehen müssen/Wie Ebr. 11. von Abel gesagt wird/Daß er durch den Glauben an den zukünfftigen Messiam ein besser Opffer geopffert habe/denn Cain/durch welchen Glauben er auch gerechtfertiget vnd selig worden ist. Dernnach haben auch die Jüden mit diesen Opffern jhren Glauben bekeñt vnnd an den tag gegeben/den sie an den verheissenen Heyland hatten. Wir Christen aber werden hierdurch vnsers wahren seligmachenden Glaubens an Christum erjnnert/vnd gestercket/daß Christus allein das gnugsame Opffer für der gantzen Welt Sünde sey/vnnd wir durch eigene Werck die Sünde nicht büssen/noch Gottes Gnad erlangen können.

Opffer ohne Glauben gefallen Gott nit.

Derwegen auch die eusserliche Opffer der Jüden/ohn wahre Buß vnnd Glauben/geschlachtet/von Gott durch die Propheten verworffen werdẽ. Esa. 1. Was soll mir die menge ewer Opffer? spricht der HERR. Ich bin satt der Brandopffer von Widdern/ ꝛc. Wenn jhr herein kommet zu erscheinen für mir / Wer fordert solchs von ewern Henden / das jhr auff meinen Vorhof tretet? Bringet nicht mehr Speißopffer so vergeblich.

Hieronymus schreibet darüber: Huius capituli continentia respuit sacrificia victimarum, & Euangelij obœdientiam docet esse super sacrificium. Potest & hoc de his accipi, qui cum Dei præcepta non faciant, donis varijs atque muneribus Deum redimere se posse credunt: Vel qui parta per rapinam & auaritiã, altari offerunt & pauperib. Das ist: Gott verwirfft die Opffer / vnnd erfordert den Gehorsam des Euangelij/ welcher jene weit vbertrifft. Es können aber dardurch die Jenige auch beschrieben sein / welche ohne Buß vnnd Glauben/ mit jhren Geschencken vnnd mancherley Gaben Gottes Gnad wöllen erkauffen (wie im Bapstthumb mit Meß hören vnnd stifften/ sine bono motu cordis geschehen ist) oder jhr geraubtes vnnd gestolen Gut ad pias causas zum Gottesdienst legiern / oder Allmosen daruon geben wollen. Hieron.

Lutherus trifft den Verstand vnnd Meinung recht/ Gott verwerffe die Opffer darumb / weil die Jüden vermeinten/ sie wolten durch das Werck selbs ohne wahren Glauben/ auff die Barmhertzigkeit Gottes / gerecht vnnd selig werden/ darmit denn Christo seine Ehre geraubet wird. Reijcit sacrificia, non quod per se mala sint, erant enim diuinitus instituta, sed quod opinio, qua illi sacrificabant, esset impia: Abiecta enim fiducia in misericordiam Dei, iustificari se, tanquam ex opere operato, sacrificijs credebant, id quod hodie etiam in Papistis nostris reprehendimus. Hoc enim est detrahere Christo gloriam, & eã nostro operi tribuere. Luther. Warumb Gott die Opffer verwirfft.

Sacri-

Sacrificia enim erant à Deo ideo instituta, vt essent signa, quibus pij testarentur, se promissionibus de Christo credere, & expectare Christum liberatorem. Vides igitur Esaiam idem contra suos Iudæos agere, quod nos in omnibus nostris concionibus & scriptis contra aduersarios nostros agimus: vt scilicet doceamus, Deum non placari vllis nostris operibus aut meritis, sed gratis ignoscere ijs, qui sperant in misericordia eius. Das ist: Gott verwirfft die Opffer / nicht daß sie an vnd für sich selbst böse sein/ sintemal sie von jhme geordnet: Sondern dieweil die meinung/in der die Jüden opfferten/gottlos war. Denn sie/hindan gesetzt die hoffnung auff Gottes Barmhertzigkeit / darfür hielten/ sie würden durch die Opffer / nur vmb des Wercks willen gerecht: Welchs wir auch noch heut zu tag an vnsern Papisten straffen: Denn dadurch nimt man dem HErrn Christo seine Ehre / vnnd schreibt sie vnsern Wercken zu. Denn die Opffer waren von Gott derenthalben angeordnet/ daß sie solten Zeichen sein/mit denen die frommen bezeugten / daß sie an die Verheissungen von Christo gleubten/ vnd warten auff den Erlöser Christum. Darumb sihestu/daß Esaias eben das wider seine Jüden treibt/das wir inn allen vnsern Predigten vnd Schrifften wider vnsere Widersacher treiben / Nemlich / daß wir lehren / daß Gott durch keine Werck oder Verdienst versühnet werde / Sondern allein aus lauter Gnade verzeihe denen/die auff seine Barmhertzigkeit hoffen.

Auff diese Erklerung merck auch die folgende Prophe-
Psalm. 50 tische Straffpredigt wider die Opffer / Psalm. 50. Deines Opffers halben straff ich dich nit / sind doch deine Brandopffer sonst jmmer für mir/ Ich wil nicht von deinem Hause Farren nemen / noch Böcke von deinen Ställen / rc. Esai. 43.
Esai. 43. Mir zwar hastu nicht bracht Schafe deines Brandopffers/

noch

noch mich geehret mit deinen opffern/Mich hat deines diensts nicht gelüstet im Speißopffer. Ja mir hastu arbeit gemacht inn deinen Sünden / vnnd hast mir mühe gemacht inn deinen Missethaten / Jch / ich tilge deine Vbertretung vmb meinet willen / vnnd gedencke deiner Sünde nicht. Esai. 66. Wer einen Ochsen schlachtet/ist eben als der einen Mann erschlüge: Wer ein Schaf opffert / ist als der einem Hund den Halß breche. Hoseæ 5. Wenn Jsrael vnd Juda gedemütiget werden/daß sie vmb jhrer Missethat willen fallen/werden sie kommen mit jhren Schafen vnnd Rindern den HERRN zu suchen/aber nicht finden/ Denn er hat sich von jnen gewandt. Mehr besihe Amos 5. v. 22. Jerem. 6. v. 20. Daraus denn zubeweisen/daß die Opffer an jnē selbs noch kein ander Werck Gott ohn Glauben gefallen möge / Vnnd daß die Opffer die Gott gefallen / sind ein geengster Geist/ein zerschlagen Hertz/ Psalm. 51. Oder der Elende / vnnd der zubrochens Geistes/ Esai. 66. sey / der sich für Gottes Wort fürchtet / vnd Gott danck opffert/Psal. 50.

Esai. 66.

Hose. 5.

Amos 5.
Jere. 6.

Gott gefellig Opffer.

Zum Andern / Haben diese Opffer mit jhren Eigenschafften auch die Jsraeliten von Sünden abmahnen/vnd zur Tugend treiben sollen/ wie in der Vorrede angedeutet. Zwar was das Schaf anlanget/seind sie in der Außlegung der Allegorien nicht einig. Origen hom. 27. super Num. Si vicero stultitiam ouem immolasse videbor. Item, homil. 1. super Leuit. Hic munus offert Deo, Ouem, cum irrationabiles motus insipientesq; correxerit. Der opffert Gott ein Schaf/ der die vnuernünfftige närrische bewegung seines Hertzens verstands vñ Lebens vberwindet vñ creutziget. Hesychius deutet das Schaf guter meinung / auff einen jeden frommen Christen/ sagend: Ouis est quilibet simplex & sine malitia. Dieweil wir aber hernach aus der H. Schrifft gnugsame

Schafopfer warnet für Sünden/vñ vermahnet zu guten Wercken.

Origenes.

Hesychius.

Eigenschafften der Schafe / so von den Christgleubigen verstanden werden/einführen/wollen wirs dahin sparen.

Schafe vnd ander thier opffer zu erholung des Gottes-diensts/von Gott angeordnet.

Zum Dritten / Hat GOtt diese Opffer der Schafe/ vnnd anderer reinen Thiere erfordert vnd zugeben befohlen/ darmit das H. Predigampt vnnd dessen Diener/ die Priester vnd Leviten erhalten würden : sintemal von den Opffern ein gewisser Theil denselben gebührte. Mögen auch darneben mehr Mittel behertzigen / die Gott zu erhaltung des Kirchendiensts eingesetzt vnnd gebrauchet hat. Exodi 13. Wenn du

Exodi 13.

ins Land Canaan kommen wirst / sagt GOtt zum Volck Israel/ so soltu außsondern dem HERRN alles was die Mutter bricht/ vnd Erstgeburt vnter dem Viehe / das ein Mänlin ist/ die Erstgeburt vom Esel soltu lösen mit einem Schafe / 2c.

Leuit. 27.

Dieses Gebot wird Deuter. 15. wiederholet. Leuit. 27. Wil jemand seinen Zehenden lösen/ der sol den Fünfften drüber geben. Vnd alle Zehenden von Rindern vnd Schafen/ vnnd was vnter der Ruthen gehet / das ist ein heiliger Zehend dem HErrn. Man sol nicht fragen/ obs gut oder böß sey/ man

2. Chro 31

sols auch nicht wechseln / 2c. 2. Chronic. 31. Der König Hißkia sprach zu dem Volck das zu Jerusalem wohnet/ Daß sie theil geben den Priestern vnnd Leviten/ auff daß sie köndten desto härter anhalten am Gesetz des HERRN. Die Kinder Israel gehorchten/ vnd brachten viel Erstlinge vnnd Zehende: Item / sie brachten auch Zehenden von Rindern vnd Schafen/ 2c. Num. 31. Vom Moabitischen Raub wurden 675. Schafe/ vnnd wiederumb so viel/ dem HErrn zu theil/ welche den Leviten gegeben waren. Nehem. 10. thun die Israeliten anordnung/ daß man Zehenden vnd Erstlinge der Rinder vnd

Leuit. 22.

schafe zu dem Hause Gottes den Priestern bringẽ solt. Ist auch darneben zubehalten/ das Gott Leuit. 22 spricht: Was einen fehl hat/ solt jr nit opffern/ deñ es wird für euch nit angenẽ sein.

Wer

Wer ein Danckopffer dem HErrn thun wil/ ein sonderlich gelübd/ oder von freyē willen/ von Rindern oder Schafen/ das sol one wandel sein/ daß es angenem sey/ es sol keinē fehl habē/ Ists blind/ oder gebrechlich/ oder geschlagen/ dürre/ räudicht oder schebicht/ so solt jr solchs dem HErrn nit opffern/ etc. Da auch hernach die Jüden vortheilisch waren/ lest Gott sie durch den Propheten Malachiam cap. 1. straffen: Wenn jhr ein blindes opffert/ so muß es nit böß heissen/ Wenn jhr ein lahmes oder kranckes opffert/ so muß es nit böß heissen. Brings deinem Fürsten/ was gilts/ ob du jhm gefallen werdest/ oder ob er deine Person ansehen werde spricht der HERR Zebaoth. Vnd bald hernach: Jhr sprecht/ Sihe/ es ist nur müde/ vnnd schlagets in den wind/ vnd jhr opffert das geraubt/ lahm/ vnd kranck ist/ etc. Solt mir solchs gefallen von ewer Hand/ spricht der HERR? Verflucht sey der vortheilische/ der inn seiner Herde ein Mänlin hat/ vnnd wenn er ein Gelübd thut/ opffert dem HErrn ein vntüchtiges: Denn ich bin ein grosser König/ spricht der HErr/ vnnd mein Name ist erschrecklich vnter den Heiden. Demnach was in specie den Jüden der Opffer halbē geboten war/ das trifft alle Christen inn gemein an/ daß sie den Kirchendienst mit jrer Nahrung/ Haab vnd Gut sollen erhalten helffen: Wie GOtt denn seinen Segen versprochen hat Malach. 3. Bringet die Zehende gantz inn mein Kornhauß/ daß in meinem Hause Speiß sey/ vnnd prüfet mich hierinn/ spricht der HErr Zebaoth/ ob ich euch nicht des Himels fenster auffthun werde/ vnd Segen herab schütten die fülle/ etc.

Malach. 1.

Es thats dem Pfaffen wol.

N.B.

Alle Menschen sollen den Kirchen dienst helffē erhalten/ wollen sie Gottes Segen haben.

Die ander nützliche vnd nötige Lehre/ so Gott bey dem Schafe vorstellet/ ist das trefliche/ hohe/ von der Welt her verborgen Geheimnis/ von der Menschwerdung/ oder von der Person vnd Ampt JEsu Christi/ etc. Denn was sein Geburt anlanget/ wird sie im 72. Psalm angedeutet: Er (der

2. Lehr/ von der person vnnd Ampt Jesu Christi.

Psalm. 72. Sohn Gottes) wird herab fahren wie der Regen auff das
Jud. 6. Fell / wie die Tropffen die das Land feuchten : Sihet aber der Psalmista zu rück auff die wünderliche Geschicht Gedeonis / Jud. 6. Gedeon sprach zu Gott : Wiltu Jsrael durch meine Hand erlösen / wie du geredt hast / So wil ich ein Fell mit der Wollen auff die Tenne legen / Wird der Taw auff dem Fell allein sein / vnnd auff der gantzen Erden trocken / so wil ich mercken / daß du Jsrael erlösen wirst durch meine Hand. Vnd es geschach also. Vnd da er des morgens frue auffstund / trucket er den Taw aus dem Fell / vnnd füllet eine Schalen voll Wassers. Vnd Gideon sprach zu Gott : Dein Zorn ergrimme nit wider mich / daß ich noch ein mal rede / Jch wils nur noch einmal versuchen mit dem Fell / Es sey allein auff dem Fell trucken / vnnd tawe auff der gantzen Erden. Vnd Gott thet also dieselbe nacht / das trocken war allein auff dem Fell / vnd Thaw auff der gantzen Erden.

Außlegung dieser wunderbarlichen geschicht. Diese wunderbarliche Geschicht wird zwar nicht einerley weise / sondern zumal von der Predigt des H. Euangelij / vnd denn auch von der vbernatürlichen Geburt vnnd Menschwerdung Christi außgelegt. Osiander inn seiner Paraphrasi :

Osiander. Gottes Sohn wird von d' Jungfrawen Maria ware Menschliche Natur an sich nemen durch krafft vnd wirckung des H. Geistes / also daß sie ohne erkäntnis eines Mannes fruchtbar / vnd Himmelischer weise schwanger wird werden. Filius Dei descendet de cœlo, & virtute seu operatione Spiritus S. assumet humanam Naturam de beata virgine Maria, ita vt ea fiat fœcunda, licet virum nullum cognoscat, imprægnabitur enim cœlesti modo.

Ambrosius. Diese Außlegung bestetiget Ambrosius Tom. 3. Serm. 13. in die natali Domini, &c.

Christi wunderbarliche Geburt. Quod latenter & secretò Saluator descensurus esset in virginem, iam ante Dauid testatus est, dicens : Descendet

sicut

sicut pluuia in vellus. Quid enim tam silenter & sine strepitu fit, quàm cum Imber in lanæ vellus infunditur. Nullius aures sono verberat, nullius corpus humore repercussionis aspergit: sed sine inquietudine hominum totum imbrem per multiplices effusum partes toto corpore in se trahit, vnius meatus scissuram nesciens, solida mollicie plures præbens meatus, & quod clausum videtur per densitatem, est patulum per tenuitatem. Rectè ergo Maria velleri comparatur, quæ ita concepit DOMINVM, vt toto eum hauriret corpore, nec eius discissuram corporis pateretur: sed esset mollis ad obsequium, solida ad sanctimoniam. Recte inquam Maria velleri comparatur, de cuius fructu salutaria populis vestimenta texuntur. Vellus planè Maria est, siquidem de molli sinu eius Agnus egressus est, qui & ipse matris lanicium, hoc est, carnem gestans, molli vellere cunctorum operit vulnera populorum. Omne enim populi vulnus Christi lana suffundit, Christi fouetur sanguine, & vt sanitatem recipiat Christi indumento vestitur. Das ist: Daß vnser Heyland heimlicher vnd vnbegreifflicher weise in der Jungfrawen Leib kommen werde / hat Dauid lang zuuor bezeuget/ da er spricht: Er wird herab fahren wie der Regen in die Wolle. Denn was geschicht so still vnd ohne rauschen/ als weñ der Regen auff die Wollen fellet? Niemand hörets/so machts auch niemand naß mit durchtrieffen: Sondern ohne beschwerung der Menschen/ zeugt sie allen Regen zu sich / gleich als köndt sie das Wasser nicht wieder weg lassen/ Wenn man sie aber zusammen fasset/ gibt sie das Wasser von sich/vnd was da scheinet das der dicke halben bleiben müste/das fleust leichtlich/wegen der dünn oder lindigkeit. Darumb wird die Jungfraw Maria recht mit der Wollen verglichen/weil sie den HERRN also empfangen/

daß sie jhn im Leibe trug/ohne jhres Leibs verletzung/sondern war lind zum Gehorsam/vnd fest zur Heiligung. Billich/ sag ich/wird die Jungfraw Maria der Wollen vergliechen/ dieweil von jhrer Frucht allen Völckern gar heilsame vnnd nützliche Kleidung gemacht werden: Die Jungfraw Maria ist billich die Wollen/sintemal aus jhrer sanfften Schos herfür kommen ist das Lamb/welchs auch der Mutter Wolle/ das ist/Fleisch an sich tregt/vnnd mit seiner weichen Wollen aller Völcker Wunden zudeckt. Denn alle Wunden der Sünden wird mit des HErrn Christi Wollen bedeckt/mit des HErrn Christi Blut gereinigt/vnd mit des HErrn Christi Kleid geheilet/etc.

Solche Außlegung führet auch Hieronymus inn diesem Psalmen: Sicut in vellus Gedeonis pluuia descendens cum terra arida defecit: ita & hic illapsus est in vterum virginalem per infusionem Spiritus sancti: Arida enim erat terra humani corporis cum aduenit, nec vllum fructum exhibere poterat sanctitatis, sed ipse eam prædicationis suæ stillicidijs fœcundatam fructibus repleuit æternis. Das ist: Gleich wie der Regen gefallen ist auff die Wollen des Fells Gedeonis/da die Erde dürr vnnd trocken geblieben: Also ist auch der Sohn Gottes durch krafft vnd wirckung des heiligen Geistes inn den Jungfrewlichen Leib kommen. Denn die Erde des Menschlichen Leibs war trocken/da er kam/vnnd kondt keine Frucht der Heiligkeit bringen: Aber er hat sie mit seiner Predigt also befeuchtet/ daß sie ewig bleibende Frucht getragen.

Hieron.

Etliche andere Lehrer zwar deuten Gedeonis Geschicht auff die Predigt des Euangelij/darmit erstlich das Fell/ das ist/das Volck Jsrael ist befeuchtet worden/Aber hernach

der

der Euangelischen Predigt beraubt / vnnd darmit der gantze Erdbodem / das ist / die Heiden seind erleuchtet vnnd befeuchtet worden / rechtschaffene Frücht der wahren Buß zubringen. Augustinus führet diese Außlegung vber ermelten Psalmen. So ist auch Chrysostomus dieser meinung. Tomo 2. homil. 14. vnter den 29. Predigten: Quid significauit pluuia, nisi prædicationem Legis: Vellus illud sacrificium Iudæorum, in quibus sacrificijs iusserat sibi pecora offerri. In isto ergò vellere descendit pluuia, quia sola Iudæa fuit Legis cultura: Sed pluuia in area demonstrauit nobis, transferri sacrificia à Synagoga & totam aream mundi repleri prædicatione Legis, &c. Das ist: Was hat der Regen anders bedeutet / als die Predigt des Gesetzes: Das wölliche Fell aber die Opffer der Jüden / da jhm GOtt Viehe zu opffern befohlen hatte. Darumb ist der Regen auff das Fell allein gefallen / dieweil den Jüden das Gesetz gegeben war: Aber der Regen so auff die Erden gefallen / hat vns angezeigt / Daß die Opffer von der Jüdischen Versamlung genommen / vnnd der gantze Erdkreiß in aller Welt mit der Predigt des Gesetzes soll erfüllet werden. Aber dieses wollen wir jetzt einstellen.

Augustin.

Chrysost.

Nicht weniger aber wird auch das Leiden / Sterben / vnd trefliche Hirtenampt Christi JEsu vorgebildet / Esaiæ 53. Christus da er gestrafft vnnd gemartert ward / hielt er sich wie ein Schaf / das für seinem Scherer erstummet / vnnd seinen Mund nicht auffthut: Darmit denn nicht allein sein Creutz vnnd Marter angedeutet wird / sondern auch seine Gedult / vnnd vngezwungener Wille / daß er sich nicht vmb seinen / sondern vnsert willen / williglich / da er sich doch hett wehren vnnd außreissen können / eingestellet hat zu der Marter / Wie er saget: Niemand nimmet mein Leben von mir / sondern

Esai 53.

Christi leidē vnd gehorsam im Creutz.

Jch

Ich lasse es von mir selber / vnnd habe es macht wieder zunemen. Vnd: Es kömpt der Fürst dieser Welt/ vnnd hat nichts an mir/ ꝛc. Welchs allen Christen in jhrem Glauben tröstlich sein soll. Diesen Spruch lase der Kämmerer vnnd gewaltiger der Königin Candaces aus Morenland/ Actor. 8. Kunde jhn aber nicht verstehen/ biß jhm der Philippus erkleret/ vnnd vom gecreutzigten Christo prediget. Dieses freywillige gedültige Opffer ist vom Abraham propheceiet worden/ Gen. 22.

Gene. 22. Denn da Jsaac seinen Vater Abraham fraget: Mein Vater/ hie ist Fewer vnnd Holtz / Wo ist aber das Schaf zum Brandopffer? Abraham antwortet: Mein Sohn/ Gott wird jhm ersehen ein Schaf zum Brandopffer/ ꝛc. Abraham meinet zwar Jsaac / aber er solt nicht das Opffer selbs / sondern sein Vorbild sein/ nemlich JEsus Christus.

Das löbliche vnd tröstliche Hirtenampt Christi.

Was aber sein gewaltiges Hirtenampt anlanget / wird dasselbige im alten vnnd newen Testament weitleufftig außgeführet / Vnnd wiewols vermengt ist mit der folgenden dritten Lehr von den Gleubigen / vnd heiliger Christlichen Kirchen/ So wollen wir doch die fürnembste stück des Hirtenampts Christi hieher besonder setzen/ vnnd hernach der Schäflein vnd wahrgleubigen Christen eigenschafft auch in sonderheit erzelen. Dieses Ampt wird mit vielen worten von David Psalm. 23.

Psal 23. erkleret: Der HERR ist mein Hirt / mir wird nichts mangeln/ Er weidet mich auff einer grünen Awen/ vnd führet mich zum frischen Wasser / Er erquicket meine Seel / vnnd führet mich auff rechter Strassen vmb seines Namens willen/ ꝛc.

Das erste Ampt/ Weiden.

Das erste Hirtenampt ist / Daß er seine Christgleubigen Schäflein auff einer grünen Awen weidet / welchs nicht von der eusserlichen Leibsnahrung / sondern von der Seelen weid vnnd speiß soll verstanden werden: Diese Weide aber ist das heilige Wort Gottes / darinn man viel nützliche trostreiche

Speiß

Speiß findet zum ewigen Leben. Chrysostomus Tom. 2. homil. 7. inter 29. Grandis est ista pascua: Epulæ istæ & semper satiant, & nunquam deficiunt. In isto campo Legis & in floribus testimonij, cum anima nostra venerit, reficitur, pascitur, nutritur, pinguescit, exultat in simplicitate cordis: proficit ibi anima collocata, requiescit, exultat & gloriatur. Das ist: Das ist eine herrliche Weide / diese Speise settiget nicht allein allezeit / sondern sie weret jmmer vnnd ewig: Wenn vnsere Seele auff diesen grünen Plan des Gesetzes vnnd herrlicher Zeugnis kömpt / wird sie erquickt / geweidet / geneeret vñ gemehret / ist frölich in einfalt des Hertzens: Kömpt vnsere Seele dahin / so nimbt sie zu / ruhet / frewet sich / vnd jauchtzet hertzlich. Chrysost.

Hieruon weissaget auch Esaias cap. 40. Der HERR kömpt gewaltiglich / vnnd sein Arm wird herrschen / Er wird seine Herde weiden wie ein Hirt / Er wird die Lämmer in seine Arm samlen / vnd die Schafmütter führen. Ezech. 34. So spricht der HERR / Sihe / Jch wil meine Schaf suchen / etc. Jch wil sie von allen Völckern außführen / vnnd wil sie weiden auff den Bergen Jsrael / vnd in allen Awen / vnd auff allen Angern des Landes. Jch wil sie auff die beste Weide führen / Vnd jhre Hurten werden auff den hohen Bergen inn Jsrael stehen / daselbst werden sie in sanfften Hurten ligen / vnnd fette Weide haben auff den Bergen Jsrael. Jch wil selbs meine Schaf weiden / vnnd ich wil sie lägern / spricht der HERR. Jerem. 31. Der Jsrael zustrewet hat / der wirds auch wieder samlen / vnnd wird jhr hüten wie ein Hirt. Darauff auch Moses sihet Num. 27. v. 17. der HERR vnnd Gott alles Fleisches / wölle einen Mann setzen vber die Gemeine (Jsrael) der für jhnen aus vnd eingehe / vnnd sie aus vnnd einführe / daß die Gemeine des HErrn nicht sey / wie die Schaf one Hirten. Ezech 34. Jerem. 31. Num. 27.

Deut. 32. Vnd Deut. 32. Der HERR gab dem Jsrael Butter von den Kühen/vnd Milch von den Schafen/rc.

Daß aber Christus der rechte gute Hirt sey/ vnnd sein Weiden verrichte/beweisen mehr Sprüche/dari dieser Hirten Name jhm zugelegt wird/ als Michæ. 2. Michæ. 7. Du aber weide dein Volck mit deinem Stabe/ die Herde deines Erbtleils/die da wohnen beide im Wald alleine/vnd auff dem Felde/las sie zu Basan vnnd Gilead weiden wie vor alters. Zachar. 11. & 13. 1. Pet. 2. Christus ist ein Hirt vñ Bischoff der Seelen. 1. Pet. 5. Christus heist ein Ertzhirt. Ebr. 13. Der grosse Hirt d' Schafe/Sonderlich aber beweist's Christus selbs gantz weitleufftig/ Joh. 10. Vnd von der Weide sagt er: Jch bin die Thür zu den Schafē/So jemand durch mich eingehet/ der wird selig werden/vnd wird ein vnd außgehen/ vnd Weide finden. Ein Dieb kömpt nicht/denn das er stele/ würge vnnd vmbbringe/ Jch bin kommen daß sie das Leben vnnd volle gnüge haben sollen: Die Weide ist/ wie droben gesagt/ das H. Wort vnnd Sacramenta inn dieser Zeit/ die volle gnüge wird im andern Leben hernach folgen.

(Marginalia: Mich. 2. 7. — Zach. 11. 13. — 1. Pet. 2. 5. — Ebr. 13. — Joh. 10.)

Gleich wie nun Christus seinen Schäflein Weide gegeben hat: Also befihlet er solchs Ampt auch Petro/ Joha. 21. zum dritten mal/ Simon Johanna hastu mich lieb/ so weide meine Schaf/weide meine Lämmer.

(Marginalia: Christus hat solch Ampt zu weiden die Scheflin den Aposteln befohlen.)

Alcuinus schreibet: Pascere oues, est credentes in Christum, ne à fide deficiant, confortare: terrena subsidia, si necesse est, subditis prouidere: et exempla virtutum cum verbo prædicationis impendere, aduersarijs obsistere, errantes subditos corrigere. Das ist: Weyden heist/ die Christgleubigen stercken/ daß sie vom Glauben nicht abfallen/ inn der Noht auch leiblich versehen/ neben dem Wort gute Exempel der Tugenden vortragen/ den Widersachern weh-

(Marginalia: Was weyden sey.)

wehren/die Jrrende bekehren vnnd wiederbringen / ꝛc. Aber hieruon hernach. Vnd zwar Petrus hats nicht allein für sein Person verrichtet / Sondern auch allen seinen MitEltesten vnd andern Predigern ernstlich befohlen / 1. Petri 5. Weydet die Herde Christi so euch befohlen ist / vnd sehet wol zu/nicht gezwungen/ sondern williglich / nicht vmb schendlichs gewiñs willen/sondern von Hertzen grund/Nicht als die vbers Volck herrschen/Sondern werdet Fürbild der Herde/ so werdet jhr/ wenn erscheinen wird der Ertzhirt / die vnuerwelckliche Kron der Ehren empfahen. Paulus gibt auch diß Gebot den Eltesten zu Epheso / Actor. 20. So habt nun acht auff euch selbs vnd auff die gantze Herd/vnter welche euch der H. Geist gesetzt hat zu Bischoffen / zu weyden die Gemeine Gottes/ welche er durch sein eigen Blut erworben hat. Vnd lang zuuor / Cantic. 1. Erjnnert der Breutigam seine Braut die Christliche Kirchen / vnnd getrewe Hirten: Gehe hinaus auff die Fußstapffen der Schafe / vnnd weyde die Böcke bey den Hirtenheusern: Sie sollen stets lehren vnd predigen/ vnd den Fußstapffen der frommen Heiligen Gottes nachgehen/ ob sie schon Böcke vnter den Schafen finden / könne Gott dennoch dieselbige etwan bekehren / oder ja am Jüngsten tage gar außmustern.

1. Petri 5.

Act. 20.

Jn dieses erste HirtenAmpt aber gehört auch das Trencken/daruon Dauid singet: Er führet mich zum frischen Wasser: Chrysost. versteht in oben angezogener Predigt vber diesen Psalmen/das Wasser der H. Tauffe. Hæc aqua primatum tenet in Elementis: Sed cum istud Elementum acceperit Spiritum S. fit Sacramentum, & iam non erit aqua potationis, sed sanctificationis: non erit aqua communis, sed refectionis: per istam aquam educit, purgatos facit perfectos, ratione claritatis et gratię illuminãs et replens eos, ꝛc.

Trencken mit frischem Wasser.

Das ist: Diß Wasser ist das fürnembst vnter den Elementen: Wenn aber zu diesem Element der H. Geist kömpt/so wirds ein Sacrament/vnd ist denn nit mehr ein blos Trinckwasser/Sondern ein Wasser der Heiligung/nicht ein gemein Wasser/sondern ein Wasser der Erquickung: Durch diß Wasser führet er aus/machet rein vnnd vollkommen/inn dem er sie erleuchtet vnd erfüllet mit seiner klarheit vnd Gnade. Dieses frische Wasser sind die Gaben des H. Geistes/welche er durch die H. Tauff vnnd inn derselbigen außgeust auff die gleubige getauffte Christen/wie bey Esaia/vnd in Johan. 7. rc. testimonia zufinden seind. Item/Nicht weniger ist auch hie zu bedencken das folgende Stück/daß der Hirt Christus sein gleubigs Schäflin an der Seelen erquickt/gedeyen vnnd zunemen lesst/vnnd auff rechter Strassen beleitet/daß es nicht jrre von dem Wege der Gerechtigkeit/alß denn viel abweg sind der falschen Lehren vnd Jrrthumen/Vnd mus Christus hierinn auch das beste thun/sonsten ists bald mit den Menschen geschehen. Das ist nu von dem ersten Ampt des Ertzhirten Christi/wie er weidet/speist/trencket/tröstet/erhelt/beleitet/daß die Christgleubigen mögen beharren.

Was das frische Wasser sey.

Auff rechter strassen sie führen vnd erquicken.

II. *Hirtenampt Schützen.*

Das ander fürneme Hirten Ampt/ist der Schutz vnnd Schirm/daß Christus der Ertzhirt seine Schäflin beschirmet/daruon David saget: Ob ich wandere im finstern Thal/so fürcht ich kein Vnglück/denn Du bist bey mir/dein Stecken vnd Stab trösten mich. Chrysost. In medio umbræ mortis est VITA tentationis: sed non timemus, quia Deus pro nobis est, &c. Das ist: Das Leben der Versuchung ist mitten im schatten des Todes: Aber wir fürchten vns nicht/denn Gott ist für vns/rc. Aber es ist one not zu erzelen/inn was grossen gefahren der leiblichen vnnd geistlichen Feinde die Christlichen Schäflin sind/denn daruon folget

hernach

hernach in beschreibung derselben. Hie mögen wir aus oben vermeldten Zeugnissen mehr Trostpuncten Göttliches schutzes vermercken. Esaiæ 40. Er wird die Lämmer inn seine Arm samlen / vnnd die Schafmütter führen. Ezech. 34. Ich wil meine Schafe erretten aus jhrem (der falschen Hirten) Maul / daß sie meine Schafe forthin nicht mehr fressen sollen. Michæ. 2. Ich wil sie in einen festen Stall thun. Sonderlich erkleret Christus diß / Joh. 10. Der Hirt lesset sein Leben für die Schafe / Kennet die seinen / wie der Vater jhn seinen Sohn kennet / etc. Vnnd hernach: Meine Schaf hören meine stim̃ / vnd ich kenne sie / vnnd sie folgen mir / vnnd ich gebe jhnen das ewige Leben / vnd sie werden nimmermehr vmbkommen / vnnd niemand wird sie mir aus meiner Hand reissen / etc.

Das dritte fürneme Hirten Ampt füret er gegen die schwache gebrechliche Schäflin / wie dieselbe bald sollen beschrieben werden / Sein Ampt aber steht darinn / Daß er das verlorne wieder sucht / Ezech. 34. Matth. 15. Luc. 15. Das verjrrete / so durch falsche Lehr verführet / wiederbringet / das verwundte vnd schwache verbindet vnd heilet / mit Wein vnd Oele / des Gesetzs vnd Euangelij. Zacharias 11. handlet ouch inn vielen worten von diesem Ampt Christi / wie er der Schlachtschafe vmb der elenden Schafe willen gehütet habe. Summa / Syrach 18. Der HERR lehret vnnd strafft / Er lehret vnd pfleget wie ein Hirte seiner Herde. Welchs gantz tröstlich ist wider die Anfechtung von vnser Schwacheit vnd gebrechligkeit / daß Gott die Schwachen nit verstossen wölle / sondern viel mehr zu sich fordern / daß er sie tröste / stercke / erquicke / etc.

III. Hirtenampt gegen den gebrechliche Schafen ist / das verlorne suchen. Ezech. 34. Matth 15. Luc 15. Zach. 11. Syr. 18.

Noch ein Ampt hat vnser Hirt / Daß er die mutwilligen züchtige / vnnd ein außwurff mache vnter den Schafen. Ezech. 34. Zu euch meine Herd spricht der HErr HErr also: Sihe /

IIII. Ampt / Ein außwurff machen / vnd

straffen die vngehorsame leckende Schafe. Ezech. 34.

Sihe/Ich wil richten zwischen Schaf vnd Schafe/ zwischen Widern vnd Böcken: Ists nicht gnug/das jhr so gute Weide habt / vnnd so vberflüssig/daß jhrs mit Füssen tretet / vnnd so schöne Börne zutrincken/ so vberflüssig / das jhr darein tretet/ vnd sie trübe machet? Daß meine Schafe essen müssen was jhr mit ewern Füssen zutreten habt/ vnnd trincken was jhr mit ewern Füssen trüb gemacht habt: Darumb so spricht der HErr HERR zu jhnen: Sihe/Ich wil richten zwischen den fetten vnd magern Schafen / darumb daß jhr lecket mit den Füssen/ vnnd die schwachen von euch stosset mit ewern Hörnern/ bis jhr sie alle von euch zerstrewet/ Ich wil meiner Herde helffen/ daß sie nicht mehr sollen zum Raub werden / vnnd wil richten zwischen Schaf vnd Schafe.

Dieses Straff vnd RichterAmpt vnsers Ertzhirten Christi mögen die mutwillige leckende Schaf vnd Zuhörer Göttlichs Worts mercken/Denn es gehet nimmer inn der Christenheit so gleich vnnd eben zu / das nicht mutwillige Sünder gefunden würden / welche sich jhrer Gaben leiblichen oder geistlichen vberheben / die geringe magere Schäflin verachten / vnterdrucken/beleidigen/ Aber Christus wird Richter zwischē jhnen beiden sein/welchs den Mutwilligen eine Warnung/den Geplagten ein Trost vnd anmahnung zur Gedult sein soll. Welche aber auch weiter die Weyde vnd heilsame Brūnlein/Gottes Wort vnnd Sacrament mit füssen treten/ gar wollen verachten / den drawet er bey dem Propheten Zacharia cap. 11. Ich sprach/ich wil ewer nicht hüten / was da stirbt das sterbe/ was verschmacht das verschmachte / vnd die vbrigen fresse ein jegliches des andern Fleisch. Diese Weissagung ist an dem Jüdischen Volck erfüllet vnd war worden/ zur warnung allen Gleubigen/rc.

Straff der mutwilligen vngehorsamen schafe. Zach 11.

1. Zeitliche

Viel

Viel schrecklicher aber wird Christus dieses Ampt am jüngstē Tage sehen lassen / Matth. 25. Wenn er in seiner Herrligkeit kommen / vnnd gleich als ein Hirt die Schaf von den Böcken scheiden / die Schafe zu seiner Rechten / die Böcke aber zu seiner Lincken stellen wird: Diese hin weisen inn das Hellische Fewer der ewigen Verdamniß: Jene aber zu sich nemen inn das selige fröliche Reich seines Himmelischen Vaters. Das sey nun kürtzlich von dem HirtenAmpt Christi gehandelt / darnach sich seine Diener vnnd Vnter-Hirten richten sollen / vnd nicht Miedling oder vngetrewe Hirten sein / daruon bald hernach folgen wird / Ehe wir aber dieselbige Beschreibung besehen / wollen wir zuuor der rechtgleubigen Christschäflin abconterfeyung anhören / wie viel vnd mancherley dieselbige / vnd in welchem zustande sie gefunden werden. 2. Ewige.

Es werden aber die außerwehlte Kinder Gottes / so zum ewigen Leben versehen / vnd durch die Predigt des Euangelij inn die Christliche Kirche beruffen werden / mit folgenden Eigenschafften beschrieben: Etliche werden Verlorne Schäflein genennet / Ezech. 34. Ich wil das Verlorne wieder suchen. Welchs Christus Lucæ am 15. Capitel / weitleufftig außführt / Vnnd zum Cananeischen Weib saget / Matth. am 15. Cap. Ich bin nicht gesandt denn nur zu den verlornen Schafen vom Hauß Israel. Befihlet auch Christus Matth. am 10. Cap. seinen Jüngern / die er zu predigen in das Jüdische Land außsendet: Gehet hin zu den Verlornen Schafen vom Hauß Israel. Beschreibūg der Christen. Ezech. 34. Luc. 15. Matth. 10.

Aus diesen Sprüchen wird offenbar / daß alle Menschen von natur das verlohren Schaf sind / welchs der Hirt Christus hat suchen müssen / wie Lucæ 15. gesagt wird. Vnd bezeugt diß Ambrosius lib. 7. in Luc. Gaudeamus igitur, quoniam ouis illa quæ perierat in Adam, leuatur in Christo. 1. Verlohrn Schaf.

Humeri

Humeri Christi, crucis brachia sunt. Illic peccata mea deposui, in illa patibuli nobilis cruce requieui. Diues pastor cuius omnes nos centesima portio sumus, habet Angelorum, habet Archangelorum, Dominationum, potestatum, thronorum, aliorumque innumerabiles greges, quos in montibus dereliquit. Das ist: Derhalben lasst vns frölich sein/ dieweil das Schäflein/so inn Adam verloren/in Christo wieder gefundē/vnd auff die Schulter des H. Christi gelegt ist. Des H. Christi Schulter sind seine außgespannete Arm am Creutz: Alda hab ich meine Sünde hingelegt/auff dem Creutz des werthen Holtzes hab ich geruhet. Der reiche Hirt/ dessen wir allzumal das hunderte Theil sind/hat der Engel vnd Ertzengel/der Herrschafften/der Gewalt/der Thronen/ vnnd andere vnzehlige Herd/ die er auff den Bergen gelassen hat.

Gregorius. Gregorius: Vna ouis tunc perijt, quando peccando homo pascua vitæ dereliquit. Dimisit autem 99. in montibus, id est, in excelsis, quia illos summos angelorū choros reliquit in cœlo, &c. vt perfectè ergò summa ouium integraretur in cœlo, homo perditus quærebatur in terra: quem humeris suis imposuit, quia humanam Naturam suscipiens, peccata nostra ipse portauit. Das ist: Damals ist das einige Schäflin verloren worden / als der Mensch mit seinen Sünden die Weide des Lebens verlassen hat: Da hat Gott die neun vñ neuntzig gelassen auff den Bergen/das ist/in der Höhe: Denn er hat die grossen Chor der Engel im Hīmel verlassen/rc. Auff daß die zahl der Schäflein im Himmel wieder gantz vnd vollkömlich würde / ward der verlorne Mensch auff Erden gesucht / welchen der Sohn Gottes auff seinen Rücken gelegt / in dem er Menschliche Natur angenommen/ vnnd selbsten vnsere Sünde getragen hat.

Diß

Diß Schäflein ist das gantze Menschliche Geschlecht / welches in Adam gesündiget / vnd die Weyde deß Paradieses vnd Himmelreichs verlohren hat / darumb der Sohn Gottes das Englische Heer verlassen / zu vns armē verdampten Menschen in der Menschwerdung kommen ist / hat vns auff seinen Rücken deß Creutzes geleget / die Sünde gebüst / zu der Engeln Chor gebracht / vnd den Mangel im ewigem Leben ergentzt.

Wer dz verlorne Schaf sey.

Christus nennet aber auch das Jüdische Volck / oder etliche auß jhnen / verlohrne Schäflein / wie droben angehöret / one zweifel / weil sie deß rechten waren seligmachenden Worts Gottes beraubet waren / vnd nichts anders wusten noch hören / denn die Traditiones Auffsätze der Phariseer / oder aber deß Moyses Gesetz / dadurch sie selig werden solten / welches vnmüglich war. Es sind aber auch andere arme Sünder / so in Vnbußfertigkeit / oder in andern Nöthen stecken / verlohrne Schäflein / wie sich selbst David im 119. Psalm nennet: Ich bin wie ein verirret vnd verloren Schaf / suche deinen Knecht / denn ich vergesse deiner Gebot nicht. Diese Eigenschafft erinnert nu alle Christen / jhrer grossen Noth / Jammer vnd Elend darinnen sie stecken / daß sie auch jhnen selbs nicht helffen oder rathen können / sie müsten ewiglich verlohren / dem brüllenden Löwen / dem Teuffel / zu theile werden / etc. Aber droben ist Christi tröstlich Hirtenampt dargegen angehöret worden.

Warumb Christus die Jüden verlorne Schäflein nennet.

Psal. 119.

Erinnerung auß dieser eigenschafft.

Darnach nennet Ezechiel jrrende Schafe / die Christus herzu führen wölle / vnnd mögen dardurch die jenige verstanden werden / welche in dem Schafstall der Christlichen Kirchen gewesen / aber daruon jrre gangen vnnd außgetretten sind / entweder mit groben eusserlichen Lastern / oder Irrthumb im Glauben. Also nennet sich David selbst Psal. 119. zu Ende. Esaias am 53. Capitel sagt von vns allen: Wir giengen alle in der Irre wie Schafe / ein jeglicher sahe auff seinen

2. Irrende Schäflein welche die sein.

Esal. 53.

Weg/ aber der HErr warff vnser aller Sünd auff jn(Christū.) 1. Pet. 2. Ihr waret wie die jrrende Schafe/ aber jhr seid nun bekert zu dem Hirten vnd Bischoffe ewrer Seelen. Es erjnnert vns aber auch diese Eigenschafft vnsers elends vnd jammers/ Daß wenn wir inn die jrre hirraus kommen/ nicht vermögen/ vmbzukeren/ nicht den Weg wissen/ Ja je lenger je mehr von dem Wege abweichen/ bis der grausame Wolff das Schäflin haschet/ zerreisst vnd frisst. Aber Christi tröstlichs Hirten Ampt ist auch allhie zu behertzigen/ daß er die jrrende wiederbringet.

1. Petri 2.

Erjnnerung dieser eigenschafft.

3. Verwundte Schefslin.

Weiter nennet Ezechiel etliche Verwundte/ zuschlagene od' zubrochene Schäflin/ die gleichwol in der Christlichen Versamlung sind/ aber an jhrem jnnerlichen Menschen/ oder Gliedmassen des newgebornen Menschens verletzt vnnd verwundt werden: Welchs geschicht durch die verleugnung des Euangelij/ verlesterung Gottes Worts vnnd der Sacramenten/ vnd aller Göttlichen Wolthaten: Durch Hurerey/ Vnzucht/ tägliche Füllerey/ Vngehorsam gegen vorgesetzten/ vnd dergleichen groben Fälle vnnd Laster: Wie denn Paulus die Glieder des alten Menschen Coloß. 3. erzehlet/ vnd vermanet den newen Menschen anzuziehen. Dieses ist aber auch gantz trostreich/ daß Christus die Verwundte nicht hinwirfft/ sondern mit Oel vnnd Wein heilet/ als droben sein Ampt eingeführt/ vnnd mögen folgende Zeugnisse vom Heilen mercken. Esai. 53. Durch seine Wunden sind wir heil/ Wir giengen alle in der jrre wie Schafe/ ꝛc. Esa. 30. v. 26. Esa. 61. Ps. 41. Psal. 103. Ps. 147. Luc. 10. Vom verwundten Menschen/ welchen der fromme Samariter heilet. Ambros. Multa medicamina Medicus iste habet, quib. sanare consueuit. Sermo eius medicamentum est. Alius eius sermo constringit vulnera, alius oleo fouet, alius vinū infundit, cōstringit vulnera austeriore præcepto, fouet remissione peccati, sicut vino compungit denunciatione Iudicij.

Coloß. 3.

Ein krefftiger Trost/ daß Christus die verwundten heilet.

Das

Das ist: Dieser Artzt hat viel Artzney / damit er pflegt zu heilē: Sein Wort ist ein Artzney / Zum theil zeugts die Wunden zusam̃en / zum teil linderts sie / etlichs geust auch Wein drein: Mit einē schärpffern Gebot zeugts sie zusam̃en / mit erlassung der Sünden linderts / gleich wie mit anmeldung des Gerichts es mit Wein begeust. Aber an diesem ort hieuon gnug / rc.

Weiter finden sich in dem Schafstall der Chiristl. Kirchen schwache oder krancke Schafe / welche zwar nicht in eusserliche grobe Laster fallen / aber doch im Glauben vnnd inn der Liebe blöde vnd schwach sind. Vnd wer wil die schwacheit des geistlichen vnd newgebornen Menschens alle erzelen? Denn eine grosse schwacheit findet sich vnterm Creutz / da der Geist zwar willig / aber das Fleisch schwach ist: da man Christum inn der Verfolgung nit getrost vnd hertzhafftig mit verlierung Leibs vnd Lebens / hab vñ gut bekennen darff: Wie Christus Luc. 22. aus Zacharia den Aposteln verkündigt / Ich werde den Hirten schlahen / vnnd die Schafe der Herde werden sich zerstrewen. Etliche sind auch in der Christl. Freyheit vnnd Erkentnis der Mitteldinge schwach / wie Paulus solcher schwachē etlich mal gedencket / Nit weniger ist man schwach in der Liebe gegen dem Nechsten / vnd vnuollkom̃en in andern Christlichen Wercken. So ist auch demnach das oberzelte Ampt Christi zubehertzigē / daß er die schwachen im Glauben / in den guten Wercken / vnd Liebe / nicht wegwerffen / sondern gantz fleissig auffnemen / vnd jhr warten wolle / bis sie erstarcken. Vber das nennet Ezechiel etliche starcke vñ fette Schafe / welcher d' Ertzhirt Christus pfleget vnd sie behütet / das sind die jenige Christen / welche inn der furcht Gottes leben / in der Christlichē Kirchen bleiben / in dem Glauben / Hoffnung / Gedult / Demut / Brüderlichen Liebe / Bekentnis / eifferig vnd steiff erfunden werden vnnd beharren. Sie werden aber auch mit etlichen gewissen Farben vñ eigenschafften abgemalet.

Schwach: schafe.

Luc. 22.

Starcke vnd fette schafe mit jhren eigenschafftē

Die fürnembste vnd meiste erzehlet Christus / Joh. 10.

1. Gottes Wort hörẽ.

Die erste Farbe ist/Gottes Wort hören/ Meine Schafe hören meine Stimme. Seine Stim̃ aber ist die Predigt des H. Euangelij / von seiner Person vnnd heilsamen Verdienst/ Wer die Stim̃ nicht höret/sondern mutwillig verseumet / verachtet/verfolget/Der kan kein Schäflein Christi sein/sondern ist des Teufels Kind/Joh. 8.

2. Vrteilen vñ vnterscheidẽ jhres Hirten stim̃ von frembder.

Die ander fürneme Farb / Sie hören nicht allein seine Stim̃ / Sondern fassens auch / daß sie die falsche Lehr vnnd frembde Stim̃ vrteilen können/fliehen vnd meiden/Ja daß sie Christum recht/was die Person/Ampt vnd Wolthaten erkennen/vnd so steiff/daß sie bey jhm Leib vnd Leben lassen. Ich bin/spricht Christus/bekant den meinen / Denn sie haben des HErrn Sinn erkant/ 1. Cor. 2.

3. Jhrem Hirten nachfolgen.

Die dritte Farbe ist / Daß sie dem vorgehenden Ertzhirten nachfolgen/im Leben/ aus vnd eingehen/ wie Christus sagt / Wer mir nicht nachfolget / der kan nicht mein Jünger sein. Item/Warlich Ich sage euch/ Daß die mir nachgefolget sind in der Widergeburt/2c. Matth. 19. Dieses Folgen/ Auß vnd Eingehen/erkleren die Patres auff mancherley weise/ Als Augustinus sagt/ Das Eingehen stehe inn dem / wenn er etwas im jñwendigen Menschen tugendhaffts vnnd gutes gedencket/der Außgang/ wenn man außwendig etwas guts dem nechstẽ Menschẽ beweisen/ wie mit jnen Theophylactus vbereinstimmet. Ingredimur, quando aliquid interius cogitamus. Egredi est, quando exterius aliquid boni operamur.

Teophyl.

Theophyl. aber spricht: Ingredi dicitur, cui curæ est homo interior. Egreditur, qui hominem exteriorem, id est, membra quæ sunt super terram, in Christo mortificat. Andere verstehen das Eingehen in die Christliche Kirchen / den Außgang in das ewige Leben / wie diese Außlegung auch vom Augustino gesetzt wird.

Die

Die fürnembste Eigenschafft aber ist / daß die fromme 4.
Schäflin Christi in dieser Welt Creutz vnd Widerwertigkeit Leidē aller-
leiden / Christo nachfolgen müssen inn gedult vnnd demuht. ley wider-
Psal. 44. Du HERR lest vns auffressen wie Schafe/ Wir wertigkeit.
werden ja vmb deinet willen täglich erwürget/ vnd sind geach- Psal. 44.
tet wie Schlachtschafe/ welchen Spruch Paulus Roman. 8. Rom 8.
auch einführet. Jeremias spricht/ Cap. 11. Der HERR hat Jere. 11.
mirs offenbaret/ daß ichs weiß/ vnd zeigt mir jhr (der Anatho-
lites meiner Landßleuten) fürnemen an / daß sie mich Jeremi-
am / wie ein arm Schaf zur Schlachtbanck führen wollen.
Zacharias weissaget vnnd prediget auch Cap. 11. von den Zachar. 11.
Schlachtschafen deren sich der Ertzhirt Christus annemen
vnd hüten werde. 3. Esdræ 15. Sihe / mein Volck / spricht 3 Esdr. 15
der HERR / wird wie ein Herd Schaf zur Schlachtung ge-
führet. Welchs eine Lehr ist von der Christen Verfolgung/
vnd das sie wie die Schäflein ohn geschrey zur Schlachtbanck
gehen / vnnd jhren Mund inn vngedult nicht auffthun sollen.
Christus erkleret diß inn einem andern Spruch: Sihe / Ich
sende euch wie die Schafe vnter die Wölffe. Diß sey nu von
den Gottseligen Lehrern vnnd Zuhörern des seligmachenden
Euangelij/ gnug gesagt: Vnnd mögen zum beschluß auch der
mutwilligen Schaf hie erwehnen / welche die Weyde mit den Mutwillige
Füssen zutreten/ die Wasser trüb machen/ vnnd die schwachen böse Schafe.
Schaf mit den Hörnern wegstossen: Welchs die mutwillige
Christen sein / die Gottes Gaben mißbrauchen zu vnterdrü-
ckung des Nechsten/ vnd auch satt vnd eckel wollen werden am
Wort vñ Sacramenten Gottes/ Daruon schon drobē etwas
gesagt/ daß sie Christus richten werde.

Merckt aber etliche Sprüche mehr von den Gottlosen Jere. 12.
mutwilligen Sündern. Jerem. 12. Warumb gehets den
Gottlosen so wol/ vnnd die Verächter haben alles die fülle?

Aber du lessest sie frey gehen wie Schafe / daß sie geschlachtet werden/ vnnd sparest sie/ daß sie gewürget werden/ Esaias am
Esai. 22. 22. beschreibet auch die Epicurische Bauchchristen / die würgen Ochsen / schlachten Schafe / trincken Wein/ vnnd sprechen: Last vns essen vnnd trincken/ wir sterben doch morgen.
Psal. 49. Artlich redet David von jhnen/ Psal. 49. Die sich verlassen auff jhr Gut/ vnnd trotzen auff jhren grossen Reichthumb/ etc. Dennoch können sie nicht bleiben in solcher Wirde / sondern müssen davon wie ein Viehe/ sie ligen in der Helle wie Schafe/ der Todt naget sie/ etc.

Fasche Lehrer. Weiter gedenckt die H. Schrifft auch der falschen verführischen Lehrer/ bey dem Schafe vñ Hirtenam̃t/ die sonderlich
Ezech 34 Ezechiel am 34. mit jhren lebendigen Farben außstreicht: So spricht der HERR HErr / wehe den Hirten Israel/ die sich selbst weiden / sollen nicht die Hirten die Herde weiden? Aber jhr fresset das Fette/ vnd kleidet euch mit der Wolle/ vnd schlachtet das Gemeste/ aber die Schafe wollet jhr nicht weiden. Der schwachen wartet jhr nicht/ vnnd die krancken heilet jhr nicht/ das verwundete verbindet jhr nicht/ das verjrrete holet jhr nit/ das verlohrne suchet jhr nicht/ sondern strenge vnnd hart herrschet jhr vber sie / welches Petri 1. Cap. 5. Erinnerung entgegen ist. Bald hernach: Höret jhr Hirten deß HErren Wort/ so war ich lebe/ spricht der HERR HErr/ weil jhr meine Schafe lasset zum Raube / vnnd meine Herde allen wilden Thieren zur Speise werden / weil sie keinen Hirten haben / vnnd meine Hirten nach meiner Herde nicht fragen/ sondern sind solche Hirten / die sich selbst weiden / so wil ich an die Hirten/ etc. Dahin sihet Christus / Johan. am 10. Cap. daß sie Miedling sind / ja zum theil auch Diebe vnnd Mörder / die nur kommen das sie stelen vnnd würgen / etc.
1. Cor. 9. Paulus schreibet zwar / 1. Corinth. 9. Welcher weidet eine

Herde/vnnd isset nicht von der Milch der Herden? Darmit er lehret/ daß die Lehrer von jhren Schäflin vnnd Zuhörern nothdürfftige Vnterhaltung mögen fordern. Wie denn Ezechiel die Milch vnnd Wollen auch vergönnet/ aber die Schäflein sollen geweidet sein/ vnnd nicht geschlachtet werden. Vom schlachten redet Hieronymus/ Daß es geschehe durch der Prediger Heucheley/ wenn sie die Reichen vnnd Mechtigen nicht straffen wollen. De diuitibus populi loquitur, quos principes mali in Ecclesijs iugulare narrantur dum eos laudant, & vitia eorum increpare non audent. So geschichts viel mehr durch vnterlassung der reinen Lehr/ da keine Hirten lehren vnnd predigen. Zachari. 10. Sie gehen in der jrre wie eine Herd/ vnd sind verschmacht/ weil kein Hirte da ist/ Mein Zorn ist ergrimmet vber die Hirten/ vnnd Ich wil die Böcke heimsuchen. Jeremi. 50. v. 6. Mein Volck ist wie ein verlohrne Herd/ jhre Hirten haben sie verführet/vnnd auff den Bergen inn der jrre gehen lassen/ daß sie von Bergen auff die Hügel gangen sind/ vnnd jhrer Hirten vergessen: Alles was sie antraffe/ das fraß sie. Wie Christus Matth. Cap. 9. dahin sihet: Sie waren verschmacht vnd zerstrewet wie die Schaf/ die keinen Hirten haben: Denn die Phariseer/ Schrifftgelerten vnd Priester achteten des wahren Gottesdiensts nit/ sahen auff jre Ehr/ Geld vnd Gut/fragten nichts nach den armen Sündern vnnd bekümmerten jrrenden Schäflein/ Deßwegen der HERR Christus auch Johannis am 2. Capit. jhr GeldKrämerey im Tempel straffet/ aus dem Tempel/ die Schaf feil hatten/ außtreibet: Den Geitz auch lang zuuor Elisæus an seinem Diener Gehasi gestrafft hat/ da er den Syrischen Fürsten Naaman curiret. Es ist jetzt nicht zeit Schaf vnnd Ochsen zu lohn zu nemen/ 2. Reg. 5.

Hieron.
Heuchlerische Prediger schlachte sie schäflein.
Zach. 10.
Jerem. 50.
Matth 9.
2. Reg 5.

Fürnemlich aber streicht sie Zacharias cap. 11. meisterlich aus: So spricht der HERR mein Gott (zu seinem Sohn

Zach. 11.

Christo) Hüte der Schlachtschafe/ denn jhre Herren schlachtẽ sie/ vnd haltens für keine Sünde/ verkeuffen sie/ vnd sprechen/ Gelobet sey der HErr/ Ich bin nu reich vnd jre Hirten schonẽ jhr nit/ darum̃ wil ich auch nit mehr schonẽ der Einwohner im Lande/ spricht der HErr. Vers. 8. Ich vertilge drey Hirten in einem Monden/ Denn ich mocht jhr nit/ so mochtẽ sie meiner auch nit. V. 16. Sihe/ Ich werde Hirten im Lande auffwecken/ die das verschmachte nit besuchen/ das zuschlagene nit suchen/ das zubrochene nit heilen/ vnd das gesunde nit versorgen werden/ Aber das fleisch der Fetten werden sie fressen/ vnd jre

Straff solcher Geldprediger.

Klawen zureissen/ O Götzen Hirten/ die die Herde lassen/ das Schwerdt kom̃ auff jhre Arm/ vnnd auff jhr rechtes Auge. Jhr Arm mus verdorren/ vnd jhr rechtes Auge tunckel werden. Das seind die Hohenpriester/ Sadduceer vnd Schrifftgelerten/ die vmb jhrer falschen Lehre vnd Gottloses Lebens willen

Weissagung vom Bapst/ seinen Bischoffen/ München vnd Pfaffen.

vmb das Geistlich vnnd Weltlich Regiment kommen sind. Gleichwol ists auch eine Weissagung vom letzten Antichrist dem Bapst zu Rom. Hieron. Pastor stultus & imperitus haud dubium quin Antichristus sit qui in consummatione mundi dicitur esse venturus. Das ist: Kein zweiffel ists/

Hieron.

daß der thörichte vnerfahrne Hirt sey der Antichrist/ der für dem Jüngsten tag kommen soll. Höre aber hierüber Lutherum. Hie sihestu/ spricht Luth. daß er nicht von einem/ son-

Luther.

dern von vielen Hirten redet/ vnnd heist sie Götzen Hirten/ das ist/ die nit lebendige Hirten seind/ die jhr Ampt thun möchten/ sondern sitzen wie die Götzen/ vnd lassen jhn dienen. Er hat sie fürwar recht wol vnnd fein Götzen genent/ sie sind doch ja Götzen vnnd Laruen/ vnnd nichts anders/ denn sie lassen die Herde gehen wie sie gehen/ allein das sie nur fressen vñ reissen/

so fast/

so fast/daß sie auch nicht eine Klawen vberlassen / die sie nicht zerreissen. Sihe vnsere Bischoffe an/ mit Pfaffen vnd München / so hastu dieses Texts Glossen / Exempel vnd Erfüllung reichlich / Wenn gleich keine Jüdische Phariseer weren/von den er zuverstehen wer. Das Schwert ist Gottes straff vnd vrteil / darmit sie geplagt werden/ daß sie zu keinem gutē Werck tüchtig sind, dazu auch nichts heilsams lehren noch verstehen. Das ist jhr rechter Arm vnd Auge/ꝛc.

Neben dieser Abconterfeyung ist auch Christi Warnung zu behalten / Matth. 7. Sehet euch für / für den falschen Propheten die in Schaffskleidern zu euch kommen/ jñwendig aber sind sie reissende Wölffe / ꝛc. Ob schon die falsche Propheten vnd Lehrer nichts thun/denn die Schäflin schlachten/ würgen vnnd fressen / Jedoch lassen sie sich nicht so grausam sehen/sondern verbergen jhr grimmiges blutgieriges Hertz mit einem Schaffsbeltz / welchs die alten Lehrer auff jhre heuchlerische Werck deuten / auff jhr heuchlerisch vnnd gleißnerisch Fasten / Beten / Allmosen / falsche allegation der Schrifft. Chrysosto. homil. 19. in opere imperf. Matth. Quæ sunt vestimenta ouilia? Species videlicet simulatæ religionis. Eleemosyna simulata, vestimentum ouile est non opus ouile. Oratio simulata, ieiunium simulatum, & cæteræ species pietatis, quibus se vestiunt lupi rapaces. Das ist: Welchs seind die Schaffskleider? Nemlich /die gestalt ď schein-Religion: Es ist zwar ein Schaffskleid / aber keines Schafes Werck/ Allmosen geben / beten / fasten / vnnd andere art der Gottesfurcht/so auff den eusserlichen Schein geschicht/ damit sich die reissenden Wölffe bekleiden/ꝛc. Wie fast Tertull. de præscript. hæret. auch schreibet: Quæ sunt istæ pelles ouium, nisi nominis Christiani extrinsecus superficies? Das ist: Welchs sind die Schaffskleider / als der blosse eusser-

Matth 7.
Was schafs kleid sey.
Chrysost.
Tertull.

eusserliche Name des Christenthumbs? Augustin. lib. 2. de Serm. Dom. in Monte, erzelet auch Ieiunia, orationes, Eleemosynas, das ist/Beten/Fasten/Almosen. Vnd Hier. Hic locus specialiter de hæreticis intelligendus est, qui videntur continentia, castitate, ieiunio quasi quadã pietatis se veste circumdare, intrinsecus verò habentes animum venenatum, simpliciorum fratrum corda decipiunt. Das ist: Dieser Text soll sonderlich von den Ketzern verstanden werden/welche sich mit messigkeit/ keuschheit vnnd fasten / als mit eim Kleid der Gottes furcht / also bekleiden von aussen/ Jnwendig aber ein sehr gifftiges Gemüt vnnd Sinn haben / daß sie jhre einfeltige Brüder betriegen / rc. Theophylact. verstehets von der schmeichlerischen Wolredenheit / vermeintem heiligen Leben vnd Sanfftmütigkeit/da er spricht: Blandiloquentiam prætexunt, & vitam simulant sanctam, sed intrinsecus latet aculeus. Indumentum autẽ ouis est, & mansuetudo quam vsurpant dum adulantur & decipiunt, &c.

Hieron.

Theophyl.

Wir wollen auch Lutheri meinung vom Schafßkleide hieher setzen: Schafßkleider heist er/ nit böse stück vnnd grobe Sünde/ als der Heiden vnd Vnchristen / Sondern die treffliche Namen vnd Ruhm der rechten Christen/ die da haben die H. Tauffe/ Sacrament/ Chrisium / vnnd alles was Christi ist/ rc. Als daß sie im predigen sprechen/nicht / Das sage ich/ sondern also: Lieber Freund / das sagt Christus / da habt jhr Gottes Wort vnnd die Schrifft / das must jhr glauben/ wolt jhr selig werden/Wer anders lehret/der verfüret euch/ rc. Führen den hochgelobten Namen Christi vnd Gottes / vnnd die schreckliche prechtige Wort/Gottes Ehre/Warheit/ewige Seligkeit/vnd was mehr solche wort dazu gehören. Das ist ein stück der Schafßkleider: Zu dem schmücken sie sich mit sonderlichen Wercken vnnd weise / gehen in grawen Röcken/

Luther.

sehen sawer / machens hart vnnd strenge mit fasten / casteien / hartem Lager / vnd leben gar nicht wie ander gemeine Leute / etc. Sihe / so müssen sie sich schmücken / beide mit der Lehre vnnd leben / daß sie eben dieselbigen wort füren / etc. Vnnd diß sey vom ersten Stand gnug.

IM andern Stand der Weltlichen Obrigkeit / ist zu mercken / wie auch jhr / der Regenten Ampt / bey diesem Thierlein vnd Hirten Ampt vorgehalten wird / 1. Sam. 16. 2. Sam. 7. Psal. 78. Der HErr bawet sein Heiligthumb hoch / wie ein Land das ewiglich fest stehen soll / vnnd erwehlet seinen Knecht David / vnnd nam jhn von den Schafställen / von den seugenden Schafen holet er jhn / daß er sein Volck Jacob weiden solt / vnd sein Erbe Israel. Vnd er weidet sie auch mit aller trew / vnnd regiret sie mit allem fleiß. Wo nu keine Könige vnd Regenten seind / da stehets auch mit den Menschen so gefehrlich / als wenn die Schäflin one Hirtẽ in der Wildnüß weideten / wie Micha der Sohn Jemla zum König Ahab saget / 1. Reg. 22. 2. Chron. 18. Er solt die Schlacht verlieren / vnd vmbkommen / das Volck Israel / seine Vnterthanen geschlagen werden / welchs doch Ahab nit gleubẽ wolt / Ich sahe gantz Israel / spricht der Prophet / zerstrewet auff den Bergen / wie die Schaf die keinẽ Hirten haben / Vnd der HErr sprach: Haben diese keinen Herrn: Ein jeglicher kehr wieder heim mit frieden. Da auch Gott ein geschwinde Pestilentz vber die Israeliten schickte / weil David aus stoltz vñ trotz sein Volck hat zelen lassen / vnd David den Engel des HErrn mit seinem straffenden Schwert vber Jerusalẽ schweben sahe / sprach er zu dem HErrn: Sihe / ich hab gesündiget / ich hab die Missethat gethan / was haben diese Schafe gethan? Laß deine Hand wider mich vnnd meines Vaters Hauß sein / etc.

Ampt der weltlichen Obrigkeit. 1. Sam. 16 2. Sam. 7 Psal. 78.

2. Sam. 24

Diese jetzt recitirte Sprüche erjnnern die Obrigkeit vnd Vnterthanen jhres Ampts / Denn was die Vnterthanen betrifft/ sollen sie sich billich wie Schäflin gegen jhre Regenten/ vnd die Regenten gegen jre Vnterthanen als getrewe Hirten erzeigen / Sonderlich aber die Vnterthanen aus des Propheten Michæ Predigt mercken / was für ein gefehrlichen vnnd schwerlichen Stand sie haben / wenn sie ohne Regenten sind/ vnd daß sie billich vnd willig jhren Hirten Milch vnd Wollen geben sollen.

Lehr der vnterthanen

Es werden aber auch die Oberherren bey dem Hirtenampt sich wissen zu spiegeln / Daß sie sich gegen den Vnterthanen nicht wie Löwen / Bären vnnd Wölffe / sondern wie fromme getrewe Hirten halten. 1. Die Schäflin weiden lassen mit heilsamer Weide Göttlichs Worts vnnd der Sacramenten. 2. Sie auch mit eusserlicher leiblicher Nahrung versehen/ das ist / Sie nicht außschleiffen/oder die Haut vber die Ohren ziehen/Wie Cæsar Tiberius sagte: Pastoris est tondere pecus,non deglubere, Sie für den Wölffen/ Feinden vnd Widersachern vertheidigen vnd beschirmen. 3. Sich auch im leben also erzeigen / daß vber die Vnterthanen nicht Göttliche straffen kommen / Oder wo sie darmit vberfallen weren/ dieselbige mit wahrer Buß/Gebet vnnd Gottesdienst abwenden/Wie Dauid gethan hat. Hieruon wird aber bey folgendẽ Thieren mehr geredt.

Lehr der Obrigkeit nach diesen Exempeln.

1.

2.

3.

Im dritten Stand.

IM dritten/ Haus vnnd gemeinem Stande/ haben wir viel lehrhaffte vnnd nützliche Sprüche/ Exempel vnnd Historien zu behalten. Zuforderst finden wir in der Schrifft/daß der H. Ertzväter Nahrung vnd Reichthumb mehres theils in der Viehe vnnd Schafzucht gestanden ist / darbey denn Gottes Segen war. Deuter. 32.

Er lies Jsrael / spricht Moyses von Gott / Honig saugen auß den Felsen / vnnd Oel auß den harten Steinen / Butter von den Kühen / vnnd Milch von den Schaffen. Mehr Sprüche besihe: Deut. 7. v. 13. Deut. 28. v. 4. Psal. 65. v. vlt. Psal. 144. Der Welt Kinder Wundsch von der Fruchtbarkeit der Schafe / wie die Jsraeliten auch der Feinde Schafe geplündert / besihe: Num. 31. v. 31. Jos. 6. v. 21. 1. Sam. 30. v. 20. 1. Chron. 6. v. 21. Wir wollen etliche Legendas nach einander besehen / Gen. 29. Deß Labani / Jacobs Schwehers Vita weiset auß / daß er viel Schafe hatte / vnnd seine Töchter / sonderlich die jüngste mit Namen Rahel / darzu gewehnet waren / daß sie derselbigen Schafe hüteten / wie sich vngefehr / oder viel mehr auß sonderlicher Schickung Gottes auch begibt / daß der fromme Gottsfürchtige flüchtige Jacob / in seinem Exilio zu den Hirten auß Haran kömpt / sie freundlich grüsset / jres Hirtenampts erinnert / seine Freundin vñ Baß Rahel ansichtig wird / jhr an dem Schaftrenckẽ fürderlich ist / sie küsset vnd sich zuerkennen gibt / daß er jhr Vetter were / Welche auch alßbald dem Vater Laban / deß Vettern Zukunfft vermeldet / der freundlichen auffgenommen / vnnd empfangen wird / da er auch eine zeitlang der Schafe hütet / weil er vmb seines Vettern Tochter dienet / welches auch auff sieben Jahren gedienget vnnd vertheidiget war / aber der geitzige Schalck Laban hinderführet den frommen Jacob / gibt vnnd leget jhm heimlich zu die eltere Schwester an Rahel stet / wil er aber die Geliebte auch haben / muß er noch sieben Jahr darüber vmb sie dienen / vnd der Schafe hüten. Ehe wir aber die Legendam dieses Schafhirtens beschliessen / wollen wir die fürnembste nöhtigste Lehre anzeigen.

Diese Schäfferey scheinet zwar den Naseweisen Klüglingen vnd Ladünckeln gering vnd schlecht / aber weil dieselbige vom heiligen Geist selbs auffgeschriebẽ/ ist kein zweiffel/ Gott wolle sonderliche Lehre darmit anzeigen. Was die Kinder Labans/ vnnd fürnemlich die Rahel berühret/ vernemen wir deutlich/ wie die Töchter damals aufferzogen worden sind/ nicht zu faulentzen vnnd müssig gehen/ nicht zu spatziren vnnd spiel gehen/ nicht zur Hoffart vnd Stoltz/ sondern zur Arbeit/ daß sie der Schafe haben hüten müssen: Wie sie/ die Rahel/ auch des frembden Vettern ankunfft dem Vater Laban bald ansaget. Jacob gibt auch seine gemeine vnd Hauptugend: Als daß er den vnbekandten frembdẽ Hirten so freundlich zuspricht/ welchs von Christo auch ist befohlen worden/ Matth. 10. Vnd doch gleichwol die Hirten jhres Ampts erjnnert/ Denn es ist ja ein jeder schüldig/ seinen Nechsten wo er zuviel oder wenig thete/ zustraffen/ welchs zwar etwas schwer fürfallen wil/ vnd doch von Gott geboten ist.

Kinderzucht ist bey den Ertzvetern in gute acht genommen worden.

Mit guten worten redt Jacob die Hirten an/ vnd erjnnert sie jhres Ampts.

Daß er aber vmb die Rahel sieben Jahr lang die Schaf zu hüten verspricht/ zeigt seine Liebe an gegen der Rahel/ wie er denn hernacher/ da er von seinem geitzigen Schweher Laban betrogen/ vnnd jhm die ander Tochter heimlich beygelegt war/ noch sieben Jahr zu dienen zusaget. Hiermit wil aber der heilige Geist lehren/ Daß die liebe zwischen den Eheleuten nicht vnrecht noch Sünde sey/ oder auch die wahl seines gleichen/ der schönen vnnd starcken nicht zuverdammen/ Wie die vermeinte Keuschen im Bapsthumb schendlich daruon reden vnd schreiben/ Ja darfür haltẽ/ Es stehe dem alten Jacob/ der vber die siebentzig/ ja schier achtzig Jahr alt war/ allererst vmb die schöne Rahel bulet/ vnd viertzehen Jahr sich zum Knecht in die Dienstbarkeit verspricht/ gar vbel an/ diese ding seien puerilia, iocularia, carnalia, &c. Aber weil der H. Geist diß hat auffzeichnen lassen/ ists warlich nicht zu verachten. Luth. Hæc docenda & agitanda sunt in Ecclesia, ne abhorre-

Jacobs dienst die 14. Jahr vmb die Rahel/ billiget die Eheliche Lieb.

horreamus à coniugio, sicut Papistæ id deformarunt suis delirijs, & damnauerunt: Ideo enim scribit hæc Spiritus S. vt testetur, Deum non abijcere & reprobare etiam eos, qui spectant formam in coniuge, & quòd electio illa sit sine peccato, &c. Libenter exempla ista legimus, in quibus voluit Spiritus S. nobis Scripturam sanctam commendare, & in heroicis viris ostendere carnalia & infirma, quia maior est consolatio videre carnalia in Sanctis, quàm sublimia & grandia illa, quæ non possumus imitari. Commendat igitur Spiritus sanctus hæc communia & œconomica humanæ vitæ. Das ist: Solches muß man inn der Kirchen lehren vnnd treiben / damit nicht die Leut ein eckel vnnd abschew tragen / ob dem Ehestand / In massen die Papisten mit jhren Treumen vnnd Narrenteidungen denselbigen gnugsam geschändet vnnd verdammet haben. Denn eben darumb schreibet der H. Geist solchs / damit zu bezeugen / daß GOtt keinen verachte oder verwerffe / derenthalben / daß er auff schönheit sehe an seinem Eheweib / vnnd daß solchs Wehlen keine Sünde sey: Wir lesen gern solche Exempel / mit welchen vns der H. Geist die H. Schrifft wil befehlen / vnnd auch grosser Wundermänner Menschliche Thaten vnd schwacheit anzeigen / Denn es ist viel ein grösser Trost / wenn man an den Heiligen Gottes solche fleischliche Werck sihet / als die hohen vnnd grosse Thaten/die wir jhnen nicht können nachthun. Darumb zeiget oder weiset vns der H. Geist solche gemeine vnd gebreuchliche ding des Menschlichen Lebens/ 2c.

Man vernimbt aber auch darbey / wie das Freyen vnnd Verehlichen nit bey den Kindern gestanden ist/ Sondern daß die Eltern dieselbige versprochen vnnd hingegeben haben: Gottlose/als Esau/haben aber darnach nichts gefragt/ 2c.

Freyen stehe nit allein bey den Kindern

Der

Der Laban aber ist ein Fürbild vnnd beschreibung aller Heuchler vnnd Gottlosen geitzigen Leute/so den Nechsten mit list vnnd gewalt vbervorteilen / beliegen vnd betriegen: Jacob gibt er gute wort/hertzet vnd küsset jhn/ nennet jhn sein Fleisch vnd Blut/aber hernach handelt er wie ein Ertzbösewicht/ den billich alle Welt inn abgrund der Hellen verfluchen solt. Denn Erstlich so verkeuffe er seine Töchter / eigenes nutzens vnnd geitzs willen / wie sie gegen Jacob selbs bekennen: Darnach so betreugt er Jacob / stilt jhm seine geliebte Braut/vmb die er sieben Jahr gedienet hatte / vnd legt jhm ein andere zu/ die er nicht liebte/ noch begerte/ welchs ein grösserer Raub vnd Diebstal ist/ als wenn man einem sein Gut vnnd Geld stielet. Luth. Vide auaritia quid facit? Est Raptor, spoliator, fur & latro qui ditescit sanguine & sudore optimi viri & filiarum. Das ist: Sihe/was der Geitz thut? Er ist ein Rauber/Dieb vnd Mörder, der von eines ehrlichen Mannes vnd seiner eignen Töchter Blut vnnd Schweiß wil reich werden. Er hats alles zu sich gerissen / Impurissimus Mammonista ita describitur, vt non mirum sit, si totus Mundus eum execretur, superat rapacitatem omnium furum & prædonum, neq; vlla Rhetorica satis exaggerari auaritia ista potest. Das ist: Der vnflätige Mammons Knecht wird dermassen beschrieben / daß kein wunder wer/ ob jhn gleich alle Welt verflucht/ er reiß vnnd nimmet ärger als kein Dieb oder Strassen Räuber/so kan auch sein geitz mit worten nicht gnugsam außgestrichen werden. Doch erzeigt sich Jacob gantz gedültig / daß er die gute fromme Dirne die Leam nicht von sich stöst/vnd dem Vater heim schickt/sondern behelt sie / vnd darmit er die Rahel bekommen möchte / vnnd jhm gegeben würde/dienet er noch sieben Jar lang vmb sie. Welchs Chrysost. hom. 55. in Gen. allen Christen zur nachfolg fürstellet:

Beschreibung eins Geitzhalß.

Luth.

So

So der fromme Jacob so viel Jahr dienet vmb eine Dirne vnd Mägdlein / Warumb solten die Christen nicht Gott dienen vmb der ewigen Himlischen Güter willen ? Audiamus nos ignaui & supini, magna ingratitudine in Deum viuentes. Nam si iustus ille (Iacob) propter puellæ amorem, septennium seruire, ferreq; pastoralium laborum ærumnas decreuit, & non sentit vel labores vel temporis longitudinem, sed omnia ei leuia & facilia videntur, expectationeq; & spe fructus alitur, ita vt dies paucos longum illud tempus putet: Qualem nos habebimus excusationem, qui non pari studio erga Deum nostrum & Benefactorem & Curatorem, & qui nobis fit omnia, afficimur ? Qualis nobis erit venia, qualisúe excusatio sic negligentiæ deditis, qui neq; quantum Beatus ille (Iacob) pro puella amorem desiderauit, tantam in Deum charitatē habemus, &c. Das ist: Solchs solten wir billich hören vnnd zu Hertzen nemen / die wir so faule Tropffen / vnnd so vndanckbar gegen Gott sein. Denn so der fromme Jacob eine Jungfraw dermassen geliebt / daß er vmb sie sieben gantzer Jahr gedienet / vnd eines mühseligen Hirten Ampt verweset / sich die vielfeltige mühe vnd lange zeit nicht verdriessen lassen / sondern alles leicht vnd gering geachtet / ja / inn der einigen Hoffnung / sie zu bekommen / ist jhm die gantze lange zeit nur wie wenig tag gewest: Was wollen wir für entschüldigung haben / die wir noch lang kein solch verlangen haben nach vnserm Gott / der vns so viel guts erzeigt / vns versorget / vnnd alles gibt ? Was wollen wir sagen oder fürwenden / die wir so faul vnd treg sein / vnnd vnsern lieben Gott so sehr nicht lieben / als Jacob eine Jungfraw geliebet hat ?

Was Jacobs lieb gegen der Rahel / vns erjnnere.

Ehe wir aber von dieser Legenda schreiten / sollen wir zuuor den Lohn / welchen Laban seinem Tochtermanne Jacob gibt/ mercken: Denn also spricht Jacob zu Laban: Du solt mir nichts vberal geben/ sondern so du mir thun wilt was ich sage/ so wil ich wiederumb weiden vnd hüten deiner Schafe. Ich wil heut durch alle deine Herde gehen/ vnnd außsondern alle fleckente vnd bunte Schafe/ vnnd alle schwartze Schafe vnter den Lämmern/ vnd die magstu vnter anderer hende thun/ vnd drey Tagereysen von einander scheiden) was nu die vbrige weisse Schafe für fleckete werffen/ das sol mein Lohn sein. So wird mir meine Gerechtigkeit zeugen/ heut oder morgen/ wenn es kömmet/ das ich meinen Lohn von dir nehmen soll. Also daß was nicht flecket oder bundt/ oder nicht schwartz sein wird vnter den Lämmern vnd Ziegen/ das sey ein Diebstal bey mir. (Dieses gehet zwar Laban ein/ aber hernach endert er den Lohn wol auff zehenerley weise) Jacob aber brauchet hierzu eine listige Kunst/ Denn er name Stäbe von grünen Papelnbeumen/ Haseln vnnd Castaneen/ vnnd schelet weise streiffe daran/ daß an den Stäben das weisse blos ward/ vnnd legt die geschelete Stäbe in die Tränckrinnen/ für die Herde/ die da kommen müsten zu trincken/ das sie empfangen solten/ wenn sie zutrincken kämen/ Also empfingen die Herde vber den Stäben/ vnd brachten sprencklichte/ fleckete vnnd bundte/ das geschahe aber im laufft der Früelingen/ denn inn der Spätlinger laufft legt er sie nicht hinein: Also wurden die Spätlinge des Labans/ aber die Früelinge des Jacobs/ daher ward er vber die massen reich/ ꝛc.

Vö Jacobs Lohn für seinē dienst.

Magia naturalis Iacob.

Es sagt aber Jacob Gene. 31. Der Engel des HErrn/ der Sohn Gottes sey jhm im traum erschienen/ vnnd solche angezeiget. Wiewol nu der geitzige Laban den getrewen Knecht vnd Eydam Jacob teuschen vnnd gar außsaugen wil/ vermag ers doch nicht zuthun/ sondern Jacob wird reichlich gesegnet/ daß er auch in seiner verehrung neben anderm Viehe/

seinem

seinem Bruder Esau zweyhundert Schafe vbersendet / vnnd spricht zu jhm : Nim̃ doch diesen Segen von mir an / den ich dir gebracht habe / denn GOtt hat mirs bescheret / vnnd Ich habe alles gnug / etc.

Hie wird aber gefragt / Ob Jacob nicht vnrecht gethan / vnd wider das siebende Gebot gehandelt habe? Denn zween List braucht Jacob. Der erste ist / Wie er durch seine Kunst bundte vnd sprencklichte Schafe verursacht. Der ander Betrug / Daß er solchs verrichtet im Früeling / die besten Schafe vberkömpt / vnd die Spätling seinem Schweher zu teil werdẽ. Chrysostomus zeiget an / Daß diß alles Göttlicher Gnaden zuzuschreiben / Demnach sey Jacob hierin̄ nicht anzuklagen / spricht: Hæc faciens Iacob, non à seipso mouebatur, sed inspirante menti eius superna gratia, neq; iuxta Naturæ ordinem erat quod fiebat, sed valdè admirabile, & Naturæ modum transcendens.

Ob Jacob recht oder vnrecht gethan?

Chrysost.

Hieronymus in Quæst. super Genesin saget / Jacob hab das mittel vnnd billigkeit hierinn getroffen / vnnd etliche zum Lohn wöllen nemen / nicht alle. Iacob prudens & callidus iusticiam & æquitatem etiam in noua arte seruabat: Si enim OMNES agnos & hœdos varios pecora procreassent: erat aliqua suspicio doli, & apertè huic rei Laban inuidus contradixisset: Ergo ita omnia temperauit, vt & ipse FRVCTVM SVI LABORIS acciperet, & Laban non penitus spoliaretur.

Hieron.

Das ist: Der weise vnd verstendige Jacob hat auch inn seiner newen Kunst die gerechtigkeit vnd billigkeit inn acht gehabt: Denn so alles Viehe hette bundte oder sprenglichte junge Lämmer vnnd Böcklein gebracht: So wer eine vermutung gewest des Betrugs: Der neidische Laban hat auch gewißlich solchs jm nit gehalten / daß er jm zugesagt / sondern öffent-

öffentlich vmbgekeret. Darumb trifft er das mittel/damit er für seine grosse mühe vnnd Arbeit etwas zu lohn bekomme/ vnd Laban auch nicht gar außgesogen oder beraubet werde.

Wir wollen aber Lutherum hieruon hören/ im deutschen Genesi: Ich hab gesehen) Da machts Gott mit einem wort
Luth. alles schlecht vnd recht/was Jacob gethan hat/vnd verdampt alles was Laban gethan hat. Las nu sagen wer da wil/ das Jacob den Laban gedeuscht habe/ Denn es ist je so viel geredt/als solt er sagen: Du hast jhm recht gethan/vnnd er dir vnrecht. Im Lateinischen Genesi handlet er weitleufftiger von dieser Sache. Was die Kunst vnnd List anlanget/schreibt er daruon: Fuit ingeniosa philosophia siue Magia, qua effecit, vt oues in ardore libidinis, aspectu variarum virgarum, varios fœtus procrearent. Das ist: Es ist eine vernünfftige Philosophia oder Weißheit gewesen/damit Jacob zuwegen bracht/daß die Schafe in der Liebe brunst die bundten oder sprenglichten Stäbe angesehen/vnnd solche bundte Lämmer getragen haben. Post. Arte atq; ingenio, atq; Magia naturali fallit Iacob artem siue potius malitiam Laban, quam Magiam Patres, siue vsu longiore, siue ex institutione Maiorum didicerunt. Iacob enim haud dubiè ab aliquo patriarcha aut instinctu diuino per Spiritum S. edoctus fuit. Das ist: Mit Kunst vnd geschickligkeit oder natürlicher Weißheit betreugt Jacob Labans Kunst oder viel mehr Boßheit/ welche Weißheit der Natur die Altväter entweder aus langer vbung/ oder von jhren Vorfahren gelernet haben. Denn Jacob hat solches ohne zweiffel von einem Ertzvater/ oder aus Gottes eingeben durch den heiligen Geist erlernet. Bald hernach am end des 30. Cap. entschüldiget er den Jacob. Erstlich mit den weltlichen Rechten vnd Gesetz der Natur/ welche zugeben/ daß einem getrewen Knechte sein

Lohn gegeben werd. Darnach entschüldiget jhn Gottes Befehl selbs / der jhm diß befohlen vnnd eingegeben hat zuthun. Vnnd zum dritten / ist die Noht verhanden gewesen. Wir wollen aber Lutheri wort setzen:

Primùm Iure humano excusatur, quod concedit ijs, qui seruiunt Dominis auaris & iniquis, si nihil mercedis soluunt, sed tantum rapiunt, spoliant, expilant, vt vicissim rapiant quod debetur eis pro mercede: sed DEBITO MODO, ne fiat id cum detrimento domini. Sic filij Israel spoliauerunt Ægyptum, &c.

Secundò, tametsi est DOLVS & fallacia, tamen fecit eam Iacob autoritate diuina, quia Angelus apparuit & monstrauit ei hanc magiam naturalem & licitam esse. Ex angelo igitur vel ex sanctis patribus Iacob eam didicit, qui magnam rerum experientiam & cognitionem habuerunt. Quando vero iubet Deus sanctos & fideles viros aliquid facere, id sine dubitatione sanctum est & licitum.

Tertiò, infra dicit, Deus respexit laborem & afflictionem meam, &c. Optimus ac fidelissimus Iacob nullam spem habuit comparcendi aut colligendi peculij alicuius, propter rapacitatem inexplebilem soceri. Ea profecto non fuit exigua calamitas, qua motus est ad rapinam, hanc præsertim cum accederet autoritas diuina, qua iubebatur hoc facere. Plus enim ex te sensit commodi Laban, dicit Angelus, quam tu ei possis rapere. Ideo iure potes vti arte & fallacia, vt ab eo aliquid auferas non raptum, sed à Deo ipso concessum & datum. Itaq; & humano & diuino iure & extrema necessitate excusatus est Iacob.

Erstlich wird Jacob entschüldigt durchs weltliche Recht/ welchs den jenigen / die geitzigen vnnd vngerechten Herren dienen/die jhnen kein Lohn geben/ sondern nur zu sich reissen/ nemen/außsaugen/wenn sie können / vergönnet/daß sie jhren Lohn selbst nemen: Doch gebürlicher weise/ daß solchs geschehe ohne jhrer Herren schaden. Solcher gestalt haben die Israeliter von den Egyptiern entlehnet/rc.

Zum andern / Ob es gleich eine List vnnd Betrug ist: So hat doch Jacob solchs gethan aus Gottes befehl / Sintemal jhm ein Engel erschienen ist / welcher jhm angezeigt / daß diß eine natürliche vnd vnuerbotene Kunst sey. Darumb hat Jacob solchs entweder vom Engel gelernet/ oder von den H. Ertzvätern / die aus langer lebzeit gute erfahrung vnnd wissenschafft gehabt haben. Wenn aber Gott seine heilige vnd gleubige Menner etwas thun heist / so ist solchs sonder allen zweiffel heilig vnd vnuerboten.

Zum dritten spricht Jacob drunten: GOtt hat meine Arbeit vnnd elend angesehen/rc. Der gute vnnd trewe Jacob kondt oder dorffte jhm die gedancken nicht machen / daß er etwan auch zu einer herd Viehe oder Nahrung kommen wole/ wegen des vnersetlichen geitzes seines Schwehers. Solchs ist jhm warlich nicht die geringste beschwerung gewest / durch welche er zu solchem Raub verursacht worden / sonderlich als Gottes befehl dazu kam / da er geheissen ward solchs zuthun. Denn Laban hat deiner mehr nutz / spricht der Engel / als du jhm nemen kanst. Derhalben kanstu mit allem Recht/guter fug vnnd macht diese Kunst vnnd Betrug brauchen/damit du was von jhm vberkommest / nicht geraubt oder gestolen / sondern von Gott selbst vergönnet vnnd gegeben. Darumb ist Jacob vom Weltlichen vnd Göttlichem Recht / vnnd von der eussersten not dazu gezwungen/entschüldiget/rc.

Ob nun wol Jacob entschüldiget ist / daß er nicht gestolen / oder vnrecht / sondern recht vnd wol gethan hat / Jedoch gebühret nicht einem jeglichen diesem Exempel nachzufolgen / die vmbstende treffen denn durchaus mit dieser Geschicht vberein. In gemein aber veruimbt man / wie Gott seiner Diener nicht vergisset / vnnd doch sie nur ernehret mit dem / was er den Gottlosen Labaniten vnnd geitzigen Weltkindern eripirt vnd nimbt / wie Lutherus der Kirchendiener sauren Lohn vnnd Nahrung zum beyspiel einführet / ꝛc. Hieruon besihe Lutherum ferner in angezogenem Spruch.

Jacobs vnschuld bewet set nit / das ein jeder sein Kunst brauchen soll.

Fast eine gleiche Historien lesen wir Exodi 2. Als Moses in Egyptenland einen Israeliten / der von einem Egyptier geschlagen ward / rettet / vnnd diesen vmbbracht / vnnd solche That auch außkame / entweich er in Midian / vnnd wohnete bey einem Brunnen. Der Priester aber in Midian / der auch ein Fürst war / hatte sieben Töchter / die kamen Wasser zu schöpffen / vnnd fülleten die Rinnen / daß sie jhres Vaters Schafe trenckten / da kamen die Hirten / vnd stiessen sie dauon / Aber Moses machet sich auff / vnnd halff jhnen / vnnd trencket jhre Schafe: Vnnd da sie zu jhrem Vater kamen / sprach er: Wie seid jhr so bald kommen? Sie sprachen: Ein Egyptischer Mann hat vns errettet von den Hirten / vnnd schöpffte vns / vnnd trenckte die Schafe. Er sprach zu seinen Töchtern: Wo ist er? Warumb habt jhr den Mann gelassen / daß jhr jhn nicht ludet mit vns zu essen? Vnnd Moses bewilliget bey dem Mann zu bleiben / der gibt jhm seine Tochter Zipora zum Weibe. Da er nu nachmals seines Schwehers Schafe hütet / vnnd hinder in die Wüsten treib / vnnd an den Berg Gottes Horeb kam / erscheinet jhm der allmechtige Sohn Gottes in einē fewrigen Busch / der doch nit verbrennet. (Die alten Lehrer sagen / das dadurch die wünderliche Vereini-

Historia / wie Moses zur Schäfferey kommen.

Deutūg deß brennenden Busches/ so Moyses gesehen.

einigung Göttlicher vnd Menschlicher Natur/ vnd deren Eigenschafften mittheilung vorgebildet worden sey. Vt enim Rubus quidem illustratur igni sed non comburitur: Ita humanitas Christi diuinis dotibus propter vnionem personalem illustrata, non absumitur nec in diuinitatem commutatur: Das ist: Denn gleich wie der Busch mit Fewer erleuchtet / aber nicht verbrant wird: Also ist die Menschliche Natur deß HErrn Christi / wegen der persönlichen Vereinigung beyder Naturen/mit Göttlichen Gaben begabet / nicht verzehret / noch inn die Göttliche verwandelt worden) Der Sohn Gottes thut jhm Befelch / daß er sein bedrangetes Volck auß Egypten erlösen vnd führen solte. Wir wollen aber die angehengte Vmbstende nicht erzehlen.

Lehren auß Labans Schäfferey.

Was nun die Schäfferey betrifft / haben wir abermahl ein Exempel/wie die Alten/ auch fürnehme reiche Leute / jhre Töchter nicht zum müssig gehen/sondern zur Arbeit aufferzogen hab.n / daß sie die Nahrung musten helffen gewinnen. Gleichwol hören wir / wie andere Hirten sie die Töchter mit jhren Schafen von der Trencke stossen / entweder auß lauter muthwillen / oder / daß sie jhrem Vater dem Priester oder Pfaffen feind sind. Aber Mose errettet sie/trencket jhre Schafe/damit er sein Ampt andeutet/ daß er sein Volck auß Egyptenland erlösen würde/schreibet auch allen Menschen für/man soll den Nothleidenden vnnd Vntergedruckten Hülffe beweisen.

Belohnung deß Exilij Mosis.

Moses geneust auch auß Gottes schickung seines Dienstes wol / daß er nicht allein die Herberge bey dem Priester vberkömpt/sondern auch seine Tochter darzu erwirbt. Tröstlich ists allen exulibus, Gott werde jhrer nicht vergessen im Elend: Werden aber auch die Menschen erinnert / daß sie die Vertriebene auffnemen / die Herberge gönnen/ vnnd jhnen wolthun sollen/Esa.58.Matt.25.

Wir finden aber inn der heiligen Legendis mehr exempla der grossen Schäffereyen. 1. Chronic. 28. Dauid hat ein grosses gut von Schaffen/ vnnd Jasis der Hagariter war der öberste vber die Schaffe. Deßgleichen Salomo wie er im Prediger 1. cap. bekennet / Ich hatte ein grösser Habe an Rindern vnnd Schaffen / denn alle die vor mir zu Jerusalem gewesen waren. Noch sagt er/es war alles eytel vnnd jammer mit aller meiner Arbeit darmit / die beste frewd vnnd schatz ist darinnen nicht zu suchen / wie die Weltkinder Psal. 144. sagen. Der König Salomon muste täglich neben viel anderm Viehe 100. Schaffe inn die Küchen schlachten lassen. 1. Regum. 4. Vnter andern Exempeln ist auch Job zubetrachten/ Job. 1. der sieben Tausent Schaffe hatte/ aber ein gros vnglück kömpt vber jhn / vnter andern kömpt seiner Schäfferknechte einer zu jhm vnd spricht: Das Fewer Gottes fiel vom Himmel/ vnnd verbrandte Schaff vnd Knaben/ vnd verzehret sie/ vnnd ich bin allein entrunnen / das ich dirs ansaget. Darmit wolt Gott seinen trewen Knecht Job probieren / ob er bestendig bleiben würde / wie denn geschehen/ denn er spricht: Der HErr hats gegeben/ der HErr hats genommen/ sein Name sey gebenedeyet. Darumb als er gedültig vnd probieret erfunden ward/ bescheret jhm hernach Gott alles zweyfach/ das er für sieben Tausent / vierzehen tausent Schaff vberkam/ GOtt belohnet das Creutz vnnd leiden der Frommen auch in dieser zeit reichlich/ etc. Judith die Gottselige Wittfraw/ wird auch cap. 8. gerühmet / das sie reich gewesen / Höfe vol Ochsen vnnd Schaffe gehabt habe: Aber doch ist das beste reichthumb/ nicht Schaffe vnd zeitliche vergengliche Haab vnd Gut / sondern die Gottseligkeit vnd selige erkentnis des einigen Erlösers aller Menschen.

Anderer heiligen Schefferey en Dauids.

Salomonis.

Jobi 1.

Jobs reichthumb glück vnd vnglück.

Judith.

Es haben aber auch Gottlose Menschen ein grosse Narung

Gottlose Leut haben auch glück zun Schafen. rung an den Schaffen / wie droben vom Laban gehandelt worden / vnnd 1. Sam. 25. wird ein Exempel vom Nabal gefunden: Der drey Tausent Schaffe gehabt/aber sein Gut vnd reichthumb mißbrauchet/wie hernach sein end vermeldet wird. Aber jhr gut ist verflucht. Denn GOtt spricht seinen fluch darüber/das mans nicht geniessen / oder sonst verlieren vnnd ein schaden nemen sol. Deut. 28. vers. 18. Verflucht wird sein die frucht deiner Schaffe/wenn du GOttes Geboten vnd Stimm vngehorsam bist. Deut: 28. Deut. 28. vers. 31. Dein Schaff wird deinen feinden gegeben werden/vnd niemand wird dir helffen. Exod. 9. Exod. 9. Gott schlegt der Halßstarrigen Egypter Schaffe (sampt andern Viehe) mit einer sehr schweren Pestilentz. Jud. 6. Judic. 6. vers. 4. Die Midianiter zogen Järlich herauff ins Land Israel/ (da sie von Gott abgefallen waren) verderbten das Land/vnd raubten Schaffe/Ochsen vnd alles Viehe/vnd liessen nichts vbrig. Solchen fluch drewen auch die Propheten/wie Jeremias 3. Jerem 3. verkündiget/das die abtrünnige Sünder vnter den Israeliten einmal sprechen sollen/vnser Väter arbeit/die wir von jugend auff gehalten haben/müssen mit schanden vntergehen/ sampt jhren Schaffen/Kindern vnd Töchtern/ denn darauff wir vns verliessen/ das ist vns jetzt eytel schande/ vnd deß wir vns trösteten / deß müssen wir vns jetzt schemen/denn wir sündigten damit wider den HErren vnsern Gott / beyde wir vnd vnsere Väter/von vnser jugend auff/vnnd gehorchten nicht der stimme des HErrn/2c.

Mit dieser bekentnis geben die Bußfertige Israeliter zuuerstehen/das jhr erworben Haab vnd Gut / Sohn vnnd Töchter / vmb jhrer Sünd vnnd Abgötterey willen verflucht vnd vermaledeyet sein.

Hieronymus versteht die arbeit vnd vberkommen Gut von der falschen Lehr vnd Irrthumen der Ketzer/ welche sich

vnd andere verfüren/aber hernach solches alles für schand vnd
schaden erkennen vnd bekennen müssen. Jerem. 5. Sie/ die Jerem 5.
Babylonier / werden deine Schafe vnnd Rinder verschlin-
gen. Habacuc 4. Die Schafe werden aus den Hürden geris- Haba 4.
sen/ꝛc. Aber ohne noth mehr vaticinia dauon zuerzehlen.
Wir wollen etliche Historica von dem Schaffscheren ver- Historica võ Schaffsche-
zeichnen. Gen. 38. Der Patriarch Juda/ als er ein Witt- ren.
wer war/ hielt ein Schaffscheren zu Thimnath/ weil er aber Schaffsche-
seiner Schnur Thamar nach absterben zweyer Männer / ren Juda.
Ger vnd Onan/Juda Sohnen/ den dritten mit namen Se- Gen. 38.
la versprochen / vnnd aber nicht gegeben hatte/macht sie sich
auff/verhüllet jhr Angesicht/kömpt an den Weg da man gen
Thimnath geht/ vnd da Juda der Wittwer sie ansihet/vnd
aber nicht kennet/vermeinet sie were sonsten ein gemeine Dir-
ne/ spricht er sie des beyschlaffens halben an/ wird mit jhr
vmb den Lohn eins/ sie behelt aber den Stab vnd Ring die er
zum warzeichen jhr gegeben hatte/ vnd wartet nicht auff den
Lohn. Da sie aber schwanger worden / wolte sie Juda als
ein Richter desselben orts / ohn ansehen der Person richten
vnnd verbrennen lassen / aber mit den vberschickten merckzei-
chen des Stabs vnd Rings wird er vberzeugt das er der V-
beltheter sey/ der seinen worten darzu nicht krafft gegeben hat.
Gleichwol aber erkennet er seine Sünde/vnd beschlefft sie nit Ob Juda vñ
mehr/ꝛc. Diese that ist wol zubehalten. Chrysostomus zwar/ Thamar zu entschüldigẽ
Hom. 62 wil sie beyde der Sünden entschüldigen vnnd ledig sein.
sprechen der Hurerey/weil durch beyder/ von jhnen gebornen Chrysostom.
Söhnen / thun vnnd Handel / zweyerley Völcker/ da eines
Christum annimpt/ das ander jhn verfolget/ fürgebildet wer-
den/ aber das ist vngereumbt vnd vnrecht geschlossen/darum̃
auch S. Augustinus. Tom. 6. lib. 22. cap. 64. 83. 84. 85. Augustinus.
86. vermeldet/das Gott durch böser Leute thaten/geheimniß

Lehr. vnd Lehr andeuten könne / aber sie seind deswegen nicht ent-
schüldigt: Dieweil aber die Thamar ein Großmutter/vnd jr
1. Sohn Pharetz von Juda vnehrlich geboren / ein Großvater
Christi gewesen/ kan man abnemen wie Christus vmb der ar-
men Sünder willen inn diese Welt kommen sey/ sie zur Buß
2. zuberuffen vnd selig zumachen. So ist auch diß eine anzei-
gung/das Christus die Heyden zu seinem Reich beruffen wol-
le/dieweil nicht allein des Ertzvaters Judæ Weib / sondern
auch seine Schnur Thamar/ein Cananitin gewesen. In ge-
3. mein aber seind diese grobe fehl der heiligen Leut auffgeschrie-
ben / das wir auch inn vnsern Sünden trost vnnd erquickung
hetten.

Sünde des Juda. Was den Judam anlanget/ hat er nicht allein wider die Zusag vnnd damals löblichen gebrauch seinen Sohn der Thamar entzogen/ sondern ist auch jetzt in seinem Wittwerstand etwas leichtfertig. Wie ein solche leichtfertigkeit bey vielen Wittwern gespüret wird/die es für keine Sünde halten in vnzucht leben/ so doch die Hurer kein Erbtheil am Himmelreich haben werden.

Sünd der Thamar. Die Thamar hat auch gesündiget/ zwar nicht aus büberey/das sie schand vnd laster triebe / sondern viel mehr aus vnwillen/vngedult vnd rachgierigkeit/ das sie aus dem haus Juda vnnd seinem Geschlecht solt verstossen/vnnd jhr lebenlang im Wittwerstand bleiben. Lutherus. Luth: Thamar sanè est inexcusabilis, sed superatur impatientia & contumelia orbitatis & sterilitatis: Ardet enim ingenti desiderio & cupiditate sobolis & vult mater fieri in hac domo, in qua ius maternitatis ei tribuerat lex diuina. Das ist: Thamar zwar ist nicht zuentschüldigen / sie lest sich die vngedult vberweltigen/vnd die schmach der vnfruchtbarkeit. Denn sie hat so ein hefftig verlangen nach eim Erben/ vnnd wil gerne ein

Mutter

Mutter sein in dem Haus/da jhr Gottes Gesetz das Mütterliche recht zueignet/ ꝛc. Sie wils haben/ solt sie es vom Schweher selbs kriegen. Paulò post. Hæc propter peccatum Thamar diligentius cogitanda sunt, ne putemus eam libidine peccasse: Delinquit quidem grauiter sed impatientia contumeliæ quæ huic sceleri occasionem præbet: dolet enim sibi eripi summum decus mulierum, videlicet esse vxorẽ, & præsertim huius filij & exui vniuersis ornamentis matrisfamiliâs. Iusta ira fuit & propemodum excusatione digna, &c. Das ist/ Diß sol man/ wegen der Thamar Sünd fleissig bedencken/ das wir nicht achten/ sie hab aus böser lust gesündigt: Sie sündigt zwar schwerlich/ aber aus vngedult der schmach/ die zu diesem bubenstück anlaß giebt. Denn es thut jhr wehe/ das jhr die höheste Weibszier sol genommen werden/ Nemlich das sie kein Eheweib sein sol/ sonderlich des jüngsten Sohns/ vnnd sol aller zier einer Haußmutter beraubt werden. Jst ein billiger zorn gewest/ vnd fast zuentschüldigen/ ꝛc.

Ein andere denckwirdige Geschicht vom Schaffscheren wird 1. Sam. 25. beschrieben. Der Reiche vnd trunckne Juncker Nabal vom Geschlecht Caleb hart vnd boßhafftig/ hatte drey tausent Schaff vnnd tausent Ziegen/ da er nu zu Carmel die Schafe beschur/ sandte David in seinem Exilio zehen Jünglinge zu jm/ mit freundlicher glückwünschung vnd gruß/ sampt angehengter fleissiger bit er wolle jhm vnnd seinem Gesinde ein ziemliche Ritterzehrung verehren vnnd zukommen lassen/ er habß ja wol/ wie seine eigne Hirten wissen anzuzeigen/ vmb jhn verdienet. Aber Nabal schnaubet die Knechte mit vnfreundlichen lesterworten an/ vnnd lest sie mit leeren Henden hien ziehen: Dardurch David hefftig zu zorn bewegt wird/ sich vnd vier hundert Männer wapnet/ vnd wil

Schaffscheren Nabals. 1 Sam 25.

Abigail ein bescheiden Weib.

den Nabal mit allen seinem Gesind erschlagen vnd vmbbringen/ Aber Abigail Nabals Weib erfehret von jhrem Knechte jhres Mannes vnbescheidenheit/ begiebt sich mit etlichen beladenen Eseln vnd Knechten auff den weg/ David zu begegnen/ das vorstehende vnglück mit Worten vnd Wercken von sich vnd jhrem gantzen Hauß abzuwenden/ wie denn Abigail dieses nicht allein erlanget/ sondern auch hernach/ da jr Mañ aus Göttlicher Rach vnnd Straff inn wenig Tagen dahin stirbt/ von David zum Weib begeret vnnd genommen wird.

Selige warnung aus Nabals gehem Todt.

Der stoltze reiche karge Juncker Nabal ist zum warnungs Exempel fürgestellet/ daß man die arme Exules, vmb die Gerechtigkeit vnd Warheit vertriebne Leut/ nicht verachten/ inn Armut stecken lassen/ vnd verhönen sol/ sondern sie mit Prouiant vnd Narung versehen/ welche dieses nicht thun/ mögen das schreckliche Nabals End vnnd gehligen vntergang zu gemüth führen vnd gewarten.

Ob David recht gethan.

David ist zwar nicht vnbillich entrüstet/ sonderlich der schmeheworten halben/ aber doch begehet er auch hierinn Exceß/ daß er bald seinen Knechten durchaus glauben giebt/ vnd den beklagten nicht zuuor höret/ ob er der sachen gestendig/ vnd noch darauff verharren wolt/ Item das er ein Eyd schweret er wölle alles erwürgen/ Jung vnd Alt/ Weib vnd Mann/ schuldig vnd vnschuldig/ welches ja vnrecht ist. Derhalben er Gott dancket daß er darfür ist behütet worden. Die heiligen lassen sich auch den zorn vnd andere affecten vbereylen. Abigail aber ist ein lobwirdiges weib/ die sich gegen jhrem trunckenen Mann/ vnnd andere vnsträfflich erzeigen kan/ Ein gutes Wort findet ein gute stat/ ꝛc.

Schaffscheren Absoleus. 2. Sam. 13

Die dritte Biblische Geschicht die sich bey dem Schaffscheren zugetragen hat/ wird 2. Sam. Cap. 13. beschrieben. Der Amnon Davids Erstgeborner Sohn Ahinoam der Jsraelnin/ hat die schöne Thamar Davids Tochter/ seine

stieff

stieff/aber Absolons leibliche Schwester/ vnsinnig vnnd im vnrechtem/ lieb/ kundt auch nicht feyren/ biß er sie zu Fall gebracht/geschendet/von sich hinaus gestossen hat. Dieweil nu diese schand vngestrafft hingehet / David durch die finger sihet / verdreusts den Absolon der Thamar leiblichen Bruder vber die massen sehr/ tregt einen hefftigen neid vnd haß wider Ammon / suchet gelegenheit wie er jhn wider bezahlen könt/ vnd sparets auff sein Schaffscheren / da sie denn grosse köstliche Gasterey vnnd Mahlzeiten hielten / ladet seine Geschwistern darzu / vnter denen auch den Ammon/ welche semptlich erscheinen: Aber Absolon thut seinen Knechten den befelich / Wenn Ammon truncken/ frölich vnnd guter ding sey/sollen sie jhn vberfallen/vnd erschlagen/ Er wolle es wol vertheidigen/ Aber nach vollbrachtem mord mus er das Land reumen/ vnd kan hernach kaum bey David wider außgesöhnet werden.

Diese Historia giebt zugerstehen/ das die Schand vnd Laster nicht vngestrafft bleiben / wenn schon die Regenten schonen/ David war nicht allein ein Vater/sondern auch ein Regent vnnd Richter / solt billich diese Blutschand gestrafft haben / aber da ers vnterlest / verursacht er mehr Sünd / daß Ammon auch in vollerey erschlagen wird. Gleichwol sündiget Absolon vielfaltiger weiß wider Gottes Wort / Du solt nit tödtē: Wider die ordentliche Obrigkeit/in dem er sich selbs rechnet: Wider seine Schwester Thamar/deren Schand er rüchtbar vnd offenbar macht/wider sich selbs/deñ er mus aus dem Land fliehē vnd darff sich nit wol sehen lassen/biß er hernach dem Vater widerumb versöhnet wird: vnd weil er deßhalben vngestrafft bleibt / wird er in der Auffruhr erschlagen.

Lehr aus dieser Historia

Gott richt/ wenn gleich kein Mensch kein Wort spricht.

Neben diesen Geschichten ist auch zuerwegen die Parabolische Predigt deß Heiligen Propheten Nathans dem Ehebrecher Davidi gehalten. 2.Sam.12. Es waren zween Männer

2 Sam. 12

Nathans Predigt von dem einigen erwürgten Schäfflin.

Männer inn einer Stadt / spricht Nathan zu Dauid/ einer Reich der ander Arm: Der Reiche hatte sehr viel Schafe vnd Rinder / aber der Arme hatte nichts denn ein einiges kleines Schäfflein / das er gekaufft hatte/ vnnd er nehret es / daß es gros ward bey jhm / vnnd bey seinen Kindern zugleich / es aß von seinen Bissen/vnd tranck von seinem Becher/vnd schlieff in seinem Schoß / vnd er hielts wie eine Tochter: Da aber dem Reichen Mann ein Gast kam / schonet er zunemen von seinen Schafen vnd Rindern/das er dem Gast etwas zurichtet/der zu jhm kommen war/ vnnd nam das Schaff des Armen Mannes / vnnd richtet zu dem Mann der zu jhm kommen war: Da ergrimmet Dauid mit grossem zorn wider den Mann/ vnnd sprach zu Nathan/ So war der HErr lebt/der Mann ist ein Kind des Todes/der das gethan hat/darzu sol er das Schaff vierfaltig bezahlen / darumb das er solches gethan vnd nicht geschonet hat/2c. Da sprach Nathan zu Dauid: Du bist der Mann/ So spricht der HErr/der GOtt Israel: Ich hab dich zum König gemacht / aus der Hand Saulis errettet/ hab dir deines HErren Haus gegeben/darzu seine Weiber inn deinen Schoß/2c. Aber du hast Vriam den Hethiter erschlagen / vnnd sein Weib dir zum Weib genommen/2c. Aus dieser Predigt sollen wir hie allein lernen/ wie Nathan von der Ehelichen liebe vnd freundschafft/ vnnd was derselben entgegen ist/ handlet vnd redet.

Vriæ Weib ein Schaff verglichen.

Die Bathseba vergleicht Nathan einem kleinen Schäfflin/ welches ernehret/ gespeiset vnnd getrencket/ ja gros vnnd herrlich wird bey jhrem Mann Vria vnnd seinen Kindern. Summa ein rechtschaffene liebe vnd gemeinschafft aller Güter wird angedeutet/ Inn massen denn auch solches bey allen Christlichen Eheleuten im brauch sein sol wo auch oberzelter

stücken

stücken eines mangelt / da wird wider den heiligen Ehestand gehandelt vnd gesündiget.

Darnach wird auch der schendliche Ehebruch abconterfeyet bey dem Reichen geitzigen Mann der dem Armen das einzige nimpt/vnd seinem Gast schlachtet/ henget seinen bösen lüsten nach. August. lib: 3. de doct:Chr. Cap. 21. nennet diesen Gast Illicitum appetitum,&c. Das ist/Eine vnziemliche begierd. Aber ein solcher Ehebrecher ist ein Kind nit allein des zeitlichen/sondern auch des ewigen Todes.

Ehebruch abgemahlet bey dem geitzwanst.

Augustinus.

Zum Beschluß dieses Thierlins deß Schaffs wollen wir etliche Politische vnd Oeconomische Lehr/Gemeine vnd Haußregel aus Gottes Wort erzehlen.

Etliche Hausregeln oder gemeine lehren.

Die erste stellet Gott durch Mosen/Exod. 22. Wenn jemand ein Schaff stielet / schlachts oder verkauffts / der sol vier Schaff für ein Schaff geben/ (Vnd auff diese Regel sihet in vorermeltem vrtheil David.) Hat ers nicht zuerstatten so verkauff man jhn vmb seinen Diebstal: Findet man aber den Diebstal bey jhm lebendig/es sey Ochse/ Schaff/etc. so sol ers zwiseltig wider geben. Wo einer den andern schüldiget vmb einigerley vnrecht/ Ochse/ Schaff/etc. das verlohren ist/so sollen beyde sach für die Götter kommen/welchen die Götter verdammen/der sols zwiseltig seinem Nechsten wider geben. Wenn jemand seinem Nechsten ein Viehe/etc. Schaff zubehalten thut/vnd stirbet jhm oder wird beschedigt/ oder wird jhm weg getrieben daß niemand sihet/ so sol mans vnter jhnen auff einen Eyd bey dem HErrn kommen lassen/ ob er nicht habe seine Hand an seines Nechsten Haabe geleget/vnd des guten HErr sols annemen/daß jener nicht bezalen müsse. Stielets jhm aber ein Dieb/ so sol ers seinem Herren bezahlen, Wirds aber zerrissen/ so sol er zeugniß davon bringen/vnd nicht bezahlen. Diese Regel treffen auch Ochsen/

1. Exod. 22.

sen/ Esel vnnd anders Viehe an/ werden derhalben drunden vnterlassen.

Lehren: Ob aber wir Christen im Newen Testament schon nicht an diese Gesetz in specie verbunden seind: Lernen wir dennoch
1. in gemein hieraus / das ein jeder sein Eigenthümlich Gut be-
2. sitzen vnd gebrauchen möge: Daß auch ein jeder seinem Nechsten sein Gut lassen / nicht stelen noch in einigerley weiß jhm entwenden sol / oder er wird für Gott nicht vnschuldig noch straffloß erkent werden.

2. Ein andere Lehr vnd Gebot giebt Gott dem Jüdischen
Deut 15. Volck / Deut: 15. Wenn sich ein Bruder / ein Ebreer oder Ebreerin verkaufft/ so sol er dir sechs Jahr dienen / im siebenden Jahr soltu jhn frey loß geben: Du solt jhn aber nicht lehr von dir gehen lassen / sondern solt jhm aufflegen von deinen Schafen/ von deiner Tennen/ von deiner Kelter/ etc. gedenck das du auch ein Knecht warest inn Egyptenland / vnnd der HErr dein GOtt dich erlöset hat/ darumb gebiet ich dir sol-
Ob vnd worumb diß Gebot billig sey. ches heut. Dieses Gebot war billich/ denn die Knechte vnnd Megde waren leibeigen/ was sie erarbeiteten war der Herren/ musten sich mit Kleidern vnd Essen genügen lassen. Dahin sihet nu Paulus daß die Knecht jhren Herren sollen getrewe vnd nicht nur Augendiener sein / daß auch die Herren sich aller gebür vnd freundlich gegen jhnen sollen erzeigen/ vnnd gedencken daß sie auch einen HErrn im Himmel haben/ der alles vergelten wird/ es sey gut oder böß.

3. Die dritte Lehr vnd Haußregel wird Prouerb. 27. Von
Prouer. 27. dem Hochweisen König Salomone vorgeschrieben. Auff deine Schafe hab acht/ vnnd nimb dich deiner Herd an/ denn Gut wehret nicht ewiglich / vnnd die Krone wehret nicht für vnd für/ etc. Gehört auch hieher die Gleichniß von Christo /
Matth 12. Matth. 12. Wider die heuchlerische Phariseer eingeführet/

Welcher

Welcher ist vnter euch so er ein Schaff hat / das jhm am Sabbath in eine Gruben fellet / der es nicht ergreiff vnd auffhebe? Wie viel besser ist nu ein Mensch denn ein Schaff etc. Wiewol Christus die heucheley vnnd falschen verstand des dritten Gebots strafft / jedoch lehret er in thesi: Ein jeder neme sich seiner Schaff / Haußhaltung vnd Narung an: Wie Salomon auch thut: Wiltu das dir geling / so sihe selbs zu deim ding. Hastu Bienen vnd Schaff / so leg dich nider vnnd schlaff / Schlaff aber nicht zu lang / das es dir nicht entgang. Die Alten haben diesen Spruch per allegoriam auff den trewen fleiß der Kirchendiener gedeutet / das sie sollen fleissig achtung haben auff alles thun derer / die jhnen befohlen sein / vnd so sie was böß finden / bey zeit rein machen / vnd abschaffen. Hier: Pastori dicitur Ecclesiæ: Diligenter adhibe curam eis quibus te præesse contigerit, agnosce animos affectusq; singulorum, & si quid in eis vitij sordidantis inueneris, citius castigare memento. Non enim tu semper oues Dominicas pascendi potestatem habebis: sed æterna est corona, quam percipies si commissum tibi gradum tuo tempore bonum ministraueris. Daß aber die Papisten diesen Spruch weiter vnd in specie auff die Ohrenbeicht gedehnet vnd gezogen haben / ist gar vngereimpt. Hieronym.

4. Die vierdte gemeine Lehr giebt Syrach cap: 13. Ein jeglich Thier helt sich zu seines gleichen / so sol ein jeglich Mensch sich gesellen zu seines gleichen: Es ist eben als wenn ein Wolff sich zum Schaff gesellet / wenn ein Gottloser sich zum frommen gesellet. Neben der Schrifft bezeuget die tägliche Erfahrung / wie die Fromme einfeltige Christen / durch der Gottlosen beywohnung verführet / beleidiget / an Leib vnd Seel verderbt werden. Wer Bech angreifft der besudelt sich Syrach 13.

damit/vnd wer sich gesellet zum Hoffertigen/ der lernet Hoffart/ wie Syrach im anfang des 13.cap.anzeigt/etc.

Proprietates ouium versibus comprehensæ.
Hugo Card. in Psal. 43.

Fœta, bidens dormit vestita, Lupum timet, imbres.
Carne iuuat, pelle, vellere, Lacte, fimo.
Cernit humum, balans, edit herbas, hostia, velox
Pastorem sequitur, in grege, sola dolet.
Ruminat, innocuo cornu, pede, vertice duro
Tonsa tacet, maculat morbida peste gregem.

2. Von dem Lamb.

WJewol mehrertheils was vom Schaff jetzt gesagt ist/ auch auff das Lam̃ kan gedeutet werden: Jedoch finden sich nicht wenig Sprüche da des Lambs insonderheit gedacht wird/ wir wollen aber mit wenig worten der Opffer erwehnen.

Exod 29. Num̃ 28. Opffer vom Lamb Täglich: Exod. 29. Num. 28. Daniel. 8. vnd 9. Zwey järige Lämmer sollen alle Tag/eines des Morgens/das ander zwischen Abends zum Brandopffer bereitet vnnd geopffert werden. Welches Opffer/wie drunden folgen wird/ ein Fürbild ist des einigen Lambs GOttes Jesu Christi/ der für der gantzen Welt Sünde am Creutz erwürgt ist worden. Bedeutung Christi vnnd seines Leidens Krafft Wurden auch zwey täglich geopffert/ anzudeuten/ das Leiden vnnd Sterben erstrecke sich inn das Alt vnnd Newe Testament/ denn

(denn das Lamb Gottes Apocal. 13 ist von anfang der welt erwürget) also das wir semptlich allein durch den Glauben an den gecreutzigten Christum (vnnd nicht durch vnsere Werck) gerecht vnd selig werden. Apocal. 13.

Es musten aber auch andere Personen Lämmer Gott auffopffern. Leuitici. 12. Wenn die Tage der Reinigung (einer Kindbetterin) aus sind / für den Sohn oder Tochter / sol sie ein järig Lamb bringen zum Brandopffer dem Priester für die Thür der Hütten des Stiffts / der sol es opffern für dem HErrn / so wird sie rein von jhrem Blutgang. Darmit erfordert GOtt nicht allein danckbarkeit von den Kindbetterin / das sie in der Geburt erhalten worden sind / sondern lehret auch mit dem Brandopffer des Lambs / daß die Menschen von jhrer vnreinigkeit der Sünden allein gereinigt werden durch das Leiden vnnd Sterben des vnschüldigen Lambs Gottes.

Leuit 12. Der Kindbetterin so zur Kirchen giengen. Vrsach. I. II.

Leuit. 14. Ein gereinigter vom Außsatz sol am achten Tag zwey Lämmer nemen ohn wandel (ein Armer aber sol ein Lamb bringen) das eine Lamb sol der Priester zum Brandopffer machen / etc. Das ander aber zum Schuldopffer opffern / mit dem öl / sol solches für dem HErrn weben / vnd darnach das Lamb schlachten an heiliger stet / vnd der Priester sol des Bluts nemen vom Schuldopffer vnnd dem gereinigten auff den Knörbel des Rechten Ohrs thun / auff den Daumen seiner Rechten Hand / vnd auff den grossen Zeen seines Rechten Fusses. Deßgleichen sol der Priester von dem öl in die Lincke Hand giessen / vnd mit dem Rechten Finger in das öl tuncken / das in der Lincken Hand ist / vnd sprengen mit seinem Finger das öl siebenmal für dem HErrn. Das vbrig öl inn seiner Hand sol er dem Gereinigten auff den Knörbel des rechten Ohrs thun / auff den Rechten Daumen vnd auff den

Leuit. 14. Der gereinigten Außsetzigē Lamopffer.

grossen Zeen seines Rechten Fusses / oben auff das Blut des Schuldopffers. Das vbrig öl in seiner Hand sol er auff des gereinigten Haupt thun/vnd jhn versühnen für dem HERren/ etc.

Bedeutung des Opffers der Außsetzigen so rein worden.

Mit diesem Opffer vnd Ceremonien desselben wird adumbriert / daß der Arme Sünder von dem Geistlichen Außsatz der Sünden vnd Missethaten/ allein durch das Blut Jesu Christi in der Heiligen Tauff abgewaschen vnd gereiniget: vnd mit dem öl / das ist/ mit dem Heiligen Geist vnd seinen Gaben am Haupt/ Ohren/ Henden vnnd Füssen/ zugericht vnd tüchtig gemacht wird/das Heilige Wort recht zu hören/ mit dem Glauben zubegreiffen/mit Henden vnd Füssen/ mit den eusserlichen Wercken zubezeugen vnd zuuerharren/Sonst sind wir nicht tüchtig/ vnser Verstand/ Kräfft vnd Stercke/ können vnd vermögen nichts vberall/2c. Wie hieruon handlet Origenes homil. 8. in Leuit. Vides quomodo vltimæ & summæ purificationis est Aurem purificari vt purus & mundus seruetur auditus. Et manum dextram vt munda sint opera nostra nec aliquid immundum aut sordidum his admisceatur. Sed & pedes purificandi sunt vt ad opus bonum tantummodò dirigantur, nec vltra lapsus Iuuentutis incurrant. Donum gratiæ Spiritus per Olei Imaginem designatur, vt non solùm purgationem consequi posit is qui cõuertitur à peccato, sed & Spiritu Sancto repleri, &c. Isychius lib. 4. in Leuit. schreibt/daß des Armen Lamb so er vermag vnnd bringt / bedeute eines Bußfertigen Sünders gütigkeit. Ante omnia Agnum dicit: Optimum enim vnumquemq; pœnitentiam agentem ad benignitatem ante omnia migrare & hanc studere, &c. Das ist: Es mus ein jeder Bußfertiger Sünder vor allen dingen gutthetigkeit vben/vnd die sich befleissen zu lernen/2c.

Origenes.

Isychius

Numer.

Numer. 6. Vnter andern Opffern so ein Nasir oder Verlobter des HErrn / wenn die zeit seines Gelübts aus ist / für die Thür der Hütten des Stiffts bringen sol / ist auch ein järig Lamb ohn wandel / dem HErrn zum Brandopffer / ꝛc. Diß zeiget an / ob sich schon die Verlobten des HErren vieler trefflichen Werck in jhrem Gelübd beflieſſen haben / das sie dennoch nicht gantz rein / ohne Sünd vnd vollkommen sein / sondern sie müssen von dem vnschüldigen gebratenen Lamb Christo Vergebung der Sünden vnnd Gerechtigkeit vberkommen / wollen sie Gott wolgefallen.

Num 6. Der Verlobten des HErrn opffer vom Lamb. Bedeutung.

Nach dem Moses den Altar eingeweihet hat / Num. 7. brachte ein jeder Fürst aus dem Volck (deren zwölff waren) neben andern reichlichen Opffern / ein Järig Lamb zum Brandopffer / ꝛc. Zum Danckopffer bracht ein jeder Fürst / ausgenommen das ander Viehe / fünff Järige Lämmer. Die Summa / zum Brandopffer / 12. Järige Lämmer. Zum Danckopffer sechtzig Järige Lämmer. Darbey haben die Könige / Fürsten vnd Regenten ein Exempel vnd Vermanung / daß sie Nutricij Ecclesiastici ministerij sollen sein / sich nichts erwinden vnd dauren lassen / was zur auffrichtung vnnd erhaltung des waren Gottesdiensts vnnd heiligen Predigampts gereicht. Brentius. Cùm hi tribuum Principes liberaliter conferant dona sua ad institutionem & conseruationem sacri tabernaculi & ministerij eius, manifestè docent, illud esse piorum principum officium, vt habeant curam Ecclesiastici ministerij, & iuuent quoquo modo possunt, conseruationem & propagationem veræ Ecclesiæ Dei. Quod enim conferunt in Ecclesiam hoc in suam ipsorum & regionum suarum vtilitatem ac salutem conferunt, iuxta illud Esaiæ 60. Gens & regnũ quod non seruierit tibi, peribit. Das ist: weil die Fürsten der Stämme

Num 7. Etlicher Fürsten zum Altar Gottes Lambopffer.

Lehr der Obrigkeit.

Brentius.

so reich-

so reichlich geben zur stifftung vnnd erhaltung des heiligen Tempels vnd dessen Priesterthumbs: lehren sie klerlich/ daß diß Gottfürchtiger Fürsten Ampt sey/ das sie des Predigampts sich annemen/auch erhaltung vnd erbawung der Kirchen GOTTes fördern helffen wie sie können oder mögen. Denn was sie auff die Kirche wenden/ das wenden sie an jhren vnd jrer Lande nutz vnd wolfart: Wie Esaias sagt am 60. Cap: Welche Heyden oder Königreiche dir nicht dienen wollen/ die sollen vmbkommen/ etc. Dergleichen mehr Exempla sollen bald angezeiget werden / mögen zuuor noch etliche andere Opffer vernemen.

Leuit. 23. Lambopffer der Kinder Israel mit den Erstlingen jhrer Früchte.

Leuit. 23. Wenn die Israeliten die Erstlinge jhrer Früchte dem HErren brachten / musten sie darmit ein Lamb zum Brandopffer bringen/als denn so segnete Gott jhr ander Getreid vnd Korn. Wolten sie Göttliches Segens an dem Getreid theilhafftig werden / so musten sie nicht allein GOtt danckbar sein/ vnnd erkennen vnd bekennen/das solches von seiner milden Hand kemme/ sondern auch mit dem Lamb jhren Glauben an den künfftigen Messiam/ der den Segen erwirbt/an den Tag geben/ vnd aus demselben Glauben vnnd Gebet die Leibliche Narung geniessen. Wiewol droben zu anfang der Opffer vom Lamb vermeldet ist/ das sie täglich zwey Lämmer/ das eine Morgens / das ander Abendts opffern musten: Jedoch so bliebs in den Festagen nicht darbey/ sondern Gott befahl jhnen mehr zu opffern.

Bedeutung

Lambopffer am Sabbath. Num 28. 29.

Leuitic: 23. Num: 28. vnd 29. Erstlich musten sie am Sabbath vber das täglich Brandopffer noch zwey Järige Lämmer ohn wandel / sampt dem Speiß vnd Tranckopffer dem HErrn opffern. Denn der Sohn Gottes solt nicht allein vnser Opffer / sondern auch vnser Speiß vnnd Tranck werden/Johan. 6.

Darnach

Darnach in den Newmonden oder ersten Tag eines jeden Monden / solten sie dem HErrn / vnter andern sieben Järige Lämmer zum Brandopffer opffern / vnnd doch das tägliche Opffer nicht vnterlassen. Am Newmonden.

Zum dritten am Osterfest solten sie auch Brandopffer thun von sieben Lämmern. 4. Am Tag der Erstlingen deßgleichen sieben Lämmer. 5. In der siebenden Wochen/hernach feyerten sie schier ein gantzen Monden/ darinn sie dem HErrn opffern musten. An Festen der Ostern. Erstlingen. Siebenden Wochen hernach.

Der Erste Tag war Heilig vnd der Drommeten Tag genant/ daran opfferten sie vnter andern sieben Lämmer zum Brandopffer/rc.

Der Zehende Tag war auch Heilig vnd festum propitiationis genant/daran sie jren Leib casteyen/rc. vnd sieben Järige Lämmer ohn wandel opffern solten.

Der XV. Tag des siebenden Monden war auch heilig/ja sie musten sieben Tag nacheinander Feyren/ vnd wird der Lauberhütten Fest genant / daruon besihe Leuit: 23. am selbigen ersten Festtage musten sie vierzehen Järige Lämmer ohn wandel opffern / also durch andere Tag allwegen vierzehen Lämmer/ allein am achten Tag/ da sie zusammen solten kommen/kein arbeit dran thun/opfferten sie sieben Lämmer/ ohn wandel/ Järig. Musten also die Wochen vber/hundert vnd fünff Järige Lämmer ohn ander Viehe dem HErrn opffern/rc. Welche Opffer als vorgesagt/ zum forderſten Vorbild Jesu Christi waren/ vnnd achtens hie vnnötig/fines & vsus victimarum, so offt zuwiderholen. Origenes hom. 24. Vide quantis indigeant ista omnia hostijs, quam multos requirant vitulos, arietes hircos, &c. Sed & in his omnibus vnus est agnus qui totius mundi potuit auferre peccatum, ideoq; cessauerunt cæteræ hostiæ. Quia talis Am Lauberhütten Feste. Origenes.

fuit hæc Hostia vt vna sola sufficeret pro totius Mundi salute. Cæteri enim precibus peccata, hic solus potestate dimisit. Das ist: Sihe/ wie viel man Opffer haben mus an den Festen/ wie viel man Kelber/ Wieder vnd Böck bedarff/ rc. Aber vnter allen ist ein Lamb / welches der gantzen Welt Sünde hat können wegnemen/ darumb haben die andern auffgehört. Denn diß ist ein solch Opffer/ das für der gantzen Welt Heyl genug war. Denn durchs Gebet ward bey andern die Sünd vergeben: Hie aber aus eigner macht/ rc.

Exempel Freygebiger Königlicher Opffer von Lämmern.

Nu wollen wir mehr Exempla der Freygebigen Königlichen Opffern erzehlen. 1. Chronic. 30. Demnach Dauid vnd mit jhm alles Volck Jsrael freywilliglich zum Tempelbaw contribuierten / opfferten sie auch vnter anderm Viehe tausent Lämmer zum Brandopffer mit jhren Tranckopffern/ vnd opfferten die menge vnter dem gantzen Jsrael/ Assen vnd Truncken desselben Tags für dem HErren mit grossen frewden / vnd machten Salomon zum andern mal König vber Jsrael/ rc.

2. Chro. 29 Hiskia.

2. Chronic. 29. Jnn der Reinigung des Tempels zu Jerusalem ließ der Fromme König Hiskia für sich/ für das Königreich/ für das Heiligthumb vnd das gantze Volck Juda/ neben anderm Viehe/ auch sieben Lämmer zum Sündopffer dem HERRN auffopffern. Welchs ein Confession vnd Bekentnis der Sünden war/ daß sie vnd jhre Väter sich am Tempel des Herren vnd waren Gottesdienst durch fahrlessigkeit vnd vnterlassung hefftig vergriffen hetten: Diese Bekentnis ist GOtt angeneme vnnd vergiebt die Sünde/ rc. Bald hielt Hiskia mit den Obersten vnd gantzer Gemein zu Jerusalem einen rhat/ wie sie den andern Monden/ weils im ersten nicht geschehen kund / das Osterfest halten möchten/ vnd da sie zusammen kamen / aus Juda vnd etlichen andern

Geschlech-

Geschlechtern Jsraelis opfferten sie Brandopffer/ vnd assen das Osterlamb/daruon bald hernach.

Der Gottselige Fürst vnd König Josia/2. Chron. 35. gab in seinem Osterfest zur hebe für den Gemeinen Mann Lämmer (vnnd junge Ziegen) Dreissig Tausent alles vom Gut des Königs. Seine Fürsten gaben freywillig zur hebe für das Volck/ Priester vnnd Leuiten Lämmer vnnd Ziegen zwey Tausent vnd sechs hundert. Aber der Leuiten obersten gaben den Leuiten zum Passah fünff Tausent Lämmer vnnd Ziegen. Das sind feine Christliche tugenden der Regenten (darumb sie auch zum andern Stand gehörig) welche auch andern Oberherrn zumercken seind/ daß sie auch den waren Gottesdienst mit jhrem einkommen vnd Gütern bestellen vnd erhalten sollen lassen. Vnnd dieses sehen wir auch bey dem König Cyro(Esdræ 6. 3. Esdræ 6.7. vnd 8.) Dario vnnd Artasastha/ aus vnnd mit welcher Vnkosten die Jüden den Tempel wider baweten/vnd da sie jn einweyheten/zwey hundert Lämmer (ohn ander Viehe) dem HErren opfferten. Besihe auch Esdræ 7. vers: 17. Esdræ 8. vers: 35. Diß sind schöne Historien/ wie man damalß so willig vnnd freygebig den waren Gottesdienst zuerhalten gewesen ist/da man dieser zeit nit viel Pfenning zu erhaltung vnd fortpflantzung Göttliches worts/anwendet vnd außgiebet.

2 Chro 35. Josiæ.

Ein sonderliche Geschicht vom Lämblinsopffer lesen wir 1. Sam. 7. vnd Syrach 46. Jn dem die Jsraeliten durch Samuelis vnterhandlung einen Bund mit GOtt auffrichten/vnnd die Philister sie mit Heerskrafft zu Mizpa vberfallen wollen/da nimpt bald Samuel ein Milchlämblin/ vnnd opffert dem HErrn ein gantz Brandopffer/vnd schreyet zum HErren für Jsrael/vnd der HErr erhöret jhn/vnd ließ donnern einen grossen Donner vber die Philister desselben tags/

Syrach 46.

 schrecket

schrecket sie das sie für Jsrael geschlagen wurden. Jst aber diß Opffer ein Fürbild gewesen des waren unschüldigen Lämblins Gottes Jesu Christi/an welchē Samuel geglaubt/ vnd aus diesem Glauben GOtt den Vater angeruffen dorumb er auch (laut der Verheissung Christi/was jr den Vater in meinem Namen bitten werdet/⁊c.) erhöret worden ist/ vnd ein solch gros heyl/Glück vnd Sieg erworben hat. Brentius hom. 23. in Sam. Cum scriptura dicit, Samuelem tulisse agnum pinguem & obtulisse holocaustum integrum Domino, atque ita clamasse ad Deum pro Israele, significat: Samuelem credidisse in Iesum Christum, per quem Dominus, Abrahæ & posteritati eius, imò omnibus gentibus, benedictionem promiserat, & ex ea fide pro Israelitis clamasse, vt iuxta promissionem eius, (quæ est, possidebit semen tuum portas inimicorum suorum) victoriam ipsis super Philistinos concedat, &c. Ideoque hæc oratio ex fide dicta exaudita est. &c. Das ist: Wenn die Schrifft sagt/ Samuel hab ein Fettes Lamb genommen/ vnd dem HErrn ein gantz Brandopffer geopffert/ vnd zum HErrn geschryen für Jsrael/ zeigt sie an/ Samuel hab gegleubt an Christum Jesum/ durch welchen Gott der HErr Abrahæ vnd seinem Samen/ ja allen Heyden den Segen zugesagt/ vnd in solchem Glauben hab er für Jsrael geschryen/ das er nach seiner Verheissung (welche ist/ das sein Same sol seiner Feinde Thor jnnen haben) jhnen den Sieg wider die Philister geben wolle/ ⁊c. Darumb ist solch Gebet/ so aus dem Glauben herkommen/ erhöret worden/ ⁊c.

Brentius.

Wiewol die bißhero erzehlte Opffer fast alle Fürbild vnd Weissagung sind deß einigen Opffers Jesu Christi/ Jedoch wöllen wir jetzt neher zu Christo kommen/ aus dem Alten vnd Newen Testament Spruch anzeigen/ darinn Christus

Christus wird einem Lamb verglichen.

stus mit diesem Namen genennet wird. Was Moses/Exod. 12. Vom Osterlamb weißsaget (ohn noth die vmbstend zuuermelden vnd erkleren) Dasselbig deutet klerlich Paulus/1. Cor. 5. Wisset jhr nicht das ein wenig Sawerteig den gantzen Teig verseuret? Darumb feget den alten Sawerteig aus/ auff das jhr ein newer Teig seid/rc. Denn wir haben auch ein Osterlamb/ das ist Christus für vns geopffert/ Darumb lasset vns Ostern halten/nicht im Alten Sawerteig/auch nit im Sawerteig der boßheit vnd schalckheit/sondern im Süßteig der Lauterkeit vnd Warheit. Daß aber diß Osterlämblin ohne wandel vnd gebrechen sein must/bedeutet die Reinigkeit/Vnschuld vnd Gerechtigkeit Christi/ daruon Petrus 1. cap. 1. prediget/Wisset/daß jhr nicht mit vergenglichem Silber oder Gold erlöset seid von ewerm eyteln wandel/ nach Väterlicher weise/sondern mit dem thewren Blut Christi/als eines Vnschüldigen vnnd Vnbefleckten Lambs: Johannes deutet vns auch cap. 19. ein vmbstand von dem Osterlämblin/Man sol jhm kein Bein zerbrechen/welches der Euangelist von Christo verstehet/ Denn da den andern zweyen am Creutz hangenden Mördern/ die Bein gebrochen wurden/ war Christus schon verschieden/ das man jhm kein Bein brach/ auff das die Schrifft vom Osterlämblin an Christo erfüllet würde. Fürnemlich aber ist sein Leiden/Gedult/ Krafft vnd Wirckung dieses heiligen Opffers zubehertzigen. Ezech. 46. Der Fürst der Messias/spricht Ezechiel/wird ein freywillig Opffer von einem Lamb opffern vnnd verrichten. Welches in seinem Leiden geschehen/ da er sich als ein Sündopffer seinem Himlischen Vater für der gantzen Welt Sünd auffgeopffert hat. Deutlichen aber prediget Esaias 53. Von seinem Leiden/vnd Gedult/Krafft vnd Wirckung seines verdienste. Der HErr warff vnser aller Sünd auff jn/

Von Mose.

Paulo.

Warumb das Osterlamb ohne mangel hat sein müssen.

Petro.

Johanne.

Ezechiele.

Esaia.

da er gestrafft vnd gemartert ward/ thet er seinen Mund nicht auff / wie ein Lamb / das zur Schlachtbanck geführet wird. Diese Weissagung lieset zwar der Kämmerer der Königin Candaces aus Morenland / Act. 8. Aber verstehets nicht/ darumb so erkleret jhm denselbigen Philippus vnd predigt das Euangelion von Jesu Christo. Gar fein vnd gewaltig streicht diß Lamb Johannes der Teuffer aus/ Johann. 1. Sihe das ist Gottes Lamb das der Welt Sünde tregt oder wegnimpt. Theophylactus schreibt/das ohne zweiffel viel im Esaia vom Lamb gelesen vnd gefragt haben/ wer ists denn/ oder wz ists für ein Lamb/darauff Baptista antwortet/dz/ od dieser Jesus von Nazareth ist dz einige rechte Seligmachende Lamb / das mit seinem Leiden die Sünde der gantzen Welt wegnimpt/das andere Lämmer nicht vermocht haben. Exquire diligenter hoc dictum, Ecce agnus Dei,quia sermo est ad cupientes & quærentes videre illum agnum qui ab Esaia prædictus est:Ecce(inquit)qui quæris,ille agnus ecce adest. Probabile enim multos,in Prophetico libro Esaiæ,edoctos quæsiuisse, quisnam ille agnus esset. Igitur Iohannes demonstrat eum. Non dixit autem, Agnus, sed dixit, ILLE AGNVS. Nam multi quidem AGni, sicut & Multi Christi: Sed ille est VErus agnus qui à Mose figuratur & ab Esaia prædicatur. Porrò Agnus Dei dicitur Christus: Siue quód Deus acceperit mortem Christi pro nostra salute: siue quòd Deus tradiderit illum pro nobis ad mortem. Non dixit autem qui abstulit peccatum, sed qui tollit in præsenti, peccata nostra. Quotidie enim tollit peccata nostra, & aliorum quidem per Baptismum, aliorum autem per pœnitentiam. Et agni quidem qui in veteri lege immolabantur nullius peccatum omninò abolebant: Hic autem totius Mundi peccatum tollit è medio

Philippo im der Apostel Geschicht.

Theophylacto.

medio & abolet. Quare autem non dixit peccata sed peccatum? Fortasse per hoc, quod dicit peccatum, in genere dixit & de omnibus, &c. Das ist: Betrachte fleissig diesen Spruch: Sihe das ist Gottes Lamb: weil solche rede gericht ist zu denen / so da begierig sein vnd trachten zusehen das Lamb / daruon der Prophet Esaias verkündigt hat. Sihe (spricht er) der du nachfragst / diß ist das Lamb / sihe / da ists. Denn gleublich ists / das jhr viel / so im Propheten Esaia gelesen / gefragt haben / welches denn das Lamb were. Darumb zeiget vnd weiset dasselbig Johannes. Er hat aber nicht gesagt / ein Lamb / sondern das Lamb. Sintemal viel Lämmer sein / wie auch viel Christi: Aber das ist das rechte Lamb / welches von Mose fürgebildet vnnd von Esaia gerühmet wird. Ferner wird Christus genennet Gottes Lamb / entweder / das Gott Christi Todt an stat vnsers Heyls angenommen / oder das jhn Gott für vns in todt geben. Er hat aber nicht gesagt / das Lamb / welchs die Sünd hat hinweg genommen: Sondern / welches vnsere Sünde hinweg nimpt oder tregt. Denn er nimmet vnsere Sünde täglich von vns / zum theil durch die Tauff / zum theil durch die Buß. Vnd die Lämmer / so im Alten Testament geopffert wurden / tilgeten keines Menschen Sünd / Dieses Lamb benimpt der gantzen Welt Sünd hinweg / vnd vertilget sie. Warumb hat er aber nicht gesagt: Alle Sünden / sondern die Sünde / in singulari? Das er sagt: die Sünd / hat er in gemein von allen Sünden geredt / etc.

Eben mit diesem Namen wird Christus zum offtermal in der Offenbarung Johannis genent. Apoc. 5. Vnd ich sahe / vnd sihe mitten im Stuel vnd der vier Thieren / vnd mitten vnter den Eltesten stund ein Lamb wie es erwürgt were / vnnd hatte Sieben Hörner vnd Sieben Augen (welches sind die Sieben Geister Gottes / gesandt inn alle Land) vnnd es

In der Offenbarung Johannis Cap 5.

kam.

kam vnd nam das Buch aus der Rechten Hand deß der auff dem Stuel saß: vnd da es das Buch nam / da fielen die vier Thier/vnd die vier vnd zwantzig Eltesten für das Lamb vnd hatten ein jeglicher Harffen vnnd Gülden Schalen voll Rauchwercks / welches sind die Gebet der Heiligen / vnnd sungen ein New Lied / vnnd sprachen: Du bist wirdig zu nemen das Buch / vnnd auffzuthun seine Siegel/ denn du bist erwürget vnd hast vns erkaufft mit deinem Blut/ aus allerley Geschlecht vnd Zungen/ꝛc. vnd hast vns vnserm Gott zu Königen vnd Priestern gemacht/ vnnd wir werden Könige sein auff Erden. Vnnd ich höret ein Stimme vieler Tausent mahl Tausent Engel/ vnd sprachen mit grosser Stimme: Das Lamb das erwürget ist/ ist wirdig zunemen Krafft vnd Reichthumb/vnnd Weißheit/vnnd Sterck/vnnd Ehre/vnd Preiß/vnd Lob. Vnd alle Creatur die im Himmel ist vnd auff Erden/vnd vnter der Erden/vnd im Meer/vnd alles wz drinnen ist/ höret ich sagen zu dem der auff den Stuel saß/ vnd zu dem Lamb: Lob vnnd Ehr/vnnd Preiß/Gewalt von Ewigkeit zu Ewigkeit/Amen. Dieses Lambs wird auch gedacht/ Apoc. 13. Daß es erwürgt ist von Anfang der Welt. Item. Apoc. 14. Daß Lamb stehet auff dem Berg Sion/ꝛc. vnd jhme folgen nach die Jungfrawen die mit Weibern nicht befleckt sind/in deren Mund kein falsches funden ist/vnnd die vnstrefflich sind für dem Stuel Gottes/ꝛc. In diesen Sprüchen helt Johannes Christi Leiden vn Sterben für/wie er als ein vnschüldiges Lämblin/ vnd auch von Anfang der Welt/ erwürgt sey / seines Leidens Krafft seind auch die Altväter theilhafftig worden / ob schon Christus allererst in der letzten zeit gelitten hat. Darnach handlet Johannes von den Wolthaten des Lammes mit seinem Leiden erworben / das er vns erkaufft hab aus allen Volckern/ dem Himlischen Vater zu

Cap: 13.
Cap: 14.

Könige vnnd Priester gemacht / das sie auff Erden regieren sollen/ auch im Himmelreich zu des Lambs Hochzeit vnd Abendtmahl kommen/Apoc.19.vers:7.9. Sie sollen dem Lam̃ nachfolgen. Apoc.14. Des Lambs Braut sein. Apoc.21. vers:9. Ja das Lamb wird die jenige/welche jhre Kleider helle gemacht haben im Blut des Lambs/Apoc.7. weyden/vnd leiten zu den Lebendigen Wasserbrunnen (Denn Apoc.22. vers:1. Ein Lauter Strom des Lebendigen Wassers/klar wie ein Chrystall gehet von dem Stuel Gottes vnnd des Lambs mitten auff der Gassen) da wird Gott abwaschen alle Threnen. Dieweil denn diese Wolthaten vnaußsprechlich groß/ lieblich vnd herrlich sind / so loben vnd preisen nicht allein die Menschen/sondern auch alle Creaturen im Himmel/ Erden/ Meer/rc. Ja auch vnzehliche Engel das erwürgte Lamb/betens an/ erkennens vnnd bekennens wirdig/Krafft/Stercke/ Lob/ Ehr vnd Preiß zu nemen.

Cap.19. Cap.14. Cap.7. Cap.22.

Derwegen so verwirfft vnd verdampt Johannes erstlich alle die / welche nicht durch des Lambs gehorsam wollen allein durch den Glauben Vergebung der Sünden vnd vorermelte Gaben empfahen/ sondern vermeinens mit jren guten Wercken zuerlangen.

Johannes strafft 1. die Papisten/die mit jrẽ wercken die seligkeit verdienen wollen.

Darnach strafft er auch die vndanckbare Nestorianer/ Zwinglianer vnnd Caluinisten / so das Lamb des anbetens / Krafft/Ehr rc. nicht wirdig halten.

2. Caluinistẽ/so Christo seine ehr abschneiden vñ stelẽ.

Johannes weissaget aber auch darneben/das sich grosse Potentaten wider das Lamb legen / aber doch von jhm vberwunden sollen werden. Apoc.17. Zehen Könige mit dem Thier haben eine meinung / vnnd werden jhre Krafft vnnd Macht geben dem Thier / diese werden streiten mit dem Lamb (Christo vnnd seiner Christlichen Kirchen) vnnd das Lamb wird sie vberwinden (denn es ist der HErr aller Herren/

Grosse Herren lehnẽ sich auff/ratschlagen wid Christũ: Aber er lacht jhr/etc. vñ wie töpff zerschlegt er sie alle/etc. Psal. 2.

Er ist jhnen viel zustarck.

ren/vnnd der König aller Könige) vnnd mit jhm die Beruffne vnd Außerwehlten/vnd Gleubigen.

Tröstlich ists/das die Papistische vnd andere grawsame Verfolger mit jhrem Toben vnnd Wüten daß Euangelion nicht werden außtilgen können / sondern sie müssen vnden liegen/vnd vom Lamb grawsamlich gestrafft werden: Apoc. 6. Die Könige auff Erden / die Gewaltigen/ꝛc. werden zu den Bergen vnd Felsen sprechen: Fallet auff vns / vnnd verberget vns für dem Angesicht deß/der auff dem Stuel sitzt/vnnd für dem Zorn des Lambs/denn es ist kommen der grosse Tag seines Zorns/vnd wer kan bestehn? Apocal: 14. So jemand das Thier anbetet vnd sein Bild / vnnd nimpt das Mahlzeichen an seine Stirne/ oder an seine Hand / der wird von dem Wein des Zorns Gottes trincken / vnd wird gequelet werden mit Fewr vnnd Schwefel für den Heiligen Engeln vnnd für dem Lamb. Derohalben sol man in Creutz vnd Wiederwertigkeit nicht abfallen / oder dem Verdampten Hauffen zufallen/ Sondern in Gedult biß ans End beharren.

Cur Christus Agno comparatus, Hugo Card. in Esa: 53.

1. *Quia innocens. 1. Pet. 2. qui peccatum non fecit.*
2. *Propter balatum pium quem in cruce emisit, Luc. 23. pater ignosce eis, &c.*
3. *Agnus est simplex & mansuetus nec lædit alios agnos Ierem. 11. Ego quasi &c.*
4. *Agnus dat se totum in vsus humanos: sic Christus dedit carnem suam in cibum, lanam, id est, conuersationem in vestimentum: pellem, id est, scripturam suam in documentum, fimum, id est, temporalia in nutrimentum.*

5. *Agnus agnoſcit matrem & tunc balatum emittit: ſic Chriſtus in cruce matrem agnoſcens pium balatum emiſit. Mulier ecce filius tuus, &c. patrem agnoſcens ait, in manus, &c.*

6. *De agno fiebat iugis hoſtia. Sic Chriſtus iugis hoſtia eſt in cœlo ſemper orans pro nobis, Ebr. 7. ſemper viuens ad interpellandum pro nobis, &c.*

7. *De agno fiebat paſcha vetus: & Apoſtolius dicit, 1. Cor. 5. Paſcha noſtrum immolatus eſt Chriſtus.*

8. *Agnus habet forte caput 1. Cor. 11. Caput Chriſti Deus.*

9. *Agnus cornua habet parua: ſic Chriſtus in manſuetudine poteſtatem ſuam oſtendit cum fecit flagellum de funiculis.*

10. *Agnus tener eſt & facilè læditur: ſic Chriſtus per peccatum facilè offenditur, niſi diligenter caueatur, vel tener eſt per lenitatem.*

11. *Agnus vtitur herbis: & Chriſtus delectatur operibus miſericordiæ.*

12. *Agnus ſurſum ſalit, & Chriſtus omnes ſanctos tranſcendit. Cantic. 2. b. Vel ſaliuit ſurſum in aſcenſione.*

13. *Agnus caſtus eſt non petulans. 1 Pet. 1. redemti eſtis precioſo ſanguine, &c.*

14. *Agnus cum grege incedit non ſingulariter: ſic Chriſtus licet paſtor eſſet, ſe tamen quaſi agnum inter diſcipulos exhibuit.*

15. *Agnus non habet dentes caninos ſed maxillares ſic Chriſtus verba detractionis non habuit ſed correctionis.*

Verſus de his proprietatibus.

Innocuus, balans, ſimplex, ſe donat in vſum:
Forte caput, cornu paruum, tener, vtitur herbis.
Subſilit, eſt caſtus, in grege, dentis inops.

Weiter/Gleich wie Chriſtus als das Haupt ſeiner Gemeine mit dieſem Namen tituliert wird / alſo werden auch alle Rechtgleubige Chriſten als ſeine Gliedmaſſen Lämmer genent/Eſaiæ 5. Wenn der HErr Zebaoth erhöhet wird im Recht/ vnnd der Heilige geheiliget wird in Gerechtigkeit/ da werden ſich die Lämmer weyden an jener ſtat/vnd frembdlinge

Die Chriſtliche Lehrer vnd Zuhörer ſind Lämer. Eſa 5.

linge werden sich nehren in der Wüsten der Fetten. Wenn Christus die Jüdische Vngleubige Synagoga verstöst/vnnd sein Euangelion predigen lest/so werden die Lämmer/die geringe/einfeltige/verachte Jüden vnd Heyden / die Heylsame Seelenweyd/das Euangelium annemen/vnnd Christum erkennen. Ermelter Prophet spricht weiter/ Cap. 11. vers. 6. Cap. 65. vers. 25. Die Wölff werden bey den Lämmern wonen. Wolff vnd Lamb sollen zugleich weyden. Grawsame Tyrannische Menschen werden durch das Euangelium jhre grewligkeit/ Feindschafft vnd Haß hienlegen/ bey den einfeltigen Lämmern in Fried/ Einigkeit vnnd Brüderlicher Liebe wohnen/ Esaias Cap. 40. Christus wird als ein guter Hirt/ die Lämmer in seine Arm samlen/ vnnd in seinem Busem tragen: Wie Christus auch seinem Apostel Petro befihlt/ Joh. 21. Er sol seine Lämmer weyden. Wie von dem Hirten-Ampt Christi vnnd seiner Apostel schon droben gesagt ist. Daß aber Esaias die Christgleubige Lämmer vnd tragende Schaff nennet / wil er lehren / daß Christus die Schwachgleubige geringe verachte nicht wegwerffen/sondern bewaren vnd vertheidigen wolle. Brentius. Pastor Christus non agnoscit tantum sanos, firmos & fortes in fide, sed agnoscit etiam imbecilles in fide: Et quò quis est infirmior & abiectior, eò magis est curæ Christo, &c. Das ist: Der Hirt Christus erkennet nicht allein die Gesunden vnnd starcken im Glauben für seine Schäflein / Sondern auch die Schwachgleubigen: Vnd je Kleinmütiger vnnd Schwachgleubiger einer ist / je mehr der HErr Christus für jhn sorget/ etc. Psal. 114. Da Jsrael aus Egypten zog/ daß Haus Jacob aus dem frembden Volck / da hüpfften die Berg wie die Lämmer/ die Hügel wie die junge Schafe. Wiewol der Prophet auff die Wunderzeichen sihet/ die Gott im Außzug vnd

Esa. 11.

Esa. 40.

Warumb die Gleubige Christē Lämmer genennet werden.

Brentius.

Psal. 114.

auff

auff dem Berg Horeb gethan hat: Jedoch deuten die Patres diß auch per allegoriam auff die Menschen. Augustinus. Agni ouium sunt, quibus dicitur in Christo Iesu per Euangeliũ ego vos genui. Das ist: die junge Lämmer sein die/ zu welchen durchs Euangelium in Christo Jesu gesagt wird: Ich habe euch gezeuget. Hieronymus stimpt auch mit jhm vberein/ daß es Junge vnnd Wiedergeborne Gottes Kinder sein/ die sich ob der gegenwertigkeit Gottes frewen vnd springen. Der Heilige Job. 31. cap. erzehlet defensiuè wider seine Verleumbder/ die gute Werck vnd Wolthoten den armen bewiesen: Habe ich jemand sehen vmbkommen/ daß er kein Kleid hatte/ vnnd den Armen ohne Decke gehen lassen? Haben wir nicht gesegnet seine Seiten/ da er von den Fellen meiner Lämmer erwermet ward? Diese Wolthat wird Esa: 58. Matth. 25. allen Christen befohlen/ Sie sollen den Nackenden kleiden/ rc. Bißhero sind etliche eigenschafft der Christen erzehlet worden/ von jhrer Widergeburt/ Geistlichen Frewden vnd springen im Geist/ Gedult vnd Freundligkeit/ rc. Aber nicht weniger wird auch bey diesem Thierlin der Christen Creutz vnnd Wiederwertigkeit angezeiget: Christus sagt zu seinen Jüngern/ Lucæ 10. die er in das Jüdische Land das Euangelium zu predigen außsendet. Gehet hin/ sihe ich sende euch als die Lämmer mitten vnter die Wölffe: Wiewol Ambrosius lib. 7. cap. 10. in Lucam anzeiget/ das Christus seine Jünger non in prædam, sed ad gratiam außsende vnter die Wölffe/ nicht daß die Jünger von den Wölffen sollen zerrissen/ sondern die Wölffe bekehret werden/ auff das Esaiæ Weissagung erfüllet würde: Ist doch aus dem Text vnnd Euent selbs abzunemen/ wie damit der Apostel vnnd aller getrewen Lehrer vnnd Zuhörer des Euangelij/ Creutzstand angemeldet werde/ daß sie sich wie die arme

Augustinus.

Hieronymus

Job. 39.

Der Lämer Name erinnert Christen jhres Creutzes/ etc.

Jungen Lämblin vnter den Wölffen in dieser Welt/ leiden/ bücken vnd träcken müssen: Doch sol jhnen ohn des trew hertzigen Hirten Christi willen vnnd verhencknüs nichts wiederfahren. Daruon besihe weiter bey dem Wolff.

Die Gottlosen werden straffsweise den Lämmern vergliechen.

Vber diese Sprüche/ die Gleubigen betreffende/ finden wir auch etliche/ darmit die Gottlosen straffsweise abgebildet werden, Esaiæ 34. vers: 6. Des HErren Schwerdt ist voll Bluts vnd dick von Fetten/ vom Blut der Lämmer/ denn der HErr helt ein schlachten zu Bozra/ vnd ein grosses würgen im Land Edom. Etliche deuten diese Straff auff den Jüngsten Tag/ andere auff den vntergang der Verfolger der Christlichen Kirchen in dieser Welt/ welche Blutgierige Edomiten sind/ Nu sollen aber nicht allein die Einhörner/ Böck/ ꝛc. herhalten/ sondern auch die Lämmer/ die Vnterthanen vnnd der gemeine Pöfel/ so den Feinden vorschub vnd hülff gethan haben.

Nach dem die Babylonier das Volck Gottes hefftig geplagt vnd gemartert/ auch sonsten viel Blut vergossen hatten/ Ierem. 51. trewet jhnen auch/ Jeremias 51. vers: 40. Ich wil sie herunter füren/ spricht der HErr/ wie Lämmer zur Schlachtbanck/ ꝛc. Sie sind zwar Mechtig/ Trotzig vnd Prechtig/ aber wenn Gottes Gericht kömet/ so kan er jhnen den Muth/ Trotz vnnd Gewalt bald nemen/ gehet mit jhnen vmb/ wie leichtlich ein Metzler ein Lämblin schlachtet. Welches den Feinden schrecklich/ aber den Frommen sehr tröstlich ist. Gott dröwet auch den Israeliten/ welche Abgötterey nachlieffen/ Hoseæ 4. Hoseæ. 4. Israel laufft wie ein Tolle Kue (gen Gilgal/ Beth Auen zur Abgötterey) so wird sie auch der HErr weyden lassen wie ein Lamb in der jrre. Dieses weyden aber ist ein grosse Straff Gottes/ denn ein Lamb in der jrre/ ohn einen Hirten/ kan nicht zu recht kommen/ mus den Wölffen/

Füch=

Füchsen/Bären vnd Lewen zu theil werden. Also gehets auch den Muthwilligen/Geylen vnnd Leckenden Abgöttern vnnd Vnbußfertigen Sündern. Lutherus. Quæ sequetur pœna? Hæc nimirum vt erret sicut agnus in vasto loco, id est, vt inter gentes sit sine verbo & cultu Dei. Agni in deserto similitudine ideò Prophetam iudico vti, quia nihil calamitosius est agno cum destitutus est Pastore: Expositus enim est infinitis periculis ad quæ depellenda minimè est instructus: Das ist: Was wird für eine Straff folgen? Wie ein verjrretes Lamb wird man müssen herumb ziehen in der wüsten/ das ist vnter den Heyden ohn GOttes Wort. Denn darumb braucht der Prophet das Gleichniß von einem verjrreten Lamb: weil nichts elenders ist als ein Lamb ohne Hirten. Denn es mus aller Gefahr vnterworffen sein/ kan sich nicht verteidigen/ꝛc. Lutherus.

JM andern Stand/vnnd in Weltlichen Sachen vnnd Hendeln seind folgende Sprüche zubedencken. Genes. 21. Da Abrahams Knechte Brunnen gegraben vnd Wasser funden hetten/nemen jhnen mit gewalt denselben/Abimelechs Königs zu Gerar Knechte/dessen sich Abraham gegen dem König beklagt/vnd als er jm den Brunnen wider heimgesprochen hatte / so stellet Abraham/zu mehrer sicherheit vnnd bekrefftigung/sieben Lämmer besonders dar. Da sprach Abimelech zu Abraham/was sollen die sieben Lämmer/die du besonders dargestellet hast? Er antwortet: Sieben Lämmer soltu von meiner Hand nemen/ daß sie mir zum zeugniß sein / daß ich diesen Brunn gegraben habe/ꝛc. Demnach waren diese Lämmer pro literis contractus & publico testimonio. Daß jhr aber sieben seind/ geschicht der gnugsam vnd vollkommenheit wegen/ wie denn Im andern Stand. Genes. 21.

diese zahl der Zeugen gnugsam ist / die Sachen zubestetigen: Vnd man helts darfür/ es komme daher/ weil Gott in sechs Tagen Himmel vnd Erden erschaffen/ vnd am siebenden geruhet hat. Brentius. Vides ergò morem hunc ciuilem, quo publica negocia firmantur septem testibus, admonere nos de creatione huius mundi, quod non fuerit æternus, sed septem diebus absolutus, &c. Das ist: Darumb sihestu/ das dieser gewöhnliche vnnd vbliche Brauch/ das gemeine Händel oder Sachen mit sieben Zeugen pflegen bestetiget zu werden/ vns erinnere der Erschaffung der Welt/ daß sie nicht von Ewigkeit her gewest/ sondern innerhalb Sieben Tagen sey vollbracht worden/ ꝛc. Wir wollen aber nicht weitleufftiger erzehlen wie sich Abraham in diesem Bund so reuerentialisch gegen dem König / vnd wie freundlich sich der König erzeiget hat. Man mag hieruon die Außlegung Luth: im Latin. Gen. lesen.

Brentius.

2. Reg. 3. Der ander Politische Handel wird 2. Regum. 3. beschrieben. Mesa der Moabiter König war dem König Ahab vnterthan vnd Zinßbar/ daß jhm Mesa Järlich zinset Wolle von Hundert Tausent Lämmern/ vnnd von Hundert Tausent Wiedern. Aber nach Ahabs Todt fiel er von Ahalia ab/ darumb zeucht Joram mit Josaphat vnd dem Edomitischen König wider jhn / vnnd durch Gottes Beystand vnnd Hülff erlegten sie die Moabiter: Wie Elisæus verkündiget hat. Der Abfall von der ordentlichen Oberkeit vnd Oberherrn bleibt nicht vngestrafft. Hieher gehört auch Esaiæ

Esa. 16. Spruch/ Cap. 16. (nach Luth. abtheilung. Lieber schickt jhr Landsherrn Lämmer von Sela aus der Wüsten zum Berg der Tochter Sion. Dieser Spruch wird zwar von den Patribus auff Christum gezogen/ den Gott senden wolle/ aber weil die meinung weit vom Text/ wollen wir die gewisse vnd

eigne

eigne Außlegung anzeigen. Lutherus verstehets von den Opffern welche die Moabiter gen Jerusalem in der noth zeit schicken werden/ aber sol sie nicht helffen. Andere legens aus vom gewöhnlichen Zinß vnd Tribut/ daruon vor gesagt/ daß die Moabiter inn jhrem bösen zustand die Lämmer oder Wolle daruon/ gerne geben würden/ daß sie nur inn der Jüden schutz vnnd Schirm weren/ aber als denn sol es vergeblich vnnd vmbsonst sein. Manche wollen gar frey vnnd niemand vnterworffen sein/ aber in der Noth erfahren sie/ daß es viel leidenlicher ist vnter einer geringen dienstbarkeit/ denn gar ledig vnd loß sein/ ꝛc.

WAs den Dritten/ nemlich den Haußstand betrifft/ finden wir zween Sprüch/ welche von der Narung reden. Deut. 32. Moses spricht/ der HErr ließ Israel saugen Honig aus den Felsen/ ꝛc. Butter von den Küehen/ sampt dem Fetten von den Lämmern/ Gott mus die Narung bescheyren vnd seinen Segen zur Arbeit geben. Salomon: Prouerb. 27. gedenckt des fleissigen arbeitens/ man sol sich des Viehes fleissig annemen/ Gut wehret nicht alle Tage/ vnnd die Lämmer kleiden dich/ ꝛc. Erinnert also der Heilige Geist/ man sol Haußhalten vnd arbeiten/ vnnd aber den Segen von Gott hoffen/ wo mans empfehet/ GOTT dancken/ nicht mißbrauchen/ wie Moses sagt/ da er Fett vnd satt ward/ ward er geyl. Er hat den Gott fahren lassen der jhn gemacht hat/ Er hat den Felß seines Heyls gering geacht/ ꝛc.

Im dritten Stand.

Deut. 32.

Prouerb. 27

3. Von dem Wieder.

Opffer vom Wieder. Gen. 15.

VJelmahl wird auch dieses Thier/ sonderlich was die Opffer anlanget/im ersten Stand eingeführet/wollen die Lehrhafftigste Sprüch melden. Gen. 15. GOtt thut treffliche Verheissung dem Heiligen Abraham/daß von jhme/als doch einem erlebten Mann/ herkommen vnnd wachsen sollen/ Kinder vnnd Nachkommen/wie die vnzehliche Stern am Himmel/ vnnd wiewol Abraham dieser Zusag glaubt (welcher Glaube jhm auch zur Gerechtigkeit ist zugerechnet worden) jedoch begehret er von GOtt ein Siegel vnnd Gnadenzeichen/welches jhm Gott vergönnet/vnnd ein Opffer zurichten lest/ vnter dem er auch ein dreyjärigen Wieder nimpt/ jhn schlachtet vnnd opffert/ꝛc. Darbey denn Gott/seiner/des Abrahams/Nachkömlingen zustand anzeigt. Dahin sahen die Opffer vnd andere Gnadenzeichen im Alten vnd Newen Testament/daß sie den Glauben sterckten vnd mehrten.

Gen. 22. Für Isaac ein Wieder geopffert.

Ein ander wunderbarlichs Opffer Abrahæ lesen wir Genes: 22. Abraham solt seinen einigen Sohn Isaac / auff welchen die Verheissung der Nachkommen stund / auffopffern vnd verbrennen/diesem Gebot GOTtes wil er gehorsamen/verhofft vnd weis gewiß / Gott könne vnnd werd seinen Sohn ehe wider aufferwecken/ denn er seiner Zusag zu wider sein solt/ Da er nu gnugsam probiert/vnnd jetzt seinen Sohn schlachten wolt/heist jhn der HErr sein Schwerdt einstecken/ still halten/seines Sohnes verschonen/ꝛc. Vnd da Abraham

zu rück

zu rück sahe / sihet er einen Wieder hinder jhm in der Hecken mit seinen Hörnern hangen/vnd gehet hien/nimpt den Wieder/vnd opffert jhn zum Brandopffer an seines Sohns stat: Bey diesem Opffer ist nicht allein der grosse starcke Glaub Abrahæ vnd der löbliche Gehorsam des Isaacs zu mercken/ vnd wie Gott Abrahæ Spruch/ DOMINVS PROVIDEBIT, GOTT wird jhm ersehen ein Schaf zum Brandopffer/ so bald war macht vnd erfüllet / sondern auch wie Isaac / vnd auch der Wieder ein Vorbild ist Jesu Christi/ der hernach zu Jerusalem an stat des Isaacs/ ist gecreutziget vnd geopffert worden. Daruon Origenes hom. 3. in Leuit. schreibt. Omnis hostia typū gerit & Imaginem Christi, multò magis Aries, qui & pro Isaac quondam substitutus est immolandus. Das ist: Wiewol alle Opffer Christum haben vorgebildet / jedoch ist sonderlich der Wieder sein Typus, der auch an Isaacs stat ist geschlachtet worden. Hie felt ein Frag für/ woher dieser Wieder kommen sey/ vnd wer jhn dahin gebracht hab? Lutherus erzehlet erstlich der Rabbinorum meinung/welche sagten/er were mit andern Thieren am sechsten Tag erschaffen/ vnnd biß dahero behalten/ daß er geopffert würd. Wiewol nu Lutherus diese meinung verwirfft/ lest er jhm doch gefallen/ was sie von Anfang vnnd Erschaffung der Creaturen sagen. Denn sie zeigen darmit an daß anfenglich das Opffer Gottes sein Eingeborner Sohn verheissen worden sey Non temerè prolata videtur vox illa à patribus, quod Aries fuerit ab initio Mundi præparatus. Habuerunt enim notitiam de semine mulieris de Christo, cuius figuram intellexerunt esse arietem istum, &c. Hæc satis bona allegoria est, quam non improbo. Das ist: Es haben die Väter nicht ohn vrsach gesagt / das dieser Wieder von Anfang der Welt sey erschaffen worden.

Origenes.

Wo der Wieder herkommen / so für Isaac ist geschlachtet worden.

Lutherus.

Denn sie haben gewust die Verheissung von des Weibes Samen von Christo / dessen dieser Wieder ein Fürbild gewest ist.

Aber was Lutheri meinung betrifft/ helt er darfür/daß Gott entweder durch des Engels sprechen einen Wieder hab erschaffen / wie durch Mosen grosse Wunderwerck geschehen seind / oder könt der Engel des HErren denselben Wieder hergebracht haben. Deo non est impossibile ex ipsis vepribus pronunciante Angelo arietem producere, tanquam potentiam ordinatam & mediatam, &c. Non igitur reprehendo siue per angelum allatum arietem dicas, siue iubente angelo procreatum, quòd magis credo, &c. Das ist: Es ist Gott nicht vnmüglich/aus dem Gebüsch ein Wieder zuerschaffen durch die Stimm vnnd Rede eines Engels/ als durch die zu seim dienst geordnete gewalt. Darumb bin ich nicht darwider/ob einer sagen möcht/der Wieder sey vom Engel gebracht/oder auff des Engels befehl erschaffen: welchs ich ehe gleube/rc.

Augustinus. Augustinus lib. 1. de Mirab. s.s. cap. 14. Führet die Frag auch ein / helt darfür / das er entweder von newen erschaffen / oder durch den Engel aus einem andern ort dahin gebracht worden sey. Quæritur vnde iste Aries in solitudine fuit? Vtrùm vt quidam asserunt, hunc in illa hora terra protulit, quo modo & in principio pecora gignit? An etiam, ne illud opus post diem sextum condidisse Deus de terra dicatur, istum Arietem detulisse Angelum, aliunde credimus, quod & Philippum, Angelus ab Eunucho transtulit in Azotum, & ad Danielem in Babylonem Abacuc transtulisse ad lacum Leonum fertur Angelus. Das ist: Es ist die Frag/wo der Wieder in der Wüsten daher kommen sey? Ob jhn/wie etliche fürgeben/die Erde

damals

damals erst herfür bracht hab / wie sie im Anfang der Schöpffung andere Thier bringt? Oder aber/damit man nit sagen müsse / daß nach den sechs Tagen der Schöpffung/ Gott nochmals solchen Wieder geschaffen / ob es gleubiich sey/das ein Engel diesen Wieder dahin bracht hab: Wie wir lesen vom Apostel Philippo/das jhn ein Engel vom Kemmerer hienweg gerückt/vnnd gen Asdod gebracht/vnnd wie ein Engel den Propheten Habacuc zu Daniel gen Babel inn die Löwen Gruben sol geführet haben/ꝛc. Actor. 8.

Daß aber gemelter Wieder ein Fürbild Christi sey / bezeuget auch Augustinus lib. 16. de Ciuit. D. cap. 32. Da er Isaac Christo conferiert. Postremò quia Isaac occidi non oportebat, posteaquam pater eum ferire prohibitus est: quis erat ille Aries, quo immolato impletum est significatiuo sanguine sacrificium? Nempe quando eum vidit Abraham cornibus in frutice tenebatur. Quis ergò illo figurabatur, nisi Iesus Christus antequam immolaretur, spinis Iudaicis coronatus, &c. Das ist: Letzlich weil Isaac nicht must getödtet werden/sintemal dem Vater verboten ward jhn zuschlachten / was war denn das für ein Wieder / durch welches auffopfferung das Opffer/mit einem bedeutlichen oder Figürlichen Blut ist erfüllet worden? Als jhn Abraham ersehen / hat er mit den Hörnern im Strauch gehangen. Wer ward nun durch denselben Wieder anders angedeutet/als Christus Jesus? Denn Christus must auch vor seinem Leiden mit einer Dörnen Kron gekrönet werden/ ehe er geopffert ward am Creutz. Wir wollen aber mehr Opffer allhie erzehlen. Bedeutung dieses Wieders.

Exodi. 29. In der Consecration Aaronis, seiner Sön/ vñ anderer Priester/spricht Gott zu Mosi/soltu nemē zween Wieder ohn wandel: Den einen soltu nemen/vnd Aaron Exod. 29. Bey dereinweihung Aaronis vñ anderer Priester zum Priesterāpt.

ron sampt seinen Söhnen/sollen jhre Hende auff sein Heupt legen/denn soltu jhn schlachten/seines bluts nemen/vnd auff den Altar rings vmb sprengen. Aber den Wieder soltu zulegen in Stück/sein Eingeweide vnd Schenckel waschen/ vnd solts auff seine Stück vnd Haupt legen/vnd den gantzen Wieder anzünden / denn es ist dem HErrn ein Brandopffer / ein Süsser Geruch/ein Fewer des HErrn. Den andern Wieder aber soltu nemen/vnd Aaron sampt seinen Söhnen sollen jhre Hend auff sein Haupt legen / vnd solt jhn schlachten seines Bluts nemen/ vnnd Aaron vnd seinen Söhnen auff den rechten Ohrknörpel thun/vnnd auff den Daumen jhrer rechten Hand / vnnd auff den grossen Zeen jhres rechten Fusses/ ꝛc. Diese Priesterweihung wird fast von Wort zu Wort Leuit. 8. à vers. 18. vsq; 26. repetirt. Gleichwol wollen auch die Priester der Abgöttischen Kälber in Jsrael diesem Gesetz etlicher massen nachöhmen. 2. Chronic. 13. vers. 9. Der fromm König Abia rücket den 10. Geschlechtern Jsrael auff/ daß sie der Rechtberuffnen Aaronischen Priester nichts achten/ sondern nemen einen jeden an der daher gelauffen kompt. Wer da kömpt seine Hand zu füllen / spricht er/ mit einem Jungen Farren vnd sieben Wiedern/der wird Priester deren(Kälber zu Dan vnd Bethel) die nicht Götter sind.

Was diese Priesterweihe im Alten Testament bedeut/etc.

Es wolt aber Gott mit diesen Ceremonien erstlich die Priester jhres Ampts erinnern / demselben fleissig nachzukommen/vnnd auch im Creutz vnd Wiederwertigkeit sie darmit zu trösten. Darnach ward das Volck auch mit diesem Proceß von der hoheit/wirdigkeit/ꝛc. des Priesterthumbs vnterrichtet. Sonderlich aber war der Wieder mit dem Blutsprengen ein Predigt von dem Leiden vnd Sterben Christi/ durch dessen Blut sie gereinigt / geweyhet vnnd tüchtig gemacht wurden an den Ohren/Henden vnd Füssen/das heylsame

same Ampt nützlich zu führen. Dessen haben wir schon droben auch erklerung gehört bey dem Schaf / wollen hieruon den Hesychium lib: 2. in 8. cap. Leuit. hören: Quis sit sacrificij huius effectus, Vnctio aurium & manuum pedũq; demonstrat, &c. Aures nostræ vnguntur vt obedientia in Adamo carentes, vnigeniti obedientiam consequantur: post hæc extrema manuum vnguntur & pedum, quia non solùm manus sed & pedes pro actione sumuntur. Quia autem actiones quasdam bonas, quasdam autem malas habemus, & figuram malorum sinistra gerit, rectè dextra vngitur. Confortantur enim ea quæ vnguntur, & destruuntur atq; disperduntur ea quæ non vnguntur. Das ist: Denn er vns fein zeiget / was dieses Opffers wirckung sey / was bedeute / das bestreichen der Ohren / Händ / vnnd Füsse mit dem Blut: Vnsere Ohren werden mit dem Blut vom Wieder bestrichen / auff das wir / so in Adam des Gehorsams mangeln / den Gehorsam des Eingebornen Sones erlangen: Darnach das eusserst an Henden vnnd Füssen wird gesalbet / weil man nicht allein die Hende / sondern auch die Füsse rechnet für die Thaten oder Werck selbst. Dieweil wir aber nicht allein guts / Sondern auch böse ding vollbringen / vnnd die Lincke Hand der bösen Werck Fürbild ist / so wird billich die Rechte Hand bestrichen mit dem Blut. Denn was gesalbet wird / das wird gesterckt: was man aber nicht salbet noch anstreicht / das nimmet ab vnd vergehet / rc.

Hesychius.

Daß aber der Bapst inn seiner Priesterweyhe auch Salben / Schmier vnd öl gebraucht / ist vnrecht / vnnd führet die abgethane Jüdische Ceremonien wider aus dem Alten Testament ein inn das Newe / macht aus dem Leib schatten / aus dem Tag die Nacht / aus dem Hellen Liecht des Euangelij Finsterniß. Man lieset in den Euangelischen Historien / was

Ob des Bapsts Priesterweihe vñ ölung auch recht sey.

was Christus mit den Aposteln/ vnd die Apostel mit den Eltesten für Ceremonien gebraucht haben / darbey man bleiben sol. Wir wollen von mehren Opffern Exempla erzehlen.

Leuit. 16. Wenn der Hohepriester in das allerheiligste ist eingangen.

Leuitici. 16. Wenn der Hohepriester einmahl im Jahr/ im Versühnung Fest / in das allerheiligste gehet/sol er auch neben andern/einen Wieder zum Brandopffer bringen. Darvon Ebr. 9. gehandelt / vnd wird drunden bey dem Bock vnd Kalb angezeigt / Christus ist durch sein eigen Blut einmahl in das Heilige eingegangen/ vnd hat eine ewige Erlösung erfunden.

Leuit 23. Num. 28. An den Festtagen.

Merck auch die Opffer vom Wieder in den Festtagen/ Leuit. 23. Num. 28. 29. Im Newmonden musten sie haben einen Wieder zum Brandopffer. Im Pfingstfest zween Wieder zum Brandopffer. Im Osterfest einen Wieder zum Brandopffer. Im Fest der Wochen einen Wieder. Am Ersten Tag des siebenden Monden einen Wieder zum Brandopffer. Am Zehenden Tag einen Wieder. Im 15. Tag des Siebenden Monden / da denn sieben Tag nach einander zu Feyren/am ersten Tag zween/am andern zween/vnd also alle sieben Tage zween Wieder zum Brandopffer/außgenommen am achten Tag nur einen Wieder zu opffern. Was aber darbey zulernen/hastu droben bey dem Lamb vber diese Festopffer zu sehen. Num. 7. Die zwölff Fürsten der Israeliten opffern in der Einweyhung des Altars ein jeder einen Wieder zum Brandopffer/ das thun 12: Vnd fünff Wieder zum Danckopffer/ die machen 60./ zusammen 72. Wieder. Leuit. 9. Wird auch ein Wieder zum Danckopffer gebraucht.

Leuit 9. Zum Danckopffer.

Wir wollen mehr Exempla der reichlichen Opffer vom Wieder / aus der Schrifft einführen/ die semptlich lehren/wie viel die Alten zu erhaltung des waren Gottesdiensts gegeben/vnd sie jhres Glaubens an den versprochnen Messiam/beam bekentniß gethan haben. Als droben insinuirt worden. 1. Chronic: 16. In dem Dauid die Bundsladen aus dem Hauß ObedEdom herauff gen Jerusalem führen lest/ opffert man ohn anders/sieben Wieder. 1. Chron. 30. Tausent Wieder opffert Dauid/ seine Fürsten/vnnd das Volck Israel/da sie die Gabe zum Tempelbaw brachten / vnnd Salomon zum König salbten. Esræ. 8. Die Kinder Israel opffern sechs vnd neuntzig Wieder zum Brandopffer/da sie mit frieden aus der Gefengnüß gen Jerusalem kommen waren/ beweisen also jhre danckbarkeit gegen Gott. 3. Esdræ. 6. Der Persisch König Artaxerxes befihlet Brandopffer von Wiedern vnnd anderm Viehe zuthun. 3. Esdr. 7. Inn der einweyhung des Tempels opffern sie zwey hundert Wieder. 3. Esdr. 8. Für das gantze Israel opfferten sie 86. Wieder zum Brandopffer. 2. Chronic. 29. In der Repurgation vnd erneweruug des Tempels zu Jerusalem vnter dem frommen König Hiskia/ brachten die Israeliten Freywillige Brandopffer / vnter anderm Viehe 100 Wieder. Job. 42. Da der HErr mit Job außgeredt hatte/ sprach er zu Eliphas von Theman: Mein Zorn ist ergrimmet vber dich vnnd deine zween Freund/ denn jhr habt nicht recht von mir geredt wie mein Knecht Job: so nemet nu sieben Farren vnd sieben Wieder/ vnd gehet hin zu meinem Knecht Job/vnd opffert Brandopffer für euch/ vnd last meinen Knecht Job für euch bitten/ denn jhn wil ich ansehen/daß ich euch nicht sehen laß/ wie jhr thorheit begangen habt/ denn jr habt nicht recht von mir geredt wie mein Knecht Job/ꝛc.

1. Chro. 16 | 1 Chro. 40. | Esræ. 8. | 3. Esdr. 6. | 3. Esdr. 7. | 3. Esdr. 8. | 2. Chro. 29. | Jop. 42.

Dieser Wieder ist bey den Alten wie offt gesagt / ein Fürbild Jesu Christi gewesen / von dessen wegen sie Vergebung der Sünden begert vnnd auch erlangt haben / daß aber Sieben ernent werden / bedeutet die gnugsame satisfaction,

Warumb Gott siben Wieder opffern heisset.

vollkommene gnugthuung für alle Sünden. Philippus Presbyter schreibt hierüber / daß durch diese sieben Wieder vnnd Farren/ ein vollkommene Buß angezeiget werde/welche stehe in einem waren gleubigen Gebet/Brüderlicher liebe oder Allmusen/in abtilgung vnd hienlegung der hoffarth zorn vnd anderer Sünden mehr/2c. Solches kan aber ohn einen Glauben an Christum nicht geschehen.

Opffer des newen Testaments.

Daß seind nu die rechte Opffer deß Newen Testaments/ daruon auch Ezech. 43. 45. 46. geweissaget hat/ Es sollen Wieder geopffert werden/nemlich Christus selber/ darnach seinds die Gleubigen/welche sich selbs auffopffern/2c. Denn sonsten spricht GOtt/Esaiæ 1. Was sol mir die menge ewer Opffer spricht der HErr? Ich bin sat der Brandopffer von Wiedern/2c. Ob jhr schon viel betet/höre ich euch doch nit/ denn ewer Hende sind voll Bluts/waschet/reiniget euch/2c.
Psal. 50. vnd 51. Besihe auch das rechte Lobopffer/ Psal. 50. vnnd Psal. 51. Die Opffer die GOtt gefallen seind ein geengster Geist/ein geengstes vnd zuschlagnes hertz wirstu nicht verachten. Vnd
Psal. 66. Psal. 66. Ich wil dir HErr/ frische Brandopffer thun von gebrandten Wiedern.

Augustinus vnd Hieronymus verstehen diese Wieder von den Aposteln vnnd Apostolischen Lehrern/ welche von der Christlichen Kirchen Gott auffgeopffert werden/ Ist aber dem Text neher / daß vorgemelte Geistliche Opffer bedeutet seien. Wie auch Asaria in seinem Gebet im Glüenden Ofen spricht: Wir kommen mit betrübten hertzen vnnd zerschlagnem Geist zu dir/ als brechten wir Brandopffer vom Wieder vnnd Rinder/2c. Also woltestu vnser Opffer Heut für dir gelten vnnd angenem sein lassen / denn du lessest nicht zu schanden werden die auff dich hoffen.

Zum

Zum Schuldtopffer wird auch ein Wieder gegeben/ Leuit. 5. Wenn sich ein Seele vergreifft/ vnd sie es versihet/ vnd sich versündiget an dem das dem HErrn geopffert ist/ sol sie jhr Schuldtopffer dem HErrn bringen / einen Wieder ohn Wandel/der zween Seckel des Silbers werth sey/ nach dem Seckel des Heiligthumbs(ein Thalers werth)darzu was er gesündiget hat an dem gewe yheten/ sol er wider geben/vnd das fünffte theil darüber geben/ vnd sols dem Priester geben/ der sol jhn versöhnen mit dem Wieder des Schuldtopffers/ so wirds jhm vergeben/ rc. Dieses Opffer war für sich selbs kein Versönung der Sünd für Gott/ Sondern expiatio ciuilis: Bedeut aber Christum der ein Schuldopffer vnd Versöhnung ist für der gantzen Welt Sünd. Origenes hom. 3. in Leuit. Omnis hostia typum & Imaginem Christi gerit, multò magis Aries, qui & pro Isaac quondam à Deo substitutus est immolandus. Siclo igitur sancto nobis comparandus est Christus qui peccata nostra dissoluat: Siclus sanctus FIDEI NOSTRÆ formam tenet: Si enim Fidem obtuleris tanquam precium Christo velut Ariete in hostiam dato, remissionem accipies peccatorum. Das ist: Alle Opffer sein ein bedeutung vnd Fürbild Christi: Viel mehr aber der Wieder/ den Gott für Isaac gegeben hat / auffzuopffern. Darumb sollen wir auch vmb ein Seckel des Heiligthumbs den HERRN Christum keuffen/das er vnsere Sünde tilge: Der Seckel aber des Heiligthumbs / ist vnser warer Glaub. Denn so du den Glauben/als den Seckel/bringen wirst an Christum/als den rechten Wieder auffgeopffert/ so wirstu vergebung der Sünden empfahen. Denn der Wieder ist ein Fürbild Christi/ den wir mit eim waren Glauben vbekommen / vnnd GOTT auffopffern. Isychius ist auch dieser meinung /

Leuit. 5. Zu Schuldopffer.

Bedeutung dessen.

Origenes.

allein versteht er durch den Seckel des Heiligthumbs/ den heiligen Geist/ der solches wircket/vnnd der fünffte theil darüber deutet er auff vnsere Sinne/ die wir Gott ergeben vnnd auffopffern sollen. Brentius: Hic Aries pro delicto oblatus, quod ad externum sumptum attinet, fuit expiatio ciuilis, quod autem attinet ad spiritualem stationem, vmbra fuit & concio de Iesu Christo, qui solus verus Aries est, cuius sanguine à peccatis liberati sumus, &c. Adumbratur autem Christus aptissimè per Arietem delicti. Etsi enim peccatum expiabatur ceremonialiter per hostiam delicti, lex tamen exigebat, ut tam sanctuario quàm proximo redderetur res ablata aut detenta: Ita Christus verum est quidẽ sacrificium pro delictox,& epiauit effusione sanguinis sui omnia peccata perfectissime, &c. Das ist: Dieser Wieder für die Schuld geopffert/was das eusserliche Werck belangt/ist ein Bürgerliche außsönung gewesen/was aber die Geistliche bedeutung betrifft/ ist er ein Fürbild vnnd Predigt gewesen von Christo Jesu / welcher allein ist der rechte Wieder / durch welches Blut wir gereinigt sein von vnsern Sünden. Es wird aber Christus gar artig durch den Wieder des Schuldtopffers angedeutet. Denn ob gleich die Sünd durch das Schuldtopffer getilget wird: So erfordert doch das Gesetz / das nicht allein dem Heiligthumb / sondern auch dem Nehesten das behaltene oder geraubte Gut wider gegeben würde: Also ist auch Christus das rechte Schuldtopffer/vnnd hat mit vergiessung seines Bluts alle vnsere Sünde vollkömlich gebüsset vnd bezahlet/rc. Non autem ita expiauit, quod liceat peccare, sed exigit Pœnitentiam cuius multa sunt opera, inter quæ & hoc continetur, videlicet reconciliari cum proximo & restituere ei furta & rapinas. Das ist: Ob aber schon Christus ein Versühnung für vnsere Sünd ist

Brentius.

worden/

worden / ists doch nicht geschehen / das wir inn den Sünden solten fortfahren / Sondern viel mehr Buß thun / vnnd Gute Werck gegen dem Nechsten beweisen. Als sich mit jhm versöhnen / das Geraubte oder auch nur gefundene ding wiederumb geben / rc. Darumb schreibt Origenes. Multi sine peccato putant esse, si aliquid quod inuenerint teneant, & dicunt Deus mihi dedit, cui habeo reddere? Discant ergò peccatum hoc esse simile rapinæ, si quis inuenta non reddat. Das ist: Viel halten darfür / gefunden ding sey jhr eigen / sprechen wol / GOtt hat mirs bescheret / wem solt ichs wider geben? Aber GOtt lehret / es sey ein Sünd gleich dem Raub vnd Diebstal / wer es nicht wider giebt. Was einer findet ist nit sein eigen: Er sol es seim Herrn / so er jn weis wider geben.

Vom Sündopffer des Wieders lesen wir / 2. Chron. 29. Daß der König Hiskia inn Einweyhung des Tempels zu Jerusalem neben anderm Viehe auch Sieben Wieder hat opffern lassen / darmit sie gleichsam jhre Sünd für Gott vnd den Menschen bekennet vnd abgebetet haben. Sündopffer vom Wieder. 2. Chro. 29.

Hie ist auch nicht zu vbergehen / daß vnter ander Materi zum Gereth des Heiligthumbs gehörig / auff Gottes befehlich rote Felle der Wieder freywillig geopffert solten vnnd möchten werden. Leuit. 25. 35. 39 / rc. Darmit die Lehrer zuuerstehen geben / daß alles / was ein jeder nach seinem geringen vermögen vnd von Gott verliehenen Gaben / zu erhaltung des waren Gottesdiensts darstrecket / sey Gott dem HErrn angeneme vnnd wehrt. Origenes hom. vltima in Exod. Der opffert GOtt Wiederfel / welcher seinen Zorn / Vnsinnigkeit wütend Fleisch bezähmet vnd creutziget sampt den lüsten. Qui offert arietū pelles ostendit in se furorem mortuum, &c. Andere verstehen auch Christum sanguinis passione cruentatum: Beda deutets auff die Apostel vnnd andere bestendige Lehrer / welche bey dem Predigampt jhr Leben lassen. Cum Leuit 25. Rote Fell vom Wieder / etc. Bedeutung derselben. Origenes. Beda.

Apostoli & Apostolici viri vsq; ad martyrium docere non desinunt, &c. Vnd das sey von den Opffern.

Was nu Christus vnnd seine Gliedmassen berührt/ finden wirs nicht anders mit vnd durch dieses Thier beschrieben/ denn wie jetzt vermelt inn vorbilden der Opffer. Allein im Propheten Ezech. cap. 34. wird in Abconterfeihung der Schäflin vnd des Hirtenampts Christi (daruon droben) der Wieder vnnd Böcken gedacht: Sihe ich wil richten zwischen Schaff vnnd Schaff/ spricht der HErr/ vnnd zwischen Wieder vnd Böcken/ Ists nicht gnug daß jhr so gute Weyde habt/ vnd so vberflüssig/ das jhrs mit Füssen trettet/ vnd trüb machet &c. Diese Wieder vnd Böck werden gemeiniglich die Vnbußfertige Sünder vnnd Muhtwillige Maulchristen verstanden/ welche andere fromme gedültige Schäflin vnd Christen nur plagen vnnd stossen. Hieronymus deutets auff die falsche Lehrer vnd Vorsteher. Hæc loquitur Dominus ad Arietes & hircos qui sunt in gregibus Principes: Nonnè vobis satis erat, quod BONIS SCRIPTVRARVM PASCVIS vescebamini? Sed insuper reliquias pascuarum vestrarum conculcabatis pedibus. Et cum Aquam eloquiorum Dei purissimam biberetis, reliquas aquas pedibus turbabatis, ut populus meus conculcatas à vocis pascuas & turbidas aquas manducaret & biberet, & VESTRO VITIO quod per se Bonum erat, corruptum violatumq; susciperet. Quod & OMNES quidem HÆRETICI faciunt, vt carpant Eloquia scripturarũ, & quantum in se est maculent. Sed & Ecclesiastici viri qui dogmatum non custodiunt veritatem, sed de suo corde confingunt, magistramq; habent præsumptionem suam, simili errore retinentur. Qui cum populo persuaserint vera esse quæ fingunt.

Ezech 34.

Muthwillige leckende Wieder.

Vermeinte sichere Christen.

Hieronymus.

singunt, & in theatralem modum plausus concitauerint & clamores immemores fiunt imperitiæ suæ & adducto supercilio, libratisq; sermonibus atq; trutinatis, MAGIstrorum sibi sumunt autoritatem. Das ist: Die Wieder seind nicht allein die Ketzer / Sondern auch die vermeindte Geistliche Kirchenlehrer / so bey der Warheit Göttliches Worts nicht bleiben/sondern aus jhrem Kopff vnd Hirn die Außlegung erdichten/ mit grossem pracht vnd stoltz dem Gemeinen Mann als warhafftig vnnd gewiß fürtragen vnd einreden: Vnd wollen also MAGISTRI NOSTRI sein/denen man glauben müsse/ wie dieses die Sophisten vnd Caluinisten erfüllen.

IM Andern Oberkeitlichen Standt / finden wir auch etliche exempla der Wieder/darmit die Regenten/fromme vnd böse/fürgebildet vnd beschrieben werden: Prou: 30. Vnter den dreyen löblichen/ die ein feinen gang haben/meldet Salomon den Wieder welcher der Herd vorgehet/sie führet vnd leitet/vnd wil darmit den König vnd andere Regenten andeuten/ welche den Vnterthanen / nicht allein mit gutem Gesetz vnd ordnungen/sondern auch Christlichem Leben vnd Wandel vorgehn vnd leuchten/vnd dieselbe zur Wayd vnd Narung führen sollen. Hieronymus deutets aber auch auff die Vorsteher in der Kirchen (Quem alium hoc loco accipimus nisi primum intra Ecclesiam ordinem Sacerdotum? Qui per exempla sua subsequentem ouium gregem trahunt) Die mit guten Exempeln der Herd Christi vorgehen/vnd leiten. Jeremias spricht im ersten Cap. seiner Klaglieder/Es ist von der Tochter Sion aller schmuck dahin/jre Fürsten sind wie die Wieder/die keine Weyde finden/vnd math für dem Treiber hergehen. Das seind die Fürsten im Königreich Juda / welche in der Babylonischē Belagerung

Im andern Stand.

Die Regenten sind Wieder.

Jere. 1. cap. Klaglieder.

gerung der Stadt Jerusalem nicht widerstand thun kundten/ sondern gantz schwach vnnd krafftloß inn die Gefengnüß/ wie das Viehe/getrieben wurden/welches sie dem Propheten Jeremia nicht glauben wolten/ biß sie es mit schaden erfuhren/denn GOtt giebt oder nimpt den Königen vnnd Fürsten hertz vnd muth. Hieronymus applicierets per allegoriam auff die vorgesetzte Bischoffe vnd Prælaten/ welcher description gar ehnlich seind die Papistische Prælaten: Hac etiam sententia arguuntur Negligentes Rectores Ecclesiæ Dei ob quorum incuriam perit omnis decor populi Christiani, cùm nec MEDITATIONE legis diuinæ, nec in CVLTV pietatis, neq; in sacrarum VIRTVTVM exercitio laborare conantur: SED IN LVXV VOLVPTATVM Per varia scelera iuxta suggestionem hostis cogentis (Diaboli) abducuntur. Cuius periculi malum illos maximè respicit, qui in loco regiminis constituti, potiùs SECVLARIA DESIDERIA quàm Mandatorum sequi vestigia elegerunt. Vnde Cœlestis Regni gloriam cum S. doctoribus non merentur accipere, sed cum Diabolo & angelis eius, pœnam gehennæ cogentur suscipere. Das ist: Durch diesen Spruch werden auch gestrafft die nachlessigen vorsteher der Kirchen Gottes/durch welcher vnachtsamkeit alle zier des Christlichen Volcks vergehet/ da sie nicht allein weder Gottes Gesetz betrachtē/weder der Gottsfurcht/noch anderer Christlicher Tugend sich befleissigen: Sondern auch in allen wollüsten/ mit mancherley Schandt/nach dem jhnen der Feind der Teuffel eingiebt vnd treibt/leben. Welches vnheyl fürnemlich die jenigen angehet/ so vber andere zuregieren gesetzt sind/vnd mehr den Weltlichen lüsten vnd begierden/als Gottes Geboten folgen: Darumb sie auch nicht mit andern

Hieronymus.

Heili-

heiligen Lehrern die vnuerwelckliche Kron der Ehren empfa-
hen sollen im Himmel/Sondern mit dem Teuffel vnd seinen
Engeln in das Ewige Hellische Fewer werden eingehen müs-
sen/rc. Aber wir wollen in dem andern Stand bleiben/vnd
mehr Sprüch hören. Daniel.cap.8.Cyrus der Perser könig/ Daniel. 8.
wird einem Wieder mit zweyē Hörnern vergliechen/ deren ei-
nes doch grösser als das ander war/vnd das höchst am letzten
wuchs: Er hatte vnter seiner Gewalt der Meder vnnd Perser
Königreich/vnd dieses war anfangs geringer als jenes/ doch
ists berümbter gemacht worden durch Cyrum / der mit diesen
Hörnern viel Völcker zustossen/vnd sonderlich das Babylo-
nische Keyserthumb vnter seinen Gewalt gebracht hat.

Wir wollen nu der Heydnischen gestrafften Königen
Exempla einführen/vnnd was der Babylonischen Königen/
Fürsten vnd Herren straff betriefft / weissaget Jeremias 51.
daruon: Ich wil sie/die Babylonier herunter führen wie Läm-
mer zur Schlachtbanck/ wie die Wieder sampt den Böcken.
Esaias 34.redet also von der Edomitischen Fürstenstraff:
Des HErren Schwerdt ist voll Bluts / vnnd dick von Fet-
tem/von der Nieren Fette von den Wiedern/denn der HErr
helt ein schlachten zu Bozra/vnnd ein gros würgen im Land
Edom. Das Fett der Nieren der Fürsten / verstehen die alten
peccata carnalis concupiscentiæ, dardurch GOtt bewegt
ward sie zustraffen. Wir mögen aber nit allein die Vnzucht
vnd Büberey verstehen / Sondern auch jhr Rauberey vnnd
Wollüste / daß sie der Armen Vnterthanen Schweiß vnnd
Blut zu sich gezogen/Wollust darmit getrieben/ vnd sich ge-
mester haben. Aber GOtt strafft solche Sünd mit seinem
scharffen Schwerdt/rc. Ezechiel 39.vers.18. weissaget vom
Vntergang des Gogs vnnd Magogs (Des Türcken/Tat-

Exempel gestraffter Heydnischen König / so Wiedern verglicchen werden.

Armer Vnterthanen schweis vnd blut gedeyet vbel denen so sie aussaugen.

tern/ vnd seiner Mitgehülffen) auff den Bergen Israelis/ in den Christlichen Landen/ die wolle Gott der HErr schlachten/die allezumahl Feist vnd wolgemestet sind/ darumb ruffe er allen Vogeln vnnd Thieren/ das sie kommen sollen zum Schlachtopffer des HErren/ daß sie essen sollen das Fleisch der Starcken/vnnd das Blut der Fürsten sauffen/ der Wieder/der Hämmel/der Böck/der Ochsen/2c. Ein tröstliche Weissagung ist diß/ob schon der Türckische Hauff Deutschland vberfallen/vnnd vermeinen wird die Christen gar zuuerschlingen/ sol er doch durch wunderbarliche Göttliche Hülff erlegt vnd erschlagen werden.

Im Dritten Stand.

VOm Dritten/ Was den Ehelichen Hauß vnd Narungsstand belangt/wird auch etwas in der Schrifft von diesem Thier denckwürdig angezeigt. Vor andern wird die Gottsehligkeit des Königs Josaphat 2. Chronic. 17. gerühmet/ vnnd solche auch von Gott reichlich belohnet/ vnnd mit Glück vnd Wolfarth gesegnet/also/ daß die Philister nicht allein Geschenck brachten eine grosse Last Silbers/ jhren Gehorsam zu erkleren/ sondern auch die Araber brachten jhm zum Tribut Sieben Tausent vnd Sieben Hundert Wieder/ vnnd auch so viel Böcke/2c. Ezechiel: 27. sagt auch von den Arabern das sie Kauffmanschafft vnd Handthierung getrieben haben mit der Stadt Tyro/ aber werden jhr doch nicht helffen können/wenn sie von Nebucadnezar/ vnd hernach vom Alexandro Magno belagert/geplündert vnd geschleifft wird/ sondern sie klagen vnd beweinen. In den Mechtigen Gewerbstetten gehn viel Sünd vnd Laster im schwang/ bleiben vngestrafft/ so mus denn GOtt straffen/da niemand helffen noch erretten kan.

Wo findet man jetzund solche Josaphats

In grossen vnd vornehmen Städten sein auch grosse sünd/ etc.

Leui-

Leuitici. 19. stehet/Wenn ein Mann bey einem Weib liegt / vnnd sie beschlefft/ die ein Leibeigen Magd vnnd vom Mann verschmäht ist/doch nicht erlöset noch Freyheit erlanget hat/das sol gestrafft werden/ aber sie sollen nicht sterben/ denn sie ist nicht frey gewesen. Er sol aber für seine Schuld dem HErrn für die Thür der Hütten des Stieffts / einen Wieder zum Schuldtopffer bringen. Vnd der Priester sol jhn versöhnen mit dem Schuldtopffer für dem HERRN/ vber der Sünden die er gethan hat/so wird jhm Gott gnedig sein/2c. Dieses Gesetz von den Hurern/welcher eines andern Leibeigen Magd vnd Kebsweib beschlefft/gehet nur das Jüdische Volck an / die Keyserliche Rechten haben andere Gesetz vnd Straffen. Sonderlich aber hat Gott allerley vnzucht vnd Vnreinigkeit verbotten / vnd die Hurer vnd Ehebrecher wolle er richten / sollen auch das Himmelreich nicht ererben. Doch welche Christum als den geopfferten Wieder dem Himlischen Vater mit dem gleubigen Hertzen fürhalten / die werden des Ewigen Todes befreyet / ob sie schon vnterweilen mit Leiblichen Plagen von GOTT heimgesucht werden.

In Ehesachen.

1.

2. Ein ander Ehesach lesen wir/Esdræ 10. 3. Esdræ 9. Dem Jüdischen Volck war von GOTT verbotten / daß sie keine frembde vnd Heydnische Weiber nemen solten/ aber da sie inn der Babylonischen Gefengnis waren / vbertratten sie das Gesetz auch / die Priester selbs vnnd andere Fürnehme Leut / wie sie inn angezeigten Capiteln mit Namen genennet werden / da sie nu wider gen Jerusalem heimkamen / vnnd dieser jhrer Mißhandlung von dem Schrifftgelerten Esdra erinnert vnnd gestrafft wurden / gaben sie jhre Händ drauff / daß sie sich von jhnen wolten scheiden / vnnd bracht ein jeglicher einen Wieder zum

Schuldtopffer für jhre Schuldt/dem abgescheidnen Weib aber wurd auch ein Theil vom Gut nach Esdræ vnd anderer Eherichter Vrtheil vnd Erkentniß zugesprochen vnnd gegeben/rc. Allhie haben wir ein Exempel/ wie die Ehe/ wenn sie vngebürlicher weiß contrahiert ist/ auch nach dem Beyschlaff möge dirimiert vnd gescheiden werden. Ist zwar den Ehemennern gar schwer / gefehrlich vnnd schedlich gewesen/ die lang gehabte Weiber/vnd erzeugte Kinder von sich zustossen vnd weg zulassen/Aber weil diß Göttlicher befehlich war/ so vberwinden sie jhr eigen anmutung vnnd wiederstrebend Fleisch/wie billich alle Menschen in andern sachen die GOtt verbeut/thun sollen. Vnnd diß sey vom Ersten Capitel gesagt.

Das Ander Capitel von dem Ochsen/ Farren/ Kuhe/ Kalb/ Rindern.

1. Von dem Ochsen.

EIn Ochs wird Deut. 14. vnter die reine Thier gezehlet/ vnd ist von Gott nicht allein zum Opffer vnnd Essen/ sondern auch/ sampt andern Rindern zur Arbeit vnd Hülff dem Menschen erschaffen vnd gegeben: So giebt auch GOtt nicht wenig Lehr von Tugend vnnd Vntugend darbey zu mercken. Derwegen wollen wir hieruon auch die fürnembste Sprüch anzeigen. Wozu vns der Ochs diene.

WAs den Ersten vnd Geistlichen Standt betrifft/ finden wir etliche Opffer/ vnnd in gemein spricht GOtt/ Exod. 22. Deinen Ersten Ochsen vnd Schaff soltu mir geben/ Sieben Tag laß sie bey jhrer Mutter sein/ am Achten Tag soltu mirs geben. Was aber diese Erstgeborne bedeuten vnd erinnern/ wird Exod. 13. vermeldet/ dardurch vnd mit solt dem Jüdischen Volck Gottes wunderbarliche Erlösung aus Egyptenland/ zu Gemüth geführt werden/ als da GOtt alle Erstgeburt erschlagen/ vnnd Im Ersten Stand. Die Opffer vom Ochsen.

das Volck Israel mit Gewalt von den Egyptiern bey Nacht außgetrieben ist worden/ die sie zuuor nicht wollen ziehen lassen. Ist aber gleichwol auch ein Fürbild des Eingebornen Sohns Gottes / durch dessen Todt wir aus der Geistlichen Egyptischen Gefengnüß / aus den Sünden vnnd Teuffels Gewalt außgeführet vnd erledigt sind worden. Nu musten aber die Erste Ochsen Acht Tag bey der Mutter bleiben/ biß
Isychius. sie rein wurden vnd erstarckten/ welches Isychius/ wie drunden bey der Ziegen die Wort recitiert werden/ auff die zeit dieses Lebens deutet/daß/weil wir auff Erden leben/vnnd zwar bey der Mutter der Christlichen Kirchen bleiben / so sein wir noch Sünder/ vnnd nicht vollkommen rein/aber im Achten Tag / wenn diese Welt vnnd Leben ein End nimpt / inn der Aufferstehung der Todten/ ein ander Wesen wird/ als denn so werden wir Rein / Heilig vnnd Volkommen für GOttes Angesicht erscheinen/2c. Wir wollen jetzt die Opffer anzeigen.

Leuitici: 9. Am Achten Tag nach der Einweyhung
Leuit. 9. Aaronis vnd seiner Söhne/ muste die gantze Gemeine Israel/neben anderm Viehe/dem HErrn zum Danckopffer bringen/einen Ochsen vnd einen Wieder/das Blut sol vmb den Altar gesprengt, das Fett am Eingeweyd/ das Netz vmb die Leber/vnd die zwo Nieren abgerissen / musten zum Brandtopffer auff dem Holtz verbrandt werden zum Süssen Geruch dem HErrn. Leuit:1. 3. Leuit.9.Summa/alles Fett ist des HErren. Vnd Leuit. 7. Wer das Fett isset vom Viehe das dem HErrn zum Opffer gegeben ist/ dieselbe Seel sol außgerottet werden von jhrem Volck. Origenes homil 5. in
Origenes. Leuit. versteht dardurch alle grobe Fleischliche Gedancken vnd Vnreinigkeit des Hertzens / welche abgeschafft vnd verbrant sein müssen/ wil man anders GOttes Wort verstehen

vnd

vnd annemen. Isychius lib. 1. in Leuit. Ergò intelligibilem Adipem, id est, omne nostrum desiderium, seu appetitum vacare circa spiritum iubet. Das ist: Er vermahnet/ all vnser Begierd vnd Lüst sol sich der Geistlichen sachen annemen/ vnd darmit vmbgehen. Wir wollen aber die fürnembste Lehr aus dem Brentio anzeigen. Isychius.

Brentij bedeutung.

1. Zum Ersten sagt er/ etliche Lehrer sagen (das nicht so gar vngereimpt ist) GOtt wolle darmit die Fleischliche Wollust vnd Wolleben verbotten vnd abgeschreckt haben. Vt esset Pœdagogia qua rudis populus admoneretur, ut non sectarentur delicias ac voluptates carnis, sed vt eas igni Spiritus Sacnti mortificarent. Vnde Salomon: qui amat vinum & pinguia non ditabitur,

2. Zum andern aber: Hat GOtt weiter gesehen. Denn das angezündte Fett ist ein Fürbild des Leidens vnnd Sterbens Jesu Christi/ welches allein ein Süsser Geruch ist für Gott/ das er nicht mehr zürne/ sondern vns die Sünd verzeihe vnd gnedig ist. Daher essen die Werckheillge das Fett/ vnnd werden ausgerottet/ welche die Gnad GOttes/ Vergebung der Sünden vnnd Seligkeit/ auff jhre Eigne Werck vnnd Verdienst stellen/ verkleinern vnd verunehren das bittere Leiden vnd Sterben des HErrn Christi Incensum adipis in sacrificio significat pasionem & mortem Christi, qui cum sit in humano genere longè omnium optimus & selectisimus adumbratur per adipem. Sola autem passio Christi habet hanc sanctitatem & maiestatem quòd sit expiatio peccatorum nostrorum & reconciliatio nostra apud Deum: Et qui hanc maiestatem transferunt in merita humanæ iustitiæ, hi prophanant & contumelia afficiunt pasionem Christi, &c. Itaq; hypocritæ (papistæ) qui meritis suæ iustitiæ confidunt, dicuntur vesci

adipe

adipe contra legem, ac fiunt obnoxij grauißimo supplicio legis, quæ ait: Si quis adipem, qui offerri debet in incensum Domini, comederit, peribit de populo suo.

Warumb den Priestern nur etlichs gegeben wird vom Opffer.
Origenes.

Derwegen so wird nicht alles von dem Opffer den Priestern gegeben/sondern etlichs verbrent/ welches auch Orig. hom. 5. also deutet/ Ob wir schon etwas aus der heiligen Schrifft vernehmen/wird vns doch nicht alle heimligkeit angezeigt/ daß wirs mit vnser Vernunfft begreiffen / sondern müssen viel ding dorthin reseruiern vnd sparen: Da er sagt: Vt sciamus etiam nos quòd etsi conceditur nobis aliquid ex Diuinis scripturis apprehendere & agnoscere, Sunt tamen aliqua quæ Deo reseruanda sunt: Quæ cum intelligentiam nostram superent, sensusq; eorum supra nos sit, ne fortè aliter à nobis, quam se habet veritas, proferantur melius igni ista seruemus, &c. Doch wird von dem Opffer den Priestern ein Theil gegeben/welches Orig. in jetzt angezeigter homil. von den bekerten Sündern/interpretiert/rc. Wenn ein Lehrer vnd Prediger mit Lehren/vermahnen/warnen/straffen/trösten/ einen Sünder bekehret vnnd Gott versöhnet/so sol diß ein Ruhm vnd Ehr auch des Predigers sein. Pars tibi dabitur eorum quos correxeris ut illorum meritum tua merces sit, & illorum salus tua gloria.

Was den Priestern sol gegeben werden.

Es ward aber dem Priester Leuit. 9. zu seinem Theil/ die Brust vnd rechte Schulter verordnet. Deut. 18. Daß sol das Recht der Priester sein an dem Volck vnnd an denen die da opffern/ es sey Ochs oder Schaf/ daß man dem Priester gebe den Arm/beyde Backen vnd den Wanst. Darbey Gott ordnet/ daß die Christliche Gemeine jhre Prediger vnd Lehrer mit nötiger Narung vnnd vnterhaltung versorgen sol. Daruon bald hernach/rc. Num. 9. Nach dem Moses die Wohnung der Hütten eingeweihet hatte/ brachten die zwölff

Fürsten Israel Sechs bedeckter Wagen / vnnd zwölff Ochsen/welche den Leuiten gegeben wurden/das Gereth der Hütten drauff zu führen: Denn etliche musten die Cahatiten auff den Achseln tragen/nemlich was zum allerheiligsten gehört/ das ander aber führeten sie auff den Wagen. Darumb/ als sie 2. Sam. 6. wider diß Gebot die Bundsladen / welche im allerheiligsten war/auff einem Wagen fuhrten/wird Vza von Gott mit dem gehen Todt gestrafft. Denn Gott wil daß man jhn ehre vnnd diene nach seinem Wort/ vnnd nicht nach vnser andacht vnd guter meinung. Man sol aber auch hie bedencken / daß die Fürsten den Predigern behülfflich sollen sein/darmit sie das Heiligthumb tragen/Gottes wort vnd Sacrament nach Göttlichem Willen vorhalten vnd administriern können/rc. 2. Sam. 6. In dem Dauid die Bundladen aus dem Hauß Obed Edom mit Frewden vnd Psalter gen Jerusalem abholet / opfferte man zu einem jeden gang einen Ochsen vnd ein fett Schaf. Darum droben beym Schaf.

Es seind aber diese Opffer vom Ochsen auch Vorbild gewesen des Leiden vnd Sterbens Jesu Christi vnnd seines verdiensts/ Ebræor. 9: Christus ist durch sein eigen Blut einmahl in das Heilige eingegangen/ vnd hat eine ewige Erlösung funden/rc. Denn so der Ochsen vnnd Böck Blut heiliget die Vnreinen zu der Leiblichen Reinigkeit / wie viel mehr wird das Blut Christi (der sich selbs ohne Wandel durch den Heiligen Geist GOtt geopffert hat) vnser Gewissen reinigen von den Todten Wercken/zu dienen dem Lebendigen Gott. Ebræor. 10. Durch die Opffer geschicht nur ein gedechtniß der Sünden alle Jahr / denn es ist vnmüglich durch Ochsen vnnd Böck Blut Sünde wegnemen. Pauló pòst. Droben als er gesagt / Brandopffer vnd Sündtopffer hastu nicht gewolt / gefallen dir auch nicht. Da sprach er:

Christus wird dem Leiden vorgebildet.

Sihe ich komme GOtt zu thun deinen Willen: Da hebet er das erste auff/das er das ander einsetze/ In welchem Willen wir sind geheiliget/einmahl geschehen/ durch das Opffer des Leibs Jesu Christi.

Opffer ohne Glauben an Christum gefallen Gott nicht.

Es ist auch schon droben vermelt worden/dz die Jüdische Opffer on einen solchen glauben an Christum geopffert/Gott nit angenem sondern wie sünd vñ grewel sein. Esa:66. Wer einen Ochsen schlachtet/ist eben als der einen Mañ erschlüge. Hieron: audiant Iudæi, quòd Deus non quærat sacrificia, sed offerentiũ animum. pòst. Post filium meum, &c. nolo carnes, victimas detestor, sacrificia Iudæorũ vmbras legis repudio: quia delectabilis est mihi veritas Euangelij. Das ist: Gott fordert nit opffer/sondern das hertz derer die da opffern ꝛc. Item. nach dem sein Son komen ist hat er kein gefallen an dem Opffer sondern die warheit des Euangelij ist jhm wolgefellig vnd werth. Dieses wird erkleret Math. 22. in der gleichnis võ der Königlichen hochzeit/da Gott der Vater formulã inuitationis seinen Brautdienern vñ hochzeitladern für schreibt: Saget den Gestẽ/meine malzeit hab ich bereitet/meine Ochsen vñ mein mastviehe ist geschlachtet vñ alles bereitet/ kompt zur hochzeit: wir könnẽ hiedurch nichts anders verstehn denn den gecreutzigten Christũ/der alles wz zu vnser frewde vñ seligkeit von nöten ist mit seinem Tod erworben hat: Daruon denn Jere: 31. cap. weissaget/die Erlöste des HErrn werden komen/vnd auff der höhe zu Sion jauchtzen vnd werden sich zu den gabẽ des HErrn häuffen/nemlich zum getreide/Most/ Oele/junge Schafe vnd Ochsen/dz jre Seele wird sein wie ein wasserreicher Garte/vnd nicht mehr bekümmert sein sollen.

Vnd wiewol etliche Patres, als Hilarius, Chrysostomus Gregorius auch mit verstehen/die heiligen Propheten/ Aposteln vnd Merterer / Jedoch so ists eigentlich allein von

Christo

Christo zuuerstehn/wie in altero Com. Chrys. in Matth. stehet: Nouissimè immolatus est agnus (Christus) qui totius Mundi reatum innocentia sua detergeret. Et paulò pòst, Quicquid quæritur ad salutem, totum iam impletum est in scripturis. Das ist: Das Lamb hat mit seiner Vnschuld der gantzen Welt Sünd getilget/vnd alles erfüllet.

Võ der gewalt Christi nach seiner menscheit handelt Ps 8 Du wirst jn lassen eine kleine zeit võ Gott verlassen sein/aber mit ehren vñ schmuck wirstu jn krönen: du wirst jn zum HErrn machen vber deiner hende werck/ alles hastu vnter seine Füsse gethan/Schafe vñ Ochsen allzumal/darzu auch die Wilden thier. Ebr. 2. in dem dz er jm alles hat vnterthan/hat er nichts gelassen/das jhm nit vnterthan sey/den aber der ein kleine zeit der Engel gemangelt hat/sehen wir dz es Jesus ist/durchs Leiden des tods gekrönet mit preiß vñ ehrẽ/ꝛc. August. vñ Hieron. verstehen dardurch nit allein die gemeine Thier/sondern auch die seelen der gleubigen/Itẽ die teuffel vnd Gottlose menschẽ.

Psalm 8. Die Gewalt der menschlichen Natur Christi.

Was die heilige Apostel vnd andere getrewe Prediger anlangt/habẽ auch wir jr beschreibũg bey diesem viehe. Ezech. 1. vnter den vier thieren hat eines gleich eins Ochsen angesicht/ wie diß fast Apoc. 4. widerholet wird. Diese vier thier werden auff die vier Euangelisten oder vier Euangelia gedeutet: Wie Hier. in præf. in Matth. & Ezech. bezeugt/vnd Lucas durch den Ochsen/weil er sein Euangeliũ võ Priester Zacharia empfehet/præfiguriert. Es wird aber gleichwol bey diesẽ thier angezeigt/ der Apostel vñ getrewer Prediger fleissige arbeit in jrẽ ampt/Facies bouis Tolerantiã laborum designat quos ministerium requirit: Nota hoc distichon. Sis ratione vigens Homo: Bos carnalia mactãs. Sis Leo praua domãs, Sis auis alta petẽs. de quo pòst. Esaiæ 32. Wol euch (Aposteln) die jr seet allenthalben an den Wassern/ denn da möget jr die

Die Apostel vnnd andere getrewe Prediger sind arbeitsame Ochsen.

Hierony-
mus.

Füsse der Ochsen vnd Esel drauff gehen lassen. Hierony-
mus. Beati estis Apostoli cæteriq; Doctores, qui semi-
natis super omnes aquas sacræ scripturæ, in quibus calcat
Bos & Asinus. Bos mundum animal propter electionem
patrum: asinus immundus propter Idololatriam quon-
dam gentilium, ut & de circumcisione & de præputio
Ecclesia Domini congregetur. Das ist: Selig seid jhr
Apostel die jhr säet/ vnnd prediget die Heilige Schrifft/ dar-
auff Ochsen vnd Esel/ das ist/ Jüden vnd Heyden/ weyden/
auff daß aus jhnen beyden dem HErrn ein Kirch versamlet

Lutherus.

werd. Lutherus. Weil die Jüden das Heilige Evangelion
verwerffen/ werden die Apostel allen Menschen predigen/ vnd
nicht allein die gelerte Doctores/ sondern auch die vnvoll-
kommene schwachgleubige discipel vnterrichten vnd lehren.
Synagoga respuit Euangelium: Beati igitur vos Aposto-
li, qui seminatis, id est, prædicatis verbum passim apud a-
quas, id est, in omnibus gentibus, ubi immittitis tàm bo-
ues quàm asinos pro pascuis, id est, docetis, exercetis, in-
struitis, tàm perfectos Doctores, quàm infirmos & im-
perfectos discipulos. Daß aber Ochsen vnd Esel mit ein-
ander sollen arbeiten/ vnd was es bedeutet/ weils der Schrifft
entgegen/ wollen wir drunden bey den gemeinen Regeln hö-
ren. Hugo Card. in Psal. 8. Prædicatores dicuntur Boues,
1. Propter ruminationem, id est, meditationem scriptura-
rum. 2. Propter vngulæ scisionem, id est, discretionem in
agendis & discernendis. 3. Propter incessus maturitatem.
4. Propter multi laboris tolerationem.

Gleich wie nu die Lehrer den Dreschenden Arbeitsa-
men Ochsen verglicchen werden/ also wird auch darbey vnnd
mit von Gott der Lohn vnd Sold ernent. Deut: 25. Du
solt dem Ochsen der da drischet/ daß Maul nicht verbinden/
ob schon

ob schon dieses Gebot auch den kargen Filtzen die Vnbarmhertzigkeit vnd vntrew gegen dem vnuernünfftigen Viehe / verbeut / Jedoch so triffts sonderlich die Arbeiter an / allermeist aber die Prediger vnd Lehrer / daß jhnen von der Gemeine nothtürfftige vnterhaltung gereicht werde / wie Paulus diß erkleret. 1. Cor. 9. Welcher reyset jemals auff seinen eigenen Sold? Welcher pflantzet einen Weinberg / vnd isset nicht daruon? Welcher weydet eine Herde / vnnd isset nicht von der Milch der Herden? Rede ich aber solches auff Menschen weyse? Saget nicht solches das Gesetz auch? Denn im Gesetz Mose stehet geschrieben: Du solt dem Ochsen das Maul nicht verbinden der da drischet: Sorget Gott für die Ochsen? oder sagt ers nicht aller ding vmb vnsert willen? Denn es ist ja vmb vnsert willen geschrieben? Denn der da pflüget / sol auff hoffnung pflügen / vnd der da drischet / sol auff hoffnung dreschen / daß er seiner Hoffnung theilhafftig werde. Chrysostomus schreibet darüber: Suntné quæso Boues Deo curæ? Curæ quidem sunt: Verùm non ita vt de ijs legem instituat. Itaq; nisi magnum quiddam significasset, per Bruta Iudæorum exerceris ad BENIGnitatem complectendam, & ab ijs etiam de PRÆCEptoribus eos alloquens, non vtiq; tantam adhibuisset diligentiam vt legem scriberet de non obligando os Boui, præterea & aliud quiddam ostendit, multum scilicet Præceptorum Laborem esse debere. Et item aliud, quòd quæcunq; ad Brutorum curam in veteri testamento leguntur, principiò ad hominum doctrinam dicta sunt. Paulus führet aber gemeltes Gebot noch einmahl ein / 1. Tim. 5. Die Eltesten die wol fürstehen / die halt man zwiefacher Ehren wehrt / sonderlich die da arbeiten im Wort vnnd inn der Lehre Denn es spricht die Schrifft / Du solt dem Ochsen der da

Trewer Prediger vñ Gottbefohlner Lohn.

Chrysostomus.

brischet nicht das Maul verbinden. Vnd ein Arbeiter ist seines Lohns wehrt.

Chrysostomus schreibet auch vber diesen Spruch/daß die Lehrer auch fleissig arbeiten sollen / wollen sie anderst den Lohn empfahen/ denn so sie Zärtling vnd Faul sein/seind sie nicht wehrt daß jhnen die Narung gegeben werde. Nisi quis fuerit Bos triturans & contra gelu & spinas iugum sustinens traxerit, neq; antè discesserit, dignus non est. Oportet ergò DOCTORIBVS necessarium victum affatim ministrari ne deficiant neq; soluantur, neq; minimis occupati, Magnis seipsos atq; alios priuent, ut spiritalia operentur, nullam secularium habentes rationem, Das ist: Gnugsame vnterhaltung sol jhnen gegeben werden / daß sie sich allein der Geistlichen Sachen annemen/ vnnd nicht mit zeitlichen Gescheffften vmbgehen dörffen. Wie Syrach 39. spricht. Wer die Schrifft lernen sol/ der kan keiner andern Arbeit warten/ Wie kan der der Lehr warten / der pflügen mus / vnnd der gern die Ochsen mit der Geissel treibt / vnnd mit dergleichen Wercken vmbgehet / vnnd weis nichts denn von Ochsen zu reden / er mus dencken wie er ackern sol/ vnnd mus Spahe vnd Frühe den Küehen Futter geben/2c. Elisæus zwar treibt ein Joch Ochsen vnd pflüget/1. Reg. 19. Da er von Elia ins Predigampt beruffen wird / aber dieselbige nimpt er nicht mit sich / sondern lest sie fahren/ das er allein dem schweren Ampt obliegen vnnd trewlich auswarten könne.

Prediger haben mit jrem ampt gnug zuthun/ können anderer Arbeit nicht warten.

Es sollen aber die Prediger auch nicht Geitzig sein / zuuiel wollen haben / sondern sich mit Kleider vnnd Narung benügen lassen. 1. Tim. 6. 1. Sam. 12. Da Samuel den Jsraeliten einen eignen König gemacht hatte/ wil er von jhnen

Prediger sollen jhnen am täglichē auskommen genügen lassen.

seines

seines Lebens vnnd Ampts ein gut zeugnis haben. Siehe hie bin ich / antwortet wider mich für dem HErren vnnd seinem Gesalbten? Ob ich jemands Ochsen oder Esel genommen hab? Ob ich jemand Gewalt oder Vnrecht gethan hab / etc. Sie sprachen / Du hast vns kein Gewalt noch Vnrecht gethan / vnnd von niemands Hand etwas genommen / etc. Aber inn dieser Lehr thut man zu viel oder zu wenig / Denn manche Prediger lest man Hunger vnnd Kummer mit jhren Weib vnnd Kindern leiden: Oder aber sie wollen Geitzeg sein / vnnd sich nicht venügen lassen an der ziemlichen Nahrung / sondern mit andern Hendeln Reichthumb erschinden. Chrysost. hom. 15. vber den Spruch 1. Tim. 5. vom dreschenden Ochsen. Ego Ecclesiæ PRÆSVLES audenter dixerim, nil præter victum & vestitum habere oportere ne ad ista trahantur desiderio. Das ist: Die Kirchen Prælaten solten nicht mehr denn ziemliche Narung vnd Kleidung haben / darmit sie nicht jhr Hertz vnnd Sinn auff das zeitliche wenden. Vnd Ambrosius in eandem sententiam. Tanta merces debet esse Euangelizantis Regnum Dei, qua neq; contristetur, neq; extollatur. Der Prediger Sold vnnd Lohn sol ziehmlich sein daß sie dardurch weder Betrübt vnnd Trawrig / noch Stoltz vnnd Prechtig werden.

Chrysosto.

Ambrosius.

Was aber die Falsche Lehrer vnnd Vngehorsame Zuhörer betreffen thut / finden wir sie auch ziehmlich mit dem Ochsen abgemahlet. Psalm: 68. Schilt das Thier / HERR / im Rhor / die Rotte der Ochsen vnter jhren Kelbern / die da zutretten vmb Gelds willen: Augustinus vnnd Hieronymus verstehen bey den Ochsen die Ketzer / welche niemand als die Junge Kelber zutret-

Falsche Lehrer sind auch Ochsen.

zutretten vnnd verführen die Einfeltigen/ vnnd thuns alles
Lutherus. vmbs Geldes willen. Darvon magstu Lutherum/Tom. 1. weiter hören: Dieweil der Kirchen solten von Königen geben werden/Güter/vmb Christus willen/die Armen zuerhalten/ Ist dardurch dem Geitz vrsach geben zu allem vbel / vnnd ist doch nicht zu vmbgehen gewesen. Darumb bittet er hie/Gott wolle straffen die Geitzigen vnd Ehrgeitzigen / die solche Güter zu jhnen reissen/vnd nur vmb Gut vnd Ehr willen/inn die höhe steigen/wie jetzt der Bapst/Cardinal/ Bischoffe/Pfaffen/Münche vnd dieselbe Rott gantz wütend ist. Laß hören aber wie er sie beschreibt:

1. Zum Ersten / nennet er sie ein Thier im Rohr / darumb/daß es Viehische Menschen sind/ohn allen Geist/vnd liegen im Rohr/das ist/inn jhren eigen Menschen Gesetzen/ welche sind wie das Rohr / daß da scheinet einem Stab gleich/ vnnd ist inwendig holl vnd Lehr/ also gleissen Menschen Gesetz als etwas/vnd ist nichts dahinden/ohn das sich das Thier drunter weydet/denn es giebt vnd tregt dem Bauch genug zu.

2. Darnach legt er sich selbs aus/was das Thier im Rohr sey: Ich meine/ spricht er/ die Samlung der Ochsen vnter den Kelbern der Völcker/das ist/ die Bischoffe vnnd Prediger inn der Kirchen / ein jeglicher inn seinem Bisthumb oder Pfarr/denn ein Ochs in der Schrifft heist ein Prediger oder Bischoff / vnnd die Kuhe oder Kelber sind solchs Predigers Volck. Darumb spricht er/vnter den Kelbern der Leute / als solt er sagē/ich rede im verborgen verstand vō Kelbern/die da Leut seind. Er giebet aber zuuerstehen/ das solche Rohrthier vnd Ochsen viel sein werden/ vnd die gantze Kirche jnne haben/in dem/daß er nicht sagt / die Ochsen / sondern die samlung der Ochsen/vnd nicht der Kelber eines Volcks/ sondern

vieler

vieler Völcker. Nu ist das nicht die Klage/daß jhr viel seind/ sondern das sie/der so viel sind/ alle Rohrthier vnnd gewaltige Ochsen sind im Volck / die Welt mit Menschenlehre erfüllen/das Euangelium vertilgen/mit Gewalt herrschen/vnd das alles vmb des schendlichen zeitlichen Guts willen / denn das wörtlein abirim/heisset nicht allein Ochsen/sondern auch Starcke/Mechtige/Grosse Leut/ꝛc. Nu diß ding sehen wir alles für Augen vberschwencklich.

Weiter spricht er / das Rohrthier vnnd der Ochsen- 3.
hauffe gehet einher in seinem Regiment / also daß alle die seinen sind Geldsecke vnd Silbersüchtige Geister. Ist das nicht für Augen? Wer ist in des Bapsts Secten/oder vbet sich inn Menschen Gesetzen / denn vmb Gelts vnd des Bauchs willen ? Ist doch der Geistlich Stand nun lang gewesen Geitziger denn der Geitz selbs/daß ein öffentlich Sprichwort dauon ist auffkommen/ Nenne mir einen Cardinal / einen Bischoff/einen Pfaffen/einen Münch/der vmb Gottes willen/in seinem Ampt/vnnd wie lang er drinnen bleiben würd/ wenn nimmer Futter/Genieß oder Geldt da were. Darumb spricht er wol/ das Thier regiere inn den Geltsüchtigen vnnd liebhabern des Silbers/ daß sie nicht mügen voll werden/ꝛc. Bißhero Lutherus.

Weil aber diese Ketzer vnnd falsche Lehrer nicht allein mechtig/ Sondern auch Ehr vnd Geldt geitzig seind / keine Straff / Warnung noch Erinnerung annemen werden / weissaget auch Dauid/ Psal. 22. daß sie die hefftigste vnnd Gifftigste Verfolger seind / HErr sey nicht ferne von mir/ denn Angst ist nahe/denn es ist hie kein Helffer. Grosse Farren haben mich vmbgeben / Fette Ochsen haben mich vmbringet. Welches zwar ein Klagred vnd Weissagung Christi ist von seinen Feinden vnnd Wiedersachern / den Geistlichen zu

Verfolger Christi sind Ochsen.

 chen zu

chen zu Jerusalem/Hohepriestern/Phariseern vnd Schrifftgelertē/aber nichts desto weniger ein merckzeichen aller grawsamen Verfolgern Göttlichs Worts/ desselben Lehrern vnd Zuhörern: Luth. Tom. 2 lat. in hunc locum: Igitur Multitudo, magnitudo, altitudo, opes, fauor, delitiæ, gloria, hoc est, totus Mundus aduersatur Euangelio Dei & ministris eius, Solitarijs, paruis, paucis, humilibus, pauperibus, afflictis, contemptis & odiosis. Das ist: Was Viel/Groß/Hoch/Reich ist/ in Ehren vnd Wollüsten schwebt vnd lebt/ nemlich die gantze Welt/ das ist den wenigen/ geringen/ Armen/ verachten/ verhaßten Dienern des heiligen Euangelij Feind vnd zuwieder.

Lutherus.

Es bleibt aber bey diesen Feinden nicht/ sondern es setzen sich wider Gott vnnd sein Wort auch vndanckbare/ vnnd Abgötische Leut/ welche wol erger als die Ochsen mögen sein. Wollē diß auch anhörē. Esaias cap. 1. Klaget an Gottes stat vber die grosse vndanckbarkeit vnnd vngehorsam des Israelitischen Volcks: Höret jhr Himmel/ vnnd Erde nims zu Ohren/ Ich hab Kinder aufferzogen vnd erhöhet/ vnnd die seind von mir abgefallen. Ein Ochs kennet seinen Herrn/ vnnd ein Esel die Krippe seines Herrn/ Aber Israel kennets nicht/ vnnd mein Volck vernimmets nicht. Hieron: Ego eos adoptaui in filios & feci populum peculiarem & partem meam ac funiculum hæreditatis meæ, appellauiq; eos primogenitos: illi autem ne hoc quidem fecerunt, quod Bruta faciunt animalia, ut beneficijs vincerentur & intelligerent pastorem ac nutricium suum: Nec comparauit eos Canibus quod sagacissimum genus animantium est, & pro paruo cibo Dominorum tecta defendit, sed stolidioris sensus Boui & Asino, quorum alterum carpenta trahens, durissimas terræ glebas vertit vomere: alterum portat

Vngehorsame Zuhörer des Euangelij sind auch Ochsen. Esa. 1.

Hieronym.

portat onera & hominum in gradiendo laborem tempe-rat. dz ist: Gott hat die Jüden zum Eygenthumb vnd Erstge-bornen Sohn angenommen/aber sie erkennen die Wolthaten weniger/als die Hunde/Ja als die Tholle Esel vnd Ochsen. Die Hunde/ so ein wackeres vñ spürhafftiges Thier sein sind so trew/daß sie vmb wenig Speiß willen jhres Herren Hauß bewahren: Ochsen ziehen am Joch/ackern vnd pflügẽ dz harte Erdreich. Esel die tragen grosse Last / vnnd vberheben den Menschen grosser mühe im gehen: Denen wil er sagen sein die Jüden im wenigsten nicht zuuergleichen/ꝛc. Lutherus. An nòn extrema est turpitudo diuina voce Bouem & a-sinum, non dico, nobiscum conferri, sed omninò nobis præferri, quòd illi suum officium faciant erga posseßo-rem suum. Nos non faciamus erga Deum? Aperire igi-tur capita nostra coram Bobus & Asinis debebamus, tanquam coram Magistris nostris, quos nobis diuinitus propositos esse videmus, vt discamus eorum exemplo Deum nostrum revereri. Das ist: Die gröste vnd höch-ste Schand ists/daß vns Ochsen vnd Esel sollen im Gehor-sam vorgezogen werden / daß sie jhrer Herren befehlich ver-richten / wir aber thun nicht was GOtt von vns haben wil. Darumb sollen wir sie billich für vnsere Schuel vnnd Lehr-meister erkennen/vnd die Hüte für jhnen abziehen/ꝛc. Lutherus.

Hiehero gehört auch deß Propheten Amos. 6. klage: Es gehe jhme mit seinen Zuhörern/ wie es denen geschicht / welche auff den Felsen mit Rossen reuten / oder mit Ochsen pflügen wollen: Da alle Mühe vnd Arbeit vergebens ist. Lu-therus. Sensus est: In Petris nemo ad cursum Equum in-citabit, nisi qui simul & se & equum volet citò perditum: Sic nemo arabit in petra cum Bobus. Quasi dicat popu-lus ille ineptus & minùs idoneus ad omne ministerium Amos. 6. Lutherus.

Dei, quam equus sit idoneus ad cursum in petra vel Bos ad arandum in petra. Non valet ad politiam, non ad pietatem & religionem. In summa nullus est Deo eorum vsus Ideo pertæsus eorum Dominus contemnit & rejicit eos non placent amplius ei. Die meinung ist die: Auff Felsen pflegt niemand mit eim guten Pferd zu rennen/er wolle denn sich vnd das Pferd muthwillig verderben: Also ackert auch niemand mit Ochsen auff den Felsen: Eben also ist das Volck vntüchtiger zum Weltlichen Regiment/ vnnd waren Glauben oder Gottesfurcht/als ein Pferd oder Ochs/wenn man darmit auff den Felsen rennen oder ackern wil/da ist alle Mühe vergebens/ vnnd gereth man darzu in gefahr des Lebens/2c. In Summa/das Volck ist Gott nichts nütz/darumb ist er seiner auch vberdräßig/verwirfft es/vnd es gefellt jhm nicht mehr/2c.

Luc. 14. Von den fünff Joch Ochsen.

Fast solche Klag führet auch Christus Lucæ 14. Da er zwar zu seinem seligen Abendtmahl viel berufft vnd ladet/ aber wenig darbey erscheinen/ denn etliche vnter den Geladenen sprechen zum Knecht: Ich hab fünff Joch Ochsen gekaufft/vnnd ich gehe jetzt hin/ sie zubesehen/ich bitte dich entschüldige mich: Von diesen vnnd jhres gleichen spricht der HErr: Ich sage euch/ daß der Männer keiner/ die geladen sind/mein Abendtmahl schmecken wird. Wiewol diese Ochsenkeuffer verstanden mögen werden inn gemein von allen Hendlern/ deßgleichen auch von den Weltlichen vnd Geistlichen Regenten/ Jedoch allegorisieren auch die Patres etwas mehr von den fünff Joch Ochsen. Theophyl: Qui iuga boum quinque emit ut probaret: Signat Carnalem hominem qui quinque sensus animæ corporalibus coniunxit, & animam carnem fecit, & propter hoc, utpote circa terrena occupatus, non vult spiritualis cœnæ particeps esse:

Theophyl.

Das

Das ist: Der Fünff Joch Ochsen gekaufft / ist der jenige/ welcher alle seine Sinne auff das zeitliche Gut gewandt hat/ darumb begehret er des Geistlichen Abendtessens nicht theilhafftig zu werden. August. de verbis Domini secundum Luc. sermon. 33. Verstehets auch von den Fünff Sinnen der Menschen / welche nichts mehr gleuben vnd für war halten / sie können es denn mit denselben verstehen vnd begreiffen. Quare Boum dicũtur Iuga? Quia per sensus istos carnis terrena requiruntur. Boues enim terram versant. Sunt autem homines remoti à fide, terrenis dediti, carnalibus occupati, NOLVNT CREDERE ALIQVID NISI AD QVOD SVI CORPORIS SENSV QVINQVE PARTITO PERVENIVNT. In eis quinq; sensibus totius voluntatis sibi regulas ponunt. Non, inquit, CREDO EGO, NISI QVOD VIDEO, &c. Was ich sehe/höre/greiff/ rieche vnd schmecke/das glaub ich weis was es ist/ Was ich aber mit diesen Sinnen nicht vernehme/ glaub ich auch nicht/rc.

Augustinus.

Vnter diese Gesellen sollen wir auch rechnen die Abgöttische Menschen / welche Abgötterey vnnd andere Sünd darmit getrieben haben/ Als etliche Kauffleute im Tempel zu Jerusalẽ/ die da Ochsen vnd Schaff drinnen feil hatten/ welche Christus mit einer Geissel hinaus treibt/ rc. Joh. 2. sampt den Ochsen vnnd Schafen/ stöst der Wechßler Tisch vmb/ vnd spricht: Machet nicht meines Vaters Haus zum Kauffhaus. Die Schaff vnd Ochsen waren vorhanden darmit die Frembdlinge so gen Jerusalem kamen vnd opffern wolten bald das Viehe vmb ein genandres Geldt zur hand hetten/ wie auch die Wechßler das gebreuchliche vblich Geldt darwugen/ so den Priestern vnd zum Gottesdienst gehort / vnnd scheinet.

Kauffleut vnd Handthierer im Tempel sein Ochsenhendler.

scheinet zwar als wenns auff des Nechsten Nutz vnd GOTtes Ehr angericht were / aber inn der Warheit/ war es alles vmb den Geitz vnnd Gewin zu thun. Wie bey den Commentatoribus weiter zu finden. Jst aber viel ein schendlicher Kauffmanschafft vnd Krämerey in den Kirchen GOTtes durch die Bäpst getrieben worden: Da die Meß / Gebet / Fasten / Brüderschafften / Ja schier alle Creaturen vnnd Wolthaten Christi vmb Geldt verkaufft seind worden.

Papisten habens noch ärger gemacht.

Was aber in Geistlicher vnd heimlicher deutung dieser Ochsenhandel anzeige/ wollen wir auch von etlichen Patribus hören. Augustinus verstehet die falsche Lehrer vnnd Ketzer so der Propheten vnd Apostel (welche Ochsen genennet werden) Schrifften verkauffen / die Leut mit falschen allegationibus derselben verführen / zeitlicher Ehren halben/ vnd dem leidigen Teuffel die arme Gemeine vbergeben. Isti sunt, qui sua quærunt in Ecclesia non quæ Iesu Christi. Qui ergò BOVES vendunt? Boues erant Apostoli Prophetæ, &c. Hi ergò Boues nobis reliquerunt memoriam scripturarum, non enim de suo dispensauerunt, quia gloriam Domini quæsierunt, &c. Isti autem (Boum venditores) de scripturis ipsis fallunt populos, vt accipiant ab ipsis HONORES & LAVDES, & non conuertantur homines ad veritatem. Quia verò ipsis scripturis fallunt populos, à quibus quærunt honores, vendunt Boues, vendunt & Oues, id est, ipsas plebes. Et cui vendunt? Diabolo, &c. Theophylactus deutet diesen Ochsenkauff auff die vorgesetzte Bischoffe/ welche Gelehrten vnd Frommen Mennern nicht beholffen seind / das sie Gottes Wort können fürtragen/ Sondern sie wol hindern/ vnnd den Falterern vberantworten / vnnd dargegen die jenigen zu grossen Emptern fördern / die jhnen viel Geschenck geben/

Geistliche deutung dieser Ochsen handtierung Augustini.

Theophylacti.

wie in

wie in Bapsthumb geschicht. Deßgleichen wo die Prediger nicht ehe Lehren/ sie haben denn ein guten Gewin vnnd Nutz daruon. Multi ex pontificibus in hunc modum peccant: Nam & ipsi Negociatores, vendunt Boues in Ecclesia, hoc est, qui præstantes in verbo doctrinæ, non iuuant, sed tradunt his, qui affligere volunt: Insuper & Oues, hoc est, communem populum; & columbas, hoc est, spiritualia dona vendunt, & maiores dignitates conferunt HIS QVI PLVRA DANT, quos Dominus eijcit è templo, indignos iudicans sacerdotio. Ad hæc si quis talentum & nummum, hoc est, sermonem & dogma vendat, & fortassis tùm sit doctor, non annunciet verbum, NISI LVCRVM HABEAT, etiam eius Mensam subuertit Dominus, Sedem dico doctrinæ, & sermonem quem ille cohibet propter malitiam, non dans illum omnibus, Dominus Iesus per misericordiam effundit populisq́ dat, illum quidem à principatu deijciens, & alium in doctrinæ sedem collocans.

Was die Abgötterey berürt/ schreibt Euseb. de præpar. Egl. lib: 1. c 1. lib. 3. c. 2. daß die Egyptier Ochsen geehrt vnd angebetet habē/ daher on zweifel das Jüdisch Volck jr Abgötterey gelernt/ ein Ochsen oder Kalb auffgericht/ vnd jm Gottesdienst erzeigt haben. Psal. 106. Sie machten ein Kalb in Horeb/ vñ beteten an das gegossen Bild / vnd verwandelten jhr Ehre in ein Gleichnis eines Ochsen der Graß isset. Sie vergassen Gottes jhres Heylands/ der so grosse ding in Egypten gethan hat/ daruon weiter beym Kalb. — Abgötterey mit den Ochsen getriebē. — Psal. 106.

Hoseas am 12. sagt von der Jsraelitischen Abgötterey: Jn Gilead ists Abgötterey/ vnnd zu Gilgal opffern sie Ochsen vergeblich. Denn ob wol im Außgang aus der Wüsten das Jüdische Volck damals aus GOttes befehlich von Josua — Hose 12.

Josua ist beschnitten/vnd das Osterfest ist gehalten worden/ welches GOtt gefiel/ Jedoch weil hernach die Jüden ohne Gottes sonderlichen befehlich daselbsten opfferten/ vnd zwar aus guter andacht/wars für Gott vergeblich vnd grewliche Abgötterey/rc.

Actor. 14. Act. 14. Da Paulus vnd Barnabas gen Lystram in Lycaonia kamen/ vnd einen Mann von Mutterleib lahm geradt vnnd gesundt machten/rühmeten die Leute das Wunder vnnd sprachen: Die Götter sind den Menschen gleich worden/vnd zu vns ernieder kommen/vnnd nenneten Barnabam Jupiter/ vnnd Paulum Mercurius/ der Priester aber des Jupiters/ der für jhrer Stadt war/ brachte Ochsen vnnd Krentze für das Thor/ vnd wolte opffern sampt dem Volck/ aber die zween Apostel wehreten jhnen vnd predigten von dem Einigen/waren/Allmechtigen Gott/ Darbey denn nicht allein die Heydnische Abgötterey zumercken ist/ sondern wie auch die Apostel dieselbige gestrafft vnnd zu GOtt gewiesen haben.

Etliche Regeln. Zum Beschluß dieses ersten Stands/ mögen wir etliche Mandat vnd Gebot GOttes bedencken. Als Exod. 20.
1. Deut. 5. Du solt dich nicht lassen gelüsten deines Nechsten Haus/Ochsen/Esel/rc. Darbey Gott erinnerung thut/das auch die Gedancken vnnd böse Lüste der Menschen Sünd sey/ vnnd das Gesetz nicht allein eusserlichen Gehorsam der guten Werck/ sondern auch des Hertzen Reinigkeit fordere/ weil aber niemand sagen kan/ Rein ist mein Hertz/ muß folgen/daß wir durch des Gesetzes Werck/nicht können gerecht
2. oder Selig werden. Deut. 15. vnnd Exod. 23. Sechs Tag soltu dein Arbeit thun/aber den Siebenden Tag soltu feyren auff das dein Ochs vnd Esel ruhen/rc. Gott wil nicht allein die Barmhertzigkeit vnd gnedigs mitleiden anzeigen/ sondern

auch dem Geitz vnd vbrigen Sorgē wehren/ꝛc. Deut: 15. Du 3.
solt nicht ackern mit den Erstlingen deiner Ochsen / sondern solt sie Järlich essen für dem HErren deinem GOtt an dem orth den der HErr erwehlet. Die Erste Ochsen gehorten zum Opffer vnd Nutz der Priester vnd Leuiten/ die sollen sie nicht entwenden / vnnd zu jhrem Vortheil gebrauchen/denn Gott strafft die Kirchen Räuber mit seinem Fluch vnd Plagen/ꝛc. Von den andern Regeln wird bey den zweyen andern Stenden folgen.

Vom andern Stand. Regenten durch Ochsen fürgebildet. Gen 49.

VOm Andern/Werden die Oberherrn vnnd Regenten/beyde Fromme vnnd böse / durch dieses Viehe vorgebildet vnd beschrieben. Genes: 49. Jacob strafft Simeonis vnd Leui Rach vnnd Blutdürstigkeit/ vnd spricht / In jhrem Zorn haben sie den Mann erwürgt/ vnnd inn jhrem Muthwillen haben sie den Ochsen verderbt. Wiewol Hieronymus vnnd andere Patres den Mann / auff die Sichimiten/ vnd den Ochsen auff den Joseph deuten/ jedoch weil die Sichimiten jhre billiche Straff eingenommen/ verstehet Lutherus/beydes Mann vnnd Ochsen/von dem heiligen Joseph / welchen beyde Brůder/ Simeon vnnd Leui/ wollen erwürgen/vnd da sie es für andern Brůdern nicht vermochten/ zum wenigsten/ verkaufft haben. Vnd zur bestettigung dieser meinung ist zu mercken Mosis selbs eigne Außlegung. Deut. 33. Vom Joseph. Die Gnade deß/der im Busche wohnet/ komme auff das Haupt Joseph/ vnnd auff den Scheitel des Nasir vnter seinen Brůdern. Seine Herrligkeit ist wie ein Erstgeborner Ochse/vnd seine Hörner sind wie Einhörners Hörner / mit denselben wird er die Völcker zu hauff stossen. Mit dieser Gleichnüß wird das Oberkeitliche Ampt vorgebildet. Denn Erstlich/ gleich wie die Ochsen arbeiten / vnnd die Narung helffen müssen vberkommen/ also seind auch die Regenten von GOtt verordnet / das jhre Vnterthanen vnter jhrem Schutz zeitliche Nahrung haben mögen. Darnach haben sie die Hörner/das ist/ jhren Gewalt darumb/ daß sie die die Feind vnnd Wiedersacher wegstossen

Lutherus. vnd straffen können. Lutherus im Lateinischen Genes. Bos primogenitus in sacra scriptura valde commendatur propterea quòd ALIT & CVRAT Dominum: Nec licebat sacrificare Bouem aratorem, quia erat velut paterfamilias & Columen domus, & gentes etiam abstinuerunt à Bobus aratoribus. Non solùm enim arabant, sed etiam triturabant. Proinde valde prædicantur opera Bouis in lege, &c. Hoc igitur vult Iacob dicere, Illum qui aluit tanto tempore famis, non tantum Ægyptum, verùm etiam nos omnes, qui fame perijssemus, si absq; eo fuisset & quem vnice dilexi, propterea quòd in senectute mea natus & propter eximiam indolem & pietatem insignem omnibus erat gratissimus. Hunc BOVEM eneruauerunt, inquit, non occiderunt, & libenter prohibuissent ne primogenitus aut pater & rex esset, mihiq; succederet in familia mea. Iam verò ad fastigium dignitatis euectus est vt fiat pater Ægypti & totius domus meæ. Das ist: Ein Erstgeborner Ochs wird in Heiliger Schrifft sehr gerühmet/darumb das er das Haus ernehret vnd versorget: Vnnd man dorffte keinen Ochsen / der da pflüget/opffern / weil er war wie ein Haußuater vnd Seule des Hauses/ So haben die Heyden auch kein pflügenden Ochsen geschlachtet. Denn die Ochsen pflügten nicht allein/sondern sie droschen auch. Darumb wird des Ochsen Werck im Gesetz sehr gelobt. So wil nu Jacob sagen: Den/ der in so grosser hungers zeit nicht allein gantz Aegyptum / sondern auch vns

alle.

alle ernehret hat / die wir sonst wol hetten Hungers sterben müssen/wo es ohne jhn gewesen wer/vnnd den ich hefftig geliebt/dieweil ich jhn in meinem Alter gezeuget/ vnd wegen seines Verstands vnd Gottesfurcht jederman lieb war: Diesen Ochsen haben sie abgemergelt/ spricht er/ nicht getödtet/ vnd hettens gerne gehindert / das er nicht der Erstgeborne / oder König worden wer/vnd an meins statt kommen/inn meinem Geschlecht. Nun aber ist er zu solchen Ehren kommen/das er ein Vater ist gantz Egypten/ vnnd eines gantzen Hauses/ ꝛc. Ey wie ist jhr Rathschlag/jhr Will/ jhr heimliches Vornemen fortgangen/ꝛc. Was aber die zufellige Historien betrifft/seind sie auch nicht zu vbergehn.

Ein Löbliche/Oberkeitliche That/begeht der Newerwehlte König Saul: 1. Sam. 11. Da er der Belägerten 1. Sam. 11
Jabiter in Gilead Klag höret/ wie sie von Nahas den Amoniter König bedrengt weren/der jhnen alles Leidt drewet/ so gerieth vber jhn der Geist GOttes/vnd sein Zorn ergrimmet sehr/vnd nam ein par Ochsen vnd zustückt sie/ vnd sandte in alle Grentze Israel durch die Boten/vnd lies sagen/wer nicht außzeucht Saul vnd Samuel nach des Rindern sol man also thun/ꝛc. Dardurch die Israeliten bewegt wurden/ vnd die Furcht des Herren auff sie fiel/daß sie außzogen gleich als ein einiger Mann. Löblich ists an dem Saul/ daß er seiner Vnterthanen Noth ansihet / jhnen rhaten vnnd helffen wil/ auch seinen schaden vnangesehen / bringt auch darmit so viel zuwegen/ daß alle Israeliten furcht halben jhme in den Krieg nachfolgen. Brentius schreibt darvon: Quòd Saul audi- Brentius.
ens fletus & eiulationes populi sui par Boum concidit, & in vniuersos fines Israel misit, non est furor aut insania sed est impetus à Spiritu Domini incitatus: Erat enim

rex & in hoc vocatus vt populum suum ab hostibus vindicaret: Vnde minæ huic spectaculo additæ tantæ fuerunt efficaciæ vt ad vnum ferè omnes Israelitas in obsequium regij Edicti traxerint: Timor enim Domini populum inuasit, quo significatur quòd Magistratuum Edicta (nisi peccare iubeant) non pro humanis sed diuinis ordinationibus obseruanda sint, & quòd comminationes eorum non sint hominum, sed Dei ordinationes. Das ist: Das Saul/ als er seines Volcks heulen vnd weinen gehöret/ zweene Ochsen zerhawen/ vnd in alle Städte der Kinder Israel geschickt hat/ ist kein vnsinnigkeit/ sondern Gottes des Heiligen Geistes antreibung. Denn er war König vnnd darzu beruffen / das er sein Volck wider jhre Feinde vertheidigen solt. Darumb auch die dräwungen/ so er diesem Spectacul angehengt / einen solchen nachdruck oder Wirckung gehabt/ das fast jede vnd alle Israeliter dem Königlichen befehl gehorsamlich sich erzeiget: Denn die Furcht des HErrn war das Volck ankommen. Damit angezeiget wird/ das der verordneten Regenten befehlich vnd dräwungen / sind Gottes Gebot vnd dräwwort/ welche auch erfüllet werden an den vngehorsamen: Wiewol nu Saul sich im anfang seiner Regierung wol vnd löblich gehalten/ so ist er doch die lenge nicht bestendig blieben vnd beharret. Wenn Gott straffen hieß/ thet ers nicht/ da es wider Gott war/ thet ers. 1. Samuel. 15. Von GOtt het er befehlich empfangen / das er die Amalekiter sampt jhren Weib vnd Kinder/ Ochsen vnd anderm Viehe erschlagen solt/ aber er schonet der Gemesten Ochsen/ vnd verleuret darüber sein Königreich. Meinestu/ spricht Samuel zu jhm/ daß der HErr lust hab am Opffer vnd Brandopffer (welche Saul seinen Vngehorsam zu entschüldigen vorwendet) als am Gehorsam der Stimme des HErren.

Die

Die Regenten seind in jhren Hendeln auch an GOttes Wort gebunden/ vnnd sollen nichts thun aus eigner andacht/ viel weniger aber etwas nach jhrem vnd eignem nutzen wenden: Wo sie dargegen handlen/ machen sie sich jhres Ampts vnwürdig/vnd begehen Abgötterey vnd Zauberey/rc. Hinwiederumb wuste Saul wol / das er die Vnschüldigen nicht tödten/ sondern schützen vnd handhaben solte/ aber diesem zu wieder / ist ein Exempel/ 1. Sam. 22. seines grawsamen Zorns vnd Tyranney/das er nicht allein den vnschüldigen David verfolgt/ vnnd vmb seinet willen 85. Priester erwürgt/ sondern auch die Priesterliche Stadt Nobe zerstöret/ Weib vnnd Kinder/vnd auch die Ochsen vnnd alles anders Viehe vmbbringen vnd erstechen lest. Vnd mögen auch hiehero schreiben andere exempla von den Heydnischen oder sonsten Gottlosen Regenten.

Regenten sind so wol als Vnterthanen Gottes Wort vnterworfen.

1. Reg. 1. Adonia wolt König werden auffrührischer weiß/das setzet er mit dem Opffern an / lest Opffer schlachten von Ochsen vnd gemestem Viehe / aber deßhalben mus er alsbald sterben.

Num: 22. Da die Jsraeliten mit Mose ins Gefild Moab kamen/furchten sich die Moabiter sehr für dem Volck Jsrael / vnnd sprachen zu den Eltesten der Midianiter/ dieser Hauff wird auffressen was vmb vns ist / wie ein Ochs Kraut auff dem Feld auffriesset. Allhie hört man wie Gott der Gottlosen Helden Stoltz vnnd Macht brechen vnnd zu nichte machen kan: Sie halten die Jsraeliten für starcke fressende Ochsen / sich aber wie das geringe Graß vnnd Kraut auff dem Felde / wie die Menschen sonst auch genennet werden. Num. 22.

Bey dem Fürsten Nehemia cap. 1. stehet ein lobwürdige Tugent der Hospitalitet vnd Magnificentiæ: Es waren/ Nehem 1.

ren spricht er/ der Jüden vnd Obersten hundert vnd funfftzig an meinem Tisch/ die zu mir kamen aus den Heyden die vmb vns her sind / vnnd man macht mir des Tags einen Ochsen vnd sechs erwehlte Schaf/vnd Vogel/ noch fordert ich nicht der Landpfleger Koß / denn der dienst war schwer auff dem Volck / gedenck mir mein Gott im besten/alles das ich diesem Volck gethan habe. Nicht allein ist sein freygebige Hospitalitet zu mercken/ Sondern wie er auch seines Volcks vnnd Vnterthanen verschonet / sie ferner nicht hat beschweren wollen/ Welchem wenig Regenten vnd Oberherrn nachfolgen/ꝛc. Denn Job 24. saget von den Gottlosen/Reichen/Mechtigen/Kargen Leuten/Oppignorant Bouem viduæ, Die Gottlosen nemen der Witwen Ochsen zu pfand. Sie solten den Armen Wittwinnen zur Nahrung vnd täglichem Brod verheissen vnd förderlich sein/ so seind sie jhnen hinderlich/ entführen jhnen Pfandsweiß / die gebreuchliche Nahrungs Mittel/ welches ein doppelte Sünd vnd Todtschlag ist. Wer einem seine Narung nimpt Syrach 35. der tödtet seinen Nechsten. Aber diese Gottlose/Mechtige Leut sollen diß zu seiner zeit wider finden / vnnd auch also tractieret werden. Esaiæ 34. Die Fürsten Edom sollen wie Gemeste Ochsen geschlachtet werden. Wir mögen aber zum Exempel anschawen die Göttliche Rach vnd Straff am Großmechtigen Monarcha Nebucadnezar. Dan. 4. 5. Man wird dich/sagt Daniel in der Außlegung des Traumes/von den Leuten verstossen/vnd must bey den Thieren auff dem Feld bleiben/vnd man wird dich Graß essen lassen wie die Ochsen/ vnnd wirst vnter dem Thaw des Himmels liegen / biß vber dich sieben zeit vmb sind: Dieses geschahe auch/ vnd spricht Nebucadnezar nach widerempfangener vernunfft: Darumb lobe ich Nebucadnezar/ehre vnd preise den König vom Himmel/denn all

sein

sein thun ist warheit vnd seine wege sind recht vnd wer Stoltz ist/den kan er demütigen/2c.

Zvm Dritten / Den Ehestand vnd Männzliche Nahrung betreffend / haben wir auch etliche denckwürdige Sprüch vnnd Exempel zu mercken. Deut.28. Wenn du der Stimm des HErren deines Gottes wirst gehorchen/so wird gesegnet sein die Frucht deines Viehes/vnd die Frucht deiner Ochsen/2c. Der Jüden Wunsch wird Psal.144. erzehlet / Das vnsere Ochsen/ sprechen sie/ viel arbeiten/daß kein schad/kein verlust noch klag auff vnsern Gassen sey. Wol dem Volck dem es also gehet/aber wol dem Volck deß der HErr ein GOtt ist. Salomon Prou:14. hat eine feine Haußlehr: Wo nicht Ochsen sind/da ist die Krippen rein / aber wo der Ochs schefftig ist / da ist viel einkommens. Wir sagen: hastu der Küehe nicht/so darffstu der mühe nit. Judith.cap.8. Die Wittfraw Judith wird gelobet das sie schön vnd reich gewesen/vñ habe höfe vol Ochsen vñ Schafe gehabt.daruon droben. Esa.cap:30.weissaget dem Jüdischen Volck/wenn Gott die Assyrer straffen werde/sol ein wolfeile zeit komen/daß das Viehe zu der zeit weydẽ wird in einer weiten Awe / die Ochsen vnd Fülle/so den Acker bawen/werden gemengt Futter essen / welchs geworffelt ist mit der Worffschauffel vnd Wanne. Wiewol nu das Heer Sennaheribs schon im Land war/ alles verzehret vnd auff fraß/ noch glaubet Hiskia dieser tröstlichen verheissung GOttes/welches ein grosser starcker Glaub wider vnd vber die Sinne gewesen ist/ wie Lutherus sagt/vnd die Sacramentierer strafft/ daß sie nit mehr gleuben vñ für war halten wollen/denn dz die fünff sinnen vnd vernunfft begreiffen. Hieronymus deutet dieses auff die Apostel vnd trewhertzige Prediger/welche bawen vñ pflantzen/vnd aus Jüden vnd Heyden Gott ein Kirchlin versamlẽ. Aber dauon an seinem ort.

Im Dritten Stand.

Deut. 28.

Psal. 144.

Prou. 14.

Judith. 8.

Esa. 30.

Hieronym.

Wie nu GOtt der Frommen Nahrung segnet / also dräwet er auch den Gottlosen seinen Fluch. Deut: 28. Wenn du der Stimme des HERREN deines GOttes nicht gehorchen wirst / so wird verflucht sein die Frucht deines Viehes/ die Frucht deiner Ochsen/ vnd hernach: Dein Ochs wird für deinen Augen geschlachtet werden/ aber du wirst daruon nicht essen. Ohn noth ists allhie zu repetieren/ wie die Feind hierinn gehandelt haben: Besihe bey dem Schaf/ auch drunden bey den Rindern mehr Exempla. Job: 21. vers: 10. Doch haben die Gottlosen auch Glück / das doch vnbestendig ist/ des Gottlosen Ochsen lest man zu / vnd mißrhät jhm nicht. Die deutschen sagen: Wem das Glück wol wil/ dem Kälbert ein Ochs. Die Königliche Gasterey des Gottlosen Ahabs/ 2. Chronic. 18. Wie er den Frommen König Josa-
2. Chro. 18. phat empfehet/ viel Schaf vnd Ochsen schlachten lest/ ist allhie nicht zuüberschreiten: Wir wollen aber nicht von der Hospitalitet/ oder auch vberfluß bey den Pancketen hie reden. Der Gottselige Job cap. 6. vertheidiget sein klagen mit einem Sprichwort vom Ochsen genommen. Das Wild schreyet nicht wenns Graß hat/ Der Ochs blöcket nicht wenn er Futter hat. Also klag vnd schrey ich nicht vmbsonst. Ich bin vmb all mein Haab vnd Güter / Ochsen vnnd Viehe/ vmb meine Kinder kommen/ Hab auch jetzt darzu meine Gesundtheit verlohren/ sole ich nicht billich klagen vnd schreyen? Welches ziemlicher weiß geschehen/ nicht vnrecht vnd Gottlos ist/ doch das man auch spreche/ Der HErr hats gegeben/ der HErr hats genommen/ sein Name sey gebenedeyet.

Wir wollen aber allhier etliche gemeine Haußregeln setzen / die auch droben bey dem Schaff zum theil zu finden/ da man auch fernere Lehr vnnd Erinnerung nachsuchen mag.

Exodi.

Exodi. 21. Wenn ein Ochs einen Mann oder Weib stöst/ daß er stirbt/so sol man den Ochsen steinigen/ vnd sein Fleisch nicht essen/so ist der Herr des Ochsen vnschüldig/Ist aber der Ochs vorhin stössig gewesen/vnd seinem Herrn ists angesagt/ vnd er jhn nicht verwahret hat/vnnd tödtet drüber einen Mann oder Weib/ so sol man den Ochsen steinigen/ vnd sein Herr sol sterben. Wird man aber ein Gelt auff jhn legen/ so sol er geben sein Leben zu lösen/ was man jhm aufflegt/desselbigen gleichen sol man mit jhm handlen/ wenn er Sohn oder Tochter stöst. Stöst er aber einen Knecht oder Magd/so sol er jhrem Herrn dreissig Silbern Seckel geben/ vnd den Ochsen sol man steinigen.

Etliche Regeln.

1.

So jemand eine Gruben auffthut/ oder grebt ein Gruben/ vnnd decket sie nicht zu/ vnd fellt darüber ein Ochs oder Esel hienein/ so sols der Herr der Gruben mit Geld dem andern wider bezahlen/das Aaß aber sol seine sein. 2.

Wenn jemands Ochs eines andern Ochsen stösset das er stirbt/ so sollen sie den Lebendigen Ochsen verkauffen/ vnd das Geld theilen/ vnd das Aaß auch theilen. Ists aber kund gewesen/ das der Ochs vorhien stössig gewesen/vnnd sein Herr hat jhn nicht verwahret/so sol er einen Ochsen vmb den andern vergelten/vnd das Aas behalten. Mit diesen Gebotten vnd Regeln wil Gott nicht allein lehren wie der Mord vnnd Todtschlag oder Bluttvergiessen jhme so sehr mißfalle/ daß ers auch an den Ochsen rechen lest: Sondern zeiget auch an/ wie ein jeglicher des Nechsten schaden warnen vnd wenden/ vnd jhme zur Nahrung beförderlich vnnd dienstlich sein sol. Brentius. Primùm Deus voluit his rerum minutijs significare, ordinationes ciuiles, de rebus etiamnum vilissimis, diuinas ordinationes ac minimè cōtemnendas esse. Deinde cum Deus habeat curam Boum, significat sibi 3.

Brentius.

maximè omnium curæ esse hominem propter quem Boues creati sunt. Postremò hac lege indicat Deus quanta seueritate exigat, ne quid incommodi proximo inferamus.

4. Exod:22. Wenn jemand einen Ochsen stilet/ schlachts vnnd verkauffts/ der sol fünff Ochsen für einen wider geben/ findet man aber den Ochsen lebendig/ so sol ers zwiefeltig wider geben: Was aber mehr in diesem Cap. vom geliehenen Ochsen gesagt wird/das ist droben bey dem Schaf auch vermeldet worden/etc.

5. Exod:23. Wenn du deines Feindes Ochsen begegnest/ das er jrret/so soltu jm denselbigen wider zuführen. Vnd Deut. 22. Wenn du deines Bruders Ochsen oder Schaf sihest irr gehn/so soltu dich nicht entziehen von jhnen/ sondern solst sie wider zu deinem Bruder führen/ Wenn aber dir dein Bruder nicht nahe ist/vnd kennest jhn nicht/so soltu sie in dein Haus nehmen/ daß sie bey dir sein/ biß sie dein Bruder suche/ vnnd denn jhm wider gebest. Wenn du deines Bruders Ochsen sihest fallen auff dem Weg/ so soltu dich nicht von jhm entziehen/sondern solt jhm auffhelffen. Darmit wil GOTT gebotten haben/ das man nicht allein dem Bruder vnd Verwandten/ sondern auch dem Frembden vnd Feind wolthun/ vnd zur Nahrung behülfflich sein sol. Christus vertheidiget fast mit gleichlautendem Spruch seine Wolthat einem Krancken Weib erzeigt. Lucæ. 13. Du Heuchler/ sagt er zum Obersten der Schulen/ löset nicht ein jeglicher seinen Ochsen oder Esel von der Krippen am Sabbath/vnd führet jhn zur Trencke? Solt aber nicht gelöset werden am Sabbath diese/ die doch Abrahams Tochter ist/ von diesem Band/ welche Satanas gebunden hat/nu wol 18. Jahr. Also seind diese Gebot vnd Regel nichts anders als Außlegung des Gesetzes/

setzes/du solt deinen Nechsten lieben wie dich selbs. Allhie ist noch ein Mandat zu mercken.

Deut: 22. Du solt nit ackern zugleich mit einem Ochsen vnd Esel. Diese haußregel zeigt an/ sol Glück vnd Segen bey vnd auff dem acker sein/ so mus man denselben nit mit vngleichen Thieren pflügen. Also sol in dem Ehestand vñ auch weltlichem Regiment Göttlicher segen vnd wolfahrt sein/ so müssen die Eheleut vnd Regenten nicht vneinig miteinander sein/ wie Brentius diß also erkleret. Est & hæc lex Oeconomica: Ager enim non rectè colitur inæqualibus iumẽtis: quare etiam nulla potest esse in tali agro Benedictio Monet autem administrationes Rerump nõ esse diuersis & contrarijs ingenijs mandandas. Vnde & oramus in Ecclesia vt cõsiliarij principis & ciuitatũ sint vnanimes & concordes. Idem est sentiendum de Oeconomia, in qua sunt diuersa & contraria ingenia viri & vxoris famulorũ & famularum. Wiewol Esaias 32. weissagt das zur zeit Christi solches Gebot nicht gelten werde/ sintemal Ochsen vnd Esel mögen mit einander pflügen. Ohn ansehn der Person nimpt GOtt Lehrer vnd Zuhörer an. Vide supra. Was Moses mit dem Ochsen vnd Esel meinet/ das erkleret Syrach cap: 26. Wenn einer ein böß Weib hat/ so ists eben als ein vngleich par Ochsen/ die neben einander ziehen sollen/ wer sie kriegt/ der kriegt ein Scorpion: Gleich wie die Ochsen/ wenn sie mit einander den Wagen oder Pflug ziehen/ etwas außrichten vnnd erarbeiten: Wo aber der ein Ochs da/ der ander dort hinaus wil/ nichts nützlich geschafft sondern verwüstet wird Pflug vnnd Wagen: Also hats auch ein gelegenheit mit den Eheleuten: Seind sie beyde Fromm / Gottsfürchtig / Christgleubig/ Freundlich / Einig/ da wird Gottes Segen verhanden sein/ wo aber das eine böß/ oder sie mit einander zwiträchtig sind/

Brentius.

so fellt bald das Haus zu hauffen. Derowegen die Weiber zubedencken haben/ daß sie dem Mann zum Gehülffen erschaffen vnd gegeben/die Nahrung erhalten sollen/ vnd nicht ein schelliger Ochs oder stechender Scorpion sein.

Salomon Prouerb: 7. beschreibt auch den gefehrlichen schrecklichen zustand eines jungen Gesellen der vnzucht vnd Hurerey treibt: Er der Jüngling folget der Ehebrecherin nach wie ein Ochs zur Schlachtbanck geführet wird. So gehorchet mir nun meine Kinder/vnd mercket auff die Rede meines Munds/laß dein hertz nicht weichen auff jhren weg/vnd laß dich nicht verführen auff jhrer Bahn/ denn sie hat viel verwundt vnd gefellt/ vnnd sind allerley Mechtigen von jhr erwürgt/Jhr Haus sind Wege zur Hellen/da man hienunter fehret in des Todes Kammer/rc. Diß wird nach dem Buchstaben von der Leiblichen Hurerey verstanden/ aber nichts desto weniger auch auff die Geistliche Hurerey/ Falsche Lehr vnd Ketzerey gedeutet/ wie bey Hieronymi Comment. zu lesen ist/ vnnd sagt/vnter andern Reden der falschen Lehrer ist: Der Mann ist nicht daheime/er ist einen fernen Weg gezogen/rc. Non est, inquiunt hæretici, CHRISTVS CORPORALITER IN Ecclesia, surgens enim à mortuis ascendit in cœlum nobisq; ministerium gubernandæ Ecclesiæ, suam videlicat domum reliquit. Die Ketzer sagen: Christus ist nicht leiblich bey seiner Kirchen. Denn als er von den Todten aufferstanden/ist er gen Himmel gefahren/ vnd hat vns seine Kirch zu regieren befohlen/welches die Jesuiter vnd Caluinisten sprechen.

Hieronym.

2. Von

2. Von dem Farren.

GLeich wie bey vorgetzendē Viehe der fürnembste brauch im ersten vnd Geistlichen Stand das Opffer (welches gleichwol Christi vnnd seiner Gleubigen ein Vorbild) gewesen ist: Also finden wir auch inn der Schrifft die meiste Sprüch von der Farren Opffer / deren wir etliche sampt den nützlichen Lehren anhören wollen.

Der Erste Stand.

Opffer von Farren.

Exod. 24. Nach dem Moses dem Jüdischen Volck etliche Politische oder Weltliche Recht vnd Satzung / nach dem jhr Regiment solt administrieret werden/vorgelesen: vnd die Israeliten darein consentiert vnd bewilliget hetten: Alle Wort die der HErr gesagt hat/wollen wir thun: So macht Mose ein Bund zwischen Gott vnd jhnen. Bawet vnten am Berg Horeb einen Altar mit 12. Seulen/ nach den Zwölff Stämmen Israel vnnd sandte ein Jüngling aus den Kindern Israel/das sie Brandopffer drauff opfferten/vñ Danckopffer dem HErrn von Farren. Vnd Mose nam die helfft des Bluts/vnd thets in ein Becken / die ander helfft sprenget er auff dem Altar. Vnd nam das Buch des Bunds/ vnd laß es für den Ohren des Volcks / vnnd da sie sprachen: Alles was der HErr gesagt hat/ wollen wir thun vnd gehorchen/ da nam Mose das Blut/ vnnd spreget das Volck darmit/ vnnd sprach: Sehet das ist Blut des Bunds den der HErr mit euch macht vber allen diesen worten/ ꝛc. Mit diesen Ceremonien

Exod. 24.

Brandopffer vnnd Danckopffer.

remonien hat Moses die Gesetz vnd Gebot Gottes dem Jüdischen Volck einbilden vnd consecrieren wollen/das sie stets dran gedechten vnd gehorchten. Das Blut aber ist ein Fürbild Jesu Christi / durch welches wir gereiniget/ vnnd in den Bund Gottes auffgenommen werden. Ebr:9. vnd 10. Besihe drunden bey den Kälbern vnd Böcken weitere außfürung.

Exod. 29. Bey der einweyhung der Priester.

In der Einweyhung Aaronis vnd seiner Söhn/ must Moses auch einen Jungen Farren mit gewissen Ceremonien zum Sündopffer machen. Exod: 29. Leuit: 8. Der Leuiten Einweyhung mit den Farren/ besihe Numerorum 8. Diesem proceß folgten auch die Israeliten nach/wenn sie zu jren Kälbern Priester einweyheten. 2. Chronicor. 13. Was aber ferner von der Priesterweyhe vnd ordentlichem beruff der Kirchendiener zu lernen/das hastu droben bey dem Wider zulesen.

Bedeutung.

Was aber die Allegoriam vnd Geistliche Deutung anlangt / handlet weitleufftig Origenes daruon / als das er ein Vorbild sey Jesu Christi/ vnd seines Leidens vnd Sterbens: Vnd hernach auch ein erinnerung an die Priester/daß sie jhren jungen Farren/das ist/jhr muthwilliges Fleisch opffern vnd dempffen sollen. Homil. 2. in Leuit: Vide ne fortè Iesus, idem ipse iuuencus: qui in cœlis non quidem pro peccato sed pro munere oblatus est; In terris autem oblatus sit pro peccato: & hoc est passum esse extra castra. Extra illa, opinor, castra quæ viderat Iacob. Angelorum Dei castra cœlestia. Quod verò dicit cum stercore exuritur & intestinis, vide ne fortè ad comparationem cœlestium corporum, Corpus istud humanæ Naturæ, stercus figuraliter appelletur. Terra enim est & de terra sumptū. Nec tamen interanea ei deesse dicūtur: quamuis enim vilem serui gesserit formam, Plenitudo tamen Diuinitatis

Origenes.

in eo habitabat, &c. Von opfferung des eignen Fleischs/ homil. 1. Verùm si hæc etiam ad moralem locum inclinare velis, habes & tu iuuencum, quem offerre debeas. Iuuencus est & quidem valde superbus Caro tua: Quam si vis munus Domino offerre, vt eam castam pudicamq́ custodias, adduc eam ad ostium tabernaculi, id est, vbi diuinorum librorum suscipere posit auditum. Masculinum sit munus tuum, fœminam nesciat, concupiscentiam respuat, fragilitatem refugiat, nihil dissolutum requirat aut molle. Impone etiam manum, hoc est, impone ei continentiæ frenũ & manum disciplinæ ne auferas ab ea, &c. Das ist: Du hast auch ein Farren/ den du opffern solst. Derselbe Stoltze Junge Farr ist dein eigen Fleisch: Welches/ so du Gott ein Gab wilt bringen/ du Rein vnd Keusch solst behalten/ vnd zur Thür der Hütten bringen/ das ist/ an den ort/ da es Gottes wort hören kan. Mänlich sol dein Opffer sein/ das von keinem Weib nichts wisse/ ohne Böse begierd sein/ andere Gebrechligkeit meiden/ nichts vnordentlichs fürnehmen. Leg jhm auch die Hand auff/ das ist/ halt es im Zaum/ vnd lasse es nicht aus der zucht schreiten/ ꝛc.

Darnach ist das Farren opffern in etlichen andern Sachen zu bedencken/ Leuit. 4. Wenn ein Geweyheter Priester sündigen wird/ daß er das Volck ergert/ der sol für seine sünde die er gethan hat/ einen jungen Farren bringen/ der ohn wandel sey/ dem HErrn zum Sündopffer/ ꝛc. Weñ auch der Hohepriester des Jars einmal in das allerheiligste hinein wolt gehen/ Leuit. 16. so must er mit einem jungen Farren zum Sündopffer/ hinein gehn. Die außlegung dieses Opffers vermeldet der Apostel/ Ebr: 5. Ebr: 9. Ein jeglicher Hoherpriester der aus den Menschen genommen wird/ der wird gesetzt für die Men-

Leuit. 4. Zum Sündopffer eines Priesters.

Leuit. 16. Zum Sündopffer alles Volcks weñ der Hohepriester ins das allerheiligst gienge.

Menschen gegen Gott/auff das er opffere Gabe vnd Opffer für die Sünd/ der da kundte mitleiden/vber die da vnwissend sind vnnd jrren / nach dem er auch selbst vmbgeben ist mit Schwacheit/Darumb mus er auch gleich wie für das volck/ also auch für sich selbs opffern für die Sünd. Aber vnser Hoherpriester ist Heilig/ Vnschüldig/ Vnbefleckt 1. Ebr. 7. Vnd hat doch mit vns mitleiden / weil er inn allem wie wir/ doch ohne Sünd versucht ist worden. Origenes. Quid præcipuè in huiusmodi sacerdote mirandum est: non ut non peccet, quòd fieri non potest, sed ut agnoscat & intelligat peccatum suum, nunquam enim se emendat, qui peccasse se non putat: Simul quia & facilius potest indulgere peccantibus is, qui alicuius infirmitatis suæ conscientia remordetur, &c. Wenn auch ein gantze Gemeine etwas vnwissent thut/vnd sich vbersihet/ sol sie einen jungen Farren zum Brandtopffer bringen. Leuit. 4. Num: 15. &c.

Origenes.

Num. 15.

In der Einweyhung der Hütten Wohnung Num: 7. brachten die zwölff Fürsten Jsrael zwölff Farren zum Brandopffer/ vnnd 24. Farren zum Danckopffer. David lest sieben Farren vnd sieben Wieder Opffern/ 1. Chronic. 16. da er die Bundsladen aus dem Haus ObedEdoms gen Jerusalem bracht. Inn dem auch der Gottselige König Jehiskia den Tempel des HErrn repurgiert/lest er sieben Farren zum Brandtopffer opffern. Wie die Jsraeliten mit Esra wider gen Jerusalem kamen/Esræ. 8. Opfferten sie für die 12. Geschlechter Jsrael zwölff Farren zum Sünd vnd Brandtopffer. Vnnd in der Einweyhung des Tempels neben andern/hundert Farren/darzu denn der König Artaxerxes Gelt vnd Renten gab. 3. Esr. 7.

1. Chro. 16.

Esr. 8.

3. Esr. 7.

Leuit. 23.

Nu: 28. 29

An jren hohen Festen.

Deßgleichen inn jhren hohen Festen musten sie auch Farren opffern/ Leuit. 23. Numer. 28. 29. am Newmonden

zum

zum Brandtopffer zween Farren: am Osterfest zween junge Farren. Im Tag der Erstlingen zween junge Farren. Im Jubel oder Drommeten Fest im siebenden Monden musten sie Brandtopffer zum Süssen Geruch dem HERREN einen jungen Farren opffern: Item im zehenden Tag ermeltes Mondens / der jhnen auch heilig war / da sie zusammen kamen / jhren Leib casteyeten / musten sie neben andern auch einen jungen Farren opffern: Sonderlich aber war der XV. Tag des Siebenden Monden Heilig / da sie sieben Tag feyerten / vnnd in den Hütten wohneten / daß sie sich erinnerten der gnedigen erhaltung in der Wüsten (vnd vns lehreten / das wir in dieser Zeit kein bleibende statt haben / sondern Bilgram auff Erden seind) Sie musten aber am Ersten Tag zum Brandtopffer thun / Dreyzehen Farren / Am andern Tag zwölff junge Farren / Am dritten Eilff / Am vierdten Zehen / Am fünfften Neun / Am sechsten Acht / Am Siebenden Tag Sieben Junge Farren / vnnd am Achten einen Farren zum Brandtopffer des Süssen Geruchs dem HErrn / etc. Diese erzehlte Opffer zeigen an den grossen fleiß vnd reichligkeit der Oberherren vnnd Vnterthanen / wie sie den waren Gottesdienst erhalten haben / gern Opffer darzu gegeben / doch auch darneben jhren Glauben darmit bekent / denn diese Opffer bedeuten die Danckbarkeit gegen Gott / vnnd andere Tugende mehr / wie die folgende Sprüch ausweisen. Psal. 50. Versamlet mir meine Heiligen / die den Bund mehr achten denn Opffer / denn des Opffers halben straff ich dich nicht / sind doch deine Brandtopffer sonst jmmer für mir / Ich wil nicht von deinem Haus Farren nemen / opffere Gott Danck / vnd bezahle dem Höchsten deine Gelübte / etc. Psal: 69. Ich wil den Namen Gottes loben mit eim Lied / vnd wil jhn hoch ehren

Bedeutung. 1.

2.

3.

Psal. 50.

Psal. 79.

ren mit Danck/daß wird dem HErren baß gefallen denn ein Farr der Hörner vnd Klawen hat.

Esa. 1. Esaiæ. 1. Spricht der HErr: Ich hab kein lust zum Blut der Farren/ꝛc. waschet/reiniget euch/ thut ewer böses Wesen von meinen Augen/ ꝛc. Dieses Geistliche Opffer befihlet

Hose 14. auch Hoseas. 14. Bekehre dich Israel zum HErren deinem GOtt / denn du bist gefallen vmb deiner Missethat willen. Nemet diese Wort mit euch/ vnd bekehret euch zum HErrn / vnd sprecht zu jhm: Vergibe vns alle Sünd/ vnnd thue vns wol/so wollen wir opffern die Farren vnserer Lippen (welches zun Ebræern 13. aus der Septuag: Interpret: translation also erkleret wird / So last vns nu opffern durch Christum/

Hieronym. die Frucht der Lippen die seinen Namen bekennen) Hieron: Vituli labiorum Laudes in Deo sunt & gratiarum actio. Igitur illo iam tempore carnalibus victimis reprobatis, placabilis Deo hostia, est pura confessio. Luth. prædicationem beneficiorum Dei, Hosea bellissimè vitulos labiorum vocat, quasi dicat: hypocritæ cùm putant se summum cultum Deo præstare immolant vel taurum vel vitulos: Sed verè ἄλογος iste cultus est. Deus hoc modo non colitur, vult intelligi & prædicari suam Misericordiam, hac vult nos niti & securè gaudere. Hic est rationalis cultus, qui non fingi potest ab Hypocritis, &c. Das ist: Hoseas nennet die Farren vnserer Lippen gar recht das Lob der Wolthaten GOttes / als wolt er sagen: Wenn die Heuchler meinen sie wollen GOTT gar hoch ehren / so opffern sie jhm ein Ochsen oder Farren: Aber solchs ist inn der Warheit ein Falscher Gottesdienst/GOTT wird also nicht geehret: Das ist aber der ware Gottesdienst vnnd

vernünff-

vernünfftiges Opffer / wenn man die Gnad vnd Barmhertzigkeit Gottes verkündigt/glaubt/ sich frewet/jhme Lob vnd Danck saget/ꝛc. Hierbey sollen wir die Denckwirdigen Historien des Propheten Eliæ/1. Reg. 18. mercken: Welcher zur bestetigung des waren Seligmachenden Glaubens vnd Erkentnüß Gottes / vnnd zur Verstörung der Falschen Baalitischen Abgötterey/Zween Farren fürstellt/Einen den 450. Baalspfaffen giebt / daß sie denselben opffern / jhren Abgott Baal anruffen / er wolle denselben (ohn vntergelegt Fewer) anzünden: So wolle er auch mit dem andern / seinem Farren thun / den waren GOTT Israelis anruffen / welcher Gott nu mit Fewer Antworten würde / der solte GOTT sein: Diß approbiert das gantze Volck Israel. Die Baaliten namen den Farren den er jhnen gab / richteten jhn zu / vnnd riefen an den Nahmen Baal / von Morgen an biß an den Mittag / vnnd sprachen: Baal erhöre vns: Aber es war da keine Stimm noch Antwort / vnnd sie hinckten vmb den Altar den sie gemacht hatten/ da es nu Mittag ward/ spottet jhr Elias vnnd sprach / Ruffet laut / denn er ist ein Gott/ er tichtet/ oder hat zu schaffen / oder ist vber Feldt/ oder schlefft vieleicht / daß er auffwache: Vnnd sie rieffen laut / vnd ritzten sich mit Messern vnnd Pfriemen nach jhrer weise/ biß das jhr Blut hernach gieng. Da aber der Mittag vergangen war / weissagten sie biß das man das Speißopffer thun solt / vnnd war da keine Stimme noch Antwort / noch Auffmercken. Da sprach Elias zum Volck / es solte zu jhm kommen / bawet einen Altar/ vnnd lies zum Drittenmahl Wasser inn die Gruben giessen / vmb den Altar her / biß er voll ward / betet zu GOtt / dem GOtt Abrahams / Isaacs vnnd Jacobs / daß

1. Reg 18. Elias schlachtet 2. Farren zur bestetigung des rechten Glaubens vnd erweisung der Abgötterey der Baalspfaffen.

Quando duplicantur lateres tunc venit Moses.

das er jhn erhören wolt nach seinen verheissungen/ Da fiel das Fewer des HERREN vom Himmel herab/vnd fraß Brandtopffer / Holtz / Stein vnnd Erden/vnnd lecket das Wasser auff in der Erden: Da das alles Volck sahe/fiel es auff sein Angesicht vnd sprachen: Der HErr ist Gott/ der HErr ist Gott. Ergrieffen auch auff Eliæ befehlich alle Baalspfaffen / führeten sie hinab an den Bach Kison / vnnd schlachteten sie daselbst.

Wenn alle Menschliche hülff aus ist/ so kömpt Gott zu hülff.

Diese Historia beweiset das Gott sein Wort vnd namens ehr / wenn es auffs höchst kömpt/retten wolle wunderbarlicher weiß von Himmel. Man sol zwar zur beweisung des waren Glaubens solche wunderzeichen nicht begehren / sondern sich am Wort vnd Verheissung GOttes benügen lassen/ Doch wo Gott solche Wunderzeichen giebt/nicht in Wind schlagen/sondern auffnemen / vnd Gottes Güte darbey erkennen lernen. Hat auch sonder zweiffel Elias ein wort vnd Verheissung Gottes gehabt/ sonsten würd er kein solches Wunderzeichen begehret haben.

Num. 23. Bileams Opffer.

Was aber dieser 450. Baalspfaffen straff anlangt/ ists Göttlichem Gesetz gemeß gewesen / man sol keinen Gotteslesterer vnnd falschen Propheten leben lassen/sondern ohn alle Barmhertzigkeit hinrichten. Im Newen Testament haben wir keinen befehlich / denn das mans dem Teuffel ergeben/inn den Bann thun/vnd von der Gemeine außschliessen sol/damit sie jhren Irrthumb erkennen vnd vmbkehren.

Wir wollen auch hie des Bileams Opffer erwehnen/ Num. 23. Balak der Moabiter König berufft jhn / daß er das kommende Volck Israel verfluchen solt / vnnd wiewol Gott jhm dieses wehret/ so geht er doch hin/ doch bindet jhm Gott ernstlich ein / das er nichts anders noch mehr weissagen sol/denn er jhme eingebe/ Demnach so heist Bileam jhm sieben

ben Altar bawen / Sieben Farren vnd Widder bringen / dieselbigen nach einander zu opffern / welches auch geschehen ist / Aber er hats nicht Gott / sondern den Teuffeln geopffert / vnd andere Mißbreuche geübet: Wie Orig. homil. 15. in Num: sagt: Culpabilis est Bileam cùm ædificat aras & victimas imponit dæmonijs & apparatu Magico poscit diuina consulta. Wir sehen aber bey diesem Opffer / wie dieser Gottesdienst von den Heiligen Ertzvätern auff die Heyden kommen ist / aber mit grossem vnterschied: Denn bey den Heyden ist die Verheissung von des Weibs Samen / vnnd die Lehr vom Glauben an jhn / gantz vnd gar verloschen: Seind auch darnach diese Opffer zu Abgötterey / Zauberey vnd Verstorbenen Menschen anruffung gewendet worden. Aber desto grössere Sünd ists / wenn man die gute Wort vnd Werck Gottes zum Gottlosen End gebraucht. Wie die Zauberer mit dem Heiligen Euangelio Johannis vnnd anderm thun. Doch ist zu mercken / das diese Teuffliche Zauberer nichts mehr thun können / als jhnen von Gott verhengt wird. Welches Brentius mit diesen Worten außführt. Multa hîc obseruanda veniunt. Primùm quòd Mos sacrificandi Deo Boues & alia animalia, remanserit non tantum in populo Israel, verùm etiam inter gentes iam inde à diluuio & à Patriarcha Noha. Sed hæc sacrificia inter gentes reliqua fuerunt duobus præcipuis vitijs contaminata & corrupta. Alterum est quòd gentes amiserint promissionem de semine mulieris, hoc est, de Christo, & retinuerint tamen externam speciem sacrificij, quam existimauerunt ex OPERE, vt vocant, OPERATO in tantum placere Deo vt propter hunc cultum faueat sacrificanti & conferat in eum sua beneficia: hæc est idolomania. Alterum est quòd auxerint ceremonias sacrificiorum, à Patribus

Origenes.

Lehren. 1. 2. 3.

Brentius.

Patribus acceptas, & mutauerint multa pro humana ratione, ac transtulerint ad Colendos homines mortuos, & ad Deos fictitios, sicut factum est de Missa Papistarum. DEINDE obserua, quòd etsi Bileam vtitur sacrificijs, quæ erant à Patriarchis propagata, & voluit videri ea ad honorem veri Dei vsurpare tamen quò sanctiora videbantur, eo abominabilius est coram Deo si transferantur ad impietatem & magicas incantationes. Idem sentiendum est hodie de Incantatoribus & Maledicis qui sacra verba & precationes prætendunt, &c. Præterea admonemur hoc loco vt non metuamus vel aduersariorum vel incantatorum vel aliorum impiorum maledictiones & execrationes: Sed tantum metuamus Dominum Deum Zebaoth, is vertit maledictiones in Benedictiones, &c. Das ist: Hie sind viel zu behalten. Erstlich / Das der Brauch GOtt dem HErrn Ochsen vnnd andere Thier zuopffern nicht allein bey dem Volck Israel gewest sey / Sondern auch vnter den Heyden/nach der Sündflut vnd von dem Ertzuater Noa. Aber diese Opffer / so vnter den Heyden üblich vnd breuchlich gewest / sind sonderlich mit zweyen Lastern verderbt worden: Das eine ist / daß die Heyden die verheissung von des Weibes Samen/das ist/von Christo / verlohren haben vnd fahren lassen/vnnd allein behalten des Opffers eusserlich Werck oder gestalt/ welches sie dafür gehalten haben / das es Gott/ vmb des wercks willen dermassen gefalle/ das er wegen dieses diensts/ dem/der da opffert/günstig sey/ vnnd jhm viel gutes erzeige: Solches ist ein Götzendienst: Das ander Laster ist/ das sie die Ceremonien der Opffer/so sie von den Ertzvätern empfangen / gemehret vnd nach Menschlicher klugheit geendert/vnd an verstorbener Menschen anruffung gewendet vñ

zu erzu erdichten Götzen/ als mit der Bäbstlichen Meß geschehen ist/ rc. Zum andern soltu hie auch in acht haben/ daß/ ob gleich Bileam die Opffer / wie er sie von den Ertzuätern bekommen/ gebraucht hat/ auch zu dem schein/ als geschehen sie dem waren Gott zu ehren: Jedoch/ je ein grössern schein der Heiligkeit sie hatten: desto mehr sind sie für Gott ein grewel/ wenn sie zur Abgötterey vnnd Zauberey gebraucht werden. Eben das sol man auch halten von Zauberern vnd Beschwerern/ die sich darmit wollen verteidigen/ das sie Heilige Wort vnd Gebet brauchen/ rc. Zum dritten werden wir hie auch erinnert / daß wir vns nicht sollen fürchten für vnsern Feinden/ Zauberern vnd anderer Gottloser Fluch vnd Zauberey: Sondern sollen fürchten den GOtt vnnd HErrn Zebaoth/ der kehret den Fluch in ein Segen.

Zum Beschluß dieses ersten Stands/ sollen wir auch Christi vnnd seiner Kirchen Verfolger bey diesem Thier lernen kennen/ Psal. 22. Sey nicht fern von mir HERR denn Angst ist nahe/ vnd ist hie kein Helffer. Grosse Farren haben mich vmbgeben / vnnd Fette Ochsen haben mich vmbringet. Augustinus verstehets vom Jüdischen Volck/ welches wider Christum stund in seinem Leiden. Multitudo luxuriantis plebis. Vnd Hieronymus, Iudæi qui lasciuientes & incontinentes erant. Die Geylen vnd Vnkeuschen Jüden. Also legts auch Lutherus aus. Aptè singulis sua tribuit. Populum vocat, Par, quem & alemanicè dicimus Pharr/ vel Farr/ Bouem scilicet iuuenem, iuuencum, robustum, & lasciuum atque adeò indomitum: quòd vulgus & multitudo populi sit sine intellectu, sine iudicio, sineque disciplina: Quis enim beluam illam commotam domet aut sedet? Deinde Multos vitulos dicit quod-

Verfolger Christi werden auch Ochsen genennet.

Augustinus:

quod vulgus sola multitudine constet sine iudicio, tãtum ad incurrendum & tumultuandum idonea moderationis planè impatiens & expers. Das ist: Der Heilige Geist giebt eim jedern seinen Nahmen: Das Volck heist er Par/ das wir Deudeschen heissen Pharr oder Farr / Nemlich ein Jungen Ochsen/der Starck/ Geil vnd Vnbendig ist: Dieweil das Volck vnd Gemeine Mann ist gar ohne bedencken/ Verstande vnd Zucht oder Erbarkeit. Denn wer wil oder kan sie stillen oder bendigen/ so sie auffrührisch worden? Darnach sagt er Fette Ochsen/ dieweil der Gemeine Mann nur auff die meng sich verlest/ohne Vrtheil nur zum Auffruhr geneigt/sich nicht kan regieren lassen.

Der Ander Standt.

WAs den Andern/den Weltlichen Stand betrifft / seind bey den Opffern etlicher Gottseligen Könige vnnd Fürsten Exempla erzehlet worden/ wie sie sich so andechtig vnnd freygebig gegen dem Gottesdienst gehalten haben / die auch hie zumercken sind / wollen jetzt etlicher weniger Historien auch erwehnen. Judicum. 6. Gedeon wird von GOtt erwehlet vnnd beruffen/das er das Volck Jsrael von der Midianiter Hand erretten sol/ aber ehe er die sach angreifft/ empfehet er Befehlich von Gott/ daß er des Baals Altar zubrechen / den Hain abhawen / den darzu geordneten Farren weg thun vnnd einen andern Farren dem HErrn auffopffern sol. Welches Anfang gefehrlich genug war des Volcks halben/ so der Abgötterey anhengig / aber diß dennoch hernacher von seinem Vater Joas / vnd dem Volck gepriesen/ vnd Gedeon Jerubaal genandt ist worden: darauff er auch bald einen stadtlichen Sieg wider die Midianiter erhalten hat.

Jud. 6. von Gedeon.

Wil

Wil man nu in Kriegen Glück vnnd Segen haben wider die Feind / so müssen die Regenten zuuor die Abgötterey abschaffen / vnd den waren Gottesdienst anstellen. Ob diß schon seltzam vnd gefehrlich scheinet / wird doch wunderbarlicher / glückhaffter Außgang von Gott verliehen werden. Bey der Abgötterey ist kein glück in Kriegen.

Brentius. Ad liberandum Israelem è tyrannide Midianitarum iubet Dominus primùm omnium sacra Baal demoliri & sacra legitima restituere. Memorabile exemplum quo erudimur vt cupientes liberari ab afflictionibus primùm omnium resipiscamus ab impietate & abrogemus impia sacra propter quæ afflictiones meriti sumus. In hoc autem exemplo respiciendum est non ad externum factum Gedeonis, sed ad rationem diuinæ cuiusq; vocationis. Magistratus ciuilis abrogare debet impia sacra iuxta ordinariã rationem suæ potestatis. Ecclesiastes debet ea abrogare verbo non violentia. Priuatus debet ea abrogare fuga seu vitatione impietatis, &c. Brentius.

Das ist: Das Volck Israel zuerlösen von der Midianiter Hand / befihlet GOtt erstlich des Baals Abgötterey abzuschaffen / vnnd die rechten Gottesdienst wider auffzurichten. Ist ein Denckwirdig Exempel / darbey wir lernen / wollen wir von vnserm Elendt erlöset werden / so müssen wir erstlich ware Busse thun / vnd ablassen von Abgötterey / vnnd falsche Gottesdienst abschaffen / mit welchen wir solch Elendt verdienet haben. Jnn diesem Exempel aber mus man nicht sehen auff das eusserliche Werck Gedeonis / sondern viel mehr auff Gottes-Beruff. Weltliche Obrigkeit sol falsche Gottesdienst absaffen / nach jhrer ordentlicher Gewalt. Lehrer vnd Prediger sollen sie abschaffen mit dem Wort / nicht mit gewalt. Ein Priuat Priester sol Abgötterey abschaffen / also / daß er falsche Gottesdienst fliehe vnd meide / etc.

Ein Oberkeitliches Ampt vnnd Tugend sehen wir auch
1.Chro 30. bey Dauid/1. Chronic. 30. Der wolt seinem Sohn Salomoni ein bestendigs Glückseligs Regiment hinderlassen vnnd vbergeben / so verordnet er sampt seinen Fürsten vnnd vnterthanen / nicht allein ein grossen gnugsamen Vorrhat zum Kirchenbaw: Sondern lest auch inn der Inauguration Salomonis neben andern Viehe / Tausent Farren zum Brandtopffer Opffern/rc. Essen vnnd Trincken desselben Tags für dem HERRN mit grossen Frewden: Wenn man die Regimenten mit bestellung der waren Religion vnnd Gottseligkeit ansehet/so hat man Glück/ Segen vnnd Sieg darinnen.

Nötige erinnerung.

Neben der Gottseligkeit Hiskiæ inn haltung des
2.Chro.30. Osterfests/2.Chronic. 30. sehen wir auch seine Milde Hand vnd Reichligkeit sampt seiner Fürsten gegen dem Gemeinen Mañ vnd vnterthanen/welche heuffig auff das Festgen Jerusalem zulieffen/denn Tausent Farren gab er zur Hebe für die Gemeine vnd Priester/ Deßgleichen die Fürsten gaben auch Tausent Farren / ohn ander Viehe: Daruon etlichs dem HERRN/ als die Nieren vnd Fett auffgeopffert vnd verbrent / ein Theil auch den Priestern / aber der gröste Theil dem gemeinen Mann ders opffert/ gereicht ward: Daruon sie ein Herrliche Mahlzeit zurichten/vnnd frölich sein solten für dem HERRN. Dieses aber gab / wie gesagt/ der König vnnd seine Fürsten / dem Gemeinen Mann/der von andern orten gen Jerusalem kommen war. Solt diß billich zum Exempel sein andern Regenten daß sie nichts vnterliessen/wenn sie andere mit jhrer Freygebigkeit zum waren Glauben bewegen können. Osian: Regis & Principum liberalitas Principes & Magistratus admoneat ne sumptibus parcant, vbi Dei gloriam promouendi, & quàmplurimos ad veram religionem adducendi occasio datur. Welches

Lehr der Regenten von Hiskia vnd seinen Fürsten.

ches doch selten geschicht. Denn Esaiæ. 34. werden die Gottlose Fürsten Edoms selbs Farren genent / die herunter müssen mit den Gemesteten Ochsen / den Königen / vnnd geschlachtet werden: Welches Osiander auff die Weltliche Papistische Fürsten deutet / die des Antichristi Mandata wider die ware Religion exequirt haben / die sollens im Jüngsten Tag erfahren.

Esa 34. Gottlose Regenten auch Farren genent.

Vom Dritten / Was den Haußstandt anlangt / ist Hanna Samuelis Mutter vorgestelt: Da sie jhren Jungen von GOtt erbetnen Sohn Samuel / jhrem Gelübd nach / in den Kirchendienst bey dem Hohenpriester Eli einstellet vnnd vberliefert / 1. Sam. 1. Kompt sie nicht mit lähren Henden / Sondern bringt mit sich drey Farren mit einem Epha Mehl / vnd einer Flaschen Weins / vnd bracht jhn in das Hauß des Herren zu Silo: Vnnd sie schlachten einen Farren / vnnd brachten den Knaben zu Eli: Vnd sie sprach / Ach mein Herr / so war deine Seele lebt / mein Herr / Jch bin das Weib / daß hie bey dir stund / vnnd bat den HERRN / da ich vmb diesen Knaben bat. Nu hat der HERR meine Bitte gegeben / die ich von jhm bat. Darumb gebe ich jhn dem HERRN wider sein lebenlang weil er vom HERRN erbeten ist / vnd sie beteten daselbst den HERREN an. Aus dem Text ist vermutlich / weil sie nur einen Farren schlachtet vnnd opffert / sie habe die andere Zween den Priestern / oder ja dem Hohenpriester Eli verehret.

Der Dritte Stand.

1. Sam. 1.

Jnn dieser Geschicht werden etliche Lehren den Eltern fürgeschrieben: Als die Danckbarkeit zu GOTT für die bescherte Kinder. Die ander Lehr ist / daß sie die Kinder GOTT widerumb vberliefern vnnd zubringen sollen /

Lehr der Eltern.

1.

2.

welches damals geschicht / so sie dieselbige Frommen Christlichen Zuchtmeistern vnd Predigern vbergeben/ das sie in der Zucht vnnd Vermanung zum HErrn aufferzogen werden. Welches dieser zeit wenig geacht wird/ denn die Söne sollen jetzt nicht Schulmeister vnd Pfaffen werden/ sondern Faule Gassentretter vnd Stadt Junckern/ stoltze Schreiber vnd ar-
3. menschinder/rc. Weiter sihet man an der Hanna die Freygebigkeit vnnd die Verehrung/welche sie den Priestern vnnd dem Eli vberreichet / daß sie jhnen den Knaben wollen lassen befohlen sein/ vnd an jhnen nichts erwinden lassen/Wer vnterwiesen wird/sol dem der jhn vnterrichtet billichen Lohn geben/ Gal.6.

Job.1.&24 Hie sollen wir des Heiligen Jobs auch gedencken im 42. vnnd Ersten Capitel/ Denn GOTT sagt zu den Freunden Jobs / Mein Zorn ist vber euch ergrimmet / denn jhr habt nicht recht von mir geredt wie mein Knecht Job: So nemet nu Sieben Farren vnd Sieben Wieder / vnd gehet hin zu meinem Knecht Job / vnnd opffert Brandtopffer für euch / vnnd lasset meinen Knecht Job für euch bitten/rc. Im Anfang seiner Geschicht wird auch gedacht/daß er gar fleissig für seine Kinder gebetet vnnd geopffert hab (nemlich Farren nach jhrer Zahl) Denn seine Söhne giengen hin vnd machten Wolleben / ein jeglicher in seinem Haus auff seinen Tag/vnd sandten hin/vnd luden jhre drey Schwestern / mit jhnen zu essen vnd Trincken/ vnd wenn ein Tag des Wollebens vmb war/sandte Job hin/vnd heiligte sie/vnnd machte sich des Morgens Frühe auff/ vnnd opfferte Brandtopffer/ Denn Job gedachte / Meine Söhne möchten gesündiget vnd GOTT gesegnet haben in jhrem Hertzen/ Also thet Job alle Tag

Darmit giebt Job eine nöhtige Lehr den Eltern/ daß sie für jhre Kinder grosse fürsorg tragen/ GOTT für sie bitten/ sie lehren vnnd in der Gottsfurcht vnterweisen sollen/ wie er sich denn auch dienstwillig gegen seinen Freunden verhelt/nicht Rachgierig ist gegen sie/die jhn doch gehönet/veracht vnd gelestert hatten in seinem grossen Creutz vnd anfechtungen: Sondern bittet vnd opffert für sie sämptlich/Denn wenn die Kinder von den Eltern verwahrloset werden/ wil GOTT der verdampten Kinder Blut/ von der Fahrlessigen Eltern Henden fordern. Hochnöhtige lehr der Eltern.

Doch ist zu mercken/ daß/ wo die Kinder nicht selbs auch beten vnnd Fromm seind/ GOTTES Gericht vnd Straff nicht entfliehen werden. Nötige lehr der Kinder.

Wir wollen aber Origenis Außlegung auch hieher verzeichnen: (Mittebat Iob & Mundabat) Mittebat ad eos qui pietatem admonerent, qui iustitiam instruerent, qui Dei timorem docerent, qui testificarentur iudicium Dei terribile in quo omnium & manifestorum operum & verborum ratio inquiritur atque redditur, &c. Verbis ergò doctrinæ disciplinæ atque admonitionis mundabat illos, siue per eos quos mittebat ad illos siue per semetipsum ad se conuocans illos, &c. Das ist: Er hat sie entweder selbs/ oder durch gesandte der Gottsfurcht/ der Gerechtigkeit/ des strengen Gerichts GOTtes (da von einem jeden Vnnützen Wort vnnd Werck rechenschafft sol gegeben werden) erinnert: Er hat auch sein Gebet zu GOTT geschickt für sie/ vnnd ein Farren (in figuram vnius memorati illius vituli (Christi) mactauit pro peccatis animarum eorum) für jhre Sünd geopffert/ etc. Warumb? Ne Origenes.

forte peccarint & Maledix.) Darbey des Vaters Ampt angezeiget wird/ welches Origenes mit vielen worten rhümte/vnd dargegen anderer Eltern fahrlessigkeit strafft. O sinceritas patris, ô dilectio parentis, ô studium genitoris, non enim tantùm pro corpore sollicitus erat, sed plus de anima cogitabat, &c. Verùm plæriq; hominum hæc non reminiscuntur, qui filios suos ab infantia exterminant, qui filios suos & filias suas ab incunabulis non erudiunt, non corripiunt à iuuentute, non prohibent mala, non oderunt pessima, non coercent illicita, non admonent timorem Dei, non comminantur iudicium gehennæ, non vitæ æternæ introitum docent: Non enim educant eos in disciplina atq; Eruditione Domini, quia non egerunt curam pro animabus eorum, neq; solliciti sunt pro salute vel perditione filiorum. Huiusmodi cum non erudiunt neq; corripiunt filios suos, & ipsorum animas igni inextinguibili in interitum tradunt & semetipsos in furorem iudicij demergunt. Omnia enim quæ deliquerint filij de parentibus requiruntur qui non erudierint neq; corripuerint filios suos, &c. Das ist: O wie ist der Vater so auffrichtig/ O welche eine Liebe eines Vaters/ O wie ein grosser fleiß eines Vaters ist das? Denn er sorget nicht allein für den Leib: Sondern er dencket viel mehr an die Seel. Aber der mehrertheil der Menschen dencken daran nicht/ sie lassen jhre Kinder von der Kindheit an außlauffen wo sie hin kommen mögen/ jhre Söhne vnnd jhre Töchter vnterweisen sie nichts von der Kindheit an/ sie straffen sie vmb nichts inn der Jugendt/ sie verbieten jhnen nichts Böses/ hassen das arge nicht/ wehren jhnen nichts verbotenes/ verwahnen sie auch nicht zur furcht des HERrn/

RRN / Halten jhnen auch nicht für das Schreckliche Gericht des Hellischen Fewers / So sagen sie jhnen auch nichts vom Ewigen Leben. Sie zihen sie nicht auff in der Zucht vnnd Vermahnung zum HERRN / Sie sorgen nicht für die Seelen / sie bekümmern sich nicht vmb der Kinder Wolfarth oder Schaden vnnd verderben. Solche Eltern / die jhre Kinder nichts vnterweisen noch straffen / stürtzen nicht allein jhrer Kinder Seelen inn das Ewige Hellische Fewer / Sondern laden auch auff sich das Schreckliche Gericht vnnd Zorn GOTTES. Denn was die Kinder vbels begehen / das wird von den Eltern gefordert / dieweil sie jhre Kinder nichts vnterwiesen / auch nicht vmb einige Vbelthat gestrafft haben.

3. Von

3. Von der Kuhe.

Der Erste Stand.

WAs abermahl den ersten Stand Gott vnnd seine Kirch / sampt zugehörigen vnnd auch wiederwertigen Sachen bey der Kuhe betriefft / ist zum förderſten die Historia Abrahæ Gen:

Genes 15.

15. zubehalten: Er begehret von Gott ein merckzeichen/ darbey vnd damit er die Göttliche Verheissung für gewiß halten vnd glauben könne / Da befihlet er ihm/ er sol vnter anderm Viehe (daruon an seinem ort) ein Dreyjärige Kuhe nemen/ vnd mitten von einander theilen/wie man vor zeiten in Con-

Bedeutung.

fœderationibus gethan hat/vnd da die Vogel auff das Aaß fielen / schewet sie Abraham daruon / vnnd darmit bestetiget Gott nicht allein seine Verheissung/sondern erkleret auch mit diesem Bild / wie es seinem Volck in Egypten so vbel ergehen/aber doch daraus mit frewden erledigt werde.

Erinnerung der grossen Demut vnd vnaussprechlichen Gnad gegen dem Sündigen Menschen/ das er sich bekehre

Allhie ist zu bedencken die grosse Gnad vnd hohe Demut Gottes / gegen einem Armen Sünder/daß er nur bekehret vnd Selig werde/so vnterlest Gott kein Mittel noch weg/ Wie Chrysostomus hierüber sagt: Attende obsecro in quantam craſsitudinem descendendum sibi duxerit Bonus Dominus quo Patriarcham argumentis copiosis certiorem reddat: Nam quia olim eis ita mos erat paciscendi & pacta firmandi: Ideò & ipse hac via ingreditur. Triennia autem accipere iussit, hoc est, perfecta & absoluta.

Verlangen vnsers lieben Gottes.

Chrysostom

Das ist: Lieber bedencke doch wie tieff sich der getrewe fromme Gott gedemütiget vnd herunter gelassen hat/damit er nur

den

den Ertzvater in seim Glauben gewiß machete/denn weil vor zeiten der brauch war/dergestalt verbündnis zumachen. Darumb behelt GOtt auch denselben brauch. Er hat jhn aber nemmen heissen ein Dreyjärige Kuhe/ das ist/ein Vollkommene/ vnd die ohn Wandel were. Augustinus aber lib. 16. de Ciuit. Dei Cap. 24. versteht durch die Kuhe das Jüdische Volck/ welches vnter des Gesetzes Joch gethan war/ vnnd ward Dreyjärig genennet/ von wegen der Drey Zeiten/von Adam an biß auff Noha/ von Noha biß auff Abraham/ von Abraham biß auff Dauid / vnter welchem das Volck zugenommen hat / vnnd als im Mannlichen Alter recht erstarckt ist. Lutherus helt auch darfür das GOtt allhie dem gemeinen Brauch in den Verbündnissen gefolget hab. Veterem morem hunc ineundorum fœderum esse apparet: Ac Deus quia cum Abraha paciscitur de terra Canaan posteritati, ipsius certò tradenda, seruat ipse quoq; hunc morem & transit per diuisam hostiam, ceu flamma, atq; incendit eam in signum quòd gratum ei sit hoc sacrificium. Das ist: Hieraus erscheinet klerlich/das solches ein alter Gebrauch sey/den man zuhalten pflegt in Verbündnissen. Vnd weil GOtt auch ein Bundt auffrichtet mit Abraham vom Lande Canaan seinem Samen zugeben / helt er auch diesen Brauch/ vnd gehet/ als ein Fewerflamme durch das zertheilete Opffer fürüber / zündet es an/ zu eim gewissen zeichen/ das jhm solch Opffer gefellig sey.

Augustinus.

Lutherus.

Die Außlegung aber des Opffers ist diese: Mactata animalia sunt populus Israel varie vexatus atq; afflictus in Ægypto: Aues deuoraturæ carnes sunt Pharao & Ægyptij Abraham qui pater huius populi est, depellit aues: Promissio enim Abrahæ facta, non sinit populum hunc penitus opprimi, etsi duriter prematur, &c. Das ist:

Geistliche auslegung dieses Opffers.

Das Viehe so geschlacht ist worden/sein das Volck Israel/ welches hefftig ist geplagt vnd genothpreſt worden in Aegypten. Die Vogel so das Fleisch haben fressen wollen/ist Pharao vnd die Aegypter. Abraham/der dieses Volcks Vatter ist/verjagt die Vogel: Denn die Verheissung/so Abrahæ geschehen/lest diß Volck nit gantz vnterdrucken/ob es schon hart wird angefochten.

Was aber die Opffer anbelangt/spricht Gott durch Mosen Leuit. 3. daß man ein Danckopffer von einem Ochsen oder Kuhe also bereiten sol/der Priester sol seine Hand auff derselben Kuhe Haupt legen/vnd schlachten für der Thür der Hütten: Welches schon droben ist erkleret worden. Die Israeliten so aus der Gefengnüß Babel wider gen Jerusalem kommen waren/3. Esdræ. 8. opfferten vnter andern versühnopffer Zwölff Kühe/als zum Brandtopffer. Mehr Opffer findet man drunden von den Rindern in gemein.

Num. 19. Von der roten Kuhe.

Für andern ist wol zumercken der Befehlich GOttes von einer Roten Kuhe: Num. 19. Sage den Kindern Israel spricht Gott zu Mose/das sie zu dir führen ein Röttliche Kuhe ohn Wandel/an der kein Fehl sey/vnnd auff die noch kein Joch kommen ist: Vnd gebt sie dem Priester Eleasar/der sol sie hinaus für das Läger führen/vnd daselbst für jhm schlachten lassen. Vnnd Eleasar der Priester sol jhres Bluts mit dem Finger nemen/vnd stracks gegen der Hütten des Stiffts siebenmahl sprengen/vnnd die Kuhe für jhm verbrennen lassen/beyde jhr Fell vnd jhr Fleisch/darzu jhr Blut/sampt dem Mist. Vnd der Priester sol Cedern Holtz/Jsopen vnnd Rosinroten Wollen nemen/vnnd auff die brennende Kuhe werffen/2c. Vnnd ein Reiner Mann sol die Aschen von der Kuhe auffraffen/vnd sie schütten ausser dem Läger an eine

reine

reine stete/daß sie daselbst verwahret werde/ für die Gemeine der Kinder Jsrael/zum Sprengwasser/denn es ist ein Sündopffer: Vnd sollen darmit die vnreinen am Dritten vnd Siebenden Tag besprenget vnd entsündiget werden: nemlich also/ Sie sollen für den Vnreinen nemen der Aschen der verbrandten Kuhe/vnd fliessent Wasser drauff thun in ein Gefeß/vnd ein reiner Mann sol Jsopen nemen / vnnd ins Wasser tuncken/ vnd die Vnreine darmit besprengen/ vnnd welcher sich nicht entsündigen wird/ dessen Seele sol außgerottet werden aus der Gemeine/ꝛc. Dahin sihet auch David ohn zweifel/ Psal. 51. Entsündige mich mit Jsopen das ich rein werd/ wasche mich/ꝛc.

Es deutets aber Paulus auff Christum/ Ebr. 9. So der Ochsen vnd Böcke Blut/ vnd die Aschen von der Kuhe/ gesprenget / Heiliget die Vnreinen zu der Leiblichen Reinigkeit: Wie viel mehr wird das Blut Christi/ der sich selbs ohn allen Wandel / durch den Heiligen Geist / GOtt geopffert hat / vnser Gewissen reinigen von den Todten Wercken/ zu dienen dem Lebendigen GOtt/ꝛc. Die Kuhe muste gantz Roht sein: Also muste Christus leiden inn der Schwacheit/ vnd mit seinem eignen Heiligen Blut besprengt. Die Kuhe must ausser der Hütten verbrandt werden mit allein: Also leidet Christus ausser der Stadt Jerusalem/ warer Gott vnd Mensch. Solte der vnreine geheiliget werden/ so must Wasser auff die Aschen begossen vnd ein Laugen gemacht werden/ also verordnet Christus auch das Wasser der heiligen Tauff/ darmit er vns die Krafft des Heiligen Leidens mittheilet/ꝛc.

Bedeutung dieser Kuhe vnd solchen Opffers.

Die Heilige Tauff ist viel besser als das erdichte Weyhewasser der Papisten.

Dieweil wir denn das rechte Weyhewasser wissen vnnd haben / die Heilige Tauff mit dem Blut vnnd

Leiden Christi besprenget vnnd gemenget / dörffen wir kein Bäpstlich Weyhewasser/welches von den Bäpsten aus dem Jüdenthumb eingeführet ist worden. In der erdichten Epistola decretali Alex: 1. Aqua sale conspersa populis benedicimus, vt ea cuncti aspersi sanctificentur ac purificentur, quod & omnibus faciendum esse sacerdotibus mandamus. Nam si cinis vitulæ aspersus sanguine populum sanctificabat atq; mundabat multò magis aqua sale aspersa diuinisq; precibus sacrata populum sanctificat atq; mundat: Et si sale asperso per Elisæum Prophetam sterilitas aquæ sanata est, quantò magis diuinis precibus sacratus STERILITATEM rerum aufert humanarum: & coinquinatos sanctificat, mundat & expurgat, & cætera bona multiplicat & INSIDIAS Diaboli auertit & à Phantasmatis versutijs hominẽ defendit, &c. Das ist: Das Bäpstisch Weyhewasser sol die vnreine von den Sünden reinigen/ die Gaben Gottes mehren/ des Satans List vnd Teuffelische Phantasey vertreiben / vnnd den Menschen darfür bewahren. Denn so die besprengte Aschen von der Roten Kuhe diß verrichtet / nemlich den Vnreinen Heiliget/ Wie viel mehr wirds das Geweyhete Saltz thun? Aber die Vngelehrte Esel haben erstlich nicht gewust den rechten brauch des Mosaischen Weyhewassers / welcher nicht darinn stehet/ daß der Mensch von den Sünden/ sondern allein von der Leuitischen Vnsauberkeit/ solt gereiniget/ vnnd

Warumb der Papisten Weyhewasser nicht zuuergleichen sey Mosis Weyhewasser.

1. wider beym Volck eingesöhnet werden. Welcher ein Aas anrührete / oder bey einem sterbenden Menschen war / der wurd vnrein geacht/ dorfft vngereiniget bey andern Menschen nicht sein / Darumb/ so bildet diese Leuitische Vnreinigkeit allein die Sünd für/ vnd das Weyhewasser war ein Vorbild des einigen Bluts Jesu Christi/ dardurch die Menschen von

der Sünd gereinigt werden: Wie vor Paulus diß erkleret hat. Darnach so irren die Bäpst gar weit / daß sie ohne 2.
Gottes Befehlich vnd Zusagung ein solch Weyhewasser anordnen/vnd zu dem end/welches allein Christi Blut verrichtet.

Wir wollen aber die Collation des Leuitischen vnnd Bapistischen Weyhewassers aus Brentio erzehlen. Hunc Brentius.
ritum expiationis imitati sunt aliqua ex parte Papistæ 1.
cum sua aqua Benedicta: Sed quod Israelitæ piè fecerunt, hoc Papistæ impiè secuti sunt. Israelitæ enim vsi sunt sua Aqua ex institutione Domini: Papistæ autem vsi sunt ea ex institutione hominum. Deinde Israelitæ 2.
vsi sunt sua aqua ad externam & ceremonialem emundationem, ab externis & ceremonialibus immundicijs: Papistæ autem vsi sunt sua aqua, ad delenda peccata venialia coram Deo. Præterea Israelitæ vsi sunt sua aqua ad 3.
abolendam abominationem, quam homines ex immundicia ipsorum externa conceperant: Papistæ autem vtuntur sua Aqua ad effugandos Diabolos & expellendas abominationes Diabolicas. Quare cum hæc faciant Papistæ absq; verbo Dei, sed sola superstitione, non est habenda pro sacris Deo acceptis, sed Deo abominandis, &c. Das ist: Diesem Brauch der Versühnung / haben die Papisten mit jhrem Weyhewasser auch zum theil wollen nachfolgen. Aber woran die Israeliten recht gethan/daran haben die Papisten vnrecht gethan. Denn die Israeliter haben jhr Wasser gebraucht aus Gottes Befehlich vnd ordnung: Die Papisten aber habens gethan von Menschen angeordnet. Darnach so haben die Israeliten jr Wasser gebraucht zur eusserlichen Reinigung/ von den eusserlichen Leuitischen Vnreinigkeiten: Die Papisten aber haben jhr Wasser gebraucht zur

außtilgung der vnuerdamlichen Sünden vor Gott. Vber daß/so haben die Jsraeliten jhr Wasser gebraucht zu abschaffung des Eckels oder Grewels / den andere Leut zu jhnen hatten / wegen einer eusserlichen vnreinigkeit. Die Papisten aber brauchen jhr Wasser damit den Teuffel vnd seine phantasey zuuertreiben. Derhalben weil die Papisten solchs thun/ ohne Gottes Wort/aus lauterm Aberglauben / so ist solches nicht für ein Gottgefelliges Werck/ sondern viel mehr für ein Grewel für Gott/zu achten/rc. Wir wollen aber wider zu andern Zeugnissen/welche die ware Lehrer vnd Zuhörer Göttliches Worts beschreiben/vmkehren.

Syrach 39. In der Prediger Abconterfeyhung sagt Syrach.am 39. wie auch droben bey dem Ochsen schon vermeldt/ daß ein Ackermann nicht könne der Lehr warten / vnnd ein Prediger sein/denn er mus dencken wie er Ackern sol/vnd mus Spahl vnd Frühe den Kühen Futter geben. Darmit Syrach nicht allein die Gelauffne Wiedertäufferische Bawerprediger strafft/sondern auch die rechtberuffne Pfarrer erinnert/ sie sollen nicht mit Kühen/Ochsen/Schafen vnd Pferden vmbgehen/sondern jhre Biblische Bücher lesen/vnd besehen/wie sie jhre befohlne Schäfflin mit der Heylsamen Weyd Göttlichs Worts speisen sollen.

Prediger sollen jhre Bibel fleissig lesen/für das Kühe/ Pferdt / Schaf warten.

Darumb als GOTT den Amos zum Prediger macht/berufft er jhn vom Viehe/ Daher spricht er zu A-

Amos.7. masia/ Amos. 7. Jch bin kein Prophet / noch keines Propheten Sohn/ sondern ich bin ein Küehirt der Maulbeer ablieset: Aber der HERR nam mich von der Herde vnd sprach zu mir / gehe hin/ vnd weissage meinem Volck Jsrael/rc. Jnn Beschreibung der Christenlichen Kirchen im

Newen

Newen Testament nennet auch Esaias. 11. die Kühe welche mit dem Bären an der Wayd gehen werden/ welches von der vngleichen Beruffnen Christen Geistlichen Gemeinschafft vnd Brüderlichen Liebe zuverstehen ist. Esa. 11.

Dargegen so geben die Heiligen Propheten auch den Muthwilligen/ Sichern/ Gottlosen Zuhörern des Euangelij/ vnd Abgöttischen Lehrern/ diesen Namen/ das sie Kühe sein/ Hoseæ. 4. Wiltu Israel ja huren/ das sich nur Juda nicht auch verschulde/ denn Israel lauffe wie ein Tolle Kuhe/ oder wie ein Geyle/ Muthwillige/ Leckende Kuhe/ etc. Die Abgöttische Lehrer vnd Zuhörer der jrrthumen/ lauffen vnnd springen spricht Hieronymus/ wie die Kühe/ wenn sie von den Beissenden Grossen Mücken vnnd Bremen gestochen vnd getrieben werden. Sicut Vacca percussa asilo (æstro) percusi sunt hæretici diaboli ardentibus sagittis, & legis noticiam reliquerunt: Ideoq; pascentur in lata & spaciosa via quæ ducit ad mortem, & patientia Domini boniq; Pastoris nutriet eos ad interitum. Das ist: Die Ketzer sind von des Teuffels Fewrigen Pfeilen verwundet/ vnnd haben das Wort GOTTES fahren lassen/ gleich wie eine Kuhe/ von Bremen gestochen. Darumb werden sie auch auff einem breiten vnnd weiten Weg geweydet werden/ welcher sie zum Todt führet/ vnnd in gedult wird sie jhr HERR vnd Trewer Hirt ernehren/ biß zum verderben vñ vntergang/ etc. Lutherus nennets ein vngebendigte Kuhe/ welche des Jochs vngewohnt ist. Einer solchen Vnbendigẽ Kuhe vergleicht der Prophet die Israeliter. Deñ Gottes wort ist das Band daran wir gebunden sein/ auff das wir nie von der warheit abtreten vnd den fleischlichen lüsten nachhengen. Diß Band haben die Kinder Israel abgeworffen/ etc.

Abgöttische Lehrer vnnd Zuhörer werden auch Kühe genennet. Ose. 4.

Hieronymus.

Lutherus.

Vaccam

Vaccam impatientem iugi & indomitam quæ coerceri nequit: Huic comparat Propheta Israelitas: Nam verbum Dei est illud vinculum quo nos alligauit, ne exorbitemus à vero, & indulgeamus cupiditatibus carnis: Hoc vinculum Israel excussit. Amos. 4. Höret diß Wort jhr Fetten Kühe/ die jhr auff dem Berg Samaria seid/ vnd den Dürfftigen vnrecht thut/ vnnd vntertrettet die Armen/ vnnd sprecht zu ewerm HErrn: Bring her laß vns Sauffen: Darumb hat der HErr HErr geschworen bey seiner Heiligkeit/ sihe es kömpt die zeit vber euch / das man euch wird heraus rücken mit Angeln/ vnnd ewere Nachkommen mit Fischhäcklin.

Amos. 4.

Es verstehet aber der Prophet (nach S. Hieronymi Außlegung/die auch andere billigen) die Fürsten / Obersten vnd Rhät im Königreich Jsrael/deßgleichen alle Rhät vnnd Diener der Königen vnd Regenten zu jeder zeit/welche Epicurer sind/ sich den Wollüsten ergeben/Gelt vnnd Gut samlen/ Fressen vnd Sauffen/ jhr Ampt vnterlassen/ Ja nur die Arme Vnterthanen vntertrucken / außsaugen mit Schindereyen/die sollen widerumb endlich aus jhren Gütern/ wie die Fischlin mit den Angeln heraus gerücket / vnnd in die dienstbarkeit hingeschleppet werden. Lutherus. Wiewol etliche der Fürsten vnd Reichen Leut/ Weiber die Kuhe verstehen/ Jedoch so deutet ers auff die Geitzige Reiche Abgötter/ die einen nutz von der Abgötterey hetten. Ego malo accipere de Idololatris, quibus falsa religio quæstui erat. Sunt ergò potentes & diuites in populo, qui causa erant Impietatis reliquo populo, quorum Auaritia inexplebilis & luxus ac Pompæ nullus modus, erat, &c, Das ist: Jch wil es lieber verstehen von den Abgöttischen/ die mit der Falschen Religion jhren nutz schaffeten. Darumb seind die Mechtigen

Lutherus.

vnd

vnd Reichen im Volck/die ein Vrsach waren der Abgötterey des Volcks/ wegen jhres vnersättigen Geitzes / Schweigerey/vnd Pracht/derer kein maß war.

Wir mögen auch hie einführen daß Exempel Ezechielis Cap. 4. welcher zum Fürbild Göttlicher Straffen vber die Hierosolimitaner/sonderlich aber des grawsamẽ hungers sein Brod oder Gerstenkuchen mit Kühemist backen vnd machen must. Weiter so nennet auch Esaias. 16. vnd Jeremias 48. die Moabiter vnnd Heydnisch Volck ein Dreyjärige Kuhe. Possumus vitulam trimam, ait Hier. pro perfecta ætate accipere: Sicut enim trigesimus annus in hominibus: ita in pecudibus ac iumentis tertius annus robustissimus est. Das ist: Die Dreyjärige Kuhe/sagt Hieronymus / können wir verstehen von einer Kuhe / eines rechten vnnd besten Alters. Denn gleich wie das Dreissigst Jahr im Menschen das best ist: Also seind die Kühe vnd dergleichen Viehe/im Dritt Jahr am stercksten/ ꝛc. Ob nu schon die Moabiter meinen sie sein Starck/ Mechtig/ Reich/ werden sie doch die Flucht geben / vnd erwürgt müssen werden wie ein Kuhe. Lutherus helt auch darfür das die Moabiter vmb der Fruchtbarkeit vnd anderer Leiblichen Gaben willen einer Kuhe vergliechen werden. Porrò vocat Moab vitulam trimam prouerbialiter, propter vbertatem pascuorum & alia commoda quibus ea terra abundabat sicut trima vitula fœcunda est & abundans lactis. Brentius. Moabitæ Hebræo more dicti sunt vitula trima, quòd cum secundæ res ipsorum essent abusi sint ijs ad impietatem & arrogantiam. Wenn der Geiß wol ist / sagen wir Deudtschen/ so scharret sie/also redten die Jüden von den Muthwilligen Stoltzen Leuten/ daß sie den Leckenden Dreyjärigen Kühen gleich sein.

Ezech. 4.
Esa. 16.
Jer. 48.
Hieronym.
Lutherus.
Brentius.

1. Sam. 6.

Wir wollen noch eine Historien von den Kühen hie erzehlen. 1. Sam. 6. Die Philister haben in einem Krieg dem Volck Israel die Bundladen genommen / dieweil sie aber wider jhr verhoffen ein grossen schaden von jhr empfangen/ (daruon besihe drunden bey der Mauß) vnnd jhr gern wider loß weren/ fragen sie jhre Priester vnd Weissager vmb einen rhat/ die antworten: Machet ein newen Wagen/ vnnd nemet zwo junge seugende Kühe / auff die nie kein Joch kommen ist / vnnd spannet sie an den Wagen / vnd lasset jhre Kelber hinder jhnen daheime bleiben / vnnd nemet die Laden des HErren/vnd leget sie auff den Wagen sampt den Kleinoten. Das theten die Philister/vnd die Kühe giengen stracks wegs zu Bethsemes zu/auff einer Strassen/ giengen vnd blöcketen vnd wichen nicht weder zur Rechten noch zur Lincken/biß die Bundladen von den Israeliten mit Frewden empfangen vnd abgeladen war.

Brentius.
Lere hie zumercken.

Wir wollen hie die Nebenlehr/ von diesen Zauberern vnd jhrem Rhatschlag / woher er genommen/ etc. nicht erzehlen/ besihe hieruon Homil: 19. Brent. in Sam. Allein ist hie zu mercken/ Erstlich wie Gott die Art vnd Eigenschafft der Thieren vnd anderer Creaturen / wenns zu seines Heiligen Namens Außbreitung / Lob vnd Ehr gereichet/ verendern kan. Welches nicht allein Got zu seiner Macht rhümlich/sondern auch den betrengten geplagten Christen tröstlich ist. Wie drunden bey andern Thieren folget.

1. Alle Creaturen müssen zur ehre Gottes dienen.

Darnach sind diese Junge Kühe Fürbild vnd Beschreibung der waren Christen/ die zwar an jhnen selbs / inn jhrer Natur vnbendig / muthwillig vnnd wild seind/ aber so jhnen die Bundladen auffgeladen/sie an GOTtes wort gebunden sind/oder viel mehr dasselbig im Hertzen tragen: So gehn sie den rechten Weg/der Sonnen Haus vnd Stadt/ dem Ewigen Le-

2. Die Geistliche deutung der Kühe so die Bundeslade trugen.

gen Leben zu / vnnd weichen weder zur rechten noch Lincken/ lassen sich auch vom Weg nicht abwenden jhre Heymath vnd Stall / jhre Krippen vnnd Futter / jhre Seugende Kelber: Das ist / Sie haben Christum lieber denn Vater / Mutter / Schwester / Bruder / Weib / Kinder / Hauß / Hoff / vnnd jhr eigen Leben.

Der Ander Standt.

WAs betriefft den andern Standt / haben wir zwar etwas schon jetzt vernommen / wie sich etliche Regenten als Fette Dreyjärige Kühe / inn jhrem Geld vnd Gut erzeigen vnd was jhnen darbey begegnet: Aber jetzt wollen wir nichts desto weniger ein Spruch oder zween / die das Oberkeitliche Ampt berühren / erzehlen.

Deut. 23. Ein Kuhe wegen eines erschlagenen sol getödtet werden.

Deuter. 21. Wenn man einen Erschlagnen findet im Land / vnd liegt im Feld / vnd man nicht weis / wer jn geschlagen hat / so sollen die Eltesten vnd Richter hinaus gehen / vnnd vom erschlagnen messen an die Städt die vmbher liegen / welche Stadt die neheste ist / derselben Eltesten sollen ein Junge Kuhe von den Rindern nemen / damit man nicht gearbeitet hat / noch am Joch gezogen hat / vnnd sollen sie hinab führen in einen Kysichtigen Grund / der weder gearbeitet noch besäet ist / vnd daselbst im Grund jhr den Halß abhawen. Da sollen herzu kommen die Priester / die Kinder Leui (nach deren Mund alle Sachen vnd Schäden sollen gehandlet werden) vnd alle Eltesten derselben Stadt / sollen herzu treten zum erschlagnen / vnnd jhre Hende waschen vber die Junge Kuhe / der im Grund der Hals abgehawen ist / vnd sollen antworten vnd sagen: Vnsere Hende haben diß Blut nich vergossen / so habens vnsere Augen auch nicht gesehen / Sey gnedig deinem Volck Israel / das du HErr erlöset hast / lege nicht das Vnschüldige Blut auff dein Volck Israel / rc. so werden sie vber dem Blut versöhnet sein. Also soltu das vnschüldig Blut von dir thun / das du thust was recht ist für den Augen Gottes.

Lehr. Was lehret denn Gott die Oberherrn mit diesem Proceß der erschlagnen Kuhe?

1. Erstlich erinnert er die Regenten das sie mit allem Ernst vnd Fleiß die Fromme Vnterthanen beym Frieden Handhaben / die Vnfriedsame aber vnnd Mörder straffen sollen/ denn wo sie hierinn seumig vnd fahrlessig/ müsten sie vnd ihr Land deßwegen Göttlichen Straffen vnterworffen sein.
2. Darnach ists ein Gemeine Lehr / wie schrecklich abschewlich für GOTT/ auch den Menschen schedlich vnd nachtheilig der Todtschlag sey / daß es ein gantze Stadt entgelten/
3. vnd Gottes Plagen einnemen mus. Doch zum dritten ist auch diese Erschlagne Kuhe ein Fürbild des Leidens/Sterbens vnd Creutzes Christi / so vmb der Mörder vnd aller Vbeltheter Sünd willen an der Schedelstätt ist gecreutzigt worden.

Gen 41. Von sieben magern vnd sieben Fetten Küben Bedeutung.

Genes:41. Lesen wir von Sieben Magern Küehen/ die Pharao im Traum gesehen / welche sieben Feiste Kühe gefressen vnd verschlungen haben. Darmit wolt Gott dem Egyptischen König Pharaoni durch des Gefangnen Josephs Außlegung / die Sieben Wolfeile / vnnd auch sieben
1. folgende Thewre Jahren anzeigen. Vnd auch seines Ober-
2. keitlichen Ampts erinnern / daß er anordnung thue / darmit das wolfeile Getreid nicht vnnütz vmbbracht vnd verfressen/ sondern auff die folgende theure Jahrzeit / den Vnterthanen zum besten/auffgekaufft/bewahret/ vnd hernacher vmb einen leidenlichen Pfenning widerumb den Dürfftigen Nothleidenden Vnterthanen zukauffen gegeben würde. Wie denn zu dieser Sachen Joseph als der Getreweste Schaffner oder Kastner ist erwehlet worden. In dieser Vision wil Gott

auch andern Vnterthanen vnnd Oberherrn vorhalten / daß der Gemeine Mann inn der wolfeyhle zeit nicht alles verthun vnd verschwenden sol / wie es mit dem Wein vnnd Korn geschicht / vnnd die Gaben Gottes mit Füssen getreten werden / Sondern das er ohne Geitzige Sorg ein Vorrhat auff die Thewrung samlen sol.

Die Regenten vnnd Geitzige Oberherrn aber kauffen also die Fette Kühe in jre Küchen / daß sie inn der Thewrung vnd Hungersnoth nichts heraus geben / man bezahle es jhnen denn Zwiefach / Dreyfach / oder wol fünfffaltiger weiß / welches ein Grosse Sünd ist. Lutherus. Hæc politica & necessaria doctrina est hoc in loco tradita Principibus, ad quos pertinet cura populi, vt prouideant illi necessaria ad vitam, carnes, frumentum, vinum, præsertim in difficultatibus annonæ. Das ist: Dieses ist eine Weltliche Nothwendige Lehr / die Fürsten oder Weltliche Regenten betriefft / welche für das Volck sorgen sollen / vnd darauff bedacht sein / das kein Mangel / oder ja ein Außkommen sey von Fleisch / Getreide / Wein vnd dergleichen / sonderlich inn der Thewrung / sintemahl solche Ding zu vnterhaltung dieses Lebens hochnöhtig sein / ꝛc. Brentius sagt auch / hie pflegt man zu fragen / obs vnrecht sey Korn einkauffen? Sciamus quòd reponere frumenta, vina & id genus alia, per se non sit impium. Spiritus Sanctus enim reuelauit Iosepho quòd frumenta in fertilibus annis sint reponenda. Tunc autem fit impium, cum homines reponunt aliquid contra Mandatum Dei. (Sicut Israelitæ in repositione Mannæ Exod: 16. Vide infra de vermibus.) Sic peccant, qui quærunt opes imposturis & reponunt eas, quia impostura, nomine furti est diuinitus prohibita.

Lutherus.

Brentius.

Sic peccant qui ALIORVM DAMNO coacervant sibi frumenta, vt CARIVS extrudant. Non peccant autem, qui in rerum abundantia, NVLLIVS DAMNO, reponunt QVOD SVPEREST vt posint tempore famis & familiam sustentare & egenos iuuare. Das ist: Vnrecht vnd Sünd ists/weñ man das Getreid vnd Wein/ mit des Nechsten Schaden aufkaufft/ das man hernach ein grossen Gewin vberkomme: Da sonderlich auch das Vertrawen vnnd Trotz darauff mit vnterlaufft. Aber ohne Sünd kans geschehen / wenn man ohne des Nechsten Verlust vnnd Nachtheil in der wolfeile zeit das vbrige auffhebt/ daß man in der Thewrung das Haußgesind darmit ernehren / vnnd dem Armen Handtreichung thun könne.

Ob es recht sey oder nit/ Korn einkauffen.

Der Dritte Standt.

Deut 32.

Job 21.

IM Haußstand haben wir abermahl den Segen GOTTES vber die Nahrung zu mercken. Deut. 32. Das GOtt dem Israel Butter von den Kühen gebe / dardurch er doch muthwillig vnd Geyl worden ist. Gleichwol spricht auch Job. 21. von der Gottlosen Glück/ welches doch nicht wehrhafft ist / Des Gottlosen Kuhe Kalbet vnd ist nicht Vnfruchtbar. Aber daruon ist schon droben auch gesagt worden.

4. Von

4. Von dem Kalbe.

DEn ersten Stand die Opffer belangendt / lesen wir/ Leuit. 9. Am Achten Tag nach der Einweyhung Aaronis vnd seiner Söhnen/ musten sie ein Jung Kalb (ohn ander Vieh) nemen zum Sündopffer/ vnd das Volck Jsrael auch ein Järig Kalb zum Brandtopffer / darmit er sich vnd das Volck versühnet/ vnd da sie alles nach den fürgeschriebenen Regeln verricht hetten / erschien die Herrligkeit des HErren allem Volck/ denn das Fewer kam aus von dem HErrn/ vnd verzehret auff dem Altar das Brandtopffer vnd das Fett/ da das alles Volck sahe/ frolocketen sie / vnnd fielen auff jhr Angesicht/ etc. Mit diesem Opffer fieng Aaron sein Priesterlich Ampt an/ thet sein Prob vnd Meisterstück / wie denn GOtt auch dasselbig mit Fewer vom HErrn fallend/ so die Opffer verdrent/ bestetiget vnd angezeiget hat / daß jhm solche Opffer gefellig vnd annemlich seien: Nicht zwar vmb des Wercks willen / sondern weil sie Fürbild waren des Einigen wahren Opffers Jesu/ welchen die Frommen Jüden mit Gleubigem Hertzen anfahen/ vnd aus einem solchen Glauben das werck verrichteten. Denn dieses declariert Paulus Ebr. 9. also: Christus ist kommen/ daß er sey ein Hoherpriester der zukünfftigen Güter/ durch eine grössere vnnd Vollkomnere Hütten/ die nicht mit der Hand gemacht vnnd gebawet ist/ auch nicht durch der Böck vnd Kelber Blut / sondern er ist durch sein eigen Blut einmahl in das Heilige eingegangen/ vnd hat eine

Der Erste Standt. Leuit. 9.

Warumb solch Opffer Gott gefellig gewest.

Ebr. 9.

eine Ewige Erlösung erfunden. Wo daruon auch schon droben gesagt ist. Darumb auch andere Opffer von den Kälbern dieses Einige Opffer Christi bedeuten: Alß da die Kinder Israel/ die Priester vnd Leuiten/ so aus der Babylonischen Gefengnüß wider gen Jerusalem kamen / Esræ. 6. Hundert Keiber zum Sündopffer opfferten/ darzu denn Artaxerxes Geldt gab. Esdræ.6.7. Hiehero wollen wir auch referiren die Gleichnüß Christi/ Lucæ.15. Vom Frommen vnd Barmhertzigen Vater/ der seinen Muthwilligen/ Verlohrnen Sohn/der da widerkömpt / mit Frewden empfehet/ ein Gemestet Kalb schlachten lest/ Mahlzeit zurichtet/ vnnd mit jhm Frölich ist. Ob wol diese Gleichnüß inn Gemein in den Andern Standt gehörig / Jedoch so deuters Christus selbs auff die Gnad vnnd Barmhertzigkeit des Himlischen Vaters/der die Abtrünnige/ Abgöttische Heyden/ die Verlohren waren/zu Gnaden wider annimpt/vnd das Gemestet Lamb Christum schlachten vnd würgen lest / daß sie mögen Frölich sein vnd Ewig Selig werden. Ambresius verstehet das Abendtmahl des HErren/da man den waren Leib vnnd Blut Christi mit Frewden empfehet. Occiditur & vitulus saginatus, vt carne Domini spiritali opima virtute per gratiam Sacramenti, mysteriorum consortio restitutus epuletur. Nemo enim nisi qui timuerit Deum, nisi signaculum spiritale vel receperit vel custodierit, nisi Dominũ prædicauerit, Sacramentis debet interesse cœlestibus. Gleichmesige Außlegung hat auch Chrysostomus, Tomo. 2.homil:24. Addit & vitulum saginatum iugulandum in conuiuij exhibitione: sine dubio Dominum nostrum Iesum Christum, quem dedit Pater in victimam pro salute nostra. Quem vitulum nominat propter hostiam corporis immaculati. Saginatum autem verè dixit, quia pinguis &

Bedeutung aller Opffer von Kelbern.

Esr. 6.

Luc. 15.

Ambrosius.

guis & opimus in tantum est vt pro TOTIVS MVNDI SALVTE SVFFICIENS sit ad odorem suauitatis & nidorem immolationis ad Deum mittere & pro omnibus exorare, propter quod etiam mystica ratione dictum est patrem dare alijs immolandum hunc vitulum, ipsum verò gaudere & epulari in victima vituli Dei. Sic enim dilexit mundum vt filium suum vnicum pro salute eius daret. Non ergò ipse immolauit sed alijs immolandum tradidit: Permittente enim patre consentiens filius ab hominibus crucifixus est, &c. Die Summa ist diese: Christus wird vmb seines Opffers/ Leidens vnd Sterbens willen ein Kalb genennet: Vnd Feist oder gemestet/ weil er gnug thut für der gantzen Welt Sünd/ der auch hingegeben ist vom Vater/ daß er von den Menschen geschlachtet würd. Aug. lib. 2. quæst. Egel. 33. Vitulus saginatus ipse est Dominus sed secundum carnem satiatus opprobrijs. Augustinus.

In der Offenbarung Johannis Cap. 4. ist das ander Thier gleich einem Kalb/ welches Augustinus vnnd andere Patres auff den Heiligen Euangelisten Lucam deuten/ der nicht allein vom Priester Zacharia sein Euangelion anfehet/ Sondern auch viel Leuitische Ceremonien erzehlet/ dardurch vnd mit sich Christus inn seiner Kindheit vnnd Jugend dem Gesetz Gottes/ vmb vnsert willen vnterworffen hat. Hiervon hastu droben bey dem Ochsen weiter nach zusehen. Vtilitates vituli, pascit, arat vitulus, triturat, calciat, armat. Wir sollen auch hierbey des Heiligen Tewren Propheten Samuelis nicht vergessen/ 1. Sam 16. Gott sendet jhn gen Bethlehem/ das er an des Gottlosen Vngehorsamen Königs Saulis statt/ den Frommen Schеferknecht Dauid des Isai Jüngsten Sohn zum König salben solt: Aber dieweil Apoc. 4. 1. Sam. 16

sich Samuel für dem Saul fürchtet / sagt der HErr zu Samuel/er sol ein Kalb von Rindern nemen vnd sprechen/er sey kommen dem HErrn zu opffern/vnd sol Isai zum Opffer laden sampt den Söhnen/da könne er die sach leicht vnnd ohn gefahr verrichten.

Erinnerung aus diesem Opffer.

1.
2.

Diese Geschicht erinnert vns nu nicht allein der grossen Schwacheit vnd Furcht für dem Tode bey vnd in dem Heyligen Samuel/sondern auch der grossen langmütigkeit/ gedult vnd güte Gottes/der Samueli diß vbersihet vnd zu gut helt/ ja noch darzu Mittel vnd weg fürschlegt/ wie er den gefahren entrinnen könne: Er sol ein Kalb opffern/vnd das ander heimlich verrichten/2c. Wie lehret denn Gott Samuel liegen? mit nichten: Sondern er sol die Sach heimlich thun vnd verbergen. Wie Brentius hom 54. sagt. Hoc non est docere mendacium, sed dissimulationem. Iam mendacium quidem Satanæ opus est, Dissimulatio autem, prudentiæ opus est. Non docet eum Mendacium sed prudentiam qua caueat ne se in præsentaneum periculum, propter vnctionem noui regis conijciat. Das ist: Das ist nicht ein vnterweisung zuliegen/ sondern heimlich etwas zuhalten oder zuuerbergen. Denn Lügen ist des Teuffels Werck: Aber etwas verbergen ist Weißheit. Gott lehrt den Samuel nicht Lügen sondern Weißheit/damit er sich sol wol fürsehen/ auff das er sich nicht mit der Salbung des Newen Königs/ in Gefahr begebe.

Brentius.

Wer durch dis Kalb angedeutet.

Wir mögen aber allegoricé dieses Kalb verstehen Christum Jesum den Geopfferten oder Gecreutzigten / welcher vns in allen gefahren vnd Widerwertigkeiten trösten vnd bewahren wird.

Es

Es werden aber auch die Fromme vnd Böse Menschen Kelber genennet/wie auch etliche Straffwürdige Heydnische Völcker. Esaias 11. weissagt vom Geistlichen Frieden vnd Einigkeit der Gleubigen im Reich Christi: Ein kleiner Knab wird Kelber/Junge Lewen vnd Mastviehe mit einander treiben. Durch die Kelber wird der Gemeine Mann vnd Pöfel verstanden/der auch in die Kirchen Gottes kommen/ vnd mit den Hohen Potentaten vnd Reichen Leuten Fried vnnd Einigkeit halten wird. Fromme vñ böse Menschen werden Kelber genennet. Esa. 11.

Die Christen werden auch Kelber genennet vom Propheten Malachia 4. Euch / die ihr meinen Nahmen fürchtet/sol auffgehen die Sonne der Gerechtigkeit/vnd Heyl vnter desselbigen Flügeln: Vnd ihr solt aus vnd eingehen/ vnnd zunehmen wie die Mastkälber/etc. Zweyerley Art wil er anzeigen. Mala. 4. Geistliche deutung.

1. Die Erste: Gleich wie die Eingestellete Kelber wachsen/zunehmen/vnnd Fet werden: Also solllen auch die Christen im Newen Testament in der Erkentniß Christi vnnd warer Gottseligkeit Täglich zunehmen vnd stercker werden.

2. Die Ander: Wie die Kelber/so sie aus dem Stall ausgelassen werden/ Frölich Lecken/vnnd springen: Also sollen die Christgleubige auch Frölich / vnnd guts muts sein/ sich nicht fürchten für der Welt/Todt vnd Teuffel. Denn sie haben durch den Glauben an Christum Friede mit GOTT. Ist nun GOtt mit vns / wer wil wider vns sein? 3

David gedenckt auch der Kelber Psal. 29. Der HErr zubricht die Cedern im Libanon / vnnd macht sie Lecken wie ein Kalb. Solches wird auff zweyerley weiß außgelegt / GOTT werde die Stoltzen durch ein wahre Buß Psal. 29.

 Demü-

Demütigen/daß sie seiner Demuth nachfolgen/oder mit seiner Straffen dermassen zuschmettern / daß sie wie die Reyser von den Bäwmen vmbher springen/vnd wie die Kälber leckē sollen. Hieronymus. Confringet illos aut per Pænitentiam; aut in die Iudicij in vindicta: Pòst. Sicut vitulus confringit cornibus virgulta tenera, ita Christus confregit Iudæos, &c. Augustinus. Wenn GOtt jhren Hohmuth durch die Predigt des Euangelij stürtzt vnnd strafft / so wird er sie gewehnen seiner Nidrigkeit vnd Demuth nachzufolgen / der wie ein Kalb von den Fürnembsten Herrn zur Schlachtbanck geführet ist worden.

Hieronym.

Augustinus.

Basilius.

Basilius spricht: Gleich wie Moses das Abgöttisch Kalb in der Wüsten zustossen hab/also werde auch der HErr mit der Predigt des Euangelij den gantzen Berg Lybanum (das Jüdische Land vnd Stadt Jerusalem) vnd jhr Abgötterey so darinn getrieben wird/ außrotten vnd verstöhren. Vituli illius modo (quem Moses comminuit in deserto) totum Lybanum & in ipso consuetudinem omnem Idololatriæ nascentem exterminabit.

Psal. 68.

Weiter sagt vnd betet David Psal. 68. Schilt HErr/ das Thier im Rohr / die Rotte der Ochsen vnter jhren Kelbern/ die da zutretten vmb Geldes willen. Droben bey dem Ochsen hastu ein weitleufftige Erklerung dieser Ochsen/ wer sie sein: Die Kelber werden die Völcker vnd Vnterthanen gemeint. Hoseas, 10. beschreibt die Jsraeliten oder Königreich der 10. Geschlechter Jsrael. Ephraim ist ein Kalb gewehnet daß es gerne drischet / Jch wil jhm vber seinen schönen Halß fahren/ Jch wil Ephraim reiten / das ist / die Ephraimiten bleiben willig vnd gern bey jhrer Abgötterey vnnd Jrrthumen/denn sie haben wenig mühe vnd arbeit/ vnd doch ein grosses einkommen darbey. Vorzeiten trieb man die

Ose. 10.

Ochsen

Ochsen vber die Tennen/die das Korn mit den Füssen außdraschen/ vnd man dorfft jhnen das Maul nicht verbinden/ Hetten also wenig mühe vnnd ein guts Futter darbey. Ein solche Gelegenheit hatte es mit den Abgöttischen Jsraeliten/ wie auch jetzt mit den Papistischen Pfaffen/ aber Gott dräwet jhnen die Assyrische Gefengnüß vnd seine andere Straffen/ꝛc. Vergleichūg der dreschenden Ochsen mit den Abgöttischen Jsraeliten/ vnd Papistischen Pfaffen.

Wir wollen aber auch von andern Völckern hören/ Jeremiæ. 46. Egypten ist ein sehr schönes Kalb/ aber es kömpt von Mitternacht der Schlechter vnd Taglöhner so drinnen wohnen / sind auch wie Gemestete Kelber / aber sie müssen sich dennoch wenden / flüchtig werden mit einander/ vnd werden nicht bestehen/ꝛc. Das Königreich Egypten wird der Fruchtbarkeit Reichthumb vnnd Herrligkeit halben einem Schönen Glatten Geylen Kalb vergliechen/das lecket vnd springet: So sind auch die Taglöhner/das ist/die Fürsten/gemestete Kelber/ die sich gar wol begrasen/ Geldt vnnd Gut samlen: Aber der Schlechter oder Metzler König in Assyrien / sol hinder sie kommen/ für dem sie nicht werden bestehen können/ꝛc. Durch Geldt vnd Gutt wird man sicher/ vngezempt/ Geyl vnd Stoltz/aber als denn so ist der Metzler verhanden/der ohn alles erbarmen darnider sticht vnd schlachtet. Das begegnete hernach den Assyrern oder Chaldeern auch/da jhnen das Müthlein durch Glück vnd Sieg vber die Jüden vnd andere Völcker wuchs. Jerem. 50. Das Chaldeer Land sol ein Raub werden / daß alle die sie berauben/sollen gnug daruon haben/spricht der HErr: Darumb daß jhr euch des frewet vnnd rühmet/ daß jhr mein Erbtheil geplündert habt/vnd lecket wie die Geylen Kelber/ꝛc. Gott zürnet zwar vber die Sünd seines Volcks/ vnnd straffets mit den Feinden / aber wo die Feind sich jhres Siegs rühmen/ dar-

Jere 46.

Warumb Aegypten ein gemestet Kalb genennet wird.

Auffhohmut vnd sicherheit / die straff gewis folgt allzeit.

Jer. 50.

durch Stoltz/Frech vnnd Muthwillig werden/ so schüttet er seinen Zorn vber sie aus / vnd wirfft die außgebrauchte Rhuten in den Fewerofen.

Jerem. 34. Vō meyneyd der Israeliten von Gott gestrafft:

Jeremias gedencket auch des Meyneyds der Israeliten/Cap. 34. welchen er mit dem Nebucadnezar straffen wolle. So spricht der HErr/Ich wil die Leut/so meinen Bund vbertreten / vnnd die Wort des Bunds / den sie für mir gemacht haben/ nit halten/ so machen wil das Kalb/ das sie in zwey stück getheilt haben / vnnd zwischen den Theilen hingegangen sind/Nemlich die Fürsten Juda/ die Fürsten Jerusalem / die Kämmerer/die Priester / vnnd das gantz Volck im Land / so zwischen des Kalbs Stücken hingegangen sind: vnd wil sie geben in jhrer Feinde Hand/rc. Droben bey der Kuhe ist mit wenig Worten angedeutet der Alte Brauch in den Confœderationibus, wenn sie Bündnüß mit einander machten/so zutheileten sie das Viehe oder Opffer/vnnd giengen zwischen den Theilen hindurch / wie Genes. 15. bey Abraham zu sehen. Also machten vnd bestetigten die Jüden/ sonderlich die Fürnembste vnnd Reicheste / für dem HErrn/ diesen Bund / sie wolten jhre Leibeigne oder erkauffte Knecht vnd Mägd im Siebenden Jahr ledig geben / welches zwar geschehen ist / da sie in der Kriegsgefahr waren / aber so bald der Feind jhnen ein wenig vom Halß kam / hielten sie den Bund vnnd Eyd nicht mehr / zwungen die Erlaßne Knecht wider in den dienst/Derowegen so dräwet Gott diesen Meynerdigen/ er wolle sie durch die Feind zerstücken / wie sie die Kelber zutheilet haben.

Lehre aus dieser straffpredigt Gottes.

Diese Straffpredigt GOttes zeiget an das die harte Dienstbarkeit vnd Betrengnüß der Knecht vnd Vnterthanen GOtt sehr mißfalle/ vnnd das ers mit gleicher vnbarmhertzihertziger Straff lohnen vnnd vergelten wolle. Darnach sehen wir auch deutlich / das der Meyneyd vnnd Verbrechung Trew vnnd Glaubens / ein grosse Sünd für GOtt sey / vnd vngestrafft nicht bleibe.

Weiter so gehören hieher fürnemlich die Abgöttereyen / so mit den Kelbern seind getrieben worden. Das Erst Abgöttisch Kalb bey dem Volck GOTTes / ist des Aarons gegossen Kalb. Exod. 32. Da Moses auff dem Berg Horeb inn der Wüsten / bey GOTT lang verzog / samlet sich das Volck Israel wider Aaron / vnd sprach zu jhm / auff mach vns Götter / die für vns her gehen / denn wir wissen nicht was diesem Mann Mose wiederfahren ist / der vns aus Egyptenland geführet hat. Aaron sprach zu jhnen / Reisset ab die Gülden Ohren Ring an den Ohren ewrer Weiber / ewrer Söhne vnd ewrer Töchter / vnd bringet sie zu mir. Da reis alles Volck seine Güldin Ohren Ring von jhren Ohren / vnnd brachten sie zu Aaron (da sihet man / das man viel lieber vnnd williger zur Abgötterey / denn zu Erhaltung der Reinen Lehr Geldt vnnd Gut giebt vnd zuscheust) Also nam Aaron das Goldt / entwarffs mit eim Griffel / vnnd macht ein gegossen Kalb: Vnnd sie sprachen / das sind deine Götter Israel / die dich aus Egyptenland geführet haben: Aaron bawet einen Altar darauff man GOTT opffern solt / weyhet das Kalb ein auff den Morgen Tag / opffern jhm / Essen / Trincken / vnnd sind frölich / etc. Sie haben aber gleichwol das Kalb selbs nicht für ein Gott gehalten / sondern das Kalb solt jhnen ein Fürbild vnnd Erinnerung sein des Einigen waren Allmechtigen GOttes / der sie aus Egypten geführt hat / was sie darbey verrichten / sol alles zur

Abgöttische Kelber.

Exod. 32.

Zum falschē Gottesdinst giebt man viel lieber als zum waren Gottesdienst.

Ehre

Ehr des Lebendigen GOttes gereichen. Aber nichts desto weniger ists ein schreckliche Abgötterey/ denn vor wenig Tagen hatten sie von Gott gehort/ Du solt dir kein Bildnüß noch Gleichnüß machen/ etc. Darwider handlen sie vnnd richten einen Gottesdienst auff aus jrem Gutdüncken vnd bester meinung.

Wie schwerlich sich das Volck mit solchem Kalb versündigt.

Daß aber ein solche grosse Sünd/ vnd Abgötterey gewesen/ beweiset nicht allein die bald erfolgte Straffe/ sondern auch andere Sprüche Göttliches Worts/ darinnen das Kalb Straffsweise eingeführet wird. Die Historia aber zeigt an/ das Gott sie vertilgen wolt/ wo nicht Moses sehnlich intercedirt hette/ vnd da Moses hinab zu jhnen kömpt/ strafft er gantz hefftig Aaron: Was hat dir das Volck gethan/ das du so eine grosse Sünd vber sie bracht hast? Aaron hat sie loß gemacht durch ein Geschwetz/ darmit er sie fein wolt anrichten. Moses zubricht beyde Tafeln: Das Kalb verbrennet er mit Fewer/ zumalmets zu Pulver/ stäubts auffs Wasser/ vnnd giebts den Kindern Israel zutrincken. Vber das vermahnet Moses die Leuiten/ daß sie jhre Schwerter vmbgürten/ durchs Läger gehen/ vñ erwürgen solten wen sie antrefen/ auch jrer Brüder/ Freund vnd Nechsten nit verschonen. Diß geschahe auch/ vnd fielen des tags võ Volck 3000. Mann. Aus diesen Vmbstenden wird offenbar/ wie ein Grewliche Sünd die Israeliten mit jhrem Götzenkalb begangen haben.

Deut 9. Psal. 106.

Dieser meinung wirds auch repetiert: Als Deut. 9. vers. 11. vsq; 22. Psal. 106. Sie machten ein Kalb in Horeb/ vnnd beteten an das gegossen Bild/ vnd verwandelten jhre Ehre in eine Gleichnüß eines Ochsen der Graß isset. Sie vergassen Gottes jhres Heylands/ der so grosse ding in Egypten gethan hat/ etc.

Nehem. 9.

Nehemiæ. 9. Ob sie wol ein gegossen Kalb macheten (beteten die Leuiten zu Gott) vnnd sprachen/ das ist dein Gott

GOtt der dich aus Egyptenland geführet hat / vnnd theten Grosse Lesterung / noch verliessestu sie nicht in der Wüsten nach deiner grossen Barmhertzigkeit.

Der Heilige Stephanus Actor. 7. rückts den Hohenpriestern vnd versamletem Rhat zu Jerusalem auch auff. Ewre Väter machten ein Kalb zu der zeit / vnnd opfferten dem Götzen Opffer / vnd freweten sich der Werck jhrer Hende. Actor. 7.

Wiewol nu das Jüdische Volck diesen Abgöttischen Kelberdienst billich solt geflohen vñ gehasset haben / die vorerzehlten Straffen angesehen / Jedoch so haben sie es so gar nicht gelassen / das sie auch bey Fünffhundert Jahren hernach Zwey Güldne Kelber zum Gottesdienst auffgerichtet haben. Die Historia steht / 1. Reg. 12. geschrieben: Nach dem die Zehen Geschlechter Jsraelis von Rehabeam Salomonis Sohn / der Rauchen / Harten / Abschlegigen Antwort halben / abgefallen waren: Haben sie Jerobeam den Sohn Nebat zum König vber sich gemacht / Wie der Prophet Ahia 1. Reg. 11 jhm diß geweissaget hat / mit angehenckter Göttlicher Verheissung / wenn er gehorchen werde den Geboten Gottes / inn seinen Wegen wandeln / wie David gethan habe / so wolle er mit jhm sein / vnd ein bestendig Haus bawen / wie er David gebawet hab / etc. Aber Jerobeam da er das Königreich einnam / glaubet vnd folget dieser Verheissung vnd vermanung nicht / denn er gedacht in seinem Hertzen / So das Volck sol hinauff gehen / Opffer zuthun in des HErren Haus zu Jerusalem / so wird sich das Hertz des Volcks wenden zu jhrem Herrn Rehabeam dem Könige Juda / vnd mich erwürgen. Demnach helt er Rhat da von den Fürnembsten Rhäten vnd Fürsten decretirt vnd beschlossen ward / der König solt in seinem Land ein eignen Gottesdienst anrichten / wie auch geschehen / denn er macht zwey Güldene Kelber / vnnd sprach zu den

Wie sehr auch diese Abgötterey gestrafft worden an den Kindern Jsrael / noch ist sie vernewert worden von jren Nachkommen.

1. Reg. 12.

Der Teuffel kan all sein thun fein schmücken/ vnd jhm ein feinen schein machen.

den Israeliten: Es ist euch zu viel hinauff gen Jerusalem zugehen/ Sihe da sind deine Götter Israel die dich aus Egyptenland geführet haben. Vnd setzt eines zu Bethel/ vnnd das ander thet er gen Dan/ etc. Es ist aber kein zweiffel/ der König wird diese Kelber nicht mit so wenigen worten/ als beschrieben/ Sondern mit mehrern prechtigen Worten/ einer Stadtlichen Predige/ eingeweyhet/ gelobet vnnd gepriesen: vn̄ den Hierosolymitanischē Gottesdienst vernichtiget haben. Die vngefehrliche Predigt inn der Kirchweyhung gehalten/ hat Brentius weitleufftiger verfast. Wir wollen

Osiander.

die Fürnembste Argumenta ex Paraphrasi Osiandri hie inserirn. Potestis, ô Israëlitæ Deum vestrum qui vos eduxit de Ægyptiaca seruitute colere in regno meo, non minùs piè & commodè quam si in Hierusalem ascenderetis cum periculo vitæ vestræ. Quo enim animo in vos sint subditi Roboam facilè ex nuper contra vos suscepta expeditione colligere potestis. Nec mihi persuaserit quisquā cultū illum Hierosolymitanū, in quo omnes imagines explosæ sunt, vsq; adeò placere Deo. Videtis regem illum cum suo illo templo nuper magnam regni sui partem amisisse. Deniq; primus & summus Sacerdos Aaron non sine causa vitulum aureum instituit adorandum. Nec me mouet quòd Moses, homo arrogans & ambitiosus, id factum damnarit: quòd scilicet non à se esset profectum. Neq; Deus vitulum illum aureum improbauit, sed quòd populus in eo cultu dissolutè viueret, & cum precibus sese dedere totos debuissent, conuiuijs, saltationibus & lasciuijs vacarint. Hic cultus diuinus, veri Dei, qui apud vitulum aureum exercetur, est longè antiquissima religio, quæ fuit ante tabernaculum fœderis & ante Templum Hierosolymitanum, quod Templum certè ante annos nondum quadraginta elapsos est absolutum. Et quales successus patres nostri habuerint in deserto, postquàm pasi sunt aboleri vitulum aureum, ipsi nouistis, quippe quorum ingens multitudo in deserto perierit. Denicꝫ Salomon ipse tandem intelligens, verum cultum Dei non ad vnum locum, nec ad vnam aliquam formam alligandum, extra Vrbem Hierusalem noua templa, nouas Aras ædificauit: Ibicꝫ Deum alio modo, quam Hierosolymis coluit. Quare relinquamus ciuibus Hierosolymitanis suum Iratum Deum: nos colemus eum qui mihi & vobis propitius, mihi regnum, vobis libertatem à grauissimo iugo dedit. Das ist: O jhr Jsraeliter / jhr könnet ewren GOTT / der euch aus der Aegyptischen Dienstbarkeit geführet hat / inn meinem Reich eben so wol Ehren / vnnd jhm ja so wol dienen / als wenn jhr mit Gefahr ewres Lebens hinauff nach Jerusalem ziehet. Denn wie die Vnterthanen Jeroboams gegen euch gesinnet sein / könt jhr ja leichtlich aus dem nechsten/wider euch fürgenommenen Krieg abnemen. So wird mich es auch niemand bereden / das der Gottesdienst / den jhr zu Jerusalem verrichtet / da alle Bilder so gar abgeschafft sind/Gott dem HErrn sonderlich solt angenem sein. Denn jhr sehet/das jr König mit seinem Tempel newlich so ein gros theil von seinem Reich verlohren hat. Endlich so hat auch der Hohepriester Aaron das Güldene Kalb nicht ohn vrsach anzubeten angeordnet: So hindert mich auch das nicht viel/ob es gleich Moses/der stoltze Ehrgeitzige Mann/ verworffen hat: nur darumb / weil er es nicht zumachen befohlen hatte. So hat auch GOTT das Güldene Kalb an jhm selbs nicht verworffen / Sondern das Volck gestrafft / das inn solchem Dienst so sicher war / vnnd da sie beten solten / Assen vnd truncken/Tantzten vnd allen Muthwillen übten. Dieser Gottesdienst des waren Gottes / so geschicht bey dem Güldenen Kalb / ist viel ein Eltere Religion/vnd ist lang zuuor gewest vor der Wohnung des Bundes vnd vor dem Tempel zu Jerusalem / welcher warlich noch nicht gar vor Viertzig Jahren ist erbawet worden. Zu dem so ist euch auch nicht vnbewust/das vnsere Väter in der Wüsten wenig Glück gehabt haben/ sind der zeit sie das Güldene Kalb haben abschaffen lassen / sintemahl jhr eine grosse Zaal in der Wüsten gestorben ist. Endlich so hat Salomon selbst auch wol verstanden / das der ware Gottesdienst nicht an einen gewissen ort / noch an eine gewisse weise könne gebunden werden / Darumb hat er ausser der Stadt Jerusalem Newe Tempel vnd Newe Altar gebawet/Vnd daselbst Gott anders als zu Jerusalem gedienet. Derhalben wollen wir den Bürgern zu Jerusalem jhren zornigen Gott lassen/vnd deme dienen/der mir vnd euch gnedig ist/mir das Reich/euch die freyheit von der schweren dienstbarkeit gegeben hat.

Vnser glaub ist den Papisten new/Aber in den Schrifften der Propheten vnd Apostel gegründet/darumb ist er auch elter als das Babstumb.

Mit diesen vnnd dergleichen glatten worten vnd falschem schein hat er die Israeliten/ von dem wahren Glauben vnd Gottesdienst gebracht/vnnd zum Falschen Abgöttischen Gottes oder Götzendienst der Kelber gewendet: Inmassen die Papistische Meßpfaffen auch thun / denn vnsern wahren Glauben inn den Schrifften der Propheten vnd Apostel gegründet lestern sie / sey ein Newer Fünfftzig Järiger Glaub/ sey auch wenig Fried/ Glück vnnd Segen gewesen/ sind der zeit hero diese Newe Lehr gewehret habe. Ihr Lehr von der Anruffung der Heiligen/ vnnd Ehrerbietung gegen den Bildern habe so viel hundert Jahren brauch vnd vbung gehabt/ sey auch von den allerheiligsten Bäbsten confirmiert vnnd bestetiget: Ich wil der Wolfeilen guten Güldenen zeit geschweigen/

gen/welche(jhrem Falschen Ruhm nach)in den Finsternüssen des Bapsthumbs sol gewesen sein/rc. Aber wir wissen das der ware Glaub nicht aus dem Glück oder Vnglück/ Fried oder Krieg/ Wolfeile oder Thewrung/aus den Langwirigen Gewonheiten/ vnnd dergleichen/ Sondern allein aus den Schrifften der Propheten vnnd Apostel zu judicieren vnnd vrtheilen ist. Darumb so werden auch etliche Prophetische Predigten vnd Wunder beschrieben/darmit der Kelber glaub als Falsch vnd Verführisch angezeigt wird. 1.Reg.13. Das der Altar zu Bethel/ darauff eben der König Jerobeam räucherte/zureist vnd die Asche verschüttet/ vnd da der König seine Hand außstreckt/den Propheten zu fangen/seine Hand verdorret/ das er sie nicht wiederumb zu sich kund ziehen/ biß der Prophet Gott für jhn bate/ vnd die Hand wider geheilet ward: Dieweil auch dieser Prophet wider Gottes Wort zu Bethel Brod aß/wird er vom Löwen erwürgt. Daruon besihe drunden den Lewen vnnd Esel. 1.Reg.13.

Was auch für Straffen vber Jerobeam kommen sollen/dieser auffgerichten Abgötterey halben/ weissaget der Alte Prophet Ahia/ 1.Reg.14. Dieser Kelberdienst vnd glauben wird offt inn der Schrifft widerholet/ 2.Chronicor.13. 2.Chro.13. Der Fromme König in Juda/ Abia/ da er mit dem König Jerobeam schlagen wolt/ rücket er jhnen diese Abgötterey auff/rc. Nun dencket jhr euch zusetzen wider daß Reich des HErren vnter den Söhnen Dauid/ weil ewer ein grösser Hauff ist/vnd habt Güldene Kelber/ die euch Jerobeam für Götter gemacht hat. Mit vns aber ist der HErr vnser Gott/den wir nicht verlassen/rc. also plaget Gott Jerobeam (im streit) vnnd das gantze Israel Acht Hundert Tausent Mann/daß sie flohen für Juda/ deren Vier Hundert Tausent waren)vnd Gott gab sie in jhre Hende/daß Abia mit seinem Volck ein grosse Schlacht an jhnen thet/vnd fielen aus Jsrael erschlagen/ Fünff Hundert Tausent Junger Mannschafft.

Ose. 8. Beschreibt gar artig die Abgötterey.

Hoseas gedenckt auch dieser Kelber Cap. 8. Aus jhrem Silber vnd Goldt machen sie (die Jsraeliten) Götzen/ das sie ja bald ausgerottet werden. Dein Kalb Samaria verstöst er / mein Zorn ist vber sie ergrimmet / es kan nicht lang stehen / sie müssen gestrafft werden / denn das Kalb ist aus Jsrael herkommen/vnnd ein Werckman hats gemacht/ vnd kan ja kein Gott sein/darumb sol das Kalb Samariæ zupülvert werden.

Lutherus.

Dieses ist ein artliche Beschreibung des Kelberglaubens/woher er komme/wie er nicht bestehen könne/ vnd wider zu Pulver werden mus. Lutherus sagt/ diß predige der Prophet/vnd sey darumb auffgeschrieben/daß man sehe / wie gar ein thörichts schendlichs ding es sey vmb die Abgötterey/für Gold/Silber/Stein/Holtz niederfallen vnd anbeten/ vnnd Gott der dis erschaffen hat/verlassen/Jn welcher Abgötterey doch das gantze Bapstumb steckt. Et tamen in hac turpi fœda & exitiali idololatria TOTVS PAPATVS adhuc mersus iacet.

Brentius.

Brentius appliciert auff diese Jsraelitische Abgötterey vnnd derselben Beschreibung die Mess: Habes descriptionem aureorum vitulorum, & autores nec non artifices eorum. Similiter autem MISSAM Papisticam describere poteris. Non enim ex Deo est Missa Papistica, sed ex hominibus. Artifices enim qui sunt Romani pontifices, fabricauerunt eam. Cœlestinus primus artifex ordinauit, vt Psalmi Dauidis, quos Introitus vocauit, canerentur antiphonatim in Principio Missæ pro Introitu. Gregorius ordinauit vt precatio Kyrie eleison nouies post Introitum repetatur. Telesphorus

sphorus addidit Gloria in excelsis. Gelasius adiecit preces quas collectas vocant. Hieronymus Epistolas & Euangelia, Hierosolymitani Alleluia. Marcus eius nominis primus, voluit vt magna cum voce caneretur Symbolum Nicenum. Pelagius instituit in Missa Memoriam defunctorum. Xystus ordinauit vt caneretur Sanctus. Breuiter alius hoc alius aliud in Missa ordinauit, hic fabricauit in Idolo Missæ, aurem, alius Nasum, alius manus, alius pedes: donec talem cultum, qualis nunc in vsu est apud Papistas, perfecerint & absoluerint. Das ist: Diß ist die beschreibung der güldenen Kelber/jrer Stiffter vnd Werckmeister. Eben also kanstu auch die Bapistische Meß beschreiben. Denn die Papistische Meß kömpt nicht von Gott her/sondern von Menschen: Jhre Werckmeister sein die Römischen Bäbst/die haben sie gestifft. Cœlestinus der erst Meister hat geordnet das etliche Psalm Dauids/die er Introitus genent hat/erstlich im anfang der Meß gesungen würden. Gregorius hat geordnet das nach diesen das Kyrieleyson neunmal solte gesungen werdē. Telesphorus hat noch darzu verordnet das ehr sey Gott in der höhe. Gelasius hat etliche Gebet darzu gethan/ die er collectas genant. Hieronymus die Episteln vnd Euangelia/die zu Jerusalem das Alleluia. Marcus der erste dieses namens hat haben wollen/ man sol mit heller stim singen das Nicenisch Glaubens bekentnis. Pelagius hat in der Meß das Gedechtnis der Verstorbenen geordnet. Xystus hat befohlen das Sanctus, Heilig Heilig zusingen. Kurtz/ einer hat dis/ der ander was anders an der Meß geordnet. In der Abgöttischen Meß hat dieser ein Ohr/ der Ander die Nasen / der Dritte die Hend / ein ander die Füsse gemacht/biß sie endlich ein solchen Abgöttischen dienst haben angericht/wie noch bey den Papisten breuchlich ist.

Gleich

Gleich wie aber das Israelitische Goldt an jhm selbs in seinem Brauch/ein gute Gab Gottes ist: Also haben diese Papisten/oder Messische Werckleute viel gute Sprüch aus Gottes Wort genommen/ vnd zu einem vnrechten Abgöttischen Brauch gewendet. Daruon jetzt gnug.

Ose. 10. Weiter spricht Hoseas cap. 10. Die Einwohner zu Samaria sorgen für die Kelber zu Beth Auen (Bethel) denn sein Volck trawret vmb jhn / dem Kalb (vber welchem doch seine Camerim sich freweten seiner Herrligkeit halben) denn es ist von jhnen weggeführet/ ja das Kalb ist in Assyrien bracht zum Geschencke dem König Jareb. Also mus Ephraim mit Schanden stehen/vnd Israel schendlich gehn mit seinem fürnemen.

Ose. 13. Vber das so predigt Hoseas cap. 13. Nu machten die Israeliten der Sünden viel mehr / vnnd aus jhrem Silber/ Bilder/ wie sie es erdencken können/nemlich Götzen/ welche doch eitel Schmidswerck sind: Noch predigen sie von denselben/ wer die Kelber Küssen wil/der sol Menschen opffern/rc. Dahin seind endlich die Israeliten gerhaten/daß sie den Kelbern (zur Ehre Gottes / wie sie meineten) jhre Söhne vnnd Töchter opfferten/ vnnd Mörder an jhren Kindern wurden. Haben sich auch fast alle Israeliten / wenig ausgenommen/ verführen lassen/ wie vnter den vberbliebnen Gleubigen der Alte Tobias cap. 1. Tob. gerühmet wird. Da sonst jederman den Gülden Kelbern dienete/ meidet doch Tobias solchen Grewel/vnd hielt sich zum Gottesdienst zu Jerusalem/vnnd betet an den Gott Israel.

Aus den Abgöttischen seind endlich Kindermörder worden.

Gott hat doch allzeit sein heufflin.

Der Ander Standt. Esr. 6.

IM Andern Stand/Wollen wir das offt erzehlte Exempel des Persischen Königs Artaxerxis/ Esræ, 6, 7, Wie Freygebig vnd willig er gegen dem

Gottes=

Gottesdienst zu Jerusalem gewesen ist/ vbergehen: Vnd andere Historien zu Gemüth führen: Als des Gottlosen Königs Jerobeam 1. Reg. 12. Exempel/ der vmb seines nutzes/ Geitzs vnd Genieß willen/ darmit er das Königreich Jsrael erhalten möchte/ einen Newen Abgöttischen Glauben erdacht vnnd auffbracht hat. Daruon im vorgehenden Standt gnugsam gehandlet ist worden: Vnd auch darbey vermeldt/ was für schrecklich Straffen Gottes an Leib vnnd Seel er vber seinen vnd seiner Nachkommen Halse geladen hat. Zur Warnung allen Regenten/ daß sie wider das Wort Gottes kein Newerung in der Lehr vnd Sacramenten anstellen sollen. 1. Reg. 12. Jerobeam. Warnung.

Jeremias Cap: 34. Hat gesagt (wie auch schon die Sünd vorhin angedeut ist) die Fürsten haben den gemachten Bund für GOTT/ vnnd jhren Eyd (wie Leibeigne Knecht vnd Mägd/ frey vnd loß zulassen) nicht gehalten/ darumb GOTT jhnen seine Straffe dräwet. Verheissen ist Adelich/ halten ist Bäwrisch/ pflegt man zu sagen. Jere. 34.

Weiter so nennet auch gemelter Prophet Cap. 46. die Fürsten oder Bundgenossen Egypti/ gemestete Kelber/ die sich nur mit Fressen/ Sauffen/ Wollüsten/ Geldt vnd Gut mesten/ es gehe mit dem Königreich wie es wolle. Wie viel solcher Mestkelber gefunden werden/ zu Hoff vnd bey grossen Herren/ so nicht auff jhrer Herrn oder des Lands nutzen vnd frommen sehen/ sondern allein sich vnd die seine begrasen vnd versorgen: Aber Gott wird sie finden. Jere. 46.

Hie ist auch das vnzeitig Gebot vnd Eydschwur Saulis zubedencken/ 1. Sam. 14. Verflucht sey jederman der etwz isset biß zu Abend/ daß ich mich an meinen Feinden reche: 1. Sam 14

Aber darwider handlet nicht allein Jonathan vnwissent/ sondern auch das gantze Volck/ welches vom streiten matt vnd hungerig war / richtet die eroberte Außbeuth zu / namen die Kelber/Schaf vnd Rinder/ schlachtens auff der Erden/ vnd assens so blutig/welches wider Gottes ausgedruckten befehlich war/ꝛc. Aber ob schon Saul das Volck drumb strafft/ vnd vnschüldig sein wil/so ist doch er der Vrsacher/vnnd also ein grosser Heuchler gewesen/ꝛc. Mit vnzeitigen Geboten solt man dahinden bleiben/ vnnd die Brüderliche Liebe/den Ceremonialischen Gesetzen vorziehen vnd höher achten.

Saul mit vnzeitigem Gebot giebt vrsach zu anderer Sünd.

Der Dritte Stand.

Jud. 14.

ZVm Dritten / Was den Haußstandt vnd Ampt anbelangt / finden wir auch etliche Sprüch. In der Historia des Richters Simsons. Jud. 14. giebt Simson der Breutigam den Dreissig Jungen Gesellen vnd Brautdienern ein Retzel auff(das besihe drunden bey dem Lewen)die können es nicht errhaten/ biß die Braut dieses von dem Simson erforscht / vnd den Dreissig Gesellen ansagt: Drauff Samson antwortet/Wenn jhr nicht hettet mit meinem Kalb gepflüget/ jhr hettet mein Retzel nicht droffen. Verstehet mit dem Kalb sein Weib oder Braut / denn auch droben gesagt/das die Eheleut wie ein Par Ochsen sein/welche die Nahrung mit einander erarbeiten sollen. Etliche sprechen er hab sie also propter muliebrem insolentiam geheissen. Vnter andern löblichen Tugenden des Haußstands ist auch die Hospitalitet/das man Gastfrey ist/welche sonderlich an dem Abrahā gespüret wird. Gen. 18. Da drey Engel/ welche er für Menner vnd Wannderßleut ansihet / bey jhm fürüber gehē nötiget ers einzukehren/vnd laufft bald zun Rindern/holet ein zart gut Kalb/giebts dem Knaben/das ers eylend zubereitet/tregt Butter vnd Milch auff/ vnd vom Kalb

Warumb Simson sein Weib ein Kalb nent

Gastfrey sein/ stehet Eheleuten wol an. Gen. 18.

das er bereitet hat/vnd setzts jhnen für. Diese Tugend rhümet Paulus Ebr. 13. Gastfrey zu sein vergesset nicht/ durch dasselbige haben etliche ohn jhr wissen Engel beherbergt. Es kan sich Chrysostomus homil. 41. in Genes. an dieser geschicht nicht gnugsam verwundern. O magnitudinem hospitalitatis, ô humilitatis excellentiam, ô mentem valdè piam: astabat centenarius comedentibus illis, cum gaudio, alacritate cum honore & reuerentia coram illis, &c. Das ist: O wie ist das so eine löbliche vnnd Milde Gastfreyheit/ O wie ein Tieffe Demuth ist das / O wie ein Gottfürchtig Hertz ist das: Es stehet da ein alter Hundert Järiger Mann/ da sie zu Tische sitzen vnnd Essen/mit allen frewden/thut jhnen alle Ehrerbietung vnd Reuerentz. Ebr. 13. Chrysosto.

Droben im Ersten Stand ist auch ein Exempel oder Gleichnis eingeführet worden von einem Vater der seinen Verlohrnen Sohn/da er wider kam/mit frewden empfieng/ ein grosse Mahlzeit zurichtet / vnnd ein Kalb schlachtet/ die Eltern tragen grosse Liebe gegen den Kindern / daß sie auch jhre Mißhandlung verzeihen / inn Frewden mit jhnen leben. Gleichwol sehen wir / das vnterweilen auch die Gottlosen einander solche Freundtligkeit beweisen / wie viel mehr aber sollens die Christen thun. 1. Sam. 28. Die Gottlose Zauberin zu Endor/ zu deren Saul in seinen Kriegs Gefahren vnd Verzweifelung gieng / Richtet ein Mahlzeit zu vnnd Labet jhn/Sie hette daheim ein Gemestet Kalb/das schlachtet sie/ nam Mehl/knettets vnd buchs vngesewert/ da nötiget Saulem das Weib vnd seine Knecht / das er mit jhnen Mahlzeit hielt. Wir wollen hie nicht reden von dem Saul der den Teuffel Rhatfragt/vnd von jhm Trost begert/ da Gott jhm nicht antworten wolt/ vnnd wie diß ein grosse Sünd sey/als

Die Gottlosen erzeigē auch einand solche Gastfreyheit. 1. Sam 28

Saul auch zuuor die Zauberin ausgerottet vnnd vertrieben hat/ Sondern hie ist die Mahlzeit vnnd Gasterey allein zubedencken / da wir solches auch bey den Gottlosen sehen / aber Saul kan darmit inn seiner Verzweiffelung nicht erquicket werden.

Es kan Gasterey vnnd Wolleben den Gottlosen jhren nagendē wurm des Gewissens nicht stillen.

Dargegen so dräwet Esaias 27. den Hierosolymitanern vmb jhrer Vnbußfertigkeit vnd Verachtung des Euangelij willen / das Hierusalem mus einsam / vnnd die schöne Heuser verlassen werden / wie ein Wüsten daß Kelber daselbst weyden / vnd daselbst Reyser abfressen/denn es ist ein vnuerstendig Volck/rc. Das ist jhnen begegnet / da sie Christum vnd sein Euangelion nicht wolten annemen.

5. Von Rindern in gemein.

WIewol was bishero inn diesem Capitel in specie gehandlet ist worden/durch vnd mit den Rindern verstanden wird: Wollen wir doch auch in gemein etliche Geschichten von Rindern inn diesem Paragrapho erzehlen / da sie obenhin Rinder / ohne meldung der art genennet/vnd noch nicht erzehlet worden sind.

Der Erste Standt. Võ opffern. Exod. 20. Leuit. 1 3. Deut. 16. Num. 7.

IM Ersten Standt die Opffer betreffende/ lesen wir Exod. 20. Leuit. 1. Wenns ein Brandtopffer von Rindern ist/ sols ein Männlin sein. Leuit. 3. Ein Danckopffer von Rindern. Deut. 16. Opffer von Rindern am Ostertag. Num. 7. Die Zwölff Fürsten brachten Zwölff Rinder in der Einweyhung des Altars/ welche den Leuiten zum Dienst der Hütten des Stiffts gegeben

ben wurden. 2. Samuel. 24. Im grossen Pestilentz Ster- 2. Sam. 24
ben / kaufft David von Arachna dem Jebusiter die Tenne
vnd ein Rind vmb 50. Seckel Silbers / bawet dem HER-
REN einen Altar / opffert Brandtopffer vnd Danckopf-
fer / vnd der HERR ward dem Land versöhnet / vnnd die
Plage höret auff / 1. Chronic. 22. wirds repetiert vnd angezei- 1. Chro. 22.
get / daß David 600. Seckel gegeben hab / nemlich vmb die
Tenne / oder Platz vnd die Rinder. Dahin ist hernach der
Tempel gebawet worden. Inn der Repurgation des Tem-
pels zur Zeit Hißkiæ 2. Chronicor. 29. Heiligten sie zum 2. Chro. 29.
Opffer 600. Rinder. Der König Josia 2. Chronic. 35. 2. Chro. 35.
gab der Gemeine zur Hebe im Osterfest 3000. Rinder.
Seine Fürsten 300. Rinder: Die Oberstē der Leuiten 500.
Rinder. Daher gehören auch die Zehende von den Rindern.
Leuit. 27. 2. Cyronicor. 31. Salomo stellet sein gegossen Leuit. 27. 2. Chro. 31
Ehrin Meer auff Zwölff Ehrine Rinder / 1. Reg. 7. das doch 1. Reg 7.
vom König Ahas hernach weggethan ist / 2. Reg. 16.

Diese erzehlete Stück vnnd Geschicht geben im Erinnerung.
Geistlichen vnnd Weltlichen Standt Erinnerung / Erstlich 1.
von der Freywilligen Vnterhaltung des wahren Gottes-
diensts. Darnach seind sie Zeugniß vnnd Bekentnuß 2.
des wahren Glaubens an Christum das Einige Opffer.
Wie droben weitleufftig vermeldet. Spricht auch Da-
uid / Psalm. 66. Ich wil dir Feiste Brandtopffer brin-
gen / Ich wil opffern Rinder mit Böcken. Vnnd Asarias
inn seinem Gebet erkleret / Wir kommen mit betrübtem Her-
tzen vnd zerschlagnem Geist / als brechten wir Brandtopffer
von Wiedern vnd Rindern. Hie wollen wir auch gedencken 1 Reg 19.
des Elisæi. 1. Reg. 19. Wie er von Elia ins Predigampt be- Von Elisæo.
ruffen ist worden / Elias fandte Elisæum pflügen mit Zwölff Von seinem Beruff vnd Opffer.

 Jochen

Jochen für sich hin / vnnd er war selbs vnter den Zwölffen / vnnd Elia warff seinen Mantel auff jhn / da lies Elisæus die Rinder vnnd lieff Elia nach / doch nam er ein Joch Rinder / opffert es / vnnd kochet das Fleisch mit dem Holtzwerck an den Rindern/gabs dem Volck zu essen/vnnd macht sich auff/folget Elia nach/vnd dienete jhm/daruon sitze droben bey dem Ochsen. Wie auch die Prediger sich nichts sollen die Ochsen vnnd Rinder an jhrem Beruff hindern lassen / vnnd ein jeglicher Christ sol GOttes Beruff folgen etc. Gemelter Prophet 2. Reg. 5. strafft hernach seinen Geitzige Dienern Gehasi / als er Geschenck nam von Naaman Syro/es sey jetzt nicht zeit Rinder vnd Schafe nemen. Besihe droben die Schafe.

Ermnerung allen Predigern.

Im Haußstand seind Exempla der glücklichen Nahrung vnd die Straffen / auch zufellige Lehr zumercken. Gen. 12. Gen. 20. Die Könige/Pharao in Egypten vnd Abimelech zu Gerar / thun Abraham Guts vnnd schencken jhm Rinder vnnd Schaf / vmb Sara willen / welche sie gedachten zum Weib zunehmen. Sonderlich scheinet allhie Göttlicher Schutz vnd Schirm gegen dem Gleubigen Abraham / den GOtt inn den höchsten Gefahren erhelt/jhm nicht allein ein Guttwilliges/Reiches Hospitium bescheret / sondern auch verschafft/ das Sara Abrahæ Weib bey jhren Ehelichen ehren erhalten vnnd bewahret wird. Was die Nahrung anlangt/besihe Genes: 32. Jacobs/vnd Genes: 50. der Israeliten im Land Gosen / Glückhaffte Nahrung. David ist Reich an Viehe/ 1. Chronic. 28. Sitari war Davids Oberster vber die Waydrinder/Saphan vber die Rinder in Gründen. Hiskia 2. Chron. 32. hatte Grosse Menge der Rinder

Im Haußstand: Nahrung von Viehe. Gen. 21. 20

Gott schützt Abraham vnd Sara wunderlich.

Exempel der Narung vom Viehe.

1. Chro. 28.

2. Chro. 32.

vnd

vnnd Schafe. Job. 1. Hatte vor seinem Vnfahl 500. Joch Rinder die jhm die Araber raubten / aber hernach vberkam er zwiefach so viel/ das ist/ 1000. Joch Rinder. Daruon droben. Salomo, Ecclesiastis 2. Hat ein grössere Haab an Rindern vnd Schafen/ denn alle die vor jhm gewesen waren/ denn er must Täglich 1. Reg. 4. zur Speisung haben (neben anderm Viehe/ Zehen Gemester Rinder/ vnd 20. Weyd-Rinder. Aber doch vrtheilet er / das es alles Eytel vnnd Jammer darmit sey gewesen / sonderlich was die Gottlosen anlangt/ Jerem 3. Besihe beym Schaf. Jobi 1.

Was den Raub vnd Plünderung anlangt/ hastu Exempla Genes. 34. bey Simeon vnnd Leui / welche die Stadt Sichem beraubten. Item Dauid 1. Sam. 27. 1. Sam. 30. Der die Amalekiter plündert: Ein Straff der Rinder von der Dürre wegen erzehlet Joel. 1. Cap. Item Josephs Kauffhandel mit den Egyptiern inn der Thewrung. Gen. 47. Daruon bey den Pferden. Raub am Viehe. Gen. 34. 1. Sam. 27 Joel. 1.

Das

Das Dritte Capitel/

Von der Geiß/ oder Ziegen/ vom Ziegenbock vnd Böcklein.

1. Von der Ziegen oder Geiß.

Der Erste Standt. Opffer von der Ziegen.

DJE Ziegen oder Geiß ist auch ein reines Thier / welches die Jüden nicht allein essen mochten/ Deut: 14. sondern auch inn gewissen Fällen/ dem HErrn auffopffern solten: Doch mit diesem beding/ das es ohn Wandel/vnd Gebrechen/ vnd ein Männlin sey. Leuit. 1. Leuit. 22. Darnach sol man die Ziegen Sieben Tag bey der Mutter lassen sein/am Achten Tag vnd darnach/ mag mans opffern dem HERRN/ so ists angenem/ Leuit. 22. V. 28.

Leuit. 1. & 22.

Bedeutung dieses Opffers

1\. Denn im Siebenden Tag hat GOtt Himmel vnd Erden vollendet/vnd hernach geruhet. Vnd man helts darfür/ daß es ein Vorbild sey des Leidens vnnd Sterbens Christi / daß er nicht inn seiner Jugend solt vmbbracht werden / wie Herodes gedacht zu thun/Sondern inn seinem Vollkomnen Männlichen Alter.

2\. Item wird auch angezeigt/ daß kein Mensch auff Erden (ohn allein Jesus Christus)ein angenehmes Versühnopffer sey für Gott/ weil sie allzu schwach sind.

Wie

Wie solchs also Brentius auslegt: Opinor Spiritũ Sanctũ quasi vaticinio quodam significare voluisse, Christum non offerendum aut passurum mortem in infantia & pueritia sua sed in perfecta & virili ætate. Significatur & hac lege nullum hominem esse idoneum sacrificium pro peccatis propiciatorium, quia homines sunt ætate seu virtute sua molliores & teneriores, quam vt posint in iudicio Dei constare. Solus autem Christus tàm adultæ perfectionis & fortitudinis est vt posit & iudicium Dei ferre & victoriam á morte & inferno reportare. Hesychius. lib. 6. deutet die Mutter vnd Sieben Tag auff dieses Leben / da wir allerley Noth vnnd Dürfftigkeit vnterworffen seind / mit Essen / Drincken / Hungern / Dursten / Hitz/ Frost/ rc. müssen beladen sein. Wenn aber wir im Achten Frölichen Tag der Aufferstehung für Gott erscheinen vnd bestehen / so werden wir dieser Mengel vnnd Noth vberhaben sein/ rc. Er versteht hernach auch die Mutter die Christliche Kirchen / bey deren die Gleubigen seind / Nahrung empfahen/ den Geboten vnd Satzungen vnterworffen seind/ biß sie am Achten Tag der Aufferstehung / an Leib vnnd Seel GOTT ein Angenehmes Wolgefelliges Opffer werden. Quando aliquis gratia Euangelij generatus fuerit sub intelligibili matre Ecclesia vel gratia, septem dies (totam videlicet præsentem vitam quæ in dies 7. voluitur) erit legibus eius & sanctionibus obediens: Sic 8. die in tempore resurrectionis donum erit & hostia Domino, quia huiusmodi non solum animas, sed & corpora sacrificium sanctum placitumq́; suscepit.

Brentius. Hesychius.

Wir wollen aber die Opffer besehen: Genes: 15. zum Opffer sol Abraham / neben anderm Viehe auch ein Drey-Järige Ziegen nemen/ vnd zutheilen / welches von Gott an- Gen. 15.

gezündet ward. Daruon besihe drobẽ bey der Kuhe/vnd Wieder. Augustinus lib: 16. de Ciuit: Dei capi 14. Deutet diese drey Thier auff das Jüdische Volck/das erstlich als ein Kuhe vnterm Joch des Gesetzs seyn/darnach als ein Geyß oder Ziegen muthwillig steigen vnnd sündigen/Endlich aber regieren werde/2c. Idem in Psal. 103. Durch die Wieder versichet er die Præpositos vnd vorgesetzte. Bey der Kuhe/das Jüdische Volck so vnterm Joch des Gesetzes must arbeiten: Die Geyß aber bedeute die bekehrte Heyden die in den Wildnüssen jrreten/vnd im Abgöttischen Leben wandelten. Drey Järige seind sie genent/weil in der dritten Zeit das gnadenreiche Euangelion ist verkündigt worden. Leuit. 3. Ists ein Danckopffer von einer Ziegen/ vnnd bringts für den HErrn/ sol er sein Hand auff jhr Haupt legen/ vnnd sie schlachten für der Hütten des Stiffts/ vnnd die Söhne Aarons sollen das Blut auff den Altar vmbher sprengen/2c. Daruon offt droben. Hesychius spricht: Capra significantur simplices, sed qui peccauerunt & conuersi sunt. Durch die Ziegen werden verstanden die Einfeltigen so aus Schwachheit vnd Gebrechligkeit sündigen vnd fallen/Aber sich bekehren vnd Busse thun/2c. Leuit. 4. Wenns eine Seele vom gemeinẽ Volck versihet vnd sündiget daß sie jrgent wider der Gebot des HErrn eines thut/ daß sie nicht thun solt/ vnnd sich also verschuldet/ vnd jhrer Sünde jnnen wird/ die sie gethan hat/ die sol zum Opffer eine Ziegen bringen ohn Wandel/ für die Sünd die sie gethan hat/2c. Diß Gesetz widerholet Moses/ Num. 15. Vers: 27. Wenn eine Seele durch vnwissenheit sündigen wird/die sol ein Järige Ziegen zum Sündopffer bringen/ vnnd der Priester sol versühnen solche vnwissenheit für dem HERRN/ so wirds jhm vergeben werden. Wird auch dieses Sündopffer ferner angedeutet/Leuit. 5. Weñ eine Seel schwe-

Augustini Geistliche auslegung.

Leuit. 3.

Leuit. 4.

Num. 15.

Leuit. 5.

schweret/ daß jhm aus dem Mund entfehret / Schaden oder Guts zu thun/ ꝛc. Der sol für seine Schuld dieser Sünd dem HERRN von der Herd/ein (Schaf oder) Ziegenmutter zum Sündopffer bringen/so sol jhm der Priester seine Sünd versühnen. Wie diese Opffer Christum bedeuten/ der vnsere Sünd gebüsset hat / vnnd die Jüden mit jhrem Opffer denselben Glauben bekendten/ ist droben offt vermeldet/ohn noth zu repetieren.

Bedeutung solcher Opfer.

Hiehero gehöret auch Josiæ Königs in Juda Exempel 2.Chronicor.35.3.Esdræ.1. Daruon schon auch droben gesagt ist/ vnnd nicht weniger in den andern Standt der Oberkeit kan gezogen werden/der hat inn seinem stattlichen Osterfest / dem Gemeinen Mann vnnd Außlendischen Jüden/ darmit sie die Sieben Tag aushalten möchten an Lämmern vnnd Jungen Ziegen Dreissig Tausent von seinem eignen Gut fürgestreckt vnnd geschenckt: Seine Fürsten aber gaben dem Volck / den Priestern vnnd Leuiten zum Passah zwey tausent vnd sechs Hundert Lämmer vnnd Junge Ziegen/ꝛc. Aber die Reichsten vnnd Obersten vnter den Leuiten gaben fünff tausent Lämmer vnd Ziegen.

2.Chro.35.
2.Esd.1.

Diß ist ein lobwirdigs exempel/als droben gesagt/allen Reichen vermöglichen Leuten fürgestellt/ das sie das Heilige Predigampt/ den waren Gottesdienst/ mit jhrem Haab vnd Gut fouiern vnnd befürdern sollen / welches GOtt reichlich belohnet. Vnnd ob nicht jederman viel Ziegen vermag zu geben / so nimpt doch GOTT auch Ziegenhaar an / Wie Moses Exod.25. vnnd 35.sagt: Das ist auch die geringste Dienst vnnd Arbeit / so an den wahren Gottesdienst angelegt werden / seind GOTT angenehme

Reiche Leut sollen mit jhrem gut auch dz heilige predigampt fördern helffen. Gott nimpt auch mit eim geringen fürgut/wenn du nicht viel geben kanst.

Brentius vnd lieb/wie Hieronymus diß verstehet. Vñ Brentius schreibet auch hierüber. Cùm non tantùm aurum & argentum, id est, res preciosæ, verùm etiam PILI CAPRARVM & ligna, hoc est, res per se viles ad ædificationem tabernaculi exigantur: perspicuè admonemur, vt vnusquisq; pro facultate doni sui diuinitus concessi, Ecclesiam adiuuet, alius doctrina, alius explicatione scripturæ, alius consolatione, alius administratione Sacramentorum, alius administratione gladij seu ciuilis magistratus, alius externo suo sumptu, alius alio quodam genere officij, siue id preciosum, siue vile appareat, modò ad CONSEruationem RELIGIONIS & Ecclesiæ aliquid faciat. Qui non potest aurum & argentum offerre offerat saltem PILOS caprinos & ligna, & munere suo defunctus est. Das ist: Weil Gott der HErr nicht allein Gold vnd Silber/das ist/köstliche ding/sondern auch Ziegenhaar vñ Holtz/das ist/schlechte vnd vnansehliche ding zum Baw der Wohnung erfordert: So werdē wir klerlich ermahnet/ das ein jeder nach dem vermögen seiner Gaben/ so jhm von Gott gegeben sein/der Kirchen diene/ einer mit Lehren/ ein ander mit Erklerung der Schrifft/ein ander mit trösten/ ein ander mit außtheilung der Sacramenten/ ein ander mit verwaltung des Schwerdts / oder Weltlicher Obrigkeit Ambt/ ein ander mit seim Geldt / ein ander mit eim andern Dienst / es geschehe nu gleich gering oder herrlich / wenn es nur zu Erhaltung der Religion vnnd der Kirchen etwas nützet. Wer nicht kan Goldt vnnd Silber bringen / der bringe Ziegenhaar vnnd Holtz/ so hat er seinem Ampt gar gnug gethan/ ꝛc.

Origenes. Origenes homil. 13. in Exod. verstehet darmit/das die jenigen darmit anzeigen/sie haben in jhrem Hertzen die böse Begierden vnd Lüste getödtet: Offeruntur &

PILI caprarum: Hoc genus pecudis in lege pro peccato iubet offerri: Pilus verò species est emortua, exanguis exanimis: hanc qui offert, ostendit in se sensum peccati iam mortuum nec in membris suis vltrà viuere aut regnare peccatum. Diß von den Opffern. Cant. 4. v. 1. vnd cap. 6. v. 4. Salomon oder viel mehr Christus durch Salomonem lobet seine Kirche/die Lehrer vnnd Zuhörer des Euangelij: Dein Haar ist wie ein Herd Ziegen / auff dem Berg Gottes gleissend: Deine Zeene sind wie die Herde mit beschnittenen Wollen/rc. Das ist: Die Zuhörer vnnd Prediger werden an dem Haupt Christo hangen wie die Haar/ sich zwar für arme Sünder / vnd Göttlicher Gnaden vnwirdig erkennen/aber doch ad aceruum testimonij, zum Hauffen des Zeugnis auffsteigen mit einem waren Glauben/Gebet/ Wolthaten gegen dem Nechsten / da Christus auch ein bewerter Stein / ein köstlicher Eckstein ist / auff welchen die Gleubigen aufferbawet werden. Vuilramus Abbas. Tam auditores quàm prædicatores verbi Diuini (ait Christus) mihi ceu capilli adhærescent capiti, profitentur se peccatores & indigos misericordiæ Diuinæ. Itaq; veri Christiani se peccatores fatentur & ad aceruum testimonij scandunt Fide, deprecationibus, Beneficentia in proximum, alijsq; Bonis exercitijs, &c. Per dentes Prædicatores figurantur, cibos enim sacræ scripturæ comminuunt, quo facilius à populis poßint glutiri. Lutherus sagt/es sey ein Beschreibung der Priester vnd Leuiten/welche dem Volck mit Predigen vorstehen/einig seind/vnd straffen. Sunt Capilli Sacerdotes & Leuitæ qui sunt in vertice populi & regunt verbo Dei populum. Gilead significat cumulum testimoniorum, Ea est sacra scriptura quæ verè continet cumulum testimoniorum. Hoc quoq; pertinet

Cant 4. & 6.

Auslegung dieser Spruchs.

Vuilrami Abb:

Lutheri.

ad ofad officium docendi, Mordere & obiurgare non odio priuato, sed ex charitate & pio Zelo, Ideò ouium sunt dentes. Das ist: Die Haar sein die Priester vnd Leuiten/ welche sind auff des Volcks Heupt/vnd regieren das Volck mit Gottes Wort. Gilead bedeutet eine menge zeugnissen/ welches ist die heilige Schrifft/darinn ein grosser Hauff zeugniß begrieffen ist. Solchs gehört auch zum Lehrampt/ beissen vnd schelten/nicht aus eignem Haß/sondern aus lieb vnd einem Gottseligem Eyfer/darumb seind sie der Schafe Zeene.

Der Ander Standt.

IM Andern Standt/Ist schon droben bey dem Opffer des Königs Josiæ vnnd seiner Fürsten Lobwirdige Freygebigkeit angezeigt worden. Vnd

1. Reg. 29.

was die Jsraeliten anlangt/lesen wir 1. Reg. 20. V. 27. ein denckwirdige Geschicht. Benhadad König in Syrien zeucht zum andern mahl herauff wider Ahab König inn Jsrael mit einer grossen Macht vnd Heerskraffte/ vermeinet die Jsraeliten mit der grossen menge zuüberwinden/ wie er auch drauff bocht vnd trotzt. Die Jsraeliten aber zogen jhnen entgegen/ vnd legerten sich gegen sie wie zwo kleine Herd Ziegen/ der Syrer aber war das Land voll. Wer vberwindet vnd sieget? Gott schickt einen Propheten zu Ahab: So spricht der HErr/ darumb das die Syrer haben gesagt/der HErr sey ein GOtt der Berg vnd nicht ein GOtt der Gründe/ so hab ich allen diesen grossen Hauffen/ inn deine Hand gegeben/ daß jhr wisset ich sey der HERR. Also schlugen die Jsraeliten auff einen Tag Hundert Tausent Fußvolcks der Syrer/ vnd da die andere in die Stadt Aphek flohen/ fiel die Maur ein/ vnd erschlug die vbrige Sieben vnnd zwantzig Tausent Mann.

Dar-

Daraus ist nu zu lernen/daß es nicht gelegen ist an dem grossen Hauffen der Gottlosen Menschen/sondern das glück vnd Sieg steht bey Gott dem Allmechtigen/der seiner Heiligen Namens Ehr vnd Mayestet retten kan / auch durch Geringe Verachte Menschen/wie die Jsraeliten zweyen kleinen Herden der Ziegen vergliechen werden/gegen dem Syrischen Hauffen gerechnet. Den Sieg giebt Gott/ nit der groß Hauff des Volcks.

WAs den Hauß vnnd Ehestandt berühret/ seind auch etliche Sprüchlin vnd Geschicht zumercken. Salomon Prouerb.27. Vers:27 sagt vnnd verspricht / wenn man sich mit fleiß der Herd/Schafen/ꝛc. vnnd Nahrung annehme / so werd man auch das Tägliche Brod vberkommen können. Du hast Ziegenmilch genug für Speise deines Hauses/vnd zur Nahrung deiner Dirnen. Pecora diligenter curata victum necessarium & sufficientem tibi tuæq; familiæ præbere possunt: Si tamen frugaliter viuere cupias, neq; delicias expetas. Ergò diligenter curanda est Oeconomia vt nos & nostros, citra aliorum detrimentum, alere & sustentare posimus. Osiander. Hieronymus allegorisierts auff das Wort GOTtes/ die Prediger sollen dem Wort vnd Lehr fleissig obliegen/daß sie die schwache im Glauben vnd Leben erquicken/nehren vnd mehren/darmit sie zunehmen/vnd auch andere hernacher vnterrichten können. Tam sedulò doctrinæ insta, vt etiam quosdam pœnitentes ad officium docendi prouehas, quatenus per illos, qui pridem pro fœditate vitiorum ad sinistram iudicis videbantur ponendi, modò rationabile & sine dolo, lac verbi, paruulis sensu ministretur: Fit autem lac caprarum ad victum ancillis: quando hi qui nondum amore perfecto, sed adhuc timore seruili.

Der Dritte Stand.

Prouer.27.

Geistliche deutung Hieronymi.

seruili Domino, deseruiunt, per exemplum vel verba eorum, qui per pœnitentiam salui facti sunt, viuificis verbi epulis reficiuntur, atq; vt ad maiora virtutum proficiant incrementa, iuuantur. Wir wollen aber zum Haußstand wider kehren.

1.Sam 25 Der Reiche Juncker Nabal 1.Sam.25. Hatte Tausent Ziegen auff der Weyde gehen. Daruon droben bey den Tob.2. Schafen. Tobiæ. 2.V.20. Hanna des Alten Tobiæ Weib Arbeitet fleissig mit jhrer Hand / vnnd ernehret den Blinden Ehemann Tobiam mit Spinnen / erwarb vnd erkaufft damit eine Junge Ziegen/ vnd da sie dieselbe heym bracht/ vnd Tobias blöcken höret/ sprach er/ Sehet zu daß nicht gestolen sey/gebets dem rechten Herrn wider/denn vns gebühret nicht zu essen vom gestolnen Gut / oder dasselb anzurühren/ aber darmit erzürnet er sein Weib Hanna / daß sie jhm sein Elend vnd sein Glauben an Gott fürwarff vnd auffrücket. Lobenswerth ist die Hanna/daß sie mit nehen vnd spinnen jren Alten Blinden Mann ernehren hilfft: An Tobia ist auch in gemein/ seine fürsichtigkeit nicht zustraffen / daß er von der Ziegen / woher sie komme/ nachgefraget hat/ vnd nicht wil vom Gestolnen Gut essen /auch nicht anrühren / Aber doch lest er zu bald den Argwohn mit vnterlauffen / welches vnrecht ist. Weiter so mißhandlet die Hanna auch / daß sie die trewhertzige Erinnerung jhres Ehemanns gleich so böser meinung auffnimpt/ jhm an den Hals fehret / den Sack für die Thür wirfft/ sein Elend auffhebt/ vnd das vertrawen zu GOTT schimpfieret. Eines solt billich dem andern ein Rede für gut halten. Also vernemen wir/daß auch in dem Ehestand/ der From nen vnd Heiligen Menschen/nicht allwegen eben vnd gleich zugehet.

Löbliche thaten Hannæ. Tobiæ.

Straffwürdigen: Tobia. Hanna.

Eine Hiſtoria iſt noch allhie zuuermelden. 1. Sam. 19. 1. Sam. 19
Der Tyranniſche König Saul ſtellet dem Heiligen Dauid ſeinem Tochtermann / nach dem Leben / leſt ſein Haus bey Nacht mit Kriegßknechten belägern vnnd bewachen / daß er jhn Morgens Frühe fangen vnnd tödten könne: Aber diß erfehret Michol Saulis Tochter Dauids Gemahel / leſt jhn an einem Seyl durchs Fenſter hinab / daß er entrinne vnd das Leben errette: Vnnd darmit er ja nicht ereylet vnd zu rück gebracht würde / erdenckt ſie ein Liſt / legt ein Bild ins Beth / vnd legt ein Ziegenfell zu ſeinen Heupten / deckets mit Kleidern zu / zeigt den geſandten an / Dauid were kranck / aber da ſie jhn alſo kranck zu Saul bringen ſolten / finden ſie nur ein Bild oder Götzen / vnd ein Ziegenfell auff ſeinem Heupte liegen / darumb Saul ſehr vber ſeine Tochter erzürnet / ꝛc. Darmit aber beweiſt Michol ein Ehliche Lieb vnnd Trew gegen jhrem Mann / vnnd wil ſich ehe in Gefahr vnd Haß des Vaters begeben / denn das ſie jhren Gemahel verrahten ſolt. Michol, ait Brentius, ſeruat & liberat Dauidem inſigni virtute & memorabili aſtu. Etſi enim dubitare non poterat, quin liberatione Dauidis, incurreret in indignationẽ Regis, patris ſui, & exponeret vitam ſuam periculo: tamen maluit ſe periculis obijcere, quam maritum prodere: Virtus honeſta vxore digniſsima. In hoc enim eſt creata mulier & tradita viro in vxorem vt ſit ei in adiutorium. Sicut ſcriptura loquitur Gen. 2. Das iſt: Die Michol / ſagt Brentius / erhelt vnd erlöſt Dauid löblicher weis / vnnd durch ein ſonderliche erdachte Liſt. Denn ob ſie deſſen gewis war / wo Dauid würd entrinnen / das jhr Vater / der König vber ſie würd ergrimmen / vnd ſie ſelbſt würd jhres Lebens nicht ſicher ſein: Dennoch wil ſie ſich lieber in Gefahr begeben / als jhren Mann verrahten: Diß iſt eine löbliche Tugent / ſo einem

Michol beweiſt dem Dauid jrem Ehemann rechtſchaffene Eheliche Lieb vnnd Trew.

Eheweib wol anstehet. Denn dazu ist das Weib erschaffen/ vnd dem Mann zugeordnet worden/ daß sie seine Gehülffin sein sol/ wie die Schrifft redet/ Gen. 2.

2. Vom Ziegenbock vnd Böcklin.

Der Erste Standt. Opffer vom Bock Christi Vorbildt. Ebr. 9.

WEil der Ziegenbock im Ersten Stand zu vielen Opffern gebraucht wird/ mögen wir zuuor den fürnembsten Brauch vnd nutz vernemen / der Ebr. 9. angedeutet ist. Christus ist kommen / daß er ein Hoherpriester sey der zukünfftigen Güter/ vnd ist nicht durch Böcke oder Kelber blut (wie der Aaronisch Hohepriester) sondern durch sein eygen Blut in das Heilige eingegangen/ vnd hat eine Ewige Erlösung funden: Vnd bald drauff: So der Ochsen vnd Böcke Blut/ ꝛc. Heiliget die Vnreinen zu der Leiblichen Reinigkeit/ wie viel mehr wird das Blut Christi (der sich selbs on allen Wandel durch den Heiligen Geist Gott geopffert hat) vnser Gewissen reinigen von den Todten Wercken zu dienen dem Lebendigen

Ebr. 10.

Gott: Ebr. 10. Es geschicht nur durch dieselbigen (Opffer im alten Testament) ein Gedechtnüß der Sünde alle Jahr/ denn es ist vnmüglich durch Ochsen vnnd Bocksblut Sünd wegnemen/ ꝛc. Solches must Christus thun/ ꝛc. Darnach waren diese Bocksopffer (sonderlich die Sündopffer) ein anzeigung vnd Lehr der waren Buß vnd Erkentnüß der Sünden/ vnd ein onmahnung die Geylheit vnd Muhtwillen im Menschen zu tödten. Wie Origen. homil. 27. in Num. sagt: Si

Anmahnung zu warer Buß.

petu-

petulantiam, lasciuiamq́ꝫ peremero, HIRCVM Domino iugulasse me, Aaron manibus, credam.

Auff diese vorgehende Erklerung wollen wir die Fürnembste Mosaische Bocksopffer anhören. Als Leuit. 4. Wenn ein Fürst vnwissent sich an einem Gebot des HErrn vergreifft / vnd wirds jnnen / so sol er einen Ziegenbock zum Sündopffer bringen / seine Hand auff das Haupt legen vnd schlachten lassen für dem HErrn / ꝛc. Da einer von der Gemeine ein geringer Opffer / ein Ziegen / Turteltauben / oder sonst ein andere Tauben opffern müst. Wil aber Gott neben oberzehlten Lehren anmelden / das eines Fürsten Sünd viel grösser vnd höher sey denn eines Mannes von der Gemeine / wie dieses nicht allein an den Opffern / sondern auch straffen Saulis / Dauidis / ꝛc. erscheinet. Darumb solche Vorgesetzte desto grössern fleis anwenden sollen nicht zusündigen / wie darzu die Hoheit mißbraucht wird / sondern ein Gottseligers Leben zuführen / vnnd einem andern mit eim guten Exempel vor zugehen. Leuit. 9. Num. 15. Am Achten Tag nach der Einweyhung Aaronis bracht das Volck (vnter andern) auch ein Bock zum Sündtopffer. Vnnd dergleichen besihe mehr Sündtopffer in den Jüdischen Festagen / von einem Bock: Leuit: 23. Num. 28. 29. Ezech. 43. 44. Daruon bey andern Opffern schon droben gehört ist worden.

Leuit. 4. Fürstlich Opffer vom Bock.

Bedeutung.

Erinnerung.

Leuit. 9. Num. 15.

So ist auch etlichmahl die Freywilligkeit der Fürsten Israelis in Erhaltung des wahren Gottesdiensts Numer. 7. Hiskiæ 2. Chronicor. 29. Artaxerxis. Esræ. 6. 7. 8. 3 Esd. 7. vnd 8. gedacht vnd allen Regenten vorgestellet worden / ohn noth zu widerholen. Vor andern Opffern ist wol zubehalten / daß Gott Aaron vnd allen Hohenpriestern befihlet / Leuit. 16. Wenn sie Järlich (welches nur einmahl im Jahr / am Fest der Versühnung geschahe) inn das Allerheiligst wollen

Leuit 16. Opffer vom Bock des Hohenpriesters wenn er in das allerheiligste hat gehen wollen.

len gehn/sollen sie von der gantzen Gemein Israel (vnter andern Opffer) zween Böcke nemen / für den HErren stellen/ für der Thür der Hütten des Stiffts. Vnd der Hohepriester sol das loß werffen vber die zween Böck/ein loß dem HErrn/ das ander dem ledigen Bock. Welchen nu das loß des HErrn trifft/den sol der Hohepriester als des Volcks Sündopffer schlachten/vnd mit seinem Blut sprengen fornen gegen dem Gnadenstuel/ꝛc. Vnd sol also versühnen das Heiligthum von der vnreinigkeit der Kinder Israel/vnd von jhrer vbertretung in allen jhren Sünden.

Was den andern Bock betrifft/sol der Hohepriester seine beyde Hende auff sein Haupt legen/vnd bekennen auff jhn alle Missethat der Kinder Israel vnd alle jhre vbertretung in allen jhren Sünden / vnnd sol sie dem Bock auff das Heupt legen / vnnd jhn durch einen Mann der vorhanden ist inn die Wüsten lauffen lassen/daß also der Bock alle jhre Missethat auff jhm in ein Wildnüß trage/vnd lasse jn in die Wüste/ꝛc.

Bedeutung. Droben ist schon gesagt/daß diese Böcke Christum bedeuten/ sonderlich aber auff den alle Sünd gelegt/vnd er in die Wüsten geführet ist worden/ das er von den Wilden Thieren gefressen würde/ꝛc. Auff Christum seind alle vnsere Sünde gelegt worden/der auch in die Wüsten gieng/ vnd vom todt/ Isychius. Teuffel vnd Welt vbel tractieret ward: Isychius deutet beyde Böck auff Christum / den einen der in die Wüsten lieff auff die Göttliche Natur / welche jhre Macht hinderhalten Origenes. hat/das er Leiden vnd geschlachtet werden kündte. Origenes homil. 9. in Leuit. Verstehets auch von den Christen/ auff welche des HErren Loß gefallen ist/die müssen herhalten vnd geschlachtet werden: Die aber wider in die Sünd fallen/ vnd von der Welt seind / die kommen in die Wüsten / empfahen

doppelte

doppelte Sünd vnd Straffen. Vis scire quia ad nos pertinent quæ dicuntur? Animalia hæc quæ sortes istas excipiunt, non sunt immunda nec aliena ab altaribus Dei, sed munda sunt & quæ in sacrificijs offerri solent, vt scias hæc figuram tenere non Eorum QVI EXTRA FIDEM sunt, sed eorum, qui in Fide sunt. Hircus enim animal Mundum est & diuinis altaribus consecratum. ET TV ergò qui per gratiam Baptismi consecratus es altaribus Dei, & ANIMAL Factus es Mundum, sed si non custodias mandatum illud Domini, quod dixit: Ecce sanus factus es iam noli peccare, ne quid tibi deterius contingat, sed cum esses mundus rursum te peccati inquinamento maculasti, & ex virtute ad libidinem ex puritate ad immunditiam declinasti tuo vitio, cum animal mundum fueris, SORTI te Apopompæi, Eremiq; tradidisti, &c. Das ist: Wiltu wissen/ wie das/ so jetzt gesagt ist/ vns angehe? Diese Thier vber welche das Loß ist geworffen worden/ seind nicht vnrein/ auch nicht verbotten zuopffern/ sondern sie seind rein/ vnd die man pflegt zu opffern/ auff das du wissest/ das sie ein Fürbild sein/ nicht derer so ausser vnd one Glauben sein/ sondern der Glenbigen. Denn ein Bock ist ein rein Thier/ vnnd zu opffern gebotten. Vnd du/ der du auch durch die heilige Tauff dem Altar Gottes bist geheiliget/ bist ein rein Thier worden. Wenn du aber nicht in acht hast den Befehl GOttes da er gesagt: Sihe/ du bist rein worden/ sündige fort nicht mehr/ auff das dir nit was ergers widerfahr: Sondern da du rein warest/ hast dich wider mit sünden befleckt/ vnd bist von der Tugent zur lust/ von der reinigkeit zur vnreinigkeit gewichen/ aus lauterm eignem mutwillen/ da du doch ein rein Thier warest/ so hastu selbst auff dich das loß geworffen/ dz man dich hinaus in die Wüsten jagen sol.

Der Christë rechtschaffne Tugẽt durch die Opffer der Böck angedeutet Psal. 50. Esa. 1. Psal. 66.

Daß aber durch diese Bockopffer eigentlich die rechtschaffene Tugende der Christen vorgebildet werden/ meldet Gottes Wort deutlich. Psal. 50. Meinstu sagt Gott zu Dauid/ daß ich Ochsenfleisch essen wolt oder Bocksblut Trincken? Wie er auch hernach durch Esaiam 1. sagt. Ich hab kein Lust zum Blut der Farren/ Lämmer vnd Böck/ etc. Darumb das David Psalm. 66. spricht/ HErr ich wil dir Feiste Brandtopffer thun von gebrandten Widern/ Ich wil opffern Rinder mit Böcken/ das ist/ von den Lob vnnd Danckopffern/ von einem waren Glauben an Christum zuuerstehen. Hieronymus. Hirci sunt qui post peccatum conuersi fideliter in martyrio perstiterunt. Das ist: Die Sünder welche nach dem Fall Buß gethan vnnd bestendig blieben seind wie auch diese Böck Augustinus versteht.

Esa. 11. Esa. 60. Jer. 50. Cant. 1.

Zu dieser Beschreibung gehören auch andere Sprüch. Esaiæ 11. Die Pardel werden bey den Böcken liegen: Dardurch die Liebe vnd Freundtschafft allerley Bekehrten Sünder verstanden wird. Eben also handlet Esaias. 60. Von den Böcken Nebaioth/ die sind die Bekehrte Heyden aus den Nachkömlingen Ismaelis. Also nennet Jeremias Cap. 50. die Israeliten/ welche aus der Babylonischen Gefengnüß gen Hierusalem widerkommen sollen. Fliehet aus Babel/ vnd ziehet aus der Chaldeer Land/ vnd stellet euch als Böcke für der Herde her. Das doch ein weissagung ist/ sie die Jüden sollen sampt jhren Obersten außziehen/ vnd darumb diß auch in den andern Stand gehöret. Cantic. 1. Christus sagt zu seiner Braut der Christlichen Kirchen wo sie jhn finden sol: Kennestu dich nicht/ du schönste vnter den Weibern/ so gehe hinaus auff die Fußstapffen der Schafe/ vnd weyde deine Böcke bey den Hirtenheusern. Wenn du mich finden wilt in Creutz vnnd Anfechtung (denn damals kennen sich die Christen

sten schwerlich) so folge nach den getrewen Schäflin Gottes/gehe jhren Fußstapffen nach/ wie auch sie Gottes Nachfolger gewest / so wirstu mich finden. Darffst dich nicht ergern lassen vnnd hindern / ob schon noch Böck vnter den Schäflin seind/noch Gottlose Menschen vnnd Sünder vnter den frommen vermengt.

Also prediget auch Ezechiel. 34. von den Böcken inn der Herd der Christgleubigen Schäflin / welche die Weyde zutretten/die Brunnen wüst machen/vnnd mit Hörnern vmb sich stossen/die wolle der Ertzhirt Christus richten. Vnnd Zach.10. Mein Zorn ist ergrimmet vber die Hirten/vnnd ich wil die Böck heimsuchen. Welches Christus selbs weitleufftig deutet / Matth.25. Er wolle die Böcke zur Lincken Hand stellen vnd hinweisen in das Hellische Fewer. Welches nicht allein von den Falschen Lehrern vnd Verführern/ sondern auch von allen Vnbußfertigen Sündern / wie diß bey vnterlassung der Wercken der Barmhertzigkeit erscheint/ verstanden wird. Wir wollen etliche Art der Böck aus dem Comment. in Matth.homil.54. bey dem Chrysost. hiehero verzeichnen. Hædos homines peccatores dicit, quia in Capris naturaliter hæc insunt vitia: Libido præ cæteris animalibus, superbia, rixa. Semper enim se percutientes incedunt & modò humero pulsante, interdum cornu percutiunt. Item inuidi sibi inuicem inuident, &c. Item iactantes sunt & gloriantes, &c. Item capræ multum trahuntur concupiscentia gulæ, propter gulam namq; suam per saxa & præcipitia ambulant, & super præcipitia se suspendunt. Item Clamoribus super omnia garrulæ. In omnibus his vitijs peccatores abundant, & ideò hædis sunt assimilati. Die Summa ist/Geylheit/Stoltz/Zanck/ Mißgonst/Naschhafftigkeit/viel geschreyes vnnd dergleichen

Ezech.34.

Chrysostomus etliche Art der Böck.

Vnart

vnart werden bey den Böcken gespühret / darinnen die Sünder jhnen nachfolgen. Kürtzer beschreibt sie Theophylactus.

Theophylactus.

Oues vocat sanctos, quia mansueti sunt & fructum nobis ac vtilitatem dant: vt lanam ad diuinum & spiritualem amictum, & lac, hoc est, cibum congruum: Hædos autem peccatores, in præceps enim vadunt & incompositi & steriles vt hædi. Die Sünder nennet er Böcke/ als die sich stürtzen/ die Vnzüchtig vnnd vnfruchtbar in guten Wercken seind. Diß vom Ersten.

Proprietates HIRCI hypocritæ conuenientes. Hugo; Card. in Psal. 49.

Lana, cibus, visus, sanguis, caro, cornua, fœtus.
Hostia, mons, vitis, dens, pes, vox, Barba, libido.
Cauda breuis, corium sotularibus vtribus aptum
Lacte caret, fœtet, emissus, ruminat hircus.

Explicatio proprietatum breuis.

1. *Extra portat lanam caprinam, id est, signum pœnitentiæ.*
2. *Cibus hircorum est amare frondes & hypocritarum detractiones.* Iob. 30. *a. Qui rodebant in solitudine, &c.*
3. *Acutè vident, sic hypocritæ mala aliorum.* Eccles. 14. *b.* Oculus *malus ad mala.*
4. *Sanguis eius frangit adamantem: & lingua hypocritæ etiam virum constantem.* Prouerb. 15. *a.*
5. *Caro eius est dura, id est,* Carnalitas *obstinata:* Ier. 30. *c. dura facta sunt peccata.*
6. Cornua *habet excelsa, id est, superbiam elatam* Daniel. 8. *b hircus habebat cornu, &c.*
7. *Fœtus eius est bonus: & hypocritæ quandoq; bona docent, quia licet ipsi vadant in infernum, docent tamen alios ire in cœlum.*

8. Ex ipso

8. *Ex ipso fit hostia: sic de hypocrita Leuit. 10. Hircum qui oblatus fuerat pro peccato cum quæreret Moyses reperit exustum.*

9. *Libenter ascendit: sic hypocritæ ad montem sanctitatis. Iere. 49. d. apprahend. in terris abit.*

10. *Vites lædit sic hyp. famam iustorum. Iohan. 15.*

11. *Dentes non habet in superiori mandibula: sic hyp. non habent verba charitatis ad reprehendendum, sed verba timoris. Threnor. 3. b. confregit ad numerum dentes meos.*

12. *Pes eius non est integer, sic affectus hyp. in plura diuisus est. Eccles. 21. c. Cor fatui quasi Vas, &c.*

13. *Vocem balantem habet sicut ouis, sic hyp. Verba simplicia. Gen. 27. Vox quidem vox Iacob.*

14. *Barbam habet prolixam, sic hypocr. (ad literam) in signum sanctitatis. 2. Reg. 19. de Mephiboset.*

15. *Libidinosus est sic hypocrita: Zach 10. a super hircos visitabo.*

16. *Cauda eius est breuis, sic finis hypocritæ velox. Iob. 20. a. Gaudium hyp. instar puncti.*

17. *Corium est aptum sotularibus & vtribus: Corium hyp. est exterior conuersatio quæ vtilis est alijs & munit pedes, id est, affectus eorum, & si esset interius mundicia cordis possent recipere Vinum Matth. 9.*

18. *Lacte caret, sic hyp. dulcedine consolationis etsi increpationes habeat.*

19. *Fœtet, sic hypocrita. Matth 23. Sepulchra dealbata.*

20. *Emittebatur in desertum, deferens scripta peccata populi. Leuit. 16. Sic fit de hypocrita Lenit enim & attenuat peccata hominum & assumit super se & sic mittitur in desertum inferni.*

21. *Ruminat. sic hyp. multos Psalmos ruminat in ore. Matth. 6. de multiloquio precum, &c.*

JM Andern Standt / Werden auch die Regenten vnd Oberherrn sampt jhrem Ampt durch vnd mit diesem Thier vorgebildet. Esaiæ. 14. v. 10. Da das Babylonische Reich gewonnen / vnd der erschlagne König in die Helle fahren sol / werden alle Böcke der Welt / von jhren Stülen aufffstehn / jhm entgegen gehen / gantz hö- Der Ander Standt. Regenten vnd jr Ampt bey dem Bock fürgebildet. Esa. 14.

 nisch

nisch empfahen vnd wilkomē heissen sein/ wie er an diesen ort komme/fragen? Ist allererst jetzt vermeldt / das die Böck die Fürsten für der Herd aus Babel fürher gehen werden. Jeremiæ. 51. Ich wil sie/die Babylonier/herunter führen zur Schlacht wie die Böcke. Vnd von den Edomitischen Fürsten spricht Esaias 34. Des HErren Schwerdt ist vol bluts vnd dick vom Fetten/ vom Blut der Lämmer vnd Böcke/ꝛc. Ezechiel 39. V.18. nennet des Gog vnd Magogs Fürsten Böck/welche geschlachtet/ vnnd jhr Fleisch von den Vogeln vnd Thieren sollen gefressen werden: Sonderlich aber nennet Daniel cap. 8. Den Alexandrum Magnum, der den letzten Persischen Keyser Darium erlegen solt/ einen Ziegenbock mit einem ansehnlichen Horn / darmit er einen Wieder zu boden stieß vnnd jhm seine zwey Hörner zubrach/ꝛc. Der Ertzengel Gabriel spricht selbs der Ziegenbock ist der König in Griechenland; Vnd werden die Griechen den Böcken nicht allein der Geylheit vnd Grawsamkeit wegen verglichen/ sondern auch weil sie geschwinde Fürwitzige Köpff hetten/ newe sachen zu erdencken/vnnd vmb jhrer Spiel willen die sie trieben/vnd viel Sünd darmit begiengen. Wie der Herr Philippus sagt: Græcos Capras vocat Daniel: vt enim hæ eximiam habent in scandendo solertiã & saltationibus assiduis gaudent: Ita Græcorũ ingeniorum mira fuit in experiendis nouis rebus artibus & consilijs curiositas. Taxari etiam existimo Ludos Scenicos quibus ea gens præcipuè dedita fuit, qui quidem multa magna flagitia pepererunt & confirmauerunt.

Jerem 51. Esa. 34. Ezech. 39. Daniel. 8.

Worum die Griechē den Böcken verglicheu werden.

Neben diesen Beschreibungen sollen wir folgende Geschichten behalten / darmit die Regenten jhres Ampts seind wunderbarlicher weiß versichert worden / Als Judicum. 6.

Die Regenten jhres Ampts versichert bey diesem thier. Jud. 6.

Da

Da Gideon die Jsraeliten aus der Midianiter Hand erretten solt/ vnd vom HErrn ein Zeichen begert/ bat er den Engel des HErrn / das er bliebe biß er wider keme: Da bracht Gideon vnd schlachtet ein Ziegenböcklein/ vnd ein Epha vngesewerts Mehls/vnd legt Fleisch in einen Korb/vnd thet die Brüe in ein Töpffen/ vnd brachts zum Engel heraus/vnter die Eyche/vnnd trat herzu: Aber der Engel Gottes sprach zu jhm: Nim das Fleisch vnd vngesewrt / vnnd laß es auff dem Felß der hie ist/vnd geuß die Brüe aus/vnd er thet also: Da recket der Engel des HErren den Stecken aus/ vnnd rühret das Fleisch an/vnd es fuhr Fewer aus dem Felß/vnd verzehret das Fleisch.

Mit diesem wunderbarlichen Opffer sterckt der Sohn Gottes des Gideons Glauben vnd Ampt/daß er die Jsraeliten solt erlösen. Ein gleichförmige Historiam lesen wir Jud. Jud. 13.
13. Von Manoah des Simsons Vater/ da jhm der Sohn Gottes Simsons geburt verkündiget: Manoah nam ein Ziegenböcklin vnd Speißopffer/ vnd opfferts auff eim Felß dem HErrn/rc. Mit diesem Opffer wurd auch Manoahs Glauben gesterckt/ das sein künfftiger Sohn Simson das Volck Jsrael von der Philister Hand erretten solt. Darunter wollen wir auch zehlen die Geschicht 1. Sam. 10. auff das Saul der 1. Sam. 10
Newgesalbte König in Jsrael seines Beruffs gewis vnd versichert were/verkündiget vnd weissagt jhm Samuel/ wenn er hinaus komme/werden jhm drey Menner begegnen/deren einer Drey Böcklin trag/zu opffern Gott zu Bethel. 2. Chronic. 17. v. 11. Was den Weltlichen Contract anlangt/brachten die Araber dem Gottsfürchtigen König Josaphat 7700. 2. Chro. 17
Böck zum Tribut rc. Das sey also gnug von dem Andern Standt der Obrigkeit gesagt.

Der Dritte Standt. Gen. 27.

VOm Dritten / Was den Gemeinen vnnd Haußstandt anlangt / seind auch etliche Historien zu bedencken. Als die erste. Gen. 27. Da Isaac nu alt worden/vnd seine Söhne segnen wolt / vermahnet er den Esau seinen Erstgebornen Sohn / daß er jhm ein Wildpret jagen vnd kochen solt: Aber die Rebecca höret diß/kömpt dem Esau zuuor/befihlet dem Jüngsten Sohn Jacob/das er von der Herd zwey Böcklein holen solt/ die kocht sie Jacob wie er gern aß/vnd trugs Jacob dem Vater für/als wenn er der Esau were/ Weil aber Esau rauch war/thet Rebecca derBöcklin Fel vmb Jacobs Hend vnd den Hals da er glat war/ zoge jhm köstliche Kleider an / die einem Erstgebornen gehörten/ kömpt also Jacob für Isaac / mit seinen gekochten Böcklin: Antwortet auch seinem Vater/er sey sein Erstgeborner Son Esau / vnnd ob wol Isaac die Stimme Jacobs kennet/noch vbergiebt er jhm Ius Primogenituræ, vnnd segnet jhn mit Leiblichen vnd Geistlichen Segen in allen dreyen Stenden.

Rebecca hat nicht vnrecht gethan/ das sie Jacob für Esau schickt zu Isaac.

Wer aber allhie zu lang die Trefliche Außlegung D. M. Lutheri einzuführen/von dem steiffen Glauben Rebeccæ/ die sich auff das Wort Gottes verlest / vnd jhn hernach walten lest: Vnd daß sie nicht vnrecht gethan/ gelogen vnd betrogen hab Isaac / ob sie schon der gemeinen Regel nicht nachgeht/ weil sie Gottes Wort für sich hat. Daruon magstu Lutherum selbs besehen. Brentius schreibt also daruon. De his dolis, mendacijs & imposturis Rebeccæ & Iacobi sentiendum est: quod etsi facta eorum pugnant manifestè cum GENERALI REGVLA: tamen non sunt coram Deo damnabilia: peccauit ergò Rebecca quidem aduersus generales Regulas, non tamen peccauit aduersus Deum, quia ad hoc excitata est heroica fide & singulari Spiritu, &c. Hoc igitur exemplum nobis proponitur.

tur non imitandum sed admirandum, &c. Weiter so ist droben Gen. 31. weitleufftig Jacobs List vnd betrug erzehlet/ wie er seinen Schweher Laban betrogen/vnd ziemlich Viehe zu sich gebracht hat: Welches doch Gott auch also geschickt hat/ Denn der Engel GOttes spricht zu Jacob im Traum: Hebe deine Augen auff/ vnd sihe die Böcke springen/auff die Sprenckliche/ Fleckete vnd bundte Herd/ꝛc. Denn ich hab alles gesehen was dir Laban thut. Chrys: erinnert hie wir sollen gedültig vnnd sanfftmütig sein gegen denen die vns vertheilen/Gott der diß sihet/ wird es vns reichlich vergelten. Genes: 38. V. 20. Juda schlefft bey seiner Schnur Thamar (die er doch nicht kandte) verspricht jhr zu lohn ein Ziegenböcklin / wil auch denselben durch seinen Hirten von Odollam vberlifern/aber sie war schon hinweg/ꝛc. Was darbey zulernen/findestu droben bey dem Schaffscheren. Von der Handthierung vnd Gewerb der Araber mit der Stadt Tyro Ezech. 27. mit Böcken/Schafen vnd Wiedern/ist auch droben gehandlet. Ein feine Haußregel giebt auch Salomon Prouerb. 27. Die Haußväter sollen sich mit fleiß jhrer Herd annehmen/denn die Böcke geben das Ackergeldt: so die verkaufft werden / kan man entweder Ecker vmb das Geldt kauffen/ oder die erworbne bawen lassen. Hieronymus verstehets allegoricè vom Predigampt / wie auch droben bey dem Schaf vnd Lamb zusehen ist / vnnd deutet die Böck die Sünder/ welche zur Buß bekehret werden von den Lehrern/ damit sie denn ein gute Stuffen im Ewigen Leben erwerben. Hædis agrum comparabis dum peccatores ad pœnitentiam vocando, sublimiorem tibi in terra viuentium locum acquires.

Gen. 31.

Ermnerung Chrysostomi.

Gen. 38.

Haußregeln. 1. Prouer. 27.

Hieronymi Geistliche auslegung.

In der Gleichnis vom verlornen Sohn Luc. 15. spricht der mißgünstige Elteste Sohn zum Vater (der dem Jungern Sohn

Luc. 15.

Sohn ein Gemestet Kalb geschlachtet / vnnd ein Herrliche Mahlzeit bereitet het) Siehe so viel Jahr diene ich dir / vnnd hab dein Gebot noch nie vbertretten/ vnnd du hast mir nie einen Bock gegeben/ daß ich mit meinen Freunden frölich were. In gemein ist dieser Eltester Sohn ein Fürbild des Jüdischen Volcks/ vnnd auch aller Scheinheiligen Heuchler/ welche sich jhrer guten Werck vnnd Frömmigkeit vberheben vnd rühmen/ wider Gott den Allmechtigen murren/ nicht allein das Gott jhre Gerechtigkeit nicht billicher weis belohne/ sondern auch mit grösserer Lieb vnd gnad die arme Bußfertige Sünder auffneme denn sie: Den Sündern lest er ein gemestet Kalb schlachten / Sie können nicht ein Bock daruon bringen. Gottes Gaben halten sie gar gering/ jhre Werck aber schetzen sie gar hoch vnd köstlich.

Der Elteste Sohn ist ein Fürbildt der Werckheiligen.

Was die Allegorias anlangt/ deuten etliche Patres diesen Bock auff Christum / etliche auff den Antichrist/ oder sonst andere Sünder. August. lib. quæst. Euangl. cap. 33. sagt/ dieser Bock könne nicht eigentlich auff den Antichrist gezogen werden/ sondern/ viel mehr auff Christum/ den das Jüdische Volck für ein Sünder gehalten/ vnd an jhn nicht hab glauben wollen. Ego in re obscurissima sine præiudicio diligentioris inquisitionis dixerim: Ipsum Dominum Christum sibi negatum ad epulandum, conqueri seniorem filium, dum EVM peccatorem putat: ac si diceret, eum qui mihi hædus videbatur, nunquam dedisti mihi ad Epulandum, eo ipso illum mihi non concedens, quo mihi hædus videbatur, &c. Ambrosius in Lucam: Iudæus hædum requirit, Christianus agnum, & ideò illis Barrabas soluitur, nobis agnus immolatur. Vnde apud illos fœtor est criminum apud nos remissio peccatorum, dulcis in spe, suauis in fructu. Qui hædum quærunt expectant Antichristum, Christus enim Boni Odoris est victima.

Geistliche deutung

Augustinus.

Be-

Beschließlich helt Gott dem Jüdischen Volck ein Hauß- regel vnd Gebot für. Exod. 23. ℣. 19. Exod. 34 ℣. 26. Du solt das Böcklein nit kochen weil es an seiner Mutter Milch ist Vnd Deut. 14. ℣. 21. Du solt das Böcklin nicht kochen dieweil es noch seine Mutter seuget. GOtt erfordert auch barmhertzigkeit gegen den jungen Thierlein/ darmit man viel ehe gegen den Menschen barmhertzig sey. Vnd weil Gott vnser Artzt ist/ wil er anmahnen/ die Jüden vnd alle Menschen sollen jrer Gesundheit pflegen/ das sie nicht durch vnzeitiger vnd schwacher Thieren Speiß Seuchen vnnd Kranckheiten auff sich laden: wie Lutherus in Deut: sagt: In hædo Deus ciuilem misericordiã instituit, vt assuescerent ista externa mansuetudine & clementia etiam hominibus misereri & parcere, etiam relicto iure suo: Deinde cum hîc de cultu Dei agat, non vult immolari hædum immaturum, sed anniculum, vt non inualida & inutilia offerant: Significat autem illud Apostoli Rom. 4. infirmum in fide suscipiet ne eos qui lacte opus habent, solido cibo, perdamus, & ne coquamus eos aut mortificemus vel martyrio vel alijs robustis tentationibus, antequam vitæ firmitatem & doctrinæ certitudinem consecuti fuerint. Man sol den schwachen im Glauben auffnemen/ vnd nit verergern vnd verderben. S. August. lib. 2. quæst. in Exod. quæst. 90. verstehets von Christo daß er in der Kindheit nit solt vom Herode erwürgt werdẽ/ 2c. Intellectũ de Christo approbo, quòd hac prophetia prædictus est non occidendus à Iudæis infans, quando Herodes quærens eum vt occideret non inuenit. Illud forsitan quocꝫ non absurdum est, quod alij dicunt id esse præceptũ per prophetam ne se boni Israelitæ sotiarent malis Iudæis à quibus Christus passus est tanquam agnus in lacte matris suæ, id est, Eo tempore quo conceptus est, &c. Das

Haußregel. Exod 23. & 34. Deut. 14.

Lutherus.

iste

ist: Weñ es von Christo verstanden wird/so billige ichs auch/ das mit dieser weissagung ist zuuor verkündigt worden / das Christus nit in seiner Kindheit võ den Jüdẽ solt vmbgebracht werden/wie jhm auch Herodes nachgestanden / jhn vmb zu-bringen/aber er hat jn nit funden. Es ist zwar auch nit vnge-reimbt/ das etliche sagen/es sey durch den Propheten befolen worden/das sich die Frommen Israeliten nicht solten zu den Gottlosen Jüden gesellen/ von denen der HERR Christus gelitten hat/ als ein zartes Lämblein in seiner Mutter Milch/ das ist/ zu der zeit/da er ist empfangen worden.

Ende des Ersten Theils.

Der Ander Theil des Biblischen Thierbuchs.

BIßhero ist von den Reinen Thieren gehandlet worden / welche nit allein zu Essen erlaubt/ sondern auch Gott dem Allmechtigen auff mancherley vnterschiedlicher weis zu opffern dem Jüdischen Volck aufferlegt vnd befohlen waren. In diesem andern Theil wollen wir tractiern von den Reinen Thieren/ welche zwar nicht zum Opffer/sondern allein zur Speiß/ Narung vnd auffenthaltung des Menschlichen Lebens gebraucht werden/ Denn zum eingang dieses Thierbuchs ist vermeldet worden / Gott habe dem Menschen zum besten die Thier erschaffen / vnnd nach der Sündflut zu essen erlaubt vnd vergönt: Wie daselbst weitleufftiger hieruon zufinden.

Das Erste Capitel/ Von dem Hirsch / Rehe vnd Hinden.

DAs dieses Reine Thier vnd zuessen dem Jüdischen Volck erlaubt sein / bezeuget Moses Deut: 12 V. 15 Deut: 14. V. 5. Deut. 15. V. 23. Vnnd weil sie einerley Art / auch offt inn der Schrifft

Hirsch/ Reh vnd Hinden sein Reine Thier/ vnnd vergönt zu essen.

Schrifft zusammen gesetzt werden / wollen wir sie auch also beysammen bleiben lassen/vnd die Sprüch vnd Exempla von jhnen vntereinander erzehlen.

Der Erste Standt.

WAs den Ersten Stand berühret/wird Christus mit seiner Kirch vnnd Gliedmassen offt eingeführt vnd darmit beschrieben. Von Christo spricht die Braut / oder die Christliche Kirche Cant. 2. ℣. 9. Mein Freund ist gleich einem Rehe / oder Jungen Hirsch/ der da kömmet vnd hüpffet auff den Bergen/ vnnd springet auff den Hügeln. Vnnd zu ende des Cap Kehre vmb/ werde wie ein Rehe/ mein Freund / oder wie ein Junger Hirsch auff den Scheidebergen.

Cant. 2.

Die Christliche Kirche bittet Christũ jren Breutigam er wolle jhr offt mit trost zusprechen vñ von jr nicht weichen.

Diß ist ein ernstlich Gebet der Kirchen zu Christo/ er wolle sich seiner Gleubigen mit gnaden annemen/sie offt mit seiner zukunfft vnd trost erquicken/die da hin vnd wider in der Welt zustrewet sind. Welches er denn auch thut: Christus tanquam amabilis hinnulus ceruorum celerrimè salit hinc inde, per varias regiones, prædicatione Euãgelij, multisq; ad æternã ipsorũ salutem innotescit: Et hoc nõ efficit externa vi, sed per inermes & imbecilles Ministros Euangelij. Das ist: Christus / als ein lieblicher junger Hirsch / springt gantz schnell hin vnd her/ durch mancherley Lender/ durch die Predigt des Euangelij/ vnd wird vielen/ zu jhrer ewigen wolfart bekant: Vnnd thut solchs nicht durch eusserliche gewalt/ sondern durch Schwache vnd Geringe Diener des Heiligen Euangelij/ ꝛc. Eben auff diese meinung erkleret es auch Lutherus. Cap. 2. v. 8. 9. Per verbum salit Christus de ciuitate vna in aliam, vt vbiq; sentiatur fructus ministerij inter homines: Similitudine hinnuli & Capreæ significat Cursum verbi quod fructus suos longissimè & magna celeritate

Lutherus.

propa-

propagat. Das ist: Durchs Wort springt Christus von einer Stad in die andere/auff das man an allen orten die frucht des Predigampts vnter den Leuten spüre. Durch die Gleichnis des jungen Hirsches vnnd Rehes zeigt er an den lauff des Worts/das es schnel vnd weit vnnd breit Frucht schaffe/rc. Vnd zum letzten Verß. Est precatio, Mane tu quoq; apud populum meum, & esto similis Capreæ currenti in Montibus vt singulas Ecclesias & Resp. visites cures & gubernes. Das ist: Es ist ein Gebet: Bleib du auch bey meinẽ volck/ vnd sey gleich wie ein Rehe/das auff den Bergen leufft/damit du alle Kirchen vnd Gemeinen besuchest/versorgest vnnd regierest/rc. Wir wollen auch des Vuilrami in reimen gestelte Außlegung hören. Vuilramus.

Transilit hic Montes & colles strenuus omnes
Huic homines pueri non possunt æquiparari:
Qui gestans hominem Deus est altißimus idem.
Ipse dedit saltum de cœlo in virginis aluum
In mundi campum venit post virginis aluum
Inde crucem subijt, hinc ad phlegetonta saliuit
Victor ab Inferno Cœlum petijt saliendo.

Das ist: Christus ist vber alle Berg vnd Hügel gesprungen/das jm kein Mensch kan verglichen werden/von dem hohen Himmel hat er ein sprung gethan in den Jungfrewlichen Leib/dannen in diß jammerthal/weiter in das Creutz/inn die Hell vnd widerumb in das ewige Himmelreich

Was aber den andern spruch anlangt/verstehet Vuilramus, Christus wolle seine gnad barmhertzigkeit vnd krafft/zu vnterschiedlichen zeiten sehen lassen auff das man erkenne er hab seine Christgleubige Menschen nicht verlassen/ob er sich schon gleichsam verborgen hat. Origenes homil. 3. in Cant. Origenes. führet auch ein andere art vnnd eigenschafft oder Ampt Christi ein: Das er die Alte Schlang/den leidigen Teuffel/

so das Gifft in das Menschliche Geschlecht geschossen / aus dem loch herfür ziehen vnd zutretten sol/wie denn die Hirsche diese Art haben/das sie mit jrem Odem die Schlangen herfür ziehen vnd erwürgen/wie hernach weiter folget. Es wird aber Christus ein Junger Hirsch genent vmb seiner Menschwerdung willen. Ceruus dilectus quis alius videbitur, nisi ille qui peremit Serpentem illum, qui seduxerat Euam, & Eloquij sui flatibus peccati venena diffundens, omnem posteritatis sobolem contagio præuaricationis infecerat, &c. Quód si etiam hoc requirendum, cur non Ceruo sed hinnulo ceruorum comparatur, illud aduerte, quod cum in forma Dei esset, filius datus est nobis, & puer natus est nobis.

Warumb Christus ein junger Hirsch genennet wird.

Am ende des Hohenlieds bittet auch die Christliche Kirchen: Fleuch mein Freund/vnd sey gleich einem Rehe oder Jungen Hirschen auff den Würtz bergen: Lieber HERR Gott/bittet sie/mach bald ein end mit dem vntreglichen Joch des Gesetzes / vnd der Mosaischen Ceremonien/ vnnd bring bald das Lieblich vnd Trostreich Euangelium / breite es aus in der gantzen Welt/auff das die bekehrte Völcker einen lieblichen Würtzgeruch von sich geben/ an dich glauben/dich loben/vnd mit Gebet/Dancksagung/vnnd einem Christlichen Leben/preisen. Lutherus. Hîc Sponsa Sponso valedicit, & rogat vt finiat istam captiuitatem legis, & liberam Euangelij doctrinam in mundum, tanquam in varios montes spargat & sit similis Capreæ non vno in loco subsistenti. Das ist: Hie gesegnet die Braut den Breutigam/vnd bittet jhn/ das er doch mit der Gefengnis des Gesetzes ein end wolle machen / vnd die freye Lehr des Euangelij inn die weite Welt/gleich als auff viel Berg wolle außstrewen/ vnd wolle sein gleich wie ein Rehe / das an keinem ort still stehen bleibt.

Im Hohenlied Salomonis.

Lutherus.

Hiehero

Hiehero gehöret auch die Vorrede oder Vberschrifft des 22. Psalmes: Ein Psalm Dauids vorzusingen von der Hinden die Frue gejagt wird. Dieweil denn der gantz Psalm von dem Leiden/Creutz vñ Sterben Jesu Christi ist/ist leichtlich abzunemen / das Dauid Christum eine Hindin nennet/ welche von den Hunden gehetzt / vnd ins Garn geiagt wird: wie denn inn diesem Psalmen hernach der Hunden gedacht wird. Lutherus. Ceruam absq; dubio Christum passum appellat qui à Iudæis in die Carnis suæ captus & gentibus ad dilaniandum traditus est. Sicut cerua à canibus venaticis capitur & venatoribus traditur excarnificanda. Ceruam autem dicit potius quàm Ceruum satis tempestiuè, vt Christum significet pasionem subijsse, Apostolis & discipulis velut hinnulis suis iam cõgregatis, hoc est, iam prædicantem, pascentem & saluantem. Prou. 5. Vbera huius Ceruæ, VERBA sunt vitæ æternæ, quibus omnes pascit & inebriat. Dicitur autem Cerua auroræ, quia legem superauit, peccatum deleuit, mortem vicit & nouum oriri seculum nouumq; diem fecit in quo incepit gratia, vita & salus. Das ist: Er nennet ohn zweiffel Christum/ der gelitten hat/ eine Hinden/ weil er am Tag seines Leidens gefangen/vnnd den Heyden zuschlachten vbergeben ist worden: Gleich wie eine Hinden von den Jagthunden gefangen/vnnd den Jägern zu tödten gegeben wird. Es wird auch Christus nicht ein Hirsch/ sondern gar artig ein Hinden genennet vmb seiner Jünger willen / die er schon als Junge Rehelein versamlet hatte/vnd sie mit seinen Brüsten/das ist/ mit dem Wort des Ewigen Lebens seugte vnnd ernehrete/ꝛc. Hieronymus verdeutschts ein Hirsch: De Ceruo matutino. Nos Ceruum qui interficiat serpentes & venena consumat, nullum alium nisi Christum intelligimus, &c. Wir

Psal. 22. Vberschrifft.

Warumb Christus eine Hinden genennet wird.

1.

2.

verstehen diesen Hirsch nur allein Christum/ der nach der Hirsch art die Schlange/den Teuffel erwürgt/ vnnd Gifft/ die Sünd vertreibt. Lutherus sagt zwar/das diese eigenschafft der Hirsch Christo wol gegeben werd/ aber an diesem ort sey es gezwungen vnd mit Haaren herbey gezogen. Quòd Hieronymus huc trahit Naturam cerui, serpentes naribus extrahentis & interficientis, venenaq; consumentis EGregiè dicitur in Christum, sed non SVO LOCO, vt mihi videtur, licet reuera per passionem suam id fecerit Christus: Passionem enim simpliciter, non fructum passionis mihi Titulus indicare videtur, alia est Comparatio Cerui ad Canes, alia ad serpentes, hac vincit, illa patitur.

Job. 39. Weiter so predigt auch der Allmechtige Gott dem Heiligen Job. Cap. 39. von seiner Fürsehung/ Sorg/ Weißheit vnd Güte/ bey diesem Thier. Hastu/ Job/ gemerckt wenn die Hirsche Schwanger gehn? Hastu erzehlet jhre Monden/ wenn sie voll werden/ oder weistu die zeit wenn sie geberen? Sie beugen sich wenn sie geberen/ vnd reissen sich/ vnd lassen aus jhre Jungen. Jhre Jungen werden feist vnnd mehren sich im Getreyde/ vnd gehn aus vnd kommen nicht wider zu jhnen.

GOttes Weisheit vnd Güte. Hie wil Gott nicht allein seine Weißheit vnd Maiestet sehen lassen/ sondern auch seine fürsorg vnnd Güte gegen den Hirschen/ wie viel mehr aber wird GOtt den Schwangern Gottseligen Frawen in jrer Geburt beystehn vnd erhalten/ etc. Darneben ist zu mercken Oberherrn vnd Vnterthanen/ diese wünschen offt daß die Hirsch gar verdürben vnd nicht mehr weren/ welcher wundsch Gottslesterlich ist/ etc. Die Regenten aber thun auch zu viel/ lassen der Vnterthanen Getreyd gar abfressen vnd verderben von dem Wild/ etc. Wie Osiander ein solche erinnerung fürschreibt. Magnum diuinæ Bonitatis

Nötige Lehr der Obrigkeit vnd Vnterthanen vom Wild.

argu-

argumentum est, quòd irrationales Bestias ita gubernat, vt victum sibi inuenire queant: & qui eas omninò abolitas cupiunt, in Deum Creatorem suũ contumeliosi sunt: Interim tamen Principes non eum numerum Bestiarum alant, qui subditorum Agros deuastet & perdat: ne videantur maiorem habere rationem Bestiarum quàm hominum, quos tamen Deus ad Imaginem suam creauit, & per vnigeniti filij sui preciosissimum sanguinem redemit. Das ist: Es ist ein starcker beweis der Göttlichen Güte/ das vnser lieber Gott die Vnuernünfftigen Thier also regieret/ das sie jhre Nahrung finden können: Vnnd die da begeren/ das sie gar ausgerottet werden/ die schmehen Gott/ der sie erschaffen hat: Vnter des aber sollen Fürsten vnd Herrn das Wild inn solcher menge nicht hägen/ das es jhrer Vnterthanen äcker verderbe vnd verwüste: damit es nicht das ansehen hab/ als achten sie die Wilden Thier mehr vnd höher als die Menschen/ so GOTT zu seinem Ebenbild erschaffen/ vnnd mit thewrem Blut seines Eingebornen Sohns erkaufft hat.

Philippus Presbyter versteht obgemelten Text von den Geberenden Hirschen/ auff die Heilige Apostel vnnd andere Getrewe Lehrer vnnd Prediger/ welche durch das Euangelium vnnd Sacramenta GOTT dem Allmechtigen Kinder geberen: Vnd auch ein jede Christgleubige Seele/ die Schwanger aus vnnd von dem Wort GOTTES/ rechtschaffne gute Werck an Tag bringen. Beschleust mit diesen Worten dieselbige allegoriam. Hic sermo Dei sub figura Ceruarũ, &c. Describit Apostolos, Apostolicosq; viros atq; omnes Doctores Ecclesiæ, per quorum doctrinam Ecclesiæ spiritales sibi filios generant. Et vnaquæq;

anima

anima de verbo Dei concipiens parit filios operum bonorum quæ tamen Ceruæ sit similis & Ibici vt in montibus habitet & in petris nutriatur, velox quoq; sit & alacris ad currendam viam Dei, serpentesq; de terra sua eijciat & multo tempore viuat. Ein solche Seel sol den Hirschen gleich sein/ auff den Bergen vnnd Felsen wohnen/ den Weg Gottes schnell lauffen/ die Schlangen vertreiben vnd lang leben. Vnter den Wunderzeichen vnd Wolthaten die

Esa 35. Messias erzeigen sol/ erzehlet auch Esaias. 35. Das die Lamen gerad gemacht/ springen vnd lecken werden wie die Hir-

Geistliche deutung. sche: Wie die Euangelische Historia exempla anzeigt: Gleichwol allegorisiert auch Hieronymus hie / das welche bißher Geistlich lahm gewesen / auff den Wegen Gottes nicht gewandelt haben / sollen durch das Heilige Euangelion Steiff vnd Starck werden/ inn den Gebotten Gottes zu wandlen/ den Aposteln vnd Getrewen Predigern zu folgen/ etc. Daruon wir denn jetzt andere vnnd eigne Sprüch hören wollen.

Gen 49. Im Segen vnd Valetpredigt Jacobi Gen. 49. sagt der Heilige Ertzuater von seinem Sohn Naphthali. Naphthali ist ein schneller Hirsch vnd giebt schöne Rede. Wiewol etliche diß Vaticinium am Barak aus dem Stamm Naphthali erkorn/ Judicum. 4. erfüllet achten/ da er den Hissera schlug vnd erlegt: Jedoch haltens andere für gereumbter / das die Heiligen Apostel/ deren etliche aus dem ermelten Stamm waren/ verstanden worden. Hieronymus deutets auff Christi Lehr vnd Predigt/ die er im Stamm Naphthali offt gehalten hat.

Brentius. Brentius. Existimant hoc impletum in Debora & Barak, Fortasſis respicit in Apostolos qui sunt ex hac tribu electi. Hi sunt Cerua emissa, quia excurrerunt in orbem terræ & dederunt Eloquia venusta, quæ sunt Euangelium Domini nostri Iesu Christi. Etliche Apostel sind aus

dem

dem Stamm erwehlet/ vnnd in die gantze Welt ausgesendet worden/ welche die schöne Tröstliche Rede des Heiligen Euangelij mitgebracht haben. Lutherus verstehets also/ das dieser Stam vielen Verfolgungen vnd Krieg der Wiedersacher vnterworffen sein werd/ wie ein gejagter Hirsch/ vnd doch allzeit durch Gottes Hülff vnd Gnad entrinnen/ als denn wird jhme das Wort Gottes lieblich vnnd angeneme sein. Wir wollen aber allhier klehrere Sprüche von den Gleubigen erzehlen / Psalm. 29. Die Stimme des HErren erreget/ erschreckt die Hinden vnd entblöst die Welde vnnd inn seinem Tempel wird jhm jederman Ehr sagen. Das ist/ das heilige Euangelion wird die Heyden erregen vnnd bewegen/ das sie Christum mit warem Glauben ergreiffen / fürchten vnnd ehren/ da denn Jüden vnd Heyden mit einmütigem Geist vnd Mund im Tempel bey einander seyn werden. Die Hinde oder Hirsch seind die Wilden Heyden / welche doch bekehret werden. Hieronymus verstehet dardurch die Heilige Apostel vnd Prediger/ welche nicht allein die Schlangen den Teuffel/ sondern auch sein Gifft die Sünd mit Füssen treten/ vnd vber die Dornsträucher der Laster in ein Heiliges Leben treten vnd springen. Cerui sunt prædicatores: præparauit illos, quando misit ipsos prædicare. Cerui transeunt & calcant spinas vel serpentes, Sic & prædicatores venena Diaboli & spinas peccatorum transeunt & ad altiora fugiunt, id est, ad theoricam vitam. S. Basilius versteht alle Fromme Gottfürchtige Christen/ welche der Hirsch art vnd eigenschafft haben. Erstlich so tretten sie mit Füssen das Gifft der Alten Schlangen des Satans / widerstreben der Sünd/ verjagen den Teuffel. Darnach wie die Hirsch den hohen Bergen zulauffen/ vnnd drauff jhr Wohnung haben/ Also hat auch ein Gerechter vnnd Frommer Mensch hohe

Lutherus. Psal. 29. Geistliche deutung. Hieronymi. Basilij.

Himlische Gedancken/ vnd jaget nach dem vorgesteckten ziel vnd zeichen des Göttlichen beruffs. Item wie auch ein Hirsch zum Frischen Wasser leufft vnnd sich erquickt / also rennet auch ein Gleubiger ad prima Theologiæ principia, zum heiligen Wort Gottes vnd Brunnen Israelis. Darumb vermanet Basilius / wir sollen nicht allein selbs solche Hirsch sein/ sondern gern solche Leut bey vns haben/ von jnen grossen nutz schöpffen (Quando aliquem Dei hominem perfectum & absolutum videmus, vtilitatem ex eius congressu & conuersatione sectemur: Nam vbi Cerui præsentia, omnium ibi serpentium malitia fugatur: Odorem Cerui nulla ferũt animalia venenata vbi præsertim Cornu eius suffitum sentiunt) Der Teuffel vnd sein Gespenst kan die Gottselige fromme nicht riechen/ er fleugt.

Exempel am Dauid. Psal 42. Zum Exempel eines solchen Hirsches stellet sich David selbs für/ Psalm. 42. Wie der Hirsch schreyet nach frischem Wasser / so schreyet meine Seele Gott zu dir/ Meine Seele dürstet nach Gott/ nach dem lebendigen Gott/ weñ werde ich dahin kommen das ich Gottes angesicht schawe/ ꝛc. Hieronymus verstehets von den armen Sündern/ welche lang im vnflath vnd Gifft der Sünden gelegen/ aber endlich mit grosser begierd zu Christo lauffen/ das sie durch das Wasser der heiligen Tauff von jren sünden abgewaschen vnd gereiniget werden. Item welche auch/ in betrachtung der künfftigen herrligkeit/ begeren vnd erwüntschen aus dieser Welt abzuscheiden vñ bey Christo zusein.

Geistliche deutung. Hieronymi Mos est Cerui, vt inuentum serpentem naribus hauriat; & post hæc exardescens extinguat sitim, Ergo homo Ecclesiæ, qui diu in actu venenoso degebat: vbi se perspicit cœno fornicationis, Idololatriæ fœtore repletũ, desiderat venire ad Christum, in quo est fons luminis;

minis: vt ablutus Baptiſmo, accipiat donū remiſsionis, &c. Et ſi quis hodie noſtrum extinctis vitijs ignescat in deſiderium Dominicæ contemplationis, poteſt & ipſe dicere quia deſiderat anima mea ad te Deus, hoc eſt, relicto ſeculo ad te deſidero tranſire.

Auguſtini. Worin die Chriſten den Hirſchen ſollen nachfolgen.

Auguſtinus deutets auch auff die rechte Chriſten/vnd erzelet dreyerley art vñ eigenſchafft der Hirſchen/darin die Chriſten jnen folgen vnd gleichförmig ſind. Erſtlich das ſie ſchnel vnd behend zu Gott lauffen wie die Hirſch. 1. Darnach gleich wie die Hirſch die Schlangen zutretẽ/alſo ſollẽ auch die Chriſten die ſünd vnd ſchand erwürgen vnd zutretten. 2. Zum dritten/ 3. gleich wie die Hirſch/ weñ ſie vber ein groſſes waſſer ſchwimmẽ/einander hinüber helffen/das ſchwere Gehörn dem andern auff den Rücken legen vnd tragen biß ſie hinüber kom̃en/ alſo ſollen auch die Gleubige jre laſt vnd bürde/jre ſchwacheit vnd Gebrechligkeit einander tragen helffen / biß man hinüber kömpt an das Vfer des ewigen Vaterlands.

Wir wollen aber auch die wort Auguſtini hieher verzeichnen. Curre ad fontem, deſidera fontem, ſed noli vtcunq́ꝫ: Noli vt qualecūq́ꝫ animal currere: vt Ceruus curre. Quid eſt vt Ceruus? Non ſit Tarditas in currendo, impigrè curre, impigrè deſidera fontem. Inuenimus enim Inſigne velocitatis in Ceruo. Sed fortè non hoc ſcriptura ſolum nos in Ceruo conſiderare voluit, ſed & aliud audi. Quid aliud eſt in Ceruo? Serpentes necat, & poſt ſerpentium interemptionem maiori ſiti inardeſcit: peremptis ſerpentib. ad fontes acrius currit: Serpentes vitia tua ſunt: Conſume ſerpentes iniquitatis tunc amplius deſiderabis fontẽ veritatis. Eſt aliud quod animaduertas in ceruo. Traduntur Cerui & à quibuſdam etiam viſi ſunt (non enim de illis tale aliquid scriberetur, nisi antea videretur) dicuntur ergò Cerui vel quando in agmine suo ambulant, vel quãdo natando alias terrarum partes petunt, onera capitum suorum super se inuicem ponere, Ita vt vnus præcedat & sequantur qui supra eum capita sua ponant, & supra illos alij consequentes, & deinde alij donec agmen finiatur. Ille autem vnus qui pondus capitis in primatu portabat, fatigatus redit ad posteriora: vt alius ei succedat, qui portet quod ille portabat, &c. Ita vicissim portando quod graue est, & viam peragunt & inuicem se non deserunt. Nonne quosdam Ceruos alloquitur Apostolus, dicens, Inuicem Onera vestra portate & sic adimplebitis legem Christi.

Wir aber sollen hierzu noch ein andere art mercken / Nemlich/daß wenn die Hirsch von den Hunden gejagt/math vnd müd / lechtzend vnnd durstig werden / so lauffen sie dem Frischen Wasser zu/sich zu laben: Also wenn die Gleubigen in Creutz vnnd Leiden seind / lauffen sie mit jhrem Gebet zu dem Lebendigen Allmechtigen Gott / der sie mit seinen tröstlichen Brünnlin erquicket. Vnd dahin sihet eigentlich David in diesem Psalmen / Wie Brentius bezeugt. Quemadmodum ceruus vociferatur aut desiderat riuos aquarum: Ita anima mea desiderat & sitit ad te Deum. Natura enim Cerui est, vt cum venatores & Canes persequuntur eum & vrgent, properet, propter æstum & anhelitum, ad aquas, quibus se recreet. Idem (inquit Exul.) mihi contingit. Multi sunt Venatores & Canes, multæ sunt ærumnę magnæ sunt calamitates, quibus ego affligor & impellor. Vt sicut Ceruus à Canibus fugatus, ad Aquas quibus refocilletur, anhelat; ita ego TE Dominum Deum meum, quo

Brentius.

um, quo adiuuer, perquiram & inuestigem. Das ist Gleich wie der Hirsch schreyet vnnd lechtzet nach Frischen Wasserbechen: Also dürstet vnnd schreyet meine Seel nach Gott. Denn es ist des Hirsches art / daß wenn jhn die Jäger vnnd Hunde jagen vnd treiben / so eylet er wegen der Hitz vnd kurtzen Athems zum Frischen Wasser / das er sich labe vnnd erquicke: Eben das (wil der gejagte vnnd vertriebene David sagen) widerfehret mir auch. Es sein viel Jäger vnd Hund / es sein viel Trübsalen / es ist viel Elend / damit ich geplagt vnnd getrieben werd: Das gleich wie der Hirsch / von Hunden gejagt / zum Wasser eylet / sich zu erquicken: Also suche auch ich dich meinen Gott vnd HErren / das mir auch von dir geholffen werde. Zu Gott sol man fliehen.

Was aber insonderheit die Schnelle vnd Behendigkeit der Hirschen anlangt / spricht auch David 2. Sam. 22. Psal. 18. Der HErr macht meine Füsse gleich den Hirschen vnnd stellet mich auff mein Höhe. Welches eigentlich \ von dem Lauff des Heiligen Euangelij zuuerstehen ist: Wie Lutherus sagt: Die Hirschfüsse sind das Heilige Ministerium / das Predigampt / oder die Heiligen Euangelisten. Pedes sunt ipsum ministerium verbi siue ipsi Euangelistæ, &c. Nota autem est Ceruorum illa insignis Celeritas quæ & verbo tribuitur, Psal. 147. Velociter currit sermo eius. Die Höhe oder Berge sind die Völcker inn deren mittel ein Prediger stehet / vnnd GOttes Wort verkündiget. Fortè & hoc à Ceruorum ingenio sumptum est qui fœtus suos exercent cursu, fugamq; meditari docent, ad prærupta ducunt saltumq; monstrant. Doctor Æpinus verstehets von Christo der aus aller angst / vnd vbel entrunnen ist sitzend zur Rechten Gottes / vnd regiert im Himmel vnd Erden. Hæ

Von des Hirsches behendigkeit.
2. Sam. 22.
Psal. 18.
Geistliche deutung.
Lutheri.

Aepinus.

Metaphoræ sumptæ sunt à velocitate & indole Ceruorũ, qui inuijs præruptis & excelsis locis sibi cauere solent à venatorum ac persecutorum suorum insidijs. Die Patres verstehens von allen Christen/welche die Sünd vnd weltliche lüste/Creutz vnd leiden vberwinden vnd zur vollkömlichẽ liebe Gottes kom̃en. Hieronymus, Sicut Cerui calcant pedibus spinas & transiliunt siluas: Ita sancti calcant spinas, id est, peccata, transiliunt siluas, id est, infidelitatem & subeunt vsq; ad Deum, hoc est, vsq; ad altitudinem charitatis. Qui perficit pedes meos, &c.) ad transilienda seculi huius impedimenta, &c. Auff diese weise redet auch Augustinus: Qui perficit amorem meum ad transcendenda spinosa & vmbrosa implicamenta huius seculi: Et super cœlestẽ habitationem figet intentionem meam vt implear in omnem plenitudinem Dei,

Hieronymi. Augustini.

Diesen Dauidischen spruch vnd gleichnis führet auch inn seinem Trostlied Habac. 4. cap. ein: Der HErr HErr ist meine krafft/ vnd wird meine Füß machen wie Hirsch Füsse/ vnd wird mich inn der höhe füren/ das ich sing auff meinem Seitenspiel. Diß ist so viel gesagt spricht Lutherus. Der HErr ist noch mein Gott vnd alle meine krafft/ des werden wir vns so frewen/ das wir lecken vnd springen werden/ wie die Hirschen/ so leicht sollen vnsere Füsse werden/ vnnd werden nicht mehr im schlam waten vnd kriechen/ sondern gantz für frewden in der höhe herschweben vnnd fliegen/ vnd nichts thun/ denn frölich singen/spielen/ vnd allerley frewdenwerck treibẽ. Das sol geschehen wenn das Babylonisch Scepter verflucht vnd verstöret/ wir aber erlöset sind/ vnnd Christus mit seim Reich kommen wird. Also versichets auch Hieronymus von der erledigung aus allem Jammer vnd Einsetzung ins Ewige Leben.

Habacuc. 4. Lutheri auslegung. Hieronym.

Leben. Ponet pedes meos inter cæteros Ceruos suos & ad Cœlestia perducet me, vt inter Angelos canam gloriam Domini & super terram pacem hominibus, &c. Canam autem victoriam eius, triumphum & trophæum Crucis

Weiter sollen wir auch aus dem Hohenlied Salomonis die Beschreibung der Christlichen Kirchen / vnnd derselben Predigampt mercken. Cant. 4. V. 5. Deine Zwo Brüste sind wie Zwey Junge Rehe Zwilling / die vnter den Rosen weyden / bis der Tag Kül werde / etc. Ad ministerium verbi, ait Lutherus, etiam vberum similitudinem applicat quæ aptè conuenit consolationibus quæ subijciuntur territis mentibus. Sed quomodo conuenit vberibus & gemellis hinnulis? Fortasse eò alludit, quòd non sint vbera, qualia scortorum sunt sed casta & delicata. Cant. 4.

Diese Beschreibung repetiert Salomon Cap. 5. Vers: 3. Deine Zwo Brüste sind wie Zwey Junge Rehe Zwilling / das ist / die Christliche Kirche tregt durch die Rechte Getrewe Prediger / die Reine Milch des Heiligen Euangelij allen Zuhörern für / das sie dardurch Starck vnnd Fett werden / wie die Rehe im Getreyd: Vnnd seind zwo Brüste / das sie wachsen vnd erstarcken im Glauben oder liebe gegen Gott vnd in der liebe gegen dem Nechsten. Welches Vuilramus in prosa also erkleret. Doctores tui, Sponsa, qui populum æque Iudaicum ac gentilem lacte verbi diuini enutriunt, similes sunt hinnulis Capreæ gemellis. Ipsi namq; mei sunt filij qui per Capream significantur. Caprea mundum est animal & acutissime videt &c. Me repræsentant tui Doctores, &c. & gemelli sunt, florent enim Dei dilectione & proximi Vuilramus.

Endlich

Cant. 2. Endlich beschweret auch (Cant. 2. v. 7. vnnd cap. 3 v. 5.) Der Breutigam Christus / bey den Rehen oder Hinden/ die Töchter zu Hierusalem/ daß sie seine Freundin (vnd Braut die Christliche Kirchen) nicht auffwecken noch regen/ biß das jhr selbs gefelt. Das ist/ Ich Christus ein HERR Himmels vnd Erden / beschwere alle die zur Kirchen Gottes gehören/ bey allem dem das euch das liebste sein möcht / das jhr meine Braut die Christliche Kirchen vnbetrübt vnnd vnuerfolgt lasset/ darmit sie in Fried vnd Ruhe das Wort hören möge/ etc. Lutherus verstehet durch die Hirsch vnnd Rehen die Heilige Propheten / Könige vnnd Fürtreffliche Leut / die sie ansehen/ jhrem Exempel nachfolgen / vnnd die Kirch Christi sollen in Fried vnnd Ruhe lassen. Capreas & Ceruos vocat sanctos Prophetas Duces & Reges in hoc populo qui expositi erant omnibus finitimis tanquam Cerui in agro: quasi dicat per Maiores vestros, fide & spiritu insignes vos adiuro: Ac conuenit similitudo: Rectè enim per Bestias simplices, & omnium iniurijs expositas sanctos homines in hoc populo pingit.

Christus wil seine Braut die Christliche Kirch vnuerfolgt haben Lutherus.

In 2. Cap. Cantic.

Benè per Capreas doctores, & per Ceruos prælati accipiuntur.

Capreæ enim visum habent perspicacem, ardua pascua quærunt viridiores herbas comedunt, ruminant & findunt vngulam. Sic Doctores intellectum perspicacem in spiritualibus inuestigandis habent vel habere debent: Arduas veritates sacræ scripturæ quibus pascantur, quærunt: Non enim omnis veritas pascua est Doctorum maximè contemplatiuorum ardua veritas & alijs inaccessibilis. Sententias meliores & veriores & vtiliores auditoribus sibi studendo incorperant vt postea docendo vel prædicando refundant: Ruminant meditando: Findunt vngulam discernendo & discretionem vbiq; seruando, studendo & docendo.

CERVI

CERVI tempore amoris discedentes à patria, alter alterius clunibus supposito capite transeuntes per flumen se sustentant, ordinatè incedunt, primus fert, vltimus fertur: primo fatigato vltimus succedit: canibus insequentibus, cornibus dorso impositis, per dumeta illæsi incedunt & euadunt, caligantibus oculis serpentem comedunt, & hausto fonte visum recuperant & iuuentutem: pilos deponunt: saltibus magis quàm passibus innitentes: hiantia, & spinosa & lutosa transiliunt, nihil durum habent exterius nisi cornua. Ecce tales debent esse PRAELATI: Amore Dei debent relinquere propria: debent etiam mutuò alter alterius onera portare, diuitias & delitias huius mundi contemnendo, transire, in omnibus factis suis ordinatè procedere: autoritatem & potestatem prælationis dum vrgentur à detractoribus, dorso patientiæ debent imponere, & sic illæsi poterunt transilire: & serpentem, id est, Diabolum debent comedere, id est, in se & subditis deuorare & annihilare, & potato fonte sapientiæ, id est, Christi doctrina, visum interiorem peccatorum caligine obscuratum poterunt recuperare gratia Dei illustratum: & sic vetustate culpæ deposita, per nouam gratiam iuuenescere: pilos, id est superflua debent deponere: & saltibus, id est, mentis eleuatione debent hiantia superbiæ, & spinosa auaritiæ, & lutosa luxuricæ pertransire. Nusquam etiam debent habere duriciam nisi in cornibus, id est, in potestate dignitatis & hoc pro loco & tempore in subditorum excessibus corrigendis.

Proprietates Ceruorum Iusto viro quadrantes. Hugo Card. Psal. 41.

Clune natans portat, vorat hydros, cornua mutat,
Cor senis ossescit, salit, & sitit, & iuuenescit
Siluester, sapidus, viuax, velox, sine cauda
Pes durus, fuluusq́ pilus, venatio, fœtus,
Pugnat ob vxores, fusa pinguedine squalens.
Surdus demissis, benè rectis auribus audit.

Explicatio breuis & applicatio.

Hæ proprietates conueniunt iusto viro: Ipse enim

1. *Clune portat. Gal. 6. alter alterius onera: Et hoc, natans in mari huius seculi.*

2. *Vorat hydros, id est, peeccata annihilat. Oseæ. 4. peccata populi mei comedent.*

3. *Cornua mutat Rom. 6. Sicut exhibuistis membra vestra, &c.*

4. *Cor iusti ossescit, id est, magis & magis in bono solidatur. Rom. 8. Certus sum, &c.*

5. *Iustus salit vltra spinas diuitiarum & lutum vel foueam luxuriæ Esa. 35 saliet sicut.*

6. *Iustus sitit, sicut hic dicitur.*

7. *Iuuenescit. Ephes. 4 f. Renouamini spiritu mentis vestræ, &c. Coloß. 3. Expoliantes, &c.*

8. *Iustus est siluester, id est, in montibus & excelsis habitans. Psal 103. Montes excelsi Ceruis petra, &c.*

9. *Est sapidus Eccles. 49. ain omni ore quasi mel indulcabitur memoria.*

10. *Est Viuax: quia vita contemplatiua hic incipit & nunquam desinit Sapientiæ. 5, Iusti in &c.*

11. *Est velox. Eccl. 31. in omnibus operibus tuis esto velox.*

12. *Est sine cauda, id est, sine operculo peccatorum per hypocrisin. 1 Pet. 2. neq; velamentum gerentes, &c.*

13. *Habet pedem durum, id est, affectum solidum. Abacuc. 3, Ponet pedes meos quasi ceruorum.*

14. *Habet pilum fuluum, id est, carnem pallidam: Matth 3. Iohannes erat vestitus pilis Ca:*

15. *Iustus est venatio Diaboli & malorum hominum. Eccles. 13. Venatio leonis onager.*

16. *Multos habet fœtus, id est, multa bona opera quorum matres sunt virtutes.*

17. *Pugnat ob Vxores, id est, pro virtutibus Eccles 4. pro iustitia agonizare pro anima, &c.*

18. *Iustus fusa pinguedine, id est, amissa deuotione squalet. Ossa mea sicut cremii non aruerunt.*

19. *Surdus est cum aures demittuntur ad temporalia.*

20. *Benè audit cum eriguntur Esa: 50 Erigit manè, manè erigit mihi aurem.*

JM Andern Stand der Weltlichen Obrigkeit seind auch etliche Sprüch von diesem Thier zu mercken: Als 1. Reg. 4. Von der grossen köstlichen Hoffhaltung Salomonis/ darzu er viel Wildpret/ Rehe vnd Hirsch gebrauchte/ daruon droben schon gehandelt/ vnd was das Wild in gemein betrifft/ ist auch etwas in der Vorred gesagt/ vnd haben auch aus dem 39. Cap. Job. allererst vom Exceß vnd Defect des Wildprets geredt: 2. Samuel. 2. Asahel (Joabs vnnd Abisai Bruder) wird seiner Behendigkeit wegen gerhümbt. Er war von leichten Füssen wie ein Rehe auff dem Felde/ der jagte Abner dem erfarnen Alten Kriegsfürsten nach/ im Streit/ vermeinendt jhn zuerlegen/ aber die Schantz gerieth jhm nicht/ denn er wird von dem Abner durchstochen Diese schnelle Behendigkeit ist zwar ein feine Gabe GOTTes/ aber Asahel solt sich nicht drauff verlassen/ sich mehr vnterstehen als er kan vnd vermag/ darumb so nimbt er seinen verdienten Lohn ein vnnd wird erstochen. Das interpretiert Brentius nach der lenge. In humanis casibus sic propemodum solet accidere, vt temerarijs & infidelibus, quæ res saluti cedere speratur, ea maximo exitio sit: Sic Goliath videbatur sua fortitudo maximum sui ipsius munimen: at quo confidebat eo peribat, &c. Itaq; Asahel ponens spem suam in velocitate pedum, ea ipsa velocitate in perniciem incurrit, &c. Præter confidentiam carnalem notatur etiam in Asaele Temeritas, quæ occasione arrepta, nullo iudicio, in quæuis obuia pericula irruit, eiusq; est Naturæ, vt fugientibus hostibus homines faciat Leones, instantibus verò Ceruos, &c. Das ist: Jn Menschlichen Fellen gehets gemeiniglich also zu/ das verwegnen vnnd Gottlosen Leuten das am allerersten schedlich ist/

Der Ander Standt.

1. Reg. 4.

2. Sam. 2.

Gottes Gaben seind alle gut: Man sol sich aber darauff nicht verlassen/ vñ mehr vnterstehen/ als man thun kan.

Brentius.

was sie vermeinet haben/das jhnen sol nütz sein. Also vermeinet Goliath/er dürffte sich gar wol auff seine Sterck verlassen: Aber darauff er sich verlies / das war sein Todt. Also auch Asahel / da er sich verließ auff seine Behendigkeit der Füsse/bringt jhm solche Geschwindigkeit das gröste vnglück. Neben solchem Fleischlichem vertrawen wird auch am Asahel die verwegenheit gestrafft / dadurch er / als er gelegenheit erhascht/in alle Gefahr sich begiebt/vnd kömpt auff den Sinn/ das er den Leuten ein Löwen Muth macht / wenn der Feind fleucht/ wenn er aber still stehet vnd Fuß helt / forchtsam vnnd bald flihent/wie die Hirschen.

Esa 13. Esaias weissagt auch/Cap. 13. Von den Babyloniern/daß sie in Eroberung der Stadt / von den Meden vnnd Persen/wie ein Zuscheucht Rehe sein sollen/vnd ein jeglicher zu seinem Volck vnnd inn sein Land / dannen er gen Babel kommen/widerumb heim fliehen werde/ gleich wie ein gejagt Rehe von den Hunden / sich inn die Flucht giebt vnd entrinnet. Diß ist aber ein sonderliche Rach vnd Straff GOttes/ der ein solches mechtiges starckes grosses Königreich erschrecken kan/das es wie ein furchtsam Zuscheucht Rehe oder Hirschlin wird.

Gott kan auch die mechtigsten Königreich furchtsam machen/weñ er straffen wil

Sonsten aber werden etliche Helden Dauids der Behendigkeit halben höchlich gepriesen/ 1. Chronic. 13. Eilff Tapffere Helden vom Stamm Gad/ thun sich in der Saulischen Verfolgung zu Dauidi dem exuli, deren Angesicht wie der Lewen/ vnd sie schnel gewesen sind wie die Rehe auff den Bergen/die auch vber den Jordan gegangen sind im Ersten Monden/ da er voll war an beyden Vfern/ das alle Gründ eben waren beyd gegen Morgen vnd Abendt. Magna virtus est in milite Celeritas, sæpius enim cunctando amittitur præclara rei benè gerendæ occasio. Das ist:

3. Chro. 13.

Es ist

Es ist ein fürtreffliche Tugent an eim Kriegsknecht/ wenn er behend ist. Denn durch harren vnd verziehen/verleuret man manche gute Gelegenheit etwas wol auszurichten/ꝛc. Vnd seind diese Helden Fürbild der Bestendigen Merterer so durch die Trübsal hindurch tringen ins Ewige Leben.

DEr drittẽ stand der Ehe vnnd Heußlichen Narung/ giebt der Heilige Geist auch etliche Lehren bey vnnd mit diesen Thieren. Salomon spricht/ Prou:5.℣:19. Frewe dich des Weibs deiner Jugent/Sie ist lieblich wie ein Hinde vnd Holdselig wie ein Rehe/laß dich jre lieb allzeit ersettigen/ vnd ergetze dich allwege inn jhrer Liebe. Dieses wird nach dem Buchstaben von dem Ehestandt verstanden/ das sich ein Eheman der Frembden vnnd Vnzüchtigen Weiber entschlagen/vnd bey seinem Ehweib wohnen sol: Es ist ein böse vnart an etlichen Ehemennern/ daß sie irer Weiber/so sie in der Jugend genommen/wenn sie nu alt werden/vberdrüssig werden/vnd andere/Junge begeren/darwider handlet Salomon vnd vermahnet: Gleich wie die Hirsch an den Hinden/ vnnd die Rehe an den Rehelin lust vnnd gefallen haben/ also sol es im Ehestandt auch zugehen. Wie Osiander diß paraphrasiert/vnd Hieronymus spricht. Illa sit tibi semper charissima coniunx, quæ sicut Cerua serpentes, ita persequatur scorta & suis effugat ab ædibus, sit natus ex ea filius & ipse castitatis amator, gratissimus. Jene Weiber sollen lieb gehalten werden/ die Vnzüchtige Dirnen nicht dulden noch

Der Dritte Standt.

Prouerb. 5.

Ehemenner sollen jhre Weiber/ ob sie gleich alt worden/ den noch allzeit lieben/ vnnd des alters halben sie nit verachten gegen den Jungen.

Geistliche Auslegung Hieronymi. leiden. Hieronymus allegorisierts auch von der Christlichen Kirchen vnd dero Gliedern: Welche das Gifft der falschen Lehr vertreiben/vnnd von den Zweyen Brüsten/ das ist/beyden Testamenten ernehret vnd erhalten werden. Cerua charisima sancta est Ecclesia quæ serpentinam solet odio habere & conterere doctrinam. Gratisimus hinnulus populus est eius virtutum varietate delectabilis, & eadem castæ fidei semper æmulatione succensus: Cuius vberibus inebriamur cum vtriusq; Testamenti paginis contra hæreticorum fraudes instruimur, cuius pace & amore iugiter delectari, magna est exercendarum occasio virtutum.

Prouerb. 6. Prouerb: 6. erinnert Salomon das einer so für ein andern Bürg worden ist/seinen Glauben retten/vnnd sich ledig machen sol/ Errette dich wie ein Rehe von der Hand/rc. Wie sich die Hirsch vnnd Rehe hefftig bemühen daß sie aus dem Garn ledig werden: also sollen die Bürgen allen fleis anwenden/das sie der Bürgschafft los werden: Sonst heissets/ Bürgen sol man würgen. Liß weiter daruon im Anfang des Capitels.

Hieronymi Auslegung. Es deutets aber Hieronymus auch auff das Ampt der Prediger / vnd aller die andere Lehren warnen vnnd straffen müssen/vnd darzu mit dem Eyd verbunden seind/das sie mit allem fleiß sich retten vnd trew erzeigen sollen. Syrach. Cap. 27. giebt auch ein feine Tugend vnd Regel/ das man freundschafft vnd einigkeit ja fleisig vnnd trewlich vben / pflantzen vnd erhalten sol: vnd ja nicht mit offenbarung der heimligkeit vnd andern dingen vrsach gebe/ das die freundschafft zutrent werde. Denn ein verlohrner Freund ist wie ein entsprungen Rehe aus dem Netze / darein es nit mehr zubringen ist. Doch achten die Weltkinder die ware Freundschafft vnd Brüderliche lieb nit hoch vnd werth.

Syrach. 27.

Was die Heußliche Nahrung vnd derselben Fluch betriefft/bildet Gott ein grosse Dürre vnd Thewrung den Hierosolymitanischen Bürgern bey diesem Thierlein für/ Jeremiæ 14. Die Hinden so auff dem Feld werffen/ verlassen jre Jungen/ weil kein Graß wechst/ Freylich mus es ein grosse Noth vnd Dürre sein/wo diese Thier jhre Jungen verlassen. Vnnd Hieronymus interpretierts auch von dem Geistlichen Hunger des Worts GOttes / Siccitas hæc sæpè accidit in Ecclesijs, quando Cerui & onagri inueniuntur in populis & Magistrorum penuria contabescunt: Sunt qui possunt discere & non sunt qui possunt docere. Das ist: Es seind wol offt Arme hungerige vnnd Durstige Leut verhanden/ so nach Gottes Wort seufftzen / aber kein rechtschaffner getrewer Prediger ist da/der lehret vnd tröstet: Wie im Bapstumb geschehen ist/ vnnd für dem Jüngsten Tag nach Christi. vnd Lutheri Weissagung/widerumb geschehen wird.

Jerem. 14.

Hieronymi Geistliche deutung.

Das

Das Ander Capitel/

Von anderm Wildpret/dessen in wenig orten gedacht wird: Nemlich/Vom Vhrochsen/Büffel/ Steinbock/Elend vnd Gembsen.

1. Vom Vhrochsen.

DIß Wilde Reine Thier wird nur an Zweyen orten Göttliches Worts (nach vnser Deutschen Bibel) gefunden.

Deut 14.

Deut: 14. Da es von Gott dem Jüdischen Volck zu Essen vergönnet wird. Was aber hieraus zulernen/ ist in der Vorrede vnnd auch im Eingang dieses Andern Theils / angezeigt worden.

Esa. 51.

Esaiæ. 51. Deine Kinder (O du Stadt Hierusalem) waren verschmacht/ sie lagen auff allen Gassen wie ein verstrickter Waldochs/ voll des Zorns vom HErrn / vnd des scheltens von deinem Gott: Ist ein Weissagung von dem Creutz vnnd

Erklerung dieses Spruchs.

Verfolgung der waren Hierosolymitanern/ das ist/ der Heiligen Christlichen Kirchen/ Das sie zwar aus Gottes Verhengnüß vnd Willen/Creutz vnnd Wiederwertigkeit vnterworffen sey/ vnnd jederman sie plage / jage vnd martere/ wie ein verstrickten Wald oder Vhrochsen/ aber GOtt werde sie

Lutherus.

dennoch trösten vnd erretten/ꝛc. Also legts Lutherus aus.

Quid

Quid sit Orix disputant Grammatici: Nos accipimus pro syluestri Boue: Est enim Ecclesia sicut syluestris fera in qua omnes sua odia exercent, venando, illaqueando, mactando. Sed tamen ea tandem ab omnibus malis liberabitur & peribunt inimici. Diese Außlegung führet auch Brentius. Nicolaus Lyranus specificierts von der Antichristischen Verfolgung (des Bapsts) welche den Gleubigen nit schedlich sondern fürderlich sol sein zur ehr vnd herrligkeit des Ewigen Lebens. Brentij. Lyrani.

2. Vom Büffel / Steinbock vnd Elend.

DJese drey Thier werden inn vnser Deutschen Bibel nur einmahl gelesen. Deuter: 14. Da sie den Israeliten rein/vnd zu essenerlaubt werden: Ist auch ohn noth von den Namen viel streiten/darin die Interpretes nicht vberein stimmen: Deßgleichẽ was den gemeinen nutzen der reinen Thieren betrifft / ist droben in der Vorrede vermeldt. Deut. 14.

3. Von den Gemsen.

DJe Gemsen / oder Tendlen (welche auch mit vngereimbten andern namen von den Latinis interpretib. genennet werden)

den) Haben mehrertheils die art das sie auff den Hohen Felsen jhr Wohnung haben / vnnd darauff auch jhre Jungen
Deut. 14. hecken/vnnd wird nicht allein Deut: 14. als rein gesprochen/ sondern auch an andern orten angezeigt: Gott fraget den
Job. 39. Heiligen Job. Cap. 39. Weissestu die zeit/wenn die Gembsen auff den Felsen geberen?

Ein tröstliche Lehr. Darmit erweiset GOTT seine Weißheit/ Macht vnnd Fürsorg gegen seinen Creaturen / die er auch auff den hohen Felsen/inn den Dürren Steinklüfften erhalten vnd erneren kan: Darzu Job mit allen hochweisen Leuten Vntüchtig vnnd Vnuermögenlich ist. Derwegen denn sie alle sich nicht allein vnter die Gewaltige Hand GOttes demütigen / sondern auch ein festes Vertrawen zu GOTT schöpffen sollen/ er werde viel mehr den Menschen zu seinem Ebenbild erschaffen/erhalten.

Psal 104. David gedenckt auch dieses Thiers / Psalm. 104. Die Hohen Berg sind der Gembsen Zuflucht: Vnnd ist dieser Psalm ein Lobgesang/ darinnen GOTtes Weißheit vnnd Güte gegen vnnd bey allen Creaturen gerhümbt werden / vnnd das nichts vnnütz vnnd vergeblich erschaffen sey worden: Vnnd stimmet mit dem vorigen Spruch vberein.

Allhie ist auch zumercken die grimmige Verfolgung
1. Sam. 24 Saulis wider den Heiligen David. 1. Samuel: 24. Saul nimpt Drey Tausent Junger Mannschafft aus gantz Israel zu sich / vnnd zeucht hin mit jhnen den Frommen Vnschüldigen Exulem David zu suchen / auch auff den Fel-
Bedeutung. sen der Gembsen. Welches ein Fürbild ist Christi vnnd

aller

aller seiner Gleubigen Verfolgung / aber sie werden wol bleiben auff jhrem Felsen des Heyls / den auch die Hellische Pforten nicht vberweltigen können. Jnn der grossen Hoffhaltung vnnd Täglicher Speisung des Königes Salomonis wird auch der Gembsen gedacht / die er mit anderm Wildpret zur Zubuß gebraucht hat/ ist auch hieruon schon droben etlich mahl gesagt worden.

Das dritte Capitel/

Vom Schwein oder Saw/ vom Hasen vnd Caninichen oder Küniglin.

1. Von dem Schwein oder Saw.

Der Erste Standt.

VNnötig ists allhie zubeweisen das obuermelte Thier aus Christlicher Freyheit den Gleubigen im Newen Testament zu essen vergönt seind: Darumb sie denn auch in diesem andern Theil von den essenden Reinen Thieren eingeschlossen werden: Aber gleichwol was die Lehr vnd Brauch der Tugenden anlangt/ finden wir darbey wenig löbliches vnnd nützliches/ sondern alles straffwürdiges: Sonderlich aber bey dem Schwein oder Saw. Denn also spricht Gott Leuit. 11. Deut. 14. Was widerkewet vnnd spaltet die Klawen nicht/ das ist vnrein: Vnd dargegen was die Klawen spaltet aber nicht widerkewet/ das ist auch vnrein vnnd zu essen verbotten. Ein Schwein spaltet wol die Klawen/ aber es widerkewet nicht/ darumb sols euch vnrein sein. Die Alte Lehrer verstehn dardurch die jenige/so Gottes Wort zwar wissen/ den Geist vnd Buchstaben vnterscheiden/ aber ihr Leben nicht darnach anstellen. Daruon hernach weiter Isyehius. Suem dicitur

Leuit. 11.
Deut. 14.

Geistliche deutung.

come-

comed ere, qui habet scientiam diuinorum sed illa non benè vtitur, actionibusq́; incongruis eam polluit, vitæq́; immundæ semetipsum tradit.

Esaias: 66 gedenckt des Schweinen fleisch Opffern vnnd Essen. Wer Speißopffer bringt ist als der Sewblut opffert. Darmit er der Jüden Opffer ohne ware Buß vnd Glauben an Christum geschehen / den Heydnischen opffern von Sewē / Hundē / rc. die für Gottes Angesicht abschewlich vnd ein Grewel sind / vergleicht. Welchen auch die Papistische Werck aus guter andacht one Glauben gethan / gleichförmig gehalten werden. Esa. 66. Werck ohn Glauben / sein wie opffer von Schweinen.

Vom Schweinenfleisch essen sagt Esaias weiter: die sich heiligen vnd reinigen in den Garten / der einer hie der ander da / vnd essen Schweinenfleisch / die sollen weggeraffelt werden. Daß seind die Heuchler welche sich für den Leuten mit diesen oder jenen Wercken reinigen / Fromm erzeigen / vnd doch heimlich mit Gedancken / Worten vnnd Wercken schand vnd laster treiben. Geistliche deutung der Schweinen fleisch Esser.

Hieronymus verstehet die Phariseer / Schrifftgeler vnd andere Jüdische Heuchler / so jhre Hurerey vnnd andere grobe Mißhandlung mit dem eusserlichen Werck der Reinigung oder Täglich Baden vnd waschen / abtilgen vnd büssen wolten: Eben wie die Pfaffen / Mönch vnd Nonnen mit dem Fasten / Almusen vnd Beichten / sine bono motu, &c. Jhre Schand vnd Laster Büssen vnd darfür gnug thun / rc. Dieses wird auch also vom Brentio verstanden. Per hos cibos hoc loco existimo intelligenda esse ea sacra, quibus hypocritæ pollicebantur sibi gratiam Dei & æternam salutem: quòd quàm abominandus sit Iudæis esus carnis suillæ, & murium, &c. tàm abominanda sint coram Deo sacra, quæ obtrudunt ipsi ad expiationem peccatorum: &

quàm detestatur Iudæus esum immundorum animalium, tàm detestatur Deus sacrificia quæ impij hypocritæ ad consequendam meritis eorum vitam æternam, offerunt. Das ist: So abschewlich einem Jüden das Sewfleisch vnd anderer vnreinen Thieren war / so abschewlich sind auch die Werck vnd Opffer Gott/welche die Jüden/Papisten/ jhme opffern vnd fürtragen/dadurch vnd mit/vergebung der Sünden vnd ewiges Leben zuerlangen.

Rechtschaffene Jüden haben lieber sterbē wollē schmehelich/ als Schweinenfleisch essen. 1. Macca 1

Nu beweisen aber die Exempla in der heiligen Schrifft/ das Rechtschaffene Jüden ehe sich haben grawsamlich martern lassen / denn sie Sewfleisch haben essen wollen. 1. Maccab. 1. Wider Gottes Gebot vom Sewfleisch essen vnnd Opffern / leget sich der verfluchte Antiochus / vnnd befihlet gantz ernstlich bey Leibsstraff beydes zuthun / vnd wiewol ein grosser hauff vom Gebot Gottes (aus forcht der straff vnnd zum theil das sie meineten es liege wenig daran) abfiele/vnnd dem Gottlosen König gehorsam leistete: Jedoch seind viel bestendige Bekenner vnnd Märterer gefunden worden/die ehe haben sterben wollen/denn dem Gebot zu gehorsamen.

2. Macca 6 Der Alte Eleasar.

Vnter andern wird erstlich Eleasar gerühmet/2. Maccab. 6. Es war der fürnembsten Schrifftgelerten einer Eleasar/ein betagter vnd doch sehr schöner Mann/demselben sperreten sie mit gewalt den Mund auff / das er solt Schweinen fleisch essen/aber er wolt lieber ehrlich sterben/denn so schendlich leben/ vnd leid es gedültig. Vnd da er zur Marter gieng/ straffet er die so verbotten Fleisch assen/ aus liebe des zeitlichen Lebens. Die nu verorneднet wahren / das sie die Leute zu Schweinenfleisch wider das Gesetz dringen solten / weil sie jhn so ein lange zeit gekent hatten / namen sie jhn auff einen

ort/

ort/ vnd sagten sie wolten jhm fleisch bringen das er wol essen dürfft/er solt sich aber stellen/als were es geopffert Schweinenfleisch/vnd solts dem König zu lieb essen/ das er also beym Leben bliebe/vnd der alten Kundschafft genösse. Aber er bedacht sich also: Wie es denn seinem grossen Alter/ vnd Eyßgrawem Kopff/auch seinem guten Wandel/ den er von Jugend auff geführet hatte/ vnnd dem heiligen Göttlichen Gesetz gemeß war/vnd sagt dürr heraus: Schicket mich nur vnter die Erden hin ins Grab: Denn es wil meinem Alter vbel anstehn/ das ich so heuchele / das die Jugend gedencken mus/Eleasar der nu 90. Jahr ist / sey auch zum Heyden worden/vnd sie also durch meine heucheley verfüher werden/das ich mich so für den Leuten stelle / vnd mein Leben so ein kleine zeit die ich noch zu leben habe/ also friste/das were mir ein ewige schande. Vnd zwar was hab ich dauon/wenn ich schon der Menschen straff also entflöhe/weil ich Gottes Henden/ ich sey lebendig oder todt/nicht entfliehen mag? Darumb wil ich jetzt frölich sterben/wie es mir alten Mann wol anstehet/ vnd der Jugendt ein gut Exempel hinder mir lassen / daß sie Willig vnnd Getrost vmb des Herrlichen Heiligen Gesetzes willen sterben/2c. Darauff ward er auch geschlagen vnnd gemartert.

Dieses ist ein Trefflich Exempel der bestendigen Bekentnüß des Göttlichen Worts vnnd Glaubens / das man darbey Leib vnnd Leben lassen sol / denn wo man schon der Menschen Straff entrinnet / kan man doch den Straffen GOTTes nicht entfliehen. Man sol auch mit dem Abfall andern kein Anstoß vnnd Ergernüß geben / Ja kein Heucheley sol man treiben/ den Wiedersachern auch

Ein trefflich Exempel des standehafftigen bekentnüs.

auch in den geringsten stücken nicht weiden/denn es ist nicht umb das Sewfleisch oder andere sachen/ Sondern vmb das Wort vnd Gott selbs zu thun. Dieses Exempel führet ein S. Cyprianus lib: de Exhortatione Martyrij cap. 11. Da ers also beschließlich rühmet. Syncera prorsus fides & virtus integra ac satis pura, non Regem Antiochum cogitasse sed Deum iudicem, & scisse proficere sibi ad salutem non posse, si hominem derideret ac falleret, cum Deus, qui conscientiæ nostræ iudex est & solus timendus est, nec derideri posit omninò nec falli, &c. Das ist: Ein Auffrichtiger Glaub vnd Tugent ist das/ohne alle Falschheit/ das er bedenckt vnd zu Gemüt führet/ es sey nich der König Antiochus/sondern Gott Richter/vnd das er weis/ es könne jhm zur Seligkeit nichts helffen/ ob er gleich ein Menschen betröge/ vnd verlachte/sintemal Gott/der vnsers Gewissens Richter/vnd allein zufürchten ist/ von keinem Menschen kan betrogen werden.

Geistliche deutung dieses Eleasari.

Die Glossa Ord: spricht/ dieser Eleasar sey ein Vorbild der warē Christgleubigen Menschē/welche der Antichrist zur Abgötterey vnd Gottloses Leben werde wollen verfüren/ aber doch nicht vermögen. Hic Eleasarus significat populum Christianum, quem Antichristi sæuitia, iuxta finem mundi ad Idololatriam atq; spurcitiam vitæ conuertere sataget: sed sicut nequissimi regis inhumanitas Eleasarum ad Esum porcinæ carnis compellere nequiuit: Ita nec Electorum cœtum, Antichristi crudelitas contaminare aliqua immundicia vllo modo poterit.

Die Sieben brüder sampt jrer Mutter. 2. Macca 7

Zum Andern/Haben auch nicht weniger die Sieben Brüder vnd jhre Mütter/jhres Glaubens bestendige Bekentnis gethan/das zugemutet Schweinenfleisch nicht essen wollen/ vnd derwegen die aller grawsamste Marter darüber ausgestan.

gestanden: Wie die Historia 2. Maca. 7. nach der lenge zulesen/ vnd zu weitleufftig hiehero zuschreiben ist. S. Cyprianus de Exhort. mart. cap. 11. erwehnet vnnd rhümet auch diese löbliche Bekentnüs vnnd Bestendigkeit/ mit diesen Worten: Rex Antiochus infestus, imò in Antiocho ANTICHRISTVS expressus, ora martyrum gloriosa & Spiritu confessionis inuicta, Contagio SVILLÆ CARNIS maculare quærebat, & cum flagellis grauiter verberasset, ac nihil promouere potuisset, sartagines iussit igniri, quibus ignitis & accensis, eum qui primus locutus fuerat, & magis Regem, virtutis & fidei constantia prouocauerat, admoueri præcepit & frigi, producta & execta prius Lingua quæ Deum confessa fuerat. Quod martyrium gloriosius contigit? Lingua enim confessa nomen Dei prior ad Deum debuit proficisci, &c. Das ist: Der Grimmige König Antiochus / ja der Antichrist selbst durch den Antiochum gedachte vieler Herrlicher Merterer Munde/ vnnd die jhres Bekentnis sich nicht schemeten mit Schweinen Fleisch zubesudeln / vnnd als er sie mit Geisseln hefftig geschlagen vnnd nichts ausrichten können/ hat er heissen die Kessel heis machen/ vnnd als solches geschehen/ dem/ so erstlich geredet/ vnd den König seines Glaubens standhafftigkeit nur zorniger gemacht/ die Zungen/ mit der er Gott bekant/ außschneiden/ vnd jhn in Glüenden Kessel werffen vnd braten. Welches ist jemals ein Herrlichere Marter gewest? Die Zunge/ die den Nahmen Gottes öffentlich bekant/ hat erst zu GOtt kommen müssen/ rc. Man mag daselbst weiter lesen vnnd auch besehen Chrysost. Tom. 1. homil: 4. de verbis Esa: vidi Dominum.

Diese Mutter aber ist ein Fürbild der Christlichen Kirchen/ welche jhre Söhne / die Märterer zu jeder zeit vermahnet/ *Geistliche deutung dieser Mutter.*

net / sie sollen vmb des Euangelij vnd der Warheit willen/ allerley Hohn vnd Spot/Verfolgung vnd Marter gern vnd williglich leiden / vnnd die künfftige Herrligkeit des Ewigen Lebens ansehen.

Matth.7.

Christi ernste warnung/ dz Prediger/ die Perlen den Sewen nicht sollen für werffen.

Wir wollen aber widerumb zu den Gottlosen Menschen kehren/ welche der Sew vnnd Schwein art an sich haben / vnnd der Patrum meinung darüber hören. Christus stellet Matth.7. ein ernstliche Warnung an die Apostel vnd Prediger: Ewre Perlen solt jhr nicht für die Sew werffen/ auff daß sie dieselbige nicht zutreten mit jhren Füssen/ ꝛc. Die Perlin sind Gottes Wort vnd die Sacramenta/Matth.13. welche den Sewen nicht sollen fürgeworffen werden: Das Wort Gottes sol man zwar allen Creaturen predigen / aber wo etliche Epicurische Leut sind / so mit dem Euangelio vnd Sacramenten nur jhr gespött treiben / mit jhrem Lestermaul tadeln/sol man mit jhnen nichts zu thun haben/kein Gesprech mit jnen halten/biß sie sich bekehren. Wir wollen etlicher Patrum außlegung erzehlen / vnnd wird weiter daruon bey den Hunden drunden folgen.

Erklerung etlicher Patrum.

Chrysostom9

Chrysostomus in poster: Comm in Matth. hom. 17. Da er die Perlen den Geheimnissen Göttliches Worts verglichen/ sagt er/ die Schwein oder Sew/ sein die WortChristen/ welche zwar den waren seligmachenden Glauben wissen vnd mit dem Mund bekennen/ aber den vnreinen fleischlichen lüsten ergeben seind/vnd also wie die Sew im Kot der Sünden sich weltzen/auch nicht ehe gen Himmel auffsehen/ es treibe sie denn die hohe noth vnd angst darzu. Diese Schwein-Christen verstehn für jhrem vnflath/darmit jhr Sinn besudelt ist/ die köstligkeit vnd hohen werth Göttliches Worts nicht/ haltens andern Fabeln vnd Mehrlein gleich/ vertretens mit jhren lesterlichen Wercken / schenden auch vnnd schmehen die

Wer die Sew sein vnter vns Christen.

Außle-

Außleger derselben/ als die newe vnd Ketzerische Lehr an Tag bringen.

Porcos intelligendos esse puto Christianos Carnalib. & immūdis voluptatibus deditos, quoniā propter fidem suam quidem mundi sunt, propter actus autem suos sordidos immundi habentur. Item Porci proprium est in cœno se volutare (de quo mox) & nunquam in cœlum aspicere, nec querere Dominum suum cum esurierit: Tales sunt etiam Christiani qui Carnalib. immundicijs delectantur, nec aspiciunt aliquando Cœlos, nec quærunt Deum, nisi cum necessitas eis aduenerit, &c. Si ergo talibus Porcis secretorum mysteriorum miseris margaritas, cœnosæ vitæ delectatione, mente grauati, non intelligunt preciositatem earum, sed æstimantes eas similes cæteris fabulis mundanis, similiter eas carnalib. actibus conculcant, & postmodum conuersi per inobedientiam rumpunt præbitores earum. frequenter autem & scandalisati in eis, caluminantur expositores earum quasi dogmatum nouorū seminatores. Also legt ers auch aus in priori Com: Matth. homil. 24. Porcus significat in luto infrenis luxuriæ iugiter commorantes. Widerholet auch gemelter Pater diese auslegung in etlichen seinen andern schrifften: als homil: 16. in Genesin. Magnum malum est absq; delectu cuiuis diuina mysteria detegere: audiant qui sine discrimine similiter cum omnibus colloquuntur: Neq; enim Christus ibi de Porcis præcipit, sed homines porcinis moribus denotat: qui sicut bruta illa in peccati luto inuoluuntur, docens nos vt personarum diuersitatem & vitæ rationes inquiramus, quando aliquid diuinorum eloquiorum exponere opus fuerit, ne & illos & nosmet lædamus. Das ist: Es ist ein schwere sünd/ weñ man on vnterscheid einem jeglichen die

Göttlichen Geheimnis entdeckt: Welches hie in acht nemen mögen/ die ohn unterscheid mit jederman gleicher gestalt darvon reden. Denn Christus gebeut hie nichts von den natürlichen vñ unvernünfftigen Sewen/ sondern er versteht die Sewische Menschen: Welche/ wie die unvernünfftige Sew/ im Kot der Sünden sich welzen: Leret uns/ das wir auff die Personen und jhr Leben gute achtung geben sollen / wenn wir jhnen die Göttliche Schrifft erkleren/ auff das wir nicht jhnen und uns selbst schaden/ꝛc. Idem: Tom. 2. homil. 33. de Cruce Dominica. Cum Porcos audis & Canes ne de brutis animalibus æstimes dici: PORCI enim sunt qui vitam suam cœnosæ libidini & voluptatibus seculi maneiparunt. Das ist: Wenn du hie hörest die Sew und Hunde nennen/ soltu nicht dencken/ das solches von den unvernünfftigen Thieren geredt werde: Denn die Sew sein die Leut/ die jhr Leben der unfletigen Lust und dieser Zeit Wollüsten gantz und gar ergeben haben.

Et iterum: lib. 1. de Compunct. Cordis: Erzehlet Chrysostomus/ Das etliche wider Christi ernstliches Gebot den Sewen die Perlen fürwerffen. Nos laudis amore & iactantiæ vitio corrupti, etiam huic præcepto (de non obiiciendis ante porcos Margaritis) contraria gerimus, atq; hominibus neq; intellectum purum habentibus, neq; sacram fidem gerentibus, insuper etiam peccatorum maculis innexis, sine vlla discretione, mysteriorum secreta nudamus, & priusquam mentis propositum à nobis, vel sensus capacitas explorata sit, dininorum dogmatum veneranda arcana eis committimus: Et quibus prima rudimenta vix dum tradi oporteret, interna eis abdita diuinæ scientiæ, diuinæq; Sapientiæ patefacimus. Propterea nonnulli, vbi immundis, vt ita dicam, pedibus, sancta nostra calstra calcârunt, & pleno sordibus pectore hauserunt purum diuinæ scientiæ poculum, non solùm euomuerunt quod hauserant, sed & contradixerunt & transuersi sunt, & insurgentes in eos iniurijs & maledictis atq; accusationibus, opprobrijsq; eos ruperunt. Et ita ne nobis quidem ipsis & vitæ atq; existimationi nostræ parcimus, dummodò præuaricemur diuina præcepta, & non solùm in hoc sed interdum & in eo præuaricamur præcepti huius vim. CVM EOS QVOS NOVIMVS IMMVNDÆ VITÆ HOMINES, VIOLENTOS, RAPACES IMPVROS, & Per Omnia, PORCIS & CANIBVS SIMILES, DIVINI EOS SACRAMENTI PARTICIPES EFFICI PATIMVR. Das ist: Die wir gern gelobt vnnd von jederman gerhümbt würden / handlen solchem Verbot (das man den Sewen die Perlen nicht sol fürwerffen) zuwider / inn dem wir offtmals Leuten / die weder reinen verstandt noch rechten Glauben haben / vber das auch mit eusserlichen groben Sünden behafft / ohne vnterscheid Göttliche Geheimnis offenbaren / vnd jhnen die heilige Geheimnis Göttlicher Lehr / ehe wir noch jhres Gemüts vorhaben vnnd was sie verstehen oder fassen können / erforschen / vertrawen: Vnnd denen man kaum den anfang weisen wolt / das verborgene Göttlicher Weisheit offenbarn. Darumb es auch geschicht / das etliche / nach dem sie mit vnreinen (also zureden) Füssen vnser Heiligthumb zertreten / vnnd mit Vnfletigem Hertzen aus dem reinen Kelch Göttlicher Weißheit getruncken / nicht allein / was sie getruncken / widergeben / sondern auch dem widersprechen vnd zuwider sein / vnd die / so sich jhnen widersetzen / mit Lesterungen / vnbilligkeiten / Aufflagen vnd Schmeheworten angreiffen: Also gar schonen wir vnser/vnsers Lebens vnd guten Namens nicht/auff das wir nur von Gottes Gebot abtreten/vnd zwar so handeln wir nit allein hierin solchem verbot zu wider/sondern auch darin/da wir zugeben/das die/so wir wol wissen/dz sie ein strefflich Leben füren/Todtschleger/Reuber/vnzüchtige/vnd durchaus den Hunden vnd Sewen gleich sein/des Göttlichen Sacraments theilhafftig gemacht werden. Bißhero Chrysost.

Hieronymi. Hieronymus verstehet auch die Sew welche noch vngleubig sind/vnnd sonst in allerley Schand vnd Laster ligen. Darumb geziemet sichs nicht/solchen Leuten die Euangelische Perlen bald vertrawen/das sie sie nit zutreten/zu rück keren/vnd vns zerreissen/etc. Porcos intelligimus eos qui necdum Euangelio crediderunt, & in Luto incredulitatis vitijsq; versantur. Non conuenit igitur istius modi hominibus citò Euangelicum credere margaritum ne conculcent illud, & conuersi nos incipiant disipare.

Augustini. Augustinus lib. 2. in Sermone Domini in Mont: hab: verstehet auch die Verächter Göttliches Worts vnd der Sacramenten/sagt: Porcos, quibus non sunt obijciendæ Margaritæ, non incongruè pro Contemptorib. positos accipimus. Das ist: durch die Sew/denen man die Perlen nicht sol fürwerffen/verstehen wir gar recht die Verächter des Worts vnd der Sacramenten/etc. Idem lib. 1. contra Pollentium cap. 27. Credendum est Dominum significare voluisse (hoc præcepto Non obijcietis Porcis Margaritas) quòd lucem intelligentiæ spiritualis immunda corda non portant: Et si portanda Doctor ingesserit, quæ non rectè accipiunt, quia non capiunt, vel Reprehensionis Morsibus lacerant, vel contemnendo conculcant. Das ist: Man sol es gewis dafür halten/das der HErr Christus hab wollen anzeigen (mit diesem Gebot/das man den Schweinen die Perken nicht fürwerffen sol) das die vnreinen Hertzen das Liecht des Geistlichen verstandes nicht fassen/vnd so es jhnen gleich die Lehrer fürtragen/ was sie nicht recht einnemen/ weil sie es nicht verstehen / so zureissen sie es entweder mit ausecken vnd meistern/ oder zutreten es mit verachtung.

Aus diesen erklerungen ist erstlich zu mercken/wie nach der lenge/angezeigt/ welches die Sew vnter vns Christen seyn/ was jhre art vnd eigenschafft.

Darnach sollen die Prediger den ernstlichen Befehlich des Allmechtigen HErrn Jesu Christi zu Gemüth nemen/ vnd den Sewchristen die Hochwirdigen Sacramenta / aus Heucheley oder forchthalben nicht fürwerffen/ denn sonsten gereichets nicht allein zu grösserem Gericht vnd Verdamniß den Schweingleubigen / sondern auch jhnen den Predigern selbs zu nachtheil vnd Schaden/vnd endlich zu Verlesterung des ewigen Gottes vnd seiner hohen geheimnissen.

Vrsachen warumb die Prediger dē Sewischen Maulchristē Sacramenta nicht gebē sollen.

Weiter giebt Petrus 2. Pet. 2. auch ein Gemälde der Gottlosen Abtrünnigen Christen bey den Sewen. Es wird an jhnen erfüllet das ware Sprichwort/ Die Saw waltzet sich nach der Schwemme wider im Koth. Wer sind die denn? Welche entflohen sind dem Vnflath der Welt/ durch die erkentnis des HErrn vnd Heylands Jesu Christi/ werden aber widerumb in dieselbige geflochten vnd vberwunden / vnd kehren also von dem heiligen Gebot/ das jhnen gegeben war. Das sind erstlich alle Mammelucken vnd abfellige Menschen / die aus dem Euangelio die Erkentnüß des wahren vnnd Falschen Glaubens geschöpffet haben / Aber aus Furcht der Straff oder Hoffnung des Geniessés / den wahren Glauben fallen lassen / vnd

2. Pet. 2.

Wer die Sew sein.

1.

vnnd hengen sich an den falschen verführischen verdampten Irrthumb der Papisten/Zwingler/Widertäuffer/oder wie sie
2. Namen haben. Darnach seinds auch die/so da wissen was sie thun sollen/was recht vnnd Göttlich ist/ aber Muthwillig dasselbig einstellen/vnd wider jhr Gewissen das vnrecht vollbringen. Denen drewet Petrus hefftig/Es were jhnen besser gewesen/ sie hetten den Weg der Warheit nie erkant/ denn das sie daruon abfallen.

Lutheri Erklerung vber diesen spruch.

Lutherus erkleret jhn also: Durch die Tauff haben sie den Vnglauben ausgeworffen/vnd sind gewaschen von dem Vnsaubern Wesen/vnnd getreten inn ein reines Wesen des Glaubens vnd der Liebe/ da fallen sie wider von ab auff den Vnglauben vnd jhre eigene Werck/vnnd besudeln sich wider im Vnflath. Darumb sol man diesen Spruch nicht auff die Werck ziehen (wie die Patres mehrertheils thun) denn darmit ist wenig ausgericht/ das man nach der Beicht sagt vnd gebeut/ Du solt hinfurt Keusch/Sanfftmütig vnd Gedültig seyn/rc. Sondern wiltu from werden/so bitte Gott/ daß er dir einen Rechtschaffenen Glauben gebe/vnnd hebt daon/daß du vom Vnglauben tretest/wenn du denn den Glauben vberkömpst/ so werden sich hernach gute Werck selbs finden/das du Rein vnd Keusch lebest/ sonst wirstu dich mit keinem andern Mittel bewahren/ vnd ob du gleich den Schalck im Hertzen ein weil bergen kanst/ so fehret er doch zu letzt heraus.

Luc. 15. Vom verlornen Son der ein Sewhirt wird.

Hie ist auch die Gleichnüß Christi/ Lucæ 15. Vom Jüngsten Sohn zubetrachten/ derselbigr verlohrne Sohn ist durch sein Prassen vnd Vnzüchtig Leben inn solche Armuth gerhaten/ das er inn einem Frembden Land/ eines Bürgers Sewhirt wird/vnd begerte seinen Bauch zu füllen mit Trebern so die Sew assen/vnnd niemand gab sie jhm/rc. Ist ein

Vorbild

Vorbild der Heyden/die sich von Gott abgewend/vnd in die teuffliche Armut/Abgötterey/ gerathen sind/ darin sie ewiglich sterben vnd verderben hetten müssen / wo sie Gott nicht wider angenommen hette. Geistliche deutung.

Chrysost. Tom. 2. Homil. 24. deutet das Sewhüten auff die böse schendliche Gedancken / so die Sünder in jhren Hertzen haben / Vnd die Trebern oder Sprewereſſen / auff die schendliche Werck der fleischlichen Wollust / dadurch die Menschen nicht gestercket / sondern verderbet werden. Porcos pascere dicitur, sordidas & immundas in anima sua cogitationes nutrire: Et edere escas irrationabiles prauæ conuersationis, dulces quidem egenti bonorum, quoniam suaue peruersis videtur, omne opus Carneæ voluptatis, quod seductio desiderij & corruptio vitæ est, quæ virtutem & fortitudinem animæ non modo nullam præstat, sed totam penitus eneruat & premit. Huiusmodi cibos & quasi porcinos & male dulces, quod sunt carnalium delectationum illecebræ, siliquarum nomine scriptura designat. Chrysostomus.

Augustinus aber lib. 2. quæst. Euang. cap. 33. verstehet den Bürgern den fürnembsten Teuffel einen / Seine Sew aber / die andere geringere Hellische Geister / die der junge Son mit seiner Schand vnd Laster gleichsam geweidet habe/ Die Trebern vnd lere Sprawer/seyen die Heydnische Lehre von den Götzen / vnd anderen sachen / darinnen kein krafft noch safft ist. Vnus ciuium illius regionis est aliquis aëreus Princeps ad militiam Diaboli pertinens: Villa eius modus potestatis eius. Porci immundi, Spiritus qui sub ipso sũt. Siliquæ quibus porcos pascebat, SECVLARES Doctrinæ, sterili vanitate resonantes, de quibus laudes idolorum fabularumq; ad Deos gentium perti- Augustinus nentinm vario sermone atq; carminibus perciebant quibus dœmonia delectantur.

Ambrosius. Auff diese weise redet auch Ambrosius in Lucam daruon. Qui aptior luxuriosis hominibus, ventrem tantum implentibus, cibus, quam is qui siliquæ modo, intus inanis, foris mollis est, quo corpus non reficitur sed impletur, vt sit magis oneri quam vsui. Sunt qui Porcos accipiant pro gregibus dœmoniorum. Siliquas pro exili virtute inanium hominum, sermonumq; iactantia, qui nihil prodesse possunt, inani quadam Philosophiæ seductione & quodam sonorum facundiæ plausu pompam magis quam vtilitatem aliquam demonstrantes. Sed hæc oblectamenta diuturna esse non possunt. Vnd das auch von gemeltem Spruch.

Matth. 8. Die Historia/da Christus aus 2. Menschen Teuffel treibt/die in eine Härd Sew faren.

Ehe wir aber zu andern Stenden schreiten/ sollen wir mit fleis erwegen die Euangelische Historiam/ Matth. 8. Marci 5. Lucæ 8. Wie Christus aus zweyen Menschen Teuffel ausgetrieben/ die sich ein Legion nenneten/ weil jhr gar viel waren/ da sie ausfahren solten/ baten sie Christum/ das er sie nicht hieß in die Tieffe fahren/ vnd weil nicht weit daruon ein grosse Härd Sew bey zwey tausent waren/ begerten sie/das er jhnen erleubt in dieselbige Sew zu fahren/ welches Christus auch erlaubt/da fuhren die Teufel in die Sew/ vnnd die Härde stürtzt sich mit einander in einem sturm ins Meer/vnd ersoffen. Die Hirten aber flohen/vnd verkündigten in den Stedten vnd Dörffern was geschehen war/ Vnd es giengen zu Jesu alle Gadarener/vnd baten jhn/das er von jhnen gieng/denn es war sie ein forcht ankommen/ rc. Was die Gadarener anlangt/ helt zwar Hieronymus darfür/ sie haben Christum nicht aus stoltz vnd freuentlicher weis/ sondern aus Demut/wie Petrus Lucæ 5. auch thet/von sich gewiesen.

Warumb die Gadarener Christum haben heissen von jhnen gehen.

Hieronymus.

wiesen. Vnd Ambrosius super Lucam: Curare Christus non dignatur inuitos, & cito infirmos deserit, quibus oneri videt esse præsentiam suam sicut Gerasenorum populis. Vnd Chrysost. homil. 29. in Matth. Ipsi Geraseni sic insensibiles fuerunt, sicut vnctus docuit, vt cum admirari adorareq́ꝫ virtutem ipsius deberent, repellerent potius hortarenturq́ꝫ á finibus eorum recedere Sie haben aus groben Vnuerstand Christum von sich gewiesen/ da sie vielmehr vmb dieser Wolthaten willen jhn solten geehret vnd angebetet haben: Vnd Lutherus spricht auch/ das diese Gerasener thörichte Leut gewesen seyen / Wie auch Petrus/ da er Christum von sich stossen wil. Wie denn auch im Bapsthumb geleret ist worden / man sol Christum für einen Richter / vnd nicht für einen gütigen Heyland ansehen vnd halten. Vnd sehen die Gergesener mehr darauff / das Christus den Teuffel vbergeben / denn das er den armen Menschen vom Teuffel erlediget hat. Hæc est generalis cogitatio carnis, quod plus mouemur pœna qua puniuntur impij, quā gratia qua saluantur pij. Quare discendum vt non nimio moueamur vindicta Dei in impios, sed multò magis beneficio & gratia in pios. Wir sollen mehr auff die Gnad vnd Barmhertzigkeit Gottes sehen / die er an Leib vnd Seel den Menschen beweist / denn auff die Plag vnd straffen/ welche er vber die Gottlose Menschen vmb jres Vnglaubens willen verhengt.

Ambrosius.

Chrysost.

Lutherus.

Es haben aber diese Gadarener auch jhren schaden angesehen / vnd besorgt / wenn sie den Prediger lenger dulden/ möchten sie vmb all jhr ander Viehe / Haab vnd Gut kommen: Geben demnach mehr achtung auff die Sew / denn auff jhrer Seelen Heyl vnd Seligkeit. Solcher Gesellen findet man mehr / wie Brentius in Lucam zwey Exempel erze-

Ihre Sew sein jhnen lieber gewest/ als jrer Seelen Heil vnd Seligkeit.

let. Etliche Fürsten besorgen vnd fürchten/wenn sie Christum bey sich haben/vnd sein Euangelion predigen lassen/so kommen sie in verlust jhrer Land vnd Leut. Ein solche gelegenheit hats auch mit den Kauffleuten vnd Hendlern/vnnd allen Geitzhälsen/die mehr auff Gelt vnd Gut/vnd die zeitliche Narung/denn auff Gott/sein Wort/vnd die Gerechtigkeit sehen. Vnd das von den Gadareanern/den Sewliebhabern.

Ohne erleubnis Gottes ist der Teufel auch nit einer Saw mechtig.

Was aber die Teuffel vnd Sew selbs betrifft/lehrt Chrysostomus, das zu förderst allhie zu bedencken sey/wie der Teuffel dem Menschen/ja auch den Sewen kein schaden zufügen könne/es werde jhm denn von Gott erlaubt. Item: Die Besessene haben an der Sew vntergang spüren mögen/der Teuffel grawsamen willen/wider vnd gegen sie/mit denen sie viel schrecklicher vmbgegangen weren/wo es jhnen von Gott were verhengt worden.

Lutherus. Warumb der Teuffel in die Sew zu fahren begert habe.

Lutherus handelt die Frag/Warumb denn die Teuffel eben in die Sew zu fahren begert haben? Vnd antwortet: Das der Satan aus Göttlichem trieb vnd krafft/hab anzeigen müssen/was er für ein Herberg habe/das er nicht in einem Menschen/sondern in einer vnflätigen garstigen Saw (Sewischen Menschen) sein Hofflager vnnd Wonung habe. Virtute diuina diabolus ipse sese cogitur definire quo loco dignus sit, non humano corpore sed porcino, Quod inter omnia animalia maximè terrenum est, & præter ventrem nihil est vtile: Vt etiam gentes dixerunt hoc animal habere animam pro sale Nam nec cantu, ut volucres, nec labore, nec vlla seruitute homini prodest sicut Equus Vacca, Gallinæ, &c. tantum vorat, &c. Sicut apud nos Culices & Pediculi qui vorant & nihil prosunt, &c. Es deutet es aber Lutherus auff die Sewische Menschen/mit folgenden worten: Significat Christus quod diabolus in ho-

minibus

minibus habitet tantum PORCINIS, qui ventres sunt & nulli prosunt. Das ist / Christus zeigt an / das der Teuffel nur in Sewischen Menschen wone / die nur jhren Bauch dienen/sonst nichts nütz sein. Vnd solcher Mastsewe werden in allen Stenden gefunden.

Diese deutung führen auch die Patres ein vber gemelte Geschicht. Chrysost. Scire licet, multos homines, qui Porcorum more non hominum viuant, facilè à dæmonibus inuadi solere, qui quousque aliquid hominis sapiunt, forsan effugere poterint; Si verò PORCI omninò fient, non solum à dæmonibus exagitabuntur, verum etiam per præcipitia deferentur, &c.

Ambrosius in Lucam: Qui sunt isti PORCI, nisi fortè illi, de quibus dictum est, ne miseritis Margaritas vestras ante PORCOS &c. Illi scilicet qui quasi lutulentis vitæ suæ actibus naturalium coinquinauerint ornamenta virtutum. Sed dicit aliquis: Cur hoc à Deo permittitur Diabolo? At ego dico, vt boni probentur, improbi puniantur, &c. Augustinus Tract. 6. in Epistolam Iohannis: Certi mysterij gratia & certa dispensatione dimisit Dæmones ire in porcos, vt ostenderet Diabolum in eis dominari, qui VITAM PORCORVM gerunt. Mit diesen Sprüchen zeigen die Patres an/die Teuffel haben jhre Wonung in den Leuten / welche niemands nützlich seind / nur essen vnd trincken / im Luder liegen / vnd ein Epicurisch Leben führen.

Hugo Card. in Luc. 8.

Tria sunt genera Porcorum:

1. *Porci domestici & sunt publici fornicarij.*
2. *Porci Syluestres seu apri, qui de die latent in sylua, & de nocte exeunt*

sunt Sacerdotes fornicarij & hypocritæ, qui in die latent, sed noctu faciunt, quæ non conueniunt. Ioh. 3. Eph. 5.

3. *Porci spinosi, & sunt Sodomitæ, qui ex obliquo ex se sagittas detractionis emittunt contra canes insequentes, id est, prædicatores.*

Der ander Stand.

4. Esd. 15.

WJewol nicht sonderliche Sprüche vom andern Stand gefunden werden / wöllen wir doch etliche darein ziehen. Als 4. Esdræ 15. Die Araber werden heraus brechen wie die wilden Schwein aus dem walde / mit grosser Heerskrafft werden sie kommen / vnd einen schweren Streit wider jhre Feinde führen / vnd ein theil Landes in Assyria verwüsten. Psal. 80. Den Weinberg haben zuwület die wilden Sew / vnnd die wilden Thier haben jhn verderbt. Der Weinberg ist die Christliche Kirchen / welche von den grawsamen Verfolgern vnd listigen Ketzern verwüstet vnd zuwület wird. Brentius. Horum nomine intelliguntur INIMICI & hostes Israelitarum, qui incurrunt in terram ipsarum impunè, & grassantur in eam crudeliter. Das ist/ Durch diese werden verstanden die Feinde der Kinder Jsrael/ welche gewaltsamer weis in jhr einfallen/ vnd gar grewlich sie angreiffen/ vnd vnmenschlich mit jhnen vmbgehen. Die Heydnische Völcker/ welche das Land Canaan vberfallen vnd verheeren. So verstehets auch Augustinus sonderlich aber von den Römern / welche das Jüdische Land zustört haben. Iudæis porcus aduersus est & in Porco ponunt tanquam immundiciem gentium. A gentibus autem euersa est gens Iudæa: Sed rex ille qui euertit, non tantum Porcus immundus, sed etiam Aper fuit. Quid enim Aper nisi Porcus sæuus, Porcus superbus? &c. Hieronymus aber deutet dieses auff den Teuffel. In Apro & singulari fero Immanitas diaboli intelligitur, à quo exterminata est propter incredulitatem Synagogæ, &c.

Psal 80.

Brentius.

Augustinus.

Was

WAs den Ehestand anlangt / gibt Salomon Prouerb. 11. ein Lehr vnd Warnung: Ein schön Weib ohnZucht/ist wie ein Saw mit einem gülden Haarband: Wenn man schon der Saw ein gülden Ring an die Nasen legt / gülden Geschmeid anhengt / so stühret vnnd wühlt sie doch im Koth: Also ists auch mit der Schöne geschaffen/so mit der Vnzucht vnd Gottlösem Leben beschmeist vnd besudelt wird / Welches nicht allein den schönen Weibern/sondern auch den freyenden jungen Gesellen zu mercken ist / die offt auff die eusserliche schöne sehen / vnd ein garstige Saw vberkommen.

Der dritte Stand. Prouer. 11.

Dominus Philippus deutets nit allein auff die schöne vnd doch vnzüchtige Weiber /sondern auch auff die Werckheilige vnd fleischliche Gerechtigkeit/ die das Wort Gottes auff der Nasen tregt / vnd eusserlich anzusehen wolgestalt ist (Denn Menschliche Ordnung vnnd Satzung werden vberaus gelobt) vnd ist doch Narrheit / sintemal sie Gott nicht erkent/ vnd jhn also weder fürchtet noch vertrawet.

Erklerung Philippi Melanchth.

Hieronymus neben der gemeinen Lehr deutets auch auff einen jedern Menschen / der die Warheit Göttlichs Worts wol weis/aber nicht darnach lebet. Item/ Er verstehet auch die falsche Lehrer/ welche wol das Wort Gottes haben/ vnd führen / aber mit jhrem falschen verstand vnd deutung besudlen. Mulier pulchra & fatua est doctrina hæretica, pulchra per verbum, fatua per intellectum. Ein schön Weib ohne Zucht ist die verführische Lehr: Schön ist sie wegen deß Worts / Ohne Zucht ist sie/wegen deß mißuerstands deß Wortes.

Hieronym.

2. Vom

2. Vom Hasen.

Vom Hasen wird sonst nirgend inn der Schrifft / als Leuit. 11. vnd Deut. 14. gelesen / da er vnter die vnreinen vnd dem Jüdischen Volck verbottenen Thieren gezehlet wird. Der Hase widerkäwet wol/ aber er spaltet die Klawen nicht/ darumb ist er Vnrein. Von diesem Verbot seind wir Christen durch Christum erlediget. Es ist aber droben angezeigt / welcher gestalt die Thier zum theil rein / zum theil vnrein gehalten worden. Terræ animalia, ait Isychius, non omnia sunt munda, non propter Naturam, sed propter nostrum excessum, & quia per iniquitatem Naturam deprauauimus. Was aber heisse widerkäwen/ vnd die Klawen nicht spalten/ ist droben im ersten Theil/ im ersten Capitel aus Irenæo angezeigt worden. Quæ ruminant quidem, non habent autem vngulam duplicem, & ipsa immunda sunt: Hæc Iudæorum est imaginalis descriptio, qui quidem Eloquia Dei in ore habentes stabilitatem autem radicis suæ non figunt in Patre & Filio &c. Die zwar Gottes Wort jmmerdar im Munde haben/ als die Jüden/ aber doch nicht gleuben an Gott Vater/ vnd den Son.

Leuit. 11. Deut. 14.

Isichius.

Was aber die forchtsame behendigkeit deß Hasens anlangt / spricht Hesichius, bedeuts das Jüdische Volck/ so schnelle Füß hab Blut zu vergiessen / sagt auch / das dieses Thier der tapfferkeit vnd stercke/ welche der vier Heuptetugende eine ist/ strack zu wider seyn.

Was des Hasen forchtsame behendigkeit bedeute.

Was

Was aber andere Lehr vnd eigenschafft betrifft/schreibt Basilius Homil. 9. in Hexam. Das Gott die Thier / welche dem Menschen vnd andern Thieren zu nutz erschaffen/ gejagt vnd gessen werden / viel fruchtbarer erschaffen hab als andere / wie da sind / die Hasen/ Gembsen/ Schaff/ darbey man Gottes Güte vnnd Fürsorg erkennen kan. Constat ea animalia, quæ facilè capi possunt, longè fæcundiora cæteris esse: Quocirca tàm Lepores & Damæ, quàm etiam oues fætæ sæpius & geminos plures(que) pariunt fætus, ne genus deficiat ad prædam expositum ijs feris, quæ sanguine gaudent, carne(que) vescuntur &c. Aber eben dieser fruchtbarkeit wegen vergleicht gedachter Basilius secundo sermone in Ps. 14. Den Wucher einē Hasen/der zumal junge nehret/tregt / vñ wider empfengt. Cur teipsum cum varia & nimium fœcunda bestia iungis? Lepores aiunt eius esse Naturæ vt simul & pariant, & nutriant & superfœtent: Sic & pecunia vsurarijs vno tempore datur, fœnus gignit, & superfœtat augescendo: Nondum enim in manus accepisti, & præsentis mensis fructus expostularis. Hæc rursus data alterum malum producit, illud rursus aliud, deni(que) infinitum malum &c.

Basilius. Des Hasen fruchtbarkeit zeigt vns Gottes güte. Warumb die Hasen mit dem Wucher verglichen werden.

Ambrosius aber lib. 5. cap. 23. Hexameri. sagt/Gleich wie die Hasen (an etlichen orten) im Winter weis werden/ im Sommer aber jre rechte gewönliche Farbe vberkommen/ Also wolte Gott mit diesem vnd andern Thieren die verwandelung vnsers Leibs in der Aufferstehung fürbilden. Lepores certè quod de proximo facilè cognouimus, hyeme albescere, æstate in colorem suum redire non dubium est &c. Hæc ideo libaui vt ad commutationis fidem, quæ in resurrectione futura est, etiam ista exempla nos prouocent, &c.

Ambrosius.

3. Von den Caninichen oder Cüniglin.

Wiewol dis thierlin von den Interpretibus vngleich beschrieben wird/ lassen wirs doch bey dem gemeinen Kuniglin oder Küllen bleiben/so den namen vom graben hat/ vnnd ist auch den Jüden der vrsach halben vnrein gesprochen/ darumb die Hasen verboten sind/ also/ das dieses hie nicht zu repetieren ist: Aber neben den beyden orten Leuit. 11. vnd Deut. 14. wird dieses Thierleins an zweyen orten der Schrifft gedacht.

Psal. 104. Psal. 104. Die Steinklüffte sind ein zuflucht der Caninichen. In diesem Psalm wird von der Weisheit/ Allmacht vnd Güte Gottes gegen den Thieren vnd den Menschen gehandelt/ dauon besihe droben bey den Gemvsen. Hat also auch der gütige GOtt der geringen forchtsamen Küllen nicht vergessen/sondern jhnen ein Zuflucht vnd Herberg bescheret/ darin sie für jhren Feinden vnnd Jägern fried vnd sicherheit haben können. O vns vngleubigen Menschen/ die wir zu Gottes Ebenbilde erschaffen/vnd durch die heilige Tauff seine Kinder worden sind/ wöllen noch an jhm verzagen/ der Haus vnd Wonung/Schutz vnd Schirms halben. ꝛc.

Gott hat auch diesen Thierlein eine sichere Herberg gegeben: Viel mehr vns Menschen/ so mit seines Sons Blut erkaufft sein.

S. Hieronymus verstehet durch sie die forchtsame vnnd erschrockene/ so in jhren Gewissen Gottes Zorn fühlen/ vnd zu dem rechten heilsamen Felsen Christo ein Zuflucht haben. Qui timidus est, refugium habet petram, petra autem est Christus. Augustinus verstehet auch die Sünder/ wo sie nur

Geistliche deutung des Caninichen.

jhre

ihre Sünd erkennen vnd bekennen/ sollen vnd mögen sie den Felsen Christum zum Trost vnd Zuflucht haben.

Der ander Spruch von diesem Thierlein stehet Prouerb. 30. Caninichen ist ein schwach Volck / dennoch legts sein Haus in den Felsen. Hoc animal docet nos, vt pericula caugamus. In petra autem nidificabemus, si in Domino confidentes, vocationi nostræ intēti simus. Diß Thierlein lehrt vns / das wir vns für den Gefahren hüten/vnd vns an ein sichern Ort begeben / Welchs geschicht/ wenn wir an Christum gleuben / vnd vnserm Beruff wol vorstehen. Osiander. Hieronymus verstehet auch die Christliche Kirche/ die sich nicht selbs rechet/oder auff jhre gewalt verlest/sondern auff die hülffe Jesu Christi. Hic plebem Ecclesiæ designat, quæ inualida dicitur: vel quia suas iniurias vlcisci non quærit: Vel quia suis viribus nil fidere, sed in auxilio Redemptoris sui salutem sperare didicit: & hoc est illam cubile in petra collocare.

Prouer. 30

Lehr.

Hieronym.

Der dritte Theil des Biblischen Thierbuchs/ von den vnreinen heimischen Thieren/ Iumenta genant/ die man zur Arbeit gewehnet vnnd braucht.

Das Erste Capitel/ vom Roß/ Pferdt/ Geulen.

ES ist auch droben in der Vorrede vermelt worden/ das Gott etliche Thier erschaffen vnd geordnet habe/ dem Menschen in seiner müheseligen Haußarbeit vnnd Narung zu helffen/ daher sie Iumenta à iuuando, teste Augustino genent werden / Als da sind die Pferdt/ Esel/ Maulthier/ Kameel / vnd dergleichen / aber GOtt hat gleichwol auch andere nützliche vnd wichtige sachen darbey anzeigen wollen: Wie vnterschiedlich folget.

Der erste Stand.

WAs im ersten Stand die Ross oder Pferd anlangt / erinnert vns die heilige Schrifft / wie Jesus Christus im Gesicht auff Pferden gesehen ist worden. Zachariæ 1. der Prophet spricht: Ich sahe bey der nacht/ vnd

vnd sihe ein Man saß auff dem roten Pferdt/ vnd er hielt vnter den Myrten in der Awe/ vnd hinder jm waren andere vnd mehr Pferde. Dieser Reuter ist der Son Gottes gewesen/ (wie er im Capitel drunden Iehoua genent wird) der mit seinen Himmelischen Heer/ die Christliche Kirchen vmblägert/ beschützt vnd befriediget. Sein Pferd ist aber roth/ nicht allein sein künfftiges Leiden/ sondern auch sein Rach vnd straff vber die Feinde anzudeuten/ wie Hieronymus sagt: Vir qui ascendebat equum rufum, DOMINVS atq; Saluator est, qui dispensationem nostræ carnis assumens, audit in Esaia 53. Quare rubra sunt vestimenta tua? &c. Worumb ist dein Gewand so Rotfarb/ vnd dein Kleid wie eines Keltertreters? Ich trette die Kelter allein/ ꝛc. Ich hab sie gekeltert in meinem Zorn/ vnd zutretten in meinem Grim/ Daher ist jhr vermögen auff meine Kleider gesprützt/ vnd ich hab all mein Gewand besuddelt/ Denn ich hab einen Tag der Rach mir fürgenommen / das Jahr die meinen zu erlösen ist kommen.

Christus auff eim roten Pferd gesehen worden. Zachar. 1.

Warumb sein Pferd roth gewest.

Hieronym.

Also sagt auch Osiander in Paraph. Der Reuter sey Gottes Son gewesen/ der des Himlischen Kriegsheers Führer sey/ damit seine Kirche zuuertheidigen. Wird aber ein Engel genant/ nicht das er Englische Natur hab / sondern weil er vom Vater gesand wird/ zu erhalten das Menschliche Geschlecht. Capitaneus illius equitatus fuit Filius Dei, qui exercitum cœlestem pro Ecclesiæ suæ defensione ducit. Ioh. 5. Angelus autem appellatur, non quod sit Angelicæ naturæ, sed quod à Patre mitteretur ad seruandum genus humanum. Wir lesen aber eben von diesem Reuter Apocal. 19. Ich sahe den Himmel auffgethan / spricht Johannes/ vnd sihe ein weis Pferd/ vnd der drauff saß/ hieß Trew vnd Warhafftig/ Richtet vnd streitet mit Gerechtigkeit/

Osiander.

Apoc 19. Christus auff seinem weissen Pferd gesehen.

vnd seine Augen sind wie ein Fewerflamme/ vnd auff seinem Heupt viel Kronen/ vnd hatte einen Namen geschrieben/ den niemand wust/ denn er selbs / vnnd war angethan mit einem Kleid / das mit Blut besprenget war / vnd sein Name heisset Gottes Wort / Vnd jhm folgte nach das Heer im Himmel auff weissen Pferden/ angethan mit weisser vnnd reiner Seyden/ vnd aus seinem Mund gieng ein scharff Schwerd/ das er damit die Heyden schlüge/ vnd er wird sie regieren mit der Eysern Ruten/ etc. Er ist ein König aller König/ vnd ein Herr aller Herren / etc.

Dieser Reuter ist auch CHRIstus/ vnser Almechtiger Kriegsfürst vnd Ertzhertzog deß Lebens / der sein Wort vnd Kirchlin wider die Feinde vnnd Verfolger / den Türcken/ Bapst/ vnd jhren anhang vertheidigen / Sie aber die Feinde vberwinden / das Thier vnd den falschen Propheten in den fewrigen Pfuel stürtzen wird / Welchs der Christen höchster Trost / vnd warnung an die Verfolger ist.

Warumb das Pferd weis gewest. 1. Osiander

Warumb aber das Pferd weis sey/ werden etliche vrsachen angezeigt: Eine vnd die fürnembste/ wie Osiander helt/ ist die Victoria vnd Sieg / welche Christus nu erhalten hat/ vnd sitzt zur Rechten deß Vaters/ triumphirende vber alle Irrdische/ Himlische vnnd Hellische Creaturen vnnd Geister.

Origenes.

Origenes homil. 2. in Cant. Salom. spricht / Man möge das weisse Pferd halten/ seinen heiligen Leib/ oder heilige Seel / vnnd auch beyde zumal/ deßgleichen auch seine Christliche Kirchen/ die er gereiniget vnd geheiliget hat/ das sie heilig/ vnstrefflich/ ohn Runtzel sey. Aliquis fortè dicet, album equum esse corpus, quod assumpsit Dominus, & quo ille, qui in principio erat Verbum apud Deum &c, vel vestitus vel vectus est. Alius autem animam dicet, quam assumpsit Primogenitus: Alius vtrumq; simul corpus & animam, quasi vbi peccatum non fuerit, equum dici album putabit: Alius adhuc quarto loco Ecclesiam dicet, quæ etiam corpus eius nominatur, album videri equum, quasi rugam & maculam non habentem, quam sibijpse sanctificauit lauacro aquæ &c.

Zacharias spricht Cap. 9. in der Beschreibung der Zukunfft vnd Einrits Christi / Ich wil die Wagen abthun von Ephraim / vnd die Rosse von Harim / vnd der Streitbogen sol zubrochen werden: Denn Er / Christus / wird frieden lehren vnter den Heyden / Das ist / Christus wird sein Reich auff Erden nicht mit Roß vnd Wagen / mit Schwerdt vnd Waffen / mit eusserlichem Gewalt / sondern mit der Predigt deß Euangelij vnd den Sacramenten anrichten / Darumb ist diese abstellung der Roß im Reich Christi ein anzeigung vnd abconterfeyung deß Geistlichen Reichs Jhesu Christi auff Erden. Zachar. 9.

Ehe wir aber von den Gleubigen reden / müssen wir mehr Sprüch von den Rossen Gottes erzehlen: Habacuc. 4. Warestu nicht zornig HERR / in der Flut / vnd dein Grimm in den Wassern (im roten Meer) da du auff deinen Rossen rittest / vnd deine Wägen den Sieg behielten. Dieses ist zuuerstehen entweder von den Roß vnnd Wagen der Jsraeliten / die Gott durch das Rote Meer beleitet / vnd den Jüden selbs / oder von Gottes Gewalt vnd Allmacht / oder auch von den Engeln / welche er / die Gottlosen zu straffen / gebraucht. Von den Himlischen Rossen Gottes / den Engeln. Habac. 4.

Hieronymus fragt / was GOtt für Roß habe / darauff er reite? Vnd antwortet / Es seyen die gleubigen Seelen / in welche das Wort GOttes komme / sie vnnd andere selig zu machen. Quæro equos, super quos ascendat Dominus: & puto non esse alios, nisi sanctorum animas, super quas Hieronym.

ascendit

ascendit sermo diuinus, vt & ipsas saluet, & alios; per eas. Ermelter Prophet spricht weiter daselbsten Cap. 4. Deine
Habac. 4. Pferdt gehen im Meer/im Schlamm grosser Wasser. Vor zeiten hast ein Weg gemacht mit deinen Pferden im Meer/ aber jetzt bleiben sie schier im Schlamm stecken.

Hieronym. Hieronymus verstehet dardurch die heilige Engel/ welche Gott in diese Welt sende/die teuffelische vnd widerwertige Krefften zu trüben vnd schwechen. Superinducit Deus egregius eques & auriga præcipuus, Equos suos, Angelos videlicet sublimesq; virtutes super mare huius seculi, vt turbent aquas multas, dæmonia & contrarias potestates &c. Es ist aber eigentlich die meinung/ wie Gott seine Christliche Kirch vnterweilen im Schlamm stecken laß/ vnd nicht schleinig hindurch führe / daran man sich nicht stossen/ vnd ergern sol/ es mus doch endlich durchdringen / wenn schon die Welt vnd Teuffel sich sperreten.

2. Reg 2. Von den fewrigen Rossen/ die Eliam geholet.

Wir wollen aber hellere Sprüch von den Himlischen Rossen/von den Engeln/hören. 2. Reg. 2. Da GOtt der Allmechtige seinen getrewen Diener vnd Propheten Heliam aus diesem Jammerthal ohne den zeitlichen Todt in das ander ewige Leben abholen vnd einführen / auch darmit beweisen wolt/das die Seel vnsterblich/vnd ein ander Welt were/ so gebraucht er darzu seine Himlische Roß vnd Wagen / die heiligen Engel/Denn da Elias vnd Elisæus mit einander redeten / sihe / da kam ein fewriger Wagen mit fewrigen Rossen/vnd scheideten die beyde von einander/vnd Elias fuhr also im Wetter gen Himmel.

Augustinus Augustinus lib. 2. de Mirab. S. S. cap. 22. spricht: Weil Helias ein solchen brünstigen Eyuer zu Gott gehabt/ vnd sonst durch das Fewer von Himmel Wunderzeichen gethan habe/ sey es auch billich / das er solcher gestalt im fewrigen

gen

gen Wagen vnnd Rossen gen Himmel auffgenommen wür= Chrysostom.
de.

Chrysostomus Tom. 2. hom. 6. de ascensione Eliæ: Gleich wie weltliche Könige vorzeiten jhre getrewe Diener/ so sich vmb jhret willen in gefähr Leibs vnd Lebens begeben/ also geehret/das sie auff dem Königlichen Wagen/ mit herrlichem Schmuck gezieret/sind vmbher geführt worden: Also handlet auch GOtt mit seinem getrewesten Diener Elia/ lest jhn im fewrigen Wagen in den Himlischen Pallast einführen. Apud quosdam veteres reges moris erat, vt si quis fortiter pro rege fecisset in bello, & corpus & animam periculis obijcere non timuisset, curru atq; alijs regiæ dignitatis insignibus donaretur. Igitur reges terreni ac mortales ita sibi deuotissimos remunerare consueuerunt. Quantò magis omnipotens Deus, quia Rex Regum & Dominus Dominorum est, Heliam suum tota se corporis & animæ deuotione zelantem, post multorum laborum sudores, post dirarum persecutionum grauissimas fatigationes, post tantorum bellorum magnas illustresq; victorias optima de mundo & diabolo spolia referentem igneo curru atq; EQVIS FLAMMANTIBVS impositum triumphali victoria præfulgente ad sua regna voluit peruenire.

Epiphan. lib. 2. in panario: gedenckt auch dieses fewrigen Wagens Eliæ/ darauff er mit seinem Leibe ins ewige Leben gefahren sey/welchen er noch behalte/ aber er sey Geistlich/vnd bedarff nicht der natürlichen leiblichen Speise/sondern hab eine Geistliche Narung / etc. Assumptus est Elias in curru igneo, & est adhuc in CARNE, carne autem spirituali, & non opus habente, vt per corpus nutriatur, sed nutritur alio quodā spirituali modo &c. Gleich wie nu Epiphan.

Elias die Engelische Roß vnd Wagen zu Geleitsleuten ins ewige Leben gehabt hat: Also hat auch sein Jünger Helisæus dieselbigen zu Schirmherren vnd Beystendern in diesem Leben.

2. Reg. 6. Von den fewrigen Rossen/ so vmb Elisæum gewesen.

2. Reg. 6. Da der Syrische König Helisæum inn der Stadt Dothan belägert/ vnd fangen wolt/ so seind die heiligen Engel in fewriger Rosse vnnd Wagen gestalt bey Helisæo: Fürcht dich nicht / spricht der Prophet zu seinem Diener/ denn derer ist mehr die bey vns sind/ deñ derer die bey jnen sind/ Vnd Elisæus betet/ vnd sprach/ HERR öffne jhm die Augen / das er sehe. Da öffnet jhm der HERR die Augen/ das er sahe/ vnd sihe/ da war der Berg voll fewriger Roß vnd Wagen vmb Elisa her. Welches Augustinus lib. 2. de Mirab. S. S. cap. 26. vnter die Wunderwerck der heiligen Schrifft zehlet. Ne vltra modum pueri mens perterrita fieret, videntis inimicorum multitudinem copiosam, EI ANGELORVM igneis curribus & equis instructas per totum montem in eius circuitu astantes phalanges fecit esse visibiles. Das ist/ damit deß Elisæi Knab nicht gar zu sehr erschrecken möcht/ wenn er den grossen heillen hauffen der Feinde sehe / so bringt Elisæus mit seinem Gebet zu wegen / das jhn GOtt sehen lest viel ein grösser Heer der Engel/ so auff dem gantzen Berge/ mit fewrigen Wagen vnd Rossen vmb jhn herumb stehen/

Augustinus

Vnd von beyden Historien hat Ambrosius ein Sermon in der zahl 87. gehalten/ dessen inhalt/ Gleich wie die heiligen Geister den Eliam ins Himlische Leben beleitet/ also haben sie auch seinen Jünger Helisæum / als Eliæ Son vnd Erben / mit jhrem Schutz bewaret. Dicit aliquis; Frequenter audiuimus Angelos ad homines

Ambrosius.

nes descendisse, audire etiam cupimus, quando homines ad cœlestia transmigrarint? Manifesta res est, & in promptu posita. Helias Magister Helisæi nonne Angelis ducentibus raptus ad cœlum est, & quadriga ignea impositus, quasi in quodam triumpho victor ascendit? Victor enim extiterat non gentium Barbararum, sed secularium voluptatum. Siquidem grauiores inimici sunt PRAVI MORES, quam HOSTES infesti, vt facilius intelligamus hoc tempore, malignitatem hostium vinci posse, quàm morum. Ergo Heliam Angeli ad Cœlum perferunt, Helisæum Angeli qui Magistrum portauerunt, Discipulum tuebantur, & nobilia quandam obsequia quæ patri exhibuerant etiam Filio deferebant. Ipse enim Heliæ spiritualis est Filius, ipse eius hæres est sanctitatis, &c.

Der Prophet Zacharias hat auch inn seinem Gesichte Capit. 1. neben dem Sohne GOttes auff dem roten Pferdt sitzend (daruon zuuor) auch andere Reuter halten sehen/ rote/ braune vnd weisse Pferde/ Es sind aber/ antwortet Christus/ die der HERR ausgesand hat/ das Land durch zu ziehen/ die Engelische Herrscharen/ welche den Gottlosen vnd Feinden stewren vnd wehren/ vnnd Fried auff Erden/ sonderlich bey den Gleubigen anrichten vnnd erhalten sollen. Zachar. 1.

Zachariæ 6. Sihet der Prophet vier Wägen zwischen zweyen Ehernen Bergen herfür gehen/ Am ersten Wagen waren rote Roß/ am andern schwartze Ros am dritten weise/ am 4. Wagen waren scheckichte starcke Roß. Wer sind diese? Zachar. 6

Auslegung der vnterschiedlichen Farben an den Rossen

Es sind die 4. Spiritus cœlestes, die Himlische Geister oder Wind / die herfür kommen / das sie treten für den Herrscher aller Lande / rc. Die vnterschiedliche Farben bedeuten der Engel Werbung vnd Geschefften / die sie verrichten sollen. Roth bedeut Blutig vnd Kriegerisch. Schwartz Trawrig. Weiß Frölich. Scheckicht / gemengte Hendel. Auff dieses Gesicht wöllen wir etliche Geschichten vber die vorige erzehlen.

2. Mac 3. Heliodorus mit eim Pferd Gottes zu bodem gerent/weil er das Kirchen armen Widwen Gelt begere zu nemen.

2. Maccab. 3. Heliodorus solt aus deß Königs Antiochi befehl / das Kirchengut vnnd ander der Widwen vnnd Wäisen hinderlegt Gelt aus dem Tempel zu Jerusalem wegnemen / vnnd da er dauon weder durch bitten noch Thränen kund abgehalten werden / vnd nu bey den Gotteskasten mit seinen Kriegsleuten stehet/ thar der Allmechtige GOTT ein gros Zeichen/ das er/ vnd die so vmb jhn waren/ sich für der Macht Gottes entsatzten / in ein grosse Furcht vnd schrecken fielen/ denn sie sahen ein Pferd/ das wol geschmückt war/ darauff saß ein schrecklicher Reuter / das rennet mit aller macht auff den Heliodorum zu/ vnd stieß jhn mit den fördern zweyen Füssen/ vnd der Reuter auff dem Pferd hatte einen gantzen güldenen Harnisch an/ Sie sahen auch zween junge Gesellen / die starck vnd schön waren / vnd sehr wol gekleidet/ die stunden dem Heliodoro zu beyden seyten/ vnd schlugen getrost auff jhn/ das er für Ohnmacht zur Erden sanck vnd jhm das Gesicht vergieng/ lag also für todt/ vnd redet kein wort. Weil aber der Hohepriester Onias für jhn bate/ das er nicht stürbe/ erschienen die zween junge Gesellen wider in jhrer vorigen Kleidung dem Heliodoro/ vnd sagten zu jhm: Dancke dem Hohenpriester Onia fleissig / denn vmb seinet willen hat dir der HErr das leben geschenckt / vnd verkündige allenthalben die grosse krafft deß HErren/ weil du von Himmel herab gesteupt

steupt bist/ etc. Wie er denn gefolget/ dem HERRN geopffert/ dem Onia gedanckt/ vnd seinem König bekent hat/ das Gott krefftiglich zu Jerusalem wone/ vnnd wenn er jemand mehr dahin senden wölle/ sol er seinen Feind dahin schicken.

Bey dieser Historien sollen nun alle Regenten/ Vormünden/ Kastenherren lernen/ das sie den Gottskasten/ Allmusen/ der Widwen vnd Waisen Güter vnanbetast lassen/ oder sie werden Gott vnd seine Reuter vnd Pferd/ das ist/ seine Engel zu Richter vnd Feinden haben. Selige warnung aus dieser Historia.

2. Maccab. 10. Deß Königs Eupatoris Kriegs Oberster Timotheus/ zog mit eitel trotz vnd Vermessenheit wider den Maccabeum zu Felde: Aber Maccabeus verließ sich sampt seinem Hauffen allein auff den HERRN: Als nu die Schlacht am hefftigsten war/ erschienen wider die Feinde vom Himmel 5. herrlicher Männer auff Pferden/ mit gülden Zäumen/ die für den Jüden her zogen/ vnd zween hielten neben dem Maccabeo/ beschützten jhn mit jhrer Wehr/ das jhn niemand verwunden kund/ vnd schossen Pfeil vnd Donnerstral in die Feinde/ das sie geblend vnd flüchtig wurden/ vnd wurden geschlagen zwantzig tausent vnd fünff hundert zu Fuß/ vnd sechs hundert Reisige. 2. Ma 10. Stehen dem frommen Maccabeo 5. Reuter bey/ die jhn nicht allein verteidigen/ sondern auch die Feinde schlahen.

Ein gleiche Geschicht wird 2. Maccab. 11. erzehlet: Da Lysias/ deß Königs Vetter/ Vormund vnd Oberster Rhat/ die erlittene Niderlag vnd verlorne Schlacht vername/ zog er wider den Maccabeum mit ein grossen Hauffen/ zu Roß vnd Fuß/ trotzt darauff/ belagert Bethzuram: Aber da Maccabeus vnd sein Hauff Gott mit seufftzen vnd Thränen baten/ er wölle jhnen ein guten Engel zum Helffer vnnd Beystand schicken/ Sihe/ so bald sie für die Stadt Jerusalem hinaus zogen/ erschiene jhnen einer zu Roß/ in einem weissen Kleide/ vnd güldenem Harnisch/ vnd zog für jhnen her/ 2. Ma 11. Stehet dem Maccabeo ein Reuter bey.

da schlagen sie auch die Feind/ daß jhr eilff Tausend zu Fus/ vnd sechtzehen hundert zu Roß stehlen.

Lehr der betrübten Kirchen in Kriegsnöten.

Diese Exempla sind der Christlichen Kirchen zu mercken daß sie nicht verzagen in den Kriegßnöhten/ Sondern/ GOtt mit ernst vmb seine Himlische Pferd vnnd Reissigen Zeug anschreyen / der wil jhnen Hülff vom Himmel senden/ ob sie schon gering sein/ vnd schwach in jrem Reissigen Zeug.

Oseae 1.

Darumb auch Hoseæ am 1. geschrieben stehet: Ich wil mich erbarmen vber das Haus Juda / vnd wil jhnen helffen durch den HErrn jhren Gott/ Ich wil jnen aber nicht helffen durch Bogen/ Schwerdt/ Roß oder Reuter. Welche tröstliche verheissung nicht allein Hieronymus / sondern auch jetzige Lehrer auff die herrliche Erlösung Hiskiæ vnd der Stadt Jerusalem aus der Hand Sennacheribs/ deuten/ da ein Engel deß HERRN in der Nacht ausfuhr / vnd schlug im Assyrischen Läger hundert vnd fünff vnnd achtzig tausent Man / 2. Reg. 15. Esaiæ 39. Vnnd das sey gesagt von den Himlischen Pferden vnd Gottes Reisigen Zeug den Engeln.

Von Menschen/ so Gottes Ros sein.

Psalm 73.

Wir finden aber auch in der Schrifft / das GOtt aus den Menschen jhm etliche wolgefellige Roß vnd Pferd (die er leitet / reitet / vnd zu seinem dienst gebraucht) bereitet vnd ausrüstet/ Das David im 73. Psalm selbs bekennet / Jch mus für dir Gott ein Thier sein/ rc.

Zachar. 10.

Zachariæ am 10. Der HErr Zebaoth wird das Haus Juda zurichten/ wie ein geschmückt Roß/ um Streit. Das seind nach Lutheri vnd anderer Lehrer auslegung/ die heiligen Apostel/ vnnd andere Gottseelige Jünger/ die Christus mit den Gaben deß heiligen Geistes ausgerüstet/ vnd durch sie in der gantzen Welt gesieget hat.

Lutherus.

Lutherus, Er wil sein Volck gnediglich heimsuchen / vnnd wolgerüste Rosse daraus machen/ darauff er wil reiten vnd streiten/ auch andere vnter sich zubringen / nemlich die Heyden / welche er denn durch die Apostel vnnd Jünger / so aus dem Jüdischen Volck erwehlet sind / gethan hat / welchs doch kein leiblicher Streit gewesen ist / rc.

Es werden auch allhier Prediger vnd Lehrer erinnert / das sie dem HERRN auffsitzen / vnd sich reiten vnd führen lassen / mit jhrem Kopff vnd den Teuffel / das sie streitende gerüste Pferd sollen sein / rc. Erinnerung

Eben fast mit diesem Namen nennet Elisæus auch seinem Præceptorem Heliam 2. Regum. 2. da jhn der HErr mit fewrigen Rossen vnnd Wagen gen Himmel auffgenommen htate. Mein Vater / Mein Vater / Wagen Jsrael vnd sein Reuter. Welches meinung ist: Elias habe bißhero mit seinem Gebet das Königreich Jsrael viel besser vnd mehr beschützt vnnd erhalten / denn wenn sonst viel tausent Reisiger Wagen vnd Reuter vorhanden gewesen weren. Brentius. Vocat Htuelias, Currus Israel & auriga eius, propterea quod vitæ suæ tempore Israelem in conspectu Dei protexerit, adeoq; per omnia pericula saluum vexerit. Sunt enim Prophetæ populi defensores. Das ist / Elias wird der Wagen vnd Reuter Jsrael genennet / darumb / das er zu seiner lebzeit Jsrael für dem Angesicht Gottes vertreten vnd verbeten / vnd aus aller gefahr sicher gebracht hat. Denn die Propheten sein Beschützer deß Volcks / rc. So ist auch diß der Prediger Ampt das Volck mit dem fleissigen Gebet beschützen / vnd durch alle Gefahr sicher hindurch führen. Jst auch leichtlich zu erachten / was es für ein grosser schade sey / wenn Gott solche treffliche Männer wegfüret / ob es die Welt schon gering macht vnd achtet.

2. Reg. 2.
Elias der Wagen Jsrael vnd sein Reuter.
Brentius.

Jngemein von der Christi. Kirchen zu redẽ / so spricht Christus von vñ zu jr Can. 1. Jch gleiche dich meine freundin meinen Cant. 1.

nen

Die Christliche Kirche dem Reisigen zeug verglichen.

Außlegung der Veter.

Origenes

Wilramus

nem Reisigen Zeug an den Wagen Pharao. Die Patres haben diese Gleichnis auff die Historiam vom Außzug der Israeliten aus Egypten/vnd deß Pharaonis vntergang im roten Meer verstanden/ Das/ gleich wie Gottes Reisiger zeug deß Pharaonis Heer obgelegen sey/vnd den Pharaonem ins Meer gestürtzt hab: Also sey auch die Christliche Kirche fürtrefflicher denn alle andere Weiber/das ist/Völcker vnd Königreich auff Erden. Origenes homil. 2. Historicus sensus hoc videtur ostendere: Sicut tunc in Ægypto, inquit, cum Pharao persequens populum Israel processit in curribus & equitatu: & MEVS, hoc est Domini mei sponsi equitatus longè præcellebat curribus Pharaonis, & præstantior erat, vtpote qui illos superauerit & in mare demerserit: Ita & tu proxima mea sponsa, præcellis omnes mulieres, similis effecta equitatui meo, qui Pharaonis curribus comparatus potentior vtique est, & magnificentior. Das ist/ Die Historische meinung ist diese: Gleich wie damals/ spricht er/ in Egypten/als Pharao dem Volck Israel nacheilete/mit Wägen vnd Reutern/ vnd meiner/ das ist/ meines Herrn Breutigams Reisiger zeug viel herrlicher vnd besser war/ als deß Pharaonis seiner/ wie er denn auch gesieget/vnnd deß Pharaonis seine ins Meer gestürtzt hat: Also vbertriffest auch du meine liebste Braut alle Weiber/bist gleich worden meinem Reisigen Zeug/ so gegen deß Pharaonis Wägen gehalten/ viel mechtiger vnd herrlicher ist/ꝛc. Abbas Vuilramus deutets also: Gleich wie mein Reisiger Zeug durch das rote Meer gesund vnd frölich ist hindurch geführet/ vnd in das löbliche Land gebracht/ Pharao aber mit seinen Roß vnd Wagen ins Wasser gestürtzt vnnd ersäufft ist worden/Exod. 15. Also wil ich dich meine Christliche Kirche auch durch das Wasser der heiligen Tauffe mit

Christi Blut geferbt/hindurch führen/erhalten vnd selig machen. Per mare saluatus veluti meus est equitatus, & mersus Pharao, sic te quoq; glorificabo. Baptismi lauacro te cuncta sorde piabo, & patriam certam viuentum do tibi terram.

Andere Lehrer deuten diese Gleichnis auff den Reisigen Zeug deß mechtigsten Königs Pharaonis/der zu Salomonis zeiten gelebt/ vnd jhm die Tochter zum Weib gegeben hatt: Gleich wie er einen mechtigen sieghafften Reisigen Zeug habe also sey auch die Christliche Kirche ein Vberwinderin der Welt/ Tods vnd Teuffels / welche sie zwar anfechten vnd stürmen / aber doch nicht ersteigen vnd niderstürtzen können/ sondern sie behelt die Oberhand. Osiander. O tu charissima mea Ecclesia, inuicta es contra Mundum, Diabolum & Infernum. Itaq; te recte assimilauero equitatui instructissimo Salomonis, & curribus bellicis Pharaonis regis Ægyptiaci, qui Salomonis tempore vixit, & affinitatem atq; amicitiam contraxit cum rege Salomone: Etsi enim Ecclesia furoribus Satanæ oppugnari potuit, expugnari tamen non potuit. Das ist/ Die Christliche Kirche ist vnüberwindlich/nemlich/nach dem Wort der Verheissung/welche gewiß erfüllet wird. Ist ein Trostspruch wider Creutz vnd Widerwertigkeit der Kirchen/wie Lutherus sagt: Videris tibi in tribulatione deserta & victa, ego autem te assimilaui equitatui meo, id est, In meo conspectu es ceu victrix cohors, quæ ad dimicandum est instructa, Et est consolatio fidei, quæ non sentitur neq; apparet. Si ergo verbum videas, omnia sunt verissima, licet externis malis & cruce pressa sit. Das ist/ Du meinst in deinem Creutz vnd Trübsal/du seyest gar verlassen vnd vberwunden/aber ich hab dich verglichen meinem Reisigen Zeug/Das ist/In meinem Angesicht

Osiander.

Lutherus.

gesicht bistu wie eine Vberwinderin / die da zum Streit bereit ist. Vnnd ist ein Trost deß Glaubens / den man nicht spüret noch sihet / so man das Wort ansihet / ist alles war / ob gleich eusserlich Creutz vnnd Widerwertigkeit dabey ist / etc.

Esa 64. Die Kinder Israel Ros genennet.

Esaias 64. nennet das ausgeführte Volck Israel aus Egypten mit diesem namen der Rossen/ Der/ nemlich Gott der HERR/sie/die Israeliten/führet durch die Tieffe/wie die Rosse in der Wüsten/die nicht straucheln/wie das Viehe/ so ins Feld hinab gehet / welchs der Odem deß HERRN treibt: Also hastu auch dein Volck geführet / auff das du dir einen herrlichen Namen machest. Dieses wird Sapient. 19. repetirt/ Aus dem roten Meer ward ein Weg ohn hindernis/ etc. durch welches gieng alles Volck / so vnter deiner Hand beschirmet ward/ die solche wunderliche Wunder sahen/ vnd giengen wie die Rosse an der Weyde / vnnd lecketen wie die Lemmer/vnd lobten dich HERR/der sie erlöset hatte. Vnd Esaias 66. weissaget weiter: Alle ewre Brüder (die Apostel vnd Jünger Christi) werden aus allen Heyden herzu bringen/ dem HERRN zum Speisopffer auff Rossen/ Wägen vnd Senfften/ etc. Gleich wie die Jüden auff Roß vnd Wägen zum Opffer das Viehe gen Jerusalem brachten / Also werden auch die heiligen Aposteln durch jhre Lehre vnd Predigten die Menschen bekehren / inn die Christliche Kirchen bringen. Hieronymus sagt / die Pferd/ Wägen/ etc. seyen entweder der heiligen Engel dienst/ oder desselbigen Predigampt. Equos, quadrigas, lectiones, Angelica possumus intelligere ministeria: His Equis, curribus & quadrigis Helias raptus est ad cœlum, & Helisæus circumdari se atq; seruari, nescienti seruo, demonstrauit &c. Vehicula ergò sunt vel sancti Angeli, vel sancti viri, qui de hominibus in Angelos profecerunt.

Sap. 19.

Esa. 66.

Auslegung Hieronymi.

Es

Es braucht aber Gott vnterweilen auch Creutz vnd widerwertigkeit/damit er die mutwillige Sünder als böse Pferd zäumet vnd zwingt/ das sie sich in den gehorsam Gottes ergeben. Dauron handelt David Psal. 32. Ich wil dich vnterweisen/vnd dir den Weg zeigen/den du wandeln solt/Ich wil dich mit meinen Augen leiten. Darumb seid nicht wie Roß vnnd Meuler / die nicht verstendig sind/ welchen man Zäum vnd Gebiß mus ins Maul legen/wenn sie nicht zu dir wöllen: Sicut equi feroces coërcentur frenis (ait Osiander) Ita sunt qui aliter ad officium faciendum adduci nequeunt, nisi tribulationibus magnis tanquam forti & duro freno regantur & cogantur. Das ist / spricht Osiander / Gleich wie die wilden Pferd mit Zäumen gezwungen werden: Also sind auch die jenigen / die jhr befohlenes Ampt auszurichten nicht können gebracht werden/ sie werden denn mit grossen Trübsaln/ als mit einem starcken vnd harten Gebiß oder Zaum dazu gezwungen.

Mutwillige Sünder Pferde genennet.

Psal 32.

Osiander.

Es wil sich zwar ein jung mutwilliges Pferd nicht gern zäumen vnd binden lassen/vnd versteht nit/das es dem Menschen zum besten erschaffen/ vnd darzu geordnet ist/jm zu dienen: Also geschichts auch mit dem Creutz vnd Trübsal / die Gott dem Menschen zuschicket/ das sie den nutzen/sonderlich die vnuerstendige sichere Leut nicht verstehen. Wie diß Brentius erkleret. Quo magis conaris os equi freno aut fiscella capistrare, eò magis calcitrat & retrocedit: propterea quod non intelligat se frenari, vt ad humanos vsus, ad quos diuinitus est creatus, fiat accommodus, sed arbitretur potius se hoc vinculo periturum: Ita etiam insipientes homines non intelligunt consilium Dei in aduersis: Deus enim imponit hominibus ac præsertim pijs, & condo-

Brentius.

natione peccati beatis, crucem, tanquam Equo frenum, non vt opprimat ipsos multitudine & magnitudine afflictionis, sed vt ipsos ad obedientiam adsuefaciat, & in seruitute Dei (quæ tamen est vera libertas) contineat. Tametsi enim Deus immittit multos & magnos dolores atq; afflictiones etiam homini impio, & declinanti à via: tamen hoc facit non illo consilio, ut perdat ipsum, sed vt aut vocet aut reuocet eum ad fidem, spem & obedientiam, ac perpetua salute seruet. Das ist/ Je mehr du dich bemühest/ ein wildes Pferd zu zaumen/ oder mit eim Maulkorb zu bendigen/ je mehr es strampelt vnd hindersich schlegt/ weil es nicht verstehet/ das es sol gezäumet werden dem Menschen zu dienen/ dazu es von GOtt erschaffen/ sondern dencket/ es werde durch solch zäumen in gefahr kommen: Eben also verstehen auch die vnuerstendigen Leut den Rath Gottes nicht in Creutz vnd Widerwertigkeiten. Denn Gott den Menschen/ sonderlich aber den Gottfürchtigen/ vnd denen er die Sünde nicht zurechnet/ das Creutz aufflegt/ als einem Pferd den Zaum/ nicht darumb/ das er sie mit dem vielfaltigen vnd grossen Creutz begert vnterzudrücken/ sondern das er sie zum gehorsam gewehne/ vnd in dem Dienst GOttes (welches die rechte Freyheit ist) erhalte. Denn ob gleich vnser lieber Gott auch bißweilen einem Gottlosen vnd mutwilligem Sünder mit vielen vnnd grossen Trübsalen daheim sucht/ so thut er doch solches nicht jhn zuuerderben/ sondern das er jhn wider ruffe/ zu Glauben/ Hoffnung vnd Gehorsam bringe/ vnd ewig erhalten möge.

Hieronym. Hieronymus sagt/ es sey ein Gebet der Christlichen Kirchen/ der Himlische Vater wölle zu sich vnd seiner Erkentnis führen durch vnd mit dem Zaum der Predigt deß heiligen Euangelij/ Das Pferd/ die Heyden vnd das Maulthier/

das

das ist / die Jüden / welche treges Hertz haben zu gleuben/ durch das Gebiß / eine rechte Rewe vnnd zerknirschung deß Hertzens. Augustinus. Equus & mulus vis esse, vis non habere sessorem, constringetur os tuum, & maxillæ tuæ in freno & chamo. Ipsum os tuum constringetur, quo iactas MERITA TVA & TACES peccata tua. Das ist/ Wiltu Gott nicht willig zum Reuter haben/ so kan er dich wol mit einem Zaum vnd Gebiß zwingen. Deßgleichen zäumet vnd verstopffet er den Mund aller Rhumrhätigen/ so jre gute Werck vnnd Verdienst preisen/ vnd jhre Sünd verschweigen. Augustinus.

Zacharias weissaget auch Cap. 14. Zu der zeit (Messiæ) wird die Rüstung der Roß dem HErrn heilig sein. Hieronymus verstehet durch der Pferd Zaum vnd Rüstung / das heilige Wort Gottes/ von Gold vnd Silber glentzend/ dardurch werden die geyle Roß zahm gemacht vnd gerüstet/ das Gott auff jhn sitzen/ vnd reiten kan. Intelligamus in freno SERmonem Dei, qui equos insanientes libidine, & mulos steriles atq; lasciuos refrenat a vitijs & coërcet, & non patitur ire per præceps &c. Talis sermo auri & argenti varietate compositus, feros equos saluatori præparat ad sedendum, & sanctos facit ac propriè illius cultui consecratos. Osiander versteht in specie durch die Rüstung der Roß/ die Weltliche Könige vnd Regenten mit jhrer Herrligkeit/ welche auch bekehret sollen werden. Per Equos & ornamenta intelligit Propheta Magistratum politicum cum sua maiestate: Huic inscriptum est sanctum nomen Dei, quoniam videlicet Magistratus politicus ornatus est vera & salutari agnitione Iesu Christi.

Zachar. 14. Von der Roßrüstung zur zeit des Messiae. Hieronymi Geistliche deutung. Osiander.

Wir wollen aber jetzt wider ingemein zu den Rossen kehren/ vnd andere nützliche Lehre anhören.

Jobi. 39. Von der stercke der Ros/ die sie von Gott haben.

Im Gesprech mit dem heiligen Job Capit. 39. spricht Gott zu jhm: Kanstu dem Roß krafft geben/oder seinen hals zieren mit seinem Geschrey? Kanstu es schrecken wie die Hewschrecken? Das ist preis seiner Nasen was schrecklich ist/ Es strampfft auff den Boden/vnd ist frewdig mit krafft/ vnd zeucht aus den geharnischten entgegen. Es spottet der forcht/ vnd erschricket nicht / vnnd fleucht für dem Schwerdt nicht/ Wenn gleich wider es klinget der Köcher / vnd glentzet beyde Spies vnd Lantzen. Es zittert vnd tobet / vnd scharret in die Erden / vnnd achtet nicht der Drommeten hall: Wenn die Drommeten fast klinget / spricht es / Huy / vnd reucht den Streit von ferne/das schreyen der Fürsten vnd jauchtzen/ ꝛc.

Geistliche deutung. Philippus Presbyter.

Wiewol nu Philippus Presbyter vnd etliche andere entweder auff den Teuffel deuten/per Allegoriam,oder auff die gleubigen/ welche gantz mutig vnd künlich alles vberwinden: Jedoch ists eigentlich zuuerstehen von der Rossen stercke vnnd Grosmütigkeit/ welche sie vom Allmechtigen GOtt eingepflantzt vnd eingegeben/ haben / vnd also diß zum rhum vnd preis der Maiestet Gottes gereichet/ wider den sich billich weder Job noch andere Menschen aufflehnen können noch sollen.

Brentius

Brentius. Equus est ingens contemplandæ diuinæ Maiestatis, instrumentum: Est enim admirandæ fortitudinis (à Deo inditæ) hinnitus sonori nulla manuum complosione terretur,tantum abest vt formidet arma, vt olfactu narium gloriationem suam aduersus bellorum strepitus demonstret, & si qua sonum procul arma dedere, stare loco nescit, micat auribus & tremit artus, collectumq́ꝫ premens voluit sub naribus ignem, cauat tellurem & solido grauiter sonat vngula cornu &c.

Wenn Gott den Rossen fürnemlich stercke gibt.

Sonderlich aber gibt Gott solche stercke den Rossen/ wenn er entweder die Gottlosen straffen / oder die Frommen

retten

retten wil. Esaias 5. weissaget von den Chaldeern oder Rö- Esaiae 5.
mern (wie denn beyde verstanden werden) jhrer Rossen Hüf-
fe sind wie Felsen geacht/ vnd jre Wagenrade wie ein Sturm-
wind. Wie auch Salomon Prouerb. 21. spricht. Roß wer- Prouer 21.
den zum Streittag gerüstet / aber der Sieg kömpt von dem
HERRN. Der HERR mus Reuter vnd Roßkrafft/ ster-
cke vnd Sieg verleihen.

Hieronymus verstehets auch von der Geistlichen Ros- Hieronym.
sen Sieg vnnd Triumph in Creutz vnd Verfolgungs zeit
(Hominum quidem est Deo deuotè tempore persecuti-
onis animum præparare, corpus offerre discrimini, sed
diuini est adiutorij, vt cœpto labori agonis, victoria sa-
lusq; succedat) Da GOtt selbs krafft vnd stercke verleihen
mus/ das Glück/ Heil vnd Sieg folget. Gleichwol wil Gott Man sol sich
dennoch nicht haben / das man sich auff der Rossen stercke/ aber auff der
sondern allein auff jhn verlasse/ der solche krafft geben vnd ne- Rosse sterck
men kan. Psalm. 147. Der HERR hat nicht lust an der nicht ver-
sterck deß Rosses. Welchen Spruch Judith Cap. 9. in jh- lassen.
rem Gebet zu Gott einführet / Du HERR kanst wol Sieg Psalm 147
geben ohn alle menge / vnnd hast nicht lust an der stercke der Judith. 9.
Rosse / Es haben dir die Hoffertigen noch nie gefallen/ etc.
Hieronymus verstehets abermals auch von den Geistlichen Hieronymi
Rossen/ das ist/ von den stoltzen Werckheiligen Menschen/ Geistliche
an denen Gott kein gefallen hat. Ego puto Equos, homi- deutung.
nes esse peccatores, & equites dæmones, qui equitant in
eis. Sic quando ergò viderimus aliquem fratrem esse ini-
micum & persequentem, sciamus quod ille equus est.
Cæterum eques diabolus est, qui sua lancea nos percutit,
iste currit & ille percutit. Sed & ipse equus calcaribus du-
citur, confoditur & inuitus insanit.

Das

Das ist/Ich halte es dafür/ das die Roß sein die sündhafftige Menschen / die Reuter aber/ so drauff reiten/ die Teuffel selbst. Derhalben so wir einen Bruder zum Feind vnd Verfolger haben/sollen wir wissen/das er ein Ros ist: Der Teufel aber ist der Reuter / der vns mit seinem Speer sticht: Er rent vnd sticht / Das Ros wird mit dem Sporn gestochen/ das es gleich wider seinen willen toll sein mus/ ꝛc.

Augustinus. Augustinus deutet dieses sonderlich auff den stoltz vnd hochmut der Menschen / die in hohen Ehren vnnd Empiern sitzen/dieselbige werden von Gott gestürtzt. Potentatus equi est superbia. Videtur enim equus veluti ad suggestum hominis accommodatus,vt altior incedat: Et reuera est in eo ceruix, indicans quandam superbiam: Non se extollant homines in SVIS DIGNITATIBVS, non se sublimes putent honoribus, caueant, ne in equo indomito præcipitentur.

Eben dieses erzehlet auch David in andern Psalmen/ Psal. 33. Psal. 33.Eim König hilfft nicht sein grosse Macht/der Riese wird nicht errettet durch seine grosse Krafft / Rosse helffen auch nit/vnd jhre grosse Stercke errettet nicht. Welches auch Augustinus Augustinus von der Gottlosen Hochmut vnd ehrlichen Emtern deutet. Equum etiam accipe figuratè, quamlibet amplitudinem seculi huius, quemlibet honorem,in quem superbus ascendis, quò altius ingrederis, eo non tantum Hieronym. celsiorem, sed etiam tutiorem falsò putas &c. Hieronymus verstehets von allen Menschen / da GOtt nicht selbs Reuter vnnd Regierer ist. Fallax equus ad salutem. Nisi Deus fuerit ascensor eius, corpus humanum iumentum Psal. 20. est animæ, ideo fallax. Psalm. 20. Jene verlassen sich auff Wagen vnd Roß/ wir aber dencken an den namen deß HErren vnsers Gottes/ Sie sind nidergestürtzt vnd gefallen/ wir

aber

aber stehen auffgericht. Durch die Roß verstehet Hieronymus die stoltze/ durch die Wagen aber deß Fleisches lust/vnd was mehr für Frewden der Welt seind. Per Currus voluptas mundi, siue mundanorum omnium cupiditas designatur, quia quasi rotæ, quæ instabiles sunt: sic ipsi in mente húc illucq; discurrunt. Per Equos superbi, & ipsi sunt cupidi. Also spricht der Psalm 76. Von deinem schelten Gott Jacob sincket im Schlaff beyde Roß vnd Wagen: Psal. 76.
Wie denn Gott Exod. 15. bewiesen hat. Ich wil dem HErren singen/ denn er hat eine herrliche That gethan/ Roß vnd Wagen hat er ins Meer gestürtzt. Augustinus sagt/ Qui Augustinus
sunt, qui ascenderunt Equos? Qui HVMILES esse noluerunt. Non in equis sedere, peccatum est, sed ceruicem potestatis contra Deũ erigere, & putare se in aliquo honore esse. Das ist/ Wer hat auff den Rossen geritten? die nicht Demütig haben sein wollen. Denn auff Rossen reiten ist keine Sünde/ aber eusserlichs Gewalts vnd zeitlicher Ehr sich vberheben vber vnd wider Gott/das ist eine schwere Sünde.

Esaias hat auch wider diesen Trotz/ Stoltz vnd vergebliche Hoffnung etliche Sprüche: Cap. 30. So spricht der Esa. 30.
HERR/ Wenn ihr Jüden still bliebet/ so würde euch geholffen/durch still sein vnd hoffen würdet ihr starck sein: Aber ihr wolt nicht/ vnd sprecht/ Nein/ sondern auff Rossen wöllen wir fliehen (wir wollen zun Egyptiern reiten/vnd mit gemeiner hülff wider die Babylonier streiten) aber ihr werdet flüchtig sein/ das tausent für einen fliehen werden. Cap. 31. Esa. 31.
Wehe denen/ die hinab ziehen in Egypten vmb Hülff/ vnd verlassen sich auff Rosse/ vnd hoffen auff Wägen/ das derselben viel seind/rc. vnd halten sich nicht zum Heiligen in Israel/vnd fragen nichts nach dem HErrn. Er aber ist Weisse/

vnd bringt Vnglück herzu/ vnd wendet seine wort nicht/sondern wird sich auffmachen wider das Haus der Bösen / vnd wider die hülffe der Vbelthäter/ Denn Egypten ist Mensch vnd nicht Gott/ vnd jhre Rosse sind Fleisch vnd nicht Geist.
Esa. 43. Cap. 43. erzehlet Gott/ das er der HERR sey/der heraus bringet (aus Egypten den Jüden nachzufolgen ins Rote Meer) Wagen vnd Rosse / Heer vnd Macht / das sie auff ein hauffen da ligen / wie vor aus Exod. 15. Cap. vermeldet
1. Mac. 10 worden. 1. Maccab. 10. Demetrius trotzet vnd verlest sich auff die Roß/aber er wird zuschanden vnd geschlagen. V. 73.
2. Reg. 18. allo thet auch zuuer Rabsake 2. Reg. 18. Esaiæ 37. Der zu Hißkia sprach/er wölle jhm 2000. Roß geben/er aber kondte jhm nicht so viel Reuter darzu geben/ Aber er wird auch zu spott/vnd geschlagen.

Von straff der Ross. Zachar. 14. Zacharias am 14. dröwet auch grosse Göttliche Plagen/den Rossen/ Meulern/Eseln/vnd andern Thieren/welche im Heer sind wider Jerusalem: Werden aber dardurch verstanden die jenigen/ welche den Gottlosen Feinden vnnd Verfolgern wider die Frommen hülff vnd vorschub beweisen/gleiche Straffen mit jhnen sollen sie einnemen.
Zach. 12. Im 12. Capitel/ Zu der zeit/ spricht der HERR / wil ich alle Roß (der Verfolger seiner Christgleubigen / scheuch/ vnnd jhren Reutern bange machen: Aber vber Jerusalem wil ich meine Augen offen haben/vnd alle Roß der Völcker mit Blindheit schlagen. Gott macht der Feinde Gewalt/Rath vnd List zuschanden. Also hat auch Gott Exodi am 9. der Egyptier Roß erschlagen lassen.

Amos 4 Amos am 4 sagt von der Jsraeliten Vnbußfertigkeit/ das sie inn werender obligender Straff nicht Busse theten/ Jch tödtet ewre junge Mannschafft durchs Schwerdt/ vnd ließ ewre Pferd gefangen wegführen/ Noch bekehret jhr euch

nicht

nicht zu mir/spricht der HERR. Vnnd Mich. 5. drewet Gott dem Jüdischen Volck/ so das Euangelion nicht annemen wird/ Zur selbigen zeit/ spricht der HERR/ wil ich deine Roß von dir thun/vnd deine Wagen vmbbringen/vnd wil die städt deines Landes außrotten/ vnnd alle Feste zubrechen/ꝛc. Lutherus. Per Romanos equi perditi & quadrigæ fractæ sunt, hoc est, Regnum & omnis huius populi potentia fracta est. Das ist/ Durch die Römer sind die Roß vmbgebracht/ jhre Wägen zubrochen/ Wolan das ist/ das Reich vnd alle Gewalt deß Volcks verderbt worden. Welches auch allen mutwilligen Verächtern deß H. Euangelij allzeit geschehen ist. Mich. 5.

Mehr drowort vnd Exempla hieruon erzehlen auch andere Propheten/ Als Jerem. am 4. redet von den Babyloniern/ welche Jerusalem solten gewinnen: Er fehret daher wie Wolcken/ vnd seine Wägen sind wie ein Sturmwind/ Seine Roß sind schneller denn Adler: Wehe vns/ wir müssen verstöret werden. Capit. 6. Sie brausen daher wie ein vngestüm Meer/ vnnd reiten auff Rossen gerüstet wie Kriegsleut/ wider dich du Tochter Sion. Capit. 8. Man höret/das jhre (der Babylonier) Roß bereit schnauben zu Dan/ vnnd jhre Gäul schreyen/daß das Land dauon erbebet Sie fahren daher/vnd werden aufffressen das Land/vnd alles was darinnen ist. Die Egyptier werden sich zwar auch wider die Babylonier rüsten/aber nichts außrichten. Jere. 46. Wolan/sitzet (jhr Egyptier) auff die Rosse/ rennet mit den Wägen/ so werdet jhr doch dem HERRN ein Schlachtopffer müssen werden. Von den Philistern/Jeremiæ 47. Alle Inwohner im Land der Philister/ werden heulen/ für dein getümmel jhrer (der Babylonier) starcken Rossen/so daher traben/ Jerem. 4. Jerem 6. Jerem. 8. Jerem. 46.

vnd für dem rasseln jhrer Wägen/ vnd poldern jhrer Räder/ das sich die Väter nicht werden vmbsehen nach den Kindern/ so verzagt werden sie sein/ für dem Tag/ so da kömmet zuuerstören alle Philister/ vnd auszureuten Tyrum vnd Sydon/
Ezech. 26. sampt jhren Gehülffen. Ezechiel 26. Der Staub von der menge seiner (deß NebucadNezars) Pferden wird dich bedecken/ so werden auch deine (der Stadt Tyri) Mawren erbeben/ für dem getümmel seiner roten Räder vnnd Reuter/ wenn er zu deinen Thoren einziehen wird/ wie man pflegt in eine zurissene Stadt einzuziehen/ Er wird mit den Füssen sei-
Joel 2. ner Rossen alle deine Gassen zutretten. Joel. 2. sagt von den Babyloniern/ welche Jerusalem gewinnen solten: Sie sind gestalt wie ein Roß/ vnd rennen wie die Reuter/ sie sprengen oben daher auff den Bergen/ wie die Wägen rasseln/ vnd wie eine Flamme lodert im Stroh/ wie ein mechtig Volck/ das zum Streit gerüstet ist.

Habac. 1. Der Prophet Habacuc am ersten Capitel schreibt auch von den Babyloniern: Sihe/ ich wil die Chaldeer erwecken/ ein bitter vnnd schnell Volck/ etc. Jhre Rosse sind schneller denn die Parden/ so sind sie auch beissiger denn die Wölffe deß Abends. Jhre Reuter ziehen mit grossen hauffen fern daher. Von der menge der Assyrier Pferd/ ließ die Historiam Holofernis/ Judith. 2. vnd Judith. 16.

Wiewol nun GOtt die Babylonier vnnd jhre Roß so starck vnd grawsam macht/ da er sie zur Ruthen/ andere damit zu steupen/ gebraucht: Jedoch kan er jhnen den Muth auch entziehen/ vnd andere erwecken/ welche er mit dieser ster-
Esa. 21. cke anzeucht. Esaiæ 21. Der Wächter zu Babel sihet Reuter reiten/ vnd fahren auff Rossen/ welches die Perser vnnd
Jerem 50. Meder waren. Jeremiæ 50. Das Schwerd sol kommen vber jhre (der Chaldeer) Roß vnd Wägen/ vnd allen Pofeln/ so

drinnen

drinnen ist/das sie zu Weiber werden/ Denn es ist ein Götzenland/vnd trotzen auff jhre schreckliche Götzen. Vnd bald nacher. Sihe/es kömpt ein Volck von Mitternacht/rc. die haben Bogen vnd Schild/rc. Jhr geschrey ist wie das brausen deß Meers/ sie reiten auff Rossen/gerüst wie Kriegsmänner / wider dich du Tochter Babel. Jerem. 51. Durch dich (NebucadNezar) hab ich zwar die Heyden zuschmissen/vnd die Königreich zustöret / jetzt wil ich (durch die Perser vnnd Meder) deine Roß vnd Reuter zuscheitern. Vnd nacher. Heiliget die Heyden wider sie / ruffet wider sie die Königreich Ararat, Meni vnd Ascenas, bestellet Heuptleut wider sie/ bringet Rosse herauff/ wie fladernde Käffer/ rc. Nahum 3. Wehe der mörderischen Stadt (Niniue) die voll Lügen vnd Rauberey ist/denn da wird man hören die Geysseln klappen/ die Räder raspeln / die Roß schreyen / die Wagen rollen/ rc. Jerem. 51. Nahum 3.

Aus diesen Sprüchen ist nun klärlich zuuernemen / wie bey Gott allein Krafft vnd Stercke ist/der diesen behertzt machen/vnd jenen schrecken kan / Wie wir dessen eine denckwirdige Historiam haben/ 2. Reg. 7. Da die Syrer die Stadt Samariam hart belägert hatten / das nur fünff Roß in der Thewrung vberblieben/ vnnd doch Elisæus von Göttlicher Hülffe Vertröstung hette / welches die Hoffschrantzen vnmüglich dunckt sein/ Da lest der HERR die Syrer hören ein Geschrey von Rossen/Wägen vnd grosser Heereskrafft/das sie vntereinander sprachen / Sihe / der König Jsrael hat wider vns gedinget die Könige der Hethiter / vnnd die Könige der Egypter/ das sie vber vns kommen sollen/ Vnd machten sich auff/vnd flohen in der früe/ vnd liessen jhre Hütten/Roß vnd Esel im Läger/wie es stund/vnd flohen mit jhrem Leben dauon.

Lehr. Gott gibt vnd nimpt Stercke. 2. Reg. 7.

Warnung/ Das man nicht auff viel rüstung sondern auff Gott trotzen sol.

Derwegen man billich in den Kriegsgefahren/nicht auff einen grossen Reisigen Zeug/sondern auff den Allmechtigen Gott pochen vnd trotzen sol. Wie auch Hoseas 14. die Israeliter lehret Busse thun/ das sie vnter andern zu Gott sprechen sollen: Vergib vns alle Sünd/vñ thu vns wol/so wollen wir opffern die Farren vnserer Lippen/ Assur sol vns nicht helffen/vnd wollen nicht mehr auff Rossen reiten/ ꝛc. das ist/auff eusserliche hülff der Assyrter vnd Egyptier vns verlassen. Lutherus.

Lutherus. Quod de Assyrio & equis dicit, est commune omnium Regnorum & Rerumpublicarum peccatum, fiducia scilicet humanorum præsidiorum, dignitatis, opum, potentiæ, gloriæ &c. Sed hæc fiducia cum contumelia Dei coniuncta est, antefertur enim creatura creatori, ideó est infel.x. Ecclesia ergo dicit, non ascendemus equos, hoc est, abijciemus spem omnium humanorum præsidiorum, & tantum sperabimus in Dei bonitate. Etsi autem pius Magistratus curribus & equis vtatur, tamen sperat diuinitus victoriam, & tantum ab auxilio & benedictione Domini pendet, non ex equis aut apparatu bellico. Das ist/ Das er von den Assyrer vnd Rossen sagt/ ist ein gemeine Sünd aller Königreich vnd Herrschafften/ das man sich nemlich verlest auff Menschliche Hülff/ Wirden/ Reichthumb/ Gewalt vnd Herrligkeit/ Solch vertrawen gereicht GOTT zur Schmach/ Denn die Creatur wird ihrem Schöpffer vorgezogen/ darumb ist kein Glück dabey. Derhalben spricht die Kirch: Wir wollen nicht auff Rossen reiten/ das ist/alle Hoffnung auff Menschliche hülff faren lassen/vnd allein auff Gottes Güte trawen. Ob aber wol Gottsfürchtige Obrigkeit Wägen vnd Roß braucht/ so hofft sie doch von Gott den Sieg/vnd verlest sich allein auff seine hülff vnd segen/nicht auff Roß vnd Kriegsrüstung/ ꝛc.

Sol-

Solche Zuuersicht ist ein grosse Sünd / vnnd lesterlich wider GOtt / dem man die Creaturen vorzeucht. Hieronymus. Omnis hæreticus ascendit equos per superbiam, quos in errore suo ipse generauit &c. Jeremiæ am 8. wird die Abgötterey vorgebildet: Sie halten so hart am falschem Gottesdienst / das sie sich nicht wollen abwenden lassen / vnd keiner ist / dem seine Boßheit leid were / vnd spreche / Was mach ich doch? Sie lauffen alle jhren lauff / wie ein grimmiger Hengst im Streit. Osiander. Idololatræ satanico furore aguntur ad sectandos impios cultus, neq; retrahi se patiuntur, donec Dominus per verbum suum corda ipsorum immutet. Das ist / Die Abgöttischen haben ein teuffelische Brunst vnd lust zu jhren Götzendiensten / biß sie Gott durch das Wort erleucht / vnd jhre Hertzen verendert. Jerem. 8. Osiander.

Eben diß sagt auch der Prophet Ezechiel am 23. von der Ahaliba, das ist / vom Jüdischen Volck vnd Bürgern zu Jerusalem / das sie entbrand seyen gegen jhre Bulen / welcher Brunst war / wie der Hengste vnd Esel Brunst: Welches von jhrem Eyuer gegen die Babylonische vnd Egyptische Abgötterey vnd Götzendienst zuuerstehen ist. Ezech. 23.

Es nennet auch Jeremias am 50. Capitel die Babylonier oder Chaldeer starcke Gäul / die da wiehern / weil sie das Erbtheil Gottes / das Jüdische Land / geplündert / vnd dauon Reich / Stoltz / prechtig worden sind / aber Babel jhr Mutter / sol zu lohn wüst / dürr vnnd vnbewohnet bleiben: Diß sol alle Reiche warnen / das sie durch Gelt vnd Gut nicht trotzig vnnd mutig werden / denn Gott kan die Reichthumb bald widerumb entziehen. Syrach am 33. beschreibet auch mit diesem Thier einen heuchlerischen Spötter: Gleich wie der Schellhengst Equus admissarius, gegen allen Mehren schreyet / also henget sich der Heuchler an alle Spötter / vnd Jerem. 50. Auff Reichthumb sol niemand trotzen / Gott kans bald wider entziehen. Syrach 33 Vergleiche den Heuchler einem Ros.

Vnd spricht: Warumb mus ein Tag heiliger sein denn der ander? so doch die Sonne zugleich alle Tag im Jahr macht? antwort/ Die Weisheit deß HERRN hat sie vnterscheiden.

Osiander.

Osiander. Quemadmodum Equus, qui ad equas admitti solet, hinnire consueuit ad omnes equas, quas aspicit: Ita hypocrita (qui religionem simulat, cum in corde nullam prorsus curet) aspirat & associat se ad subsannatores verbi Dei, & quærere solet, cur vna dies sit sanctior cæteris diebus, cum sol vnum diem sicut alterum efficiat per integrum annum? Respondebit autem homo pius & sapiens, tali vel subsannatori vel hypocritæ: Sapientia Dei sic discreuit dies, & iste festos dies, & alias totius anni festiuitates (quæ in Iudaismo obseruabantur) ordinauit atq; disposuit &c. Tales hypocritæ & subsannatores verbi Dei sunt hodie Anabaptistæ & Suuenckfeldiani; qui quærunt quid puero prosit paucula aqua, qua in Baptismo aspergitur. Et Cingliani atq; Caluinistæ: qui interrogare audent, quorsum conducat, vt carnem & sanguinem Christi edamus & bibamus? Quomodo id fieri possit, cum Christus corpus suum cœlo intulerit? & multa alia his similia. Sed nos tales irrisores fugiamus, nec illis auscultemus. 1. Cor. 15. &c. Das ist/ Solche heuchlerische Spötter vnd Schellhengst seind alle Verächter Göttlicher Ordnung / Gottes Worts vnd Sacramenten / als die Widerteuffer / Schwenckfelder/Zwingler vnd Caluinisten/ die mit jhren vernünfftigen Philosophischen oder Sophistischen fragen das ausgetruckte helle Wort Gottes auslachen/ verspotten/vmbstossen/aber dafür werden sie endlich jren verdienten Lohn empfahen.

Widerteuffer vnd Caluinisten verachten das Wort vnd die hochwirdigen Sacramenta.

Der Apostel Jacobus gibt auch ein Gleichnus vnd vermanung von den Rossen in seinem 3. Capitel/ vnd spricht:

Jacob. 3.

Sihe/

Sihe/ die Pferd halten wir in Zäumen/ das sie vns gehorchen/ vnnd lencken den gantzen Leib: Also vielmehr sol man die Zungen/ die ein klein Glied ist/ vnd grosse ding ausrichtet/ so regieren vnd im zaum halten/ das etwas ehrlichs/ nützlichs vnnd erbawlichs gehandelt werde: Aber die Zung kan kein Mensch zämen/ das vnrühige Vbel/ voll tödtlicher gifft/ durch sie loben wir Gott/ vnd durch sie fluchen wir den Menschen/ nach dem Bild Gottes gemacht. Also klaget auch ingemein Ames 6. vber seine Zuhörer: Wer kan mit Rossen rennen auff den Felsen/ etc. Es gehet mir mit meinen Zuhörern/ wie es einem glücket vnnd gelinget/ der auff den Felsen mit Rossen rennen wil. Osiander. Ego, inquit Amos, surdis narro fabulam: loquor enim hominibus obstinatis, quorum corda silice sunt duriora. Nunquid enim currere queunt in petris interruptis aut glabris, equi? Minimè certè &c, Das ist/ Ich/ spricht Amos/ thue vergebliche arbeit: Ich rede oder predige solchen verstockten Leuten/ derer Hertzen herter sein als Kiselstein. Denn wie kan man auff Steinfelsen oder Steinklüfften mit Pferden rennen? man wird es wol lassen anstehen/ etc. Vnd mus doch ein Lehrer predigen vnd fortfahren/ das er zum wenigsten seine Seel errette/ Dauon auch droben bey dem Ochsen.

Amos. 6.

Osiander.

Wir wollen zum beschluß dieses ersten Stands aus der Offenbarung Johannis anhören/ wie Gott in Gesichten mit den Pferden seinen Zorn vnd Göttliche Straffen vorbildet. Apoc. 6. Es sahe Johannes ein weis Pferd/ vnd der drauff saß/ hat einen Bogen/ vnd jhm ward gegeben eine Kron/ vnd er zoge aus zu vberwinden/ vnd das er sieget. Das seind die Regenten/ welche die Christliche Kirche verfolgen/ die Gleubigen von Haus vnnd Hoff verjagen/ vmb Leib vnd Leben bringen/ etc. Osiander. Equus (celeritate multis alijs præstans)

Gott bildet seinen Zorn für mit Rossen

Apoc. 6.

Das weisse Pferd.

stans.) significat calamitates opinione citius aduenire, Equo albo vehuntur, quia in pace Reipub. persequuntur pios, vt illi tranquillitate frui non possint, cum interim alij in summa pace & ocio viuant. Das ist/ Das Pferd/ so viel geschwinder ist als andere/ bedeutet/ das Creutz vnd Vnglück viel ehe kömpt/ als man gedenckt. Sie reiten auff eim weissen Roß/ denn wenn es sonst im Regiment friedlich ist/ so verfolgt man die Frommen/ das sie nicht ruhe haben/ wenn sonst andere in ruhe vnd friede leben.

Das roth Pferd.

Das ander Pferdt war roth/ vnd dem/ der drauff saß/ ward gegeben frieden zu nemen von der Erden/ vnnd das sie sich vntereinander erwürgten/ vnd jm ward ein gros schwerd gegeben. Diß zeiget an/ das auff die Verfolgung der Frommen/ grosse gefehrliche/ langwirige Krieg entstehen/ darmit vnd durch zumal Gott der Märterer Blut rechen/ vnd andere probieren wil.

Das schwartze Pferd.

Das dritte Pferd war schwartz/ vnd der drauff saß/ hat ein Wogen in seiner Hand/ das ist die Thewrung.

Das fahle Pferd.

Apoc. 14.

Das vierdte Pferd war fahl/ vnd der Todt saß drauff/ Bedeutet die Pestilentz vnd Sterbensleufft. Also sind diß die vier Plagen vnd straffen Gottes. Apocal. 14. Von der Kelter/ die im Zorn Gottes ausser der Stadt gekeltert vnd getreten ward/ gieng das Blut von der Kelter biß an die Zeume der Pferd durch 1600. Feldweges. Welches der Verfolger Straff andeutet.

Osiander.

Osiander. Tanta sanguinis copia significat Deum de pontificijs persecutoribus horribiles pœnas sumpturum, vt in sanguine natent & suffocentur, qui sanguinem sitiuerunt, & cuius semper inexplebiles fuerunt. Das ist/ Solche menge deß Bluts zeigt an/ das Gott die Bäpstische Verfolger widerumb grewlich straffen werde/ das sie im Blut schwimmen vnnd ersauffen solten/ weil sie

lang

lang nach Blut gedürstet / vnd dessen nicht haben können ersettiget werden.

ZVm Andern / wiewol etliche jetzt erzehlte Sprüch vnd Historien gewisser vrsach halb auch hieher können referirt werden (welches ein jeder verstendiger selbs mercken wird) sonderlich was den Reisigen Zeug betriffe / vnd demselben anhengig ist / jedoch wollen wir andere insonderheit erzehlen: Als Gottes Instruction vnd befehl an die Israelitische Könige Deut. 17. Der recht erwehlter König sol nicht viel Rösser halten / das er das Volck nicht wider in Egypten führe / vmb der Rösser menge willen / weil der HERR gesaget hat / Ihr solt nicht wider durch diesen Weg kommen. Damit wil aber Gott den Regenten Erstlich die Lehr geben / das sie durch ein grosse Hoffholtung vnd vnnötigen Reissigen Zeug / den Vnterthanen nicht beschwerlich sein sollen. Darnach das sie dardurch nicht zu stoltz bewegt / auff die grosse menge der Roß pochen / vnnötige Krieg anfahen / andere Länder vnter sich zubringen. Item / Das auch die Christen / welche aus Egypten der Abgötterey / schand vnd laster / ausgezogen sind / nicht widerumb in den vorigen Sündenstand vmbkehren vnd eintreten.

Der ander Stand.

Deut. 17.

Lehr den Regenten.

1.

2.

3.

Lutherus spricht / Gott verbiet dieses sonderlich darumb / das die Könige sich nicht drauff verlassen / vnd jr Hertz drauff setzen. Ne fidant fauori & brachio humano: Denn sonsten lesen wir von Salomone 1. Reg. 4. 2. Chron. 1. 9. das er viertzig tausent Wagenpferd / vnd zwölff tausent Reisigen hatte / welche Monatlich durch die zwölff Amptleut mit Gersten vnd Stroh versorget wurden / ohne was die Kauffleut jhm für Pferd aus Egypten brachten / einen Wagen vmb sechs hundert Silberling / vnd ein Pferd vmb 150. Es galt aber ein Silberling nicht viel weniger als ein Thaler: Solche

Lutherus.

grosse Reuterey wird in der Schrifft nicht gestrafft / oder als
Hieronym. vnrecht gescholten/Doch vermeint Hieronymus, diese Pferde
haben Salomoni anleitung gegeben/mit dem Egyptischen
König Freundschafft zu machen / seine Tochter zum Weib
zu nemen/ wie auch andere auslendische Weiber mehr/ durch
die er endlich vom waren Glauben vnnd Gottesdienst zur
Genes. 49. Heydnischen Abgötterey ist verführet worden/ rc. Gen. 49.
Dan wird ein Schlang vnd Otter sein auff dem Wege/vnd
das Pferd in die Versen beissen/das sein Reuter zurück falle.
Von der Schlangen vnd Otter besihe drunden an seinem ort.
Durch die Roß vnd Reuter werden die Philister verstanden/
welche Simson geplagt hat.

Jer. 17. 22. Thut Gott den Regenten eine statliche verheissung/wo sie den Sabbath heiligen vnd Gerechtigkeit schützen.

Eine stadliche Verheissung thut Gott den Königen vnd
Regenten/ Jerem. 17. So jhr mich hören werdet/spricht der
HERR / das jhr keine Last traget die Sabbaths tage durch
dieser Stadt thor ein/sondern denselben heiliget/ das jhr kein
arbeit am selbigen Tag thut/so sollen auch durch dieser Stad
Thor aus vnd eingehn Könige vnd Fürsten (die auff dem
Stuel Dauids sitzen) vnd reiten vnd fahren/beyde auff Wagen
vnd Rosse/sie vnd jhre Fürsten. Vnd Jeremiæ 22. Haltet
Recht vnd Gerechtigkeit / rc. Werdet jhr solchs thun/so
sollen durch die Thor dieses Hauses einziehen Könige / die
auff Dauids Stuel sitzen/beyde zu Wagen vnd zu Rosse rc.
Das ist / Gott wird bey dem Regiment sein/die Könige vnd
Fürsten segenen / in jhrer Maiestet vnd Herrligkeit erhalten/
wenn sie den Sabbath recht feyren/Gottes Wort hören vnd
ehren / sampt den Sacramenten / Gottselige Werck thun/
Abgötterey vnd falsche Lehr abschaffen/daruon der Catechismus
vnd Haustaffel weitern bericht geben. Aber doch wenig
Regenten vnd Obern daran gedencken/darumb sie auch nicht
viel Glücks vnd bestendiges Segens in jhrer Regierung haben.

Der

Der heilige vnd Gottselige König Josias wird gerhümet 2. Reg. 23. das er ein löbliche Reformation angestellt/ vnnd vnter ander Abgötterey / die Rosse / welche die Könige Juda der Sonnen gesetzt im eingang deß Hauses deß HErren/ abgethan habe. So ist auch alles lobens werth der heilige Josua in seiner Historien Cap. 11. Da die Cananitische Könige wider jhn stritten / vnd Gott zu jhm sprach / Fürchte dich nicht Josua/ für jhnen / morgen vmb diese zeit wil ich sie alle erschlagen geben für den Kindern Israel / jhre Rosse solt u verlehmen/vnd jhre Wagen mit Fewer verbrennen/ Sihe da folget Josua/vnd thet/wie jhn der HERR gesaget hatte/ verlehmet jre Rosse/vnd verbrand jhre Wägen. Denn/ wie droben gesagt/ hat GOtt ein Grewel an Weltlichen Pracht vnd trotz auff den Reisigen Zeug. Ist auch Josua nicht Eigennützig/Gelt vnd Gutgirig / das er seinen eigenen nutz vnd vortheil Göttlichem befehl vorgesetzt hette/ wie es gemeinlich pflegt zu geschehen.

2. Reg. 23. Josiae löblich Exempel.

Josuae Cap. 11.

Es ist auch schon droben angezeigt / das Joseph/ Gen. 47. Brod verkaufft hat vmb das Viehe / Schaff/ Rinder/ vnd Pferd / ja auch Esel / welches zwar streng genug/ aber doch gerecht/vnd ein straff der Sünden gewesen ist/ wie Lutherus spricht/ Satis dura administratio sed iusta, sine violentia & iniuria: Ac fuit ira Dei & pœna peccatorum, qua Deus puniuit populum hunc fame, & redegit eum in seruitutem, quam coacti sunt ferre propter peccata Si enim peccamus, pœnam etiam ferendam esse sciamus &c.

Gen 47. Verkeufft Joseph brod für Roß vnd andere Thier.

Es ist auch allhie nicht zu vberschreiten die grosse thewrung inn belägerung der Stadt Samariæ/ 2. Reg. 7. da sie zur zeit Elisæi alles Viehe/ auch die Roß auffgessen vnd verzehret hatten / biß auff fünffe / welche sie an zwo Kutzschen

2. Reg. 7. Haben sie fast alle Ros gessen in der Thewrung zu Samaria.

 spanneten/

spanneten/den Feinde/ ob er geflohen/ auszuspehen vnd erforschen. Ohn noth von den vrsachen derselben Thewrung zusagen. Gehört auch hiehero die grosse Thewrung vnterm König Ahab/ 1. Reg. 18. Da Obadia mit dem König durchs gantze Land auszog / Futter vnd Hew zusuchen für die Roß vnd ander Vieh/ welche Thewrung ein straff war der Abgötterey. Gleichwol ist auch zubedencken/ wie Josaphat/ sonst ein Gottseliger König / 1. Reg. 22. sich verbindet mit dem Abgöttischen König Ahab / Ich wil sein wie du / mein Volck wie dein Volck/ mein Roß wie dein Roß / Aber Gott strafft jn durch den Propheten Jehu/ 2. Chron. 19. Soltu so den Gottlosen helffen / vnd lieben die den HERRN hassen/ etc. Wir wollen aber solche Verbündnis vnd Gesellschafft der Frommen mit den Gottlosen an bequemere ort sparen.

Esther 6
Von dem Mardachai der den König vor vnfall warnet/ auff des Königs Ros in der Stadt herumb geführet wird

Bey diesem Stand der Oberkeit sollen wir auch die Historiam Mardachai behalten/ Esther 6. Die zween Kemmerer Assueri hetten einen Bund wider den König gemacht jhn zu erwürgen/ da dieses der Jude Mardachai vernimpt/ lest er durch seine Base Esther den König Assuero anmelden/ vnd weil diese Wolthat nicht bald vergolten/ nachmals aber dem König in gedechtnis gebracht ward / fragt er seinen fürnembsten Rath vnd Fürsten Haman: Was sol man dem thun / den der König gern wolt ehren? Er antwortet (verhoffend/ er würde derselbige sein) Man sol jhn herbringen / Königliche Kleider anlegen/ die Königliche Kron auff das Heupt setzen/ jhn auff das Roß/ darauff der König reitet/ setzen/ vnd auff den Roß in der Stadt herumb führen lassen durch einen Fürsten deß Königs / mit diesem ausruffen vnd proclamation: So wird man dem thun/ den der König gern ehren wolt/ etc. Vnnd als bald must der Haman diese Ehr seinem Feind Mardachai dem Jüden anthun/ etc.

Diese Historia thut eine erinnerung/wie nicht allein die Vnterthanen jhre vorgesetzte Obrigkeit mit worten vnd wercken ehren sollen / sondern auch wie die Regenten alle Gnad vnd Wolthaten den Ehrerbietenden, wolverdienten Vnterthanen widerumb zu beweisen schüldig sind. Darnach sihet man/das die Ehrgeitzigen/welche nach den hohen Ehren streben / neben hin gehen / vnd mit lären Henden abziehen müssen / vnd die arme Demütige derselbigen theilhafftig werden. Es erscheint auch allhie das Sprichwort war sein/Maucher grebt dem andern ein Gruben/vnd felt selbs darein.

Erinnerung aus dieser Historia. 1. 2. 3. 4.

Der Prediger Salomon cap. 10. zeiget auch ein Vnglück an / welches im Weltlichen Regiment im schwang gehet/ Es ist ein Vnglück / das ich sahe vnter der Sonnen/nemlich Vnuerstand / der vnter den Gewaltigen gemein ist / das ein Narr sitzt in grosser Wirde/vnd die Reichen hienieden sitzen/ Ich sahe Knecht auff Rossen/vnd Fürsten zu Fuß gehen wie Knechte. Das ist/Die Potentaten vnd Fürsten promouiren vnd befördern offt zu grossen Ehren vnnd Emptern lose vntüchtige Leut / die es nicht werth sind / vnd lassen dargegen verstendige Gottfürchtige Leut sitzen: Wo nu jene durch jhr heucheley vnd Fuchsschwentzen also einnisten/so herrschen sie nit allein vber redtliche Leut/sondern halten den Fürsten selbs im zaum/ vnd führen jhn bey der Nasen wohin sie wollen.

Eccles. 10

Auslegung.

Hieronymus verstehet es auch von dem Geistlichen Stand/das es dem gemeinen Spruch nach gehe/Je grösser Narr/je besser Pfarr. Quod hi qui serui sunt vitiorum atq; peccati: siue tam humiles serui ab hominibus computentur, subita à diabolo dignitate per flagitia publica sublimentur. Magister autem nobilis quisq; & prudens,

Hieronym.

paupertate

paupertate oppressus gradiatur itinere officioq; seruorum. Aber hie wird vom Weltlichen Regiment gehandelt/ wie auch Lutherus sagt/Quos oportebat regi, illos video regnare & esse positos in sublimi, seruos videlicet & stultos illos: Sapientissimos verò egere & vix habere panem. Quando vides ergò tales centauros & Thrasones regnare qui tibi meritò seruire debebant, noli mirari: Cogita hoc esse regnum mundi. Mundus autem est stultus, & regitur à stultis, & stultis opinionibus. Das ist / Du solt dich nicht wundern/wenn solche grosse Narren in den hohen Emptern sitzen / die Welt ist toll vnd thöricht/ vnd mus von den Narren / vnd mit nerrischen Anschlegen regiert werden. Von diesem Stand hastu auch droben mehr Exempla/ welche hiehero können gezogen werden / aber ohne noth zu verzeichnen.

Lutherus.

Der dritte Stand.

ZVm dritten / was den Ehestand vnd heuslische Narung betrifft/ ist dieses Thier auch dem Menschen zum besten gegeben/ mit zupflügen/reiten/fahren/ das man auch darbey Gottes Güte gegen die Menschen spüren mag: Da die Jüden aus der Babylonischen Gefengnis loß gegeben/ wider heim zogen / Esræ 2. hatten sie 700. sechs vnd dreyssig Roß. Verdrießlich were es aber mehr Exempla daruon zu erzehlen. Wir wollen etliche Hausregel bedencken.

Esrae 2.

Etliche Haußregeln

Prou. 26. Dem Roß ein Geyssel/dem Esel ein Zaum/ vnd dem Narren ein Ruthen auff den Rücken. Die Gottlose Menschen/als mutwillige vngehorsame Knecht/ etc. Gesind vnd Kinder/ ja ingemein alle verruchte/so sich der Frömmigkeit nicht williglich befleissigen / sollen mit ernst vnd schlegen darzu angehalten werden. Syrach 30. stelt ein ernstliche nützliche vnd nötige vermanung an alle Eltern/das sie jre kinder

Prouer. 26. 1.

Syrach 30 2.

in der

en der Furcht Gottes vnd Frömmigkeit von Jugent auff erziehen sollen. Ein verwehnt Kind (das nicht zur Gottseligkeit von Kind aufferzogen ist) wird mutwillig wie ein wildes Pferd/ indomitus equus. Osiander. Quemadmodum equus qui non domatur, fit asper intractabilis & inutilis: Ita etiam liberi nisi disciplina coërceantur, fiunt contumaces, intractabiles & inutiles, imo etiam perniciosi homines, qui tantum alijs sint graues atq; molesti. Das ist/ Aus vngezogenen Kindern erwachsen schedliche Leut/ die nur andern beschwerlich vnd verdrieslich sind. Hugo Card: comparatur equo indomito. 1 propter lasciuiam, 2. propter superbiam, 3. propter feruorem, 4. propter duriciem.

Jeremias am 5. Capitel/ prediget wider etliche Wollüsten vnter seinen Zuhörern: Nu ich sie gefüllet habe / spricht der HERR/ treiben sie Ehebruch/ vnnd lauffen ins Hurhaus/ Ein jeglicher wiehert nach seines Nehesten Weib/ wie die volle müssige Hengst: Vnd ich solt sie vmb solches nicht heimsuchen/ spricht der HErr/ vnd meine Seel solt sich nicht rechen an solchem Volck/ wie diß ist? Es wird aber dieser Spruch erstlich verstanden von der Geistlichen Hurerey/ das ist/ von der Abgötterey/ dauon schon droben geredt ist: Darnach auch von der leiblichen Vnzucht vnd Ehebruch/ wie sie fast bey einander sind. Hieronymus, Audiant hoc, qui acceptis á Domino beneficijs incubantes luxuriæ seruiunt. Das ist/ Diß mögen bedencken/ die von Gott dem HErrn viel Wolthat empfangen haben/ vnd nur stets in Wollüsten leben. Vnd Petrus 2. Cap. 2. gibt ein gewisse Gloß/ da er vom Antichristischen hauffen handelt/ Sie achtens für Wollust/ das zeitliche Wolleben/ haben Augen voll Ehebruchs.

Jerem. 5.

Hieronymus.

Dritte Theil/ des

Das Ander Capitel/ vom Esel.

Der erste Stand.

Deß Esels Erstling als vnrein sol mit einem Schaff gelöst oder getödt werden.

Wiewol der Esel/ (wie auch andere vnreine Thier) von dem Gottesdienst vnd Opffer gentzlich ausgeschlossen war: Jedoch gibt GOTT durch Mosen Exodi am 13. Exodi 34. befehl/ Die Erstgeburt/ oder Erstling vom Esel/ soltu lösen mit einem Schafe/ wo du es aber nicht lösest/ so brich jhm das Genick. Droben ist vermelt / worzu die Opffer angeordnet worden sind: Das aber sonderlich deß Esels gedacht wird / scheinet / das Gott fürnemlich vom Gottesdienst vnd heiligen Predigampt aus habe schliessen wollen/ die Vngelerte/ grobe/ vnuerstendige/ faule Menschen. Isidorus vnd Gregorius deutens also: Man sol das alte/ böse/ träge Leben lassen/ vnd dafür ein heiligen vnschüldigen Wandel führen/ das heisse ein Schaff für ein Esel geben. Per Asinum immundicia, per Ouem innocentia designatur: Asini ergò primogenita, oue mutare, est immundæ vitæ primordia ad innocentiæ simplicitatem conuertere.

Isidorus vnd Gregorius.

Der heilige Jacob Gen. 49. gedenckt auch deß Esels in der schönen Weissagung von Christo / ER / der Messias/ wird sein Füllen an den Weinstock binden / vnnd der Eselin Sohn an den edlen Reben. Chrysostomus verstehet durch dieses

Gen 49. Chrysostomi erklerung.

dieses Füllen oder Eselin Sohn die vnreine Heyden / die durch das Euangelion gantz leichtlich zu CHRISTO gebracht/vnd an seine Lehr/als einem Reben/angebunden werden/darbey nicht allein deß Messiæ gewalt/ sondern auch der Heyden williger gehorsam zuspüren sey. Per pullum gentium significat adductionem: Nam quod Asinus immundum erat animal, propterea dicit: Illæ immundæ gentes cum tanta facilitate adducentur, quasi quis ad palmitem vitis asinum alliget, simul insinuans & potestatis excellentiam & gentium obedientiam: Magnæ enim mansuetudinis est, quod Asinus sustinet se ad palmitem vitis alligari, viti autem suam doctrinam comparat.

Lutherus deutet die Weissagung auch auff die zeit deß Messiæ vnd Newen Testaments: Sol ein solche herrliche/ liebliche/ wolfeile zeit sein/das auch die Esel etwas niedlichs essen/vnd sich vollsauffen werden: Welches von den Gaben deß heiligen Geistes verstanden wird / dardurch sie kün vnnd mutig werden/ das sie niemand nachfragen/ niemand/weder die Welt/ Todt oder Teuffel fürchten/ wie an den Aposteln vnd Merterern zu sehen ist. Lutherus.

Sie werden aber dem Esel vergliechen / wie Osiander anzeigt / propter simplicitatem, humilitatem atq; onera ærumnarum, quas in mundo ferre coguntur. Das ist/ Von wegen der Einfalt / Demut oder Nidrigkeit / vnd des Creutz vnd Leidens/welches sie in dieser Welt/als ein schweren Last/ tragen müssen. Osiander.

Hieronymus in Trad. in Genes. vnd Ambrosius de Benedict. Patriarcharum cap. 14. gedencken allhie deß einrits Christi auff einer Eselin vnd Füllen der Eselin / daruon Zacharias 9. geweissaget / vnd die erfülte Geschicht beschrieben haben Matt. 21. Marc. 11. Lucas 19. Johan. 12. Cap. Hieronymo Ambrosius

Hoc est illud Mysterium, ait Ambrosius, quod pullum Asinæ solui iusset in Euangelio, & ipse Dominus Iesus sedit super eum, vt alligatus ad vitem perpetua sanctorum suauitate requiesceret. Das ist/ Das ist das Geheimnis/das er das Füllen der Eselin hat heissen aufflösen im Euangelio/ vnd der HERR Jesus hat sich selbs drauff gesetzt/ damit ers anbünde an die Reben/ vnd also die ewige Frewde in ruhe geniessen köndte.

Chrysost. Chrysostomus homil. 37. in poster. opere Matthæi. Gleich wie ein Esel vnrein/ vnd schier für allen andern Viehe toll vnd närricht/ schwach/ veracht/ vnd lastbar ist: Also sind auch die Heyden gewesen vor der Zukunfft Christi / Abgöttisch/ vnd vieler Gebrechligkeit halben vnrein. Nach dem sich aber Christus auff sie gesetzt/ vnd in Tempel geführet/ sind sie / durch die Tauffe gewaschen/ vnd heilige Leut worden. Propter quasdam similitudines, animalibus his assimilati sunt homines, Deum, vel Dei Filium non cognoscentes. Est enim animal hoc immundum, & præ cæteris pene iumentis magis irrationale & stultum, infirmum & ignobile, & oneriferum magis. Sic fuerunt & homines ante Christi aduentum idololatræ, passionibus diuersis immundi. Irrationabiles VERBI ratione carentes, quantum ad Deum stulti. Erant infirmi secundum animam & ignobiles, non valentes resistere passionibus suis. Et quicunque dæmonum vel Philosophorum, cuiusque erroris vel dogmatis alicuius sarcinam eis voluisset imponere, sufferebant & omnia supportabant, nec resistebant. At vbi Christus super eos ascendit & induxit in templum, lauati per Baptismum facti sunt de immundis animalibus homines sancti: percepta enim verbi ratione sapientia Dei, facti sunt rationabiles & prudentes, & inuenta est irrationabilitas eorum esse simplicitas, & stultitia eorum mansuetudo.

Illas proprietates hisce versibus includit Hugo Card. in Luc. 19.

Esca, cubile, pigrum, crux, vox, mens, sarcina, proles,
Immundus, retro fortis, lasciuus asellus.

Theophylactus in Matth. Implet prophetiam, & iuxta historiam & iuxta Anagogen. Nam iuxta historiam visibili asino insedit, vt prophetia impleretur, non enim equo sed asello vili vectus est: Iuxta Anagogen insedit quoq; nouo, indomito, & obedientiæ nescio populo. Ligati autem erant Asina & Pullus CATENIS suorum peccatorum. Duos autem missos esse hoc vult (super Lucam scribit Theoph.) quod in adductione populi gentilis ad Christum vt obediant ei, duo ordines ministrent: Prophetæ & Apostoli, &c.

Das ist/ Der HERR Christus erfüllet die Weissagung / beydes nach der Historia / so wol auch nach dem verstand. Denn nach der Historia hat er sich auff einen sichtbarlichen Esel/ auff das die Weissagung erfüllet würde/ denn er ist auff keinem Pferd / sondern auff einem geringen Esel geritten. Nach der bedeutung aber hat er sich auff ein new / vnbendig vnd vngehorsam Volck gesetzt. Es war aber die Eselin vnd das Füllin gebunden mit den banden jhrer Sünden. Das jhr aber zween sind gesandt worden / bedeutet (spricht Theophylactus vber Lucam) das zween Orden / nemlich/ Propheten vnd Apostel sollen dienen vnd helffen zu der bekerung der Heyden zu Christo/ das sie jhm dienen/ ꝛc.

Exodi 23. vnd Deut. 5. hat GOtt geboten/ das auch der Esel am Sabbath ruhen sol/ wie droben bey dem Ochsen gesagt / vnd mehr Regeln gehöret sind worden. Wird auch Deut. 5. vermeldet/ Du solt nicht begeren deines Nechsten Esel:

Die Esel sollen am Sabbath auch ruhen.

Esel / dessen ein trefflich Exempel Moses selbs gegeben hat/ Num. 16. Da Korah/ Dathan vnd Abiram mit jhrem anhang ein Auffrhur wider Mosen vnnd Aaron erweckten / sie verklagten / vnnd schier steinigen wolten / entschüldiget sich Moses für Gott/ vnd spricht: Ich hab nicht einen Esel von jhnen genommen/vnd habe jr keinem nie kein leid gethan/ etc.

Lehr den Regenten vnd Predigern.

Diese Tugent/das man sich nicht mit Geschencken vnd Gaben blenden lasse / ist den Predigern vnd Weltlichen Richtern nützlich vnd nötig / wie daruon in GOttes Wort viel Zeugnisse funden werden: Vnd haben auch droben bey dem Ochsen deß Samuelis Exempel gehört/Denn also spricht er 1. Sam. 12. Sihe hie bin ich/antwortet wider mich/ jhr Israeliten/ für dem HERRN vnd seinem Gesalbeten/ ob ich jemands Ochsen oder Esel genommen habe? Ob ich jemand gewalt oder vnrecht gethan? Sie sprachen: Du hast vns kein gewalt noch vnrecht gethan / vnd von niemands Hand etwas genommen.

Num. 22. Das Wunder Gottes von deß Bileams Eselin.

Vnter andern Sprüchen von diesem Thier/ ist sonderlich auch das grosse Wunder Gottes von deß Bileams Eselin Numer. 22. zu mercken/ Der Zauberer Bileam ward von Balak der Moabiter König mit grossen geschencken vñ Gaben erfordert / das Volck Gottes mit seinem Warsagen vnd Zauberischen Segen zuuerfluchen / Aber Gott erschiene jhm bey der Nacht/ vnd verbeut jhm / er sol nicht mit den Gesanten gehen / vnd geht doch nacher auff der Moabitischen Fürsten anhalten/auch Gottes verhengnis fort/ Vnd weil er der Stimm Gottes vngehorsam gewesen/vnnd aus lauter Geitz fort reisete/ trat der Engel deß HERRN an den Weg/ da aber die Eselin den Engel sahe/wiche sie aus dem Weg/ Bileam schlug sie/ das sie wider in den Weg gieng / da trat der

Engel

Engel deß HErrn in den Pfad bey den Weinbergen / da auff beyden seyten Wände waren / vnd da die Eselin den Engel sahe / drenget sie sich an die Wand / vnd klemmet Bileam den Fuß an der Wand / vnd er schlug sie noch mehr / da trat der Engel an einen engen ort / da kein weg war zu weichen / weder zur Rechten noch zur Lincken / vnd die Eselin fiel auff jhre Knie vnter dem Bileam / vnd Bileam ergrimmet vber sie / vnd schlug sie mit dem Stab / da thet der HErr der Eselin Mund auff / vnd sie sprach zu Bileam: Was hab ich dir gethan / das du mich geschlagen hast nu dreymal? Bileam sprach zur Eselin / Das du mich hönest / Ach das ich jetzt ein Schwerd in der Hand hette / ich wolt dich erwürgen. Die Eselin sprach zu Bileam: Bin ich nicht dein Eselin / darauff du geritten hast zu deiner zeit / biß auff diesen Tag? Hab ich auch je gepfleget dir also zu thun? Er sprach / Nein / Da öffnet der HErr Bileam die Augen / das er den Engel mit eim blosen Schwerdt stehen sahe / Vnd der Engel sprach / Warumb hastu dein Eselin geschlagen nu dreymal? Sihe / ich bin ausgegangen / das ich dir widerstehe / vnd die Eselin hat mich gesehen / vnd mir dreymal gewichen / sonst wo sie nicht für mir gewichen hette / so wolt ich dich jetzt auch erwürget / vnd die Eselin lebendig behalten haben / Darauff Bileam seine Sünd erkent / vmb Gnade bittet / den weg fortgelassen wird / allein das er nichts anders sage / denn jme von Gott eingegeben werde / etc.

Geistliche auslegung dieser Geschicht des Apostels Petri. 2. Cap. 2.

Diese denckwirdige Geschicht vnd Wunder führet der heilige Petrus ein 2. Pet. 2. vnd deutets auff alle Geitzige / sonderlich die Antichristische Lehrer. Sie achtens für Wollust das zeitliche Wolleben / sie sind Schand vnd Laster voll / etc. Sie haben ein Hertz durch trieben mit Geitz / verfluchte Leut / verlassen den richtigen Weg / vnnd gehen irre / folgen

nach

nach dem Baal deß Sons Bohor/ welchem geliebt der lohn der Vngerechtigkeit/ hatte aber eine straff seiner vbertretung/ nemlich das stumme lastbar Thier redet mit Menschen stim/ vnd wehret deß Propheten Thorheit/ rc. Darüber schreibet Lutherus: Petrus wil sagen/ Das vnsere Geistliche eigentlich deß Bileams Kinder vnd Schüler seyen/ Denn wie er den bösen rhat gabe/ den Abgott (Baal Peor) auffzurichten/ das die Kinder Jsrael zu Sünden gebracht würden/ vnd Gott erzürneten/ das sie geschlagen wurden: Also haben vnsere Bischoffe auch einen Abgott vnter Gottes Namen auffgericht/ nemlich/ jhre Menschen Lehre/ von jhren eigenen Wercken/ vnd lassen den Glauben fahren/ vnd reissen zu sich die Christliche Seelen/ die sie schenden/ vnd darmit zum zorn erwecken/ das er die Welt gestrafft hat mit Blindheit vnnd Verstockung/ das alles haben wir vnsern Geistlichen Junckern zudancken: Also vergleicht Petrus eigentlich die falsche Lehrer dem Propheten Balaam/ das sie eben wie Bileam nur vmb Gelts willen solche Abgötterey auffrichten/ vnd die Seelen verderben/ Darzu stimpt auch sein rechter Name/ denn Bileam oder Balaam heist auff Hebreisch ein Verschlinger oder Verseuffer/ als der seinen Rachen auffsperret/ alles verschlingt vnd frist/ Den schendlichen Namen hat er darumb getragen/ das er so viel Leut hat zu Sünden bracht/ das sie erwürget vnd vmbkommen sind.

Lutherus vergleicht des Bileams bösen rath mit der Menschen Lehr der Bischoffen in Bapstthumb.

Bileam heist ein Verschlinger Versäuffer

Solche Bileamiter sind vnsere Bischoffe vnd Geistlichen/ die sind deß Teuffels Rachen/ damit er so viel vnzehliche Seelen zu sich reist/ vnd verschlingt. Der Zuname aber deß Propheten ist Filius Bosor, das heist Fleisch/ Oder wie Moses sagt/ Filius Beor, das ist/ eines Narren Son/ Ein Narr ist sein Vater/ also sind auch diese blinde vnd thörichte Leut/ rc.

Nu

Nu das stumme lastbare Thier / die Eselin / bedeut das Volck / das sich lest zämen vnd reiten / vnd gehet wie mans führet / wie der Esel gedrungen vnd hart geschlagen ward / als er neben aus im holen Weg gieng / vnd must wider in Weg / so lang biß er nimmer kund für dem Engel weichen / noch beseits tretten / vnd niderfallen must. Denn also haben auch die Verführer die Leut getrieben / da haben sie gespüret / das es nicht zu leiden were / vnnd das sie vnrecht mit jhnen führen / vnd haben neben wöllen zur seiten aus tretten / aber die gewalt ist zu gros gewesen / damit sie die Leut vberteubet haben / so lang / biß vns Gott das Maul hat auffgethan / vnd das wort im Mund geben / das auch die Kinder dauon reden / dadurch jhre Thorheit offenbar wird / das sie sich schemen müssen. Damit sol man nu jhnen begegnen / wenn sie daher fahren / vnd fürgeben / Es gebüre den Leyen nicht die Schrifft zu lesen / vnd dauon zu reden / man sol hören / was die Concilia beschliessen. Da magstu antworten / Hat nicht Gott auch durch einen Esel geredt? Lasset euch genügen / das wir bekennen / das jhr vorzeiten Gottes Wort geprediget habt / nu jhr aber Narren worden seid / vnd vom Geitz besessen / was ists wunder / das jetzt das gemeine Volck von Gott erweckt wird / vnd anhebt die Warheit zu reden / das von euch beschweret vnd betrungen ist worden / wie ein stummes lastbar Thier. Biß hieher Lutherus.

Die Eselin bedeut das Volck / so geht wie mans führt.

Origenes homil 14 in Num. vergleicht die Hohepriester / Schrifftgelehrten vnd Phariseer dem Bileam. Augustinus lib. 1. de Mirabilib. S. S. cap. 34. schreibt von dem Wunder selbs / das die Eselin ohne verstand vnd anmutung ermelte Rede aus Gottes wirckung gesprochen habe / wie etwan dergleichen Stimme in den Wolcken gehöret worden / vnd Gott hab an der Natur der Eselin nichts geendert / son-

Origenes. Augustinus

dern allein durch jhren Mund / ohn jhren bewust / deß Propheten Thorheit gewehret. In hoc admirabili signo quamuis asina, competentia sibi verba profatur, non tamen sua mente nec affectu suo loquitur, sed Dominus linguam & palatum in verba gubernauit, Asina enim quid & quomodo diceret, & si aliquid diceret, omninò nesciebat, quoniam & homines, qui alieno inflati spiritu loquuntur, & adhuc cum loquuntur, quid dicant, nesciunt, & nihil ex eo recordantur cum resipiscunt: Sed qui loquenti modos & in nubibus & in igne sæpè inuenit, & in ore muti animalis linguæ plectrum in verba gubernauit. Ex quo intelligimus nihil in Natura asinæ, Dominum commutasse, sed per aërem oris eius, illa etiam ignorante prophetæ ignorantiam compescuisse &c.

Idem lib. 4. quæst. super Num. cap. 50. Nimirum Balaam tanta cupiditate ferebatur, vt nec tanti monstri miraculo terreretur, & responderet quasi ad hominem loquens, cum Deus vtiq; non Asinæ animam in rationalem animam vertisset, sed quod illi placuerat, ex illa sonare fecisset ad illius vesaniam cohibendam. Illud fortasse præfigurans, quia stulta mundi electurus erat Deus, vt confunderet sapientes.

Das ist / Bileam war so geitzig/ das er sich auch solch Wunder (das reden der Eselin) nicht abhalten lies/ sondern jhr antwortet / als ob er mit einem Menschen redet / da doch GOtt der Eselin Seel nicht vernünfftig gemacht / sondern nach seinem wolgefallen sie redend gemacht / damit deß Bileams Thorheit zu wehren. Vnd hat Gott darmit fürgebildet/ das er das Thöricht in der Welt erwehlen wöll/ vnd was weiß vnd klug were/ zu schanden mache.

Chryso.

Chrysostomus homil 85. in Iohannem, vermanet bey dieser wunderlichen Historia / das sich die Zuhörer nicht sollen ergern / oder sich von Gottes Wort vnd Sacramenten entziehen / wenn sie schon von Vnwirdigen vnd Sündern gereicht vnd angeboten werden / denn Gottes Gnad mus alles wircken / wo auch menschliche Weisheit sich sehen lest / da ist die krafft Gottes nicht so mechtig vnd gros. Hæc dico, non quod indignos ad sacerdotium assumi probem, sed misereicens & lachrymans: Non enim propterea à subditis iudicandi sunt, etiamsi malé & vitiose viuant. Tu autem, si tibi consules, nihil in his, quæ illis commissa sunt, offendes. Nam si Asinum loqui fecit, & per vatem benedictiones spiritales largitus est, & in muto ore & lingua immunda Balaam, propter offendentes Iudæos, operatus: Multò magis propter vos fideles, etiamsi praui sint sacerdotes, Deus omnia per eos perficiet, & mittet Spiritum suum, neq; enim pura mens propterea propriam puritatem amittit, sed GRATIA OMNIA OPERATVR. Quicquid enim conatur Sacerdos, SOLIVS Dei donum est, & vbi humanam exercet sapientiam, minor illius gratia apparet &c. Chrysostom. Contra Anabaptistas.

Der Prophet Esaias am ende seines letzte Capitels spricht / Wol euch / selig seid jr Apostel vnd Prediger im Newen Testament / die jr seet (das H. Euangelion) allenthalben an den Wassern / denn da müget jhr die Füß der Ochsen vnd Esel drauff gehen lossen. Was die Lehr vnd meinung sey / hastu droben bey dem Ochsen zu sehen. Also klaget auch gemelter Prophet Cap. 1. das Jüdische Volck sey erger gegen GOtt dem Allmechtigen / der sich als ein gütiger Vater erzeiget hat / Denn die Esel / welche ja die Krippe deß HERREN Esa. 1.

 kennen /

kennen / die waren sonderlich die Phariseer / Schrifftgelehrten/Hohepriester zur zeit Christi/ sie wolten jhren HERRN vnd GOtt Jesum Christum nicht erkennen / auch nicht die Krippe / die heilige Christliche Kirche / darin man die grosse Wolthaten GOttes empfehet. Daruon ist droben bey dem Ochsen gehandelt worden.

Ezech. 23. Deßgleichen prediget Ezechiel. Cap. 23. von der Ahaliba/ das ist/ vom Königreich Juda/ das sie ein Eselbrunst/ das ist / ein brennenden Eyuer / lust vnd liebe zur Abgötterey haben/wie es bey allen Abgöttern zusetzen ist. Daruon droben beym Pferd.

Zachar. 14. Faule Esel seind auch Verfolger deß heiligen Euangelij. Es hat auch Zacharias Cap. 14. wie droben bey dem Roß angedeutet/ von der straff der Verfolger deß Euangelij geweissaget/vnd vnter andern der Esel meldung gethan/welche auch von Gott wunderbarlicher weise gestrafft sollen werden. Denn wider Christum vnd sein Wort legen vnd setzen sich nicht allein die stoltze / vngezämte / mutwillige Pferde/ sondern auch die langsame/faule/träge Esel. Wiewol Hieronymus diß bester meinung auslegt/ Vt Asinus qui quondam ferebatur infrenis & immundus erat, & multos habebat Dominos, & per præcipitia labebatur, vt corruens repentè consurgeret & portaret Dominum saluatorem, & ingrederetur sanctam Hierosolymam &c. (Hieronym.)

1. Reg 13. Vom Propheten/ der auff einem Esel geritten/vnd von einem Löwen erwürget worden/ weil er Gott vngehorsam gewest. Wir wollen auch bey diesem Thier zweyer / eines deß waren/ deß andern eines falschen Propheten gedencken / wie es jhnen ergangen ist. 1. Reg. 13. Gott schickt aus Juda einen Propheten gen Bethel/das er daselbst wider die Abgötterey der Kelber predigen / kein Brod daselbst essen / vnd kein Wasser trincken solt/Nach dem er nu dieses verrichtet/zeucht er wider dauon/ Aber ein alter (Abgöttischer) Prophet wohnete zu Bethel/ da er solchs von seinen Sönen vernommen/

sprach

sprach er zu jhnen/ Sattelt mir den Esel/ Vnd da sie jm den Esel sattelten/ reitet er drauff/vnd zoch dem Mann GOttes nach/ vnnd fand jhn vnter einer Eichen sitzen/ vnd sprach zu jhm: Komme mit mir heim/ vnd iß Brod / Er aber sprach/ Ich kan nicht mit dir vmbkehren/ich wil auch nicht Brod essen / noch Wasser trincken mit dir an diesem ort / denn es ist mir vom HERRN verboten worden. Er aber sprach zu jhm/ Ich bin auch ein Prophet wie du/ vnd ein Engel hat mit mir geredt durch deß HERRN wort/ vnd gesagt/ Führe jhn wider mit dir heim/ das er Brod esse vnd Wasser trincke/ Er loge jhm aber/ vnd führet jhn wider vmb/ das er Brod aß vnd Wasser tranck in seinem Hause/ Vnd da sie zu Tische sassen/ kam das Wort deß HERRn zum Propheten/ der jhn wider vmbgeführet hatte/ vnd schrey den Man Gottes an/ der von Juda kommen war / vnd sprach: So spricht der HERR/ darumb das du dem Mund deß HErrn bist vngehorsam gewest/ rc. sol dein Leichnam nicht in deiner Väter Grab kommen / Vnd nach dem er Brod gessen vnd getruncken hatte/ sattelt man den Esel dem Propheten/ den er wider vmbgeführet hatte / vnnd da er weg zoch/ fand jhn ein Löwe auff dem Weg / vnd tödtet jhn / vnd sein Leichnam lag geworffen in dem Wege/ vnd der Esel stund neben jhm/ vnd der Löw stund neben dem Leichnam / Da solches der alte Prophet erfuhr/ reitet er auff seim Esel / vnd fand seinen Leichnam / den Esel vnd Löwen neben jhm stehen / der Löwe hat nichts gefressen vom Leichnam/ den Esel auch nicht zubrochen / da hube der Prophet den Leichnam auff/ legt jhn auff den Esel/ führet jn gen Bethel/ begrub vnd klaget jhn. Wiewol diese Geschicht viel nützliche Lehren gibt von falschen Propheten / der den waren Propheten vnd Mann GOttes mit seinem Esel vbereit/ mit Lügen vberredt/ vnd vmb sein leben bringt (wie man

Lehr aus dieser Geschicht.

denn nicht achtung geben sol auff die Gesellen / welche viel von Gott sagen/vnd nichts beweisen. Item/ von seiner Be-
2. kehrung. Desgleichen auch wie dieser Man Gottes gröblich
3. jrret/ belogen vnd betrogen / vnd von GOtt gestrafft wird:
4. So ist doch allhie das Wunderwerck Gottes allein zu behalten/ wie dieser Esel/darauff der Man Gottes geritten ist/ bey dem Leichnam stehet/ vom Löwen vnangetastet vnd vnzurissen bleibt. Denn ohn Gottes Willen vnd verhengnis kan auch den vnuernünfftigen Thieren von andern kein schad zugefüget werden. Wie diese Historia bey dem Löwen auch repetiret/zusehen ist.

Augustinus — Augustinus lib. de cura pro mortuis gerenda cap. 7. gedenckt dieses Mans Gottes/ das er vmb seines vngehorsams willen / vnnd weil er betrogen worden/ allein am Leib vnd zeitlich / vnd nicht an der Seelen oder ewiglich gestrafft sey worden. Hactenus voluit Dominus seruum suum plectere, qui non sua contumacia spreuerat præceptum eius implere, sed aliena decipiente fallacia, obedire se credidit quando non obediuit: Neq; enim putãdum est ita fuisse interemptum morsu bestiæ, vt ad supplicium tartareum eius deinde anima reperetur: quandoquidem ipsum eius corpus, idem leo qui occiderat, custodiuit: Iumento etiam quo vehebatur, illæso, & simul cum immani illa fera, intrepida præsentia ad sui Domini funus astante. Quo mirabili signo apparet hominem Dei coercitum potius temporaliter vsq; admortem quam punitum esse post mortem.

Das ist / So fern hat GOtt seinen Diener züchtigen wollen / weil er nicht mutwilliger weis seinen befehl hat hindangesetzt / sondern von einem andern ist betrogen werden/

das

das er vermeinet hat / er gehorche / da er doch nicht gehorcht hat / Denn man sol es dafür nicht halten / das ob er gleich vom Löwen ist vmbgebracht / derenthalben gleich zur Hellen gefahren sey: Sintemal der Löw / so jhn vmbbracht / seinen Leib behütet hat / der Esel auch / darauff er geritten / vnuerletzt bey dem Leichnam seines Herrnn gestanden / deß grawsamen Löwens gegenwart vngescheuwet. Aus welchem wunderlichen Zeichen erscheinet / das der Man Gottes durch diese zeitliche straff deß Todes mehr sey gezüchtiget / als nach dem Tode gestrafft worden.

ZVm andern finden wir nicht wenig lehrhaffte Sprüch vnd Historien / so im Weltlichen Stand vnd Regiment zumercken sind. In der Valetpredigt vnd Segen / Genes. 49 spricht der heilige Jacob: Jsaschar wird ein Beinern Esel sein / vnnd sich lägern zwischen den Grentzen / vnd er sahe die Ruhe / das sie gut ist / vnd das Land das es lustig ist / Er hat aber seine Schuldern geneiget zu tragen / vnd ist ein zinsbar Knecht worden. Dieser Ertzvater wird in seinen Nachkommen ein Beinern Esel genent / weil er sich auff den zeitlichen / fried vnd ruhe begibt (wie es Brentius vnd Osiander erkleren) vnd ehe allerley beschwerden / Zins vnd Schatzung erlegt / denn das er Krieg führen solt. Denn es ist ja besser vnd nützlicher / neben den Schatzungen zimliche Narung vnd guten frieden haben / denn etwa durch Krieg / Haus / Hoff / Leib vnd Leben vnd alles verlieren.

Der ander Stand. Gen. 49. Jsaschar ein Beinern Esel.

Lutherus verstehets also: Du sihest wol vnd wirsts innen / wil Jacob sagen / das ein köstlich Land ist / aber du wirst nicht Herr drinnen sein: Als solt er sprechen / Du wirst zu fressen vnd sauffen vnd alle fülle haben / aber GOTT nicht danckbar sein / darumb wirstu es müssen andern Leuten geben /

vnd

vnd fressen lassen/ Das sihet man nu in der Historien/ wie sie geschlagen sind von Königen / haben das Geschlecht nie errettet / ist jmmer blieben vnter den Königen von Syrien vnd Assyrien/ so ists war worden/ das er ein beinern Esel were/ das ist/ der grosse Last tragen/ vnd vnterdrückt werden müsse/ mehr Bürden tragen denn er vermügen werde. Diß in Deutschen Genesi. Jm Lateinischen Genesi kömpt er mit der ersten vnd vorigen Lehr vberein / Isaschar ist ein guter Pater, est tribus amans quietis, quæ nihil præfert paci & tranquillitati, etiamsi multa magna onera & difficultates perferendæ sint, tamen omnia tolerat patienter, modò habeat pacem & quietem. Das ist/ Ist das Geschlecht/ so nur die ruhe lieb hat/ das dem Fried vnd Ruhe nichts vorzeucht/ wenn es auch gleich viel grosse last vnd beschwerung tragen muß/ so leidets doch alles gedültig / das es nur fried vnd ruhe haben möge. Ist ein fauler Pater, wie man sagt / Er lies Holtz auff jhm hawen/ das er nur fried hett/ sed sapiens est. Sic ego expono, quod non habitarit in extremis finibus, sed fraterno circumdata auxilio, vsa est sic fœlicissima pace ocio & quiete suauissima, & si ferendum aliquid fuit, aut pendenda pecunia, aut seruiendum nihil horum detrectauit studio & amore pacis. Fuerunt pigri & desides quidem sed sapientes &c. Est ergò Asinus, sed minimè stolidus, multa patitur, tribuit, impendit, fert, pro bona terra, & planè est osseus. Das ist / Er ist aber weis vnd verstendig. Also verstehe ichs: Das er nicht an den eusserften Grentzen gewohnet/ sondern auff allen seiten von seinen Brüdern vmbgeben/ hat den glückseligsten Fried vnd gewündschte Ruhe gehabt/ vnd so er etwas hat leiden müssen/ oder Geld ausgeben/ oder sonst dienen/ hat er sich deren keines gewägert/ nur allein vmb Friedes willen. Sie sein faul vnd nachlessig gewest/ aber

dabey

dabey verstendig / Darumb ist er zwar ein Esel gewest / aber kein Narr dabey / vmb deß guten Lands willen leidet er / gibt / tregt / was er kan vnd sol / vnd ist gar Beinern / kan alles leiden / ꝛc.

Hieronymus deutets Geistlicher weise auff die Heyden / welche Christum tragen / jhm Schatzung vnd Gaben bringen / sehnen vnd verlangen haben nach der Ruhe vnd bestem Land deß ewigen Lebens. Isaschar qui interpretatur merces refertur ad populum gentium, quem Dominus sanguinis sui precio mercatus est. Hic Asinus fortis scribitur, quia prius populus gentilis, quasi brutum & luxuriosum animal, nullaq; ratione subst.tit, sed postmodum iugum disciplinæ Euangelicæ libenter portauit. Inter terminos cubare est præstolato mundi fine requiescere, nihilq; de ijs quæ versantur in medio, quærere, sed vltima desiderare. Et fortis asinus requiem & terram optimam videt, cum simplex gentilitas se ad robur boni operis erigit, & ad æternæ vitæ patriam tendit. Vnde etiam apposuit humerum suum ad portandum, quia cum ad promissam requiē peruenire desiderat cuncta mandatorum onera libenter portat. Vnde factus est tributis seruiens, hoc est, Christo Regi, suæ fidei dona & operum bonorum offerens munera. Aber hieuon gnug.

Hieronymi Geistliche deutung.

Judicum 5. Stelt die Prophetin Debora ein Vermanung an die Richter vnd Regenten in Jsrael / das sie für den erlangten Sieg wider Sissera GOtt dancken sollen. Mein Hertz / spricht sie / ist wol an den Regenten in Jsrael / die freywillig sind vnter dem Volck / Lobet den HERRN / die jhr auff schönen Eselin reitet / die jhr am Gericht sitzt / vnd singet die jhr auff dem Wege gehet. Obrigkeit vnd Vnterthanen sollen Gott dancken / loben vnd rhümen / wenn er seinem kleinen

Judic. 5.

Lehr aus der Historia

nen armen Heufflein hilff. Mit dem reiten auff den schönen Eselin/wil er den Reissigen Zeug vnd Maiestet der Oberkeit vnd Regenten vermelden.

Jud. 10. Judicum 10. wird gerhümet der Richter Jair ein Gileaditer / der hatte dreyssig Söne / auff dreyssig Esel Füllen reiten/vnd hatte dreyssig Stedte/ rc. Ein sonderlicher Segen Gottes wars im Alten Testament / viel Kinder haben/ so hatte Jair darzu nottürfftige stadtliche vnterhaltung.

Brentius. Brentius. Obscuro homini (Thola) succedit vir illustris in officio Iudiciario nomine Iair, Hic fuit vir nobilis & fœlix numero liberorum ac potens maiestate equitatus & imperio vrbium &c. Eligit autem Dominus nunc virum illustrem & nobilem in iudicem, vt declararet se beneficium conferre ignobili non propter ignobilitatem, nec nobili propter nobilitatem, sed tantum propter suam ipsius clementiam & misericordiam. Das ist / An stadt deß Tholæ / der ein vnbekanter fauler Mensch war / ist ein feiner berhümpter Mann / mit namen Jair Richter worden / Dieser ist ein fürtrefflicher Man gewest / hat viel Kinder / mechtig von Reissigen Zeug vnd Stedten/ Es nimpt aber Gott so einen fürtrefflichen vnd berhümpten Man zum Richter/ anzuzeigen / das er bißweilen einem geringen Menschen eine Gutthat erzeige nicht derenthalben / das er vnbekant vnd geringes Stands ist/auch nicht einem berhümpten/ wegen seiner Dapfferkeit / sondern aus lauter Gnad vnnd Barmhertzigkeit.

Jud. 12. Im 12. Capitel Judicum / wird ein anderer Fürst oder Richter / mit namen Abdon ein Pireathoniter/ gerhümet/ das er viertzig Söne vnd dreyssig Nefen hatte / die auff 70. Esel Füllen ritten.

Wir

Wir wollen auch diesem Stand zu ehren vnd trost die Geschicht deß gewaltigen sieghafften Fürstens Simsons hiehero schreiben. Judic. 15. Nach dem er mit zweyen newen stricken gebunden/ den Philistern zugeführet ward / die schon vber jhn jauchtzeten/ da gerieth der Geist deß HERRN vber jhn vnd die Strick an seinen Armen wurden wie Fädem/die das Fewer versenget hat / das die Band an seinen Henden zuschmoltzen. Vnd erfand einen faulen Esels Kinbacken/da recket er seine Hand aus / vnd name jhn / vnd schlug darmit tausent Man/Vnd Simson sprach/Da liegen sie bey hauffen / durch eines Esels Kinbacken habe ich tausent Man geschlagen. Vnd da er ausgeredt hatte/warff er den Kinbacken aus seiner Hand / vnd hies die stedte RamathLehi: Da jhn aber sehr dürstet/rieff er den HERRN an/vnd sprach/ Du hast solch gros Heil gegeben durch die Hand deines Knechts/ nu aber mus ich Durst sterben/ vnd in der Vnbeschnittenen Hende fallen: Da spaltet GOTT einen Backenzahn im Kinbacken / das Wasser heraus gieng / Vnd als er tranck kam sein Geist wider/vnd ward erquickt / Darumb heisset er noch heutiges tages / deß Anruffers Brun/der im Kinbacken ward.

Jud. 15. Von Simson / der mit dem Esels Kinbacken tausent Man schlegt.

Diese wunderliche Historia erinnert die Oberkeit / vnd alle / so in jhrem ordentlichen Beruff wandlen / Göttlicher Hülff vnd Beystandes: Das sie die Feind wol mit geringen Wehr vnnd Waffen vberwinden vnd siegen können. Wie denn Simson solchen Sieg GOTT heimstellet vnd zuschreibet. Aber doch hört man / das auff diesen herrlichen Sieg bald ein Trübsal vnnd Creutz erfolget/ der grosse Durst Simsons / welcher aber auch mit dem ernstlichen Gebet wider abgewendet wird / daß sich ein Kinzahn aus dem Kinbacken spaltet/vnd einen Brunnen

Erinnerung aus dieser Historia.

1.

2.

gibt/ den Durstigen zu erquicken. Gott lest seine Gleubige in der Noth nicht verderben/ es müssen sich ehe die Creaturen verendern/ vnd jhre art verwandeln.

Ambrosius.

Ambosius lib. 9. Epistolarum Epistola 70. gedenckt dieses Wunderwercks auch/ aber das er in einen solchen durst gerathen sey/ schreibt er dem Samson zu/ er hab sich deß Siegs vberhebt/ jhm zugeschrieben/ vnd Gott nicht gedancket/ doch da er sich demütigte/ Gott anruffte/ vnd die victoriam jhm tribuirte/ habe er die Erquickung vnd Labsal vom Wasserbrunnen erlangt. Aber ehnlicher ists dem Text/ das sonsten Gott dem Simson probieren/ vnd ein Creutz aufflegen wolt/ das er sich nicht vberhübe. Ea est rerum in hoc seculo vicissitudo, vt infælicitatem fælicitas, & fælicitatem infælicitas comitetur. Brentius. Das ist/ In dieser Welt gehets also zu/ das auff ein Vnglück ein Glück/ vnd hinwiderumb auff ein Glück ein Vnglück folget.

Geistliche deutung dieser Geschicht

Dieweil nu Simson der alten Lehrer meinung nach/ deß Allmechtigen Helden Jesu Christi Vorbild ist/ so vermelden sie/ das er seine vnd aller Menschen Feinde auch nicht mit eusserlichen Wehr vnd Waffen/ sondern mit seinem Leiden vnd Sterben geschlagen vnd vberwunden habe. Der Kinback seyen die heiligen Aposteln/ mit vnd durch welche er die Welt geschlagen/ vnd zum gehorsam deß Glaubens gebracht habe. Der Brun aus dem Zahn fliessend/ sey die trostreiche holdselige Lehr deß heiligen Euangelij/ so die Apostel hin vnd wider in der gantzen Welt von sich gequollen/ vnnd damit die Durstige erquickt haben. Aber diese deutung gehört in den ersten Stand.

Der Kinback die H. Apostel.

Der Brun die Lehr des H. Euangelij.

1. Sam 9. Wie Saul zum Königreich komen.

Wir wollen auch hie erzehlen die Geschicht/ durch was gelegenheit der Saul zum Königreich Israel kommen ist/ 1. Samuel 9. Es hatte Kis/ der Vater Saulis/ seine Eselin

lin verlohren/ vnd er sprach zu seinem Son Saul / Nim der Knaben einen mit dir/mache dich auff/gehe hin/vnd such die Eselinne. Vnd er gieng durch das Gebirg Ephraim / Salisa/Saalim/ vnd durchs Land Jemini/vnd funden sie nicht. Derhalben/ da sie zu Samuel kamen /rath zu fragen/wo die Eselin weren/ hat er nicht allein gesagt/die Eselin weren funden/sondern verkündigt jhm auch vom Königreich/ladet jhn zu Gast / salbet jhn nacher mit Oel zum König / vnd küsset jhn.

Diese liebliche Historia lehret / das Gott Regenten erwehle/vnd offt geringe mittel gebrauche/dardurch vnd mit er sie zu selbigen Ehren befördert. Denckwirdig ists auch/ das GOtt vnterweilen ein geringen schaden in der Haushaltung verhengt / aber denselben mit eim grössern Glück vnd Wolfart erstattet vnd ergentzt. Saul verleurt vnd sucht die Eselin/ findet nicht allein die Eselin wider/ sondern auch das Königreich Israel darzu. Darmit denn GOtt auch zumal seinen Kindlichen Gehorsam / den er seinem Vater Kiß leistet/ reichlich belohnet.

Lehr aus dieser Historia. 1. 2. 3.

Aber eben dieser König Saul verleuret das Königreich widerumb / wie schon droben etlichmal angezeigt / in dem er Gottes Befehl vngehorsam ist/ das er die Amalekiter mit jhren Ochsen / Eseln / etc. vmbbringen solt/ vnd die gute fette Ochsen vnd Rinder behelt / etc.

Wie Saul das Königreich verleuret.

Die Regenten sollen jhre Reichs vnd Rathssachen nicht nach jhrem Kopff vnd eignen gutdüncken/auch nicht aus guter meinung vnnd andacht / sondern aus vnd nach GOttes Wort vnd Willen administriren vnd handeln. Zum vberflus ist droben gehört worden Josephs Genes. 47. Fürsichtigkeit in wolfeilen vnd thewren Jahren / vnd seinen Kauffhandel/ etc.

Lehr der Regenten.

Josua 9. Von der Gibeoniter list vnd practicken.

Hieher gehöret auch die geschwinde / listige Geschicht der Gibeoniter/ Jos. 9. Da die Gibeoniter höreten/das Josua vnd die Jsraeliten alle Cananiter one barmhertzigkeit erwürgten/erdencken sie einen List vnd Practick/wie sie in der Jüden Bund kommen/vnd bey dem leben bleiben möchten/Sie namen alte Secke auff jre Esel/vñ alte zerrissene geslickte Weinschleuch/alte geflickte Schuh an jre füsse/alles Brod/das sie mit sich namen/ war hart vnd schimlicht / vnd sprachen diese Gesandten zu den Jsraeliten: Wir kommen aus fernen Landen/ so macht nu einen Bund mit vns / diß vnser Brod/das wir aus vnsern Heusern zu vnser speis namen/war noch frisch da wir auszogẽ zu euch/rc. Da namen die Heuptleute der Jsraeliten jre speiß an/machten einen Bund mit jnen/das sie sie nicht erwürgen wolten / Aber nach 3. tagen erfahren sie den List vnd betrug/ das sie mitten im gelobten Land wohneten/ doch weil sie einen Eyd geschworen hatten/theten sie jnen am Leben nichts / sondern Josua macht sie zu Holtzhawern vnd Wasserträgern der Gemeinde / vnd zum Altar deß HErrn.

Die Kinder dieser Welt sind klüger denn die Kinder des Liechts.

Man sihet aber allhie / wie die Kinder dieser Welt so klug vnd listig sind/das sie jr zeitlich Gut/leib vnd leben erhalten/ Dargegen/ wie Josua vnd die Heuptleut vnfürsichtig handlen/ das sie nicht zuuor den HErrn gefragt / vnd nach seiner Antwort gethan haben. Widerumb aber so geben sie zwo Leren vnd Tugend/die im weltlichen Regiment nötig vnd nützlich seind. Die erste von der Auffrichtigkeit vnd steiffe haltung deß gemachten Bunds vnd geschwornen Eyds/ob der Bund schon mit Listen erpracticirt vnd gestolen wird / vnnd zu dem auch den Jsraeliten nachtheilig in dem zeitlichen Gut/ noch so wil Josua vmb deß gethanen Eyds willen den glauben halten/welches allen menschen zu bedencken vnd auch zuthun ist.

Zwo Regenten Tugenden.

1.

Brentius.

Brentius, Sanctissime obseruandum est, quicquid iu-

raulmus

rauimus in nomine Dei, etiamsi nos decepti simus, aut nobis incommodum & nociuū fuerit, modo id quod iurauimus, non sit impium & contra verbum Dei. Das ist/ Was man bey dem Namen Gottes geschworen hat / das sol man trewlich halten / ob wir gleich sein betrogen worden/ oder da es vns gleich auch schedlich were/wenn nur das jenige/so wir geschworen/nicht wider Gott vnd sein Wort ist.

Die ander Tugent vnd Lehre ist / die Weisheit vnnd Vorsichtigkeit Josuæ in den straffen/das er zwar den Gibeonitern am Leben nichts thut / aber doch andere Straff der Dienstbarkeit jhnen aufflegt / wie er hierin den Oberkeiten zum Exempel vorgestelt ist. Aber ingemein sind diese Gibeoniter ein Vorbild der armen Sünder / welche zu dem waren Josua/Jesu Christo/kommen/vnd begeren in seinem Bund zu sein / zu Gnaden an vnd auffgenommen/ Gottes vnd deß Nechsten Diener vnd Knechte werden. 2.

Die Gibeoniter ein bild al er armen Sünder/die bey dem Himlischen Josua Christo gnade suchen.

Osiander.

Osiander. Gabaonitæ adumbrant peccatores agentes pœnitentiam: Cum enim omnes digni essent æterno interitu, tamen si abiecto omni fastu & superbia in humilitate accesserint verum illum Iosuam, videlicet Iesum Christum, & petierint vt recipiantur in gratiam & non pereant, non damnantur: sed vigore iuramenti diuini (viuo ego nolo) conseruantur ad vitam æternam. Debent autem vicissim sub cruce & varijs oneribus operam suam conferre ad promouendam gloriam DEI & proximo promptè inseruire.

Das ist/ Die Gabaoniter seind ein Vorbild aller Bussfertigen Sünder / Denn ob gleich alle Sünder wirdig sein deß ewigen Todes/ jedoch/ so sie ohne allen stoltz vnd Hochmut in warer Demut / zu dem rechten Josua / Jesu Christo kommen/ vnd bitten/das sie mögen zu gnaden angenommen werden/

werden / vnd nicht verderben / so werden sie nicht verdampt: Sondern krafft deß Eyds (So war als ich lebe) werden sie erhalten zum ewigen Leben. Sie müssen aber widerumb vnter dem Creutz vnd vielfeltigen beschwernissen / die Ehre Gottes helffen befördern / vnd dem Nechsten willig vnd gern dienen. Besihe auch Origen. hom. 10. &c.

1. Sam 25. Reitet die Abigail auff einer Eselin Dauid entgegen.

In der Legenda deß heiligen Dauids seind auch etliche zufellige vnd lehrhaffte Geschichten bey den Eseln zubehalten. 1. Sam. 25. Als Dauid der Gesalbete deß HErrn noch im Elend vnd Saulitischer verfolgung war / vnd vom reichen Juncker Nabal Ritterzehrung vnd Prouiant begert / jhm aber hönisch versagt wird: Thut Dauid ein Eyd / er wölle den Nabal vberfallen / vnd erschlagen alles / was er hette / Aber die Abigail vernimpt die abschlegige hönische antwort jhres Mannes / von jhrem Knecht / da sattelt sie jhr Eselin / vnnd lud sonsten auff andere Esel zwey hundert Brod / zwey Lägel Weins / fünff gekochte Schaff / fünff Scheffel Mehl / hundert stück Rosin / vnd zwey hundert stück Feigen / reitet also Dauid auff jhrer Eselin entgegen / vnd da sie jhn sahe / steig sie vom Esel / bittet Dauid vmb verzeihung / verehret jhm die zugeführte Gaben: Wie sie denn mit jhrer holdseligen rede nicht allein die beleidigung abbittet / sondern auch Dauid also einnimpt / das er sie bald nach deß Nabals jähem Todt freyen lest. Abigail lehret nicht allein / das man die hungerigen / vnd die im Elend sind / mit Speis vnnd Tranck zuuorkommen / vnd sie erquicken sol / sondern erinnert auch die Regenten / das sie nicht Rachgirig seyen / vnd im Zorn etwas fürnemen / dessen sie nacher gerewen / ja in jhrer gantzen Regierung hinderlich sein möchte.

Lehr. 1. 2.

2. Sam. 16. Von Ziba Dauid verehret

Ein gleiche Hospitalitet vnd erquickung Dauids haben wir 2. Sam. 16. Dauid wird von seinem leiblichen Sohn

Absolon deß Reichs verstossen / ins Elend vertrieben / mit einem geringen Hauffen / von Weib / Kindern / vnd etlichen Knechten / da er nu hinaus gehet / so begegnet jhm Ziba / deß Mephibeseths Hausvogt / mit einem par Esel gesattelt / darauff zwey hundert Brod / vnd hundert stück Rosin / hundert stück Feigen / vnd ein Lägel Weins / die Esel wil er schencken / das deß Königs Gesind darauff reiten / die Knechte Brod vnd Feigen essen / vnd den Wein zu trincken / wenn sie in der Wüsten müde werden. Diese verehrungen gefallen David wol / Vnd da er von diesem verleumbder vnd Fuchsschwentzer Ziba (wiewol felschlich) berichtet war / das sein Herr Mephiboseth zu Jerusalem gern geblieben sey / der meinung / er wölle noch König werden so entwendet David bald alles Haab vnd Gut Mephiboseths / vnd eignets dem Ziba zu / rc.

Löblich ists ingemein / wie vor gemeldet / denen so noth leiden / hülff zu thun: Aber dieser Ziba ist ein Trewloser Knecht / entwendet seinem Herrn die Esel / vnd Proviant / verehrets Davidi: Er ist ein listiger Schmeichler vñ Fuchsschwentzer / der mit guten glatten worten / Geberden vnd Gaben / David hinderfähret / vnd in schwere Amptsünd wirfft / Er ist ein teuffelischer Verleumbder / der seinen Herrn verreth vnd verkeufft. Derwegen dieses Exempel den Regenten wol wol zu mercken ist / das sie sich nicht verführen lassen solche heuchlerische Schmeichler vnd Fuchsschwentzer. Denn erstlich so sihet David die Gaben an / vnd lest sich darmit einnemen / welches Gott den Regenten verbeut. Darnach so gibt er dem beklagten kein audientz ja bald ehe er die wol erkündiget / fellet er das vrtheil vber den vnschüldigen Mephiboseth / vnd entzeucht jhm alle Haab vnd Güter, Item / ob er auch schon hernach bessers bericht vnd die entschüldigung Mephiboseths

Lehr.
1
Von dem seinen sol man nothleidenden helffen / nicht andern stelen.

2
Regenten sollen Schmeichlern nicht bald glauben / beklagte Personen auch hören / ehe sie vrtheilen.

boseths anhöret/ weil ers doch nicht aznemen/ vnd sein præcipitatam sententiam retractiren vnd auffheben. Solche Sünde sollen fromme Regenten meiden.

1. Chro. 13 Wird dem newen König David allerley speis vnd Tranck auff Eseln zugeführet.

In der salbung Davids zu Hebron / 1. Chronic. 13. Da er zum König vber gantz Jsrael bestetigt ward/ brachten die nechste Jsraeliten/ biß hin an Jsaschar/ Zebulon/ Naphthali/ Brod auff Eselin/ Kameel/ Mäulern vnd Rindern zu essen/ Meel/ Feigen/ Rosin/ Wein/ Oel/ Rinder/ Schaffe die menge/ denn es war ein frewd in Jsrael. Diese Jsraeliten erzeigten sich auch lobwirdig gegen dem new erwehlten König David/ in dem sie Gott dem HERRN/ für den frommen Gottsfürchtigen glückhafften König/ dancken/ sich keiner Speis vnd Tranck tawren lassen/ vnd im HErrn frölich vnd gutes muts seind. Paulus vermanet/ man sol Gebet/ Fürbitt/ Dancksagung thun für alle Menschen / fürnemlich aber für die Könige/ jnen auch geben/ was man schüldig ist/ 1. Tim. 1. Rom. 13.

2. Sam. 17 Ahitophel so Gottlose räthe gegeben/ die Gott verhindert / reitet auff eim Esel hinweg/ vnd erhenckt sich selbst.

Noch eine Historia ist inn Davids Legenda zu fassen/ 2. Sam. 17. vom Ahitophel/ der ein weiser verschmitzter Jurist vnd Rathgeber war bey David vnd Absolon / wenn der einen Rath gabe / das war als wenn man Gott vmb etwas hette gefragt. Dieser gab nu Absoloni zween Rhat Der erste/ welcher auch ins werck gebracht ward/ das Absolon seine 10. Stieffmütter / Davids Kebsweiber / offentlich beschlaffen solt. Der ander Rath war / das man David / weil er noch matt/ müd vnd erschrocken/ vnuersehens in der Nacht vberfallen/ vnd vmbbringen solt / darzu er denn seinen dienst anbote. Aber da dieser Rathschlag aus Gottes schickung durch den Husai gebrochen vnd gehindert ward / verdreusts jhn nicht allein vber die massen sehr/ aus lauter Ehrgeitz vnd stoltz sondern sitzet vnd merckt auch/ das David obligen/ vnd er vielleicht

leicht grawsamlich gestrafft vnnd gemartert möcht werden/ derhalben so sattelt er seinen Esel / macht sich von Jerusalem hinweg / zeucht heim in seine Stadt / macht ein Testament/ erhenckt sich selbs/vnd stirbt.

Der Hochweisen Juristen schädliche vnd Blutgirige Rathschleg/ so wider GOtt/sein Wort/vnd gleubige Christen gegeben werden / gehen endlich vber jhren eigenen Hals aus. Malum consilium consultori pessimum. Dieser Hochweise Rath mus von seinem stummen tollen Esel zum strang getragen werden. Brentius. Tam turpem vitæ exitum habuit prudentissimus vir, horrendo exemplo contra eos, qui prudentia sua diuino verbo resistunt, & suæ sapientiæ confidunt. Hic vides veram esse hanc Dei sapientiam: comprehendam sapientes in sapientia sua, non quod mala sit sapientia, sed quod ea non sit resistendum verbo Domini: alioqui enim talem sortitur finem, qualem hic vides in Ahitophele. Das ist/ Dieser weise Man hat so ein trawrig Ende genommen / zu einem abschewlichen Exempel andern/die mit jhrer Weisheit dem Wort Gottes sich wider setzen/ vnd auff jhre Weisheit sich verlassen. Hie sihestu/das war sey die Weisheit Gottes/da stehet: Die Weisen wil ich in jhrer eigenen Weisheit fangen / Nicht das die Weisheit böß were, sondern das man mit derselben dem Wort Gottes nicht sol widerstreben/ Denn wo das geschicht / folgt gewiß dergleichen End/ wie hie bey dem Ahitophel. Warnung an alle Ratgeber.

Jeremias Cap. 22. gedenckt auch einer straff deß Gottlosen Königs Jojakim bey dem Esel: Dieweil deine Augen vnd dein Hertz nicht also stehen / Recht vnd Gerechtigkeit zu halten / sondern auff deinen Geitz/ auff vnschüldig Blut zu vergiessen/ zu freueln vnd vnter zustossen / darumb spricht der HERR von Jojakim/ Man wird jhn nicht klagen / Ach Jerem. 22. Der Gottlose König Jojakim wie ein Esel begraben worden.

 Bruder/

Bruder/ 2c. Man wird jhn nicht klagen/Ach Herr/Ach Edler/ Er sol wie ein Esel begraben werden/ zerschleifft/ vnnd hinaus geworffen für die Thor Jerusalem/ 2c. Es ligt zwar den Frommen wenig daran/ wie vnnd wohin sie begraben werden/ denn diß jhnen an der Seelen vnd Seligkeit nicht nachtheilig ist/ aber den Gottlosen ists ein straff vnd fürbild deß Zorns Gottes vnd ewiger Verdamnis.

2. Chr. 36. Von diesem Josakim stehet 2. Chron. 36. vers: 5. 6. Josakim thet/was dem HERRN seinem Gott vbel gefiel/Vnd NebucadNezar der König zu Babel zog wider jhn herauff/vnd band jhn mit Ketten/ das er jhn gen Babel führete/ da er denn gestorben/ vnd nicht ehrlich/ ja wie ein Esel/ id est, inhonorificè begraben worden ist. Tyrannorum commune supplicium est mors ignobilis & probrosa &c. Der Tyrannen Todt ist schendlich vnd schedlich.

Hieronym. Hieronymus. Pulchrè sepultura asini dicit eum sepeliendum, vt aliis verbis significet insepultum, hoc est, à bestiis auibusq; lacerandum. Hæc est enim asini sepultura. Das ist/ Er spricht gar fein/ er sol begraben werden wie ein Esel: Wil also mit andern worten zuuerstehen geben/das er nicht begraben/ das ist/ von wilden Thieren vnnd Vogeln zerrissen werden sol. Denn das ist der Esel begrebnis.

Der dritte Stand. ZVm dritten/ war auch dieses Thier bey den Jüden zur heußlichen Arbeit nützlich vnd bequem/ wie bey vns die Rosse.

Gen 22. Genes. 22. Abraham führet ein Esel mit sich/ da er seinen Sohn Isaac auff dem Berg Morya opffern wolt. Deßgleichen in der Legenda Josephs wird der Eseln gedacht/ wie seine Brüder Getreid aus Egypten auff den Eseln geführet haben. Esræ 2. Jüden 6720. Esel/ da sie aus Babel heimzogen. 1. Chron. 28. Dauids

menge

menge der Esel. Wir wollen aber dergleichen gemeine Exempla vbergehen/vnd allein/was den Ehe vnd heußlichen stand berühret / etliche lehrhaffte Geschichten anhören

Zwischen den Eltern vnd Kindern ist Joseph ein löblich Exempel/Gen. 45. Da er in Egypten zum grossen Herren worden war / vnnd im Land Canaan grosse Thewrung entstanden versorgt Joseph seinen Vater/ Brüder vnd gantze Freundschafft/ sonderlich aber sande er seinem Vater Jacob / zehen Esel mit Gut aus Egypten beladen / vnnd zehen Eselin mit Getreid/vnd Brod vnd Speis seinem Vater auff den weg/ das er hinab ziehen möcht/ wie denn bald geschehen ist. Diß ist nicht allein ein holdseliger Trost/ von der fürsorg Gottes für sein Kirchlein / das ers in der Thewrung erlösen vnd erretten wölle: Sondern auch ein Exempel Kindlicher Trew Josephs gegen seinem Vater Jacob vnnd gantzen Freundschafft. Gen. 45. Jch bin Joseph ewer Bruder/ den jhr in Egypten verkaufft habt / Nu bekümmert euch nicht/ vnd dencket nicht/das ich darumb zürne/ das jhr mich hieher verkaufft habt/denn vmb ewers lebens willen hat mich Gott für euch her gesand/ das er euch vbrig behalt auff Erden/ rc.

Gen. 45. Joseph versorgt seinen alten Vater/ Brüder vnd andere Freund in der Thewrung.

Was die Eheleut gegen einander betrifft / stehet Exodi am 4. ein Exempel. Da Moses in Midian war/empfieng er von Gott befehl/ das er wider in Egypten solt ziehen/vnd die Jsraeliten ausführen / denn die Leut/ so jhm nach dem leben stunden/waren gestorben: Also nam Moses sein Weib vnd seine Söhne / vnd führete sie auff einem Esel / vnd nam den Stab GOttes in die Hand. Darbey sollen wir nicht allein Mosis löblichen Gehorsam inn seinem gefehrlichen Beruff mercken / sondern auch eines Hausvaters trewes Ampt / der sein Weib vnd Kinder nicht verlest oder sonsten mit der Reise bemühet/sondern auff einem Esel führet.

Exod. 4. Moses führet sein weib vnd Kinder auff einem Esel.

Brentius. Scriptura vult indicare, quod fidelis & prudens Paterfamilias fuerit Mose, vt mariti habeant exemplum administrandæ suæ familiæ fideliter & prudenter. Mose enim etsi in maximum officium vocatus est à Deo, non tamen prius derelinquit vxorem & liberos, quam fuerint impedimento vocationi suæ &c. Quare vxor legitima nunquam est deserenda, nisi certa & specialis vocatio Dei aliud iusserit. Adhæc vides etiam in Mose PRVDENTIAM, quod non cogat vxorem & liberos, tantum iter pedibus facere, sed auehat eos asino, hoc est quod Petrus docet, viri cohabitent secundum scientiam, velut infirmiori vasi muliebri impartientes honorem.

Das ist/ Die heilige Schrifft wil vns anzeigen/ wie ein trewer vnnd fürsichtiger Hausvater Mosee gewesen sey/ auff das die Ehemänner ein Exempel haben/ wie sie jhrem Hausgesind trewlich vnd vorsichtiglich vorstehen vnd regieren sollen. Denn ob gleich dem Mosi von Gott ein schweres Ampt befohlen/ so wil er doch sein Weib vnd Kinder ehe nicht hindersich lassen/ als da sie jn verhindern in seinem Beruff. Darumb sol kein Man sein ehelich Weib verlassen / ohne Gottes sonderlichen befehl. Zu dem so sihestu auch Mosis Weisheit vnd verstendigkeit/ das er sein Weib vnd Kinder nicht zwinget/ eine solche grosse Reis zu fuß zu verrichten/ sondern führt sie auff einem Esel/ vnd das ist/ das S. Petrus lehret/ das die Männer bey jhren Weibern wohnen sollen mit Vernunfft/ vnd dem Weibischen/ als dem schwechsten Werckzeug/ seine ehre geben.

Jos 15. Von des Calebs tochter Achsa / so auff eim Esel reitet.

Josuæ 15. Judic. 1. Achsa/ Athniels vermehlte Braut/ fürgestellet/ welche an jrem Brauttag vnd heimführung auff einem Esel sitzend/ jrem Vater Caleb begegnet/ von dem Esel

herab

herab steigt/vnd von jm ein besser Heyratgut begert: Da sie einzog/ward jr gerahten/ spricht der Text/einen Acker zu fordern von jhrem Vater. Da sie vom Esel fiel sprach Caleb zu jhr: Was ist dir ? Sie sprach/ gib mir einen Segen/denn du hast mir ein Mittagsland gegeben/gib mir auch Wasserquellen/ Da gab er jhr quelle oben vnd vnten.

Den Eltern ist deß Calebs Freygebigkeit vnd guter wille zu mercken/der seiner Tochter am Hochzeitlichen Tag den gebetenen Segen vnd Morgengab nicht versagt/sondern dieselbige gutwillig erstattet/vnd die Tochter wol aus steuret. Calebs lehrt den Eltern wol zu mercken.

So ist auch der Breutigam Athniel zu loben/ der mit seiner Tapfferkeit die Tochter Calebs zur Braut erlangt/ vnd dem Gut nicht von ersten nachfragt/ die Morgengab bleibt nicht aussen/ wenn man noch der Frömmigkeit siher/ sagt Brentius; Si coniugium fuerit legitimum, etsi dos in præsentia non datur, tamen suo tempore, benedictio diuina sequetur. Cura igitur non dotem sed pietatem. Der Freyer oder Breutigam.

Judic. 19. ist ein schreckliche Historia vermeld von einem Leuiten vnd seinem Kebsweib/ welche Vnzucht getrieben/ von jrem Man wider zum Vater gelauffen war: Der Leuit wolt sie wider heimholen/vnd zu gnaden annemen/ da sie nu nach getroffener vergleichung vnnd einigkeit heim reisen auff zweyen Eseln sampt jhrem Knecht/ bleiben sie vnterwegen zu Gibea/vnd werden von einem Frembdling beherberget: Aber sihe/da sie mit einander essen vnd frölich sein/komen böse vngezogene junge Gesellen vnd Teuffelskinder für die Thür/ fordern den frembden Gast heraus/das sie Vnzucht mit jhm treiben/ 2c. Wird jhnen sein Kebsweib endlich hinaus gegeben/ die sie also schenden vnnd zu arbeiten die gantze Nacht Jud 19. Von eines Leviten Kebsweib/ welche von vnzüchtigen Jünglingen geschendet gestorben/ von dem Leviten heimgeführt wird.

biß

biß an den Morgen das sie bey der Thür niderfiel vnd starb. Aber der Leuit legt sie auff den Esel / führet sie heim/ vnd zustücket sie jhn zwölff theil / schicket dieselbige zu den zwölff Stemmen Israel/ das sie diese teuffelische schand erkenneten/ vnnd was mit diesen Teuffels kindern fürzunemen were / berathschlagten: darauff denn ein grausamer Krieg entstanden/ vnd sehter das gantze Geschlecht Ben Jamin / wenig Männer ausgenommen / vertilget ist worden / Mann vnd Weib / Jung vnd Alt 2c.

Lehren.

1. Diese Geschicht gibt viel nützliche lehren/zur auslegung deß 4. vnd 5. Gebots gehörig: Als die jungen Gesellen zu Gibea werden nicht in der Zucht vnd Furcht Gottes von den Eltern aufferzogen / vnd wenn sie sündigten/ nicht gestrafft/ wie sie nacher von der ordentlichen Obrigkeit auch vertheidiget vnd beschützt werden. Brentius. Quid his adolescentibus turpius? primum student crapulæ & ebrietati: deinde noctu vagantur in plateis, & fores ciuium effringunt: postremò tanta scelera audent, vt ea nec nominare fas sit. Et hæc inde adeò euenire solent, dum nec parentes liberos ad sectandam pietatem educant, nec Magistratus publica flagitia legitimè punit. Das ist / Was ist schendlichers als diese junge Gesellen? Erstlich sauffen sie sich voll: Darnach lauffen sie bey der Nacht auff der Gassen herumb brechen den Bürgern die Thüren auff: Endlich vnterstehen sie sich solcher Bubenstück/ die man auch zu nennen ein abschew tregt. Solchs aber alles kömpt daher/wenn die Eltern jhre Kinder nicht aufferziehen zur Gottes furcht/ vnd die Obrigkeit auch öffentliche Schand vnd Laster nicht gebürlicher weis straffet.

2. Deß Leuiten Kebsweib / die zuuor bey jhrem frommen Mann neben aus etretten / vnnd Ehebruch begangen hatt/

empfehet

empfehet auch jhren verdienten Lohn / das sie nicht allein in vnd durch dieselbige Sünde vmbgebracht / vnd also / wormit sie gesündiget / darmit sie auch gestrafft ist worden: Sondern auch das jhre Missethat / da jhre Glieder zu allen Israeliten geschickt / bey den zwölff Stemmen kund vnd rüchtbar ist gemacht / zur warnung allen vnzüchtigen Leuten / Denn ob jhr Schand schon bey den Menschen verborgen / vnd ein zeitlang vngestrafft bleibt / so wils doch GOtt offenbaren vnd heimsuchen.

Brentius. Hoc nefandissimo. & abominabili mortis genere punit Deus adulterium huius mulieris, quod antea commiserat. Habes igitur exemplum, quo vides, quod etsi supplicium Magistratus in sceleribus tuis effugias, aut Magistratus cessauerit, non tamen cessat Deus nec effugies supplicium Dei. Das ist / Mit diesem grewlichen vnd abschewlichen Todt strafft Gott den Ehebruch dieses Weibes / so sie zuvor hin begangen hat. Vnd hieran hat man ein Exempel / das / ob einer gleich der Oberkeit straff entgehet / oder die Obrigkeit nachlessig ist in der Straff / keiner Gottes Straff vnd Gericht emgehen könne.

Es ist aber dargegen dieser Leuit lobens werth / Erstlich 3.
das er die arme bußfertige Ehebrecherin / wenn sie nur forthin gut thun / vnd fromb sein wil / wider zu gnaden annimpt / vnd auff einem Esel zu haus führet / ob er wol nach dem Gesetz von jhr los war. Brentius. Magna est huius Leuitæ honestas, quod reconciliectur cum adultera: Quanquam enim iuxta legem liber erat ab ipsa, tamen maluit saluti adulteræ consulere, quam sua libertate vti, &c.

Darnach thut er auch recht vnd wol daran / das er die 4.
begangene schendliche That der Gibeoniter nicht verschweiget vnd verhälet / sondern den Oberherren / mit vberschickung

der zustückten Glieder / kund vnd wissend macht / Denn welche die grobe Laster verbergen / die billigen sie / ziehen die straff vber jhren eigen Hals.

Syrach 33. gibt eine feine Hausregel Herrn vnd Knechten.

Syrach 33. gibt auch eine Hauslehre den Herren vnd Knechten vnd spricht / Dem Esel gehört sein Futter / Geyssel vnd Last: also dem Knecht sein Brod / straff vnd arbeit. Die Hausväter sollen jhren Knechten essen / trincken vnd den lohn reichen / aber nichts desto weniger zur arbeit fleissig anhalten / vnd treiben / das sie nicht müssig gehen / vntrew vnd herrschen wollen / Aber vnrecht vnd Tyrannisch ists auch / wo man den Knechten jren lohn / essen vnd trincken vorhelt / vnd dennoch die arbeit haben wil / oder wo die Knecht vortheilisch vnd vngetrew sind / wie droben im 2. Stand aus dem 2. Sam. 16. ein Exempel eines vngetrewen vorleumbdischen Knechts vnd Hausvogts deß Mephibosets / welcher Ziba hieß / angehöret ist worden / der entwendet seinem leiblichen Herrn Mephiboseth die 2. Esel / darnach das Prouiand / endlich betreugt vnd verleugt er auch jhn / als wenn er Auffrührisch were / vnd das Reich einzunemen begerte. Hieher wollen wir auch deß Junckern Simei Historiam verzeichnen.

1. Reg. 2. Von Simei eigner Rach.

1. Reg. 2. Der alte Schalck vnd Lesterer Simei bringt sich mit seinem Esel vnd Knechten vmb das Leben / Denn da jm von Salomone geboten war / das er bey verlierung seines lebens aus der Stadt Jerusalem nicht weichen / keinen Fuß weg wenden solt / hielt ers doch nur so lang / biß jhme nach 3. Jaren seine zween Knecht entlieffen: Denn da er hörete / das sie zu Gath weren / sattelt er jhm den Esel / vnd zog hin gen Gath zu Achis / das ers widerbrechte / ꝛc. Aber weil er wider sein Pflicht vnd Eyd gehandelt / lest jn Salomo tödten. Hie

Lehr.

mercken wir / das eigne Rachgir / Zorn vnd Geitz der Narung vnd Haushaltung halben / offtermals mehr schaden zufügt / denn nutzen schafft.

Wir

Wir wollen aber eine lieblichere Historiam hören / von einer reichen Frawen / die auff einem Esel zu Elisæo reitet/ vnd jhren verstorbenen Son das leben wider erlangt. 2.Reg. 4. Eine reiche Fraw von Sunem nam den H. Elisæum zur herberg auff/bawet jm ein brettern Kammer/ein Beth/tisch/ Stuel vnd Leuchter ließ sie hinein setzen/Damit sich aber der Man Gottes danckbar erzeigt/verspricht er jhr (weil sie keine Kinder hette) sie solt vber ein Jahr einen Son haben vnd hertzen. Dieses geschicht zwar/aber da das Kind gros ward/ vnd zum Vater hinaus in die Erndte gieng / wird der Knab kranck/vnd stirbt bald auff der Mutter Schos vmb den Mittag: Die Mutter lest jhr von stundan ein Esel satteln / vnd reitet dem Elisæo zu/bittet jn/er wölle zu wegen bringen/das jhr verstorbener Son wider lebendig werde. Elisæus schicket seinen Diener Gehasi mit seinem Stab fur hin / das er den Knaben damit anfüre/ vnd lebendig mache: Aber da es nicht halffe/ machet er sich selbs auff/gehet zum Kinde/schleust die Thür zu/ legt sich auff das Kind/ legt seinen Mund auff deß Kinds Mund/vnd seine Augen auff seine Augen/seine Hende auff deß Kindes Hende / vnnd breitet sich also vber jhn/ das deß Kindes Leib warm ward/ vnd das thet er etlich mal/ Darnach schnaubete der Knab siebenmal / thet seine Augen auff/ vnd der Prophet gab jhn seiner Mutter.

2. Reg 4. Die Sunamitin reitet zu Elisaeo/ das er jhren verstorbenen Son wider sol lebendig machen.

Lehren.

1. Die fromme Gottsfürchtige Sunamitin helt sich gebürlich gegen jhrem Son/als einer Mutter wol anstehet reitet zum Propheten auff einer Eselin / vnnd erlangt die erweckung jhres Sons mit flehen vnd bitten.

2. Helisæus ist auch der empfangenen Wolthaten eingedenck/vnd macht jhren Son widerumb lebendig/gibt jhn seiner Mutter / welches ein vbernatürlich Göttlich Wunderwerck ist.

Geistliche außlegung dieser Histo- ria der alten Lehrer.

Die alten Lehrer haben diese Geschicht vom aufferweckten Knaben/auff Christum vnd das gantze Menschliche Geschlecht gedeutet. Gehasi mit Elisæi Stab sey das Gesetz Mose/welches den armen gefallenen Menschen/der in Sünden todt ist/ nicht könne lebendig vnd selig machen: Sondern der Elisa (Gottes Lamb/ oder Gottes Heil) mus selbs kommen/sich vber vnser Fleisch vnd Blut breiten/vnser Leib vnd Seel annemen/ von dem Todt der Sünden vnd ewiger Verdamnis aufferwecken/vnd seinem Odem oder Geist eingeben.

Augustinus

Diß zeiget Augustinus an sermone 11. de verbis Apostoli,& in explicatione Psalmi 70. Attende Elisæum in magno altoq; mysterio, tanquam Prophetam agendo prænunciantem non solum loquendo, mortuus erat filius hospitæ ipsius. Quid significabat mortuus puer nisi Adam? Nunciatum est Prophetæ gerenti in prophecia typum Domini nostri Iesu Christi, misit per seruum Baculum suum,& ait illi, vade, pone super puerum mortuum: perrexit ille tanquam seruus obediens. Sciebat Propheta quid fecerat: posuit baculum supra mortuum,non surrexit: Si enim data esset Lex, quæ posset viuificare, omninò ex lege esset iustitia. Non ergò potuit Lex viuificare. VENIT ipse Grandis ad paruulum, Saluator ad saluandum, viuus ad mortuum, venit ipse: Et quid fecit? Iuuenilia membra contraxit, paruum se paruo coaptauit, vt efficeret corpus humilitatis nostræ conforme corpori gloriæ suæ. Itaq; in isto typo Christo Prophetice expresso, suscitatus est mortuus, tanquam iustificatus est Impius.

Von Gottes segen oder straff bey diesem Thier Job. 1.

Weiter seind die Sprüch vnd Exempla Göttliches Segens oder Straff bey diesem Thier auch zu behalten. Von dem zustand Jobs Cap. 1. 42. ist schon droben offt gehöret/ Vor seinem Creutzstand het er 500. Esel/ welche doch von

den

den Arabern geraubt wurden. Aber dieses Creutz wird in ein Glück verwandelt/ das er hernach tausent Eselin wider vberkömpt. Deut. 28. Dein Esel (dröwet Gott dem vbertretter seiner Gebot) werd für deinem ongesicht mit gewalt genommen/ vnd dir nicht wider gegeben werden. Num. 31. Die Israeliten erjagen an den geschlagenen Midianitern ein grosse Beuth/ das sie auch ein vnd sechtzig tausent Esel vberkamen. 1. Chron. 6. Die Rubeniten mit jhren Gehülffen/ vberwinden durch GOttes beystand/ den sie anrufften/ die Agarener/vnd nemen vnter andern Viehe zwey tausent Esel Dargegen seind die Israeliten Judic. 6. vmb jhrer Abgötterey willen inn einer solchen harten Dienstbarkeit vnter den Midianitern/ das jhnen alles Viehe/ Ochsen/ Schaffe vnd Esel/ sampt aller Narung entführet wird. Exodi am 9. sterben auch die Esel in Egyptenland durch eine schwere Pestilentz von Gott gesand. Josuæ 6. In verbannung der Stadt Jericho/ müssen auch die Esel erwürgt werden. Josuæ am 7. Der Dieb Achan mus mit seinem gantzen Hausgesind versteinigt werden/ das auch der Esel nicht verschonet wird. Das thumme vnschüldige Viehe mus der Menschen Bosheit entgelten/ vnd jhrent wegen gestrafft werden. Esaiæ 21. GOtt dröwet den Babyloniern/ das sie jhre Feind/ die Peeser vnd Meden auff Roß/ Eseln vnd Kameelen wider sie reitende/ kommen sollen. 2. Reg. 6. Von der Belägerung der Stadt Samaria/ vnterm König Joram/ zur zeit Elisæi/ entstund ein solche Thewrung/ vmb der Sünd vnd Abgötterey willen/ das die Jüden verboten vnrein Eselsfleisch assen/ vnnd auch die Kinder kochten/ vnd ein Eselskopff galt acht Silberling (etliche rechens zween Thaler/ andere meinen/ ein Silberling gelt schier so viel als ein Floren) Aus diesen Exempeln erscheinet der Fluch vnd straff Gottes in der Haus-

Deut. 28.
Num. 31.
1. Chron. 6.
Jud. 6.
Exod. 9.
Jos. 6. 7.
Esa. 21.
2. Reg. 6.

haltung / vnd auch gemeinen Stand. Gleichwol geschichts offt den Fromen zur probe/wie Job. 1. begegnet/vnd spricht ingemein daruon Cap. 24. Die Gottlosen treiben der Wäisen Esel hinweg.

Gemeine Regeln Exod. 21. Wir wollen nu zum beschlus deß Esels etliche gemeine Gebot vnd sprüche erzehlen. Exod. 21. So jemand ein Gruben aufthut/vnd deckt sie nicht zu/vnd felt darüber ein Ochs oder Esel hinein / so sols der Herr der Gruben dem andern

Exod. 24. Deut. 22. bezahlen. Exod. 23. Deut. 22. Wenn du deines Nechsten Esel sihest irr gehen / so soltu jhm denselben wider zuführen. Ibid. Wenn du deines Bruders Esel oder Ochsen sihest fallen auff dem weg/ so soltu dich nicht von jhm entziehen/ sondern solt jhm auffhelffen. Ja wenn du dessen Esel sihest/der dich hasset/vnter der Last liegen/hüte dich/laß jhn nicht/ son-

Exod. 22. dern versäume gern das deine vmb seinet willen. Exo. 22. Ein gestolen Esel sol der Dieb zwiefeltig bezalen. Von geliehenem beschädigten vnd gestorbenen Esel sol einer ein Eyd thun/das er vnschüldig daran.

Diese Sprüche erinnern sempt lich/das man deß Nechsten schaden wende/ vnd seinen nutzen befördern sol/ wie droben bey dem Ochsen weiter zusehen ist.

Deut. 22. Also ist auch dieser Spruch/ Deut. 22. Du solt nicht ackern zugleich mit einem Ochsen vnnd Esel / droben erkleret

Prou. 26. worden. Besihe auch Salomonis Spruch Prou. 26. Dem Roß ein Geyssel / dem Esel ein Zaum / vnd dem Narren ein Ruthen auff den Rücken/droben bey dem Roß ausgelegt. Lu.

Lucae 13. 13. 14. führet Christus wider die Heuchler eines Hausvaters Ampt ein / das er auch am Sabbath einen Ochsen oder Esel aus dem Brunnen ziehe / oder von der Krippen ablöse/ vnd zur träncke führe. Ist auch droben bey dem Ochsen declarirt

Ambrosius worden. Ambrosius in 13. cap. Lucæ deutet diese zwey

Thier

Thier allegoricé auff das Jüdische vnd Heydnische Volck/ welche der frome Hausvater Christus von Banden der Sünden aufflöse / vnd zu den lieblichen Brünlein deß Euangelij führe. Cur non aliud animal indicauit, nisi vt ostenderet, aduersantibus licet Synagogæ principibus, futurum tamen vt Iudaicus & gentilis populus, sitim corporis æstusq; mundi istius, Dominici fontis vbertate deponat? Agnouit enim Bos possessorem suum & Asinus præsepe Domini sui, itaq; ille populus, qui antea fœni vilis alimonia pascebatur, panem illum qui ex cœlo descendit, accepit: Et ideo per vocationem duorum populorum Ecclesiam dicit saluam futuram, quæ impleto tempore Legis & dominicæ resurrectionis ætate, tempus suæ absolutionis acceperat. Das ist/ Warumb hat er kein ander Thier genant / als eben darumb / das er wolt anzeigen/ Ob gleich die Obersten der Schulen jhm zuwider sein würden/ so würde es doch geschehen/ das Jüden vnd Heyden jres Leibes durst vnd Hitz dieser Welt stillen würden mit dem reichen Brunnen deß HErrn / Denn der Ochs kant seinen Herrn/ vnd der Esel die Krippe seines Herrn. Darumb das Volck/ das zuuor mit geringem Hew gespeiset ward / diß Brod / so vom Himmel kommen/ hat angenommen/ vnd darumb sagt er / das durch beruffung zweyer Völcker die Kirche genesen werde / welche nach erfüllung der zeit deß Gesetzes vnd der Aufferstehung deß HERRN jhr Absolution empfangen hatte.

Das dritte Capitel/ vom Maulpferdt oder Esel.

Von des Maulpferds erfindung/ Gen. 36.

Von des Maulthiers vrsprung/ schreibet Moses Genesis 36. Das ist der Ana/ der inn der Wüsten Maulpferdt erfand / da er seines Vatern Zibeon Esel hütet: Denn er hatt eine Stutten vnd Esel zusammen gelassen/ daher ein Maulpferd geworffen ward. Isidorus gedenckes auch / Iudæi asserunt quod Ana abnepos Esau equarum greges ab Asinis in deserto ipse fecerit primus ascendi, vt Mulorum inde noua, contra naturam, animalia nascerentur: onagrosq; admissos esse ob hoc ad asinas, & ipsum istiusmodi repe-risse concubitum, vt velocissimi ex his asini nascerentur. Industria quippe humana diuersum animal in coitu coëgit, sicq; adulterina commixtione genus aliud reperit. Nascitur autem Mulus ex Equa & Asino, Burdo ex Equo & Asina.

Warumb Moses diesen Erfinder nennet.

Der Erfinder aber wird von Mose nicht darumb namhafftig gemacht/das er lobwürdig sey/ sondern viel mehr/das man sehe der Menschen Furwitz vnnd verderbte Natur / fürnemlich deren/ so allein vnd in der Wüsten seind. Wie man spricht/Homo solitarius aut Deus aut Dæmon. Ein Einsiedler ist entweder ein lebendiger Engel / oder ein leibhaffter Teuffel. Diese vermischung zweyerley art der Thier / ist für

Gott

Gott abschewlich/vnd wider die Natur/darumb sie auch den Segen GOttes nicht haben/ das sie fruchtbar vnd tragend würden/sondern bleiben allezeit vnfruchtbar.

Dieser Ana vnd seine Nachfolger haben schwerlich gesündigt.

Augustinus lib. 15, de ciuit. Dei cap. 27. stelt eine Frage/ Welche Thier in der Archa Noe gewesen seyen oder nicht? Antwortet aber/ das die Maulthier nicht drinnen gewesen/denn gnug sey es/das Pferd vnd Esel/von denen sene herkommen/drinnen erhalten worden seyen. Ea porrò quæ sic habent sexum, vt non habeant fætum, sicut Muli & Mulæ, mirum si ibi (in Arca) fuerunt, ac non potius parentes eorum ibi fuisse suffecerit, equinum videlicet atq; asininum genus &c.

Augustinus Ob das Maulthier in der Arca Noe gewest sey.

Was den Ana anlangt/ spricht Lutherus, das er ein böser Schalck gewesen sey/sich weder für Gott noch der Natur geschewet vnd geschemet habe/die Roß vnd Esel/zweyerley art der Thier/zusammen gelassen/ rc. Est insignis nebulo & infandæ admissuræ autor, nimirum asinarum cum equis, non est veritus contra Naturam & Dei ordinationem in creatione diuersi generis Animalia commiscere.

Was Ana für ein Mensch gewest. Lutherus.

Von diesem Ana schreibt auch Caluinus. Quia filios seculi vt plurimum sollicitat carnis vanitas, vt ingenium ad res superuacuas applicent, præposterum hoc studium notauit Moses in Ana, cui non satis fuit copiam habere animalium, nisi ex prodigioso coitu degeneres fœtus accerseret. Adde quod hinc cognoscimus plus esse temperantiæ in brutis animalibus ad sequendam naturæ legem, quam in hominibus, qui vitiosas mixturas excogitant. Das ist/Nicht allein sihet man der Menschlichen gedancken vnd fleisches eytelkeit/das sich die Menschen der vnnötigen dinge befleissen/ sondern auch/ wie mehr Erbarkeit

Caluinus.

vnd zucht bey den vnuernünfftigẽ Thieren ist/welche der Natur folgen/deñ in den menschen/die wider die Natur handlen.

Der erste Stand.

DJeses Thiers wird aber im ersten Stand wenig in der H. Schriffte gedacht. Dauid thut eine erinnerung Psal. 32. an die Menschen / Seid nicht wie Roß vnd Mäuler/die nit verstendig sind/welchen man Zaum vnd Gebiß mus ins maul legen/wenn sie nicht zu dir wöllen.

Psal. 32.

Hieronymus

Dauon besihe droben bey dem Roß. Hieronymus in Zach. 14. Mulus accipiamus qui steriles sunt, et non procreãt filios, sed voluptate lasciuiunt, de quibus Psalmus commemorat. Sicut ergó qui proni sunt ad libidinem equi appellantur: Sic Mulos iustè vocabimus, qui virgines sunt carne & non spiritu, qui eunuchizantur non propter regnũ cœlorum, sed propter hominum voluptatem. Das ist/ Die Maulthier sind die vnfruchtbare Christen/Jtem/welche zwar am Leib Jungfrawen bleiben/wie etliche/vnd zwar wenige Mönche vnd Nonnen/ aber im Geist Vnzucht treiben/ vnd allein vmb des fleisches wollust vnd wollebens willen sich deß Ehestands enthalten / wie an dem vnfruchtbarn Bapsts gezücht vnd Geschmeis zu spüren ist. Esa. 66. weissaget vom Ampt der H. Apostel/ das sie auff den Mäulern/ Pferd vnnd Wägen die bekehrte Heyden vnd newe Christen in das Geistliche Jerusalem herzu füren vnd bringen werden. Daruon besihe droben bey dem Pferd die auslegung S. Hieronymi.

Esa 66.

2. Reg 5.

Der bekerte Naeman lest Erden aus dem Land Canaan in Syrien tragen zu einem Altar dem waren Gott.

Eine sonderliche Geschicht lesen wir 2. Reg. 5. von dem gereinigten Syrischen Fürsten Naeman/das er aus deß Elisæi erlaubnis der Erden im Land Canaan eine last/so viel 2. Mäuler tragen / mit sich in Syrien führen / vnd dem waren Gott Jsraelis ein Altar daraus bawen, vnd drauff jm opffern möchte. Welches jhm Elisa ohn zweiffel vergönt hat. Welchs denn ein vorbild vnd anzeigung ist einer rechtschaffenen Buß/

das

das er den Syrischen Götzen auff den Götzen Altarn nicht mehr opffern wolt/sondern dem einigen warhafftigen GOtt nach seinem Wort vnd willen.

Brentius. Ecce in Naamano veram resipiscentiam: Continuo enim petit, ut aliquantum terræ Canaan secum accipiat: non quia terra ea sanctior esset cæteris terris, sed quod Dominus iusserat in ea terra se sacrificijs coli, ad declarandam fidem suam in verum Deum, partem terræ secum accipit: Ex ea autem terra Altare conficit Naaman, in quo sacrificium offerat vero Domino, & abstinet porró á sacrificijs suæ regionis, &c. Tantum hanc veniam petit, vt non reputetur ei in periculum, si comitetur Dominum suum regem ad templum idoli sui, non vt adoraret idolum quẽadmodũ rex, sed vt regi seruiat im auff dẽ dienst warte id quod Propheta condonat, eò quod citra offendiculum in ea regione fieri poterat, vbi autem frater offenderetur, in æternum id facere non liceret. Brentius.

Das ist/Sihe wie Naeman rechtschaffene Busse thut/ denn er bittet als bald/das er ein wenig Erden aus dem Land Canaan mit sich möge nemen/nicht das dieselbe Erde heiliger solt sein denn die ander Erden/sondern weil der HErr befohlen hatte/das man jhm im selbigen Land opfferte/vnd führet mit sich ein stück Erden/seinen Glauben an den waren Gott zubezeugen. Er macht aber aus solcher Erden einen Altar/auff welchem er dem rechten Gott opffere/vnd enthelt sich hernach der Opffer seines Lands/Allein begert er gnad/das jm nit zur sünde zugerechnet würde/wenn er seinem Herrn König nachfolgte zum Haus seines Abgots/nicht das er den Götzen anbete/wie der König/sondern seinem König auff den dienst warte/welches jm der Prophet auch vergönnet/weil es on ergernis im selbigen Land geschehen kont/wo es aber dem Bruder ergerlich were/dörffte man solches keines wegs thun.

WEiter sind etliche zufellige Historien bey diesem Thier/im andern vnd dritten Stand/zu mercken. 1. Regum. 1. Dieweil Adonia/Dauids Son/wider Gottes vnd seines Vaters Dauids willen vnd befehl/sich in das Königreich Jsrael eindringen/vnd an Dauids stat König werden wölle/so befihlt Dauid dem Priester Der ander vnd dritte Stand. 1. Reg 1.

 Zadok/

Wird Salomon auff eim Maulthier geführt

Zadok/dem Propheten Nathan/ vnd dem BenaJa/ das sie seinen Sohn Salomon nemen / vnnd auff sein/ deß Königs Dauids / Maulthier setzen / gen Gihon hinab führen / vnd zum König salben sollen/welches auch geschehen ist. Darbey

Niemand sol sich ins Regiment eindringen.

den Regenten zu lernen ist / das sie sich inn das hohe schwere Ampt nicht mit vngebürlichen auffrhürischen vnd dergleichen mitteln eindringen/ sondern deß ordentlichen Beruffs erwarten sollen/sonsten ist Vnglück vnd das verderben darbey/wie fürnemlich der ander Son Dauids/ der auffrhürische Abso-

2. Sa, 18. Der auffrhürische Absolon wird gestrafft.

lon/ zum Exempel vorgestelt wird. 2. Sam. 18. Der hett nicht allein seinen Vater deß Reichs verstossen/sondern vberzoge jhn auch mit gewaltiger Heereskrafft / das er jhn gar vmbbrechte/ Da er aber im Streit auff einem Maul reittend vnter eine dicke Eichen kam / behieng er mit seinen Haarlöcken an der Eichen / schwebet zwischen Himmel vnd Erden/ vnd sein Maul lieff vnter jhm hinweg/wird von Joab mit 3. Spiessen am Hertzen durchstochen/vnd von seinen Waffen-

Vngehorsamer Kinder lohn.

trägern vollends zu todt geschlagen. Diß ist der Lohn nicht allein der Auffrhürer / sondern auch der vngehorsamen Sönen/werden von den Thieren hülfflos gelassen/von den Beumen gegriffen / das sie die gebürende Rach vnd Straff Gottes empfahen.

Es ist auch droben vermeldet worden/die grosse Thew-

1. Reg 18. Sorgt Ahab in der Thewrung für der Maulthier Futter die Religion bleib wo sie wolle.

rung vnter Ahab vnnd Jezabel / 1. Reg. 18. das der König Ahab zu seinem Hoffmeister ObadJa sprach/ Zeug durchs Land zu allen Wasserbrunnen vnd Bächen/ ob wir möchten Hew finden / die Roß vnd Meuler erhalten / das nicht das Viehe alles vmbkomme / rc. Wiewol diese Sorg nicht zu verwerffen vnnd zuschelten ist an jhr selbs / jedoch ist Ahab sträfflich/das er seiner Vnterthanen Seelen vergist/die heilsame seligmachende Weid Göttliches Worts nicht fürtragen

tragen lest/die Abgötterey deß Baals/ damit er diese schwere Thewrung verursacht/ nicht abgeschafft/ nicht Buß thut für das schreckliche morden/ da er schier alle reine Propheten erwürget/vnd die Altar vmbgerissen hat/ ꝛc. Diese nötige stück vnterlest er/ vnd geht mit den Rossen vnd MaulEseln vmb/ wie sie in der dürren zeit Futter haben mögen. Solcher Regenten findet man zu jeder zeit/die mehr auff die schöne pferd vnd Hunde / denn auff die Religion / vnd der Vnterthanen Heyl vnd Seligkeit achtung geben.

Hiergegen ist gantz löblich der König Assuerus Esther 8. Der Gottlose Fürst Haman bringt listiger weis ein grausam blutig Edict aus bey dem König Assuero / wider das Volck Gottes die gefangene Israeliten/das sie auff einen tag in den 27. Ländern deß Königs erschlagen werden solten: Aber da der König der sachen nötigen bericht von der Esther einnimpt/retractirt er sein vorigs Decret/vnd befihlt/das alle Jüden jhre Feinde möchten erschlagen/ vnd darmit das vorige abgeschafft / vnd diß newe Gebot bald erschallen möchte/ schicket er reittende Boten auff jungen Mäulern / wird nicht allein ein grosse anzahl der Jüden feinde vmbbracht/sondern auch Haman selber an den Galgen gehenckt.

Esther 8. Assuerus retractirt sein vorig Decret/so vnchristlich vnd listiger weis von jm war ausbracht.

Darumb ists eine feine Regenten Tugend/die sach wol erkündigen/vnd ein böß gesprochen Vrtheil widerumb retractiren / die billiche sachen bald publiciren vnd kund machen/ Doch ist hierin GOtt der Moderator, welcher solches alles regieret/auff das sein betrangt Kirchlin erhalten werde. Droben ist auch die lobwirdige Tugent der Vnterthanen Dauids/in seinem wahl vnd krönungs tag 1.Chron. 13. wie die Israeliten auff Mäulern Prouiant zugeführet haben / vormeldet worden. Wie denn auch der Jüden Maulthier Esræ 2. gedacht wird/ das sie derer 245. im auszug aus der Babylonischen Gefengnis gehabt haben.

Schöne Regenten Tugent.

Ezech 27. Die Stadt Tyri handelt mit Maulthieren.

Endlich ist auch droben zum offternmal die Kauffmanschafft der Stadt Tyri angezeigt worden/ Ezech. 27. das die Leut von Thogarma/ von fernen Mitnächtigen Ländern oder nach Hieronymi meinung/ Pferd vnd Mäuler aus Phrygia gebracht/ vnd zu Tyro verhandlet haben. Weil aber viel vnrechts darbey geschicht/ Syrach 27. sol die Stadt verstöret werden.

Das vierdte Capitel/ vom Kameel.

Der erste Stand.

Leuit. 11. Deut. 14. Kameel ein vnrein thier.

VNter den vnreinen Thieren/ welche von Mose Leuit. 11. vnd Deut. 14. mit namen genent vnd specificirt sind/ ist das Kameel das erste. Was widerkäwet/ vnd hat Klawen/ vnd spaltet sie doch nicht/ als das Kameel/ das ist euch vnrein/ vnd solts nicht essen/ auch das Aß nicht anrüren. Isychius verstehet dardurch die stoltze Pharіseer vnd Schrifftgelehrten/ welche sich deß Gesetzes viel rhümeten/ aber zwischen dem Buchstaben vnd Geist kein vnterscheid machten. Camelum comedere tumens per superbiam Iudæus rectè intelligitur, id est, Scribæ & Pharisæi, qui ruminantem comedunt, quia in legalis literæ gloriantur meditatione, & in cultu Sabbati, purificationisq; & sacrificiorum, aliorumq; similium: Vngulam autem non diuidunt, non discernunt

Isichius.

à spiritu

á spiritu literam, propterea eorum scientia immunda est.

Der Prophet Esaias am 60. Capitel weissaget vnnd prediget von der Heyden bekehrung zu Christo: Du wirst deine lust sehen/ sagt er zu der Christlichen Kirchen/vnd ausbrechen / vnd dein Hertz wird sich wundern vnnd ausbreiten/ wenn sich die menge am Meer zu dir bekehret/ vnd die macht der Heyden zu dir kömpt/ denn die menge der Kameelen wird dich bedecken/ ꝛc. Die bekehrete Heyden werden auff Kameelen geritten kommen / vnd mancherley Gaben in das Geistliche Jerusalem bringen vnd verehren. Esa. 60.

Hieronymus verstehet bey den Kameelen die jenigen/ welche mit eim grossen last der Reichthumb vnd der Sünden beladen seind/vnd doch denselben hinlegen/sich Christo ergeben / vnd gleich als durch ein Nadelöhr in das Himmelreich eingehen. Denn wiewol dieser Spruch Christi Matth. 19. Marc. 10. Lucæ 18. (Es ist leichter / das ein Kameel gehe durch ein Nadelöhr / denn ein Reicher in das Reich Gottes komme) von jetzigen Lehrern recht vnd wol von einem grossen Schiffseil verstanden vnd ausgelegt wird/Jedoch haben diß die Patres von dem Kameelthier gedeutet / wie folgende Sprüch bezeugen. Hieronymus. Luc. 18. Vom Kameel/ so durch ein Nadelöhr gehet.

Hieronymus vber das 60. Capitel Esaiæ. Greges Camelorum, ini quitatis vinculis resoluti, & animas suas effundentes Deo, operient Hierosolymam muneribus &c. Diues ille qui instar Cameli portabat in Euangelio diuitiarum pondera & Camelus erat: noluit Domini audire consilia nec exonerari, vt abiecta sarcina, alis columbæ volaret ad cœlum, propterea tristis abijt. Facilius est Camelum &c. Difficultatem rei proposuit non impossibilitatem. Das ist/ Die menge der Kameelen/ welche von Banden Hieronymi auslegung.

den der Vngerechtigkeit erlöset/ vnd jr leben Gott ergeben haben / werden Jerusalem mit Geschencken bedecken/ ꝛc. Der Reiche / welcher im Euangelio/ als wie ein Kameelthier mit voller Bürde sein Gelt vnd Gut truge/ vnd ein Kameel war/ hat dem Rath deß HERRN nicht folgen wollen / noch sich entledigen/ das er seine Last abgeleget/ vnd mit Taubens flügeln gen Himmel geflohen were/ darumb ist er trawrig dauon gangen. Leichter ist es/ das ein Kameel/ ꝛc. wie schwerlich es zugehe / nicht das vnmüglich sey / hat er wöllen zuuerstehen geben.

Idem in Matth. 19. Cum deposuerint (diuites) grauem sarcinam peccatorum & totius corporis prauitatem, intrabunt in regnum cœlorum. Vnd in das 19. Capitel Matthæi / Wo die Reichen jhre schwere Bürden der Sünden vnd Bosheit jhres gantzen Leibes hinlegen/ werden sie ins Himmelreich kommen.

Idem in Zachar. 14. Dicamus Camelos esse omnes peccatores terræ, qui graui peccatorum sarcina deprimuntur, & videntur sibi sanctas scripturas legere, sed vngulam non findunt ruminantes eloquia diuina, & ea quæ scripta sunt negligentes. Rectius autem potest dici Camelus, populus Iudæorum, qui & ipse legem Dei meditatur, & eam ruminat & voluit in pectore, sed non diuidit vngulam, vt credat in PATREM & FILIVM, & in eo immundus quod nequaquam separat literam à Spiritu, vmbram á veritate, & portat Legis onera &c. Das ist / Last vns sagen / das die Kameelthier seind alle Sünder auff Erden / welche von der schweren Last jhrer Sünd niedergedruckt werden / vnd sich bedüncken lassen / als lesen sie die H. Schrifft/ aber sie haben keine gespaltene Klawen / führen Gottes Wort im Mund / vnd achten

doch

doch für nichts/ was man geschrieben hat. Besser kan man aber ein Kameelthier nennen das Jüdische Volck/ welches auch mit Gottes Gesetz fleissig vmbgehet/dasselbe (so zu reden) widerkäwet/ vnd im Hertzen beweget/ aber es spaltet die Klawen nicht/ das es an den Vater vnnd an den Sohn gleubte/ vnnd ist vnrein worden/ weils gar kein vnterscheid macht zwischen Buchstaben vnd Geist/ zwischen Schatten vnd der Warheit/ vnd tregt die Bürde deß Gesetzes/ rc.

Also verstehet Hieronymus diesen Spruch vberal vom Kameelthier/ deutets auff die Geitzige vnnd andere grobe Sünder/ Item/ auch auff die Jüden/ welche zwar stets mit dem Gesetz vmbgehen/ aber doch Christum Gottes Son nit drinnen wollen finden/ehren vnd annemen.

Chrysostomus in opere imperf. Matth. homilia 33. vergleicht die Heyden dem höckerichten vngestalten Kameelthier/etlicher eigenschafften halben. Gentium animæ assimilatæ sunt tortuosis Camelis, in quibus gibbus idololatriæ ipsorum erat &c. 1. Sicut gibbus Cameli, qui videtur esse erectio sublimitatis corporis eius, ipse est magis depressio eius & deformitas, ideo nec collum eius sursum erigere potest gibbo depressus: Sic idololatria gentium, quæ videtur illis esse maxima res, spiritualis iustitiæ religiositas, & erectio animarum illorum, ipsa est magis iniquitas & incuruatio & depressio animarum ipsorum. Ideo nec caput animarum ipsorum sursum erigere possunt, nec ad Dei notitiam peruenire, depressi idololatria sua. 2. Quemadmodum supra dorsum omnium iumentorum non stat sarcina, nisi fortiter fuerit colligata ad ipsum, supra Camelum autem sine recolligatione repausat, nam ipse gibbus tenet sarcinam in se &c. Ita in cæteris quidem peccatoribus non cognoscentibus Deum, non stat sarcina pec- Chrysostom.

catorum in corde ipsorum, nisi cum magna violentia & virtute Diabolus tenuerit in corde eorum, alligans eam delectationibus. In gentibus autem sine labore Diabolus tene peccata, quia idololatria ipsa quasi gibbus retinet in se vniuersa peccata 3. Præterea omnia animalia quamuis libenter terram aspiciant, semper tamen quando volunt, possunt tollere collum suum ad cœlum solus Camelus autem nunquã potest sursum tollere collũ suum gibbo depressus: Sic omnes peccatores libenter quidem semper terrena adeunt, tamen quandocunq; volunt (id autem fieri per solam gratiam Dei potest) possunt conuertere se ad cœlestem iusticiam: Gentes autem nullo modo possunt explicare se & ad diuina conuertere, idololatria sua curuati & excæcati. 4. Ideo sicut Camelus neq; deorsum recto collo aspicere potest, sicut cætera animalia: neq; sursum recto collo aspicere potest sicut homo, sed inter sursum & deorsum caput eius pendet in medio: Ita et gentiles neq; animalibus assimilantur ad plenum, neq; hominibus similes sunt propter humanum & rationalem intellectum suum: Hominibus nõ sunt similes, quia nunquam cœlestia sed terrena semper attendunt. 5. Insuper sicut omnia animalia æqualia habent crura corporis sui, quantum enim habet altitudinis corpus vniuscuiusq; animalis, tantum penè altitudinis habent & pedes eorum aut modicè amplius: Præ omnibus autem animalibus multò amplius Camelus altiores habet pedes quam corpus, homo autem æquales habet corpori suo pedes: Sic omnes viri iusti, secundum quod sunt, talia proposita habent, cogitationes & actus (pedes enim sunt proposita) peccatores autem maiora proponunt quam sunt, proposita sua & cogitationes & actus maiores faciunt, quam habent

virtu-

virtutes, vt semper maiores esse videantur quam sunt: Maxime autem gentiles, qui super istam iactantiam, quã habent omnes peccatores, etiam ad secreta cœlestia extenderunt proposita sua, cogitationes & actus, volentes se ostendere suprà quam erat natura ipsorum humana. 6. Adhæc & alia ratione Gentes assimilantur Camelo, quoniam Camelus nec ad plenum immundus est, nec ad plenum mundus: Mundus quidem est quia reuocat & ruminat, immundus autem quia non habet duas vngulas fissas: Sic & gentes, quoniam vacuæ sunt nec mundæ ad plenum: Mundæ quidẽ fuerunt, quia & tractabant quæ Dei erant, id est, ruminabant & conuersabantur rationabiliter penè secundum Deum, sed conuersionem quæ pes est, non habent diuisam in duo, id est, in fidem & in opera, sed habent opera tantum. 7. Et sicut pes Cameli ambulantis non dissipat terram, sed cum sit mollis, concordat ei & complectitur eam: sic & conuersatio gentium, quamuis non esset bona non erat dissipans terram, h. est, carnalem naturam, sed conueniens erat naturæ carnali, secundumq; voluntatem ipsius erat. Sed hactenus Chrysostomus. Wir aber achtens one noth/ diese gleichnus/ die etwas vngereimpt vnd weit gesucht/ zu verdeutschen.

Ambrosius in Lucam legts auch aus vom Heydnischen Volck vnd hernach von einem jeden Sünder. Bene Camelus pro gentili figuratus est populo: quia superstitionis deformitate degenerans, priusquam crederet populus nationum belluinæ speciẽ fœditatis, absurda vestigia, ora turpia præferebat. Facilius igitur iste peccator per viam intrauit angustam, quæ est via Christi, qui proprij corporis passione mortis penetrans viam, velut acu reintegrauit scissa quædam nostræ vestimenta Naturæ: Ambrosius

 quam

quam populus Iudæorum, diues in lege, egenus in fide, præruptus in furore, probrosus in crimine. Potest etiam moraliter de omni intelligi peccatore, & de arrogante diuite. Nonne tibi videtur publicanus ille oneratus suorum conscientia peccatorum, cum oculos ad DEVM non auderet attollere, velut quidam Camelus in foramen acus confessionis suæ remedijs facilius introire, quam Pharisæus ille in regnum Dei, arrogans in prece, iactans innocentiæ, præsumptor gloriæ, exprobrator misericordiæ, prædicator sui, criminator alieni, qui magis conueniret Dominum quam rogaret? Si quis igitur horret Camelum, horrescat eum qui factis fœdior sit Camelo &c.

Das ist/ Das Kameel ist ein fein Bild deß Heydnischen Volcks/ denn es durch den schendlichen Aberglauben gar abtrünnig ist worden/ vnd ehe / als das Volck allerley Nationen zum rechten Glauben kam / hats die gestalt der Viehischen vnreinigkeit/ abschewlichen gang/ vnd vnflätigen anblick hoch vnd werth gehalten. Derwegen ist der Sünder ehe eingangen durch solchen engen Steig/ welches Christi Weg ist / der durch das Leiden seines Leibes den Weg deß Todtes gegangen/ vnd gleichsam mit einer Nadel/ was an vnser Natur zerlappet oder zurissen gewesen/ widerumb gantz vnd vollkommen gemacht/ als das Jüdische Volck/ welches viel Gesetz hatte/ aber blos vnd arm im Glauben/ gar vngestüm vnd schnell im toben/ vnd mit Lastern sehr verrücht/ vnd böses namens. Es kan auch nach dem Wandel verstanden werden/ von einem jedern Sünder vnd hoffertigen Reichen. Meinstu denn nicht/ das jener Zöllner/ den das Gewissen seiner Sünden hefftig beschwerete / vnd der seine Augen zu GOtt gen Himmel nicht auffheben durffte / sey wie ein Kameel in das Nadelöhr/ durch das heilsame Mittel seiner Beichte/ leichter ins Reich GOttes eingangen / als der Phariseer / welcher im Gebet stoltz war / rhümte sich seiner vnschuld / war Ehrgeitzig / ein auffrücker der Barmhertzigkeit / lobte sich selbst / schalt auff andere / sprach Gott den HERRN mehr gleichsam mit recht an / als das er jhn bate / Wer sich nu schewet an dem Kameel / der sol auch ein abschew haben an dem / welcher mit den Wercken vnflätiger ist als ein Kameel / etc.

Idem Tom. 3. sermon. 4. Facilius est Camelum) quæ sententia vereor, ne fortè vobis conueniat, qui diuitias seculi huius aut habetis aut quæritis: Sicut enim Cameli animal quod est tortuosum atque deforme, peruersitas ipsa corporis, per angustissimam acus cauernam præterire non patitur: Ita & diuites oneratos auaricia & cupiditate fœdatos, ipsa vitæ de formitas per arctam viam regni minimè introire permittit. Igitur in Camelo difficultatem quæstus præstat habitudo membrorum. In diuite autem impedimentum, magnitudo efficit peccatorum. Gibbus enim quidam est animæ, turpe quid vel cogitare vel facere, ac mentis quædam tortuosa deformitas, immundis rebus semper intendere, & ab Ecclesiæ sancto limine curis secularibus auocari. Rectè Camelo comparatus est diues: Siquidem illum à transitu acus corporis crassitudo reuocat, hunc ab ingressu Ecclesiæ, patrimonij sollicitudo detentat. Et sicut illum paruum foramen non capit oneratum mole membrorum, Ita & hunc introitus sanctus non suscipit grauatum cumulo delictorum. Vterque habet propriam sarcinam suam, ille oneratus est carnibus, iste peccatis: Et sicut ille inhabilis est angustissimæ acus cauernæ, Ita & hic inconueniens est beatissimo Dei regno.

Das ist / Ich besorg mich / dieser Spruch reime sich vielleicht auff euch / die jhr der Welt Güter entweder jnne habt / oder ja suchet. Denn gleich wie deß Kameels / welchs ein höckerichtes vnd vngestaltes Thier ist / Leibes vngeschickligkeit es durch ein sehr enges Nadelöhr nicht gehen lest: Also vergönnet auch nicht der vnflätige Wandel deß Lebens den Reichen / welche mit Geitz beschweret / vnd vnrein sein von Begierden / das sie durch den schmalen Weg ins Reich Gottes eingiengen. Derwegen am Kameel die vngelenckte Gliedmassen verursachen / das er desto schwerlicher etwas gewinnet: Am Reichen aber gibt die gröse der Sünden hinderung / denn es ist der Seelen gleichsam ein Höcker / etwas schendlichs gedencken oder thun / vnd es ist am Gemüt ein höckerichte / vnförmliche gestalt / sich jmmerdar vnreiner dinge befleissen / vnd von heiliger Christlicher Gemeine durch Weltliche sorge sich abwenden. Der Reiche ist mit dem Kameelthier gar fein verglichen / denn jenes der dicke Leib abhelt / das es nicht kan ins Nadelöhr kommen / Diesen hindert die sorg vnd bekümmernis deß erer bien Guts vom eingang in die Christliche Kirch. Vnd gleich wie das kleine Nadelöhr das Kameel mit grossen dicken Gliedmassen nicht zulest: Also nimpt auch der eingang zur Kirchen nicht an den / so mit vielen Sünden beschweret: sie haben beyde jre eigene last / jenes ist beschweret mit fleisch / dieser mit Sünden / vnd wie das Kameel sich nicht reimt ins enge Nadelöhr / also gehört auch der Reiche nicht ins Reich Gottes. Idem sermo: 10. Vnd diese auslegung führet auch Augustinus quæst. Euangelicarum lib. 2. quæstione 47. Hilarius Canone 19. in Matth. Theophylactus aber meldet beyde Auslegung oder Gleichnis vom Kameelthier vnd vom grossen Schiffseil In Matth Nonnulli Camelum hic animal dicunt, sed est crassus funis quo nautæ vtuntur, vt

Theophylactus.

pro-

Proijciant ancoras. In Marcum. Per Camelum intellige vel animal, vel crassum funem, quo vtuntur nautæ. In Lucam. Impossibile est quod totum Camelum capiat foramen acus, siue per Camelum animal intelligas, siue funem nauticum crassum. Das ist/ Etliche geben für/ das Kameel sey ein thier/ aber es ist ein dickes Seil/ welche die Schiffleut brauchen/ wenn sie die Ancker auswerffen. In Marcum. Durchs Kameel verstehe entweder ein Thier/ oder ein dickes Seil/ welchs man in schiffarten gebraucht. In Lucam. Vnd Menschen ist es vnmüglich / das ein Kameel durch ein Nadelöhr gehe / du verstehest gleich durchs Kameel ein Thier/ oder ein Schiffseil. Bißhero von der Gleichnis Christi vom Kameel genommen / Verstehets auch Erasmus, Bucerus, Franciscus Lamb: vnd andere mehr vom Kameelthier. Ist derwegen eine ernstliche wornung für den Geitz.

Bernhardus. Camelus vnum solum pondus habet, diues duo, vnum terrenarum possessionum, aliud peccatorum, primum in morte deponitur, alterum pondus velit nolit retinetur nisi ante mortem vera pœnitentia depositum fuerit. Das ist/ Das Kameel hat nur eine Bürde/ der Reiche zwo: Eine seind die jrrdischen Güter/ die andere seind seine Sünden. Die erste Last wird im Todt hingelegt / die andere wird behalten/ man wolle oder wolle nicht / wo sie nit vorm Todt durch ware Buß ist hingelegt worden.

Erasmus. Humilis & angusta est porta, nec recipit Camelos opum sarcinis onustos: Sic enim notauit Diuites auaros, quibus diuitiæ magis sunt oneri, quam vsui, vt quas alijs baiulant potius quam sibi. Das ist/ Das Thor ist nidrig vnd enge / vnnd lest die Kameel nicht durch gehen/ welche

welche mit schweren Gütern beladen sein. Denn also weiset er auff die Reichen Geitzhälse / welchen die Reichthümer mehr ein last denn ein nutz oder frommen sein/ weil sie andern mehr denn jhnen die Güter zu schleppen.

Jerem. 2. Jeremias am 2. Capitel/ Du lauffest (sagt er zum Jüdischen Volck) vmbher wie ein Kameelin (nach Lutheri dolmetschung vnd Lyræ explication) in der Brunst/ rc. vnd wie ein Wild in der Wüsten pfleget/ wenns für grosser brunst lechzet/ vnd laufft/ das niemand auffhalten kan. Wers wissen wil/ darff nicht weit lauffen/ am Feyertag sihet mans wol.

Jeremias handlet aber von dem vnzeitigen Eyuer deß Jüdischen Volcks gegen der verfluchten Abgötterey / darzu sie indrünstig vnd hitzig waren / vnd deß waren Göttlichen Worts nichts achteten/ Denn also ists geschaffen vnd geschihet aus deß bösen Geistes anreitzung vnd trieb/ das die Menschen viel grössere begierd vnd lust zur falschen/ denn zur rechten seligmachenden Lehr tragen. Allhie ist auch Christi sprichwort von den heuchlerischen Phariseern zubehalten/ Matth. 23. Jhr verblente Leute / die jhr Mucken seid / vnd Kameel verschluckt.

Matth. 23. ment Christy die Phariseer Kameel verschlucker.

Hieronym9. Hieronymus. Camelum puto esse magnitudinem præceptorum, Iudicium, Misericordiam & fidem. Culicem autem decimas Menthæ, anethi, &c. & reliquorum vilium holerum. Hæc contra præceptum Dei, quæ magna sunt deuoramus atq; negligimus & opinionem religionis, in paruis, quæ lucrum habent, diligentiam demonstramus. Das ist/ Kameel verschlucken/ vnd Mücken sein/ ist/ da man die hohe Gebot Gottes/ Gerechtigkeit/ Gericht/ Glauben vnd Liebe vbertrit / vnnd nichts achtet/ Vnd dargegen mit geringen schlechten dingen/ die ein nutzen vnd einkommen haben/ sich stets bemühet vnd befleissiget. Das sihet

man

man nicht allein bey den Phariseern / sondern auch den heuchlerischen Papisten / an verbotnen Tagen Fleisch essen halten sie für ein grössere Sünd / denn Ehebruch treiben/ Christen von jhren Gütern vertreiben / oder gar hinrichten. In minimo superstitiosi, in maximo negligentes. Jn geringen dingen gar zu fleissig sein / vnd jhm ein Gewissen machen / aber inn den hochwichtigen Seel betreffenden sachen fahrlessig vnd achtlos sein.

Chrysostomus homil. 44. operis imperf. deutets auff die geitzige Richter vnd Geltgirige Prediger / welche bald die angehörige Vnterthanen vnnd Zuhörer hefftig zu straffen wissen / wenn sie den Zehenden vnd andern lohn nicht bringen / aber die jenigen / so wider Gott sündigen / lassen sie wol vngestrafft hingehen. Sacerdotes auaritia pleni, si quis de populo decimas non obtulisset, ita eum corripiebant, quasi magnum crimen fecisset: Si quis autem de populo in Deum peccabat, aut lædebat aliquem, nemo curabat corripere eum, quasi nullam culpam fecisset, qui in Deum peccabat. Et de suo quidem lucro sollicitè agebant, de gloria autem Dei & salute hominum negligebant &c. Si populus decimas non obtulerit, murmurant omnes, & si peccantem populum viderint, nemo murmurat &c. Diß verstehet auch Chrysostomus ferner von der Ehr der Empter / welche man haben wil / vnd ist doch im Ampt fahrlessig / etc.

Bey den vorigen Thieren der Roß / Mäuler / Esel / etc. ist aus Zachariæ am 14. angezeigt worden / das die Helffer der Verfolger der Christlichen Kirchen durch dieselbige angedeutet werden / Vnnd erzehlet auch Zacharias darunter die Kameel / welche sempilich gleiche Straffen mit den Feinden selbs einnemen sollen. Wer dieselbige seyen / ist zu anfang aus

Zach. 14. Nennet die jenigen / so zu verfolgung der Christlichen Kirchen helffen / Kameel.

Hieronymo vermeldet/ wiewol er die Bekehrung verstehet.

Wiewol bißhero fast eitel Untugend vnnd Sünde der Menschen bey diesem Thier angezeigt sind worden/ finden sich doch auch zufellige Geschichte/ so etliche Tugend vorbilden. 2. Reg 8. Der heilige Prophet Elisæus kam gen Damascon da lag Benhadad der König zu Syrien kranck/ vnd man sagts jm an/ vnd sprach/ Der Man Gottes ist herkommen. Da sprach der König zu Hasael seinem Fürsten einen/ Nim Geschenck mit dir/ vnd gehe dem Mann Gottes entgegen/ vnd frag den HERRN durch jhn/ vnd sprich/ Ob ich von dieser Kranckheit möge genäsen? Hasael gieng jhm entgegen/ vnd nam Geschenck mit sich/ vnd allerley Güter zu Damasco/ viertzig Kameelen Last/ vnd brachts zu Elisæo/ ꝛc. Hie wird zwar in der Schrifft nicht gedacht/ ob Elisæus diese Gaben angenommen/ oder aber sich zu nemen gewegert habe/ Doch ist zuuermuten/ das ers ausgeschlagen habe/ oder ja andern dürfftigen Leuten zugeben verordnet/ Derwegen ist Elisæus zum Exempel vorgestelt/ das man der Weltlichen Güter vnd Gaben nicht achten/ auch wenn die Frommen Lehrer von der Welt dergestalt honorirt werden/ das sie sich der Herren gunst nicht vberheben.

2. Reg 8. werden Elisaeo Geschenck auff Kameelen zugeführet.

Was diesen Heydnischen König anlangt (welches in den andern Stand gehörig/ aber doch allein hie erzehlet wird) ist er alles lobens werth/ das er jhn so freundlich empfehet/ vnnd mehr als Fürstliche Gaben verehret/ vnangesehen/ das der Prophet zuuor deß Königs heimliche Rathschlege/ aus GOttes eingebung/ offenbart/ vnd dem Israelitischen König verrahten hat. Wie gar vngleich werden die reine Euangeliangelische Prediger von den Papistischen Fürsten vnd Herren empfangen / Wie aus folgenden worten Brentij zuuernemen. Brentius.

Profectò qualis qualis aliàs fuerit hic rex, hac tamen parte multò iustior est multis Papisticis principibus, qui, si quando in suam ditionem peruenerint Euangelij professores, nihil aliud nôrunt, quam ex arbore ipsos suspendere. Benhadad autem licet sciret Elisæum paulò ante consilia eius regi Israel prodidisse, &c. tamen Prophetam honorat & celebri, hoc est, Regio munere excipit. Eum enim plus quam potentem aliquem principem honorat: Nam nullum principem tantis muneribus excepisset, quantis Elisæum excepit, onere videlicet 40. Camelorum. Hoc autem Elisæus non impetrauit robore corporis, non arrogantia, non elatione mentis, sed HVMILITATE & pietate: Nam & in hoc Propheta, coram mundo à regibus honorato, indicare voluit Dominus pijs, quanto honore ipsos celebraturus sit, quantumuis in hoc mundo abiectos: Non est tamen quod ob tantum honorem Elisæus animo efferatur, & alios præ se contemnat: Nouit enim ingenium huius mundi, quod honor eius temporarius sit, & tam diu honorat, quam diu vtilitatem aliquam ex honorato sperat. Itaq; ex honore huius mundi non efferamur animo, sed potius timeamus DOMINVM, vt quò plus mundus nos honorat, eò plus conemur pietate & bonitate, vt illo honore non indigni videamur.

Das ist / Warlich dieser König Benhadad sey auch sonsten gewest wie er gewolt / so ist er doch hierin viel besser / als manche Bäptische Fürsten / welche / wo etwan die

Bekenner deß Euangelij in jhr Land kommen/ nichts anders wissen/ als sie an die Bewme zu hengen / Benhadad aber/ wiewol er wuste/ das Elesæus kurtz zuuor seine Anschlege dem König in Israel hette offenbaret/ jedoch ehret er den Propheten / nimpt jhn auff mit einem prechtigen vnnd Königlichen Geschenck / denn er jhm mehr ehre / als eim gewaltigen Fürsten erzeigt: denn er keinen Fürsten mit so grossen Gaben/ als wie den Elisæum hatte empfangen/ nemlich/ mit Gütern so schwer 40. Kameel tragen möchten. Diß aber hat Elisæus nicht erlangt mit seiner Leibs stercke / noch durch stoltz vnd hoffertiges Gemüt/ sondern mit seiner Demut vnd Gottesfurcht. Denn der HERR hat auch an den Propheten/ welche die Könige für der Welt in ehren gehalten / andeuten wollen den Gottsfürchtigen/ mit was Ehr vnd Herrligkeit er sie preisen wolle/ ob sie gleich in der Welt verachtet sein. Aber Elisæus hat sich solcher grossen Ehr nicht vberheben/ noch andere neben sich verachtet/ denn er der Welt art vnd eigenschafft wol gekant/ das jhr Ehr vergenglich sey/ vnd das sie einen so lang in ehren helt/ weil sie vom geehrten einen nutz verhofft/ Darumb wir mit dieser weltlichen Ehre nicht stoltzieren sollen / sondern viel mehr den HERRN fürchten / das je mehr die Welt vns ehret / desto hefftiger wir vns befleissigen mit vnser Gottesfurcht vnnd Güte / damit wir solcher Ehre vnd ansehens wirdig gehalten werden.

Matth. 3. Johannes der Teuffer tregt ein Kleid von Kameelhaaren.

Darnach ist Johannes Baptista fürgestellet/ den Mattheus Capit. 3. seiner Tracht vnd Kleidung halben rhümet: Johannes aber hatte ein Kleid von Kameelhaaren / vnd einen Lädern Gürtel vmb seine Lenden / Darmit denn sein strenges Leben angedeutet wird/ vnd seine Buspredigt gegen vnd wider die groben Sünder/ das er auch niemands schone/ vnd kein Schmeichler sey/ wie Christus Matth. 11. spricht/

Woltet

Wolett jhr einen Menschen in weichen Kleidern sehen? Sihe/ die da weiche Kleider tragen/ sind in der Könige Heuser.

Theophylactus. Ne dicere possint quod delicijs primum seruiuerit, factus sit remissus, inquit: Non. Vestis enim eius ex pilis erat, & ostendebat à delicijs alienum. Si enim mollia gestasset, in regum domibus versatus esset, & non in carcere, si delicias sectatus fuisset. Disce igitur quod non oporteat probum Christianum mollia gestare. Das ist Damit sie nicht sagen können/ er habe erstlich der Wollust gepfleget/ sey ein Zertling gewesen/ spricht er/ Nein/ denn sein Kleid war aus Kameelhaaren/ vnd gab zuverstehen/ das er der Wollüsten sich eusserte. Denn wo er weiche Kleider getragen hette/ were er in Höfen der Könige gewesen/ vnd nicht im Gefengnis/ wenn er den Wollüsten were nachgangen. Drumb lerne/ das ein rechter Christ kein weiche Kleider mus tragen. Theophylactus.

Johannes ist kein Wollüstler gewesen/ wie der Reiche Mann Lucæ 16. Darneben ist er auch kein Abergleubiger Heuchler gewesen/ der mit seiner Kameelshaut hett die vergebung der Sünden/ Gerechtigkeit vnnd Seligkeit (wie die Barfüsser vnd andere Mönche mit jhren Lausichten Kappen vnd Kutten gethan) erwerben wöllen/ ꝛc. Austera vestis indicium est pænitentiæ, & quòd vitia non palpauit, sed dura & austera reprehensione vsus est. Das ist/ Das harte Kleid ist ein anzeigung der Buß/ vnd das er die Sünde seiner Zuhörer hefftig gestrafft hat.

Hieronymus gibt in Matth. 3. zuuerstehen/ das von Kameelshaaren zweyerley Kleidung/ die eine von den Haaren/ die ander von der Wollen am Bauch deß Kameels/ gemacht werden. Jene Tracht zeige ein strenges Leben an/ diese aber von Wollē werde von Wollüstlern getragen. De Pilis Hieronymus

& non de Lana. Aliud austeræ vestis indicium est, aliud luxuriæ mollioris.

Chrysostom. Eben dieses wird auch homilia 3. Chrysost. operis Imperf. vermeldet. Non de lana Cameli habuit vestimentum, ne ipsa mollicies vestimenti delicata faceret membra, & ipsa deliciositas virtutem patientiæ emolliret, sed de asperioribus setis Cameli, vt ipsa asperitas ad virtutem patientiæ exerceret animum. Nam omne vestimentnm ad tres pertinet causas: aut ad speciem visionis, seu vanam gloriam: aut ad delectationem corporis, aut ad tegumentum nuditatis. Et hoc tertium vestimentum tantum seruis Dei conuenit.

Das ist / Er hat kein Kleid von Kameelswollen getragen / damit das sanffte weiche Kleid nicht die Glieder zu zart machte / vnd die Wollust die starcke Gedult minderte / sondern er hat ein Kleid gehabt von gar rauchen Kameelsborsten / damit das Gemüt dardurch zur rechten gedult getrieben wird. Denn vmb dreyerley vrsachen willen tregt man Kleider / entweder zum Pracht vnd Ehr / das man darinnen wil gesehen sein bey andern / Oder zum Wollust deß Leibes / den man wol pflegen vnd warten / vnd nicht vbel thun wil / Oder endlich zur Notturfft / die Glieder zu bedecken. Vnnd diese Kleidung gebürt allein den rechtschaffenen Dienern Christi / wie Johannes vorgegangen ist.

Hilarius. Hilarius Canon 2. & 19. in Matthæum schreibet / das durch die Kameelsheute / als eines todten Thiers / die Heyden vorgebildet sehen / denn sie wie Verstorbene für GOtt vnd todt in den Sünden waren / doch wird durch diesen Prediger deß Newen Testaments geheiliget / was in vns vnflätig vnd vnnütz ist.

Can. 2. Pilis Camelorum vestis attexta, peregrinum Propheticæ istius prædicationis habitum designat, cum exuuijs immundarum pecudum, quibus pares existimamur, Christi prædicator induitur, sitq; sanctificatum habitu Prophetali, quicquid in nobis vel inutile fuerat ante, vel sordidum. Das ist/Das Kleid/so aus Kameelshaaren gewircket ist worden / bedeutet den frembden Tracht Prophetisches Wortes / dieweil mit abgezogenen Heuten vnreiner Thier / welchen wir gleich gehalten werden/ein Christlicher Prediger gekleidet wird/vnd wird geheiliget von Prophetischer Kleidung/ was vormals an vns entweder vnnütz oder befleckt gewesen ist.

Can. 19. In primordio libri sub vestitu Iohannis in Camelo gentes significari admonuimus. Pecus enim hoc verberibus obedit, metu continetur, ieiunij patiens est, & oneri suo quadam disciplinæ ratione succumbit, cuius exemplo gentium immanitas ad obedientiam præceptorum cœlestium emollitur. Das ist/Im anfang deß Buchs haben wir erinnert / das vnter Johannis Kameelskleid die Heyden verstanden werden. Denn gleich wie die Kameelen mit Schlegen gezehmet werden / vnd lang Hunger leiden / Frost tragen/ Also ist die grawsamkeit der Heyden gezwungen/vnd zum Gehorsam Göttlicher Geboten gebracht worden.

WAs den weltlichen Regimentsstand betrifft/ wöllen wir auch etliche beyleufftige Historien einführen. Es ist droben schon zum vberfluß 1. Chr. 13. erwehnet

Der ander Stand.

erwehnet worden/ wie die Jsraeliten jhrem newerwehlten König David zu Hebron auff Kameelen/ Eseln/ ꝛc. Prouiand vnd allerley Speiß zuführen/ welcher williger vnd freygebiger Gehorsam der Vnterthanen löblich ist/ vnd von GOtt belohnet wird.

1. Reg 10. Von der Königin aus Arabia/ welche Salomoni Gold vnd Würtz auff Kameelrn zuführet.

Sonderlich ist allhie zu bedencken die liebliche Historia der Königin aus Reich Arabia/ 1. Reg. 10. 2. Chron. 9. (welche auch von Christo Matth. 12. Luc. 11. erzelet wird) Da das gerücht Salomo von dem Namen deß HERRN kam für die Königin von Reich Arabien/ kömpt sie mit grossem Zeug gen Jerusalem/ mit Kameelen/ die Würtz vnnd Golds die menge trugen/ vnd Edelsteine/ das sie die Weisheit von Salomone höret/ nach dem sie es auch gehöret/ schenckt sie jhm ein grosse menge Golds/ Edelstein vnd Specerey/ ꝛc. Diß deutet Christus selbs auff die Zuhörer deß heiligen Euangelij/ welche sich nicht bemühen lassen sollen/ zur Predigt von Christo zu kommen/ seine verborgene heimliche Himlische Weisheit zuhören/ mit gleubigen Hertzen anzunemen/ vnd auch vnsere Schätz zuuerehren: Das ist/ ehe vnser Haus vnd Hoff/ Haab vnd Güter verlassen/ ehe wir sein Wort verlassen vnd verleugnen/ aber wenig sind solcher Christen/ welche auch diese Königin im Jüngsten Gericht verurtheilen vnd verdammen wird.

Geistliche auslegung Christi.

Chrysostom.

Chrysostomus homilia 30. Imperf. opere. Regina Austri multa munera obtulit, vt audiret Salomonem, isti autem nec præmia regni cœlorum accipere volunt, ut credant. Illa surget in iudicio cum Christianis istis, & condemnabit eos: quia ab vltimis partibus terræ venit audire sapientiam Salomonis: & isti de domibus suis vel plateis in quibus sedent nihil agentes, nolunt venire & audire sapientiam Christi in scripturis. Et quid dico de domibus

suis

suis nolunt venire? Multi enim & de Ecclesia ipsa, in qua loquitur Christus, exeunt, & solum relinquunt docentem. Das ist/ Die Königin gibt Salomoni grosse Geschencke/ das sie sein Lehr vnd Weisheit hören möcht: Die vermeinte Christen wöllen auch die angebotene Himlische Güter zu lohn nicht nemen/ das sie Gottes Wort hören vnd gleuben. Sie kömpt von der Welt ende/ Diese mögen nicht aus jhren Heusern vnd Gassen kommen/ja wenn sie es schon etwan hören können/ lauffen sie hinaus/ lassen Christum allein/ ꝛc.

Dauids glückliche expedition vnd stratagema wider die Amalekiter ist hie wol zu mercken/ 1. Sam. 30. Sie hetten zwar Dauids Stadt Ziklag gewonnen/ in Brand gesteckt/ Weib vnd Kinder sampt allem Viehe vnd Gütern weg gefüret/frassen vnd soffen nu/meineten sie weren allen Gefahren entrunnen/ Aber da kömpt David vnuorsehens/ jaget jnen nach/findet sie gantz sicher dort liegen/Fressen/sauffen/ schlaffen/ erschlegt sie alle/ biß auff vier hundert Jüngling/ welche auff den Kameelen flohen vnd entrunnen/bringt alles wider in die Stadt Ziklag. Diese glückliche vnd sieghaffte Schlacht kömpt von dem HERRN/an den David gleubet vnd vertrawet. Die sichere Amalekiter seind zur warnung allen Epicurischen Kriegsleuten fürgestellet. So sicher man auch/ wenn die Feind Gottes vnd seiner Kirchen am sichersten seind/ vnd triumphiren/ das jhre straff für der Thür vnd am nechsten ist.

1. Sam 13 Erhascht Dauid alle Feinde/ ohn die auff den Kameelen flohen.

Erinnerung aus dieser Historia an die Kriegsknechte.

Brentius. Insignis victoria Dauidis, qua non solum impietas, crudelitas & securitas hostium, qui canebant encomium ante victoriam, diuinitus punitur: verum etiam illustratur gloria clementiæ Dei erga eos, qui in maximis ærumnis constituti, Deum ex fide inuocant & officium suum obedienter faciunt. Das ist / Ein trefflicher Sieg Dauids ist das / dardurch nicht allein das Gottlose wesen / die Tyranney vnnd Sicherheit der Feinde / welche vorm Triumph frolockten / von GOtt selbst gestrafft wird / sondern es wird auch herrlich gemacht die Ehre Göttlicher Güte gegen die jenigen / welche in grossem Jammer vnnd Vnglück GOtt im Glauben anruffen / vnd jhr Ampt gehorsamlich verrichten.

Droben ist auch schon vermeldet worden die Schlacht der Rubeniten / Gadditen vnd Manassiten / mit den Hagariten getroffen / 1. Chronic. 6. welche GOtt vmb hülff anschrien / vnd auch den Sieg erlangten / den Feinden / ohn ander Viehe vnd Menschen / fünff tausent Kameelen namen.

2. Chro. 14. schlegt Assa seine Feind / bekömpt auch noch Kameel vnd anders Thier.

Der König Assa 2. Chron. 14. ward von der Moren König mit grosser Heereskrafft vberzogen / Aber da Asia zu Gott schrie / schlug er nicht allein den Feind / sondern eröbert auch ein grosse menge der Kameelen vnd Schaffe.

Diese Exempla erinnern alle Kriegs Obersten / wie man mit Gott kriegen / jhn vmb Beystand anruffen sol / wil man anders Glück vnd Sieg haben: Denn wo Gottloses wesen / Sünd vnd Abgötterey ist / da ist auch kein bestendiges Glück darbey.

1. Sam 15 Saul sol alles Viehe der Amalekiter tödten.

1. Samuel. 15. Vom vngehorsam Saulis / welchen Samuel Abgötterey vnnd Zauberey Sünd nennet / ist droben offt gesagt / Er solt die Kameelen / alles Viehe vnd Menschen der Amalekiter erschlagen / Aber er folget Göttlichem Befehl nicht / darumb hat er kein Glück mehr / vnd wird vom Reich verstossen.

Der Jüden Abgötterey mit diesem Thier gestrafft.

Da auch das Jüdische Volck sich an Gott mit Sünden vnnd Abgötterey vergrieff / wirds gestrafft mit diesem Thier. Judic. 6. vnd 7. Der Moabiten vnd Amalekiten Kameelen /

meelen/ darmit sie ins Jüdische Land fielen / waren nicht zu zelen. Judith. 2. Holofernes führet auch ein unzehliche menge der Kameelen in seinem Krieg wider das Jüdische Volck. Jud.6.7.
Esaias 21. dröwet auch den Abgöttischen Babyloniern/ jhre Feind / die Persen und Meden / sollen auff Kameelen wider sie dahær geritten kommen. Jeremias am 49. weissaget/ das den Ismaeliten jhre Kameelen sollen geraubet werden. GOtt erschlegt auch Exodi am 9. der Egyptier Kameelen/ da sie die Israeliten nicht wolten ziehen lassen. 4. Esdræ 15. Sol ein solcher Streit entstehen / das der erschlagenen Blut biß an der Kameelen Gurt reichen wird. Also seind diese Geschicht Erinnerung und Warnung/ sich für Abgötterey und andern Sünden vorzusehen und zuhüten. Esa 21. 4. Esd. 15

DVm Dritten/ Was den Haus und Ehestand anlangen thut/ ist auch das Kameel in der Nahrung dem Menschen von Gott zum besten gegeben. Esræ 2. 3. Esræ 5. Da die Jüden aus Babel heimzogen/ fuhrten sie vier hundert fünff und dreyssig Kameelen mit sich. Der dritte Stand.

Der fromme gedültige Job hett vor seinem Creutz und Trübsal drey tausent Kameel / welche doch seine Feinde die Chaldeer an dreyen orten vberfielen/ raubten/ und die Knecht zu todt schlugen. Welches jhme zur prob seines Glaubens/ und andern zum Exempel geschehen ist: Aber Gott vergilts jhm reichlich/ das er nach ausgestandener Prob sechs tausent Kameel vberkompt. GOtt belohnet auch das Creutz und erlittenen Schaden bey den frommen bestendigen Christen in dieser zeit. Job hat drey tausent Kameel.

1. Chron. 28. David hett auch viel Kameel/ deren Oberster Obil war. Wie denn solches auch ohn zweiffel bey andern Königen in Israel/ und Orientalischen Völckern gewönlich gewesen ist/ ist derwegen ohne noth mehr Exempla allhie einzuführen. 1. Chro 28. David hat auch viel Kameel.

Wir wollen zum Ehestand selbs kommen / vnd etliche denckwirdige Freyerey vnd Ehesachen in der Schrifft finden.

Gen. 24. Von Isaacs Freyerey.

Genes. 24. Abraham der H. Ertzvater/schickt seinen Hausvogt Elieser mit 10. beladnen Kameelen/mit allerley Würtz vnd Geschmeid aus / von Hain Mambre bey Hebron, biß gen Haran in Mesopotamia, in die hundert vnd sechtzehen meilen/zu seiner Freundschafft/ das er seinem einigen vnd lieben Sohn Isaac dannenhero ein Weib freyen vnd zuführen solt / weil die Cananitische Töchter Gottlos vnd Abgöttisch waren. Welchen befehl auch der fromme Hausvogt gehorsam leistet / vnter wegen Gott fleissig anrufft/ er wölle jhme/ vmb seines alten Herrn willen / ein Kennzeichen geben/ welche Dirn seines jungen Herrns Weib sein solt / nemlich/ die jhme zu trincken gebe/ vnnd sagte/ sie wölte auch allen seinen Kameelen zu trincken schöpffen/Welches denn geschicht/vnd kömpt bald der Jungfraw Bruder Laban / führet Elieser zu Haus/ vnd füttert die Kameele/ 2c.

Abraham wil nicht/ das Isaac eine Abgottische freyen sol/wie schön vnd reich sie auch sey.

Wiewol diese Freyerey viel schöner nützlicher Lehr begreifft/seind doch diß/was den Ehestand betrifft/die fürnemsten/ Das der heilige Ertzvater Abraham nicht lust vnd gefallen hat zu den Cananitischen Töchtern / ob sie schon Reich vnd schön waren/ sondern schicket einen solchen weiten Weg aus einen Freyer/seinem Son eine Braut zuholen.

Erstlich darumb/das sie eine fleissige gehorsame Haus-
1. halterin vnd geschefftig were/ wie denn der frommen Heiligen Töchter zur Hausarbeit seind gezogen worden.

2. Darnach vmb der Frömmigkeit vnd deß einigen seligmachenden Glaubens willen/das sein Son mit den verfluchten Menschen kein gemeinschafft hette/ vnd etwa zur Abgötterey verführet würde/wie Salomoni begegnet ist.

Diese vmbstende bedenckt man jetziger zeit im Heyrathen nicht/

nicht/wenn nur die Weiber Reich sein/viel Guts zubringen/ so fragt man der Frömmigkeit vnd Haushaltung nicht viel nach. Darüber Chrysosto. homil. 48. in Genes. schreibet/ Attende quomodo veteres non quærebant substantiam multam, non diuitias, non seruos, & iugera agri tot & tot, non externæ venustatis formam, sed ANIMÆ pulchritudinem, & morum nobilitatem: NVNC hoc solum inquirunt, quantum abundet pecuniis, cætera omnia posteriore loco habent, nescientes quod cum mens peruersa sit, licet ineffabiles affluant diuitiæ, facilius in extremam veniant inopiam, & nihil prosint opes, cum ibi non sit quæ benè illas dispensare queat. Das ist/ Mercke doch wie die Altväter im Freyen nicht nach grossem Gut/ Reichthumb/ Knechten/ vielen Eckern/ vnd nach der Schönheit vnd hübschen Gestalt/ sondern nach der Frömbkeit/ welche beneben der Heusligkeit/ ein recht schöne vnd Adel der Seelen ist/ gefragt haben: Da man dieser zeit nur fraget/ Ist sie auch Reich/ vermag sie viel/ deß andern achten sie nicht/ Thörichte Leut bedencken nicht/ wenn schon vnsäglich Gut vnd Reichthumb vorhanden ist/ vnd die Verwalterin nicht fromb/ Gottselig vnd Heußlich ist/ das bald alles verschwindet/ vnd zuscheitern gehet. Chrysostom.

Vorermelte zwo Vrsachen erzehlet auch Lutherus in Genes. mit diesen worten: 1. pericula œconomiæ in mentem venerunt, ne requirerent patres formosam aut diuitem, sed SIMPLICEM & honestam, quàm in re domestica sedula & laboriosa esset: seruire enim vxoribus & dominabus, non solum molestum sed etiam turpe est, neq; enim dominari in maritos debent, sed in Boues, Oues & Asinos. 2. Noluit miscere semen suum cum Chananæorum sanguine, ne filius fieret idololatra, & cum Lutherus.

 seminis

feminis commixtione simul cultus sancti & idololatrici fieret confusio.

Das ist / Zweyerley gefahr haben die Altväter in acht gehabt/ Das sie in Heyrathen nicht auff die Schönheit oder Reichthumb gesehen / sondern auff Ehr vnd Arbeitsamkeit/ wo eine in der Haushaltung fleissig vnd Arbeitsam were/ Denn den Weibern dienen oder zu gebot stehen/ ist nicht allein beschwerlich / sondern stehet auch vbel/ sintemal sie nicht herrschen sollen vber jhre Männer / sondern vber Ochsen/ Schaff vnd Esel. 2. Hat sein Son sich auch mit den Abgöttischen Heyden ehlich nicht einlossen sollen/damit er nicht zu einem Götzendiener würde/ vnd also der rechte vnd falsche Gottesdienst nicht mit einander vermenget würden/ wenn ein Rechtgleubiger vnd ein Abgöttischer ehelich sich mit einander versprochen hetten/ wie diese zwo Vrsachen zuuor angezeigt sind.

Von den 10 Kameelen. Lutherus. Was aber insonderheit die zehen Kameel anlangt / helt Lutherus dafür/haben sie zur heimführung vnd Hochzeitlichem gepreng gehöret/ die Kleidung vnd andern Geschmack der künfftigen Braut sampt den Megden zuführen: Welches der H. Geist darumb auffzeichnen lest / das er anzeige/ es gefalle auch Gott diese geringe Werck der gleubigen Eheleut/ vnd der Ehestand selbs / was auch in Ehren darzu gebraucht wird

Videtur hæc res ociosa & nullius momenti, vt Papistæ iudicant, secularis & carnalis: Num enim Spiritus S. nihil aliud habet, quod tradat aut scribat, quam de Camelis? Responsio. Deus testatur curæ sibi esse pios & fideles etiam in rebus leuiculis & infimis: Et quicquid agunt probari sibi ostendit. Deinde pompam & apparatum

ratum ad nuptias Moses describere voluit, cum narrat seruum accepisse & duxisse decem Camelos: Non fuit admodum splendida pompa, quia non adfuerunt equites, & fortassis vsus Camelorum fuit, vt mundum muliebrem & ornamenta apportarent, vult enim sponsam honorificè adduci. Igitur non reprehendendus est in hac re apparatus, si sit mediocris & sine immodico sumptu, vt habeatur ratio honestatis & decori in nuptijs, & fiant omnia in reuerentia & timore Dei.

Das ist/ Es scheinet diß/ wie es die Papisten achten/ ein vergeblich/ vnnötig vnd Weltlich ding sein. Denn solt der Heilige Geist nichts anders haben auffzuzeichnen/ als von Kameelen? Antwort. GOTT bezeuget hiemit/ das er für seine Gleubigen vnnd Gottseligen sorge/ auch in geringen Sachen/ vnd zeiget an/ das all jhr thun jhm wolgefalle. Darnach hat Moses das Gepreng vnd zubereitung zur Hochzeit beschreiben wollen/ in dem er anzeiget/ das der Knecht zehen Kameel mit sich genommen habe: welchs doch kein sonderlich Geprenge gewesen ist/ sintemal keine Reuter darbey sein gewesen/ vnd man die Kameel dazu gebraucht hat/ das sie der Weiber Schmuck vnd Kleider trügen/ denn er wil/ das die Braut ehrlich geholet werde. Darumb es nicht zustraffen ist/ ehrlich sich kleiden vnd schmücken auff Hochzeiten/ so es messig geschicht/ vnnd ohne grosse Vnkosten/ damit man auch auff Hochzeiten Erbarkeit vnd die gebür inn acht neme/ vnnd alles inn der Anruffung vnnd Furcht GOTTES geschehe/ ꝛc.

Darnach wird auch darbey vermeldet/ nicht allein der Jungfrawen Frömmigkeit vnd Behendigkeit/ das sie dem Elieser vnnd seinen Kameelen zu trincken gibt/ sondern

auch

auch jhrer Eltern vnd Bruder Labans Gastfreyheit vnd hospitalitet. In dem auch Rebecca auff dem Kameel daruon reitet/vnd da sie deß Breutigams ansichtig wird/sich verhüllet/vnd herab springt/sehen wir/wie damals die Jungfrawen arbeitsam vnd starck gewesen/vnd in der Zucht vnd Schamhafftigkeit aufferzogen worden sind.

Lutherus. Lutherus. Verecundia Rebeccæ commendatur, quod velat se peplo conspecto Isaac: Illi sunt mores pulcherrimæ educationis & verecundè & pudicè educatæ virginis, quæ veretur aspicere masculos imò sponsum suum. Das ist/Die Rebecca wird allhie gelobet wegen jhrer Schamhafftigkeit/das sie sich mit einem Schleyer verhüllet/als sie den Isaac gesehen/Das sein Sitten rechter Kinderzucht/vnd einer keuschen vnd schamhafftigen Jungfrawen/die sich schemet Manspersonen/ja jhren Breutigam anzuschawen.

Chrysostom. Diese Tugend mit einander fasset Chrysostomus zusammen/vnd spricht: Puellæ monstratur indicibilis alacritas, quia neq; vt aliena aufugit, neq; prætextu continentiæ petitioni renuit, sed cum multa mititate, inquit, Bibe Domine. Cogita obsecro, quanta etiam ea ætate fuerit continentiæ diligentia & modestiæ eminentia, hospitalitatisq; frequentia. Das ist/An dieser Jungfraw spüret man ein vnsägliche Frewdigkeit/denn sie schlegts nicht ab/etwan als gebüre es jhr nicht/so wegert sie sichs auch nicht mit dem schein grosser Keuschheit/sondern mit grosser Freundligkeit spricht sie/Trinck Herr: Gedencke nur/was zu der zeit die Eltern für fleis angewendet haben an Zucht vnd Erbarkeit/vnd wie Gastfrey die Leut damals gewesen sein. Paulo post vidisti qualem sponsam ducat Patriarcha, aquantem, hydriam super humeros ferentem, & nunc iterum ascendentem

tem super Camelos, Nusquam Mulæ argento fulgentibus ceruicibus, & neq; famulorum turba, neq; magna mollicies, quæ nunc fieri solet, sed tantum erat priscarum mulierum robur vt & in Camelos suos ascenderent, & sic iter facerent. Das ist/ Du hast gesehen/ was der Patriarch für eine Braut nimpt / die die Kameel trenckt/ tregt den Krug mit Wasser auff jhrer Achsel/ vnd jetzt/ setzt sie sich auch noch auff ein Kameel / da sein keine Maulthier mit viel Silber/ auch keine Knecht/ noch grosse Zertligkeit/ wie es jetzt zugehet / So starck sein vor zeiten die Weibsbilder gewesen/ das sie auff Kameelen gesessen/ vnd also gereist haben.

Ein andere Geschicht lesen wir von Jacobs vnd seines Weibs Rachel Kameelen/ Genes. 31. welche er in Mesopotamia vberkommen heit/ Da er nu heimlich mit seinen Weibern/ Kindern vnd Viehe weg zog/ vnd die Rachel jres Vaters silberne oder güldene Götzen/ vnwissend Jacob / weggeführet hat / wird er von seinem Schweher auff dem weg erwischt/ der fordert von jhme die gestolene Götzen/ thut auch/ auff Jacobs zulassen / haussuchung / Rahel aber nimpt die Götzen/ legt sie vnter die Strew der Kameelen/ vnd setzt sich drauff / Vnnd da Laban zu jhr kam / die Götzen zu suchen/ spricht sie zu jhrem Vater/ Mein Herr zörne nicht/ denn ich kan nicht auffstehen gegen dir / denn es gehet mir nach der Frawen weise.

Gen 31. Von der Rachel/ so jhres Vaters Götzen vnter die Strew der Kameel verbirgt.

In grossen Gefahren/ auch Leibes vnd Lebens/ oder ja der ewigen Schmach vnd Schande/ steckt die Rahel der gestolenen Götzen halben / aber bald erdenckt sie einen listigen Betrug vnd Spitzfindigkeit / ja auch ein Lügen / darmit sie jhren Vater betreugt vnd abweiset/ welches ohn zweiffel aus Gottes eingebung geschehen ist. Erstlich/ die Rahel vnd Jacob wolt Gott aus den gegenwertigen Nöthen erretten / vnd darnach auch die Götzen deß Labans vnd alle Abgötterey zu beschemen / das Rahel dieselbige vnter die Strew legt / vnd mit dem Hindern drauff sitzt / die sie ohn zweiffel zuuor in grossen Ehren bey Laban gehalten het.

Chrysostom. Chrysostomus erzehlet auch beyde Lehre. Magna Rahelis solertia per quam deludere potuit Labanem: Audiant qui adhuc erroribus sunt addicti, & idololatriam magnifaciunt. Posuit ea super stramenta Camelorum, & sedit super ea. Quid his magis ridiculum? Das ist / Diß ist eine grosse geschwindigkeit der Rahel damit sie den Laban hat betriegen können. Diß mögen bedencken / die noch in Irrthumb stecken / vnd die Abgötterey hoch halten. Sie legt die Götzen vnter die Strew der Kameel / vnnd setzet sich darauff.

Ambrosius Ambrosius lib. 2. cap. 5. de Iacob & beata vita schreibet / Jacob sey Christi Fürbild / da die Synagoga, als die Lea, mit den blöden Augen vorgegangen / vnd die beruffene Heyden mit den Götzen / wie Rahel / an die stadt kommen / vnd die stumme Götzen verborgen vnd vergraben habe / damit sie nicht wider jhren Vater gehandelt / das sie sitzt / da der Vater stehet. Denn es stehet geschrieben: Wer Vater vnnd Mutter mehr liebet / als Mich / der ist Mein nicht werth.

Beata Rahel, quæ abscondit cultus erroresque gentilium: Quæ simulachra eorum plena esse immundicie declarauit. Nemo credat paternæ pietatis læsam esse reuerentiam, quod stante patre sedit, quoniam scriptum est, qui plus diligit patrem aut matrem quam me, non est me dignus. Vbi causa agebatur religionis fides debuit habere sedem iudicij & quasi rea stare perfidia.

Weitleuff-

Weitleufftig führet Lutherus diesen List vnd Geschwindigkeit aus/vnter andern sagt er: Sic fallitur Pater, Laban, commento muliebri, ac honestissima ratione & specie deluditur. Non enim audet scrutari ea, quæ natura ipsa occultauit, neq; tamen quod opponat amplius, sed deterretur pudore naturali. Deus autem cooperatus est: auertit enim sensum eius, percussitq; eum cæcitate, vt non exploraret diligentius. Credit esse verum quod dicit Filia, se propter morbum seorsim voluisse sedere, deinde non erat verisimile quod sederet super Idola: Non enim putauit id fieri per valetudinem: Nihil minus vero credidit quam quod filia domi suæ educata, surriperet Deos & cultum diuinum patris, & tam contumeliosè tractaret, vt sub stramenta Camelorum collocaret, ac super ea sederet. Non sic vilipenderet meam religionem filia, cogitauit, in qua fuit educata à teneris annis. Sic seipsum pulcherrimè ludit, filia mendacium addidit, non iocosum, nec perniciosum, sed valde officiosum & necessarium, vt præberet occasionem patri seipsum fallendi. Hoc est igitur opus & gubernatio DEI in periculosis casibus & factis sanctorum. Nisi enim ipse percuteret aduersarios amentia & cæcitate, ac luderet sensus eorum, vt non cogitarent ea, quæ maximè cogitanda erant, sæpè etiam astutissimè cogitata nihil proficerent, & cætera. Lutherus.

Das ist/ Also wird der Vater Laban betrogen durch Weiber List/vnd zwar gar mit einer ehrlichen vrsach vnd gutem schein. Denn er darff nach dem ding nicht fragen/ was die Natur verborgen hat/ so weis er ihr auch weiter nichts zusagen / sondern wird durch die Natürliche Scham abgehalten. Es hat aber GOtt selbst mitgewircket/ hat jhm sein

Gemüt abgewendet / vnd mit Blindheit dermassen geschlagen/ das er weiter vnd fleissiger nicht nachfragte: Er gleubt es sey war / was sein Tochter sagt/ sie hab jhrer Kranckheit halben allein an ein Ort sitzen wollen. Zu dem / so war das nicht vermutlich/ das sie sich auff die Götzen setzen solt/ denn er nicht vermeinte/das sie es Schwachheit halben thun solt/ viel weniger hat er gegleubt / das seine Tochter/ so er daheim hett bey sich aufferzogen/ jhres Vaters Götzen stelen/vnd so gering halten/das sie dieselbigen vnter der Kameel Strew legen/vnd sich drauff setzen solt. Er hat auch gedacht/ Meine Tochter wird meine Religion/bey der sie von Kindheit aufferzogen ist/so gering nicht achten. Also betreugt er sich selbst: Die Tochter hat eine Lügen gethan/ nicht schertzweis/ noch jhm zum schaden/sondern nützlich vnd nötig/ damit der Vater sich selbst betriege. Das ist Gottes Werck vnd Regiment in den gefehrlichen Fällen vnd Thaten der Heiligen / Denn wenn er nicht die Widersacher mit Thorheit vnd Blindheit schlüge/vnd jhre Sinne betörte/ das sie daran nicht dencken/ daran sie fürnemlich dencken solten / so würde offtmals gar nichts helffen / was man auch gleich auffs aller klügest furnimpt.

Tobiae 9. In der Historia Tobiæ Capit. 9. lieset man auch / wie der Engel Raphael aus fleissiger bitt deß jungen Tobiæ/mit zweyen Kameelen vnd vier Knechten Raguelis / biß gen Rages in Meden verreiset/ die Schuld einmanet/ vnd den Gabel zur Hochzeit Tobiæ ladet.

Tröstliche Lehr den Eheleuten. Eine tröstliche Lehre ist es/da man sihet/wie die heilige keusche Engel mit den Hochzeitlichen Sachen vnnd andern heußlichen Hendeln vmbgehen / lust vnd gefallen daran tragen ja darzu behülfflich vnd beförderlich seind/ Wie sie denn noch der zeit bey frommen Eheleuten / jhren Kinderlein als

Wächter

Wächter seind / den schaden wenden vnd den nutzen werben. Item / Tobiæ 10. Empfehet der junge Tobias von seinem Schweher Raguel Kameel mit Gelt vnd Gütern beladen. Vnd Tob. 11. kömpt seine Braut Sara nach sieben tagen mit all jhrem Gesind Vieh vnd Kameelen / mit vielem Gold vnd dem empfangenen Gelt / hernach gen Niniue / wird mit grossen frewden vom alten Tobia empfangen / etc. Da Göttlicher Segen gegen den frommen jungen Eheleuten / auch der Eltern Ampt zu beyden seiten zu mercken ist. Tob. 10. 11

Das fünffte Capitel / vom Leuffer.

Dieses Thier / welches von etlichen Dromedaci, oder auch klein Kameelthier genennet wird / wird in wenig orten der Schrifft gedacht / doch wöllē wir auch die Sprüch sampt den Lehren einführen. Der erste Stand.

In dem ersten Stand weissaget Esaias am 60. von der Heyden bekehrung zum Euangelio: Du wirst deine lust sehen / vnd ausbrechen / wenn sich die menge am Meer zu dir bekehret / vnd die macht der Heyden zu dir kömpt. Denn die menge der Kameelen wird dich bedecken / die Leuffer aus Mi- Esa. 60.

dian vnd Epha/ Sie werden aus Saba alle kommen/ Gold vnd Weyrauch bringen/ rc. Von der Heyden bekehrung aus diesem ort der Schrifft/ besihe droben bey dem Kameel vnd Bock.

Geistliche bedeutung der Leuffer.

Was aber die Leuffer anlangt/ werden sie der Behendigkeit vnnd schnelle halben gerhümet/ das sie zwar kleiner/ aber behender sein als die Kameelen/ Vnd bedeuten die bekehrte Heyden/ die das Euangelion bald mit grosser Frewdigkeit vnd gutem willen angenommen haben. Dromas vel dromedarius est animal Camelo minus sed velocius, in quo figurantur gentes velociter ad fidem currentes.

Esa. 66.

Gemelter Prophet redet auch von der Apostelampt am 66. Capitel/ (nach Lutheri version) Sie/ die Apostel/ werden alle ewre Brüder aus allen Heyden herzu bringen/ dem HERRN zum Speisopffer/ auff Rossen vnd Wägen/ auff Sänfften/ auff Mäulern vnd Läuffern/ gen Jerusalem zu meinem heiligen Berg. Droben ist schon angezeiget/ das Hieronymus der heiligen Engeln vnnd Aposteln dienst anzeige/ dardurch die Heyden zu der heiligen Christlichen Kirchen gebracht seind worden. Besihe droben bey dem Roß vnd Maul.

Gott warnet auch bey diesem thier. Esa. 30.

Es wird aber Straff vnd warnungs weis in der Bibel (nach Lutheri Dolmetschung) auch eingeführet. Als Esaiæ am 30. Capitel/ Das Jüdische Volck verlest sich auff die Egyptier/ denen wollen sie auff Rossen vnd Läuffern zu eilen/ das sie den Assyrern entrinnen/ Aber sie sollen doch nicht entrinnen. Jhr sprecht/ Auff Rossen wollen wir fliehen: Darumb werdet jhr auch flüchtig sein. Auff Läuffern wollen wir reiten: Darumb werden euch ewre Feinde vbereylen/ rc. Hoffnung vnd Trotz auff eusserliche Gewalt/ ist eine grosse Abgötterey/ vnd macht zu schanden.

Michæ 1. Du Stadt Lachis spanne Läuffer an / vnd fahre dauon / denn du bist der Tochter Sion der anfang zur Sünde / vnd in dir sind funden die Vbertretung Israel / Du wirst müssen Gefangne geben / so wol als Gath / ꝛc. Diß ist eine Weissagung wider die Stadt Lachis / das sie sol belagert vnd verstöret werden / mit den Läuffern vnd schnellen Wägen nicht entfliehen / wie sie denn von Sennacherib 2. Chron. 32. ist belägert worden: Die Vrsach ist / weil sie die Israelitische Abgötterey am ersten vnter den Jüdischen Stedten angenommen / vnd andern vrsach vnd Ergernis gegeben hatte nachzufolgen. Da wir lernen / wie Gott die Abgötterey mit Krieg vnd verhetung strafft. Darnach das die / welche andern Ergernis geben mit sündigen / auch am ersten vnd hefftigsten gezüchtiget sollen werden / welches den grossen Stedten / vnd mechtigen vorgesetzten Personen zu bedencken ist.

Mich. 1.

Vrsach der belägerung der Stadt Lachis.

IM andern vnd dritten Stand ist das Exempel Salomonis fürgestellet / 1. Reg. 4. mit seiner Königlichen Hoffhaltung / der auch Läuffer hielt / daruon droben offt gesagt ist. Sonsten wird diß Thier inn der Deutschen Bibel nicht gefunden / ꝛc.

Der ander vnd dritte Stand. 1. Reg 9.

Das

Das sechste Capitel/

Vom Helffandt.

Der erste Stand.

Wie wol dis grosse Thier von art wild ist/ vnd vnter die wilden Thier solt verzeichnet werden/ Jedoch weils leichtlich zahm vnnd heimlich gemacht/ den menschen/ sonderlich in Kriegen vnd Streiten/ nützlich ist/ kan es wol vnter die Iumenta geschrieben werden. Seiner wird zwar in libris Canonicis (ausgenommen deß Helffenbeins) kein meldung gethan/ es

Job. 40.

sey denn vnter einem andern namen. Als in dem Job. am 40. durch das wort Behemoth, hauffen Thier/ wie denn die alten vnd newe Lehrer diß vom Elephanten verstehen/ vnd auff den Sathan deuten. Lyra schreibet: Expositores Catholici exponunt hoc de Dæmone, sub similitudine Elephantis: vnde positis proprietatibus Elephantis, dicitur, ipse est principium viarum Dei. Das ist/ die reinen Ausleger verstehen diß vom Teuffel/ mit der Gleichnis deß Elephanten: Daher man/ nach den Eigenschafften deß Elephanten sagt/ das ein anfang sey der Weg Gottes. In morali expos. Secundum Doctores nostros Dominos hîc de Diabolo loquitur sub Elephantis Metaphora qui Behemoth dicitur. Das ist/ Vnsere Lehrer haltens dafür/ Gott der HERR rede allhie vom Teuffel/ vnter deß Elephanten namen/ so Behemoth genent wird.

Osiander

Osiander in paraph. Vocabulo Behemoth, quod significat bestias, existimo Elephantem designari, quod sit quasi instar multarum bestiarum: interim tamen eo adumbratur Satan, cuius potentia sequentibus verbis describitur. Das ist / Mit dem wort Behemoth, halt ich dafür / sey der Elephant angezeigt worden / denn Behemoth heist wilde Thier / weil der Elephant ist gleich wie viel wilde thier / Wird aber gleichwol damit der Sathan vorgebildet / dessen macht vnd gewalt mit folgenden worten beschrieben wird.

Derhalben denn Gott / was den ersten Stand anlanget / mit erzehlung deß Elephanten eigenschafften / seine Göttliche Weisheit / Stercke vnd Allmacht anzeigen vnd beweisen wil / darumb sich viel mehr Job vnd alle Menschen vnter Gottes gewaltige Hand demütigen / vnd mit jhme nicht hadern sollen: So wöllen wir die Gewalt Gottes bey den Eigenschafften anhören.

Gott zeigt bey diesem Thier seine Weisheit vnd stercke an.

Die erste ist / Siehe / der Behemoth, den ich neben dir gemacht hab / frist Hew wie ein Ochs. Ich hab diß grosse Thier erschaffen / spricht Gott zu Job / vnd kans auch zahm vnd bendig machen / das es / wie ander Viehe / mit geringen futter gespeist wird, Darunter wird aber der leidige vnd mechtige Sathan verstanden / der anfangs ein guter Engel von Gott erschaffen / vnd mit trefflichen Gaben neben dem Menschen vnd vber jhn gezieret ist worden: Vnnd ob er jetzund schon / nach seinem Fall / grawsamlich tobet vnd wütet / kan jhn doch Gott zehmen / das er vber vnd wider Gottes Willen keinem kein Härlein krimmen kan. Wie von dieser Eigenschafft zu end deß Capitels mehr gesagt wird.

Darnach zeigt GOtt deß Elephanten vnnd Teuffels macht an / auff das man erkenne die Allmechtige Krafft Gottes / vnd bedencke auch / was die Menschen für ein mechtigen

Feind vnd Widersacher haben/ das sie nicht in Sünden vnd Sicherheit leben. Sihe/ seine krafft ist in seinen Lenden/ vnnd sein vermögen in dem Nabel seines Bauchs. Sein Schwantz strecket sich wie ein Cedern / die Adern seiner Scham starren wie ein Ast / Seine Knochen sind wie fest Ertz/ Seine Gebeine sind wie Eyserne Stebe.

Von des Elephanten stercke.

Ambrosius.

Was den Elephanten vnd seine Stercke betrifft / wird im andern Stand folgen wie starck sie seind / das man höltzerne Thürme auff sie bawet / vnd die Kriegsleut daraus die Feind angreiffen/ vnn mit Pfeylen schiessen. Wie Ambrosius lib. 6. Hexam. cap. 5. erzehlet. Elephanti magnum rebus bellicis ministrant vsum: Inde gens Persarum ferox bellis, valida sagittis, omniumq; telorũ iactu: quia de superioribus ad inferiora validiore nisu tela torquentur, acies eorum velut gradientibus turribus septa, procedit, In medijs campis tanquam de muro dimicant, & velut in arce quadam & specula collocati spectant magis bella quam subeunt. Ita alieni à periculo videntur tuti molibus bestiarum: Quis enim eos adire audeat, cum desuper iaculis facile figatur, inferius Elephantorum conteratur incursu? Deniq; cedunt illis acies & armatorum cunei, & castra illa quadrata soluuntur. Intolerabili namq; impetu in hostes ruunt, vt nullo agmine bellatorum, nulla constipatione militum, nullo clipeorum retardentur obiectu: velut quidam mobiles montes versantur in prælijs, & vt colles alto eminent vertice, mugitus fragore, omnium perturbant confidentiam. Quid his faciat pedes, quamuis lacertis validus & manu promptus, cum sibi septus armatorum populus gradientium vt murus occurrat? Quid faciat eques, cum

equus

equus eius perterrefactus tantæ bestiæ immanitate diffugiat? Quid faciat sagittarius cum desuper ferrata virorum corpora iaculi ictum sentire non possint? Bestia quoque nec nuda facilè penetrabilis ferro sit & munita loricis, obuias sine sui periculo, acies secet & conterat turmas.

Das ist / Die Elephanten sind sehr viel nütz im Krieg: Auff jhnen reiten die Perser / die ein wild Volck sein / die doch sonst starcke vnd geübte Schützen sein: Denn sie wissen / das von oben herab vnterwerts die Pfeil stercker geschossen werden / vnd die scherff mit aller gewalt gleichsam nachdrucke / Jhr Kriegsvolck gehet einher als mit hohen Thürmen verwahret. Mitten im Feld streiten sie auff den Elephanten / gleich als von einer Mawer / Oder als weren sie auff einer Warte oder starckem Schloß / Sie setzen mehr die Kriege / als das sie drinnen sein: Also scheinen sie gleichsam aller Gefahr entnommen durch diese Thier / Denn wer wil sie gern angreiffen / da einer oben von jhnen gestochen / vnten von den Elephanten getretten wird? Ein gantz Kriegsheer vnd wolgerüste Man mus jhnen weichen / vnd von einander sich trennen / denn sie mit aller gewalt in die Feind einfall thun / das sie kein hauff Kriegsvolcks / kein versamlung der Landsknecht / keine Schild / die man jhnen entgegen helt / auffhalten oder hindern kan: Sie gehen im streit / als giengen Berge herumb / vnd wie die Hügel sihet man sie vber alles / mit jhrem Brüllen bestürtzen vnnd erschrecken sie jederman. Was wil jnen ein Fußknecht thun / wenn er gleich starck / vnd mit der Hand behend ist / da jhm ein wolgerüstes Kriegsvolck wol vorwaret / gleich wie ein Mawer entgegen kömpt? Was kan jhm ein Reuter für schaden zufügen / da sein Pferdt von einem solchen grawsamen Thier erschreckt / zurück laufft? Was wil jhnen ein Schütz anhaben / da man mit eim Pfeyl einen Mann / mit Eysen bekleidet / von vnten auff vber sich nicht durchschiessen kan? Ja wenn auch das Thier gleich gar bloß ist / so kan man es mit Eysen nicht wol durchstechen / wo es aber noch vmb den Leib verwaret ist / so kan es ohn allen seinen schaden das Kriegsvolck zutreten. Bißhero von deß Helffanden stercke / Nu auch von deß Hellischen Behemoths macht vnd krafft / welche auch vorgebildet wird.

Von des Hellischen Behemoths stercke.

Philippus Presbyter.

Philippus Presbyter deuteт die erzehlte Gliedmassen also / das er anzeige / worin der Teuffel seine gewalt hab: In lumbis & vmbilico ventris voluptas carnis siue luxuria intelligitur. Das ist / Durch die Lenden vnd Bauch wird die Vnzucht / vnd allerley wollust deß Fleisches verstanden / darinn stehet sein Reich vnd stercke. Was seinen Schwantz vnd Scham anlanget / wird nicht allein sein Halsstarrigkeit / verstockung vnd stoltz / sondern auch sein mechtiger Anhang / von falschen Propheten / Ketzern / Verfolgern / vnd andern Gottlosen Menschen angedeutet. Nunquam pro tyrannide sua superbus & impius pænitebit, sed exaltatus vt Cedrus, voce Domini iudicantis, est confringendus & comminendus &c. Ita intelligitur Propheta fallax & loquens mendacium cauda. Esa. 9. His membrorum nominibus indicatur quod Diabolus cum suis durus sit, rigidus, pertinax & inflexibilis.

Brentius.

Brentius verstehets auch von der Gottlosen Rott in Geistlichen vnd Weltlichem Stand. Per longissimam caudam & neruos testiculorum fortes ac perplexos, adumbratur impiorum NVMERVS & POTENTIA, impij enim Satanæ pedissequi sunt & cauda eius, quorum ipse caput est.

Zum

Zum dritten/ gedenckt auch Gott deß Behemoths speiß vnd Narung/ deßgleichen seines Trancks/ seiner Ruhe vnd Wohnung/ welche sonderlich auff den Sathanam gedeutet werden. 1. Die Berge tragen jhm Kreuter/ wie auch droben gesagt/ das er Hew esse wie ein Ochs/ vnd alle wilde Thier spielen daselbst. Philippus Presbyter verstehet die hochmütige stoltze Geister vnd Weltkinder/ in welchen der Sathan wohnet/ seine Mastung vnnd Futter bey jhnen sucht/ ja sein spiel vnd kurtzweil mit jnen treibet/ welche wilde Thier nichts anders sein/ als Gesellen vnnd Diener deß Teuffels. Hos montes superbos quosq; & nimium elatos homines ac tumorem cordis illius imitantes, non absurde sentimus. In his igitur habitans, temporariam iucunditatem quæ herbarum vocabulo appellata est, in eis depascitur & in malo virentis ac vigentis in eis voluptatis noxiæ delectatur. Bestiæ autem istæ sunt socij & ministri diaboli. — *Von des Behemoths Narung.* — *Philippus Presbiter.*

Brentius sagt auch/ das alle Menschen von Natur vmb der Sünden willen deß Teuffels gefangene seind/ mit denen er sein spiel hat. Omnes natura nostra propter præuaricationem Adæ in vinculis Sathanæ tenemur, & ludus eius sumus, propterea quod nos pro libidine sua tractet auaritia, exempli gratia, Satan est, quod si quem inuaserit, vide quibus modis eum tractet: Noctes cogit in somnes ducere, peierare, decipere, furari, & quid non mortalia pectora cogit auri sacra fames? — *Brentius.*

2. GOtt sagt weiter/ Der Behemoth ligt gern im Schatten/ im Rohr vnd Schlam verborgen/ das Gepüsch bedeckt jhn mit seinem schatten/ vnd die Bachweiden bedecken jhn. Das ist deß Teuffels Ruhe vnd wohnung/ das er gern im Koth vnd Dreck der Sünden ligt/ schleicht im finstern/ lest sich nicht sehen/ vnd wenn er herfür wil/ so verstelt er — *Von des Behemoths Wonung.*

sich in ein Engel deß Liechts/ vnd setzt ein Nebelkappen auff/ das man jhn nicht kennt. In loco remoto cordis habitat Diabolus, quod cor vacuum timore Dei, vanitati patet, & luxui atque omnium illecebris vitiorum.

Von des Behemoths Tranck.

3. Gott erzehlet auch deß Behemoths Tranck: Sihe er schlucket in sich den Strom/ vnd achts nicht groß/ lest sich duncken/ er wölle mit seinem Mund den Jordan außschöpffen. Der leidige Teuffel wil nicht allein die Gottlose Weltkinder verschlingen/ sondern vntersteht sich den Jordan/ das ist/ das außerwehlte Volck Gottes / die getauffte Christen/ auch hin zu raffen. Hic Behemoth nimia elatus temeritate, fiduciam gerit, vt Iordanam, Sacramenta videlicet Ecclesiæ, figuraté ore hauriat suo & vorandi cupidus, suo eum ventre concludat, id est, etiam eos quos sanguis Christi per aquam regenerationis, quam Iordanus typico nomine portendebat, per ablutionem Spiritus sancti, de illius potestate ac durissimo dominatu redemit, quærit vt rursum suos faciat, seu occulta suasione seu oppugnatione manifesta.

Brentius.

Idem Brentius scribit: Insatiabilis est potestas Satanæ, totum enim fluuium Satan absorbet, id est, omnem populum humanum (aquæ enim multæ populi multi sunt) atque nihil trepidans omnia deuorat: neque à Iordane os suum cohibet, confidit enim se eum totum ebibiturum. Iordanis populus electus est, ad Iordanem enim habitarunt Iudæi, gens sancta et electa. Igitur Satan non solum mala malis intendat, verum etiam bonis & pijs pessima quæque subingerit.

Wie der Behemoth oder Elephant gefangen wird.

Die dritte Eigenschafft ist/ wie er gefangen vnd vberwunden wird: versic 14. Er ist der anfang der Wege GOTTES/ Der jhn gemacht hat/ der greifft jhn an mit seinem Schwerdt. Vnd versic. 19. Man sehet jhn mit seinen eigen Augen/ vnd durch Fallstrick durchboret man jm seine Nasen.

Ambrosius lib. 6. cap. 5. Hexam. zeigt an / wie die Elephanten gefangen vnd vmbbracht werden / Wenn sie sich an die Bewme lehnen / sich zu krawen / oder zu ruhen/ vnd etwan die Bewme brechen / so fallen die Helffanten zu boden / können nicht mehr auffstehen / müssen also sterben vnnd vmbkommen. Oder welche jhnen vmb deß Helffenbeins willen nachstellen/die sägen oder hawen einen Bawm/ daran sich das Thier pflegt zu lehnen/ halben enzwey / wenn er nu sich daran wil lehnen / bricht der Bawm / felt darmit zu bodem / vnd wird am Bauch / da er weich ist / erstochen vnd erschlagen. Ambrosius.

Feris & agrestibus Elephantis, quia nemo fulcra quibus in somno sustentari queant, substernit: hinc venit vsus periculi. Namq; arbore nixi aut costas fricant, aut in somno sese relaxant: Quæ nonnunquam victa atq; inflexa tanto corpore frangitur, atq; ille qui sese in eandem refuderat, corruit, nec erigere atq; elauare se potest: ibiq; iacens interit, aut gemitu suo proditus sternitur, dum ventre cæterisq; iuxta mollioribus ad vulnus patet. Nam dorsum eius cæteraq; exteriora non vlla facilè soleut tela penetrare. Sunt autem qui propter ebur has illis insipias parent, vt arbores eas quibus se applicare consueuerint, ex alia parte qua infrequentior vsus eis sit aliquantum recidant: vt reflectente se Elephanto, pondus membrorum eius sustinere non possint ruinamq; eius arcessant.

Was aber den Teuffel anlangt / geschicht solches vrspringlich allein von dem Schöpffer/der jn gemacht hat/der hat Wie der Teuffel vberwunden wird.

hat ein scharffes Schwerdt/damit er verwund vnd oberwun den kan werden/Welche Gleubige auch dasselbige Schwerd deß Geistes ergreiffen / Gottes Wort mit eim waren Glauben entgegen halten/ die können jhn auch fellen. Das er aber mit seinen eigen Augen kan gefangen werden/ deutet Brentius auff seine eigene Waffen / das ist/ die Sünd/Todt vnd Helle/ Darumb leidet vnd stirbt Christus/vnd thut gnug für die Sünde mit seinem Blut/ da ist er geschlagen worden. Er verstehet auch dardurch deß Teuffels List vnd verborgene anschlege / welche man mit glaubigem Hertzen warnemen vnd hüten mus. Satan non vincitur nisi oculis & naribus præhensus, hoc est, astus & consilia Satanæ depræhendenda sunt spiritu fidei, alioqui enim capi non potest, ceu anguilla, propterea quod soleat nobis semper boni specie imponere: vel aliter; Non vincitur nisi narib. & oculis præhensus, hoc est, suis ipsius armis: vnde & Christus non alio pugnæ genere eum vicit, quam proprio gladio, scilicet peccato, morte & inferno. Sunt enim persecutio & crux Satanæ commentum: itaq; Christus accepta in humeros suos cruce, pugnauit contra eius potestatem, & gloriosè triumphauit, neq; est alia victoria celebrior quam quæ paratur passione.

Brentius.

Fast dieser meinung ist auch Philippus Presbyter: Christus hab sich in vnser Fleisch verkleidet / vnd sich vom Todt fressen lassen/da der Teuffel mit seiner list nicht gemerckt hab/ was diß für ein Fleisch sey. Deus hominis assumpti carne vestitus in oculis capiet eum, dum per callitatem atq; versutiam suam non videt cuius carnem morte apprehenderit deuorandam.

Philippus Presbyter.

Weiter wird dieses grosse Thier nur im andern Stand / was etliche Kriegshändel anlangt / in der

Der ander Stand.

Maccabeer

Maccabeer Bücher funden / deren wir wenig anhören wollen. 1. Maccab. 1. Antiochus Epiphanes führet in seinem 1 Mac. 1.
Krieg wider Ptolemeum Egyptischen König viel Elephanten. 1. Maccab. 3. Da er in Persiam zog / vbergibt er seinem Fürsten vnd Heuptman Lysiæ / die helfft deß Kriegsvolcks vnd der Elephanten / darmit wider das Jüdische volck zustreiten / aber er wird von Juda Maccabeo vberwunden / vnd werden seiner Knecht fünff tausent erschlagen. 2. Mac. 11. Der Lysias gedacht nicht / das Gott noch mechtiger were denn er vnd sein Reisiger Zeug / sondern er trozet auff den grossen hauffen / denn er zu Roß vnd Fuß hatte / vnd auff die achtzig Elephanten / aber dieser troz auff eusserlichen gewalt / ist ein Abgötterey / die Gott allezeit pflegt zustraffen. 1. Mac. 6. Zeucht der junge Antiochus Eupator mit seinem Vormünd vnnd Rath Lysia / auch gar starck zu Roß vnd Fuß / wider Judeam / vnd hatte zwey vnd dreyssig Elephanten zum Krieg gewehnet / vnd trug ein jeder Elephant ein hölzern Thurm / darinnen waren je zwey vnd dreyssig Krieger / vnd der Mohr / der die Bestien regieret. Sie besprützten aber die Elephanten mit rotem Wein vnd Maulbeersafft / sie anzubringen vnd zu erzörnen / vnd theileten die Elephanten in die Hauffen / das je zu einem Elephanten tausent Mann zu Fuß / vnd fünff hundert Pferd verordnet wurden / diese warteten also auff den Elephanten / das sie nicht von jhm wichen / vnd wohin man den Elephanten wendet / da musten sie auch hin / Aber es ward Fried zwischen dem König vnd den Jüden gemacht. Doch begab sich ein denckwirdiger Handel. Einer / genant Eleasar / der Son Saura / mercket im Heer Antiochi einen Elephanten / der war höher vnd besser gerüst / denn die andern / vnd dacht / der König were drauff / vnd waget sich / das er das Volck Jsrael errettet / vnd einen

1. Mac. 3.

2. Ma. 11

1. Mac. 6.

Eleasar leufft durch die Feind ersticht ein Elephanten.

ewigen Namen erlanget/ lieff mit grosser künheit hinzu/ trang durch die Feinde/ vnd tödtet jhr viel auff beyden seyten/ vnd macht sich vnter den Elephanten/ vnnd stach jhn/ das der Elephant vmbfiel/ vnd starb/ vnd schlug jhn auch todt.

Diese That ist wol löblich/ das er sein Leben vergiessen vnd geben wil/ sein ja Gottes Volck zu erretten/ denn er vermeint/ wo der König auff den Elephanten were/ vnd durch den fall vmbkeme/ würden die Feind weichen/ vnd die flucht geben/ ꝛc. Aber doch leufft der Ehrgeitz mit vnter/ das er dardurch jhm ein ewigen Namen vnd Lob erjagen wil.

Osiander. Osiander. Egregium quidem facinus edidit, sed non assecutus est propositi sui finem: ambitio enim non habet fælices successus. Lyra. Die Glossa Lyræ vergleicht den Eleasarum den hochmütigen stoltzen Leuten/ die etwas künlich angreiffen/ aber zu schanden werden. Item/ Er sey auch ein Vorbild der Heuchler/ die mit Fasten sich etlicher Sünden erwehren/ aber doch von andern Sünden/ Geistlichem stoltz/ Mißgunst/ ꝛc. vberwunden werden. Quid per Eleasarum, qui Elephantem interficiens occubuit, nisi persona arrogantium designatur? Qui dum volunt fortiter aliquid gerere, & non simplici animo sed elato, in suis conatibus deuicti prosternuntur. Potest & non inconuenienter hæc res ad hypocritarum significationem transferri. Dum enim hypocritæ contra luxuriam aut contra gulam, aut contra corporalia delicta per abstinentiam confligunt, carnemq; per ieiunium seu per vigilias & cætera abstinentiæ opera domantes:, se non à spiritualibus nequitijs obseruant:. Ita vt aut ab elatione, aut ab inuidia, aut à cupiditate non caueant, quasi vincendo vincuntur, quia dum alia vitia superant, in ipsa victoria incauti ab alijs conteruntur.

Ein ander Geschicht wird von Juda Maccabeo 1. Mac. 8. erzehlet/ Der höret von den grossen löblichen Thaten vnd Tugenden der Römer / sonderlich wie sie Antiochum M. König in Asia mit seinem grossen Reisigen Zeug / vnd mit hundert vnd zwentzig Elephanten vberwunden hatten/das er Fried begeren muste / derwegen schickt Judas Legaten gen Rom / vnd macht Freundschafft vnd ein Bündnis mit den Römern / etc. Welche Confœderation für der Welt zwar löblich / aber für GOtt vnrecht vnd straffbar ist / der da den Gleubigen befihlet / sie sollen kein Bundnis mit Gottlosen Abgöttischen Leuten machen / sondern jhm allein trawen / er wölle vnnd könne sie wol aus den Gefahren erretten / Weil aber solches Judas vbertreten / hat er hernach im Krieg kein Glück mehr / vnd wird bald in einer Schlacht erlegt.

1. Mac. 8. Von dem Bund Judae Maccabei mit den Römern / darüber er sein glück im Krieg verloren.

2. Maccab. 13. wird ein ander Kriegshandel vermeldet. Antiochus Eupator vnd sein Verwnnd Lysias ziehen wider Judam Maccabeum mit einem grossen Heer vnd 22. Elephanten/aber Judas mit seinen Kriegsleuten ruffen Gott ernstlich an/vnd haben diese Losung/Gott gibt sieg/machen sich demnach bey Nacht auff/ vnd fallen dem König ins Läger/erschlagen jhm bey vier tausent Man/vnd den förderstein Elephanten/ sampt allen / die im Thürmlein waren/ darmit brachten sie ein gros schrecken vnd forcht in das Läger / vnd zogen ehrlich dauon /ammorgen da der Tag anbrach/ denn Gott war jhr Helffer gewest. Ebnermassen wird ein lehrhaffte Geschicht im 3. Buch der Maccabeer beschrieben: Das der grawsame Tyrann Ptolemeus Philopator König in Egypten ein grosse anzal deß Jüdischen volcks/Weib vnd Man/ Jung vnd Alt in den Schrancken versperret / von den greßlichen erzörneten Elephanten hat wöllen vertreten lassen / welches doch zum dritten mal wunderbarlicher weis vom gütigen Allmechtigen GOTT ist verhindert werden:

2. Mac. 13 Judas siegt wider Antiochum.

Endlich aber da die schreckliche gereitzte Thier sampt einem grossen Reisigen Zeug deß Königs für die Stadt kamen/ vnnd nu den Schrancken zu naheten (darin die gefangene Jüden Gott sehnlich vnd mit Thränen anrufften / vnd alle Augenblick deß Todes erwarteten) da erscheinen zween Engel/ den Egyptiern gantz schrecklich anzusehen / welche jhnen wehreten / dem König selbst forcht vnd schreckten einjagten/ die Elephanten zurück truben/das sie die Egyptische Kriegsknecht vnd Reisigen Zeug an vnd vberfielen / vnd zutraten/ Darauff denn Philopator bald befohlen / man solt die gefangene Juden los machen/ zu essen vnd trincken geben, vnd mit frewden heim ziehen lassen.

Lehr aus dieser Historia.

1. Dardurch werden wir erinnert/das Gott die grawsame zornige Thier in seiner gewalt hat/von seinen gleubigen anbetern abwenden / vnd wider die Feind treiben vnd anreitzen kan. Wie diß bey den Löwen drunden auch folget. Welcher mehr lehren von diesem Thier wissen wil / der mag lesen S.

NB. Ambros. lib. 6. cap. 5. Hexam. Vnnd Basil. Hexam. homil. 9. Da sie vnter andern die fürnembste Glieder deß Elephanten erzehlen/vnd beweisen/ das Gott nichts vnnütz vnd vergeblich an jhnen gemacht habe.

2. Darnach ob sie schon gantz gros vnd grawsam/dennoch

Ambrosius. deß Menschen gewalt vnterworffen sein. Ambrosius beschleust das Capitel mit diesen worten. Documento itaq; nobis sunt, quod nihil superfluum sit creatum, & tamen hæc tantæ molis bestia subiecta nobis imperijs seruit hu-

Basilius. manis. Basilius aber also: Adeó vera est illa sententia nihil in rebus creatis vacare, nihil omninò deesse. Hanc tamen tàm vasta mole tàm exuperantem viribus beluam, subiectam, opifex rerum omnium nobis subditamq; creauit atq; constituit: vt & comprændat percipiatq;

cum.

cum à nobis docetur, & ferat cum vapulat: aperte nos admonens, propterea sese nobis omnia subiecisse, quod imagine similes ipsi sumus effecti: Non solum autem in tam magnis animalibus insignis roboris, verum etiam & in paruis exilibusq́ inspicere Dei sapientiam, admirariq́ nobis licet. Non Elephantum tantum admirari potius consueui quam soriam qui formidolosus est Elephanto.

Das ist / Man sagt gar recht vnd wol / das in den erschaffenen Creaturen nichts vbrig oder vnnötig sey / vnnd auch nichts mangele. Er hat aber / der Schöpffer aller ding / diß vber aus grosse vnd starcke Thier erschaffen / vns vnterworffen / vnd also geordnet / das er merckt vnd gleichsam verstehet / wozu es von vns vnterwiesen wird / vnd leidet / wenn es von vns geschlagen wird: Vns klerlich damit zu erinnern / das er vns alles hab vnterthenig gemacht / dieweil wir nach seinem Ebenbild sein erschaffen. Wir sollen aber nicht allein in so grossen vnd starcken / sondern auch in kleinen vnd geringen Thierlein Gottes Weisheit anschawen / vnd vns darůber verwundern. Ich hab mich nicht mehr verwundert vber den Elephenten / als vber der kleinen Spitzmaus / vor der sich der gros Elephant fürchtet.

WIr wollen jetzt auch etwas vom Helffenbein / so von diesem Thier kömpt / nach den dreyen Stenden / aus Gottes Wort hören vnd handeln. Vnd was den Geistlichen Stand betrifft / haben wir zum ersten das Epithalamion Dauidis von Christo vnd seiner Braut aus dem 45. Psalm zu erwegen / da der heilige Dauid die Palläst deß Breutigams Jesu Christi also beschreibet: Deine Kleider sind eitel Myrrhen / ꝛc. Wenn du aus den Helffenbeinen Pallästen daher trittest in eitel köstlichem Gold.

Vom Helffenbein.

Der erste Stand.

Psal. 45.

Der alten Lehrer Geistliche auslegung

Diese Helffenbeine Palläst vnd wonunge Christi/ verstehen die alten Lehrer von den heiligen Aposteln / Mertterern vnd aller Gleubigen Seelen / welche durch die Göttliche Mittel gereiniget vnd weis gemacht sind / das Christus in jhnen wonet.

Augustinus

Augustinus. Vis domos eburneas spiritualiter accipere? Magnas domos & magna tabernacula Dei CORDA sanctorum, ipsosq́; reges regentes, carnemq́; subiugantes sibi turbas humanarum affectionum &c. accipe.

Hieronymus

Also erklerts auch Hieronymus von den Aposteln welche vor jhrem beruff vnlieblich vnd heßlich gewesen sind/ aber da der heilige Geist auff sie kommen/vnd sie hernach mit allerley Marter sind zugerüstet vnnd gerichtet / seind sie ein liebliche habitation deß Allmechtigen Königs der Ehren worden/wie auch alle heilige Merterer. Domos eburneas, propter magnitudinem Elephantorum, domos amplas accipimus. Ampla est enim via, quæ ducit ad perditionem. Sed EBVR nisi radatur limis, diuidatur serris, ac subulis perforetur, obscurum & horribile est: Sic & Apostoli erant antequam vocarentur & inhabitarentur, sed postquam vocati sunt, serris secti, vngulis rasi, scalpellis scalpti, flammis igniti, ac diuersis supplicijs elimati, facti sunt DOMVS Dei, in qua ipse Christus dignaretur habitare. Horum exempla sequentes martyres, effecti sunt suorum corporum reges. Istorum regum filiæ sunt animæ sanctæ.

Hohelied Salomon Cap. 5.

Es gibt aber auch die Christliche Kirch/ als Braut/ jhrem Breutigam Christo diese Eigenschafft/ im Hohenlied Salomonis Capit. 5. Sein Leib ist wie ein Helffenbein/ mit Saphiren geschmücket.

Auslegung Lutheri.

Wiewol Lutherus diß verstehet von den gemeinen Mann in der Christlichen Kirchen (vulgus significat quod est in corpore Ecclesiæ, ceu venter, quod quanquam per se infirmom sit, vt aliorum membrorum ministerio opus habeat, tamen est candidum, sicut ebur, & incorruptibile) Jedoch deutens die Alten auff die angenommene Menschliche Natur Christi/ welche mit Himlischen Eigenschafften vnd Wunderzeichen gezieret vnd geschmücket sey.

Vuilramus. Humana fragilitas in eo decorata est coelestibus signis, Saphyris designatis, Saphyrus enim sereni coeli colorem habet. Inn nachfolgenden Versen schreibet er also: Vuilramus.

Aluus Eburna sibi Sapphyro picta nitenti
Est, quia naturæ sponso perfectio duplæ
Ex genitore Deus, homo sed de virgine verus
Munia naturæ sua dispertiuit vtriq;
Quippe quod esuriit, sitiit, lassusue quieuit
Signa patent carnis: vitam dare funera passis.
Imperitare mari, vim dæmonibus minitari
Ferre medelam ægris, insignia sunt Deitatis.

Dargegen so rhümet auch Christus Cap. 7. Cant. seine Braut/ die Christliche Kirche/ vnd sagt: Dein Hals ist wie ein Helffenbeinern Thurm/ nemlich/ so auffrecht/ schön vnd lieblich/ Der Thurm bedeut die Bestendigkeit/ Helffenbein die Reinigkeit Göttlicher Lehr vnd Glaubens. Vuilranus legets aus von den Predigern vnnd getrewen Lehrern/ welche dem Leib Christi/ das ist/ der Christlichen Kirchen die Himlische Speise Göttliches Worts zu bringen/ stercke vnd krafft geben/ vnd mit einem reinen Leben vorgehen. Collum ventri cibum masticatum porrigit, mox educens sonitum vocis: Id quoque faciunt, ô sponsa, tui Doctores: Porrigunt enim hominibus cibum vitæ &c. simulq; illis arcana scripturæ manifestant. Assimi- Cant. 7. Vuilrami auslegung.

Assimilantur ergò turri Eburneæ, quia subiectis suis (auditoribus) pulchritudinem præstant, per castæ conuersationis pudorem, simul & robur per prædicationis munimen quam Diabolum.

Lutherus gibt auch diese auslegung von den Predigern vnd Regenten / so in jhrem Ampt auffrecht / trew vnd standhafftig sind. Sunt collum Doctores & Magistratus populi incorrupti, & firmi, qui non franguntur animo, non vincuntur odio, amore, precio &c. sed ritè faciunt officium suum.

Der ander Stand.

DEn andern Stand der Weltlichen Oberkeit / wird für allen Regenten in der gantzen Welt Salomo der König Jsraelis gerhümet / welchem viel Helffenbein aus fernen Landen gebracht ward / 1. Reg. 10. 2. Chro. 9. das er einen grossen Stuel macht von Helffenbeinen / mit Gold vberzogen / vnd der Stuel het 6. Helffenbeinen Stuffen / vnd das Heupt am Stuel war hinden rund / vnd waren Lehnen auff beyden seiten vmb das geseß / vnd zwo Helffenbeinen Löwin stunden an den Lehnen / vnd zwölff Helffenbeine Löwen stunden auff den 6. Stuffen auff beyden seiten / solches ist nie gemacht in keinen Königreichen.

1. Reg. 10. 2. Chron 9.

Bedeutung solcher herrligkeit des Salomonis

Diese Herrligkeit Salomonis ist ein Vorbild der Maiestet Jesu Christi / der ein Richter ist der Lebendigen vnnd Todten / Vor dem sich alle Knie beugen / deren die im Himmel / auff Erden / vnd vnter der Erden sind. Die zwölff Löwen sind die zwölff Apostel / welche auff Stülen werden sitzen / vnd richten die zwölff Geschlecht Jsrael.

Brentius.

Brentius. Hic thronus eburneus regnum & iudicium Christi significat, qui est iudex viuorum & mortuorum. Quod autem ex ebore factus est, obedientiam significat,

significat, & genuum curuationem omnium cœlestium terrestrium & infernorum: Elephantes enim, vnde ebur aufertur, authore Plinio tanta sunt docilitate præditi, vt regem adorent, genua submittant, coronas porrigant. Das ist / Helffenbein bedeutet den gehorsam vnd Knie beugen aller Menschen vnnd Engel / Denn vom Elephanten schreibt Plinius / das er so gelernig sey / das er den König kennen / gleichsam anbeten / vnd sich vor jhm neigen könne. Rabanus aber sagt / Benè solium de Ebore factum esse memoratur, quoniam Elephas, cuius hæc sunt ossa, inter quadrupedia plurimum sensu valet & temperanter miscetur fæminæ, & coniuge secunda non vtetur: Hoc pudicis aptatur, qui per castitatem Christi præcepta sequuntur. Er verstehet durch den Stuel die Christliche Kirche / darinne Christus seine Gericht helt / Helffenbein aber zeigt an die Reinigkeit vnd Keuschheit der Christgleubigen / wie ein Elephant deßhalben gelobt wird. Raban.

1. Reg. 23. V. 39. Von Ahab wird auch geschrieben / das er ein Helffenbeinens Haus gebawet habe / welcher als ein Gottloser Abgöttischer prechtiger König nicht gerhümbt sondern gescholten wird. Osiander. Notatur hîc nimius splendor & luxus in ædificando. Vberflüssiger vnnötiger pracht vnd lust im bawen / sonderlich bey Fürsten vnd Herren / mit der armen Vnterthanen Schweiß vnd Blut / wird hie gestrafft. 1. Reg. 22. Lehr.

IM gemeinen vnd Hausstand / Ezech. 27. Die Kauffleut in den Insulen haben mit der Stadt Tyro gehandelt / Helffenbein vnd Hebenholtz verkaufft / welches Hieronymus Anagogicè von den klugen reden / dahinder doch falsche Lehr vnd betriegliche sachen stecken / Der dritte Stand. Ezech. 27.

Apoc. 18. cken/ verstehet. Apocal. 18. wird auch der Kauffmanschafft vnnd Handthierung gedacht/ welche die Bepstische Meßknecht getrieben haben/ vnnd nu mehr feid tragen/ weil niemand jhre Wahr kauffen wil. Die Helffenbeine Gefeß/ sagen etliche/ seyen simulata virtutum pulchritudo, der gleißnerische schein der Frömmigkeit vnnd Tugent/ da es doch nicht Frömmigkeit/ sondern eitel Vntugent vnd Sünde damit gewesen ist.

Prechtige Bew werden gestrafft Amos, 3.

Die Propheten straffen sonsten auch den vberflus in der Haushaltung/ vnd köstlichen Bäwen. Amos am 3. dröwet/ es sollen die Helffenbeinen Heuser vntergehen. Hieronymus verstehets von deß Königs Ahabs Haus. Id etiam iuxta historiam stare potest: legimus enim Ahab regem Israel tantis fluxisse delicijs, vt domum sibi eburneam fecerit.

Warnung an die Kinder Israel vnd alle prechtige Bawleute.

In gemein ist es eine Weissagung wider das Königreich Israel/ das verstöret sol werden/ vmb jhr sicher Leben vnnd Vndanckbarkeit willen gegen GOTT vnd seinem Wort/ Alle köstliche Heuser sollen vmbgekehret werden.

Osiander. Hodie magnus regnat luxus in ædificijs etiam priuatorum hominum: vbi nihil satis eleganter aut politum fabrè fieri potest. Etsi autem Dominus munditiem non odit: tamen eos odit, qui ita huic vitæ sunt addicti, vt de ea commodè traducenda tantum sint solliciti, neq; vitæ æternæ desiderium habeant. Multò autem grauius peccant, qui etiam ex vsuris & imposturis, aut pauperum sanguine magnificentissimè ædificant: non interim reputantes, quod viua Dei domicilia vsuris aut exactionibus exhauriant atq; fame enecent: Hi omnes eandem fortunam expectent, quam experti sunt Israelitæ.

litæ in Samaria: vt nimirum ipsorum domos atq; palatia exurantur atq; solo æquentur.

Das ist/ Es wird heut zu tag ein grosser Pracht im bawen getrieben / auch bey gemeinen Leuten / da man jhnen nichts mehr kan hübsch vnd zierlich gnug machen. Ob nun wol GOTT dem HERRN Reinligkeit nicht zu wider ist/ so hasset er doch die Leut/die auff diß Leben so gar erpicht sein / das sie nur darauff dencken / wie sie hie wol leben / vnd sehnen sich nichts nach dem ewigen Leben. Es sündigen aber die jenigen viel schwerer / die mit Wucher vnd Betrug / oder armer Leut Schweis vnd Blut bawen: Nicht achten/ das sie die lebendige wohnung Gottes mit Wucher vnd schatzen aussaugen/ vnd mit Hunger tödten. Solchen Leutschindern wirds eben gehen/wie den Kindern Jsrael in Samaria/das nemlich jhre Heuser vnd Pallast sollen verbrand vnd verheeret werden.

Jm Propheten Amos am 6. Capitel werden die Wollüstler beschrieben/ Wehe / die jhr euch weit vom bösen Tag achtet/vnd trachtet jmmer nach freuel Regiment/vnd schlaffet auff Helffenbeinern Lägern / vnd treibet vberfluß mit ewren Betten/ etc. Darumb sollen sie gefangen weg geführet werden. Amos 6.

Hieronymus. Qui delicijs vacant atq; luxuriæ, & omnia ventris causa faciunt, dormiunt in lectis eburneis, mortui animalis & immundis hærent ossibus, & quæ pulchra videntur vitia & præsenti nidore delectantur, requiescunt in eorum lectulis & sopore grauissimo deprimuntur. Chryſ. Tom. 1. concione: 1. de diuite & Lazaro, Quid possit esse ista mollitie nequius, quam indormire lectis eburneis. Nam cætera quidem peccata delectationem habent, velut in temulentia & adulterio,

 cæterum

cæterum in lectis Eburneis dormit, quam affert voluptatem? quod solatium? &c.

Osiander sagt/ Das dardurch nicht allein das vberköstlich bawen/sondern auch die Vnzucht perstringirt vnd vom Propheten gestrafft werde. Taxantur hoc loco, qui lectulos luxuriosè exornant: & venere non vtuntur ad generandam sobolem, & ad extinguendas libidinis flammas sed ad delectationem. Et quidem huiusmodi homines tàm animos quam corpora eneruant.

Das siebende Capitel/ von Hunden.

Der erste Stand.

Wiewol die Hunden Menschen zur Bewarũg deß Hauses vnnd andern Sachen dienstlich/ jedoch werden sie vnter die vnreineste Thier gerechnet/ Wie Gott durch Esaiam am 66. sagt von den Jüdischen Opffern: Wer ein Schaff opffert/ ist als der einem Hund den Hals breche (vnnd nach der Heyden gewonheit Gott opfferte) darmit der Jüden Opffer ohn glauben an Christum gethan/ verworffen/ vnd als abschewlich für Gottes Angesicht geachtet werden. Daher auch GOtt durch Mosen Deut. 23. sagt/ Du solt kein Hurenlohn noch Hundsgelt in das Haus Gottes deines HERRN bringen/ aus

Esa. 66.

Deut. 23.

aus jrgend einem Gelübd / denn das ist dem HERRN deinem GOtt beydes ein Grewel. Hieronymus in Esa. Pulchrè Canis & meretrix copulantur, quia vtrumque animal pronum est ad libidinem. So nun Gott an dem Hundsgelt vnd Hurenlohn ein Grewel hat/wie vielmehr wird er die Vnzucht selbs hassen vnd verdammen. Denn das Hundsgelt wird vmb der öffentlichen Schand willen (propter huius animalis immundiciem & fœditatem quam publice exercet, vnde & Caninæ nuptiæ dictæ sunt) verwaigert vnd verworffen. Brentius. Lutherus vermeldet eine andere vrsach: Weil ein Hund ein verachts Thier ist / wil er das Gelt nicht nennen/ denn Gottes verachtung wird darbey gespüret. Hæc est ratio cur pecunia, qua canis emitur, non sit offerenda, quia Canis vilissimum animal in scripturis habetur, vt etiam prouerbijs seruiat, sicut ait Abner, Sum ne ego caput canis? scilicet nihil vilius potuit allegare. Qui ergò precio canis honorat Deum despicit & vilem habet Deum, ac si precium stercoris offerret. Quæ signa ostendunt vilem esse opinionem cordis de Deo. Das ist/Das ist die vrsach/warumb Gott das Gelt/ darumb ein Hund gekaufft wird / zum Opffer nicht haben wil / dieweil ein Hund in der Schrifft für so ein geringes Thier gehalten wird / das man auch in Sprichwörtern davon sage/wie Abner spricht: Bin ich ein Hundskopff? Weil er nichts geringers hett nennen können. Wer nun Gott mit Hundsgelt ehret/der verachtet Gott selbst/ vnd ist gleich/als geb er jhm Mistgelt/welches anzeigungen sein/das eines solchen Menschen Hertz von Gott wenig halte. Darumb auch GOtt den Jüden weiter befihlet/das sie das Fleisch von den Thieren zurissen/als vnrein nicht essen solten/Exod. 22. sondern den Hunden fürwerffen. Darmit nach etlicher Allego-

Warumb Gott das Hundgelt nicht haben wil.

Exod. 22.

rien die falsche vnreine Lehr / welche den Abgöttischen Heyden zu lassen sey / angedeutet wird. Denn fast alle Sprüche im ersten Stand nicht lobens sondern straffens halben verstanden werden / Doch seind etliche wenige lobwirdige vnd bekehrte Hündlein/ die zuuor zu mercken seind.

Matth. 15 Das Cananeische Weiblein.

Matth. 15. vnd Marci am 7. wird das Cananeische Heydnische Weiblein / welches Christum vmb jhrer Tochter Gesundheit bittet/ ein Hund genennet / das sie nicht verneinet / vnd doch Christum mit der Hündlein Rechte vnd eigenschafft fenget/ Die Hündlein essen von den Brosamlein/ die von jhrer Herren Tisch fallen / Darauff Christus sie annimpt/ lobet vnd der Bitt gewehret. Doch seinds nicht beissende Hunde/ daruon hernach/ sondern welche jhre Herren erkennen/ vnter jhren Tischen seind/ vnd der Brösamlein geniessen.

Warumb die Heyden Hunde genennet werden.

Die Heyden wurden Hunde genennet/ propter immundiciam, Augustinus in Psal. 58. weil sie vnrein / Abgöttisch / vnd frembd waren von den Verheissungen Gottes / aber sie sind doch / nach dem die Kinder der Jsraeliten satt vnd eckel wurden / zu dem Evangelischen Tisch vnd den Wolthaten Gottes zugelassen worden.

Chrysostomus Tom. 2. hom. 12. de Cananæa: Tu Canem me vocas, ego te Dominum voco: Tu me iniurias, ego te glorifico: Etiam Domine, nam & catelli edunt de micis, quæ cadunt de mensa Dominorum suorum: Non respuo opprobrium, tantum accipiam vel escam canis: dicit rem quæ in consuetudine est, Tu fac quod debetur cani, quia canem me vocas, da mihi micas: ô Domine aduocatus es factus meæ postulationis, ac negando promittis. Das ist so viel gesagt/ Du heist mich ein Hund/ ich nenne dich ein HErrn. Aber ich wil diesen

sen schendlichen Namen gern tragen / allein stelle mir auch zu / was nach gemeinern brauch einem Hund gebüret: Gib mir auch die Brosämlein.

Dieser meinung verstehet man auch den Versicul aus dem 68. Psalm / Doch spricht der HERR / Ich wil vnter den Fetten etliche holen / aus der tieffe deß Meers wil ich etliche holen / darumb wird dein Fuß in der Feinde Blut geferbet werden / vnnd deine Hunde werdens lecken. Diß ist eine Weissagung vom Geistlichen Sieg Jesu Christi / welchen er mit der Predigt deß H. Euangelij in dieser Welt erhelt. Psal. 68. Geistliche auslegung.

Hieronymus zwar verstehets von der Römer Krieg wider das Jüdische Volck / da die Hund Blut gnug zu lecken gehabt. Vnd Hilarius ist auch der meinung. Hieronymus

Aber Augustinus vnd andere verstehen die lobwirdige Hunde / welche Trew vnd Glauben halten jhrem HErrn / für das Haus wider die Feinde bellen / denn er nennet sie seine / deß HERRN / Hunde / Vnd nicht die Zeen / sondern die Zunge wird gerhümet. Das seind nu die bekehrte Prediger / rc. Eosdem ipsos, ait Augustinus in Psal. 68. qui vsq; ad sanguinem fuerant certaturi pro fide Euangelica, etiam CANES vocat: tanquam pro suo Domino latrantes. Non illos Canes, de quibus dicit Apostolus, videte canes: sed illos qui edunt de micis, quæ cadunt de mensa Dominorum suorum. Hoc enim confessa Chananea meruit audire, ô mulier magna est fides tua, fiat tibi sicut vis. Canes laudabiles non detestabiles, fidem seruantes Domino, & pro eius domo contra inimicos latrantes. Non enim tantummodo Canum dixit, sed Canum tuorum: nec eorum dentes sed lingua laudata est. Vnde autem illis tantum bonum vt canes eius fierent, cuius fuerant inimici? Respondetur ab ipso: Ipsius vtiq; dilectione, ipsius misericordia, ipsius gratia. Das

Das ist / Die jenigen / spricht Augustinus, die biß in den Todt für den Euangelischen Glauben streiten werden / nennet er auch Hunde: Als die für jhren Herren bellen. Er versteht nicht die Hunde / von denen der Apostel sagt (Phil. 3.) Sehet auff die Hunde / Sondern die jenigen / so die Brosamlein / welche von jhrer Herrn Tische fallen / essen. Denn als das Cananeische Weiblein solchs erkant / vnd für bekant angenommen / hat sie damit erhalten / das sie gehört hat: O Weib / dein Glaub ist gros / dir geschehe wie du wilt: Löbliche Hunde / nicht straffwirdige / die jhrem Herrn Trew vnd Glauben halten / für sein Haus wider die Feinde bellen. Denn er hat nicht schlecht gesagt: Der Hunde / sondern deiner Hunde: So sind auch nicht die Zeen / sondern die Zunge gelobt worden. Wo kommen sie aber dazu / das sie seine Hunde werden / die seine Feinde waren? Antwort: Von jhme / nur durch seine Lieb / durch seine Barmhertzigkeit / vnd durch seine gnad.

Diese außlegung repetirt Augustinus, Epistola 59. ad Paulinum in sol. 3. quæst. vnd sagt: Das eben in dem 68. Psalm stehe / Deiner Hunde Zung wird deiner Feinde Blut lecken. Drumb müsse man nicht allzeit straffwirdige Hunde verstehen / wenn in heiliger Schrifft Hunde genennet werwerden: Sonst würde der Prophet die stummen vnd schlefferigen Hunde / die nicht bellen können / vnd nur schlaffen / nicht straffen. Denn wo sie nicht stumm weren vnd jmmer schlieffen / sondern bellen köndten / vnd wacker weren / so weren sie warlich auch lobens werth. In eodem psalmo scriptum est, Lingua canum tuorum ex inimicis ab ipso: Non semper in malo accipiendi sunt canes, alioquin non repræhenderentur apud Prophetam canes nescientes latrare & amantes dormitare. Profecto enim laudabiles canes essent, si & latrare scirent & vigilare amarent, & certè illi trecenti in numero per crucis literam T. sacratissimo non eligerentur ad victoriam faciendam, qui tanquam canes lamberent aquam, nisi aliquid magnum significarent: Vigilant enim & latrant boni canes & pro domo & pro Domino, & pro grege & pro pastore. Denique & hic in Ecclesiæ laudibus, cum prophetia exereretur, Lingua canum est commemorata non dentes &c.

Wir wollen die gleichförmige auslegung Lutheri auch hieher setzen. Der Fuß Christi ist das Predigampt / darmit vnd sonst mit keinem Wapen / hat er die Welt angriffen / hat vber sie gelauffen / vnd jhr geprediget / Aber das Ampt ist im Blut beferbet / denn es sind jhr gar viel drob gemartert / zuvor im Römischen Reich / vnd zu Rom / doch also / das nicht im Blut erstickt ist / noch vntergangen / es ist dennoch blieben / wie viel jhr drob gemartert sind. Ja weiter / Gleich wie Habel nach seinem Tode / durch sein Blut allererst mehr redet / vnd strafft seinen Mörder Cain: Also auch hie / da die Apostel sind gemartert / vnnd der Fuß Christi im Blut beferbet ward / erwecket allererst CHRJstus andere Prediger / die da straffeten die Mörder / vnd huben an recht laut zu bellen / das Euangelium je höher vnd höher heben. Also kam von dem Blut der Prediger / die Zunge der Hunden Christi / vnd dieselbe ist dennoch nicht aus den Freunden / sondern aus den Feinden kommen / denn Christus hat die bekehret / die zuvor hart wider das Euangelium gewesen / darnach die fürnembsten Prediger worden / wie Augustinus vnd viel andere gewesen sein. Vnd sonderlich zeucht er die Zunge der Hund an / denn dieselbe ist heilsam / wie im Euangelio stehet / das sie dem armen Lazaro seine Wunden leckten / Das sind die Prediger / die da mit heilsamer Lehr die Wunden der Gewissen reinigen vnd heilen / Nemen an sich / aus Brüderlicher Lieb / deß

Lutheri.

Je mehr Tyrannen Christen Blut vergiessen / je mehr newe Christen werden.

Auch der getödteten Merterer Blut schreiet zu Gott.

Warumb die trewe Prediger Hunde zungen vergliechen werden.

deß Nechsten Gebrechen / Rom. 14. Solche Lehrer kommen aus dem Blut der Merterer / die nicht allein bellen wider die Feinde / sondern auch heilsam sind den schwachen Freunden. Aber jetzt reissen / beissen / vnd fressen die Bischoffe / die schwachen Freunde / lecken vnnd heilen die starcken Feinde. Das sind deß Teuffels Hunde.

Prædicatores dicuntur Canes propter has proprietates.

1. *Propter latratum prædicationis Esa. 58. Clama ne cesses.*
2. *Propter olfactum sagacitatis, 2. Cor. 2. Non ignoramus cogitationes eius.*
3. *Propter linguam medicinalem, Psal. 67. Lingua canum tuorum &c, Prou 15. Lingua placabilis Christi.*
4. *Propter continuam famem, Phil. 1. Testis est mihi Deus quomodo cupiam vos omnes esse in visceribus.*
5. *Propter Domini sui fidelitatem, Luc. 12. Quis putas est fidelis,*
6. *Propter luporum odium, Psal. 118. Iniquos odio habui.*
7. *Propter custodiam gregis, Actor. 20. Attendite vobis & vniuerso gregi.*
8. *Propter venationem, Ier 16. Mittam eis multos venatores.*
9. *Quia quod venatu capiunt Domino reseruant, Iob. 38. Nunquid capies leanæ prædam.*
19. *Quia sanguinem lambunt, Iob. 39. Pulli eius lambunt sanguinem.*
11. *Quia lingua lambunt Iudic. 7. Qui manu & lingua lambuerit aquas.*
12. *Quia lanbunt vbera: sic prædicatores vbera sponsi, id est, duo Testamenta, Cant 1.*
13. *Quia prius sunt cæci & postea illuminantur. Ita prædicatores, Augustinus, Dionysius, Paulus*
14. *Quia debent linguam habere leuissimam, & dentes acutos propter consolationem infirmorum & reprehensionem malorum.*
15. *Quia pro Domino suo debent pugnare vsq; ad mortem, & in morte non relinquentur, Lucæ 22. Etiamsi mori pro te oporteat, non relinquam te.*

Weil

Weil aber noch von zweyerley Hunden meldung geschehen in Lutheri vnd Augustini eingeführten auslegungen/ wöllen wir auch dieselbige hieher schreiben. Denn was des Gideons Kriegsknecht anlanget / Judic. 7. werden sie deutungs weis von etlichen Lehrern auff den ersten Stand gezogen. Die Midianiter/ Amalekiter/ vnd alle aus dem Morgenland/ hatten sich im Jüdischen Land nidergelegt/ wie ein menge Hewschrecken / vnd jhre Kameel waren nicht zu zehlen für der menge / wie der Sand am Vfer deß Meers/ darwider rüstet sich nu Gideon auch mit einem grossen Heer/ Aber GOTT spricht / Jsrael möcht sich rhümen wider Mich/ vnd sagen / Meine Hand hat mich erlöset/ So las nu alle Blöde vnd Verzagte vmbkehren / Vnd es kehreten zwey vnd zwentzig tausent vmb / das nur zehen tausent vberblieben. Vnd es waren noch zu viel/ darumb sagt GOTT/ Er sol sie zum Wasser führen / vnd welche mit der Zungen das Wasser lecken wie die Hunde / sollen besonders gestelt werden / welche aber aus der Hand zum Mund gelecket hatten / solten auch besonders stehen / Da wurden nur drey hundert funden/ die nicht auff jhre Knie gefallen/ vnd getruncken hatten/ mit welchen denn GOTT das grosse Heer geschlagen hat. Jud. 7.

Dieser Text wird von den Alten anders / denn von den jetzigen Lehrern / ausgeleget. Denn die Alten setzen zusammen / aus der Hand zum Mund lecken / vnnd wie die Hund lecken / welche die drey hundert vnnd löbliche Kriegsknecht waren / wie denn die Lateinische Translation vberein stimpt. Geistliche auslegung.

Dahin gehört nun vor erzehltes testimonium Augustini ad Paulinum. Certè illi trecenti in numero per crucis literam T. sacratissimo, non eligerentur ad victoriam Augustini.

 facien-

faciendam, qui tanquam canes lamberent aquam, nisi aliquid magnum significarent. Vigilant enim & latrant boni canes, & pro domo, & pro Domino, & pro grege & pro pastore.

Origenes. Origenes homil. 9. in Iud. Ille est probabilis & electus, qui posteaquam ad aquas Baptismi ventum est, flecti ad necessitates terrenas & corporeas nescit, qui vitiis non indulget, neq; ob peccati sitim sternitur pronus, sed quod eos dicit manu vel lingua aquam lambere, non absq; Sacramenti quadam significantia, hoc mihi videtur scriptum, scilicet, quod & manu & lingua operari debent milites Christi, hoc est, opere & verbo &c. Quod autem etiam similitudinem canis lambentis scriptura posuit, videtur mihi istud animal, hoc in loco, propterea nominatum, quod supra cætera omnia animalia amorem dicitur proprii Domini seruare, nec tempore nec iniuriis obliterari in eo fertur affectus.

Das ist / Die seind die rechte auserwehlte bewerte Kriegsknecht Christi / welche sich nach empfangener Tauff nicht widerumb beugen vnd bewegen lassen / zu den Fleischlichen Wollüsten vnd Sünden / sondern mit der Hand vnd Zungen / das ist / mit wort vnd wercken sich tapffere Knecht erzeigen / Vnd wie die Hunde eine grosse liebe vnd zuneigung zu den Herren tragen / auch dieselbige weder aus langwirigkeit der zeit / noch bewiesenen schlegen in vergeß stellen / 2c.

Andere Lehrer setzen das niederfallen vnd Hundstrincken zusammen / vnd deutens auff die jenigen / welche nicht bestendig sind im Creutz vnd Widerwertigkeit / vnd auch sich bald den Wollüsten ergeben / Vnd das seyen die vntüchtige Kriegsknecht Christi / so zu dem Predigampt nicht sollen gebraucht werden.

Wir

Wir wollen auch gleich hieher verzeichnen deß Lazari Hund/ Luc. 16. welche jhm seine Schwären gelecket haben/ Vnd zeigt Gott darmit an/ das die vnuernünfftigen Thier/ die Hunde/ gegen dem krancken armen Lazaro barmhertziger seyen / als der reiche Wollüstler vnd Prasser mit seinem Gesinde/ die jhm die Brösamlein verweigerten. Luc. 16. Von Lazaro.

Die Lehrer verstehens auch Geistlicher weis / wie aus Luthero vor angehört/ von den Predigern/ welche die Brösamlein Göttliches Worts vortragen/ vnd als Medici der krancken Christen Schwachheit vnd Gebrechligkeit tragen/ heilen vnd reinigen. Ambrosius in Luc. Micæ velut quadam dogmata sunt, vnde respondit Dominus, vt ostenderet fideliter dictum: ô mulier magna est fides tua &c. ô felicia vlcera, quæ perpetuam excludunt dolorem, Micæ sunt sermones scripturarum &c. BEATI CANES, in quos vlcerum talium distillat humor, vt adimpleat cor & impinguet fauces eorum, qui custodire domum, seruare gregem, cauere adsuescant lupos. Gregorius in homil. Nonnunquam solent in sacro eloquio per canes Prædicatores intelligi: Canum etenim lingua, vulnus dum lingit, curat: quia Doctores sancti, dum in confessione peccati nostri nos instruunt, quasi vulnus mentis per linguam tangunt, & quia nos loquendo à peccatis eripiunt, quasi tangendo vulnera ad salutem reducunt. Das ist / Bißweilen werden in heiliger Schrifft durch die Hunde die Prediger verstanden. Denn der Hunde Zungen / so sie die Wunden lecken / heilen: Dieweil trewe Lehrer/ wenn wir jhnen vnsere Sünde bekennen/ vns vnterweisen / vnd mit jhren Zungen gleich vnsers Gemüts Wunden lecken/ Vnd weil sie vns mit worten von Sünden abhalten / lecken sie vns gleich vnsere Wunden / vnd bringen vns zur Seligkeit. Geistliche deutung.

Von straffwirdigen Hunden in dem ersten Stand. Esa. 56. Wir wöllen nu die straffwirdige Hunde in diesem stand besehen/ vnd beschreibt Esaias 56. die falschen Propheten vnd Lehrer gar meisterlich mit der Hunden Eigenschafften vnd art. Erstlich sagt er von den Geistlichen Wächtern vnd

1. Was stumme Hunde bedeuten. falschen Lehrern/ sie sind stumme Hunde/ die nicht straffen können. Dardurch der Prediger Heucheley vnd forcht perstringirt wird/ Das/ wenn sie schon Sünd vnd Schand sehen/wissen vnd hören/dennoch dieselbige/ aus forcht der vngunst/ vnd verlust der Gaben vnd gutes Namens/ etc. weder priuatim noch publicè heimlich oder öffentlich/straffen/ vnd zu recht bringen/ vnnd nun nicht mehr Christi Knecht sind/weil sie den Menschen gefallen wollen.

2. Schlaffende Hunde. Die andere Hundsart ist/das sie liegen vnd gern schlaffen/ sich jhres Ampts mit ernst nicht annemen/ nicht studieren/ keinen bericht vnd verstand in Göttlichen Sachen vnd heiliger Schrifft haben/ sondern sich allein den Wollüsten/ Fressen/ Sauffen/ Schlaffen/ Kammern vnd Vnzucht ergeben / ob schon die Härde Christi verseumet/ den Wölffen vnd Füchsen zum Raub vnd theil gelassen wird.

3. Geitzige Hunde Die dritte fürneme Hundsart vnd Eigenschafft ist/ der vnersettliche Geitz der falschen Prediger/die nimmer satt können werden: Der Pfaffen Secke haben keinen boden/ die Pfaffen sind Geitzig/spricht man. Die auslegung dieser Eigenschafft besihe Ezech. am 34. Zachariæ am 11. Michæ am 3. Matth. am 23. Capitel. Vnd Hieronymus verstehets von den Schrifftgelehrten vnnd Phariseern/ welche Blindeleiter vnd geitzige Leut waren. Non possunt loqui veritatem, sed vniuersa mendacia: Nec hoc sine contenti sunt, qui in custodia gregis Domini dormiebant, & latrare non poterant, & amabant cubile, per quæ voluptas corporis indicatur, sed apud suos impudentis animæ nescie-

nescierunt saturitatem, qui nunquam suo saturantur errore. Das ist / Sie können nicht war reden / sondern nur lügen / Sie waren auch damit nicht begnügt / das sie in der Hütten der Härde jhres HERREN schlieffen / vnd nicht bellen kondten / vnd faullentzten / dardurch deß Leibes wollust angezeiget wird / sondern sie waren auch vnuerschamptes Geitzes / vnnd kondten in jhrem Irrthumb nicht ersettiget werden.

Aber viel eigentlicher haben die Papistische Bischoffe / Thumbherren / Prelaten vnd Pfaffen / erzehlte Hundsart an jhnen / wie Lutherus sagt: Est descriptio Pseudoprophetarum elegans, quod nihil sciant, & sint muti canes, ignaui, auari & dediti luxui: Tales sunt hodie columnæ quibus nititur Papatus. Die Bapstsseulen / das ist / die Cardinälen vnnd Bischoffen / haben diese Hundsart an jhnen. Brentius. Quæso te, num ouum ouo tam simile, quàm similes sunt Episcopi horum temporum, illis, quos Esaias hîc depingit? Inanem operam sumerem, si hanc Prophetæ pericopen, pluribus exponendam & nostris temporibus aptandam susciperem. Annon nostratium Episcoporum & Canonicorum cæcitas, ruditas, ignorantia omnium diuinarum rerum, somnolentia, socordia, auaritia, luxus, perpotationes, helluationes, scortationes, adulteria & infinita alia scelera, sunt satis perspicuus huius concionis commentarius. Eant nunc noui illi hæretici, & dicant, statum talium Episcoporum non habere testimonium sacræ scripturæ.

Das ist so viel gesagt / Kein Ey ist dem andern so gleich / wie die Papistische Bischoffen vnd Prelaten den abgebildeten falschen Lehrern Esaiæ: Denn vnserer Bischoffen vnd Thumbherren Blindheit / Vnuerstand / Vnwissenheit aller

Göttli-

Göttlichen Sachen/ Schlaffen/ Tregheit/Geitz/Fressen/ Sauffen/ Ehebruch/ Hurerey/ vnd andere jhre Laster/ erkleren gnugsam diese Predigt / das die newe Lutherische Ketzer nicht sagen dörffen/jr Stand vnd Orden habe keinen grund in der heiligen Schrifft/ ℞.

Phil. 3. Auff diesen Prophetischen Spruch gehört auch die vermanung Pauli an seine Philipper Cap. 3. Sehet auff die Hunde / Sehet auff die böse Arbeiter/ ℞. Das waren die falschen Apostel/so dem Evangelio zu wider/ das Gesetz vnd Beschneidung/als nötig zur Seligkeit/erforderten.

Ambrosij auslegung. Ambrosius. Hos designat, qui inuidentes gentibus, prauitate colloquiorum suorum, euerterant Galatas, suadentes eis vt circumciderentur. Quos omni genere vitandos & spernendos docet quasi canes, qui primum oblatrant, dehinc morsu sæuo malè operantur in carnem. Er meinet die bekehrte Jüden/ welche aus lauter Mißgunst wider die Heyden das Gesetz vnnd Beschneidung für nötig aufftringen wolten. Erstlich wie die Hunde wider das Euangelion bellen / vnd hernach in jhr fleisch (mit der Beschneidung) fallen vnd beissen.

Augustinus Augustinus lib. de Grat. noui Test. Paulus canes appellauit non ratione sed consuetudine contra insolitam veritatem latrantes. Hæc est enim canum natura, vt cum quibus habent consuetudinem, siue illi boni siue mali sint, non ad eos latrent, insolitorum autem personis visis etiam innocentibus irritentur. Das ist / Die Hundsart hetten sie / das sie den bekanten/ sie weren fromb oder böß/ nicht anbellen/ vnd beleidigten/ sondern allein die vnbekanten/ ob sie schon vnschüldig weren.

Verfolger Christi auch durch die Hunde für gebildet. Weiter werden durch die Hund auch die öffentliche Verfolger Christi vnd seiner Gleubigen vorgebildet. David spricht

spricht in der Person Christi Psal. 22. von seinem Leiden: Hunde haben mich vmbgeben / vnd der Bösen Rott hat sich vmb mich gemacht. Vnd hernach: Errette meine Seel vom Schwerdt/ meine Einsame von den Hunden. Psal. 22.

Hieronymus schreibet darüber/ Der Hunde art sey/ das sie sich jhres Herren frewen/ vnd den Mörder anbellen/ Aber die Jüden / als Hunde / haben diß vmbgekehret / Christum den HERRN angebollen/ da er vor Pilato stund/ vnd sich deß Mörders Barrabæ gefrewet / vnd jhn loß gebeten. Hieronymi erklerung.

Augustinus. Qui sunt canes? Qui canino more latrant, nec intelligunt contra quos. Nihil illis fit, & latrant. Quid fecit cani transiens viam suam? tamen ille latrat. Qui latrant cæcis oculis, non discernentes contra quos, aut pro quibus canes. Das seind Hunde / welche ohn vrsach die fürüber gehende anbellen/ so jhnen nichts gethan haben. Augustinus

Lutherus. Canes hic appellat (Iudæos) qui eum iniquis latratibus, morsibusq; coram Pilato accusauerunt, lacerauerunt, & in manus gentium ad mortem crucis tradiderunt, cum hoc non nisi ex mera malicia sese facere scirent & ipsi. Nota est autem huius animalis rabies & ira, quo ingenio differt ab aliis animantibus, vnde & Iudæorum furor & rabies ea metaphora fuit significanda. Das ist / Die Jüden nennet er Hunde / dieweil sie den vnschüldigen HERRN Christum / aus lauter Boßheit vnd mutwillen / für Pilato mit jhrem geschrey vnd bellen verkloget/ vnd jhren zorn nicht stellen kundten/ biß sie jhn den Heyden zum Creutz vbergaben. Lutherus.

Allhie ist auch fürnemlich Christi warnung an die Apostel vnd alle Prediger zubehalten/ Matth. 7. Jhr solt das Heiligthumb nicht den Hunden geben/ das sie sich nicht wenden/ Warnung Christi Matth 7. Man sol das Heiligthumb den Hunden nicht geben.

den/vnd euch zureissen. Die Hunde seind eigentlich die grawsame gifftige Leut/ welche nicht allein das reine heilsame Wort Gottes auff das eusserste anfeinden vnd hassen / sondern auch die getrewe Prediger vertilgen vnd verfolgen.

Chrysostomi erklerung.

Chrysostomus in prior. com. Matth. homil. 24. Canes hîc significant homines in impietate viuentes, spemque omnino conuersionis in melius non habentes. Die Hunde nennet Christus die Gottlose Menschen / bey denen keine hoffnung der bekerung ist.

Post. Com. homil. 17. Canes puto intelligere gentiles vel hæreticos omnino immundos: nam etsi propter actus suos malos immundi sunt, tamen propter perfidiam suam vel idololatriam amplius immundi sunt: Canis naturale est improbum esse, nunquam vocem mittere propter aliquam alteram causam (sicut cætera animalia) nisi ad abigendos superuenientes, interdum autem & de superfluo in aerem latrat: Tales sunt omnes gentiles, vel hæretici, latrantes plurimum aduersus seruos DEI, aliquando & aduersus Deum blasphemijs vlulantes apertè, & nunquam os suum aperientes ad bonum, sed semper ad malum &c. Et si talibus canibus dederis sancta, suscipiunt quasi canes sine discretione & sordidis actibus suis conculcant ea, & pro nihilo æstimantes, quæ acceperunt, conuersi disputationibus suis, quasi latratibus irrationabilibus, rumpunt veritatis prædicatorem &c.

Warumb Ketzer vnd verechter des Worts Gottes hunden verglichen werden.

Das ist / Die Hunde seind entweder die Abgöttische Heyden / oder Gottslesterliche Ketzer: Gleich wie aber die Hunde aus keiner andern vrsach (als andere Thier thun) schreyen vnd bellen/ denn das sie die kommende leut weg treiben: Oder bellen wol ohn alle vrsach dahin: Also handlen auch die Heyden vnd Ketzer / die bellen wider Gottes Diener

ner / die bellen vnd heulen offentlich mit grawsamen Lester-worten / wider Gott selbs / jhr Maul thun sie nicht auff denn zum bösen / ꝛc. Wenn man jhnen auch das Heiligthumb gibt / so nemen sie es auch ohn allen verstand an / beflecken mit jhren bösen Wercken / haltens für schlecht vnd gering / wenden sich mit jhren disputieren / vnd zureissen die reine ware Prediger. Augustinus de serm. Domini in monte lib. 2. Canes pro oppugnatoribus veritatis accipimus. Wir verstehen bey den Hunden die Widerfechter vnd Verfolger der Warheit Göttliches Worts. Hilarius Can. 6. in Matth. nennet die Perlin vnd Heiligthumb / GOttes Verheissung vnd Gebot / die Hund vnd Sew aber / die Heyden oder Ketzer / denen man Gottes Wort vnd Sacrament nicht mittheilen / oder mit den Ketzern dauon nicht redrn sol. Horum Sacramenta atque virtutes neque in gentes efferre, neque cum hæreticis conferre permittimur. Canes enim oblatrandi aduersus Deum rabie, gentes sunt nuncupatæ. Theophylactus. Canes sunt infideles. Die vngleubige Heyden seind die Hunde / wenn man jhnen vom gecreutzigten Christo sagt / so halten sie gegenpart / vnd sagen / Es sey vnmüglich / Wie die Philosophi theten.

Augustinus

Hilarius.

Theophylactus.

Wir wöllen aber auch Lutheri meinung hierüber hören Tom. 5. ger. Wer seind sie / die also vnser Heiligthumb zutreten / vnd sich wider vns wenden? Das geschicht nu in den beyden stücken / Lehr vnd Leben. Denn von ersten thuns die falsche Lehrer / die vnser Euangelium von vns nemen vnd lernen / vnd kriegen also vnser Kleynod vnd köstlichen Schatz / darinnen wir getaufft sind / leben / vnd vns rhümen / ꝛc. Vnd gehen darnach hin an jhren ort / vnnd fahen an wider vns zu predigen / vnd keren jhren Rüssel vnd Zeen wider vns / als jetzt vnser Rotten geschwerm ꝛc. sind vnser ergsten Feind auff Erden.

Lutherus

Zum andern/mit dem Leben gehets auch also/allermeist bey vns / da man das Euangelium verachtet / vnd vberdrüssig wird / vnd nu bereit dazu kommen ist/ das man kaum einen Pfarherr ernehren wil / sonderlich Juncker Scharrhans auff dem Land/ der alle Güter zu sich reist/ vnd die Prediger so helt/ das jhnen die lust zu predigen vergehen mus/vnd lest sie seine Knecht sein / das sie müssen predigen vnd thun was er wil. Dem folget denn nach Juncker Filtz in Stedten/ vnd Er Omnes, die stellen sich / als wolten sie kein Euangelium noch Gottes Wort haben / vnd haben doch von vns Freyheit von deß Bapsts Tyranney / darzu alle Güter auch eusserlich: Nu aber wolten sie gern vns mit dem Euangelio zum Land austreiben/oder ja aushungern. Wolan wir könnens nicht anders machen/ müssen leiden/ das solche Schlangen/ Hund vnd Sew / vmb vns sind/ die beyde mit der Lehr vnd Leben/das Euangelium verderben / vnd wo rechte Prediger sind / den mus es allezeit so gehen: Denn das ist deß Euangelij Glück in der Welt / Vnd wenn es wider dahin kömpt/ (wie ich offt geweissaget habe / vnd besorge / es werde allzu bald geschehen) das solche Leut / als Bapst vnd Bischoffe/ regieren / so wird es schon gar hinweg vnd vertretten / vnd seine Prediger dahin sein/ denn das Euangelium mus jedermans Fußtuch sein / das alle Welt drüber lauffe / vnd mit Füssen trette/sampt seinen Predigern vnd Schülern.

Ob gleich die Ketzer das Wort lesen/ haben sie doch nur die Hülsen/ den Kern müssen sie das lassen.

Was sollen wir nu dazu thun? Ihr solts nicht/ spricht Christus/für die Hund vnd Sewe werffen. Ja lieber HErr/ sie habens bereit/ Denn weil es ein öffentliche Predigt ist/ vnd in die Welt ausgeschüttet / so können wir nicht wehren/ das sie nicht drein fallen/vnd zu sich reissen? Aber sie habens darumb noch nicht / vnd wöllens jhnen Gott lob wol wehren/das sie das Heiligthumb nicht kriegen/ die Schalen vnd Hülsen.

Hälsen haben sie wol/ das ist/die fleischliche Freyheit / Aber das sey jhnen gewehret/das kein Hund noch Saw/er sey ein Scharrhans / Filtz oder Bawer / einen Buchstaben vom Euangelio kriege / ob er gleich alle Bücher liesst / vnnd alle Predigt hörete / vnd lest sich düncken / er könne es vberaus wol.

Darumb ist das die Kunst dartzu / wenn wir ein solche Saw oder Hund sehen / das wir vns von jhm söndern / wie wir mit den Rottengeistern thun / keine gemeinschafft mit jhnen haben / vnd jhnen keine Sacrament reichen / keinen trost deß Euangelij mittheilen / sondern anzeigen / das sie nichts von Christo vnserm Schatz geniessen sollen / Wenn wir das thun / so haben wir jhnen die Perlin vnd das Heiligthumb fein genommen / Denn es sol mir kein Scharrhans oder Bawer/Schwermer oder Rottengeist das Euangelium vnd Christum haben/ er sol mich zuuor darumb fragen / vnd mit mir halten / das ich ja dartzu sage / oder ein jeglicher rechter Prediger/ Denn wer das Euangelium recht hat/der mus es gewißlich mit vns halten / vnd eins sein/ so fern das wir zuvor deß gewiß seyen/ das wir das rechte Euangelium vnd die Perlen haben / darumb mus er vns warlich nicht mit Füssen tretten/wie Juncker Scharrhans / noch verdammen/wie die Rotten / noch verachten / wie die Bawren in Stedten vnd Dörffern/ sondern das liebe Wort in ehren halten/ vnd alle die es predigen vnd gern hören/ wo nicht/so halten wir sie für Hund vnd Sew / vnd wöllen jhnen kein theil vnser Güter lassen/wie Petrus zu Simoni Mago sagt. Also thue ich vnd alle die mit ernst predigen/ das wir vns nicht theilhafftig machen jhrer Sünde.

Man sol keinen Ketzer vnd verächter des Worts zu den Sacramenten lassen.

Denn Gott wil nicht/ das wir so heucheln sollen mit vnsern Rotten/als were jhre Lehre recht / sondern müssen sie

Trewe Prediger sollen nit heucheln mit den Rotten/als ob jhre Lehr recht were.

sie für Feind halten/ als von jhnen gesondert mit dem Euangelio/ Tauff/ Sacrament/ vnd allem/ was sie lehren vnd leben.

Also auch müssen wir den vnsern sagen/ wenn sie wollen am Euangelio theil haben/ das sie vns nichts vberal verachten/ sondern jhre Frucht beweisen/ das sie es mit ernst meinen/ vnd zum wenigsten das Wort vnd Sacrament in ehren halten/ vnnd sich mit Demut darzu stellen/ ℞. Wir wollen aber mehr Sprüch von den Hunden anzeigen.

Psal 59. Der Prophet vnd Mann Gottes David nennet im 59. Psalm seine Verfolger/ die Sauliten/ Hunde. Wie denn auch die Jüdische Verleugner Christi vnd seines Euangelij verstanden werden. Deß Abends laß sie widerumb auch heulen/ wie die Hunde/ vnd in der Stadt vmbher lauffen/ Sihe/ sie plaudern mit einander/ Schwerdter sind in jhren Lippen. Vnd hernach. Deß Abends las sie widerumb auch heulen wie Hunde/ vnd in der Stadt vmbher lauffen/ Las sie hin vnd her lauffen vmb Speise/ vnnd murren/ wenn sie nicht satt werden.

Geistliche deutung. Hieronymi. Diß deutet zwar Augustinus auff die Jüden/ so endlich zu Christo bekehret sollen werden: Aber besser wirds verstanden/ wie auch Hieronymus andeutet/ vom Jüdischen Volck/ so nach CHRisti verleugnung im Römischen Reich vmblauffen/ der Seelen speis vnd Fried deß Gewissens in jhren Opffern vnd andern Mosaischen Ceremonien suchen/ aber nicht finden/ sondern den grossen Hunger vnd Durst Göttliches Worts haben/ vnd wider den waren GOtt vnd vnsern HERRN Jesum Christum murren werden. Amos 8. Esa. 8.

Hilarij. Brentij. Hilarius ist auch dieser meinung. Vnd erkleret's Brentius

tius mit diesen worten. Quemadmodum famelici canes vlulant præ fame, & circumcursitant ciuitatem à mane ad vesperam: ac subinde eunt ac redeunt, si alicubi inueniant quod edant: Ita & Iudæi habentur pro famelicis canibus: nusquam habent fixam sedem, non habent terram, quam colant, & é qua victum quærant, vbiq; gentium sunt exules: & quanquam alicubi tolerentur, necesse tamen habent, quouis momento exilium expectare, interim victum quærunt sicut canes, toto die ad vesperam, vsq; circumcursitando, & tamen ne sic quidem voti sui compotes fiunt.

Das ist / Gleich wie die hungerigen Hunde / von morgen an biß auff den Abend / eine Gassen auff die andern nider lauffen / das sie etwas zu essen kriegen: Also seind die verleugnete Jüden nichts anders / als die hungerigen Hunde / Sie haben keinen bestendigen Sitz / Sie haben keine Acker / daruon sie jhre Narung hetten / wo sie auch seind / müssen sie alle Augenblick warten / wenn sie außgetrieben werden / vnter deß müssen sie / wie die Hunde / jhre leibliche Narung suchen / wo sie können vnd mögen. Vergleichung der Hunde vnd Jüden / die Christum haben verachten.

Was nun die vorigen Lehrer vom Geistlichen essen verstehen / das deutet Brentius auch auff das Leibliche / wie diß vor augen ist.

Salomon Prouerb. 26. vnd Petrus 2. Cap. 2. erzehlen auch eine treffliche Hundsart: Wie ein Hund sein gespeiets wider frist / also ist der Narr / der seine Narrheit wider treibt. Prou. 26. 2. Pet. 2.

Hieronymus sagt / Es seyen die Confitenten vnnd Beichtkinder / die durch vnd mit einer waren Beicht vnd Bekentnus der Sünden / die Sünd vnd laster von jhrem hertzen Geistliche auslegung.

wegnemmen

wegreumen wöllen / aber bald widerumb in die vorige Laster fallen. Canis qui vomit, profecto cibum, qui pectus deprimebat, eijcit, sed cum ad vomitum reuertitur, quo leuatus fuerat, rursus oneratur. Et qui admissa plangunt, profecto nequitiam, de qua malè satiati fuerant, & quæ mentis intima deprimebāt, confitendo proijciunt, quam post confessionem, dum appetunt, resumunt.

D. Petri. Der Apostel Petrus aber deutets sonderlich auff die Apostatas, oder abtrünnige Mammelucken / welche entflohen sind dem Vnflat der Welt / durch die Erkendenis deß HERRN/ vnd Heylands Jesu Christi/ werden aber widerumb in dieselbige geflochten vnd vberwunden / da ist das letzte mit jhnen erger worden als das erste / vnd were jhnen besser / das sie den Weg der Gerechtigkeit nicht erkant hetten/ denn das sie jhn erkennen / vnd sich kehren von dem heiligen Gebot/ das jhnen gegeben ist/ die erfüllen den Spruch/ Der Hund frist was er gespeyet hat. Welches wir zwar von allen Sünden/ sonderlich aber von der verleugnung deß Glaubens verstehen sollen / so die ausgespeiete Abgötterey vnd Grewel wider in sich fressen/ darbey seind/ billichen vnd gut heissen.

Apoc. 22. Diesen Stand wöllen wir nu beschliessen mit dem spruch aus der Offenbarung Johannis Cap. 22. Da im Catalago oder Register der Verdampten/ auch die Hunde namhafftig gemacht werden / so ausser dem ewigen Leben jmmerdar bleiben müssen. Dürffen aber hie nicht viel specificirn, vnd disputirn, welche dieselbige Hunde seyen / denn aus der eingeführten Sprüch erklerung befindet man / das es seyen die falsche/ verfürische/ stumme/ geitzige Hunde/ die Verächter/ Verlesterer vnd Verfolger der reinen Lehr vnd Lehrer/ die abgefallene Apostaten, so mit dem Leben oder Glauben / ein Gottlos wesen vnd verfürische Lehre widerumb annemen.

Wer diese Hunde sein.

JM andern Stand mögen wir allerley löbliche vnd sträffliche art der Regenten / bey den Hunden vorgebildet / betrachten. Prouerb. 30. wird ein rechtschaffener König vnd Regent beschrieben. Dreyerley haben einen feinen gang / vnd das vierdte gehet wol. Der Löw mechtig in den Thieren / vnnd kehret nicht vmb für jemand. Ein Wind (oder Jagthund) von guten Lenden / vnd ein Widder. Der Löwe lehret jederman / fürnemlich die Regenten / sie sollen kün / mutig vnd behertzt in jrem Ampt fortfaren. Der schnelle Jagthund erinnert sie der behendigkeit / das sie nicht durch faulentzen / trägheit vnd Wollüsten / die gute gelegenheit verschlaffen / vnd den Vogel aus der Hand fliegen lassen / sondern die wol berathschlagte Sach / fleissig vnd behend ins werck richten. Der Wider / wie droben gehört / zeigt an / Man sol gute achtung auff das Haus vnd Hoffgesind geben / vnd jhnen mit einem guten Exempel vorgehen / da möcht ein König vnd Hausvater geehret vnd gerhümet werden. Darneben haben wir etliche Historien / wie sich hohe Personen sehr gedemütiget / vnd bey diesem / als dem geringsten vnd verachtesten Thier genennet haben.

Der ander Stand.

Prou. 30.

Erinnerung.

1. Sam. 24. Saul wolt Dauidem / den heiligen von Gott geehrten Man / vnd erwehlten König vber Jsrael / in der Verfolgung gar auffreiben vnd ausrotten / aber Dauid da er jhn schon in seiner Hand vnd gewalt hat / schonet seiner / schneidet nur ein Zipffel von seinem deß Sauls Rock / zum Warzeichen vnd beweiß / das er jhn hette erwürgen können / aber nicht gewolt / sagt auch in seiner verantwortung zu Saul / Wem zeuchstu nach / du König von Jsrael? Wem jagstu nach? Einen todten Hund? etc.

1. Sam. 34

Brentius. Vide consilij tui indignitatem, ô rex, quid ego tibi tanto regi collatus aliud sum, quam vel mortuus canis vel vnicus pulex? cum ergò me persequeris, quid aliud facis, quam quod canem mortuum & vnicum pulicem persequaris? Quam indignum hoc est regia maiestate? Das ist / Es ist deiner Maiestat verweißlich vnd verkleinerlich / o Herr König / das du mich / der ich als ein todter Hund gegen dir zu achten vnd rechnen bin / verfolgest vnd nachjagest. Eine löbliche Tugend / sonderlich an hohen Personen / ist die Demut vnd Nidrigkeit / je höher auch einer ist / je mehr sol er sich nidrigen.

Demut stehet sonderlich hohen Personen wol an.

Da auch David ins gantze Reich eingesetzet war / vnd Barmhertzigkeit beweisen wolte / denen die etwan vom Haus Saul vber blieben weren / 2. Sam. 9. wird allein Jonathæ Son / Mephiboseth / an beyden Füssen lahm / für David gebracht / vnd David sprach zu jhm / Fürchte dich nicht / denn ich wil Barmhertzigkeit an dir thun / vmb Jonathan deines Vaters willen / vnd wil dir allen Acker deines Großvaters Saulis wider geben / du aber solt teglich das Brod auff meinem Tisch essen: Da betet jhn Mephiboseth an / vnd sprach / Wer bin ich dein Knecht / das du dich wendest zu einem todten Hund / wie ich bin? Wie nu David treffliches werck warer Freundschafft vnd Brüderlichen Liebe erzeiget / also beweiset sich Mephiboseth gantz demütig / vnd solcher grossen Wolthaten gantz vnwirdig. P. Martyr. Mephiboseth sese appellat canem, eumq; mortuum. Erat autem canis animal immundum: Neq; enim aut sacrificare canem fas erat, aut comedi, aut pretio redimi. Mortuum etiam se canem vocat. Canis viuus alicui vsui esse potest, nullus autem vsus est canis mortui. Sed quomodo se appellat canem, cum esset & homo, & filius viri boni, & Hebræus & oriundus è familia Regia? Dicit id ex comparatione quasi diceret, si tecum conferar, non aliud sum

2. Sam. 9.

quam

quam canis: Tua enim familia electa est, nostra reiecta. Et mea merita ad tuam beneficentiam conferenda quidem sunt. Erat etiam deformis & claudus, vt nihil haberet simile Dauidis.

Das ist/Ein Hund ist ein vnrein Thier/das man nicht essen/ nicht opffern/ auch nicht lösen darff/ noch nennet sich Mephiboseth einen Hund/vnd zwar einen todten Hund/der nirgend zu nütz vnd gut ist. Wie ists denn nicht vnrecht/weil Mephiboseth ja ein Mensch/ eines frommen Mans Sohn/ ein Hebreer/vnd vom Königlichen Geschlecht geboren war? Antwort: Mephiboseth redet comparatiuè daruon/wenn er sich gegen David / vnd sein verdienst gegen Davids grosser freygebigkeit vnd gnad halte/auch sein gestalt vnd gebrechligkeit betrachte/ so sey er als ein todter Hund gegen David: Diese Modestia vnnd Demut ist sonderlich in Geistlichen sachen zu vben/ da wir arme lahme/ todte Hunde/ vom rechten König David zu gnaden vnd an seine Himlische Taffel auffgenommen werden.

Ob Mephiboseth nicht vnrecht gethan/das er sich einen todten hund nennet.

Mephiboseths Demut ist sonderlich von nöten in Geistlichen sachen

Item / In dem der Prophet Helisæus 2. Reg. 8. dem Hasael verkündiget/das er König in Syrien werden/grosse Verfolgung vnd Marter wider das Volck Israel anrichten vnd vben würde/antwortet er auch/Was ist dein Knecht der Hund / das er solch gros ding thun solt? Aber nichts desto weniger ists geschehen / vnd er ein grimmiger beissiger Hund worden: Denn ob er schon damals sich demütig vnd nidrig verhelt/ jedoch ist jhm der Mut vnd Stoltz gewachsen/ da er das Königreich Syrien vberkam. Honores mutant mores. Können auch manche jre grimmige art vnd tyranney ein zeitlang mit der Demut bergen / vnd das quinquennium Neronis celebrirn, biß sie die Schlüssel finden/ vnd einnisten/ hernach werden sie die ergsten.

2. Reg. 8.

Honores mutant mores.

Brentius. Deĳcit sese Hasael valdè humiliter, imò seruiliter. Sed tales qui nimia humilitate sese deĳciunt, ferè solent insolentiores esse, quando claues, quod aiunt, inuenerint & regiam potestatem occupârint. Ex Angelis talibus, plerunq; solent fieri Satanæ &c.

Etliche wöllen aus hochmut nit Hunde genennet werden.
1. Sa. 17. Goliath.

Dargegen so wöllen etliche jhren Stoltz vnd Hohmut an tag geben / vnd nicht Hunde geheissen / oder wie Hunde tractirt vnd gehalten werden. 1. Sam. 17. Da der fromme Gottselige Jüngling David mit seinen Schleidersteinen vnd Hirtenstabe / gegen dem hochmütigen Riesen Goliath einher trittet/ spricht Goliath / Bin ich denn ein Hund/ das du mit Stecken zu mir kömmest? Vnd flucht Dauid bey seinem Gott / vnd sagt / Er wölle sein Fleisch den Vogeln vnd Thieren zu essen geben/ Aber der Stoltz stürtzet den Goliath / denn er wird von Dauid erlegt/ entheuptet/ vnnd der Leichnam den Vogeln vnd wilden Thieren gelassen. Der Satanas vermeint auch nicht / das Christus mit dem Holtz deß Creutzes jhn schlagen vnd vberwinden solt/vnd geschicht doch gleichwol.

2. Sam. 3. Abner.

Einen gleichen Hochmut vnd Stoltz sehen wir auch an dem Jsraelitischen Heuptman / vnd Saulis Vetter Abner/ 2. Sam. 3. welcher bey deß verstorbenen Saulis Kebsweib Ritzpa schlieff / vnnd dem König Jboseth / der jhn der Vnzucht vnd Blutschand halben strafft/zur antwort gabe/Bin ich denn ein Hundskopff/der ich wider Juda/am Haus deines Vaters / vnd an seinen Brüdern vnd Freunden Barmhertzigkeit thue / rc. vnd du rechnest mir heut eine Missethat zu vmb ein Weib / rc. Hie vernimpt man deß Abners Stoltz vnd Hochmut/ das er thun wil was jn gelüstet/ohn jemands Einrede / weil er das Königreich Jsrael (doch wider Gottes Wort) bey dem Geschlecht Saulis erhalten hat. Welche

Lehr.

Woltha-

Wolthaten andern erzeigen / die wollen jmmerdar auff 1
den Henden getragen sein / oder wo man sie sawer vnd krumb
ansihet / so werffen sie bald den Sack für die Thür. Es ist
auch weiter zu mercken / was er auff die Blutschand vnd Vn- 2.
zucht helt / das es keine Sünd sey / wie es bey etlichen Hoff-
leuten auch gehalten wird. Das gehört nu auch in den dritten
Stand drunden / ohn noth daselbsten zu repetiren.

Wir wöllen auch ein ander Historiam erzehlen / 2. Sam. 2 Sa. 16.
16. Der Gottlose Saulit Simei / greifft den frommen
Gottseligen König David / da er in das Exilium hinaus
gieng / mit hefftigen Schmehworten an / nennet jhn virum
sanguinum, ein Blutgirigen Tyrannen / einen Bluthund /
vnd wirfft mit Steinen zu jhm ein / das verdreust Abisai Jo- Abisai heist
abs Bruder sehr / vnd spricht: Solt dieser todter Hund mei- Simei einen
nem Herrn König fluchen / ich wil hingehen / vnd jhm den todenHund.
Kopff abreissen / Aber David wils jhm nicht gestatten / vnd
tregt die Lesterung demütig vnd gedültiglich. Wol thut Abi- Lehr.
sai dran / das er seinen König vnd vorgesetzte Oberkeit ehret 1
vnd rettet / wider das auffrhürische vnd Gottlose Lestermaul /
wie auch die Vnterthanen diß zu thun für GOTT schüldig
sind. Aber David erkent im Hertzen / das ers vmb Gott mit 2
seinem Ehebruch vnd Todtschlag Vriæ verschuldet habe /
derwegen wil ers mit Gedult vnd Demut vberwinden / vnd
mit seinem willigen gehorsam Gott abbitten.

Brentius sagt / Abisai sey ein vorbild der vnzeitigen 3.
schnellen vnd jachzornigen Rhäte / die jhren Fürsten Rath Abisai ein
geben / sie sollen die bewiesene Vbelthat bald rechen / vnd mit vorbild
dem Schwerd drein schlagen / vnd nichts vbersehen / welches jach giriger
doch den Regenten nicht rhatsam vnd nützlich sey. Exhibet Hoffrhäte.
hîc Abisai specimen consiliariorum regiorum, qui tunc
volunt videri benê principis sui rem curare, cum suadent

 & hortan-

& hortantur vt principes iniurias illatas non perferant sed gladio vindicent. Hoc autem consilio nihil aliud efficiunt, quam quod principes suos in maiores calamitates inducunt, & in iram Dei conijciunt. Principum enim est mala in subditis punire, non priuatam iniuriam vindicare.

Diese erzehlte Exempel der Tugend vnd Vntugenden/ können auch in den ersten Stand gezogen werden/ aber vmb der hohen Personen willen gehören sie auch hieher. Wie denn folgende Historien/ da Gott seine Gnad oder Vngnad vnd Straff beweist/ auch in den ersten Stand sich reumen/ aber vmb der Personen/ Oberkeit vnd Vnterthanen willen/ auch allhie können vermeldet werden.

Exod. 11. Alle Erstgeburt der Egypter stirbt/ den Israeliten aber nicht ein Hund.

Exod. am 11. GOtt dröwet durch Mosen vnd Aaron dem König Pharaoni/ das alle Erstgeburt in Egyptenland sterben sollen/ vom ersten Son Pharao an/ der auff seinem Stuel sitzt/ biß an den ersten Son der Magd/ vnd alle Erstgeburt vnterm Viehe/ etc. Aber bey allen Kindern Israel sol nicht ein Hund mucken/ beyde vnter Menschen vnd Viehe/ auff das jhr erfahret/ wie der HERR Egypten vnd Israel scheide.

Augustinus

Augustinus. Elegantissima locutio est, per canem quippe extremum significauit, vel hominum vel pecorum: Ita commendauit quanta Hebræis quies futura esset, Ægyptijs acerba orbitate clamantibus. Den geringsten bey den Hebreern/ an Menschen vnd Viehe/ sol kein leid widerfahren/ etc. Denn GOtt weis die Frommen vnd Bösen wol vnterscheiden/ vnnd ordnet/ welchen das Vnglück vnd straff treffen vnd nicht treffen sol. Welches denn zum Trost vnd gedult dienet.

Betriegerischer vnd listiger meinung/ verspricht auch die

Judith. 11.

Gottselige Judith Cap. 11. dem Assyrischen Abgöttischen

Heuptman Holoferni, sie wölle jhn mitten durch die Stadt Jerusalem führen/das er alles Volck habe/wie Schaffe/die keinen Hirten haben/ vnd werd jhn nicht ein Hund anbellen dürffen. Welchem auch Holofernes glauben gibt/ vnd betrogen wird/ ja er nit allein sein leben verleuret/ sondern auch das Volck Gottes wunderbarlicher weise aus der Feinden hand erlöset wird.

Hinwider dröwet Gott den vnbußfertigen Abgöttischen Obern vnd Vnterthanen mit diesem Thier/ Jerem. 15. Ich wil sie / die Israeliter / heimsuchen mit viererley Plagen/ spricht der HERR / Mit dem Schwerdt/ das sie erwürget werden/mit Hunden/die sie schleiffen sollen/ etc. Gott dröwet auch den vnbusfertigen bey dem Hund. Jerem 15.

Ezech. 14. gedenckt der Thier/ darunter die Hund begriffen werden/wie Hieronymus vber Jeremiam schreibt. Inter bestias canes quoq; intellige : quibus laceranda & deuoranda & dissipanda corpora tradita sunt: Neq; enim fieri poterat, vt creatore neglecto non vniuersa creatura consurgeret in peccatores. Wenn Gott verlassen wird/ so lehnen sich alle Creaturen wider die Sünder auff: Schreckliche Exempla finden wir in Gottes Wort. Ezech. 14.

1. Reg. 14. Weil der erste König in Israel Jerobeam frembde Götter/zwey güldene Kelber (daruon droben) auffgerichtet / vnd seine Vnterthanen vom warem Glauben zur Abgötterey verführet hatt/ dröwet jhn der alte Prophet Ahia von Silo/ aus Gottes befehl/ etc. Wer von Jerobeam stirbt in der Stadt/ den sollen die Hunde fressen. Dieses dröwet auch der Prophet Jehu 1. Reg. 15. Baesa dem dritten Israelitischen König: Darumb das du wandelst in dem Wege Jerobeam/vnd machest mein Volck Israel sündigen/ etc. sihe so wil ich die Nachkommen Baesa wegnemen / vnd wil dein Haus setzen wie das Haus Jerobeam/ deß Sons Nebath: 1. Reg. 14. 1. Reg. 15.

Wer

Wer von Baesa stirbt inn der Stadt/den sollen die Hunde fressen/vnd wer von jhm stirbt auff dem Felde/den sollen die Vogel deß Himmels fressen.

1. Reg. 21. Historia von Naboths weinberg.

In der Legenda deß Abgöttischen Königs Ahab vnd der Königin Jesabel/ 1. Reg. 21. finden wir eine gleichmessige schreckliche dröwung vber sie. Der frome redtliche Bürger Naboth hatte einen Weinberg bey deß Königs Ahabs Schloß/ Ahab aber begert den Weinberg/vnd wolt jhm ein andern darfür geben/oder sonsten mit Gelt/was er werth were/bezalen/ Weil aber diß wider das öffentliche Wort Gottes war/verwägert es Naboth/solches verwägern macht den Ahab gantz vnmutig/ grimmig vnd störrig/ das er nichts essen oder trincken wil/ vnd sich als ein Krancker zu Bett legt. Da erdenckt die Gottlose Bestia/ die Jesabel/ ein Teuffelischen List/wie sie den Weinberg vberkommen/vnd den trawrigen König wider erquicken möchte. Verordnet bey den Richtern zu Jesrael/ in deß Königs namen/das Naboth öffentlich für Gericht gestelt/ einer Gotteslesterung vnd verletzung Königlicher Mayestat angeklagt/ vnd von zweyen falschen darzu gedingeten vnd bestochnen Zeugen vberzeugt/ vnd also mit seinen Kindern vnd Erben versteinigt würde. Welchem vnbillichen Teuffelischem Befehl vnnd zumuten auch die Richter nachkommen (Michæ 7. Was der Fürst wil/das spricht der Richter/das er jm wider einen dienst thun sol.) den Naboth versteinigen lassen/ das die Hund sein Blut lecken.

Was Ahab den fromen Naboth thun lest/ das widerfehrt jhm auch wider/ vnd seiner Jezabel.

Ahab nimpt den Weinberg mit frewden ein/ vnd meinet/ es sol kein Han darnach krehen/ Aber GOtt schickt den Propheten Eliam zu jhm/ der sagt vnter andern Straffen/ So spricht der HERR: An der stedte/da Hunde das Blut Naboth gelecket haben/ sollen auch Hunde dein Blut lecken.

Wie dieses bald 1. Reg. 22. erfüllet wird/da er im Krieg wi- 1. Reg. 22.
der die Syrer erschossen/ vnd nacher sein Blut/da die Huren seinen Wagen wuschen bey dem Teich Samaria / von den Hunden gelecket ist worden. Also vergilt Gott jhm/wie er am vnschüldigen Naboth gehandelt hat.

Viel Regenten haltens dafür / die Vnterthanen seyen mit Gut vnd Blut jhr eigen/ daher nemen vnd reissen sie die Güter zu sich nach jhrem gefallen / vnd handeln wider Gottes Gebot/ Du solt nicht begeren deines Nechsten Haus/rc. Aber Gott kan sie zu seiner zeit wol finden.

Was nu die Jesabel/Ahabs Weib/betrifft/die der Abgötterey/ Mordens/ Blutvergiessens/ vnd anderer Sünden vrsach war / spricht der HERR durch Eliam also: Die Hund sollen Jesabel fressen an der Mawren Jesreel: Wer von Ahab stirbt in der Stadt / den sollen die Hunde fressen. Diß ist auch fleissig erfüllet 1. Reg. 9. vnnd auffgeschrieben 2. Reg 9.
worden. Denn sie wird aus Befehl deß Königs Jehu zum Fenster heraus geworffen zu Jesreel / da sie die Wand vnnd Roß mit jhrem Blut besprenget / In dem er sie wolt begraben lassen (weil sie eines Königs Tochter war) funden sie nichts von jhr / denn den Schädel/ jhre Füß vnd jhre flache Hand/ da sprach Jehu/ Das ists/ das der HERR geredt hat durch Eliam/vnd gesagt: Auff dem Acker Jesreel sollen die Hunde der Jesabel fleisch fressen. Also ward das Aß Jesabel wie Koth auff dem Felde im Acker Jesreel/das man nicht sagen kund /das ist Jesabel.

Erinnerung den Regenten vnd Richtern.

Diese erzehlte Geschicht von Göttlichen Straffen/erinnert die Regenten/das sie jhre Vnterthanen bey jhren Gütern handhaben / die Richter sauch nicht gleich alle Befehl exequiren sollen. Naboth ist ein gedültiger Merterer/leidet diesen gewaltsamen Todt vmb der Gerechtigkeit willen/ stellets dem gerechten Richter Gott heim/ der alles zu seiner zeit herfür bringt vnd strafft. Besihe hievon das Buch S. Ambrosij Tom. 4. von Naboth vnd Ahab die 17. Capitel.

Der dritte Stand.

WAs zum dritten den gemeinen vnd auch Ehestand berühret/ seind wenig Sprüch vnd Historien verhanden. Droben ist deß Abners gedacht worden/ der sich nicht wil lassen straffen/ oder ein Hundekopff sein/ ob er schon Vnzucht vnd Hurerey begeht. Hie ist auch im Hausstand deß Tobiæ Hündlins zugedencken. Als Tobiæ 6. Da

Tobiae 5.

Tobias mit dem Engel Raphael hinzoge in Meden zu reisen/ lieff ein Hündlein mit jhm. Vnd Tobiæ am 11. Da sie schier wider zu haus kamen/ lieff der Hund vorhin/ welchen sie mit genommen hatten/ vnd webelt mit seinem Schwantz/ sprang/ vnd stellet sich frölich.

Tobiae 11.

Lehr.

1 Bey diesem Hund vernemen wir die freundschafft/ Lieb vnd Trew/ welche sie gegen jhren Herren vnd Wolthätern

2 erzeigen. Deßgleichen auch die gedechtnis/ das sie die alte Herberg/ darinnen jhnen guts bewirsen/ bald erkennen/ wie die erfahrung bezeuget. Welches allen Menschen zubehalten vnd nachzuthun ist.

Dahin sihet Ambrosius lib. 6. cap. 4. Hex. Quid de canibus loquar, quibus insitum est natura quadam referre gratiam, & sollicitas excubias pro Dominorum salute prætendere? Vnde ad immemores beneficij & desides atq; ignauos clamat scriptura: Canes muti nescientes latrare. Sunt enim canes, qui nouerint latrare pro Dominis, nouerint sua tecta defendere. Vnde & tu disce vocem tuam pro Christo exercere, quando ouilia Ecclesiæ incursant lupi graues. Disce in ore tuo verbum tenere, ne quasi mutus canis commissam tibi fidei custodiam,

diam, quodam præuaricationis silentio deseruisse videaris. TALIS CANIS viator & comes Angeli est, quem Raphael in libro Prophetico, non ociose sibi & Tobiæ filio adiungendum putauit, quando perrexit, vt Asmodæum fugaret, firmaret copulam coniugalem, memoris enim affectus gratia pellitur dæmonium, stabilitur coniugium. Mutæ itaque specie bestiæ S. Raphael Angelus, Tobiæ iuuenis, quem tuendum receperat, ad relationem gratiæ erudiebat affectum. Quis enim non erubescat gratiam benè de se merentibus non referre, cum videat etiam bestias refugere crimen ingrati? Et illæ impartitæ alimoniæ seruant memoriam, & tu non seruas salutis acceptæ, &c. Pauló post. Exortem rationis canem esse nemo dubitauerit: tamen si sensus eius vigorem consideres, censes tamen sentiendi sagacitate vim sibi rationis adsciscere &c. Quis tam tenax potest esse beneficij & memor gratiæ, quandoquidem pro Domino etiam in latrones insilire nouerunt, & extraneorum accessus prohibere nocturnos, & mori pro Dominis, & commori cum Dominis sint parati: Sæpè etiam necis illatæ euidentia canes ad redarguendos reos indicia prodiderunt, vt muto eorum testimonio plerunque sit creditum, &c.

S. Basilius in Hex. Canis expers est quidem rationis, sensionem tamen obtinet parem, propè dixerim, rationi. Quæ namque seculi sapientes, toto ocio suæ vitæ, summa dedita opera vix inuenerunt, argumentationum, inquam, rationumque nexus, in ijs offert sese canis eruditum ab ipsa natura &c. Memoria verò beneficiorum huius animantis, gratiæque reddendæ, quam ingratum, beneficiorumque immemorem hominem, non turpissimum

 esse

esse ostendit? Iam quidem & interfectis à latronibus in solitudine Dominis, complures à cadaueribus canes non recessisse, sed ibidem expirasse, memoriæ traditur. Nonnullos etiam cæde adhuc recente duces illis fuisse, qui latrones inquisierunt: nec non & latratu, laniatuq; maleficos indicasse, scelusq; coegisse fateri ferunt. Quid homines quæso ij dixerint, qui nullo suum opificem altoremq; Deum prosequuntur amore? sed ut amicis etiam & necessarijs ijs vtuntur, qui loquuntur aduersus Deum iniquitatem, eiusdem participes mensæ sunt, & dum alimenta sumunt, & maledicta in altorem suum audiunt & ferunt.

Die Summa ist von der Danckbarkeit/ Trew/ vnnd langwirigen gedechtnis der empfangenen Wolthaten bey den Hunden/ die vmb der bewiesenen vnd mitgetheilten Brösamlein willen/ jre Herren vertheidigen/ das leben bey jhnen lassen/ die Feinde melden/ denen die Menschen folgen sollen.

Eccle. 9

Ingemein sagt Salomon in seinem Prediger Cap. 9. Bey allen lebendigen ist/ das man wünschet/ nemlich/ Hoffnung/ denn ein lebendigrr Hund ist besser denn ein todter Löwe. Denn die Lebendigen wissen das sie sterben werden/ aber die Todten wissen nichts/ verdienen auch nichts mehr. Gleich wie ein lebendiger Hund/ oder sonst ein geringes thierlein/ jmmerdar nützlicher vnd dienstlicher ist/ als ein verstorbener Löw/ oder sonst ein grosses todtes Thier: Also hats auch etlicher massen ein gelegenheit mit den Menschen/ die Lebendigen können arbeiten/ dem Nechsten dienen vnd nützlich sein/ aber mit den Todten kan man nichts ausrichten/ sie wissen nicht wie es auff Erden stehet/ können nicht mehr rahten vnnd helffen/ welches wider die Papistische Heiligen anruffung ist.

Was todt ist kan vns nichts helffen/ wie mechtig es auch gewesen ist im leben.

Brentius

Brentius helt dafür/Salomon sehe auff das falsche vrtheil der Weltkinder/die nach dem Glück vnd Vnglück von dem Menschen reden / vnnd schliessen: Wenn gute Tag/Glückseligkeit/Fried/Reichthumb/Gesundheit vorhanden ist/da sey das leben edel vnd lieblich: Aber wenn Creutz/Widerwertigkeit/Vnfried einher fallen/spreche man/Selig sind die Abgestorbenen / wolt Gott / wir weren vor so viel vnd so viel Jahren gestorben/wie denn droben im Prediger die Toden den Lebendigen weit vorgezogen worden sind. Hæc autem ideò proponit Ecclesiastes, ne quicquam humanis rationibus ac decretis rationis fidamus. Ratio enim hominis hodie,quod album dixit, cras nigrum esse pronunciat. Das ist/ Der Prediger Salomonis sagt solches darumb / das wir Menschlicher Vernunfft nicht trawen sollen. Denn was deß Menschen Vernunfft heut weiß heist / das darff sie wol morgen schwartz nennen.

Lutherus legts also aus: Ob man schon nicht alles in der Welt könne recht vnd eben machen / so sol man für gut nemen/ wenn nur die geringsten sich weisen lassen. Prouerbio hoc vult dicere: Sufficit aliquam partem corrigere in mundo, sicut canis viuus, quantumuis contemptum animal,præstat magno cadaueri robustissimi leonis. Nos solemus dicere. Es ist besser/ ein Sperling in der Hand/ als ein Kranch in den Lüfften. Item / Man sol das Kind nicht mit dem Bad ausgiessen.

S. Hieronymus hat mancherley meinung hierüber: Vom verstorbenen Frommen / vnnd eim lebenden Sünder der Buß thut: Vom frommen Armen/ vnd einem Gottlosen Reichen: Von den verstossenen Jüden/vnd beruffenen Heyden. Aber vnnötig ists nach einander zu verzeichnen.

Proue. 26. Ein andere Lehre gibt Salomon Prouerb. 26. Wer fürgeht / vnd mengt sich in frembden Hadder / der ist wie einer / der den Hund bey den Ohren zwackt / das ist/ Er wird vngebissen nicht daruon kommen. D. Melanchton. Das seind die Polypragmones vnnd Ardeliones, welche jhre Hende in allen Dreck stossen wollen/ sich in alle Hendel stecken / alles rechtfertigen. Das seind aber nicht rechte Christen / wie Petrus sagt / Niemand vnter euch leide/ als der in ein frembdes Ampt greifft. Vnd wie die jenigen/ so diß thun/ grosse Narren sind für der Welt / vnd darumb leiden müssen hohn vnd spott: Also sind die noch viel grösser Narren/ die es in Geistlichen Sachen thun wollen/ dringen sich selbs/ vnd nötigen sich zu Geistlichen Diensten vnd Emptern vnberuffen / das ist / Die in der Gemeine nur Zanck vnd Vneinigkeit anrichten vnd halten / welche mit allen jhres gleichen hie verdampt werden.

Christen sollen sich nicht in frembde Hendel mengen.

Syrach 13 Syrach am 13. warnet auch jederman/ das er sich nicht zu vngleicher vnd der Reichen Gesellschafft begebe / sondern sich zu seines gleichen halte. Denn wie Hyena sich zu dem Hund gesellet/ also auch der Reiche mit dem Armen: Denn Hyena sol eines Menschen vnd der Schäffer stimm können annemen / darmit er den Hund locket / wenn er jhn zu sich gebracht hat/ zerreist vnd frist er jhn: Also thun auch die Reichen mit den Armen / die etwan Heußlin / Weinberg / vnd andere Gütlin haben/ die sie jnen mit guten worten abschwatzen/ darauff leihen/ oder wol gar an sich bringen/ Aber Gott straffts an solchen reissenden Thieren/ oder auch an jhren Nachkommen vnd Kindern/ rc.

Ein jeder sol sich halten zu seines gleichen.

Das

Das letzte Capitel/ von der Katzen.

EInmal wird dieses Haus Thierlins in Apocrypha Epist. Jer. Baru. 6. gedacht/ Baruch 6. darin er die Jüden inn der Babylonischen Gefengnis/ für jhren Götzen gantz trewlich warnet/ denn sie können niemand helffen/ auch sich selbs nicht vertheidigen/ Denn die Katzen sitzen auff jhren Köpffen/ vnd beschmeissen sie. Welches auch von der Eytelkeit der Papistischen Götzen zuuerstehen ist. Psalm. 115. Jener Götzen sind Silber vnnd Gold/ rc.

Osiander in Baruch. Quomodo iniurias à nobis depellerent, qui sordes auium & cattorum à se prohibere & abijcere non valent? Insania igitur est imagines colere, quæ prorsus nihil habent diuinitatis. Itaq; certè statuamus Papistis, qui ad imagines sanctorum procumbunt, & ante eas preces suas fundunt, easq; auro, argento, gemmis & serico ornant, sanam mentem prorsus ademptam esse. Qui enim statuam colit, is impiè delirat, etiamsi illa statua in honorem veri DEI erecta esset. Exod. 20.

Das ist/ Wie sollen vns die wider Vnbilligkeit vertheidigen/ die des Vögel vnnd Katzen geschmeiß von sich nicht können wegthun: Darumb ist es ein lauter thorheit/ die Bilder

der

der ehren/ an denen gar nichts Göttlichs ist. Derwegen sollen wir gewiß gleuben/ das die Papisten/ so für der Heiligen Bilder niederfallen / für jhnen beten/ sie mit Gold/ Silber/ Edelgestein vnd Seyden schmücken / gar nicht bey Sinnen sein / Denn wer ein Bild ehret/ der handlet thörlich vnd wider Gott/ wenn auch gleich dasselbig Bild dem waren Gott zu ehren auffgerichtet were.

Nicht weniger seind auch die Egyptier thörichte Leut gewesen / welche die Katzen so hoch geehret vnd werth gehalten haben/ das/ wer sie willig oder ohngefehr erschlug/ auch sein Leben lassen must/ wie Eusebius de præparat. Euangelica lib. 2. cap. 1. bezeuget. Felem aut Ibidem siue sponte siue inuitus necauerit, morte punitur. Gleichwol erzehlet Eleasarus lib. 8. cap. 3. dem Königlichen Gesandten Aristæo die vrsachen/ warumb sie nach jhrem Gesetz/ die Katzen nicht anrühren/ etc.

Der vierde Theil/des Biblischen Thierbuchs/ von den wilden/schädlichen vnd reissenden Thieren.

Das Erste Capitel/ Von den Löwen.

IN der Vorrede droben / ist die Frage / von den grawsamen vnd gifftigen Thieren (Ob sie vor Adams Vbertrettung also von Gott erschaffen/ oder vmb der Sünden willen hernach solche grawsame schädliche Thier worden seyen) für gehalten worden/welches hie ingemein zu bedencken: Wöllen derwegen die antwort hören. Augustinus lib. 1. de Genes. contra Manicheos cap. 16. schreibet/Die Manicheer fragen / Warumb Gott so viel vnnötige schädliche Thier/ für denen man sich förchten mus/erschaffen solt haben? Antwort: Ob die Menschen schon nicht wissen / worzu so viel vnd mancherley Thier seind gemacht worden/so ist doch dem Allmechtigen Schöpffer jhr nutz vnd brauch nicht verborgen: Welche aber dazu schädlich seind / gebraucht Gott die Sün-

Ob die grawsame gifftige thier vor Adams Fall also erschaffen/ oder hernach vmb der Sünde willen also worden sind

der zu schrecken / zu drówen vnd straffen / das sie auff dieses műheselig gefehrlich Leben ihr Datum nicht setzen / sondern ein bessere suchen/ da kein Forcht/ Schrecken vnd Straff ist. Solent Manichæi mouere quæstionem, vt dicant: Vt tam multa animalia Deus faceret, siue in aquis siue in terra, quæ hominibus non sunt necessaria? Multa etiam perniciosa sunt & timenda? Sed cum ista dicunt, non intelligunt, quemadmodum omnia pulchra sunt conditori & artifici suo, qui omnibus vtitur ad gubernationem vniuersitatis, cui summa lege dominatur: Si enim in alicuius opificis officinam imperitus intrauerit, videt ibi multa instrumenta, quorum causas ignorat, & si multum est insipiens, superflua putat. Iam verò si in fornacem incautus ceciderit, aut ferramento aliquo acuto, cum id malè tractat, seipsum vulnerauerit, etiam perniciosa & noxia existimat ibi esse multa. Quorum tamen vsum, quoniam nouit Artifex, insipientiam eius irridet, & verba inepta non curans, officinam suam constanter exercet. Et tamen tám stulti sunt homines, vt apud artificem hominem, non audeant vituperare quæ ignorant, sed cum ea viderint credunt esse necessaria, & propter vsus aliquos instituta: In hoc autem mundo, cuius conditor & administrator prædicatur DEVS, audent multa reprehendere, quorum causas non vident, & in operibus atque instrumentis omnipotentis artificis, volunt se videri scire quod nesciunt. Ego vero fateor me nescire, mures & Ranæ quare creata sint, aut muscæ aut vermiculi, video tamen omnia in suo genere pulchra esse, quamuis PROPTER PECCATA NOSTRA multa nobis videantur aduersa. Non enim animalis alicuius CORPVS & membra considero, vbi non mensuras &

Simile.

ras & numeros & ordinem inueniam ad vnitatem concordiæ pertinere. Quæ omnia vnde veniant non intelligo, nisi à summa mensura, & numero & ordine, quæ in ipsa Dei sublimitate incommutabili atq; æterna consistunt. Quod si cogitarent isti loquacissimi & ineptissimi (Manichæi) non nobis tædium facerent, sed ipsi considerando omnes pulchritudines & summas & infimas, Deum artificem vbiq; laudarent: & quoniam nusquam offenditur ratio, sicubi fortè sensus carnalis offenditur, non rerum ipsarum vitio sed NATVRÆ Mortalitatis meritis imputarent. Et certè omnia animalia aut vtilia nobis sunt, aut perniciosa, aut superflua. Aduersus vtilia non habent quid dicant. De PERNICIOSIS autem, vel PVNIMVR, vel EXERCEMVR, vel TERREMVR, vt non vitam istam multis periculis & laboribus subditam, sed aliam meliorem, vbi securitas summa est, diligamus & desideremus, & eam nobis pietatis meritis comparemus. De Superfluis verò quid opus nobis est quærere? Si tibi displicet quod non prosint, placeant quod non obsint, quia domui nostræ non sunt necessaria, eis tamen completur huius vniuersitatis integritas quæ multò maior est quam domus nostra & multo melior. Hanc enim multò melius administrat DEVS, quam vnusquisq; nostrum domum suam. Vsurpa ergò VTILIA, caue perniciosa, relinque SVPERFLVA, In omnibus tamen cum mensuras & numeros & ordinem vides, Artificem quære

Das ist / Es erregen die Manicheer eine Frag / vnd sagen / Worzu Gott so viel Thier hab erschaffen / beydes im

Meer vnnd auff Erden / welche den Menschen nicht nötig sein/ ja auch viel schedliche/ vnd vor denen man sich fürchten mus? Wenn sie aber solch ding fragen / verstehen sie nicht/ wie alle Creaturen jhrem Schöpffer vnnd Meister so schön sein / sintemal er sie alle braucht in der regierung deß gantzen Erdenkreis/darüber er herrschet. Denn wenn etwan ein Vnuerstendiger in ein Werckstadt zu einem Meister kömmet/vnd darinnen viel Instrument sihet / deren vrsach er nicht weis/ worzu sie gemacht sein/ vnd so er gar zu vnuerstendig ist/ achtet sie vnnötig oder vergeblich: Oder so einer vnuersehens in ein Ofen fiel / Oder mit einem scharffen Eysen/wenn er vnweislich mit vmbgieng/ sich verwundet/fürgibt/ es seyen viel schädliche Instrument da: der Meister aber weis/ wozu sie dienen/ lacht er seiner Thorheit/achtet solche wort nicht/vnd treibt vnd versorgt seine Werckstad auffs beste. Noch sein die Leut so nerrisch / das sie bey einem Menschen/ der ein Meister ist / schelten vnd tadeln dörffen / was sie nicht verstehen/ sondern wenn sie es sehen/gleuben sie/es sey nötig/vnd zu einem gewissen nutz gemacht: In der Welt aber/ so Gott erschaffen / vnd noch teglich regieret/ vnterstehen sie sich viel dinges zu taddeln / wenn sie die vrsach nicht wissen / vnd in den Wercken deß Allmechtigen wollen sie geachtet sein/ das sie viel dinges wissen/ da sie doch nichts wissen. Ich aber bekenne es ohne schew / das ich nicht weis / worzu die Meuß/ Frösch/Fliegen vnd andere Gewürm erschaffen sein? Doch sehe vnd verstehe ich /das in seiner art alles gar schön vnd artlich ist/ob wol vmb vnserer Sünde willen viel Creaturen vns scheinen zu wider sein. Denn ich betrachte keines Thiers Leib vnd Gliedmassen/daran ich augenscheinlich sehe/wie alles so ordentlich/so bequem an der zahl vnd gros erschaffen/ das alles zur einigkeit dienstlich. Welches alles/ woher es kommt/

weis ich anders nicht / als von der richtigen zahl vnd anordnung/die bey der vnwandelbaren vnd ewigen Maiestet Gottes ist. Solches / wenn es die vnnützen vnd vnuerstendigen Wäscher/ die Manicheer/ verstünden/ würden sie vns nicht so verdrießlich sein mit solchen Fragen / sondern vielmehr/ in betrachtung solcher wunderbaren schönen formirung in allen Creaturen / Gott den Schöpffer vnd Meister allezeit loben vnd preisen. Vnd weil sich die Vernunfft nirgent ergert/als wo sich vnsere fleischliche Sinne ergern / sollen sie billich nicht den Creaturen / sondern der Sünde / als einer vrsach vnserer sterbligkeit / solches zumessen. Zu dem/ so sind je alle Thier vns entweder nützlich oder schädlich / oder vnnötig/ vberflüssig / wider die so vns nütz sein / können sie nichts sagen. Mit denen aber/ so vns schädlich sein/werden wir entweder gestrafft / oder probirt / oder geschreckt / das wir doch vnser Hertz nicht so gar an diß Leben hengen sollen / weil es voller gefahr / mühe vnd arbeit ist / sondern nach einem andern vnd bessern/da die gröste Frewd ist/vns sehnen/vnd mit einem Gottseligen Leben vnd wandel dahin trachten.

Was aber die vnnötigen oder vberflüssigen anlanget/ was ists von nöten nach denen zu fragen? Gefelt dir es nicht/ das sie dir nichts nütz sein/ so las dir es doch gefallen/ das sie dir nicht schaden: Dörffen wir sie nicht in vnserm Haus / so wird doch damit die Welt gefüllet / welche viel grösser ist als vnser Haus. Denn Gott regiert sie viel besser/ als vnser einer sein Haus. Derhalben brauch die nützlichen/ meide die schedlichen/las die vnnötigen fahren. In allen aber wenn du sihest / wie alles so ordentlich vnd artlich erschaffen ist / erkenne daraus den weisen vnd verstendigen Schöpffer. Wir wollen aber jetzt vom Löwen hören.

Dieses wilde vnd reissende Thier wird nicht allein in den prophanis historijs, sondern auch in der heiligen schrifft selbs / andern Thieren / als ein König vnd Regent / fürgezogen vnd gesezt. Prouerb. 30. Dreyerley haben einen feinen gang / ꝛc. Der Löw mechtig vnter der Thieren / vnd kehret nicht vmb für jemand.

Basilius. Diß erkleret S. Basilius homil. 9. in Hexam. Vna cum Leone animositas & ira est orta, vita solitaria, expers societatis ad ea quæ genus subeunt idem, velut enim TYRANNVS quidam animantium rationis expertium, pares honores congressionesq́ cum cæteris non acceptat, sed aspernatur. Qui neq; pabulum hesternum accedit, nec ad reliquias suæ venationis vnquam redit. Cui tanta quoq; vocis eliciendæ natura præstitit instrumenta, vt animantium complura longè ipso celeriora, solo rugitu sæpè numero capiantur,

Ambrosius. Ambrosius lib. 6. cap. 3. Hex. Leo naturæ suæ vi superbus, ferocitatem sui, aliarum ferarum generibus miscere nescit, sed quasi Rex quidam plurimorum dedignatur consortium. Qui etiam cibum fastidit hesternum, etiam ipsas suæ escæ reliquias auersatur. Quæ autem se ei sociare fera audeat, cuius voci tantus naturaliter inest terror, vt multa animantium, quæ per celeritatem possint impetum eius euadere, rugientis eius sonitu, velut quadam vi attonita atq; icta deficiant.

Das ist / Der Löw ist gleich wie ein Tyrann vnd König anderer wilden Thier / an jhm spühret man Groomütigkeit / Zorn / Einsamkeit / das er sich zu andern Thieren nicht gesellet / vnd gemeinschafft mit jhnen hat / Er achtet nicht den Raub / so er den vorigen Tag erjagt vnnd vbergelassen hat /

hat / kömpt auch nicht wider darzu. Eine solche gewaltige Stimm hat er/ das er die schnelle Thier allein mit seinem brüllen stellen vnd verjagen kan. Aber doch wird er mit deß Scorpions Stachel vnnd der Schlangen Gifft gezähmet/ vnd sein Stoltz geleget.

Ambrosius lib. 6. cap. 6. Hexam. Leo quidem rex ferarum, exiguo scorpionis aculeo exagitatur, & veneno serpentis occiditur &c. Das ist/ Der Löw ist zwar ein König aller wilden Thier / noch gleichwol wird er mit deß Scorpions Stachel gestochen/ vnd mit der Schlangen giffe vmbbracht/ 2c.

Gleichwol hat GOTT durch jhn den dreyen Stenden allerley nützliche Erinnerung vnnd Lehre fürhalten wöllen.

DEnn im ersten / bildet GOTT sich vnd seine mancherley Eigenschafften / in Zorn vnd Gnaden/ für / die erzehlet sollen werden. Hoseæ am 6. Capitel / Jch bin dem Ephraim wie ein Löwe / vnd dem Haus Juda wie ein junger Löwe / Jch / Jch zureiß sie/ vnd gehe dauon / Jch führe sie weg / vnd niemand kan sie retten. Der erste Stand. Hos. 6.

Hie ist Gottes grawsamer Zorn wider das Königreich Jsrael vnd Juda / welche Abgötterey trieben / abgemahlet / Das nicht die Assyrier vnd Babylonier / sondern GOTT selbs sie als ein zorniger grimmiger Löwe zerreisse / vnd niemand sie aus seiner Hand erretten könne.

Lutherus. Quando DOMINVS cæperit indignari, verè est sicut Leo, cui quod arripuit, eripi non potest. Das ist / Wenn der HERR erzürnet/ so ist Er recht wie ein Löwe/ dem niemand nemen kan/ was er einmal erhascht hat. Lutherum.

Diß

Hos. 13. Diß widerholet Hoseas 13. Weil sie die Ephraimiten vnd Jüden geweidet sind/das sie satt worden sind/vnd gnug haben/erhebt sich jhr Hertz/ vnd vergessen mein/ darumb wil ich auch gegen sie werden wie ein Löwe/ꝛc. wil sie wie ein Löw daselbsten fressen/ vnnd die wilden Thier sollen sie zureissen.

Amos 1. Amos der Prophet im 1. Capitel spricht/Der HERR wird aus Sion brüllen (wie ein Löwe) vnd seine Stim̃ aus Jerusalem hören lassen/das die Awen der Hirten jemmerlich stehen werden/ vnd der Charmel oben verdorren wird. Welches auch von dem grawsamen Zorn GOttes wider die Jüden zuuerstehen ist.

Brentius. Brentius. Quemadmodum Leo bestia alioqui in supplices clementissima, magna fame, non in viros ac fæminas solum fremit, verùm etiam in infantes sæuit: Ita Dominus, cuius nomen in Sione celebratur, & qui resipiscentibus indulgentissimus est pater, tanta iracundia in vos debachabitur, vt nec infantibus vestris parsurus sit. Das ist/Gleich wie der Löw/so sonst ein barmhertzig Thier ist gegen denen/ so sich für jhm schmeigen vnd biegen/ im grossen Hunger nicht allein Mann vnd Weibspersonen angreifft/ sondern auch die kleinen Kinder zuriest: Also wird auch der HERR/ deß Namen in Sion gerhümet wird/ vnd der den Bußfertigen Sündern ein gnedigster Vater ist/ in seinem zorn euch dermassen angreiffen/das er auch ewrer kleinen Kinder nicht verschonen wird. Gemeldtes brüllen wird auch Joelis am 3. versic. 16. vnnd Jerem. 25. versic. 30. widerholet.

Das brülken Gottes/ als eines zornigen Löwen/ist nicht vmb sonst

Vnd dieses grawsamlich brüllen Gottes als eines zornigen Löwens/ ist nicht vmb sonst/ sondern die Straff folget gewißlich drauff. Amos 3. Ich wil euch Israeliten heimsuchen

chen in aller ewer Missethat / rc. Brüllet auch ein Löw im Wald / wenn er keinen Raub hat? Schreyet auch ein junger Löw aus seiner Hülen / er hab denn etwas gefangen? Der Löw brüllet / wer wolt sich nicht fürchten? Der HERR HERR redet / wer solt nicht weissagen / rc. Gleich wie die Löwen grawsamlich brüllen / wenn sie den Raub sehen / das Wild darmit erschrecken / stellen vnd nider reissen / vnd das brüllen deß Thiers gewis end vnd vntergang bedeutet: Also weil Gott brüllet / sagt Amos zun Israeliten / vnd ewre Sünde strafft durch vnd mit dem Gesetz / so ists ein vnfeilbar zeichen ewer Straffen vnd Plagen / wo jhr nicht bey zeit Busse thut / rc. Vnd weil Gott zu vns Propheten redet / solten wir die Sünde nicht straffen / vnd für schaden warnen? Amos 3.

Hieronymus. Si ad leonis vocem omnia contremiscunt & cuncta animantium natura terretur: Nos iubente Deo, vt loquamur & annunciemus populo ventura supplicia, non prophetabimus? non loquimur? Das ist / So alles vor deß Löwen stimm erzittert / vnd alle Thier geschrecket werden: Warumb solten wir / wenn vns der HErr befihlt / das wir dem Volck die künfftige Straffen sollen ankündigen / nicht weissagen? Warumb solten wir denn nicht reden? Hieronymo

Brentius. Leonis clamor argumentum est, aut capiendæ, aut captæ prædæ. Ita Domini vox argumentum est futuræ cladis. Das ist / Das brüllen deß Löwen ist ein anzeigung / das er entweder ein Raub erjagt hat / oder noch darnach stehet: Also ist auch die Stimm deß HERRN ein anzeigung deß zukünfftigen Vnglücks. Brentius.

Hören wir derwegen allhier / das die Göttliche Straffpredigten nicht vmb sonst geschehen / sondern gewißlich ein nachdruck haben / vnnd das zureissen darauff folget. Sollen

Warnung an die Prediger. 4. Esdr. 16

auch die Propheten vnd Prediger / die Straffpredigten bey verlust Göttlicher Gnaden nicht einstellen / wo sie nicht mit herhalten wollen. 4. Esdræ 16. Wer kan den Löwen im Wald behalten/ wenn er hungerig ist? Der starcke HERR sendet das Vnglück/wer wil jhm wehren? 4. Esdr. 11. vnd 12. Jch sahe einen brüllenden Löwen aus dem Wald herfür lauffen/ der redet den Adler mit Menschlicher stimm an/vnd straffet jhn seiner Laster halben. Cap. 12. Der Löw/ den du sahest vom Wald auffstehen/ brüllen/ vnd zum Adler reden/ vnd jhn vmb seiner Vngerechtigkeit willen in aller seiner rede straffen/das ist derGeist/den derAllerhöchste bey sich helt biß ans Ende/ das er die Menschen als denn vmb jhrer Gottlosigkeit halben vberzeugen / vnd jhnen jhre Boßheit entdecken sol/2c.

Klaglieder. Jerem. 3.

Das aber deß HERRN / als eines grawsamen Löwens brüllen nicht vergeblich vnd vmbsonst sey / bezeugt Jeremias am 3. Cap. der Klaglieder. Der HERR hab auff jhn gelauret/wie ein Löw im verborgen: Da er vom Jüdischen Volck redet/ welches von den Babyloniern vberweltiget/verstöret/ vnd gefangen weg geführt ist worden: Die Jüden haben auch nicht anders gemeinet/ denn GOtt hab all sein väterliches Hertz hingelegt / vnd sey gegen sie ein grimmiger Löw worden. Hierzu gehören auch anders Exempel der grewlichen verfolgern/ welche Gott wider die Vnbußfertige Menschen geschickt hat.

Jerem. 2.

Jerem. 2. Cap. Jst denn Jsrael ein Knecht oder Leibeigen/das er jedermans Raub sein mus? Denn die Löwen brüllen vber jhn/vnd verwüsten sein Land/vnd verbrennen seine Stedte/ das niemand drinnen wonet/ 2c. Solchs machstu dir selbs/ das du den HERRN deinen Gott verlessest/ so offt er dich den rechten Weg leiten wil. Das ist/ Du Jsrael vnd Juda verdienets mit ewer Abgötterey vnd Vnbußfertigkeit/

bußfertigkeit / das die Assyrier vnd Egyptier gegen euch wie die grimmigen Löwen gesinnet seind/vnd vmbgehen/vnd bekehret euch doch noch nicht zu mir/ ꝛc.

Esaias 5. weissaget auch von einem grawsamen Volck/ welchs die Jüden verstören sol/ es seyen die Babylonier oder Römer/ oder beyde zumal. Sie/ die Feinde/ brüllen wie die Löwen/ vnd brüllen wie die jungen Löwen/ sie werden brausen/den Raub erhaschen/dauon bringen/das niemand erretten wird. Esa 5.

Hieronymus verstehet die letzte verstörung vnterm Vespasiano vnd Hadriano, vnd sagt von diesem Kriegsvolck: (Describit sermo diuinus velocitatem venientis exercitus, qui non SVA sed DOMINI venerit voluntate, imò attractus sit & sibilo illius prouocatus &c. & quod instar LEONIS non tam ad pugnandum quam ad prædandum & vorandum) Sie seyen mehr nur aus Gottes befehl vnd antreibung zu rauben vnd plündern/ denn zu streiten kommen. Hieronymo

Wir wollen mehr Exempla anhören / wie GOTT durch diß Thier selbs / oder Gleichnisweis die Sünder (es seyen gantze Länder / oder einzele Personen) gestraffet habe.

Sapientiæ am 11. Capit. Es mangelt HERR deiner Allmechtigen Hand nicht / welche hat die Welt geschaffen aus vngestaltem wesen / vber die Egyptier zu schicken/ frewdige Löwen / oder von newen geschaffen grimmige vnbekante Thier/ oder die da Fewer speyeten / oder mit grimmigen Rauch schnaubeten/oder grawsame Funcken aus den Augen blickten / welche nicht allein mit versehrung sie möchten zu schmettern / sondern auch wol mit jhrem schrecklichen Gesicht erwürgen/ ꝛc. Sap. 11.

2. Reg 17. 2. Reg. 17. Dieweil die Heyden / so von dem König in Assyrien in das Israelitische Königreich Samariam eingesetzt waren / den waren GOtt im Himmel nicht forchten/ sondern Abgötterey trieben/so schicket Gott Löwen vnter sie/ die erwürgten sie/ ꝛc. Vnd sie liessen dem König zu Assyrien sagen/ Die Heyden/die du hast hergebracht/vnd die Stadt Samaria darmit besetzt/ wissen nichts von der weise Gottes im Lande/ darumb hat er Löwen vnter sie gesand. Vnd der König gebot/vnd sprach/ Bringet dahin der Priester einen/ die von dannen sind weggeführet/ vnd ziehet hin/vnd wonet daselbst/vnd lehret sie die weise Gottes im Lande/ ꝛc. Welches auch geschehen/Aber sie dieneten zumal dem HERRN vnd auch jhren Götzen.

Warumb Gott den Heyden solche Löwen geschickt.

Solche Straffe der Löwen schicket Gott vnter die Abgöttischen Heyden/ Erstlich darmit anzuzeigen/das die Jüden vmb jhrer Abgötterey willen aus dem Land seyen vertrieben worden / Denn wo den Abgöttischen Heyden nichts be-
1. gegnet were/hetten sie/die Israeliten/ jhr Gottlos wesen entschüldigen können/weil wol Gottlosere Menschen/denn sie/
2. im Land woneten. Darnach/ das auch Gott der Heyden nit verschonet/ wenn sie Gottes Gebot vbertretten/ das sie aber beyderley Glauben haben wollen/ gefelt Gott nicht/ ꝛc.

Brentius. Samaritani omninò similes sunt qui partim cultum Papisticum, partim Euangelicum sequuntur, vt sunt multi concionatores papistici, qui tamen non confitentur nec offerunt nec ieiunant more Papistico: & qui more Samaritanorum Euangelici videri volunt: Quoties fortuna aliqua illis affulget: rursus Papistæ sunt, quoties ob Euangelium pericula imminent &c. Das ist / Den Samaritern sind die jenigen nicht vngleich/ die zum theil die Papistische Götzendienst / zum theil dem

Euangelio

Euangelio folgen/Inmassen viel Prediger gefunden werden bey den Papisten/die weder beichten/noch Meß halten/noch fasten wie die Papisten/ vnd doch/ wie die Samariter/ Euangelisch wollen geachtet werden / so lang als wol zugehet: So bald jhnen aber vmb deß Euangelij willen gefahr zuhanden stöst / da seind sie widerumb Papisten.

Was Priuat Personen anlangt/sagt Eliphas beim Job Cap.4. Ich hab gesehen/ das die da mühe pflügten/vnglück seeten/vnd sie auch einerndten/das sie durch den Odem Gottes sind vmbkommen/vnd vom Geist seines Zorns vertilget/ Das brüllen der Löwen/vnd die stimme der grossen Löwen/ vnd die Zeen der jungen Löwen sind zerbrochen/Der Löw ist vmbkommen / das er nicht mehr raubet/vnd die Jungen der Löwin sind zerstrewet.

Wir wollen jetzt nicht von den straffen der Gottlosen Regenten handlen/sondern diß an seinen ort sparen. Vnd in gemein hie betrachten / wie der gerechte Gott seinen grimmigen Zorn vber die vngehorsame Gottlose Menschen ausstöst.

Exempel des zorns Gottes vber die Gottlosen.

1. Reg. 13. Gott schicket einen Propheten gen Bethel/ wider die Abgötterey daselbsten zu predigen / vnd das er weder essen noch trincken solt am selbigen ort. Nach verrichter sache vnd vollender Predigt/wird er vom König zur Malzeit gebeten/aber er verweigerte: Vnd ein alter falscher Prophet erfehrt die sach/reitet jhm nach/beredt jhn mit falschen lügenhafftigen worten (als wenn Gott mit jhm geredt hett) das er wider vmbkehret/vnd zu Bethel Brod aß. Da sie nu frölich waren/kömpt deß HERRN Wort zum falschen Propheten/Er solt den rechten Propheten straffen/weil er deß HErren stimm vngehorsam gewesen sey/ sol er auch nicht in seiner Väter Grab kommen. Vnd da er hinzog fand jhn ein Löw auff den Weg / vnnd tödtet jhn / vnd sein Leichnam lag geworffen

1. Reg. 13. Wird ein Prophet Gottes von eim Löwen erwürgt/ weil er Gottes Wort aus den augen gesetzt.

worffen im Weg/ vnnd der Esel stund neben jhm/ vnd der Löw stund neben dem Leichnam/der Löw hatte nichts gefressen vom Leichnam/vnd den Esel nicht zubrochen/rc. Hieuon sihe auch etwas droben bey dem Esel.

Erinnerung aus dieser Historia.

1. Diese Historia erinnert vns/Zum ersten/wie Gott sein Wort vnd Befehl gehalten wil haben/das man sich daruon durch keinen schein/ von keinem Freund/ sie heissen wie sie wollen/ wenden/ auch für was sie können/ abführen lasse.

2. Augustinus Darnach ist doch bey dieser leiblichen Straff/ wie es Augustinus darfür helt/ zu mercken/ das die reissende wilde Thier/ ja die Teuffel selbs auch/ nicht mehr gewalt vber die Menschen haben/denn es jhnen von Gott verhengt vnd vergönnet wird. Also/das dieser Löw deß Propheten Leichnam nicht fressen/noch den Esel zerreissen kan.

Brentius. Brentius. Multa in hoc facto consideranda nobis relinquuntur. Primum quod Dominus seuerissimus sit præuaricationis iudex & vltor. Deinde quod Bestiæ etiam truculentissimæ, imò nec Dæmon ipse plus possit quam Dominus voluerit aut iusserit. Hic Leo tantum occidit virum DEI, interim nec Asinum nec viri cadauer dilacerans, eò quod solum hoc ipsi à Domino permissum erat. Si enim ne asinum tetigisset quidem, quid potuisset mali viro Dei inferre, nisi Dominus aliter iussisset. Ergo disce Dominum non bestias aut dæmonem timere. Das ist/ Wir haben in dieser That viel zubedencken: Erstlich/ das Gott der HERR ein ernster Richter vnd Recher sey der verachtung seines Worts. Darnach/ das auch die aller grawsamsten Thier/ ja der Teuffel selbst/mehr nicht könne/als was jhm Gott verhengt oder befihlet. Dieser Löw bringt zwar den Mann Gottes vmb/ zureist aber weder den Esel/ noch deß todten Mannes Leichnam/ dieweil jhm nur das von Gott vergönt war/ Denn so er dem Esel nichts thet/

wie

wie wolt er dem Mann GOttes ein leid thun / wenn es jhm Gott nicht hett anders befohlen. Darumb lerne allhie Gott fürchten / nicht die wilden Thier oder den Teuffel.

Ein andere Historia wird gelesen 1. Reg. 20. Es solt ein Prophet an Gottes stad / dem Abgöttischen König Ahab ein scharffe straffpredigt halten / das er in Gottes vngnaden were / weil er den Gottlosen Heydnischen verbanten König in Syrien Benadad mit frieden von sich gelassen / vnd seinen Bruder genennet / mit jm ein Bund gemacht / vnd in das Syrisch Königreich / wider Gottes Wort vñ Mandat / eingesetzt vnd restituirt hat. Nu solt aber der Prophet / welcher etlicher meinung nach / Micha der Son Iemla gewesen ist / die sach mit einer Gleichnis vnd verblümten worten vortragen. Demnach sprach der Prophet zu seinem Nechsten (der vielleicht seiner Discipeln vnd Collegen einer gewesen mag sein) durch das wort deß HErrn / lieber schlage mich Er aber weigert sich jhn zu schlagen: Da sprach er zu jm / Darumb das du der Stim̃ deß HERRN nicht hast gehorcht / sihe so wird dich ein Löw schlagen / wenn du von mir gehest. Vnd da er von jm gieng / fand jn ein Löw / vnd schlug jn. Ein anderer schlegt den Propheten auff sein begeren / vnd jm geschicht kein leid. Eine wunderbarliche Geschicht ist diß / das der jenige / so deß Propheten verschonet aus Brüderlicher Liebe / vnd weil Gott sagt / Rühret meine Gesalbeten nicht an / vnd meinen Propheten thut kein leid / Oder das er achtet / der Prophet sey nicht bey Sinnen / das dieser sich an GOtt vergreifft / vnd den Todt verschuldet / der aber den Propheten schlegt / gehet leer aus.

1. Reg. 20 Erwürgt ein Löw den / so den Propheten nicht hat schlagen wollen auff Gottes Gebot.

Es ist aber gar ein nötige Lehre von dem Gottesdienst vnd gehorsam gegen den Geboten Gottes / was er heist vnd befihlt / das ist man schüldig zu thun / ob es schon seltzam vnd vnrecht duncket sein / vnd man die Vrsachen nicht verstehet.

Lehr aus dieser Historia.

Brentius.

Brentius. Brentius. His factis nos omnes Dominus erudire vult, vt non respiciamus in opera præcepta, sed in VERBVM præcipientis. His, inquam, Dominus nos cogere vult, vt illa faciamus, quæ ipse nos iubet facere, non quæ nos eligimus, si enim respiciamus in præcepta opera non in præcipientis verbum, facilè in peccatum delabimur. Das ist/ Mit solchen Thaten wil vns Gott alle erinnern vnd lehren/ das wir nicht sehen sollen auff die Werck/ die er vns befihlet/ sondern auff das Wort deß/ der es befihlt. Mit diesen Geschichten/ sage ich/ wil vns GOtt gleichsam zwingen das jenige zuthun/ was er vns gebeut/ nicht was vns gut düncket/ Denn so wir allein sehen auff die Werck/ die er vns gebeut/ nicht auff sein Wort/ können wir gar leichtlich sündigen.

Die frommen züchtiget auch Gott wie ein starcker Löw.

Bißhero seind Exempla erzehlet/ wie Gott die Vngehorsame/ oder Gottlose Abgöttische Leut gestrafft hat mit den Löwen. Nu wollen wir auch etliche hören/ da Gott gleichnis weis die Frommen heimsucht vnd züchtiget. Esaiæ 38. Der Prophet Esaias hett dem frommen König Hißkiæ aus Gottes befehl das Leben auffgesagt/ darauff wird er an Leib vnd Seel so matt vnd krafftlos/ das er vnter andern sagt: Ich dacht/ möcht ich biß morgen leben/ aber der HERR zubrach mir alle mein Gebeine wie ein Löwe/ Denn du machst es mit mir aus den Tag vor Abend. Quod Ezechias Deum comparat Leoni absurdum videri non debet, tametsi Deus natura clemens, misericors ac benignus sit. His certè DEO nihil magis proprium esse potest, sed non possumus eam benignitatem sentire, cum prouocamus ipsum sceleribus nostris, atque ad seueritatem nequitia nostra adigimus: Tunc enim nullæ sunt feræ bestiæ, quarum immanitate adeo terreri possimus, vt sola Dei mentione

tione: nec immerito: oportet enim flagellis Domini hanc efficaciam inesse, vt ijs humiliemur atque deijciamur vsque ad ipsos inferos, & consolatione propemodum destituti omnia horroris plena concipiamus, vt bonitatis eius desiderio magis afficiamur. Caluinus

Das ist / Es ist nicht vngereumpt / das Hißkias GOtt einem Löwen vergleicht / denn ob er schon von Natur Gnedig / Barmhertzig vnd Gütig ist / jedoch so können wir solche Freundligkeit vnd Güte nicht spüren / wenn wir jhn mit vnsern Sünden vnd Boßheit zu Zorn reitzen: Ja kein wildes Thier ist so grawsam / das vns also erschrecken köndt / als wenns Gott allein nennet: Vnd geschicht das darumb / das wir trostlose vnd erschreckte Sünder desto grössern lust vnd verlangen nach seiner Gnaden haben.

Dargegen so finden wir Sprüche / darin sich Gott verspricht / Er wolle für sein Volck stehen wie ein Löw / vnd sie beschützen. Als Esaiæ am 31. So spricht der HERR zu mir: Gleich wie ein Löw vnd wie ein junger Löw brüllet vber seinem Raub / wenn der Hirten menge jhn anschreyet / so erschrickt er für jhrem geschrey nicht / vnd ist jhm auch nicht leid für jhrer menge: Also wird der HERR Zebaoth hernider fahren / zu streiten auff dem Berg Sion / vnnd auff seinem Hügel / Der HERR wird Jerusalem beschirmen / schützen erretten / drinnen vmbgehen vnnd aushelffen. Hieronymus. Sicut Leo & catulus leonis esuriens, si cernat ouium gregem, nulla pastorum voce terretur, & multitudinem eorum, conscius virium suarum, despicit: Sic Dominus exercituum præliabitur, non contra montem Sion & collem eius, sed super montem Sion contra aduersarios illius.

Gott wil sein Volck schützen wie ein Löw. Esaiæ 31.

Hieronymo

Brentius. Brentius aber deutets auff die zeit Hißkiæ / da der Assyrische König Sennacherib Jerusalem belagert hatte / aber mit schanden wider abziehen muste / nach dem er viel tausent Kriegsknecht verloren. Quemadmodum Leo aut catulus leonis, qui captam prædam mordicus tenet, non terretur, nec metu aliquo sic concutitur, vt deserat prædam & fugiat, etiamsi insectetur eum magna caterua pastorum, cum vociferatione & fustibus: Ita quoq; Dominus Deus Zebaoth non absterretur á monte Sion ab vrbe Ierusalem, pro qua militiam suscepit, & quam tueri statuit, etiamsi Sennacherib rex Assyriorũ veniat ad oppugnandem eam, cum omnibus viribus regni sui. Das ist/ Gleich wie ein Löw oder junger Löw den erjagten Raub so steiff vnd fest helt/ das er sich nichts so sehr erschrecken lest/ noch fürchtet/ das er den Raub verliesse/ vnd flöhe/ wenn jhn gleich viel Hirten nacheilen mit grossem geschrey vnnd Zaunstecken: Also lest sich auch der HERR/ der Gott Zebaoth/ nicht abschrecken von dem Berge Sion/ von der Stadt Jerusalem/ für die er streitet/ vnd die beschützen wil/ ob gleich Sennacherib / der Assyrer König / mit aller seiner macht herauff keme/ sie zu belagern.

Gott vergist der Frommen nicht/ auch in seinem zorn. Amos 3.

Derwegen wenn Gott die vngehorsamen vnd Abgöttischen Leut züchtiget/ so errettet er doch allwegen das kleine Heufflein vnd vbrige/ wie Amos am 3. sagt/ So spricht der HERR/ Gleich wie ein Hirte dem Löwen zwey Knie oder ein Ohrleblein aus dem Maul reisset/ Also sollen die Kinder Israel heraus gerissen werden/ etc. Nicht alle sollen vom Assyrischen König hingeführet werden/ sondern etliche/ wiewol gar wenig / beim leben bleiben/ vnnd daruon kommen.

Superstites.

Superstites quidem aliquot remanebunt, ait Brentius, & viui tantam calamitatem euadent, sed paucissimi & benè numerabiles. Quomodo enim interdum pastor superueniens, insequente suo clamore & tumultu, ab ore leonis, duo crura aut extremum auriculæ ouis iam deuoratæ recuperat: Ita vix tricesima pars populi Israelitici, ab imminente calamitate liberabitur. Brentius.

Das ist / Es werden zwar noch etliche vberbleiben / die noch mit dem leben solchem Vnglück entgehen werden / aber gar wenig / vnnd die bald können gezehlet werden / Denn gleich wie bißweilen ein Hirt / wenn er gewar wird / das jhm ein Löw ein Schaff genommen hat / demselben nacheilet / schreyet / vnd sich bemühet / doch nicht das zurissene Schaff halb / oder wol kaum etwas dauon dem Löwen aus seinem Rachen nemen kan: Also wird auch kaum der dreyssigste theil deß Volcks Israel von dem vorstehenden Vnglück errettet werden.

Hieronymus deutets Tropologicè auff den beruff der Jüden vnd Heyden / aus welchen eine Härde ist worden / daruon doch offt die grawsame Löwen Schäfflin zerrissen / vnd kaum die Knie oder Ohrläblin heraus gerissen werden. In crure via ostenditur doctrinarum. In aure Sacramenta dictorum &c. Hieronymo

Allhie ist auch nicht zu vbergehen die Historia Danielis vnd seiner Widersacher / Daniel. am 6. Cap. darmit GOtt nicht allein seinen Zorn vnd Gerechtigkeit wider die Gottlose Fürsten der Meden vnd Persen / sondern auch seine macht vnd Güte am heiligen vnschüldigen Propheten Daniel bewiesen hat. Denn da Daniel durch anstifftung vnd falsche anklag der Gottlosen Fürsten in den Löwen Graben geworffen ward / thun sie jhm kein leid / wie der König Darius auch verhofft. Daniel 6. Daniel in die Löwen Gruben geworffen / wird von Gott gewaltiglich geschützt.

verhofft. Vnd da er morgen frůe wider zum Graben laufft/ denn er nichts essen noch schlaffen kund/ fraget er/ Daniel du Knecht deß Allmechtigen Gottes / hat dich auch dein Gott/ dem du ohn vnterlas dienest/ mögen von den Löwen erlösen? (Oblitus regiæ dignitatis victor ad captiuum, Dominus ad seruum currit. Hieronymus.) Daniel antwortet: Mein Gott hat seinen Engel gesandt / der den Löwen den Rachen zugehalten hat / das sie mir kein leid gethan haben / denn für jhm bin ich vnschůldig erfunden/ so hab ich auch wider dich/ Herr König/ nichts gethan. Da ward Daniel heraus gezogen/ vnd man spůret keinen schaden an jhm/ denn er hatt seinem Gott vertrawet (welches Ebræ. am 11. also widerholet wird / Durch den Glauben haben etliche der Löwen Rachen versperret) Aber da aus Darij befehl/ Danielis Anklåger vnd Widersacher/ sampt jhren Weib vnd Kindern / zun Löwen in den Graben geworffen wurden / da ergriffen sie die Löwen/ ehe sie auff den boden hinab kamen/ vnd zumalmeten auch jre Gebeine. (Eine andere Geschicht wird erzehlet vom Drachen zu Babel/ den Daniel erwürgt/ vnd darumb zu den Löwen must geworffen werden / die jhn doch nicht beleidigten/ aber die Feinde verschlingen sie bald. Diese setzen wir beseit)

Augustinus — Augustinus lib. 2. cap. 32. de Miral. S.S. In hoc tam insigni facto, non natura in leonibus mutatur, sed insita à conditionis initio, sua parte per angelum gubernatur à Deo, Blandiciem enim & lenitatem, quas catulis suis leones ostendunt, in Danielem exercebant: & sæuitiam & ferocitatem, quam in prædam faciunt, in deuoratis peccatoribus reddebant. Das ist/ Die Natur ist an jhnen nicht verendert worden / sondern Gott hat sie durch seinen Engel also regiert / das sie sich so freundlich vnd gelind gegen Daniel als jhren eignen Jungen/erzeigt haben/ Vnd widerumb so grimmig vnd girig auff die Vbelthäter gewesen seind / als hetten sie sonst einen Raub erhascht.

Hieronymus ist auch der meinung. Non Leonum feritas immutata est, sed rictus eorum & rabies conclusa est ab Angelo, & idcirco clausa, quia Prophetæ bona opera præcesserant, vt non tam gratia liberationis sit quam iustitiæ retributio: Has autem voces omnis sanctus vir proferat, qui ereptus est de ore leonum inuisibilium & de lacu inferni, quia credidit in Deum suum, &c. Das ist/ Die grawsamkeit der Löwen ist nicht geendert/ sondern jhr Rachen vnd offner Schlund vom Engel zugesperret worden/ vnd eben darumb/ weil deß Propheten gute vnd löbliche Werck vorher gangen waren/ das diß nicht allein ein gnedige erlösung / sondern auch ein vergeltung oder bezahlung ist der Gerechtigkeit. Es sollen aber diß alle H. Männer rühmen / das er errettet ist vom Rachen der vnsichtbaren Löwen/ vnd vom Pfüel der Hellen/ denn er hat geglaubt vnd getrawet auff seinen Gott. Hieronymo

Gleichnisweis redet Paulus auch 2. Timoth. 4. von dem Nerone: Der HERR stund bey mir in meiner ersten verantwortung/ vnd stercket mich/ etc. Vnd ich bin erlöst von deß Löwen Rachen. Chrysostomus, Leonem, Neronem ait pro feritate & imperij robore summaque potentia. Das ist / Durch den Löwen verstehet Paulus den Keyser Neronem, vnd von wegen seiner Tyranney / grosse macht vnnd gewalt / nent er jhn ein Löwen. Aber dauon wird im andern Stand folgen. 2. Tim 4. Nero eim Löwen verglichen. Chrysostom.

Weiter so lest auch Gott an diese Thier nicht allein seinen Zorn vnd Gerechtigkeit sehen / sondern auch seine Weisheit vnd Allmacht. Job. 39. Kanstu / sagt GOtt zu Job / der Job. 39.

Löwin jhren Raub zu jagen geben / vnd die jungen Löwen settigen/ das sie sich legen in jhre stedte/vnd ruhen in der Hölen / da sie lauren?

Brentius.

Brentius schreibt aus Aristotele vnd Plinio, das die Löwen viel Thier also gantz verschlingen ohnzerrissen. Plinius & Aristoteles scribunt, Leones multa solida, sine vllo disspectu deuorare: quis igitur tantum ciborum Leoni venatur? vnde parantur bestiæ, quibus cibentur Leonum catuli? Quis sic docuit catulos leonum, in speluncis suis alijs bestijs insidias tendere? Nonnè hæc omnia à Domino fiunt. Das ist / Plinius vnd Aristoteles schreiben / das die Löwen viel Thier gantz verschlingen vnzerrissen. Wer gibt denn dem Löwen so viel Speiß? Wo nimpt man so viel Thier / darmit die Löwen gesettiget werden? Wer hat es die jungen Löwen gelehret / das sie also in jhren Hölen ligen/vnd auff andere Thier lauren? Das thut allein Gott/ Er speist erneert sie/ Er lehret die Jungen/ das sie in den Hölen anderen Thieren nachstellen. Darbey denn die grosse Maiestet Gottes zumercken ist. Dieses führet David Psalm 104. ein/ Die jungen Löwen/die da brüllen nach dem Raub/ vnd jhre Speise suchen von Gott/ wenn aber die Sonne auffgehet/ heben sie sich dauon/vnd legen sich in jhre Löcher. Also geschicht alles ordentlich/ wie es Gott regieret/ Vnd so er die wilden grimmigen Thier versorget / warumb solt er der Menschen vergessen. Wie aber die Patres diese Sprüche auff den Teuffel vnd Ketzer deuten / sol an seinem ort hernach folgen.

Vnser Seligmacher Jesus Christus mit seinen wolthaten eim Löwen verglichen.

Darnach wird auch der Allmechtige Son Gottes / vnser Seligmacher Jesus Christus mit seinen heilsamen Wolthaten mit diesem Thier vorgebildet. Esa. 21. versic. 8. Vnd ein

Löw

Löw rieff: HERR ich stehe auff der Warte jmmerdar deß Tages/vnd stelle mich auff meine Hut alle Nacht. Wiewol etliche diesen Spruch in den andern Stand auff den Babylonischen Wächter deuten/ (Lutherus. Puto hæc de speculatore esse accipienda) jedoch wird er von andern auff den ersten Stand gezogen. Hieronymus verstehets von Christo/vnd auch vom Propheten Esaia: Stat Propheta in specula Domini, & in illius lumine constitutus, quæ ventura sint prospicit. Das ist/ Der Prophet stehet auff der Warte deß HERRN/vnd sihet die zukünfftige dinge. Eben messiger gestalt legts auch Lyra von Esaia aus: Vnd Rudolphus Gualtherus schreibt darüber: Erstlich zeigt Esaias von seiner Trew vnd fleis/ vnd stellet sich zum Exempel für allen Kirchendienern/ die in jhrer von GOtt vbergebener Wach jmmerdar stehen/ vnd jhre Hut nicht verlassen sollen Tag vnd Nacht/ in guten vnd bösen Tagen/nicht kleinmütig sein/ noch fliehen/ wenn sie den Wolff sehen kommen. Darnach sol ein Wächter nicht stumm sein/ vnd verschweigen/was jhn Gott eingibt zu predigen. Endlich sol er wie ein Löw schreyen/ vnerschrocken vnd getrost predigen/ was andern zu wissen nötig vnd nützlich ist. Denn warumb solt er einen sterblichen Menschen fürchten/ so er doch deß ewigen Allmechtigen GOttes Diener ist/vnd durch seine hülff vnd schutz erhalten wird. Bißher Gualtherus.

Hoseæ am 11. Als denn wird man dem HERREN nachfolgen/ vnd er wird brüllen wie ein Löwe/ Vnd wenn er wird brüllen/ so werden erschrecken die so gegen Abend sind/ vnd die in Egypten werden auch erschrecken wie ein Vogel/ vnd die im Land Assur wie eine Taube/vnd ich wil sie in jhre Heuser setzen/ spricht der HERR. Diß ist eine tröstliche weissagung von der Predigt deß Euangelij/welche Christus Hos. 11.

durch

durch seine Apostel inn den vier Orten der Welt gantz hell wird erschallen lassen/dardurch die sichere Menschen erschrecken/jhre Bosheit vnd Abgötterey fahren lassen/vnd das H. Euangelion annemen werden / da wird denn jhme Christus daselbsten ein Haus oder Kirchlin versamlen.

Hieronym9. Der heilige Hieronymus bezeuget/ das die Jüden dieses von dem Messia verstehen/ der da kommen solt / welches doch schon an vnserm Heyland Christo ist erfüllet worden. Nos iam transacta conuincimus, quia & de Ægypto & de Assyrijs, hoc est, & ab oriente & ab occidente, ab aquilone & à meridie venerunt: & quotidie veniunt, qui discumbunt cum Abraham Isaac & Iacob. Filios autem maris siue aquarum eos possumus appellare, qui sagena Domini comprehensi sunt & abstracti de mari huius seculi: cumq́ꝫ capti fuerint de morte ad vitam: collocabuntur in domibus suis, quæ Horrea vocat Euangelium, in quibus electa, & à paleis separata frumenta conduntur. Natura leonum esse dicitur, vt cum infremuerint & rugierint, omnia animantia contremiscant, & fixo gradu se mouere non possint: tantus pauor est & tanta formido. Itaq́ꝫ & Dominus cum instar leonis rugierit, & intonuerit ac dederit vocem suam, cunctæ aues & vniuersa volatilia perhorrescent & ibunt ad nidos, id est, ad domos suas, in quibus Dominus habitabit cum eis.

Das ist/ Das ist bereit alles geschehen vnd erfüllet worden: sintemal beydes aus Egypten vnd Assyrien / das ist/ von Morgen vnnd Abend / von Mitternacht vnd Mittag kommen sein / vnd noch teglich kommen / die mit Abraham/ Isaac vnd Jacob zu Tische sitzen. Die Kinder deß Meers oder Wassers aber können wir nennen/ die mit dem Netz deß HERRN gefangen / vnd aus dem Meer dieser Welt gezogen

gen sein: vnd wenn sie gefangen sein worden vom Tode zum Leben / werden sie in jhre Heuser gesetzt werden / welche das Euangelium die Scheune nennet / darinne das gute Getreid von der Sprew abgesondert behalten wird. Man sagt / es sey der Löwen art / das / wenn sie erzürnen vnd brüllen / alle Thier die es hören / darob also erzittern / das sie still stehen / vnd nicht fort gehen könnē / ein solch schrecken vnd furcht kömpt sie an. Darumb wenn der HERR brüllen / donnern / vnd seine Stimm wird hören lassen / werden alle Vögel darob erschrecken / vnd in jhre Näster fliegen / das ist / in jhre Heuser / darinnen der HERR mit jhnen wohnen wird.

Lutherus erkleret es viel fleissiger vnd artlicher: Leonis rugitus celebratur inter omnes bestias, quod & maximè sit sonorus, & naturaliter incutiat pauorem homini: ac rugitu tum ferè vtitur cum prædam adeptus est. Amos 3 Comparatur igitur prædicatio Euangelij rugitui leonis, quòd passim exauditur per totum orbem terrarum, & est eiusmodi doctrina, qua animi commouentur, non amplius securi sunt, sed anxiè circumspiciunt de salute. Cum enim securæ mentes audiunt non contingere salutem nisi baptisatis & credentibus in nomen Christi, verè expauescunt, & de salute sunt solliciti. Sed in eo quoque similitudo belle conuenit, quod Leo non solet rugere, nisi cum prædam tenet vnguibus & laniat: Nam Dominus noster Iesus Christus post victam mortem, post superatū Satanam, post Infernum destructum, hunc rugitum Euangelij sui edidit, cum iussit Apostolos ire ad omnes gentes, & prædicare in suo nomine pœnitentiam & remissionem peccatorum.

Lutherus

Das ist / Gleich wie deß Löwen brüllen am aller hellesten vnd weitesten erschallet / 2. Den Menschen vnd Thieren von Natur ein forcht vnd schrecken einjagt/ Vnd 3. gemeiniglich brüllet/wenn er den raub in den Klawen hat/vnd frist: Also ists auch geschaffen mit der Predigt deß heiligen Euangelij/denn die Predigt ist in die gantze welt erschollen.

Darnach so ists eine solche Lehr/ dardurch die sichere Menscheu bewegt werden/ Denn wenn sie hören/ das niemand Selig könne werden ohn die Tauff vnnd Glauben an Christum/ so erschrecken sie von hertzen/ vnd fragen/ wie sie denn thun sollen/ rc. Item/ Solche Lehr ist allererst nach dem eroberten Raub in der gantzen Welt erschollen/da Christus nach erwürgten Todt/vberwundenem Teuffel/nach zerstörter Hellen/ ritterlich aufferstanden/vnd sich zur Rechten deß Vaters gesetzt hat/rc. Da giengen die Apostel auff Christi befehl aus in die gantze Welt/rc.

Eben daruon handelt auch Joel am 3. da er deß Gerichts im Thal Josaphat gedenckt: Der HERR wird aus Sion brüllen/ vnd aus Jerusalem seine Stimm hören lassen/ das Himmel vnd Erden beben wird/ aber der HERR wird seinem Volck ein zuflucht sein/vnd eine Feste den Kindern Israel. Dieses brüllen wird von Christo auff zweyerley weise verstanden/Erstlich/von der Predigt deß Euangelij in dieser Welt/darnach auch vom Jüngsten Gericht.

Joel 3.

Zweyerley außlegung.

Lutherus legts aus von der Predigt deß heiligen Euangelij. Vocem edet ex Sion) Non obscuram aut infirmam, sed fortem & terribilem, qualis leonum est & de Hierusalem loquetur. Hæc repetitio aptissime quadrat ad ministerium Euangelij: Sicut enim Christus iubet in nomine suo docere pœnitentiam & remissionem peccatorum: Pœnitentiæ autem doctrina arguit peccata & terret animos metu iræ & iudicij DEI: Ita primo loco RVGITVS hîc ponitur, qui doctrinæ de pœnitentia

1. Lutheri. Von der Predigt deß Gesetzes vnd Euangelij.

nitentia symbolum est. Est enim vox leonis inter omnia animantia maximè formidabilis, nec edit eam nisi commotus ira: Ideo scriptura famelico Leoni & prædam adepto rugitum attribuit. Post rugitum autem ex Sion, etiam vocem dat ex Hierusalem, hoc est, loquitur blandius nec amplius terret, sed consolatur animos, proponit patris sui clementissimum animum, iubet respici in crucem suam, hortatur ut fiducia suæ mortis speremus remissionem peccatorum, & fiducia resurrectionis speremus æternam iusticiam & vitam. Das ist/ Der Prophet Joel bildet hiemit für die 2. Lehren Göttliches Wortes/ das Gesetz vnd Euangelium: Denn durch das brüllen eines Löwen/ darob sich alle Thier entsetzen/ wird die Predigt deß Gesetzes verstanden/welche die Sünder mit dem Zorn Gottes vnd seinem Gericht erschreckt. Aber die stimm aus Jerusalem ist die holdselige gnadenreiche Predigt deß Euangelij/ darinne Christus seines Himlischen Vaters gnediges Hertz anzeigt / auff sein eigen Creutz vnd Leiden deutet / das die Menschen dannenhero mit hertzlichem Glauben fassen vnd schöpffen sollen vergebung der Sünden vnd ewiges Leben.

Darnach wird auch diese Prophetische Weissagung vom letzten Vrtheil deß Jüngsten Gerichts verstanden / wie beim Hieronymo zusehen ist. Vnd diese gemeine auslegung erzehlet auch Osiander. Quemadmodum Leo iratus horribiliter rugit, vt etiam ipsa terra tremere videatur: Ita Iesus Christus, qui in Ecclesia colitur, irascetur impio mundo, atq; aduentu suo commouebit cœlum & terram; & horribilem sententiam aduersus omnes impios pronunciabit, Discedite à me maledicti &c. Hic certè horrendus erit RVGITVS Leonis. Das ist / CHRIstus wird im Jüngsten Tag wie ein Löw wider

2. Vom jüngsten Gericht Hieronymi vnd Osianderi.

die Gottlose vnglaubige Menschen grawsamlich brüllen/ Himmel vnd Erden bewegen/ vnnd mit der erschrecklichen Stimm/ Gehet hin in das Hellische Fewer/ sie werffen vnd stürtzen. Apocal. 5. spricht der Eltesten einer zum bekümmerten Johanne: Weine nicht/ sihe/ es hat vberwunden der Löwe/ der da ist vom Geschlecht Juda/ rc.

Apoc. 5.

Mit diesem Tittel/ ein vberwindender Löwe/ wird das Ampt Christi angezeigt/ seine Stercke vnd Allmacht vorgebildet/ das er alle seine vnd vnsere Feinde mechtiglich vberwunden/ vnd vns errettet habe. Augustinus homil. 4. in Apoc. Vnum ex Senioribus totum corpus Prophetarum intellige: Prophetæ enim consolabantur Ecclesiam, annunciantes Christum de tribu Iuda, radicem Dauid, quia ipse in nobis vincit omne peccatum, & si quid boni aliquis habet, ab ipso habet. Das ist/ Der Elteste ist der Chor der heiligen Patriarchen vnd Propheten/ welche semptlich die Christliche Kirche mit dem versprochnen Messia getröstet haben/ der alle Sünde in vns vberwinden/ vnd alles gutes widerbringen werde.

Augustinus

Warumb Christus ein Löw vnd erwürgtes Lamb genennet wird.

Rupertus Tuit. lib. 4. fragt/ Warumb Christus ein Löwe vnd bald ein erwürgtes Lamb genennet werde? Nemlich/ weil er ein Opffer gewesen/ in grosser Demut das Creutz ausgestanden habe/ aber bald die Hell zerstöret/ den Teuffel vberwunden/ vnd am dritten Tag mit grossem Erdbebenden Todt zerbrochen/ vnd aufferstanden sey/ wie er auch mit hellem schrecklichen geschrey im Jüngsten Tag die Todten aufferwecken/ vnd die Gottlosen in die Helle verstossen werde. Cur Leo & Agnus? Quia is qui per mansuetudinem & patientiam in sua passione dignus erat, & sicut Agnus coram tondente se obmutescens non aperuit os suum: Ipse consummata eadem passione, mox tanquam catulus

leonis,

leonis, ad prædam ascendens infernum spoliauerat, atque in sepulchro requiescens & accubans vt Leo, & quasi Leæna, ipsam quoque mortem corporis, & in semetipso & in nobis, tertio die, magno rugitu, magno cum terræmotu contriuerat. Sanè multò amplius iste Leo tunc rugiet, quando ad iudicandum veniens, tempestate valida circumtonante mortuos omnes, ac si dormientes, euigilare faciet. Dieses sey von Christo gesagt.

Weiter so helt vns GOtt ein andere tröstliche Lehr für bey diesem Thier / was die Christliche Kirche vnd Gleubige selbs anlanget. Es weissaget zwar Esaias am 35. das im Newen Testament / wenn die heiligen Aposteln das Euangelium von Jesu Christo (als dem einigen Weg zum Himmelreich) werden predigen / so sol auff demselbigen Weg kein Löwe sein / oder sonst ein reissend Thier drauff tretten / noch daselbs funden werden. Das ist aber recht zuuerstehen / nemlich nach Hieronymi auslegung / das vnser Widersacher der brüllende Löwe / der Teuffel / vnd seine Trabanten die Ketzer / nicht mehr in den Schaffstall der Kirchen Gottes eingehen / vnd den gezeichneten Schäfflein schaden zufügen werden können. Oder / wie Lutherus sagt / Die Lehrer / die nichts denn Menschen satzungen vnd das Gesetz treiben / vnd also die trawrige Hertzen vnd Gewissen plagen vnd martern / sollen auff dem Euangelischen Himmelsweg nicht mehr funden werden / Denn an Christum gleuben ist der einige Weg / darauff man sicher wandelt. Doctores traditionum & exactores legis, qui lacerant miseras conscientias non erunt ibi: Credere enim & fidere in Christum est vna & regia via, in qua tutò ambulatur. In alijs vijs lacerantur conscientiæ in tot partes, quot opera sunt in quæ fiditur: opera enim distrahunt, Fides vnit. Wiewol nu solche reis-

Esa. 35. Bey dem Euangelio sol kein Löw mehr sein.

Hieronymus.

Lutherus.

nicht funden werden / jedoch meldet die heilige Schrifft Löwen mit andern Eigenschafften bey dem Euangelio.

Apoc. 5.

Daher wird auch Ezech. 1.3.10. vnnd Apoc. 4. vnter den vier Thieren das eine eim Löwen gleich gemahlet/ vnd sagen die alten Lehrer / das dardurch der heilige Euangelist Marcus verstanden werde/ der sein Euangelion mit der ruffenden stimm Iohannis Babtistæ, als ein Löw / in der Wüsten anfehet. Andere verstehen die vier Angesicht der Thieren von den vier fürnembsten nötigsten Gaben der Aposteln/vnd aller rechtschaffenen Prediger/vnd bedeute der Löw jhre Bestendigkeit vnd vnbeweglichen Mut in aller Widerwertigkeit vnd gefahr. Aber daruon besihe auch droben bey dem Ochsen.

Esa 11.

Esaias am 11. spricht/ Wenn die erkentnis deß HERRN vnd Messiæ im Land sein wird / da wird ein kleiner Knab / Kelber / junge Löwen vnd Mastviehe mit einander treibrn / vnd Löwen werden Stroh essen wie die Ochsen. Das ist / Reiche vnd Arme / Mechtige vnd Geringe Leut werden in der Christlichen Kirchen mit einander fried vnd einigkeit halten / das sie ein kleiner Knab / die geringe Apostel vnd verachte Prediger werden regieren vnd weiden können/ wie Hieronymus sagt. Leo prius ferocissimus, & ouis & vitulus pariter morabuntur. Quod quotidiè cernimus in Ecclesia diuites & pauperes, potentes & humiles, Reges atque priuatos pariter commorari, & à pueris paruúlis, quos Apostolos intelligimus & Apostolicos viros, imperitos sermone, sed non scientia, regi in Ecclesia. Das ist/Es werden zuuor der aller wildest Löw/Schaff vnd Kalb beysammen sein friedlich vnd einig: Welchs wir teglich in der Kirche sehen/da Reich vnd arm/hohes vnd nidriges stands leut/König vnd vnterthanen bey einander sein/ vnd in der Kirche regiert werden von kleinen Knaben/dadurch wir verstehen die Apostel vnd alle trewe Lehrer vnd Prediger.

Das aber die Löwen Stroh vnd Sprew essen/ wie die Ochsen/deutet Hieronymus auff die einfeltige seligmachende Lehr deß Euangelij/ das die wolberedeste weltweise Leut jhre Wolredenheit vnd hohe Kunst fahren lassen/vnd sich auff das einfeltige Wort GOttes begeben werden / auch sie darin zunemen/ vnd zum verstand der hohen Geheimnis komen. Esaiæ 65. Quando viri disertissimi, & quondam apud seculum potentes scripturarum se tradunt rusticitati, vt nequaquam secolari pascantur eloquentia, quæ instar mellis stillat de labijs meretricis, sed vilitatem & paleas sequantur historiæ, donec multo labore atq; industria mereantur ad frumentum sensuum peruenire.

Hieronymi Geistliche deutung des Strohessen der Löwen.

Esa. 65.

Also spricht Micheas 5. Die vbrigen aus Jacob werden vnter den Heyden bey vielen Völckern sein/wie ein Löw vnter den Thieren im Walde/ wie ein junger Löw vnter einer härde Schafe / welchen niemand wehren kan / wenn er dadurch gehet/zutrittet vnd zureist. Lutherus. Diß ist ein trost der Christlichen Kirchen vnd aller Gleubigen/ so GOttes Wort in der Welt lehren oder hören/das/ob sie wol von den Weltkindern angefeindet/ verfolgt vnd verjagt werden / sollen sie/die Feind/doch am selben Wort anlauffen/ja daruon wie von einem Löwen zurissen vnd zutreten werden. Hieronymus verstehet die heiligen Apostel / welche von Christo zu lehren vnd tauffen in die gantze Welt sind ausgeschickt worden/denen sol niemand widerstand thun können.

Michæ 4.

Lutherus

Hieronym9

Im Hohenlied Salomonis berufft der Breutigam Christus seine Braut von vnterschiedlichen Bergen/Cap. 4. da die Löwen jhre wohnung haben. Darmit wird vermeldet/ das Christus sein Kirchlein aus vnterschiedlichen auch grawsamen Königreichen vnn Völckern zusammen samlen vnd beruffen

Hohelied Salomo. 4.

ruffen werde / die doch jhre grawsamkeit hinlegen/ vnd zahm werden. Wie Osiander sagt: Dum sponsam suam venire iubet de diuersis montibus, & quidem de talibus, in quibus commorentur Leones & Pardi, significatur, Ecclesiam Christi etiam collectam iri, è regnis Ethnicis & è populis feris, qui tamen voce Euangelij mansuescunt & fiunt charissima sponsa Christi. Das ist / Das er seine Braut heist kommen von Bergen / vnnd zwar von solchen Bergen / auff welchen Löwen vnd Parden sein / wird damit angezeigt / das die Kirch deß HERRN Christi sol gesamlet werden / auch von Heydnischen Königreichen vnd wilden Völckern / die doch durch die Predigt deß Euangelij sanfftmütig werden/ vnd dem HERRN Christo ein angeneme Braut sein.

Osiander.

Wilramus.

Dieser auslegung stimpt Vuilramus zu: Ordinatione mea fiet, vt reges & principes, quibus sceptra sunt terreni imperij, qui in amplis subsellijs turgent, dolis technis, ferocitateq; contra te superbiunt, sæui & elati nunc rugiunt, velut pardi, Leonesq; vestigia pedum tuorum adorent, atq; tua doctrina deponant maculosam varietatem, secularemq; ferocitatem, & se conuertant ad christianam religionem. Verstehet durch die Löwen die mechtige Könige vnd Fürsten / welche stoltz / hochmütig / grawsam sind / dieselbigen sollen durch die Predigt deß Euangelij die grawsamkeit hinlegen.

Prou. 28. Der Gerechte eim Löwen vergliechen.

Salomon Prouerb. 28. beschreibt auch den Frommen vnd Gerechten mit eines Löwen Hertz. Der Gottlose fleucht/ vnd niemand jaget jhn / der Gerechte aber ist getrost wie ein junger Löwe. Das ist / Das böse Gewissen der Gottlosen erschreckt sie / das sie sich auch für einem rauschenden Blat entsetzen/ Aber die Gleubigen/ so aus dem Euangelio frieden mit

mit Gott/vnd ein gutes Gewissen vberkommen haben/vberwinden getrost alle Gefahren / Creutz vnd Widerwertigkeit.

Hieronymus. In bestiarum occursu idcirco Leo non trepidat, quia præualere se omnibus non ignorat: vnde viri iusti securitas Leoni rectè comparatur: quia contra se, cum quoslibet insurgere suspicit, ad mentis suæ confidentiam redit, & scit, quia cunctos aduersantes superat, quia illum solum diligit, quem inuitus nullo modo amittit. Das ist/Gleich wie ein Löw/weil er jhm seiner stercke bewust ist/für keinem Thier erschrickt: Also fürchtet sich der Gleubige für keinem Widersacher/denn er verlest sich mit dem Glauben auff Gott. Hieronymus.

Bey dieser Lehr ist auch aus dem 91. Psalm der schöne Trost zu mercken/das Christus vnd seine Gleubigen auff Löwen gehen/vnd auff junge Löwen treten werden/Welchs nicht allein von den grawsamen wilden Thieren (als Ignatio begegnet) sondern auch von den Hellischen Geistern ausgeleget wird. Psal. 91. Basilius.

Basilius homil. 9. Hex, Fidei demonstrationes sunt ipsæ feræ: Confidis in Domino? super aspidem & Basiliscum ambulabis, & conculcabis Leonem & Draconem: atq; habes potestatem ex fide ambulandi super serpentes ac scorpiones. Quod si fide cares, haud feram potius exitialem, quam eam, qua præditus es, fidei vacuitatem, tu tibi metuere velis, qua te iam cuiuis interitui exposuisti. Das ist/ So du ein festes vertrawen vnd glauben zu Gott hast/so wirstu auff Löwen vnd Ottern gehen/bistu vngleubig/so hastu dich allem Vnglück vnterworffen/hast dich auch für keinem grawsamern Thier zu beförchten/ denn für deinem Vnglauben. Sonsten deuten fast alle Patres diesen Löwen vnd Drachen auff den Teuffel.

Augustinus. Augustinus. Leo sæuit apertè, draco occultè insidiatur. Vtramq; vim & potestatem habet Diabolus: quando martyres occidebantur, Leo erat sæuiens: Quando hæretici insidiantur, Draco est surrepens, vicisti leonem, vince & Draconem. Das ist / Der Löw wütet frey offenbarlich / der Drach stellet heimlich vnd listiglich einem nach: Beyde art vnd gewalt hat der Teuffel an sich. Wenn Märterer getödtet werden / ist er ein wütender Löwe / Wenn aber Ketzer heimlich vns nachstellen / vnd mit jrriger Lehr vns begeren zu verführen / so ist er ein heimlich schleichender Drach: Du hast den Löwen vberwunden / sihe das du auch den Drachen vberwindest. Aber hieruon sol bald mehr gesagt werden.

Der Teufel eim Löwen verglichen. Ist derwegen nu bißhero von Gott / von Christo / von seiner Kirchen vnd aller Christgleubigen gehandelt worden / Nichts desto weniger aber werden auch die Feinde vnd Widersacher bey vnd mit diesem Thier beschrieben. Denn von dem Fürsten / Obersten / Herren vnd Heupt aller Gottlosen Menschen / dem Teuffel / redet der heilige Apostel Petrus

1. Pet. 5. 1. Cap. 5. Seid nüchtern / vnd wachet / denn ewer Widersacher der Teuffel gehet vmbher wie ein brüllender Löwe / vnd suchet / welchen er verschlinge.

Lutherus. Lutherus spricht inn der auslegung dieses Spruchs. Der böse Geist schlefft nicht / ist schalckhafftig vnnd böse / er hats jhm fürgesetzt / das er vns wil angreiffen / vnd weis die rechte Griff darauff / gehet vmbher wie ein Löwe der da hungerig ist / vnd brüllet / wolt es gern alles verschlingen. Das vmbgehen gehet aber also zu / das er vns vnachtsam macht / darnach folget Zorn / Hadder / Hoffart / Vnkeuschheit / verachtung Gottes / etc. Vnd mercke wol / das der Teuffel vmbher gehet / er gehet dir nicht vnter die Augen / da du gerüst bist /

sondern.

sondern sihet hinden vnd fornen drauff / inwendig vnd auswendig / wo er dich möge angreiffen / rc. vnd lest dir nirgend ruhe / wir achtens nicht / so ists denn geschehen.

Augustinus gedenckt dieses Spruchs Petri in Psalm 103. Der brüllende Löwe sey der Teuffel / der darumb vmbher gehe / Speiß zu suchen von Gott / denn niemand könne ohn GOttes verhengnis vom Teuffel versucht werden. Im fall aber dem Teuffel gewalt gegeben wird / so geschichts doch den Frommen zur Prob / vnd den Gottlosen zur straff. Ipse Leo maior, princeps omnium talium leonum, quid de illo dictum est? Nescitis quia aduersarius vester tanquam Leo rugiens circuit, quærens quem deuoret? Ideò quærentes à Deo escam sibi, quia nec tentari quis potest á Diabolo, nisi permittente Deo. Quare autem datur potestas? Aut ad damnandos impios, aut ad probandos pios. Iuste hoc Dominus totum agit, & in neminem habet Diabolus potestatem, vel in aliquid eius, nisi ille concedat, cui est potestas summa & sublimis, &c. Augustinus

Hugo Card. in Psal. 7.

Diabolus dicitur LEO.

1. *Propter superbiam. Iob 41. Ipse est rex super vestros filios superbiæ.*
2. *Propter fortitudinem. Ibid. Non est potestas super terram quæ comparetur ei.*
3. *Propter atrocitatem. Ier. 6. Crudelis est & non miserebitur.*
4. *Propter audaciam, Iob. 41. Non fugabit eum vir sagittarius:*
5. *Quia est horribilis, Abac, 1. Horribilis & terribilis est.*
6. *Propter velocitatem, Abac. 1. Velociores lupis vespertinis.*
7. *Propter fætorem. Iob. 41. De naribus eius procedit fumus.*
8. *Quia naturaliter timet Leo gallum album & Ignem: Sic Diabolus prædicatorem qui dicitur Gallus Matth. 8 Quid nobis & tibi, &c.*
9. *Quia quando ægrotat quærit Simiam & comedit, sic diabolus quærit hypocritas qui sicut simia bonis in exterioribus se conformant, &c.*

Wie Christus löbliche Löwen hat/ also hat der Teuffel auch seine Löwen.

Gleich wie nu Christus in seinem Reich löbliche Löwen hat: Also wil der Teuffel nicht geringer sein/ hat auch seine junge Löwen / welche sich wider die Christglenbige legen an Leib vnd Seel/ vnter denen sind die falschen Propheten vnd Ketzer die schädlichsten/ so die Menschen an der Seelen erhaschen/beschädigen vnd verschlingen. Ezechiel: 22. Du bist ein Land/ sagt der Prophet zum Jüdischen Volck/das nicht zu reinigen ist/ wie eines/ das nicht beregnet wird zur zeit deß Zorns. Die Propheten/so drinnen sind/ haben sich gerottet die Seelen zu fressen/ wie ein brüllender Löwe/ wenn er raubet/ Sie reissen Gut vnd Gelt zu sich/vnd machen der Witwen viel drinnen. Das ist/ Die falschen Propheten vnd Lehrer halten zusammen / vnd rotten sich/ sie halten starck ob jhrer Abgötterey vnd Jrrthumen / das sie nur viel Gelts vnd Guts samlen vnd zusammen bringen: Aber nichts desto weniger so erwürgen vnd verschlingen sie der Zuhörer Seelen/ vnd nemen den waren Himlischen Breutgam Christum/den betrübten Seelen / das sind nu die rechte geplagte Widwen.

Ezech. 22.

Hieronym9

Hieronymus. Horum Prophetarum factio est & coniuratio (non vera concordia) vt inuicem sui fautores sint, & omnia turpis lucri gratia faciant. Das ist / Diese falsche Propheten haben keine ware einigkeit / sondern rottiren sich / stehen einander bey / vnd das allein vmb deß Gelts vnd Præbenden willen / welches fürnemlich am Geistlichen hauffen deß Papistischen Reichs gespüret wird. Vnd dieses Bapstsbild wird viel deutlicher erkleret Apocal. 10. vnd auff den Ertzketzer den Bapst gedeutet. Ein Engel / das ist / ein Prediger hett in seiner Hand ein Büchlein auffgethan / vnd er setzt seinen rechten Fuß auff das Meer / vnd den Lincken auff die Erden / vnd schrey mit grosser stimm / wie ein Löw brüllet. Lutherus verstehet dardurch das scheinheilige Bapstthumb/

Apoc. 10.

Lutherus.

thumb / da der Bapst grawsamlich/wie ein Löw/ mit seinem Bann/ Decketer / vnd Bullen gebrüllet vnd gedonnert hat/ darfür sich Geistlich vnd Weltlich/Vnterthanen vnd Oberherrn/König vnd Keyser entsetzt haben. Halten auch etliche darfür/das grawsame Thier/welches die Babylonische Hur Apoc. 13. tregt/ habe eines Löwen Mund/ weil der Bapst/ bey dem das Bapsthumb anzufangen / Leo geheissen/ ja zehen Leones nach einander/zu vnterschiedlichen Jahrzeiten/ gefolget haben.

Weiter finden wir nicht wenig Sprüche in Dauids Psalmen / darin er seine Geistliche vnnd leibliche Feinde Löwen nennet / welches auch von der Gleubigen Widersachern zuuerstehen ist. Psalm 7. Auff dich HERR trawe ich/ mein Gott/ hilff mir von allen meinen Verfolgern / vnd errette mich / das sie nicht wie Löwen meine Seele erhaschen/ vnd zureissen/ weil kein Erretter da ist. Er nennet aber einen grawsamen Löwen/den König Saul/oder den Semei/oder einen andern Feind / die wie ein brüllender hungeriger Löwe Dauid zu vberfallen vnd verschlingen begeren.

David heist seine Fe ode Löwen.

Psal. 7.

Non leuiter affligitur Dauid, inquit Brentius, sed à calumniatoribus & persecutoribus suis ita perturbatur: vt non aliter sit affectus, quàm si famelicus & crudelis quispiam Leo aperiat rictum suum, vt apprehendat ipsum & dilaniet ac deuoret, nec vllius hominum sit, qui opem ferre queat. Das ist / Dauid wird nicht wenig geplagt / sondern von seinen Verleumbdern vnnd Verfolgern dermassen geengstiget / das jhm nicht anders zu mut ist / als wenn ein hungeriger vnnd grawsamer Löw seinen Rachen auffsperret / jhn erhaschte / zerrisse vnd verschlinge / vnd wer kein Mensch vorhanden/der jhm helffen köndte.

Brentius.

Basilius, Augustinus, vnd andere Patres verstehen dar-

Basilius. Augustinus

durch einen jeden Christen / der Gott bittet/ er wölle jhm für dem brüllenden Löwen dem Teuffel bewaren.

Psal 10. David vnd die Christliche Kirche klagen hefftig Psal. 10. vber jhre Verfolger / sonderlich den Antichrist / wie sie auff die gleubige Christen lauren/das sie sie erhaschen vnd zureissen. Der Gottlose (der Antichrist vnd seine Rott) lauret in verborgen/ wie ein Löw in der Höle/Er lauret/das er den Elenden erhasche / vnd (aus Gottes verhengnis) erhaschet er jhn/wenn er jhn in sein Netze zeucht. Er zuschleget vnd drücket nider/ vnd stösset zu boden den Armen mit gewalt.

Augustinus Augustinus leget von dem Antichrist / vnnd seinem Vater dem Teuffel aus. Leonem in cubili dicit eum, in quo & VIS & DOLVS operabitur. Primo enim persecutio Ecclesiæ violenta fuit, cum proscriptionibus, tormentis, cædibus Christiani ad sacrificandum cogerentur. Altera persecutio fraudulenta est, quæ nunc per hæreticos & falsos fratres agitur. TERTIA SVPEREST per ANTICHRISTVM ventura, qua nihil est periculosius, quoniam & VIOLENTA & FRAVDVLENTA erit: vim habebit in imperio, Dolum in Miraculis. Ad VIM relatum est quod dictum est LEO, ad DOLOS, quod dictum est in cubili suo.

Weissagung Augustini vom Bapst.

Das ist / Der Teuffel richtet dreyerley Verfolgung an wider die Christliche Kirche. Die erste ist mit eusserlichem gewalt / leiblichen Qual vnd Marter / wider die erste Kirchen geübt worden. Die andere ist eine listige Geistliche Verfolgung vnter den Ketzern vnd falschen Brüdern / mit Irrthumen der Lehr angericht. Die dritte vnd Antichristische/ hat list vnd gewalt / falsche Lehr vnd leibliche verfolgung zusammen / wie dieser zeit die Papistische Prelaten solche Weissagung Augustini erfüllen.

Lutherus erzehlet auch diese auslegung: Sicut Leo auidus rapiendi & deuorandi in cubili suo obseruat occasionem, si qua bestia imprudens occurrat, & sua securitate in manus eius ruat: Ita Antichristi tempore erunt, qui non modo prohibeant pauperem mutire Euangelium, sed sic eum obseruabunt, vt si quid vel imprudenter dixerit aut fecerit, quod vi vel astu queant torquere, & violenter interpretari in eum sensum, qui sit contra sanctam sedem BESTIÆ illius, mox more nostrorum clamant, AD IGNEM, quem is, qui dixit, aut nunquam cogitauit aut nunquam voluit proferre.

Das ist/ Gleich wie ein grimmiger vnd reissender Löwe in seiner Höle wartet auff gelegenheit / ob etwan ein vnachtsam Thier wolle fürüber lauffen / vnd jhm zu theil werden: Also werden auch zur zeit deß Babsts Leute sein / die werden nicht allein verbieten einen armen Mann vom Euangelio zu reden / sondern sie werden auch lauren / ob er vnachtsamer weis etwas reden oder thun werde / welches sie mit gewalt oder list anders deuten / vnd also auslegen werden / als sey es wider den heiligen Stuel deß Thiers / wie vnser Papisten jetzt schreyẽ / daran doch der es gered / niemals gedacht / noch zu sagen in sinn genommen hat. Besihe Luth. weiter vbern Psalm.

Im 17. Psalm ist auch ein gebet Christi vnd seiner Christlichen Kirchen wider jre leibliche vnd Geistliche Feinde: Ach HERR beschirme mich vnter dem schatten deiner Flügel / für den Gottlosen / die mich verstören / für meinen Feinden / die nach meiner Seelen stehen / Wo wir gehen / so vmbgeben sie vns / jhre Augen richten sie dahin / das sie vns zur Erden stürtzen. Gleich wie ein Löw / der deß Raubes begert / wie ein junger Löw / der in der Höle sitzt. Hieronymus deutet den Löwen auff den Teuffel / der durch die Jüden CHRIstum- Psal. 17. Hieronym9

stum.

stum begeret hat / den jungen Löwen auff den Antichrist/ so die heilige Christliche Kirchen erhaschen / vnd verschlingen wil. Sonderlich klaget Christus Psalm. 22. vber seine Widersacher/das Jüdische Volck/die Hohenpriester/Phariseer vnd Schrifftgelehrten / Ihre Rachen sperren sie auff wider mich/wie ein brüllender vnd reissender Löwe/rc. Vnd vers. 22. HERR hilff mir aus dem Rachen deß Löwens.

Psal. 22. klagt Christus vber die reissende Löwen.

Lutherus. Lutherus schreibt darüber. Sicut Leo rugiens & rapiens aperto ore, non tentat aut cogitat quid facturus sit, sed anhelo impetu id vnum agit, vt rapiat, laceret & deuoret: Ita impij in Christum pontifices, præ furia neq; cogitant, neq; vident neq; audiunt, quid faciant aut faciendum sit: Sed hoc vnum anhelant, vt quantocius & quam crudelissimè perdant. Maioris enim furoris significatio est, quod os Leonis apertum, quam vngulas porrectas dicit. Non enim lacerasse & occidisse Christum satis erat Iudæis, sed deuoratum & absorptum voluerunt, vt eius memoria aboleretur è terra penitus.

Das ist/ Die Hohepriester/ Phariseer vnd Schrifftgelehrten/handlen mit Christo wie ein vnbesonnener Löw/ der nicht dencket was er thut oder thun wil / sondern eilet mit einem grimmigen lauffe den Thieren zu/ sie zu verschlingen: Also thun auch die Gottlosen Hohenpriester / die für jhrem wüten nicht gedencken/ sehen oder hören/was sie mit Christo fürnemen/vnd wollen jn nicht allein erwürgen/sondern auch sein gedechtnis gentzlich vom Erdboden ausrotten. Also verstehets auch Hieronymus vnd Augustinus.

Brentius. Brentius spricht also: Hostes mei sunt etiam crudelitate Leones, Nam quemadmodum Leo, cum prædam ceperit, solet horribiliter rugire: Ita persecutores mei, os suum non aliter aduersus me aperiunt, quam si vno impetu me essent deuoraturi. Das ist/ Meine Feinde sein

auch

auch Löwen/wegen jhrer grawsamkeit. Denn gleich wie ein Löw / wenn er den Raub hat erjagt / grawsam brüllet: Also sperren auch meine Verfolger jhren Rachen gegen mir auff/ als ob sie mich auff einmal wolten verschlingen.

Psalm 35. versic. 17. bittet nochmal David: HERR wie lang wiltu zusehen? Errette doch meine Seele aus dem getümmel: Vnnd meine Einsame von den jungen Löwen. Welches Hieronymus auch auff Christi Leiden von den Jüden zugerichtet/ deutet. Hieronymi auslegung

Es sagt auch David weiter Psalm. 57. da er für dem Saul flüchtig war: Jch lieg mit meiner Seelen vnter den Löwen/ die Menschen kinder sind Flammen / jhre Zeen sind Spieß vnd Pfeil. Beyde Patres, Augustinus vnd Hieronymus, verstehens von den Hohenpriestern vnd Jüdischem Volck / welche darzu geholffen haben / das Christus hingericht vnd erwürget würde. Psal. 57. Auslegung.

Augustinus. Qui sunt catuli leonum? Populus ille minutus, male deceptus, male seductus à principibus sacerdotum Iudæorum: vt illi Leones, illi catuli leonum: Omnes fremuerunt, omnes occiderunt. Das ist/ Wer sein die jungen Löwen? Das gemeine Volck/ so vbel betrogen/ vnd verführt ist worden von den Obersten der Hohenpriester der Jüden: Das sein die Löwen / die junge Löwen/ die haben alle die Zeen zusammen gebissen vber dem HErrn Christo/ vnd jhn getödtet. Augustini.

Hieronymus. Leones principes Iudæorum: Catuli plebs subiecta, qui clamabant Crucifige eum. Das ist/ Die Löwen sein die Obersten der Jüden: Die jungen Löwen das gemeine Volck so da geschrien/Creutzige jhn. Hieronymi.

Vnd im 58. Psalm schreyet David zu Gott: Gott zubrich jhre Zeene im Maul/ zerstoß HERR die Backenzeene Psal. 58.

Hieronym9. der jungen Löwen. Hieronymus. In dentibus aperta persecutio in molaribus abscondita. Die heimliche vnd offentliche Verfolgung wird durch der Löwen Zeene vnd Backenzeene vorgebildet.

Brentius. Brentius. Solenne est in Psalmis, vt impij hostes piorum, conferantur cum leonibus & catulis eorum. Quos igitur hîc commemorat dentes & molares catulorum Leonum, intelligit potentiam tyrannidem & sæuitiam, qua impij & crudeles aduersarij pietatis in pios & innocentes grassantur, nec videntur ab instituto recessuri, donec eos opprimant.

Das ist / Die Gottlosen Feind der Gleubigen werden in den Psalmen gar offt mit den Löwen vnd iren jungen verglichen / darbey der Löwen Zeene seind der Gottlosen Verfolgern gewalt / Tyranney vnd grawsamkeit / damit sie die fromme vnschüldige Christen verjagen / verfolgen / vnd nicht nachlassen / biß sies gar vnterdruckt vnd vertilget haben. Einen solchen Löwen hat Paulus Neronem genennet / wie droben gehöret / vnd werden im andern Stand mehr Exempla der Weltlichen Potentaten vnd Regenten erzehlet werden.

Die Zuhörer Göttliches Worts werden auch grimmige Löwen genent Jer. 12.

Kläglich aber vnd erschrecklich ists zu hören / das auch die Zuhörer Göttliches Worts grimmige Löwen sollen heissen. Denn Gott sagt Jerem. 12. Mein Erb ist mir worden wie ein Löw im Wald / vnd brüllet wider mich / darumb bin ich jhm gram worden. Das ist / Ich hab das Jüdische Volck als elende Schäfflein geweidet / behütet / vnd geführet / das sie mir billich allen Gehorsam erzeigen solten / aber sie haben alle Schaffsart vnnd Eigenschafft hingelegt / vnd sind mir zu grawsamen Löwen worden / brüllen wider mich / vnd meine

Propheten / welche sie verachten / verfolgen / verschlingen / aber sie sollens nicht vergeblich vnd vmb sonst thun / denn ich bin jhnen gram / vnd wil viel fremdder Hirten / die Babylonier / hinder sie schicken / die sollen das Land vnd Ecker zutretten / vnnd zur Wüste machen: Welches auch geschehen ist. Es gelunge jhn aber sehr vbel.

Hieronymus verstehets von der Synagog, die Christum selbs verfolget hat / vnd darumb auch verworffen ist / vnd stimpt mit jhm Origenes vberein. Jener schreibt: Facta est hæreditas quondam Domini, populus Iudæorum contra eum quasi Leo in sylua, quando pari aduersus illum in passione voce clamauit: Et quia dedit contra eum vocem suam, ideò eam odio habuit & abiecit: Et quæ quondam fuit dilecta atq; charissima: nunc appellatur odiosa. Hieronym9

Das ist / Das Erb deß HERRN / das Jüdische Volck / ist gegen jhm worden wie ein Löw im Wald / da sie mit heller stimm wider jhn in seinem Leiden geschrien haben. Vnd weil die Jüden jhre stimm wider jhn von sich geben haben / hat er sie widerumb gehaßt vnd verworffen: Vnd die vorhin die Liebsten gewesen sein / die sein nun die verachtesten.

Origenes aber sagt: Ista quæ super terram erat hæreditas eius, quam sibi elegerat in possessionem, quæ pars eius fuerat, efferata est aduersus eum, & facta est hæreditas eius (id est Iudæi) quasi Leo in silua: Nec mirandum est si tàm truci belluæ comparata sit: vsq; ad præsentem diem LEONES in Sylua, anathematizantes Dominum Iesum, & blasphemantes illum, & insidiantes credentib9 nomen eius, Das ist das Erb / so er allhie auff erden hatte / das er jm zu seinem Eigenthum erwehlet Origenes.

vnd sein Erbtheil war/hat sich wider jhn auffgelehnet/vnd ist sein Erb (das ist die Jüden) worden wie ein Löw im Wald. Vnd ist sich nicht zu verwundern/das die Jüden eim solchen grawsamen Thier vergliechen werden / denn noch auff den heutigen tag seind sie wilde Löwen / die Christum schenden vnd verdammen/vnd allen Christgleubigen nachstellen.

Etliche sünden den grimmigen Löwen vergliechen. Syrach 27. Osiander.

Hieher gehören auch etliche Sünd vnd Vntugend/ welche diesem grawsamen mechtigen Thier vergliechen werden. Syrach 27. Wie der Löw auff den Raub lauret/also ergreiffet zu letzt die Sünde den Vbelthäter. Osiander. Quemadmodum Leo prædam captat & deuorat: Sic peccatum hominem irretire & perdere solet: priusquam igitur peccatum admittatur, cauendum est illud: nulla enim bestia tam sæua & crudelis est, quam est peccatum. Admissum enim etiamsi aliquandiu in foribus conscientiæ dormitet: tamen vbi euigilauerit, & conscientiam excitauerit, hominis iugulum petit, atq; ad desperationem impellere conatur: Cui fortiter resistendum gladio verbi Dei, quod promissiones diuinas de misericordia Dei erga pœnitentes peccatores nobis proponit.

Das ist/ Gleich wie der brüllende hungerige Löw den Raub erhascht vnd verschlinget: Also erwischt vnd verderbt auch die Sünde einen Menschen vnd Vbelthäter. Ja kein Thier ist so grawsam vnd schädlich / als eben die Sünde/ Denn ob sie schon ein zeitlang ruhet vnd schleffet in deß Gewissens thürlein / jedoch wenn sie auffwacht/vnnd das Gewissen erweckt/greifft sie bald dem Menschen nach seinem leben/nach der Seelen/vnd begert jhn zur Verzweifflung vnd Verdamnis zu bringen. Derhalben was Genesis am 4. zu Cain gesagt wird (Bistu nicht fromb / so ruhet die Sünde für der Thür) das deuten die Lehrer auff ein grawsames

Thier/

Thier/einen Löwen/welchs schlefft an einem vnruhigen ort/ da es bald auffgewecket wird/vnd die Menschen zerreist.

Lutherus. Hæc peccati natura est, vt cubet tanquam sopita bestia, dum in actu est, hoc est, vt non mordeat, non terreat, non cruciet, sed potius vt adblandiatur: sed etsi quiescit ad tempus, tamen ibi quiescit, vbi non potest diu quiescere. Das ist/ Das ist der Sünden art/ das/ weil man sie begehet/ sie ruhet/ gleich wie ein wild Thier das entschlaffen ist/das ist/Sie krenckt einen nicht in seinem Gewissen/ so fürcht man sie nicht/ plagt einen nicht/ sondern ist noch gar süß: Ob sie aber gleich ein zeitlang ruhet / so ruhet sie doch an eim solchem ort/da man nicht lang ruhen kan/die Thür ist ein vnruhigs Ort / da man nicht lang ruhen vnd schlaffen kan/ also wacht die Sünde bald auff. Darumb sol man die Sünde meiden/ ehe mans vollbringt / oder ja nach begangener Mißhandlung Gottes gnade aus dem Euangelio ergreiffen/vnd wider die Verzweifflung streiten. Lutherus.

Mit diesem Thier bildet Gott auch seine straff vber gewisse Sünde für (welches auch gleich zu der ersten Lehr droben von Gottes Gnad vnd Zorn gehöret) Syrach 28. Die Hoffertigen hohnen vnd spotten/ aber die Rache lauret auff sie wie ein Löwe. Die Rache vnd straffe Gottes wird vnuersehens vnd plötzlich die stoltzen Verächter der armen frommen Christen/vberfallen. Im gemelten 28. Capitel spricht auch Syrach von den Gottlosen / das sie vmb jhrer Sünden willen von den Verleumbdern sollen durchzogen vnd verlestert werden. Wer den HERRN verlest / spricht er/ der wird in ein böß Maul fallen / vnd drin brennen / vnd es wird nicht ausgelescht werden /es wird jhn vberfallen wie ein Löw / 2c. Dazumal die Verleumbder wol abgemahlet sind. Gottes straff vber die Sünde bey diesem Thier fürgebildet. Syrach. 28

Der ander Stand.

DEm andern Stand wird gehandelt von der Weltlichen Oberkeit/ welche bey diesem Thier vorgebildet/ entweder von Tapfferkeit/ Stercke vnnd Grosmütigkeit wegen gelobet/ oder aber der Tyranney halben sträfflich angezogen wird/ daruon folgende Sprüch zu mercken/ die ein jeder Regent auff sich ziehen/ vnd seine art darinne spiegeln sol.

In deß heiligen Patriarchen Jacobs Valet predigt vnd Testament Gen. 49. wird Juda/ sein Geschlecht vnd Nachkommen/ mit dieses Thiers eigenschafft sehr gelobet. Juda ist ein junger Löw. Du bist hoch kommen/ mein Son/ durch grosse Sieg. Er hat nider gekniet/ vnd sich gelägert/ wie ein Löw/ vnd wie eine Löwin/ wer wil sich wider jhn aufflehnen. Dieser Segen wird zwar auch von den Patribus auff Christum gezogen/ vmb deß willen dieser Stam so hoch geehret vnd begnadet ist worden: Aber nach dem Buchstaben ist er eigentlich vom Geschlecht Juda/ von Dauid vnnd andern Königen zu verstehen. Wie Hieronymus auch schreibet in Trad. Gen. Licet de Christo grande mysterium sit, tamen iuxta literam prophetatur, quod reges ex Iuda per Dauid stirpem generentur, & quod eum adorent omnes tribus &c. Das ist/ Ob wol diß ein hohes Geheimniß ist von Christo/ jedoch so wird nach dem Buchstaben geweissaget/ das die Könige aus Juda von dem Stam Dauid sollen geboren werden/ vnnd das jhm alle Geschlecht dienen werden.

Gen. 49.

Hieronymo.

Lutherus.

Lutherus bezeuget in seinem deutschen Genesi/ das der erste theil dieser Prophecey auff das leibliche Königreich gehe/ vnd allermeist in Dauid erfüllet sey/ Denn wiewol er viel Vnglück in seinem Haus hatte/ doch wenn er auszog/ schlug er alles zu boden/ das er nie kein Schlacht verlohr. Darumb

sagt

sagt er/ Du bist ein junger Löw/ vnerschrocken vnd mutig/ darzu so starck/ den niemand vberweltigen kan. Item/ Du bist hoch kommen sind dem Raub/ das ist/ Du hast ein Raub gethan/ der hat dich hoch erhaben/ nemlich/ an allen Königen vmbher/ denn er alles/ was sich wider jhn legt/ vnter sich bracht. Item/ Er hat nider gekniet wie ein Löw) das ist/ Er saß still im Regiment/ war ein König wie ein Löwe/ der so gewaltig lag vnd saß/ das sich niemand durfft wider jn legen. Summa/ Jacob wil mit dieser Gleichnus erstlich die treffliche Sieg Dauids/ vnd darnach die Bestendigkeit vnd festung seines Reichs beschreiben.

Diese auslegung repetirt Lutherus im Lateinischer Genesi. Præclarè pingit robur & fortitudinem eius, cum appellat Iudam Catulum Leonis: Plures enim & maiores res sine vlla dubitatione gestæ fuerunt, quam in sacra scriptura extant. Das ist/ Sein krafft vnd stercke beschreibt er herrlich/ da er Judam einen jungen Löwen nent: Ohn allen zweiffel seind viel mehr vnd grössere ding geschehen/ als in der heiligen Schrifft sind auffgezeichnet.

Was aber die Geistliche deutung/ Christum betreffend/ anlanget/ vnd Apoc. 5. dahin gesehen wird/ ist droben nach zu suchen: Wollen etliche testimonia hie mercken. Die Geistliche deutung auff Christum.

Origenes homilia 17. in Genesin. Physiologus de catulo Leonis hæc scribit: Quod cum fuerit natus, tribus diebus & tribus noctibus dormiat: tum deinde patris gemitu vel mugitu tanquam tremefactus cubilis locus suscitet Catulum dormientem: vt Leo autem debet ita intelligi. Mors Christi oppressio & triumphus dæmonum fuit: Omnem namque prædam, quam Leo ille contrarius inuaserat prostrato homine & deiecto: hic Leo interripuit. Origenes.

Das

Das ist / Gleich wie man sagt / das die jungen Löwen / wenn sie geworffen werden / drey Tag vnd Nacht schlaffen / vnd endlich durch das grawsame brüllen deß alten Löwen in der Höle erweckt / vnd gleichsam lebendig werden: Also hat auch Christus biß an den dritten Tag geruhet im Grab / vnd ist mit grossem gewalt nacher erstanden. Also wird er auch ein Löw genent / weil er in seinem Sterben vnd Hellefart allen Raub / so der widerwertige Löw der Sathan dem vberwundenen Menschen genommen hat / wider geraubt vnd entführet / vnd den Menschen ausgetheilet.

Chrysostomus. Chrysostomus hom. 67. in Genes. Benedictio Iudæ, mystica est, præsignans omnia quæ ad Christum attinent. Quia enim ex hac tribu appariturus erat Christus iuxta dispensationis rationem, propterea spiritu sancto afflatus Iacob, prædicit per ea quæ in Iudam dicuntur, non solum descensum Domini ad homines, sed & Sacramentum & crucem & sepulturam & resurrectionem, & vt semel dicam, omnia. Catulus Leonis) Regnum eius prædicit: semper enim scripturæ mos est, per figuram huius animalis regiam autoritatem insinuare. Dormiuisti vt Leo & catulus. Quis excit.) Crucem & sepulturam & resurrectionem significat. Das ist / Durch diesen Segen Judæ wird vermeldet / wie Christus zu vns Menschen vom Himmel hernider kommen / gecreutziget / begraben / vnd wider aufferstanden sey.

Ambrosius. Ambrosius lib. de benedictionibus Patriarcharum cap. 4. deutets auch auff Christum vnd seinen Himlischen Vater / dem er gleich sey in Gewalt / Ehren vnd Herrligkeit / vnd doch ein Son vom Vater geboren. Item. Ex Germine ascendisti) sey seine Menschwerdung / sein Leiden / Sterben vnd begrebnis / etc. Catulus leonis Iuda) Nonnè euidenter

& patrem

& Patrem expressit, & Filium declarauit? Quid tam euidens, quo vnius naturæ Filius Dei cum Patre esse doceatur? Leo ille, hic Catulus leonis: Vili comparatione, eiusdem naturæ ac potentiæ vnitas intelligitur. Rex ex Rege processit, Fortis ex Forte: quia futuros prouidebat, qui filium assererent iunioris ætatis, occurrit his subijciens, Ex germine mihi ascendisti, recubans dormisti vt Leo, & tanquam Catulus. Ergò quia catulum dixerat, benè statim leonem posuit, hoc est dicere: Non capiantur aures vestræ, quia catulum audierunt, filium expressi, non dixi minorem. Et ipse est Leo sicut Pater. Audiant quia & leonem & Catulum appellauit, leonem quasi perfectæ plenæq́ꝫ virtutis, catulum quasi filium, ne quis cum audiret æqualem patri non putaret filium. Non sic laudatur filius vt separetur à patre. Ille probat æqualem qui Filium confitetur. Mirificè autem & incarnationem eius expressit, dicens, Ex germine mihi ascendisti, eò quod tanquam frutex terræ in aluo virginis germinauit, & vt flos boni odoris ad redemptionem mundi totius maternis visceribus in splendore nouæ lucis emissus ascenderet. Esaiæ 11. &c. Radix familiæ Iudæorum virgo Maria: Flos Mariæ, Christus est qui fœtorem mundanæ colluuionis aboleuit, odorem vitæ æternæ infudit. Habes ergò incarnationem accipe passionem: Recumbens dormisti vt Leo, quando iacuit in sepulchro, velut quodam corporis sui somno quietus. Quis suscitabit eum? Quis est alius qui resuscitet, nisi ipse se sua patrisq́ꝫ resuscitet potestate? Video natum autoritate propria, video mortuum propria voluntate, vide dormientem potestate propria. Qui omnia suo fecit arbitrio, cuius alterius, vt resurgat, egebit auxilijs? Ipse igitur suæ resurrectionis est autor, qui mortis est arbiter &c.

Augustinus Augustinus lib. 16. cap. 41. de Ciuit. Dei. Hac prophetia mors Christi prædicta est verbo dormitionis, & non necessitas, sed potestas in morte, nomine Leonis. Ad potestatem resurrectionis pertinet. Quis suscitabit eum: hoc est, quia nullus hominum nisi seipse suscitauit, qui etiam de corpore suo dixit, Soluite templum hoc &c. Idipsum autem genus mortis, hoc est, sublimitas crucis in vno verbo intelligitur, quod ait, Ascendisti. Recumbens dormisti) Euangelista exponit, inclinato capite tradidit Spiritum. Aut certè sepultura eius agnoscitur, in qua recubuit dormiens, & vnde illum nullus hominum, sicut Prophetæ aliquos, vel sicut ipse alios, suscitauit, sed sicut à somno ipse surrexit.

Das ist/ Der Todt deß HERRN Christi ist zuuor angekündiget worden mit dem schlaffen/ vnd mit dem namen deß Löwen/ nicht die notwendigkeit/ sondern die gewalt im Todt. Es gehört zur aufferstehung/ das er spricht/ Wer wil jhn aufferwecken? das ist/ kein Mensch/ Er selbst hat sich aufferwecket/ der auch von seinem Tempel gesagt/ Brechet diesen Tempel ab/ rc. Vnd eben derselbige Todt/ nemlich/ die erhöhung am Creutz wird verstanden durch das wort: Du bist mir auffgestiegen. Du hast ligend geschlaffen/ legt der Euangelist aus/ das er sein Heupt gesencket/ vnd seinen Geist auff geben hab. Oder wird ja sein Begrebnis hieraus erkant/ darin er gelegen/ vnd geschlaffen/ vnd dauon jhn kein mensch hat auffgeweckt/ wie die Proppeten vnd er selbst andere auffgeweckt hat/ sondern ist selbs võ schlaff auffgestanden.

Basilius. Basilius Serm. de hum. Christi generatione führe Bileami vaticinium ein/ darvon jetzunder sol gesagt werden/ vnd verstehets auch von Christi Leiden/ seinem Reich vnd Gottheit. Per Leonem imperium eius sermo demonstrat, per

accubitum

accubitum verò supplicium: per benedictionis virtutem eius diuinitatem. Aber diese auslegung / wie droben angezeigt/seind mysticæ vnd nicht literales, gehören auch in den vorgehenden ersten Stand/vber den Spruch Apoc. 5.

Wolken derhalben widerumb zum Weltlichen Stand vmbkehren / Vnd ist deß Bileams Weissagung Num. 24. welche mit Jacobi Segen vberein stimpt / zu förderst zu mercken. Er (der Israel oder Geschlecht Jacob) hat sich nider gelegt wie ein Löw / vnd wie ein junger Löwe / Wer wil sich wider jhn auffiehnen? Gesegnet sey der dich segnet/vnd verflucht der dir flucht. Diese Weissagung geht auch nach dem Buchstaben auff das Königreich Israel / seinen trefflichen Sieg vnd gewalt / aber nicht weniger wirds auch von Christo vnd seiner Kirchen verstanden. Daruon jetzt nicht weiter sol gesagt werden.

Num. 24. Von des Bileams Weissagung so mit Jacobs Segen eintrifft.

In der Valet predigt vnd Segen Mosis Deut. 23. ist auch ein feiner Spruch. Gad sey gesegnet der Raummacher. Er ligt wie ein Löw/vnd raubet den Arm vnd Scheitel. Vnd er sahe/ das jn ein Heupt gegeben war/ ein Lehrer der verborgen ist/ welcher kam mit dem Obersten deß Volcks/vnd verschafft die Gerechtigkeit deß HERRN/vnd seine Rechte an Israel. Der Segen zeiget an / das dieser Stam ein grosses Land zum Erbtheil vberkommen / vnd auch streitbare Helden gezogen hat / der Feinden Reich vnd gewalt verstöret: Vnd wird gerhümet / das erstlich Moses in jhrem Erbtheil sol begraben liegen/Darnach auch den verborgenen Doctorem vnd Lehrer Eliam sol haben/ der aus diesem Geschlecht bürtig/vnd gewaltige Wunderwerck gethan hat/daher leichtlich die Löwen vnd Helden Tugenden zunemen sind.

Deut. 23. Von Mosis Segen vber Gad.

Lutherus verstehet durch den Löwen den König Jehu/ welchr die Baalitische Abgötterey abgeschafft / vnd wie ein

Lutherus.

starcker Löw durch gedrungen / zween Könige / Joram vnd Ahasia erschlagen hat / 2. Reg. 9. Vnter dem auch die rechte ware Propheten raum vnd schutz gehabt haben / die zuuor vnter den Baalspfaffen flüchtig sein musten. Hoc mihi rex Iehu videtur implesse, qui fecit pietati locum, abolitis Baalitis, & perrupit quasi Leo, fortiter cæsis etiam duobus regibus, quasi brachio & vertice. Portio Doctoris. Hoc puto dici de bonis Prophetis, qui sub Iehu in regno securi erant, ante sub Baalitis fugati.

Gleich auff diesen Segen Gads folget Deut. 33. ein ander von Dan / ꝛc. Dan ein junger Löw / Er wird fliessen von Basan. Dieser Segen vnd Weissagung ist am Richter Simson erfüllet / der treffliche stercke / Glück vnnd Sieg gehabt hat / wie jetzt in den Exempeln folget.

Judic. 14. Zureist Simson einen jungen Löwen. ohn alle waffen wie ein klein Böcklin.

Judic. 14. stehet eine sonderliche küne That / neben seinen rhumwirdigen hendeln: Da er mit seinen Eltern gen Thimnath hinab gieng / vnd an die Weinberg kam / kam jhm ein junger brüllender Löw entgegen / vnd der Geist deß HErrn gerieth vber jhn / vnd zerreiß jhn / wie man ein Böcklein zerreist / vnd hatt doch gar nichts in seiner Hand / Vnd nach etlichen Tagen / gieng er wider denselbigen Weg / das er das Aß deß Löwens besehe / sihe / da war ein Binschwarm in dem Aß deß Löwens / vnd Honig / vnd er nams in seine Hand / vnd aß dauon vnter wegen / vnd gab auch seinen Elteen / aber sagt jhnen nicht / das ers von deß Löwens Aß genommen hatte. Gab auch seinen Brautführern vnd Hochzeitgesellen ein Retzel auff / Speise gienz vom Fresser / vnd süssigkeit von dem Starcken. Daruon besihe weiter droben bey dem Kalb / vnd bey dem Böcklin. Vnd ist allhie allein zu betrachten die tapffere krafft vnd stercke deß Simsons / das er ohn Wehr vnd Waffen / einen brüllenden Löwen / der sonsten vnter allen

len Thieren das sterckeste ist / mit seinen Henden zureist / wie ein Böcklein / daher er für den Hercules, Augustinus lib. 18. cap. 19. ist gehalten worden. Qui cum mirabiliter fortis esset, putatus est Hercules. Diese Stercke aber hette er vom heiligen Geist / denn ob er schon die krafft mit den abgeschornen Haarlöcken verleuret / vnd da sie wachsen / auch wider vberkömpt / jedoch stehets nicht eigentlich in dem Haar / sondern im gehorsam Göttliches Gebots / wie Augustinus de Mirab. S. S. lib. 2. schreibet.

Woher Simson solche stercke gehabt.

Augustinus

De Samsone priusquam nasceretur, à Domino præcipitur, vt capillus illius nunquam ferri acumine vel alicuius aculei tonderetur. Quamdiu igitur in mandati diuini custodia permanserat, spiritus sancti munere maximam fortitudinem habebat. Vnde cum muliebri persuasione, præcepti dominici transgressionem adinuenit, etiam spirituale fortitudinis donum quod habuerat statim recessit. Non quia insensibili capillo ossium & carnis & sanguinis, qui nihil ex his habet, virtus inerat, sed mandati dominici obseruatio donum fortitudinis obseruabat. Sed fortasse aliquis dicet: Quare ergò cum capillis iterum fortitudo illius succreuit, si non in capillis prius robur habuit? Attamen etiam hac vice non tam in longo capillo amissam virtutem recuperabat, quam donum spirituale, quod negligens amisit, afflictus pœnitentia, crescentibus capillis paulatim impetrabat: præsertim cum in mandati huius transgressione ex parte licet aliqua excusabatur, quamuis suæ virtutis Dalilæ petenti mysterium dicere non negauit, non tamem se imperante, vel concedente, vel consentiente tondetur. Vnde afflictus postea à DEO facilius impetrauit, quod non sponte sed dormiens seductus amiserat.

Das ist/Ehe Simson geboren war/befahl der HErr/ das sein Haar mit keinem Scheermesser/ noch mit keiner scherff solt abgenommen werden/ Derhalben er/ so lang er Göttlichen Befehl vor augen gehabt/ durch GOttes deß heiligen Geistes krafft grosse stercke gehabt hat/ So bald er aber von einem Weibe darzu beredet/ GOttes Gebot vbertreten/ ist auch die Geistliche Gab der Stercke von jhm gewichen: Nicht das der Bein/Fleisches vnd Bluts krafft were im leiblichen Haar gewesen/ das keine stercke hat/ sondern weil er GOttes Gebot für augen hatte/ behielt er auch die stercke. Möchte aber einer sagen: Ist die stercke vorhin nicht in Haaren gewesen/ warumb bekömpt er sie denn wider/ als die Haar wachsen? Die verlorne krafft vnd stercke bekam er nicht sonderlich wider durch das lange Haar/sondern als ein Geistlich Geschenck/das er nachlessig verlohren hatte/erlanget er es wider durch ware Buß vnd Bekehrung/ in dem die Haare wider wuchsen: Sonderlich aber/weil er in der vbertrettung dieses Gebots noch zum theil entschüldiget wird/ das/ ob er gleich der Dalilæ auff jhr vielfeltiges anhalten gesagt hat/ worinne seine stercke sey/ dennoch die Haar jhn nicht sein abgenommen worden/ aus seinem eigenen befehl/ noch mit seinem wissen vnd willen/ Darumb er auch nachmals/ als jhn GOtt züchtiget/ desto leichtlicher das jenige wider erlanget/ was er nicht gut vnd mutwillig/ sondern betrogen von der Dalila im Schlaff verlohren hatte.

Simson ist ein vorbild Christi. Dieser starcke Held aber ist ein Fürbild Jesu Christi/der den brüllenden Löwen den Teuffel vberwunden/ vnd erlegt hat/ welchen nu auch alle Christen mit der stercke vnd krafft deß Glaubens an Christum (der grawsamer sonst ist vnnd mechtiger als alle Menschen) vberwinden können.

Augustinus Augustinus lib. 12. contra Faust. Man. cap, 32. Quis erat

erat in Samson obuium Leonem necans, cum petendæ vxoris causa ad alienigenas tenderet, nisi qui Ecclesiam vocaturus ex gentibus, dixit: Gaudete, quia ego vici mundum? Quid sibi vult in ore ipsius leonis occisi fauus extructus, nisi quia ecce conspicimus Leges ipsas regni terreni, quæ aduersus Christum antea fremuerant, nunc iam perempta feritate dulcedini Euangelicæ prædicandæ munimenta præbere. Das ist/ Der starcke Simson/ der ein Weib bey den Philistern nemen wil/ ist CHRJstus/ der ein Kirchlin aus den Heyden versamlen wil/ Das aber im mund deß erschlagenen Löwen ein Bineschwarm vnd Honig ligt/ ist ein zeichen/ das die Gesetz der Weltlichen Potentaten/ die wider Christum brülleten/ furohin die grawsamkeit ablegen/ vnnd der süssen lieblichen Predigt deß Euangelij vorschub thun vnd fördern würden.

Ambro. de Apo. Da. cap. 14. zeucht den Samson sträffli-cher weis an/ das er ein Löwen erschlagen/ vnd doch die liebe zum Heydnischen Weib in seinem Hertzen nicht hab erwür-gen können. Er hab der Philister Getreid angesteckt vnd ver-brent/ vnd doch sein brunst nicht leschen vnd tilgen können ꝛc. Validissimus omnium Samson legitur, qui Leonem eti-am suis manibus strangulauit, sed vtinam amorem suum suffocare potuisset. Messes incendit Allophylorum, & ipse mulieris vnius arsit igniculo &c. Ac iterum: Samson validus & fortis, Leonem suffocauit, sed amorem suum suffocare non potuit. Vincula soluit hostium, sed suarum non soluit nexus cupiditatum. Messes incendit alienas, & vnius ipse mulieris accensus igniculo, messem suæ vir-tutis amisit. Chryso. vergleicht auch mit einander Samson vnd Christū hom. 41. Tom. 2. vber den spruch Mat. 2. Er sol Nazarenꝰ heissen. Dictus quoq; Nazaræus est Samson vir potens

Ambrosius

Chrysostom. vergleicht den Samson vnd Christum mit einander.

potens in spiritu & roboris in virtute, sed in typo: Cuius gesta si consideremus in eo quoq; exẽpla Domini præfigurata cognoscimus. Ille septem crines habuit, huic septiformis Spiritus & septem Ecclesiæ sunt. Illi omnis virtus in capite fuit, huic omnis virtus in Deo est, quia caput Christi Deus est. In illo virtus obscura in hoc celata diuinitas. Samson iter faciens LEONEM enecauit, & Dominus ac saluator noster, per suscepti corporis Sacramentum, Leonem Diabolum, extensis in cruce manibus interemit. Samson de ore Leonis fauum mellis abstraxit. Dominus de faucibus diaboli plebem suam, quæ sibi per viam facta est dulcis eripuit.

Das ist/Simson ist auch ein Nazarener genent worden/ welcher war ein Mann mechtig im Geist/ vnd starck in der Krafft/aber im Vorbild. Denn so wir seine Thaten beherzigen/ befinden wir/ das alles deß HErrn Christi Fürbild gewesen sein. Er hat sieben Haarlöcken gehabt/Christus aber hat ein siebenfeltigen Geist vnd sieben Kirchen. Er hat alle seine stercke im Heupt gehabt/ CHRIstus hat alle stercke in Gott/denn Gott ist Christi Heupt. Er hat seine stercke heimlich gehabt/ In Christo ist die Gottheit verborgen gewesen. Simson hat auff der Reise einen Löwen vmbbracht/ Vnser HErr vnd Heyland hat auch in seinem angenommenen Leib den Löwen/ den Teuffel/ mit ausgestreckten Henden am Creutz getödtet. Simsun hat aus deß Löwens Mund Honigseim genommen/ Vnser HErr vnd Heyland hat aus deß Teuffels Schlund sein Volck heraus gerissen/ welches jhm auff den Weg lieb vnd angenem worden ist.

David ein Löw genant. 1.Chro.13

Auff den Samson folget billich der heilige König David/ von dem die Schrifft rhümet 1. Chron. 13. das er an Hertz vnd Leib ein Löw gewesen sey/ wie auch seine Kriegsleut/

leut/ sonderlich eilff Gaditer. David hat auch sein Prob gethan. 1. Sam. 17. Da er seines Vaters Schaff hütet/ kam ein Löw vnd Bär/ vnd trug ein Schaff weg von der Härde/ vnd er liess jhm nach / vnd schlug jhn / vnd errettets aus seinem Maul/ Vnd da er sich an jhn macht/ ergreiff er den Löwen beim Bart/ schlug vnd tödtet jhn. Also hat er geschlagen beyde den Löwen vnd Bären. Solches hat er aber mit vnd durch den Glauben auff GOttes verheissung gethan / wie Ebreern am 11. vermeldet wird. Ist auch hierinne Christi Vorbild.

1. Sam 17 Beweist er sein Löwen mut.

Es lobet auch David seiner Fürsten einen 2. Sam. 23. BenaJa / der schlug zween Löwen der Moabiter (zween starcke Helden der Moabiter) Vnd gieng hinab/ vnd schlug einen Löwen (das grawsame brüllende Thier) im Brunnen zur Schneezeit. Deßgleichen lobet vnd rhümet auch David im Epitaphio 2. Samuel. 1. Jonathan vnd Saul/ das sie stercker gewesen seyen denn Löwen. Den rhum hat auch Judas mit seinen Maccabeern 2. Mac. 11. Sie reiseten mit einem grossen mut wider die Feinde fort/ vnd griffen sie an wie Löwen.

Jonathan vnd Saul/ 1. Sam. 1.

Judas mit seinen Maccabeern/ 2. Mac. 11

Biß daher von den Exempeln der löblichen Könige vnd Fürsten / welche mit Grosmütigkeit vnd eim Löwenhertz begabt waren / das denn ein Gabe Gottes ist / vnd sonderlich aus einem waren Glauben vnd vertrawen auff Gottes verheissung entstehet / darauff man sich doch nicht verlassen/ oder der stercke vberheben vnd rhümen sol / spricht Jeremias/ denn der HERR hat nicht gefallen/ stehet im Psalm/ an den starcken Beinen.

Wir wollen nur jetzund Sprüch vnd Exempla / deren nicht löbliche / sondern sträffliche Löwen genent werden / erzehlen. Prouerb. Cap. 28. Ein Gottloser/ der vber ein arm

Sträffliche Löwen. Proue. 28.

Gottlose Regenten sein brüllende Löwen. Volck regiert/ist wie ein brüllender Löw. Gleich wie die Löwen die Schäfflin vnnd andere Thierlin zerreissen vnd verschlingen: Also ists geschaffen mit den Gottlosen/Geitzigen/oder verthuhischen Regenten/die schonen jhrer Vnterthanen nicht/saugen sie mit Schatzung aus/ziehen jhnen die Haut vber den Kopff ab/ist jhnen ein Vnterthan geringer geachtet/als ein Hund/welchs sie für GOTT verantworten müssen.

Zu dieser beschreibung gehören auch folgende Sprüche.

Prou 19. Prouerb. 19. Die Vngnad deß Königs ist wie das brüllen eines jungen Löwen/aber seine gnad ist wie Thaw auff das
Prou 20. Gras. Vnd Prouerb. 20. Das schrecken deß Königs ist wie das brüllen eines jungen Löwen/wer jhn erzürnet/der sündiget wider sein Leben.

Wiewol ermelte Sprüch auch auff den billichen gerechten Zorn vnd Vngnad der Königen vnd Fürsten vber vnd wider die Sünd vnd Laster der Vbelthäter verstanden werden/können sie doch auch andeuten den grossen vbermessigen Zorn der Regenten/da sie zuuiel thun/auff jhren gewalt trotzen vnd pochen/vnd nach jhrem zorn wollen handlen/den sie doch billich moderiren solten/vnd gedencken/wie sie auch einen HERRN im Himmel haben/dem sie rechenschafft geben müssen/der sie auch grawsamlich strafft.

Job 4. Job am 4. Capitel/Das brüllen der Löwen/vnd die stimme der grossen Löwen/vnd die Zeen der jungen Löwen sind zu brochen/der Löw ist vmbkommen/das er nicht mehr raubet/vnd die jungen der Löwen sind zerstrewet. Das ist ein beschreibung der tyrannischen Regenten/vnd wie sie endlich auch jhren lohn dauon bringen.

Brentius. Brentius. Tyranni describuntur per Leonem & per clamorem, vocem ac dentes Leonum, terribiles minæ,

exactiones,

exactiones, oppressiones Tyrannorum intelliguntur, qui tantum non plebem subditam excoriant, & pro libidine sua cuncta deprædantur &c. Sunt enim Leones expressissima Tyranni imago. Nam sæuissimum omnium animantium est Leo, solo suo rugitu, reliqua animantia terrens, telum spernit, venabula non expauescit: quod verò ad esum spectat, deuorat in mandendo solida. Quamlibet autem sæuus sit, terretur tamen gallorum cantu: Ita Tyrannus in subditos imperiosissimus, sola voce terrorem incutit, nullum periculum quamuis magnum timet, modò tyrannidem retineat, cùnctas ciuium opes deuorat & deuastat. Porrò vt maxime crudelis sit, habet tamen suum iudicium, quo dentes eius conteruntur, & catuli eius disperguntur, hoc est, quo propter tyrannidem & sæuitiam dignam meritis pœnam, luet, Est enim tyrannorum iudicium, perditio. &c.

Das ist/ Durch den Löwen werden beschrieben die Tyrannen/ durch der Löwen brüllen/ Stimm vnd Zeene werden die schrecklichen dröwungen/ Schatzungen/ vnd vnmeßliche Beschwerung verstanden/ darmit die Tyrannen jhren Vnterthanen die Haut vber den Kopff ziehen / vnd jhnen jhres gefallens alles nemen / denn die Löwen sind ein augenscheinliches Bild der Tyrannen. Denn ein Löw ist das aller grawsamste Thier/ mit seinem brüllen allein erschreckt er alle andere Thier/ achtet keinen Pfeil/ so fürcht er auch sonst keinen spies. Was sein Speiß anlangt/ verschlingt er viel ding gantz/ vnd eben hart. Wiewol er aber sehr grimmig vnd grawsam wütend ist/ so wird er doch erschreckt vom Hanen geschrey. Eben also ist auch ein grawsamer Tyrann gegen seinen Vnterthanen/ mit seiner Stimm erschrecket er sie / er achtet keine Gefahr/

wie gros sie auch sey/damit er nur seine tyranney vbe/alle seiner Vnterthanen Haab vnd Güter bringet er an sich/ vnd verwüstet sie. Weiter wie grawsam vnd vnmenschlich er auch ist/so hat er doch auch sein vrtheil vnd Gericht/da seine Zeene zermalmet/ vnd seine jungen zerstrewet werden/ das ist/ Da er wegen geübter Tyranney vnd grawsamkeit verdienten lohn empfahen wird/ Denn der Tyrannen Vrtheil ist das verderben. Diß beweisen die folgende Exempla.

Exempel. Ezech. 19.

Ezechiel. 19. wird das Jüdische Königreich ein Löwin genant/welche junge Löwen aufzeucht. Derselbigen eins zohe sie auff (den König Joahas) vnd ward ein junger Löw daraus/ der gewehnte sich die Leut zureissen/vnd fressen. Da das die Heyden von jhm hörten/fiengen sie jhn in jhren gruben/ vnd führten jhn an Ketten in Egyptenland. (Weil dieser Joahas grosse Tyranney im Jüdischen Land vbete/ ist er vom PharaoNecho in Egyptenland gefangen geführt worden/ denn Gott strafft die wüterey vnd tyranney mit gefengnis/oder andern grawsamen vntergang) Aber was geschicht? Die Mutter/ das Königreich Judea vnd Jerusalem/nimpt ein anders aus jren jungen/ Joiachim/vnd macht einen jungen Löwen draus/ Da der vnter den Löwinnen wandelt/ ward er ein junger Löwe/der gewonet auch die Leut zureissen vnd fressen/ Er lernete jhre Widwen kennen/ vnd verwüstet jhre Stedte/daß das Land/vnd was drinnen ist/für der stim̃ deß brüllens sich entsetzet. Da segten sich die Heyden aus allen Ländern rings vmbher/ vnd wurffen ein Netz vber jhn/ vnd fiengen jhn in jhren Gruben/ vnd stiessen jhn gebunden in ein Gatter/ vnnd führeten jhn zum König zu Babel/ vnd man ließ jhn verwahren/ das seine stimm nicht mehr gehört wurd auff den Bergen Jsrael. Diß ist dem König Joiachim begegnet/der von den Babyloniern gen Babel gefangen weg geführet ist worden.

Tyranney bleibt nicht vngestrafft.

Sophonias

Sophonias spricht auch am 3. Cap. Wehe der scheußlichen / vnflätigen / tyrannischen Stadt (Jerusalem) sie wil nicht gehorchen / noch sich züchtigen lassen / sie wil auff den HERRN nicht trawen / noch sich zu jhrem GOtt halten. Jhre Fürsten sind vnter jhnen brüllende Löwen. Sophon 3.

Hieronymus. Principes eius quasi Leones semper versabantur in prædis, & ad effundendum sanguinem subiectorum. Das ist / Seine Fürsten streiffen vmbher / wie die hungerigen Löwen nach dem Raub / vnd nach jhrer Vnterthanen Blut zu vergiessen. Hieronym9

Fürsten vnnd Regenten sollen billich die Vnterthanen bey der Gerechtigkeit vnd jrer Narung handhaben vnd schützen / so sind sie selbst Rauber vnd Mörder: Aber Gott strafft sie. Jch wil diese Leute ausrotten / jhre Schlösser verwüsten / jhre Gassen so leer machen / das niemand drauff gehen sol / jhre Stedte sollen verstöret werden / das niemand mehr da wone / etc. Solches ist sonderlich geschehen durch die Römer / aber zuuor auch durch die Babylonier. Vnd wol zu behalten ist / das der heilige Prophet von deß Gottseligen Königs Josiæ lebzeiten vnd Regiment redet / Ob er schon ein frommer König war / jedoch so waren die Fürsten vnd Rähte solche Löwen / darfür er nicht sein kunt. Ob gleich der König offtmals fromb ist / so sein doch manchmal die Rähte brüllende Löwen.

Osiander. Vbi Magistratus tyrannicum animum habet, ibi æquitas & iustitia exulant. Meminerimus autem hoc loco Sophoniam prophetasse sub rege Iosia, qui certè pijssimus Rex fuit. Quod si tam bonus Magistratus prohibere non potuit, quin multa in ipsius regno iniustè fierent: Nullus certè Princeps, quantumuis bonus & sapiens OMNIA, quæ prauè fiunt, corrigere poterit. Viuimus enim in mundo cuius princeps est Diabolus. Interim tamen summo studio pius Magistratus in Osiander.

 coela-

eo elaboret, vt quam minimum peccetur: reliqua DEO iusto Iudici committat.

Das ist/ Wo die Obrigkeit ein tyrannisch Gemüt hat/ da mus Gerechtigkeit vnd Billigkeit weichen. Wir sollens aber wol behalten/ das der Prophet Sophonias hie geweissaget hat vnter dem König Josia/ der ein Gottfürchtiger König gewesen. Hat nun so ein frommer König nicht verhüten können/ das so viel vnbillich ding nicht geschehen were: so wird warlich kein Fürst/ wie fromb vnd verstendig er auch sey/ alles böse können verhüten vnd endern. Denn wir leben in der Welt/ darinn der Teuffel ein Fürst ist. Nichts desto weniger aber sol gleichwol fromme Obrigkeit mit allem fleis dahin arbeiten/ das so wenig/ als jmmer müglich/ gesündigt werde/ das ander aber dem gerechten Richter heimstellen.

Hieronymus Hieronymus. Non ambigimus rugitu Leonum & discursu: quando viderimus principes eius ita in subiectos populos detonare, & voce tyrannica, rabidisque conuicijs plebem conterere, vt non pastorem in grege sed leonem inter ouiculas putes frendere. Das ist/ Wir zweifeln hie nicht an dem brüllen vnnd vmblauffen deß Löwen/ weil wir sehen/ das seine Fürsten gegen den Vnterthanen dermassen donnern/ vnd mit jrer tyrannischen stimm vnd grimmigen Schmehworten das Volck anschnarchen/ das einer nicht anders meinte/ es sey kein Hirt bey der Härde/ sondern ein grimmiger Löw tobe vnd wüte vnter den Schäfflein herumb.

Paulo post. Quod dicitur, Principes eius in ea sicut Leones rugientes: scio offensurum me esse plurimos, quod super EPISCOPIS & Præsbyteris hæc interpreter. Cum & præsbyteri mali qui Susannam violare cupierunt, cæteros præsbyteros qui bene vixerint non condemnent. Et mali principes quos describit sermo prophe-

ticus

ticus non sint bonis principibus contumeliæ. Das ist/ Das gesagt wird: Seine Fürsten sein bey den Unterthanen wie brüllende Löwen: weis ich wol/das ich jhr viel werde erzürnen/ dieweil ich es von den Bischoffen vnd Richtern auslege: da doch die falschen Richter/ die die Susannam begerten zu fall zu bringen/ andere fromme Richter nicht verdammen / vnd da doch die böse Fürsten / welche der Prophet allhie beschreibt/den frommen Fürsten kein vnehr sein.

Zacharias 11. spricht auch/Wenn das herrliche Gebew von Cedern (das ist Jerusalem) gefallen vnd verstört wird sein / da wird man hören die junge Löwen brüllen / weil die pracht deß Jordans verstöret ist. Dieses sind die Fürsten vnd Regenten im Jüdischen Lande/ welche die verstörung Jerusalem vnd deß gantzen Jüdischen Lands/ sonderlich vmb den Jordan/von den Römern geschehen / mit heulen vnd schreyen/klagen vnd weinen werden. Hieronymus Vox optimatum, quia templum destructum est, vnde sperabant semper auxilium, & quod iustos & bellatores ac potentes quondam nutriebat Leones. Lutherus. Das sind die Rathsherrn vnd Reichsten zu Jerusalem / alles mus es heulen/denn da ist kein Stein auff den andern blieben/ etc. da die Römer das Land verwüsteten. Sonsten zur zeit der Assyrer vnd Babyloniern ist dennoch ein zimliche rettung geschehen/ wie Amos am 3. sagt vom Samaritischen Königreich: So spricht der HERR / wie ein Hirte dem Löwen zwey Knie oder ein Ohrleplin aus dem Maul reisset/Also sollen die Kinder Jsrael heraus gerissen werden. Dauon auch droben meldung geschehen ist.

Zacha. 11.

Hieronym9.

Lutherus.

Esa.30. straffe auch das Jüdische Volck/welchs bey den Egyptiern hülff sucht/vnd mit grossen gefohren durch die wüsteney/darinne Löwen vnd Löwinne wonetten/reisen musten.

Menschen

Menschen hülff ist kein nütz / vnd gemachte Bündnus mit Gottlosen Abgöttischen Leuten/ ist schädlich/vnd GOTT mißfellig.

Heydnische Könige durch den Löwen fürgebildet.

Daniel.7.

Hieronymi auslegung.

Was nu weiter die Heydnische Könige vnd Regenten betrifft / werden sie auch den Löwen vnd seine Eigenschafft fürgebildet. Danielis 7. wird von den vier Monarchijs oder Keyserthumb / so nach einander kommen sollen/ gehandelt: Vnd das erste ist wie ein Löw mit Adlers Flügeln: welches einmütig von dem Babylonischen Keyserthumb ausgeleget/ Vnd darumb einem Löwen/nach Hieronymi deutung/verglicchen wird/ weil grosse verfolgung vnd grawsamkeit drinnen geübt ist worden. Regnum Babylonium propter sæuitiam & crudelitatem, siue propter luxuriam & vitam libidini seruientem non Leo sed Leæna appellatur. Aiunt enim hi qui de bestiarum scripsere naturis, Leænas esse ferociores, maximè si catulos nutriant, & semper gestire ad coitum. Quod autem habebat alas aquilæ, superbiam significat regni potentissimi. Dz ist/ Diß Keyserthum wird auch ein Löwin genant/vmb der geilheit willen / vnd das sie viel grawsamer seind/ wenn sie junge haben / als die Löwen. Adlers Flügel bedeuten den Stoltz vnd Hochmut. Andere deuten den Löwen auff die stercke vnd tapfferkeit deß Nebucad Nezars / vnd die Adlers flügel auff seine Behendigkeit/ wie denn der Euent diese auslegung bekrefftiget. Eben diesen namen eines Löwen geben auch andere Propheten den Assyrischen vnd Babylonischen Königen.

Babylonische vnd Asyrische Könige Löwen genent.

Nahum 2.

Der Prophet Nahum am 2. Capitel prediget wider die Assyrische Könige / die zu Niniue Hoff hielten / vnd verkündiget / das die Babylonier jhr Stadt vnd Land erobern sollen. Wo ist nu wohnung der Löwen (Niniue) vnd die weide der jungen Löwen / da der Löw vnnd die Löwinne mit den jungen Löwen wandelten/ vnd niemand durffte sie schewhen? Sondern der Löw raubt gnug für seine jungen/ vnd würgets seinen Löwinnen: Seine Höle füllet er mit Raub/ vnd seine wohnung mit dem/ das er zurissen hatte. Sihe ich wil an dich/ spricht der HERR Zebaoth/das Schwerdt sol deine junge Löwen fressen/ vnd wil deines Raubens ein ende machen auff Erden. Osiander. Comparatur Magistratus Leonibus propter maiestatem & animi magnitudinem, qua aliis debent esse superiores, sed multi potestate & viribus suis abutuntur ad tyrannidem, & in alios violenter (sicut leones in feras infirmiores) grassantur. Osiander.

Also wird auch der Babylonische König NebucadNezar mit diesem namen genennet. Esaiæ 16. Ich wil vber Dimon in Moab noch mehr kommen lassen/ vber die/ so geflohen sind von Moab/ vnd die vbrigen im Lande/ den Löwen. Welches Lyra vnd Osiander von dem König NebucadNezar verstehen/ der drey Jahr nach der vorigen Assyrischen straff vber sie kommen/ vnd jhnen das Lnd genommen hat. Der NebucadNezar. Esa. 16.

Jeremias am 4. sagt auch vom Babylonischen König: Ich bring ein Vnglück herzu von Mitternacht/ vnd ein grossen jammer/ spricht der HERR. Es fehret daher der Löwe aus seiner Hecken/ vnnd der Verstörer der Heyden zeucht einher aus seinem ort/ das er dein Land verwüste/ vnd deine Stedte ausbrenne/ das niemand drinnen wone/ etc. Hieronymus verstehets dem Buchstaben nach vom Nabuchodonosor, aber in der heimlichen deutung auff den Teuffel vnd Antichrist/ auch allen falschen Lehrern/ Tot Antichristi sunt quot dogmata falsa. Hier. in 2. cap. Nahum. Jerem. 5. Dieweil nicht allein der gemeine hauff nichts weis vom weg deß HERRN/ sondern auch die Schrifftverstendigen das Joch zu brechen/ vnd die Seil (Göttliches Worts vnd Ge- Jer. 4. Hieronym. Jer. 5.

 setzes)

setzes zureissen / darumb so wird sie auch der Löwe / der aus dem Wald kömpt/ zureissen. Dieser Löw ist auch der König Nebucad Nezar / wie Hieronymus bezeuget.

Jer. 49. Weiter so prediget Jeremias Cap. 49. wider die Edomiten. Sihe / er kömmet herauff wie ein Löw / vom stoltzen Jordan her/ wider die festen Hurten / denn ich wil jhn daselbst her eilends lauffen lassen. Dieser Löw ist auch nach Lyræ vnd Brentij meinung der Nebucad Nezar / Aber andere deuten jhn auff Alexandrum Magnum. Da aber dieser Löw Nebucad Nezar gnugsam geraubet hatt / so schicket Gott

Cyrus. ein andern Löwen wider jhn/ strafft ein Schalck mit den an-

Jer. 50. dern / wie Jeremias 50. vers. 44. von seinen Nachkommen weissaget. Sihe/er kömpt herauff wie ein Löwe/ vom stoltzen Jordan / wider die feste Stedte/ denn ich wil jhn daselbst her eilends lauffen lassen/ Vnd wer weis/ wer der Jüngling ist/ den ich wider sie rüsten werde? Denn wer ist mir gleich? Wer wil mich meistern? Vnd wer ist der Hirt/ der mir widerstehen kan? etc. Dieser Jüngling aber ist Cyrus der Perser König/ welcher Babylonem gewonnen / vnnd den Babylonischen König Belzazer hat erschlagen lassen. Da sollen die Babylonier nicht mehr grawsame Löwen/ sondern elende schlacht-

Jer. 51. schafe sein / wie Jeremias 51. vers. 38. meldet. Sie sollen zwar zuuor brüllen wie die Löwen/ vnd schreyen wie die jungen Löwen nach dem Raub (nach Land vnd Leut/ Gelt vnd Gut) vnd truncken werden das sie frölich seind / aber doch nacher einen ewigen schlaff schlaffen / das sie nimmermehr auffwachen sollen/ spricht der HERR. Ich wil sie herunder führen wie die Lemmer zur Schlachtbanck / wie die Wider mit den Böcken. Denn wenn GOtt straffen wil/ so nimpt er den Königen Hertz vnd Mut/ Wenn sie auch gnug geraubet/ so müssen sie andern zu theil werden / vnd da sol nichts für helffen/

sen/ Denn Esaias am 21. Capitel spricht/ das der Wächter auff dem Thurm die Babylonier in jhrer Gasterey wol anschreyen / vnd der Feinden ankunfft mit seinem geschrey/ wie ein Löwe / anzeigen werde / aber es sol alles vergeblich sein.

Diese beyde/die Assyrische vnd Babylonische Könige/ setzet Jeremias am 50. Capitel zusammen. Jsrael hat müssen sein wie eine zerstrewete Härde/ die die Löwen verscheucht haben / Am ersten fraß sie der König zu Assyrien / darnach vberweltiget sie NebucadNezar der König zu Babel / Darumb wil ich den König zu Babel heimsuchen / wie ich dem Assyrischen gethan habe/ 2c.

Joel prediget auch am 1. Capit. vom Babylonischen Kriegsvolck / das wider die Jüden ziehen werde. Es zeucht herauff in mein Land ein mechtig Volck / vnd deß ohn zahl/ das hat Zeene wie Löwen / vnd Backenzeene wie Löwinne/ dasselbige verwüstet meinen Weinberg. Joel 1.

Vnd Ezechiel Cap. 32. gibt auch dem König Pharaoni in Egypten diesen namen/ vnd weissaget von seinem vntergang. Du Pharao bist gleich wie ein Löwe vnter den Heyden/ vnd wie der Meer-Drach springest in deinen Strömen. So spricht der HERR / Jch wil mein Netz vber dich auswerffen/ ein grosses Volck vber dich schicken/ auff das Feld werffen / das dich alle Thier fressen / welches von Nebucad-Nezar ins werck gericht ist worden. Ezechiel 32 Pharao der Egyptische König.

Also seind diß die fürnembsten Sprüche vnd Exempla/ wie die Regenten/ zum theil jhrer Tapfferkeit vnd Maiestet/ zum theil jhrer Tyranney willen vergliechen werden / wie sie auch jhrer Vnbarmhertzigkeit halben Göttliche Rach vnd straff einnemen müssen. Derwegen nicht allein sie für jhre person/in der furcht deß HErrn vnd in Demut leben sollen/ Erinnerung an die Regenten vnd Vnterthanen.

 sondern

sondern die Vnterthanen sind auch schüldig für ihre Regenten/ Gott/ der ihr Hertz in seiner Hand hat/ zu bitten/ das er aus grawsamen vnbarmhertzigen Löwen / fromme/ gütige vnd gnedige Herrn machen wolle. Darbey vnd zum beschlus dieses andern Standes ist auch Salomonis Stuel zu bedencken / 1. Reg. 10. Sein Thron war gantz Helffenbeinern vnd vergült/ zwo Löwin stunden an den Lehnen/ vnd zwölff Löwen stunden auff den 6. Stuffen zu beyden seiten / Welches auff Christum/ sein Reich/ vnd die zwölff Aposteln gedeutet wird. Dauon besihe droben den Helffanten.

1. Reg. 10. Von Löwen an Salomonis Stuel.

Der dritte Stand. Syrach 4.

Vom dritten Stand gehörige lehrhaffte sprüche seind folgende zu fassen. Syrach am 4. Sey nicht ein Löw in deinem Haus / vnd nicht ein Wüterich gegen deinem Gesind. Gleich wie die Eltern vnd Haußväter gegen dem Hausgesind nicht zu gelind vnd nachlessig sollen sein/ also sollen sie auch nicht zu grawsam vnbarmhertzig vnd zornig sein / wie auch Paulus den Vätern vnd Herren vorschreibt.

Chrysostomi erinnerung vom Zorn.

Allhie ist S. Chrysostomi erinnerung von dem zorn vnd grawsamkeit der Menschen zu behertzigen / das der Zorn viel schrecklicher sey denn kein Löwe / homil. 4. in Matthæum. Leonem quidem mitigas, reddisq; tractabilem, furorem verò animi tui omni prorsus efficis Leone sæuiorem. Et certé cum ibi sint duo impedimenta vel maxima, quod fera ipsa & ratione priuatur, & longé omnium alterius generis animalium excedit furorem: tu tamen de copia donatæ tibi à Deo sapientiæ, ipsam superas arte, Naturam. Qui igitur naturam vincis in bestijs, cur in temetipso naturæ obfuscas bonum, dum malum adamas voluptatis? Itaq; si te vt alium hominem mansuefaceres, iuberem,

berem, nihil hîc quidem impoſſibile viderer tibi imponere, quanquam excuſare poſſes, non te eſſe dominum voluntatis alienæ, neq; cuncta in tua poteſtate conſiſtere. Nunc verò tua hæc propriè fera eſt, & cui certiſſimo iure domineris. Quam igitur habes Apologiam, quemue reperies honeſtum excuſationis colorem, qui cum ſolerti ſtudio hominem quodam modo facias de Leone, tu tamen negligens Leo efficiaris ex homine? Nam illi quidem donas ſupra ſuam aliquid habere naturam, tibi verò nec naturales quidẽ reſeruas affectus? Et qui beſtias feras ad manſuetudinis prouehis dignitatem, temetipſum de throno deijciens & honore regali ad irrationalem cogis furorem. Ponamus enim, ſi placet, IRAM quoq; beſtiam eſſe quandam: quantum igitur ab alijs erga mitigandum leonem ſtudium commodatur, tantam tu erga IRACVNDIAM impende curam, & effice huiusmodi cogitationem mitem atq; manſuetam. Siquidem hæc fera & vnguibus ſæuiſsimis armatur, & dentibus: & niſi illam ſollicitè manſuefeceris, cuncta ſimul diſperdet atq; lacerabit. Nullus enim Leo, nulla vipera ſic viſcera queunt humana laniare, vt hominis iracundia ferreis quibusdam vnguibus vniuerſa confodiens, non tantum corpori nocet, ſed etiã animæ ſanitatem deuorat.

Das iſt/ Du macheſt zwar den Löwen zahm vnd bendig: Aber deinen grim machſtu viel grimmiger als kein Löw iſt. Vnd warlich/ weil bey jhm zwey groſſe hindernis im wege ligen/ das er ein wild Thier iſt/ vnd hat keine Vernunfft/ iſt auch viel grimmiger denn ſonſten jrgend ein Thier: Du aber biſt von Gott mit viel Weisheit begabet/ vbertrifſſt die Natur mit der Kunſt. Der du nun die Natur in den wilden Thieren bendigeſt/ warumb verfinſterſtu denn das gute der

Natur in dir selbst / in dem du der schendlichen Wollust anhengest? Derhalben ich dich wol heissen wolt / das du dich auch zur Sanfftmut gewehnest / wie ein andern Menschen / vnd acht ich nicht / das ich dir etwas vnmügliches befehlen würde / ob du dich gleich entschüldigen wolst / du seyest nicht Herr vber eines andern Willen / vnd es stehe nicht alles bey dir. Nun ist je diß eigentlich dein wild Thier / dem du mit allem rechten solst gebieten / Was hastu nun zur defension oder verteidigung? Was hastu für ein ehrliche scheinentschüldigung? Aus eim grimmigen Löwen kanstu mit grossem fleis / gleichsam einen sanfftmütigen Menschen machen: Du aber / der du ein Mensch bist / wirst selbst aus nachlessigkeit zu einem grimmigen Löwen? Denn dem Löwen gibstu / das er etwas hat / vber seine Natur: Du aber behelltest deine natürliche bewegungen nicht? Wilde Thier machstu sanfftmütig: Dich selbst stürtzestu vom Königlichen Thron vnd Wirden / vnd ergrimmest wie ein vnuernünfftig Thier. Denn gefelt dir es / so denck / als sey der Zorn auch etwan ein wildes Thier: Was du nun für zeit must anwenden einen Löwen zu zämen / so viel mühe wende auch an / den Zorn zu bendigen / vnd trachte dahin / das solche gedancken auch linde vnd sanfftmütig werden: sitemal dieses Thier auch wol verwaret ist mit grawsamen Klawen vnnd Zeenen / vnd wo du es nicht mit allem fleis würst zämen / wird es alles zumalmen vnd zureissen. Denn kein Löw / wie grimmig er auch ist / noch keine Schlang / kan die Menschliche Gliedmassen dermassen zerreissen / als deß Menschen Zorn / der gleichsam mit eysernen Klawen alles durchreist: Er schad nicht allein dem Leib / sondern bringt einen auch vmb seiner Seelen Seligkeit / etc.

Von

Von der Ehelichen Liebe gegen den Weibern/stehet ein Spruch 3. Esdr. 4. Das ein Mann sich vmb deß Weibes willen gegen einem Löwen wage/ darmit er jhr etwas heimbringe. Welches von der billichen Narung zuuerstehen ist/ das sie arbeiten/ vber Feld reisen/ darmit sie das tegliche Brod gewinnen/ Weib vnnd Kinder ernehren. Denn wer seine Hausgenossen nicht versorgt/ der hat den Glauben verleugnet/ vnd ist erger denn ein Heyde. Von der Ehelichen Liebe. 3. Esdr. 4.

Von diesen faulen Hausvätern gibt Salomon ein Gleichnus/ Prouerb. am 22. Der faule spricht/ Es ist ein Löw draussen/ ich möcht erwürgt werden auff der Gassen. Vnd Prouerb. am 26. Der faule spricht/ Es ist ein junger Löw auff dem wege/ vnd ein Löw auff den Gassen. Diß ist aber nicht allein von den faulen Schlüngeln/ denen die Arbeit ein brüllender Löw ist/ zu verstehen/ sondern auch ingemein von allen forchtsamen Gesellen/ welche anderer Leut vngnad vnd gefahren nicht wollen auff sich laden/ mit getrewer verrichtung jhres Ampts/ sondern schweigen still/ wollen den Fuchß nicht beissen/ wie solcher Prediger vnd Juristen viel werden funden/ aber sind für GOTT nicht entschüldiget.

Hieronymus deutets auch auff die forchtsamē Kleingleubigen/ die in Verfolgungs zeit jhren Glauben nicht bekennen dörffen/ oder sonsten sich der Tugend nicht wolten befleissigen/ aus forcht für dem Teuffel/ vnd seiner Braut/ der Weltkinder. Dicit sæpè in animo suo, is qui ad agenda bona opera piger est, ad confitendam fidem, quam corde tenet timidus: Non audeo fidem quam noui, foras profiteri, ne me persecutor impius, quia fidelē odit, perimat. Timeo ad exercendas virtutum actiones in publ. progredi, ne fortè mei vel antiqui hostis aduersitas grauior tentet. Hieronym9

vel.

vel etiã homo quilibet peruersus derideat, conuitijs confundat, iniurijs afficiat, aut sicut multot iustorum, qui ab eius vita discordant, tormentis & morte consumat. Das ist/ Der faul ist zu guten Wercken / vnd sich fürchtet seinen Glauben / den er in seinem Hertzen hat/ zu bekennen/ spricht offtmals bey sich: Ich darff mein Glauben / den ich hab/ nicht offentlich bekennen/ damit nicht ein Gottloser Verfolger/ der den Gleubigen feind ist/ mich erwürge. Ich schewe mich zu ausübung Christlicher Tugenden für jedermenniglich zu bekennen / damit nicht etwan meines alten Feindes grössere Widerwertigkeit mir zu handen stosse / oder sonst etwan ein böß Mensch mich auslache / mit Schmehewortten angreiffe / mir gewalt vnd vnrecht thue / oder mit peinigen mich abnage/ vnd gleichsam gar verzehre / wie vielen fromen widerfahren/ die jhr leben in aller Gottesfurcht angestellet.

Philippus Melanchthon

Philippus legts auch sonderlich aus von den faulen Predigern / die jhrer Ehren vnd guten Pfründen fürchten / das Euangelium nicht predigen wollen. Vocat pigros qui crucem fastidiunt & metuunt, quales sunt isti, qui metuunt facere vocationem suam, eò quod vident hominum iudicio Euangelium damnari & improbari. Seruiunt iudicio humano, non prædicant sincerè Euangelium, timentes crucem. Verum non solum intelligenda est de prædicatoribus, sed spectat sententia ad omnes professiones & vocationes. Nam in omnibus generibus vocationum, piger dicit. LEO est in via, id est, nihil ad me Euangelium, aut de tali vel tali confessione, quia tentabimur in omni conditione vitæ, pigri deserunt vocationes suas, & quærunt malas artes vt euadant crucem: vt de Præbendarijs, quæstuarijs, mercatoribus & vsurarijs, hi nolunt crucem, ideò muniunt se contra crucem malis

artibus

artibus Deus vult nos in sudore vultus vesci pane, hi autem quærunt pingues præbendas, questum sequuntur & fugiunt persecutionem.

Das ist / Er heist die jenigen faul / die das Creutz schewen / dafür sich fürchten / wie die jenigen sein / die jhren Beruff nicht trewlich verrichten wollen / weil sie sehen / daß das Euangelium von den Leuten verdampt vnnd verworffen wird. Sie dienen vnd richten sich nach der Leut vrtheil / predigen das Euangelium nicht frey / fürchten sich für dem Creutz. Man sol es aber nicht allein von Predigern verstehen / sondern auch von allen andern Diensten vnd Emptern. Denn in allen Diensten spricht der Faule / Der Löw ist draus auff dem weg / das ist / Das Euangelium gehet mich nichts an / was bekümmere ich mich vmb diese oder jene Bekentnis. Denn inn allen Stenden werden wir versucht werden / die Faulen verlassen jhre Bestallungen / suchen böse Practicken / damit sie dem Creutz entgehen mögen: Wie wir sehen an den Pfründpfaffen / Gewinsichtigen / Kauffherrn oder Hendelern / Wüchern / die wollen kein Creutz haben / darumb verwaren sie sich wider das Creutz mit bösen Practicken / Gott wil / wir sollen im Schweiß vnsers Angesichts vnser Brod essen / sie aber suchen fette Pfründen / vnd grossen Gewin / die Verfolgung aber fliehen sie.

Wir wollen aber wider zum Haus vnd gemeinen stand vmbkehren. Syrach am 25. Cap. nennet einen gefehrlichen Ehestand mit eim bösen Weib: Ich wolt lieber bey Löwen wohnen / denn bey einem bösen Weib / Wenn sie böß wird / so verstellet sie jhr Geberde / vnd wird so scheußlich wie ein Sack. Jhr Mann mus sich jhr schemen / vnd wenn mans jhm fürwirfft / so thuts jhm im hertzen wehe. Alle Boßheit ist gering gegen der Weiber Boßheit / er geschehe jhr was den

Syrach 25 Ein bös Weib ist erger als ein Löw.

Warnung den Weibern/vnd eine erinnerung den Freyern.

Gottlosen geschicht/ rc. Diese Warnung sol allen Weibern bekant sein / das sie sich gebürlich in der Furcht Gottes halten / vnd tugenthafft seyen. Ist auch eine erinnerung an alle Freyer / das sie nicht nach der eusserlichen gestalt vnd Reichthumb sehen/sondern die Frommigkeit vnd Tugend behertzigen/ vnd darnach freyen / GOtt aber zu förderst vmb einen frommen Ehegemahl anruffen / Denn Gelt vnd Gut vberkömpt man von den Eltern / aber ein frommes Weib wird von Gott gegeben/ dem/der den HERRN fürchtet/ spricht Salomon.

Syrach 13

Die Geitzigen den Löwen verglichen.

In gemein spricht Syrach Cap. 13. Wie der Löwe das Wild frist in der Heyde / so fressen die Reichen die Armen. Wir Deudschen redens also aus : Es müssen zehen neben einem verderben/biß einer reich wird : Doch werden diese geitzige Löwen auch zu seiner zeit gejagt vnd gefressen / wie droben im andern Stand Exempla der Königen vnd Fürsten erzehlt / gnugsam beweisen. Die Armen mögen jhre Haushaltung also anstellen / das sie den Reichen nicht in jhre Klawen kommen.

Eccle. 9.

Lutherus.

Der Prediger Salomon am 9. Capit. gibt auch einen Spruch von eim todten Löwen : Es ist besser ein lebendiger Hund/ denn ein todter Löw. Lutheri meinung vnd auslegung ist/Es sollen Hausväter/Prediger/Schulmeister/sich genügen lassen/ vnd Gott dancken/ wenn sie nur zween oder drey gehorsame Kinder/ Zuhörer vnd Discipel haben / vnd schon nicht alle gewonnen werden/ vnd wol gerahten. Man sol das Kind nicht mit dem Bad ausschütten. Dauon sihe weiter droben beim Hund. Sonsten schreibt Basilius hom. 9. Hex. Leæna mater Leonis vix euadit, ædi namq; partum vnguium acie lacerato in enixu vtero, vulgò ferunt. Ambrosius lib. 6. cap 4. Hex. Leo gallum & maximè

Basilius.

Ambrosius

album

album veretur. Leo æger Simiam quærit vt deuoret, quo possit sanari. Das ist / Der Löw fürcht sich für eim Han / sonderlich für eim weissen Han. Wenn der Löw kranck ist / so sucht er einen Affen / das er jhn vorschlinge / vnd dauon wider gesund werdē möge.

Das Ander Capittel / vom Parden oder Pantherthier vnd Leoparden.

Den ersten Stand vergleichet sich GOtt / was seine Straff anlanget / diesem schnellen grawsamen Blutgirigen Thier. Est enim Pardus, teste Isidoro, genus varium & velocissimum ac præceps ad sanguinem. Hoseæ 13. Jch wil wie ein Parder / spricht der HERR zu vnd von den Jsraeliten / auff dem Weg auff sie lauren / damit er den vngehorsamen sichern Abgöttischen Jsraeliten dröwet / er wolle den Assyrischen König hinder sie schicken / der sol auff sie lauren / vberfallen vnd zureissen: Denn neben der grawsamkeit vnd stercke gebrauchen die Parden ein sonderlichen List / das sie auff die dicke vnd estige Bewme steigen / auff die Menschen herab springen / vnd vnuersehens erlegen. Wie Lutherus vber Hoseam

Der erste Stand.

Ose. 13. Nennet sich Gott ein Parden straffweis.

Lutherus von der Parden list.

Hoseam schreibt. Ad ferociam Pardi astum addunt. Nam vt historiæ docent, in frondosis arboribus considunt, vt incautos viatores, & nihil ex alto metuentes opprimant.

Esa. 11. Die bekehrte Heyden Parden genennet.

Darnach werden auch die bekehrte Heyden darmit beschrieben. Esaias 11. handlet von dem Fried vnd Einigkeit der Christlichen Kirchen im Newen Testament/das auch die Pardel bey den Böcken liegen/ das ist/ die grawsame Blutgirige neidische Leut sollen zum Christlichen Glauben bekehret werden/vnd fried mit einander halten. Also berufft Christus Cantic. 4. seine Christliche Kirche von den Bergen der Leoparden (Leopardus ex adulterio Leænæ & Pardi nascitur. Isid.) von den Königreichen vnd orten her/ da zuuor grauwsame Blutgirige Verfolger gewonet haben/ die werden jhre grawsamkeit verlieren/ 2c.

Cant. 4.

Jer. 13. nennet die vnbusfertigen Jüden Parden.

Gleichwol klaget GOtt durch Jerem. am 13. vber der Jüden vnbußfertigkeit/ vnd vergleicht sie auch dem Pardelthier. Kan auch ein Mohr seine Haut wandeln/oder ein Pardel seine Flecken? So könnet jhr auch guts thun/weil jr deß bösen gewohnet seid. Darmit lehret Gott wie die Menschen von Natur Sünder seyen/vnd jhre sündliche Art/aus eignen krefften vnnd gewalt/ so wenig von sich ablegen können/ so wenig die Mohren jhre schwärtze/ oder die Pardeln jhre Flecken wandeln vnd wegthun können: GOtt mus selbs von oben herab durch das Wort vnd heiligen Geist dieses Werck vereichten/ Etwas thut die eusserliche Zucht vnd Straffen/ in den Tugenden vnd Lastern/ mit derselben wechselung/ Aber die Art vnd Natur endern vnd wandeln kan GOTT allein.

Hieronym.

Hieronymus schreibet/ das die Manicheer diesen spruch/ jhren Irrthumb/ von zweyen Naturen im Menschen/ zu bestetigen/ einführen/ aber darauff gibt er aus gemeltē Prophetischen

tischen Spruch antwort (cum didiceritis malum) Was man lernet / kan die Natur nicht selbs sein / sondern der fleis vnd eigne Wille / welcher durch vbermessige gewonheit vnd lust zu sündigen gleichsam inn die Natur selbst verwandelt wird. Quicquid discitur non naturæ est, sed studij & propriæ voluntatis, quæ nimia consuetudine & amore peccandi quodammodo in naturam conuertitur. Sed hoc quod hominibus impossibile est, Deo possibile est, vt nequaquam Æthiops & Pardus suam videantur mutare Naturam, sed ille qui in Æthiope & Pardo operatur &c. Idem lib. 2. contra Pelag. Pardorum varietas disciplinæ est non naturæ, quæ docetur & discitur: tamen auferri non potest vitium inoliti mali, nisi per eum, cui omnia possibilia sunt. Ob es schon den Menschen vnmüglich ist / die sündige art zu endern / so ists doch GOTT wol müglich. Wir sollen vns aber zu den Tugenden gewehnen / vnd hernach die Flecken ablegen.

Ambrosius lib. 6. cap. 3. Hex. De Pardi specie nec scriptura siluit, quod varietate coloris motus varios animæ suæ prodat, Iere. 13. Non solum enim de figura, sed etiam de mobilitate furoris istud accipitur; eo quod tenebrosis et inquietis ac mobilibꝰ insidæ mẽtis atq; animi mutationibus decoloratus populus Iudæorum, boni propositi gratiam iam tenere non posset, nec ad emendationem vllam correctionemq; remeare, qui semel ferinam induerit immanitatem. Das ist / Die Schrifft hat auch das Parderthier nit vbergangen / das es mit seiner gesprencklichen Farb seinen Wanckelmut anzeige / Jer. 13. Denn es nicht allein von deß Leibs / sondern auch deß zorns geschwindigkeit zuuerstehen ist: Dieweil das Jüdische Volck mit so tunckeln / vnruhigen / vnd beweglichen verenderungen jhres vntrewen Verstandes vnd Gemütes abgemalet / bey eim guten vorhaben nicht bleiben können / noch zur besserung vmbkeren / sintemal es einmal der wilden Thier grawsamkeit vnd Natur gleichsam jhnen selbst angezogen vnd angenommen habe.

Syrach 28 Wer Gott verlest / sol Löwen vnd Parden zu theil werden / das ist / bösen Meulern

Viel vnd weitleufftig handelt Syrach am 28. von einem bösen vorleumbdischen Maul / Das werde den Gottfürchtigen nicht vntertrücken / aber wer den HERRN verlest / sol darein fallen / darinn brennen vnauslöschlich / Vnd es werde jhn vberfallen wie ein Löw / vnd auffreiben wie ein Pard. Diß ist ja schrecklich gnug gered / von den bösen Meulern / so andere austragen / verkleinern / verleumbden / darumb die Christen diß Laster fliehen / vnd jhre Zung im zaum halten: Im fall aber sie vnterweilen vnschüldiger weis vnter die Blutgirige / neidische Pardelthieren gerahten / das sie von jhnen müssen zur Banck gehawen werden / sollen sie getrost sein / denn sie werden nicht vntertruckt bleiben / sondern endlich wider herfür kommen.

Der Christen Feinde den Pardeln verglichen. Jer. 5.

Darbey mögen wir auch der Verfolger vnd Feinde deß Jüdischen Volcks / als der Christlichen Kirchen / gedencken / Jerem. am 5. Weil die Jüden sündigen vnd verstockt bleiben / so wird der Pardel auff jhre Stedt lauren / vnd alle / die daselbst heraus gehen / wird er fressen.

Hieronymus

Hieronymus verstehet den Alexandrum Magnum, Quem Pardum vocat ob velocem de occidente vsque ad Indiam progressionem: Item ob varietatem, quia plurimis sibi subditis gentibus contra Medos dimicauit & Persas Das ist / Welchen er ein Parder nennet / wegen seines geschwinden fortzugs vom Abend biß in Indien / vnnd wegen der mancherley Völcker / weil er mit allerley Völcker / die er jhm vnterthenig gemacht / wider die Meden vnd Persen

sen gestritten hat. Aber Brentius vnd andere deuten dieser dreyen Thieren eigenschafft auff den NebucadNezar: Vnd das er ein Pordel/ seiner behendigkeit wegen/ genennet werde. Quod Spiritus sanctus non vsq; adeò honestis titulis regem Babyloniæ describit: significat regem malè fecisse, puniendo Israëlitas: quanquam ipsi impietate sua vel grauiorem pœnam meriti fuissent. Brentius.

Osiander. Rex Babylonicus NebucadNezar (qui propter magnanimitatem & animi fortitudinem Leoni, propter crudelitatem Lupo, propter celeritatem Pardo rectè assimilabitur) horribiliter & immaniter tractabit hunc populum. Eligit enim Dominus populos feros & crudeles, quorum opera puniat insignem populi sui contumaciam. Crudelem enim medicum facit æger intemperans. Das ist/ Der Babylonische König NebucadNezar/ (welcher wegen seiner grosmütigkeit vnd tapfferkeit einen Löwen / wegen seiner grawsamkeit einem Wolff / wegen seiner behendigkeit eim Parden verglicchen wird) wird mit diesem Volck grawsam schrecklich vnnd vnmenschlich vmbgehen. Denn GOtt hat wilde vnd grawsame Völcker erwehlet/ durch welche er seines Volcks vnmeßige halsstarrigkeit straffen wil. Denn wenn ein Krancker sich nicht meßig halten wil/ macht er/ das der Artzt auch hefftiger gegen jhm ist. Osiander.

Gleicher weise prediget auch der Prophet Habacuc 1. Cap. von den Chaldeern/ als der Jüden Feinde. Jch wil die Chaldeer erwecken/ ein bitter vnd schnell Volck/ welches ziehen wird so weit das Land ist / wonunge einzunemen die nit sein sind/ vñ wird grausam vnd schrecklich sein/ das da gebeut vnd zwingt wie es wil/ jhre Roß sind schneller denn die Parden. Luth. vergleicht die Babylonier den Porden vnd hungerigen wolffen (dauon nachher) das sie eilen vnd jagen zu raubẽ/ Hab. 1. Lutherus.

vnd

vnd zu verderben das Jüdische Land / Abermal das Volck mit dieser Gleichnus zu schrecken / vnd zur Buß zu reitzen. Vnd gehören diese Exempla in den andern folgendē Stand.

Der ander Stand.

DEr ander Orden der Regenten wird auch durch diß Thier fürgebildet vnd beschrieben / Denn neben nechst vorgehende Exempla / handlet der Prophet Daniel in der beschreibung der vier Keyserthumen/vom dritten Keyserthumb der Griechen/Cap. 7. Nach diesem sahe ich / vnd sihe ein ander Thier/gleich einem Parden / das hatte vier Flügel wie ein Vogel auff seinem Rücken/vnd hatte vier Köpffe / vnd ward jhm gewalt gegeben. Dardurch wird der grosse Alexander vnnd seine fürnembste Kriegsfürsten / so das Keyserthumb vnter sich getheilet / fürgebildet. Denn Alexander war ein starcker tapffer Kriegsman / er war schnell vnd behend/das er jnnerhalb zwölff Jahren schier den gantzen Erdboden jhm vnterthenig macht. Darneben so war er auch grawsam vnd Blutgirig / das er seine nechste Freund ohn alle schuld vnd vrsach erwürgte. Vnd nam auch ein End wie ein Pardelthier/da er sich dem Wein vnd Bulerey ergab.

Dan. 7. Alexander eim Parden vergliechen

Philip. Melan. Natura Pardi vel Pantheræ conuenit Græcis ingenijs, sunt maculosæ, fragrantes, terribili capite, venantur bestias odore & occultato capite, animosissimé dimicantes pro natis & sobóle, nulla tela formidantes capiuntur vino inebriatæ. Das ist / Deß Parderthiers Natur kömpt gar fein vberein mit den Griechischen Ingenien vnd Köpffen / sie sein sprencklich / starck riechend / haben einen schrecklichen Kopff/jagen den Thieren nach mit geruch vnd verborgenem Kopff / streiten gantz mutig für jhre jungen / vnd fürchten sich vor keim Pfeil / werden gefangen / wenn man sie mit Wein truncken macht.

Philippus Melanchthon.

Et lib.

Et lib. 2. Chron. de 3. Monarch. Daniel Macedonicum regem Pardali similem facit, quæ non capitur ab armatis venatoribus (ipsorum enim iacula sua celeritate eludit) sed sopita vino & Venere. Das ist/ Daniel vergleicht den Macedonischen König eim Pardel/ welches von keinem Jäger mit Netzen vnd Waffen gefangen wird/ (denn mit seiner geschwindigkeit entgehet es allem Geschoß) sondern allein wenn es truncken gemacht wird/ vnnd mit Bulschafft.

Apoc. 13. Das Thier/ das aus dem Meer stiege/ war gleich einem Pardel. Bedeut aber das Römische Keyserthumb/ welches anfenglich behend/ grawsam vnd Blutgirig war/ nach Augustini meinung/ propter varietatem gentium, von der vielen vnd mancherley Völcker wegen/ einem Pardelthier vergliechen. Apoc. 13.

Von der grawsamen Feindschafft deß Pardelthiers wider den Menschen/ schreibt Basilius in sermone de aliquot vitijs, præsertim de ira & inuidia Tom. 1. fol. 478. So bald der Teuffel einen Menschen ansichtig wird/ lest er an jm seine Bosheit aus/ als an dem Bild Gottes/ weil er sich an den Schöpffer/ Gott nicht reiben darff noch kan/ den er doch am liebsten beleidigen wolt: Gleich als wenn ein Mensch ein König zum Feind hett/ vnd weil er dem König nichts thun köndt/ sein Bildnus verschumpfirte. Ich hab es gesehen vnd auch gehöret/ das vnter allen Thieren/ die dem Menschen feind sein/ auch das Parderthier sonderlich die Augen an deß Menschen Bild/ für grimm antastet/ darumb die/ so es im zorn spotten wollen/ halten jhm eins Menschen Bild für auff Pappir gemahlet/ Denn dieses Thier auch die Bildnus vnd Pappirne gemeld deß Menschen/ wo es jm fürgehalten wird/ bald zu stücken zerreist/ darmit es seinen grim vnd feindschafft wider

Von der grawsamen feindschafft des Parden wider den Menschen.

Basilius.

wider den Menschen selbs zu vernemen gebe. Also thut der Teuffel auch / in dem er dem Menschen so feindlich zusetze/ zeige er an/ wie grewlich er wider GOtt / zu dessen Ebenbild der Mensch erschaffen ist/ tobe vnd wüte. Vbi Diabolus videt hominem ad Dei imaginem factum, cum non posset in authorem ipsum, quem ante omnes lædere cupit, in eius imaginem, suam exercuit malignitatem, veluti si quis homo, quando regem inimicum attingere non valet, eius simulachrum cæderet. Vidi ego iam partim audiui, res certa est, inter animalia hominibus inimicissima, Pardalim quandoq; in stadijs, hominis oculos præ ira inuadentem. Qui feræ deludere furorem quærunt, hominis imaginem ei ex charta ostendunt. Illa statim furibunda eam concerpit atq; dilacerat: hoc argumento satis ostendens, quanta sit eius aduersus hominem inimicitia: Sic item diabolus in Dei imagine, quo sit erga Deum odio ostendit, quando Deum ipsum attingere nequit. Ambrosius schreibt auch lib. 6. cap. 4. Hexam.

Daß das Pardelthier durch den Knoblauchgeruch veriaget werde/ 2c.

Das

Das Dritte Capittel/

Von dem Einhorn/ Rhinoceros & Monoceros.

EIn Einhorn / schreiben die Naturkündiger/ sey am Leib einem Pferdt gleich / hab einen Hirschkopff / Elephanten Füß/ ein Sewschwantz/ vnnd ein schwartzes vierschühigs Horn an der Stirn/ schrey grob vnd grewlich. Es bildet aber/ anfangs den ersten Stand betreffend/ Gott dem Job vnd allen Menschen für/ Job. 39. seine Mayestät/ Weisheit vnd Stercke/ darumb sich niemand gegen GOtt erheben / stoltzieren vnd prangen sol/ weil sie das geringste bey diesem Thier zu thun/ nicht vermögen. Meinstu Job / das Einhorn werd dir dienen / vnd werde bleiben an deiner Krippen? Kanstu jhm dein Joch anknüpffen/ die Furchen zu machen/ das es hinder dir bräche in den Gründen? Magstu dich auff es verlassen / das es so starck ist? Vnd wirstu es dir lassen arbeiten? Magstu jhm trawen/ das es dir deinen Samen widerbringe/ vnd in deine Schewre samle? quasi diceret, Das wirstu Job nimmermehr / noch kein ander Mensch/ wie mechtig er auch ist/ können zu wegen bringen/ denn ich hab jn zu anders was erschaffen/ vnd eine andere Natur eingepflantzt/ rc.

Der erste Stand.

Job. 39.

Etliche verstehen durch diß Thier Rhinocerotē welchs ein

 Horn

Rhinoceros des Elephanten Feind.

Horn in der Nasen hat/vnd deß Elephanten Feind ist/wenn er mit jhm streiten sol/ so wetzet er zuuor das Horn an einem Felsen/vnd im streit greifft er seinen Feind/den Elephanten/ am Bauch/ der denn weich ist/an/ zerreist denselben/vnd erlegt den Feind. Darmit denn Gott den Menschen ein Lehr gibt/ wie sie jhren Feind/den Teuffel/angreiffen/ vnd schlagen sollen/ Nemlich/ da er am schwächsten ist/ vnd vns wol fürsehen/ weil er vns auch angreifft/ da wir schwach vnnd vberwindlich seind/ sollen vns auch stercken an vnd mit dem Felsen deß Heyls/ JEsu Christo/ welchen die Pforten der Hellen nicht vberweltigen können/ wie Brentius schreibet: In hac Bestia prodit sese sapientia Domini, quam nobis proposuit, veluti exemplar, & doctrinam, vt discamus quibus artibus sit cum hoste congrediendum, hostes enim ea maximè parte, aduersariorum vrbem aggrediuntur, qua infirmior est: Sic & Satanæ astus discendi sunt, vt eos caueamus, nam & ipse ea parte nos oppugnat, qua sumus imbecilliores, scilicet per concupiscentias & voluptates, quibus facile capimur. Das ist/ In diesem Thier zeigt sich Gottes Weisheit/ die er vns fürgestellet hat zum Exempel vnd Lehre/ das wir daraus lernen sollen/ wie wir mit dem Feind ein treffen thun sollen. Denn die Feinde greiffen die Stadt an dem Ort am meisten an/ da sie am ehisten zugewinnen: Also sollen auch wir deß Teuffels List lernen/vns dafür hüten/denn er vns auch an dem ort angreifft/ da wir am schwächsten/ nemlich/mit böser Begierd vnd Wollust/damit wir leichtlich gefangen werden.

Lehr allen Menschen wider den Teuffel.

Brentius.

Philippus Præsbyter.

Philippus Præsbyter verstehet diß von den stoltzen hochmütigen Heyden/ welche durch keine menschliche gewalt vnd Schwerdt können gezwungen werden/ das sie in den Stall der Christlichen Kirchen/an der Krippen Göttliches Worts

stehen/

stehen / vnd sich mit dem Band der Brüderlichen Liebe anbinden lassen / das sie Furchen machen aus einem gleubigen Gehorsam / dreyssig / sechtzig / hundertfeltig Frucht tragen / vnd in die Schewren einführen / das alles mus von Gott angefangen / gepflantzt / vnd vollzogen werden.

Stimt fast Lutherus darmit vberein Tom. 3. lat. in Psalm. 22. allein das er die Jüdische Synagog diesem Einhorn vergleicht. His indomita Synagoga significatur, quæ sua iusticia sic inflatur, vt nec seruire Christo, nec ad præsepe eius morari, & verbum eius audire, nec arare nec docere sub eo & valles colere dignetur, sed licet multæ virtutis sit, & in operibus legis abundans, tamen in ea nihil fidit Christus, nec ei committit suas res: neq; enim reddit sementem, nec congregat in aream, hoc est, nihil ad Ecclesiam, Ecclesiæq; augmentum facit. Das ist / Hiemit wird die vnbendige Jüdische Synagog angezeigt / welche mit jhrer Gerechtigkeit stoltziret / vnd Christo weder dienen / noch an seiner Krippen stehen / noch sein Wort hören / noch ackern / noch vnter jhm lehren / vnd die Thal bawen wil / aber wie from sie sey / vnd wie viel Gesetzes Werck sie gethan / so bawet doch Christus auff sie nicht / wil jhr auch seine sachen nicht vertrawen / denn sie bringt die Saat nicht wider ein / samlet nich in die Scheune / das ist / thut nichts zu erbawung vnd nutz der Kirchen. Lutherus.

David weissaget von Christo Psalm 29. wie er mit seiner stimme / dem heiligen Euangelio hie auff Erden eine Reformation anfangen / vnnd was hoch in der Welt / stürtzen vnd niderschlagen werde / dardurch denn die Cedern auff den Bergen Libanon vnd Sirion lecken werden wie ein junges Kalb / & sicut filius Vnicornium, wie ein junges Einhorn / entweder mit gewalt wider das Euangelium lecken vnd an- Psal. 29.

 lauffen /

lauffen zum fall vnd vntergang / oder aber das Euangelium mit gleubigen hertzen annemen / vnd für frewden springen.

Geistliche deutung. Die Patres deuten Filium vnicornium deß Einhorns Son / geistlicher weise auff Christum. Denn Augustinus

Augustini. spricht in der auslegung des Psalms: Ipse dilectus atq; vnicus Patri (Christus) exinaniuit se nobilitate sua, & factus est homo. Das ist / Der geliebte vnd eingeborne Son deß Vaters / hat sich seines Adels vnd Herrligkeit enteussert / vnd ist Mensch worden.

Hieronymi. Also verstehets auch Hieronymus. Factus est dilectus Filius Dei per assumptionem corporis, filius Iudæorum: & contriuit eos, qui per superbiam singularem suam erigere iusticiam conabantur: Christus est filius Iudæorum, quia ex stirpe eorum secundum carnem fuit: Iudæi vnicornes dicuntur, pro vna lege quam habuerunt, per quam in superbiam se extulerunt. Das ist / Der geliebte Son Gottes ist durch die Menschwerdung der Jüden Son worden nach dem Fleisch / vnd werden sie Einhörner genant / vmb jhr einiges Gesetz willen / welches sie gehabt / vnd dardurch stoltz worden sind.

Basilius. Warumb Christus ein Einhorn genent wird. Basilius inn der ersten auslegung deß Psalms spricht / Das Christus alß denn vnd darumb ein Einhorn genennet werde / weil er die Sünde vnd hoffertigen Stoltz vnd Hochmut der Menschen straffe. Vnd wird das Einhorn löblicher vnd sträfflicher weise in der Schrifft eingeführet. Erstlich sträfflicher weise / wie vor angezeiget / da die Menschen jhrer Boßheit vnnd Hoffarts halben angezogen werden vnd beschrieben. Aber vmb deß trefflichen Horns vnd Freyheit willen wirds bester meinung verstanden / wie es denn offt auch für die Glori vnd Herrligkeit genommen wird. Vnd heist Christus ein Einhorn / dieweil er seines Himlischen Vaters einige Krafft vnnd Gewalt hat. Vnigenitus Filius dans mundo vitam, filius vnicornium nominatur, quando punire vitia & potentiam generis humani intumescentem, efferatam illam ac rabidam euertere oportet, vt in Iobe discimus. Obseruandum est autem, quod ad vtrumq; similitudine vnicornis scriptura vtitur: quandoq; enim laudatur, interdum verò vituperatur, &c. Videtur autem eius animalis vis & natura ad vltionem prompta, PEIORIS similitudinem, apud scripturam sæpenumerò referre. Ob sublimitatem verò cornu quod in fronte gerit, & libertatem eius in bonam accipi partem, &c. & demum multis locis, pro gloria vsurpatum inuenimus, &c. Christus vero virtus est, ideoq; tanquam vnum habens Cornu, videlicet vnam Patris virtutem, vnicornis appellatur.

Das ist / Der Eingeborne Son / welcher der Welt das Leben gibt / wird ein Son deß Einhorns genennet / weil er deß Menschlichen Geschlechts Laster straffen / vnd die auffgeblasene wilde gewalt sol dempffen / wie wir an Job sehen. Man hats aber verstanden / das die Schrifft Gleichnusweis zweyerley diß Thier braucht: Denn bißweilen wird es gelobet / bißweilen gescholten. Dieweil aber dieses Thiers Natur zur Rach sehr geneiget / wird es meisten theils straffsweise angezogen. Aber wegen der höhe deß Horns / das es auff der Stirn hat / vnd wegen seiner Freyheit / befinden wir / das es auch guter meinung gebraucht / vnnd für die Herrligkeit genommen wird. Es wird aber CHRistus ein Einhorn genennet / wegen der Krafft deß Vaters / die Er hat als ein Horn / etc.

In der andern auslegung deß Psalms / verstehet ers auch von Christo / aber nach dieser zeit / wenn alle Feinde auffgehaben/vnd er vber alles herrschen werde/ etc. Post sublatas aduersarias potestates, declarabitur & conspicua erit demum, & illustris erit potentia ipsius, nemine aduersariorum amplius existente, qui illam obscuret: propterea dicit post illam comminutionē dilectus erit filius vnicornium. Est autem vnicornis animal principandi ingenio præditum, homini non subditum, nullis viribus domabile, perpetuò in solitudinibus agens, vno cornu securum. Quapropter & insuperabilis DOMINI NATVRA VNICORNI assimilata est: Cum propterea, quod omnibus dominatur, tum quod habet principatum (principium animalis) Patrem. Caput namq; Christi Deus est, &c. Das ist/ Wenn alle Widersacher ausgerottet sein/ alß denn wird seine Gewalt allererst recht herrlich vnd scheinbar werden/wenn kein Widersacher mehr da ist/der sie antaste. Darumb spricht er/Nach dem fall wird der Son deß Einhorns lieb sein. Es ist aber das Einhorn ein Thier/das gerne herrschet/dem Menschen nicht vnterthan/ vnnd mit keiner gewalt kan gezämet werden/ ist stets in der Wüsteney/verlest sich auff sein Horn. Derhalben die vnüberwindliche Natur deß HERRN einem Einhorn ist vergliechen/nicht allein darumb/das sie vber alles herrschet/sondern auch weil sie den Vater hat zum Herrscher vnd Regierer. Denn Gott ist Christi Heupt.

Psal. 92. Ein grosser Trost wird Psalm 92. fürgehalten / da die Christliche Kirche rhümet. Sihe/deine Feinde HERR werden vmbkommen/vnd alle Vbelthäter müssen zerstrewet werden. Aber mein Horn wird erhöhet wie eines Einhorns/etc. Die Gleubigen müssen offt vntertruckt werden / aber sie sollen doch endlich mit solcher macht vnd krafft erhöhet werden/ das sich jederman für jhnen wird fürchten müssen/ geschichts

nicht

nicht allwegen inn dieser zeit / so wirds doch gewiß in jener Welt geschehen. Brentius. Sicut cornu Monocerotis) hoc est, magno robore & potentia seruabuntur. Deus enim est qui tuetur vos, Deus est qui conseruat eos. Brentius.

Weiter nennet die Schrifft auch die Gottlose Menschen vnd die Verfolger der gleubigen / Einhörner: CHRJstus schreyet also zu seinem Vater Psal. 22. Errette meine Seele vom Schwerdte/Errette mich von den Einhörnern. Hieronymus. Vnicornis ipse populus Iudaicus intelligitur, quia vnum cornu habet, hoc est, Legem vnam, vnde ventilabat omnes gentes ante præuaricationem illorum. Das ist / Die Jüden sind die Einhörner / die sich auff jhr Gesetz als ein steiffes Horn verliessen. Lutheri meinung ist droben vber den Spruch Job 39. erzehlet worden. Verfolger der Gleubigen Einhörner genent. Psal. 22. Hieronym9

WAs den andern Stand der Regenten betreffen thut / finden wir auch etliche löbliche vnd etliche straffwirdige Einhörner. Num. 23. 24. Bileam gedenckts zweymal in der weissagung võ Israelitischen Volck. Seine / deß Volcks / Frewdigkeit / ist wie eines Einhorns. Neimlich / das dieses Volck keine Menschen förcht vnd schewe / nicht könne gezämet vnd bezwungen werden (wie vor von dieses Thiers art gesagt ist worden) so lang die Israeliten bey Gott vnd seinem Wort bestendig bleiben. Der ander Stand. Num 23.

Origenes homil. 16. verstehet dardurch Christum / welcher mit dem Himlischen Vater eins sey/vnd ein Königreich habe/das in ewigkeit bleibet. Brentius. Fortitudo eius similis est Rhinoceroti, hoc est, firmissima. Das ist / Seines Reichs stercke ist gleich dem Einhorn / das ist / steiff / bestendig/vnbeweglich. Origenes.

Deut. 33. In der Letztpredigt Mosis von den Stemmen Israelis/segnet er Joseph also: Seine Herrligkeit ist wie ein erstgeborner Ochs/vnd seine Hörner sind wie Einhörners Hörner/mit denselben wird er die Völcker stossen zuhauff/ biß an deß Landes ende.

Ambrosius. Ambrosius zwar deutets lib. de benedict. Patriarch. auff Christum/wie denn auch die Christgleubigen mit diesem Namen genennet mögen werden/ Aber nach dem Buchstaben werden die mechtige Könige vnd Fürsten verstanden/ so das Königreich Israel oder die zehen Geschlechter regieret/ vnd die widerwertige erlegt haben. Lutherus. Lutherus. Reges & principes & Duces ad bella fortißimi. Welches auch eine sonderliche gabe Gottes ist.

Esa. 34. Esaias 34. verkündiget/ wie GOtt der HERR im Lande Edom ein grosses würgen anfahen werde / da werden die Einhörner sampt jhnen herunder vnd geschlachtet müssen werden/denn es ist der Tag der Rach deß HERRN/ vnd das Jahr der vergeltung/zu rechen Sion/ etc.

Durch die Einhörner werden vornemlich vnd einhelliglich die Könige/Fürsten/vnd hohe Heupter verstanden. Wie aber/vnd wenn solch schlachten angehen werde / seind mancherley meinung. Brentius. Brentius deutets geistlich auff die Predigt deß Euangelij/dardurch die Gottlosen gestrafft/bekehret oder verbannet werden. Lutherus. Lutherus verstehets von der endlichen verstörung der Jüdischen Synagog, durch die Römer geschehen. Vnicornes vocat Pontifices qui tum erant, hi vna cum Idumæis peribunt. Das ist/ Die Hohepriester/welche grossen gewalt vbeten/ seind die Einhörner.

Osiander. Osiander legts aus / mit etlichen alten Lehrern / vom Jüngsten Tag vnd letzten Gericht/ da Christus alle Blutgirige Verfolger seiner Kirchen/sonderlich aber den Römischen

Antichrist

Antichrist mit seinen Einhörnern / Weltlichen Fürsten vnd Herren / so jhn schützen / richten vnd verdammen wird / Denn die Römische Rott vnd Bäpstlicher anhang in der heiligen Blut gantz ersoffen ist: König vnd Fürsten / die deß Antichrists grawsame Decret ins werck setzen / sein die Einhörner. Dominus supplicium sumet de sanguinarijs pontificibus & Antichristi membris. Hi omnes rectissimè comparantur Idumæis. Vt enim Esau, Pater Edomitarum, à RVBEDINE nomen habuit: Ita Antichristus eiusq; asseclæ rubent sanguine piorum, quem effuderunt. Meretrix enim Babylonica, id est, Romana colluuies ebria est sanguine sanctorum. VNICORNES sunt reges & principes, qui Antichristi crudelia decreta mandarunt executioni, &c.

DE VNICORNE: Hugo Card. in Psal. 77.

Cornu nare gerit Elephantis quo ferit aluum.

Prælatus debet cornu suæ potestatis gerere in nare, hoc est, discretione, quæ regere debent potestatem, & eo cornu impetere ventrem Elephantis, hoc est, gulositatem diuitum. NVNC AVTEM NON SVNT PRAELATI VNICORNES SED BICORNES, QVIA DIABOLVS AEDIFICAVIT EIS SECVNDVM CORNV hoc est, POTESTATEM IN TEMPORALIBVS ET TERRENIS, QVOD IMPEDIS OFFICIVM CORNV ALTERIVS.

Das ist / Die Bischoff vnd Prælaten sein nicht mehr Einhörner / sondern Zweyhörner / denn der Teuffel hat jhnen das ander Horn gemacht / nemlich / die gewalt in zeitlichen vnd irrdischen dingen / welche deß andern Horns Ampt verhindert / etc.

Das Vierde Capitel/ vom Bären.

Der erste Stand.

Diesem Thier / welches zimlich starck / grawsam vnnd girig ist / vergleichet sich der Allmechtige zornige Gott / wenn er straffen wil. Hoseæ 13. Weil die Jsraeliten geweidet sind/ vnd sich jhr Hertz erhebet / vnd mein vergessen / so wil ich jhnen begegnen wie ein Bäre / dem seine jungen genommen sind / vnd wil jhr verstocktes Hertz zerreissen/ das sie die wilden Thier fressen.

Gott vergleicht sich im Zorn eim Bären. Ose. 13.

Hieronym9

Hieronymus. Aiunt qui de bestiarum scripsere naturis, nihil esse inter omnes feras, vrsa, sæuius, cum perdiderit catulos vel indiguerit cibis. Das ist/ Die Naturkündiger schreiben/ kein Thier sey so grawsam als ein hungeriger Bär/ oder dem seine jungen genommen seind. Eben so grewlich wil GOtt gegen die sichere Abgöttische Jsraeliten sein/ vnd alle/ welche Gottes Worts nicht achten/ vnd in einem sichern Wolleben dahin gehen.

Lutherus.

Lutherus. In vrso celebratur studium & amor in fœtum suum. Das ist/ Die Liebe vnd fleis deß Bären gegen den jungen wird gerhümet/ darumb so wil Gott als ein Bär/ dem seine jungen genommen sind / die Jsraeliten vberfallen/ vnd jhr Hertz zerreissen. Warumb aber das Hertz? Darumb/ das sie bißhero ein verstocktes Hertz gegen alle trewe Warnungspredigten gehabt haben / das wil er jhnen zerreissen / vnd auffschliessen mit dem Creutz vnd Kriege / das sie mercken vnd verstehen / sie werden vmb jhrer Abgötterey vnd vnbußfertigkeit willen von Gott gestrafft.

Also spricht Jeremias im dritten Capitel seiner Klaglieder in der person deß gefangenen Jüdischen Volcks. Er / der HERR / hat auff mich gelauret wie ein Bär / wie ein Löw im verborgen: Solches ist aber geschehen / nach dem Buchstaben / von NebucadNezar vnd den Chaldeern / in denen hat Gott auff sein vnbusfertig Volck gelauret. Die Glossa machet den NebucadNezar vnd Titum Vespasi. F. namhafft. Quid terribilius quam auctorem nostræ salutis, Vrsum & Leonem fieri nobis? Vrsus feta fraudulenta & brachijs & lumbis fortissima In Nabuchodonosor autem & Tito Vespasiano DOMINVS, Vrsus & Leo vocatur, in quibus potestas Dei inimicos vlciscitur. Das ist / Was ist schrecklicher / der vnsers Heyls vnd Glücks anfenger ist sol wie ein Bär oder Löw gegen vns werden? Der ist ein sehr listiges Thier / in Armen vnd Lenden sehr starck. Es wird aber Gott der HERR in dem Nabuchodonosor vnd Tito Vespasiano ein Bär vnd Löw genent / dieweil Gottes macht vnd gewalt durch sie an seinen Feinden sich rechet.

Thren 3. Gott einem Bären gegen die vnbusfertige verglichen.

Hieronymus deutet dieses auch auff den Teuffel / den Antichrist / vnd seine Glieder / welche die Gleubigen vom Weg der Warheit / entweder mit List vnd schmeichelworten / oder aber mit dröwungen vnd verfolgungen abwenden vnd abschrecken. Per duas bestias ferocissimas, nimis dolosam & crudelem persecutionem antiqui hostis exprimit: qui per ministros suos, alium blandimentis, alium minis, alium verò supplicijs à semita rectæ fidei subuertit, & á spe cœlestis auxilij quasi desolatos atterere cupit. Das ist /

Hieronymus

 Durch

Durch diese zwey grawsame vnd wilde Thier zeigt er an die listige vnd grawsame verfolgung deß alten Feindes / welcher durch seine Diener einen mit glatten worten/ den andern mit dröwungen/ den dritten mit Marter vnnd Pein vom rechten Glauben abführet/vnd so sie Göttlicher hülff gleich sam trostlos sein/ vmbzubringen sich höchlich bemühet.

Die Bäpstische Verfolger sein den Bären gleich.

Die Antichristische Verfolger aber werden nicht vngereimpt den Bären verglichen / denn ob schon ein Bär starck ist an den Tappen vnd Lenden / so hat er doch einen blöden schwachen Kopff: Also ist der Verfolger vnd falschen Lehrer Heupt / der Teuffel / schwach / vnnd von Christo zurknirst: Amos Cap. 5. gibt auch bey dem Bären eine erinnerũg: Wehe denen / die deß HERRN Tag begeren / was sol er euch? Denn deß HERRN Tag ist ein Finsternis vnd nicht ein Licht. Gleich als wenn jemand für dem Löwen flöhe / vnd ein Bär begegnet jhm / der seiner so wenig als der Löw schonen wird.

Amos 5.

Hieronym9

Nach Hieronymi auslegung / gehet es die Gottlose Jüden an/ welche die Prophetische Straffpredigten von der Babylonischen gefengnis nichts nachfragten / vnd verlachten / Ey/ es wird nicht so gar böß werden/ wir wollen sehen/ wie wir entrinnen / oder möcht vielleicht nicht lang wären: Aber der Prophet spricht/wenn sie schon aus deß Löwen/deß NebucadNezars Hand entrinnen/ werden sie doch nacher den Meden / Persen vnd Griechen in die Feuste kommen/ die jhrer nicht schonen sollen / ꝛc. Doch deutet er / wie auch andere/auff den Todt/oder Jüngsten Tag/ welche manche aus Vngedult in Widerwertigkeit vnd Creutz erwündschen/ die sollens zehenfeltig erger finden / ꝛc. Darumb in Trübsalen eine ware Buß vorher gehen sol/ das man die künfftige

vnd

vnd gegenwertige Gefahren mit Gedult könne vberwinden/ vnd in jenem Leben eine erleuchterung finden.

Sapien. am 11. wird gedacht/das Gott auch die Egyptier mit grawsamen Bären gestrafft habe / vnd die Gottlosen noch darmit straffe / vnnd mangle seiner Allmechtigen HAND nicht/ allerley grewliche Thier von newen zu schaffen.

Sap 11. Gott strafft die Gottlosen mit Bären.

Ein denckwirdig vnnd mercklich Exempel lesen wir 2. Reg. 2. Nach der Himmelfart Eliæ ruhet der Geist deß HERRN auff seinem Diener Elisæo/ vnd da er sich deß Ampts vnterfangen wolt/vnd der Propheten Schuel zu Bethel besuchen/vnd den weg hinan gieng / kamen kleine Knaben zur Stadt heraus / spotteten jhn / vnd sprachen zu jhm/ Kalkopff kom herauff / Kalkopff kom herauff. Vnd er wand sich vmb / vnd da er sie sahe/ fluchet er jhnen im Namen deß HERRN/ Da kamen zweene Bären aus dem Wald/ vnd zurissen der Kinder 42.

2. Reg. 2. Spotten böse Kinder des Propheten Elisæi/ vnd werden von zween Bären zurissen.

Was Elisæum anlangt / hat er keine fleischliche Rach bey jhm gehabt / vnd aus einem solchen Zorn Gottes straff gewündschet / wie es bey allen Menschen schier pflegt zu geschehen / sondern aus einem Göttlichen Eyffer hat er jhnen Gottes Plage gewündschet. Wie denn GOTT bald diesen Fluch bekrefftiget / lest die zween Bären die mutwillige 42. Buben erwürgen vnd zureissen.

Mit diesem Exempel wil Gott die junge Kinder/ Knaben vnd Meidlin erinnern/das sie der alten Leut/ob sie schon gebrechlich sind / nicht spotten / sonderlich aber die Propheten/Lehrer vnd Kirchendiener nicht verachten (wie doch beydes gemein vnd vblich ist) vnd aber GOtt dieses an Haab vnd Leib/oder Seelen straffen wil.

Erinnerung an junge Leut.

Brentius.

Brentius. Brentius. Voluit Dominus per Elisæum semel ostendere, quanta ira in hos pueros animaduertere velit, qui derident maiores et seniores. Sic enim pueris præcipitur in lege coram cano capite assurge: diceres. Das ist/ Es hat Gott durch den Elisæum wollen anzeigen/ wie hart er die jenigen straffen wolle/ welche die Alten verlachen. Denn das ist den Kindern im Gesetz geboten/ für eim grawen Heupt stehe auff. Ja möcht einer sagen: Ey sie sein noch jung/ es ist eitel Kinderwerck. Lieber das war auch Kinderwerck/ vnd Gott aber ließ es darumb nicht vngestrafft. Curent igitur parentes, vt pueri sui discant seniores venerari. Sic enim & ipsi venerandi habebuntur, si ad senectam peruenerint. Das ist/ Derhalben sollen Eltern darauff bedacht sein/ das jhre Kinder lernen die Alten in ehren zu halten: Wo sie das thun/ so werden sie wider in ehren gehalten werden/ wenn sie alt worden sein. Es gehöret aber diese Lehre in den dritten Stand der Ehe vnd Haushaltung.

Augustini Geistliche deutung. Augustinus gibt nicht allein diese lehrhaffte erinnerung/ sondern spricht/ Es sey auch ein andeutung vnd vorbild gewesen deß Jüdischen Volcks/ welches Christum in loco caluariæ an der Schedelstedt verlacht vnd verspottet habe/ vnnd deßwegen die Jüden von den Teuffeln/ oder von zweyen Bären/ den zweyen Römischen Keysern/ Vespasiano vnd seinem Son Tito erwürget vnd zerrissen worden seyen. Contra Faust. Manich, lib. 12. cap. 35. Helisæo pueros insultantes & clamantes, Calue, Calue, Bestiæ comedunt: puerili stultitia deridentes Christum in loco Caluariæ crucifixum inuasi à dæmonibus pereunt. Idem lib. 2. cap. 23. de Mirab. sacræ scripturæ. In hoc loco non propter proprium conuitium propheta in iracundiam commotus pueris maledixit, sed auersatorum à Domino & lege

lege patrum filios, qui in Bethel Idolis immolabant, cum fortaſſe & ipſi parui pueri, vt moris tunc erat, Idolis ſunt conſecrati, iuſta vindicta plexit, &c. Præterea etiam Propheta præuidens quid longa poſt tempora illudens Chriſto in Caluaria crucifixo, Iudæorum petulans populus eſſet paſſurus, quod eis figurali ratione competebat, interim eſt operatus. Das iſt / Der Prophet ſchilt die Kinder im zorn nicht darumb / daß ſie jhn mit Schmehworten angriffen / ſondern als der vom HERRN vnd jhrer Våter Geſetz abtrůnnigen jhre Kinder / die zu Bethel den Gőtzen opfferten / weil ſie vielleicht in jhrer Kindheit / wie damals breuchlich / geheiliget waren / ſtrafft er mit billichem vnd gerechten Vrtheil vnd Gericht / ꝛc. Vber das hat der Prophet angezeigt / was er im Geiſt zuuor geſehen / was nach langer zeit begegnen wůrde dem Jůdiſchen Volck / deſſen Mutwil in dieſem Bild abgemahlet / da ſie deß gecreutzigten Chriſti an der Scheddelſtådt ſpotten. Daruon hat er auch geſagt Tom. 10. ſerm. 204.

Salomon beſchreibt auch mit dieſem Thier einen Narren / das iſt / einen Gottloſen vermeſſenen Menſchen / Prou. 17. Es iſt beſſer einem Båren begegnen / dem die jungen beraubt ſind / denn einem Narren in ſeiner Narrheit: Sintemal ſolche Gottloſe / freche / vnbeſunnene Leut weder ziel noch maß zu halten wiſſen: Wie am Verfolger Saul zu ſehen iſt / der vmb Dauids willen 85. Prieſter / ja alle Bůrger / Weib vnd Mann / Jung vnd Alt / in der Stadt Nobe vnſchůldiger weis erwůrgen lies. Darumb ſolche vnſinnige grawſame Båren zu fliehen ſind.

Ein Narr durch dis Thier beſchrieben. Prou. 17.

Die alten Lehrer verſtehens auch von den Ketzern / ſo auff jhrem gefaſten Jrrthumb beharren / die viel weniger zu bekehren ſind / denn die noch in der Heydenſchafft ſind / Jſt

Der alten Lehrer Geiſtliche auslegung.

Hieronymus. auch sicherer bey diesen denn jenen zu wonen. Hieronymus. Facilius erat Doctoribus, furori gentilitatis occurrere, raptis à se populis aliquibus, atq; à bestiali eius sæuitia ad fidei pietatem prædicando conuersis, quam hæretico cuilibet confidenti in sui perfidia dogmatis: quia nimirum illud certamen contra exteros, hoc contra sua viscera agebant.

Das ist / Es ist den Lehrern leichter/dem Heydnischen Grewel zu begegnen / wenn etliche Völcker dauon abgeführet/vnd von der wilden Abgötterey zum waren Glauben vnd Gottesfurcht durch das Predigampt bekehret werden/als einem halsstarrigen Ketzer/ denn jener streit ist wider frembde/ dieser aber wider jhre abgefallene Gliedmassen.

Er deutets auch auff den Teuffel / welchem seine jungen/durch Gottes Wort vnd heilige Tauff genommen/ vnd zu Gottes Kinder gemacht werden/welches man viel leichter thun könne/ als einen Ketzer zum rechten Glauben bringen. Potest vrsæ nomine ipsius hostis antiqui malicia intelligi, cuius fætus rapimus, cum eos qui erant filij diaboli, Catechisando & Baptisando filiorum DEI societati adiungimus: Et hoc plerumq; multò leuiore labore perficitur quam sit hæreticum ad fidem rectam reuocare, vel catholicum praua agentem ad bonæ operationis statum reducere.

Derhalben weissaget auch Esaias am 11. das die wilde grawsame Thier/ vnter denen auch die Bären sind/ mit den Kühen an der Weide gehen werden / welches durch die erkentnis Christi verursacht wird. Diese Bären / das ist / die grawsame zornige Menschen werden jhre grawsamkeit hinlegen/ vnd mit dem nechsten Menschen fried vnd einigkeit halten/ wie zum offtermal dauon droben gesagt ist worden.

Ermelder

Ermelder Prophet sagt in der Jüden Person Cap. 59. die vmb jhrer Sünden willen hefftig sollen geplagt werden/ das sie wie die Bären brummen/ das ist/ aus vngedult in jhrem Creutz wider die trübsalen wider den nebenmenschen vnd GOtt selbs murren vnd gruntzen werden/ weil sie kein Trost noch hülff aus dem Euangelio / welches sie verachten vnnd verfolgen / geschöpfft haben. Wie es allen Vngleubigen gehet / die Gottes Wort nicht fleissig hören/ gleuben/ vnd behalten. Esa. 59. Die Jüden eim Bären vergliechen.

ZVm andern / im Weltlichen Stand finden wir auch / wie die Regimenten vnd Regenten mit diesem Thier fürgebildet werden. Daniel 7. Das ander Thier (Keyserthumb oder Monarchia) war gleich einem Bären/vnd hatte in seinem Maul/vnter seinen Zeenen/ drey grosse lange Zeene/ vnd man sprach zu jhm / stehe auff / vnd friß viel Fleisch/ rc. Darmit wird das Persisch Keyserthumb vorgebildet / welches viel Blut vergossen/ vnd viel Völcker vnter sich gebracht hat. Der ander Stand. Dan. 7.

Hieronymus. Secunda Bestia, &c. Ob duriciam & ferocitatem vrso comparatur: Rigidum enim & parcioris victus, in morem Lacedæmoniorum, regnum Persarum fuit: Ita vt in pulmento sale vteretur & cardamo. Das ist/ Dieweil die Perser grawsam waren / Frost vnd Hunger leiden kunden/vnd geringe Speiß hatten/ werden sie einem Bären vergliechen. Wie auch Osiander schreibt Hieronymus Osiander

Vrsus est minus generosum animal quam Leo: rapax tamen sæua atque truculenta bestia, fortis & laborum atque famis tolerans. Per hanc bestiam Medi et præcipuè Persæ ad rumbrabantur: populi feroces, rapaces, sæui, fortes, laborum atque famis tolerantes.

Das

Das ist / Der Bär ist nicht so ein grosmütig Thier als der Löw / doch ist es ein reissend / wütend vnnd grawsam Thier / starck / kan wol etwas austhawren / vnd Hunger leiden. Durch diß Thier werden die Meder vnd sonderlich die Perser vorgebildet: Denn sie sind wilde / räuberische grawsame starcke Völcker / arbeitsam / vnd die wol hunger leiden können.

Apoc. 13. In Apocal. 13. hat das grawsame Thier (das Römische Reich) Füß wie Bären Füsse / so die stercke vnd krafft desselben Reichs anzeigrn.

In gemein beschreibt Salomon einen Gottlosen Regenten / der vber ein arm Volck regiert / das er sey wie ein giriger Bäre / der nach der Vnterthanen Haab vnd Gut dürstet / vnnd nicht ersettiget werden kan. Aber dauon besihe diesen Spruch weiter bey dem Löwen.

David eim Bären verglichen. 2. Sam. 17. 1. Sam. 17. David sagt / das er einen Bären erschlagen habe.

Dagegen wird löblicher weis von David vnd seinen Kriegleuten gerhümet 2. Sam. 17. Das sie starck sind / vnd zorniges Gemüts wie ein Bäre / dem die jungen auff einem Feld geraubt sind. Vnd 1. Sam. 17. erzehlet David dem König Saul / das er einen Bären / der vnter seine Härde kommen / erschlagen habe. Welche That von Syrach 47. widerholet wird. Diese stercke deß heiligen Davids ist eine sonderliche Gabe Gottes bey den Regenten / wie droben offt ermelt / vnd auch bey den Geistlichen Kriegsleuten wider den Teuffel / Todt vnd Welt erfordert wird / wie die Patres allegiren.

Der dritte Stand. 2. Reg. 2.

IN den dritten Stand kan auch das oben erzehlte Exempel von den zweyen Bären vnd 42. Kinder referirt werden / daß die Kinder die alte Leuth in Ehren halten sollen. Besihe droben weiter.

Hierzu

Hierzu dienet auch Ambrosij Sproch lib. 6. Hexam. cap. 4. Das die Bären jhre jungen/welche gantz vngestalt/ vnd keinem Thier ehnlich scheinen / wenn sie geworffen werden/mit der Zungen lecken/ vnd jhnen gleichförmig machen/ welches viel mehr die Eltern gegen jhre Kinder thun / vnd sie recht vnd wol aufferziehen sollen: Wie auch die Bären mit etlichen Kreutern jhre Wunden heilen / vnd mit Omeissen/ die sie essen/die kranckheiten vertreiben/ Also solten viel mehr die Menschen/ die ding/ so jhnen nützlich vnd zuträglich/ erwehlen vnd gebrauchen. Vrsa licet plena fraudis fera, tamen fertur informes vtero partus edere, sed natos lingua fingere, atq; in speciem sui similitudinemq; formare. Non miraris in fera tam pij oris officia, cuius naturam pietas exprimit? Vrsa igitur partus suos ad sui effingit similitudinem, tu FILIOS tuos instituere similes tui non potes? Quid quod etiam medendi industriam non prætermisit? Siquidem graui affecta cæde, & consauciata vulneribus mederi sibi nouit, herbæ cui nomen est Phlomos, vt Græci appellant, vlcera subijciens sua, vt solo curentur attactu. Paulo post. Vrsus æger formicas deuorat. Ergo feræ norunt expetere ea, quæ sibi prosunt: tu ignoras, ô homo, remedia tua: tu nescis quomodo virtutem eripias aduersario, &c. Ambrosius.

Das Fünffte Capitel / von dem Wolff.

Löbliche Wölffe.

NUr inn zweyen Orten H. Schrifft wird der Wolff löblicher weise angezogen/ vnd fürgestelt. Als Esa. 11. Die Wölff werden bey den Lemmern wonen. Wiewol eine natürliche feindschafft zwischen diesen Thieren ist/ sol doch dieselbige durch die selige erkentnis Christi im Newen Testament auffgehaben werden. Die Wölff seind aber die vnbarmhertzige Räuber/ vnd neidische Verfolger/ wie die folgende Sprüch ausweisen.

Esa. 11.

Hieronymus

Hieronymus allegirt in specie Paulum, der als ein grausam Wolff zahm worden ist / vnnd bey dem Anania oder Apostel Petro als Lemmern gewohnet vnd geweidet hat.

Esa. 65.

Der ander gleichförmige Spruch stehet Esaiæ am 65. Capitel/ Wolff vnd Lamb sollen zu gleich weiden. In der Christlichen Kirchen sol ein bestendiger Fried vnd Einigkeit zwischen den warhafftigen Gleubigen angerichtet werden. Daruon auch droben offt gesagt ist. Sonsten in andern orten der Schrifft wird der Wolff fast sträfflich eingeführet/ als im ersten Stand folgende Sprüch erklären.

Streffliche Wölffe. im ersten Stand.

Joh. 10.

Johan. am 10. Christus handlet von seinem getrewen Hirtenampt/ das er ein guter Hirt sey/ lasse sein leben für die Schaffe/ aber ein Miedling fliehe / vnnd verlas die Schafe/ wenn se / wenn er den Wolff sihet kommen / als denn so erhascht der Wolff die Schaff/vnd zerstrewet sie. Durch den Wolff wird eigentlich deß leidigen Teuffels art vnd eigenschafft fürgebildet/ welcher das gantze Menschliche Geschlecht als mit der Sünde zerstrewet / in deß ewigen Todts vnd Hellen gewalt gebracht hat/vnd diß noch teglich treibet.

Brentius. Diabolus qui est & Leo rugiens & Lupus rapiens, grassatus est iam inde ab initio mundi in ouile Dei: Et quia suscepit tyrannidem, propter peccatum, aduersus homines, cogitauit morte & inferno perdere totum humanum genus. Filius autem Dei fecit quod est boni pastoris officium. Das ist/ Der Teuffel / welcher ist ein brüllender Löw vnd reissender Wolff / hat nun von anfang der Welt in dem Schaffstall Gottes gewütet/ vnd weil er tyrannisch worden wegen der Sünd/wider die Menschen/ hat er gedacht mit dem Todt vnnd der Hellen das gantze Menschliche Geschlecht zu verderben. Der Son GOttes aber hat gethan/ was eines trewen Hirten ampt erfordert. Brentius.

Augustinus serm. 49. de verbis Domini secundum Iohannem, verstehet auch durch den Wolff / den Teuffel vnd seine Rottgesellen/die falschen Lehrer/welche die Schäflein in Sünd vnd Jrrthumb bringen / Da denn die Miedling den Sünder nicht straffen/sondern aus forcht der gefahr oder hoffnung deß nutzens vnd gewins stillschweigen. Augustinus

Lupus Diabolus est, insidiatur vt decipiat, & qui illum sequuntur (Matth. 7. intus sunt lupi rapaces) Si viderit Mercenarius aliquem peccare, aut sentire secundum perniciem animæ suæ, aut aliquid facere scceleratum & obscænum: Et tamen quia videtur haberi alicuius momenti in Ecclesia, vnde sibi sperat commoda, Mercenarius est, Et cum videt hominem perire peccatovidet illum sequi lupum, videt illius guttur trahi morsu ad supplicium: non illi dicit peccas, non illum obiurgat, ne perdat commoda sua. Hoc est ergò, cum viderit lupum, fugit, non illi dicit sceleratè facis. Non corporis sed animæ hæc fuga est. Quem videt corpore stare, fugit animo, cum videt peccatorem, & non dicit illi peccas, cum etiam consilium cum illo habet. Das ist/ Der Teufel mit all seinem anhang ist ein Wolff/ der stellet heimlich nach/ das er vns betriegen möge. Wenn ein Miedling jemand sihet sündigen/ oder in Irrthumb stecken/ oder sonst was böses oder vnziemlichs thun/ so ist vnd bleibt er doch ein Miedling/ schweiget still/ weil er sich bedüncken lest/ das man jhn in der Kirchen hoch halte/ dannenher er auch grossen nutz hoffet. Vnd wenn er einen Menschen sihet in Sünden stecken vnd verderben/ sihet das jhm der Wolff nacheilet/ sihet das es jetzt gleich dahin gezogen wird/ das er sol zurissen werden/ vnnd straff leiden/ so sagt er nicht zu jhm/ du sündigst/ er strafft jhn nicht/ damit jhm nicht etwas entgehe. Das ists/ wenn er den Wolff sihet/ fleucht er/ das er nicht anzeigt die Sünden: Vnnd das ist kein flucht deß Leibes/ sondern deß Gemüts/ ꝛc.

Augustinus erkleret Tract. 46. in Iohannem mit einem Exempel/ Das der Teuffel als ein Wolff etwan einen Gleubigen in den Ehebruch gebracht habe/ da schweigt denn ein Miedling still darzu/ strafft jhn nicht/ ꝛc. Ecce Lupus oui guttur appræhendit: Diabolus fideli adulterium persuasit, tu taces, non increpas, ô mercenarie, lupum venientem vidisti & fugisti. Respondet fortè & dicit, Ecce hîc sum, non fugi: fugisti quia tacuisti, tacuisti quia timuisti. Fuga animi timor est, corpore stetisti, spiritu fugisti. O du Miedling/ du hast den Wolff sehen kommen/

vnd bist geflohen: Antwort er/ Hie bin ich/ich bin nicht geflohen: Du bist geflohen/ weil du hast still geschwiegen/ du hast aber geschwiegen/ weil du dich forchtest/ Mit dem Leib bistu stehen blieben/ aber mit dem Geist geflohen.

Wiewol Theophylactus aus dem Chrysostomo den Theudam vnd Iudam Galileum &c. für den Wolff erstlich helt/ jedoch deutet er jhn nacher auch auff den Teuffel/ der die Gleubigen zustrewet/ wenn er jhnen böse Gedancken eingibt/ sie aber gar frist vnd verschlingt/ so er sie in die eusserliche schand wirfft. Potes & hic intelligere per Lupum, spiritualem inimicum, quem & Leonem nominat scriptura, &c. qui rapere quidem oues dicitur, quando per mala opera quasdam deuorat: Dispergere autem, quando per malas cogitationes confundit animam, qui & fur meritò dicitur, furans per malas cogitationes, mactans per consensum, perdens per opus. Confertur enim malitiæ cogitatio, furto: consensus in malam concupiscentiam diabolicæ mactationi, opus autem malum perditioni, &c. Theophylactus.

Es verrichtet aber der grimmige Wolff/ der Teuffel/ solches sein erhaschen/ zerstrewen/ fressen/ durch/ mit vnd in seinen jungen Wolffen/ vnter denen die schädlichsten seind die Ketzer vnd falsche Propheten/ von denen folgende Sprüch zu behalten seind/ Matth. 7. Sehet euch für/ für den falschen Propheten/ die in Schaffskleidern zu euch kommen/ inwendig aber sind sie reissende Wölffe/ an jhren Früchten solt jhr sie erkennen. Junge Wölff des Teuffels. 1. Falsche Propheten vnd Ketzer die sein die aller schedlichsten Matth. 7.

Chrysostmomus homil. 19. secund. comment in Matth. Vt scias quia non de Christianis peccatoribus sed de hæreticis Doctoribus loquatur: non tantum qui veniunt ad vos in vestimentis ouium, sed addidit, ab intus autem sunt LVPI RAPACES. Christiani enim Docto- Chrysostomus.

res, etsi fuerint peccatores, serui quidem carnis dicuntur, quia vincuntur â carne, tamen propositum non habent, PFRDERE Christianos, & ideo non dicuntur Lupi rapaces. Vides ergò quia manifestè de hæreticis doctoribus dicat, qui eo proposito schemata Christianorum susceperunt prouidente diabolo, vt Christianos iniquo seductionis morsu dilanient. Audi ergò, qui doctus ab hæreticis putas te eruditum, &c. Si eruditus es ab hæreticis raptus es, non eruditus. Nam luporum deuorare est non saluare. Deinde vide nunquid ouis lupum persequitur aliquando? Non, sed Lupus ouem. Si quis Lupum cooperiat pelle ouina, quomodo cognoscet illum, nisi aut per vocem aut per actum? Ouis inclinata deorsum balat, Lupus in aêra conuertit caput contra cœlum & sic vlulat, Qui ergò secundum Deum vocem humilitatis & confessionis emittit ouis est Qui verò aduersus veritatem turpiter blasphemijs vlulat contra Deum Lupus est. Ouis herbam manducat, lupus carnibus delectatur. Quem videris ergò de pratis scripturarum herbas floridas iusticiæ colligentem Ouis est: Quem videris autem in sanguine persecutionis gaudentem Lupus est.

Das ist/ Durch die Wölffe werden nicht verstanden die sündhaffte Christen (welches Chrysostomus in der ersten auslegung Matthei lehret/ Hîc non mihi significare videtur hæreticos, sed eos, qui cum sint vitæ prauitate corrupti, speciem tamen virtutis induti sunt, qui vulgo impostores vocari solent.) sondern die Ketzer vnnd falsche Lehrer/ Denn die Wölff/ die Ketzer/ begeren andere zuuerreissen/ vnd fressen/ welches die Sünder sonst nicht thun.

Darn ach

Darnach so verfolget kein Schaff den Wolff / sondern der Wolff die Schaff.

Item / Leichtlich ist / daß Schaff zu vnterscheiden von einem Wolff/an dem Geschrey vnd dem werck. Ein Schäfflein sihet vnter sich/vnd blöcket / die armen Sünder demütigen sich/vnd erkennen jhre Sünde: Aber die Wölff/die Ketzer/heulen mit grewlichen Lesterungen wider GOTT. Ein Schäfflein isset Gras/ ein Christ weidet sich auff der Awen Göttliches Worts/ mit den löblichen Blümlein vnd Trostsprüchen: Aber ein Wolff frist Fleisch/ein Ketzer hat sein lust an der Marter vnd vnschüldigem Blut der Menschen / rc. Wie man diesen Blutgirigen Geist an den Jesuiten vnd andern Ketzern mehr sihet. Vnterscheid des Schaffs vom Wolff.

Theophylactus verstehet auch die falschen Lehrer/welche sich in worten demütig vnd sanfftmütig erzeigen/ sich heilig stellen / mit jhren süssen worten vnd prechtigen reden / die das Schaffskleid sein / die vnschüldigen Hertzen verführen. Sunt vafri & impostores hæretici, qui blandi loquentiam prætexunt, & vitam simulant sanctam, sed intrinsecus latet aculeus. Indumentum ouis est etiam mansuetudo, quam vsurpant dum adulantur & decipiunt. Theophylactus.

Hieronymus sagt/ Das mans zwar auff alle verstehen könne / welche sich anders in worten vnd geberden erzeigen/ vnd anders mit dem Werck beweisen: Aber doch sey es specialiter von den Ketzern zuuerstehen. Qui videntur continentia, Castitate, Ieiunio, quasi quadam pietatis se veste circumdare: intrinsecus verò habentes animum venenatum, simpliciorum fratrum corda decipiunt. Ex fructibus ergò animæ, quibus innocentiam ad ruinam trahunt LVPIS rapacibus comparantur. Hieronym9

Das ist/Ob sie schon inwendig reissende Wolffe seind/ so können sie doch jhre Wolffsart mit Messigkeit/ Keuschheit vnd Fasten verbergen/ vnd betriegen dardurch die einseltige Christen/ vnd darumb werden sie jhrer Früchte halben den reissenden Wölffen vergliechen. Iuuencus spricht von diesen Wölffen:

Obseruate illos falso qui nomine vobis
Insidias faciunt, appellanturq; Prophetæ
Hos ouium species vestit, sed sæua Luporum
Pectora fraude tegunt, lacerantq; incauta trahentes
Agmina credentum, sæuus quos decipit error.

Lutherus. Lutherus specificirt von allen Wercklehrern vnd Mönchen/die von anfang der Welt gewesen/ vnd noch biß an der Welt ende sein werden. Also lerne nu solche Geister (die vom Glauben auff die scheinbare Werck führen) kennen/ wie sie vnter den Schaffskleidern inwendig zureissen/vnd den glauben wegnemen/ führen dich von Christo auff dich selbs/ vnd heissen das Früchte deß Euangelij/ die sie selbs ertrewmen/ damit sie die rechten Früchte vertilgen. Das sind sie/ die reissende Wölffe mit Schaffskleidern/ die allezeit die Christenheit verderben. Bißher haben sie Münche geheissen/nu sinds Widerteuffer/ als newe Münche/ vor zeiten warens Cainiter, Ismaeliter, Esauiter, Pelagianer, denn dieser falsche Glaub hat geweret von anfang der Welt/ vnd ob gleich jetzt diese Widerteuffer weg kommen/so werden doch andere kommen. Summa/die Müncherey mus bleiben/so lang die Welt stehet/obwol mit andern newen Namen vnd Wercken/denn alle/ die damit vmbgehen/ das sie was sonderlichs anfahen/ vber den Glauben vnd gemeine Stende/ das sind vnd bleiben Münche/ ob sie wol nicht einerley weise/ Kleidung oder geberd führen. Zwar für diesen kan man sich nu wol hüten/ die mit Kappen vnd Platten daher gehen / denn sie sind nu wol gnug abgemahlet / das sie jederman kennet / Aber hüte dich für den newen München / die nicht Kappen tragen/aber doch ander sonderlich wesen auffwerffen / grosse andacht vnd heiligkeit fürgeben/mit sawer sehen/grawen Röcken vnd hartem leben/sagen/man müsse nicht Sammet vnd Seiden/rote oder bundte Kleider tragen / gleich wie jene Münche auch gelehret haben: Also / das doch jmmer einerley Müncherey ist/ohn mit andern Larven: Darumb habens die Maler eben recht troffen wenn sie den Teuffel mahlen in einer Münchskappen/ vnd seine Teuffels klawen vnten herfür gehen/ denn er von anfang der Welt nichts anders thut / denn die Welt in Müncherey verführet:

M. Fischer. Der Wölff eigenschafft den falschen Lehrern anhengig.

Ich wil etliche Wolffsart allhie aus M. Christoph Fischers trewhertzigen Warnung/aus diesem Euangelio gestellet/vorzeichnen. Gleich wie der Wolff ein Blutgiriges/beissig/reuberisch/fresig Thier ist/das nicht zu settigen ist/daher man denn spricht / Du hast einen rechten Wolffsmagen/
Wenn er in einen Pferrich oder Schaffstall kommen / vnd 1.
wird jhm nicht gestewret vnd gewehret so beisset er zuuor alle Schaff todt / ehe er eines aufffrisset: Also thun die Seelmörder / die rechten Bärwölffe / die Ketzer auch / die dürstet pemlich nach der Christen Blut / vnd thun in dem Schaffstall der Christlichen Kirchen mördlich grossen vnüberwindlichen schaden/ würgen/schlachten/zureissen/zerfleischen vnd zerknirschen viel armer Seelen/wie Christus hie sagt.

Weissagung von Caluinisten/ die nie betrogen.

Zum Exempel aber setzt Herr Fischer die Papisten / die Widerteuffer/ sonderlich zu Münster/ vnd die Zwinglianer/ von denen er also schreibt. Ihr werdets erfahren/ wenn die newe Zwinglianer lufft vnd raum kriegen/ das sie es gut zu verbieten haben/ so werden sie gewißlich auch ein Blutbad stifften / wie sie jhr Blutgirig Mütlein an den armen Bildern beweisen / das sie in sie stechen/ hawen vnd verbrennen/ damit sie zu erkennen geben / das sie eben so gern die rechten lebendigen Heiligen / die armen Christen / so nicht nach jhrer Geigen tantzen wollen/ auff die Fleischbanck opffern wolten.

2. Zum andern / Wie auch die Wölffe gemeinlich im finstern vnd tunckeln / wenn es gewölckicht vnd Nebelicht ist/ den grösten schaden thun / vnd im gegentheil das Liecht fliehen: Also sind auch die Bärwölffe/ die falschen Propheten/ gesinnet / die fliehen vnd meiden das helle schöne Gnadenlicht/ die Sonne der Gerechtigkeit/ vnsern lieben HERRN Jesum Christum / vnd sein heilwertigs Liecht deß Euangelij / ꝛc. Sie halten hinderm Berge / geben sich nicht bloß/ vnd meiden feindlich die örter / da Gottes Wort rein/ lauter vnd klar gelehret vnd geprediget wird / sondern sie wehlen gemeinlich diese ort / da grosse finsternis in der Lehre ist / da die armen Leut nicht gründlich / in der warheit vnd klarheit deß Göttlichen Worts berichtet seind/da thun sie mercklich grossen schaden.

3. Zum dritten/ Wie die Wölffe trewen wackern Hunden (die fleissig für die Schäfflein wachen / die Wölffe meiden vnd anbellen) aus dermassen gram vnd gefehr / viel feinder denn den Schäfflein selbst sein / dieselbige getrost angehen/ der zuuersicht / wenn sie nur die aus dem weg reumeten / so wolten sie darnach bald mit den armen Schäfflein herumb springen/ vnd sie vberweltigen: Also sind alle Ketzer reinen/ wackern/ trewen Predigern spinnen feind/ liegen vnd triegen auff sie / vernichten vnd verkleinern sie bey jhren Zuhörern/

pflantzen

pflantzen in sie ein feindschafft vnd gram gegen rechte Prediger / damit sie sie vberal verhast machen / tröstlicher hoffnung vnd zuuersicht / wenn sie in die Christen einen abgunst wider jhre Lehrer pflantzen / das sie jhnen feind werden / so wolten sie bald jhrer mechtig vnd gewaltig werden.

Zum vierdten / Wie auch die Wölffe können bendig vnd körr gemacht werden / wenn man sie gefangen helt / wiewol 4.
viel mühe vnd arbeit darzu gehöret / so bald sie aber loß werden / so sind sie eben so beissig vnd wild / als sie zuuor gewesen sein / sie lassen doch jhre art nicht: Also können sich falsche Lehrer / wenn sie mit GOttes Wort gefangen / eingetrieben vnd vberwunden seind / körr / freundlich vnd demütig stellen / wie an Arianern zusehen zur zeit Constantini M. vnd zu vnser zeit an Papisten / Widerteuffern vnd Sacramentschendern / so bald sie aber wider lufft bekommen / jhre gelegenheit vnd schlupfflöcher ersehen / wischen sie doch wider heraus / vnd geben sich blos.

Zum fünfften / Wiewol aber die Wölffe von Natur beissig vnd fressig sind so frist doch kein Wolff den andern: 5.
Wie wir Deutschen sagen / Es müste ein kalter Winter sein / wenn ein Wolff den andern fressen solt: Ja jhre art / Natur vnd Eigenschafft zeit / das sie zusammen setzen / Viehe vnd Leut mit einander einmütig angehen / niderreissen vnd erwürgen: Also ist kein falscher Prophet leichtlich wider den andern / sie colludiren vnd leichen mit einander / etc. das sie die armen einfeltigen Schäfflein CHRJsti jemmerlich betriegen / jhnen jhre Seelengifft beybringen / oder sonst in andern wegen beschädigen.

Die eigenschafften werden mehrer theils gelesen bey S. Ambrosio lib 7. in Luc. vber den Spruch Christi Cap. 10. Ambrosius.

Sihe ich sende euch als die Lemmer mitten vnter die Wölffe.
Lupi quid significare videātur debemus aduertere. 1. Bestiæ nempe sunt, quæ insidiantur ouilibus, circa pastorales versantur casas, habitacula domorum intrare non audent. 2. Somnum Canum. 3. Absentiam aut delidiam pastoris explorant. 4 Ouium guttur inuadunt, vt citò strangulent. 5. Feri, rapaces. 6. ijdemq; natura corporis rigidiores, vt se non facilè possint inflectere, impetu quodam suo feruntur & ideò sæpè luduntur. 7. Tum præterea si quem priores hominem viderint, vocem eius quadam naturæ vi feruntur eripere: si autem homo prius eos viderit, exagitari memorantur. Nonne Lupis istis hæretici comparandi sunt, qui insidiantur ouilibus Christi, fremunt circa caulas nocturno magis tempore quam diurno? semper enim perfidis nox est, qui lucem Christi sæuæ nebulis interpretationis obducere, & quantum in ipsis est, fuscare conantur. Versantur ergò circa caulas, stabula tamen Christi intrare non audent. Explorant pastoris absentiam, & ideò pastores Ecclesiarum vel necare vel in exilium agere contendunt: quia præsentibus pastoribus oues Christi incursare non possunt, &c. Et si quem versuta disputationis suæ circumscriptione, præuenerint, faciunt obmutescere. Mutus est enim qui verbum Dei, non eadem qua est gloria confitetur. Caue ergò ne tibi vocem tollat hæreticus, si prior eum non ipse deprehenderis: Serpit enim dum latet eius perfidia. Si autem commenta impietatis eius agnoueris, iacturam piæ vocis timere non poteris. Caue igitur versutæ disputationis venena, animam petunt, guttur inuadunt, vitalibus vulnus affigunt. Graues sunt morsus hæreticorum, qui ipsis grauiores rapacioresq; bestijs, nullum auaritiæ

finem

finem impietatisq; nouerunt. Nec vos moueat quod formam prætendere videntur humanam: & si foris homo cernitur, intus bestia fremit. Et ideò eos lupos esse non dubium est, iuxta Domini Iesu sententiam diuinam, qui ait, Attendite vobis à falsis Prophetis, &c.

Das ist/ Wir müssen in acht haben/ was die Wölff bedeuten: 1. Sein sie wilde Thier / die den Schaffställen nachtrachten mit list/ halten sich vmb die Hirten Hütten/ sie wagen sich nicht in die Wohnheuser. 2. Forschen sie nach/ ob die Hunde schlaffen. 3. Haben sie acht/ ob der Hirt vorhanden/ vnd ob er faul sey. 4. So erhaschen sie die Schäfflein bey den Meulern / damit sie bald ersticken. 5. Sein sie wild / reissend. 6. So seind sie von Natur etwas dölpisch vnd langsam/ das sie sich nicht bald biegen können vnd vmbkehren / fahren also mit gewalt fort / darumb sie auch offt betrogen werden. 7. Vber das/ so sie einen Menschen ehe sehen als er sie / sollen sie jhm gleich seine Stimme mit gewalt nemen / wie man sagt: Wenn aber ein Mensch sie ehe sihet / sagt man/ das sie gejagt werden. Können aber solchen nicht fein vergliechen werden die Ketzer/ die dem Schaffstall Christi mit list nachstellen / sie gehen aussen vmbher mehr bey Nacht als bey Tag? Denn es ist allezeit Nacht den Meineidigen/ die das liecht Christi mit gewaltsamer auslegung nidlicht vnd dunckel zu machen / ja so viel an jhnen/ gar zu verfinstern vnd auszuleschen/ sich vnterstehen Darumb halten sie sich vmb die Schaffställ aussen herumb / dörffen aber sich nicht hinein wagen. Forschen nach/ wenn der Hirt nicht verhanden ist / Vnd weil sie wissen / das/ weil die Hirten vorhanden sein/ sie keinen einlauff in die schäfflein Christi thun können / trachten sie dahin / das sie die Hirten der Kirchen entweder vmb jhr leben / oder ja ins Elend bringen mögen.

Vnd wenn sie jemand mit jhren listigen griffen erhaschen/ mus er jhnen stillschweigen. Denn wer das edle Wort Gottes nicht frey bekennet/ wie es an jhm selbst ist/ der ist stumm. Darumb sihe dich wol für / das der Ketzer nicht dich zu einer rede verursache / du habst jhm denn zuuor gefongen/ denn er stehet dir nach/ weil er hinterm berg helt. So du aber seine Gotteslesterung erkant hast/ kanstu vngeschewet Gottes wort gegen jhm brauchen. Darumb hüte dich für listigen disputieren vnd fragen/sie stehen nach der Seelen/greiffen nach dem Hals / vnd verwunden das Leben. Die Biß der Ketzer sein sehr bös/denn sie viel wütender vnd reissender sein als die wilden Thier/ die weder maß noch end deß Geitzes vnd Gottlosen wesens wissen. Dörfft euch aber daran nicht kehren/das sie menschliche gestalt brauchen/ vnd ob schon von aussen ein Mensch gesehen wird / so wütet doch inwendig ein wildes Thier. Vnd derentwegen ist kein zweiffel / das sie reissende Wölff sein / nach dem Göttlichen Spruch deß HERRN Christi/der spricht Matth.am 7. Sehet euch für/für den falschen Propheten / die in Schaffskleidern zu euch kommen/ inwendig aber sind sie reissende Wölffe. Mit welchem Paulus Actor. 20. gar vberein stimt. So habt nu acht auff euch selbs/jhr Eltesten zu Epheso/vnd auff die gantze Härde/ vnter welche euch der heilige Geist gesetzet hat zu Bischoffen/ zu weiden die Gemeine GOttes / welche er durch sein eigen Blut erworben hat. Denn das weis ich/ das nach meinem Abscheid werden vnter euch kommen grewliche Wölffe / die der Härde nicht verschonen werden. Auch aus euch selbs werden auffstehen Männer/die da verkerte Lehre reden/die Jünger an sich ziehen / Darumb seid wacker/vnd dencket daran/ das ich nicht abgelassen habe / drey Jahr / Tag vnd Nacht/ einen jeglichen mit Thränen zu vermanen.

Act. 20. Beschreibt S. Paulus die falsche Lehrer.

Diese

Diese ernstliche erinnnerung / sich vorzusehen für den falschen Lehrern / begreifft auch eine artliche beschreibung der falschen Propheten.

Denn erstlich nennet er sie Wölffe / vnd nicht schlechte Wölffe / sondern grewliche Wölffe / vnd Männer die verkehrte Lehre reden. 1.

Darnach meldet er den grossen schaden / den sie anrichten werden / Sie werden der Härde Christi / die er mit seinem eignen Blut erworben hat / nicht verschonen / ja die Jünger deß HERRN an sich ziehen / von Christo / vnd dem Euangelio. 2.

Weiter / Woher werden sie kommen? Aus euch selbs werden sie auffstehen / wie Johannes auch meldung thut / Sie sind von vns ausgegangen / aber sie waren nicht von von vns. Also sitzet nach Pauli Lehr der Antichrist im Tempel GOttes. 3.

Endlich / Wenn geschicht solche ankunfft der grewlichen Wölffe? Nach Pauli abschied / wie denn vorgemelt / das die falsche Lehrer entstehen nach dem absterben frommer Lehrer / oder wenn sie verfolgt vnnd ins Elend verstossen werden. Darumb trewe Lehrer vnd Zuhörer jhnen diese vermanung sollen lassen angelegen sein. Arator. 4.

Vigilantius oro,
Commissos lustrate greges, quia dente rapaci,
Conueniunt ad ouile lupi, custodia peccat,
Cum spolijs si raptor eat: pastoris inertis
Fraude perit, quod prædo capit, sed & acrior hostis
Intus erit, grauiusq; malum discordia portat,
Quæ vulnus sub pace creat, &c.

Das aber nicht allein die Papisten / sondern auch die Zwingler vnd Caluinisten solche grewliche Wölffe vnd falsche

Papisten vnd Caluinisten sein solche grewliche Wölffe

sche Lehrer seyen/ beweiset D. Zacharias Riuander mit der Wolffen vnd der Sacramentschendern vbereinkommenden eigenschafften in Lupo excoriato, &c.

II. Weltliche Wölff des Teuffels Verfolger der Kirchen. Jer. 5. Hieronym9

Wiewol nu der Teuffel jetzt beschriebene schädliche vnd grewliche Wölffe hat / die fürnemlich der Seelen schädlich seind / jedoch hat er noch andere girige Wölffe/ die eusserliche weltliche Feind vnd Verfolger der Christlichen Kirchen. Als Jerem. am 5. weissaget von deß Jüdischen Volcks Verfolgern/ das der Wolff aus der wüstē sie verderben werde. Welches Hieron. zwar auff die Meden vnd Persen deutet / aber andere verstehen ermelte Thier alle sampt dem Wolff/ von dem NebucadNezar / der den Jüden ein Löw / Pardel vnd Wolff gewesen ist / auff sie gelauret/ verderbet vnd gefressen hat. Daher auch Habacuc 1. von der Chaldeer Roß sagt/ das sie beissiger seyen denn die Wolffe deß Abends.

Lutherus.

Lutherus. Abendswölffe / welches etliche verdolmetschen/ Wölffe aus der Wüsten (denn es beydes im Ebraischen mag aus den Buchstaben genommen werden) Ich halts / das Abendswölff seyen / das die meinung sey: Der Wolff / welcher von Natur ein reissend/ räubisch/ mördisch Thier ist/ aber am Abend viel räubischer ist/ weil er den Tag vber nicht gelauffen / vnd also auff den Abend hungerig ist/ das gleich so viel gesagt sey / Abends Wölffe als hungerige Wölffe/ die lang nicht gessen haben.

So wil nu Habacuc/ das die Parden oder Wölffe schnell sind / nicht das sie von art schnelles lauffes seyen für andern Thieren/ sondern das sie eilen/ vnd jhnen jach ist zum raub/ wenn sie hungern / vnd vnbarmhertziger reissen vnd rauben. Also vergleicht er die Babylonier den Parden vnd hungeriden Wölffen / das sie eilen vnd jagen zu rauben/ vnd zu verderben das Jüdische Land/ etc. Also vergleicht der Heuptman

Salathiel

Salathiel 4. Esdræ 5. das ledig gelassene Jüdische Volck den Schäfflein vnter den reissenden Wölffen / darumb so wölle doch Esdra nicht von jhnen setzen / noch sie verlassen / wie sonst die zaghaffte Hirten thun. 4 Esdr. 5. Die verlassene Juden werden verglichen eim Schäfflein vnter den Wölffen.

Diesen zustand aber der heiligen Aposteln / aller getrewen Predigern / vnd der ganzen Christlichen Kirchen / erkleret sonderlich Christus Matth. 10. Luc. 10. Sihe / ich sende euch wie Schaffe (oder Lemmer) mitten vnter die Wölffe / darumb seid klug wie Schlangen / vnnd ohne falsch wie die Tauben. Das ist / getrewe Prediger vnd andere ware Christen müssen sich der verfolgung / hohn vnd spotts gewißlich versehen / doch sollen sie fürsichtig sein / das sie dennoch die Warheit bekennen / nicht leichtlich sich in die gefahr begeben / aber doch die Warheit nicht verleugnen oder vnterdrucken. Matth. 10 Vom zustand aller frommen Christen.

Lutherus. Christus docet hac similitudine persecutionem patienter ferendam. Consolando enim prædicit eis, certas etiam persecutiones. Oues, inquit, estis mei Legati, inter Lupos crudeles agetis. Iam quid vobis à Lupis expectandum sit videtis. Itaq; parate, & firmate vos ad luporum tyrannidem. ô quam iniqua conditio vbi oues Lupis prædicant & dant iura. Ach deß nerrischen fürnemens. Leones oportuit mitti in medio luporum vel alias bestias ferociores: Sed hæc fiunt, vt ait Paulus, vt fides nostra non sit ex virtute humana sed diuina, qua Deus etiam inter lupos & hostilissimos hostes velit suas oues seruare. Et disertè notandum, quod nos qui sumus in officio docendi, per suasissimi esse debemus, NOS DOCERE INTER LVPOS. Et opus nostrum nihil aliud esse, quam si OVIS LVPOS IVDICET, ARGVAT, IRRITET, & hoc agat ne sint Lupi. Summa / die Wölff werden nimmermehr gute Lutherus.

Schüler der Schaff sein/ Noch sollen die Prediger jhr Ampt verrichten/ vnd vertröstet Christus/ er wölle sie dennoch wol erhalten: Geschicht auch darumb/ das man sehe/ der Glaub stehe nicht in Menschlicher sondern Göttlicher krafft.

Chrysosto. Chrysostomus zeigt auch homil. 34. der ersten auslegung mit vielen worten dieses wunderbarlich fürnemen Christi an/ vnnd das ers darumb thue/ das man das Göttliche Werck vnnd Wunder verstehe/ wie die Wölffe von den Schäfflein vberwunden vnd verendert werden/ so lang auch die Prediger vnd andere Christen Schäfflein seyen vnd bleiben/ sollen sie obligen/ etc. Weñ sie aber zu reissenden wölffen würden/ solten sie vberwunden werden/ allein sol man auff den Mittenten, Sender sehen.

Non facit Christus hîc dicendi finem, sed inexpugnabilem virtutem suam ostendens, quamuis aduersus Lupos essent ituri, nec simpliciter aduersus Lupos, sed in medium luporum, omnem tamen mansuetudinem eos habere iubet: nec id solum sed columbæ quoq; simplicitatem: Sic enim virtus eius maximè patere potest, si lupi superabuntur ab ouibus, quæ cum in medio luporum sint, & hinc atq; illinc morsibus luporum lacerarentur, non modo non deficerent, sed lupus in naturam ouium transmutaretur. Maius certè atq; admirabilius est, mentem atq; animum aduersariorum commutare, quam gladio ipsos superare. Erubescant igitur qui contrà facientes quasi lupi aduersarios suos persequuntur, cum videant innumeros lupos ab ouibus vinci paucissimis. Et certè quousq; sumus oues, facilè hostes vincimus, cum verò in naturam luporum transimus, tunc superamur: tunc enim nullum nobis à pastore patrocinium adest, qui non lupos sed oues pascit: atq; ideo cum in lupumte conuer-

conuerteris abit confestim & relinquit te, qui non permittis virtutem ipsius in te clarescere. Quando enim iniuria vexatus, æquo mitiq; animo cuncta pateris, ipsi soli trophæum attribuis, si verò exieris aduersus hostes atq; pugnaueris, victoriam illius obfuscas.

Das ist / Christus hat hie nicht auffgehöret zureden/ sondern seine vnüberwindliche krafft wollen anzeigen / ob sie gleich wie die Wölffe würden ausgehen/ vnd nicht allein wider die Wölffe/ sondern auch mitten vnter die Wölffe: So sollen sie doch aller sanfftmut sich befleissigen: Ja vber das auch noch gar ohne falsch sein wie die Tauben. Denn also wird seine krafft am aller meheften offenbar/ wenn die Wölff von den Schaffen vberwunden werden/ welche/ ob sie gleich mitten vnter den Wolffen sein/ auff allen orten zerrissen vnd gebissen werden/ nicht allein nicht verschmachten sollen/sondern die Wölff sollen auch Schaffsnatur annemen. Warlich es ist viel ein grössers vnd wunderbarlichers/ der Widersacher Hertz vnd Gemüt zum besten endern/als sie mit dem schwerd vberwinden. Drumb sollen sich billich schemen/die im gegentheil/ wie die Wölff / jhren Widersachern nacheilen / da sie doch sehen/das viel Wölff von wenigen Schaffen vberwunden werden. Vnd warlich / so lang wir Schaff bleiben/ können wir leichtlich vnsere Feinde vberwinden / wenn wir aber Wolffsart vns añemen/werden wir vberwunden: Denn der Hirt vertheidigt vns alß denn nicht mehr/sintemal er Schaff weidet/ nicht Wölff: Vnd derentwegen so bald du zu eim Wolff wirst / gehet es stracks dauon/ lest dich allein/ weil du seine krafft in dir nicht wilst scheinen lassen. Denn wenn dir vnrecht geschicht/ vnd du leidest es gedültig vnd sanfftmütig/ gibstu jhm die ehre vnd vberwindung/ Gehestu aber aus/ vnd streitest wider deine Feinde / so verfinsterstu vnd schmehlerst seinen Sieg.

Aus dieser beschreibung erkent man leichtlich die ware vnd falsche Kirchen / denn die rechtgleubige leidet gedültiglich das zugefügte Creutz / wird zu keinem Verfolger / Aber die falsche Kirch brauchet das Schwerdt vnd Verfolgung/ wie der Papistische hauff mit dem Schwerdt vnd eusserlichen gewalt / zu jhrem Abgöttischen Glauben zwingt / tringt vnd verfolgt/ vnd erwürgt/ so sind sie die rechten Wölffe.

Der ander Stand.

Gen 49. Ben Jamin ein reissender Wolff genant.

Brentius.

IM andern Stand der Weltlichen Obrigkeit ist auch der Wolff zu besehen. Der Patriarch Jacob spricht Genes. 49. in seinem Segen vom Geschlecht vnd Stamm Ben Jamin: Ben Jamin ist ein reissender Wolff/ deß morgens wird er Raub fressen/ aber deß Abends wird er den Raub austheilen. Er sol die andere Stemme zureissen vnd plagen / endlich aber doch auffhören/ vnd andern zum Raub vnd theil werden / wie Brentius diß auslegt/ vnd mit Exempeln erkleret. Als da die Ben Jamiter in jhrer bösen sach vnd vertheidigung jhrer Hurerey/ Judic. 20. die andere Israeliten vberweltigen/ viertzig tausent aus jnen erschlagen/ aber doch endlich schier gar vertilget wurden / das nur 600. Mann vberblieben. Item/ Da der König Saul/ aus dem Geschlecht Ben Jamin/ im anfang seiner Regierung grosses Glück vnd Sieg hette/ aber hernach von den Philistern vberwunden war/ vnd sich selbs erstach. Deßgleichen Saulus ein Ben Jamiter/ auch von ersten die Jünger deß HERRN/ die Christliche Kirche / als ein reissender Wolff anfiele / verfolgt vnd erwürgt / aber endlich von Gott bekehret/ vnd zum Jünger CHRIsti ward/ vnd den Raub deß Euangelij von Christo vnter die Heyden bracht / vnd reichlich austheilet. Derhalben ist hie zu lernen / das die rachgirige zornige Leut doch endlich weichen müssen/ von Gott bekehret oder verstöret werden.

Lutherus

Lutherus im deutsch.in Genesi. Ich meine auffs einfel= tigste/ er rede vom König Saul/ welcher der erste König ge= wesen ist/vnd gestritten hat wider Amaleck/ jhn nider gelegt/ vnd den Raub außgetheilet hat. Wer es Geistlich wil ma= chen/vnd auff S. Paulum ziehen/mag es thun/Also/das er reissender Wolff ist gewesen / erstlich/ als er die Christenheit verfolget hat / darnach aber bekehret worden / den Raub ge= fressen vnd außgetheilet/das ist/die Seelen dem Teuffel vnd der Welt geraubet/ vnd zu Christo bracht hat / vnd viel guts geschaffet in der Christenheit/ja fast das gröste theil der Welt allein bekehret/ vnd zu Christen gemacht. Lutherus.

Diese meinung widerholet Lutherus im Lateinischen Genesi. Ego simpliciter sic accipio, istam tribum fuisse in= star lupi rapacis, propter stupratam Leuitæ vxorem, ibi gladius Beniamitarum deuorauit 40000. viros ex omni= bus tribubus Israel in duobus prælijs: postea non fuit re= ligiosior tribus quam Beniamin, non solum propter Pau= lum, sed etiam propter coniunctionem cum tribu Iuda, contra regem Ierobeam, & reliquis tribus Israel, cum quidem iustissimas ob causas potuisset alijs tribubus se adiungere, quia germanus frater erat Ioseph.

Das ist / Wiewol diß Geschlecht anfangs ein reissen= der Wolff ist gewesen/vnd Gottlos/da die BenJamiter die begangene Schand vertheidiget / vnnd der BenJamiter Schwerdt in die 40000. Mann erwürgte: Jedoch ists na= cher kein andechtiger vnd gleubiger Stamm gewesen / nicht allein deß heiligen Apostels Pauli halben / sondern auch weil sich dieser Stamm BenJamin zu Juda gesellet / wider den König Jerobeam vnd andere zehen Geschlechter Israelis.

Die Patres verstehens fast alle vom heiligen Apostel Paulo / welcher anfangs ein Verfolger / aber hernach ein vortrefflicher Der alten Lehrer auß= legung.

vortrefflicher Apostel vnnd Lehrer der Kirchen worden ist.

Hieronymus. Hieronymus in Trad. in Gen. De Paulo Apostolo manifestissima prophetia est, quod in adolescentia sua persecutus Ecclesiam, in senectute prædicator Euangelij fuerit. Das ist/Diß ist eine klare weissagung von dem Apostel Paulo/ das er in seiner Jugent die Christliche Kirch verfolget habe/vnd im Alter ein eiueriger Prediger deß Euangelij gewesen sey.

Ambrosius. Ambrosius de bened. pat. cap. 12. Plurimos Lupos habet Diabolus, quos ad Christi oues dirigit, & ideò intelligibilis Ioseph (Christus) vt oues seruaret suas, ipsum inimicum venientem ad rapiendas oues, rapuit Lupum Paulum, faciens ex persecutore Doctorem. Lupus erat cum dispergeret & deuoraret oues Ecclesiæ. Sed qui Lupus venerat, pastor est factus. Lupus erat cum Saulus erat, quando intrabat in domos, viros ac mulieres trahebat in carcerem. Lupus erat quando spirans minas & homicidia in discipulos Domini, petebat epistolas â principe sacerdotum, vt inuaderet seruos Christi. Quem tanquam Lupum nocturnis tenebris oberrantem offusa luce Iesus cæcauit. Ideò Rahel cum pareret Beniamin, vocauit nomen eius, Filius doloris mei, futurum prophetans ex ea tribu Paulum qui affligeret filios Ecclesiæ persecutionis suæ tempore, & graui matrem dolore vexaret. Sed tamen idem postea principibus escam posteriore diuisit tempore, Euangelisans gentibus Dei verbum & plurimos ad fidem prouocans, qui eo disputante Domini gratiam receperunt.

Das ist/ Der Teuffel hat viel Wölffe/ die er braucht wider die Schäfflein Christi/ darumb auch der verstendige Joseph (Christus) damit er seine Schäfflein erhielte/ den

Feind/

Feind / welcher kam seine Schäfflein zureissen / genommen / den Wolff Paulum / vnnd macht aus einem Verfolger ein Lehrer vnd Prediger. Ein Wolff war er / als er die Schäfflein der Kirchen zerstrewete vnd verschlunge. Aber der als ein Wolff ist kommen / ist ein Hirt worden. Saulus war ein Wolff / wo er in ein Haus kam / nam er Mann vnd Weibspersonen gefangen. Er war ein Wolff / da er den Jüngern deß HERRN Christi dröwet / vnd sie zu tödten begerte / nam vom Hohenpriester Brieff / das er macht hette die Diener Christi zu greiffen / wo er sie antreffe. Diesen Wolff hat Jesus geblendet / das er am hellen Tag wandelt / als er in der tieffsten Finsternis war. Darumb auch die Rahel / als sie BenJamin geborn / jhn einen Sohn jhres Schmertzens genennet hat / anzuzeigen / das geschehen vnd sich zutragen würde / das aus seinem Geschlecht würde geboren werden Paulus / der mit seiner verfolgung die Kinder der Kirchen plagen würde / vnd jhre Mutter / die Kirche / mit grossem Jammer betrüben. Jedoch hat eben derselbige nacher den Fürsten die Speise zertheilet / den Heyden das Euangelium geprediget / vielen zum rechten Glauben geholffen / die in seiner Predigt die gnade Gottes empfangen haben.

Idem Tomo 4. in Psal. 118. sermon. 6. Lupi sunt persecutores, Lupi sunt hæretici omnes, docere nesciunt, vlulare consueuerunt. Sed nemo moueatur, si in medium Luporum mittitur. Beneficio CHRISTI, & Lupus ipse mutatus est. Beniamin Lupus rapax Apostolus Paulus factus est, non iam insidiator ouilium CHRISTI, sed defensor & custos. Nemo iam veretur Lupos, cum his pascimur, sicut scriptum est Esaiæ 65.

Das ist / Wölffe sein Verfolger / diese Wölffe seind alle Ketzer / die können nicht lehren / haben nur lernen heulen. Es sol sich aber keiner fürchten / ob er gleich mitten vnter die Wölffe geschickt wird. Durch deß HERRN Christi hülff ist der Wolff selbst verendert worden / Ben Jamin der reissende Wolff ist der Apostel Paulus worden / der nicht mehr der Schaffställ Christi feind ist / sondern sie beschützet vnd bewachet. Forthin förcht sich niemand mehr für den Wölffen / wir werden mit jhnen geweidet / wie geschrieben stehet Esa. 65.

Dieweil aber diese auslegung auff den vorgehenden Stand gehören / wollen wirs dißmal also wenden lassen.

Gottlose Fürsten durch dis Thier carpiret. Ezech. 22.

Der Prophet Ezechiel Cap. 22. strafft mit dieses Thiers eigenschafft die Gottlose Fürsten vnd Regenten. Jhre Fürsten sind drinnen (zu Jerusalem) wie reissende Wölffe / Blut zu vergiessen / vnd Seelen vmbzubringen / vmb jhres Geitzes willen. Mit diesem Spruch klagt der Prophet vber den Geitz der Fürsten / das ist / vber die vornembsten Rathsherren vnd Diener deß Königs / durch welche deß Lands Hendel vnd sachen verwaltet wurden / das sie die Vnterthanen vnd jhre sachen nicht angesehen / vnd zu recht geholffen haben / sondern allein jhren vortheil vnd nutzen betrachtet / vnd die Vnterthanen gebracht vmb Haab vnd Gut / Leib vnd Leben. Diese wolfart erfehret man / leider / bey vielen Regenren vnd Rathsherren / aber sie werden dem vnträglichen Zorn Gottes nicht entrinnen.

Sophon 3.

Fast ein solche Straffpredigt wider die Oberherrn führet auch der Prophet Zephania Cap. 3. Die Richter zu Jerusalem sind Wölff am Abend / die nichts lassen biß auff den Morgen vberbleiben. Es war zwar der König Josias / vnter dem diese Predigt gehalten worden / from vnd Gottselig genug / aber seine Richter seind dennoch geitzige Wölffe / so die

armen.

Armen biß auff den grad ausgesogen haben. Wolte Gott/ die Regenten sehen jhren Dienern nicht zu viel durch die Finger/ aber wenn schon die Fürsten vorsichtig/ können sie doch nicht alle Schälck from machen. Lutherus deutets vber den Habacuc Cap 1. auff die falschen Lehrer. Darvon droben. Lutherus.

Hieronymus. Iudices quasi Lupi Arabiæ occidentes vespere, & nihil relinquentes in mane: non aspicientes ad ortum solis, sed morantes semper in tenebris, & possessiunculas Ecclesiæ, & ea quæ in Dei donaria conferuntur, vertentes in lucrum suum, vt non habeant pauperes, quod manè comedant, qui quasi in nocte, & nullo vidente omnia populantur. Et cum luporum more cuncta diripiant, ne paruos quidem cibos indigentibus derelinquunt. Das ist / Das sind heilige Wölffe/die der Kirchen Güter zu sich reissen / in jhren nutzen wenden / den dürfftigen Kirchen vnd Schueldienern / auch andern Armen nichts vberlassen vnd mittheilen. Hieronym.

PROPRIETATES LVPI CONVENIentes malo principi vel Prælato. Hugo Card. in Psal. 82.

Prædo, famis patiens, terram vorat, epate scisso,
Raucificans, vlulans, est pede, dente nocens.
Tela cauet, castus, nemus est casa, tergore duro,
Annosus, caudæ villus amoris inest.
Dens de maxilla, retrò debilis, ex oculis lux
Emicat, haud collum flectit, odore caret,

1. *Malus Princeps vel Prælatus est Prædo. Gen. 49. Beniamin lupus rapax.*
2. *Famis patiens verbi Dei. Esa. 5. Nobiles eius in terra famem pat.*
3. *Terram vorat. Esa. 65. Serpenti puluis panis Mich 7. Linguent puluerē.*

4. Epate scisso: quia quot annos habet lupus, tot habet in Epate scissuras: Et quanto plus viuunt in potestate principes tanto ad plura diuiditur desiderium eorum. Prou. 21. Desideria in occidit pigrum.

5. Raucificans suo aspectu hominem vt non possit loqui nisi asperè: Sic omnes qui assistunt principibus & prælatis dure & asperè loquuntur alijs, licet Domino suo blandè & adulando loquantur, Prou. 29. Psal. 13. 139.

6. Vlulans contra cœlum, grandia loquendo contra Deum. Sophon. 1. Iac. 5.

7. Nocet pede, hoc est, affectu. Matth. 7. Intrinsecus sunt lupi rapaces.

8. Et Dente, hoc est, Verbo, Iob 41. Per gyrum dentium eius formido.

9. Tela cauet, hoc est, reprehensiones, omnes enim habent illum morbum diuitum, NOLI ME TANGERE.

12. Castus, hoc est, sterilis diu & sine filijs bonorum operum & imitatorum.

11. Nemus est casa, hoc est, inter steriles & infructuosos habitat. Iob. 4.

12. Tergore duro, Iob. 41. a. scuta fusilia: non potest penetrari sagitta (verbi.

13. Annosus in malicia. Ecclesi. 25. a. senem fatuum.

14. Caudæ villus amoris inest. Villus diuitiarum inest.

15. Dens de maxilla: quoniam non habet dentes infixos, sed de eodem osse, vnde non cadit ei dens: Dentes hi subditos incidunt & molant, sunt familia mala, hoc est, consanguinei ipsorum prælatorum.

16. Retrò debilis Quia finis eius infirmus. Iob 14. b. Cum nud atq; cons. vbi.

17. Ex oculis lux emicat: quia toruè respiciunt. Iob. 6. Hostis meus terrib.

18. Non collum flectit per misericordiam & compassionem. Ierem. 6. Crudelis est & non mis.

19. Odore caret, illo s. de quo 2. Cor. 2. Christi bonus odor sumus.

Der dritte Stand.

Syrach 13. Ein böser vnd frommer dienen zusammen wie ein Wolff vnd ein Schaff.

Dem dritten vnd gemeinen Stand gibt Syrach am 13. eine Lehr: Wenn ein Gottloser sich zum Frommen gesellet/ so ists eben/ als wenn sich ein Wolff zum Schaff gesellet/ rc. Zwischen diesen Thieren ist keine beständige Freundschafft/ der Wolff begert das Schaff zu beschädigen/ vnd zu fressen/ Das Schaff mus das Wasser betrübt haben: Also wird der Gottlose vom Teuffel angereitzt/ vnd getrieben/ das er den Frommen schaden/ hohn vnd spott zurichte.

zurichte. Ein wunder ding ists in der Welt/das die jenigen/ welche für fromme Christen wollen gehalten sein / dennoch mit den oben erzehlten Geistlichen Wölffen / den falschen Lehrern/verführern/verfolgern/wollen geselschafft mit jnen/ vnd grossen nutz von jhnen haben / aber Wolff bleibet doch Wolff/vnd lest seine Art vnd tücke nicht/wie S. Basilius homil. 9. Hexam. saget: Lupus mitescere nequit. Vnd was die Geitzhälse antrifft / schreibt Ambrosius Tom. 3. serm. 59. de Auaritia & Anania. Aiunt plærique lupos Leonum subsequi solere vestigia, & non longè ab eorum venatibus aberrare, scilicet vt rabiem suam rapina satient aliena, & quod leonum saturitati remanet, id luporum rapacitate consumatur: Sic & isti auaritiæ Lupi, prædonum vestigia subsecuti sunt, vt quod illorum rapacitati superauit, horum cederet feritati.

Basilius.

Ambrosius. vergleichs die geitzige Leut den Wölffen.

Das ist / Gleich wie die Wölffe auff der Löwen Fußstapffen nachfolgen / vnd nicht weit von jhrem gejägt seind/ das sie sich mit dem frembden vbergelassenem Raub der Löwen settigen: Also folgen auch die Geitzhälse den Reubern nach/was sie vberlassen/das rauben die Geitzigen.

Das

Das Sechste Capitel/ Von dem Fuchse.

Basilius. Was der Fuchs für ein Thier.

DEr Fuchs / als ein listiges / betriegerisch / auffsetzig Thier (Basilius homil. 9. Hex. Vulpes insidiosa, astuta, callida) wird nicht löblicher weis / sondern allein die Menschen für sünden zu warnen/vorgestelt. Als im ersten Stand/werden fürnemlich dardurch vnnd mit die falschen Lehrer vnd Fuchsschwentzer / so die Sünde nicht straffen / vnd vmb zeitlicher Güter/Wollust/Gunst vnd Gaben willen/ vnd das sie bey jhren Diensten bleiben/durch die Finger sehen vnd heucheln/ artlich vorgebildet. Ezechielis 13. O Israel deine Propheten sind wie die Füchse in der Wüsten/sie tretten nicht für die Lücken / vnd machen sich nicht zur Hutten / vnd stehen nicht im Streit am Tage deß HERRN.

Der erste Stand. Der Fuchs ist ein controfactur vnd abbildung falscher Prediger. Ezech. 13.

Osiander. Tales Vulpes sunt hodie Concionatores illi qui veritatem dissimulant, ne odia multorum incurrant, & stipendiorum suorum iacturam faciant. Das ist/ Die jenigen Prediger sind listige Füchse / so die Warheit verschweigen/auff das sie der Zuhörer vngunst nicht auff sich laden/vnd vmb jhre Pfründe kommen. Wie auch Hieronymus spricht / Sie seyen den Füchsen gleich/die auff die Vögel vnd Hüner bey den Zäunen lauren. Alle Ketzer sein den Füchsen gleich/wegen jhrer List vnd betrug. Prophetæ Israel

vulpium

vulpium similes sunt quotidie auium domesticarum furta facientes in desertis, vel parietinis atq; ruinosis locis, &c. omnes hæretici propter fraudulentiam ac nequitiam vulpium similes sunt, &c. Darumb thut vnd gibt der Breutigam Christus einen ernstlichen befehl / Cantic. 2. man sol jhnen wehren: Fahet vns die Füchse / die kleine Füchs / so die Weinberg verderben / denn vnsere Weinberg haben augen gewonnen. Diß ist ein beschreibung der falschen Brüder vnd falschen Lehrer / so in der Christlichen Gemein sind / aber doch heimlich mit den Feinden colludiren, mit jhnen vnter einer Decken ligen / die sol man fangen / von den Rathschlegen abschaffen / oder gar aus der Christlichen Kirchen ausschliessen / sonsten thun sie im grunenden Weinberg / der zarten Kirchen Gottes / grössern schaden als die öffentlichen Feind vnd Verfolger. Vnd were wol gut / nützlich vnd nötig / das Christliche Regenten / vnd die Superintendenten fleissiger achtung auff die schädliche listige Füchs geben / sie abschafften / Aber weil sie solche wissend vnd williglich halten / mögen vnd müssen sie den grossen schaden deß Christlichen Weinbergs für Christo dem Richter verantworten.

Cant. 2. Gebeut Christus man soll jhnen wehren.

Verächter solches Gebots haben für Christi Richterstuel schwer zu verantworten.

Lutherus. Zweyerley Füchs nennet Salomon / grosse vnd kleine / anzuzeigen / das man sich für listigen vnd boshafftigen Leuten besorgen müsse in den Regimenten vnd Kirchen. Die kleine Füchse sind die falschen Brüder / welche inn der Kirchen heimlich falsche Lehr vnd Irrthumb ausseen / in der einfeltigen Hertzen / da sie leichtlich eingenommen / vnd beschädiget werden. Die grossen Füchs sind / die sich bald sehen lossen mit auffrhürischen rhäten vnd thaten in dem eusserlichen Stand. De duobus vulpium generibus dicit, de vulpibus & paruulis vulpibus, vt significet vtrinq; periculum esse ab astutis & malitiosis hominibus in Repub. &

Lutherus.

Ecclesia. Paruulæ Vulpes sunt falsi fratres in Ecclesia & hæreses, quæ primo ita serpunt vt difficile possint obseruari. Qui autem Respublicas turbant, statim produnt se seditiosis consilijs, similes maioribus vulpibus, quæ non ita possunt se occulere. Sed vide Satanæ insidias, captat id tempus, quo plurimum nocere potest. Sic sub Papatu tranquilla erant omnia: sed postquam verbum cæpit seminari, seditiones & hæreses exortæ sunt, quæ subnascentem Euangelij frugem corrumperent: Cum antea alta pace tum Respub. tum Ecclesiæ viderentur frui. Quanto igitur certior ostenditur fructus verbi, tantò est cauendum magis, ne insidijs Satanæ relinquatur locus. Ist aber das nicht eine Teuffelische List / sie geben acht auff die zeit / nemlich / wenn Gottes Wort geseet wird / vnd auffgehet / alß denn können sie den grösten schaden thun / rc. Wie sich denn bald die Sacramentierer in der Kirchen / vnd die Widerteuffer im Weltlichen Regiment empöret haben.

Vuilramus. Vuilramus erzehlet diese meinung in Lateinischen Reimen.

Vinea tam floret, precibus nunc vinitor oret,
Omnis in obstantes ruat vt vulpecula casses
Callida maturis nocet isthæc bestia brotis.
Hæretica vulpes dum curuos repere calles
Primitus incipiunt, mox dogmata praua relidant:
Ecclesiæ proceres, ne sumant tempora vires:
Et sic difficile desistant Hæresiarchæ.

Origenis auslegung. Origenes homil. 4. in Cant. gibt zweyerley auslegung: Einmal deutet ers / wie jetzt gemelt / auff die gantze Christliche
1. Kirche / welche die schädliche listige Füchs / die Ketzer vnnd falsche Lehrer / beschädigen vnd verwüsten / denen doch bey zeit / ehe grosser schad geschicht / von den getrewen Vorstehern
2. der Kirchen gestewret vnd gewehret werden sol. Darnach so

macht

macht Origenes aus einer jeglichen Christlichen Seelen ein Weinberg Gottes / welcher von Früchten vnd guten Wercken grunen vnnd blühen sol / Aber die Teuffel sind kleine Füchse / so in denselben die böse schädliche gedancken anrichten / daß / wo man nicht bald wehret / vnnd den Gedancken nachhenget / so kömpt der Consens vnd bewilligung / endlich auch die eusserliche That vnd Mißhandlung selbs hernach. Das seind aber seine wort.

Vulpes peruersos Doctores hæreticorum dogmatum possumus intelligere, qui per argumentorum calliditatem seducunt corda innocentium, & vineam Domini exterminant, ne floreant in fide recta. Datur ergò præceptum Doctoribus Catholicis, vt dum adhuc pusillæ sunt istæ vulpes, & nondum plures animas deceperunt, sed initium habet praua doctrina, arguere hos & refrenare festinent, & VERBO veritatis contradicentes reuincere & capere hos assertionibus veris. Si enim permanserint in principijs & indulserint, sermo eorum sicut Cancer serpit & fiet insanabilis, vt multi inueniantur, qui decepti ab eis, pugnare iam pro ipsis incipiant, & defendere suscepti erroris autores, &c. Quod si hæc de anima, quæ verbo Dei se coniungit, aduertas, vulpes, contrariæ potestates & nequitiæ dæmonum intelligi debent, per cogitationes prauas & intelligentiam peruersam exterminantes in anima virtutum florem & fructum fidei perimentes: Mandat igitur DEVS Angelis suis, vt capiant ex vnaquaq; Anima huiusmodi cogitationes â Dæmonibus immissas, vt abiectis eis posint florem virtutis afferre. Id fit cum suggerunt menti cogitationes eas non esse à DEO, sed à maligno spiritu: Capi autem eas mandat cum pusillæ sunt, dum enim cogitatio mala in initijs est, facile potest abijci à corde: sin frequenter iteratur & diu permanet, adducit animum sine dubio ad consensum, & post consensum intra cor suum confirmatum, certum est, quia ad peccati tendat effectum.

Das ist / Durch die Füchs können wir verstehen die falschen Lehrer / die jrrige vnd verfürte Lehr fürtragen / mit jhren listigen griffen vnd beweisungen / die vnschüldige Hertzen verführen / vnd den Weinberg deß HERRN zerreissen / damit sie nicht blühen in rechtem Glauben. Drumb wird den trewen Lehrern befohlen / das sie dieselben bey zeiten straffen / vnd jhnen das Maul zustopffen sich nicht seumen / vnd mit dem Wort der Warheit die Widersprecher vberwinden / vnd mit gutem grunde sie fahen / weil die Füchs noch klein sein / vnd nöch nicht viel Seelen verführet haben / sondern jhre falsche Lehr nur hat angefangen. Denn so man sie erstlich bleiben lest / vnd nachgibt / so kreucht jhr Irrthumb fort wie der Krebs / vnd man kan jhm nachmal nicht stewren / sintemal jhr viel gar leicht betrogen von jhnen vnd verführt / nachmals für sie kempffen / vnd solches gefasten Irrthumbs Anfenger vnd Redlesführer vertheidigen. So du aber diß von der Seel verstehest / die sich zu Gottes Wort helt / so mus man durch die Füchs verstehen die widerwertigkeit vnd boßheit der Teufel / welche durch die bösen Gedancken vnd mißverstand der Schrifft alle Tugent vnnd Frücht deß Glaubens aus dem Gemüt nemen vnd wegreissen / Darumb befihlt Gott seinen Engeln / das sie aus einen jeden Menschen solche böse Gedancken sollen wegnemen / welche jhnen der Teuffel hat eingeblasen / damit sie dieselben fahren lassen / vnd aller Tugent vnd Erbarkeit nachleben: Welches denn von den Engeln geschicht / wenn sie dem Menschen eingeben / das solche Ge-

dancken

dancken nicht von GOtt / sondern vom bösen Geist sein Man sol sie aber fahen / weil sie noch klein sein / denn wenn die Gedancken einem erstlich einfallē / kan er sie leichtlich aus dem Hertzen entschlahen: So sie aber offtmals wider kom̄en / vnd lang bleiben / so bringē sie ohn zweiffel das Gemüt dazu / daß es jnen beyfall gibt / vnd nach dem beyfall bleibts im Hertzen als gewiß / vnd trachtet nach der Sünde wirckung vnd volnziehung.

Augustinus sermon. 107. de tempore. Quid est aliud vulpes capere nisi hæreticos diuinæ legis autoritate reuincere, & sanctarum scripturarum testimonijs velut quibusdam vinculis alligare atq; constringere. Das ist / Diese Füchs fangen ist nichts anders / denn die Ketzer mit Gottes Wort vnd zeugnis der heiligen Schrifft fangen vnd binden. Welches die Papisten nicht thun / die heilige Schrifft fliehen / vnd die Ketzer ferro, fune, flamma, mit Schwerd / Strang / Strick vnd Fewer vertilgen / etc. Augustinus.

David weissaget Psal. 63. von seinen Widersachern vnd Verfolgern / Die nach seiner Seelen stehen / die werden ins Schwerdt fallen / vnd den Füchsen zu theil werden. Welches dem Buchstaben nach ausgelegt wird / das sie ein zeitlang vnbegraben ligen / vnd der Füchsen vnd anderer Speis werden sollen: Welches etlicher massen am Saul vnd andern Feinden Davids ist erfüllet worden / denn Gott lest der Frommen verfolgung vnd marter nicht vngerochen. Psal 63. Weissaget seinen Feinden / sie sollen den Füchsen zu theil werden.

Hilarius sagt: Man wird mit jhnen vmbgehen wie mit den Füchsen / wenn sie erhaschet vnd gefangen werden: Doch werden durch die Füchse die Hellischen Geister verstanden / mit denen sie in das ewige vnauslöschliche Hellische Fewer müssen hingeworffen werden. Partes vulpium erunt: Fallacium bestiolarum sortem adepturi: & dæmonum in Hilarius his significatas esse nequitias non dubium est, quibus cum principe eorum præparatus est ignis gehennæ.

Origenes. Wie auch Origenes homil. 4. in Cant. spricht/ vnnd mit stimmet: Partes vulpium erunt, ac si diceret, pessimorum & nequissimorum dæmonum partes erunt: vt vnaquæq; maligna virtus & dolosa, per quam deceptiones & fraudes falsæ scientiæ introductæ sunt, figuraliter vulpes appellentur: hi qui in hunc errorem deducuntur, & nolunt acquiescere sanis sermonibus Domini nostri Iesu Christi, & doctrinæ quæ secundum pietatem est, sed decipi se patiuntur à talibus, isti talium vulpium partes erunt, & introibunt cum eis in inferiora terræ.

Das ist / Sie sollen den Füchsen zu theil werden / Also wolt er sagen: Den ergsten vnd boßhafftigsten Teuffeln sollen sie zu theil werden / das figürlicher vnd verblümbter weise die Füchse genent mögen werden alle böse List vnd Tück / dadurch Betrug vnd verfürische Wissenschafft eingeschoben ist worden. Die nun in solchen Irrthumb verführt werden / vnd wollen bey den heilsamen vnnd warhafftigen worten deß HERRN Christi nicht bleiben / noch die reine Lehr behalten / sondern lassen sich von solchen betriegen / die sollen den Füchsen zu theil werden / vnd mit jhnen in die Hellische Pein

Augustinus. eingehen. August. deutets auch / wiewol etwas vngereumpt / auff das Jüdische Volck / welches das vnschüldige Lamb CHRIstum nicht wolten zum König haben / vnd namen an Herodem den listigen Fuchs / rc.

Matth 8. Die Christen vnd jhr Heupt sein ermer als die Füchs. Bey diesem Stand ist auch Christi Spruch Matth. 8. von seiner vnd aller Christgleubigen Armut zu mercken. Ein Schrifftgelehrter sprach: Meister / ich wil dir folgen wo du hin gehest. Jesus aber antwortet / Die Füchs haben Gruben / vnd die Vögel vnter dem Himmel haben Näster / aber deß Menschen Son hat nit / da er sein Heupt hinlege. Luc. 9. Als wolt

Christus

Christus sagen: Wenn du Reichthumb Gelt vnd Gut nach trachtest/gewissen sitz/Haus vnd Hoff haben wilt/so darffstu mir nicht nachfolgen / denn ich hab kein Weltlichs Königreich/Ich theile nicht aus Fürstenthumb/Gold vnd Silber/ sondern gleich wie ich Arm worden bin/also müssen sich auch meine Jünger vnd Schüler darzu gewehnen/das sie arm seyen/grossen Gütern nicht nachtrachten/ja das die Füchse eher jhre Hölen vnd Gruben haben/denn ich vnd meine Christen vnser gewisse wohnung. Das ist nicht allein an Christo war worden / sondern die erfahrung gibts noch teglich / das die warglenbige Christen entweder von iren Gütern/ Haus vnd Hoff vertrieben werden / oder aber sonsten in Armut/Creutz vnd bekümmernis leben/ das sie mit der hüllen vnd füllen für gut nemen müssen / Aber die Füchsische Tellerlecker vnd Fuchsschwentzer haben jhre gewisse Gruben.

Lutherus. Christus hoc responso declarat, quod regnum suum non sit regnum mundi, & q͂ oporteat Christianum, si res postulet, etiam pauperiorem fieri, q͂ sit vulpes aut auis, vt nec nidum certum habitandi, nec foueam refugij habeat, sed libenter periclitetur omni hora propter Euange. Et ita faciunt etiam omnes verè Christiani. vtuntur suis bonis, habent nidos & foueas. Sed vbi opus est propter Christum ista relinquere faciunt, & libenter carent loco etiam in quo caput reclinare tanq͂ suo possint. Summa Christianus nec loco certo fidere debet, quanto minus alijs bonis, sed pendere debet spe futuri regni, & hoc mundo vti tanquam non vtatur. Das ist/ Christus zeigt an mit dieser antwort / sein Reich sey nicht ein Weltlich Reich/ vnd der Christenheit Hölen/ ja vmb deß Euangelij willen keine stund der gefahr sich wegern/ vnnd das thun auch alle rechtgleubige Christen/sie brauchen jre Güter/ Lutherus.

haben

haben jhre Näster / jhre Gruben / Wo es aber nicht anders sein kan/vnd die noth erforderts/ so verlassen sie vmb Christi willen alles / auch den ort / da sie sonst jhr Heupt hingelegt/ vnd geruhet haben. Summa/ ein Christ sol auff keinen ort gewiß trawen/viel weniger auff andere Güter/sondern allein hoffen auff das zukünfftige Himlische Reich/ vnd diese Welt brauchen / als ob er sie nicht braucht. Die Christen mögen vnd müssen sich dessen versehen / das sie weniger vnd vngewisser bey jhren Gütern / Haus vnnd Hoff bleiben / als die Füchs in jhren Löchern.

Ambrosius

Ambrosius in Lucam deutets auff die Ketzer / welche nicht in der gemeinen versamlung seind / sondern jhnen eigne Gruben vnd Hölen ausser der Christlichen Kirchen machen/ (Vulpes fallax animal & insidijs semper intentum, rapinam fraudis exercet, nihil tutum, nihil ociosum, nihil patitur esse securum, quod inter hospitia hominum prædam requirat. Hæreticis autem vulpes comparat: Vulpes enim plenum fraudis est animal foueam parans, & in fouea semper latere desiderans: Ita sunt hæretici, qui domum sibi parare non norunt, sed circumscriptionibus suis alios decipere conantur: Iacob domum habitat, hæreticus in fouea est vt fraudulenta vulpes. Gallinæ illi Euangelicæ (Matth. 23.) dolum semper intendens, hoc animal neq; mansuescit vnquam, neq; vllius vsui est aut cibo vtile. Quin etiam à fructibus suis eas relegat Dominus dicens, Capite nobis vulpes. &c.

Das ist / Der Fuchs ist ein betrieglich Thier/ das jmmer mit Listen vmbgehet/ seinen Raub mit betrug erjagt/ wo er in einem Haus hinkommen kan / ist für jhm nichts sicher/ nichts müssig noch friedlich / das er nicht zu rauben begert. Es vergleicht aber der HERR allhie den Ketzern die Füchs.

Denn

Denn ein Fuchs ist ein Thier/ voll betrugs/ macht jhm eine Höle/ vnd in der Höle begert er jmmer zu bleiben: Also sein die Ketzer/ die jhnen zwar nicht wissen Heuser zu bowen/ aber mit jhren Fallstricken andere zu betriegen sich befleissigen: Jacob wohnet im Haus/ ein Ketzer ist in der Hölen/ wie ein listiger vnd betrieglicher Fuchs/ der der Euangelischen Hennen (Matth. 23.) listiglich allezeit nachstehet. Diß Thier wird nicht zahm/ dienet auch weder zur Speis/ noch sonsten: Ja der HERR Christus wil sie selbst bey seinen Früchten nicht dulden/ spricht: Fahet vns die Füchse) Diese Füchsische Ketzer lauren auff die Frommen / wie sie es erhaschen/ sie werden nicht zahm/ seind auch weder zu essen/ noch sonsten nützlich.

Weitleufftiger handlet Ambrosius von diesen Füchsen Tom. 3. sermon. 79. darin er nicht allein die Ketzer Füchse nennet/ sondern auch einen jeden MaulCristen/ der mit worten heraus fehret / aber im Hertzen weit anders gesinnet ist/ dem Nechsten schaden beweist / ꝛc. Die Lateinische wort sind diese:

Saluator noster qui cogitationes hominum sensusq́; prouidet, audiens quidem vocis obsequium, mentis autem versutiam recognoscens, tali illum animali comparat, quod aliud voce indicet, aliud moribus operetur. Vulpes latratu canis resonat, dolo rapinam fraudis exercet, &c. Tacentem ergo (alium) nec opinantem assumit, &c. Infrà: Videte quid respondeatur illi petulanti? Vulpes foueas habent, &c. Videte cui rei subtiliter comparetur? Est enim hoc genus animalis fallax, & insidijs semper intentum, rapina fraudes exercens, quod nihil tutum, nihil ociosum, nihil patitur esse securum, quod inter ipsa quoq́; hominum domicilia prædam requirat.

Quam comparationem non ſolum propter illam ſcriptam puto, ſed etiam propter pleroſq; Chriſtianos, qui ore quidem Dominum confitentur, moribus autem vulpium fallacia diuerſantur. Omnis enim Chriſtianus qui ſua vult peccata cælare, hîc ſpiritualiter vulpes eſt. Sicut vulpes propter fraudes ſuas latibulis demoratur: Ita & peccator tacens propter conſcientiam ſuam peccatorum foueis deliteſcit. Et ſicut illa non audet inter medias hominum turbas morum ſuorum oſtendere fallaciam. Ita & hic erubeſcit in media Eccleſia conuerſationis ſuæ nequitiam confiteri. Vulpem planè dixerim OMNEM CHRISTIANVM, qui ſuo inſidiatur vicino, qui quotidie nititur fines alienos arrodere, fructus inuadere, animalia deuorare, & quod eſt familiare huic tempori, non iam vulpium more pullos, ſed luporum more rapere Porcos, qui dum ſuo labore poſsit ſe iuuare, ferarum rabie prædam captat alienam. Hæreticos etiam omnes arbitror vulpibus comparandos, qui cum in domo Domini habitare non poſsint, conuenticula ſibi quædam velut foueas præparant tenebroſas, in quibus pertinaciter latentes, inſidiantur Eccleſiæ, vt ſi qua innocens anima forte præceſſerit, velut pullum matris gallinæ abſorbeant. Matth. 23.

Das iſt/ Sehet/ was den mutwilligen Geſellen geantwort wird: Die Füchs haben jhre Löcher/ ꝛc. Sehet/ wem er verblümbter weis vergliechen wird. Denn der Fuchs iſt ein betriegeriſch Thier/ der nur mit liſt vmbgehet/ mit betrug erjagt es ſeinen Raub/ das nichts/ auch in der Menſchen wonung mit frieden/ ſicher vnd müſſig ſein leſt/ daß es nicht begert zu rauben. Welche vergleichung ich achte/ das ſie nicht ſeinethalben allein/ ſondern allen Chriſten zum beſten auffgeſchrieben

schrieben

schrieben sey/derer viel den HERRN mit dem Munde bekennen / aber mit der that / nach der Füchse list vnd betrug/ verleugnen. Denn ein jeglicher Christ/ der seine Sünde wil verschweigen/der ist ein Geistlicher Fuchs. Denn gleich wie ein Fuchs/wegen seines betrugs/in seiner Hölen bleibt: Also ligt auch ein Sünder / der seine Sünden verschweigt/ in der Hölen der Sünden / wegen seines Gewissens: Vnd gleich wie der Fuchs sein list vnd betrug den Leuten nicht weisen darff: Also schewt sich auch der Sünder in der Kirchsamlung seine Schalckheit zu bekennen. Ich mag den Christen wol ein Fuchs nennen / der seinem Nehesten heimlich nachstelt / der teglich anderer Leut Güter sich vnterstehet anzutasten/ frembde Frücht einzunemen/ frembde Thier zuuerzehren/ vnd wie es jetziger zeit sehr gemein ist/nicht allein wie die Füchs junge Hennlein/ sondern wie die Wölff gantze Schwein zu stelen/ vnd wie die wilden Thier mit rauben sich nehren / da man sich doch mit arbeiten erhalten könt. Ich acht auch gentzlich dafür / das alle Ketzer den Füchsen zu vergleichen sein / welche/ wenn sie im Haus deß HERRN nicht sein können/ suchen sie Schlupfflöcher/ da sie/wie die Füchs/in Hölen vnd finstern orten sein können / darin sie halsstarriger weis ligen/ vnd der Kirchen mit list nachstellen / auff das / wenn etwan einmal ein vnschüldige Seel fürüber gehet/sie dieselbige erhaschen/vnd von der Kirchen/ als ein junges Hennlein von der Mutter abreissen/vnd verschlingen.

Chrys. Tom. 5. ser. in Psal. Dominus regnauit, exultet terra, &c. Verstehet diesen Spruch Christi auch von den Ketzern / welche einschleichen in die ware Kirchen / vnd viel vnschüldige hertzen verführen. Vulpeculæ sunt hæreticorum discipuli, qui scilicet ingressi in Ecclesias nostras, fideles qui in vinea Christi vt botri se exhibẽt, falsa doctrina subuertunt, corrũpunt enim bonos mores colloquia praua. Chrysosto.

Augustinus. Augustinus fragt/ Warumb Christus diesen gutwilligen Jünger nicht hab annemen wollen? Antwortet er: Das er durch Christi Wunderwerck zur Eitelehr gereizt sey worden/ vnd hab doch ein Fuchs im Hertzen gehabt/ sey jm nicht vmb Christum vnd sein Wort/ sondern vmb die grosse Ehr/ Ansehen/ vnd Reichthumb zu thun gewesen. Intelligitur miraculo Domini commotus propter inanem iactantiam eum sequi voluisse, quam significant aues. Finxisse autem discipuli obsequium: Quæ fixio vulpium nomimine significata est: Reclinatione verô capitis humilitatem suam significauit, quæ in illo simulatore ac superbo non habebat locum. Lib. quæst. ex Matth. quæst. 5. Vnd sermon. 7. de verbis Domini. Filius hominis non habet) Vbi non habet? In fide tua. Vulpes enim foueas habent in corde tuo, quia dolosus es, volatilia cœli habent nidos in corde tuo, elatus es: dolosus & elatus me non sequeris. Quomodo dolosus sequitur simplicitatem? Das ist/ Deß Menschen Son hat nicht/ da er sein Heupt hin lege: Wo hat ers nicht? Antwort. In deinem Glauben. Denn die Füchse haben jhre Hölen in deinem Hertzen/ weil du so betriegerisch bist: Die Vögel deß Himmels haben jhre Näster in deinem Hertzen/ denn du bist zu stoltz. Wegen deines Betrugs vnd Hoffarts folgestu mir nicht nach. Denn wie wil ein betriegerischer Mensch der einfalt folgen?

VVLPIS PROPRIETATES HÆRE-ticis & hypocritis conuenientes Hugo Cardinal. in Psal. 62.

Fœtor, auis, Lar, vox, via, cauda, color, caro, pes, fraus,
Taxus, pulex, pellis, proles, pilus, vnda, canis, lux.

1. Fœtor coram Deo quasi mortui. Esa. 34. De cadaueribus fœtor eorum ascendet.
2. Auis est vir spiritualis, cui vulpes insidiatur quasi gallinæ, sicut Herodes Christo, Luc. 13.
3. Lar, hoc est, fouea Matth. 8. Vulpes foueas, &c. Hypocritæ meretrices. Prouerb. 23, meret.
4. Vox, gannit & fingit se latrare. Esa. 10. Non erat qui aperiret os & ganniret.
5. Via. Non vadit recta via, sed per anfractus. Prouerb. 2. Quorum viæ peruersæ.
6. Cauda. Magna est & pilosa, & Diabolum sequuntur magni & diuites huius seculi. Esa. 9. Apoc, 12.
7. Color Rufus, sicut Dauid, quia angelus satanæ se transfig in ang. lucis. Draco rufus.
8. Caro. mali saporis est & comeditur pro Podagra & Artretica: & infirmas iuncturas habent qui charitate carent, quæ est vinculum, sed cibum masticant, & sentiunt amaritudinem diaboli, curantur. Psal. 73. Dedisti eam escam populis Ethni:
9. Pes tortus est & tibia curta: contra, Ezechiel. 1. 6. Pedes eorum recti.
10. Fraus. Esa 32. fraudul. Vasa pessima.
11. Taxus facit foueam, & vulpes eo absente stercorat ibi, & Taxus propter immundiciam recedit: Simili modo effugat diabolus Dominum de corde hominis. Psal. Factus sum tanquam vas perditum.
12. Pulex: dicitur quod vulpes tenet lanam in ore, & paulatim se mergit in aqua á parte caudæ, donec pulices fugiant ad lanam, & tunc deserit eam in aqua: Pulex est reprehensio mordax, quam membra diaboli veraste in aliorum vellere vergunt & reprehensores suos persequuntur, 1. Reg. 24. Perseq. pulicem vnum.
13. Pellis sola est chara venatoribus, hoc est, externa conuersatio hypocritarum & hæreticorum, quæ est in mortificatione carnis, quam debent sibi boni assumere, & cadauer abijcere, quod sub pelle absconditur, &c.
14. Proles multa & patrisans. Iob, 21. Egrediuntur quasi greges paruuli eorum.
15. Pilus, longus & densus, hoc est, temporalia habent multa.

16. *Vnda, quando insequitur venatores & canes, totam præter nasum se suspendit in flumine per ramum, & sic latet vt dicitur: Sic hypocrita, hæreticus & diabolus, abscondunt se a canibus, sed tamen nasus emittit spiritum malæ suggestionis. Sed Amos 9. Etsi celauerint in profundo maris.*

17. *Canis videtur in anteriore parte sed non in posteriore, vbi cauda maiore. sic illi videntur similes prædicatoribus in primis verbis, sed in fine mordent vt coluber & quasi regulus venena diffundunt. Prouerb. 23.*

18. *Lux oculorum, micat de nocte. Ierem. 4. f. Sapientes sunt vt mala faciant & benefacere nescierunt, &c.*

Der ander Stand.

Luc. 13. Nennet Christus den Herodem ein Fuchs.

Brentius vermeldet die vrsach.

IM andern Stand ist sonderlich das Vrtheil Christi vom König Herode zu mercken. Lucæ am 13. Die Phariseer kommen zu Christo / vnd sagen zu jm: Hebe dich hinaus / vnd gehe von hinnen / denn Herodes wil dich tödten. Jesus aber sprach zu jhnen: Gehet hin / vnd saget demselbigen Fuchs / sihe / ich treib Teuffel aus / vnd mach gesund heut vnd morgen / vnd am dritten Tag werde ich ein ende nemen. Christus nennet den König Herodem Antipam einen Fuchs / seiner list / betrug / vnd räuberey halben / wie diß Brentius anzeigt / vnd mit Exempeln erkleret: Quod cognomen vulpis Herodi tribuit, appositissimè dictum est: Nota est calliditas vulpis, quæ vrgente fame somnum assimulat, vt allectas aues capiat deuoretq́ue. Vocabulo igitur vulpis exprimit Christus subdolum, versutum & callidum Herodis ingenium, quod etiam manifestis factis proditum erat. Herodes enim vulpinando rapuit vxorem fratris sui, Herodiadem: Vulpinando audiuit conciones Iohannis B. & occidit eum. Etiam nunc vulpinando conatur Christum è Galilæa eijcere, vt officio suo non fungatur.

Das ist / Herodem nent er gar artlich einen Fuchs / denn wie die Füchs thun / als wenn sie schlieffen / biß sie die Vögel herbey

herbey bringen/ erhaschen vnd fressen: Also thet auch Herodes in allen seinen Hendeln. Mit list name er seinem Bruder Philippo sein Weib Herodiadem. Mit listigen Fuchsohren höret er Johannis Baptistæ Predigt/ vnd tödtet jhn. Mit Füchsischer Listigkeit wil er nu auch Christum aus Galilea vertreiben/ vnd von seinem Ampt abschrecken. Wiewol Cyrillus vnd Theophylactus dafür halten/ Christus hab viel mehr die Phariseer/ so jhm diese botschafft brachten/ mit diesem namen perstringirt vnd angestochen/ jedoch redet der text vom Herode: Vnd spricht Origenes homil. 4. Cant. Herodem quoq; vulpem nominatum pro fallaci calliditate credendum est. Das ist/ Es ist wol zu gleuben/ das Herodes vom HERRN Christo ein Fuchs genennet ist worden/ wegen seiner betriegerischen listigkeit vnd geschwindigkeit. Cyrillus. Theophylactus. Origenus.

Vnd Beda in seinem Commentario: Propter dolos & insidias Herodem vulpem appellat, quod plenum fraudis est animal, in fouea propter insidias latens, odore fœtens, nunquam rectis itineribus incedens, quæ omnia hæreticis conueniunt, quorum typum Herodes tenet, qui Christum, id est, humilitatem Christianæ fidei in credentibus conantur extinguere. Das ist/ Wegen der list vnd heimischer tück nennet er Herodem einen Fuchs/ der ein betrieglich Thier ist/ ligt in der Hölen/ weil es andern heimlich nachstellet/ stinckt vom geruch/ gehet nimmer auff rechtem weg einher/ welches sich alles mit den Ketzern gar fein reimet/ deren Herodes ein fürbild ist/ als die den HERRN Christum/ das ist/ ware demut Christliches Glaubens bey den Gleubigen auszutilgen begeren. Beda

In diesem andern Stand ist auch Simson der Richter Jsraels zubetrachten. Judic. am 15. Da jhm sein vermehlet Weib genommen/ vnd einem andern gegeben ward/ sprach Simson/ Jud. 15. Von den Füchsen/ die Simson gefangen.

Simson/ Ich hab einmal ein rechte sach wider die Phtlister/ ich wil euch schaden thun/ vnd Simson gieng hin/ vnd fieng drey hundert Füchse/ vnd nam Brende/ vnd kehret ja einen Schwantz zum andern/ vnnd thet einen Brand ja zwischen zween Schwentze/ vnd zündet dir an mit Fewer/ vnd lies sie vnter das Korn/ Weinberg vnnd Oelbewm/ Da zogen die Philister hinauff/ vnd verbranden sie (seine ge wesene Braut) sampt jhrem Vater.

Ob diese That des Simsons zu loben.

Diese tapffere That deß Simsons ist nicht aus eigner Rach vnd Feindschafft geschehen / sondern nach seinem Oberkeitlichem Ampt vnd Beruff verrichtet worden/ also/ das er fuge / recht vnd macht gehabt / wie/ wann/ vnd womit er vermöcht die Feinde deß Volcks Gottes zu straffen.

Simsons Weib wider gestrafft.

Es ist aber bey diesem / durch die Simsons Füchs/ zugefügten schaden zu mercken vnd lernen: Erstlich / das deß Simsons Schweher vnnd gewesenem Weib eben recht geschehen ist / denn sie besorgten / wenn sie den Samson nicht listiger weise betriegen/ vnnd den Philistern verrhaten / so möchten sie von jhnen verbrand werden / wolten also durch vnrecht den straffen entfliehen/ aber eben das bringen sie vber jhren eignen Hals/ das sie verbrend werden. Wie denn auch deß gemeinen Mans gunst vnd freundschafft zu erwegen ist/ die weren so lang / als sie eines geniessen können/ wenn der nutz weg ist/ so ist auch die Freundschafft aus/ wie Brentius vber diese Historiam schreibt.

Allegorien der alten Lehrer. Origenes.

Die Patres allegorisiren jhrem brauch nach / mit diesen Füchsen. Origenes vergleicht den Richter Samson einem rechtschaffenen getrewen Prediger / der die Füchs / die falsche Propheten / mit dem warhafftigen Göttlichen Wort fehet/ sie mit jren eigenen worten bestrickt/ vnd jre böse schädliche Früchte anzündet. Vnd die zahl der 300. Füchs bedeut

die

die dreyerley Sünde/ Denn alle Sünden werden begangen mit wercken/ mit worten/ oder mit verwilligung vnd nachgebung. Vulpes sunt fallaces peruersiq; Doctores, quos Samson, qui veri & fidelis doctoris imaginem tenet, verbo veritatis capiens caudam ad caudam colligit, id est, aduersantes sibi & aduersus seinuicem sentientes docentesq; confutat, atq; ex ipsorum verbis propositiones collectionesq; accipiens in Allophylorum segetem, ignem conclusionis emittit, & ex proprijs eorum argumentis, omnes eorum fructus vineas & olíueta pessimæ generationis incendit. Et numerus 300. vulpium triplicem formam indicat peccatorum: Omne enim peccatum aut in FACTO, aut in VERBO, aut in CONSENSV admittitur.

Also allegorisirt auch Ambrosius Tom. 4. in Psal. 118. sermone 11. von den falschen Lehrern/ die anfangs trefflich heulen vnnd schreyen/ ein frölichen anfang/ aber ein böses fewrisch end daruon bringen. Per hanc figuram Samson significat, quod improbi ac fraudulenti homines, & maximè hæretici liberam linguam habeant ad latrandum. sed exitus impeditos: aut religiosa principia, finem vero fraudis suæ incendio deputatum. Ideoq; & trecentas vulpes dimisit, eò quod perfidi, crucis quidem se prædicatione commendare desiderant: sed mysterium eius tenere non possunt, qui hac prædicatione composita & falsa atq; simulata vrere magis fructus conantur alienos: cum vtiq; vera crux Domini non exurat aliena merita, sed fœcundet. Meritoq; scriptum est in canticis Cant. Præhendite nobis vulpes pusillas &c. quo ostenditur quod uel Dominus Iesus vel Ecclesia, fraudulentorum dolos à vineis suis exterminandos esse præcipiant, ne pauxillulis vineis Ambrosius.

lis vineis noceant, quia adultis iam vitibus nocere non possunt. Hæreticus enim imperfectum tentare potest, non potest supplantare perfectum.

Das ist / Mit dieser Figur zeigt Simson an / das Gottlose vnd betriegerische Leut / sonderlich aber die Ketzer / freye Zungen haben zu bellen / aber es gelinget jhnen nicht / oder scheinbaren anfang der heiligkeit / jhr end aber deß betrugs sey gericht zum Fewer. Darumb lest er 300. Füchse lauffen / das die Meineidigen sich deß Creutzes zwar zu rhümen begeren / aber dessen geheimnis verstehen sie nicht / sintemal sie mit solchem erdichten / falschen vnd scheinrhum anderer Leut Frücht zu verbrennen sich vnterstehen / da doch das rechte Creutz deß HERRN anderer werck oder verdienst nicht verbrennet / sondern bessert. Darumb stehet billich in Cant. Fahet vns die kleine Füchs: damit erwiesen wird / das entweder der HERR Jesus selbst / oder die Kirche befohlen / das man listige betrieger vnd verführer aus seinen Weinbergen sol ausrotten / damit sie den jungen Weinbergen nicht schaden / weil sie den alten kein schaden zufügen können. Denn ein Ketzer kan zwar ein vnuolkommenen vnd vnberichten versuchen / aber ein vollkommenen kan er nicht bereden noch verführen.

Augustinus. Augustinus serm. 107. de tempore. spricht: Samson ist ein vorbild aller rechten trewen Lehrer / welche die listige Füchs die falsche Propheten fangen / binden / mit der H. Schrifft vberweisen vnd vberwinden. Das sie aber zusammen gebundene Schwentz mit Bränden haben / ist ein anzeigen / ob sie schon mit grosse worten vnd wercken vorderwerts daher prallen / das sie dennoch gebunden vnd gefangen sind / vnd das Hellisch Fewer jhnen nachfolget / vnd allen denen / so sich von jhnen haben lassen verführen. Videamus mysterium: iste Samson (Christus) quid fecerit offensus? Cæpit vulpes,

Id est,

id est, adulterantes sodales, de quibus dicitur Cant. 2. Capite nobis vulpes, &c. Quid est capite? id est, comprehendite, conuincite, confutate, ne exterminentur Ecclesiasticæ vineæ &c. Quid sibi volunt caudæ vulpium colligatæ? Caudæ vulpium quid sunt nisi posteriora hæreticorum, qui prima habent magna, blanda & deceptoria opera, posteriora ligata, id est, damnata & ignem in fine trahentia, vt eorum fructus & acta, consumant qui suis seductionibus acquiescunt.

Zum beschluß dieses Thiers ist aus dem Nehem. 4. Cap. ein Spruch/zu allen dreyen Stenden gehörig/zu betrachten. Die losgegebene Jüden baweten jhre Stadt Jerusalem widerumb/das verdroß den Sanebellat gar sehr: Aber der Ammoniter Tobia sprach/ Laß sie nur bawen/wenn Füchse hinauff zögen/die zurissen wol jhre steinerne Mawren: Darauff Nehemia Gott anrufft: Höre vnser GOtt/wie veracht sind wir/kehre jhren schmach auff jhren Kopff/das du sie gebest in verachtung im Land jhres Gefengnis/ ꝛc. Nehem. 4.

Hie höret vnd lernet man/ wie die Gottlosen Weltkinder/ der Gleubigen Werck vnd thun verlachen vnd vernichten/das jhre aber hoch achten vnd in Himmel heben/ Aber Gott kehrets vmb/ist in den Schwachen starck vnd mechtig/vnd stöst die Gewaltigen vom Stuel/vertreibt jhnen jhr spotten.

Lyra meinet es sey ein vorbild der verfolger Christi/welche seiner am Creutz spotteten / Ach der du den Tempel Gottes abbrichst / vnd jhn in dreyen tagen widerumb bawest. Lyra.

Origenes homil. 4. in Cant. legts auch aus von den falschen Lehrern / die Hochgelahrte naßweise Leut verspotten Gottes Wort vnd den waren Euangelischen Glauben/ weil er ohne weltliche kunst vnd Philosophia vorgetragen vnd angenommen wird/sprechen gantz hönisch/ der Glaub vnd die lehr sey bald mit der Dialectica vnd geschmitzten Philosophischen Origenes.

Argumenten oder Schlußreden vmbgestossen. Aber Paulus sagt 1. Cor. 2. Mein wort vnd meine Predigt war nicht in klugen reden Menschlicher Weisheit/ ꝛc. Warnet auch dafür Coloss. 2. Ich sage euch daruon/ das euch niemand betriege mit vernünfftigen reden/ ꝛc. Rom. 16. v. 18. Durch süsse wort vnd prechtige Reden verführen sie die vnschüldigen Hertzen. Wie die Sacramentschwermer mit jhrer auffgeblasenen schwülstigen kunst thun.

Origenis wort sind diese: Cum ædificarentur sancta sanctorum, id est, cum fides Christi & sanctorum eius mysteria conderentur: Inimici veritatis, fideiq; contrarij, qui sunt sapientes huius seculi, videntes absq; grammatica & peritia philosophica consurgere muros Euangelij, velut cum irrisione quadam dicunt, perfacile hoc posse destrui calliditate sermonum, per astutas fallacias & Argumenta Dialectica.

Das siebende Capitel/

Von dem frembden Thier Hyena

Im dritten Stand Syrach 13

EInmal wird dieses Thier inn der Deudtschen Bibel Syrach 13. den gemeinen Stand betreffend/ eingefüret: Wie Hyena mit dem Hund sich gesellet/ also auch der Reiche und dem Armen.

Amen. Droben bey dem Hund ist dieses erkleret worden. Wollen jetzt von diesem Thier etwas aus den Patribus weiter anzeigen.

Origenes homil. 8. in Ieremiam, vber den Spruch/ (nach der septuaginta translation,) Hæreditas facta est mihi spelunca Hyenæ. (Nach vnser Bibel: Mein Erb ist wie der springlicht Vogel) De sua hæreditate prænunciat, (Deus per Prophetam) quod spelunca Hyenæ futura sit bestiæ rabidæ & ferocis, mortuorum cadaueribus viuentis: quæ semper sepulchris & ossibus incubat. Das ist/ Gott sagt durch den Propheten von seinem Erbe/ das ein Höle sein werde/ darinn das wilde reissende Thier Hyena sein werde: welches jmmer zu den Grebern sich helt/ etc. Origenes.

Hieronymus in expos. huius loci iuxta 70. Interpr.) Sin iuxta Septuag. Hyena legatur referamus ad immundiciam nocturnæ bestiæ, quæ viuit cadaueribus mortuorum & de sepulchris solet effodere corpora, nihilque est immundiciæ qua non vescatur: Talis est Israel offendens Dominum suum & omnium bestiarum morsibus traditus. Idem in Esaiæ 65. Hoc animal (Hyena) semper cadauera persequitur, & viuit succo & sanie corporum mortuorum. Ist ein grawsam vnflätig Thier/ welches bey den Grebern wohnet/ die verstorbene Leiber ausgrebet/ vnd frist. Solchem Thier wird das Abgöttische Volck Juda verglichen/ vnd setzet Hieronymus hinzu die Ketzer: Martionem, Valentinum, Eunomium, &c. Von deß Syrachs Spruch vnd Lehr besihe droben bey dem Hund/ etc. Hieronymus

Das Achte Capittel/

Vom Affen.

ES wird auch diß Thier nur einmal in der schrifft 1.Reg. 10. 2.Chron. 9. gelesen. Deß Königs Salomonis Meerschiff / das auff dem Meer mit dem Schiff deß Königs Hiram fuhre / kam in dreyen Jahren einmal / vnd bracht vnter andern auch Affen. Welches verzeichnet ist/ die grosse Reichthumb/ Herrligkeit vnd Mayestät Salomonis anzumelden/ das er fremdde auslendische/ zuuor vnbekante Thier von fernen hat bringen lassen.

1.Reg.10. 2.Chron.9 Salomonis Schiff bringet auch Affen.

Man erfehret gleichwol / das dieses auch noch der zeit/ aber aus lauterm Furwitz vnd pracht/ bey grossen Herren gewönlich ist/ denn was heimisch vnd inlendisch ist gilt nichts/ was aber frembd vnd auslendisch ist helt man hoch vnd wert/ so doch GOtt nach seiner Weisheit vnd Güte einem jeden Land seine gebürende Gaben vnnd Segen ausgetheilet hat/ welche man mit danckbarem Gemüt annemen vnd gebrauchen solt.

Bedeutung solcher fremden Thier/ so Salomon holen lassen

Aber was Salomonis frembde Thier vnd andere Wahr anlangt/ wars kein furwitz noch schaden/ sonderlich aber seind sie ein andeutung gewesen der mancherley seltzamen Menschen/ welche aus der Heydenschafft in das Reich Christi beruffen solten werden.

Vnd

Vnnd seind die Affen inn der Christlichen Kirchen die gleißnerische Heuchler/welche sich von aussen wie ware Christen erzeigen / aber inwendig deß Glaubens mangeln. Wie Osiander schreibet. Simiæ in regno Christi sunt hypocritæ, piorum opera externè imitantes. Wer die Affen in der Kirchen sein.

Hieronymus in 2. cap. Esaiæ sagt von den Schiffen Salomonis vnd Josaphat/ Dieser hab sich zum Gottlosen König zu Samaria gesellet / jener aber sich mit den Auslendischen Heydnischen Weibern vergriffen/ vnd in Abgötterey gerahten/ welches Hieronymus auff die Heyden vnd Ketzer in der Kirchen deutet/ vnd bey den Affen spüre man similitudinem rationis humanæ, die sich wol als Menschen wollen erzeigen/aber doch da sey kein verstand vnd vernunfft. Hieronymus.

Rabanus sagt in Glossa. Per Simias actus humanos imitantes, sed bestialiter viuentes significantur, qui ex gentibus ad fidem veniunt: qui fidem tenere videntur, & operibus negant. Das ist/ Die Affen seind die bekehrte Heyden / die zwar mit dem Munde rhümen jhren Glauben/ aber nicht mit einem Christlichen leben an tag geben vnd beweisen. Rabanus.

Chrysostomus in der ander auslegung Matthei vom Schaffsbeltz: Simia hominis habet membra, & per omnia hominem imitatur, nunquid propterea dicenda est homo? Sic & hæresis omnia Ecclesiæ habet, & imitatur mysteria, sed non sunt Ecclesiæ. Affen sind die Ketzer/ welche wol vermeinen den Glauben zu haben/ sind aber doch nit gleubige/ ob sie wol alle Geheimnis der Kirchen haben vnd sbrauchen/ so wenig ein Aff ein Mensch ist/ ob er gleich dem Menschen alles wil nachthut. Chrysostom.

Der

Das Fünffte Theil/

Von den vergifften kriechenden Thieren / Würmen vnnd Vngezieffer.

Das Erste Capitel/

Vom Drachen.

DRoben inn der Vorrede/vnd auch zu anfang deß 4. Theils ist die Frag von den schädlichen gifftigen Thieren / ob sie also von ersten von Gott erschaffen / oder der Sünden halben nacher verendert seyen / gehört vnd gehandelt worden. Wir wollen jezt den grawsamen gifftigen Drachen / der zu Land gefunden wird/nach den dreyen Stenden besehen.

Der erste Stand. Esa. 43. Vnd im ersten Stand weissaget Esaias am 43. Das Gott in der Wüsten Wege machen wölle/ vnd Wasserströme in der Einöde/das jn die Thier auff dem Felde/die Drachen vnd Straussen preisen sollen/denn er wölle sein Volck mit Wasser vnd Strömen trencken. Durch die Drachen verstehet Esaias die grawsamste gifftigste Völcker vnd Heyden/ so durch die Predigt deß Euāgelij zum glauben an Christum gebracht

gebracht vnd bekehret / die lebendige Wasser vnd Gaben deß heiligen Geistes trincken / vnd darmit an der Seelen / für dem Zorn Gottes vnd Hellischem Fewer sölien erquicket vnd getröstet werden / vnd Gott von hertzen mit Mund vnd Wercken loben.

Es werden aber zumal der Teuffel vnd Gottlose Verfolger mit diesem grawsamen gifftigen Thier abconterfeyt vnd beschrieben / Vnd doch die Christen darneben getröstet / das sie jhnen nicht sollen schädlich sein. Hieruon ist von ersten der Spruch aus dem Psalm 91. zubehalten: Ist ein schöner trost / das die jenigen / so im schutz vnd schirm deß Allmechtigen sind / auff die Drachen (dardurch die Hellische Geister vorgebildet werden) tretten sollen / zu förderst aber sols Christus thun.

Wie dieses Thiers gedacht wird in der Bibel.

Psal. 91. Trost derer die in Gottes schutz sein.

Chrysostomus Tom. 2. in hunc Psal. Quia Diobolus in Mari huius seculi negocia damnosa agit, Draco dictus est, qui illudit mundo & conculcatus est à Domino nostro Iesu Christo, qui percussit eum in gladio oris sui in morte sua, in precio redemptionis nostræ. Diabolus qui lætatus est in primo homine captiuato, exinde captiuatus est Christo resurgente glorificato, qui conculcauit Leonem & Draconem. Das ist / Christus hat den Drachen / der die gantze Welt verlacht / vnd gefangen hilt / mit dem Schwerdt seines Mundes in seiner Aufferstehung vberwunden / vnd mit Füssen getretten / dem auch alle Christgleubige nachfolgen / vnd jhn vberwinden.

Chrysosto.

Es verstehen etliche Lehrer allein nach dem eusserlichen Buchstaben die gifftige eusserliche sichtliche Thier / so den Frommen an der Seelen ohn schädlich sollen sein / wie auch Sapien. 16. geschrieben ist: Deinen Kindern / O HERR / kundten auch der gifftigen Drachen Zeene nicht schaden /

denn deine BARMHERtzigkeit war dafür / & cætera.

Der Teufel durch dis Thier vorgebildet sehr schrecklich. Apoc. 12.

Schrecklich wird aber der Teuffel Apoc. 12. durch dieses Thier fürgestelt: Erstlich ein grosser roter Drach genent/ der gantz grimmig/ feind vnd Blutgirig ist gegen vnd wider die Christgleubigen / das er sie ins Hellische Fewer bringen möchte. Darnach sagt Johannes / das er für das schwanger Weib / die Christliche Kirchen trette/ dad geboren Kindlein zu verschlingen/die Christen vmbzubringen vnd zu vertilgen. Aber es wird jhm doch endlich von Himmel hernider gestewret vnd gewehret: Noch lest er nicht abe/sondern streitet weiter mit den vbrigen von deß Weibessamen / die Gottes Gebot halten / vnd haben das zeugnis Jesu Christi: Also wird der Drach Apoc. 20. tausent Jahr gebunden/ besihe daruon die Schlangen.

Des Drachen Gehülffen.

Wiewol nu der Teuffel der rote Drach ist/vnd die grawsame verfolgung anstifftet / werden doch auch seine Werckzeug vnd Gehülffen/ der Bapst vnd sein Anhang/ darneben beschrieben werden.

Osiander.

Osiander. Draco est Diabolus & Satan, autor omnium persecutionum aduersus Christum & Euangelium eius. Tot autem capita & coronæ illi tribuuntur, quia reges & principes atq; Magistratus, Pontifices Romanos, atq; adeò tota imperia, per cornua designata, impellit, vt Christi Euangelion & Christum in membris suis persequantur. In specie autem septem capita designant Romanum imperium propter Romam, quæ septem colles seu montes habet, septem capita deinde significant Romanum imperium habuisse, diuersis tamen temporibus, omnes formas Reipub. Decē cornua præcipuas prouincias designant, &c. Romanum ergô & postea pontificium imperium horribiliter sæuijt in Christianos & multa

millia

millia Martyrio affecit, inprimis autem multos præstantes Ecclesiarum Doctores, q̃s Daniel stellis comparat, interfecit.

Das ist / Dieser rote Drach hat darumb so viel Heupter vnd Kronen / weil er Könige / Fürsten / Herren / die Bäpste / ja gantze Köngreich vnd Länder anreitzt vnd treibt / das Euangelion vnd Christum in seinen Gliedern zu verfolgen: Sonderlich aber bedeuten die sieben Heupter die Stad Rom der sieben Bergehalben / rc. vnd das Römisch vnd Bäpstische Reich / welches in der Heydenschafft vnd im Babsthumb viel frommer Christen vnd fürtrefflicher Lehrer gemartert hat.

Moses weissaget in seinem Gesang vnnd Letztpredigt / Deut. 32. Ihr Wein ist Drachengifft / vnd wütiger Ottern Gall. Welches auff zweyerley weis ausgeleget wird / Erstlich vom Neid / Haß vnd Verfolgung deß Jüdischen Volcks / wider CHRIstum / sein Euangelion / vnd alle Christgleubige. Deut. 32. Erste auslegung.

Osiander. Acerbissimo & virulentissimo odio prosequuntur Christum, eius Euangelion & omnes qui nomem Euangelio Christi dedêre: Ita vt si possent & auderent eos omnes è medio tollerent. Das ist / Sie verfolgen auff das aller hefftigst mit grossem grim Christum / sein Euangelium / vnd alle die / so sich Christen nennen / das / wo sie köndten vnd dörfften / sie gewislich keinen leben liessen. Osiander.

Darnach verstehets Lutherus von jrer vergifften schädlichen Lehr vnnd Leben / damit sie vnzehlich viel verderben. Doctrina et vita eorum sic noxia & venenata est, vt plurimos irrecuperabiliter perdat. Darum̃ sich höchlich zuverwundern / das Christgleubige Menschen / darzu auch hohe fürneme vnd Adelopersonen solche gifftige Leut trefflich ehren / auch wol jhnen jhr Leib vnd Leben vertrawen. Ander auslegung. Lutheri.

Psal. 44. Psal. 44. klaget die Christliche Kirche / warumb doch GOtt seine Kirche den Feinden vnnd Verfolgern vbergebe. Vnser Hertz ist nicht abgefallen / vnd vnser Gang nicht gewichen von deinem Wege/ noch so zuschlegstu vns vnter den Drachen / vnd bedeckest vns mit Finsternis. quasi diceret. Ob wir Christen diß für der Welt schon nicht verschulden/ noch so vbergibstu vns HERR den grawsamen gifftigen Thieren/den Drachen/ die vns zutretten vnd verfolgen/vnd bald gantz vnd gar verderben/wie Osiander sagt: Subiecisti nos Tyrannis & sæuissimis ac virulentissimis bestijs, quæ nos conculcarunt & tantum non funditus perdiderunt.

Vom Drachen zu Babel den sie anbeteten.

Wir wollen allhie auch die Apocrypham historiam vom Drachen zu Babel betrachten. Es war ein grosser Drach zu Babel / den die Babylonier anbeteten. Der König sprach zu Daniel/ Wie/ wiltu von dem auch sagen/das er nichts denn ein Ehern Götze sey? Sihe/ er lebet ja/denn er isset vnd trincket/ vnd kanst nicht sagen/ das er nicht ein lebendiger Gott sey/darumb so bete ihn an. Daniel antwortet/ Ich wil den HERRN meinen Gott anbeten/ denn derselbige ist der lebendige Gott. Du aber Herr König erlaube mir/ so wil ich diesen Drachen vmbbringen/ ohn einiges Schwert oder Stangen. Vnd der König sprach/ Ja es sey dir erleubt. Da nam Daniel Pech/ Fettes vnd Haar/vnd kochet es vnter einander / vnd machet Küchlin daraus / vnd warffs dem Drachen ins Maul / vnd der Drach borstet darvon mitten entzwey / Vnd Daniel sprach/ Sihe/das sind ewre Götter. Ob aber schon Daniel deßhalben in die Löwengruben geworffen wird/ erhelt jhn dennoch sein Gott/vnd müssen seine Feinde vntergehen. Besihe bey dem Löwen.

In dieser Historia vom Drachen spüret vnd sihet man die grosse gewalt deß Teuffels / vnd die tieffe Blindheit der

Menschen/

Menschen / so vom Satan dahin gereitzt vnd gebracht werden/das sie die grawsame Drachen für einen Gott ehren vnd anbeten/doch wird diese grobe Teuffelische Abgötterey endlich zu spott vnd schanden.

DRACONIS PROPRIETATES DIAbolo congruentes. Hugo Cardinal. in Psal. 73.

Sibilat, igniuomus, Eremi, Babylonis, arenæ,
Et maris incubitor, cristatus, edax, volat ingens.
Os breue, cauda ligans Elephantum, peruigil astu,
Aspiciens, pugnans, sensus petit, est capitosus,

1. Sibilat suggerendo Sap. 17. Spiritus sibilans, hoc est, Diabolus suggerens.
2. Igniuomus sæuiendo, Sap. 11. c. Ira plenas ignotas bestias aut vaporem igneum spirantes
3. Eremi, hoc est, claustri habitator ad tentandum.
4. Babylonis, hoc est, mundi habitator. vid. Esa. & Ier. de vastitate Babylonis.
5. Arenæ, hoc est, infructuosorum & ociosorum Ier. 9. d Dabo Hierusalem (in aceruos arenæ.
6. Maris. Ezech. 22 Psal. 103.
7. Incubitor. Ezech. 29. a. Draco magne qui cubas in medio, &c.
8. Cristatus hoc est, galeatus. Diabolus est enim fortis armatus. Luc. 11.
9. Edax. Daniel 14. e. Dedit in os Draconis. (1. Reg. 17. a
10 Volat. Esa. 30. b Leo & Leæna ex eis.
11 Ingens. Ezech. 29. Draco magne.
12. Os breue habet Draco, ad literam, & Diabolus habet os breue non natura, sed quia ligatas habet fauces, vt vrsus.
13. Cauda ligans Elephantem, hoc est, magnos & castos illaqueat cauda, hoc est, sequacibus suis viris & mulieribus, vel cauda est hypocrisis qua turpitudinem peccatorum tegit.
14. Peruigil. Iob 30. Qui me comedunt non dormiunt.
15. Astu, hoc est, fraude decipit. Apoc. 12. Qui seducit, &c.
16. Aspiciens, s acutè Eccles. 12 Oculus malus ad mala, & non satiabitur.
17. Pugnans: Hester 11. Ecce duo Dracones magni.

18. *Sensus petit, hoc est, Oculos & aures Elephantis impetit: Sicut coruus primo cadaueris oculos aufert, hoc est, intellectum,*

19. *Est capitosus, vt hic & Apoc. 12. Habens capita septem.*

Der ander Stand.

Hie werden den Vnbußfertigen straffen angekündigt bey diesem Thier

Esa. 15.

Hiskias einem Drachen vergliechen.

IM andern Stand finden wir Exempla/ das fromme vnd böse Regenten (doch mit vnterscheid) vorgebildet/ vnd der Vnbußfertigen straffe/ verwüstunge der Stedt vnd Länder angedeutet werden. Esaiæ 15. dröwet den Philistern/ die sich vber dem Todt deß Königs Ahas freweten/ Sie sollen nicht zu frölich sein/ denn aus der Wurtzel der Schlangen wird ein Basilißke kommen/ vnd jhre Frucht wird ein fewriger fliegender Drach sein: Der war der fromme Gotselige König Hißkia/ Wird aber einem Drachen vergliechen/ nicht das er ein Tyrann gewesen/ vnd seine Vnterthanen vbel gehalten hette/ sondern weil er die Feinde Gottes/ die Philister/ tapffer angegriffen/ bekrieget vnd erleget hatte. Daruon ließ 2. Reg. 18. ℣. 8.

1. Hieraus ist erstlich zu lernen/ wie die Gottlose Weltkinder vnnd Feind der Christen sich frewen/ wenns jhnen vbel gehet/ welche Sünd Gott nicht vngestrafft lest/ Prou. 17.

2. Darnach meintē die Philister/ es were nu mit dem Jüdischen Volck aus/ weil sie ein mechtigen König verlohren hatten/ Wie denn auch die Feind vnd Verfolger deß Euangelij das Te Deum laudamus singen/ wenn ein Christlicher Potentat vnd Fürst deß todes verfelt/ vnd halten/ die Christenheit müsse mit jnen absterben vnd verderben: Aber das geschicht darumb nicht/ denn GOtt das heyl vnd wolfart seiner Kirchen nicht auff Menschen/ sondern auff sich selbs/ auff sein Macht vnd Gnad gegründet/ vnd kan einen andern Schutzherrn erwecken/ der den Feinden schrecklicher vnd schädlicher ist/ als

3. der verstorbene. Wir vernemen auch allhie/ das nicht allwegen das ergste hernach kömmet/ sondern wo man ware Buß

thut

thut / auch glückliche gute zeit hernach kommen können.

Brentius beweist aus diesem ort / das Christliche Fürsten / wenn sie vmb deß Euangelij willen bekriegt werden / die noth vnd gegenwehr wol gebrauchen mögen vnd sollen. Quid dicemus? Num si hoc tempore impius quispiam Rex aut princeps faceret bellum pio principi, quod præbuisset ecclesiæ & Euangelio Christi hospitium in sua ditione, non liceret huic armis se defendere, nec externam victoriam sperare, propterea q̄ regnum Christi non sit corporale sed spirituale? Profectò talis defensio est licita, & sunt etiam suæ promissiones victoriæ. Primum enim princeps non gestat gladium frustra, sed ad iram ei qui malum fecerit. Malum autem facit impius hostis, q̄ grassetur bello in ditionem pij principis, propter doctrinam Euangelij. Quare quemadmodū officium principis exigit vt vnum aliquem latronem sæuientem in subditos suos, armis coërceat: Ita officium eius exigit, vt conatibus totius exercitus, hoc est, multorum latronum, quibus posit viribus obsistat & subditos suos defendat. Deinde Spiritus S. requirit à principibus, vt aperiant portas suas regi gloriæ, et sint Nutritij Ecclesiæ. Nunc si impius quispiam hostis tam furiosus esset, vt inferret bellum principi ob hanc causam, quod Ius diceret & in iudicio suo nocentem dānaret, innocentem autem absolueret: quis non sentiret hosti tam impio & crudeli haud quaq̄ cedendum esse, sed eum quoq̄ fieri potest modo, repellendum? Multò magis is hostis repellendus est, qui infert arma, q̄ iuxta officium tuum dederis locum doctrinæ piæ in ditione tua? Nec dubitandum est de victoria etiam externa: quippe quod facientibus suum officium, hoc est, ambulantibus in diuina vocatione ex fide promissum est diuinum & cœlestum auxilium.

Brentius.

Dan

Das ist / Was wollen wir hierzu sagen: Wenn zu vnser zeit etwan ein Gottloser König oder Fürst einen frommen Gottsfürchtigen Fürsten bekriegt / darumb / das er der Kirchen vnd Euangelio Christi in seinem Land vnterschleiff gegeben vnd auffgenommen hette / solte er nicht macht haben / sich mit dem Schwerdt zu vertheidigen / oder derenthalben keinen zeitlichen Sieg hoffen / weil das Reich Christi nicht leiblich / sondern geistlich ist? Warlich es ist wol vergönnet dergestalt sich vertheidigen / so sind auch gewisse Verheissungen deß Sieges. Denn erstlich / so tregt ein Fürst das Schwerdt nicht vmb sonst / sondern zur Rach vnd straff dem der böses thut. So thut je der Gottlose Feind böses gnug / das er / vmb der Lehr deß Euangelij willen / dem frommen Fürsten sein Land bekrieget. Derhalben / gleich wie es deß Fürsten Ampt erfordert / das er einem Mörder / der seine Vnterthanen beleidiget / mit dem Schwerdt wehre: Also erforderts auch sein Ampt / das er eim gantzen Kriegsheer / das ist / vielen Mördern / widerstand thue / wie er kan / vnd seine Vnterthanen beschütze. Zu dem so erfordert auch der heilige Geist von den Fürsten / das sie jhre Thor auffmachen sollen dem König der Ehren / vnnd der Kirchen Seugerin sein sollen. Wenn nun ein Gottloser König so thöricht were / das er einen Fürsten bekriegte derentwegen / das er in seinem vrtheil sprechen / den schüldigen verdampte / vnd einen vnschüldigen loß spreche: Wer verstehet nicht / das man solchem Gottlosen vnd grawsamen Feind nicht im geringsten weichen / sondern wie man kan vnd weis / abtreiben sol? Vielmehr sol man den Feind abtreiben / der dich bekriegt / das du / nach deines Ampts erheischung / reine Lehr in deinem Land hast angenommen. So ist auch kein zweiffel an dem eusserlichen vnd zeitlichen sieg / sintemal denen / so jhr befohlnes Ampt verrichten /

das ist / die im waren Glauben wandeln in jhrem Beruff/ darein sie Gott gesetzt hat/ Göttliche hülff zugesagt ist.

Das aber den Philistern für ein Schlangen / ein gifftiger Thier / ein Basilisk vnnd fliegender fewriger Drach zu handen kommen sol/ ist eine Lehr von dem vberdrus vnd eckel der Menschen vber ein Ding. Wie Lutherus schreibet: Est prouerbialis gnome, qua significatur res quidem facile mutari, sed rarò in melius: Sic nos seductores mutauimus, non emendauimus. Sunt enim Papistarum loco hæretici facti, sic hypocritæ hypocritis, Tyranni Tyrannis mutantur. Pertinet igitur hæc Gnome contra fastidium, ita enim fit, hoc boni, quod est in re possessa, nemo considerat, nisi postquam ablata est, &c. Porro Propheta contra præsumptionem applicat hanc sententiam: q. d. Estis securi, putatis vos defunctos periculis post mortem Ahæ, sed non fiet, &c.

Lutherus.

Bald geendert/selten gebessert.

Das ist/Es ist ein gemein Sprichwort/damit angezeigt wird/ das man zwar leichtlich etwas könne endern/gar selten aber verbessern. Also haben wir die Verführer geendert/aber nicht gebessert/denn sie sein an der Papisten stadt Ketzer worden. Also werden die Heuchler mit Heuchlern/die Tyrannen mit Tyrannen geendert/darumb gehört diß Sprichwort wider den vberdrus. Denn also gehets zu in der Welt/das gute/das man hat vnd braucht / bedenckt man nicht/ als wenn mans nicht mehr hat / 2c. Weiter wil der Prophet mit diesem Spruch jhnen jhre vermutung vnd gefasten wahn vnd hoffnung nemen / als wolt er sagen: Jhr seid sicher/denckt/ weil Ahas todt sey / so seid jhr aller gefahr abgestorben / aber nein/es wird nicht so zugehen/2c.

Dargegen so werden auch die Gottlose Regenten vnd Könige Drachen genennet. Die Christliche Kirch klaget vber

Gottlose Regenten Drachen genent.

Jerem. 51. den Babylonischen König NebucadNezar. Jerem. 51. Er hat mich gefressen vnd vmbbracht/ er hat mich verschlungen wie ein Drache/ vnd seinen Bauch gefült mit meinem niedlichsten/vnd hat mich verstossen. Doch tröstet sich die Kirche widerumb/er sol ein vnuerdäwlichen Bissen gefressen haben/ vnd jhn wider ausspeyen müssen.

Brentius. Brentius. Quemadmodum si quis cibum ingerat aut inimicum aut indigestibilem stomachus nauseans euomit: Ita pij electi, sunt impijs cibi indigestibiles, quos si deuorent, rursum euomere coguntur. Quanquam enim videntur habere potestatem in pios, sunt tamen positi in sola manu Domini. Das ist/Gleich wie wenn ein Mensch vngesunde oder vndäwliche Speise isset/ so eckelt dem Magen/ vnnd gibt dieselbige wider von sich: Also sein auch die Frommen den Gottlosen ein vndäwliche Speise/die sie müssen widergeben/ wo sie sie eingeschluckt haben. Denn ob es gleich das ansehen hat/ als haben sie gewalt vber die Gottsfürchtigen/so stehen sie doch in deß HERRN Hand/der jhr zu Leib vnd Seele mechtig ist.

Esa. 51. In der Trostpredigt an die Gleubigen/ Esa. 51. versic. 10. wird der Son Gottes auffgemanet/Er sol bey den feinden Ehre einlegen/wie er vorzeiten gethan/die Stoltzen ausgehawen/vnd den Drachen verwundet habe. Dieser Drach war der König Pharao in Egypten/ so das Jüdische Volck plaget/ vnd biß ins rote Meer hinein nachjaget vnd verfolget.

Esther 10. Im zehenden Capitel Esther/erzehlet Mardachai einen Trawm von zweyen Drachen/ vnnd deutet den einen auff Haman/der Jüden Feind/so sie gar verschlingen wolte/ den andern aber auff sich selbs/der den Haman vberwunden/vnd an den Galgen gebracht hat.

Im 4. Buch Esdræ Cap. 15. werden auch die Feind vnd Verfolger der Frommen Arabische Drachen genennet: die herauß ziehen mit viel Wagen/ vnd daher fliegen wie der Wind der Erden/ Sie werden einen schweren Krieg führen/ vnd ein theil Landes in Assyria verwüsten / darnach werden sich die Drachen jhrer Geburt erinnern/ vberhand behalten/ vnd in jhrer widerkehre zusammen schweren / vnnd alle jhre Feinde mit grosser krafft verfolgen. 4. Esd. 15.

Hie ist auch zu repetiren die offt erwehnte gefehrliche Reiß deß Jüdischen Volcks in Egypten/ da sie/ Esa. am 30. durch die Wüsten ziehen musten / darinne fewrige fliegende Drachen wohneten. Ist wider das vertrawen auff Menschliche hülff vnd verbündnis mit Gottlosen Abgöttischen Heydnischen Völckern gered. Daruon besihe weiter droben bey dem Löwen. Esa. 30. Von fewrigen Drachen in der Wüsten/ als die Kinder Israel durchzogen.

Nicht weniger mögen wir allhie zu gemüt führen etliche Exempla der verhärten vnnd verwüsteten Stedt / ört vnd Landschafften / durch dieses grawsame Thier angedeutet. Denn von Babel sagt Esaias 13. das in der Stad Babel/ Ohim/ vnd in den lustigen Schlössern Drachen wohnen sollen / vmb der vielfeltigen Sünd/ vnd begangener Tyranney willen. Welches auch Jeremias am 51. verkündiget. Babel sol zum Steinhauffen vnd zur Drachenwohnung werden / zum wunder vnd anpfeiffen / das niemand drinnen wohnet. Exempel verwüster Stedt vnd Lender durch die Thier angedeutet. Esa. 13. Babylon. Jer 51.

Solche Drachenwonung sol billich an alle Könige vnd Fürsten ein erinnerung sein/ sich from vnd Christlich in jren schlössern vnd Pallästen zuuerhalten/ das sie nicht durch jre Sünd vnd Schand dergleichen verwüstung vnd Drachenwonung vber jre eigene herrliche Palläst vñ städt verursachen vnd einfüren. Vñ wie Babylon ein fürbild ist deß Bäpstischen Roms oder Römischen Bapstumbs/ also sol sie auch ein solches end Erinnerung an die Regenten Gottselig zuleben. 1. Babylon ein fürbild der Stad Rom.

vnd verwüstung vberkommen / wie Apoc. 18. klerlich bewiesen wird. Solt auch diese Drachen wohnung ein lehr sein allen Regenten / das sie nicht solche vberköstliche / vnnütze / prechtige Bäwe theten / offt mit der armen Vnterthanen Schweiß vnd Blut / nemen ein schreckliches Ende.

2. Nicht vbermessige Gebew führen.

Osiander.

Osiander. Quod si principes quidam & diuites diligenter considerarent, quò tandem redigerentur magnificentissima palatia, non tantas opes in eiusmodi ædificia profunderent: aut certe magis pié viuerent, ne talem arcium suarum vastationem videre cogerentur. Vt autem vastata est Babylon, quæ tùm caput orbis erat, Ita ruit & ruet posthac etiam Regnum Antichristi Romani: quod Magia, Idololatria, horrendis flagitijs, immani crudelitate Babylonicæ impietati nequaquam cedit.

Das ist / Wenn etliche Fürsten vnd Reiche fleissig betrachteten / wohin es noch endlich mit jhren herrlichen Pallästen keme / würden sie nicht so viel Gelt auff solche Gebew wenden / oder würden ja ein Gottseliger leben führen / das sie solche verhärung jhrer Schlösser nicht sehen dörfften. Gleich wie aber Babylon ist verwüstet worden / die damals die Heuptstadt war deß gantzen Erdenkreis: Also felt auch vnd wird forthin fallen deß Römischen Antichrists Reich / welchs wegen der Zeuberey / Abgötterey / vnd andern schendlichen lastern vnnd vnmenschlicher Tyranney dem Babylonischen Gottlosen wesen nichts zuuor gibt.

Hieronym.) Von der Stadt Babylon.

Was die Stadt Babylon anlanget / bezeuget Hieronymus / das ers von einem glaubwirdigen Christen gehöret / der daselbsten gewesen / vnd solche wohnung der Drachen vnd anderer Thier gesehen hab. Per hæc animalia omnia vastitatis & solitudinis signa monstrantur, quod tanta sit depopulatio vrbis quondam potentissimæ, vt præ multitudine

dine dæmonum ac Bestiarum, nullus in eam audeat pastorum, id est, desertor appetitor intrare. Didicimus à quodam fratre Elamita, qui de illis finibus egrediens, nunc Hierosolymis vitam exigit monachorũ, venationes regias esse in Babylone, & omnis generis bestias murorum eius ambitu tantum coerceri. Das ist/ Durch diß Thier werden alle anzeigung der verheerung vnd verwüstung angezeigt/ das ein solche verwüstung werd sein dieser mechtiger Stadt/ das für der menge der Teuffel vnd wilden Thier/ so darinnen sein werden/ kein Hirt wird dürffen hinein gehen. Vnnd er sey es glaubwirdig bericht/ das man in der Stadt Babylon Jage/ vnd allerley Thier in den Mawren vmbschrenckt sein. Es wird doch endlich war vnd erfüllet/ was die Propheten zuuor verkündiget haben.

Dergleichen verwüstung sol auch andern Ländern vnd Stedten widerfahren/ Denn vom Land Edom oder Idumea spricht Esaias am 34. Dornen werden wachsen in jhren Pallästen/ Nesseln vnnd Disteln in jhren Schlössern/ vnd wird eine behausung sein der Drachen. Welche weissagung von etlichen auff den Jüngsten Tag vnd die ewige Verdamnis gedeutet wird/ da ein ewige Verwüstung sein/ vnd die grawsame Geister bey den Verdampten ewiglich wohnen werden. Andere verstehens auch von dieser zeit/ Die Straussen vnd Drachen seyen die falsche Lehrer/ die im Geistlichen Jerusalem einnisteln/ vnd jhre wohnung haben werden. Esa. 34. Das Land Edom.

Hieronymus. Qui Tropologiam sequuntur, expulso populo Iudæorum, sub bestiarum & portentorum nominibus Idololatras & varijs superstitionibus seruientes in Hierusalem habitaturos esse confirmant. Hieronym9

Lutherus verstehet auch die falschen Lehrer. Cubile Draconum) Describit Doctores ipsorum, quorum fe- Lutherus

 rales.

tales voces sunt quæ nunquam consolantur. Paulò post. Significat impios Doctores, qui seducunt, diripiunt ac perdunt animas, qui omnibus erroribus sunt expositi. Das ist/ Er beschreibet die falschen Lehrer/ die nur verführen/ zureissen/ die Seelen in das eusserst verderben bringen/ vnd mit allerley Irrthumen beschmeist sein/ Wie er denn zum Exempel nicht allein die Papistische/ sondern auch die Widertäufferische vnd Sacramentirische Lehrer einführet.

Malach. 1. Malachias sagt auch Cap. 1. vom Königreich Edom oder Idumea. Ich hab Edoms Gebirg/ spricht der HERR/ öde gemacht/ vnd sein Erbe den Drachen zur Wüsten.

Jerem. 49. Die Landschafft Hazor. Jeremias am 49. stelt auch eine Weissagung von den Israeliten/ sonderlich von der Landschafft Hazor/ welche sie bewoneten/ das der König Nebucad Nezar sie ausrotten vnd vertilgen solt/ das Hazor sol ein Drachen wonung/ vnd ein ewige Wüsten werden/ das niemand daselbst wohne/ vnnd kein Mensch drinnen hausse/ Vnd das darumb/ weil sie das Volck Gottes verfolgt haben/ denn ob schon Gott sein vngehorsam Volck strafft/ so wil er doch haben/ das die Verfolger ziel vnd maß halten/ nicht zu viel thun/ vnd sich nicht frewen vber jhrem Vnglück. Schrecklich aber ists zu hören/ das Gott dem Jüdischen Volck vnd der Stadt Jerusalem auch darmit dräwet Jerem. 9. Weil sie deß HERRN Gesetz verlassen/ vnd folgen jhres Hertzen gedancken/ vnd Baalim/ darumb so wil ich Jerusalem/ spricht der HERR/ zum Steinhauffen/ vnd zur Drachenwohnung machen/ Ich wil die Städt Juda wüst machen/ das niemand drinnen wohnen sol. Vnd Cap. 10. Sihe/ es kömpt ein geschrey vnd gros beben daher von Mitternacht/ das die Stedt Juda verwüstet/ vnd zur Drachen wohnung werden sollen: Vnd vermeldet gleich zuuor/ das die Hirten/ das ist/ die Lehrer zu Narren

Jer. 9.

Jerem. 10.

ren worden/nach dem HERRN nichts fragen/nichts rechts lehren/das alle Härde zerstrewet sind.

Demnach so ist die falsche Lehr vnnd Abgötterey / als denn auch andere grewliche Sünd vnd Laster/vrsach der verstörung gewaltiger Königreich. Vt autem patria nostra Germania non aliquando ita vastata iaceat, danda est opera pietati & veræ religioni. Das ist / Damit es aber Deudschland vnserm Vaterland nicht auch also ergehe/ sollen wir vns der GOttesfurcht befleissigen. Osiander. Aber zu besorgen/die warnung sey zu spat. Falsche lehr vnd andere Sünde sein vrsach der verstörung grosser Lender. Osiander.

Hieronymus deutets auff die verfolgungszeit der Christlichen Kirchen/ da alles verwüst wird / welches von den vermeinten Lehrern zu wegen gebracht wird. Hæc omnia ad persecutionis Ecclesiæ referamus tempora, quando tabernacula Domini subuertuntur, & omnis habitatio ecclesiæ redigitur in solitudinem. Et vt ista vniuersa veniant, culpa pastorum est, wie es vnterm Bapsthumb erfüllet wird. Also weissaget auch Micha am 1. Capitel von der verstörung deß Konigreichs Israel / welches vom Assyrischen König geschehen ist/ ꝛc. Ich mus klagen/ wie die Drachen/ (die grawsam schreyen vnd heulen) sagt der Prophet / denn jhrer Plage ist kein rath/ ꝛc. Der Prophet/ wie auch andere Prediger/ klagen/wenn grosse straffen vber jre Zuhörer kommen sollen. Hieronymus verstehet der Drachen klag auff jhren vntergang / wenn sie von den Elephanten vberwunden vnd erlegt werden / geben sie ein schrecklich gedön von sich. Hieronym. Mich. 1. Hieronym.

Lutherus. Vsitatum est in sacris literis, quoties vastitas significatur, vti similitudine Draconum, in desertis locis vlulantium. Das ist. Es ist der Schrifft brauch/ wenn sie verwüstung anzeigt/braucht sie das Gleichnis von Drachen/so in Wüsten heulen. Lutherus.

Im 3.

Der dritte Stand.
Syrach 25
Ein bös Weib einm Drachen vergliechen.
Prove. 21.

IM dritten gemeinen vnd Ehestand seind folgende Sprüch zu fassen. Syrach 25. beschreibt ein böses zorniges Weib mit diesem Thier / Ich wil lieber bey Löwen vnd Drachen wohnen / denn bey einem bösen Weib. Welches Salomon Prov. 21. also ausspricht: Es ist besser wohnen in einem wüsten Land / denn bey einem zenckischen vnd zornigen Weib. Daruon besihe droben bey dem Löwen.

Thren. 4.

In Klagliedern Jeremiæ am 4. Cap. prediget der Prophet/das die Mütter gegen jhren Kindern die Liebe vnd trew nicht haben erzeigen können / wie die Drachen doch thun. Die Drachen reichen jre Brüst jhren jungen/aber die Tochter meines Volcks mus vnbarmhertzig sein / wie ein Strauß in der Wüsten (der seine jungen verlest) Das ist vom grossem hunger der Hierosolymitaner in der Babylonischen belägerung gesagt / das die Mütter jhre leibliche Kinder nicht haben seugen / oder Brod geben können / sondern sie verlassen müssen. Fames grauis etiam storgas physicas in parentibus & liberis delet. Osiander. Welches der grossen straffen Gottes eine ist.

Osiander.

Jer. 14.

Ingemein beschreibt auch Jeremias am 14. Capit. die Dürre / Hunger vnd Thewrung darmit: Es sol ein solche dürre zeit sein / das das Wild auff den Hügeln stehet / vnnd schnappet nach der Lufft wie die Drachen / vnd verschmachtet / weil kein Kraut wechst.

Osiander.

Osiander. Sicut Dracones attrahunt aërem, quando calore nimio interno affliguntur: Ita & feræ attrahunt spiritum, vt se vel frigidiusculo vento reficiant, quando nec aquam nec herbam inueniunt. Das ist / Gleich wie die Drachen die Lufft zu sich ziehen / wenn sie inwendig so gar grosse hitze haben: Also ziehen auch die wilden Thier

Lufft

Lufft zu sich / das sie sich gleich mit eim külen Lüfftlein erquicken / wenn sie weder Wasser noch Gras finden.

Diß verstehet Hieronymus auch vom Geistlichen Hunger vnd Durst / nach dem Wort Gottes / da man wol gerne hören wölt / aber niemand ist der dasselbige lehret / wie vnterm Bapsthumb geschehen ist / vnd noch jetzund auff ein newes geschicht. Siccitas hæc sæpè accidit in Ecclesiis, quando Cerui & Onagri inueniuntur in populis, & magistrorum penuria contabescunt. Sunt qui possunt discere, & non sunt qui possunt docere, &c. Hieronymus

Das Ander Capitel /

Von der Schlangen.

WIewol die Schlange inn der Schrifft mehr böses vnnd schädliches denn gutes andeutet / finden wirs doch auch etlich mal löblicher weis vnd meinung angezogen. Als anfenglichen im ersten Stand vergleichet sich Christus selbs einer (doch Eherner) Schlangen / Joh. 3. Wie Moses in der Wüsten eine Schlange erhöhet hat / also muß des Menschen Son erhöhet werden / auff das alle / die an jhn gleuben / nicht verloren werden / sondern das ewige Leben haben. Zu besser nachrichtung vnd verstand müssen wir die Mosaische geschicht zuuor erzehlen.

Der erste Stand. Joh. 3. Christus einer ehrnen Schlangen vergliechen.

len / welche auffgeschrieben vnnd repetirt wird / Num. 21. Deut. 8. versic. 15. Judith. 8. 1 Cor. 10. Da die Jüden in der Wüsten kein Brod noch Wasser hatten / vnd eckelten vber dem Himmelbrod/ nentens eine lose Speise/ vnd murreten wider Gott vnd Mosen / da sendet der HERR fewrige Schlangen vnter das Volck/ die bissens/ das jr viel sturben/ Da aber sie Buß thaten/ jhre Sünde gegen Gott vnd Mose erkanten vnd bekanten / Wir haben gesündiget/ wider dich vnd den HERRN geredt / bitte den HERRN / das er die Schlangen von vns neme. Da sprach der HERR zu Mose/ Mache dir ein Eherne Schlangen/ vnd richte sie zum zeichen auff/ Wer gebissen ist/ vnd sihet sie an/ der sol leben: Da macht Mose ein Eherne Schlange / vnd richtet sie auff zum Zeichen/ vnd wenn jemand ein Schlange beiß/ so sahe er die Eherne Schlange an/ vnd bleib leben.

Von der Ehraen Schlangen Num. 21. Deut. 8

Die Gottselige Judith legets also aus: Jr lieben Brüder / die jhr seid die Eltesten / tröstet das Volck mit ewerm Wort / das sie bedencken / das vnsere Väter auch versucht wurden / das sie bewert würden/ ob sie Gott von hertzen dieneten. Erinnert sie / wie vnser Vater Abraham mancherley versucht ist/ vnd ist Gottes freund worden/ nach dem er durch mancherley anfechtung bewert ist. Also sind auch Jsaac/ Jacob/ Moses/ vnd alle/ die Gott lieb gewesen sind/ bestendig blieben/ vnd haben viel Trübsal vberwinden müssen. Die andern aber / so die Trübsal nicht haben wollen annemen mit Gottes forcht / sondern mit vngedult / wider Gott gemurret vnd gelestert haben / sind von dem Verderber vnnd durch die Schlangen vmbbracht / Darumb last vns nicht vngedültig werden in diesem leiden/ sondern bekennen/ das es eine straff ist von GOtt / viel geringer denn vnsere Sünden sind / vnd gleuben/

Judith 8. sagt/ das die vngedültigen im Creutz also sein gestrafft worden.

gleuben / das wir gezüchtiget werden / wie seine Knecht / zur besserung / vnd nicht zum verderben.

Paulus stellet diese erinnerung / Lasset vns Christum nicht versuchen / wie etliche von jenen Jhn versuchten / vnd wurden von den Schlangen vmbbracht. Derhalben spüren wir Gottes Zorn vnd Straff vber vnd wider die Sünde / so man in Creutz vnd Trübsalen vngedüldig ist / vnd GOTT versuchet. 1. Cor. 10.

Darneben ist GOttes Güte vnnd Barmhertzigkeit zu mercken / das er sich gantz gnedig erzeiget gegen den Bußfertigen Sündern / auch die zeitliche Straffe lindert oder wol gar abschafft. Sonderlich aber ist die auslegung von dem Mittel dieser versönung Gottes zu behalten / daruon Sapientiæ 16 etwas gehandelt wird. Gott erzeigt Gnad den busfertigen Sündern. Sap 16. Nennet das Mittel solcher versöhnung / nemlich den Heyland aller.

Die Jsraeliten wurden zwar gebissen vnd verderbet durch die krumme Schlangen / doch bleibt der Zorn endlich nicht / sondern wurden eine kleine zeit erschreckt zur warnung. Denn sie hatten ein heilsam Zeichen / auff das sie gedächten an das Gebot in deinem Gesetze. Denn welche sich zu demselben Zeichen kehrten / die wurden gesund / nicht durch DAS, so sie anschaweten / sondern durch DJch ALLER HEYLAND, vnd daselbst mit beweisestu / das du bist der Helffer aus allem Vbel.

Viel deutlicher aber erkleretes Christus in droben erzehltem Spruch Johannis am dritten Capitel / Das er das auffgehenckte Eherne Schlänglein sey / wer an den erhöheten vnnd gecreutzigten CHRJstum gleube / sein vertrawen auff jhn setze / der habe vnd erlange mit dem Glauben das ewige Leben. Jene haben nur das zeitliche Leben / vnd die leibliche Gesundheit daruon bracht / diese aber / so an Christum gleuben / vberkommen das Geistliche vnd ewige Leben / ohne vnsern Auslegung Christi von der ehernen Schlangen. Joh 3

 verdienst /

verdienst/aus lauter gnaden Gottes durch Christi Leiden vnd Creutz/der ohne Sünde gewesen/kein Gifft bey sich gehabt hat/als ein eherne Schlangen. Wir wollen hierüber etlicher Patrum meinung anhören.

Chrysostom. Chrysostomus homil. 26. in Iohannem. Vides crucis causam & ex ea salutem? Vides vt figura veritati consentiat? Illîc mortem fugerunt Iudæi sed temporalem: hîc sempiternam fideles. Illîc ictus serpentum suspensus serpens sanavit: hîc incorporei serpentis plagas Iesus cruci affixus curauit. Illîc corporeis oculis suspicientes corporis salutem: hîc in corporeis omnium peccatorum remissionem consecuti sunt. Illîc æs suspensum erat in serpentis effigiem: Hîc dominicum corpus à spiritu formatum. Serpens illîc mordebat & serpens sanabat. Hîc mors perdidit & mors saluum fecit. Adhæc qui interimebat Serpens veneno sæuiebat: qui liberabat nullo. Itaq; perdidit mors peccatum, tanquam serpentis venenum habuit: Domini mors id omne, vt æreus serpens, venenum abstulit.

Das ist/Sihestu die vrsach deß Creutzes/vnd das heil/so dauon herkömpt? Sihestu wie das Bild mit der Warheit eintrifft? Die Jüden seind dem zeitlichen Todt entgangen/die Gleubigen dem ewigen. Die erhöhete Schlange hat der Schlangenbiß geheilet: Jesus/an das Creutz geschlagen/hat der Geistlichen Schlangen biß geheilet. Die Jüden/so mit leiblichen Augen die eherne Schlange anschaweten/haben jhres Leibes gesundheit bekommen/Die Gleubigen haben mit Geistlichen Augen vergebung der Sünden erlanget. Bey den Jüden ward Ertz in einer Schlangen form auffgehangen: Hie wird der Leib deß HERRN/so vom H. Geist formiret/erhöhet. Eine Schlange hat sie gebissen/eine

Schlange

Schlange hat sie geheilet: Die Gleubigen hat der Todt beleidiget/der Todt hat jnen auch wider geholffen. Deß HERREN Todt hat die Sünd vnd alles Vnheil hinweg genommen/ gleich wie die ehrne Schlange die Gifft hinweg nam.

Diese vergleichung vnd gegensätz repetirt Theophylactus, Chrysostomi abbreuiator, vnd erzehlets kürtzer: Vide oro, figuram & confer cum veritate. 1. Illic serpentis similitudo formam quidem habet Bestiæ, venenum autem non habet: Ita & hoc loco homo Dominus, sed à peccati veneno liber, in similitudine carnis peccati venit, hoc est, in similitudine carnis peccato obnoxiæ, quæ minimè peccati caro esset. 2. Et tunc quidem videntes euadebant mortem corporis: nunc autem qui vident, mortem animæ. 3. Tunc quidem suspensus serpentum ictus sanabat: nunc autem spiritualis Draconis plagas curat Christus. Chrysosto.

Das ist/ Gleich wie Mosis Schlange einer natürlichen Schlangen form vnd gestalt hat gehabt/aber ohne gifft gewesen ist: Also hat Christus vnser Fleisch vnnd Blut an sich genommen/vnd doch ohne Sünde. Jene/ die Jüden/ so Mosis Schlangen ansahen/entrunnen dem zeitlichen Todt/ Die aber Christum mit warem Glauben anschawen/die entfliehen der Seelen vnd ewigem Todt. Jene Schlang heilet der giffrigen Schlangen biß/ Christus aber heilet die Wunden/ so die Geistliche Schlange vnd Drach vns geschlagen hat/ etc.

Augustinus hat auch fast ein gleiche auslegung/allein das er die Sünde inn vnserm sterblichen Fleisch beissende Schlangen nennet/ welche der Todt Christi am Creutz vertreibet. Quid sunt serpentes mordentes? Peccata de mortalitate carnis. Quis est serpens exaltatus? Mors Domini in Augustinus ni in cruce: Quia enim in serpente mors, per serpentis effigiem figurata est mors. Mors serpentum letalis, mors Domini vitalis. Attenditur serpens vt nihil valeat serpens. Quomodo qui intuebantur illum serpentem non peribant morsibus serpentum: sic qui intuentur FIDE mortem Christi, sanantur à morsibus peccatorum. Sed illi sanabantur à morte ad vitam temporalem: hîc autem vt habeant vitam æternam. Hoc enim interest inter figuratam imaginem & rem ipsam. Figura præstabat vitam temporalem, res ipsa cuius illa figura est, præstat vitam æternam.

Diese außlegung wird repetirt sermone 101. de tempore. Serpens iste Moyse, licet hoc satis mirum esse videatur, tamen figurauit incarnationem Domini, &c. Suspensus est ergò tunc serpens æneus in conto: quia Christus suspendendus erat in ligno: Tunc enim quicunque fuisset á serpente percussus, serpentem æneum respiciebat & sanabatur: nunc verô humanum genus, quod à spirituali serpente Diabolo percussum fuerat, Christum credendo respicit, & sanatur. Quicunque percussus serpentem illum æneum non vidisset, moriebatur: Ita nisi quis in Christum crediderit crucifixum Diaboli veneno perimitur: Tunc vnusquisque respiciebat serpentem mortuum, vt posset euadere viuum: Nunc verò qui vult vitare Diaboli venenum, Christum respiciat crucifixum. Et quia mors à morsu nomen accepit, & generi humano morsus antiqui serpentis acciderat, & mors nisi â morte superari non poterat: Ideò mortem Christus sustinuit vt iniusta mors, iustam vinceret mortem. & liberaret reos iustè, dum pro eis occidebatur iniustè, &c. Et tamen etiam secundum medicorum carnalium disciplinam,

psinam, quibus de morte serpentis, contra viuorum serpentium venena, salubria præparantur antidota: non est incongruum, vt mortuum serpentem debeat intendere, qui à viuorum serpentium venenis desiderat liberari.

Das ist / Ob es gleich ein gros wunder scheinet mit der Eherne Schlange Mosis / so hat sie doch die Menschwerdung Christi bedeutet / Derhalben ist damals die Schlange erhöhet worden / weil Christus auch am Holtz solt erhöhet werden. Denn wer damals von den Schlangen gestochen ward / der sahe die Eherne Schlange an / vnd ward gesund: Jetzund aber sihet das gantze Menschliche Geschlecht / welches von der Geistlichen Schlangen / dem Teuffel / gebissen ist / in warem Glauben den HErrn Christum an / vnd wird gesund. Wer aber damals von den Schlangen gebissen war / vnd die Eherne Schlange nicht ansahe / der starb dauon: Also muß auch von deß Teuffels gifft vmbkommen vnd verderben / wer nicht gleubt an die gecreutzigte Schlange den HErrn Christum. Dazumal sahe ein jeder die todte Schlange an / auff das er von den lebendigen gesichert were: Also auch wer jetzund deß Teuffels giffte wil meiden / der mus den gecreutzigten HERRN Christum anschawen. Vnd weil der todt vom beissen genent wird / vnd das Menschliche Geschlecht von der alten Schlangen gebissen ist / der Todt auch sonsten nicht / denn vom Todt kund vberwunden werden: darumb ist Christus gestorben / das er mit seinem vnbillichen Todt den gerechten Todt vberwinde / vnd die deß Todes schüldig waren erlösete / in dem er für sie getödtet wird. Doch ist auch der leiblichen Ertzte jhr rath / wenn sie einem Artzney lassen zubereiten / wider lebendiger Schlangen gifft / das es nicht ohn vnd vergeblich sey / das einer eine todte Schlange in acht habe / so er von lebendiger Schlangen gifft wil erlediget werden.

Er sagt

Er sagt auch / das die Schlange nicht von Silber oder Gold / sondern von dem klingenden Ertz vmb zweyer vrsachen willen gemacht worden sey. Erstlich / weil das Ertz langwirig / vnd darnach laut klingend sey. Denn vnter allen Metallen keines so hellen vnnd langwirigen schall gibt / als die ehrne Gefeß: Also sol auch das Euangelium Christi nicht allein bey dem Jüdischen Volck bekant werden / sondern auch in der gantzen weiten Welt geprediget werden. Quare tamen serpens ille non de auro non de argento sed de æramento fuerit factus, videamus. Hoc mihi videtur quod duas significationes habere possit. Vnam propter diuturnitatem, quia vasa ænea durare diutius solent. Aliam propter vocis claritatem: nam inter omnia metalla, ærea maiorem tinnitum reddere & longius sonare solent. Doctrina illa Christi non in vna tantum gente Iudæorum innotescere, sed per vniuersum mundum claro salutiferæ prædicationis sono poterat peruenire, &c,

Idem. De peccatorum meritis & remissione lib. 1. cap. 33. Quid est exaltatus serpens, nisi mors Christi (eo significandi modo quo per efficientem id quod efficitur significatur) à serpente quippe mors, qui peccatum, quo mori mereretur, homini persuasit. Dominus autem in carnem suam peccatum non transtulit, tanquam venenum serpentis, sed tamen transtulit mortem, vt esset in similitudine carnis peccati, pœna sine culpa, vnde in carne peccati & culpa solueretur & pœna. Das ist / Die Schlange / so erhöhet ist worden / ist der Todt deß HERRN Christi / Denn der Todt kömpt her von der Schlangen / die den Menschen beredt hat zur Sünde / damit er den Todt verdienet hat.

Das sey also von der Ehern Schlang / die Christum vorgebildet hat/ geredt: Aber wir lesen doch/ da diese Eherne Schlang auffgehaben/ vnd verwaret gehalten war/ sey grosse Abgötterey vnnd Sünde darbey vnd mit getrieben worden/ darumb der Gottselige König Hißkia dieselbige abschaffen muste/ 2. Regum. 18. Der König zustieß auch die Eherne Schlange/ die Mose gemacht hatte/ denn biß zu der zeit hatten jhm die Kinder Jsrael gereuchert/ vnd man hieß jhn Nehusthan. Vnd darinn hat König Hißkia nicht gefreuelt vnd vnrecht/ sondern ein löbliches gutes Werck gethan/ welches Augustinus lib. 10. de Ciuitate Dei cap. 8. mit diesen worten rhümet. Hunc serpentem propter facti memoriam reseruatum, cum postea populus errans tanquam Idolum colere cæpisset, Ezechias Rex RELIGIOSA POTESTATE DEO seruiens, cum MAGNA PIETATIS LAVDE contriuit. Das ist/ Mit grossem rhum vnd lob hat Hißkias die Schlange/ so die Jsraeliten als etwas Göttlichs geehret/ zerstossen. Vnd mercken erstlich/ das nichts so gut vnd löblich von Gott kan fürgestellet werden / die Menschen mißbrauchens/ wenn sie mit jhrer guten Andacht darzu kommen/ vnd ein Gottesdienst draus machen wöllen. Darnach/ das auch solche Götzen vnd Bilder/ die man ehret vnd anbetet/ als im Bapsthumb geschicht/ nicht sollen geduldet / sondern ordentlicher weise/ durch das Wort vnd Gewalt/ mögen vnd sollen abgeschafft werden.

Bey dieser Schlangen ist endlich Abgötterey getrieben worden / darumb sie Hiskias abgeschafft. 2. Reg. 18.

Augustinus

Lehr. 1. *2.*

Welches Brentius also erkleret: Idem dicendum est de Imaginibus Sanctorum, quæ tolerari possunt, si non colantur, sicut etiam hic Serpens tolerari ea conditione poterat. Sed si colantur, vt ad eas peregrinationes fiant, abrogari debent: primò verbo prædicationis per Ecclesiasten, deinde reipsa per Magistratum, Nam hac serpentis abro-

Brentius.

tis abrogatione, Hiskia & se & regnum suum conserua-
uit ab hostium deuastatione.

Das ist/Eben die meinung hat es auch mit den Bildern der Heiligen/welche man leiden kan vnd dulden/so fern man sie nicht anbetet/ gleich wie auch diese Eherne Schlange so lang ist geduldet worden. Wo man aber denselben nachzeucht/ vnd sie anbetet/sol man sie abschaffen/ welches denn geschehen sol/ erstlich durch trewe Prediger mit dem Wort Gottes darnach von der Oberkeit. Denn durch abschaffung dieser Schlangen hat Hißkia sich vnd sein gantzes Reich erhalten von der Feinde verwüstung.

Caluinisten vnd Papisten haudeln wider solche Lehr.

Zu wider handeln die Papisten vnd Sacramentirische Caluinisten/denn jene dulden sie/wenn sie schon vom gemeinen Mann geehret vnd angebetet werden: Diese aber wollen gar keine Bildnis haben/ zerschmeissen sie vnordentlicher weis/ auch da Christi Leiden/ Aufferstehen/ vnd andere seine Wolthaten nur vorgebildet/ vnd das Bild doch nicht angebetet wird.

Exod. 4. Wird auch Moses Stab ein Schlang.

Ein grosses Göttliches Wunderwerck wird auch Exodi am 4. Capitel beschrieben/ Da Moses von Gott in Egyptenland/die Israeliten heraus zu führen/geschicket solt werden/ beschweret er sich hefftig/ begeret demnach einen beweiß vnd Wortzeichen/ damit er die Israeliten vbertzeugen könne/ das er einen ordentlichen beruff habe. Da antwortet Gott: Was ists/ das du in der Hand hast? Er sprach: Ein Stab. Vnd Gott sagt/ Wirff jhn von dir auff die Erden. Vnd er warff jhn von sich/ da ward er zur Schlangen/ vnd Mose flohe für jhr. Aber der HERR sprach zu jhm: Strecke deine Hand aus/ vnnd erhasche sie bey dem Schwantz/ Da strecket er seine Hand aus/vnd hilt sie/vnd sie ward zum Stab in seiner Hand. Darumb werden sie dir gleuben/ꝛc.

Mit

Mit diesem Wunderwerck aber wird der Göttliche beruff Mosis bestetiget / das die Israeliten seinen worten / von der erlösung aus dem Dienstháus Egypti / gewislich gleuben sollen. Ist aber eine bedeutung deß Predigampts vnd Gesetzs Mosi / welches vns erschreckt / jagt vnd verschlingen wil / Aber wenn wir deß Gesetzes end ergreiffen / finden wir / das es vns nur zum Erlöser vnd Seligmacher Jesu Christo weiset / wie Osiander schreibet. Osiander.

Augustinus aber deutet diese verwandlung deß Stabs in die Schlangen / vnnd widerumb der Schlangen in den Stab / auff Christum / sein Sterben vnd Aufferstehen / lib. 3. cap. 10. de Trinitate. Virga in serpentem, Christus in mortem: & serpens rursus in virgam, Christus in resurrectionem, totus cum corpore suo, quod est Ecclesia, quod in fine temporis erit, quem serpentis cauda significat, quam Moyses tenuit, vt rediret in virgam. Serpentes autem Magorum tanquam mortui seculi, nisi credendes in Christum tanquam deuorati in corpus intrauerint, resurgere in illo non poterunt. Augustinus

Eben diese meinung repetirt er lib. 12. contra Faustum Manichæum cap 28. Ipse, Christus, mihi innuit figrauitq; in virga Moysi, quæ in terra serpens effecta, eius mortem à serpente venientem: sed quod apprehensa cauda, significat posterius, peractis iam omnibus in fine actionis, ad id quod fuerat, resurgendo reuertitur, vbi per vitæ reparationem morte consumpta, nihil serpentis apparet. Nos quoq; corpus eius in eadem mortalitate per lubrica temporum voluimur: sed fine nouissimo, velut cauda seculi, per manum, id est, per potestatem iudicij, ne vltra prolabatur, apprehensa reparabimur,

& nouissima inimica morte destructa, resurgentes in dextera Dei, virga regni erimus.

Das ist / Durch die Rute Mosis / so auff der Erden zur Schlangen worden ist / hat der HERR Christus seinen Todt / so von der Schlangen herkam / angezeigt vnd zuuerstehen geben: Das aber nichts mehr von der Schlangen zu sehen ist / nach dem er sie bey dem Schwantz ergriffen hat / zeigt an / das er / nach dem er alles verrichtet / wider aufferstehen / das Leben zu wegen bringen / vnd den Todt verschlingen werde. Wir / die wir sein Leib sein / werden auch in dieser Sterbligkeit durch diese mühselige zeiten geendert: Aber am Jüngsten Tag werden wir mit der Hand / das ist / durch die Macht deß Gerichts ergriffen / den Todt vberwinden vnd verschlingen / durch die Krafft GOttes aufferstehen / vnd zur Ruten seines Reichs werden.

Ob der stab Mosis zu einer natürlichen schlangen worden sey Augustinus.

Es wird aber allhie disputiret vnd gefragt: Ob Mosis Stab wesentlich in eine natürliche Schlangen verwandelt worden / oder obs nur Imaginarié geschehen / vnd Mosen gedaucht habe / es sey ein ware Schlange? Vnd wil schir Augustinus de Mirabilib. sacræ S. lib. 1. cap. 17. dieser andern meinung beyfallen. Virga in anguem versa, & rursus serpens in arborem mutatus, laborem naturæ inquisitoribus parat. Nisi quia vtrunque, virga scilicet & serpens, factum esse manifestè docetur ex terra. Sed si omnia quæ de terra facta sunt, in alterutrum mutari vicissim conceduntur, nihil ex his firmiter possit intra naturæ suæ terminos permanere, & ridiculosis Magorum fabulationibus, dicentium in auium substantia, maiores suos secula peruolasse, assensum præstare videbimur: ac per hoc Deum in his non gubernatorem sed mutatorũ esse dicemus, quod absit: nec illum post primam naturarum omnium conditio-

conditionem, aliud nouum quod non propria natura retineat, facere credamus. Ecclesiast. 1. Et ideo plurimi Doctores plus dicunt illam virgam veram quæ semper Moysi manibus comprehensa, virgultum manebat, IMAGINARIE tantum in serpentis formam aliquoties pro signo fuisse versam, præsertim cum ad nullos vsus, nisi ad signi ostensionem necessaria esset. Aber diese Vrsachen sind nicht gnugsam / das Augustinus dieser meinung solt beyfallen / oder wir aus GOtt einen Zauberer vnd Gauckler machen solten. Ja die meinung Augustini wird lib. 3. cap. 10. de Trinitate anders erzehlet. Assumpta est virga ad significationem, & in SERPENTEM ANGELICA FACVLTATE MVTATA EST. Das ist/ Der Stab ist in eine Schlange (nicht nur in der Schlangen form vnd gestalt) mutieret vnd verendert worden durch eine Englische krafft vnd macht / welcher Engel Gottes Son war / etc.

Weiter wird Exodi 7. angezeigt/ das Mose vnd Aaron für den König Pharao kommen seyen / vnd gethan haben/ wie jhn der HERR befohlen hatte: Sie warffen den Stab für Pharao vnd für seine Knecht / vnd er ward zur Schlangen/ Da fordert Pharao die Weisen vnd Zauberer/ Vnd die Egyptischen Zauberer theten auch also mit jhrem beschweren: Ein jeglicher warff seinen stab von sich/ da wurden Schlangen draus/ aber Aarons Stab verschlang jhre Stäbe: Also ward das Hertz Pharao verstockt/ vnd höret sie nicht. Dieses Wunderwerck Mosis vnd Aarons/ solt jhren beruff confirmiren, vnd den Pharao vberweisen/ das sie von GOtt gesand weren, sein Wort vnd Mandat brächten/ dem er folgen vnd gehorchen solt: Aber diesem Göttlichen Wort vnd werck widersetzen sich bald die Egyptische Priester/ Philosophi vnd

Exod. 7. Verschlinget die schlang/ so aus Mosis Stab worden/ der Zeuberer Schlangen.

Schwartzkünstler (wie Paulus 2. Tim. 3. vnter jnen zween nennet) das der König Pharao dem Mosi vnd Aaron nicht glaubt noch gehorsam leistet.

Erinnerung. Falsche Zeichen betriegen vnd verführen jhr viel.

Darbey wir erinnert werden / das sich die Menschen gar bald (aus deß Teuffels antrieb) mit jhren falschen Wunder vnd Zeichen der Warheit widersetzen / vnnd auch andere verführen / das sie nicht gleuben / vnd selig werden. Denn die falsche Propheten können auch Wunder vnd Zeichen thun / wie Christus saget / vnd Paulus von deß Bäpstischen Antichristes lügenhafftigen Wundern / Krefften vnd Zeichen verkündiget / vnd dafür warnet. Denn sie führen vom Wort ab / vnd seind Lügenhafftig / werden auch endlich zu schanden: Wie denn Mosis Schlange oder Stab die andere verschlinget / anzuzeigen / das jhr / Mosis vnd Aarons / ein rechtes Gottliches Wunder / jener aber nur Zauberey / Teuffels gespenst / vnd eine verblendung gewesen sey.

Origenes.

Origenes homil. 13. super Num. von deß Bileams Beschwerung vnd Fluch. Efficit similiter & contraria virtus Virgam serpentem: sicut fecerat virtus DEI: sed serpens, qui per virtutem Dei factus fuerat, absorbuit & deuorauit omnes illos serpentes, qui arte Magica ex virgis versi fuerant in serpentes. Non enim potuit virtus dæmoniaca malum quod ex bono fecerat, restituere in bonum: potuit ex virga facere serpentem: Virgam vero reddere ex serpente non potuit, & ideò consumuntur omnes ex ea virga, quæ DEI virtute versa fuerat in serpentem: Postea verò per diuinam virtutem naturæ suæ redditur, vt naturæ DOMINVM faterentur.

Das ist / Die Zauberer machen auch aus einem Stab eine Schlangen / wie Gott gethan hat. Aber die Schlange /

welche durch Gottes krafft gemacht worden / hat die andern Schlangen alle / so die Zeuberer aus den Stäben gemacht/ gefressen vnd verschlungen. Denn es hat der Teuffel das böse/ so er aus dem guten gemacht / nicht wider könne gut machen / darumb werden sie alle von der Schlangen verschlungen/die durch Göttliche krafft aus dem Stab gemacht war: Sie aber wird nachmals auch wider zu einem Stab / GOtt dem HERRN zu lob vnd ewigem Rhum/ ꝛc. Der Teuffel kan wol aus einem guten ding etwas böß machen / aber aus dem bösen nichts guts machen: Gott allein vermag vnd thut es/als der Creaturen HERR vnd Schöpffer.

Augustinus lib. 3. cap. 7. de Trinitate schreibt: Die Schwartzkünstler haben zwar auch / aus Gottes verhengnis vnd vergönstigung / jhre Stäb zu Schlangen machen können/ aber damit man sehe/das sie diß ohne Gottes erlaubnis nicht können/ so vermöchten sie nicht ein geringers/nemlich/ Leuß machen/ vnd musten bekennen/es were Gottes Finger. Augustinus.

Es verhengt aber GOtt diese Teuffelische Zeichen vnd Werck zu verrichten: Erstlich/ das die verkerte/vndanckbare/ halsstarrige in jhrem Irrthumb gestercket würden. Darnach zur warnung der Gleubigen/ das sie nicht viel nachfragen/ solche Wunderzeichen zu wircken / die auch die Gottlosen thun können. Zum dritten/verhengts Gott/das der frommen Gedult geübt bewert/vnd an tag gegeben werde. Datur potestas vel ad fallendos fallaces, sicut in Ægyptios & in ipsos etiam Magos data est, vt in eorum spirituum seductione viderentur admirandi, à quibus fiebant, à Dei veritate damnandi: Vel ad admonendos fideles, ne tale aliquid facere pro magno desiderent, propter quod etiam nobis scripturæ autoritate sunt prodita: Vel ad exercendam, probandam, manifestandamq; iustorum patientiam.

Warumb Gott den Zauberern solchs verhengt.
1.
2.
3.

Von

Augustinus von der Zauberer Stäben.

Von der verwandlung der Zauberer Stäbe inn die Schlangen schreibet Augustinus lib. 2. quæst. in Exod. cap. 21. Quid dicendum est de virgis Magorum, vtrum & ipsæ veri dracones factæ fuerant, sed ea ratione virgæ appellatæ sunt, qua & virga Aaron: an potius videbantur esse quod non erant ludificatione venefica? Cur ergò ex vtracque parte virgæ dicuntur & Dracones, vt de figmentis illis nihil differat loquendi modus? Sed demonstrare difficile est, quomodo etiamsi veri Dracones facti sunt è virgis Magorum, non fuerint tamen creatores draconum, nec Magi nec Angeli mali quibus ministris illa operabantur. Insunt enim corporeis rebus omnia elementa mundi, quædam occultæ seminariæ rationes, quibus cum data fuerit opportunitas temporalis atque causalis, prorumpunt in species debitas suis modis & finibus. Et sic non dicuntur Angeli qui ista faciunt, animalium creatores, sicut nec agricolæ segetum, vel arborum, vel quorumque in terra gignentium creatores dicendi sunt: quamuis nouerint præbere quasdam visibiles opportunitates & causas, vt illa nascantur. Quod autem isti faciunt visibiliter, hoc angeli inuisibiliter: Deus veró solus verus creator est, qui causas ipsas & rationes seminarias rebus ipsis inseruit.

Das ist / Was sol man von der Zauberer Stäben sagen/ ob sie rechte Schlangen gewesen/ nur Stäb sein genent worden/ wie Aaronis Stab? Oder ob sie aus zauberischer verblendung angesehen worden für das jenige / so sie doch nit waren? Warumb werden sie auff beyder part Stäbe vnnd Schlangen genant? Warumb ist kein vnterscheid im reden? Es ist aber schwer zu erweisen / ob gleich rechte Schlangen aus der Zauberer Stäbe worden sein / das die Schlangen

nicht

nicht erschaffen seyen von den Zauberern oder Teufeln/durch die sie solche ding verrichten: In allen leiblichen dingen sind alle Element vnd heimliche zuneigungen / welche/ wo sie gelegene zeit vnd vrsach bekommen / andere gestalt an sich nemen. Also werden die Engel/die solches verrichten/ nicht der Thier Schöpffer genennet. Also sol man auch die Bawren der Saat / Bäwm / vnd anderer Erdengewechs Schöpffer nicht nennen/ ob sie gleich sichtbarliche gelegenheit zu wachsen zu geben wissen / Was aber sie sichtbarer weis thun/das thun die Engel vnsichtbarlich. GOTT aber ist allein der Schöpffer/ der aller dingen vrsach/ maß vnd gelegenheit deß Samens eingepflantzet / dauon sie wachsen/ꝛc. Von dem vnterscheid deß Mosis vnnd der Zauberer Werck mag man weiter lesen lib. 83. quæst. quæst. 79. Item in quæst. 21. quæst. 4. &c.

Der heilige Job 26. sagt auch von der grossen gewalt vnd Maiestat Gottes: Am Himmel wirds schön durch seinen Wind / vnd seine Hand bereitet die gerade Schlange. Welches etliche von dem langen verssen Gestirn/ Via lactea genant/verstehen: Denn wenn der Wind die trüben Wolcken vertreibet/sihet man dasselbige Gestirn bald. Andere deuten diß auff die grossen Schlangen vnd Meerdrachen / die Gott mit seinem gewalt still macht / das sicher zu schiffen ist. Die Patres verstehens allegoricé von der alten Schlangen dem Teuffel (daruon hernach) welchen GOtt vom Menschen austreibet / das er gleuben vnnd gute Werck thun kan: Wehret auch weiter der alten Schlangen/das die vngestümme verfolgung auffhören / vnd ein schönes lustiges Wetter/ friedliche zeit entstehen. Job 20.

Was die Christgleubigen anlangt/finden wir auch Lehr vnd etliche Eigenschafften der Schlangen/ die jhnen zu mercken Christgleubige durch dis Thier beschrieben.

Esa. 35. cken sind. Esa. 35. Wo zuuor die Schlangen gelegen haben/ sol Hew/ Rohr vnd Schilff stehen. Durch die Predigt deß Euangelij / welches Christus bringet/ vnd durch die Apostel ausbreitet / soll an allen örtern so fruchtbar von bekehrten vnd gleubigen Christen werden/ das die vergiffte schlangen/ die Teuffel/ kein ort/ ruhe noch wonung daselbst haben können. Aber von der alten Schlangen bald hernach.

Esa. 65. Deßgleichen handelt Esaias am 65. Capitel vom friedlichen zustand im Reich Christi / das Wolff vnd Lamb zugleich weiden / der Löw wie ein Rind/ Stroh / vnnd die Schlangen Erden essen sollen.

Hieronymus. Hieronymus. Per hæc omnia, demonstratur malorum in bonum commutatio, qui innoxij erunt, antiqua feritate deposita, non foris, sed in monte Domini, hoc est, in Ecclesia & in confessine eius montis. Das ist/ Alles böse sol in gut verwandelt werden / das auch die gewesene Gottlosen vnschädlich seyen inn der Christlichen Kirchen.

Vnd werden also durch die Schlangen verstanden/ der Satan/die Verfolger/vnd andere ruchlose Menschen/so die Gleubigen (an der Seelen) nicht mehr beschädigen oder vergifften mögen/sondern sich an der Erden müssen genügen lassen/ oder auff der Erden zu boden geschlagen liegen.

Brentius. Brentius. Terram comedes (Gen. 3.) significat potentiam Satanæ deijciendam, & in puluerem deducendam esse: dicit ergò Esaias, quod serpentis illa maledictio impleatur in Ecclesia Christi: Satan enim victus à Christo, & in puluerem prostratus, non habet amplius aliquid iuris in Ecclesiam, quam adhuc affligere quidem potest, nocere autem non potest, sed est ludus Ecclesiæ: sicut Esaiæ 11. dicitur.

Das ist/ Erden essen heist/ das deß Teuffels gewalt zubrochen/

brochen/ vnd zu boden geschlagen sol werden / welches durch Christum geschehen ist/also/das der Satan vberwunden vnd geschlagen / kein recht noch gewalt wider die Christliche Kirche hat/plagen mag er sie wol/ aber beschädigen kan er nicht/ er ist nur ein spot vnd spiel der Christen.

Lutherus. Serpentes sunt, qui sunt ex patre diabolo, illi non sunt digni, vt fructus terræ comedent, sed edent puluerem terræ, neq; poterunt Ecclesiæ nocere. Porrò hæ promisiones transferendæ sunt in inuisibile regnum Christi, nam in vita nostra externa contrarium est verum. Das ist/Schlangen sein/ die von jhrem Vater dem Teuffel herkommen / die sein nicht werth / das sie die Früchte der Erden essen / sie müssen Staub vnd Erden essen / vnd können der Kirchen nicht schaden. Es sollen aber solche Verheissungen verstanden werden von dem vnsichtbaren Reich Christi / denn in diesem zeitlichen Leben geschicht das gegentheil.

Lutherus

In dem CHRistus seine Jünger ausrüstet / vnd in das Jüdische Land das Euangelium zu predigen abgefertiget/ so gibt er jhnen diese Lehr: Weil ich euch ausschicke / wie die Lämmer vnter die Schaffe / so seid klug wie die Schlangen/ vnd ohne falsch wie die Tauben / Matth. am 10. Capitel. Darmit erfordert Christus von den Aposteln vnd allen Predigern deß Euangelij/daß sie fürsichtig handeln vnd wandeln sollen / das sie zwar nicht vnnötige gefahr auff jhren eignen Hals bringen / Aber doch auch nicht forcht halben zu wenig thun / vnnd die WArheit verschweigen. Gleich wie aber die Schlange jhres Kopffs warnimpt / wenn sie geschlagen wird / vnd jhn versteckt inn die Erden / das er jhr nicht zuschmissen werde/ weil sie jhre Krafft vnnd Vermögen darinnen hat: Also sollen auch alle Prediger vnnd

Christus heist seine Jünger klug sein wie die Schlangen Matt. 10.

Zuhörer jren Kopff/das ist/Christum vnd den waren Christlichen Glauben/vnd ein gutes Gewissen bewaren/das sie jhnen nicht genommen werden / sollen sonsten sich plagen vnd schlagen lassen / aber nur das Heupt vnuerletzt behalten.

Augustinus Augustinus lib. 2, cap. 16. de doctrina Christiana. Notum est serpentem totum corpus pro capite, ferientibus obijcere: hoc illustrat sensum, quo Dominus iubet astutos esse Apostolos, vt scilicet pro capite nostro quod est Christus, corpus potius persequentibus offeramus, ne FIDES CHRISTIANA tanquam CAPVT necetur in nobis, si parcentes corpori negemus Deum. Das ist / Es ist bekant/das/wenn die Schlangen geschlagen werden / sie den gantzen Leib dargeben für den Kopff/ das sie jhn vnuerletzt behalten.

Diese eigenschafft erkleret Christi Spruch/Matth.10. Seid klug wie die Schlangen. Das die Christen jhren Leib den Verfolgern gern dargeben sollen / das sie jhr Heupt/ Christum / vnd den waren Christlichen Glauben behalten/ das sie nicht mit verschonung deß Leibs vmb jhr Heupt kommen/vnd Gott verleugnen.

Diese Art vnd Lehren haben auch andere Patres, Als Hilarius Hilarius vber Matth. Quæ sit serpentis prudentia contuendum est. Nescio quid in illo prudentiæ consilijque extet: licet quædam hinc aliqui memoriæ mandauerint: quod vbi se in manus hominum venisse intelligat, omni genere ab ictu caput subtrahat, idque aut collecto in orbem corpore contegat, aut foueæ immergat, cædique partem reliquam derelinquat: Nosque hoc exemplo oportere, si quid acciderit persecutionum, CAPVT nostrum quod est CHRISTVS occulere, vt ablatis nobis in omnes cruciatus, FIDEM ab eo acceptam, iactura corporis communiamus.

Das

Das ist/Wir müssen der Schlangen Weisheit anschawen. Ich weis nicht/was für Weisheit oder rath bey jhr ist: Es haben etliche geschrieben/ das/ wo sie merckt/ das sie den Menschen in die Hende geredt/sie den Kopff vor schlägen bewaret/ wie sie jmmer kan/ vnd deckt jhn entweder zu mit jhrem Leib/ in dem sie sich gar in ein Ring zusammen schleifft/ oder in ein Loch steckt/vnd den Leib schlagen lest: Also sollen wir / nach jhrem Exempel / wenn verfolgung kömpt/ vnsern Kopff/welcher ist Christus/verbergen/das wir nur den Glauben/den wir von jhm empfangen haben/bewaren/da es auch gleich mit vnsers Leibes verlust geschehen sol/vnd wir auff allerley art gepeiniget werden.

Vnd Basilius in principium prouerbiorum. Duplex est prudentiæ nomen. Vna quidem proprij commodi custos, & alieni doli obseruatrix, qualem serpens habet: Ille si quid periculi incurrere viderit, caput ante omnia custodit. Ea videtur esse versutia illa, quæ propria est ad proprium commodum & simpliciores defraudandos. Das ist/Die Weisheit ist zweyerley/ Eine/die jhren eignen nutz bedenckt/ die ander/so auff frembde lust achtung hat/wie die Schlange thut. Vnd das scheinet die list vnd geschwindigkeit sein / die jhren eignen nutz bedenckt / vnd die Einfeltigen zu betriegen trachtet. Basilius.

Hieronymus erzehlet auch diesen list der Schlangen/ das sie jhren Kopff bewaret. Serpentis astutia ponitur in exemplum, quia toto corpore occultat caput, & illud in quo vita est protegit. Ita & nos toto periculo corporis CAPVT nostrum qui CHRISTVS est, custodiamus. Das ist/Der Schlangen list wird vns zu eim Exempel fürgestellet/sintemal sie mit jhrem gantzen Leib das Heupt verbirget vnd zudecket/weil jhr leben darin stehet: Also sollen Hieronymus.

 auch

auch wir mit Leibs vnd Lebens gefahr vnser Heupt / welches ist Christus / bewaren.

Theophylactus.

Theophylactus ist auch der meinung: Prudentes oportet esse & scire quomodo versandum sit in medio multorum inimicorum: Sicut enim serpens totum corpus obijcit, vt percutiatur caput autem seruat: Ita & Christianus, inquit Dominus, omnia sua det etiam percutientibus corpus suum. Caput autem quod est CHRISTVS & FIDEM in illum seruet. Et sicut Serpens in angustam quandam cauernam circumgyrat se & transiens pellem veterem expoliat se: Ita & nos per angustam viam incedamus, vt veterem exuamus hominem.

Das ist / Wir sollen klug sein / vnd wissen / wie wir mitten vnter so viel Feinden wandeln sollen. Denn gleich wie die Schlang jhren gantzen Leib furwirfft / das sie jn lest schlagen / aber den Kopff bewaret sie: Also sol ein Christ / spricht der HERR / alles das seine dargeben / auch seinen Leib schlagen lassen / das Heupt aber / welches ist CHRIstus / vnd den Glauben an jhn / sol er sich befleissigen zu erhalten.

Neben der ersten Art erzehlet er auch eine andere Eigenschafft / vnd spricht: Gleich wie die Schlangen durch ein enges Loch durchdringen / jhre Haut abstreiffen / vnd sich erjüngen: Also sollen wir Christen auch eingehen durch ein engen Weg / darmit wir den alten Menschen ausziehen.

Augustinus

Augustinus libro de Salut. documentis cap. 28. führet auch ein andere Eigenschafft der Schlangen ein zu diesem Spruch Matthei am zehenden Capitel / Gleich wie etliche Schlangen / wenn sie trincken wollen / zuuor alles Gifft von sich legen: Also wenn die Christgleubigen mit dem Gebet zu Gott kommen / sich mit den tröstlichen süssen Brünlin Gottes ters WOrts laben wollen / sollen sie auch alles Gifft / alle Sünde / fürnemlich aber Zorn / Neid vnnd Haß aus jhrem Hertzen weg thun vnd ausspeyen. Est genus serpentis, quod cum cæperit ire ad bibendum aquam, antequam veniat ad fontem, euomit omne venenum: Imitare & tu hanc serpentem in hac parte, secundum EVANGELICVM CHRISTI præceptum: Estote prudentes.

Chrysostomus hom. 34. in priore commen. Matth. behelt auch die erste Art: Serpentis prudentiam imitari Christus cohortatur. Nam quemadmodum Serpens totum seipsum tradit, nec minimum curat, si corpus inciditur, donec caput suum integrum seruet: Eodem tu quoq; modo præter FIDEM cætera perdere non cures: profundas vniuersam tuam pecuniam tradas, corpus, vitæ ipsius, si opus est, minimè parcas, dum modò FIDEM serues, quæ caput & radix est: Qua seruata etiamsi omnia perdas, omnia tamen rursus maiore cum magnificentia recuperabis. Chrysostom.

Das ist / CHRIstus vermanet vns der Schlangen Weisheit nachzufolgen. Denn gleich wie eine Schlange den gantzen Leib dargibt / vnd nichts achtet / ob jhr gleich der Leib zerhawen wird / wenn sie nur den Kopff gantz behelt: Eben also solstu es auch nicht achten / ob du gleich alles verlieren must / ohn den GLAVBEN nicht: Du magst alles Gelt fahren lassen / deinen Leib dargeben / ja auch dein Leben nicht sparen / wenn du nur den Glauben kanst behalten / welcher das Heupt vnd die Wurtzel ist / Vnd wenn du den behelst / ob du gleich alles verleurest / wirstu doch alles mit grossen ehren wider bekommen.

In poster.

In Post. com. homil. 24. Nolo vos esse semper columbas, ne propter simplicitatem nimiam per seductionem laqueum incurratis. Nolo vos esse semper sicut serpentes, ne ex corde contra aliquem venena fundatis: sed secundum tempus & personas, mutetis & mores. Estote serpentes ne comprehendamini. Si enim comprehensi fueritis, estote columbæ, vt ne mordeatis, Estote prudentes sicut serpentes, vt malum intelligatis & caueatis, &c. Proprium est serpentis ab hominibus sibi cautè prospicere.

Das ist / Ich wil nicht haben/ das jhr allzeit Tauben sein solt/ das jhr nicht aus vbermessiger einfalt verführet vnd gefangen werdet. So wil ich auch nicht / das jhr allzeit solt Schlangen art an euch haben / damit jhr nicht aus ewrem Hertzen Gifft wider jemand ausschüttet. Ihr solt klug sein/ vnd euch wol fürsehen für den Menschen/ das jhr nicht erhaschet werdet/ Ihr sollet klug sein/ das jhr das böse verstehet vnd meidet.

Luc 10. Christus gibt seinen Jüngern macht auff Schlangen zutretten vnd zu vertreiben.

Zu diesem Spruch wöllen wir auch den Apostolischen gewalt einführen / den Christus seinen Aposteln mittheilet/ Luc. am 10. Capitel. Sehet / Ich hab euch macht gegeben zutretten auff Schlangen. Vnd Marci 16. vnter andern Zeichen der Gleubigen ist auch / das sie im Namen Christi die Schlangen vertreiben / vnd jhnen kein Gifft schaden sol. Werden aber dadurch nicht allein die natürliche Schlangen verstanden/ sondern auch Cateruæ dæmonum, das Hellische wütende Heer/ wie Theophylactus sagt. Weitleufftig handelt daruon Ambrosius Moibanus inn erklerung deß Mandats Christi Marci 16. litera S. Welches hie zu mercken ist.

Theophylactus. Ambrosius Moibanus.

Zum

Zum dritten / spricht er / bringet Christus allhie herfür / die Schlange / vnd nicht ohn vrsachen / denn die Schlange ist das erste Gefesse / das der Teuffel bald im Paradiß jhm zugeeignet hat / dadurch er vnsere erste Eltern betrogen hat. Daraus man mercken kan / das der Teuffel noch heutiges tages lust hat / durch Schlangen vnd solchen Drachen dem Menschen zu schaden. Er hats auch dahin wollen bringen / wie er im Paradiß hat angefangen / das er durch die Schlangen ein sonderliche Geistligkeit anrichtet / Denn das edel zarte Thierlein mus jhm ja lieb sein / noch von dem alten Dienst her / den es jhm wider vns bald im anfang gethan hat / Vnd hat angericht / da noch die Christenheit jung war / bald nach der zeit der Aposteln / eine sonderliche Secte / die all jhren trost vnd hoffnung auff die Schlangen setzen / daruon man sie nandte Ophitas, das ist / die Schlängener / vnd sein entsprungen von den Nicolaitis den Ketzern. Vnd war das jhr Grund / Die Schlang wer ein vrsach vnd vrsprung aller Klugheit / die in dem Menschen were / Denn also sagt sie: Jhr werdet klug werden / wie die Götter / vnd wissen das gute vnd das böse (dauon nacher) Darumb wer es billich / sagten sie / das man die Schlange ehrete / vnd für einen Gott hielte. Vnd weiter liessen sie sich hören / Christus hette sich durch die Schlange abgemalet / vnd gelobet / da er sagt Jo. 3. Es mus des Menschen Son wie die Schlange Mosis erhöhet werden 2c. Darumb were die Schlang was höhers denn Christus selber. Vnd wolten solchs auch erhalten durch diesen weg / dieweil Moses kein andern rhat het können finden / die schreckliche Plage / so durch die fewrigen Schlangen vnter das Volck war kommen / zu stillen / richtet er eine Eherne Schlange auff in der Wüsten / vnd wer sie ansahe / der ward für der grawsamen Plage erhalten.

Augu. de hæres. 17.

Jch wil schweigen / wie diese Ketzer ein Drachen in jhrem Tempel in einem Loch verhielten/ vnd ehreten vnter dem Altar/vnd brauchten kein Sacrament auff jhre meinung vnd Jrrthumb/ es hette denn dasselbige zuuor die Schlange oder der Drache mit seiner Zungen begeiffert vnd gebenedeyet/als sie meineten. Darumb ist der Teuffel ein Schalck anfenglich gewest / vnd hat sich stets zur Schlangen gevettert/ vnnd ist kein zweiffel / er suchet noch heut herberg vnd helt haus bey den Schlangen/ Nicht allein bey denen so in der Erden wohnen / vnd auff dem Bauch in dem bruchicht kriechen / sondern die Christus offt im Euangelio vnd Johannes Baptista namhafftig macht / das man sich für jhnen zu hüten wisse.

Der Teuffel helt sich noch jmmer zur Schlangen.

Wer sind aber dieselbige Schlangen vnd Ottern? Es sein Bischoffe/Thumherrn/Prælaten/Gelerten/ die zu Jerusalem hoch angesehen worden / denn sie durch vnd durch hefftig vergifftet waren wider die Warheit vnd Christum / vnd suchten vberal Mittel / wie sie Christum in Tode hetten mögen vergifften vnd vmbbringen / das sie mit jhrem Teuffelischen Geiffer das Volck allein macht hetten zu beschmeissen. Vnd man darff nicht zweiffeln / daß das Geschlecht der Schlangen vñ Ottern sey heut bey vns vntergangen/es ist ein solches Gezicht/das heut alle Orden der Geistlichen zu sich gezogen vnd gesipt hat/ *c*. Diese Schlangen meinet auch ohn zweiffel allhie Christus / die müssen am ersten vertrieben werden / sonst wirds mit dem Mandat / so er seinen Jüngern befihlet / mühe haben. Doch wöllen wir es jetzt lassen fahren / vnd auch von den natürlichen Schlangen reden.

Wer die Schlangen vnd Ottern sein/ für denen wir vns hüten sollen.

Es darff niemands wunder nemen / das die Jünger

macht

macht haben in dem Namen Christi Schlangen außzutreiben/denn so er jhnen die gewalt vber die Hauptschlangē/ das ist/ den Teuffel gegeben hat/ so ists jhnen ein leicht ding Natürliche Schlangen zuueriagen/ ꝛc. Diß vnd anders mehr/ Moibanus, gehört sonsten in die folgende beschreibung deß Teuffels vnnd seiner Consorten, daruon jetzund sol gesagt werden.

Kein zweiffel ist/der Teuffel/als das Heupt der verdampten Kirchen/werde mit diesem abschewlichen gifftigen Thier beschrieben/vnd erscheinet diß aus dem Fall vnd vbertretung Göttliches Gebots / dahin der Teuffel sie gebracht / da er durch die Schlange mit der Eua von GOttes Mandat disputiret/ Genes. am 3. Die Schlange war listiger denn alle Thier auff dem Felde/ vnd sagt zu Eua: Ja solt Gott gesagt haben / jhr solt nicht essen von allerley Bewm im Garten: Da sprach das Weib zur Schlangen: Wir essen von den Früchten der Bewm im Garten/aber von den Früchten deß Bawms mitten im Garten/hat Gott gesagt/Esset nicht dauon / rhürets auch nicht an / das jhr nicht sterbet. Da sprach die Schlang zum Weib/ Jhr werdet mit nichten deß Todes sterben / sondern Gott weis/ das/welches Tages jhr dauon esset/ so werden ewre Augen auffgethan/ vnd werdet sein wie GOtt/ vnd wissen was gut vnd böß ist. Da folget Eua der Schlangen/isset daruon/vnd gibt Adam auch/Da sie assen/ sahen sie / das sie nacket waren / vnd verkrochen sich hinder die Bewme im Garten. Aber Gott rufft/ vnd führet sie herfür/straffet sie/ Eua wirfft die schuld auff die Schlange/ Die Schlang betrog mich/ also das ich aß. Vnd Gott sprach zu der Schlangē/ Dieweil du solchs gethan hast/seistu verflucht vnter allem Viehe vnnd vor allen Thieren / auff dem Felde·

Der Teuffel durch dis Thier beschrieben.

Gen. 3.

Auff deinem Bauch soltu gehen / vnns Erden essen dein lebenlang. Vnnd ich wil feindschafft setzen zwischen dir vnd dem Weibe / vnd zwischen deinem Samen vnd jhrem Samen / derselb sol dir den Kopff zutretten / vnd du wirst jhn in die Versen stechen.

Der Schlangen listige eigenschafften.

Aus diesem Text sollen wir allein die listige Eigenschafften der alten Schlangen deß Teuffels mercken/ dardurch vnd mit er vnsere Voreltern mit allen Menschen nicht allein inn zeitliche/ sondern auch ewige Noth gebracht/ Vnd was Gott der alten Schlangen für straffen aufferlegt hat.

1. Zum ersten sagt Moses/ das die Schlang listiger gewesen sey denn alle Thier auff dem Felde / welches nicht allein auff den Satan/ sondern auch auff die Schlange selbs zudeuten ist. Denn der Teuffel/ die alte Schlange/ hat die art vnd Eigenschafft/ das er nicht schlechte vntüchtige Mittel gebraucht/ sein Teuffelisches Gifft/ Sünde/ Abgötterey vnd Ketzerey auszubreiten/ vnd in der Menschen Hertzen einzugiessen/ sondern er sucht vnd erwöhlet im ein verschmiztes / listiges / verstendiges / hochgelehrtes Organum vnd Werckzeug/ dardurch er etwas ausrichten kan: Welches er nicht allein bey dem ersten grawsamen Fall practiciret/ sondern thut s noch teglich / denn vnuerstendige / vngelerte Tölpel werden keine Ketzerey anrichten. Darumb Paulus vermanet (wie nacher folget) wir sollen bey der einfalt Christi bleiben. Lutherus. Calliditas in serpente singularis fuit, ideó Satanæ commodum Organum visum, per quod insidiaretur Euæ.

Lutherus

2. Der ander List / vnd der alten Schlangen Eigenschafft ist / das er nicht den Adam angreiffe / der jhm hett begegnen können/ sondern die Eua/ welche etwas schwecher als Adam war/ vnd das Gebot nicht von GOTT selbs/ sondern von

Adam gehöret hatte. Lutherus. Er/ der Teuffel/ die alte Schlange/greifft den Menschen an da er am schwechsten ist/ nemlich die Weibliche Person / Denn alle seine Anfechtungen also gerichtet sind / das er einbricht wo wir schwach vnd nicht wol verwaret sind/ Da ist vns nun seine eigne Farb abgemalet/wo er sihet/das du am schwechsten bist/dahin du am meisten geneigt bist/ zu Hoffart/Geitz/Zorn/Vnkeuschheit/ oder dergleichen/ da tastet er dich an/vnd kützelt dich am meisten da du kützlich bist/ greifft dich an da du weich bist/ Darumb solten wir gerüst vnd wacker sein/das wir seine Schalckheit lernten kennen/vnd für jhm vns hüten. Lutherus.

Der dritte List der alten Schlangen vnd deß Teuffels ist/ worin vnd mit er die Eua zum Fall vnd in die Sünd begert zu bringen / Er redet nicht von schlechten dingen mit der Eua/sondern nimpt das Wort vnd ernstlichen Befehl Gottes für sich / vnd wil dasselbig gewisse Wort disputirlich vnd zweiffelhafftig machen. Ja solt GOtt gesagt haben/ Ihr solt nicht essen von allerley Bewm im Garten. 3.

Mit diesen worten / sagt Lutherus, schlegt er Gottes Gebot in wind dahin/vnd redet so leichtfertig dauon/als solt er sagen/ Meinstu/ das Gott so nerrisch sey/das er das solt verboten haben ? Solt er dir ein einigen Bawm verbieten/ so er dir viel hundert gibt ? Also führet er das Weib an / das sie denckt/ Adam wird es nicht recht verstanden haben. Das ist die rechte schwartze/ ja die weisse Farb deß Teuffels/ denn er ist ein heller liechter Teuffel / der vns nicht mit groben Sünden anfichtet/sondern mit dem Vnglauben/denn wenn er den Glauben vmbgestossen hat/ so hat er gewonnen. Der Mensch mus Gottes Wort haben / vnd daran hangen mit dem Glauben/so bald er jhm nu dasselb entzücken lesset/ so ist kein hülff mehr da. Also nimpt hie jhm der Teuffel das Wort Lutherus.

vnd den GLAVBEN, das er wancket / vnnd dencket/ Wer weis/ es möcht wol nicht war sein. So bald nu das in zweiffel gestellet wird / obs RECHT oder VN-RECHT sey/ SO ISTS VERLOREN. Gott wil nicht eine wanckende Seele haben/ die da sage/ Ja wenn es war were. Demnach so bringt der Teuffel die Eua nicht allein in den zweiffel / sondern das sie auch dem Gebot Gottes (vom Anrhüren) ein zusatz thut / vnnd das wörtlein FORTE, VIELLEICHT, daran henget.

Lutherus. Eua labascit, cum ad pœnæ comminationem ventum est. Non enim recitat pœnam, sicut à Domino fuerat proposita. Simpliciter enim dixerat, Morte moriemini: Ex hac absoluta sententia facit ipsa non absolutam, sed addit NE FORTE moriamini, Da sie denn vom Glauben zum Zweiffel vnd Vnglauben gefallen ist.

Ambrosius. Ambrosius lib. de Parad. cap. 12. schreibet auch/ das deß Falls vnd der Sünd ein vrsach sey / so man dem Wort oder Gebot Gottes etwas zulegt/ oder daruon thut. In mandato nullum vitium est, sed in relatione mandati. Discimus autem nihil vel CAVTIONIS gratia iungere nos debere mandato: Si quid enim vel addas vel detrahas, præuaricatio quædam videtur esse mandati. Pura enim & simplex mandati forma seruanda, vel testimonij series intimanda est: plerumque testis, dum aliquid ad seriem gestorum ex suo adijcit, totam testimonij fidem partis mendacio decolorat. Nihil igitur vel quod bonum videtur addendum est. Namque hic quid offensionis habet, prima specie, quod addidit mulier (NEQVE TANGETIS) Tangetis enim Deus non dixerat, sed non edetis. Sed tamen lapsus incipit esse principium:

Nam

Nam quæ addidit vel superfluum addidit, vel addendo de proprio, semiplenum intellexit esse DEI mandatum.

Das ist / Das Gebot ist an jhm selbst wol gut / allein das es felschlich wird fürgetragen. Wir lernen aber hie / das wir / auch zu mehrer versicherung halben / den Geboten Gottes nichts sollen zusetzen / Denn wenn du zu dem Gebot etwas thust / oder dauon nimpst / so scheinet es ein vbertretung deß Gebots. Denn eines Gebots form vnnd weis sol man schlecht vnd einfeltig behalten / oder deß zeugnis ordnung anzeigen. Ein Zeuge / so er etwas von den seinen zu den sachen thut / macht gemeiniglich seines zeugnis glauben mit der zugethanen Lügen verdächtig. Darumb sol man nichts darzu thun / wenn es auch gleich gar gut zu sein scheinet. Denn was ist das erstlich anzusehen / vnrecht oder zuuiel geredt / was das Weib darzu gesetzt hat (Ihr solt jhn auch nicht anrühren) sintemal Gott nicht gesagt hat / Ihr solts nicht anrüren / sondern jr solt nicht dauon essen: Demnach ist solcher zusatz ein anfang deß Falls / denn was sie darzu gethan / ist entweder vnnötig / oder hat gemeint / weil sie von dem jhren dazu gesetzt / es sey Gottes Gebot vnuolkommen.

Zum vierdten / Da die Teufflische Schlang die Eua zweiffelhafftig gemacht hat / so fehret sie freuentlich heraus / verleugnet das Wort Gottes rund / vnd spricht: Ihr werdet mit nichte deß Todtes sterben. Das ist der grobe schwartze Teuffel / so Gottes Wort lügenstraffe / es sey nit war / Gott sagt / jhr werdet sterben / Der Teuffel / jhr werdet nicht sterben. Welches die Eua glaubt / annimpt / Gott verlest / verachtet / dem Teuffel folget vnd anhangt: Wie er denn allwegen diesen Methodum gebraucht / die Menschen zweiffelhafftig macht / vnd bald darauff Gottes Wort gar verneinet / eine andere meinung drehet vnd andichtet. 4

Lutherus.

Lutherus. Lutherus spricht: Wir haben Exempel an den Arianern/ Widerteuffern vnd Sacramentirern. Habemus Christi verbum manifestum de Cœna Domini, Hoc est Corpus meum quod, &c. Fanatici igitur cum á fide horum verborum discedunt & disputant, QVOMODO HÆC SIC ESSE POSSINT? paulatim eò labuntur, vt simpliciter hoc verbum Christi negēt & impugnent. Sicut hoc in loco Euæ accidit. Das ist/ Wir haben vom Nachtmal deß HERRN das helle klare Wort Christi/ Das ist mein Leib/ der für euch gegeben wird/ ꝛc. Darumb wenn die Schwermer von dem Glauben dieser wort abfallen/ disputiren vnd fragen/ Wie doch solchs sein könne? kommen allgemach dahin/ das sie endlich diese wort deß HERRN Christi gar leugnen/ vnd dawider streiten/ wie allhie der Eua begegnet ist. Derwegen wir einfeltig bey dem Wort CHRJsti bleiben/ vnd nicht fürwitzig grübeln sollen.

Lutheri Regel. Regula Lutheri. Postquam constat hoc esse Verbum DEI, quod habemus & profitemur, simplici fide ei assentiamur, & non disputemus curiosè. Nam omnis curiosa disputatio certissimam secum affert ruinam. Das ist/ Lutherus gibt diese Regel: Wenn wir gewiß wissen/ das dieses Gottes Wort sey/ das wir haben vnd lehren/ sollen wir demselbigen mit einfeltigem Glauben beyfall geben/ vnd nicht fürwitzig grübeln vnd fragen. Denn alle vnnütze Frag bringt gewisses verderben mit sich.

5. Zum fünfften/ Lests der Teuffelische Drach bey dem Lügenstraffen nicht bleiben/ sondern wil auch Gott der Euæ verhast machen/ das sie jhn anfeinden sol. Gott weis wol/ das jhr jhm gleich/ vnd ewre Augen auffgethan werden/ vnd erkennen was gut vnd böß ist. Diß ist die allergifftigste Anfechtung/ das Gott dem Menschen die Seligkeit nicht gönte:

Wie der Teuffel durch den Mißbrauch deß Artickels von der ewigen Versehung bey den Zwinglern oder Caluinisten pfleget zu handeln / So doch GOtt die Liebe selbst ist/nicht gefallen hat an deß Sünders todt/sondern wil/das allen Menschen geholffen/vnd selig werden.

Endlich vnd zum sechsten/so verheischt die alte Schlang der lügenhafftige Teuffel / der Eua grosse Ehr vnd Herrligkeit/ja die Gottheit selbs: Dardurch sie denn mit allen jhren Nachkommen in die eusserste gefahren vnd verderben geführet ist worden. Von diesen zweyen letzten Lüsten sagt Chrysostomus homil. 16. in Gen. Serpens non contentus, quod dixerat contraria dictis DEI: Incusat eum etiam vt INVIDVM OPIFICEM, quó sic fraudes suæ procedant, & supplantata muliere propositum suum impleat. Vt ergò Mulier à serpente audiuit, quod ideo esum hunc prohibuisset Deus, quia sciret oculos nostros apertos, & nos sicut DEOS futuros, scientes bonum & malum, DIVINITATIS SPE INFLATA magna secum concipiebat, ad esum properabat, & illûc postea cogitationem & mentem fixit. 6. Chrysostomus.

Das ist/ Die Schlange lest es dabey nicht bleiben/das sie wider Gottes klares Verbot geredt: Sie schilt jhn auch noch einen neidischen Schöpffer/ damit jhr betrug jhr möge fortgehen / vnd sie jhr fürnemen durch das Weib möge ins werck setzen. So bald nun das von der Schlangen gehört/ das jhnen GOtt derenthalben von dem Bawm zu essen verboten hette/ weil er wuste/wo sie dauon essen würden/so würden jhre Augen auffgethan / vnd sie Gott gleich sein/ erkennen das böse vnd gute / nam sie jhr / in hoffnung Gottlicher Ehre/grosse ding für/eilete vom Bawm zu essen/vnd richtet all jhr gedancken vnd sinn darauff.

Diese Teuffelische Schlangenart sollen billich alle Christen fleissig vnd stets betrachten/ auff das sie jhm in dem notfall begegnen/vnd hinweisen können/ ꝛc. Wir wollen in diesem Text fort schreiten/ vnd weil die Eua in jhrer vermeinten verantwortung die schuld der Schlangen zudrehen wil / anhören/was GOTT mit der Schlangen redet vnd handlet: Sintemal aber die Schlange Vnuernünfftig vnd ohne verstand war/ist leichtlich zu erachten/ das Gott mit dem Teufel / so die Schlange eingenommen vnnd besessen / rede vnd handle. Wie Lutherus sagt. Hoc statuimus primum. Serpentem esse verum serpentem, sed inuasum & obsessum à Satana, qui per serpentem loquitur. Secundo statuimus hoc quoq;, quæ Deus ad serpentem loquitur, serpentem non intellexisse, tanquam brutum animal, sed Satanam quem potissimum petit Deus. Das ist / Es ist zwar ein rechte natürliche Schlang gewesen/aber mit dem Teuffel besessen. Vnd was Gott geredt/ hat die Schlang nicht verstanden / sondern allein der Teuffel / der eigentlich gemeinet vnd getroffen war. Doch so gehen die Straffen an zum theil die natürliche Schlange / welche deß Satans Werckzeug vnd Mittel war: Zum theil vnnd allermeist die Geistliche Schlange den Teuffel.

Gott redet den Teuffel an durch die Schlange.

Lutherus.

Wen diese straffen angehen.

1. *Die natürliche Schlange.*

Was die natürliche Schlange betrifft / spricht GOtt/ das sie verflucht sol sein vnter allem Viehe / vnd von allen Thieren auff dem Feld. Andere Thier vnd Viehe sollen gesegnet sein/ das sie einerley Tisch mit dem Menschen haben/ sich mehren / dem Menschen zum besten vnd Narung / aber daruon sol die Schlange ausgeschlossen vnnd verflucht sein.

Lutherus.

Lutherus. Gloria est quod boues, oues & aliæ bestiæ vescuntur herbis, etiam arborum fructibus, & deinde generant

generant ex se homini ad cibos vtilia, Butyrum, Lac, Carnem, &c. Hanc gloriam serpens cum alijs communem habuit: Nunc ab ista societate & quasi ex MENSA ET CONVIVIO HOC propter peccatum eiectus est, vt ne quidem abiectissima herbula liceat vesci, &c.

Das ist / Das Ochssen / Schaffe / vnd andere Thier Gras essen / vnnd andere Frücht von Bewmen / auch dem Menschen geben / was jhnen zur Speise dienet / als / Butter / Milch / Fleisch vnd andere ding / das ist jhnen ein ehr / Diese ehr hat die Schlange auch mit andern Thieren gemein gehabt / jetzt ist sie von derselbigen Gesellschafft / Tisch vnd Gasterey / wegen der Sünde / ausgeschlossen / das sie auch das allergeringste Kraut nicht essen darff / etc.

Es sol auch die Schlang auff dem Bauch gehen / vnd Erden essen jhr lebenlang / Welches auch ein Fluch ist der natürlichen Schlangen / denn zuuor ist die Schlange nicht auff dem Bauch gekrochen / sondern auffrecht gangen / nicht zwar / wie ein Mensch / aber doch wie ein Hirsch / oder Pfaw / sagt Lutherus, vnd da sie zuuor ein prærogatiu für andern Thieren an der Listigkeit / schöne vnd narung gehabt / hat sie solche herrligkeit alle durch jhrem Teuffelischen dienst vnd gehorsam verlohren / vnd wird nu also gestrafft / das auch jhre Speis geendert wird.

Die schlangen müssen auff dem Bauch gehen / Erden essen.

Lutherus. Serpens habuit prærogatiuam quandam Calliditatis, Venustatis & Victus quoque (quem cum HOMINE habuit communem) sed nunc pœnam fert, quod etiam victus ratio mutatur. Adeoque discimus naturam Serpentis totam mutatam & aliam esse factam.

Lutherus.

2. Die Geist- liche schlang.

Wiewol nu dieser Fluch eigentlich die natürliche Schlang berühret/ jedoch deuten diß die Lehrer auch auff die Geistliche Schlang den Satanam/ Als das der Teuffel vom Himmel auff die Erden hernider geworffen sey/ vnd nimmermehr vber sich sehen/ die Himmelische Güter vnd sachen betrachten könne/ nach Brentij auslegung.

Lutherus.

Oder wie Lutherus anzeigt/ Der Teuffel / die alte Schlange / greiffe die Menschen nicht mehr auffrecht vnnd vorderwerts an/ sondern komme heimlich wie eine Schlange daher geschliechen: Vnd ist doch auch nicht allein eine erinnerung zur Vorsichtigkeit/ sondern auch ein Trost/ das jhme sein gewalt genommen/ das er nicht nach seinem willen wider die Christen wüten kan.

Ambrosius

Ambrosius lib. de Parad. cap. 15. Pectore & ventre ait reptare serpentem, non tam propter corporis figuram, quam quod propter terrenas cogitationes de illa cœlesti beatitudine sit lapsus. Wie Brentius auch schreibet. Doch zeuchsts Ambrosius auch auff die fleischliche Menschen / welche jhrem Bauch vnnd Fleisch als Gott dienen. Qui sunt qui in vtero suo ambulant, nisi qui ventri & gulæ seruiunt, quorum Deus venter est, & gloria in pudendis eorum, qui terrena sapiunt, & cibo onerat ad terrena curuantur.

Wen dis Feindschafft betreffe.

Weiter ist zwar auch eine natürliche Feindschafft zwischen den Menschen vnd den Schlangen / aber doch so gehet dieser Neid vnd Feindschafft eigentlich auff die Teuffelische vnd Hellische Schlange / der allen Weibern feind sein/ vnd verdächtig halten werde vmb deß Weibessamen oder Jungfraw Son willen/ so der alten Schlangen den Kopff zutretten/ allen seinen gewalt nemen/ die Sünde büssen/ die arme gefallene Sünder aus der Helle vnd ewiger Verdamnis erlösen

lösen sol / welches doch durch zerstochene Versen / das ist / durch sein heiliges bitter Leiden vnd Sterben geschehen müsse / etc. Daruon gnug.

Der nechste Spruch ist S. Pauli 2. Cor. 11. Ich eiuere vber euch / o jhr Corinthier / mit Göttlichem Eiuer / das ich ein reine Jungfraw Christo zubrechte / Ich fürchte aber / das nicht wie die Schlange Eua verführte bei jrer Schalckheit / also auch ewre Sinne verrückt werden von der einfeltigkeit in Christo / etc. Aus oberzelten vmbstenden vnd sachen kan man leichtlich der Schlangen deß Satans Listigkeit vnd Schalckheit mercken / darumb Paulus vermanet / man sol bey dem einfeltigen Glauben in CHRistum bleiben / vnd sich daruon nicht abführen lassen. 2. Cor. 11.

Augustinus Tract. 13. in Iohannem erkleret Pauli Spruch mit diesen worten: Virginitas mentis est integra fides, solida spes, sincera charitas; hanc virginitatem timebat Paulus à serpente corrumpi. Das ist / Die Geistliche Jungfrawschafft deß Hertzens stehet im waren Glauben / steiffer Hoffnung / vnd reiner Liebe / welche Paulus fürchtet / sie möcht verruckt werden von den falschen Aposteln: wie Ambrosius spricht / Das Paulus die falsche Apostel / der Schlangen / so die Eua verführet hat / vergleicht / das man sie nicht hören sol / sintemal sie Verführer sein / die der gleubigen Hertzen von der Warheit Christi begeren abzuwenden. Hoc ait, ne audiantur seductores, quos Diabolo comparauit, propter astutiam malitiæ eorum, quia corrumpere fidelium corda à veritate Christi conantur. Augustinus Ambrosius

Also auch nennet Johannes Apoc. 12. den Teuffel eine Schlange / so dem Weib / der Christlichen Kirchen / nach dem Leben stellet. Vnd Apoc 20. Die alte Schlange / der Drach / wird gebunden in den Abgrund geworffen / vnd tau- Apoc. 12. Apoc. 20.

sent Jahr versiegelt bewahret. Wann aber diese Jahr zu zehlen anzufangen seyen / seind mancherley meinung. Osiander versteheets von den eusserlichen verfolgungen / nicht allein der Römischen Heydnischen Keyser / sondern der Arianer / sonderlich der Gothen / welche die ware Christgleubige hefftig verfolget / biß sie zum Christlichen Glauben sind kommen / welches Anno 593. geschehen / bey zwey Jaren / nach dem Gregorius Magnus Bapst worden ist / fellet also das end der tausent Jahren in Annum 1593. da der Teuffel los worden / vnd durch die Türcken / Tattern / Moschobitern die schrecklichste vnd grawsamste verfolgung wider die Christliche Kirche anrichten wird. Aber daruon ist hie nicht weiter zu handlen / allein ist zu wissen, das die alte Schlange der Teuffel gebunden ist / vnd nicht nach seinem willen toben vnd wüten kan / sondern Gott mus jhn ledig geben / vnd verhengen / Daruon droben bey den Sewen zusehen ist.

Osiander.

Esa. 27.

Esaias am sieben vnd zwantzigsten Capitel handlet auch von den Schlangen: Zu der zeit wird der HERR heimsuchen mit seinem harten grossen vnd starcken Schwerdt beyde den Leuiathan / der ein schlechte Schlang / vnd den Leuiathan / der ein krumme Schlang ist / ꝛc. Erstlich werden dardurch verstanden die Geistliche Feinde / Teuffel / Todt vnd Sünde / so den Menschen hinderwerts oder vorderwerts / heimlich oder öffentlich angreiffen / vnd verschlingen: Darnach werden auch die Geistliche vnd leibliche Verfolger / Ketzer vnd eusserliche Feinde gemeinet / die Christus zum theil in dieser Welt strafft / zum theil am Jüngsten Tag die straffen vollenden wird. Osiander.

Proue. 30. Vom weg der Schlangen.

Allhie ist auch das wunderbarliche Rätzel Salomonis zubehalten / Prouerb. am 30. Cap. Drey ding sind mir zu wünderlich / ꝛc. Der Schlangen weg auff dem Felsen / da

man

man keine Spur noch Fußstapffen sehen vnnd finden kan. Etliche deutens zwar auff die Ehebrecherin / die nach vollbrachter Sünd das Maul wischt / daruon zeucht / vnd darff sie niemand zeihen. Aber wir wollen die Geistliche deutung von den Patribus hören.

Hieronymus versteher die List vnd Schalckheit deß Teuffels / der den Christgleubigen nachstellet. Via colubri super Petram, hoc est, Astutia hostis venenati insidiari non desinit eis, quos in petra fidei fundatos esse conspicit, nam quod coluber diabolum sæpe insinuet, in primi hominis transgressione & alibi sæpe probatur. Hieronymus

Ambrosius lib. de Salomone cap. 3. sagt: Ob schon der Teuffel die alte Schlang allen Menschen ein Tritt gibt / das man der Schlangen Weg vnnd Fusstapffen sihet / jedoch hat ers bey dem Menschen CHRisto nicht vermocht / den er offt versucht / aber keine Sünde ist bey jhm erfunden worden / hat jn der Satan zu keinem Fall auch bringen konnen. Serpens in corpore hominis quod omnipotens Christus Deus induerat, nulla malitiæ suæ potuit imprimere vestigia, quamuis illud ausus fuerit sæpe tetnare. Hæc petra ergò est Caro CHRISTI, nulla inimici iniquitate respersa, in qua serpentis, hoc est, peccati alicuius vestigium non apparet, & cætera. Bißher von dem Teuffel. Ambrosius.

Nu wollen wir von der Schlangen / deß Teuffels Gesellschafft / Gottlosen Menschen vnd auch den Sünden selbs anhoren / denn auch diese mit der Schlangen beschrieben vnd ernent werden. Der Heilige Dauid bittet Gott Psal. 140. Errette mich HERR von den bösen Menschen / behüte mich für den freueln Leuten / die böses gedencken in jhrem Hertzen / vnd teglich Krieg erregen. Sie scherffen jhre Zunge wie eine Gottlose Menschen Schlangen genent. Psal. 104.

Schlange /

Schlange / ꝛc. Dieses kan nu von allen Verleumbdern / Gottlosen Menschen / gedeutet werden / Aber Hieronymus verstehets in specie von den falschen Lehrern vnd Ketzern / wie drunden bey der Ottern folgen wird.

Augustinus Augustinus. In serpente maxima astutia est & dolus nocendi, propterea etiam serpit. Non enim vel pedes habet, vt eius vestigia, cum venit, audiantur. In eius itinere velut lenis est tractus, sed non est rectus. Ita ergò repunt & serpunt ad nocendum habentes occultum venenum, & sub leni contactu.

Arnobius. Arnobius legts auch von den Ketzern aus. Linguæ contra te pugnant, quas acuunt hæretici, sicut serpentes. His & tu esto serpens astutus, & te simplicem vt columbam esse ciuibus tuis, hoc est, Catholicis solis ostende. Cæterum hæreticis & cunctis contra veritatem venientibus, ipsis serpentibus esto astutior, &c. Das ist / Wenn die Ketzerische Schlangenzungen wider dich streiten / so soltu jhnen auch begegnen / vnnd listiger gegen sie sein als die Schlangen / ꝛc.

Psal. 58. Vnd ingemein sagt David Psal. 58. von den Lügnern vnd allen Gottlosen Menschen / so die Warheit nicht reden / der reinen Lehr / den rechten sachen / nicht beyfallen / das jhr wüten sey wie der Schlangen wüten / wenn sie bezaubert werde (daruon denn im folgenden Capitel bey der Otter weiter)

Hieronymꝰ Hieronymus zwar verstehet den Teuffel vnd seine Diener / das sie wider das Wort Gottes wissentlich toben vnd wüten / welches an den Papisten zusehen ist / aber ingemein kan dieser Psalm von allen Gottlosen Menschen ausgeleget werden.

Brentius. Brentius. Quemadmodum Serpens, cum senserit se à perito exorcista peti & adiurari, vt aut subsistat, aut

è cauerna

è caverna sua prodeat, aut innocuum venenum gestet, solet vnam aurem, vt dicitur, allidere terræ, & alteram obstruere cauda, ne audiat carmen incantatoris: Ita & impij eo sunt ingenio, vt quos sciunt instructos esse verbo Dei, & cohortationibus ad veram pietatem, eos vel contẽto cursu fugiant, vel aures suas obturẽt, ne audiant, quæ ad salutem ipsorum cognitu necessaria sunt. Itaq; vt sunt ab antiquo serpente, qui est Satan, seducti & corrupti: Ita etiam moribus suis ingenium serpentum referunt, dignissimi qui veneno suo ab infantia hausto pereant.

Das ist/ Gleich wie die Schlangen/ wenn sie beschworen werden/ das sie still stehen/ aus jhrem Loch heraus gehen/ oder nicht vergifften sol/ das eine Ohr auff die Erden thut/ vnd das ander mit dem Schwantz zustopfft/ das sie den Zeuberischen Segen oder Spruch nicht hören könne: Eben also thun auch alle Gottlose Menschen/ wenn Christliche Personen mit Gottes Wort vnd ernstlichen vermanungen sie von jhren Sünden abschrecken wollen/ sihe/ so können sie nicht bleiben/ sie fliehen daruon/ oder stopffen die Ohren zu/ darumb sie auch billich in jhrem Gifft/ so sie von Jugent auff gewonet/ vmbkommen. Aber daruon wird bey der Otter mehr folgen.

Wir wollen aber allhie auch hören die erinnerung Chrysostomi, darmit er beweist/ das die Menschen erger sind als die Schlangen/ homil. 24. in altero comment. Matthæi. Si comparaueris hominem serpenti, peiorem inueniès hominem: quoniam serpens etsi malitiam habet, tamen hominis timorem habet. Ideò si quem absconsè potuerit, mordet, si autem non potuerit, fugit. Homo autem malitiam habet serpentis, & timorem non habet serpentis.

Ideo quamdiu non habet tempus, latet sicut serpens, si autem inuenerit, irruit sicut bestia. Præterea anguis, siquidem irritata fuerit, sæuit, si autem irritata non fuerit, in silentio transit: Homo autem & non irritatus insanit, & magis in illos insanit, à quibus non fuit irritatus. Breuiter vnaquæque bestia vnum & proprium malum habet, homo autem omnia habet in se.

Das ist/ Der Mensch ist erger denn ein Schlang. Die Schlang hat zwar boßheit bey sich/ aber noch so fürcht sie den Menschen/ darumb wenn sie ein Menschen heimlich stechen kan/ thut sie es/ wo nicht/ fleucht sie. Aber der Mensch ist so böß/ das er sich für niemand fürcht vnd schewt. Darnach so wütet die Schlang nicht/ sie werde denn angereitzt/ vnd zornig gemacht/ Aber der Gottlose tobet ohn vrsach wider die Vnschüldigen.

Etliche Laster vnd Lesterer mit der Schlangen beschrieben.
Proue. 23.
Eccle. 10.
Osiander.

In der Schrifft werden etliche Laster vnd Lesterer specificirt. Als Salomon sagt Prouerb. 23. Die Trunckenheit vnd Füllerey steche wie eine Schlange. Daruon besihe die Otter. Im Prediger Salomon am 10. Capitel. Ein Wäscher oder Verleumbder ist nichts bessers denn ein Schlang/ die vnbeschworen sticht. Osiander. Quemadmodum serpens, cuius virus non cohibetur incantatione, mordet letaliter: Sic etiam qui aliorum famæ detrahit, proximo suo plurimum nocet, ac quandoque illum in exitium præcipitat. Darumb sol man das Teuffelisch Laster der Verleumbdung/ welchs von der alten Schlangen dem Teufel herkömpt/ fliehen vnd meiden/ sich auch menniglich für den Verleumbdern hüten.

Hieronymus gibt auch diesen verstand: Serpens & detractor æquales sunt: Quomodo enim ille occultè mordens venenum inserit: Sic iste clàm detrahens, vi-

rus

rus pectoris sui infundit in fratrem, & nihil habet à serpente amplius. Cum enim lingua hominis ad benedicendum DEO & ædificationem proximi sit creata, ille eam serpenti æqualem facit, dum virtutibus eius in peruersum abutitur.

Das ist / Ein Schlang vnd ein Verleumbder sein einander gleich. Denn gleich wie ein Schlang heimlich sticht/ vnd einem jhre Gifft beybringt: Also thut auch ein heimlicher Verleumbder/ der bringt sein Gifft seinem Bruder bey/ vnd ist nichts anders/ als eine Schlange/ Denn da die Zunge GOtt dem HERRN zu lob vnd zu erbawung deß Nechsten erschaffen ist / macht er sie der Schlangen gleich / in dem er derselbigen Tugenden zum ergsten mißbraucht.

Lutherus applicirts auff den Oberkeit vnnd Hausstand/ da die vorgesetzte viel tadelns/ waschens vnd verleumbdens von den angehörigen / die es vnter die Leut bringen/ müssen erdulden / Wo man nu wehren kan / sol mans nicht vnterlassen / wo es aber vnmüglich / mus mans leiden / vnd GOtt befehlen. Lutherus.

Tantum claude oculos & aures, & fac quod potes, sicut nos cogimur ferre, quod operibus & verbis resisti nobis. Mundus enim non desistit persequi Magistratus & recta monentes. Das ist/ Thu nur Augen vnd Ohren zu/ vnd thu was du kanst / Gleich wie wir müssen leiden/ das man vns mit worten vnd wercken zu wider ist. Denn die Welt lest nicht ab die Oberkeit / vnd die jhr gutes rathen/ zu uerfolgen.

Dahin sihet auch Jacobus am 3. Capitel/ Die Natur der Thier / der Schlangen vnnd Meerwunder werden von der Menschen Natur gezähmet / Aber die Zunge kan kein Mensch zähmen / das vnruhige Vbel voll tödtlicher Gifft. Jacob 3.

Syrach 21. Summa von allen Sünden spricht Syrach am 21. Mein Kind/fleuch für der Sünde wie für einer Schlangen/denn so du jhr zu nahe kömmest/so sticht sie dich/ jhre Zeene sind wie Löwen Zeene / vnd tödten den Menschen. Diß Gifft gehet süß ein / aber durchgehet bald den gantzen Leib / geschwüllet vnd fellet dahin: Also gehet auch die Sünde lieblich ein/aber nacher wird der Sünder von der Mißhandlung in die Verzweifflung vnd ewige Verdamnis gebracht.

Gott strafft durch die Schlangen. Job. 20. Wir wollen jetzt auch etliche Sprüch hören / wie Gott Gleichnis weis vnd mit der that etliche durch die Schlangen gestrafft hat. Zophar sagt Job am 20. von den Gottlosen Heuchlern vnd Geitzigen / Der Schlangen Zunge wird sie tödten. Durch diese Zungen werden nicht allein die Verleumbdung / sondern auch alle Flüch deß Gesetzes verstanden/ vnd ist die Gleichnus von der Natürlichen vnd Geistlichen Schlangen dem Teuffel genommen / der durch die Schlange im Paradis Euen vnd Adam in alles Vnglück

Brentius. gestürtzt hat. Metaphora sumpta procul dubio non tam à serpentibus lingua inficientibus, quam à Satana, qui per serpentem in Paradiso Euam & Adamum in omnia malorum genera coniecit. Brentius.

Amos 5. Der Prophet Amos am 5. Capitel gibt auch ein Gleichnus von den Gottlosen/welche in Vnbußfertigkeit aus Vngedult den Tag deß HERRN (den Jüngsten Tag oder den Todt) wündschen. Es sey eben mit jhnen/ als wenn einer der Gefahr im Haus entrinnen wölte/ vnd würd von der Schlangen gebissen/ vnd getödtet: Also sollen die Gottlose Vnbusfertige keine leichtere sondern grössere Straff finden. Daruon droben bey dem Löwen vnd Bären.

Mich. 7. Von den Verfolgern des Euangelii. Michæ am 7. Capitel/ ist eine artliche beschreibung der straff vber die Gottlosen Verächter vnd Verfolger deß seligmachenden

machenden Euangelij/ weil sie ja lieber der alten Schlangen dem Teuffel selbs denn Christo dienen/ so sollen sie auch nicht essen der Seelen Speis vnd Himmelbrod/ jhre arme Seelen darmit zu erquicken / sondern sollen Staub lecken wie die Schlangen / vnd wie das Gewürm auff Erden erzittern in jhren Löchern: Sie sollen in jhrem Gewissen kein fried noch ruhe haben / vnd erzittern ab der Christlichen Kirchen vnd dem Euangelio/ wie es Osiander explicirt. Lutherus verstehets von den Sündern/ so ob Christi Wunder erschrecken/ sich demütigen/ Gott fürchten vnd trawen. Osiander. Lutherus.

Ecclesi. 10. Wer einen Zaun (dem Nechsten zu schaden) abbricht/ den sticht eine Schlang. Darmit angezeiget wird/ wer einem andern ein Vnglück zurichte/ der gerate wol in gefehrlichern Jammer / Denn obs schon die Menschen nicht wissen / sehen oder hören/ so kan doch GOtt eine Schlange oder andere schedliche Thier darzu brauchen. Eccles. 30 Gott straffe den der ander schadet.

Lutherus deutets auff die Weltliche Regiment/ da man die Leut regieren vnd straffen mus / aber ohn stechen vnd leiden gehets nicht abe/ doch sol man nichts vnterlassen. Lutherus.

Hieronymus verstehets von der Christlichen Lehr vnd Predigt/ wer dieselbige zureisse/ werde Gottes Rach vnd der alten Schlangen nicht entrinnen mögen. Sepis materiæq́ euulsio ecclesiastica dogmata sūt & institutio ab Apostolis Prophetisq́ fundata: quæ qui dissoluerit & voluerit præterire, in eo ipso, quo negligit, à serpente percutitur. Hieronymus

Jeremias am 8. dröwet Gott den Jüden / welche keine rew noch leid vber jhre Sünde trugen/ Sihe ich wil Schlangen vnd Basilißken vnter euch senden / die nicht beschworen sind/ die sollen euch stechen/ rc. Diese Schlangen sind die Chaldeer der Jüden Verfolger: Jer. 8 Die schlangen sollen die vnbusfertigen sünder stechen

Hieronymus verstehet den Teuffel/ dem die Verächter

Gottliches Worts nicht entrinnen sollen. Droben sind mehr Exempla Göttlicher Rach vnd Straffen eingeführet worden Sapientiæ 16. vber das Jüdische Volck. Wie auch Amos am 9. sagt: Wenn sie sich für meinen Augen verbürgen im grunde deß Meers/ wil ich doch den Schlangen befehlen/ die sie daselbst stechen sollen. Sapientiæ am 7. wird auch der Schlangen gedacht / durch welche die Egyptier seind geplagt worden.

Amos 9.

Sap. 7.

Sprach 10.

Strafft den Hochmut mit der Schlangen.

Sprach am 10. Cap. wil den Hochmut vnd Stoltz der Menschen / sonderlich aber der Fürsten vnd Herren/ mit den Schlangen gestrafft haben: Wie sie nichts denn ein schendlicher Kott seyen/ weil sie leben/ vnd wenn sie sterben/ werden sie von den Schlangen vnd Würmen gefressen. Welches jederman bedencken/ die Hoffart einstellen/ an diesem beschwerlichen Madensack vnd Schlangenaß müde werden / vnd ein bessers leben begeren sol. Das erfehret vnd bekennet auch Job am 30. Cap. da er sich einer Schlangen vergleicht / Das er gleichsam wie eine Schlange in der Wüsten sey/ zischen vnd heulen müsse vber sein Creutz vnd Elend/ ꝛc.

Vermanung an die Hoffertigen.

Der ander Stand.

Fromme Regenten Schlangen genent.

Gen 49.

WAs den Regenten Stand anlangt / haben wir zwar allererst aus dem Propheten Jeremia vernommen/ das die Babylonische kriegsleut Schlangen genent werden: Aber das auch sonsten andere vnd fromme Regenten also heissen / finden wir Genes. am 49. einen Spruch. Dan wird Richter sein in seinem Volck / wie ein ander Geschlecht in Israel. Dan wird eine Schlange werden auff dem Weg / vnd eine Otter auff dem Steige/ Vnd das Pferde in die Versen beissen / das sein Reuter zurück falle. HERR ich warte auff dein Heyl.

Diß ist ein löblicher vnnd trefflicher Segen von dem

Stamme

Stamme Dan/das auch Richter daraus entstehen werden: Vnd wird der mechtige Fürst vnd Nasir Simson eine solche beissende Schlange genent/ der die tapffere Kriegsleut vnd Reuter die Philister vberwunden vnd beschädiget hat/ nicht wie andere Fürsten vnnd Könige mit grosser Heereskrafft/ Wehr vnd Waffen/ sondern als eine Schlange/ mit geringen verachten Mitteln.

Vnd weil dieses ein Segen vnd Lobspruch ist/ kan dardurch mit nichten der Antichrist/ der Papisten vnd auch etlicher alten Patrum meinung nach verstanden werden: Ja solche auslegung ist nichts anders/ als eine öffentliche verkerung deß Texts/ deß Teuffels Gedicht/ darmit man den rechten waren Antichrist/ den Menschen der Sünden vnd das Kind deß Verderbens/ den Bapst zu Rom vnd seinen Anhang nit erkennen/ vnd als die beissende giffige Schrangen fliehen möge. Gleichwol wird folgen in Lutheri auslegung/das der Bapst ein rechter Danita sey. 6.

Irenæus lib. 5. aduersus Valent. hæres. schreibt zwar/ das der Antichrist als eine Schlang vom Geschlecht Dan herkommen sol/wie er denn Jeremiæ Spruch am 8. cap. ver. 16. darzu einführet: Hieremias non solum subitaneum eius (Antichristi) aduentum, sed & tribum, ex qua veniet manifestauit. &c. Aber wo kan bewiesen werden/ das der Antichrist ein Jüde sein solt? so er doch in dem Tempel sitzen/ vnd fürgeben wird/ er sey Gott? Vnd Hieronymus verstehet Jeremiæ Spruch von NebucadNezar vnd Chaldeern. Irenæus.

Ambrosius schreibt zwar auch lib. de bened. Pat. cap. 7. das der einfeltig/ schlecht vñ recht verstand dieses segens sey/ das auch aus dem Geschlecht Dan Richter würden kommen/als der Samsen gewesen ist/Aber doch werde dardurch Ambrosius.

auch

auch der Antichrist verstanden / der aus diesen Stammen kommen solt. Sæuus iudex & Tyrannus immanis iudicabit populum suum. Wiewol der Antichrist vom Jüdischen Geschlecht nicht sein sol / so ist er doch auch ein Danita / ein grawsamer Tyrann / vnd strenger Richter vber sein Volck / wie bald im Luthero folget.

Hieronym9 Augustinus In den Traditionib. super. Gen. bey dem Hieronymo vnd Augustino wird dieser segen allein auff den Simson gezogen. Simson iudex in Israel de tribu Dan fuit: hoc ergo dicit, nunc videns in spiritu comam nutrire Samsonem Nazaræum, cæsisq; hostibus triumphare, quod in similitudinem colubri reguliq; obsidens vias nullum per terram Israel transire permittat: Sed etiam si quis temerarius virtute sua quasi velocitate equi confisus eam voluerit prædonis more populare, non effugere valebit. Das ist / Simson ein Richter in Israel ist vom Geschlecht Dan gewesen / Darumb sagt er / da er im Geist sihet den Nazarenischen Simson lange Haar haben / vnd den Sieg behalten nach vberwundenen Feinden / das er sich wie eine Schlang vnd Otter vber den weg legt / vnd lest niemand in Israel komen: So aber einer so kün sein würde / sich auff sein behendigkeit verlassen / vnd wie ein Räuber einfallen / der sol jhm nicht entgehen können.

Lutherus. Lutherus im Deutschen Genesi sagt / Diesen Text müssen wir darumb handlen / das wir begegnen dem losen geschwetz vnd Fabeln / denn man tregt ein Buch vom Endechrist vmb / darinn gesagt wird / er sol vom Stam Dan geboren werden. Darumb das geschrieben ist / Er sol sein eine Schlang vnd Otter auff dem Weg: Es ist aber lauter Narrenwerck: Der Endechrist sol nicht von Jüden kommen / wir haben schon den rechten vorhanden / den Bapst zu Rom / 2. Thess. 2.

Es ist

Es ist aber wol gesagt/ das die zwölff Geschlecht zustrewet solten werden in alle Welt / vnd nimmer auffkommen/ noch dahin bringen alle auff einen hauffen / das sie so starck solten werden / daß möchte ein Fürstenthumb heissen: Die Schrifft stehet dürr da / das sie sollen zu nicht werden / rc. Deß Endechrists Reich aber / weil es ein solche Macht ist/ die alle Welt vberwind / kan es dauon nicht kommen / sondern mus einen andern vrsprung haben/wie S. Paulus sagt/ Wenn das Römische Reich hinweg ist/ so sehe man sich für/ denn wird es auffkommen. So ist nu diß am Simson erfület worden.

Diese meinung repetirt Lutherus im Lateinischen Genesi fast aller dings/ allein das er zugibt / der Bapst sey ein rechter Danita/das er nichts thue/denn Gesetz vnd Decreta zumachen vnd setzen / darmit er Gottes Wort auffhebe / die arme Seelen darmit quele vnd martere. Vulgata est apud omnes autores Ecclesiast. opiuio, ꝙ ex tribu sit venturus Antichristus, quem per colubrum intelligunt, & tanquam principalis Articulus fidei recepta & approbata est ab omnibus. Sed ALIENISSIMA est ab hoc loco & FALSISSIMA, vnde orta sit nescio, &c. Dixerunt etiam ipsum nascendum esse in Babylone, &c. An veró sit petenda allegoria ex nomine DAN, quod IVDICIVM significat, quod Antichristus IVDICIS non SALVATORIS officium facturus sit, sanè nescio. Certè Papa repleuit Ecclesiam LEGIBVS & TRADITIONIBVS & commentitijs, & extinxit verbum & fidem promissionum diuinarum. DAN, hoc est Papa non aliud potest, quam cacare Decreta & Decretalia & Danitica. Sed ad literam nemo rectè senserit, quod debeat nasci Antichristus in

Babylone. & circũcidi more Iudaico. Ac puto Diabolum huius fabulæ autorem fuisse & finxisse hanc glossam, vt nostras cogitationes à vero & præsente Antichristo abduceret, &c. Si cui ergo placet Allegoria is mysticè intelligat de Babylone Romana, & monstro illo turpissimo Papa Romano, qui est DAN Diabolicus, quia extinxit & hausit Ecclesiam præsertim adultorum, qui monastica & operibus suis confisi sunt, eorumq; animas corpora & res perdidit, & quæ DEVS voluit esse bona salutaria & libera, ea fecit noxia & damnabilia. Der verfluchte Tropff zu Rom. Man sol jhm fluchen. Hactenus Lutherus.

Der dritte Stand. Prou. 30

WAs nun ferner den Ehe vnd gemeinen stand betrifft / mögen wir folgende Lehrhaffte Sprüch mercken. Prouerb. am 30. sagt der weise König Salomon von dreyen wunderlichen dingen / vnd darunder auch der Schlangen Weg auff einem Felsen / welchs Ambrosius zwar / wie im ersten Stand gehöret / auff den Teuffel allegoricè deutet / aber andere verstehens auff die vnzüchtige Weiber vnd Ehebrecherin: So wenig man der Schlangen spür finden kan / so wenig wollen sie dessen wort haben / so man sie dessen bespricht / Sie wischen jhr Maul / vnd sprechen / Wir haben kein vbels gethan / Aber ob schon die begangene Vnzucht vnd Ehebruch den Menschen verborgen ist / so ists doch Gott vnuerborgen / vnd wol bekant / ders zu seiner zeit an den tag bringen vnd offenbaren wird.

Ambrosius

Syrach 25. Gifftige zornige Weiber den Schlangen verglichen

Syrach am 25. vergleicht die zornige / gifftige / listige Weiber mit der Schlangen. Es ist kein Kopff so listig als der Schlangen Kopff / vnd ist kein Zorn so bitter als der Weiber Zorn. Eine Schlang zischet vnd pfiset mit dem beissen / vnd zeigt jhren Zorn darmit an: Aber ein Weib kan ohn solche zeichen mit Gifft jhren Man heimlich hinrichten vnd erwürgen/ wie Lyra sagt.

Von der Eltern Trew vnd Liebe gegen den Kindern/ erzehlet Christus ein Exempel von der Schlangen / Matth. am 7. Lucæ am 11. Wenn ein Kind seinen Vater bittet vmb einen Fisch / so gibt er kein Schlangen/ rc. Wie vielmehr wird mein Himlischer Vater/ rc. Diß ist erstlich ein anzeigung der eingepflantzten Liebe/ auch bey den bösen Eltern gegen jhre Kinder/ welche sie mit Essen/ Trincken/ Kleidung/ Zucht/ vnd andern Mitteln beweisen: Welche aber diß vnterlassen/ freylich den Glauben verleugnen/ vnd erger als die Heyden sind. Von der Eltern trew gegen die Kinder. Matt. 7.

Darnach ists auch eine anmahnung zum ernstlichen Gebet zu Gott / der seine Gleubigen erhören / vnd gute Gaben geben werde.

Lutherus spricht: Christus setzt aus dermassen ein schön Gleichnis/ desto mehr zum Gebet zu reitzen/ von einem jeglichen Vater gegen seinem Sone / Das ob er selbs gleich ein schendlicher Vnflat ist / doch so jhn sein Son bittet vmb einen Fisch/ so gibt er jhm keine Schlangen/ daraus schleust er diß tröstlich wort: Weil jhr solches könnet thun/ die jhr von Art nicht gut seid/ vnd keine gute Ader in euch ist gegen Gott/ Wie solte denn Gott ewer Himlischer Vater/ der von Art eitel Güte ist / nicht euch auch gutes geben / so jhr jhn darumb bittet? Das ist je alles auffs höchste/ damit man jemand reitzen sol oder kan zum Gebet / wenn wir nur solche wort wolten ansehen/ vnd zu hertzen führen. Lutherus.

Was Allegorien betrifft / nent Hilarius die Schlangen das Ketzerische Gifft / dafür GOtt die seinen bewaren/ vnd bey der seligen Tauff erhalten werde. Augustinus Epi- Ketzer ey Schlangen genent.

 stola 121

stola 121. cap. 8. sagt/ er Fisch sey der bestendige Glaub in der Verfolgung / darwider die alte Schlang der Teuffel streite.

Syrach 12 Die Gleubigen sollen mit den Gottlosen keine freundliche gemeinschafft haben.

Ingemein lehret Syrach am 12. Capitel / Gleich als wenn ein Schlangen beschwerer gebissen wird/ das jammert niemand / Also gehets dem auch / der sich an die Gottlosen henget/vnd sich in jhre Sünde menget/ rc. Die Christgleubigen sollen keine freundliche gemeinschafft mit den Gottlosen haben/sonsten werden sie vngebissen von jhnen nicht kommen/wie droben offt gesagt.

PROPRIETATES ASPIDIS ADVLAtorem depingentes.

Callida, surda, breuis, narcotica, picta, venenans,

1. *Callida. Prouerb 11. b. Simulator ore decipit amicum suum.*
2. *Surda Psal, 57. Sicut aspidis, &c..*
3. *Breuis. Corpore non malicia: Item Caput est breue fere omnis mali vermis. Eccles. 25. Non est caput nequius super caput.*
4. *Narcotica Somnifera quia quem momorderit vadit in somnum.*
5. *Picta. Quia variæ sunt species vsurarum & leprarum Simoniæ. Leuit. 13. a,*
6. *Venenans. Deut, 32. c. Fel draconum, &c. & venenum aspidum insanabile,*

Das Dritte Capittel/

Von der Otter oder Nater.

WJewol zwischen der Schlangen vnd Otter geringer vnterscheid vnd bey den Interpretibus ein name für den andern genommen vnd gesetzet wird/ vnd wol vnter das vorgehende Capitel gehören möchte: Jedoch wollen wir aus vnser Deutschen Bibel etliche sprüch von dieser Schlangen art in specie anhören.

Was im ersten Stand die Christliche Kirche betrifft/ ist Esaiæ 11. Spruch zumercken: Wenn das Land voll Erkentnis deß HERRN (Jesu Christi aus dem Euangelio im Newen Testament) wie mit Wasser deß Meers bedecket wird sein / alß denn wird ein Seugling seine lust haben am Loch der Ottern: Dieses ist auch nach dem Buchstaben erfüllet worden/ wie hernach Pauli Exempel beweist/ Aber es mag auch Geistlicher weise verstanden werden / wie die heilige Apostel vnd andere Gottselige Christen durch das Wort GOttes/ vnd im Namen Christi die Teuffel aus den armen Sündern vnd auch leiblich besessenen vertrieben haben / wie Lutherus sagt: Quamuis hæc etiam ad literam impleta sint, tamen malo Allegoriam sequi, vt sit sententia, delectabitur infans, vt extrahat viperam, hoc est, Contempti in mundo, infirmi & simplices prædicatores verbi, Diabolum habitantem in hominum cordibus exturbabunt. *Der erste Stand. Esa. 11.* *Lutherus.*

Hieronymus verstehets vom leiblichen austreiben der Teuffel. Infans qui malitia paruulus est mittet manum in *Hieronymus* foramine aspidis, & de obsessis hominum corporibus fugat dæmones.

Psal 91. Hiehero gehört der Psalm 91. Wer vnterm schutz deß Höchsten sitzt/ der wird auff den Löwen vnd Ottern gehen/ ꝛc. Die jhm nicht schädlich sollen sein/ weder an Leib noch Seelen/sondern zum besten dienen. Wie Pauli Exempel diß erkleret/ Act. 28. Da wir/ spricht Lucas/ in der Insel Melite waren/erzeigten dieselbige Leutlein nicht geringe Freundschafft/ zundten ein Fewer an/vnd namen vns alle auff/vmb deß Regens vnd der Kälte willen/ Da aber Paulus einen hauffen Reisser zusammen raffelt/ vnd legts auff das Fewer/ kam ein Otter von der Hitze/vnd fuhr Paulo an seine Hand/ Da aber die Leutlin sahen das Thier an seiner Hand hangen/ sprachen sie vnter einander: Dieser Mensch mus ein Mörder sein/ welchen die Rach nicht leben lest/ ob er gleich dem Meer entgangen ist. Er aber schlenckert das Thier ins Fewer/ vnd jhm widerfuhr nichts vbels. Sie aber warteten wenn er schwellen würde/ oder todt niderfallen. Da sie aber lang warteten/vnd sahen/das jhm nichts vngehewres widerfuhr/ verwunderten sie sich/vnd sprachen/er were ein Gott.

Erinnerung aus dieser Historia.

1. Diese Historia erinnert vns der Christgleubigen Creutz vnd Widerwertigkeit. Paulus war kaum deß Wassers gefaren entrunnen/ so kömpt er jetzt in ein andere Noth/ das der Teuffel jhm durch ein vergiffte Otter vmbbringen wil/ Aber Gott hat den Aposteln vber die vergiffte Thier vñ Ottern gewalt gegeben/das sie jhnen nicht schädlich sein können.

2. Darnach so ist das vnrecht vrtheil der Maltenser von diesem Vnglück Pauli zu bedencken/ da er von der Otter gestochen wird/ sprechen sie/ er sey gewiß ein Mörder/ ꝛc. Aber in dem jhm nichts widerfehret/machen sie ein Gott aus jhm/ da sie auff der Mittelstrassen solten geblieben sein: Denn es

widerfehret den Frommen auch Creutz vnd Widerwertigkeit/ wo aber Wunder vnd Gaben Gottes an jhnen gespüret werden/ seind sie darumb nicht Göttlicher Ehren fehig.

Die Patres allegorisiren hie/ das auch die Sünde/ als ein vergiffte Otter vnnd Schlangen hinzu schlenckern/ vnd mit dem Geistlichen Fewer deß Glaubens zu verbrennen sey. Neben den Gleubigen werden abermal auch/ wie bey der Schlangen/ die Gottlose Menschen beschrieben/ Moses Deut. am 32. nennet das vngehorsame Jüdische Volck vnnd Synagogam ein Weinstock/ aber die Drauben seyen Gall/ vnd die Beer bitter/ der Wein aber Drachengifft/ vnd wütiger Otterngall. Welches etliche vom gifftigen Neid vnd Haß der Jüden wider Christum vnd sein Euangelion verstehen/ Lutherus aber von jhrer schädlichen Lehr vnd Leben. Daruon droben bey dem Drachen. Geistliche deutung. Gottlose Leut werden Ottern genent. Deut. 32.

Esaias am 59. Capitel sagt/ Das aus dem Basilißken Ey/ wenn mans zutrittet/ ein Otter heraus fahre. Besihe drunden bey dem Basilißken. Esa 59.

Ingemein von den Gottlosen spricht David Psalm 58. Sie sind verkehret von Mutterleib an/ die Lügener irren von Mutterleib an/ jhr wüten ist gleich wie eine taube Otter vnd Schlange/ die jhr Ohr zustopffet/ das sie nicht höre die stimme deß Zauberers/ deß Beschwerers/ der wol beschweren kan. Hieruon ist etwas bey der Schlangen gesagt worden. Psal. 58

Es ist aber zu wissen/ wie Augustinus hierüber erinnerung thut/ ob schon ein solche Gleichnus von den Schlangenbeschwerern eingeführet wird/ das dennoch die Zauberey vnd Schlangenbeschwerung mit nichten löblich vnnd zugelassen sey: Das aber die Otter beyde Ohren/ das eine mit dem Schwantz/ das ander mit der Erden zustopfft/ das sie nicht höre/ sey ein vorbild deren Menschen/ welche entweder noch gefallen Augustinus Die Otter/ so nicht hören wil/ ist ein vorbild der vnbußfertigen Sünder

gefallen tragen an jhrem vorigen bösen Leben / oder hangen am gegenwertigen sündlichem Wandel/ die denn vorhinderlich sind am Geistlichen ewigen Leben / etc. Non, vndecunque datur similitudo à scripturis, laudatur ipsa res, sed tantum inde similitudo trahitur, &c. De rebus ergo non laudandis trahuntur secundum quendam modum nonnullæ similitudines. Ita & hîc data est quædam similitudo de Marso, qui incantat vt educat aspidem de tenebrosa cauerna, vtique in lucem vult educere: Ita autem amando tenebras suas, quibus se inuoluta occultare dicitur quod exire noluerit, recusans tamen audire illas voces, quibus se cogi sentit, allidit vnam aurem terræ, & de cauda obturat alteram, atque ita voces illas quantum potest euitat, non exit ad incantantem, &c. Non ex præterita vita nostra, nec ex præsenti delectari debemus. Obliuiscere ergò præterita quibus malè vixisti, contemne præsentia, quibus temporaliter viuis, ne te alligando præsentia non permittant venire ad futura. Si enim præsens vita te delectat, aurem in terra posuisti: Si tuis præteritis etiam retrò labentibus delectaris, aurem de cauda obturasti, &c.

Zum Exempel gibt Augustinus den heiligen Stephanum vnd den Hierosolymitanischen Rhat, welcher den Stephanum nicht hören wolten/vnd die Ohren zustopfften.

Arnobius. Hilarius. Arnobius vnd Hilarius verstehen auch die Jüden/welche Christum / vnd sein Euangelion nicht hören noch annemen wolten.

Psal 140. Weiter sagt David Psal. 104. von den bösen Ketzerischen Menschen/Sie scherffen jhre Zunge wie eine Schlange/Otterngifft ist vnter jhren Lippen. Hieronymus deutets

Hieronymus auff die Ketzer/ aber ingemein kans von allen Verleumbdern verstanden werden. Sonderlich aber ist Christi vnd Johannis B.

nis B. Spruch von den Phariseern / Saduceern / rc. zubehalten / Matth. 12. Ihr Otterngezichte / wie künd jhr gutes reden / dieweil jhr böß seid? Matth. 3. Luc. 3. Ihr (Phariseer vnd Saduceer) Otterngezichte / wer hat denn euch geweiset / das jhr dem künfftigen Zorn entrinnen werdet? Sehet zu / vnd thut rechtschaffene früchte der Busse / rc. Matth. 12. Die Phariseer vnd Saduceer Otterngezicht genant.

Chrysostomus homil. 11. in Matthæum lobet Iohannis Baptistæ libertatem in straffen / das er nicht geheuchelt / Gunst oder Zorn angesehen / sondern die Warheit gesagt / vnd ernstlich gestrafft habe. Das er sie aber Ottergezicht heisse / geschehe nicht ohn vrsach. Denn gleich wie die jungen Ottern offt mit dem vntergang jhrer Mütter / deren sie den Bauch auffnagen (wie Basilius in Hex. homil. 9. sagt: Viperas vtero materno corroso fama est in lucem exire, decentes scilicet mercedes, præmiaq; parenti reddẽtes) geheckt werden: Also haben sich die Phariseer vnd Saduceer mit dem Blut vnd vntergang der Propheten vnd Aposteln / die rechte Geistliche Väter waren / von denen sie auch zur erkentnis der Warheit bracht worden / besuddelt vnd erhaben. Benè illos genimina viperarum vocauit, siquidem id serpentium genus ita in parentis festinat exitium, vt aluo qua portatur exesa, in vitam prodeat morte gignentis: quod isti quoq; faciebant, patrum ac matrum sanguine madentes, & sceleratis manibus eos à quibus ad veritatis lumen ducebantur, interficientes Magistros. Chrysostomus vermeldet die vrsachen. 1.

In der andern auslegung Matthei homil. 3. wird neben jetzt erzehlter Eigenschafft vnnd Art auch diese angezeigt. Gleich wie die Otter / wenn sie jemand beisset / dem Wasser zueilet / vnd wenn sie keins findet / sterben mus: Also lieffen auch die Phariseer vnd Saduceer der heiligen Tauff zu / vnd theten doch keine rechtschaffene ware Busse. Natura vipera- 2.

rum talis est, cum momorderit hominem statim currit ad aquam: si autem aquam non inuenerit, moritur: Ideo & istos vocabat genimina viperarum, qui peccata mortifera committentes, currebant ad Baptismum, vt quemadmodum viperæ per aquam periculum mortis euaderent, &c.

3. Augustinus Augustinus in Psal. 46. meldet ein andere vrsach dieses Namens: Sie nenneten sich wol Abrahams Kinder / vnd folgten doch mit jhrem Leben vnd wercken dem leidigen Satan/ der alten Schlangen / darumb sie auch billich deß Kinder genennet werden / dem sie folgten in jhrem bösen Leben. Quid eis Baptista dicit? Progenies viperarum Illi dicebant se filios Abraham, & ille ipsos dicebat filios viperarum. Nunquid Abraham Vipera erat? Sed quia malè viuendo dæmones imitati erant, & eorum filij erant, quos imitando, male viuebant.

Theophylactus. Theophylactus widerholet Chrysostomi meinung / Das sie die Propheten vmbgebracht / wie die Ottern jhre Mütter tödten/ wenn sie geheckt werden. Progenies viperarum vocat eos, eò quod sicut illæ deuorantes matres suas nascantur: similiter & illi Patres, hoc est, Magistros & Prophetas occiderunt.

Job am 20. Zophar. Seine / deß Gottlosen/ Speise wird sich inwendig im Leib in Ottergallen verwandeln. Die Güter/ die er verschlungen hat/ mus er wider ausspeyen/ vnd Gott wird sie aus seinem Bauch stossen. Er wird der Ottergallen saugen/ vnd die Zunge der Schlangen wird jn tödten. Wenn die Geitzhälse den Armen etwas abjagen vnd erschinden/ so ists jnen lieblicher vnd süsser denn Honig vnd Zucker/ aber es sol jhnen zur bitter vnd gifftigen Ottergallen werden. Welches die Wücherer fleissig mercken / vnd sich dran stossen sollen.

Allhie

Allhie ist zu mercken die Gleichnus Ambrosii Tom. 4. lib. de Tobia cap. 12. Der vergleicht deß Wüchers Gelt der gifftigen Ottern. Echidna quidem est fœneratoris pecunia, quæ tanta mala parturit. Echidna tamen fœcunda pœnis viscera trahens, partu suo rumpitur, & morte materna docet sobolem non esse degenerem in matrem, Illam morsibus suis scindunt, illic vbi nascitur venenum primum probatur: Pecunia autem fœneratoris omnia mala sua concipit, parit, nutrit, atq; ipsa magis in sobole sua crescit, tristi prole numerosior: Non minus flexuosa quam serpens atq; in orbem se totam colligens vt caput seruet. Reliquo flagellat corpore, illud solum producit ad vulnera, spiris ingentibus, quos comprehenderit ligat, solo capite interficit, saluo capite etiamsi reliqua pars eius dilapidata fuerit, reuiuiscit. Diuersa quoq; serpentibus sũt conueniendi & parturiendi opera, pecunia fœnoris â die initæ conuentionis crescentibus serpit vsuris, q̃ parturire non nouit, quia dolores magis ipsa in alios transfudit. Ibi dolores vt parturientis. Vnde etiam τόκους Græci appellauerunt vsuras, eo q; dolores partus animæ debitoris excitare videantur. Veniunt Kalendæ parit sors centesimã. Veniunt menses singuli, generantur vsuræ. Malorũ parentum mala ꝓles, hæc est generatio viperarum. Creuit centesima, petitur nec soluitur, applicatur ad sortem, &c.

Ambrosius vergleicht des Wucherers Gelt der Ottern.

Salomon handlet Pro. 23. von der trunckenheit oder vom Wein der vberflüssig getruncken wird. Sihe den Wein nit an das er so rot ist/vnd im Glase so schön stehet er gehet glat ein/ aber darnach beist er wie ein Schlang/vnd sticht wie ein Otter. Gleich wie die Ottergifft nicht gleich von stundan einen erwürgt/sondern gemählich den Leib/alle Glieder vnd Adern durchkreucht/darauff denn der schade vnd schwellen erfolget:

Prou. 23. Der Wein vberflüssig getruncken sticht wie ein Otter

Also ists auch mit dem Wein geschaffen / der sittig vnnd süß einschleicht / aber wenn er zu viel getruncken wird / so thut er dem Trunckenen ein grossen schaden an Haab vnd Gut / an Leib vnd Seel. Ohn noth von der Trunckenheit weiter zu reden.

Der ander Stand. Gen. 49.

ZVm andern Stand wird Genes. 49. der Stam Dan vnd Simson eine Schlange vnnd Otter genent / daruon lieẞ bey der Schlangen. Esaias am

Esa. 30.

30. redet von den Jüdischen Legaten / welche in Egyptenland vmb hülff vnd beystand zogen durch die Wüsten / darin Ottern waren. Welchs ein Warnung ist für der hoffnung vnd trotz / so die glaublose Leut auff der Gottlosen Menschen menge vnd stadtliche hülffe setzen. Wie daruon disserirt ist worden bey dem Löwen vnd Drachen.

Der dritte Stand. Von der freundlichen beywonung der Otter mit der Pricken.

ZVm dritten / Wiewol inn der Schrifft kein Spruch / den Ehestand betreffend / von diesem Thier angezogen wird / schreiben doch die Patres von der freundlichen Bulschafft vnd beywonung der Otter mit dem Meerfisch Muræna / Prick genant / welche auff die Eheliche Lieb vnd Trew gedeutet wird.

Ambrosius.

Ambrosius lib. 5. cap. 7. Hex. Vipera nequissimum genus Bestiæ, & super omne quod serpentini est generis astutior, vbi coeundi cupiditatem assumpserit, murænæ maritinæ notam sibi requirit copulam, vel nouam præparat: Progressaq; ad littus, sibilo testificata sui præsentiam, ad coniugalem amplexum illam euocat. Muræna autem inuita non deest, & venenatæ serpenti expetitos vsus suæ impertit coniunctionis, &c. Quid sibi vult sermo huiusmodi, nisi ferendos esse mores coniugum: & si

& si absens est, eius operiendam præsentiam: sit licet Asper, fallax, inconditus, lubricus, temulentus? Quid peius veneno, quod in coniuge, Muræna non refugit? Vocata non deest, & serpentis lubricum sedula charitate complectitur. Ille tua mala portat, & leuitatis fæminæ facilitatem, tu virum tuum non potes ô Mulier sustinere? &c. Vipera absentem requirit, absentem vocat, & blando proclamat sibilo: atq; vbi aduentare comparem senserit, venenum euomit, reuerentiam Marito deferens, verecundata nuptialem gratiam: tu mulier aduenientem de longinquo maritum contumelijs repellis. Vipera mare prospectat, explorat iter coniugis: Tu iniurijs viam viro obstruis, tu litium moues venenum, non reijcis: Tu coniugalis amplexus tempore dirum virus exæstuas, nec erubescis nuptias, nec revereris maritum. Sed etiam tu Vir (possumus etiam sic accipere) depone tumorem cordis, asperitatem morum, cum tibi sedula vxor occurrit, propelle indignationem, cum blanda coniunx ad charitatem prouocat. Non es Dominus sed Maritus: non ancillam sed vxorem sortitus es. Gubernatorem te Deus voluit esse sexus inferioris, non præpotentem. Redde studio vicem, redde amori gratiam. Vipera venenum suum fundit, tu non potes duritiam mentis deponere, sed habes naturalem rigorem, debes temperare eum contemplatione coniugij, reuerentia coniunctionis, &c.

Also verstehets erstlich Ambrosius von den Eheleuten/ wie sie einander mit Ehlicher Liebe vnd Trew begegnen/ ein jegliches dem andern seine weise für gut halten/ vnd vbersehen sol. Darnach aber legt ers auch von den Ehebrechern vnd Ehebrecherin aus/ das sie der Otter art seyen/ mit diesen worten.

worten. Potest & sic accipi: Nolite quærere viri alienum thorum, nolite insidiari alienæ copulæ. Graue est adulterium naturæ iniuria. Hoc docet Murænæ et Viperæ non iure generis, sed ardore libidinis expetitus amplexus. Discite ô viri qui alienam permolere quærit vxorem, cuius serpentis sibi asciscere cupiat contubernium, cui etiam comparandus ipse serpenti sit. Festinat ad Viperam, quæ se in gremium viri non directo tramite veritatis, sed lubrico deuij amoris infundit. Festinat ad eam, quæ venenum suum resumit: vt vipera quæ fertur peracto coniunctionis munere, venenum quod euomuerat, rursus haurire. Adultera enim vipera est, Prou. 23. Nec quisquam velut contraria posuisse nos credat, vt & ad bonum & ad malum viperæ huius exemplo vteremur, cum ad institutionem vtrumque proficiat, si erubescamus aut fidem non exhibere dilecto, cui exhibet serpens, aut relinquentes sancta coniugia, lubrica & nocitura salutaribus proferamus, quod facit, qui cum serpente miscetur.

Basilius. Kürtzer fast Basilius homil. 7. Hex. diese zwo Lehren deß Ehestands mit diesen worten zusammen: Vipera genus serpentum omnium exitiosissimum murenæ marinæ nuptias expetit: Itaque sibilo illam ad nuptiales complexus vocat è gurgite vasto, obtemperat illa protinus Viperæ coitque cum venenato. Quid hæc mea oratio vult? Quid portendit? Si asper est cuiuspiam coniunx, si ferus moribus, proferat illum vxor necesse est: nec vllam prorsus ob causam, societatem vinculumque dissoluere patiatur. Ferit ne, verberat, estque percussor? At vir tamen est tuus. Temulentus ne? At tibi est natura coniunctus. Durus nè ac difficilis? At membrum iam tuum est, & membrorum præstabilissimum. Audiat & ipse vir accommodatam ad

seipsam

seipsam sententiam admonitionemq; decentem. Vipera virus ob nuptiarum venerationem euomit: Tu duritiam animi, tu feritatem, tu crudelitatem ob vnionis reuerentiam non deponis? An exemplum viperæ nobis & alio modo fortasse prodest? Adulterium naturæ quoddam Viperæ Murenæq; coitus est. Discant igitur ij, qui alienis insidiatur nuptijs, cuinam feræ, cui reptili sint similes.

Das ist / Die Otter ist die aller schädlichste Art von Schlangen / geselt sich zu dem Meerfisch / der Pricken / darumb sie mit jhrem zischen die Pricken zu sich locket aus dem wilden Meer / die denn solchem zischen nachfolgt / vnnd mit der gifftigen Otter leichet. Worzu dienet diese meine Rede? Was bedeutet sie? Wenn etwan ein Weib einen vngestümmen vnd vnleutseligen Mann hat / so gebüret dem Weib mit jhm gedult zuhaben / vnd durchaus von jhrem Ehegatten sich nicht zu scheiden / noch solch Ehelich Band zertrennen. Ja sprichstu / Er schlegt mich / er bläwet mich: Er ist aber gleichwol dein Mann. Er ist auch ein Vollseuffer: Er ist dir aber durch die Natur zugethan. Zudem sprichstu / Ist er gar zu hart: Er ist aber auch dein Glied / vnd zwar das allerbeste.

Der Mann aber sol allhie auch seine Lection behalten / was jhm gebüret: Die Otter speyet alle Gifft aus / vmb der beywonung willen mit dem Meerfisch: Du aber wolst nicht vmb der Ehelichen beywohnung willen dein Hartneckigkeit / dein vnholdseliges vnnd vnmenschliches Gemüt ablegen?

Das Exempel der Ottern dienet vns auch noch darzu / Die Bulschafft der Otter vnd Pricken ist ein Ehebruch der Natur: Darumb sollen die Ehebrecher hie lernen / das sie sein wie die Pricken / die sich zu einer gifftigen Otter gesellet.

Das Vierdte Capitel/

Von dem Basilißken.

Augustinus Psal. 90. Der Basilißk ein Regent der Schlangen

AVgustinus schreibt vber dem Psalm 90. Super Aspidem & Basiliscum ambulabis) Das diese Schlangenart ein Regent vnd König sey vnter den Schlangen/wie der Satanas vnter den Hellischen Geistern. Rex est serpentium Basiliscus, sicut & Diabolus rex est dæmoniorum. Ist aber ein solche vergiffte Schlang/das sie den Menschen allein mit dem Gesicht vnd anschawen tödten/ja kein Vogel ohn schaden vberhin fliegen kan: Aber wo der Basilißk von ersten vom Menschen gesehen wird/ mus er auch sterben.

Ambrosius.

Ambrosius homil 10. in Psal. 118. Basiliscus hoc est noxius Serpens, si quodcunq; prior viderit animal, fertur occidere & allegatur statim necari, qui potuerit à serpente

serpente huiusmodi præuideri. Ipse quoq; serpens mori dicitur, si fuerit hominis præuentus aspectu. Das ist/ Man sagt/ was der Basilißke für ein Thier ansichtig werde/ das tödte er mit seinem gifftigen Gesicht. Wenn aber ein Mensch jhn ehe sihet/ so mus er auch sterben.

Was nun dieses Thier vnd gifftige Schlange im ersten Stand anlanget/ sagt Esaias am 11. Capitel in der beschreibung der Christlichen Kirchen / vnd jhrer Brüderlichen Liebe/ der bestendigkeit wider den Teuffel vnd alle Ketzer: Ein entwehnter Knab wird seine Hand stecken inn die Hülen deß Basilißken. Welchs Hieronymus also erkleret: Das die steiffe erwachsene Christen in deß Teuffels Pallast vnd Wonung greiffen / vnd jhn heraus ziehen dörffen vnd können/ welches durch die Apostel / welche diese gewalt von Christo empfangen/ erfüllet ist worden. Der erste Stand. Esa. 11. Hieronymus

Lutherus verstehet durch die Baßlißken die Ketzer vnd falsche Lehrer / denen die Apostel begegnen/ vnnd die gifftige Jrrthümb aus der Menschen Hertzen reissen werden. Non metuent Basiliscos, id est, hæreticos, qui aspectu etiam auditores inficiunt, occident eos cum gaudio, id est eximent illas virulentas opiniones è cordibus hominum per verbum Euangelij vocaliter prædicatum. Das ist/ Die Apostel werden sich nicht fürchten für den Basilißken/ das ist / Ketzern / die auch mit jhrem anschawen die Zuhörer anstecken/ sie werden sie mit frewden töden/ das ist/ die gifftige meinung aus der Menschen Hertzen durch die mündliche Predigt deß Euangelij wegnemen. Lutherus.

Andere aber legens aus von der wunderbarlichen verenderung der Gottlosen Menschen / welche zuuor den gifftigen Ottern vnd Basilißken gleich gewesen/ sollen jhre Gifft/ falsche Lehr/ Neid vnd Grim̃ hinlegen / Brüderliche Liebe vnd

Freundschafft dem Nebenchristen erzeiget / darumb / welche gemelte Gifft nicht ausspeyen / seind noch Basilißken / vnd nicht Christen. Wie droben offt diese Lehre repetirt ist worden.

Esa 59. Beschreibt falsche vnnd faule Prediger.

Gleichwol mahlet Esaias 59. mit den Basilißken die falsche Propheten vnd vnrechte Lehrer. Es ist niemand/ der von Gerechtigkeit prediget/ꝛc. Was thun sie denn? Sie brüten Basilißken Eyer: Isset man von jhren Eyern / so mus man sterben / Zutritt mans aber / so fehret ein Otter heraus.

Hieronymꝰ

Hieronymus zeuchsts zwar auff etliche Jüdische Fabeln/ darin sie den Antichrist finden würden.

Lutherus.

Lutherus aber erkleretsvon den Werckheiligen Gleißnern/die mit eusserlichen Wercken vmbgehen/inwendig aber/ das sie nicht achten / voll Heucheley vnd Schand sind / vnd doch nichts thun/denn die andern vrtheilen/richten/verdammen/verfolgen/erwürgen/wie das gantze Bapsthumb in den Hohenschulen / Stifften vnd Klöstern Exempla gnug gibt. (Est figuratus morsus in studia hypocritarum, neq; enim quisquam ita acerbè iudicat & sentit de aliis, atq; ii qui sunt dediti studiis & operibus humanis. Tegunt enim hypocrisi virulenta iudicia & sæua odia sua, seq; iustificant, tanquam horum criminum non sint rei. Propheta igitur exprobrat eis hanc virulentiam. Quid facitis, inquit, cum vestra doctrina, quam vt oua Basilisci rumpatis? hoc est, Vestra doctrina facit amarulentissimos homines, qui nihil sciunt, quam alios iudicare, calumniari & persequi. Hoc qui non intelligit, inspiciat hodierna Exempla. Sancti Patres in monasteriis, & eximii Domini Doctores in Scholis, tantum non carnifices bonorum fiunt. Talis est totus PAPATVS, & tamen

nunquam

nunquam de hac crudelitate pœnitent, sed securi Missas & impios cultus suos exercent, vt ex his aliquam sanctitatis laudem colligant. Si quis eorum doctrinam amplectitur, perit: Est enim impia & falsa: Sin eam accusauerit aliquis, incipiunt furere, & quærunt quomodo eum perdant) Wer die Bäpstische Lehr / die da Gottlos vnnd falsch ist / annimpt / der mus ewiglich verderben / Wer sie aber mit Füssen tritt / anklagt vnnd verdampt / der mus sein Leben verlieren.

Also sagt auch Brentius, Es sey ein artliche beschreibung der falschen Lehre vnnd Menschensatzungen / welche schädlich seyen / man gehe darmit vmb wie man wölle. Führet Exempel ein der Phariseischen Lehr vnd Menschensatzungen / wie sie auch mit Christo / Stephano / vnd andern mehr gefahren sind. Brentius

Das ander Exempel ist von der Sophisten / Mönche vnnd Pfaffen Lehr / wer dieselbige annimpt / sein vertrawen drauff setzet / der frist den ewigen Todt dran / Wers vertretten vnd verdammen wil / der mus sich der Verfolgung vnd Marter befahren. Was sol man aber thun?

(Quid igitur faciamus? Ea sunt tempora, vt qui inter homines vitam agere velit, necesse habeat, aut Basilisci ouis vesci, aut ea conculcare: At enim tolerabilius est temporarijs afflictionibus concuti, quod contingit conculcatione ouorum Basilisci, quam æternis cruciatibus torqueri, quod contingit esu ouorum Basilisci. Conculcemus igitur ea ambobus pedibus confidenter, vt etiamsi erumpat BASILISCVS & nobis corporale exitium minetur, nos tamen reportemus per Christum spiritualem & cœlestem salutem) &c.

Es ist ja noch viel leidlicher vnnd leichter etwas zeitlich vnnd leiblich dulden / denn ewiglich in der Hellen gepeiniget werden. Darumb sol man getrost mit beyden Füssen die Basilißken Eyer / der Papisten Lehr / vnd andere Irrthumb zutretten / Denn es kan anders nicht sein / wer vnter den Menschen sein wil / der mus die Basilißken Eyer (Ketzerey) entweder zutretten oder essen: Werden derwegen billich die Neutrales vnd Achselträger verdampt / die sich mit allen wol vertragen können.

PROPRIETATES BASILISCI, ANtichristo vel Hypocritæ quadrantes, Hugo Cardin. in Psal. 90.

De Gallo natus, mitratus, semipedalis,
Arduus à medio, fugat angues sibilus eius:
Exurit sata, ligna, viros, volat, inquinat auras:
Sternit aues, tangit fera nulla, quod ille necauit
Mustelæ cedit, volucres quoq; mortuus arcet.

1. *De Gallo natus: Antichristus nascetur ex fornicatione, vt dicit Damascenus.*
2. *Mitratus: Erit enim rex coronatus & FORTE PONTIFEX MITRATVS ad literam.*
3. *Semipedalis. Dan. 7. Cornu paruulum de medio eorum, &c.*
4. *Arduus á medio, est illud 2. Thess. 2. Donec é medio fiat: Item hypocrita erit, & á medio, hoc est, pectore arduus, quia altus erit in sapientia seculi, sed postrema eius hærentia terræ. Dan. 11. Erit in concupiscentiis fœminarum.*
5. *Fugat angues sibilus eius, hoc est, etiam mali homines horrebunt famam criminum eius. Ezech. 16.*
6. *Exurit. Esa. 5. Sicut deuorat stipulam ignis, & calor flammæ exurit, sic radix eorum quasi fauilla erit.*

7. Sata.

7. Sata. Ecclesi. 14. c. Extinguet vir sicut ignem.
8. Ligna, Psal. 82. Sicut ignis qui comburit syluam, id est, Gentes:
9. Viros. Amos 6. Tollet eum propinquus suus & comburet eum.
10. Volat; Esa. 30. b. Vipera & regulus volans, hoc est, cito percurrit potestas eius, quia prosperabitur. Can. 8.
11. Inquinat aures, hoc est, doctrinas. Ier, 51. c. Ecce ego ad te mons pestifer qui corrumpis &c.
12. Sternit aues solo Visu. Esa. 14. g. Semen eius absorbens volueres, hoc est. Clericos Dan, 11. Et de eruditis ruent, Apoc, 12. a. Cauda traxit tertiam partem.
13. Tangit fera nulla) quia venenum est ex tactu. Ag. 2. Si tetigerit immundus.
14. Mustelæ cedit hoc est, Insidijs & rapacitati, Esa 33. a. Væ qui prædaris nonne & ipse prædaberis, quia tandem á diabolo capietur.
15. Volucres quoq; mortuus arcet. Iob. 41. Cum sublatus fuerit timebunt Angeli.

Im andern / der Regenten Stand / finden wir auch zween Sprüch inn vnser Deudtschen Bibel. Esaias am 11. nennet mit diesem Namen den Gottseligen König Hißkiam. Frewe dich nicht du gantz Philisterland / das Ahaz gestorben ist / Denn aus der Wurtzel der Schlangen wird ein Basiliske (der König Hißkias) kommen / vnnd jhre Frucht ein fewriger fliegender Drach sein. Daruon schon droben bey der Schlangen vnd Drachen gehandlet ist worden. Der ander Stand. Esa 15

Hieronymus schreibt darüber vom Basilißken. Pro hoc Ahaz nocentior nascetur Ezechias, Regulus seu Basiliscus, qui te suo aspectu interficiat, & spiritu oris occidat. Quomodo enim nulla auis Reguli aspectum potest illæsa transire, sed quamuis procul fuerit, eius ore sorbetur: Ita & tu à conspectu Regis Ezechiæ totus peribis, Das Hieronymus ist / Gleich wie kein Vogel / der schon ferne vberhin fleucht/ ohn schaden dem Basilitzken entrinnet/ ja er jn zu sich zeucht/ vnd verschllnget: Also sollen auch die Philister gentzlich vom Hitzkia vertilget werden/ vnnd für seinen Augen nicht bestehen können. Er ist zwar gegen seinen Vnterthanen gantz gnedig gewesen / aber wider die Abgöttische Feind ein grawsamer Basilitzk. Von den Lehren ist in obuermelten orten gesagt worden.

Jer 8. Nebucad-Nezar ein Basilitzke genant.

Jeremias am 8. Capitel gibt auch diesen schrecklichen Namen dem König NebucadNezar vnd den Babylonischen Kriegsleuten. Jch wil Schlangen vnd Basilitzken vnter euch senden / die nicht beschworen sind/ die sollen euch stechen/ spricht der HERR. Das sind die Verfolger der Christlichen Kirchen / etc.

Das Fünffte Capitel/ Vom Scorpion.

Der erste Stand Syrach 40.

DJs klein vergifft Thierlin wird auch etlichmal inn der Schrifft/ doch allein straffweis/ oder die Sünd damit anzuzeigen / eingeführet. Denn Syrach am 40. spricht / Das vnter andern wilden Thieren auch die Schlangen vnd Scorpion von GOtt zur Rach erschaffen seyen/ zu verderben die Gottlosen/ Mit frewden thun sie seinen befehl/ vnd sind bereit/ wo er jr bedarff auff Erden/ vnd wenn das Stündlein kömpt/ lassen sie nicht ab.

Darbey denn nicht allein GOttes Gerechtigkeit/Zorn/Allmacht vnd Weisheit / sondern auch dieser bösen schädlichen Thierlein gehorsam wider die vngehorsame Gottlose Menschen zu behalten ist/rc. Wie aber Gott darmit die Ruchlose strafft/also pflegt er auch die Gehorsame für jhrem Gifft vnd wüten zu bewaren vnd beschützen. Deut. am 8. Moses spricht zum Volck Jsrael: Der HERR hat dich geleitet durch die grosse vnnd grawsame Wüsten / da fewrige Schlangen vnd Scorpion/vnd eitel dürre vnd kein Wasser war/rc. Auff das er dich demütiget vnd versucht / das er dir hernach wol thet. Deut 8.

Weiter ist auch der gewalt vnd macht den Aposteln von Christo gegeben/hiebey zu mercken. Luc. 10. Sehet/Jch habe euch macht gegeben zu tretten auff Schlangen vnd Scorpion/vnd vber alle gewalt deß Feindes/vnd nichts wird euch beschädigen/ aber doch darin frewet euch nicht/ rc. Luc. 10.

Theophylactus versteht dardurch die Teufflische Heer/ so zum theil öffentlich / zum theil heimlich die Menschen beschädigen vnd stechen. Serpentes sunt, qui manifestè percutiunt, Scorpij verò qui occultius, &c. Theophylactus.

Auff dieser meinung ist auch Cyprianus lib. 4. Epistolarum 7. Epistola. Gleich wie die Schlangen vnd Scorpion/ wenn sie ins Wasser geworffen werden / das Gifft nicht behalten / auch nicht stechen vnd tödlich verwunden können: Also können auch die böse Geister nit mehr bleiben vnd schaden thun in den getaufften Menschen/darin der H. Geist wonet. Sicut scorpij & serpentes, qui in sicco præualenta, in aquam præcipitati præualere non possunt, aut sua venena retinere: Sic & spiritus nequam, qui scorpij & serpentes appellantur, & tamen per nos, data à Domino potestate, calcantur, permanere vltra non possunt in hominis corpore, in quo Baptizato & sanctificato incipit Spiritus sanctus habitare. Cyprianus.

Apoc.

Apocal. 9. Apocal. am 9. Aus dem Rauch deß auffgethanen Brunnens kamen Hewschrecken auff erden/die eine macht hatten/ wie die Scorpion auff Erden/ doch allein die Menschen zu beleidigen/die nicht hatten das Sigel Gottes an jhren Stirnen. Vnd jhre Qual/so fünff Monden weret/war wie von Scorpion/ vnd hetten Schwäntz gleich dem Scorpio/ vnd Stachel an jhren Schwentzen/ vnd jhr König Abaddon, oder Griechisch Apolyon.

Lutherus. Das ist nach Lutheri vnd etlicher anderer Lehrer auslegung eine eigentliche beschreibung der Arianischen Ketzerey/ (Christus sey nicht ein warer Allmechtiger ewiger Gott/sondern ein blosser Mensch) welche eine gifftige Seelmörderische Lehre ist/ die vngezeichnete ewiglich quelet vnd plaget/ Die Plage aber ist nicht im Kopff/ die da bald wircket/ sondern ist im Schwantz/ folget allererst hernach zu end vnd im

Die verdampte Zwinglische Lehr fördert die Arianische ketzerey. ewigen Verderben. Jhr König aber ist der Verderber/ der leidige Satan aus der Hellen/darumb billich diese grewliche Ketzerey/ welche durch den Zwinglichen oder Caluinischen Schwarm gefördert wird/ wie Neuserus gesagt/ zu fliehen vnd zu verdammen ist.

Ezechiel 2. GOtt spricht zum Propheten Ezechieli am 2. Capitel/ Wiewol widerspenstige vnd stachliche Dornen bey dir sind/ vnd du vnter Scorpionen wonest/so soltu dich doch nicht für jhren worten oder Angesicht fürchten noch entsetzen/ sondern du solt mein Wort sagen/ sie gehorchen oder lassens. Mit diesem namen Scorpion conterfeyet Gott deß Propheten Pfarkinder vnd Zuhörer/das sie für seine getrewe Lehr/Warnung vnd Straff/ jhn mit feindlichen/ schendlichen Lesterworten vnd vbelthaten anstechen/doch sol er nichts desto weniger seinem Ampt nachsetzen/ der Allmechtige HERR werde es reichlich vergelten/ vnd mit seiner starcken Hand wider sie erhalten:

halten:

halten. Solcher Scorpion sind jeder zeit viel vnter den Zuhörern / aber vmb jhrer willen sol nichts vnterlassen werden / denn GOtt wird nicht allein sie zu seiner zeit finden / sondern auch wol belohnen / was den Predigern leids vnd hohns bewiesen wird. Hieronymus. Scorpiones) qui possint ferire, qui arcuato percutere vulnere & aculeo fistulato, vt eadem plaga & cutem aperiat, & venena diffundat. Hieronym9

IM andern Stand ist kein Spruch von dem Scorpion zu finden / denn daß 1. Reg. 12. 2. Par. 10. geschrieben stehet / Jerobeam wölle seine Vnterthanen nicht mit Peitzschen / wie Salomon gethan / sondern mit Scorpion züchtigen / Jst nicht von diesem gifftigen Thier zu verstehen / sondern ein scharffe Geyssel gemeint / daran von Bley oder Eysen kleine Knöpfflein gemacht sein. Scorpio est genus flagelli durissimi, habens in fine chordularum seu catenarum nodulos plumbeos vel ferreos, Et ideò vocatur Scorpio, quia grauiter pungit. Lyra. Es ist aber gleichwol eine erinnerung / das die Regenten ehe Gnad denn Vnbarmhertzigkeit einwenden sollen. Ein gutes wort sind ein gute stadt.

Der ander Stand. 1. Reg. 12. 2. Par. 10. Lyra.

WAs den Ehestand berhürt / gibt Syrach cap. 26. eine Lehr: Wer ein böses Weib krieget / der krieget einen Scorpion: Gibt wol gute wort vnter Augen / aber bringt darnach den Mann etwan in Tods gefahr. Scorpio facie blanditur & cauda pungit: Sic & mulier nequam blandicijs allicit, & vsq; ad mortem pungit, sicut Dalila fecit. Wie Dalila dem Simson schmeichelt / aber in ein grosse noth bringet. Lyra.

Der dritte Stand. Syrach 26 Nent ein böses Weib ein Scorpion.

Was die Eltern betrifft / gibt Christus auch eine Lehr Luc. 11. Wenn ein Son den Vater vmb ein Ey bittet / so gibt

Luc. 11. Von der lieb der Eltern gegen die Kinder.

gibt er jhm kein Scorpion. Darmit denn nicht allein die Väterliche zuneigung gegen die Kinder / sondern auch die grosse Liebe GOttes gegen vns dürfftige Menschen vorgebildet wird. Hieruon besihe weiter bey der Schlangen.

Das Sechste Capitel/

Von der Blindschleich/ Eydex/ Molch/ Wiesel vnd Igel.

DJe drey ersten kriechende Thierlin werden von den Interpretibus jetzt so/ denn anders genennet / Wir bleiben aber bey Lutheri version, die vns ermelte bekante Thierlin/ so gleichsam der Schlangen art/ also wie angezeigt/ namhafft macht.
Leuit. 11. Wird aber jhr nur Leuit. 11. gedacht/ darumb wenig lehr bey jhnen zufinden/ denn allein das sie gar vnrein vnd vergifft geachtet werden/ welchs nicht allein aus dem Gesetz Mosi/ sondern auch aus der teglichen erfahrung kund vnd offenbar ist/ Doch dergestalt / das sie in jhrer art gut erschaffen/ vnd etlicher meinung nach / allein vmb der Sünden willen / vnd zur Straff vnd Warnung für denselbigen/ nach dem Fall schädlich vnd gifftig worden seyen.

Hesychius. Terræ animalia non omnia sunt munda, non propter Naturam, sed propter nostram excessum, quia per Iniquitatem naturam deprauauimus. Et post. Nec nunc DEI creaturam Legislator accusans, immunda haberi præcepit hæc animalia, nam quomodo ea alio diuino scripturæ loco reperies esse laudata? prouerbiorum 30. &c. Non ergò Natura eorum immunda est, sed nec omnis actio, nam quomodo poterant ista laudari? Sed quædam circa ipsa sunt actiones aptæ irrationalibus animalibus, & quæ nullum iudicium exigunt, quæ nec nobis aptæ sunt, nec propriè nostræ sunt: atq; propterea quando à nobis continguntur immundos nos faciunt. Per terram verò repere, non est hominum, quibus concessum est vt recti incedant, cœlumq; respiciant: Quia super terram REPERE, est sordida opera terrenaq; gerere. Infra: Quæ reptant super terram, hi sunt qui terrena sapiunt, & qui lutulentis pascuntur actionibus, super pectus siue super ventrem similiter gradiuntur, gastrimargiæ operam dantes.

Das ist/Es seind nicht alle Thier rein/nicht wegen der Natur/sondern wegen vnserer Sünd/weil wir die Natur mit vnserer Vbertrettung verderbt haben. Vnd bald hernach. Der Gesetzgäber/als er die Creatur GOTTes anklagt/hat nicht geboten/ diese Thier für vnrein zu halten. Denn wie wolten sie sonst an andern ort der Schrifft gelobet werden? Prouerb. 30. Derhalben ist jhre Natur nicht vnrein/sondern jhr thun/ denn wie köndten sie sonst gelobt werden? Aber sie thun etlich ding/die vnuernünfftigen Thieren geziemen/ vnd die vnuonnöten ist zu vrtheilen / die vns Menschen gar nicht ziemen: Vnd darumb wenn wirs thun / machen sie vns vnrein. Auff der Erden kriechen gehört nicht Menschen / denen ist befohlen auffgereckt zugehen / vnnd das Angesicht gegen dem Himmel zu wenden: Denn auff der Erden kriechen / ist vnflätige vnd jrrdische Werck vollbringen / etc. Vnd hernach. Die auff Erden kriechen / sein die jenigen / die Jrrdisch gesinnet sein / mit vnflätigen dingen vmbgehen. Deßgleichen gehen auch auff dem Bauch / derer Bauch jhr Gott ist / vnd nur in Wollüsten deß Fleisches leben.

Vom Wisel.

Hesychius

DJe Wisel ist ein gätz listig vnnd räuberisch Thier / spricht Hesychius, Animal dolosum & valde furtis vacans. Vnd werden dadurch die doli & furta verboten / wo dem Nebenchristen das seine mit list vnd betrug entfähret vnd genommen wird. Wie diß auff mancherley weise geschicht. Isidorus meldet / das die Wisel auch Schlangen vnd Meuse fange / vnd seyen zweyerley Geschlecht / ein wildes vnd heimisch / etc. Daruon gnug.

Isidorus

Vom Igel.

Leuit. 11.

DEr Jgel / das bekant stachlicht Thierlein / wird auch nur an diesem ort Leuit. 11. gemeldet / (denn da an andern orten / als Esa. 14. Esa. 34. Sophon. 2. Jgel gelesen wird / verstehet man einen Vogel) beschreibt auch Hesychius vnter dem namen μυγάλη ein anders Thier (μυγάλη est animal compositum non natura, sed vitæ conditione ad deridendum aptum, id est, vt dolos faciat, & rapiat, ventremq́ repleat: propter quod compositum nomen accepit ex vtroq́ animali, ex quo hæc habet vitia. Wird aber võ dem stachlichten Thier/ Igel/ kein eigenschafft angezogen / denn das es vnrein/ vnd nicht zu essen sey.

Isidorus schreibet/ das bey jhm etlicher massen Geschicklıgkeit zu spüren sey/ Denn so bald es angerüret wird/ so lests seine stachel/ als seine Waffen/ heraus gehen/ vnd wird wie eine runde Kugel. Item/ Wenn es ein Trauben vom Weinstock abschneidet (welchs auch von der Birn zuuerstehen ist) weltze es sich mit dem stachlichẽ rücken darauff/ fasse es in die stachel/ vnd brings den jungen. Das also diß Thier nicht allein seine Schutzwehr vnnd defensionem weist / sondern auch mittel vnd weg hat/ narung zusamlen/ vnd die jungen zu erhalten. Darwider doch die Faulen handeln. Isidorus zeigt des Igels Geschickligkeit an.

Statim vt aliquid senserit, primum se subrigit, atq́ in globum conuersus in sua arma se recolligit, dum absciderit vuam de vite, supinus volutat sese super eam, & sic eam exhibet natis suis.

Per Ericium significatur Hypocrita, Greg. in 41. Iobi : Per Ericium impuræ mentis seseq́ defendentis duplicitas designatur. Ericius cum apprehenditur, caput & pedes conspiciuntur, sed apprehensus in sphæram colligitur. Caput cernitur & pedes: quia quo initio peccator ad culpam venerit, vel quibus vestigijs culpa perpetrata sit cognoscitur, sed adductis excusationibus & vitia iniquitatis & vestigia absconduntur, cum is, qui corrigit cuncta quæ prius nouerat amittens tergiuersatione prauæ defensionis, inuolutum intra consciẽtiam peccatorem

 operit.

operit. Malitiosæ enim mentis duplicitas sese intra se colligens absconditur in tenebris defensionis.

Das ist/ Durch den Igel wird ein Heuchler angezeigt/ Denn ein Igel/ ehe er gehascht wird/ lest er Kopff vnd Füsse sehen: Nachmals wenn er gefangen ist/ wird er rund wie eine Kugel. Er lest aber Kopff vnd Füsse sehen: dabey man sehen kan/ womit die böse That begangen ist worden: Nachmals bringt er entschüldigung für/ wil es verbergen/ vnd wolt lieber/ daß/ der jhn gestrafft hette/ mit schanden bestünde/ vnd er seine böse That köndte bemendeln/ &c.

Das Siebende Capitel/ Von der Maus.

Der erste Stand. Leuit. 11. Die Maus ein vnrein Thier gezelet.

IN vier orten der heiligen Schrifft wird diß Thierlein gelesen. Leuit. 11. da es vnter die vnreinen Thier gezehlet wird/ dardurch denn etliche die fressige Bauchdiener vnd Wollüstler verstehen/ welche keiner gefahren achten/ nur das sie mit der Maus zu naschen haben. Hesychius. Mus propter ventris ingluuiem multa quotidie periculæ sustinet. Oder wie es die Glossa repetirt: Mus pro ventris ingluuie nulla vitat pericula.

Hesychius

Esa 66. Die Meus essen/ sollen ewig sterbē.

Esaias am 66. dröwet den Gottlosen das Hellische Fewer/ welche sich hin vnd wider in den Gärten reinigen vnd heiligen/ vnd essen doch Schweinenfleisch vnd Meuse/ denn diese sollen zusammen gerafft in die ewige Verdamnis geworffen

worffen werden. Mit den Meusen vnd andern verbotnen speisen versiehet der Prophet allen Vnflat vnd vnreinigkeit der Lehr vnd Lebens / dadurch sie für Gott verunreinigt vnd besudelt waren.

Hieronymus applicirts auff die Phariseer vnd Schrifftlerten / welche von aussen wie die schöne ausgehawene Gräber / aber inwendig voll Vnflat / Vnglauben vnd Heucheley waren. Deßgleichen andere Jüden / die in jhren Lustgärten Wasserstein hatten / wenn sie nu Vnzucht vnd Hurerey begiengen / wuschen sie sich mit dem Wasser / vnd meineten / die Sünde were schon gereiniget vnd vergeben. Hieronymus

Lutherus spricht: Solchs geschehe noch / wenn die Ketzer vnnd falsche Lehrer jhr eigen Geticht vnd selbst erwehlte Gottesdienst vortragen / wenn es gleich in Gottes Wort verboten / vnd für Gott ein Grewel ist. Allegoricè adhuc fiunt ab omnibus hæreticis, illi comedunt, id est, docent, credunt, prædicant, suillam carnem & MVRES, id est, sua electitia dogmata, quæ ipsis placent, quanquam verbo Dei sint prohibita, & sunt abominatio, & nausea coram Deo. Lutherus.

Brentius verstehet auch mit diesen vnreinen Thieren den falschen Gottesdienst / so die Jüden Gott fürhalten / vergebung der Sünden / Gnad vnd Seligkeit darmit zu erlangen / denn sonsten sey Meus essen nicht allein ein abschew vnd eckel sondern auch ein arbeitseligkeit mehr denn ein Wollust / warumb solt sie Gott deßwegen verstossen vnd verdammen? Brentius.

Quamuis vesci muribus natura est abominabile, tamen si non est aliud quo fami medearis miseria magis est quam peccatum, MVRIBVS vesci. Itaq; existimo per hos cibos hoc loco intelligenda esse ea sacra, quibus hypocritæ pollicebantur sibi gratiam DEI,

& æter-

& æternam salutem: quod quam abominandus sit Iudæis esus carnis suillæ, & MVRIVM & glirium, tam abominanda sint coram Deo sacra, quæ obtrudunt ipsi ad expiationem peccatorum, &c. Das ist auch vom Bäpstischen Gottesdienst zuuernemen. Quid igitur Missa, quæ habetur sacrificium pro peccatis viuorum & mortuorum: Quid horæ Canonicæ, quæ cantantur ad expianda hominum peccata: Quid certa ieiunia quæ suscipiuntur ad placandam merito suo iram Dei, aliud coram DEO sunt, quam Esus MVRIVM, glirium, talparum, &c. & si quid est abominabilius. Et quid aliud merentur, quam quod sicut quondam Iudæi abiecti sunt à Deo propter sua sacra, ita nunc abijciantur etiam illæ gentes, quæ suas Missas, horas Canonicas, ieiunia & id genus alia, ita tuentur vt interim verum & sincerum Euangelion Christi ferro & igni perseqãntur. Dz ist/ Die Papistische Meß/ singen/ fasten/ welche darumb geschehen/ das man damit vnd durch die Sünde büsse/ Gottes Gnad vnd Segen erlange/ ist nichts anders für Gott/ als wenn die Menschen mit grossẽ abschewen/ Meus/ Kröten/ Maulwörff/ vnd anders essen solten

1. Sam. 6 Gott strafft mit Meusen die Philister

Neben dieser Lehre/ von der Abgöttischen Gottesdiensten/ haben wir/ 1. Sam. 6. eine sonderliche Geschicht von den Meusen/ darmit Gott seinen Zorn anzeigt/ zubehalten. Da die Heydnische Abgöttische Philister in einer Schlacht das Jüdische Volck erlegt/ vnd jhnen die heilige Bundladen genommen/ vnd in jhr Land mit grossem jubiliren gebracht hatten/ da strafft sie GOtt vnter andern auch mit den Meusen/ deren ein grosser hauff jhre Ecker verderbt vnd verwüstet haben. In dem sie aber der Bundladen vnd Göttlicher straffen gern ledig weren/ ward jhnen von den Priestern jhren Warsagern geraten/ das sie die Bundladen mit verehrung

fünff

fünff güldener Meuse/ nach jhrer Fürsten zahl/ den Israeliten wider zurück schicken vnd vberantwortē solten/so möchen sie vielleicht der straffen erlediget werden/wie geschehen.

Bey diesen Meusen sehen wir GOttes Allmacht vnd Gerechtigkeit/ wie er mit geringen Thierlin/deren er bald ein grosse menge schaffen vnd herfür bringen kan/ der Menschen Sünde pflegt zu straffen (Dergleichen Historien findet man in den Chronicis: Hatto der Ertzbischoff zu Meină/ ward von den Meusen gefressen Anno 969. circiter, weil er viel armer Leut vnd Bettler in eine Schewren zusammen sperret/ verbrennet/vnd sagte/Höret wie pippen die Meuse/rc. Item den 42. Bischoff zu Straßburg/Wilderwolff genant/frassen auch die Meuse/ aus sonderlicher Straff vnd Rach Gottes/ Anno 997. den 12. Hewmonat. Wie diß auch geschehen sol sein Pompilio 2. König in Polen/rc. vt Chronica Polonorum testantur.)

Lehr aus dieser Historia zu mercken.

1. Gottes Allmacht vnd Gerechtigkeit.

Hatto Bischoff zu Meintz von Meusen gefressen.

Deßgleichen auch Widerwolff ein Bischoff zu Strasburg.

Wir kommen aber wider zu der Philister Meuse/ vnd spricht Brentius, Wiewol die Physici jhre natürliche vrsachen/warumb so bald ein solcher hauffen Meuse gewachsen weren/ erzehlen möchten/ so sey doch eigentlich diß ein Göttlich Werck/ das Gott so wol ohne/ als mit/ aus vnd durch natürlichen vrsachen erschaffen könne. Maxima soricum multitudo in agris Asdod passim enata est, quæ non tam messes depopulata est, quam ipsis quoqꝫ arboribus exitium intulit. Vnde illa Murium copia? Physicus quispiam tantam murium agrestum vim, non diuinæ vltioni, sed RERVM NATVRAE adscripsisset: quippe quod generatio eorum LAMBENDO constare dicatur: & quidam tradiderint ex vna viginti & centum musculos genitos, tantamqꝫ esse huius sordidi animalculi fœcunditatem, vt apud quasdam gentes, prægnantes

Brentius
Woher ein solche menge d Meus so schnell kommen.

gnantes in vtero parentis reperiantur: Sunt & qui affirment, Salis gustatu prægnantes fieri. Hinc Physicus non vehementer admirabitur vnde tanta Murium vis segetes absumat, &c. Equidem non negauerim, prouentum huius animalculi natura numerosum esse, nec magnopere de hac quæstione contendam, tanta nè Murium copia naturalibus quibusdam causis, aliquomodo in agris Asdod prouenerit: Attamen certissima veritas est quod DIVINA indignatio hac Murium multitudine, siue naturali ratione, siue insolito miraculo per Deum procreata ad impietatis vltionem vti voluerit.

Das ist/ GOtt strafft der Philister Stoltz vnd Hochmut/ die dafür hielten/ sie hetten Gott selbs gefangen/ aber sie werden an jhrem Leib vnd Nahrung geplagt/ das sie mit schanden die Bundladen sampt den Merckzeichen jrer straffen den gülden Meusen/ zurück führen/ vnd den Israeliten wider vberantworten müssen: Also kan Gott in schwacheit vber vnd wider die stoltze Feinde siegen vnd triumphiren/ wenn sie meinen/sie haben gewonnen/ so werden sie doch vberwunden.

A. Die Lade des Bunden war nicht schüldig diesr straff/ sondern die Philister.

Derwegen ist zu betrachten/das die Bundlade an jr selbs an diesen straffen nicht schüldig ist/ vnd die Philister vnrecht thun/das sie dieselbige mit vngedult von sich stossen/sondern sie selbs waren an dieser Plagen vrsach/ weil sie vngebürlich mit der Bundladen vmbgiengen/ sie solten sich viel mehr gebessert/vnd ein bußfertigs leben angefangen/vnd an den Gott Israelis geglaubt haben.

Die Papisten stossen das Euangelion von sich als eine vrsach der straffen.

In dieser sach folgen jhnen die Papisten redlich nach/ welche die jetzige straffen allein dem Euangelio wöllen zueignen/ vnd derowegen so stossen sie das Euangelion von sich mit hend vnd füssen/so doch die Menschen selbs schüldig sind in diesen sachen/vnd wo sie den Plagen wölten entgehen/solten sie Buß thun/ vnd dem Euangelio gleuben.

Im.

IM gemeinen Stand/ vnd was auch das Regiment vnd Kriegsstand anlangt/ finden wir den 4. Spruch/ Ju. 14. Nach dem die Judith den Holofernē entheuptet/ entrunnen/ vnd den Jüden die sach offenbaret/ vnd sie wider das Assyrische Kriegsvolck ausgezogen/ verspotteten sie die Jüden/ vnd sagen/ Die Meuse sind aus den Löchern gelauffen/ vnnd sind kün worden vns anzugreiffen/ Der ander vnd dritte Stand. Judith 14.

Das Volck Gottes/ als gering/ wird verspottet/ aber doch wird den Feinden das gespött wider eingedrenget.

Das Achte Capittel/

Von der Kröten vnd Frosch.

DIeweil dieses Vngezieffer/ vnd vnlustig/ zum theil auch vergiffte Thier/ fast einerley art/ vnnd vber das inn der Deutschen Bibel/ in den Psalmen/ eines für das ander gezeugt vnd genommen wird/ wollen wirs auch in ein Capitel zusammen schliessen/ vnd daruon kürtzlich berichten.

Was aber die Kröten (im Ebreischen Zaf genant/ welches Hieronymus ein Crocodil interpretirt) anlanget/ findet man diesen Namen allein Leuit. 11. vnnd wird vnter die vn- Leuit. 11.
reinen Thier gezehlet/ damit sich das Jüdische Volck verunreiniget/ wie denn etlich mal angezeiget/ was die vnreinen Thier ingemein bedeuten. Gleichwol aber wird diß Thier/ Kröten/ in den verdeutschten Psalmen 78. vers. 46. vnd 105 Psal 78.
versic. 30. vnd 105.

versic. 30. (da doch das wort Zephardea, Frosch/ stehet) in erzehlung der Egyptischen Straffen eingeführet. Vnd jhr Land wimmelte Kröten heraus in den Kammern jhrer Könige/welche Historia Exod. 8. also gelesen wird.

Exod 8. Gott strafft Egypten mit Fröschen.

Der HERR sprach zu Mose: Gehe hinein zu Pharao/ vnd sprich zu jhm: So sagt der HERR/ Las mein Volck/ das mirs diene: Wo du dich deß wegerst/ sihe/ so wil ich alle deine Grentze mit Fröschen plagen / das der Strom sol von Fröschen wimmeln/ die sollen herauff kriechen/ vnd kommen in dein Haus / in deine Kammer / auff dein Läger/ auff dein Bette/ auch in die Heuser deiner Knechte/vnter dein Volck/ in deine Backöfen/vnd in deine Teiche/vnd sollen die Frösch auff dich / auff dein Volck / vnd auff alle deine Knecht kriechen. Vnd der HERR sprach zu Mose/ Sage Aaron/recke deine Hand aus mit deinem Stabe/vber die Bäch vnd Ströme / vnd See / vnd laß Frösch vber Egyptenland kommen/ Vnd Aaron thets/ vnd es kamen Frösche herauff/ das Egyptenland bedeckt ward. Da theten die Zauberer auch also/ vnd liessen Frösche vber Egyptenland kommen. Aber Pharao fordert Mosen vnd Aaron/vnd bate/das sie Gott anruffen / vnnd die Frösche wegwenden wolten / Das geschicht auch/ die Frösch sturben in den Heusern / in den Höfen/ vnd auff dem Felde. Vnnd sie heufften sie zusammen / hie einen hauffen/ vnd da einen hauffen / vnd das Land stanck dauon. Da aber Pharao lufft hatte / verhertet er sein Hertz/ vnd lies die Israeliten nicht gehen.

Mit dieser Plage beweist Gott abermal sein Gerechtigkeit vnd Zorn wider die Sünder / welche mit diesen geringen Thierlin gestrafft sind worden. Darumb sie sich für GOtt fürchten/ die Gleubigen aber sich darmit trösten sollen. Wie

Sapien. 19. Sapientiæ am 19. stehet: Die Israeliten/ da sie durchs rote

Meer:

Meer giengen/ lobten sie Gott/ vnd gedachten noch daran/ wie es ergangen war im Elende/ wie das Wasser an stad der Fische Frösche die menge gabe. Aus Göttlichem verhengnis kundten die Zauberer mit jhrer Gauckeley auch Frösch herzu bringen/ aber die rechte natürliche Frösche nicht wider abschaffen/da denn jhre Kunst zu schanden wird

Brentius. Hoc miraculo primum Deus iterum vocauit Aegyptios ad resipiscentiam, deinde illustrauit nomen suum in toto orbe terrarum, postremo consecrauit etiam hoc miraculo RANAS, aut id genus similia in publicum supplicium peccatorum & admonitionem ad resipiscentiam. Das ist/ Mit diesem Wunderwerck hat GOtt der HERR erstlich die Egyptier zur Busse beruffen: Zum andern hat er damit seinen Namen in der gantzen Welt herrlich gemacht. Endlich hat er auch die Frösch vnd andere dergleichen Thier in diesem Wunderwerck gebraucht zu einer offentlichen Rach vnd Straff der Sünder/vnd sie zur Busse zu vermanen. Wir wollen auch der Patrum Allegorias von den Fröschen erzehlen. Brentius.

Origenes homil. 4. in Exodum. Per secundam plagam in qu Ranæ producuntur, indicari figuraliter arbitror Carmina Poëtarum, qui inani quadam & inflata modulatione velut Ranarum sonis & cantibus, mundo huic deceptionis fabulas intulerunt: Ad nihil enim aliud animal illud vtile est, nisi quod sonum vocis improbis & importunis clamoribus reddat. Origenes.

Das ist/ Die Frösche seind die Heydnische Poeten/ so die verführische Fabel von den Göttern vnd andern dingen eingeführet haben. Dieses repetirt Augustinus Tom. 10. serm. 87. de tempore. Augustinus.

Hieronymus Hieronymus führet auch dieselbe Allegoriam vber die Psalmen / Psal. 77. In Ranarum vocibus, Poëtarum carmina designantur, quæ per inflationem verbositatis exterminationum fabulas intulerunt. Vnd in Psal. 104. In Ranis Poëtarum carmina designantur, qui â Catholica regula discrepantes regum terrenorum corda deceptionum fabulis replent.

Augustinus vergleicht das vnnütze Geweiſch dem Frosch. Weiter schreibet Augustinus in Psal. 78. Rana est loquacissima vanitatis. Das ist / Der Frosch bedeut das lose vnnütze Geschwetz vnd Gewesch. Welches Rabanus auch bestetiget. Veritati contraria est secunda plaga, Ranarum abundantia, quarum loquacitas VANITATEM significat. Qui veritati contradicunt & vanitate decepti, decipiunt, Ranæ sunt, tædium inferentes auribus non cibum mentibus. Das ist / Die Lügenhafftige Ketzerische Wäscher seind die Frösch / wie hernach in der Offenbarung Johannis eine Geschichte folgen wird.

Lyra vergleicht die geitzigen Aduocaten den Fröschen. Lyra moralisirts von den geitzigen / eigennützigen / Gottlosen Aduocaten / welche die Sachen mit jhrem Geschwetz auffziehen / erlengern / vnd allerley Zanck vnd vnrichtigkeit bey den Leuten erregen. Per Ranas quæ morantur in aquis immūdis paludibus & fossatis, & sua coaxatione inquietant, significantur Aduocati in delicijs carnis immundæ viuentes, & sua loquacitate prolongando causas, mundum, qui per Aegyptum significatur, inquietant multipliciter & perturbant, & exemplo suæ immundiciæ multos fœdant, sed per Mosen ducem & Aaron sacerdotem restringuntur.

Apoc. 16. In der Offenbarung Johannis am 16. Capitel stehet auch ein Spruch von den Fröschen. Der sechste Engel goß aus seine Schale auff den grossen Wasserstrom Euphrates,

vnd

vnd das Wasser vertrocknet / auff das bereitet würde der weg den Königen von auffgang der Sonnen / Vnd ich sahe aus dem Mund der Drachen / vnd aus dem Munde deß Thiers / vnnd aus dem Munde deß falschen Propheten drey vnreine Geister gehen / gleich den Fröschen / vnnd sind Geister der Teuffel / die thun Zeichen / vnd gehen aus zu den Königen auff Erden / vnd auff dem gantzen Kreiß der Welt / sie zu versamlen in den streit / auff jenen grossen Tag Gottes deß Allmechtigen.

Vnreine Hellische Geister sein wie die Frösch gesehen worden.

Diese Hellische Frösch sind nichts anders als die Meßpfaffen vnd Mönche / sonderlich aber die Jesuiter / welche in der Königen vnd Fürsten Höfe einschleichen / die Regenten vnd Herren anhetzen vnd treiben / das heilige Evangelion zu verfolgen vnd auszurotten. Sie rhümen sich der Wunder vnd Zeichen. Sie seind vberal / auch in den new erfundenen Inseln zerstrewet / aber jhr geschrey sol endlich vber sie selbs ausgehen. Wie Osiander schreibet.

Wer diese Hellische Frösch sein

Osiander.

Hæc visio significat Satanam (Draconem) Pontificem Romanum (Pseudoprophetam) & Bestiam (Regnum Pontificium) excitare quosdam adulatores Romani Pontificis, qui instar Ranarum aduersus Euangelion Christi coaxantes, sinceram doctrinam calumniantur & blasphemant. Tales sunt SOPHISTÆ in Academijs MONACHI in Monasterijs & IESVITÆ in nouis suis Collegijs. Hi iactant signa & miracula, quæ in Papatu ad confirmationem papisticæ doctrinæ fiant: & scriptis suis atq; sermonibus, quin etiam occultis consilijs inflammant Magistratus ad impugnandam & extirpandam EVANGELICAM DOCTRINAM, vt coniunctis viribus eam excindant. Sed Dominus eos confundet.

Lutherus.

Lutherus in der Vorrede vber Apoc. Dieweil fromme Prediger das Bapsthumb stürmen / werden sie alle zornig/ vnd weren sich getrost/denn es gehen drey Frösch/drey vnsaubere Geister aus deß Thiers Maul / reitzen damit die Könige vnd Fürsten wider das Euangelion / ꝛc. Diese Frösche sein die Sophisten/ als Faber, Eck, Emser, ꝛc. die viel gecken wider das Euangelion/vnd schaffen doch nichts/vnd bleiben Frösche.

Augustinus Vergleicht die Gleisner diesen Fröschen.

Augustinus homil. 13. in Apocal. vergleicht die Gleißner vnd andere Sünder diesen Fröschen. Ranæ præter horrorem proprium etiam in loco immundo: quæ cum aquarum incolæ & indigenæ videantur, non solum aquarum refugæ & siccitatis impatientes sunt, sed etiam in ipsis aquis obscœnè volutantur: Sic Hypocritæ non in aqua, vt putant, degunt, sed in sordibus, quas credentes in aqua deponunt. Ranis sunt similes etiam homines, qui in peccatis vel criminibus, quæ alij per pœnitentiam vel Baptismum deponunt, volutari non erubescunt. Das ist/ Das sind auch vnflätige Frösche/welche in den Sünden/die die Gleubigen durch die Buß vnd Tauff hinlegen/ sich vmbwaltzen.

Fast mit diesen worten widerholets Beda libro 3. in Apocal. Tres immundi spiritus) Spiritus Diaboli, & Antichristi & præpositorum corporis eius, qui pro numero partium vnius corporis, trifarius dicitur. Ranis similatur, Animantibus scilicet loco, visu, molestoq; strepitu horrentibus: quæ cum aquarum incolæ videantur, in sordibus tamen & cœno volutantur: Hypocritæ quippe aquam vitæ suis promittentes, in sordibus, quas credentes in aqua deponunt, mortui delitescunt.

Das ist/ Deß Sathans/Endechrists/ vnd seiner Obersten/

sten (die sich für eines Leibes Gliedmassen rhümen) Geist wird dreyerley genent / vnd den Fröschen verglichen / solchen Thieren/ welche wegen deß Orts/da sie sein/wegen deß Gesichts/ vnd von wegen jres beschwerlichen quäckens abschewlich sein/ welche/ ob sie wol das ansehen haben/ als weren sie in Wassern/ so weltzen sie sich doch im Schlamm vnd Vnflat: Gleich wie die Heuchler den jrigen Wasser deß Lebens zusagen vnd verheissen/vnd doch inn Sündenschlamm ersterben/ welchen die Gleubigen in der heiligen Tauff ablegen/ etc.

Das Neundte Capitel/ Von dem Maulworff.

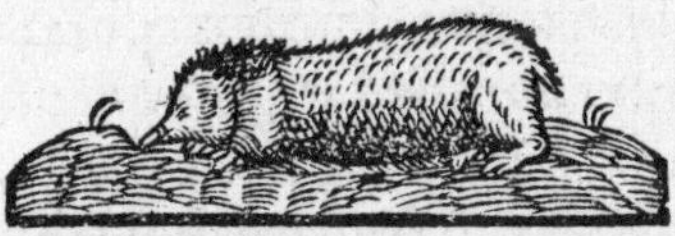

IN zweyen orten der heiligen Schrifft wird diß Thierlein (jedoch nach dem Ebreischen mit vnterschiedlichen namen) angezogen vnd gelesen. Erstlich Leuit. 11. vnter den kriechenden vnreinen Thieren/Molch/Eydex/ Maulworff (welcher name sonst auch ein vnreiner Vogel heist) Hesychius schreibet daruon / das diß Thierlein blind sey /aus Erden vnd Wasser erwachse/ vnd bedeute die Menschen/so allein mit zeitlichen Haab vnd Gut vmbgehen/dardurch sie also verblendet werden / das sie das Liecht Göttliches Worts vnd deß ewigen Lebens nicht sehen können. Talpa cœcum est animal, quod de terra generatur: dicunt enim eam de terra simul & pluuia creari, corrupto luto,

Leuit. 11.

Hesychius Deutet den Maulworff auff die Leut/so nur nach dieses Lebens güter trachten.

cum prius pluuiam suscipit: significatur autem per Talpam circa terrena festinatio ex qua mentis cæcantur oculi.

Esa 2. Darnach weissaget Esaias am 2. Cap. Wenn Christus seine Mayestät vnd Gericht werde erscheinen lassen dem Jüdischen Volck / das jhn vnd sein Euangelion nicht hab wollen annemen / so werden die Jüden erschrecken / jhre silberne vnd güldene Götzen (die sie jhnen anzubeten haben machen lassen) weg werffen in die Löcher der Maulwürffe/ rc. Das ist Sie werden sich auff jhre vermeinte gute Werck nicht verlassen sondern jre hoffnung vnd vertrawen wegwerffen/ vnd in der angst vnd grossen noth verzweiffeln / wie Brentius diß also erkleret:

Cum iudicium Domini reuelatum fuerit erga eos, qui abiecerunt Christum, in tantum non iuuabunt Idola, vt vnusquisque proiecturus ea sit in foramina Talparum, id est, in illo die quo Iudæi, postquam abiecerunt Christum, sistentur ad tribunal Dei, non amplius gloriabuntur de meritis bonorum operum, sed ita pudefient, vt quod ante sibi laudi duxerunt, summæ ignominiæ loco habeatur, & quod existimauerunt sibi allaturum salutem, hoc afferet eis perniciem.

Das ist/ Wenn das Gericht Gottes wird offenbar werden vber die / so Christum verworffen haben / werden jhnen jhre Götzen so gar nichts helffen / das ein jeder seine Götzen wird wollen in der Maulwürffe Locher werffen. Das ist/ An dem Tag/ wenn die Jüden/ so Christum verworffen haben/ vor GOttes Gericht werden gestellet werden / so werden sie nicht mehr das verdienst jhrer Werck rhümen/sondern also zu spott vnd zu schanden werden / daß das jenige / was sie vermeint haben/das jhnen sol rhümlich sein/jhre höchste schmach vnd vnehre sein wird / vnd was sie gehofft / das jhnen zur seligkeit dienen sol / wird jhr eusserstes verderben vnd schädlich sein. Welchs auch von der Mahometischen / Papistischen vnd der Heuchler werck zu verstehen ist. Dieser meinung ist auch Hieronymus, vnd vergleicht jhnen die Götzen vnnd Götzendiener / etc.

Das Zehende Capitel / Von Schnecken.

EInmal wird dieses jrrdischen Thierleins inn der Schrifft (vnter dem Namen Schaflul) gedacht / vnd darbey der Gottlosen Feinden Nichtigkeit vnd schneller vntergang vermeldet. Psal. 58. Die Gottlosen vnd Lügener / die stumm sind / vnd nicht reden was recht ist / noch richten was gleich ist / sondern mutwillig vnrecht thun vnd freueln / die sollen vergehen / wie eine Schnecke verschmachtet.

Bey der Schnecke wird der Gottlosen vntergang vnd nichtigkeit angezeiget.

Psal. 58.

Brentius. Quemadmodũ cochlea dum profert caput suum extra testam, minatur cornibus suis grandem nescio quam punctionem, & tamen cum vel stramentũ, vel aliam quãdam rẽminutissimam attigerit, mox sese retrahit, ac tandem testa sua, nulla re læsa, exarescit & perit: Ita & Impij minantur pijs maxima quæque mala, sed cum Dominus obijcit manum suam cornibus eorum, tantum abest,

Brentius.

 vt alivt aliquid detrimenti adferant, vt potius ipsi conterantur & conculcentur. Aptissima similitudo, qua potentia Tyrannis & crudelitas impiorum aduersus pios conferuntur cum cornibus cochlearum. Der Gottlosen mechtigen Feinden gewalt vnd Tyranney werden der Schnecken Hörnlein vergliechen / welche sie bald zurück ziehen / wenn sie nur ein Strohalm anrühren: Also wenn die Tyrannen Gottes Hand fühlen / ziehen sie bald zurück / gehen auch noch wol darüber zu boden.

Hieronymus. Hieronymus in 12. cap. Oseæ. Testudo tardigrada & onerata, imò oppressa pondere suo, non tam ambulat quam mouetur, hæreticorum grauissima peccata significans, qui suis in cœno & volutabro luti erroribus immolant, adorantes opera manuum suarum.

Das ist / Die langsame Schneck im Heuslein bedeutet die Ketzer / die im Koth vnd Vnflat jhrer Irrthumb stecken / vnd gemählich daher geschliechen kommen. Die Patres schreiben von der Schnecken vnd jhrer natürlichen Geschicklichkeit oder Kunst der Artzney / wenn sie vom Eingeweid der Ottern frist / das sie mit Origano Dosten das Gifft wider vertreibe / Viel mehr sollen die Menschen das Gifft der Sünden vertreiben.

Basilius. Basilius homil. 9. Hex. Testudo viperæ depasta visceribus per aduersam Origani naturam, nocumentum

Ambrosius. è venenata fera sibi prouenturum euitat. Ambrosi. lib. 6. cap. 4. Hex. Testudo visceribus pasta serpentis, cum venenum aduerterit sibi serpere, Origano medicinam suæ salutis exercet. Daß ist / Wenn die Schnecke von dem Ingeweid der Ottern gefressen / vnd bey jhr die Gifft fühlet / so sucht sie Dosten / damit sie jhr Leben errette / etc.

Das 11.

Das Eilffte Capittel/

Von den Raupen.

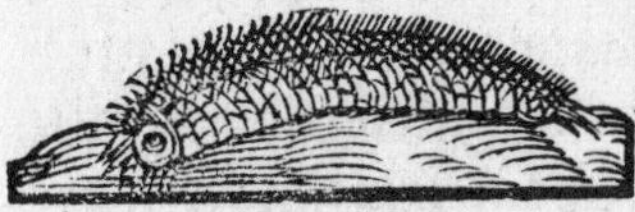

DIeser Wurm vnd Vngezieffer wird etlich mal (doch in zweyen Namen) in Gottes Wort gelesen/ vnd dardurch im ersten vnd dritten Stand Gottes Zorn vnd straffen wider die Sünde vermeldet/ sonderlich aber was die heußliche Narung betreffen thut. Joel. 1. sagt: Wie vnter anderm Geschmeis die Raupen/ das Israelitisch Land verderbet/ vnd alles Grünes abgefressen haben. Vnd im 2. Capitel spricht Gott/ Das diß Geschmeis sein grosses Heer/ das er vnter sie geschickt/ gewesen sey. Daruon denn zweyerley meinung sind. Etliche verstehens nach dem Buchstaben/ GOtt hab diese Würmer für dem Babylonischen Krieg vnter die Israeliten gesand/ zur warnung für grösserm Vnglück vnd der Feinden vberfall/ wie Exempla bezeugen/ das solche Thierlein vnterweilen Vorboten sind grösser vnd grawsamer Feinden.

Vom Hausstand.

Joel. 1.

Joel. 2.

Osiander. Est vna ex grauibus pœnis diuinis multitudo Locustarum, Bruchorum, Erucarum, quam deprecari debemus. Et ante maiores clades (præsertim ante incursionem hostium & barbarorum populorum) Deus tales calamitates præmittit, & vult vt homines resipiscant & mala maiora effugiant. Quod si in carnali securitate perrexerint, tandem cruentis bellis totas gentes delet atque regna deuastat.

Osiander.

Das ist/ Die menge der Hewschrecken/ Raupen/ vnd solches Gewürms ist der schweren straffen Gottes eine/ welche wir billich mit vnserm Gebet abwenden sollen. Vnd helt vnser lieber Gott den brauch / das er solche Plagen schickt / ehe er herter strafft (sonderlich ehe er die Feinde vnnd Barbarische Völcker schickt) vnd wil vnser lieber Gott / das die Leut Buß thun / vnd grösserem Vnglück entrinnen. Wo sie aber in jhrer fleischlichen Sicherheit fortfahren / so verderbt vnd verwüstet er endlich mit grausamen kriegen gantze völcker vñ Königreich.

Lutherus. Die andere meinung / Lutheri &c. ist / das durch dieser Thierlein namen nur die Babylonische Kriegsleut seyen vorgebildet worden / die nach vnd nach das Jüdische Volck zunaget vnd geplaget haben / biß sie es endlich gar verzehret / vnd in die Gefengnis weggeführet haben. Vocat Assyrios figuratè Erueas, Locustas, Bruchos, Rubiginem: quia Assyrij paulatim Iudæos carpebant & accidebant vires eorum, donec tandem totum populũ captiuum abducerent.

Hieronymus. Hieronymus erzehlet der Jüden auslegung / Die Raupen seyen die Assyrer / die Hewschrecken bedeuten die Meden vnd Persen / die Käfer den grossen Alexandrum vnnd seine Nachfolger / sonderlich Antiochum Epiphanem Rubigo, (nach vnser deutschen Bibel) das Geschmeyß seyen die Römer / so das Jüdische Volck gar auffgefressen / hin vnd her in die gantze Welt zustrewet haben. Ohne noth zuuermelden / wie er diese vier stücklin auff die viererley bewegung Menschliches Gemüts applicirt / vnd von der Raupen sagt / Ego reor Erucam esse incipientem in animo passionem, quæ tarda est, & discurrere non potest, & mora ipsa ac pertinacia ebibit & exugit omnem virorem, &c.

Aber widerumb zu den straffen Gottes / von den Raupen zugefüget / Amos am 4. Jch plaget euch mit dürrer zeit / vnd

Amos 4. mit Brandkorn / so frassen auch die Raupen alles / was in ewren Gärten / Weinbergen / Feigenbewmen vnd Oelbewmen wuchs /

wuchs/ noch bekehret jhr euch nicht zu mir/spricht der HErr. Wir sehen / das solch Vngezieffer vmb der Sünden willen/ (Deut. 28.) vber vns verhenget wird/ aber niemand bessert sich/vnd achten/es geschehe ohngefehr/vnd habe seine natürliche vrsachen/ 2c. Deut 28.

Osiander. Agnoscamus pœnam esse peccatorum nostrorum, cum Erucæ aut aliæ Bestiolæ cuncta corrumpunt. Etsi enim excogitari posint causæ physicæ talium incommodorum, tamen verissima & certissima causa est inobedientia nostra, qua Deum ad iustam iram prouocamus, vt secundis & physicis causis ad impietatem nostram puniendam vtatur. Das ist/ Last vns erkennen/ das es vnserer Sünden straff ist/ wenn Raupen oder solche kleine Thierlein alles fressen / Denn ob man wol natürliche vrsachen erfinden kan/ so ists doch eigentlich vnser Vngehorsam/ damit wir Gott zu Zorn reitzen/das er durch die natürliche vrsachen vnser Gottlos wesen straffet. Osiander.

Wir finden auch mehr Sprüche von den Raupen (bey dem namen Chasil, welcher sonst Bruchus vel Locusta gegeben wird) 1. Reg. 8. 2. Paral. 6. Im Gebet der Kirchweihung Salomonis gedenckt der König der Raupen/als Göttlicher straffen/ Wenn nu das Jüdische bußfertige Volck im Tempel Gott ermelte Plage abbittet/ so wölle doch Gott jhr Gebet erhören: Wenn Hewschrecken/spricht er/vnd Raupen im Land sein werden / vnd sie zu GOtt schreyen/ so wöllestu HERR sie erhören/ 2c. Aber jetzund achtet man deß Gebets nicht das man Gott die straffen abbitten solte/ 2c. 1. Reg. 8.

Im Psal. 78. vers. 46. repetirt Dauid die Egyptische Plagen / darmit sie Gott heimgesucht hat: Er gab jhr Gewächse den Raupen/ vnnd jhre Saat den Hewschrecken/ 2c. Summa Gott beweist seine Weisheit/Macht vnd Gerechtigkeit Psal. 78.

tigkeit darmit: Contra Deo rebelles & contumaces sese pariter vniuersus orbis armat. August. lib. 1. de Mirab. S. S. cap. 19. Das ist/ Die gantze Welt rüstet sich wider die/ so sich Gott halsstarrig vnd widersetzig erzeigen.

Das Zwölffte Capitel/

Von der Omeys.

Vom heuslichen stand.

DIs gering / vnnd doch fleissig arbeitsam Thierlein / wird zweymal in der Schrifft mit sonderlichem lob vnd vermanung an die Menschen im dritten Stand von der Heußlichen Narung eingeführet / das sie jm nachfolgen sollen.

Prou. 6.

Erstlich redet der Hochweise König Salomon die faule Müsiggenger an Prouerb. 6. Gehe hin zur Ommeissen du Fauler/sihe jhre weise an/vnd lerne/Ob sie wol keinen Fürsten / noch Heuptman / noch Herren hat / bereit sie doch jhr Brodt im Sommer / vnd samlet jhre Speise in der Erndte. Wie lang ligstu Fauler? Wenn wiltu auffstehen von deinem schlaffe? Ja schlaff noch ein wenig / schlummer ein wenig/ schlahe die Hende in einander ein wenig/das du schlaffest/so wird dich die Armut vbereilen wie ein Fußgänger/vnd der mangel wie ein gewapneter Mann.

Prou. 30.

Lehr aus diesen sprüchen.

Gleichermeinung rhümet darnach Salomon Prou. 30 eben dieser fürsorg vn̄ fleisses willen die Ommeissen/da er von vier kleinen / die doch klüger als die Weisen sind / handlet: Die Ommeissen ein schwach Volck/dennoch schaffen sie im Sommer jhre Speise. Mit diesen Lobsprüchen wird zum ersten

ersten der Müssiggang vnd faulentzen gantz ernstlich verbo- 1.
ten/vnd angezeigt/das die Faulentzer vnd vnnütze verschwen- Müssiggäg
der vnuerstendiger seyen denn diese geringe vnachtsame thier- verboten.
lein/vnd also wider die Natur selbs thun.

Darnach aber wird die Arbeit allen Menschen geboten 2.
vnd aufferlegt/ das sie in jhrem Stand arbeiten/ Vnd wenn Allen men-
Gott zur Erndte vnd Herbstzeit seine Gaben gibt / vnd aus- schen ist be-
theilet / dieselbige (ohne Geitz vnd mißtrawen) samlen / vnd fohlen zu ar-
auff die Nothzeit behalten sollen / darmit sie sich vnd die jhri- beiten.
gen ernehren/ vnnd andern Nottürfftigen mittheilen können.

Diß erkleret Osiander: Si animalculum tantillum Osiander.
ratione carens, sponte tamen laborat, vt habeat vnde po-
stea viuat: quàm indignum est homine nedum Christia-
no, non velle in sua vocatione ita laborare, dum vires
animi & corporis adsunt, vt se suosq; in ætate prouectio-
re, quæ hyemi non malè comparatur, alere queat? Præ-
sertim cum Magistratus etiam nos legibus suis moneat &
vrgeat, vt re nostra benè vtamur, & alimenta nobis ho-
nestè paremus:

Das ist/So die Ommeissen/ein solch klein gering thier-
lein/ ohn alle vernunfft Narung samlet/ das es hernach zu es-
sen hat: Wie schendlich stehets eim vernünfftigen Menschen
wil geschweigen einem Christen an / welcher darzu durch die
Oberkeit angemahnet wird / das er die seinen vnd sich verseu-
met / vnd nicht mit Christlichen Mitteln die Nahrung vber-
kömpt? Gleichwol wird die Gottlose Geitzsorge nicht gebil-
licht, wie Philidpus Melanchthon den Spruch interpretirt. Philippus Melanchth.

Hîc ad laborem hortatur, iuxta mandatum diui- Die Arbeit
num: In sudore vultus tui, &c. Sed hîc obseruabis labo- ist geboten/
rē præcipi, curam prohiberi. Item benedictione Domini die Sorg
prouenire res, non nostro labore. Quod autem Formicæ aber verboten.

 exemplum

exemplum proponit, admonet nos mandati diuini & obedientiæ, quam præstant omnes creaturæ præter Satanam & hominem. Das ist/ Hie vermanet vns der König Salomon zur arbeit/nach dē Göttlichen befehl: Im schweis deines Angesichts soltu dein Brod essen. Du solst aber hie wol behalten / das allhie die Arbeit geboten/ die Sorge aber verboten wird/vnd das nicht vnser Arbeit/sondern deß HErren segen reich mache. Das er aber die Ommeisse zum Exempel fürstellet/erinnert vns deß Göttlichen gehorsams/den jhm alle Creaturen leisten/ausgenom̃en der Teuffel vnd Mensch.

Geistliche deutung auff die Christen.

Das ist nun die fürnembste vnd einfeltigste Lehr / dem Buchstaben nach/ aber nichts desto weniger so haben die Patres feine Allegoricas cogitationes daruon/vnd applicirens auff die Christen im ersten Stand/das sie auch also gute werck vnd zeugnis der heiligen Schrifft samlen sollen / auff das sie im harten Winter/ am Jüngsten Tage / vnd auch in andern trübseligen zeiten der Verfolgung bestehen mögen.

Augustinus

Augustinus lib. contra Adimant. Manich. cap. 24. schreibt / Das es zwar nicht vnrecht sey/ billicher weise einen vorrath zusamlen/wie Christus selbs gethan/vnd Paulus befohlen hat / Aber die Christen sollen darneben vielmehr deß Geistlichen Samens Göttliches Worts samlen/ auff das sie im harten Winter der Verfolgung vnd Widerwertigkeit sich darmit wissen zu erneehren vnd auffenthalten.

Illud de Formica ita positum est, vt quemadmodum illa æstate colligit, vnde in hyeme pascatur: Sic vnusquisq; Christianus in rerum tranquillitate, quam significat æstas, colligat VERBVM DEI, vt in aduersitate & tribulationibus, quæ hyemis nomine significantur, habeat, vnde spiritualiter viuat.

Diese

Diese auslegung widerholet er in etlichen Psalmen / als Psal. 36. da er spricht: Ein Donatist sey zu jhm kommen/ da er von seinem hauffen ausgeschlossen / vnd excommunicirt war/aber kein Trost hab er zulassen können oder wollen/ weil er zuuor nicht / wie eine Ommeisse/ GOttes Wort gesamlet vnd gestudiret habe. Tentauimus eum consolari de verbo Dei, sed ille non erat de sapientibus Formicis, quæ sibi æstate collegerunt vnde hyeme viuāt. Cum enim res sunt tranquillæ, tunc homo sibi colligere debet verbum Dei, & recondere in intimis cordis sui, quemadmodum Formica abscondit in cauernosis penetralibus labores æstatis, per æstatem enim vacat hoc agere. Venit autem hyems, id est, superuenit tribulatio, & nisi intus inuenerit quod edat, necesse est vt fame dispereat. Iste enim non sibi collegerat verbum Dei, superuenit hyems, non hic inuenit quod quærebat, &c.

In Psal. 41. Admonemur imitari Formicam: Sicut prosperitas seculi significatur die, aduersitas nocte: sic alio modo prosperitas significatur æstate, aduersitas hyeme: Quid facit Formica? Per æstatem colligit, quod ei per hyemem prosit. Ergo cum est æstas, cum bene est vobis, cum tranquilli estis, audite verbum Domini.

Das ist/ Wir werden vermanet/ wir sollen der Ommeissen nachfolgen / denn gleich wie glücklicher zustand durch den Tag/ auch durch die Nacht Vnglück vnd Elend angedeutet wird: Also wird auch glücklicher zustand durch den Sommer/ vnd Vnglück durch den Winter angedeutet. Was thut denn die Ommeisse? Im Sommer samlet sie ein/ das jhr im Winter nützlich ist. Darumb wenn Sommer ist/ wenns euch wolgehet/ wenn jhr ruhe habt/ so höret Gottes Wort/ vnd samlet ein/ damit jhr euch in Widerwertigkeit könt auffhalten.

Item Psal. 66. Vide Formicam Dei. Surgit quotidie, currit ad Ecclesiam Dei, orat, audit lectionem, hymnum cantat, ruminat quod audit, apud se cogitat, recondit intus grana electa de area. &c. Das ist/ Die Omeis vnsers lieben GOttes stehet teglich auff/ leufft zur Kirchen/ betet/ hört ein Lection/ singt ein Lobgesang/ was sie gehöret hat/ widerholet sie/ bedenckts bey sich/ vnd die Körnlein/ so sie von der Schewren gesamlet/ verbirgt sie auff zukünfftige notturfft.

Basilius. Eben dieser meinung ist auch S. Basilius serm. 9. Hex. Non solum diligentiam opificis nostri, curamue, per omnia penetrare indicatur, sed etiam in animantibus ratione non præditis futuri sensionem quandam inesse, vt & nos etiam ipsi, non HVIC VITÆ præsentibusq; rebus adhæreamus, sed totum nostrum studium ad FVTVRAM ILLAM VITAM dirigamus. Non hoc tempore præsenti fruges tibi, ô homo, recondes, requiemq; ad futurum FORMICÆ exemplo parabis? Formica temporis hyberni pabulum æstate sibi sedulò condit, & non, quod hyemis incommoda nondum adsunt, ociosa tempus traducit: sed incessabili quodam intentoq; studio legendi semina tantisper incumbit, dum sufficiens alimentum in cellulis sibi recondat. Neq; id incuria facit, sed SAPIENTI QVADAM PROVIDENTIA, vt quam plurimo tempore pabulum sibi conseruari posit: Secat enim morsu fructus, arrososq; condit, ne rursus in fruges exeant è terra atq; inutiles inde sibi ad vsum alimoniæ fiant. Cum senserit eos madefactos imbre, profert atq; exiccat: Neq; omni tempore id agit, sed cum impluuium præsenserit serenumq; cœlum. Quamobrem nunquam ex nubibus im-

brem

brem defluxisse conspexeris, cum â Formicis expositum est frumentum.

Das ist / So die Ommeissen im Sommer vnnd zur Erndtezeit jhr Körnlein samlet auff den Winter / Warumb solt der Mensch nicht auch samlen auff das künfftige ewige leben. So benaget die Ommeiß auch die Körnlein / das sie nicht wachsen / vnd zum essen vntüchtig werden / vnd wenn dieselbigen etwan feucht werden / so tragen sie es herfür an die Sonne / vnd trückens wider.

Diesen fleis erzehlet auch Ambrosius lib. 6. cap. 4. Hexam. Exigua est Formica, quæ maiora suis audet viribus, neq; seruitio ad operandum cogitur, sed sponta neæ proposito prospicientiæ futura alimentorum subsidia sibi præstruit. Cuius vt imiteris industriam, scriptura commonet te dicens: Confer te ad formicam ô Piger, & æmulare vias eius, & esto illa sapientior. Illa enim nullam culturam possidet, neq; eam quæ se cogat habens, neq; sub Domino agens, quemadmodum præparat escam, quæ de tuis laboribus sibi messem recondit, & cum tu plerunq; egeas, illa non indiget. Nulla sunt ei clausa horrea, nullæ impenetrabiles custodiæ, nulli inuiolabiles acerui. Spectat custos, fundaq; prohibere non audet. Aspicit sua damna possessor nec vindicat. Nigro conuectatur agmine præda, per campos feruent semitæ comitatu viantium, & quæ comprehendi angusto ore non possunt, humeris grandia frumenta truduntur. Spectat hæc Dominus messis, & erubescit tam parca piæ industriæ negare compendia. Ambrosius

Das ist / Die Ommeiß ist ein gering Thierlein / noch so ist sie klug / vnd versihet sich auff die künfftige zeit mit notwendiger Nahrung / sie bawet nicht / sie samlet von deinem

Korn / keine Schewren oder verwarung sind jhr verschlossen / sie schewet den Herren nicht / vnd nimpts hinweg / der jr solchs auch nicht wehren mag noch kan / wenn du Hunger leidest / so hat sie noch zu essen die fülle. Hoc exemplo caueamus desidiam, exiguitate vel infirmitate corporis à virtutis studio non reflectamur, neq; reuocemur ab vllius propositi magnitudine.

Dieses Exempel sol vns auffmuntern vnnd wacker machen / vnsern geringen vnd schwachen Leib nicht abschrecken lassen von den Tugenden vnd allen Gottseligen fürnemen / wie schwer sie vns auch düncken sein.

Chrysosto. Chrysostomus homil. 12. ad Pop. Antioch. Si attendas, maximam ab animali capies admonitionem, vt non emolliaris, neue fugias labores & sudores. Propterea & scriptura torpentem ad formicam mittit, dicens: Vade Piger ad Formicam, &c. Non vis ex scripturis discere q; bonum est operari, quod non operans neq; manducare debet? Non vis à Doctoribus hoc audire? Disce à brutis hoc ipsum. Ab hoc ergo animali maximam cape sedulitatis exhortationem, & Dominum tuum admirare, non q; solem fecit tantum & cœlum, sed quoniam vtiq; Formicam fecit. Etsi enim breue animal, habet tamen sapientiæ Dei magnitudinis multam declarationem. Considera q; sit prudens & admirare, quomodo potuit Deus in tã breui corpore tantam iugis inserere operationis cupiditatẽ?

Das ist / Wenn du es bedenckest / so wirstu gar eine nötige ermanung von diesem Thier nemen / das du kein Arbeit dir zu schwer sein liessest / vnd keine mühe noch arbeit wirst fliehen / vnd darumb weiset die Schrifft ein Faulen zur Ommeissen / spricht / Du fauler Tropff gehe hin zur Ommeissen / wilstu es aus der Bibel nicht lernen / das es gut sey arbeiten / vnd das der nicht arbeitet / auch nicht essen sol? Wilstu es von deinen Lehrern nicht hören / so lerne es doch von den vnuernünfftigen Thieren? Darumb nim diese ermanung zum fleis vnd Arbeitsamkeit von diesem Thierlein an / vnd verwundere dich vber Gott deinem HERRN / nicht allein / das er so eine grosse Sonn vnd Himmel gemacht / sondern auch das er die Ommeissen erschaffen. Denn ob es wol ein sehr kleines Thierlein ist / so hat es doch ein grosse anzeigung der vnaussprechlichen Weisheit Gottes: Bedencke nur selbst / wie vorsichtig es ist / du must dich verwundern / wenn du es betrachtest / wie doch vnser lieber Gott in so ein kleines Thierlein solche begirde ohn vnterlas zu arbeiten hat einpflantzen können.

Hiero. Pro. 6 Formica dicitur strenuus quisq; & prouidus operarius, qui in p̄sēti vita velut in æstate, fructus iustitiæ, q̄s in æternum recipiat, sibi recondit. Ein jeglicher fleissiger vnd fürsichtiger Arbeiter ist eine solche Ommeisse / Er samlet in dieser zeit / als im Sommer / die Früchte der Gerechtigkeit / die er inn Ewigkeit dort geniessen wird.

Hieronymus schreibt auch in vita Malchi Monachi, das der Ommeissen fleissige Empter vnd Arbeit / die er an jhnen in der Wüsten vermercket vnd gesehen / jhn widerumb in sein Kloster getrieben haben. Aspicio Formicarum gregem angusto calle feruere, ferre onera maiora quam corpora. Aliæ herbarum quædam semina forcipe oris trahebant: Aliæ egerebant humum de foueis, & aquarum meatus aggeribus excludebant: Illæ venturæ hyemis memores, nē madefacta humus in herbam horrea verteret, illata semina præcidebant. Hæ luctu celebri corpora defuncta deportabant. Quodq; magis mirum est in tanto agmine egrediens non obstabat intranti, quin potius si quam vidissent sub fasce & onere concidisse, suppositis humeris adiuuabant.

Das

Das ist/ Ich sehe mit verwunderung/ wie hefftig die Ommeissen arbeiten/ sie tragen Last/ die grösser sein als sie selbst: Etliche schleppen im Maul das gesäm der Kreuter/ etliche tragen die Erden heraus aus jhren Löchern/ etliche verstopffen die Lufftlöcher/ das kein Wasser hinein sinckt: Sie dencken an den Winter/ vnd damit die Körnlein/ so sie eintragen/ nicht auswachsen/ wenn sie im Erdreich feucht werden/ benagen sie dieselben/ Vnd so eine stirbt/ tragen sie die andern heraus mit grossem hauffen/ als trawrende folgen sie hernach. Vnd das noch mehr zu verwundern ist/ so hindert keine die jenigen/ so kommen/ hinein wollen/ vnd etwas bringen/ es gehet denselbigen keine in weg/ sondern so sie sehen/ das einer die Last zu schwer/ so kommen sie vielmehr derselbigen zuhülff/ kriechen auch vnter die Last/ vnd helffen also der vntergedrückten widerumb auff/ etc.

Chrysostomus vergleicht die Geitzhälse den Ommeissen.

Andere Lehrer gedencken auch böser meinung der Ommeissen/ Als Chrysostomus homil. 70. in Mattheum, vergleicht die geitzige Menschen/ die nur nach den zeitlichen Gütern trachten/ vnd der ewigen vergessen/ den Ommeissen/ ja sie seyen wol erger als sie/ Denn die Ommeissen versorgen sich nur mit notturfftiger Speis/ die Menschen aber trachten auch nach vberflüssigen schendlichen dingen. Jene leben ohne Sünde/ diese aber begehen Schand vnd Laster/ Rauberey vnd stelen/ das sie ehe den Löwen vnd Wölffen/ als den Ommeissen zu vergleichen sind.

Quid inter nos & Formicas interest, si collati ad illos (sanctos illos eremitas) fuerimus? Nam quemadmodum Formicæ corporis duntaxat curam habent, pariter & nos certè, imò verò multò peius. Non enim pro rebus necessarijs, quemadmodum illæ solummodò laboramus: sed pro superfluis etiam ac turpibus vigilamus:

vitam

vitam illæ nullo crimine peragunt, nos verò auaritiæ seruientes, non illas, sed lupos atq; leones imitamur. &c.

Ein anderer vergleicht die Ommeissen dem Ehrgeitz oder Eitelehr. Formica breuis licet & pusilla sit, ingentes tamen segetum fructus graui labore quæsitos rapit. Insidiatur Formica, vt grana maturescant: stat itidem in insidijs inanis gloria, expectans vt spirituales diuitiæ cumulentur: Gaudes formica coaceruatas frugum opes popaluri: gaudet pari modo inanis gloria benè partos virtutũ thesauros dispergere.

Beschließlich ist hie zu mercken/ was S. Basilius Epist. 168. an den Ketzer Eunomium schreibt/ Weil er so hochtrabent sey mit seiner Kunst/ sol er jhm nur ein wenig von der erschaffung der Natur vnd Eigenschafft der Ommeissen disseriren/weil aber jhm solchs vnmüglich/sol er sich nicht vnterstehen Gottes Wesen vnd Gewalt auszuforschen. Welches auch den stoltzen auffgeblasenen Sacramentirern gesagt ist.

Basilius vermanet Eunomium abzulassen von erforschung des Göttlichen Wesens durch betrachtung der Ommeissen.

Qui se existentium scientiam assecutum esse gloriatur, exponat nobis, quomodo quod minimum est eorum quæ in lucem prodierunt, natura habeat: & quæ Formicæ sit natura, dicat: An spiritu vel anhelitu ipsius vita contineatur: an corpus habeat osibus occupatum ac discretum: Neruisnè ac nodulis coniuncturarum roborata sit. An musculorum & glandularum complexu neruorum natura foueatur. An è syncipite per dorsuales nodos ad caudam vsq; medula prorogetur. Vtrum ex neruosæ pelliculæ complexione motis membris sit progrediendi facultas. Habeat ne epar, an sub epate sit flauæ bilis folliculus, vtrum renes habeat, & cor & arterias & venas & membranas & diaphragmata, Nuda nè sit vel crinita. An vnius tantum generis aut multifarijs vtatur pedibus. Quamdiu viuat, & quæ sit illis propagandæ posteritatis ratio: Quotuplo fætu dum generat fœcundetur. Et quomodo nec pedestres omnes sint formicæ nec alatæ omnes, sed aliæ humi repant, aliæ verò per aëra volitēt. Dicat itaq; formicarum nobis naturam, qui eorum quæ in natura sunt, scientiam iactat, atq; ita demum de POTENTIA illa omnem intellectum superante disputet. Si vero scientia minutissimæ Formicæ nondum est assecutus naturam, quomodo INCOMPREHENSIBILEM DEI POTENTIAM IMAGINATIONE TVA comprehensam esse gloriaris.

Das ist / Wer sich rühmet / Das er aller Creaturen gute wissenschafft habe / der mag vns berichten / wie es beschaffen sey mit der Ommeissen / vnd sagen / was die Natur vnd Art sey der Ommeissen / die doch fast die kleinste vnnd geringste Creatur ist / ob sie eine Seele hab / oder ob jhr leben allein im Odem stehe / ob sie einen Leib hab von Beinen zusammen gesetzt vnd vnterscheiden / ob sie auch Adern hab / ob die Adern auch von dem dicken Fleisch oder Maus an Beinen gewermet vnd gestercket werden / Ob auch vom hintern theil deß Heupts durch das Rücklein das Marck hinunter gehe biß an den Schwantz / ob sie durch der Adern krafft die Gliedmassen bewege / vnd fortgehe / ob sie auch eine Leber / vnd vnter der Leber eine Gall habe / ob sie auch Nieren / ein Hertz / vnd andere lufft vnd Blutadern vnd andere Gliedmassen habe / ob sie glat oder haaricht sey / ob sie nur einerley oder mancherley Füsse habe / wie lang sie lebe / wie oder welcher gestalt sie sich mehre / wie viel sie junge habe / wenn sie sich mehret / vnd wie es komme / das nicht alle Omeissen fliegen / auch nicht alle auff der Erden kriechen / sondern etliche auff der Erden kriechen / etliche fliegen in der Lufft. Derhalben wer sich rühmet / das er aller Creaturen Natur vnnd art wisse / der mag auch sagen/ was der Ommeissen Natur sey / vnd alß denn mag er weiter disputiren von der macht vnd gewalt/ die allen verstand vbertrifft. So du aber mit deiner kunst vnd verstand der Ommeissen Natur noch nicht verstehest / warumb rhümestu du dich denn/ das du mit deinen Gedancken Gottes vnbegreiffliche Macht vnd Gewalt erlanget habest vnd verstehest?

Wer mehr Eigenschafft / Werck / Geschicklichkeit vnd bedeutung von diesem Thierlein wissen wil/ der mag Iohannis Nideri Formicarium lesen/ ꝛc.

Das Dreyzehēde Capitel / Von der Spinne.

WIewol diß Thierlin gering/ vnd Gifft halben auch scheußlich ist / wirds doch vom H. Geist in der Schrifft lobens weis im ersten Stand fürgehalten. Prouerb. 30. Vnter den geringen/ die klüger sind als die Weisen / ist auch die Spinne / die wircket mit jren henden / vñ ist in der Könige schlösser. Dadurch wird der Mensch zum fleis vnd Arbeit/ nicht allein in eusserlichen / sondern vielmehr inn Geistlichen sachen/ angemanet. Denn so die Spinne mit grossem fleis jhr Web wircket/ welches doch abgekehret vnd leichtlich zubrochen wird/ Wie viel mehr sollen die Menschen solche Werck wircken/ die da ewiglich bleiben.

Im ersten Stand die Spinne löblicher weis angezogen.

Proue 30.

Vermanet die Menschen zum fleis.

Esa 59. Warnet/ sich vorzusehen für den Ketzern/ bey der Spinne.

Darnach warnet der heilige Prophet Esaias Cap. 59. bey diesem Thierlein vnd seinem Gewebe / für den falschen Propheten/Ketzern/vnd jhren verführischen Lehren / welche nichts sagen von der waren Gerechtigkeit/ ꝛc. Es ist niemand der von Gerechtigkeit predige / oder trewlich richte/ man vertrawet auffs Eitel / ꝛc. Jhr Spinneweb taug nicht zu Kleidern / vnd jhr Gewircke taug nicht zur Decke/ ꝛc. Das ist/ Jhr Gottesdienst vnd alle Menschliche gute Werck können niemand erquicken noch erhalten in den Todtesnöten / vnd aus der Hellen erretten.

Lutherus.

Luth. Opera eorum ſplendent & habent magnam ſpeciẽ ſanctitatis, revera autem ſunt tela aranearum, hoc eſt, venenata & inutilia opera: Sicut enim telæ aliquam ſpeciem texturæ habent, ſed inutiles tamen ſunt ad veſtitum: Ita opera quibus iuſtitiam parari impij homines (Papiſtæ) cogitant, vana & inutilia ſunt: perinde autem in iudicio diuino ſuis operibus ſeruabuntur hypocritæ, ſicut á vento & frigore defendetur is, qui veſte ex aranearum telis confecta vtitur. Eſt mirẽ illuſtris figura.

Das ist / Jhre Werck glentzen/ vnd haben einen schein grosser Heiligkeit / seind aber in der that vnnd warheit nichts anders als Spinnegeweb / das ist / vergiffte vnnütze Werck. Denn gleich wie das Spinnegeweb anzusehen ist etlicher massen als es gewebt were / vnd dienet doch nicht zur Kleidung: Also sind auch die Werck / damit die Gottlose Menschen (Papisten) die Gerechtigkeit zu verdienen gedencken/ lauter vnnütz vnd vmb sonst. Vnd so wenig ein Nackender sich mit Spinneweben wird für dem Wind vnnd Frost vertheidigen können: Eben so wenig werden die heuchel Papisten mit jhren guten Wercken für Gott bestehen mögen.

Brentius.

Brentius erklerts etwas weiter / vnd beweisets mit den Exempeln der Mönche Betstunden vnd andern Bäpstischen Wercken mehr. Quemadmodum telæ seu retia aranearum ingeniose quidem & subtiliter texuntur: sed ad quid hæc textura (qua nulla videtur artificiosior) vtilis est nisi ad capiendas Muscas? Ex his telis nullum potest vestimentum confici: Ex operibus huius texturæ nullum potest fieri indumentum aut tegumentum, quo aduersus tempestates & frigora muniamur: quia sunt opera inutilia, & quæ vel leui attactu dissipentur: Ita sunt etiam opera hypocritarum, & ea quæ fiunt ex præscripto humanarum traditionum. Nam ea opera sunt quidem ingeniosè excogitata & perficiuntur maxima specie pietatis, sed profecto nihil ijs est inutilius, vt interea nihil dicam de impietate eorum: Etsi enim omnia ea opera in vnum aceruum collegeris, tamen non possunt te tueri in iudicio Dei, aduersus eos ardores & frigora, vbi est fletus & stridor dentium. Vide, obsecro, mihi Missam pontificiam. Quanta pietatis specie, quanto splendore, quanta obseruantia peragitur? Hîc stat ad aram sacrificulus ornatus vestitu penè regio, cui adiuncti sunt ex ordine stantes duo ministri, quorum alterum vocant Diaconum, alterum Subdiaconum, qui & ipsi dissimili quidem vestitus genere, sed non minus precioso ornati sunt. Deinde stant in Choro viceni & viceni, sæpè etiam triceni aut quinquageni Sacerdotes, omnes lineis & albis vestibus induti. In medio est cætus puerorum, qui & ipsi albis vestibus fulgent. Hi omnes seniores pariter & iuniores, suas habent vicissim cantiones, suas lectiones, suas gesticulationes, & multos ritus ac ceremonias, quas tàm decoro ordine perficiunt, vt spectatoribus magnam afferant voluptatem, & videantur eos

Brentius legts aus von der Münche Betstunden Messen / vnd andern Bäpstischen Wercken.

ad ardentissimam deuotionem excitare. Sed profecto talis Missa, etiam summo studio & sumptu peracta, non est nisi textura Aranearum, ad nihil aliud vtilis, nisi ad captandas Muscas, hoc est, homines ventri deditos, qui magis Chryso quam Christo seruiunt, &c. Et cum hæc Missa humana sit traditio, non est nisi tela aranearum, vt etiamsi myriades talium missarum cumulaueris, tamen non possunt te vel aduersus minimam adflictiunculam munire & seruare, &c. Idem sentiendum etiam de horis Canonicis Monachorum.

Das ist/ Gleich wie der Spinnen gewebde artlich vnd künstlich gemacht werden: Aber wozu dienet solch Gewebde/ (wie künstlich es auch ist) als das damit Fliegen vnd Mücken gefangen werden? Man kan aus solchem Geweb kein Kleid machen/ Man kan keine Decke draus machen/ sich damit wider Kelt vnd Regen auffzuhalten: Denn es sind vnnützliche Werck/ die gar leicht zurissen werden/ wenn man sie nur ein wenig anrühret: Eben also seind auch der Heuchler Werck/ vnd die nur von Menschensatzungen vnd ordnungen befohlen/ geschehen. Denn dieselbige Werck seind zwar artlich erdacht/werden auch verrichtet mit ein grossem schein der Gottesfurcht/aber warlich es ist nichts vnnützers/ zugeschweigen deß Gottlosen wesens/ so dabey vnnd damit volbracht wird. Denn wenn du gleich alle jhre Werck auff einen hauffen legest/ so können sie dich doch nicht schützen wider die Hitz vnd Frost deß orts/ da nur weinen vnd Zeenklappen ist. Sihe an die Bäpstische Meß? Mit welcher scheinheiligkeit/ pracht vnd herrligkeit wird sie verricht? Da stehet der Meßpfaff für dem Altar/ bald in Königlichem Schmuck/ dem seind zweene Diener zugeordnet/ den einen nennet er ein Diacon oder Caplan/ den andern ein Vnterdiacon/ die auch vngleicher weis/

aber doch köstliche Kleidung haben: Mitten innen stehen die Knaben / die auch mit weissen hellleuchtenden Kleidern sind angethan. Diese alle / jung vnd alt / haben jhre gewisse Geseng / die sie singen / was sie lesen / jhre mancherley gauckeley vnd gebreuch / die sie ordentlich nach einander verrichten / das die Zuseher darob lustig werden / vnd dencken solten / das der Meßpfaff vnd seine Gesellen die Zuseher zu grosser Andacht reitzen vnd bewegen wollen. Aber warlich solche Meß / mit grossem fleis vnd vnkosten verrichtet / ist nichts anders als ein Spinnengewebd / die zu nichts dienet / als Fliegen vnd Mücken damit zu fangen / das ist / die Leut zu bethören / derer Bauch jhr Gott ist / vnd mehr dem Gelt als dem HERRN Christo nachfragen. Vnd weil diese Meß nichts anders ist / als eine Menschensatzung / ist sie für nichts anders zu achten / als für ein Spinnenwebde / Das du / ob du gleich viel tausent solcher Messen beysammen hettest / können sie dich auch nicht wider die geringste Anfechtung erhalten / 2c. Eben diese meinung hat es auch mit der Mönchen Betstunden.

Auff die falsche Lehr vnd Ketzerey deutets auch Hieronymus Epistola sua ad Cyprianum in der auslegung deß 90 Psalms / da nach der Griechischen vnd Lateinischen Version gelesen wird. Anni nostri sicut Aranea meditabuntur. Quomodo loquentis sermo præteruolat: Ita & opus Araneæ incassum texitur: de quo super persona hæreticorum scriptum est in Esaia: Telam Araneæ texunt, quæ parua & leuia potest capere animalia, vt Muscas, Culices, & cætera huiusmodi: à fortioribus autem rumpitur, instar leuium in Ecclesia simpliciumque, qui eorum decipiuntur erroribus, cum viros in fidei veritate robustos non valeant obtinere.

Hieronymus versteht das Geweb der Spinnen von falscher Lehr.

Das ist/ Gleich wie die Spinnen mit jhren zarten weben vnd Gärnlein allein Mucken vnnd Schnacken fangen / die starcken Thier aber hindurch brechen / vnd zureissen: Also werden auch allein die schlechten einfeltigen sicheren Christen durch die Irrthumen bestrickt / die starckgleubigen entrinnen den Ketzern leichtlich.

Brentius. Brentius aber verstehet die Bauchdiener vnd Wollüstler / die gar bald an den Papistischen feisten Irrthumen behangen bleiben.

Job 8. vergleicht deß Heuchlers glückliche zustand dem Spinnegeweb. Hiehero dienet nicht vbel der Spruch Bildad von Suah Job 8. Deß Heuchlers zuuersicht vergehet/ vnd seine hoffnung ist wie eine Spinneweb / rc. Bildad handlet von deß Gottlosen Heuchlers glücklichen zustand / darauff er trotzet vnd sich verlest/ Aber gleich wie die Spinneweb nicht halten/ noch für der Kelte vertheidigen können / sondern bald zureissen: Also gehets auch mit der Heuchler Hoffnung in Geistlichen vnd Weltlichen sachen.

Brentius. Brentius. Araneus venationi studiosus, mirabili artificio rete suum in aëra extendit, non tam sibi in domum quam in venationem Muscarum, in quod rete si graue inciderit non sustinetur, sin leue vt Musca capitur. (Vnde & quidam LEGEM aranei telæ comparat, propterea quod feré dat veníam Coruis, vexat censura Columbas) Ita cum confisus fueris humano auxilio & adinuentione propria, sustineberis quidem tantisper dum leuis fueris, & â iudicio Domini liber: at cum ingrauescet horrendum DEI iudicium, aranei rete, hoc est, humanæ promisiones, & adinuentiones propriæ non poterunt te liberare, &c.

Das ist/ Die Spinne/ so nur drauff dencket/ wie sie etwas fangen möge/ macht jhr Gewebd wunderbarlicher weis

in die

in die Lufft / nicht zu dem ende fürnemlich / das sie darin sey / sondern das sie Fliegen fangen möge: In solches Gewebd / so etwas schweres felt / bleibets nicht drinnen / kömpt aber was leichts / wie eine Fliege / so wird sie gefangen: Also auch wenn du dich auff Menschen hülff verlest / vnd eigne ertichte werck / kanstu damit bestehen / weil du leicht bist / vnnd nicht für das Gericht Gottes kömpst. Wenn aber das schreckliche Vrtheil vnd Gericht Gottes angehet / so kan dich das Spinnegeweb / oder die Menschensatzungen vnd Verheissung / vnd deine eigene ertichte Werck / nicht erretten noch erlösen.

Was auch deß Gottlosen Haus vnd Hoff / Leib vnd Leben anlangt / vergleichts Job Cap. 27. einer Spinnen. Der Gottlose bawet sein Haus wie eine Spinne (Asch, quidam tineam, Osiander Erucam intelligit) vnd wie ein Hüter eine Hütten macht. Brentius. Aedificium Impij est veluti Aranei tela, &c. quæ vel leui vento dissipatur. Das ist / Deß Gottlosen Haus ist wie eine Spinneweb / die ein geringer Wind zureist. Warumb trotzen vnd prangen denn die Gottlosen Weltkinder so sehr mit jhren Schlössern / Pallästen vnd schönen Heusern / so sie doch so vnbestendig / gebrechlich / zustörlich sind als die Spinneweb. Wie Hieronymus in der auslegung deß Psalms 89. oder 90. sagt: Anni nostri sicut Aranea) Videte quid dicat: Quomodo Aranea quæ si mittit fila, & hûc illûcq; discurrit & texit tota die, & labor quidem grandis est, sed effectus nullus est: Sic & vita hominum hûc illûcq; discurrit: possessiones quærimus, diuitias appetimus, procreamus filios, laboramus, in regna sustollimur & omnia facimus, & non intelligimus, quia Araneæ telam teximus.

Der Gottlose wird einer Spinne vergliechen. Job. 27.

Brentius.

Hieronymus

Das ist / Was die Menschen fürnemen / thun vnd arbeiten / das ist die Spinnegeweb / Sie arbeitet hefftig den gantzen Tag / leufft hin vnd her / aber ist doch kein nachdruck vnd krafft dahinder: Also gehets auch mit aller Menschen lauffen vnd rennen/ Gut samlen/Reichthumb vbe:kommen/ Kinder zeugen/zum grossen Herren/Fürsten oder König werden/ ꝛc. Dieses alles ist nicht bestendiger denn der Spinnengewebb.

Chrysostomus.

Chrysostomus homil. 32. in Matth. vom verstorbenen Töchterlein/ spricht/ Wenn wir allein dieses Lebens augenblicklichen / vnd deß zukünfftigen bestendigen ewigen zustand bedächten/ würden wir nicht viel darnach fragen/ wenn schon GOtt vnsere Kinder aus dieser Welt in sein Reich abforderte. Quod si tam præsentis vitæ, quam futuræ conditionem intellexeris: & hanc quidem Aranearum telam esse atq; vmbram: illam verò immobilem ac æternam esse firmiter credideris, non indigebis vlla alia ratione, &c.

Das Vierzehende Capitel/ Von den Würmen.

WIr wollen allhie nicht ingemein vom Gewürm vnd wimmelten Thierlein (daruon Leuit. 5, Psal. 148. Hoseæ 2. Michæ 7. Habacuc 1. Act. 10 vnd an andern orten mehr gehädelt wird) reden/ sondern allein wo in der Deutschen Bibel Würme stehet/ dieselbige Sprüche erzehlen.

Der erste Stand. Psal. 22.

Im ersten Stand ist der Spruch CHRJsti aus dem Psalm 22. zu mercken; Vnsere Väter schrien zu dir/ spricht

Christus

Christus in seinem Leiden am Creutz / Vnnd da sie schrien / wurden sie errettet / Jch aber bin ein Wurm (Tholaath, Vermiculus coccineus, ein rohtes Würmlein) vnnd kein Mensch / Ein spot der Leute / vnd verachtung deß Volcks / etc. GOtt vnd die Menschen achten meiner weniger als deß geringsten Würmleins / so verächtlich werde ich gehalten / verspottet vnd zutretten. Nennet sich Christus einen Wurm.

Lutherus helt die auslegung der Patrum vngereimpt / wenn sie bey diesem Würmlein von der wunderbarlichen Geburt Christi wollen reden / so hie allein von dem hohen Leiden / Creutz vnd verachtung Christi gehandelt wird / vnd heist hie Wurm so viel / als der aller verachtest / vnnützest / an dem man ein grewel vnd abschewen tregt. Gleich wie Christus in seinem Leiden vor den Augen der Menschen nichts mehr nütz vnd der aller Verachtest war / auff den man sich nicht mehr verlassen durffte. Da denn Christi grosse Demut zubehalten / vnd derselben nachzufolgen ist. Lutherus.

Prouerbialiter Vermes & putredinem appellare solemus eos, quos vehementer contemptos & abiectos significamus: Vermis enim non modo res est nullius spei aut vsus, sed etiam nausea & abominatio, in putredine & fœtore natus, viuens & morans: Ita CHRISTVS derelictus in passionibus ignominiosis, ceu Vermis in putredine, nullius spei aut vsus amplius erat in oculis hominum, Imò nausea & abominatio propter vehementem putorem & ignominiam crucis, &c.

Wiewol nu diß an jhm war / das die Allegoriæ Patrum vngereimpt / wollen wirs doch hören. Allegoria.

Hieronymus spricht / Er nenne sich zwar einen Wurm von wegen der tieffen ernidrigung / aber nichts desto weniger Hieronymus werde seine wunderbarliche Geburt von einer Jungfrawen one Mã vorgebildet. Gleich wie ein Wurm im Holtz wechst/ kein Vater hat/ sondern allein eine Mutter. Asimilatur natiuitas eius Vermi: quia vermis qui in ligno nascitur non habet patrem nisi matrem: Et CHRISTVS ex Maria natus absq; coitu viri. Duo habitacula fecit DEVS, cœlum & terram. Cœlum habitatio Angelorum, & terra habitatio Vermium. Fecit Deus Vermem ascendere in cœlum & Angelum in terram. Christus per humilitatem super omnes Angelos ascendit, & Diabolus per superbiam proiectus est in terram.

Augustinus Diese auslegung von der wunderlichen Geburt findet man auch bey Augustino, in secunda expositione Psal. 22. Quare Vermis dicitur? Quia mortalis, quia de carne natus, quia sine concubitu natus, &c. Idem lib. 3. cap. 2. de mirab. S. S. In sola carne sine patre vermis nascitur, cui se Dominus hac de causa similem dicere per Prophetam non dedignatur.

Von dem Wurm/ in Psalm 22. da sich Christus einen Wurm nennet. Hugo Card.

CHRISTVS *Vermis dicitur:*

1. *Propter nascendi qualitatem: quia sine coitu & semine de virgine natus est.*
2. *Propter molliciem 2. Reg. 23. Est quasi tenerrimus ligni vermiculus.*
3. *Quia vermis transacta hyeme è terra egreditur: Sic Christus de virgine post hyemem infidelitatis, &c.*
4. *Quia Verme inescantur homines, sic diabolus inescatus fuit in passione Christi.*
5. *Propter vilitatem & conculcationem. Esa. 53. Reputauimus eum quasi, &c.*

6. Quia

6. *Quia vermis trahit se ore, & Christus prædicatione.*
7. *Quia suauiter repit & Christus suauiter venit. Iob. 9. Si venerit ad me.*
8. *Quia occultè mordet, & Christus occultè punit. Oseæ 5. Ego quasi tinea.*

Darnach nennet Gott seine Apostel vnnd Christliche Kirche/ Esa. 41. auch einen Wurm. Fürchte dich nicht du Würmlein Jacob/ jhr armer hauff Jsrael/ Jch helff dir/ spricht der HERR/dein Erlöser/der heilige in Jsrael.

Die Apostel Christi vnd seine Kirche wird auch ein Wurm genant. Esa. 41.

Lutherus verstehet mit Hieronymo die heiligen Apostel/ welche durch die Predigt deß Euangelij die mechtige Feinde/Jüden vnd Heyden/vberwinden würden/ob sie schon wie ein armes verachtes Würmlein gegen den grawsamen Löwen vnd Bären zu achten sind. Vocat Apostolos vermem: Quid enim sunt contra religionem Iudæorum, & contra potentiam Romanorum, abiecti piscatores pauci Apostoli. Et tamen vtrique & Iudæi & Romani ab his vermibus destructi sunt per prædicationem Euangelij.

Lutherus.

Das ist/Er nennet die Apostel einen Wurm. Denn was sein gegen dem Jüdenthumb vnnd mechtiger gewalt der Römer die arme verachte Fischer vnd wenig Apostel zuachten? Noch sind beyde Jüden vnd die Römer von diesen Würmern durch die Predigt deß Euangelij vberwunden werden.

Hieronymus deutet die art der Würmer an/ das sie durchdringen vnd nagen/ also die Apostel auch mit jhrer Predigt. Vermis propter humilitatem & contemptum vocatur Apostolorum chorus. Sicut enim vermis terram penetrat: Ita sermo Apostolicus penetrauit gentium ciuitates & ingressus est prius corda durissima. Das ist/ Die Apostel werden aus verachtung Würmer genant. Denn gleich wie ein Wurm die Erde durchgrebet: Also ist auch die Predigt der Apostel durch vieler Völcker Städte vnnd harte Hertzen durchdrungen.

Hieronymus vergleicht der Würmer art mit der Predigt der Apostel.

Brentius. Hieron. applicirts auff die gantze Christliche Kirche/ Ob sie schon als ein verachtes Würmlein von den Weltkindern zutretten mus werden/ sols doch endlich erhalten werden/ vnd siegen. Vocat Ecclesiam Vermem seu Vermiculum. Nec mirum quando Filius ipse DEI Caput & Servator Ecclesiæ, vocetur Vermis Psal. 22. Quid autem contemptius quid abiectus est vermiculis è terra prorepentibus? Conculcantur pedibus, traduntur pueris vexandi: Sic & Ecclesia exponitur omnium hominum conculcationi & vexationi. Hostes autem Ecclesiæ non sunt Vermes sed Leones: Magni, potentes, sapientes, principes & reges, Sacerdotes & Pontifices.

Das ist/ Er nennet die Christliche Kirche einen Wurm: Vnd es ist kein wunder/ das der Son Gottes/ das Heupt vnd Heyland der Kirchen/ im 22. Psalm ein Wurm genent wird. Was ist aber mehr veracht vnd verlacht als die arme Würmlein/ die aus der Erden kriechen? Sie werden mit füssen getretten/ vnd den Kindern damit zu kurtzweilen gegeben. Also wird auch die Christliche Kirch aller Welt zu hohn vnd spott gegeben. Die Feinde aber der Kirchen seind nicht Würmer/ sondern Löwen/ ansehnliche/ mechtige/ verstendige Leut/ Fürsten/ König/ Hohepriester vnd Bäpste/ etc.

Derwegen sol man sich nicht ergern an der grossen menge/ gewalt/ pracht der Gottlosen Weltkinder/ Auch nicht verzagen noch kleinmütig sein/ von wegen der verachtung/ hohn vnd spott der Wargleubigen Christlichen Kirchen/ Gott wil sie erlösen.

Gott zeigt auch seinen gerechten zorn vber die Sünde durch die Würme.

Weiter zeigt Gott durch die Würme seinen Zorn/ straff vnd Gerechtigkeit an/ vber vnd wider die Abgöttische/ Geitzige/ Stoltze/ Tyrannische Leute. Welche Sprüch vnd Exempel denn nicht allein in diesem ersten/ sondern auch in dem

andern

andern / von der Weltlichen Oberkeit / vnnd in den dritten/ vom Fluch der Nahrung/gehören/wie jetzund folget.

Baruch am 6. wird die Nichtigkeit der Babylonischen Götzen vnd Abgötterey angedeutet: Die Würme so auff der Erden kriechen/fressen der Götzen Hertz vnd jhre Kleider/vnd sie fühlens doch nicht / ꝛc. Was solten aber das für Götter vnd Helffer sein in den Nöthen/die sich für den elenden Würmen nicht vertheidigen vnd beschützen können. Welches auch auff die Papistische Götzenbilder / denen grosse / ja auch von etlichen Göttliche ehr vnd anruffung bewiesen wird / kan verstanden werden. Baruch 6.

Von der Abgötterey der Egypter sagt der weise Mann Sapientiæ 11. Für die tollen Gedancken jhres vngerechten Wandels / durch welche sie betrogen / vnuernünfftige Würme anbeteten / sandtestu HERR / vnter sie / die menge der vnuernünfftigen Thiere / zur Rach / auff das sie erkenneten / womit einer sündiget / damit wird er auch geplaget. Sapien. 11

Vnd Sapientiæ am 16. Capitel. Darumb wurden sie mit derselbigen gleichen billich geplaget/vnd wurden durch die menge der bösen Würme gemartert. Sapien 16

Was aber das Jüdische Volck betrifft / lesen wir eine sonderliche Geschicht Exodi am sechtzehenden Capitel von den Würmen in dem Himmelbrod / darmit GOTT der Jüden Vngehorsam vnnd Geitz straffet. GOTT gab den Jüden inn der Wüsten / Man oder Himmelbrod zu essen/ vnd befahl durch Mosen / das daruon niemand etwas vberlies biß morgen / weil Gott morgen widerumb Himmelbrod regnen lies vnd teglich gabe/Aber etliche waren vngehorsam/ liessen vberbleiben / entweder aus Versuchung vnd Furwitz/ Von den Würmen im Himmelbrod. Exod. 16.

oder

oder aber aus mißtrawen / sie möchten etwan morgen keines finden: Sihe so strafft sie Gott/ das Würme drinnen wuchsen/ vnd stinckend wurden. Dardurch vnd mit wil der gutthätige barmhertzige Gott nicht allein die Vorwitz vnd Versuchung / sondern auch vnd fürnemlich die geitzige Sorge auff Morgen vnd künfftige Tage/ Wochen/ Monden vnd Jahre gestrafft haben.

Brentius. Brentius, Primum admoneamur, vt abijciamus impiam sollicitudinem de crastino, &c. Deinde quod Manna computruit, docet nos, quod omnia ea quæ colligimus, reponimus & conseruamus, contra VERBVM & PRÆCEPTVM Domini, sint coram Deo putrida & maledicta, nec vnquam nobis in salutem cessura. Si quis colligit per imposturas, hæ opes maledictæ sunt, & scatent coram Deo vermibus. Si quis ex Auaritia non iuuat egenum ex opibus suis, cum & sine damno suis posit iuuare, huius opes computrescunt coram DEO, & ita maledicuntur, vt in omnia infœlicitatis genera auarum conijciant.

Das ist / Alle Güter/ die wider Gottes Wort vnd Befehl gesamlet vnd behalten werden (wie bey vnnd von den Geitzigen geschicht) die sind vor GOtt verflucht/ stinckend/ vnd voller Würme.

Deut 28. Vnd Deut. am 28. ist auch ein sonderlicher Fluch Gottes von den Würmen: Wenn du Gottes Stimme vngehorsam bist/ so wirstu wol Weinberg bawen vnd pflantzen/ aber keinen Wein trincken noch lesen / denn die Würme werdens verzehren.

Jon. 4. Sticht ein Wurm den Körbs/ das er verdorret.

Wir mögen an diesem ort auch von dem Wurm Jonæ Cap. 4. hören. Dieweil sich Gott vber die bußfertige Niniuiter erbarmet / jhr verschonet / verdroß es Jonam gar sehr/

gieng

gieng zur Stadt hinaus / vnd satzt sich gegen Morgenwerts der Stadt / macht jhm daselbst eine Hütten / das er vnderm Schatten saß / vnd sehe / was der Stadt widerfahren würde. Vnd Gott der HERR schafft einen Kürbis / das er schatten gab vber sein Heupt / etc. Vnd Jona frewet sich sehr vber dem Kürbssen / Aber der HERR verschafft (Thalaath) einen Wurm deß Morgens / da die Morgenröte anbrach / der stach den Kürbiß / das er verdorrete / Das verdroß Jona vbel / vnd sagt / er zürne billich biß an den Todt / Aber der HERR antwortet / Dich jammert deß Kürbsen / daran du nicht gearbeitet hast / auch nicht aufferzogen / welcher in einer Nacht ward / vnd in einer Nacht verdarb / Vnd mich solt nicht jammern Niniue solcher grossen Stadt / etc.

GOTT gibt erstlich zu verstehen seine grosse Güte vnd Barmhertzigkeit / nicht allein in dem er dem Jona eine Hütte vnd schatten verschafft / sondern auch anmeldet / das er kein gefallen hab am vntergang der Niniuiten. Lehr aus dieser Geschicht. 1.

Darnach zeigt Gott auch an / wie er bald einen Wurm vnd ander Vngezieffer schaffen / vnsere Hütten / Haab vnd Güter verderben kan / Als den geitzigen Jüden in der Wüsten mit dem Himmelbrod begegnet ist. Also gehet es auch noch den Geitzhälsen vnd Kornwürmern / welche Korn auff vorkauff auffschütten / sich deß Vnglücks vnnd Thewrung frewen / wider die Liebe deß Nechsten handeln / etc. das GOtt Würme verschafft / die das Korn zufressen / oder das Korn lebendig wird / vnd weg fleugt. Ein gleiches Exempel ist droben Exodi am 16. zulesen. 2.

Hieronymus deutet diß auff Christum / der das Jüdenthumb gestochen vnd verderbet habe. Andere / spricht Hieronymus, applicirens auch auff die Römer / so die Jüden verstöret haben. Antequam oriretur sol iustitiæ, virens erat Hieronymus.

vmbraculum & non arebat Israël, postquam ille surrexit, & tenebræ Niniuiticæ eius discussæ sunt, paratus vermis in crastinum ascensione diluculi (de quo 22. Psal. inscribitur, pro assumptione matutina, & qui absq; vllo semine de terra oritur, & dicit, Ego sum Vermis & non homo) percussit vmbraculum, quod desertum auxilio Dei omnem virorem perdidit, &c. Sunt qui vermem & vrentem ventum Romanos intelligant duces, qui post resurrectionem CHRISTI Israel penitus deleuerunt. Wir wollen diese Allegoriam aus Luthero hören.

Lutheri Allegoria auff das Jüdenthumb/welches der Wurm Christus durchstochen/vnd zu nicht gemacht hat.

Die Geschicht von der wilden Ruben vnd Würme reimet sich nicht allein auff Jonas zorn vnd gedancken/sondern auch auff das Jüdenthumb/welchs ist ein rechte wilde Ruben gewest. Erstlich grosse Bletter hat sie/das ist das beste daran/dauon Jona seinen schatten hatte/vnd eine Hütten darunter wider der Sonnen hitze: Aber nichts wird da gemeldet/vnd ist auch nichts da von Früchten. Die Bletter sind die Wort vnd Gottes Gesetz/rc. Vnter diesen Blettern sitzt Jona/das ist/die Propheten vnd heilige Väter sind vnter dem Jüdenthumb gesessen/als vnter einer zeitlichen Hütten/vnd eusserlichen Gottesdienst biß auff Christum/rc. Aber Früchte trugs es nicht/Denn das Gesetz ohn Geist kund von sich selbs niemand helffen/wiewol viel solcher Heiligen Leute im Geist drunder waren/rc. In dem sie nu sich auffs sicherst darauff verlassen/das sie allein Gottes Volck seyen/vnnd gleich der Jona am frölichsten ist vber solcher wilden Ruben/verschafft Gott ein Würmlein/das die wilde Ruben sticht/das ist/CHRISTVS kam eben mit seinem Euangelio/da die Jüden am aller meisten stoltz waren/das sie Gottes Volck allein weren/vnd stach die wilden Ruben/das ist/prediget darwider/vnd hub das Gesetz auff durch seinen heiligen Geist/

vnd macht vns alle frey vom Gesetz vnd seiner krafft/ daher ist verdorret vnd zu nicht worden das Jüdenthumb/ biß auff diesen Tag/ in aller Welt / vnd grünet noch blühet nicht mehr/ sitzt auch kein heiliger noch Prophet mehr vnter seinem schatten/ es ist aus mit jhnen. Denn Christus ist ein Wurm Psal. 22. vnd darumb / das er so jemmerlich gecreutziget vnd verachtet ist: Aber doch sticht der arme gecreutzigte Wurm einen solchen feinen Strauch/ das er verdorret / vnd macht mit dem geringen stich/ das ist/ mit dem verachten Euangelio ein solch fein Reich vnd Volck zunichte.

An diesem ort seind auch die Sprüch von den Würmen zubetrachten/ welche ingemein aller Menschen sterbligkeit vnd vergengligkeit anzeigen vnd fürbilden. Als Job 4. Sihe vnter seinen (Gottes) Knechten ist keiner ohn tadel/ rc. Wie viel mehr die in den Leimen Heusern wohnen/ vnd welche auff Erden gegründet sind / werden von den Würmen (da doch das wörtlein Asch stehet) gefressen. Job 7. Mein Fleisch ist vmb vnd vmb Würmicht (Rimmah) vnd kotticht/ sagt Job. Cap. 17. Die Verwäsung heiß ich meinen Vater/ vnd die Würme meine Mutter vnd Schwester. Warumb stoltzieret vnd rhümet man sich denn der Adelichen hohen Geburt vnd Geschlechts/ da hastu den Fürsten Job/ der nicht allein seine Geburt/ sondern auch aller Königen/ Fürsten vnd Herren Adeliches Geschlecht vorbildet / sagt Brentius: Multi gloriantur de generis nobilitate, & longa prosapiæ suæ stemmata numerant, sed hoc loco pulchrè Iob generis humani nobilitatem adumbrat: Parentes nostri sunt puluis putredo & corruptio. Soror nostra est vermis, quid igitur gloriamur?

Aller Menschen sterbligkeit durch die Würm angezeigt.
Job 4.
Job 7.
Job 17

Vnnd am 21. Capittel wil Job beweisen vnnd lehren/ Man könne bey dem eusserlichen Glück vnd Vnglück von

Job 21

von der Gnaden vnd Seligkeit Gottes nicht schliessen vnd vrtheilen / Denn dieser (der Gottlose) stirbt frisch vnd gesund in allem Reichthumb vnd voller gnüge/ ꝛc. Jener aber (der Fromme) stirbt mit betrübter Seelen/ vnd hat nie mit freuden gessen: Vnnd ligen gleich mit einander in der Erden / vnd
Job. 24. Würme decken sie zu. Cap. 24. spricht Job von der Reichen vnd Gewaltigen wollust vnd Herrligkeit/ das sie (Rimmah) Würmicht sey.

Osiander. Osiander. Pro voluptatibus corporis, quas multiplices in hac vita habuit Impios, hoc erit illi reliquum vt mortuus corrodatur à Vermibus. Das ist/ Die zarte Wollüstler müssen doch endlich auch von den Würmen gefressen werden/ das wird jhnen zu theil werden/ wenn sie lang in allen Wollüsten gelebt.

Zu ende deß 25. Capitels bekent auch Bildad, das deß Menschen Kind ein Würm sey / vnd könne sich nichts gegen
Syrach 10 vnd für Gott erheben. Syrach am 10. stimmet auch mit vberein / das der Mensch endlich in seinem sterben von den Würmen gefressen werde.

Die Gottlosen Würm genant. Esa. 51. Wir sollen aber in specie allhie von den Gottlosen auch hören/ welche in der Schrifft Würme genennet werden. Esa. 51. tröstet der Son Gottes seine verfolgte Christen/ sie sollen in jhrem Creutz vnd Trübsaln nicht verzagen / denn er wölle die Feinde wol finden/ vnd straffen: Höret mir zu/ die jhr die Gerechtigkeit kennet/ du Volck/ in welches Hertzen mein Gesetz ist/ Fürchtet euch nicht/ wenn euch die Leut schmehen/ vnd entsetzt euch nicht / wenn sie euch verzagt machen: Denn die Motten werden sie fressen wie ein Kleid / vnd die Würme sie fressen wie wüllen Tuch / Aber meine Gerechtigkeit bleibet ewiglich/ vnd mein Heyl für vnd für.

Esa. 66. Sonderlich ist Esaiæ Spruch Cap. 66. zu behalten/

der im

der im Alten vnnd Newen Testamen etlich mal widerholet wird: Der Gottlosen verdampten Wurm wird nicht sterben/ vnd jhr Fewer wird nicht auslesschen/vnd werden allem fleisch ein Grewel sein. Dieser Wurm ist das böse nagende Gewissen/vnd der Sünden krafft/das sie jmmerdar die ewige Verdamnis fürchten vnd fühlen müssen. Wie Lutherus sagt: Conscientiæ morsus & peccati virtus, quod scilicet peccatum sentient, & in æternum metuent perpetuam damnationem. Welchs auch Hieronymus meldet. Vermis & ignis à plerisq; accipitur conscientia peccatorum, quæ torqueat in supplicijs constitutos. Lutherus. Hieronymus

Augustinus lib. de Spiritu & Anima cap. 56. Miseris seu damnatis est mors sine morte, finis sine fine, defectus sine defectu, &c. de his per Esaiam scriptum est, Vermis eorum non morietur, &c. Vermis conscientiam corrodet, ignis carnem comburet, &c. Er disputirt auch daruon lib. 21. cap. 9 de Ciuitate Dei. Augustinus

Gemelten Spruch Esaiæ repetirt die Gottselige Judith vnd beschleust jhr Dancklied damit Cap. 16. Der HERR wird der Gottlosen Heyden Leib plagen mit Fewer vnd Würmen/vnd werden brennen vnd heulen in Ewigkeit. Das Fewer bedeut deß Leibes ewige qual / die Würme aber der Seelen marter vnd pein/ schreibt Osiander. Judith. 6. Osiander.

Syrach Cap. 7. wird er auch gelesen: Verlaß dich nicht drauff/das der Hauff gros ist/mit denen du Vbel thust/ sondern gedenck/daß dir die straff nicht fern ist/Darumb demütige dich von Hertzen/ denn Fewer vnd Würme ist Rach vber die Gottlosen. Syrach. 7.

Fürnemlich ist zu behertzigen/das Christus Marci am 9. dieses dreymal erwehnet / da er von denen handelt / so die ergerliche Gliedmassen nicht abschneiden vnd ausreissen / son- Marci 9.

dern dardurch vnd mit in die Helle fahren / da jr Wurm nicht stirbt / vnd jhr Fewer nicht verleschet.

Chrysosto. Chrysostomus verstehet das böse Gewissen / das die Seel jmmer naget vmb der begangenen Sünde willen. Non de sensibili Verme hoc dicit, sed vermem conscientiam vocat mordentem animam, quod non sit operata bonum.

Theophyl. Der meinung ist auch Theophylactus. Vermis & ignis, quæ puniunt peccatum, vniuscuiusq; sunt Conscientia, & memoria eorum quæ in hac vita fœdè sunt acta, quia quasi vermis absumit & quasi ignis ardet. Das ist / Das Fewer vnd der Wurm sind eines jedern Menschen Gewissen vnd Gedechtnis der begangenen Sünde / welchs wie ein Wurm verzehrt / vnd wie ein Fewer brennet.

Der ander Stand. Gott straffe hohe Personen mit diesem kleinen Thierlein. ZUm andern Stand seind etliche Exempel der Straffen Gottes an hohen Personen vnd Königen zu mercken. Ein Exempel erzehlet der Prophet Esaias am 14. vom Babylonischen König vnd seinem vntergang. Dein Pracht ist herunder in die Helle gefahren / sampt dem klang deiner Harffen / Motten werden dein Bette sein / vnd

Esaiæ 14. Balthasar der Babylonische König. Würme werden deine Decken sein. Welches Hieronymus von den Hellischen Plagen / daruon vor gesagt / Andere aber von der schendlichen Begrebnis deß Babylonischen Königs Balthasar verstehen / der nit mit grossem Königlichen Pracht zur Erden sol bestettiget werden.

Actor. 12. Herodes / der Gottes ehr annam. Das ander Exempel ist vom Herode Agrippa, Act. 12. der auff einen bestimten hohen Tag das Königliche Kleid anlegte / saszt sich auff den Richtstuel / vnd thet eine Rede zum Volck / das Volck aber rieff zu / Das ist Gottes Stimm / vnd nicht eines Menschen. Alsz bald schlug jn der Engel deß HErren / darumb / das er die Ehre nicht Gott gabe / vnd ward gefressen von den Würmen / vnd gab den Geist auff / etc.

Hie wird augenscheinlich gestrafft der Stoltz vnd Hochmut/ da man Göttliche Gaben mißbraucht/ die Schmeichelrede gern höret vnd annimpt/ sich als einen Gott loben vnd rhümen lest. So ist Herodes auch ein grosser Tyrann gewesen/ hat Jacobum getödtet/ darumb so kriegt er seinen verdienten billichen lohn.

Chrysostomus homil. 27. sagt zwar/ das er nicht vmb seiner Tyranney willen/ sondern von wegen seines Stoltzs/ hochmütigen Reden/ vnd das er den Fuchsschwentzern vnd Schmeichlern zugehorcht/ oder wie Lucas sagt/ das er Gott die Ehre nicht gabe/ gestrafft sey worden: Das aber die Schmeichler/ welche ebenmessiges vrtheil vnd straff verdient hatten/ dißmals leer ausgehen/ ist jhnen nur gesparet auff jenen Gerichtstag/ vnd nicht geschenckt. Statim vltio inuasit illum, quamuis non propter Petrum (incarceratum) sed propter ipsius magniloquentiam. Dicet quis: si illi clamauerunt quid ad hunc? Quia accepit vocem, quia se dignum putauit esse adulatione: Per hunc maximè erudiuntur qui adulantur. Vide igitur, vtrosq; meruisse pœnam, hunc autem puniri, non est enim nunc tempus iudicij: Verum illum qui maximè reus erat, punit, dimissis illis, vt sic lucrum accipiant. Chrysost.

DEn dritten Stand der Ehe belangend/ warnet Syrach am 19. gar trewlich für der Vnzucht mit diesem Vngezieffer. Wein vnd Weiber bethören die Weisen/ vnd die sich an Huren hengen/ werden wild/ vnd kriegen Motten vnd Würme zu lohn/ vnd verdorren den andern zum mercklichen Exempel. Derwegen Hurerey vnd Vnzucht zu meiden ist/ etc.

Der dritte Stand. Syrach 19. Warnet für der vnzucht/ die von Gott mit Würmen gestraffet wird.

Das Funffzehende Capittel / Von den Motten.

Der ander Stand. Oseæ 6. Vergleicht den angehenden zorn Gottes einer Motten

DJs klein Würmlein vnnd Vngezieffer wird auch allein erinnerungs vnd straffsweise in der schrifft eingeführet. Denn was den ersten Stand betrifft / bildet sich GOTT selbs für durch die Motten / Hoseæ 6. vers. 3. (nach Lutheri distinction) Jch bin dem (Königreich) Ephraim wie eine Motten.

Gleich wie nu die Motten allgemählich das Tuch vnd Gewand zurhzisset vnd verzehret: Also wil ich nicht auff einmal / sondern nach vnd nach das Königreich Jsrael / oder zehen Geschlechter / verzehren vnd verstören / Wie man dieses am Jsraelitischen / Römischen vnd andern Königreichen / ja auch an den Priuat personen teglich sihet / Darumb sol man den geringen angehenden Zorn vnd Plagen Gottes nicht in wind schlagen / vnnd verachten / wie die vnbußfertigen Menschen thun.

Lutherus.

Lutherus. Tinea nihil mollius, non enim tactum sustinere potest, & tamen paulatim erodit pannum, vt ad vestiendum prorsus sit inutilis: Sic Ira Domini superbissimé contemnitur ab impijs, tanquam si sit vana & sine viribus, sicut tinea. Sed tamen quidquid occupauerit, hoc paulatim perit, nec potest vlla ratione restitui in integrum. Quare pertinent hæ conciones ad nos docendos, ne simus securi, sed vt timeamus Dominum, & ambulemus in vijs eius.

Das

Das ist/ Gleich wie nichts zärter vnd reiner ist denn die Motten / welche mit dem anrühren leichtlich zutruckt wird/ vnd doch ein gantz Tuch verwüstet / das man kein Kleid daraus machen kan: Also wird auch der angehende Zorn Gottes von den mutwilligen Sündern verlacht / der doch endlich alles hinreist vnd verderbet / Darumb sollen wir nicht sicher sein/ sondern in der Furcht Gottes leben.

Hieronymus legts auch aus/ das Gott seine straff nach vnd nach ergehen lasse/ biß ers gar hinrichte/ wenn sie den zorn Gottes lang geheuffet / vnd nicht Buß gethan haben / gleich wie eine Motte ein Kleid verzehret / dazu sie viel zeit braucht. Quomodo Tinea vestimenta consumit, quod longo fit tempore: Ita Deus decem tribubus Israel longo tempore dans locum pœnitentiæ, & eos prouocans ad salutem, thesaurisantes sibi iram in die Iræ, quasi Tinea efficitur: non quod DEVS tinea sit, sed quod sustinentibus pœnas talis videatur. Hieronymo

Darnach wird auch der Heydnischen Götzen/ der Vnbußfertigen/ ja aller Menschen Eitelkeit vnd Nichtigkeit darbey vorgebildet. Baruch am 6. gedenckt der Babylonischen Götzen Eitelkeit: Sie/die Götzen/können sich nicht verwaren für dem Rost vnd Motten. Vnd zu end: Man kans daran mercken/das sie nicht Götter sind/denn der Scharlacken/ den sie vmbhaben/ wird von den Motten zufressen / vnnd sie selbs endlich auch darzu/ das ir jederman spottet/ wol de menschen der gerecht ist / vnd keine Götzen hat / der wird nicht zu spot. Job zeigt auch seine Nichtigkeit vnd Eitelkeit damit an/ Cap. 13. Ich vergehe wie ein faul Aaß / vnd wie ein Kleid/ das die Motten fressen. Vnd von allen Menschen sagt David Psal. 39. Wenn du einen züchtigest vmb der Sünden

Bey der Motten wird auch der Götzen vnd aller Menschen Nichtigkeit angezeigt. Baruch 6.

Job. 13.

Psal. 39.

 willen/

willen/so wird seine Schöne verzehret wie von Motten/ Ach wie gar nichts sind doch alle Menschen.

Mit Motten straffe Gott die Feinde Christi vnd der Gleubigen

Esa. 50.

Viel hefftiger handelt Esaias von den Feinden vnd Verfolgern der Frommen/ Cap. 50. Sihe der HERR HERR hilfft mir (spricht CHRistus) Wer wil mich verdammen? Sihe/ sie (die Feinde) werden allzumal wie ein Kleid veralten/ Motten werden sie fressen/ das ist/ die Feinde Christi vnd seines heiligen Euangelij sollen nicht allein zeitlich am Leib sterben / sondern auch ein ewignagenden Wurm deß bösen Gewissens haben: Doch gehen die Straffen nicht bald an/ sondern kommen gemählich / wie nach vnd nach ein Kleid von den Motten zerbissen wird.

Esa. 51.

Esaiæ 51. Die Motten werden die Schmeher vnd Verfolger der Gleubigen fressen wie ein Kleid. Zum Exempel setzt Esaias am 14. Cap. den König zu Babel/ wie droben bey den Würmen angezeigt ist worden / vnd gehört diß Exempel auch in den andern Stand.

Esa 14.

Matth 6.

Warnet Christus die Geizigen das sie sollen Schätz im Himmel samlen.

Christus stellet aber eine sonderliche warnung Matth. 6. Lucæ 12. an die Geitzigen vnd Gutgirigen Leut/ Ihr sollet euch nicht Schätz samlen auff Erden / da sie die Motten vnd Rost fressen / Samlet euch aber Schätze im Himmel / da sie weder Motten noch Rost fressen/ vnd gehöret in den ersten vnd dritten Stand.

Lutherus

Lutherus. Da Christus seine Jünger vnd andere vnterrichtet / vermahnet er sonderlich sich für den Geitz zu hüten/ vnd fehet mit vielen worten an zu predigen / wider den grossen Abgott Mammon/ vnd mahlet jn auffs aller schendlichst ab/ das man sich ja dafür hüten sol. Er gibt aber den Schätzen auff Erden drey Fundgrübner/ nemlich/ Rost/ Motten/ vnd Diebe/ das sind ja schendliche Hüter / wenn man sie vber Schätze setzet.

Es heissen aber nicht allein Motten vnnd Rost / so die Kleider / oder Eysen vnd Ertz fressen / auch nicht allein die Dieb / so heimlich die Kasten reumen / sondern auch die grossen lebendigen Motten / vnd öffentliche Diebe / Als die grossen Eysenfresser vnd Scharrhansen zu Hofe / die einem Fürsten können Boden vnd Beutel leren / vnd zu letzt vmb alles bringen / was er hat. Also auch in allen Stedten vnd Dörffern findet man alles voll Ratten vnd Matten / beyde grosser vnd kleiner / Als die mit Wuchern vnd Schinden auff dem Marckt / vnd wo sie können / die Güter aussaugen / Item Schuster / Schneider / Fleischer / Becker / Bierbrawer vnnd Schencken / vnd andere Handwerck / Erbeiter vnd Taglöhner / vngetrewe Knecht vnd Megde / etc. Nu sihe was der Mammon für ein feiner Gott ist / der keine bessere Hüter vnd Hoffgesind vmb sich hat / denn eitel Rost vnd Motten / das / wenn man lang grosse Schätze gesamlet hat / so mus es doch so weggefressen werden von solchem Gesinde / das sein niemand fro wird / noch geneust der es geniessen solt / etc. Wie aber nicht alles Schätz samlen verboten sey / sondern das man allein das Hertz nicht daran hengen / vnd drauff trotzen / wider den Nechsten nicht brauchen sol / Das magstu bey Luthero weiter lesen.

Was die Motten vnd Rost sein.

Schätz samlen ist nicht verboten / allein das Hertz sol man nicht dran hengen.

Chrysostomus homil. 15. in altero Com. in Matthe. Omnia bona mundi triplex interitus tollit. Aut enim à semetipsis veterascunt & tineant, sicut vestimenta: aut ipsis Dominis luxuriosè viuentibus comeduntur sicut cæteræ facultates: aut ab extraneis, vel dolo, vel vi, vel calumnijs, vel quolibet alio iniquo modo diripiuntur: Quia omnes fures dicuntur, qui per iniquitatem festinant aliena facere sua, &c.

Chrysosto.

Das

Das ist/ Alle Güter dieser Welt kommen auff dreyerley weis vmb: Entweder veralten/sie verschleissen / wie die Kleider: Oder werden von jhren Herren vorschwendet / wie andere Güter vnd Gaben: Oder werden von frembden durch List/ oder Gewalt/oder Verleumbdung/oder andere vnziemliche weis entzogen. Denn es sein Dieb alle die jenigen / die anderer Leut Güter mit vnrecht jhnen zu eigen machen sich befleissigen.

Ambrosius. Dieses applicirt Ambrosius in Explanat. proœmij Lucæ auff die Ketzer/welche Gottes Wort/das kleid Christi/zunagen. Euangelium bonum pignus est, sed vide ne vel in animo tuo illud aut Tinea aut ærugo consumat: Consumit Tinea, si quod bene legeris male credas. Tinea hæreticus est, Tinea Fotinus est, Tinea tua Arrius est. Scindit vestimentum qui seperat â DEO verbum, &c. Tinea est Christum cognoscere sine diuinitatis fide, aut corporis Sacramento, &c.

Das ist/ Das Euangelium ist ein gut Pfand/allein sihe zu / das es in deinem Hertzen nicht eine Motte fresse/ oder Rost verzehre. Alß denn aber frist dir es eine Motte/wenn du nicht gleubest/ was du gelesen hast. Eine solche Motte ist ein Ketzer / als Fotinus vnd Arrius, der die GOTTheit deß HERRN Christi leugnete. Eine solche Motte ist auch/ die Christum wil lehren erkennen ohne Gottheit vnd Sacrament deß Leibes / rc.

Jacob 5. Aus Christi Spruch nimpt auch Jacobus am 5. Capitel seine erinnerung an die Reichen: Wolan nu jhr Reichen weinet vnd heulet vber ewer Elend / das vber euch kommen wird. Ewer Reichthumb ist verfaulet / Ewere Kleider sind Motten fräßig worden / rc. Aber niemand achtet dieser trewhertzigen erinnerung Christi vnd Jacobi.

Im

IM Ehestand warnet auch Syrach trewlich für Hurerey vnnd Vnzucht mit diesem Vnziefer/ Cap. 19. Wein vnd Weiber bethören die Weisen/ vnd die sich an Huren hengen/ werden wild/ vnnd kriegen Motten vnd Würme zu lohn/ vnd verdorren den andern zum mercklichen Exempel. Daruon droben. Cap. 42. Sihe dich nicht vmb nach schönen Menschen/ vnd sey nicht so gern vmb die Weiber: Denn gleich wie aus den Kleidern Motten kommen/ also kömpt von Weibern viel böses. Es ist sicherer bey einem bösen Mann zu sein/ denn bey einem freundlichen Weibe/ die jhn zu hohn vnd spott macht/ etc.

Der dritte Stand. Syrach 19 vnd 42. Warnet bey diesem thierle in sich für Hurerey zu hüten.

Das Sechzehende Capitel/ Von Maden.

OB schon dis Vngezieffer zweyerley namen hat in Hebraischer Sprach/ wollen wir doch bey der Deutschen Bibel bleiben. Vnnd zeigt Gott Hoseæ am 6. seinen Zorn vnd Straffen darmit an. Ich bin dem Haus Juda eine Made (Rakaf, welches ein Holtzwürmlein heist/ so das Holtz zernaget/ vnd die feulung verursachet/ dahers auch für die Feulung selbst genommen wird. Job 13. Habac. 3. Prouerb. 12. vnd 14. welchs wir einstellen.

Bey diesem Thier zeigt Gott sein Zorn an. Oseæ 6.

Lutherus schreibt vber Hoseam: Rakaf est minutissimus vermiculus, Latini, teredinem appellant, sed tamen grandia ligna & densissima robora erodit, vt putrescant

Lutherus.

& concidant: Talis etiam est ira Domini. Das ist/ Wiewols ein kleines Würmlein ist/ so zernagets doch grosse Bewm vnd Eichen/ Also scheinet der Zorn Gottes gering bey den Gottlosen/aber nichts desto weniger so dringet er durch bey allen Menschen/ ꝛc.

Job 25. Die Menschen sein Maden gegen Gott.

Job am 25. Capit. Bildad von Suah spricht/Das der Mensch gegen Gott eine Made sey/vnd könne sich mit seinen guten Wercken nicht erheben/ vnd rhümen/ welchs doch die Papisten thun/ ꝛc.

2. Mac 9. Wachsen dem Antiocho M. Maden im Leib.

Ein schrecklich Exempel stehet 2. Maccab. 9. (welches auch in der Regenten Stand gehöret) vom Gottlosen König Antiocho Magno, GOtt strafft jhn vmb seiner verfolgung vnd Lesterung willen mit einer heimlichen Plage/die niemand heilen kund/ Es kam jhn ein solchs reissen im Leib an/ vnd so ein grosses grimmen in den Därmen/das man jhm nicht helffen kund/ ꝛc. Es wuchsen auch Maden aus dem verfluchten Leib/ vnnd verfaulet mit grossem schmertzen/ das gantze stück von seinem Leib fielen/ vnd stanck so vbel/ das niemand für dem gestanck bleiben kund. Vnd der sich vor düncken ließ/ er rhürete den Himmel an/den kundte niemand tragen/ vmb deß vnleidentlichen Gestancks willen/ ꝛc.

Das 17.

Das Siebenzehende Capittel / Von den Leusen.

NAchdem Exodi am 8. wird diß Vngezieffer fünff mal gelesen / vnd ist die dritte Plage der Egyptier gewesen. Der HERR sprach zu Mose / Sage Aaroni / Recke deinen Stab aus / vnd schlage jhn in den Staub auff Erden / das Leuse werden in gantz Egyptenland. Sie theten also / vnd Aaron recket seine Hand aus mit seinem Stab / vnd schlug in den Stab auff Erden / vnd es wurden Leuse an den Menschen vnd am Viehe / aller Staub deß Landes ward Leuse in gantz Egyptenland. Die Zauberer theten auch also mit jhrem beschweren / das sie Leuse heraus brechten / aber sie kundten nicht. Vnd die Leuse waren beyde an Menschen vnd an Viehe. Da sprachen die Zauberer zu Pharao / Das ist Gottes Finger. Aber das Hertz Pharao ward verstockt / vnd höret sie nicht. Exod. 8. Strafft Gott die Egyptier mit Leusen. Die Zauberer kunden es nicht thun / sondern musten bekennen / es were Gottes Finger.

Was nun dieses für Leus gewesen / ist vns vnbekand / haben den Namen vom Grund vnd Feste der Erden / oder deß Staubes daraus sie worden sind.

Origenes homil. 4. in Exod. sagt: Das es gar ein kleines Thierlein vnd Mücklein / vnd ehe im stechen vnd beissen gefühlet / denn mit augen gesehen werde: Vnd vergleichts der Dialecticæ vnd Sophisterey / so sich wider GOttes Wort leget. Hoc animal pennis quidem suspenditur per aëra volitans, sed ita subtile est & minutum, vt oculi visum, nisi acutè cernentis effugiat: Corpus tamen Origenes. vergleicht dies Leuse der Sophisterey.

cum

cum insederit, acerbissimo terebrat stimulo: Ita vt quem volitantem quis videre non valeat, sentiat stimulantem. Hoc ergò animalis genus dignissimè puto arti dialecticæ comparari, quæ minutis & subtilibus verborum stimulis animas terebrat, & tanta calliditate circumuenit, vt deceptus nec videat nec intelligat, vnde decipiatur.

Das ist / Diß Thier hat zwar Flügel / das es in der Lufft fliegen kan / ist aber so klein / das / wer nicht ein gut Gesicht hat / es nicht sehen kan: Wenn es aber eim auff die Hand kömpt / beist es sehr hart / das / wer es nicht hat können sehen fliegen / fühlet beissen. Darumb halt ich dafür / das diß Thier billich der Dialectic vnd Sophisterey verglichen werde / welche mit spitzfindigen worten einen sticht vnd listiglich fenget / das / der betrogen ist worden / nicht mercke woher es kömpt / oder wie er sey betrogen worden.

Augustinus. Eben fast diese wort hastu sermone 87. de tempore bey dem Augustino, da diese Leuse der Philosophiæ, oder calliditati hæreticorum, der falschen Lehrer Listigkeit verglichen werden.

Lehr aus dieser Geschicht. Erstlich aber ist zu bedencken / wie Gott diß Vngezieffer schickt den Vngehorsam Pharaonis vnnd der Egyptier zu

1. straffen / darbey denn sein Allmacht / Weisheit / Zorn vnd Gerechtigkeit gespüret wird / Wie auch derwegen die Zauberer selbs / da sie in diesem geringsten stück zu schanden wurden / bekennen musten / es were ein Göttlichs Wunderwerck / aus welcher Bekentnis abzunemen / das sie mit jhren vorigen Wundern vnd Zeichen nur gauckeley vnd Zauberey getrieben haben.

2. Man höret auch / das diese Heydnische Pfaffen vnnd Zauberer selbs der Warheit zeugnis geben / aber Pharao bleibet

bleibet dennoch Vnglaubig vnnd verstockt mit seinen Egyptiern.

Weiter sihet man/das der Teuffel zwar ein starcker mechtiger Geist / wenn Gott jhm etwas verhengt/ aber doch ohne das so schwach vnd ohnmechtig / das er nicht ein Laus machen kan. 3.

Gott verhindert auch diß/darmit man die rechte vnd falsche Wunderzeichen vnterscheiden könne. Wie Brentius hierüber schreibt: 4.

Duo hîc obseruanda veniunt: Alterum, Satanam, cuius operatione malefici priora miracula ediderunt, potentem quidem Spiritum esse, si conniueat DOMINVS, at si DOMINVS potentiæ eius restiterit, nihil est ipso impotentius. Vide enim quod hoc loco ne potestatem quidem habeat in pediculum bestiolam minutissimam. Et in EVANGELIO ne potestatem quidem habet in pilum capitis. Alterum: Etsi impij edunt interdum miracula, DOMINVS tamen semper solet euentum facere, vt electi, si animaduerterint, imposturam Satanæ perspicuè intelligere queant. Suprà, malefici Pharaonis mutauerunt virgas suas in serpentes, quemadmodum Mose, sed virga Mosi deuorauit virgas maleficorum. Hoc autem loco conantur quidem facere Pediculos è puluere, sed non possunt. Hæc ideò à DOMINO ordinata fuerunt, vt pij Israëlitæ potuerint discernere inter vera & inter falsa miracula, quo per vera miracula in fide Verbi Dei conseruarentur. Brentius.

Das ist/ Hie haben wir zweyerley zu behalten: Eines ist/ das der Satan/ durch dessen hülff vnd wirckung die Zauderer die ersten Wunderwerck haben nachgethan / zwar ein mechtiger Geist sey / wenn jhm Gott verhenget: Wo aber GOTT sich jhm widersetzt / das nichts ohnmechtiger sey als er. Denn sihe/hie ist er nicht einer Laus/so eines geringen Thierleins / mechtig / vnd im Euangelio stehet / das er nicht eines Haars auff vnserm Heupt mechtig sey. Das ander ist: Das / ob gleich die Gottlosen bißweilen auch Wunder thun/ so pflegt doch GOTT der HERR allzeit einen solchen ausgang zu machen / das die Auserwehlten / wo fern sie achtung drauff geben / den betrug deß Sathans klerlich verstehen können. Droben haben die Zauberer deß Pharaonis jhre Stäbe auch in Schlangen verwandelt / wie Moses / Aber Mosis Stab hat jhre verschlungen. Jetzund vnterstehen sie sich zwar Leus zu machen aus dem Staube / aber sie könnens nicht. Solchs hat GOTT darumb geschehen lassen / das die Gottfürchtigen Jsraeliten köndten vnterscheiden / welchs rechte oder falsche Mirakel vnd Wunder weren / auff das sie durch die rechten Wunderwerck im waren Glauben deß alleinseligmachenden Worts Gottes erhalten würden.

Das Achtzehende vnd letzte Capitel / Vom Floch.

ZWeymal list man diß beissend Vngezieffer in der Schrifft. Erstlich 1. Sam. 24. Dauid war vmb vnschuld ins Elend vertrieben / vnd jaget jhm Saul stets nach / das er jhn vmbbringen möchte / aber Dauid entrinnet jhm allezeit durch Gottes hülff / vberkömpt auch den Saul in der Hölen / das er jhn hette können erwürgen / aber er verschonet seiner / schneidet jhm ein Zipffel vom Rock zum Warzeichen / schreyet jhm nach / Wem zeuchstu nach / König von Israel? Wem jagstu nach? Einen todten Hund / einen einigen Floch? der HERR sey Richter / etc. Hiermit zeiget Dauid seine Demut vnd Nidrigkeit an / Es sey Königlicher Mayestät nicht ehrlich / einem einzelen Menschen so nachjagen / was würd er auch für ein lob / rhum vnd nutzen dauon haben / wenn er einen Floch fieng? 1. Sam. 24 Nennet sich Dauid einen Floch.

Darnach repetirts Dauid 1. Samuelis am 26. versic. zwantzig. Nach dem Dauid dem Saul (der hart entschlaffen war / mit seinen Kriegsknechten) seinen Spieß vnnd Wasserbecher genommen / vnd herüber auff den Berg kommen war / schreyet er abermal dem Saul zu / vnd spricht vnter andern / Der König Israel ist ausgezogen zu suchen einen Floch / Wie man ein Rebhun jaget auff den Bergen / etc. 1 Sam. 26

Diß ist eine nötige Tugend im andern Stand der Vnterthanen gegen jhre ordentliche Oberkeit ob auch schon Da- Lehr der Vnterthanen an Dauid.

vnd vnrecht geschicht / nimpt er doch nichts tadlichs für/ehret seinen König / vnd demütiget sich auff das eusserste / das er sich einen einigen Floch nennet.

Brentius. Brentius. Humilitatis est, quod coram Rege ita se extenuat, vt conferat se cum pulice: Nec est hypocrisis seu ficta humilitas in Dauide, sed quam Dauid reipsa comprobat, cum iudicet animam Saulis, regis sui, tam preciosam, vt cum impunè potuerit eum interficere, manum tamen abstineat, &c.

Das ist / Diß ist kein heucheley / sondern ein ware Demut gewesen / wie denn David diß mit dem werck bewiesen/ das er deß Saulis/ den er hette erwürgen können / verschonet hat. Es meinen etliche/ David sehe auff deß Saulis Hertz vnd Vrtheil / der jhn / den David / als einen einigen Floch gehalten hab / aber die erste auslegung ist der Warheit ehnlicher.

Augustinus Warumb Gott den Floch vnd dergleichen Thierlein hab erschaffen.

Was sonsten ingemein diß beissende Thierlein anlanget / schreibet Augustinus Tract. 1. in Iohannem daruon: GOTT hab den Floch vnd andere geringe schädliche Thierlein darumb erschaffen / das er den Menschen / der Stoltz vnd Prechtig wil sein / darmit straffe/zur Demut vnnd Nidrigkeit bewege / der sich gegen einem Floch nicht erwehren kan / das er rühig schlaffe / wie wil er sich gegen andere grössere Creaturen Gottes vnd GOTT selbs legen vnd erwehren.

Propter superbiam instituit DEVS creaturam istam minimam & abiectißimam, vt ipsa nos torqueret, vt cum superbus fuerit homo, & se iactauerit aduersus DEVM: & cum sit mortalis mortalem terruerit:

ruerit, & cum homo ſit, proximum hominem non agnouerit, cum ſe erexerit pulicibus ſubdatur. Quid eſt quod te inflas humana ſuperbia? Homo tibi dixit conuitium, & tumuiſti & iratus es. Pulicibus reſiſte vt dormias, &c. Derwegen führen dieſe Thier / groſſe vnd kleine / die Menſchen zur Erkentnis Göttlicher Maieſtet / Allmacht / Weisheit vnd Gerechtigkeit / ꝛc.

FINIS.

Gedruckt zu Leipzig/
bey Johan: Beyer.

Im Jahr:

M. D. XCiiij.

ΟΡΝΙΘΟΒΙΒΛΙΑ:

Biblisch Vogelbuch/

Darinne alle zahme/wilde Vögel/auch andere fliegende Thierlein (deren in der Bibel meldung geschiehet) sampt jhren Eigenschafften vnnd anhangenden nützlichen Historien beschrieben sind.

Mit der alten vnd newen Kirchenlehrer Außlegungen fleissig erkleret/ vnnd auff die Drey Hierarchias, den Geistlichen/ Weltlichen vnnd Haußstand/ Lehr/ straff vnnd Tröstsweise gerichtet/ Durch

M. Hermannum Heinrychum Frey/
Pfarherrn in des H. Reichßstadt Schweinfurt.

15  95.

Mit Chur vnd Fürstlichen Priuilegien.

Gedruckt zu Leipzig/ bey vnd in Vorlegung Johann: Beyers.

Den Ehrnvehsten / Fürsichtigen / Ersamen / wolweisen Herren / Balthasar Rüeffer / Philips Mercklein / Andreas Oesterreicher / Michaeli Eichorn / Johan Krebs / Johan Kirscht / Johan Volckmar / Johan Clügelin / Caspar Pfistern / Christoff Heldt / Valentin Geickner vnd Bernhard Pfister (Auch denselben Erben) sampt vnd sonderlich / weyland zu Würtzburg / Münerstadt / Newstadt / Volckach vnd Tettelbach / gewesenen Bürgermeistern vnd Rahtsverwandten / vmb des Evangelii willen vertriebenen / vnd an jetze Bürgern zu Schweinfurt / etc. Gottes reichen Segen / Bestendigkeit bey der erkandten vnd bekandten Warheit des allein-seligmachenden Glaubens.

DER Heuchelerischen Phariseer Glaube / Lehr vnd Bekentnis vom versprochnen Meseia war / das er ein grosmechtiger glück vnd sieghaffter vnüberwindlicher Monarcha sein / das Jüdische volck vber alle Heiden erhöhen / alle widerspenstige vnd Feinde vertilgen / bestendigen Frieden vnd ein jrrdisch Himelreich vnd Paradis allen seinen Reichsgenossen auff Erden anrichten vnd schaffen würde. Denn sie wusten nichts von Vergebung der Sünden / Gerechtigkeit / Heiligung / versönung mit Gott / ꝛc. Welche wolthaten der Welt Heyland / mit seinem gehorsam / leiden vnnd sterben den Gleubigen erobern vnd erwerben solte / die sie vorhin zuhaben vermeinten. Darumb / weil sie bey JEsu von Nazareth / Mariæ Sohn / jhre eingebildete vnnd erträumbte eigenschafften nicht sahen / wolten sie jhn auch für den wahren

Meßiam nicht annemen / sondern verachteten / verlesterten / erwürgeten jhn. Inmassen der H. Esaias Cap. 53. bey 800. Jaren zuuor hieruon geweissaget hat. Wir sahen jhn / aber da war keine gestalt die vns gefallen hette.

Wiewol nu dieser Phariseer orden / nach dem Buchstaben / vergangen ist: Jedoch findet sich jederzeit noch jhr Glaub vnd Lehre / sonderlich in den Verfolgungen bey den Zärtlingen vnd TitelChristen / welche bey Christo vnd seinem H. Euangelio nichts anders denn nur zeitlichen Frieden / Freud / Wollust / Reichthumb vnd Güter suchen / wo sie dieselbige dabey vberkom̃en haben vnd behalten / so glauben / halten vnnd reden sie viel daruon: Aber so sie vm̃ des Euangelij willen hohn / verachtung / armut / verfolgung / verjagung von jren Gütern / vñ den todt selbst / vom Antichristischen hauffen / leiden sollen / so gefellt jhnen der gecreutzigte Christus vnnd das wort vom Creutz nit / oder wollen ja einen Phariseischen Heyland habẽ / der jnẽ friede / freude / reichthum̃ / wollust auff Erden schaffe / sie wolten sehen / wie sie die Himlischen güter zu letzt darzu vberkemẽ. Aber diesen Phariseischen glauben der zarten Bauchchristen / widerlegt / verwirfft vnd verdampt Gott in seinem Wort mit vielfeltigen Sprüchen vnd Exempeln / vnd meldet dargegen / das sie sollen vnd müssen nach seinem willen / dem Creutz vnd Widerwertigkeet vnterworffen sein / wollen sie anders als Jünger Christi / mit jhm zur Herrligkeit erhaben werden: Darumb tröstet Petrus alle leidende: Jhr lieben / lasset euch die Hitze / so euch begegnet / nit befrembden (die euch wider-

widerfehret / das jhr versucht werdet) als widerfüre euch etwas seltzams / sondern frewet euch / das jr mit Christo leidet / auff das jhr auch zur zeit der Offenbarung seiner Herrligkeit / Freude vnd Wonne haben möget. Selig seid jr / wenn jr geschmehet werdet / vber dem Namen Christi / denn der Geist / der ein Geist der Herrligkeit vnd Gottes ist / ruhet auff euch / bey jhnen ist er verlestert / aber bey euch ist er gepreiset. Diese hochnötige vnnd nützliche Lehr (neben vielen andern mehr) wird auch den Christen bey den Creaturen Gottes fürgebildet / sonderlich aber bey den Vögelin / welche vns von dem Son Gottes selbst zu lehr vnnd Schulmeister vorgesetzt werden / Matth. 6. Sehet die Vogel vnter dem Himmel an / sie seen nicht / ꝛc. Wollen derwegen die Creutzlehre von jnen anhörē.

Zum Ersten / verschulden die Menschen offt Creutz vnd Verfolgung mit jrer angebornen vnd wircklichen Sünden / besonders mit der sicherheit / wie Eliphas zu Job sagt Cap. 5. Gleich wie die Vögel pflegen embor zufliegen (vnd ist jre angeschaffene eigenschafft) also wird auch der Mensch zum Vnglück geborn. Geschicht auch keinem Menschen darmit vnrecht oder zu viel. Wie Amos sagt vnnd fragt Cap. 3. Fellet auch ein Vogel in den Strick auff der Erden / da kein Vogler ist? Hebt man auch den strick auff von der Erden / der noch nichts gefangen hat? Das ist / Gott strafft niemand / wenn er nicht vrsach vnd recht zu jhm hat / Eccles. 9. Gleich wie die Vogel mit einem strick gefangen werden / so werden auch die Menschen berückt zur bösen zeit / wenn sie plötzlich vber sie fellet.

Unter andern Sünden macht Christus namhafft den Unglauben/mistrawen/ geitziges sorgen für zeitliche Narung/ versaumung des Reichs Gottes und seiner Gerechtigkeit. Mat. 6. Luc. 12. Sehet die Vogel unter dem Himmel an / sie seen nicht/ sie erndten nicht/ sie samlen nicht in die Scheunen/ und ewer Himlischer Vater nehret sie doch. Nemet war der Raben / die seen nicht / sie haben keinen Keller noch Scheunen. Wie viel aber seid jhr besser denn die Vogel? Solte denn Gott das geitzige mistrawen nit straffen/ mit creutz/ verfolgung/ verjagung? Doch geschichts alles zu dem ende / das sich die Sünder erkennen/ busse thun / unnd Gott umb Gnade bitten. Hose. 11. Wenn der HErr wird brüllen wie ein Löw/ so werden die Egyptier erschrecken wie ein Vogel / und die Assyrier wie Tauben Das ist / wenn sie durch das Gesetz und straffen gewitziget/ jhre Sünde erkennen / so nimpt sie GOtt durch die Predigt des Euangelij zu Gnaden an. Dis ist die erste ursach der Verfolgung.

Zum Andern / werden offt die Verfolgungen uber die frommen Unschüldigen / ohne ursachen / umb der Ehre Gottes willen/ verhenget. Wie Jeremias in Threnis, cap. 3. klaget: Meine Feinde haben mich gehetzt wie ein Vogel one ursach. Die Fromen müssen gleichförmig werden dem Ebenbilde des Sohns Gottes/ welcher also spricht / Matth. 8. Die Füchse haben jhre Löcher / unnd die Vögel haben jhre Nester: Aber des Menschen Sohn hat nicht / dahin er sein Heupt lege. In dem hat er zum Fürbild den Gottseligen König und Prophe-

Propheten David gehabt/der schreyet seinē feind vñ verfolger Saulem an/ er jage jm nach wie einē Redhun auff den Bergen/beklagt sichs auch hefftig in seinen Psalmen. Ps.102. Jch bin gleich wie ein Rohrdomel in der Wüsten/ich bin gleich wie ein Käutzlein in den verstörten Städten/ich wache vñ bin wie ein einsamer Vogel auff dem Dache/ teglich schmehen mich meine Feinde. Wündschet auch Ps.55. in den grösten verfolgungen der Feinde/O hette ich flügel wie Tauben/das ich flöge vñ etwa bliebe. Ps.11. Jch trawe auff den HErrn/ wie saget jr denn zu meiner Seele/sie sol fliegen wie ein Vogel/auff ewre Berge ꝛ. Denn sihe/ die Gottlosen spannen den Bogen/ vnd legen jre Pfeile auff die Senen/ damit heimlich zuschiessen die Frommen. Welchen Spruch die Patres auch auff die verfürung deuten/da die falschen Lehrer die Christgleubigen von dem wahren vertrawen vnd Glauben an Gott abführen/ vnd zu der Götzen vnd Menschen Hülffe leiten/ wie noch teglich im Bapstthumb geschiehet. So ist dis auch ein stück der creutzlehre/das die fromen offt on jre verschuldung/sonderlich gegen die Feinde vnd Verfolger/verfolgt vnd verjagt werden. Wie Christus mit deutschen worten anzeigt/ das werden sie euch alles thun/vmb meines Nahmens willen/ das sie weder mich noch meinen Vater kennen. Weil ich euch von der Welt erwehlet habe/so hasset euch die Welt. Wiewol nun das creutz vnd verfolgung schwer ist/sol doch dieselbe allein durch diese vrsach leicht vnd träglich gemacht werden/ das es zu der Ehren Göttliches Namens gereiche. Wer mich ehret/saget Gott/den wil ich wiederumb ehren.

Zum

Zum Dritten / stellet Gott bey den Vogeln allen Verjagten vnd Verfolgeten seinen statlichen Schutz vnd Schirm für / mitten in den Verfolgungen. Esai. 31. Der HERR Zebaoth wird Jerusalem beschirmen / (wie die Vögel thun mit Flügeln) schützen / erretten / darinnen vmbgehen vnnd aushelffen. Cap. 4. Die auff den HErrn harren / kriegen newe Krafft / das sie aufffahren mit Flügeln wie Adler / das sie lauffen vnd nicht matt werden / das sie wandeln vnnd nicht müde werden. Besihe auch das tröstliche Exempel Dauids / welches auch von der gantzen Christlichen Kirchen verstanden wird. Psalm. 124. Gelobet sey Gott der HErr / das Er vns nicht gibt zum Raube in jhre Zeene. Vnser Seele ist entrunnen wie ein Vogel dem Strick des Voglers / der strick ist zerrissen vnd wir sind los / vnser Hülffe stehet im Namen des HErrn / der Himmel vnd Erden gemacht hat. Zu diesen Schutzbriefen gehört auch Christi Spruch / Matth. 23. Wie offt habe ich deine Kinder (O Jerusalem) versamlen wollen / wie eine Henne jhre junge Hünlein / vnd du hast nicht gewolt / rc Wie denn mehr zeugnis von den Fittichen vnd Flügeln Gottes / fürnemlich in den Psalmen gefunden werden. Ob auch die Christen schon von jhrem Hüttlein ausgestossen werden / finden sie ein bessers (Geistliches) Haus / darinnen sie mit jhren Seelen sicher wohnen können. Als die Kinder Korah / Psal. 84. singen: Meine Seele verlanget vnd sehnet sich nach den Vorhöfen des HErrn / Mein Leib vnnd Seel frewen sich in dem lebendigen GOtt / den der Vogel hat ein

Haus

Haus funden/vnd die Schwalbe jhr Nest/da sie Jungen he-
cken/nemlich deine Altar HERR Zebaoth/mein Kö-
nig vnd mein Gott/wol denen/die in deinem Hause wonen/
die loben dich jmmerdar. Dieses gereicht nun nicht alleine
zum Trost der verfolgeten vnd verjagten Christen/sondern
auch zum Lob des grossen Namens Gottes/welches er in den
grossen gefahren wunderbarlich sehen lesset. Derwegen denn
allerley zugefürter Hohn/Verachtung/verjagung/desto
leidenlicher vnd gedültiger zuertragen ist.

Worzu dienet nun das? Antwort: Dieweil ich etliche
zeit hero/Ehrnveste/Fürsichtige/Ersame vnnd wolweise
grosgünstige Herren/die Biblische Thier/Vogel vnd Fisch-
bücher colligiret/vnd der Christlichen Kirchen allhie conse-
crieren vnnd zueignen wolte (Inmassen schon das Biblische
Thierbuch allbereit einem Erbarn/wolweisen Raht allhie/
vnsern Herren dedicirt ist) habe ich E. E. F. W. so nicht al-
lein weyland in Oberkeitlichen Emptern vnnd Wirden inn
benachbarten Bischofflichen Städten gesessen/sondern nun
mehr auch als Gliedmassen vnser Christlichen Kirchen vnnd
Gemeine allhie incorporiert sind/nicht mit stillschweigen v-
bergehen können/sondern mit dieser Schrifftlichen Dedica-
tion in Ehren erwehnen vnd ausbreiten sollen/fürnemlich/
weil dieselbe/wie mit wenigen worten vor angeregt/der Vo-
gel Gesäng von der Christen Creutz/Verachtung/Verja-
gung/wol erfahren vnnd practiciret haben. Versehe mich
gentzlich/E. E. F. W. werden jhnen diese Nuncupation

nicht missfallen lassen: Vnd bitte vnsern starcken/Allmechtigen Schutzherrn Jesum Christum / der wolle sein kleines Kirchlein vnd vns semptlich darinnen / in dieser vngestümen empörischen Zeit nach seiner grossen Barmhertzigkeit/bey der wahren Erkentnüss vnnd Bekentnüss seines alleinseligmachenden Glaubens erhalten zum ewigen Leben / Amen. Geben in Schweinfurt den 20. Januar. Anno 1590.

E. E. F. W.
Dienstwilliger.

M. H. H. Frey.
Pfarrherr allhie.

τοῦ ὀρνιθοβιβλίου

REVERENDI, ET CVM ERVDITIONE, TVM PIETATE, ET VITAE INTEGRItate ornatissimi Viri, Dn. M. HERMANNI HEINRYCHI FREII, Ecclesiæ Svinfurtensis Pastoris, & Superintendentis fidelissimi.

MVltæ sunt auium species: Sed dogmata plura,
Quæ veniunt auium cognitione tibi.
Vsus non vnus, vacui ieiunia ventris
Nobis quòd sapida tollere carne queunt.
Sunt & aues Præceptores rectiq́ue maliq́ue,
Dum facienda docent, dum fugienda docent.
Iusticiæ Præceptores vitaq́ue modestæ,
Veræ Doctores sunt pietatis aues.
At quid opus multis? præsenti codice cuncta
Inuenies, auibus quæ didicisse potes.
Hunc voluens Freiio *multas mox pectore grates*
Dices, hoc quòd tàm nobile scripsit opus.

M. Nicolaus VVillius ciuis & Ludirector Svinfurtensis.

ALIVD.

Ἐς τὸ ἄνω ὁσάκις σοῦ κλεινὰ τὰ ὄμματ᾽ ἑλίσσεις,
οὐρανίου ὁράεις καὶ πετεεινὰ δόμου.
φραδμοσύνην τε θεοῦ τοσάκις, σοφίαν τε μεγίστην,
θαυμάζεις, ταῦθ᾽ ὃς κτίζει ἅπαντα καλῶς.
νὴ ταύτην πολλῷ μᾶλλον ῥᾷόν τε μαθήσεις
ἐξαπίν᾽, ὀφθαλμοὺς δεῦρο τροπήσῃ ὅτε.
καὶ μοῦ Ἑρμάννου ἀνελίξεις βίβλον ἀκριβῶς,
ἣν διασαλπίζων τῷ γε ἔδωκε ὀρῶ.
τῇδε γὰρ ἐν βίβλῳ ξυμπάντας συμπαραλήβει
ὀρνίθας, ὥσπερ βίβλ᾽ ἀφηγέεται.
Τῶν τε φύσεις ἀποδεικνύων ἀγαθὴν κατὰ τάξιν,
δόγματα σπουδαίου πολλὰ τίθησι βίου.
τοῖα δὲ καὶ μεθόδῳ καλλίστῃ πάντα γέγραπται.
ταῦθ᾽ οὖν γηθόσυνος δῶρα μέγιστα λαβέ.
τῷ καὶ αὐτουργῷ εὐήμερον εὔχεο ζωήν,
ὥς τοι αὖτα γράφειν πλεῖστα τὸ λοιπὸν ἔχῃ.

Biblisch Vogelbuch.

Der Erste Theil / von den Vogeln in gemein / jrer Erschaffung / Eigenschafften vnd Lehren / in allen dreyen Hierarchijs.

WJewol Syrach 43. spricht / Es sey den Heiligen noch nie vom HErren gegeben / das sie alle seine Wunder aussprechen köndten: Denn der Allmechtige HERR habe sie zu gros gemacht / vnd alle ding seyen zu gros nach Würden zu loben: Jedoch ist sein meinung nicht / das man nicht anfangen solt auch in dieser elenden zeit die Werck Gottes zu betrachten / vnd nach vermügen zu rühmen / bis man dieselbige in jener Welt mit höher verwunderung vollkömlich erkennen / anschawen vnd preisen kan. Denn das grosse Geschöpff Himmels vnd Erden / mit jren zugehörigen Creaturen / den Elementen / Sonn / Mond / Sternen / Bäum / Blumen / Gras / Thieren / ꝛc. sind ein grosses Buch Gottes / daraus man Gottes vnsichtbares Wesen / das ist / seine ewige Allmechtigkeit vnd Gottheit ersihet / Denn man mus es mercken an den Wercken / die er thut / an der Welt die er geschaffen hat / Rom. 1.

Syr. 43.

Es ist nicht verboten / die Werck Gottes rümen / ob man sie gleich nicht gnugsam loben kan.

Rom. 1.

Zum Exempel haben wir den Syrach selbs/ der etliche Creaturen Gottes/ die Sonn/ Mond/ Stern/ Regenbogen/ Schne/ Wolcken vnd dergleichen/ für sich nimpt zu loben/ die seltzame Eigenschafften zu melden/ die Menschen zur erkentnis Gottes vnd jrer selbs zu führen. Lang für Syrach haben wir den allerweisesten König Salomon/ 1. Reg. 4. Er redet von Beumen/ vom Ceder an zu Libano/ bis an den Jsop/ der aus der Wand wechst. 1. Reg. 4. Auch redet er vom Vieh/ von Vögel/ von Gewürm/ von Fischen. Aber wer wil alle Autores/ so von der Creaturen art vnd eigenschafft geschrieben haben/ erzelen.

Jst demnach vns Christen auch vnnerweislich/ das wir die sichtbare Geschöpff GOTtes betrachten/ vnd von welchem/ woraus/ wenn/ vnnd worzu sie erschaffen sind/ nachsinnen/ sonderlich weil solches nicht aus Menschlichem Verstandt/ coniecturis/ vngewissen vermutungen/ sondern aus dem vnfeilbarn Wort Gottes genommen ist/ vnnd nicht des Menschen fürwitz zu büssen/ sondern sein Leben zu bessern/ dienet. Derhalben/ welcher gestalt vnnd weiss im vorgehenden Buch von den Thieren ethicè vel moraliter gehandelt ist worden/ also sol auch in diesem Tractat von den Vögeln gründlicher vnnd einfeltiger bericht geschehen.

Der

Der Erste Theil/ von den Vogeln in gemein.

VON den Vogeln in gemein/ schreibet Moses/ Genes. 1. Gott sprach/ Es errege sich das wasser mit bebenden vnd lebendigen Thieren/ vnd mit GEVOGEL/ daß auff Erden/ vnter der Feste des Himmels fliege. Vnd das geschahe auch: Vom Wasser wardt erreget allerley gefiderts Vögel/ ein jegliches nach seiner art. Vnd Gott segnet sie/ Das Gevögel mehre sich auff Erden. Vnd da ward aus Abend vnd Morgen der fünffte Tag/ rc. Gen. 1.

Daraus ist 1. zu lernen/ daß die Vögel nicht ohn gefehr entstanden/ sondern von Gott bedächtlich durch sein Allmechtiges Wort erschaffen sind. Welches 4. Esdræ repetirt wird. Am fünfften Tag sprachstu zu dem siebenden Theil/ da das Wasser versamlet war/ daß es lebendige Thier vnd Vögel vnd Fisch herfür brächte/ Vnd es geschahe also/ Das stumme Seellose Wasser brachte nach dem Befelch Gottes/ die bestimpte lebendige Thier herfür/ auff daß dadurch alle Völcker verursacht würden/ deine wunder zu rhümen. Vnd David lobet vnter andern Geschöpffen Gottes auch die Vögel/ Psal. 104. Du lessest Brunnen quellen in den gründen/ daß alle Thier auff dem Felde trincken/ vñ das Wild seinen durst lessche. An demseben sitzen die Vögel des Himels/ vñ singen vnter den zweigen. Vnd v. 17. Auff den bäumen des HErrn/ vñ Cedern Libanon nisten die vögel. Salomo redet auch von den Vögeln/ 1. Reg. 4. Bey der Erschaffung ist auch der segē zu mercken/ daß Gott sie fruchtbar macht/ sie sich mehren/ vnd die Lufft erfüllen. Er verschafft jn auch speis vñ narung/ einem jeglichen nach seiner art: Erhelt sie auch vber das/

1. Die Vögel sind von Gott erschaffen.

4. Esd. 6.

Psal. 104.

1. Reg. 4.

Denn da Gott die Menschen vmb der sünde willen (Noah mit seinem Haußgesind außgenommen) ob dem Erdbodem vertilgen / vnd auch der Thier vnd Vögel nicht verschonen wolte / gebeut er Noah / das er je ein par von allerley art der Vögel zu sich in den Kasten nemen solte/ daß Samen auff

Gen 6. Erden bliebe / Gen. 6. Vnd dis geschahe auch / Denn es

Gen. 7. giengen in den Kasten/ Genes. 7. vers. 15. allerley Vögel/ je ein Par / alles was fliegen kundt/ vnd alles was Fittich hat/ das gieng alles zu Noah in den Kasten bey paren/ welches nicht durch des Noah geheiß/ sondern des Allmechtigen vnd allweisen Gottes trieb geschehen ist.

Gen. 2. Ferner sagt Moses von jren Nahmen/ Genes. 2. Als Gott die Thier vnd Vogel gemacht/ hab er sie zu dem Menschen gebracht/ daß er sehe wie er sie nent/ denn wie er sie nennen würde/ so solten sie heissen/ Vnd Adam gab einem jeglichen Thier vnd VOGEL vnter dem Himmel seinen namen/ bey welchem eines jeden art vnd Eigenschafft leichtlich zu erkennen war/ daß denn ein anzeigung der hohen vnd grossen weißheit Adami war/ welche dermassen in den Menschen verloschen/ daß sie die eigenschafft der Thier vnd Vögel / kaum mit fleissiger nachforschung/ ein wenig mercken/ Ja offt die Namen derselben nicht wissen/ vnd einen für den andern ansehen / wie drunden der Vögel zwyfeltige Namen außweisen.

Lutherus. Hiervon spricht Lutherus in Gen. Lat. Hîc admonemur de insigni cognitione & sapientia, quæ in Adam fuit, qui creatus in innocentia & iustitia, sine aliqua nova illuminatione, tantùm naturæ suæ bonitate, intuetur omnia animantia, & sic habet cognitam eorum naturam, ut singulis aptum & naturæ ipsorum conveniens nomen indicat. Sed nos hanc sapientiam amisimus, Itaq; non

mirum

mirum est, quòd Dei nullam cognitionem habemus, cùm etiam bestiarum naturas, cuius virtutis & efficaciæ sint, non nouerimus. Extant varij libri, qui plantarum & Bestiarum naturas describunt. Sed quanto tempore, quam longa obseruatione opus fuit, dum hæc per experientiam ita colligerentur. Aliud in Adamo lumen fuit, qui statim ut inspexit animal TOTAM eius NATVRAM & VIRES habuit cognitas, ac longè melius, quàm nos etiam cum totam vitam ad inquisitionem harum rerum conferimus.

Das ist: Wir werden hie erinnert der grossen Erkentnis vnd Weißheit/ mit welcher Adam damals gezieret gewesen/ als der von Gott in Vnschuld vnd Gerechtigkeit erschaffen/ nicht aus sonderlicher newer erleuchtung/ sondern allein durch seine vnuerrückte eingepflantzte gute Natur/ aller die/ wo er sie nur angesehen/ gründliche art vnd eigenschafft also erkandt hat/ das er einen jeden nach seiner Natur seinen eignen vnd bequemen Nahmen geben können. Solche weißheit aber haben wir nun verloren: Derwegen ists kein Wunder/ daß wir Gott nach seinem Wesen vnd grosser Majestät nicht erkennen mögen/ Sintemal wir der vnuernünfftigen Thier eigenschafften nicht gründlich wissen. Man findet hin vnd wider Bücher/ in denen vns etlicher Kreuter vnd Thier art vñ naturen beschrieben werden. Aber mit was grosser mühe vnd zeit/ mit wie fleissiger auffmerckung sein solche endlich durch die langwirige erfahrung zusammen bracht? In Adam hat viel ein ander vnd heller Liecht geleuchtet/ welcher/ so bald er ein Thier angesehen/ desselben gantze natur vnd Krefften gewust/ auch viel besser vnd gründlicher/ als ob wir gleich zu erforschung derselben vnser gantzes Leben anwenden.

Zum andern/ Wie vnd woraus hat Gott die Vögel 2.

Wie vnd woraus die Vögel erschaffen. Gen. 1.

erschaffen? Er hats aus dem Wasser gemacht vnnd herfür bracht. Es errege sich / spricht GOtt Gen. 1. das Wasser mit bebenden vnnd lebendigen Thieren / vnd mit Geuögel / daß auff Erden vnter der Feste des Himels fliege. Vnd vom wasser ward erreget ein jegliches nach seiner art / vnd allerley gefidderts Geuögel nach seiner art. Derwegen so haben die Vögel vnd Fisch einerley vrsprung vnd materien / daraus sie erschaffen sind / das VVASSER / wie denn auch zwischen jnen ein grosse verwandnüs vnnd gleichheit ist: Wiewol Lyra dieses determinirt / sie seyen nicht allein aus dem Wasser / sondern von den vier Elementen gemacht / werde aber allein das wasser / vmb der grossen gemeinschafft willē mit jnen genent. Non quod aues & pisces de sola aqua sint formati, sed de quatuor elementis: tamen aqua sola exprimitur propter quandam conuenientiam cum istis. Habet enim aqua humorem & vaporem: per humorem conuenit cum piscib. per vaporem, qui sursum eleuatur in aëre, conuenit cum auibus.

Lyra.

Lutherus.

Lutherus im deutschen Genesi. Hie merck / das kein Creatur von jhr selbs lebendig sein kan / daß auch kein Vogel / daß doch klein ist / fittich oder Federn von jm selbs fündt haben / sondern Gott gibt es einem jeglichen / also / daß es vnmüglich ist / die Fittich zu zehlen / vnd nachzusehen / wie es gemacht ist / Darneben hörestu / das beyde die Vögel vnnd Fisch aus wässeriger Natur gemacht sind / etc. In latina Genes. führet ers weiter aus. Nunc addit de noua Creatura, producta ex aquis, nempe de volucribus & piscibus: coniungit autem hæc duo genera propter naturam non dissimilem: Sicut enim piscis in aqua natat, sic auis volat in aëre, & quanquam carnem habent diuersam, tamen eandem habent originem. Sicut manifestus textus hic est,

est. Volucres ex aqua productas petijsse aërem, in quo viuunt. Vocat autem cœlum omne quod sursum est.

Das ist: Vögel vnd Fisch setzt Moses zusamen von jrer gleichen art vnnd natur wegen. Denn wie der Fisch im wasser schwimmet / gleicher weise fleugt der Vogel in der lufft. Vnd ob schon jr fleisch vnderschiedlich vnd zweyerley ist / so haben sie doch einerley vrsprung vnd materien / daraus sie gemacht sind / wie der Text klärlich anzeiget.

Hoc autem primùm admiratione dignum est (ait Lutherus) quod etiamsi ex eadem materia aues & pisces sint conditi, tamen sicut auis non potest in aqua viuere, ita pisces, si in aëre sint, durare non possunt. Ac medici rectè disputant, carnem volucrum salubriorem esse quàm sit piscium (quanquam volucres etiam sint aqueæ naturæ) quod in subtiliore aëre viuunt, cuius, quasi feces crassiores sunt aquæ, in quibus pisces generant & viuunt. Sed Philosophi hoc non credunt: Nobis autem potior est fides s. scripturæ, quæ eãdem originem vtriusq; naturæ affirmat. Pertinet igitur hoc ad ostendendã Dei potentiam, qua omnia creauit, super omnem rationem & intellectum. Quis enim cogitet, ex aqua produci posse naturam, quæ aquam ferre planè non posit? Solum verbum dicit DEVS, & statim ex aqua producuntur volucres. Verbum igitur si sonet, omnia posibilia sunt, ut ex aqua fiant vel pisces vel volucres. Quælibet igitur auis, piscis quilibet, sunt nihil nisi nomina diuinæ Grammaticæ, per quam Grammaticam, quæ sunt imposibilia, fiunt facilima, & quæ planè sunt pugnantia, fiunt similima, & econtrà. Paulò pòst. DEI ergò potentia hîc cognoscenda est, ut planè nihil dubitemus de ijs, quæ DEVS promittit in verbo suo. Hîc enim plena confirmatio omniũ promisionum posita est, quod nihil aut tam difficile aut impossibile sit, quod non possit verbo suo conficere.

Das ist: Zuuerwundern ists/ daß/ ob schon die Vogel vnd Fisch aus einerley materi herkommen/ dennoch nicht einerley ort vnd wohnung haben/ vnd lebendig bleiben können: Denn wie ein Vogel in vnnd vnter dem Wasser nicht leben kan/ Also können auch die Fisch in der Lufft nicht lang bleiben/ sie sterben dahin. Vnnd die Medici reden zwar recht daruon/ daß der Vogel Fleisch gesunder sey denn der Fisch/ (ob sie schon einerley der wässerigen Natur sind.) weil sie in einem reinern/ subtilern Lufft wohnen/ die Fisch aber im Wasser/ welches als dicke Häfen sind. Aber die Philosophi gleuben das nicht/ Doch sollen wir mehr Gottes Wort trawen vnd gleuben/ welches deutlich bezeuget/ daß beyde einerley vrsprung haben. Vnd diß dienet zur beweisung Göttlicher Macht vnd Krafft/ durch welche er alles erschaffen hat/ vber alle Vornunfft vnd Sinne. Denn wer köndt gedencken/ daß ein Natur aus dem Wasser kündt herfür bracht werden/ die doch das Wasser gentzlich nicht leiden köndte? Gott spricht nur ein Wort/ so müssen bald Vögel aus dem Wasser werden vnd herfür kommen. Darumb wenn nur das Wort lautet/ so sind alle ding müglich/ daß aus dem wasser Fisch oder Vögel werden. So ist nu ein jeglicher Vogel/ ein jeglicher Fisch nichts anders/ denn ein Namen der Göttlichen Grammatick vnd Redekunst/ durch welche alle vnmügliche ding leicht/ vnd die gantz vnd gar widerwertig sind/ gleich vnd ehnlich werden. Vnd hinwiderumb. Summa/ Gottes Allmacht ist allhie zu lernen/ daß wir gar nicht zweiffeln an dem/ daß Gott in seinem Wort verheist/ Denn hie stehet die beweisung aller verheissungen/ daß nichts so schwer

Die erschaffung der Fisch aus dẽ wasser beweiset Gottes krafft vnd Allmacht.

so schwer oder vnmüglich ist/ welches Gott nicht mit seinem Wort thun vnd verrichten könne. Das Lutherus.

Sprichstu/So denn Fisch vnd Vögel zumal aus einerley materia dem Wasser/ gemacht sind/ Warumb saget Paulus 1. Cor. 15. Nicht ist alles Fleisch einerley Fleisch/ sondern ein ander Fleisch ist der Menschen/des Viehes/ein anders der Fisch/ein anders der Vögel? Respondet Brentius. Quanquam Paulus dicat: Alia caro piscium, alia volucrum, tamen hoc magis de SAPORE, quàm MATERIA intelligendum est. Nam vtrumque genus ex aqua creatum esse hic locus Geneseos manifestè docet. Vnde & vanitas hypocritarum manifesta est, qui cum suscipiunt abstinendum in diebus ieiuniorum à CARNIBVS, non abstinent à PISCIBVS, quando & sua piscium caro est. Et siquidem concessum fuerit vesci piscibus, concessum etiam erit auibus vesci, cum ex eadem constent materia, & eodem die cum piscibus sint creatæ, ut maxima sit inter aues & pisces consanguinitas.

1. Cor 15. Alles fleisch ist nicht einerley.

Brentius.

Das ist: Ob schon Paulus ein ander Fleisch der Fisch/ ein ander der Vögel nennet/ ist doch dis mehr vom Geschmack zu verstehen/ denn von dem wesen des Fleisches. Denn hie leret Moses deutlich/ daß beyde art vnd Geschlecht aus dem Wasser gemacht sind. Vnnd erscheinet allhie der Papisten Heucheley vnnd Thorheit/ wenn sie in jren verbotenen Tagen fasten wöllen/ so meiden sie allein das Fleisch der Thieren/ aber die Fisch nicht/ so doch die Fisch auch jhr Fleisch haben: Vnnd wenn man Fisch essen erlaubt/ so ists auch erlaubt Vögel zu essen/ weil sie aus einerley materia/ vnd an einem Tage mit einander gemacht sind/ daß also ein nahe Verwandnüs vnd Blutfreundschafft zwischen

Der Papisten thorheit/ das sie das fleisch ander thier an den fasttagen verbieten/ vnd doch Fisch essen/ die auch jr Fleisch haben.

schen den Vögeln vnd Fischen ist/ ꝛc. Ja sie haben offt jhr gespött selbs darbey getrieben/wie in Apol. Confess. Vvirteberg. de Baptismo exempla zusehen sind/ Sonderlich eines Hispanischen Bischoffs / da derselbige an eim Freytag in ein Wirtshaus kam/nicht grosse lust zu den Fischen trug/ vnnd ohne gefehr Rephüner dort hangen sahe / heist er die Wirtin dieselbige bereiten: Aber die Wirtin / so Fleisch essen für eine Sünd hielte / erinnert den geistlichen Man des Freytages/darin Fleisch zu essen verboten / vnd vnrecht were/ Da antwort jhr der Bischoff: Weistu nicht/daß ich ein Priester bin / vnd das Brodt in den Leib Christi verendern kan? Wie viel mehr kan ich die Rephüner in Fisch verwandeln. Vnd macht ein zeichen des Creutzes vber die Rephüner/ sprechend / Jm Namen des Vaters / Sohns vnd H. Geistes/werden aus diesen Rephünern Fische. Also hats die Wirtin für fisch gebraten/vñ der Bischoff für fisch gefressen.

Von der verwandnüs vnd gleicheit der Fischen vnd Vögeln/ schreibt Basilius hom. 8. Hexam. Cur ortum ex aquis & volucribus, ut aquatilibus præstitit? Quoniam volantibus ad ea quæ natant quasi consanguinitas quædam est atq; affinitas. Nam uti pisces humorem secant agitatione quidem pennarum, ad loca priora, quæ petunt proficiscentes, caudæ verò mutatione flexiones sibi rectosq; impetus gubernantes: sic & in volatilibus fieri, conspicere licet, aërem pennis alisq; sindentibus, simili natantibus modo.

Von der verwandnüs der Fisch vnd Vögel. Basilius.

Das ist: Warumb hat Gott die Vogel/gleich wie die Fisch aus dem Wasser erschaffen? Antwort. Dieweil die Vogel mit jrem fliegen gegen dem schwimmen der Fisch eine grosse gleicheit vnnd vbereinstimmung erweisen. Denn gleich wie die Fisch das Wasser erstlich mit jhren Floßfedern

dern zertheilen / gegen dem ort / da sie hin wollen / mit bewegung des Schwantzes aber sich recht lencken vnd stracks forttreiben: Eben solches ist auch an den Vögeln zu sehen / welche mit jren flügeln die lufft trennen / vnd also gleichsam davon schwimmen. Ambr. lib. 5. c. 14 Hex. Prima cognatio videtur istis (aquaticis, mergis, fulicis, anserib.) esse cum piscib. quoniam natandi communia quædam videntur vtriusq; generis esse consortia. Secunda quoq; cognatio omnib. & auib. & piscib. est, eo quod volandi vsus species sit natandi. Sicut .n. aquam natando piscis incidit: ita auis aerem volatu celeri secat. Atq; vtriq; generi similiter cauda suppetit, alarũq; remigium, ut pisces ad priora se alis subrigant, atq; ad vlteriora pcedant: Caudæ quoq; gubernaculo, vel quo velint se facilè conuertant, vel impetu quodam è regione iter suum dirigant. Aues quoq; aëri volatibus suis velut aquis innatant, & quasi quædam extendunt brachia. Vnde quoniã in nonnullis idem vsus & species, ideoq; de aquis vtriusq; generis natiuitas, diuina præceptione pcessit. Das ist / die erste verwandnüs der Vogeln mit den Fischen / geht die Wasservögel an / den Eyßvogel / Taucher / Enten / Gänse / denn beyderley art haben gemeine vnd einerley gesellschafft vñ weise im schwimmen. Die andere freundschafft trifft in gemein alle Vögel vnnd Fisch an / denn das fliegen ist eine art des schwimmen / vñ wird darunter begriffen. Denn wie ein Fisch mit dem schwimmen das wasser zertrent / also zerteilet auch ein Vogel die lufft mit dem schnellen flug / vnd beyde gebrauchen den schwantz vñ fittich / Der Fisch treibet sich fort mit den floßfedern / vnd mit dem schwantz regieret er den gang / wohin er wil / Also der Vogel mit seinem fliegẽ in der lufft / schwimmet gleichsam als im wasser / vnd strecket seine arm aus / etc. Ambrosius

3. Wenn vnnd wohin Gott die Vögel erschaffen vnd verordnet.

Zum dritten/ nennet Moses die zeit vnd ort: Daß die Vögel von Gott am fünfften/ den wir Donnerstag nennen/ erschaffen seyen/ vor dem Menschen/ vnder dem Himmel in der Lufft zu schweben/ darmit die Menschen von jnen mit jhrem Gesang erlüstiget/ vnd zu andern lehrhafften dingen angewiesen würden/ Wie Christus sagt/ Schawet die Vögel vnter dem Himmel an. Darvon hernach folgen wird.

August. von der Vögel wohnung.

Was aber die habitation vnd wohnung der Vögel anlanget/ ist Augustini Spruch libro 2. de Sermon. Domini in monte: in exposit. orationis Dominicæ/ zu behalten: Vater vnser/ der du bist im Himmel/ Das ist/ in den Heiligen vnd Gerechten/ Denn Gott wird von keinem ort vmbschrieben vnd begriffen. Vnd ob schon die Himmel hohe vnd fürtreffliche Corpora vnd Geschöpff/ so sind sie doch nur an einem ort/ Vnd wo Gottes Wohnung vnd Ort in den jrrdischen Himmeln were/ so hetten die Vögel einen bessern vorzug vnd verdienst (als die Gott neher weren) denn die Menschen. Si in cœlis tanquam superioribus mundi partibus locus Dei esse creditur, MELIORIS MERITI sunt aues, quarum vita est Deo vicinior.

4. Warzu vnd warumb die Vögel sind erschaffen.

Zum vierden/ Worzu vnd warumb (welches denn die fürnembste vnnd Häuptfrage in diesem Vogelbuch ist) hat GOtt die Vögel so viel vnnd mannicherley art erschaffen? Erstlich vmb seines selbs/ vnd denn zum andern/ vmb des Menschen willen. Welches denn jetzt in den dreyen Stenden sol angezeiget werden.

Im ersten Stand.

1. Gott erschafft die Vögel bey

IM ersten Standt/ den ewigen Allmechtigen GOtt belangend/ hat er zwar der Vögel/ seinet halben/ wie auch anderer Creaturen/ gar nicht bedörfft/ aber

aber doch hat er in vnd mit jhrer erschaffung seine Weißheit/ Allmacht/ Güte/ Gerechtigkeit/ vnd dargegen seinen Zorn vnd Straffen anzeigen wöllen/ auff daß die Menschen Jhn darbey erkennen/ fürchten/ ehren/ lieben vnd jhm vertrawen sollen. Psalm. 148. Alle Thier/ Vieh/ Gewürm vnnd Vögel sollen loben den Namen des HErren/ Denn sein Nahme allein ist hoch/ Sein Lob gehet so weit Himmel vnd Erden ist. Die Vögel loben GOtt nicht allein mit jhrem Gehorsam/ mit fliegen/ singen/ mehren/ sondern auch mit jhrer gestalt/ form/ mancherley art vnnd weise/ mit vnderschiedlichen Federn/ farben/ vnd dergleichen/ reitzen vnd vermahnen sie den Menschen zu des Schöpffers Lob vnd preis/ Sintemal das Werck lobet den Meister. Basil. hom. 8. Hex. gibt zu verstehen. Absolutè si sacræ scripturæ verba legantur (educant aquæ volatilia super terram sub firmamento cœli) syllabæ perexiguæ quædam esse videntur: sed cum verborum sententiæ peruestigantur, tunc quanta nam sit SAPIENTIA creatoris, perspicitur: quot volucrum opifex ipse discrimina, quot differentias expromendas conceperit: per quot ipsas inter sese genera, speciesq; seiunxerit, aut vt singulas proprijs quibusdam insignibus peculiaribusq; distinxerit.

[Margin: jnen/ seinen ruhm vnd lob anzudeuten. — Psal 148. — Basilius.]

Das ist: Wenn man diese wort der heiligen Schrifft (es errege sich das Wasser mit webenden vnnd lebendigen Thieren/ vnd mit Geuögel) so schlecht vnd bloß weg liset/ scheinen es wenig Syllaben/ Aber wo man deren eigentlichen Verstandt vnnd meinung nachdencket/ werden wir recht jnnen der grossen Weißheit des Schöpffers/ wie viel vnnd mancherley vnderschiedliche Gattung jhme Gott zuschaffen beschlossen/ vnd in wie viel art vnd Geschlechten er solche abgetheilet/ oder mit was mercklichen vnnd sonderlichen eigenschafften er jede außgezeichnet vnd vnterschieden habe.

Die drey Männer im Fewerofen Nebucadnezaris/ vermahnen in jhrem Lobgesang alle Vögel vnter dem Himmel/ Lobet den HERRN/ preiset vnd rühmet jn ewiglich.

Job. 12. Job 12. spricht auch zu seinem Freund Sophar/ Frage doch das Viehe/ das wird dichs leren/ die Vogel vnter dem Himmel. werden dirs sagen / nemlich / wie allmechtig/ klug vnnd weiß Gott ist / wil geschweigen/ daß jhr es allein solten wissen/ vnd nicht allererst leren.

Brentius. Brentius. E naturis animalium maiestas DEI inuisibilis redditur visibilis & manifesta. Aus der Thieren Natur vnnd Eigenschafften wird die vnsichtbare Mayestät Gottes öffentlich vnd sichtbar gemacht.

Gregorius. Gregorius lib. 11. cap. 2. Omnis respecta creatura quasi dat vocem attestationis propriæ ipsam quā habet speciem suam, &c.

2. Gott beweiset seinē zorn vnnd gerechtigkeit durch die Vögel. Gen. 6.

Darnach lest auch Gott seine gerechtigkeit vnd strengen Zorn wider die Sünd vnd Vntugend der Menschen bey den Vogeln sehen / in dem er entweder die Gottlosen durch sie straffet / oder sie hinweg nimmet. Genes. 6. Ich wil/ die ich geschaffen hab / sagt GOtt zu Noah/ vertilgen von der Erden / von den Menschen an bis auff das Vieh/ bis auff das Gewürm / vnd bis auff die Vögel vnter dem Himmel/ Denn es rewet mich/ daß ich sie gemacht habe. Gen. 7. Als das Wasser fünffzehen Elen hoch vber die Berge gieng/ da gieng alles Fleisch vnter / das auff Erden kreucht/ an Vogeln / Thieren / an allem / daß sich reget auff Erden / etc. das starb.

Gen 7.

Wie ein abschewlich ding die

Hierbey sehen wir / wie schrecklich vnd abschewlich die Sünd für Gottes angesicht ist / daß vmb derselben willen/

sen/auch die Vögelein vnd andere Creaturen (die doch nicht sündigen) verflucht vnd gestrafft werden/ Wie viel mehr aber die vnbußfertige Sünder? welches jnen ein trewhertzige erinnerung sein sol/ für den Sünden sich zu hüten. Sünde sey für Gott.

Der Prophet Jeremias gedencket der künfftigen verstörung des Jüdischen Landes/ so durch die Babylonier geschehen solt/ vnd spricht/ Daß es sol vbel/ wüst vnnd öde stehen werde/ daß kein Vögelein mehr werd vorhanden sein. Jerem. 4. Cap. 4. Ich schawet das Land an/ sihe das war wüst vñ öd/ vnd den Himmel/ vnnd er war finster/ Ich sahe die Berge an/ vnnd sihe/ die bebeten/ vnnd alle Hügel zitterten/ Ich sahe/ vnnd sihe/ da war kein Mensch/ vnd alles Geuögel vnter dem Himmel war weggeflogen.

Hieronymus. Iram Dei & muta sentiunt elementa, & irrationabilia pertimescunt animantia. Hoc Hieronym. verum esse nunc totus orbis demonstrat, vt cæsa hominum multitudine, volatilia quoque quæ solent habitatores sequi, abierint & perierint.

Das ist: Die stumme Elementen fühlen auch den zorn Gottes/ vnnd die vnuernünfftige Thier erschrecken ob dem grim vnd straffen Gottes/ daß die Vögel/ welche sonsten vmb die Leut sind/ für furcht wegfliehen/ vnd sich verlieren. Cap. 9. Ich mus auff den Bergen weinen vnd heu- Jerem. 9. len/ vnd bey den Hirten in der Wüsten klagen/ Denn sie sind so gar verheeret/ daß niemand da wandelt/ vnnd man auch nicht ein Vieh schreyen höret. Es ist beyd Vögel des Himmels vnd das Vieh alles weg. Darüber Hieronymus Hieronym. seine vorige außlegung setzt. A volucre hoc ostendit, quod sæpè diximus, iram DEI vniuersa sentire & non solum aues aëris, sed & pisces aquæ deficere, &c,

Das

Das ist: Diß bezeuget klerlich/wie offt gesagt/daß alle Creaturen GOttes zorn fülen/ vnd nicht allein die Vogel in der Lufft/ sondern die Fisch inn Wassern sterben vnnd verschmachten.

Hose. 4. Hoseas Cap. 4. verkündiget eine gleiche Verwüstung des Israelitischen Königreichs/ dieweil kein Trew/ kein Liebe/kein Wort Gottes im Lande/sondern Gotteslestern/Liegen/ morden/ stälen vnnd ehebrechen vberhand genommen hat. Vnnd kömpt ein Blutschuld nach der andern/ darumb wird das Landt jämmerlich stehen/ vnd allen Jnwohnern vbel gehen/ Denn es werden auch die Thier auff dem Feld/ vnd die Vögel vnter dem Himmel/vnd die Fische im Meer/ weggerafft werden.

Lutherus. Lutherus helts darfür/ es sey eine eigentliche Beschreibung des Deutschlandes/ vnd der Thewrung/ so jetzt in allen dingen ist/ etc. Quod de bestia agri & volucribus cœli dicit, quidam (hoc etiam Hieronymus refert) exponunt per Hypallagen, quod scilicet ipsi homines auferentur, qui volucribus cœli & bestijs agri solebant frui: Sed nihil opus est hac interpretatione. Videmus enim ita accidere, cum IRA Domini venit, ut omnium rerum summa penuria & caritas oriatur. Nam hodiè non est eadem piscium & volucrum copia, quæ memoratur superioribus annis fuisse. Hæc si quis peccatorum pœnas esse dicit, profectò non fallitur.

Das ist: Was der Prophet hie sagt von den Thieren im Feld/ vnd Vogeln des Himmels/ deuten etliche auff die Menschen (dessen auch Hieronymus meldung thut) daß nemlich die Menschen selbst/ welche die Thier des Feldes/ vnnd Vogel des Himmels zu jrer Speis pflegen zu gebrauchen/sollen auffgerafft vnnd verheeret werden. Aber solche

außle=

außlegung ist vnnötig. Denn wir es in der that vnd Warheit also sehen ergehen/ das/ wenn des HERREN zorn kömpt/ aller ding gröster mangel vnnd Thewrung entstehe. Denn es ist ja zu vnsern zeiten weit kein solche menge vnnd vberfluß an Fischen vnd Vögeln/dergleichen vor wenig Jaren vnsere Vorfahren gedencken/ Welches/ wer es für eine Straffe der Sünden erkennet/ der wird warlich im grundt der Warheit nicht feilen/ etc.

Lutherus widerholet auch Hieronymi mitstimmende außlegung/allein verwundert er sich/daß Hieronymus schon zu seiner zeit so geklagt/ welches doch allererst recht von dem Türcken/ in Vngern/ Macedonia/ Thracia/ Jllyrico/ etc. erfüllet worden. Cum captiuitas decem tribuum venerit, ait Hieronymus, habitatore sublato, bestiæ quoq; & volucres cœli, & pisces maris deficient, iramq; Dei etiam muta elementa sentient. Hoc qui non credit accidisse populo Israel, cernat Thracias, Macedoniam, atq; Pannonias, omnemq; terram à Propontide & Bosphoro, quæ vsq; ad Alpes Iulias extenditur: & probabit, cum hominibus & animantia cuncta deficere, quæ in vsus hominum à creatore prius alebantur. Hæc Hieronymus loquitur de suis temporibus (scribit Luth.) sed quis non videt eum veriùs vaticinatum esse de nostris temporibus, quæ harum regionum, quas nominat, euersionem vident & sentiunt factam per Turcam propter peccata nostra. Daß Hieronymus mehr auff die Türckische verheerung vnd verstörung gemelter Länder gesehen vnd geweissaget hat/ denn auff seine zeit. Hieron.

Hieronymus meldet auch anderer Außlegung/ die durch die Vögel stoltze Leut/ so alles andern vernichten/verstehen/ Wo nun dieselbe von der Erden weggerafft werden/ Andere auslegung.

sey es mehr eines gnedigen den zornigen GOTTES anzeigung vnd Merckzeichen/ wenn er das böse aus dem wege reumet. Sin voluerimus (vt quidam putant) feros homines bestias interpretari: & VOLVCRES cœli eos qui eleuantur in superbiam, & omnia humana contemnunt: & pisces maris, qui irrationabiles sunt & ita bruti, vt nihil omninò sapiant, & aërem liberum, cœlumquè non videant. Hoc non tàm irati quàm clementis est DOmini, vt quæ mala sunt, auferantur de terra.

Ein gleiche bedröwung stehet auch Zephaniæ 1. vers.
Zephan. 1. 3. Ich wil alles aus dem Lande wegnehmen/ spricht der HErr/ Ich wil beyd Menschen vnd Vieh/ beyd Vogel des Himmels/ vnd Fisch im Meer wegnehmen/ sampt den Ergernissen vnd Gottlosen/ welches durch den König Nebucadnezar im Königreich Juda solt vollzogen werden. Vt enim ex benedictione diuina, scribit Osiander, Regiones
Osiander. multitudine hominum, bestiarum, VOLVCRVM & piscium abundant: ita Domino propter impietatem inhabitantium irato, hæc omnia attenuantur, & tandem prorsus amittuntur.

Das ist: Gleich wie durch Gottes Segen die Länder voll Menschen/ Viehe/ VOGEL vnd Fisch sind/ also verlieren sie sich mit einander/ wenn Gott vber der Inwo-
Esther 4. ner Sünd erzürnet. In fragmento des Buchs Esther/ Cap. 4. vers. 24. zu end der Epistel des Königs Artaxerxis stehet/ daß die Perser vnnd alle seine Vnterthanen die Jüden schützen/ vnd den angesetzten Feyertag mit jhnen begehen vnnd halten sollen/ welche Stadt sein Gebot vbertritt/ sol mit Schwerdt vnnd Fewer vertilget werden/ also/ daß weder Mensch/ noch Thier/ noch VOGEL hinfurt drinnen

wohnen

wohnen können: Darbey nicht allein der zorn Gottes/so von den Regenten geübet wird / zu mercken ist / Sondern auch das Ampt der Obrigkeit / wie sie die Frommen schützen vnd schirmen sol/ etc. 4. Esdræ 5. wird von einem Engel angezeiget / wenn einer / dessen sich die Leut nicht versehen hetten / regieren wird/so werden die VOGEL wegfliehen /etc. 4. Esdr. 5.

Diese biß anhero erzelte Sprüch sollen nicht allein allhie im ersten Standt vom zorn vnnd straffen Gottes behalten werden / sondern auch drunden im dritten/ von dem Fluch der Haußhaltug.

Ein ander beweisung Göttliches zorns bey den Vögeln. Deut. 28.

Darnach beweist GOtt seinen gerechten zorn vnnd straffen bey den Vögeln / wenn er die Menschen vnnd jhre Leichnam von den Vogeln zureissen vnd fressen lest. Deut. 28. Wenn du nicht gehorchen wirst der Stimme des HErren deines Gottes / daß du haltest vnd thuest alle seine Gebot vnd Rechte/etc. So wird dein Leichnam eine Speise sein allem Gevögel des Himmels / vnd allem Thier auff Erden/ vnd niemand wird sein der sie scheucht: Du solt vnbegraben auff das Feldt hinaus geworffen/ von den Vögeln gefressen werden. Welches Jeremias Capit. 7. widerholet/vnnd dem Jüdischen Volck drewet / es sol im Babylonischen Krieg geschehen. Die Leichnam dieses Volcks sollen den Vögeln des Himmels/ vnd den Thieren auff Erden zur Speiß werden/dauon sie niemand scheuchen werde. Vnd cap. 15. Ich wil sie heimsuchen mit viererley plagen/spricht der HErr/mit dem Schwerd/daß sie erwürget werden / mit Hunden / die sie schleiffen sollen / mit den Vogeln des Himels/ vnnd mit Thieren auff Erden/daß sie gefressen vnnd verweset werden sollen. Capit. 16. Sie sollen an Kranckheiten sterben/vnd weder beklagt noch begraben werden / Sondern sollen mist

Jerem. 7. Jerem. 15. Jerem. 16

werden auff dem Land / dazu durch Schwerd vnd Hunger vmbkommen/vnd jhre Leichnam sollen der Vögel des Him-
Jerem. 19. mels/ vnnd der Thier auff Erden Speise sein. Cap. 19. Ich wil jhre Leichnam den Vogeln des Himmels / vnd den Thieren auff Erden zu fressen geben. Cap. 34. Ich wil sie
Jerem. 34. geben in jhrer Feinde Handt/ daß jhre Leichnam sollen den Vogeln vnter dem Himmel / vnd den Thieren auff Erden zur Speise werden.

Mit diesen vnd andern gleichmessigen Sprüchen beweiset Gott seine Gerechtigkeit vnd zornige Straffen/ auch bey den verstorbnen Gottlosen Menschen / daß sie vnbegraben liegen/ vnd von den Vögeln sollen gefressen werden.

Hiergegen aber haben wir auch Sprüch / daß dis auch den frommen Gottgleubigen Menschen in den Verfolgungen begegnet ist / welches doch jhnen an der Seelen vnd Seligkeit nicht schedlich noch nachtheilig ist/ ꝛc. Psal.
Psal. 79. 79. HERR / Es sind Heyden in dein Erb gefallen/ die haben die Leichnam deiner Knechte den Vogeln vnter dem Himmel zu fressen gegeben / vnnd das Fleisch deiner Heiligen den Thieren im Lande. Welches nicht allein im Babylonischen Krieg / wie Jeremias verkündiget/ sondern auch in der Antiochischen Verfolgung im Jüdischen Land geschehen ist. 2. Maccab. 9. Die Jüden / die Antiochus Epi-
2. Macc. 9 phanes zuuor nicht werth geachtet / daß sie solten begraben werden / sondern den Vogeln vnd Thieren zu fressen geben wolt/ die wolt er (in seiner kranckheit/da das Gewissen auffwacht) frey lassen/wie die Bürger zu Athen. Wo nu diß den bußfertigen Gottgleubigen Menschen begegnet/sol es jnen an jrer Aufferstehung/ Ehr vnd Herrligkeit nicht hinderlich/ sondern förderlich sein. Wie Augustinus vber gemelten Psalm schreibet: Posuerunt carnes sanctorum volatili-

Es schadet den Gleubigen nichts an jrer seligkeit / ob gleich jhre

bus cœli & bestijs terræ, quasi quicquam eorum resurrectioni deperiret, ex occultis naturæ finibus totum redintegraturo illo, cui & capilli capitis nostri numerati sunt. — leibe den võgeln zu fressen gegeben werden.

Das ist: Sie haben das Fleisch deiner Heiligen den Vogeln vnter dem Himmel / vnd den Thieren im Lande zu fressen geben/ gleich/ als ob etwas jhre Aufferstehung verhindern köndte / da doch der HERR / der auch alle Haar vnsers Häuptes gezehlet/ den gantzen Cörper von den verborgenen örten der Welt wider zusammen bringen vnnd ernewen wil/ etc.

Wir wöllen aber die Exempla hoher vnd doch Gottloser Menschen vnd Potentaten/ welche der gestalt gestrafft sind worden/ biß in den folgenden andern Stand der Weltlichen Oberkeit sparen/ vnnd jetzundt mehr Sprüche bedencken/ darmit Gott seine Gerechtigkeit vnd zorn fürbildet. — Exempla dieses Göttlichen zorns. Esaias 18. verkündiget dem Königreich der Moren/ welches stoltz vnd sicher war/ vnd sich anderer Trübsal nichts annahme/ daß/ ob sie schon schier wie ein reiffes Korn/ vnnd lustige wachsende Träublein seyen / werde dennoch für der Erndt das Gewechs abnemen/ vnd die Frucht verdorren/ daß man die Stengel mit Sicheln abschneiden / die Reben abhawen/ vnd weg thun/ vnd mit einander liegen lassen müsse/ dem Gevögel auff der Erden / vnnd den Thieren im Landt/ daß des Sommers die VOGEL drinnen nisten/ vnd des Winters die Thier drinnen liegen. — Esa. 18. Hieronymus deutets auff die Menschen/ andere auff die Verheerung des Getreyds vnnd Lands / vnnd folgende Thewrung / wie Lutherus das verstehet. — Hieronymi erklerung. In gemein ists eine Lehr von der Vnbestendigkeit der grünenden glückhafften Königreichen / Fürstenthümen/ vnd auch priuat Personen / mit jren Gütern/ daß Gott dieselbige plötzlich in seinem zorn abhawen / wegnehmen / verheeren kan / daß nur Vögel vnnd Thier drinnen wohnen. Wie Brentius diese Gleichnis außführet: Regnis huius seculi accidet, quod aliquoties segeti aut vitibus accidere solet: Nonnunquam enim segetes & vineæ promittunt ante messem & vindemiam, copiosissimum fructum: Germen exurgit, culmus augescit, arista floret, nec aliud reliquum videtur, quàm vt post aliquot hebdomadas multum fructum colligas: Sed ecce subitò irruit aliqua calamitas, quæ segetes & vites ita depopulatur, vt necesse habeas stramina falcibus demetere, & palmites amputare ac proĳcere, vt habeant bestiæ terræ & volatilia cœli, quo se æstate & hyeme recipiant: Sicut etiam continget omnibus Regnis huius mundi. Initiô cum constituuntur, videntur euasura in tantam potentiam, vt queant omnes incolas suos tranquillos reddere, & perpetuò conseruare. Et aliquandiu sic florent, vt existimes totam terram fructibus eorum sustentandam fore: Sed in medio flore sic succiduntur, vt ad fructum quem speraueras, minimè perveniant, sed diripiantur & conculcentur à quibusuis. Exempla habes, Regnum Aegyptiacum, Assyriacum, Babylonicum, Persicum, Macedonicum, Græcum & Romanum. Quod de publicis huius mundi Regnis dicitur, hoc etiam de mundanis diuitĳs priuatorum hominum intelligendum est. Sunt familiæ hominum, quæ parant sibi tantas diuitias, vt videantur nunquam posse paupertate affligi: Sed in medio flore, cum iam speras fructum diuitiarum, deficiunt & pereunt. Hæc cognoscenda, hæc cogitanda sunt, vt discamus timorem DEI & obedientiam.

Brentius.

Das

Das ist: Es wird vber die Weltliche Königreich eben das/so wir etzlich mal an der Saat vnd Weinbergen ergehen gesehen/ dermal eins vollzogen werden. Denn es lest sich offt bey dem Acker vnd Weinbaw vor der Erndt vnnd Herbstzeit ansehen/ als werde man reichliche vnd vberflüssige Frücht einsamlen/ Die Saat geht lieblich auff/ der Halm wechset daher gleichsam zusehens/ das ähr bluhet/vnd scheinet nichts weiter von nöthen oder vbrig sein/ als daß du nach kurtzer zeit die Hande anzulegen/ vnnd vielfeltige Frücht ein zusamlen/dich gefast machest. Aber siehe/ blötzlich vnd vnuersehens kümpt ein vnfall vnd Vnglück/daß die Saat vnd Weinberg dermassen verwüstet vnd verderbet/ daß man das Stro abschneiden oder abhawen/ die liebliche schöne junge Schoßreben abschneiden vnnd wegwerffen mus/ die nachmals zu nichts anders nütze sein/ als daß die Thier der Erden/ vnd Vogel des Himmels/Sommer vnd Winter daruon jhre nahrung haben. Gleicher gestalt wirds ergehen allen Königreichen dieser Welt/ Anfangs da sie bestelt vnd angericht werden/scheinets/als ob sie zu solcher Macht vnd Gewalt werden kommen/daß sie alle jre Vnterthanen in gute ruhe vnd friede setzen/ sie auch darbey wol werden erhalten können/ Stehen auch ein zeitlang in solcher Blüt vnnd gar wol/ daß man meint/ es könne die gantze Welt jhr geniessen/ vnnd von jhnen sich erhalten. Aber in der besten Blüt werden sie also nider gelegt vnd vmbgerissen/ daß sie den verhofften Standt nicht erreichen/ vñ von jederman geplündert vnd verheeret werden. Dessen exempel sind vor augen/ der Egyptier/Assyrier/Babylonischer/Persischen/Macedonischē/ Griechischen vñ Römis. Reich. Was nu von gemeinen dieser Welt Herrschafften vnnd Fürstenthümen geredt ist/ sol man auch von eintziger vnd Priuat Leut Weltlichem Reichthum

ver-

verstehen. Denn es kömen bißweilen Leut zu solchen grossen Gütern/daß man denckt/ es könne jnen nimmermehr feilen/ sie können nicht arm werden/Nacher / wenn man denckt/ sie stehen am aller besten/zersteubt vnd verschwindet jhnen alles Gelt vnd Gut/ wie man sagt/vnter den Henden/vnd müssen nachmals grosse noth/ hunger vnnd kummer leiden. Dis sol man lernen vnnd bedencken / darmit man in der Furcht Gottes lebe / jhme Gehorsam leiste / vnd nach den bestendigen ewigen Gütern trachte/ rc.

Hieher gehört nu auch die Weissagung Jeremiæ/ capit. 50. vers. 39. von der Verwüstung der Stadt Babel/ vnd des gantzen Landes. Es ist ein Götzenlandt/ vnd trotzen auff jre schreckliche Götzen/ darumb sollen vngehewre Thier vnd VOGEL drinnen wohnen / vnd sol nimmermehr bewohnet werden/vnd niemandt drinnen hausen für vnnd für/ Gleich wie GOtt Sodom vnnd Gomorrha / sampt jhren Nachbarn / vmbgekehret hat/ spricht der HERR / daß niemandt daselbst wohne. Dis ist auch eusserlich erfüllet worden / doch wirds auch auff das Geistliche Babylon/ die Stadt Rom vnd das Bapsthumb/ von einem Engel/ Apocal. 18. gedeutet. Sie ist gefallen/ Sie ist gefallen/Babylon die grosse/ vnd eine Behausung der Teuffel worden/vnd ein Behältnis aller vnreinen Geister / vnd ein Behältnis aller vnreiner feindseliger Vögel. Diese vnreine feindselige Vögel zu Rom / oder in gefallenem Bapsthumb / sind die stoltze /rauberische / vnzüchtige Leute/ die vermeinte Geistlichen/so nicht allein für sich an der lehr vnd leben vnrein sind/ sondern auch andern Leuten grewlich vnd abschewlich antzuschawen. S. Rupertus. Volucres immundæ & odibiles omnes superbi tàm dœmones quàm HOMINES rectè intelliguntur, Volatus namq; volucrum leuitatem atq;

Jerem 50. Von d verstörung der Stad Babel.

Apoc. 18. wirds vom geistlichen Babylon / der Stadt Rom/gedeutet.

S. Rupert.

atq; vanitatem significat superbientium. Nec verò qualibuscunq; volucribus sed immundis assimilantur. Verbi gratia noctuis siue vpupis, quæ stercoribus humanis insidere delectantur, &c.

Das ist/ Die vnreine verhaste Vögel sind alle stoltze Teuffel vnnd Menschen. Denn der Vögel flüge bedeut der hochmütigen leichtfertigkeit vnd lügen/ vnd werden nicht allerley Vögeln verglichen/ sondern allein den vnreinen/ als den Nachteulen oder Widhopffen/ deren lust ist/ daß sie in dem Menschen Koth sitzen/ etc. Vnd ist dis auch ein merckzeichen des gestürtzten vnd gefallenen Bapsthumbs/ darinn nur vnfletige/ garstige/ Epicurische Vogel gefunden werden.

Vnd in gemein von Gott zu reden/ vergleicht er sich einem Vogler/ der Vögel fänget. Amos 3. Felt auch ein Vogel in den Strick auff der Erden/ da kein Vogler ist? Hebt man auch den Strick auff von der Erden/ der noch nichtes gefangen hat? Ist auch ein Vnglück in der Stadt/ daß der HErr nicht thue? Das ist/ Gleich wie kein Vogel gefangen wird/ der Vogler stelle denn sein Netz auff/ der nimpts auch nicht hinweg/ er habe denn Vogel gefangen: Also kömpt auch keine Straffe vber die Gottlosen/ ohne GOttes willen vnnd verhengnis/ stellet auch sein Netz der Straffpredigten nicht ehe auff/ die Menschen versündigen sich denn/ vnd geschehen auch nicht vergebenlich/ wie Brentius sagt: Quemadmodum aues non capiuntur extentis laqueorum retibus sine aucupe: ita nulla afflictio hominibus absq; Domino contingit, & nulli peccatores tribulationis vinculo capiuntur absque aucupe DOmino Deo nostro. Adhæc non leuantur retia de terra, super quam extenta erant, nisi prædam cœperint: Ita posteaquam Dominus DEus etiam retia futuræ afflictionis

Gott vergleicht sich eim Vogler/ der Vogel fengt. Amos 3.

Brentius.

extenderit, non ea auferet, donec afflictio venerit, & peccatores non resipiscentes comprehenderit. Aucupes & venatores non frustra tendunt retia sua, & vos existimabitis Dominum prædicationis verbi sui laqueos, atq; imminentis calamitatis retia, frustra extendisse? absit ut tantam insipientiam sapientissimo DEO adscribamus.

3. Gott zeiget bey den Vögeln seine gnad/ schutz vnd schirm an. Leu. 14.

Zum dritten/ zeiget Gott auch seine Gnade/ Schutz/ vnd Schirm bey den Vögeln an/ als daß er zur reinigung der Aussetzigen Vögeln nehmen heist/ Leuit. 14. Der Priester sol dem/ der zu reinigen ist/ gebieten/ daß er zween lebendige Vögel nehme/ die da rein sind/ vnd Cedern Holtz/ Rosinfarb Wolle vnd Jsop/ Vnd sol gebieten/ den einen Vogel zu schlachten/ in einem ärden Gefäß am fliessenden Wasser/ Vnd sol den lebendigen Vogel nehmen mit dem Cedern Holtz/ Rosinfarb Wolle vnd Jsopen/ vnd in des geschlachten Vogels Blut tuncken am fliessenden Wasser/ vnnd besprengen den/ der vom Aussatz zu reinigen ist/ sieben mal/ vnd reinige jn also/ vnd lasse den lebendigen Vogel ins freye Feld fliegen.

Dz erwürgt Vöglein ist ein Fürbild Christi. Der freygelassene Vogel ein erinnerung der erledigung der gleubigen aus des Teuffels Reich.

Was die Reinigung oder Vnreinigkeit anlanget/ ist droben im Thierbuch/ bey den Opffern offt erwehenet worden/ ohn noth hie zu widerholen. Das erwürgete Vögelein mit seinem Blut in einem Gefäß/ ist ein Fürbild des Bluts Jesu Christi/ welches die Menschen von jhrer Sünd vnd Missethat reiniget. Der ander Vogel/ den man in das freye Feld fliegen ließ/ war nicht allein eine erinnerung/ daß der Aussetzige/ der nun rein war/ widerumb möchte vnter das Volck gehen/ vnnd mit jhm gemeinschafft haben/ daruon er zuuor außgeschlossen war/ Sondern ist auch ein andeutung/ daß die gereinigte vnnd erlösete Christgleubigen/

wider von der Gefängnis des Teuffels ledig/ und zu GOttes Volck und Kindern werden. Weil aber im Lateinischen Passer, Sperling stehet/ magstu daselbst weiter lesen/ rc.

Was aber den Göttlichen schutz und schirm betrifft/ den Gott mit der Vögel eigenschafft fürbildet/ spricht Esaias 31. Der HErr Zebaoth wird hernider faren zu streiten/ auff den Berg Syon/ und auff seinem Hügel (wider den Assyrischen König Sennaherib) und wird Hierusalem beschirmen (wie die Vögel thun mit flügeln) schützen/erretten/drinnen umbgehen und außhelffen. Hieron. Quomodo aues, ut defendant fœtus suos, nidos supervolant, & sive serpentem, sive hominem viderint, avesq; alias ad pullos suos accedere, oblitæ imbecillitatis, rostro pugnant & ungvibus, doloremq; pectoris garrula voce congeminant: Sic Dominus proteget Hierusalem, & liberabit eam transiens atq; salvabit. Quod autem Dominus in similitudinem avium protector fuerint Ierusalem, in Evangelio ipse testatur, Matth. 23.

Esa. 31.

Hieron.

Matth. 23.

Das ist: Gleich wie die Vögel/ wenn sie jre Jungen verthedigen/ vom Nest heraus fliegen/ und mit dem Schnabel und Klawen/ wider die Schlangen/ Menschen oder andere Vögel/ die sich herzu nahen/ streiten (unangesehen jhrer eigenen schwacheit) und jren hertzlichen jammer und schmertzen mit dem schreyen anzeigen/ Also wird auch der HERR Jerusalem verthedigen und beschirmen/ wie er selbs drunden (bey der Hänne) Matth. 23. anzeiget. Diese Gleichnis und Vogel art tröstet die angefochtene verfolgete Kirch Gottes/ daß er grössere fürsorg/ fleis und auffsehens uber sie habe und trage/ denn kein Vogel uber unnd gegen seine Jungen. Unnd zu besserem Verstandt dieses Trosts/ mögen wir die

zeugnis aus Gottes Wort von den Flügeln / Fittichen/ ꝛc. mercken vnnd erwegen / als das David Psalm. 17. bittet/
Psal. 17. Behüte mich wie einen Augapffel im Aug/ Beschirme mich
Augustin. vnter dem Schatten deiner Flügel. Augustinus. Sub munimento charitatis & misericordiæ tuæ proteges me. Das ist / Vnter dem Schirm deiner Liebe vnd Barmhertzigkeit wollestu mich beschützen.
Psalm 36. Psalm. 36. Wie thewer ist deine Güte / GOtt / daß Menschen Kinder vnter dem Schatten deiner Flügel trawen.
Psalm 57. Psal. 57. Sey mir gnedig/ GOtt / sey mir gnedig / Denn auff dich trawet meine Seele/ vnnd vnter dem Schatten deiner Flügel habe ich zuflucht/ bis daß das Vnglück fürüber gehe.
Hieronym. Hieronymus. Id est, in protectione paterna: A calore vmbra quæritur: sed per calorem persecutio vel tribulatio intelligitur, & per vmbram protectio Diuinitatis, vbi semper confugere debemus. Sed duæ alæ, duo Testamenta vel duo præcepta charitatis, id est, Die Väterliche Beschirmung wird verstanden. Denn für der Hitz suchet man Schatten. Die Hitz ist die Verfolgung vnd Trübsal. Der Schatten ist Göttlicher Schutz/ dahin man allezeit fliehen sol. Die zween Flügel sind die zwey Testamenta / oder zwey Gebot der Liebe.
Hilarius. Hilarius aber schreibet vber diese Gleichnis: Auium natura est, infirmitatem pullorum alis inumbrare, eosq; à præteruolantium vi atq; improbitate defendere. Quod & in Gallinis maximè noscimus, cum collectos intra pennas fœtus suos, aut operiant, aut tueantur. Quarum consuetudinem ad exemplum sollicitudinis suæ Dominus commemorat, dicens ad Hierusalem: Quoties volui colligere filios tuos sicut gallina, &c. Sperat ergò in vmbra alarum Dei sanctus, donec iniquitas transeat, id est, dum aut seculi scandala,

aut

aut iniquitates impiorum, terrenæ humilitatis infirmitatem, dum hanc ipsam, quasi speluncam habitaculi & corporis sui Dauid, qua nunc est clausus euadit, & sperans sub vmbra alarum Dei, officio spei suæ semper intentus est, &c.

Das ist: Den brauch haben die Vögel/ daß sie jhre blöde vnd schwache Jungen mit Flügeln vberschatten/ vnd für dem Gewalt vnd Schaden der vberhin fliegenden Raubvögeln vertheidingen. Welches sonderlich an den Hennen gespüret wird: Darnach auch Christus spricht/ Wie offt habe ich dich Hierusalem samlen wöllen/ wie eine Henne jhre Jungen/ rc. Darumb so trawet vnnd hoffet der heilige Dauid auff den Schatten der Flügel Gottes/ bis daß das Vnglück fürüber geht. Was ists für ein Vnglück? Entweder die Ergernis dieser Welt/ oder die Boßheit der Gottlosen/ oder auch die Schwacheit seiner jrrdischen Hütten/ die als ein Spelunck vnd Gruben ist/ die auch fürüber gehen/ vnnd abgelegt werden mus.

Vnd abermal tröstet sich Dauid darmit/ Psalm. 61. Psal 61.
Ich wil wohnen in deinen Hütten ewiglich/ vnd trawen vnter deinen Fittichen. Darüber abermal Hilarius schreibet: Hilarius.
Protectionem misericordiæ Dei, sub velamento alarum diuinus sermo significat. Das ist/ Die heilige Schrifft verstehet durch die Flügeln die Beschirmung vnnd Schutz Göttlicher Barmhertzigkeit. Weiter spricht Dauid/ Psal. 63. Psal. 63.
Du GOtt bist mein Helffer/ vnd vnter dem Schatten deiner Flügel rühme ich. Aber vnnötig ists/ mehr Sprüch vnnd Außlegung der Patrum einzuführen/ daruon drunden weiter folget.

In einer andern Gleichnis/ von den Vogeln genommen/ zeiget Gott seinen Schutz vnd schirm gegen die Christ-

Hose. 2. liche Kirchen an. Oseæ 2. vers. 18. Jch wil zur selbigen zeit/ spricht der HERR/ jhnen einen Bundt machen / mit den Thieren auff dem Feld/ mit den VOGELN vnter dem Himmel / vnd mit dem Gewürm auff Erden/ vnd wil Bogen/Schwerdt vnd Krieg/vom Landt zubrechen/vnd wil sie

Lutherus. sicher wohnen lassen/ ꝛc. Luth. Non loquitur de animalibus, volatilibus & vermibus, qualibus vexabatur vetus populus, sed significat Ecclesiam divinitùs defensam iri à peccati, Satanæ & mundi iniurijs, ut hostes eius ei nocere non posint. Disertè autem dicit PERCVTIAM, ne existimemus nostrarum virium esse hanc defensionem, sed contingere de cœlo per Maiestatem Dei, qua credentes in Filium complectitur. Manent igitur bestiæ agri, manent volatilia cœli, manent vermes terræ, & non possunt aliter quàm ut noceant, sed qui in regno Christi sunt, his nocere non possunt.

Das ist: Er redet nicht von den natürlichen Thieren/ Vögeln vnd Würmen / darmit das alte Volck der Jüden geplaget war/ sondern zeiget an/ die Christliche Kirche werde beschützt von Gott selbs/ für den gefahren vnd anlauff der Sünden / Teuffels vnnd der Welt/ daß diese jhre Feind jhr keinen schaden zufügen mögen. Er sagt aber deutlich/ Jch wil einen Bundt machen/ daß wir nicht meinen/ dieser schutz stehe in vnsern Kräfften vnd macht sondern daß er allein von Himmel komme / aus lauter Barmhertzigkeit/ darmit er die/ so an seinen Sohn gleuben/ liebet. Darümb so bleiben zwar die Thier/ die Vögel des Himmels/ Würme der Erden/ die auch für sich selbst nichts anders denn schaden können/ aber denen/ die im Reich Christi sind / können sie keinen Schaden thun/ ꝛc.

Zum vierden / handelt auch der heilige Job Capit. 28. von der hohen Weißheit / sonderlich dardurch er seine Christenheit auff Erden leitet vnd führet. Man findet Saphir an etlichen örtern / vnnd Erdenklösse / da Goldt ist: Den Steig kein VOGEL erkandt hat / vnd kein Geyers auge gesehen. Vnnd vers. 20. 21. Woher kömpt denn die Weißheit? Vnd wo ist die stätte des Verstandes? Sie ist verholen für den augen aller Lebendigen / auch verborgen den Vögeln vnter dem Himmel: Das Verdamnis vnd Todt sprechen / Wir haben mit vnsern Ohren jhr Gerücht gehöret. GOTT weis den Weg darzu / vnnd kennet jhre stätte.

4. Gott helt seine weisheit darbey für. Job. 28.

Der einfeltige verstandt dieser wort ist: Ob schon die Menschen / Thier vnd Vögel viel wunderbarlicher. seltzamer verborgener Sachen / auch in den heimlichen örtern der Erden erfinden vnd herfür bringen / vnd der Mensch den Vogel hierinn obertrifft / jedoch so kan kein Creatur Gottes Weißheit ersehen vnd ergründen / sonderlich aber die / darmit er seine außerwelte regieret vnd erhelt. Diese meinung ist Brentij / wie seine wort lauten: Hoc capite docet hanc profundam Dei sapientiam (quod pios nunc affligit postea liberaturus: & impijs nunc benedicit, in iudicio maledicturus) & abditum crucis mysterium non esse ad rationis humanæ regulas exigenda: Omnia enim alia, in rerum natura quantumcunque abscondita, humano labore & industria, pervestigari & æstimari possunt: Sola verò DEI sapientia, humano studio & conatu, nec pervestigabilis, nec æstimabilis est. Paulò post in hæc verba, vbi verò sapientia invenitur? Cum omnia quantumcunque abscondita, humana Ratione inve-

Brentius. GOttes Weisheit ist vnerforschlich.

inuestigari poßint, sola Dei sapientia, nec in terra inueniri, nec è terra effodi, nec humanis viribus inuestigari potest: id quod de HVMANA solum RATIONE intelligi debet: nam fides penetrat etiam in abscondita Dei. 1. Cor. 2. Nobis Deus reuelauit per Spiritum suum, Spiritus enim omnia scrutatur etiam profunditates Dei. Et iterum: Reliqua omnia & inueniri & æstimari possunt, sola sapientia inæstimabilis est, neq; est vila res, in tota rerum natura, cui poßit sapientia Dei conferri, sola autem in Domino inuenitur, nobis autem offertur VERBO & PROMISSIONE, & accipitur FIDE. Iacobi 1.

Das ist: Die Weißheit GOttes kan mit Menschlicher Vernunfft nicht gefunden noch geschätzet/sol auch nicht mit derselben reguliert vnd geurteilet werden / Sie wird aber mit vnd in dem Wort vnd Verheissung Gottes von Christo offenbaret / angeboten / vnnd mit dem wahren Glauben ergriffen. Jacobi 1. Welchem Weißheit/ꝛc.

Osiander. Osiander verstehet die Vögel vnter dem Himmel/ auch die Engel / denen die Weißheit GOTtes nur so weit kundt ist/ als jnen von GOtt offenbaret wird. Durch die Hell vnd Todt aber die hellischen Geister/ welche die Weißheit Gottes / die er in erlösung seiner Kirchen bewiesen/ nicht begreiffen kündten. Diese Weißheit ist der gecreutzigte Christus/der Jüden Ergernis/der Heyden Thorheit/aber den beruffenen vnd gleubigen eine Göttliche Krafft vnd Göttliche Weißheit. 1. Corinth. 1. Vnd dis in gemein von GOttes Eigenschafften.

Die Vögel loben vnd preisen auch Christum Psalm. 8.

Was weiter in specie Christum anlanget/ sollen wir folgende Sprüch mercken. Psalm. 8. Du wirst Jhn (Christum in seiner nidrigung) lassen eine kleine zeit von Gott verlassen

lassen sein/ etc. Aber du wirst Jhn zum HERRN machen vber deiner Hände Werck. Alles hastu vnter seine Füsse gethan / Schaff vnd Ochsen allzumal / darzu auch die wilden Thier / die Vögel vnter dem Himmel/ etc. Diese allmechtige Herrschafft ist dem Menschen Christo in der zeit gegeben worden / die er / als GOtt / zuuor allezeit gehabt. Die mögen wir auch recht betrachten vnd gebrauchen/ Wie denn Lutherus in der Lateinischen Außlegung diese drey nutzen erzehlet. Erstlich ists wider die Jüden vnd alle Gottlose Menschen/ welche dem Reich Christi widerstreben/ nichtes nach jhm fragen/ vnnd darfür halten /sie haben für sich selbest gnug/ an Vieh / Haab vnd Gut / vnd mögen dasselbige nach jhrem gefallen gebrauchen / wie es denn von jhnen auch geschicht/ Derwegen wil David ein frommen bedrängten Christen trösten / er sol sich nicht dran ergern / die Gottlosen seyen doch mit allem jrem Viehe vnd Reichthum Christo vnter seine Füsse gethan/ Allein sehen wirs noch nicht/ Wie Paulus 1. Corinth 15. anzeiget/ Warumb stoltzieren denn die reiche Leut / vnnd handeln mit jhrem Gut wider Christi willen vnd Gebot? Warumb bekümmern sich auch die arme bedrängte Christen / die ein solchen reichen Großmächtigen gnedigen Herren haben?

Christi grosmechtiger gewalt vnd Herrschafft.

Lutherus.

Darnach dienet auch diese Herrschafft wider der Jüden Opffer / welche sie Gott/ als ein wolgefälligen Gottesdienst / zu jhrer versühnung vnnd Vergebung der Sünden aufftragen vnd vbergeben wolten: Aber dis ist thörlich gehandelt / Denn alles ist vorhin sein eigen/ Wie GOtt auch Psalmo 50. antwortet / Jch wil nicht von deinem Hauß Farren nemen/ etc. Denn alle Thier im Walde sind mein/ vnd Viehe auff den Bergen/ da sie bey tausenden gehen/ Jch kenne alles Geuögel auff den Bergen/ etc.

Zum dritten / dienet diese Herrschafft zu erhaltung Christlicher Freyheit/ wider das abergleubig fasten/ oder vnderscheidt der Speise im Bapsthumb. Das Jüdische Reich war Ceremonialisch/ stundt in vnterscheidt der Thier/ Vogel essen / Kleidung / Ort / Wasser / etc. Aber das Reich Christi ist gefreyet daruon. Sub Christo omnia possidente, libera licitaque sunt omnia, quæ in cœlo, terra, mari sunt. In quibus tamen maior est per hominum decreta captivitas, quàm unquam olim sub lege fuit. Vnter Christo / der alles besitzt/ sind alle ding / so im Himmel / auff Erden / vnnd im Meer / frey vnnd zu geniessen vergönnet / Welche Freyheit doch durch Menschen Satzung gespert / vnd eine grössere Dienstbarkeit vnd gefängnis im Bapsthumb ist / denn im Gesetz Mosi. Der Vögel Fleisch essen ist auch dem Noah nach der Sündfluth/ Genes. 9. zugelassen. Vnd Nehemias am 5. Capit. hat auch seine Speise vnd Trachten von Vögeln/ etc. Petrus zwar war auch der Jüdischen Meinung / Actor. am 10. Denn da er hungerig war vnnd anbeissen wolt/ sie jhm zu bereiten/ ward er entzückt/ vnnd sahe den Himmel auffgethan / vnnd hernider fahren zu jhm ein Gefäß / wie ein gros leinin Tuch/ an vier zipffel gebunden / vnd ward nidergelassen auff die Erden. Darinnen waren allerley vierfüssige Thier der Erden/ vnd wilde Thier vnd Gewürm / vnd VOGEL des Himmels/ Vnd geschahe eine Stimme zu jhm / Stehe auff Petre/ schlachte vnd iß. Petrus aber sprach / O nein HErr/ Denn ich habe noch nie etwas gemeines oder vnreines gessen/ Vnd die Stimme sprach zum andern mal zu jhm / Was GOtt gereiniget hat / das mache du nicht gemein. Vnnd das geschahe zu drey malen. Vnd das Gefäß ward wider auffgenommen gen Himmel. Wiewol GOTT mit diesem

Vnter Christo sind keine Thier verboten zu geniessen/ welchen Tag man wil.

Gen. 9.

Nehem. 5.

Actor. 10. Von dem Gefäß Petri/ von allerley Thieren.

sem Gesicht Petrum berichten wil/daß auch die vnreine Heyden zum Reich Christi gehören/ Jedoch wird angemeldet/ daß nichts vnreines oder verboten sey zu essen / weil GOtt alles gereiniget hat / Sonderlich was anlanget das Papistische fasten/ Dauon sonsten.

Aber wir wollen wider zu Christo kehren / von dem Dauid singet/ daß jhm alle Thier/ VOGEL vnd Fische vnterworffen seyen/ dadurch er seine Allmechtige Herrschafft beschreibet. Die Patres verstehen durch die Vogel die hochmütige Stoltze/ Aber daruon drunden.

Darneben meldet Christus auch bey den Vögeln seine ernidrigung vnnd armut in dieser Welt. Matth. 8. Luc. 9. Es sprach einer zu jhm / Ich wil dir folgen/ wo du hin gehest/Er aber antwortet/ Die Füchs haben Gruben/ vnd die Vogel vnter dem Himmel haben Nester/ Aber des Menschen Sohn hat nicht/daß er sein Häupt hinlege. Dieser Schrifftgelerter wolt sich zu Christo halten / sein Jünger werden/ nicht von Hertzen/ aus lust vnd Liebe der Göttlichen Warheit / Sondern weil Christus in hohem ansehen war / verhofft er auch zn grössern Ehren/ Reichthumb vnnd Herrligkeit zu kommen/ Darumb antwortet jhm Christus/ Wer sein Jünger wölle sein/der müsse sich der armut / Creutz/verachtung versehen / ꝛc. Lutherus. O lieber Bruder/ Du gibst gute wort/verheissest viel/ so du doch ein Schalck in der Haut bist / wilt mich mit Worten teuschen/ Aber du jrrest weit/ ꝛc. Du wilt mir folgen als ein Jünger/aber mit dem beding / daß du bey mir Ehr / Reichthumb / vnnd Weltlich Königreich findest / Aber bey mir findestu kein Hauss/ Ja kein Fuchsgruben oder Vogelnest / kein Ort / da ich mein Häupt hinlegen möchte : Creutz ist mein Reich / verachtung in dieser Welt ist mein Verachtung/ die wirstu

Matth. 8. Luc. 9. Christi armut vnd ernidrigung.

Lutherus.

nicht begehren/ daß weis ich wol/ Wer das Euangelion wil annehmen vnnd bekennen/ der darff die ding nicht suchen/ er mus Armut leiden / daß er weder Gruben noch Nest habe/ Summa / Er zeiget in dieser Antwort an/ Sein Reich sey nicht von dieser Welt/ Vnd daß ein Christgleubiger/ wenns die noth erfordert / auch ärmer werde / denn ein Fuchs oder Vogel / also / daß er kein gewisses Nest zu wohnen / noch Gruben zur zuflucht habe / sondern vmb des Euangelij willen / alle stund in gefahren stehe. Derwegen mahlet Christus in dieser antwort vnd stellet für/ die Form/ Gestalt vnd Bildnüs eines waren Christen/ der nicht suchen sol die ding so in dieser Welt sind / als wenn sein Reich darinn stünde/ Sondern er sol diß gegenwertige nuhr gebrauchen / wie ein Gast/ der baldt weichet/ vnd vmb seinet willen bereit ist alles zuuerlassen. Aber das wolt dieser Heuchler nicht mit seinen prächtigen worten / Wie auch heutiges Tages thun/ welche Euangelischer sein wöllen/ als Christus selbst/ Denn ob sie schon mit dem munde sprechen/ Meister/ Meister/ Ich wil folgen/ Ich wil folgen/ wo du hingehest / wo du hingehest/ ꝛc. Jedoch sind sie im Hertzen vnd der that die girigste/ Ehr vnd Geltgeitzigste Menschen/ die mit jhrem gantzem Hertzen die Welt / vnd was der Welt ist / suchen vnnd meinen/ ꝛc.

Derhalben sind diese Wort wol zu behertzigen. Die Füchs haben Gruben / die Vogel vnter dem Himmel haben Nester / Vnnd ob sie schon das haben / so haben sie doch nur noch den Ort / da sie bleiben / vnnd haben noch kein Speis / Tranck vnnd anders / ꝛc. Ein Christgleubiger sol sich auch auff kein Ort verlassen vnnd vertrawen / viel weniger auff andere Güter/ Sondern allein mit dem Glauben vnnd Hoffnung am künfftigen Reich hangen/ vnnd dieser Welt fer Welt brauchen/als wenn ers nicht brauchte. Dis Lutherus.

Wir wollen hiermit weiter von Christi Armut handeln / warumb es geschehen sey: Allein ist Pauli Spruch/ 2. Cor. 8. zu mercken/ Ihr wisset die Gnade vnsers HERRN Jhesu Christi / daß / ob er wol reich ist/war er doch arm vmb ewert willen/ auff daß jhr durch sein armut Reich würdet. Theophylactus verstehet durch die Füchs vnnd Vögel allegoricè die Teuffel/ Als wolt Christus sagen: Ich sihe kein ort oder raum in deinem Hertzen / welches mit Teuffeln besessen vnd erfüllet ist/ Denn das Häupt Christi ist der Glaub an jhm/ Sintemal wer gleubt/ daß Christus GOtt ist/ der helt das Häupt Christi. Eben diese außlegung hat auch Ambrosius in Lucam. Volucres cœli, quæ frequenter ad nequitiæ spiritualis similitudinem deriuantur, veluti nidos quosdam instruunt in pectoribus improborũ, & ideò filius hominis, quod abundabit iniquitas, non habet ubi caput suum reclinet: Etenim dominante versutia, cum simplicitati locus nullus sit, nulla potest in affectibus singulis, divinitatis esse possesio. Caput enim Christi Deus, qui ubi mentem probarit innoxiam, supra ipsam quodammodò vim suæ Maiestatis reclinat. Quod esse videtur indicio, quod profusiore quadam gratia bonorum pectoribus inseratur.

2. Cor. 8.

Theophyl.

Ambrosius.

Das ist: Die Vogel des Hiñels/ durch welche offt gleichnißweiß die abtrünnigen bösen Geister angedeutet werden/machen gleichsam Nester in der Gottlosen Hertzen/ vnd weil alle Boßheit in vollem schwang sein wird/kan der Son Gottes nicht haben/ da er sein Häupt hinlege. Denn bey welchen nhur Betrug gilt / die Frömmigkeit aber außgemustert wird/in solcher Hertzen kan Gott zu wohnen nicht raum oder stadt finden. Denn das Häupt Christi ist Gott/ welcher/ so er das Hertz fromb befindet/ ruhet gleichsam die Krafft seiner Mayestät auff jhm/welches eine anzeigung ist/ daß er in der frommen vnnd Gottfürchtigen Hertzen reichlicher wohnet/ rc.

Beschreibung der Christlichen Kirchen/ durch die Vögel. Ezech. 17.

Ferner wird auch die wahre Kirche Christi/ mit den Gleubigen durch die Vögel angedeutet vnnd vorgebildet. Ezech. 17. vers. 23. Ich wil vom wipffel des hohen Cedernbaums nehmen/ spricht der HERR/ HERR/ vnd pflantzen auff den hohen Berg Israel/ daß es Zweig gewinne/ vnd Frucht bringe/ vnd ein herrlicher Cederbaum werde/ also/ daß allerley Vögel vnter jhm wohnen/ vnd allerley fliegendes vnter dem Schatten seiner Zweige bleiben mögen.

Christus ein Cedernbaum genandt.

Dieser Cederbaum ist Christus/ von dem Königlichen Stammen Dauids genommen/ der erstlich ein geringes Zweiglein schiene/ Esaiæ 11. 53. aber nach seiner Aufferstehung zum grossen Baum worden ist/ Denn durch die Predigt des heiligen Euangelij ist sein Reich in die gantze Welt außgebreitet/ daß die Vögel vnd alles fliegendes/ die Christgleubige Menschen hohes vnd nidern Standes/ ruhe/ erquickung/ schutz vnd schirm/ bey vnd in Christo suchen/ finden vnd haben/ Sonderlich aber Trost vnnd Fried des Gewissens in den Verfolgungen der Welt/ in den anfechtungen des Todes vnnd Teuffels/ daß sie nicht zu grunde gehen.

Hieronymi. Hugo. Lyra. Osiander.

Dis ist Hieronymi/ Lyræ/ Hugonis/ Osiandri/ vnnd anderer Lehrer außlegung/ welche auch mit der erfahrung vberein stimmet/ vnd den Christen tröstlich ist.

Matth. 13 Marci 4. Luc. 13.

Fast ein gleichförmiges exempel gibt Christus selbs/ Matt. 13. Mar. 4. Luc. 13. Das Himmelreich ist gleich einem Senffkorn/ daß ein Mensch nahme/ vnnd seet auff einen Acker/welches das kleinest ist vnter allem Samen/wenn es aber erwächset / so ist es das grössest vnter dem Kol/vnnd wird ein Baum/daß die VOGEL vnter dem Himmel komen/ vnd wohnen vnter seinen zweigen. Das ist/Wiewol das H.Euangelion gering vnd veracht war/so ists doch außgebreitet worden/ daß die VOGEL/ Jüden vnnd Heyden darzu gebracht/vnter seinem Schatten Ruhe gesucht/ vnnd gefunden haben. Lutherus. Significat quod holera, id est, Regna mundi sint magna quidem & pascua ventris, & tamen tandem sinapis crescit, ut ipsi principes & reges & quicquid est holerum, humilientur in fidem, & verbo subiecti, gaudeant sese dignos esse in Ecclesia Dei sedere, & in ramis eius habitare. Hoc est, quod CHRISTVS hîc sinapin arborem vocat, cum sit frutex & herba, scilicet ab effectu, non à substantia, quasi diceret, Sinapis non est arbor, sed si consideres aves, quæ in ramis eius habitant, erit arbor arborum. Quia in aliis arboribus parvæ aves, in hac sinapi sedent aquilæ, reges, principes, sapientes, qui deserta sua fiducia fiunt modicæ velut muscæ in hac arbore. Summa, Ecclesia & Evangelium fit tandem maius & superius omnibus regnis. Lutherus.

Das ist: Die Kolkreuter/ die Reich dieser Welt/ sind wol gros/vnnd des Bauchs Speise/ aber doch so wechst der Senff endtlich so hoch / daß sich Fürsten vnd Könige/ vnd was des Köls mehr ist / demütigen vnter den Glauben/ vnterworffen GOTTES Wort / vnnd frewen sich/ daß sie wirdig geacht sind/ in der Kirchen Gottes zu sitzen/vnnd vnter den ästen oder Zweigen zu wohnen. Vnnd nennet Christus den Senff einen Baum/ nicht von seinem wesen/

weil

weil er ein Gestäud vnd Kraut ist/ sondern von seiner Krafft vnd Wirckung / wenn man die Vögel ansihet / die in seinen Zweigen wohnen / so ists ein Baum aller Bäume. Denn in andern Bäumen sitzen kleine Vögel/ aber auff diesem die Adeler/die Könige/ Fürsten/ Weisen/ die jhr vertrawen verlassen / vnnd wie Mücken klein werden in diesem Baum. Summa/ Die Kirch vnd das Euangelion werden endtlich grösser vnd höher / denn alle Reich auff Erden.

Brentius. Brentius. Das wachsen vnd mehrung des heiligen Euangelij / wird gar artlich den außgebreiten ästen vnnd Zweigen der Bäumen verglichen/ Denn sie geben den Vögeln 1. raum darauff sie sitzen/ 2. Auffenthaltung vnd schutz darauff zu nisteln / 3. den müden vnnd matten Menschen Schatten/ 4. vber das/ so bringen sie auch Früchte zu essen. Denn wie die Vögel/ ob sie schon von den ästen vnnd jhren Nesten wegfliehen / doch widerumb darzu kommen/ Also sol auch alle Sinn vnd gedancken der Menschen zum Euangelio stehen/als zum Nest/dahin sie sich sicher begeben. Vnnd wie ein müder Mensch in der Sonnen hitz vnter dem Baum im Schatten/ erquickung suchet/ Also wenn einer in der hitz der anfechtung ist/ kan er kein gewissere vnd bequemere Erquickung finden / denn im Euangelio Christi/ zu dem/ wie die äst auff den Bäumen / jhre Frucht bringen/ Also bringen auch die gleubige die Früchte der guten Wercke. Aber hier ist alleine der Vögel art vnd eigenschafft zu mercken.

Ambrosius. Ambrosius in Lucam nennet Christum selbst ein Senfftkörnlein/ vnd diesen Baum / wie er auch zwo Predigt de grano synapis, Tom. 3. zu anfang hinderlassen hat. Was aber die Vögel anlangt/ spricht er in Lucam : Granum igitur est figura, arbor est sapientia : In cuius frondentibus ramis ille nycticorax in domicilio, ille passer singularis

gularis in ædificio, ille raptus in Paradysum in aëra rapiendus, & tuta nubis iam sede requiescit. Requiescunt etiam potestates & angeli cœlorum, & quicunque spiritualibus factis evolare meruerunt. Requievit sanctus Iohannes, cum recubaret super pectus Iesu, &c. Diese Vögel sind die Christglaubige heilige Apostel/vnd andere Gottselige Menschen / ja auch die Himlische Kräffte vnnd Engel selbst/die ruhen vnter seinem schatten.

Hieron.

Hieronymus in Matth. Hæc prædicatio, quæ parva videbatur in principio, cum vel in anima credentis, vel in toto mundo sata fuerit; non exurgit in holera, sed crescit in arborem, ita, ut volucres cœli, QVAS VEL ANIMAS CREDENTIVM, vel fortitudines Dei servitio mancipatas sentire debemus, veniant & habitent in ramis eius. Ramos puto Evangelicæ arboris, quæ de grano sinapis creverit, dogmatum esse diversitates, in quibus supradictarum volucrum unaquæque requiescit. Assumamus & nos pennas columbæ, ut volitantes ad altiora possimus habitare in ramis huius arboris, & nidulos nobis facere doctrinarum, terrenaque fugientes, ad cœlestia festinare. Das Senffkorn ist die Predigt des heiligen Euangelij / welche anfenglich klein scheinet/ wenns in des Menschen Hertzen/oder in die Welt gesetet wird/sie wechst nicht zum Kraut/sondern zum Baum/ also / daß die Vogel kommen / vnd dorinnen wohnen. Das ist/ Der Gleubigen Seele/oder auch die Kräffte/welche zum Dienst Gottes verordnet sind. Die zweige oder äste sind die mancherley Lehre / in welchen sie ruhen. Darumb so last vns auch Tauben Flügel nemen/ darmit wir vber sich fliegen/ in dieses Baums zweigen wohnen / Nester der Lehren ma-

ren maren machen / von den jrrdischen hinweg zu den Himlischen dingen fliehen mögen.

Theophyl. Theophylactus in Matth. hat eben diesen verstandt vnd Meinung: Granum sinapis prædicatio est & Apostoli: Pauci enim videntur hi, & totum orbem occupaverunt, atque ita, ut VOLATILIA COELI, hoc est, qui levem & alatam ad cœlestia mentem habent, in eis quiescant. Et tu quoque esto granum sinapis, quod parvum quidem videatur. Non enim oportet virtute spectabilem se præbere, fervidum autem & provocativum & austere reprehendentem. Sic enim eris maximus inter holera, id est perfectus inter infirmos: ita, ut & volatilia cœli, hoc est, Angeli, habitent in te, angelicam ducente vitam, gaudent enim in iustis.

Das ist: Die Predigt des Euangelij vnd Apostel/ sind das Senffbäumlein/ so die gantze Welt eingenommen/ vnd erfüllet haben/ Also/ daß die Vögel des Himmels/ das ist/ welche ein leichte Seel vnd Gemüt mit Flügeln nach den Himlischen dingen begabet/ gehabt haben/ darunter ruheten. Du solt auch ein solcher Baum sein/ so werden die Vögel des Himmels / das ist/ die Engel / jhre Wonung in dir haben. In Marcum cap. 4. idem. Missa prædicatio super terram dilatata est & crevit, ita ut volatilia cœli, hoc est, omnes sublimes scientia & sensu in ipso habitent: Die Vögel sind/ welche von hoher Kunst vnd verstandt die Predigt des heiligen Euangelij angenommen haben/ vnd darunter ruhen. Denn wie viel haben die hohe Weißheit der Heyden verlassen/ vnd haben in der Predigt des Euangelij / von Christo / geruhet / &c.

Gregorius. Gregorius applicieret die Vögel auch auff die gleubige Seelen/ welche sich von jrrdischen Sachen mit Federn der

Chrift-

Christlichen tugenden vber sich schwingen/vnd in den Trostsprüchen des Göttlichen Worts rugen / vnnd ob der müdigkeit dieses Lebens odem holen/vnnd sich erquicken. Dieses sey gnug von den Gleichnissen geredt. Wir haben aber helle vnd Deutsche Sprüche in der Schrifft / darinn die bekerte Menschen zum Euangelio/ den Vogeln verglichen werden. Als Hoseæ 11. Der HERR wird brüllen wie ein Lew / so werden erschrecken die in Egypten / wie ein Vogel/ etc. Ist eine Weissagung von der Predigt des heiligen Euangelij/ wenn dieselbige erschallet / so erschrecken die sichere Menschen(wie ein Vogel auff dem Vogelherdt) verlassen jhr thun vnnd wesen /vnd nemen das Euangelium an. Hose. 11.

Lutherus. Warumb braucht der Prophet die gleichnis von den erschrockenen Vögeln? Darumb/ daß er gleichsam in einem Gemälde anzeige / was für ein zustandt sey in der Welt / ehe diß brüllen kömmet / Denn ehe die Predigt des Euangelij erschallet / so ist die Welt den Vogeln oder Tauben gleich / welche sicher ohn alle Furcht bey der Weyde/vnnd essen / sitzen. Denn/ ob schon mancherley widerwertige Glauben sind / so meinet doch ein jeder/ er folge dem Glauben der warhafftig vnd heilsam sey. Darumb wie die Vögel bey der weyde sicher sitzen/essen/ vnd verlassen für sich selbst nicht ein solchen guten ort/ sondern kommen teglich wider dahin. Aber wenn sie vnuersehens eines Lewen brüllen oder Büchsen knall hören/die weyde verlassen/aus furcht vnd schrecken vber sich fliegen/ etc. Eben eine solche gestalt hats auch mit dem Menschen / die seind sicher / hat ein jeder seinen Glauben für recht/Aber wenn das heilige Euangelium/ wie das brüllen eines Lewen / erschallet/ so erschutterts den Erdtbodem / beweget die Völcker /daß sie / wie die erschrockene VOGEL / jhre Götzen vnnd Glauben fahren Lutherus.

lassen/ vnd die Lehr des heiligen Euangelij annemen. Welches in dieser letzten zeit/ da das H. Euangelion von D.M. Luth. wider herfür bracht ward/auch geschehen ist. Psal. 84. Meine Seele / spricht Korah / verlanget sich nach den Vorhöfen des HERRN / Mein Leib vnd Seele frewen sich im lebendigen Gott / Denn der VOGEL hat ein Hauss funden/ da sie Jungen hecken/ nemlich/ deine Altar/ HERR Zebaoth.

Psal 84.

Hieronym.

Hieronymus. Aves, quæ liberè huc atque illuc vagantur, tamen postquam volaverint, habent locum & nidulos, ubi requiescant: Quantò magis anima mea & caro mea debet sibi locum præparare, ubi posit requiescere. Das ist: So die hin vnd herfliegende Vögelein endtlich jhre stät vnd Nester haben / da sie ruhen/ Wie viel mehr sol mein Leib vnd Seel nach einem ort trachten/ da sie ruhen mögen. Dis Ort aber ist der Altar / die Christliche Kirchen vnd GOttes Wort / vnnd dort das ewige Leben.

Brentius.

Weiter erklerets Brentius. Corah loquitur de Ecclesijs, quæ per Euangelium ab Apostolis prædicatum, fundatæ sunt: Et ducitur similitudo ab AVIBVS, & inprimis ab hirundinib. Nam quemadmodum aves, etiamsi hinc inde in aëre vagentur, tamen seligunt sibi certa loca, ad quæ in tempestatibus sese conferant, & præcipuè hirundines: (de quibus suo loco.) Ita ô DOMINE Zebaoth, ô CHRISTE, rex meus & Deus meus, refugium & receptaculum nostrum sunt altaria tua (hoc est) Evangelium tuum & Ecclesiæ, quæ ex omnibus gentibus per Evangelium Apostolicum colliguntur. Ibi est domicilium nostrum, ibi nidus noster, in quo sicut nos exclusi & foti sumus, ita etiam alios excludimus & fovemus. Huc nos quicquid acciderit, con-

ferimus,

ferimus, & tanquam ad tutissimum asylum ac receptaculum convolamus. Hic invenimus omnia genera bonorum & omnem felicitatem, &c.

Das ist: Gleich wie die Vögel/wenn sie schon lang in der Lufft hin vnd her fliegen/ dennoch jhre gewisse ört vnd Nester haben/ dahin sie fliegen/wenn Vngewitter vorhanden ist/oder so sie Jungen hecken: Also auch O HERR Zebaoth/ O Christe/ mein König vnd mein Gott/sind deine Altar / das ist / dein Euangelium vnnd Kirchen/ welche aus allen Heyden/ durch die Predigt des heiligen Euangelij versamlet werden/ vnser Zuflucht vnnd Behältnis / Da ist vnser Wohnung / Da ist vnser Nest / darinnen wir geheckt vnd erzogen worden sind/auch andere erziehen/ Dahin fliehen wir / was vns begegnet / Da finden wir allerley Güter vnd die Seligkeit/ꝛc.

Eben dieses wil auch Syrach/ Cap. 27. mit seinem Sprichwort lehren / Die Vögel gesellen sich zu jhres gleichen. Also helt sich die Warheit zu denen/ die jhr gehorchen. Das ist/Gleich wie die Vögel sich zu jhres gleichen halten / Also ist vnd bleibt auch die Himlische Göttliche Warheit (welche der Sohn Gottes ist/ saget Lyra) bey denen/die sie lieben vnd ehren /ꝛc. Vnd das sey auch von einer eigenschafft der Geistlichen Vögeln / das ist / der warglеubigen Christen gesagt / wie sie sich zu Gottes Wort/ Christo vnd seiner Kirchen halten / darbey jhre erquickung/ Schutz vnnd Trost suchen. Syrach 27.

Eine andere eigenschafft der Christen / wird im folgenden Spruch angezeiget / Psalm. 11. Jch trawe auff den HERRN/ Wie sagt jhr denn zu meiner Seelen/ Sie sol fliegen wie ein Vogel auff ewre Berge? Jhr / meine Rathgeben/ spricht David / Saget vnnd rathet mir/ Wölle ich in

Die verfolgung der Christen durch die Vögel angezeiget. Psal. 11.

ich in diesen Verfolgungen Saulis vnnd seiner Gehülffen/ bey Leib vnnd Leben bleiben/ so sol ich mich aus dem Landt Juda weg trollen/ vnnd/ wie ein Vogel/ auff den Bergen hin vnd wider flüchtig sein/ Sonsten könne ich nicht erhalten werden. Aber ich laß mich nicht schrecken/ Denn ich habe einen guten Helffer/ den HERREN/ auff den ich trawe/ der wird mich wol erretten/ vnd für jhrer Tyranney verthedigen können.

So lehret demnach David/ ob schon die Christenliche Kirchen/ wie ein verscheuchter/ flüchtiger Vogel sein mus/ so frage sie doch nicht viel darnach/ sondern habe alle jhre Hoffnung vnd vertrawen auff Gott gestelt/ der wol retten vnd helffen könne. Gleichwol wird allhie ein fein bildnis gestelt allen rechtschaffenen waren Christen/ die sich im Leben vnd Lehren nach GOttes willen gegen der Welt erzeigen. Si vis esse pius (ait Doctor Æpinus in hunc Psal.) erranti aviculæ eris similis, nusquam erit tibi locus, nusquam licebit consistere, oportebit ut exul vivas, ut oberres, ut latebras quæras, ut in nemora avoles, & inibi tibi specus ac latibula quæras, ut de monte in montem fugias, vitesq; ea loca quæ homines incolunt, quia impij non patientur, te vivere in sua Republica, si Dei fiducia fretus, sectari volueris pietatem, & damnare impiorum cupiditates, studia ac mores, &c.

Aepinus.

Das ist: Wiltu fromb sein/ So mustu wie ein flüchtiger Vogel stets in der flucht sein/ kein gewisses Ort wirstu haben/ da du bleiben köndtest/ im Elend leben/ vmbher ziehen/ Schlupffloch suchen/ in die Wäld fliehen/ daß du Hölen vnnd Gruben findest/ von einem Berg zum andern lauffen/ die Ort meiden/ da Menschen wohnen/ denn sie werden dich in jhrer Gemeine nicht leben lassen/ wenn du

durch

durch GOTTES Hülffe vnd Beystandt der Gottseligkeit nachstreben / jhre böse Lust / Fürnemen vnnd Wesen straffen wirst / rc. Doch ist allwege der Trost darbey zu mercken / daß GOTT eine stattliche Errettung sendet.

Die Patres verstehen dieses Gesetzlin vnnd Verß von den Ketzern / welche die Gleubigen von jrem vertrawen in Christum / abwenden / auff sich / jhre Kirchen / Glauben vnnd Werck zuführen wöllen: Welche Außlegung Luthero auch nicht mißfelt / der dieses auff das Bapsthumb gründtlich deutet / da die arme betrübte Hertzen nicht zu GOTT / sondern zu der Jungfrawen Maria / zu den Aposteln / Martyrern / Heiligen vnnd jhren eigenen Wercken gewiesen sind / vnnd flüchtigen Vögeln gleich werden / rc. Lutherus.

Was aber den Trost vnd Errettung in leiblichen vnd Geistlichen Anfechtungen betrifft / singet David getrost / Psalm. 124. von der Christlichen Kirchen: Vnsere Seele ist entrunnen / wie ein VOGEL dem Strick des Voglers / Der Strick ist zurissen / vnd wir sind loß / Vnser hülffe stehet im Nahmen des HERRN / der Himmel vnd Erden gemacht hat. Erstlich saget David von den grossen gefahren der Kirchen GOTTES in dieser Welt. Zum andern / setzet er die erlösung entgegen / welche beyde Stück den Gleubigen zubehertzigen sind / Das erst / zur warnung für der Sicherheit / Das ander / zur auffrichtung wider die verzweifflung. Trost in nöten vnd verfolgungen. Psal. 124.

Lutherus de prima doctrina hæc scribit: Auceps omnia simulat, quæ potest, proponit escam, habet chorum avicularum, tanquam in læta re secura canentium: Ipse quoque auceps aliquid accinit, ita, ut si speciem consideres, Lutherus.

deres, omnia sint amicissimè instructa: Sed in his simulatis officijs, quis nescit quale periculum struatur miseris aviculis? laquei enim latent, qui etsi aperti essent, tamen non haberent illam horribilem speciem, quam vel stricti gladij, vel nudi luporum dentes exhibent. Sed cur hæc omnia instruuntur ab aucupe? Nonne ut aviculis captis obtorqueat collum, & eas strangulet? Sic significat hæc figura bellissimè ASTVM, calliditatem, dolos & insidias, quibus sævitiam & crudelitatem suam adversarij verbi tegunt, cum revera aliud nihil agant, quàm quomodo nos capiant & occidant.

Der verfolgen d Christen list der Vogelsteller list verglichen.

Das ist: Ein Vogler handelt in allen dingen mit den Vögeln betriegisch / wirfft jhnen zu essen für / hat seine Lockvogel / die sicher daher singen / als wenn alle Sachen wol stünden / Der Vögler pfeifft auch darzu / daß nach dem eusserlichen ansehen alles auff das freundlichste bestellet ist. Aber wer weis nicht was für gefahren den armen Vöglein mit diesen falschen diensten gestellet werden? Die Strick sind verborgen / vnd wenn sie schon öffentlich weren / hetten sie dennoch keinen solchen grawsamen anblick vnnd gestalt / wie die blosse glentzende Schwerdter / oder die blosse Wolffszeen / ꝛc. Warumb wird denn dis alles von Vogler also angestellet? Geschichts nicht darumb / daß er den armen gefangenen Vögelein den Hals vmbdrehe / vnd erwürge? Also zeiget diese Figur vnd Gleichnis auff das zierlichst an den List / Spitzfindigkeit / Betrug vnd Hinderlist / darinn vnnd mit die Feind Göttliches Worts jhre Grawsamkeit vnd Tyranney verbergen / so sie doch anders nichts handeln / denn wie sie vns fangen vnd vmbbringen. Wie Lutherus den Wormbsischen vnd Augspurgischen Reichßtag zum Exempel einfüret. Solches geschicht aber auch heimlicher weise vom Teufel/

fel/

fel/ der vns Strick leget/ vnd vns als nerrische Vöglein fahen/ nicht allein vmb das zeitliche Leben bringen / sondern auch in die Sünd vnd andern Jammer werffen wil/ wie Lutherus weiter sagt.

Die ander Lehre dieses Spruchs / ist der Trost von der Erlösung aus den Stricken der Welt vnd des Teuffels/ welche der gütige Barmhertzige Gott zubricht/ daß die arme gefangene Vögelein entfliehen mögen: Welches Hieronymus mit diesen worten andeutet: Tenduntur nobis laquei in concupiscentijs ac diversis diabolicæ astutiæ dolis, sed contrito Satana sub pedibus nostris, sicut passer, à capiente evolamus ab illis: Si enim Dominus habitet in nobis, ipse hos disrumpet laqueos, ne nos impediant. Das ist / Ob schon vns vom Teuffel in vnd mit den bösen lüsten/ gantz betrieglicher weiß/ Strick geleget werden/ so entfliehen wir doch aus den Henden der Vögeler/ wenn der Teuffel vnter vnsere Füsse geworffen vnd zutretten wird. Denn so Gott in vns wohnet/ so zubricht er selbst die strick/ daß sie vns nicht hindern.

Gott zureist die strick vnserer verfolger.
Hieronym.

Wir wollen aber auch Exempla zu den Sprüchen einführen. Jeremias spricht Thren. Cap. 3. Meine Feinde haben mich gehetzt/ wie einen VOGEL/ ohne vrsach/ Sie haben mein Leben in einer Gruben vmbbracht / vnd Stein auff mich geworffen. Welches nicht allein von den Chaldeern / damals wider das Jüdische Volck/ vollnzogen ist/ sondern begegnet auch noch der Christlichen Kirchen. Wiewol S. Hieronymus diß auff Christum / andere auff den Propheten Jeremiam selbs deuten: Avis nomine ipse Dominus significatur, qui licet in terra de virgine matre sit æditus, tamen cœlestia doctrina sua & exemplo, semper petit; membraque sua fide & spe duabus alis ad supernasem-

Exempla.
Thren. 3.
Hieronym.

na semper sublevat, dicens in Evangelio, Regnum meum non est de hoc mundo, &c. Das ist/ Durch den Vogel wird der HERR selber angedeutet/ Denn ob er wol von der Jungfrawen Maria auff dieser Erden geboren ist/ Jedoch so suchet vnnd begehret er jmmerdar das Himmelische mit seiner Lehr vnd Exempel: Vnnd seine Glieder die Christen/ erhöhet er vber sich mit zweyen Flügeln/ dem glauben vnd Hoffnung. Wie er in seinem Euangelio leret/ Mein Reich ist nicht von dieser Welt/ rc.

Vom Creutz aller Menschen. Job. 5.

Nicht vngereimpt ists/ daß wir an diesem ort inn gemein von dem Creutz / Elend vnnd Widerwertigkeit deß Menschen/ bey den Vögeln anhören. Job am 5. Eliphas wil Job beschüldigen / als ob er mit seinen groben Lastern das zugeschickte Creutz wol verdienet habe/ vnd spricht/ Mühe gehet nicht aus der Erden / vnnd Vnglück wächst nicht aus dem Acker/ Sondern der Mensch wird zu Vnglück gebohren/ wie die VOGEL schweben/ empor zu fliegen/ rc. Das ist/ Das du/ Job/ geplaget wirst/ geschicht nicht ohn gefehr / sondern du bist selbs schüldig dran/ bringest die Vrsach (die Erbsünde) mit dir in diese Welt: Gleich wie die Vögel jhr fliegen nicht von der Lufft vberkommen/ sondern mit sich bringen / Also bringen alle Menschen mit der Sünde allerlley Creutz vnnd Trübsal in diese Welt/ welch doch in den bekerten gleubigen Christen keine Straffe mehr/ sondern ein heiliges Creutz vnnd Prob des Glaubens ist/ rc.

Brentius. Gregorius.

Der Brauch dieses Spruchs ist/ daß wir die Schuld vnnd Vrsach vnsers Creutzes/ nicht GOtt oder andern dingen/ sondern vns selbs vnd vnsern Sünden geben/ vnd aufflegen sollen. Wie Brentius dis erkleret. Gregorius lib. 6. cap. 6. deutets auff die Christgleubige Menschen / welche zwar viel Mühe vnd arbeit hie vnten auff Erden haben/

aber doch mit den Flügeln der Hoffnung vnnd Gottseligen Lebens vber sich fliegen/ vnnd im Himmel wohnen/ꝛc.

Der Prediger Salomon saget auch Cap. 9. vom gemeinen Standt des Vnglücks: Gleich wie die VOGEL mit Stricken gefangen werden/ So werden auch die Menschen berückt zur bösen zeit/ wenn sie plötzlich vber sie fellet. Brentius. Sicut avis cum cadaver petit, laqueo irretita, frustrà luctatur, eo ipso tempore, quo optimè secum actum iri putabat: Sic homo repente & nihil eiusmodi suspicans, ærumnis implicatur, & quidem tunc cum adeò læto rerum successu fruitur, ut tristiorem aliquem casum vel fortunam nihil deinceps iuris in se habere existimet. Das ist: Gleich wie ein Vogel/ so er zum Aß oder essen fleugt/ plötzlich mit dem strick gefangen wird/ eben zu der zeit/ da er meinet/ es gehe jm am besten/ vnnd kan sich nicht außwickeln/ Eben also wird der Mensch mit Trübsal vmbgeben/ wenn ers nicht meinet/ wenn er frölich vnd guter ding ist/ vñ achtet/ es sey kein vnglück mehr verhanden. Dieser spruch erinnert vns/ daß wir in den guten tagen vnd Wolleben nicht stoltz vnd sicher sein/ auch in Creutz vnd widerwertigkeit nicht verzagen sollen/ Denn es kömpt bald der wechsel/ꝛc.

Eccles. 9.

Brentius.

Von der Alten Plag/ daß sie nicht schlaffen können/ vnnd baldt erwachen/ saget auch der Prediger am 12. Capittel. Der Alt erwacht/ wenn der VOGEL singet/ꝛc.

Eccles. 12.

Neben dem gemeinen Creutz/ daruon etliche vorgehende Sprüche handeln/ rücket GOtt auch bey den Vogeln den Menschen auff etliche mängel/ des Glaubens vnnd Lebens. Matt. 6. Luc. 12. Sehet die Vögel vnter dem Himmel an/ sie seen nicht/ sie erndten nicht/ sie samlen nicht in die Schewren/ vnnd ewer Himlischer Vater nehret sie doch/ Seid jhr denn nicht viel mehr denn sie? O jhr Kleingleubigen.

Gott wirfft den menschen jren Vnglauben für bey den Vogeln.

Marci 6. Luc. 12.

Lutherus.

Lutherus spricht hierüber: Christus setzt da ein Exempel vnnd Gleichnis zu Hohn/Spott vnnd Schanden/ dem leidigen Geitz vnnd Bauchsorg / daß er vns ja daruon reisse/ vnd zeige/ was wir doch selbs sind/ daß wir vns in vnser Hertz schemen müssen/ dieweil wir ja viel höher/ edler vnd besser sind denn die VOGEL / als die wir Herrn sind/ nicht allein der Vögel/ sondern aller lebendigen Creaturen/ vnd alle ding vns zu dienst gegeben / vnd vmb vnsert willen geschaffen sind/ vnd doch nicht so viel Glauben haben/ daß wir vns trawen mit solchem allen zu ernehren/ daß Gott vns eingethan vnd gegeben hat / so er doch den kleinesten Vögelein, ja den allergeringesten Würmlein/ als vnsern geringsten Knechten/ ohne alle jhre sorge vnd dencken/ täglich jre Nahrung vnnd Speise gibt / die doch gar nichts samlen / noch vorrath schaffen / weder seen/ noch wenns geseet ist/ einernden können. Ist es nun nicht Blutschandt? Daß wir dem Gott / der vns alle Creaturen gegeben vnd eingethan hat/ vnnd alle Jahr so viel wachsen lest/ daß wir järlich gnug zu seen/ vnd vielfeltig mehr einzuerndnen haben / nicht können vnsern Bauch vertrawen / ohne Sorg vnnd Geitz? Denn solt jemandt sorgen vnnd samlen / so soltens die Vöglein thun / weil sie solches nicht können/ vnd dencken / wenn der Sommer kömpt / Sihe / nun seet alle Welt jhr Korn/ daß sie auff den Sommer wider mügen einsamlen/ jetzt oder auff den Herbst erndnet vnd samlet jederman/ Vnd wir alle haben nicht ein Körnlein zuseen noch einzuführen/ wo wollen wir das Jar vber/ sonderlich im kalten Winter zu essen nehmen/ wenns alles eingeführet/ vnd nichts auff dem Felde stehet? Was würden wir Menschen thun/ wenn wir auff einen Sommer nicht zuseen hetten? Ja wenn wir viertzehen Tage nicht vorrath wüsten/ wie würde da alle Welt verzweiffeln/

zweiffeln/ als müsten wir allesampt hungers sterben? Nun fliegen die lieben Vöglein in der Lufft/ Sommer vnd Winter/ singen vnd sind frölich/ kümmern vnd sorgen nichts vberall/ so sie doch nicht wissen/ wo sie morgen sollen zu essen kriegen/ vnnd wir leidigen Geitzwänstе können des sorgens nicht lassen/ wenn wir gleich Boden vnd Scheuren voll haben/ vnd das Korn so reichlich auff dem Feld sehen wachsen? Sihe/ also macht Christus die Vöglein zu Meistern vnnd Lehrern/ daß ein ohnmechtiger Sperling/ zu vnsern grossen ewigen Schanden/ im Euangelio stehen mus/ als des aller weisesten Menschen/ Doctor vnd Prediger/ vnd teglich für vnsern Augen vnd Ohren solches fürhalten/ als wolt er zu vns sagen: Sihe/ Du elender Mensch/ du hast Haus vnd Hoff/ Gelt vnnd Gut/ vnd jährlich den Acker voll Korns/ vnnd allerley Gewächs/ mehr denn du darffst/ noch kanstu nicht friede haben/ vnd hast jmmer Sorge/ du werdest hungers sterben/ Vnd wo du nicht Vorrath sihest vnnd für dir weissest/ kanstu Gott nicht vertrawen/ daß er dir einen Tag zu essen gebe/ so doch vnser so vnzehlich viel ist/ der keines sein lebtag einmal sorget vnd doch GOtt teglich vns erneheret. Summa/ Wir haben so viel Meister vnd Prediger/ als Vöglein in der Lufft/ die mit jhrem lebendigen Exempel vns zu schanden machen/ daß wir vns solten schämen/ vnnd nicht dürffen die Augen auffheben/ wenn wir einen Vogel singen höreten/ als der Gottes Lob vnd vnser Schandt gen Himmel schreyet/ Noch sind wir so steinhart/ daß wir vns nicht einmal daran kehren/ ob wir sie gleich täglich mit grossen Hauffen solches predigen vnd singen hören. Ja sihe/ was sie mehr thun die lieben Vögelein/ wie gar ohne Sorge sie leben/ vnd allein aus GOttes Handt jhre Nahrung warten/ wenn man sie einspert/ daß sie singen sollen/ vnd schüt-

Christus macht die Vögel zu vnsern meistern vnnd Predigern.

tet jhnen vollauff zu essen für/ daß sie solten dencken / nun habe ich gnug / daß ich nicht sorgen darff/ vnnd wo ich zu essen nehme/ denn ich habe nu einen reichen Herrn/ vnnd meine Scheuren voll/ etc. Das thun sie nicht/ sondern sind lieber frey in der Lufft/ werden auch fetter / vnd singen feiner vnnd lieblicher jhrem Herren Laudes vnnd Metten / des Morgens frue/ ehe sie essen/ vnd weis doch jhr keiner ein Körnlein im vorrath / machen ein schönes langes Benedicite / vnnd lassen vnsern HERRN Gott sorgen / auch wenn sie Jungen haben / die sie nehren sollen. Darumb wenn du eine Nachtigal hörest / so hörestu den feinesten Prediger / als der dich dieses Euangelij vermahnet / nicht mit schlechten blossen Worten/ sondern mit der lebendigen That vnnd Exempel/ weil sie die gantze Nacht singet / vnd gellet sich schier zu todt/ vnd ist viel frölicher im Walde / denn wenn sie im Vogelhaus gefangen ist / da mans mit allem fleis warten mus/ vnd doch selten gedeyet oder lebendig bleibt. Als solt es damit sagen / Ich wolt viel lieber in des HERRN Küchen sein / der Himmel vnd Erden geschaffen hat/ vnd selbs Koch vnd Haußwirt ist / vnnd täglich vnzehlich viel Vöglein speiset / vnd ernehret aus seiner Hande/ vnd nicht ein Sack voll/ sondern Himmel vnd Erden voll Körnlein hat.

Gott ernehret vnzehlich viel vogel on jr sorg/ warumb solt er nit viel mehr vns / seine kinder/ erneren/ on vnser sorg?

So spricht nun Christus / Weil jhr solches teglich für Augen sehet / wie der Himlische Vater die Vöglein auff dem Felde nehret / ohne alle jhre Sorge/ Könnet jhr denn Ihm nicht so viel trawen / daß er euch auch ernehren werd/ weil er ewer Vater ist / vnnd euch seine Kinder heist / Solt er nicht mehr für euch sorgen / die er zu Kinder gemacht/ vnd sein Wort vnnd alle Creaturen gibt / Denn für die Vögelein/ die doch nicht seine Kinder sind/ sondern ewer Knecht/ vnnd er sich doch jhrer so hoch annimmet/ daß er sie täglich

speiset/

speiset/ als hette er allein für sie zu sorgen. Vnd hat ein gefallen daran / daß sie so gar ohne alle Sorge daher fliegen vnnd singen / Als solten sie sagen: Ich sing vnnd bin frölich/ vnnd weis doch kein Körnlein / das ich essen sol. Mein Brodt ist noch nicht gebacken / mein Korn noch nicht geseet/ Aber ich habe einen reichen Herrn/ der für mich sorget/ dieweil ich singe oder schlaffe/ der kan mir mehr geben / denn alle Menschen/ vnnd wir mit vnserm sorgen vermöchten.

Weil nun die VOGEL die Kunst können/ daß sie Ihm so gar vertrawen / vnnd die Sorge von sich auff GOTT werffen/ so solten ja wirs/ die wir seine Kinder sind / viel mehr thun. Darumb ist es ja ein trefflich Exempel / das vns alle zu Schanden macht / daß wir die vernünfftige Leute sind / vnnd dartzu die Schrifft zuuor haben / nicht so viel Weißheit haben / daß wirs den Vögelein nachthun köndten / vnnd müssen täglich so viel Schande hören von GOTT vnnd den Leuten / so viel wir Vöglein singen hören.

Aber der Mensch ist toll vnd thöricht worden/ nach dem er von GOTTES Wort vnd Gebot gefallen ist/ daß hinfort keine Creatur lebet/ die nicht klüger sey denn er/ vnnd ein kleines Zeisichen / daß weder reden noch lesen kan/ sein Doctor vnd Meister ist in der Schrifft/ ob er wol die gantze Bibel vnnd seine Vernunfft zu hülffe hat. Bißhero die schöne erklerung Lutheri.

Chrysost. homil. 22. in prior. com. spricht/ Daß die Gottlosen gantz vnuerschämpt dis Exempel Christi von den Vögeln tadeln dürffen / Denn es sey den Vogeln von Gott angeschaffen/ daß sie ohn sorge seyen? Antwort. Obs jhnen schon von Natur eingepflantzet ist / so ist vns doch müglich/ durch vnsern willen vnd fleis nach zufolgen/ Denn Chrysost.

auch

auch die heiligen Leute/Moses/Elias/Johannes vnd andere mehr/ohne geitzige Sorge gelebet haben. Aber dieser heiligen Leute Exempla hat Christus nicht vorhalten wöllen/darmit wir nicht sagen möchten/wir weren jhnen gar vngleich/vnnd hetten jhre Frömmigkeit vnd Tugendt noch nicht erreichet. Darumb so stellet er die Vögelein zum Exempel für: Est, inquiunt impij, incongruum, ut ille, qui voluntatem in audientibus suscitabat, naturalium ad hoc rerum exempla proferret. Avibus quippe hoc inest natura. Quid igitur ad ista dicemus? Quia videlicet etsi illis hoc inest iuxta naturam, nobis tamen idipsum possibile est per studium voluntatis: Non enim dixit respicite, quia volant aves, quod nobis certè impossibile est prorsus imitari: sed quod absq; sollicitudinis suæ præparatione pascantur, quod nos quoq; si volumus, facilè quimus implere. Et hoc ostendunt illi profectò, qui istud operibus executi sunt, propter quod dignum est, docente sapientia, magis magisquè mirari: Qui cum hominum proponere posset Exempla & Mosen, Eliam, Iohannem, cæterosq; proferre, qui eorum similes de victu non fuerunt solliciti, ut magis audientium conscientias verberaret, de irrationalium illos securitate commonuit. Si enim iustos illos memorare voluisset, dicturi isti continuò fuissent, necdum ad eorum virtutis cacumen ascendimus. Nunc verò istos quidem reticens, & cœli eis volatilia proponens, omnem prorsus occasionem huiusmodi contradictionis decidit.

Ambrosius. Ambrosius in Lucam sagt/Der Geitz vnd Eigennutz sey ein Vrsach vnsers mangels/Denn weil die Vöglein jhnen nichts sonderlichs zueignen/alles gemein haben/so verschafft jhnen Gott auch gnug/ob sie schon weder seen

noch

noch erndten. Magnum sanè & aptum, quod fide sequamur exemplum. Nam si volatilibus cœli, quibus nullum exercitium cultionis, nullus de mesium fœcunditate proventus est, indeficientem tamen providentia divina largitur alimoniam, verum, esse causam inopiæ nostræ avariciam, iudicare. Etenim illis idcircò inelaborati pabuli usus exuberat, quod fructus sibi communes ad escam datos, speciali quodam nesciunt vendicare dominatu: nos communia amisimus, cum propria vendicamus: nam nec proprium quicquam est ubi perpetuum nihil est, nec certa copia ubi incertus eventus. Cur enim divitias tuas æstimes, cum tibi Deus etiam victum cum cæteris animantibus voluerit esse communem? Aves cœli speciale sibi nihil vendicant, & ideò pabulis indigere nesciunt, quia non norunt alijs invidere. Hæc Ambrosius.

Eine solche Klage führet auch Elihu bey dem Job/ Cap. 35. vber vnd wider die Menschen / welche das Creutz auff dem Hals liegen haben/ vnnd doch nicht zu GOtt mit einem bußfertigen Gebet schreyen vnd ruffen/ sondern halßstarrig vnnd vnuerstendig bleiben. Die nicht darnach fragen/ sagt er/ Wo ist Gott mein Schöpffer/ der das Gesang macht in der Nacht/ der vns gelerter macht/denn das Viehe auff Erden/vnd weiser/denn die Vögel vnter dem Himmel. Osiander. Detestabile est, homines tam esse obstinatos, ut ne cruce quidem humiliati, ad Deum sese convertere velint, cum tamen Deus non creaverit nos irrationales bestias, sed mentem & intellectum dederit, ut omnibus animantibus simus ea parte præstantiores. Das ist: Zuuerfluchen ists / daß die Menschen so verstockt sind/ daß sie auch nicht/durch das Creutz gezüchtiget/ zu Gott sich

Job 35.

Osiander.

bekehren/so er vns doch nicht vnuernünfftige Thier erschaffen/sondern verstandt vnd hertzen gegeben hat/daß wir in dem

Phil. Presb. allen Thieren obgelegen sind. Philipp. Presbyter nennet die stoltze Menschen / welche ein leichtfertiges leben füren/ Vögel des Himmels. Homines volatilibus comparantur, sive propter levitatem morum, sive propter superbiam,

Gregorius. qua tumentes quasi in altum elevantur. Gregor. lib. 26. cap. 11. Docet nos Deus super iumenta terræ & volucres cœli: quia dum hoc quod sumus agnoscimus, nec carnis nos infirmitas deiicit, nec superbiæ spiritus elevat, nec defluendo imis subiicimur, nec superbiendo de sublimibus inflamur. Qui enim labitur carne iumentorum appetitu prosternitur: Qui verò extollitur mente more voluctum, quasi levitatis penna sublevatur. Das ist: GOtt macht vns gelerter denn die Thier auff Erden/ vnnd Vögel vnter dem Himmel/ Denn in dem wir erkennen/ was wir sind / so wirfft vns des Fleisches gebrechligkeit nicht zu boden / vnd erhöhet vns auch nicht der Geist des stoltzes/ etc. Sintemal/ wer in seinem fleisch sündiget / der wird durch die Viehische begierde zu boden geschlagen/ Wer aber in seinem Hertzen / wie die Vögel/ erhebet wird / der schwebet empor mit der Feder der leichtfertigkeit/ etc.

Durch die Vogel die Teuffel vorgebildet. Matth. 13 Marci. 4. Luc. 8.

Vber ermelte sprüche vnd gleichnis im ersten Standt/ lesen wir/ daß auch die Hellischen Geister vnd gar Gottlose Menschen/ durch die Vögel vorgebildet werden. Matt. 13. Mar. 4. Luc. 8. Wenn GOtt der HErr durch seine Apostel vnd Prediger den Samen seines seligmachenden worts in der Menschen ohren vnnd hertzen außseet/ so kommen die Vogel vnd fressens auff. Was diß für Vogel sind/ erkleret es Christus selbs / es sey der arge/ wie jn Matth. nennet/ Marcus heisset jn Satan vnd Lucas den Teuffel. Der Same ist

das

das wort Gottes / die aber an dem wege sind/das sind die es hören/ darnach kömpt der Teuffel/ vnd nimpt das wort von jrem hertzen/auff das sie nicht gleuben vnd selig werden. Da sol man nicht allein des bösen Geistes list/ mißgunst vnd gewalt bedencken/sondern auch mercken/ was es für leute sind/ zu denen die Teuffel fliegen/vñ Gottes wort aus jrem hertzen reissen/nemlich/welche dasselbe nit mit fleis vnd ernst horen/ im hertzen bewaren vñ betrachten/denen gibt der Teuffel bald andere gedancken ein/wirfft andere geschäffte vnd händel für/ daß sie Gottes wort faren lassen / achten/es liege nicht so viel dran/vnd haltens für ein Märlin. Brentius in Luc. schreibt/ wenns müglich were/daß man mit leiblichen augen die bösen Geister/die in der lufft herrschen/sehen köndte/ so würde man in einer jeden Predigt/ da auch vnbußfertige versamlet sind/ die Geistliche Teuffel auff der Gottlosen Zuhörer Kopff sehen/sitzen springen vnd mit frewden tantzen/ daß sie so viel willige Knecht vnd verächter des Worts hetten. Was köndt aber grawsamer/schrecklicher/ schendlicher vnnd schedlicher sein/denn dieses Spectakel? Hieher gehöret Gottes frage/ die er dem Job 41. cap. fürhelt: Kanstu mit jm / dem Leuiathan(dadurch der Teuffel bedeutet wird) spielen/wie mit einem Vogel? Brentius. Die Eltern pflegen kleine Vöglein an Faden zubinden/daß die Kinder damit spielen / Aber den Teuffel wirstu nicht so anbinden/ daß du mit jhm spielest/der mit keinen Menschlichen stricken kan gebunden werden. Zu dem kan der Teuffel kein schimpff noch schertz verstehen. Gregor. lib. 33.c. 20. erzelet nach der lenge/ warumb der Teuffel ein Vogel verglichen werde: Avis est per naturæ subtilis levitatem, 2. quia de naturæ suæ subtilitate superbè extollitur, avis est, 3. quia nonnunquam per indomitam superbiam se etiam lucis angelum simulat, avis est, &c.

Brentius.

Job. 41.

Gottlose Menschen Vogel genent. Mögen demnach hierbey auch die Sprüch bedencken / darinn die gar Gottlose Menschen vnd Teuffels Kinder VOGEL genennet werden. Syrach 12. Ein falsch

Syrach. 12. Hertz ist wie ein Lockvogel auff dem Kloben / vnd lauret wie er dich fahen möge / rc. Der weise Mann wil zwar nicht lehren / daß man argwönisch sein / vnd niemandt trawen sol / Sondern wil haben / daß die Gleubige fürsichtig wandlen vnnd handeln / vnnd den Schmeichelworten / deren sie nicht recht kennen / nicht leichtlich Glauben geben sollen. Jacobus

Jacob. 3. sagt / Cap. 3. Daß auch die Vögel von den Menschen gezähmet werden / aber die Zunge könne kein Mensch zämen / das vnruhige vbel / voll tödtlicher Gifft / rc. Die Christen aber werden sie recht / zu GOttes Lob vnnd des Nechsten Wollfart / wissen zugebrauchen. Doch spricht Salomon

Prou. 26. Prouerb. 26. Wie ein VOGEL oben hinfleugt / also ein vnuerdienter Fluch trifft nicht. Welche Gleichnis O-

Osiander. siander also außleget: Gleich wie die Vögel wol vber den Menschen hin fliegen / aber jhn nicht stossen vnd antreffen / Also wenn ein Gottloser Mensch dem frommen etwas böses anwünschet / so ist der Fluch vnd Wunsch vnkräfftig / vnd

Phil. Mel. schadet dem vnschüldigen nichts vberall. Wie denn des Bapsts Fluch vnd Bann nicht zu fürchten ist / rc. Philip. Melanthon. Wie ein Vogel / das ist / er hafftet nicht an dem / dem er geflucht wird / Ein Fluch fleugt fürüber / gleich wie ein Vögel. Wie denn ein gemeiner Spruch ist / Ein gut Gewissen nimpt sich eines falschen Geschreyes nicht an / rc.

Was wil aber GOtt damit lehren? Jr sehet / daß nichts also sehr gefürchtet wird / als Schande / vnd daß man vmb eines vnuerdienten Fluchs willen / vntern Leuten offtmals auffs aller feindlichst kempffet vnd streitet: Darumb / vber das / daß er anderßwo die eigene Rach verbeut / bezeuget

er auch

er auch allhie/ daß solche auffgelogene Schande nicht schaden mag. Wie kömpt aber das? Also kömpts/ daß der HERR deine Gerechtigkeit wird zu wege stellen / vnd herfür bringen/ als das Mittag Liecht/ Psalm. 37. Derhalben wird hie der Glaube geleit / in dem der HERR verheist/ daß vns solche Flüch nicht schaden sollen/ Darumb tröstet er auch darmit die/ so da von wegen des Euangelions leiden/ vnd ist vnter allen dingen in der gantzen Welt nichts/ daß die Menschen gifftiger verfolgen / als das Euangelion/ Denn wir sehen ja wie bitter jetzund solche Verfluchungen seyen. Darumb sagt er nun/ last euch solche lesterung nichts bewegen noch anfechten/ denn sie fliegen fürüber / vnnd sind doch Lügen / Aber Christus allein ist ewer Warheit / darauff jhr bestehen vnnd bleiben werdet/ etc. Besihe weiter drunden bey der Schwalben.

Gott bringet die vnschuldt an das liecht. Psal. 37.

Sapientiæ 17. Wo ein böse Gewissen vnnd eigene Boßheit ist (als bey den Egyptern) erschreckten vnd machten sie verzagt die Vögel / so vnter den dicken Zweigen süß sungen/ etc. Was die Gleubige erquickt vnd tröstet/ das erschreckt vnd bekümmert die Gottlosen / wen die Sünde vnnd böse Gewissen auffwachen / etc. Ein sonderlicher Spruch aber ist/ Apocal. 18. zu mercken / Daß die gefallene Stadt Babylon 1. worden sey eine Behausung der Teuffel / 2. ein Behältnis aller vnreinen Geister / vnd 3. ein Behältnis aller vnreinen feindseliger VOGEL. Vnd ist droben aus S. Ruperto angezeigt worden/ wer die vnreine feindselige lose Vögel im gefallenen vnnd gestürtzten Baysthumb seyen. Benedict. Aretius. Aves immundæ sunt homines pollutis moribus præditi, qui conspurcant suis sceleribus & libidinibus simplicitatem vitæ Christianæ, quales sunt scortatores, libidinosi, mœchi, defensores scortationis,

Sap. 17. Apocal. 18. Aretius.

prophani sermone & vita, odio digni apud Deum & homines, quos non melius alibi quàm Romæ deprehendi iuvat. Das ist: Die vnreine garstige Vogel sein nichts anders/ als die Gottlosen vnflätigen Leute/ welche mit jhren Bubenstücken vnd Vnzucht die einfalt Christliches Lebens verunreinigen/ als da sind Hurer/ Vnkeusche/ Ehebrecher/ die Vnzucht vnd Hurerey vertheidigen vnnd beschönen / die in worten vnd Wercken Gottloß sich erzeigen/ denen billich GOtt vnd alle Menschen feind sein/ Wie man denn solche Gesellen nirgend besser / als zu Rom / finden kan/ etc.

Etliche Regeln vnd Gesetz.

1.

Deut. 4.

Wir wöllen diesen 1. Standt mit etlichen lehrhafften Regeln vnd Geboten Gottes beschliessen. Das erste Gesetz/ Deut. 4. Sie sollen (spricht Mose zu den Jsraeliten) kein Bild machen (Gott damit anzudeuten / vnd jn darinn anzuruffen) das gleich sey einem Mann oder Weib / oder Viehe auff Erden / oder VOGEL vnter dem Himmel/ etc. Wird also hiermit die Heydnische Abgötterey gestrafft/ vnd verdampt / daruon Paulus handelt Rom. 1. die weisesten Heyden haben verwandelt die Herrligkeit des vnuergenglichen GOttes/ in ein Bild/ gleich dem vergenglichen Menschen/ vnd der VOGEL/ vnd der/ etc. Ambrosius ad Rom. Ægyptij coluerunt volucres, quia coracina sacra habent pagani. Dis bestetiget Euseb. de præpar. Evangel, lib. 2. cap. 1. de Aegyptiorum Theologia. Ex avibus coluerunt. Ibidem, utilem scilicet ad serpentum, locustarum, erucarum, interitum. Accipitrem utpotè utilem ad scorpiones atque cerastas necandos, & alia huiusmodi venenosa animalia. Item aquilam, &c. Es verspottet aber die Schrifft die Abgöttische Bilder durch die Vögel. Baruch 6. vers. 21. Die VOGEL setzen sich auff jhre Köpff / Darumb können sie ja nicht Götter sein. Vnd

Rom. 1. — Ambrosius. — Baruch 6.

verſ. 70. Wie eine Hecken im Garten iſt / darauff allerley VOGEL niſten / Alſo ſind jhre hültzerne / vergüldete / vnnd vberſilberte Götzen. Verſ. 53. Was auch das Regiment betrifft / welches ſie führen ſolten / wenn ſie Götter weren / ſaget Baruch / Sie erwecken keinen König im Lande / Sie geben den Menſchen nicht Regen / vnnd nehmen ſich keines regirens noch ſtraffens an / ſo wenig als die VOGEL / ſo in der Lufft hin vnd her fliegen / Wie köndten ſie denn Götter ſein? rc.

Das ander Geſetz / Levit. am 19. Deuteron. am 18. Ihr ſolt nicht auff VOGEL geſchrey achten / (etwas darnach zuthun oder zulaſſen.) Iſychius in Levit. Augurium non ſolum vox avis cuiuslibet, aut volatus appellatur, qui vel prohibet à quadam actione, vel eam ſtudioſius admonet accelerandam: ſed & ſignis uti loquentium, prætereuntium, obviantium, & quorundam in itinere obvenientium offendiculorum, taliumq́ aliorũ eſt. Ab avib. enim augurium ſed & aliorum ſignorum obſervatio dicitur. Auſpicium aũt eſt tranſeuntes conſiderare aves, & propter has in deſertam ab hominib. viam egredi: aut avium volatum, ut voces quales ſint perſcrutentur, & ex eis cognoſcant quæ futura ſunt. Quod accuſare eſt Deum, quia ea quæ homini, quẽ ſecundum ſuam imaginem omnium animalium principem conſtituit, abſcondit & ab eis quiſpiam diſcit, quæ nec à ſpiritualib. viris, ſed nec à Deo qui illis revelat, poteſt diſcere, ſicut hi qui in prædicto errore ſeducti ſunt arbitrantur. Das iſt / Es iſt eine groſſe Sünd auff der Vögel geſchrey / flug oder andere vngefehre zeichen achtung geben / denn Gott wird beſchüldiget / daß er dem Menſchen / welchen er nach ſeinem Ebenbilde erſchaffen / zum Herren der Vögel vnnd aller Thieren geſetzt /

2. Geſetz. Levit. 19. Deut. 18. Iſychius.

gesetzt/ etwas verberge/ vnd den Vögeln offenbare: Von denen/ die verführete abgöttische Leute vermeinen zu lernen/ daß sie weder von GOtt/ noch von den heiligen Menschen

Brentius. Gottes erforschen vnd erlernen köndten. Brentius handelt auch vbern Leuit. nach der lenge von dieser Warsager kunst/ Es seyen zweyerley Vaticinia. Das erst/ von dem geschrey/ Das ander/ von dem flug der Vögel genommen vnd errichttet. Dieses heist Auspicium/ jenes Augurium. Doch weil etliche Vögel/ aus natürlichen Vrsachen/ künfftiges Wetter verkündigen/ als die Kraen/ Raben/ Schwalben/ rc. ist solches nicht verboten/ Sondern allein/ wo man nach dem geschrey vnnd flug der Vögel/ der fürgenommenen Händel/ Glück oder Vnglück warnehmen wil/ Ohne not die Exempla aus Brentio zu erzehlen. Wiewol nun dieses von GOtt ernstlich verboten war/ lesen wir doch von dem König Ma-

2. Reg 21 nasse/ 2. Regum 21. 2. Chronic. 33. daß er neben andern

2 Paral 33 Heydnischen Greweln auff Vogel Geschrey achtung gabe/ Darumb er auch gen Babel gefangen must weggeführet werden/ bis er buß thet/ rc.

Das dritte Gesetz/ Leuit. 7. vnd Leuit. 17. Jhr/ Js-

3. Gesetz. Leuit 7. 17 raeliten/ solt kein Blut essen/ weder vom Viehe/ noch von den VOGELN/ Welche Seele wird jrgend ein Blut essen/ die sol außgerottet werden von jhrem Volck. Welcher Mensch nu/ er sey vom Haus Jsrael/ oder ein Frembdlinger vnter euch/ der ein Thier oder Vogel fehet auff der Jaget/ daß man jsset/ der sol desselben Blut vergiessen/ vnnd mit Erden zuscharren/ denn des Leibes Leben ist in seinem Blut/ so lange es lebet. Vnd ich habs euch zum Altar gegeben/ daß ewre Seelen darmit versühnet werden/ Denn das Blut ist die Versühnung fürs Leben/ rc.

Darmit

Darmit vnd durch stellet GOtt zweyerley lehrhaffte erinnerung für. Die erste/ daß die Menschen durch das Blut essen der Vögel vnnd Thier / nicht zu Vnbarmhertzigkeit/ Mordt vnd Todtschlag gewehnet vnnd angereitzt/ Sondern durch das Verbot daruon abgeschrecket vnnd abgehalten werden. Wie Isychius bezeuget: Vult ergò virtutem nos assequi fraternæ dilectionis: & neq; IVSTORVM, quorum hoc loco propter altiorem volatum, conversationem significavit: neque peccatorum quibus pecorum appellatio (pro eo quod ad inferiora intendunt) convenit, comedere sanguinem, id est, nihil ad eorum operari mortem. Das ist: Gott wil vns zur Brüderlichen Gegenliebe anreitzen / daß man weder das Blut der Gerechten/ die durch die VOGEL bedeutet werden/ noch der Sünder (so den Thieren nicht vngleich/ weil sie allein auff das irrdisch sehen) essen sol/ Das ist/ jhnen nichts zufügen/ daß an jhrem Leben schädlich were. Vnnd vber das 17. Cap. Durch das Blut / verstehet man den Mordt / Aber durch ALLES Blut/ auch Neid vnnd Haß / wider den neben Christen/ Denn wer seinen Bruder hasset/ der ist ein Todtschläger. Vnd hernach spricht er/ Daß die Israeliten das Blut der gejagten Vogeln vnd Thieren mit Erden zuscharren sollen/ Das ist / Die Fromme vnd Gerechte sollen der Sünder Mißhandelung / welche sie erkennen/ bekennen vnd berewen/ mit verzeihung vnd mitleiden zudecken/ vnnd nicht mehr auffrücken. Sanguinem autem & animam comedens rectè putatur, qui diffamat proximi peccatum, &c. Wer nun seines Nechsten Sünde außbreitet/ der heisset nicht vnbillich ein Seelen vnd Blutfresser/ rc.

Erinnerung dieses Gesetzes. 1.

Isychius.

Die andere Erinnerung vom Thier vnnd Vögeln Blut/ daß mans nicht essen sol/ weil es heilig/ vnd zur ver- 2.

sühnung dienet/ ist vom Blut IESV CHRISTI/ welches durch jenes vorgebildet ward/ vnnd allein eine Versühnung ist für vnsere vnd der gantzen Welt Sünde/ Wie Isychius schreibet: Mysticum Christi sanguinem significat, sanguis ergò ipsius pro animæ piaculo erit, quem effudit pro nobis crucifixus, & expiationem seu propitiationem generi humano præstitit, primitias offerens, &c.

Isychius.

Was heist denn an diesem ort Blut essen? Brentius. Is (hoc loco) sanguinem Christi edere dicitur, qui placationem sanguine Christi partam, suis ipsius meritis tribuit. Quare nihil prophanius, nihil magis est impium Hypocritis, qui cum peccatorum remissionem suis meritis acceptam ferant, vescuntur sanguine Christi impiissimè, & prophanant eum impurissimè. Et quod hunc sanguinem impiè edunt, ideò fiunt etiam viri sanguinum, crudeles & homicidæ. Nihil enim ipsis iucundius est, quàm ut effundant sanguinem eorum, qui veram pietatem sectantur, & sanguine Christi rectè utuntur. Das ist: Hie an diesem ort heist Christi Blut essen/ wenn man die Versühnung/ durch Christi Blut erworben/ seinen eigenen Wercken vnd Verdienst zuschreibt/ Wie die Heuchlerische Papisten thun/ vnd dannenher auch Blutgierige/ grawsame Todtschläger werden/ Sintemal jhnen nichts liebers/ denn das sie der Rechtgleubigen/ vnd deren/ so Christi Blut recht gebrauchen/ Blut vergiessen/ etc.

Brentius.

4. Gesetz. Deut. 22.

Das vierde Gesetz vnd Regel stehet geschrieben Deut. 22. Wenn du auff dem wege findest ein VOGEL Nest/ auff einem Baum oder auff der Erden/ mit Jungen oder mit Eyern/ vnnd daß die Mutter auff den Jungen oder Eyern sitzt/ So soltu nicht die Mutter mit den Jungen nemen/ sondem dern solt die Mutter fliegen lassen/ vnd die Jungen nehmen/ auff daß dirs wolgehe vnd lange lebest. Lutheri Meinung vnnd Außlegung ist: GOTT wölle darmit / auch bey den armen Thierlein / den Israeliten die Barmhertzigkeit fürtragen vnnd lehren / die sie gegen einander beweisen solten / Wie dis die stattliche Verheissung / vom langen Leben / außweiset. Item / Er wölle auch ermahnen / daß man einen guten Freund nicht gar vbertreiben / seiner Wolthaten vnnd guten Willen mißbrauchen sol. Nach dem Deutschen Sprichwort: Ein williges Pferd sol man nicht vbertreiben. Brentius spricht weiter: Weil dieses Gesetz nicht allein den Jüden / sondern auch den Heyden bekandt / vnnd eine solche stattliche Zusage habe / So handele GOTT sonderlich darinn von den geplageten Menschen / welche nicht weiter zu beleidigen seyen / Sondern mitleiden man mit jhnen haben vnnd trösten sol. Item / Daß die Ehemänner sich aller gebühr gegen den Kindtbetterinn halten / vnnd sie nicht zu schwerer Arbeit oder andern Sachen treiben sollen / etc. Voluit DEVS hac lege primùm docere maritos modestiam erga puerperas suas, ne sint eis in puerperio molesti: ut non addant afflictionem afflictioni, &c. Deinde hortatur hac lege in genere omnes, ad præstandam afflicto misericordiam, &c.

Lutherus.

Brentius.

Vnnd dieses vom ersten Standt.

Im andern / der Oberkeit vnd Vnterthanen Standt / sind die nachfolgende Lehrhaffte Sprüch zu mercken. Esaiæ 46. Gott tröstet das Jüdische Volck / daß er sie aus der Gefängnisse erledigen / vnd die Babylonier straffen wölle. Durch wen? Ich ruffe einem VOGEL

Der Ander Standt.
Esa. 46.
Regenten werden Vogel genent.

GEL vom Auffgang / vnd einen Mann / der meinen Anschlag thue / aus fernem Lande / Was ich sage / das laß ich kommen / Was ich gedencke / das thue ich auch / etc. Gott nennet allhie den Persier König / Cyrum / einen Vogel / daß ob er schon in fernen Landen sey / dennoch bald / gleich wie ein Vogel / daher wird geflogen kommen / die Babylonier vnuersehens vberfallen / vnd die Israeliten jhrer Gefängnis erledigen vnd heimziehen lassen. GOtt kan den Regenten / welche er zu erretten oder zustraffen erwecket vnd gebraucht / baldt nicht allein leichte füsse / sondern auch schnelle Vogels Flügel machen. Lutherus. Cyrum vocat avem propter celeritatem. Brentius. Cyrum vocat avem ex oriente, quod magna celeritate venturus esset è Persia in Babyloniam, & quod in Babylonem sit irrupturus, quemadmodum agmen volucrum in destinatum agri locum irruere solet. Diese Deutung lest zwar Hieronymus / als recht / passieren / aber verstehets auch von Christo vnnd den heiligen Engeln. Nos convincimus esse Dominum salvatorem, de quo Balaam vaticinatur, &c. Cuius nomen est Oriens. Et iuxta 70. Interpretes, vocatas de Oriente aves angelorum possumus intelligere ministeria, quæ ad imperium Domini in toto orbe discurrunt, qui sunt administratorij spiritus & mittuntur ob salutem credentium, &c.

Lutherus. Brentius. Hieronym.

Aber wir kommen wider zu dem Standt der Regenten / welche mit diesem Namen an diesem ort nach den Buchstaben genennet werden / von wegen jhrer schnelle vnd behendigkeit. Vnd dienet hieher Salomonis Spruch im Prediger / Capit. 10. Fluche dem Könige nicht in deinem Hertzen / vnd fluche dem reichen nicht in deiner Schlaffkammer / Denn die VOGEL des Himmels führen die Stimm / vnd

Eccles. 10.

die

die Fittich haben/ sagens nach. Ist eine vermanung an die Vnterthanen/ daß sie jhre Regenten vnd Vorgesetzte in Ehren haben/ sie nicht schenden vnd schelten / jhnen nicht heimlich oder im Hertzen fluchen sollen. Vrsach/ denn es bleibet nicht verschwiegen noch vngestrafft / vnnd soltens auch die Vogel melden vnd verrathen. Vnterthanen sollen jrer Oberkeit nichts böses wünschen.

Brentius. Alle ding seind Gott offenbar/ also/ daß auch die Vögel jhm ehe verkündigten/ denn es verschwiegen bleiben solt. Vnnd wie die Vöglein in die höhe vber sich fliegen/ Also kommen auch die heimliche anwünschung vnd Flüch zu Gott geflogen / ders zu seiner zeit rechet vnnd ernstlich straffet. Vnnd erzehlet Brentius die Geschicht / vom Poeten Ibyco/ der in einem Walde ergriffen / vnd nun von den Mördern erwürget solte werden / da er keinen Menschen in der Wildnüs vmb hülff anschreyen kundte / hat er die Kranich/ die ohn gefehr fürüber flogen / zu Zeugen vnnd Recher seines Todes / angeruffen vnd bestellet. Was geschicht? Lang hernach sitzen die Mörder am Marckt zu Corintho/ vnd da sie Kranich fürüber sehen fliegen / vexieren sie einander/ vnd sprechen / Da sihe des Ibyci Fürsprecher vnd Recher/ Aber diese rede/ vom abwesenden vnd verlornen Ibyco/ wird auffgefangen / der Oberkeit angemeldet / die Mörder werden eingezogen/ vnd peinlich gefragt/ da bekennen sie den begangenen Todtschlag/ vnd müssen zu lohn auch hingerichtet werden/ vnd das Leben lassen. Darumb so bleibet nichts verschwiegen vnd vngestrafft / geschichts nicht allezeit hie/ so wirds doch gewißlich dort geschehen. Hieronymi außlegung ist jetzt erzelter Lehr gemeß: Simplex præceptum ædificat audientes , ne ira & furore superati in maledictum & in detractionem regum & principum prorumpamus. Quia contra spem interdum evenit, ut his quibus Brentius. Es wird nichts so klein gesponnen/ es kömmet an die Sonnen. Hieron.

maledíximus nuncietur, & incurramus periculum immoderatione linguæ. Doch verstehet er dis auch von Christo/ vnd allen Gleubigen/ daß man jhnen nicht vbel nachreden/ oder schendlich von jhnen halten sol/ Denn die VOGEL/ das ist/ die Engel werdens sonst gen Himmel führen. Angeli, qui terram circumeunt, & sunt administratorij Spiritus, ad instar avium, nostra verba & cogitationes ad cœlum perferunt, & quod clam cogitamus, Dei scientiam non latere.

Hugo. Hugo in seiner Postill/ nennet auch die Teuffel solche VOGEL/ welche auff der Menschen thun/ Wort vnnd Geberden acht geben/ vnnd für GOTT bringen/ Also/ daß gute vnnd böse Engel auff der Menschen Wort vnd Wercke halten/ vnd GOtt fürbringen/ etc. Hieruon wird im dritten vnd gemeinen Standt/ ein gleicher Spruch/ Prouerbior. 26. folgen/ besihe weiter daselbsten/ etc.

Vnterthanen den Vogeln gleich. Ezech. 31. Es werden aber die Vnterthanen auch bey den VOGELN vorgebildet. Ezechiel. am 31. Der Assur/ oder König zu Assyrien/ ist wie ein Cederbaum auff dem Berge Libanon/ von schönen ästen/ etc. Alle VOGEL des Himmels nisteten auff seinen ästen/ Vnnd alle Thier im Felde hetten Jungen vnter seinen Zweigen/ vnnd vnter seinem schatten wohneten ALLE GROSSE VOLCKER. Nennet also die Völcker Vögel vnnd Thier/ die in dem Königreich Assyrien nicht allein jhre Ruhe vnnd Schatten gehabt/ sondern auch Junge aufferzogen haben. Dieweil aber der Assyrische König solches verliehen Reich/ zu stolz vnd verachtung anderer Menschen/ mißbraucht/ so hat GOTT denselben Baum vmbgehawen/ das alle Vogel des Himmels auff seinem vmbgefallenen Stamm vnd Zweigen sassen/ nicht wie vor/ sondern aus verachtung.

Das

Das Glück auff Erden ist so wandelbar vnnd vnbestendig/ daß/wenn einer schon jetzt in grossem ansehen/ Furcht/ Ehr vnnd verwunderung bey jederman ist/ kans doch geschehen/ sonderlich aber durch Mißbrauch derselbigen Gaben/ daß er baldt aller Menschen Hohn vnnd Spott wird. Eben das saget Daniel Cap. 2. vers. 38. Vnd Cap. 4. vom König Nebucadnezar. Ohne noth die Wort zu repetiren. Esaias 10. prediget vom grossen Stoltz vnd Hohmut des Assyrischen Königs Sennaherib / der viel Völcker bekrieget vnd obgelegen ist. Meine Handt / saget er/ hat funden die Völcker / wie ein Vogelnest/ daß ich habe alle Landt zusammen gerafft / wie man Eyer aufffrafft/ die verlassen sind / da niemandt eine Feder reget/ oder den Schnabel auffsperret/ oder zisschet. Gleich wie die Eyer/ welche von den Brütvögeln verlassen sind / ohne Mühe vnd gefahr leichtlich weggenommen werden / dieweil kein Vogel da ist/ der mit den Flügeln oder Schnabel wehren kündte. Also habe ich/ saget der Assyrische König / mechtige Völcker vnter meine Gewalt gebracht / mit solcher Macht vnnd Furcht/ daß niemandt ein einiges Zeichen geben/ oder ein Fähnlein hat sehen dürffen lassen/ daß er mir widerstreben wolte. GOtt jaget einen solchen schrecken in die Menschen / wenn sie sollen gestraffet werden/ daß man sie wie Eyer aus dem Vogelnest wegnimmet/ vnd niemandt widerstrebet. Aber daß sich Sennaherib dessen rühmet/ seiner eigenen Weißheit vnd Macht zuschreibet/ thut er thörlich/mus auch darumb/wie ein Baum/vmbgehawen werden.

Das glück ist vnbestendig. *Daniel 2. vnd 4.* *Esa. 10. Vom stoltzen Sennaherib.*

Lutherus. Interitus impiorum tum est proximus, cum securissimi sunt, & in summo superbiæ gradu, propter certum successum, consistunt. Ratio est quod Deus non potest ferre superbiam, dat quidem immensa bona,

Lutherus.

bona, sed quando nos per superbiam accedimus, vnd machen ein EGO vnd ein FECI daraus/ so ists schon aus. Quia Deus nec vult nec potest pati. Quare Deus nos libenter locupletaret, & daret unicuiq; integrum regnum, sed quod statim, postquam locupletati sumus, hanc odiosam particulam FECI addimus. Ideò cogitur nos affligere inopia, ignominia, persecutionibus, gladio, &c. vnnd kan vns dennoch das EGO vnd FECI mit aller noth schwerlich nehmen. Hæc Lutherus.

Baruch 3. Baruch am 3. gedencket auch der stoltzen Regenten Straffe: So lerne nu (du Volck Juda) recht Weißheit/ auff daß du erfahrest/ wer der sey/ der langes Leben/ Güter/ Frewde vnd Friede gibt/ Wer weis/ wo sie nicht wohnet? Wo sind die Fürsten der Heyden/ die vber das Wild auff Erden herrschen? Die da spielen mit den VOGELN des Himmels? Sie sind vertilget/ vnd in die Helle gefahren/ rc. Wir wöllen jetzt der Regenten Straffe einstellen/ vnd allein jhr fürnembstes thun bedencken/ das ist/ jhr Jagen vnd Vögelfangen/ welches an jhm selbest nicht vnrecht/ Aber wo man das Ampt vnterlest/ den Vnterthanen darmit beschwerlich ist/ vnd darfür der rechten Weißheit nicht nachforschen vnd suchen wil/ so ists freylich Sünde vnd straffbar für Gott. Osiander. Quod ad venationes principum attinet, non sunt illæ recreationes, peccatum, si aliàs principes officium suum faciant in gubernatione, neque subditos suis iniustis oneribus gravent.

Von der regenten Jagten.

Osiander.

Vber jetzt angezeigete Gleichnis vnd Sprüch/ seind auch andere mehr/ welche Gottes Straffen/ vber vnd wider die Gottlose Regenten vnd Königreich/ anmelden/ wie droben im ersten Standt auch etliche sind inseriert worden/ vnd gehören zu denselben auch die nachfolgende. Esaias am 16.

GOTtes straffe vber die stoltze Regenten.

Esa. 16.

Ver-

verkündiget den Moabitischen Landßherrn vnd Vnterthanen das Exilium. Wie ein VOGEL dahin fleuget/ der aus dem Nest getrieben wird/ So werden sein die Töchter Moab/wenn sie für Arnon vberziehen. Welches Jeremias Cap. 48. schier mit gleichen worten fürbildet: Gebt Jerem. 48.
Moab Federn/ Er wird außgehen/als flöge er/ Vnnd jhre Städte werden wüste liegen/daß niemand darinnen wohnen wird. Die Vrsach dieser flucht vnd Exilij/ist nicht allein jhre Abgötterey vnd Halßstarrigkeit darinn / sondern auch der Teuffelische stoltz / daß sie andere neben sich verachteten/ vnd auff jhre Gewalt vnnd Macht trotzeten. Lutherus in Lutherus.
Esaiam. Bona pictura est, sicut aves è nido, sic vos è regno fugabimini. Eine feine Gleichnis ists/Gleich wie die Vögel aus jhrem Nest gescheucht werden / Also leicht sollet jhr aus ewrem Königreich vertrieben werden. Bren- Brentius.
tius. Sicut aves, si nidi earum diripiuntur & dissipantur, temerè circumvolitare & errare solent, incertæ quo se proripiant: Ita devastabuntur civitates, quæ ad fluvium Arnon sitæ sunt, & quæ sunt hominum nidi, ut habitatores earum eiecti & spoliati, hinc inde temerè incertis sedibus vagentur. Das ist: Gleich wie die Vögelein/ wenn jhre Nest zurissen vnd verstöret sind/ elendiglich hin vnd her fliegen / vnd nicht wissen/ wo sie hin sollen/ Also sollen auch die Moabitische Städte / bey dem Wasser Arnon gelegen/ (die der Menschen Nester sind) verwüstet werden / daß jhre Inwohner / ohn Haus vnnd Hoff / im Elend vmbziehen/ vnd nicht wissen / wo sie vber Nacht bleiben können.

Eine solche Gleichnis gebraucht auch Hoseas am 9. Hose. 9.
vom Königreich Ephraim oder Israel: Darumb daß die Israeliten in der Wüsten Hurerey vnd Abgötterey trieben/ (denen sie noch nachfolgeten im Königreich Israel) so sol

die Herrligkeit Ephraim/ wie ein Vogel/ wegfliegen/ daß sie weder geberen/ noch tragen/ noch schwanger werden sollen.

Lutherus. Luth. verstehet durch die Herrligkeit das Königreich Jsrael/ vnd was sie für gaben Gottes gehabt haben/ die sollen sie verlieren/ vnd nimmermehr wider vberkommen/ Gleich wie ein Vogel/ wenn er aus der Hand entwischt ist/ nicht mehr kan gegriffen werden.

Hieronym. Hieron. Ephraim quasi avis avolavit in captivitatem, & de suo recessit loco: Avem autem appellavit, ut velocem in Babylonem transitum demonstraret. Sin autem legerimus: Quasi avis avolavit gloria eorum, hoc dicimus, quod Dei ab eis recesserit & avolaverit auxilium. Das ist: Die zehen Geschlechter Jsrael sind wie ein Vogel/ in die gefängnis geflogen/ Nennets ein Vogel/ von wegen des schnellen behenden wegziehens gen Babel. Wenn man aber jre Herrligkeit wil deuten/ so heists/ Gottes hülffe vnd beystandt sey/ wie ein Vogel/ von jhnen weggewichen vnd geflogen. Hieher gehört Abrahæ Opffer/ Gen. 15. Die Vögel des Himmels/ welche vom Opffer Abrahæ fressen wollen/ aber von jhm weggescheucht werden/ sind die Egyptier/ so Abrahams fleisch vnd Nachkommen gar fressen vnd verschlingen wolten/ aber Gott scheucht sie weg/ vmb der Verheissung willen/ dem Abraham geschehen. Davon besihe drunden die Tauben vnd Turteltauben.

Gottlose Regenten beschreibt Jerem. 5. Ein sonderliche Beschreibung der Gottlosen Richter vnd Regenten lieset man Jeremiæ am 5. Cap. Man findet vnter meinem Volck Gottlosen/ die den Leuten stellen vnnd Fälle zurichten/ sie zu fahen/ wie die Vogler thun mit Kloben/ Vnd jhre Häuser sind voller tücke/ wie ein Vogelhaus voller Lockuogel ist/ Daher werden sie gewaltig vnnd reich/ fett vnd glatt/ etc. Wer sind sie denn? Sie halten kein Recht/ Dem Wäisen fördern sie seine Sache nicht/ vnnd gelinget jhnen/

jhnen/ Vnd helffen dem Armen nicht zum Recht/ꝛc. Aus diesen vnterlassenen Emptern ist offenbar/ daß Jeremias die Fürsten vnd Richter zu Jerusalem/vnd im Jüdischen Lande beschreibet/ wie sie den armen Vnterthanen stellen/ nach jhrem Gelt vnd Gut trachten/ da es jhen auch ein zeitlang wol vnd glücklich gehet/ Aber GOtt wil diese Sünde mit Krieg vnd feindlichem Vberfall straffen. Osiander. Optimates & Magnates excogitant dolose novas artes, quibus subditos & pauperes pecunia emungant, & leges figant pro libitu, ut tenuiores capiantur, & pecunia mulctentur, aut si nolint, corpore dent pœnas, licet sint innocentes. Attendant hic qui astuti sunt ad excogitandas artes exactionum, quibus hominibus odor lucri dulcis est ex re qualibet. Das sind die listige Räth vnd Hoffschrantzen/ so newe Künstlin erfinden / ein Gesetz vber das ander / nach jhrem gefallen / erdencken vnnd stellen/ auff daß die einfeltigen bestrickt/ an Gelt vnnd Gut/ oder / wo sie es nicht vermögen/am Leibe gestrafft werden. Vnd wünschet Sanct Hieronymus/ daß dis allein bey den Vngleubigen vnd Vnchristen geschehen möcht/Aber es geschehe leider auch bey denen / so gute Christen sein wöllen. Vtinam ab his tantum fiant, qui videntur foris esse & quos Dominus iudicat, & non in nostris conventiculis impleantur, quos possidet radix omnium malorum avaritia, ita, ut venientium ad nos non ora contemplemur, sed manus. Man sihet einem nicht nach dem Munde / sondern nach den Henden/ ob er auch etwas zu geben habe oder nicht/ Vnnd applicirts also Hieronym. auff alle geitzige leute/das des Poeten spruch war werde: Omnis dives aut iniquus aut hæres iniqui. Ein jeglicher reicher Mann ist vngerecht / oder eines Vngerechten Erbe.

Osiander.

Hierom.

Exempla hoher personen / durch die Vögel gestrafft.

Die Exempla der hohen Oberkeitlichen Personen / so durch die Vögel sollen gestraffet werden seind nachfolgende: 1. Samuel. 17. Der stoltze Riese Goliath flucht dem Knaben David / der zu jhm kame mit einem Stecken / mit jhme zu streiten: Komm her zu mir / Ich wil dein Fleisch geben den VOGELN vnter dem Himmel / vnnd den Thieren auff dem Felde. Aber David spricht dagegen / Der HERR wird dich heut des Tages (weil du den Zeug des Allerhöchsten gelestert hast / vnnd dich auff dein Spieß vnd Schild verlassest) in meine Handt vberantworten / daß ich dich schlage / vnnd nehme dein Häupt von dir / vnnd gebe den Leichnam des Heers der Philister / heute den VOGELN vnter dem Himmel / vnnd dem Wild auff Erden / daß alles Landt jnnen werde / daß Israel einen Gott habe / Vnnd daß alle diese Gemeine jnnen werde / daß der HERR nicht durch Schwerdt noch Spieß hilffe / rc. Also schlegt auch David den Goliath / vnd fallen viel Philister / erschlagen auff dem Wege / biß gen Gath vnd Ekron / rc. Der grosse Riese drewet wol dem David / sein Fleisch sol der VOGEL Speise werden / Aber es fehlet jhm / Vnd was er dem frommen Davidi drewet / daß gehet vber seinen Halß / daß er mit seinem Volck erschlagen wird / Vnd dis vmb zweyer Vrsachen willen / Erstlich / daß man erfahre / die Israeliten haben vnd ehren den einigen / wahren / Allmechtigen / gütigen GOtt / den Goliath verlestert hat. Darnach / daß menniglich lerne / wie Gott nicht allwege mit Schwerdt vnd Büchsen helffe / vnd die Feinde erlege / Sondern viel mehr andere / vnd zwar verachte Mittel habe vnnd gebrauche / den seinen Hülff vnnd Errettung zu beweisen. Wir wollen aber mehr Exempla anhören.

1. Sam. 17 Goliath mit seinen Philistern.

1. Reg. 14

Der Prophet Ahia / 1. Reg. 14. spricht zu des Jerobeam

beams Weib/der Königin/ꝛc. Dieweil Jerobeam andere Götter/ die gegossene Bilder / gemacht/so wil ich/ sagt der HERR/ Vnglück vber sein Haus führen / ꝛc. Wer von Jerobeam stirbt in der Stadt / den sollen die Hunde fressen/ Wer aber auff dem Felde stirbt/ den sollen die VOGEL des Himmels fressen/ꝛc. Eben ein solches Vnglück vnd End verkündiget der Prophet Jehu / dem Baesa Könige in Israel/ 1. Reg. 15. Ich wil dein Haus setzen/ wie das Haus Jerobeam / Wer von Baesa stirbt in der Stadt/ den sollen die Hunde fressen/ Vnd wer von jm stirbt auff dem Felde/ den sollen die VOGEL des Himmels fressen. Die Vrsach ist/daß er auch in der Sünd Jerobeams gewandelt / vnd die güldene Götter geehret hat. Der H. Prophet Elias mus eine gleichmessige Straffpredigt halten dem Könige Ahab / der nicht allein in den Sünden Jerobeams fortführe/ sondern auch/ aus anreitzung seines Abgöttischen Gottlosen Weibes Jesebel / den vnschüldigen Mann Naboth steinigen ließ/ vnd seinen Weinberg einnahme/ vber das auch die ware Propheten vertilgete. 1. Reg. 21. Wer von Ahab stirbt in der Stadt / den sollen die Hunde fressen/ Vnd wer auff dem Felde stirbt / den sollen die VOGEL vnter dem Himmel fressen/ꝛc. Diese drey Exempla hoher Personen vnnd Königen vnter dem Volck GOttes / zeigen an/ daß auch der gewaltigen Regenten Sünde nicht vngestrafft bleiben/sondern mit vertilgung jres gantzen geschlechts heimgesucht werden. Welches denn Fürsten vnd Herrn/ so nur thun wollen was sie gelüstet / zur trewhertzigen Warnung auffgeschrieben ist.

Jerobeams Nachkommen.

1. Reg. 15. Baesa nachkommen.

1. Reg. 21. Ahabs nachkommen.

Neben diesen exempeln haben wir auch etlicher Heydnischen Königen vnnd Potentaten Historien zu betrachten. Ezechiel Cap. 29. stellet für den König Pharaonem. Ich

Ezech. 29. Pharao.

wil dich mit den Fischen (den fürnembsten Fürsten) aus deinen Wassern in die Wüsten werffen/ Du wirst auffs Lande fallen/ vnd nicht wider auffgelesen werden/ Sondern den Thieren auff dem Land/ vnnd den VOGELN des Himmels zum Aß werden. Warumb? Darumb/ daß sie dem Haus Israel ein Rohrstab gewesen sind/ welcher/ wenn sie jhn in die Handt fasseten/ so brach er/ vnd stach sie durch die Seiten/ Wenn sie sich aber darauff lehneten/ so zubrach er/ vnnd stach sie in die Lenden. Osiander. Es ist

Osiander. auch ein Fluch GOTTES/ vnbegraben liegen/ von den Thieren vnnd Vögeln gefressen werden/ Doch wenns den Gleubigen vmb der Gerechtigkeit willen begegnet/ sols jhnen zu grössern Ehren im Himmel gereichen. Die Vrsach aber/ ist nicht allein der Stoltz vnd Hochmut/ sondern auch/ daß er dem Jüdischen Volck weder Trew noch Glauben gehalten hat/ Denn offt gab er jhnen Vrsach zu rebelliren/ vnnd sich dem Babylonischen König zuwider setzen/ verhieß jhnen Hülff vnnd Beystandt/ Aber wenn die Noth verhanden war/ ließ er sie darinnen stecken/ kündt vnnd wolt nicht helffen. Derhalben/ so wil jhn GOTT erzelter massen straffen/ zum Exempel aller trewlosen Regenten: Doch ists auch eine Warnung darneben/ daß man sich auff frembde zugesagte Hülffe/ die offt mehr schaden/ denn sie nützen/ nicht verlassen sol.

Ezech. 32. Diese Straffpredigt repetirt Ezechiel am 32. Cap. So spricht der HERR/ Ich wil mein Netz vber dich auswerffen/ durch einen grossen hauffen Volcks/ die dich sollen in mein Garn jagen/ Vnd wil dich auffs Land ziehen/ vnd auff das Feld werffen/ daß alle Vögel des Himmels auff dir sitzen sollen/ vnd alle Thier auff Erden von dir satt wer-

Ezech. 39. den/ etc. Eben dieses saget er auch am 39. Capit. vom Gog

vnd

vnd Magog. Auff den Bergen Israel soltu niedergeleget werden/ du mit alle deinem Heer/ vnd mit dem Volck/ daß bey dir ist. Ich wil dich den VOGELN/ woher sie fliegen/ vnd den Thieren auff dem Felde zufressen geben/ etc. Vnnd vers. 17. So spricht der HERR/ Nu/ Du Menschenkind/ Sage allen VOGELN/ woher sie fliegen/ vnd allen Thieren auff dem Felde/ Samlet euch/ vnd kommet her zu meinem Schlachtopffer/ etc. Diß ist eine Weissagung von des Türcken vnnd seines anhangs vntergang/ Daruon auch Apocal. 20. gehandelt wird. Wenn Tausent Jahr vollendet sind/ wird der Satanas loß werden aus seinem Gefängnis/ vnnd wird außgehen/ zuuerführen die Heyden/ in den vier örten der Erden/ den Gog vnd Magog zuuersamlen in einem Streit/ welcher zahl ist wie der Sande am Meer/ Vnd sie traten auff die breite der Erden/ vnnd vmbringeten das Heerläger der Heiligen/ vnnd die geliebte Stadt/ Vnd es fiel das Fewer von Gott aus dem Himmel/ vnd verzehret sie. Im vorgehenden 19. Cap. aber sagt Johannes von dem hefftigen Streit der Papisten/ wider Christum vnd sein kleines Christgleubiges Häufflein/ da doch Christus obliegen vnd den Sieg behalten werde/ etc. Ich sahe einen Engel in der Sonnen stehen/ vnnd der schrey mit grosser Stimme/ vnd sprach zu allen Vögeln die vnter dem Himmel fliegen/ Kommet vnd versamlet euch zu dem Abendtmal des grossen Gottes/ daß jr esset das fleisch der Könige/ vnd der Häuptleute/ vnd das fleisch der Starcken/ etc. Vnd da sie stritten wider Christum/ ward das Thier (die halßstarrige Papistische Regenten) gegriffen/ vnnd mit jhm der falsche Prophet (der Bapst zu Rom) der die zeichen thet für jhm/ durch welche er verführet/ die das Mahlzeichen des Thiers annamen/ vnd die das Bild des Thiers anbeteten/ lebendig

Apoc. 20.

Apoc. 19.

bendig würden/ diese beyde in den fewrigen Pful geworffen/ der mit Schwefel brandt/ vnd die andere wurden erwürget mit dem Schwerdt des HERRN Christi) der auff dem Pferd saß/ daß aus seinem Munde gieng/ Vnd alle VOGEL wurden satt von jhrem Fleisch. Diese Vögel sind die Hellischen Geister/ so die Verdampten ewiglich quelen
Aretius. vnd martern werden/ rc. Benedict. Aretius. Aves illæ nihil aliud sunt quàm mali spiritus, qui ad hanc lanienam destinati sunt. Hi sunt illæ immundæ aves & harpyiæ, quæ cædibus etiam in hoc seculo delectantur, hi carnifices quodammodo erunt impiorum. Nec interim ipsi illi mali spiritus suis cruciatibus carebunt, adeò ut communis pœna omnes illos & malos Spiritus & reprobos homines sit implicatura. Das ist: Diese Vögel sind nichts anders (was ja andere sagen) denn die bösen Geister/ so zu dieser Schlacht geordnet sind. Sie sind die vnreine Raubvögel/ die auch in dieser Welt an dem würgen vnnd morden lust tragen/ Sie werden gleichsam Nachrichter vnd Hencker der Gottlosen sein/ vnd doch auch jhre Straffe darmit leiden/ also/ daß eine gemeine Straffe sie beyde/ die bösen Geister vnd verdampte Menschen/ vmbfahen vnd betretten wird.

Beschließlich/ ist eine sonderliche Rach GOTtes zu
2. Mac. 15 mercken/ 2. Maccab. 15. Der Heydnische Kriegßfürst Nicanor/ hönet nicht allein das Jüdische Volck/ jhren Sabbath vnd Gottesdienst/ sondern redet auch Gotteslesterung wider Gott im Himmel selbs/ verhoffendt/ er wölle Judam erlegen/ den Tempel verstören/ rc. Aber in der Schlacht wird er vmbbracht/ da lest jhm der Gottselige thewre Fürst Judas das Häupt vnd Handt abschlagen/ vnd die Zungen abschneiden/ zu stücken zerhawen/ vnd den Vögeln fürwerffen.

sen. Woran vnd mit einer sündiget / daran wird er auch gestrafft / zur warnung den Gotteslesterern.

ZVm dritten / Was sind für Sprüche von den Vögeln / den Personen / so in dem Ehe vnnd Nahrungs Standt sind / fürgeschrieben vnd zu mercken? Was den Ehestand vnd Freundschafft betrifft / sind folgende Historien vnd Sprüche zu behalten. 2. Samuel. 21. Da aus sonderlicher Rach Gottes / die verursachte dreyjärige Thewrung / von dem Königreich Israel vnd Juda abzuwenden / sieben Männer des Geschlechts Saulis (vnter denen zween Söhne / dem Sauli von seinem Kebßweib geboren / waren) an den Galgen gehenget würden / Da nam jhre Mutter Rizpa einen Sack / vnnd breitet jhn auff den Fels / am anfang der Erndte / biß daß Wasser vom Himmel vber sie troffe / vnnd ließ des Tages die VOGEL des Himmels nicht auff jhnen ruhen / noch die Thier des Nachts / etc. Sie hat jhr Bette vnd Läger zum Galgen bereitet / vnd die VOGEL des Tages gescheucht / daß sie jhre Söhne nicht zurissen vnd fressen. Darmit zeiget sie an jhre Mütterliche Trew vnd Liebe gegen jhre Söhne / weil sie sie nicht beym Leben hat erhalten können / wil sie dennoch jhre Leichnam bewaren / daß sie nicht zurissen vnnd gefressen werden / bricht auch dem König David das Hertz darmit / daß er jhre Leichnam abnehmen / vnnd ehrlich zur Erden bestätigen lest. Zum Exempel allen Eltern / daß sie jhre Kinder recht vnnd wol aufferziehen / daß sie den Raben nicht zutheil werden am Galgen. Dauon drunden an seinem ort weiter. Brentius. Quid aliud potuit mater? Filios enim suos cum non potuisset à morte prohibere, ab avibus & feris prohibuit: Quo facto specimen dedit maternæ dilectionis, & interim

Der Dritte Standt.

2. Sam. 21

Von der Mütterlichen liebe / der Rizpa / auch gegen die todte Leichnam jhrer Söne.

Brentius.

 rim

rim hoc solatij accepit, quod filiorum eius corpora non sint à volatilibus & feris dilacerata, &c.

Prouerb. 7. Ein vnzüchtiger eim vogel verglichen. Salomon beschreibet auch den Zustandt des verführeten Hürischen Jünglings/ Prouerbior. 7. Er folget jhr (der vnzüchtigen Frawen) nach/ biß sie jhm mit dem Pfeil die Lebern spaltet/ Wie ein VOGEL zum Strick eilet/ vnd weiß nicht/ daß jhm das Leben gilt/ rc. Gleich wie ein VOGEL/ der mit Lust vnnd Frewde zum essen fleugt/ vnuersehens bestrickt/ gefangen vnd erwürget wird: Also gehets auch dem vnzüchtigen Gesellen/ der seine Wollust hat/ in Vnzucht vnd Hurerey/ Er felt in des Teuffels strick/ vnd kömpt offt vmb das zeitliche/ gewis aber vmb das ewige Leben. Hieronymus vnnd andere mehr/ deutens auch auff die geistliche Hurerey/ Abgötterey vnd verführische Irthümen/ darmit manche gefangen sind/ gantz eyfferig der Hellen vnd ewigen Verdamnis zulauffen. Philipp. Melanth. Hic furor figurat animæ libidinem, qua se in impia doctrina oblectat & inebriat, eiusmodi meretricem describit Ezechiel cap. 16.

Hieronym9.

Phil. Mel.

Von der freundschafft Syrach 22. Was weiter in gemein die Freundschafft anlanget/ gibt Syrach cap. 22. eine nützliche erinnerung: Wer vnter die VOGEL wirfft/ der scheucht sie weg/ Vnd wer seinen Freund schmehet/ der zertrent die Freundschafft. Gleich wie man mit einem stein oder stecken die Vögel zerscheucht/ wenn man vnter sie wirfft/ Also vertreibet man einen Freund mit schmehe vnd lesterworten. Weil aber eine ware Freundschafft nicht allein von GOtt geboten/ sondern auch in gemeinem Leben nützlicher vnd köstlicher ist/ denn Silber vnd Gold/ sol man billich die Zunge also füren vnd regieren/ daß nichts hefftigs vnd schmehlichs wider einen guten Freund geredt werde/ sintemal derselbe verjagte Freund nicht bald widerumb

derumb zu bekomen ist. Wie auch Syrach cap. 27. bezeuget. Syr. 27.
Wer seinen Freund verletzt/ dem geschicht wol so vbel/ als dem sein Feind entgehet. Gleich als weñ du einen Vogel aus der hand lessest: Also ists/ weñ du deinen Freund verlessest/ du fähest jn nicht wider/ du darffst jm nicht nachlauffen/ er ist zu fern weg/ er ist entsprungen wie ein Rehe/ ꝛc.

Was ist denn zu mercken von der häußlichen Narung/ so in dem dritten Standt eröbert vnd vberkomen wird? Fürnemlich ist sich fürzusehen/ daß die Güter nicht mit rauben vnd stelen gewonnen werden/ Denn solche Gesellen werden doch/ jhres fürhabens halben/ offt eingezogen vnd gestrafft. Welches bey den Vogeln Salomon ansinnet/ Prouerb. 1. Mein Kind/ wenn dich die bösen Buben locken/ so folge nit/ Wenn sie sagen/ gehe mit vns/ wir wöllen auff Blut lauren/ vnd den vnschüldigen ohn vrsach nachstellen/ ꝛc. Wir wöllen gros Gut finden/ wir wöllen vnsere Häuser mit raub füllen/ ꝛc. Mein Kind/ wandele den Weg nicht mit jnen/ ꝛc. Denn es ist vergeblich/ das Netz außwerffen für den augen der Vögel. Gleich wie nun ein Vogler nicht viel Vögel fähet/ wenn er das Netz auff dem Vogelherd außbreitet/ vnnd die Vögel zusehen lest/ Denn sie vernehmen die gefahr/ vnnd fliegen daruon/ Also werden auch offt der Räuber vnd Dieb anschläg offenbar/ Oder werden die fromme Menschen/ denen es gelten sol/ die gefahr zu meiden/ von Gott erinnert/ Als denn stehen die Diebe in schanden/ vnd gerathen an den Galgen/ ꝛc. Osiander. Dieses ist aber nicht allein von den öffentlichen Strassenräubern/ sondern auch von den Stulräubern vnd andern geitzigen Leuten zuuerstehen.

Von der häußlichen narung.

Prouerb. 1.

Osiander.

Hieronymus deutet aber diesen Spruch von den Vögeln/ auff die glaubige vnnd außerwelte Kinder GOTtes/ welche nicht allein mit jhren Flügeln den zeitlichen Verfol- Hieronym.

gungen / sondern auch den Irrthümen vnd falschen Lehrern / entfliehen. Frustra laqueus persecutionis aut mortis tenditur electis, qui pennas habent spei & charitatis, cæterarumque virtutum, quibus cœlestia dum vivunt, desiderant, ut hæc post mortem mereantur pertingere. Habent & oculos mentis, per quos & mala, quæ ab impijs sustinent, ocius transitura, & bona quæ sustinendo meruerunt, æternè mansura prævideant. Quibus simul oculis & reproborum superbiam citò consummandam, & tormenta sequentia semper mansura prospiciunt. Potest & ita accipi, quod rete dicat perniciosam malorum doctrinam, frustra tale rete iacitur, ante eos qui mundis oculis cordis superna contemplantur, facilè enim laqueos, qui in terra tenduntur, cavet, qui pennis virtutum subvectus, conversationem habet in cœlis. Utrunque ergò rete frustra bonis parant reprobi, quia etsi suadent iniqua, superantur iustorum sapientia, & si insidijs inferuntur adversa, contemnuntur patientia. Sive oculi pennatorum sunt animæ beatorum, virtutum pennis suffultæ, quæ acuto visu cœlestia contemplantes ad superna evolant, ante quorum intuitum, frustra ab impijs deceptionis rete prætenditur, quia divinitus adiuti, cunctos eorum laqueos facilè transcendentes ad superna transeunt. Aber gnug von dieser allegoria.

Darnach zeiget Salomon an / Wil ein Haußuater seine Nahrung gewinnen / so mus er auch seine gewisse Wonung vnd Hauß / seine ehrliche Handthierung haben / sonsten
Prou. 27. wird er nicht viel erübrigen. Prouerb. 27. Wie ein VOGEL / der aus seinem Nest weichet / also ist der von seiner
Osiander. stäte weichet. Osiander. Gleich wie die Vögelein / so sich aus jhren Nestern treiben lassen / erbärmlich hin vnd her fliegen /

gen/ wissen nicht wo sie bleiben sollen/ Also thun auch die jenigen (vnrecht vnd thörlich) welche sich mit drewung vnnd Schaden/ aus jhrem ordentlichen Göttlichen Beruff vnnd Standt verjagen lassen. Philippus Melanth. In Menschlichen dingen sihet man/ daß die vnbestendig sind/ vnnd an keinem ort bleiben/ nicht können reich werden/ wie man im deutschen Sprichwort zusagen pflegt/ Daß der Stein selten Moß fahe/ der viel hin vnd her gewältzet wird/ mit welchem Spruch die jenigen troffen werden/ so hin vnnd her in der jrre vmblauffen/ vnd jhres Lebens kein gewissen Standt noch weise führen/ etc. Phil. Mel.

In Geistlichen dingen/ werden wir hie zum ersten des Beruffs vermahnet/ also/ daß ein jeder des seinen gewarte/ Rom. 12. Item/ Es werden auch hie die leichtfertigen Geisler gestrafft/ die da auff keinem rechten Verstandt oder Sinne des Worts beharren vnd bleiben/ sondern werden jmmer für vnd für auff newe Lehr vnd fündlin verleitet/ Ephes. 4. etc. Hieronymus applicirts auff einen jeden gleubigen/ der die Tugenden verlest. Sicut avis, quæ negligit ova sive pullos, quos foveat, aliarum avium vel animantium raptui dimittit: sic nimirum ille qui custodiam virtutum in quibus proficiebat, deserit: earundem virtutum, quas habere videbatur, immundis spiritibus ipse proditor existit. Hieronym.

Es warnet vnd vermahnet aber auch Salomon weiter/ Prouerb. 6. Welche für andere Bürge werden/ sollen sich bald ledig machen. Mein Kind/ Bistu Bürge für deinen Nechsten/ vnd hast deine Hand bey einem frembden verhefftet/ so bistu verknüpfft mit der rede deines Mundes/ So thue also/ vnd errette dich/ Laß deine Augen nicht schlaffen. Errette dich/ wie ein Rehe/ von der Hand/ vnd wie ein Vogel aus der Hand des Voglers. Wie ? Verbeut denn Salomon die Bürgschafft/ daß man andern nicht rathen vnnd helffen sol/ so es doch ein Werck der Brüderlichen Liebe ist ? Antwortet Osiander: Salomon macht die gefahren der Bürgschafft gros/ nicht daß er vns gäntzlich von diesem Ampt vnd Werck der Brüderlichen Liebe abschrecke/ Sondern daß er allein die vnfürsichtige vnnd vnerfahrene Haußuäter warne/ wenn sie für andere wollen Bürge werden/ daß sie nichts freuentlich vnnd vnbedacht fürnehmen vnnd handeln/ sich vnd die jrige dardurch in Gefahr vnnd verderben setzen: Denn wer seinem Freund zuuiel trawet/ der wird gemeiniglich zu schanden: Aber wenn die Bürgschafft schon geschehen ist/ ist der beste nechste weg/ daß man sich bald widerumb ledig vnnd loß mache. Hieronymus deutet dieses auch/ seinem brauch nach/ per allegoriam/ auff die Lehrer vnd Prediger/ daß sie jhrem tragenden Ampt vnd Pflichten/ mit Lehr vnd Leben/ fleissig nachkommen sollen/ damit sie endtlich/ nach vollendetem lauff/ zur Himlischen Weyde vber sich fliegen können. Quantum avis de laqueo quærit evadere, tantum nitere, ut auditore tuo salubriter instituto, ipse à sponsione vitæ eius liber reddaris. Avis volando alta petere consuevit. Cum in docendis occuparis subditis, mundus à peccatis & strenuus in operibus bonis, perspicax in deprehendendis malorum insidijs, & virtutum pennis fultus esse satage: quatenus expleto prædicandi negocio, & ad superna transvolare & cœlestis vitæ pascua merearis intrare.

Osiander.

Hieron.

So nun aber mit vngebürlichen Mitteln/ zeitliche Güter vberkommen sind/ sol man wissen/ daß sie gar vnbestendig vnd flüchtig sind/ Wie Jeremias am siebenzehenden

Vnrecht gut faselt nicht.

Jerem. 17.

Capittel

Capittel lehret, Gleich wie ein VOGEL (nach dem Hebreischen ein Rephun) der sich vber Eyer setzt/ vnnd brütet sie nicht aus/ Also ist der/ so vnrecht Gut samlet/ Denn er mus daruon/ wenn ers am wenigsten achtet/ vnnd mus doch zu letzt Spott dazu haben. Die Patres deutens vnnd verstehens von dem Rebhun: Gleich wie ein Rephun frembde Eyer andern VOGELN raubet/ vnd außbrütet/ Aber die außgeheckte Jungen hernach/ die vnrechte Mutter/ das Rephun/ verlassen/ von jhr weichen/ rc. Also gehets auch zu mit den Gütern/ so die Geitzige den armen Leuten/ vngeschewet das Vrtheil vnnd Gerichte GOTTES/ entziehen/ Sie verschwinden vnd fliegen hinweg/ Sie müssen daruon/ ehe sie sich dessen im geringesten versehen.

Hieronymus. Aiunt scriptores naturalis historiæ (Aristoteles, Theophrastus, Plinius secundus) hanc perdicis esse naturam, ut ova alterius perdicis, id est, aliena furetur & eis incubet foveatque: Cumque fœtus adoleverit, avolare ab eo & alienum parentem relinquere. Huiuscemodi sunt divites, qui aliena diripiunt, & absque cogitatione iudicij DEI faciunt divitias non cum iudicio, quas in medio tempore relinquunt, subita morte subtracti. Lucæ 12. capit. Hieronym.

Augustinus libro 13. capit. 12. contra Faustum Manicheum, spricht: Die Ketzer vnnd falsche Lehrer/ als zänckische Leute/ seyen diesem VOGEL gleich/ so die widergeborne Christen verführen/ vnd vnter dem Nahmen Christi jhnen selbs zueignen. Augustin.

Ambrosius in Hexam. lib. 6. cap. 3. erkleret auch obangezeigeten Spruch Jeremiæ mit folgenden Worten: Ambrosius.

Per-

Perdicem astutam quæ aliena ova diripiat, hoc est, perdicis alterius, & corpore foveat suo, sed fraudis suæ fructum habere non posse, quia cum eduxerit pullos suos amittit eos: Quia ubi vocem eius audierint quæ ova generavit, relicta ea ad illam de naturali quodam munere & amore conferunt, quam veram sibi matrem ovorum generatione cognoverint, significantes hanc nutricis fungi officio, illam parentis. Sic itaq; incassum proprios fundit labores, ac fraudis suæ precio multatur. Vnde & Ieremias ait: Clamavit perdix & congregavit quæ non peperit, id est, ova congregavit & clamavit, quasi ovans suæ fraudis effectu. Sed ludit operam, quia impenso labore alij educat, quos ipsa diuturno fotu sedulitatis animaverit. Huius imitator est Diabolus, qui generationes creatoris æterni rapere contendit, & si quos insipientes & sensus proprij carentes vigore potuerit congregare, fovens eos illecebris corporalibus, ubi primum vox Christi parvulis fuerit infusa discedunt, atque ad eam se conferunt matrem, quæ pullos suos sicut avis materno amore complectitur, &c. Aber davon wird in seinem eigenen Capittel folgen.

Von vergengligkeit der Güter dieser Welt. Sap. 5.

Wir wöllen bey den Gütern im dritten Standt bleiben/ vnnd noch einen Spruch von derselbigen Vnbestendigkeit vnd vergengligkeit anhören. Sapientiæ am 5. Capit. Die Gottlose verdampte Leute sprechen: Was hilfft vns nun der Pracht? Was bringet vns nun der Reichthumb sampt dem Hochmut? Es ist alles dahin gefahren wie ein Schatte/ ꝛc. Oder wie ein VOGEL/ der durch die Lufft fleugt/ da man seines weges keine spür finden kan/ Denn er regt vnd schlegt in die leichte Lufft/ treibet vnd zertheilet sie mit seinen schwebenden Flügeln/ vnnd darnach

findet

findet man kein zeichen solches flugs darinnen / Also auch wir / nach dem wir geboren sind gewesen / haben wir ein Ende genommen / vnnd haben kein zeichen der Tugend beweist / Aber in vnser Boßheit sind wir verzehret. Derhalben sollen sich die Christen nicht auff das vergengliche Gut verlassen / sondern also gebrauchen / daß sie die ewigen Güter erlangen mögen / Amen.

Der Ander Theil des Biblischen Vogelbuchs/Von den reinen Vögeln/ vnd so dieser zeit gessen werden.

Das Erste Capitel/ Von der Tauben.

Vrsach/worumb dis 2. teil von Tauben angefangen wird.

BIllich ists / das wir diesen Andern Theil / mit dem löblichen Vögelein der Tauben / anfangen / Denn sie nicht allein zu den Opffern in dem GOttesdienst ernennet / vnnd zu essen vergönnet / Sondern auch durch jre eigenschafft die fürnembste Leren Christliches Glaubens angedeutet werden.

Der Erste Standt.

Vnd was im ersten Standt den Gottesdienst anlanget / wird die Tauben zu mancherley Personen Opffer gebraucht. In gemein bey den Brandtopffern / muste diese ceremonia in vbung sein. Leuit. 1. Wil einer von den VOGELN dem HERRN ein Brandtopffer thun / so thue ers von Turteltauben oder von IVNGEN TAVBEN / Vnd der Priester sols zum Altar bringen / vnd jhm den Kopff abkneipffen / daß es auff dem Altar angezündet werde / vnnd sein Blut außbluten lassen an der Wandt des Altars /

Brandtopffer von Tauben. Leuit. 1.

Altars/ Vnd seinen Kopff mit seinen Federn/sol man neben dem Altar/ gegen dem Morgen/ auff den Asschenhauffen werffen/ vnnd sol seine Flügel spalten/ aber nicht abbrechen/ Vnnd also sols der Priester auff dem Altar anzünden/ auff dem Holtz/ auff dem Fewer zum Brandtopffer/ Das ist ein Fewer zum süssen Geruch dem HERRN/ꝛc.

Was ist allhie zu lernen? Brentius schreibet/ daß diß Tauben Opffer sey ein Fürbilde CHRISTI/ oder eine Predigt von seinem Leiden/ Sterben/ vnnd Aufferstehen. Geistliche außlegung dieses Opfers Brentij

Erstlich/ Daß der Kopff vom Leibe nicht abgerissen wird/ sondern der Vordertheil des Halses auffgepfetzt/ vnd das Blut heraus gelassen/ bedeut das Blutuergiessen/ Leiden vnd Sterben Christi/ Aber doch/ daß er im Tode nicht bleibe/ sondern das Häupt wider empor hebe/ vnd auch seine Christliche Kirchen/ als seinen Leib/in Creutz vnnd Widerwertigkeit nicht verlasse/ welches der verfolgeten bedrängten Christen höchster Trost ist. 1. Vom Kopff vnnd Hals.

Darnach/ Daß der Kropff vnd Federn auff den Aschenhauffen geworffen/ vnnd hinnaus getragen werden sol für das Läger/ an ein sonderlichen ort/ zeiget an/ daß Christus für sich an seiner Person heilig/ rein/ vnd ohne Sünde sey/ aber doch er vnsere Vnreinigkeit vnd Sünde habe büssen sollen vnd wöllen. 2. Vom Kropff vnnd Federn.

Von den zerspaltenen Flügeln gibt er zweyerley meinung vnd Lehr. Erstlich auch die reinigkeit Christi anzumelden/ Denn was nicht gespalten Klawen hat/ ist vnrein geachtet/ Weil aber der Vögeln zween Füß gespalten/ vnd die Flügel/ so vngespalten sind/ den Füssen gleich gerechnet werden/ müssen auch dieselbige gespalten sein/ daß Christus 3. Von zerspaltung der Flügel. I.

(das einige Gottwolgefellige Opffer) allerdings vollkomen/ heilig/ rein/ vnd vntadelich gegleubt/ gelert/ vnd geprediget werde.

II. Die ander heimliche deutung ist / daß Christus sein Euangelion nicht allein in die vier örter der Welt außbreiten/ sondern auch die versamlete vnd beruffene Christen mit seinen flügeln / wider die Welt/ Todt vnd Teuffel mechtiglich schützen vnd erhalten wölle. Wie David offtermal dieses Schutzes gedencket. Psalm. 17. Beschirme mich vnter dem Schatten deiner Flügel / ꝛc. Item/ Daß die Flügel nicht zubrochen/ sondern nur gespalten sind/ (wie auch am Osterlamb kein Bein zubrochen würde) bedeutet/ daß Christus von den Todten aufferstehen / in ein solche hohe Mayestät auffliegen werde/ vber alles was genennet mag werden/ daß sich alle Knie/ deren im Himmel/ auff Erden / vnnd vnter der Erden/ gegen jhm beugen müssen. Vnd das sey von Christo/ ꝛc. Isychius deutet diese Vmbstende auff ein andere weise/ auch auff die Christgleubige Menschen/ vngefehrlich auff diese Meinung. Die VOGEL/ schreibet er/ sind die Christen / welche sich von den zeitlichen Geschefften vnd Sorgen abziehen / gantz vnd gar dem Göttlichen Wort vnd Himlischen Sachen ergeben/ Vnnd ob sie schon etwa noth halben mit den jrrdischen Händeln vmbgehen / fliegen sie doch vber sich zu rück vnd wissen / daß Gott für sie sorget. Die Turteltaub (daruon an seinem ort) bedeut den Verstandt/ Geschickligkeit vnd Wissenschafft/ Die TAVBE aber Reinigkeit/ Einfalt / vnd die Gegenwertigkeit des heiligen Geistes/ darmit die Christen begabet sollen sein. Den Kopff gemählich zu rück thun/ deutet an/ wie die gleubige jhr Hertz vnd Sinn vom Fleisch vnd jrrdischen dingen abziehen sollen; Sonderlich aber den Kropff vnd Federn wegwerffen/

Die Flügel gespalten / nicht zubrochen.

Isychij erklerung.

Wer die vögel sind.

Der Turteltauben vnd Tauben bedeutung.

das ist/ den auffgeblassenen Stoltz vnnd Hochmut ablegen/ Auch nicht höhere Sachen / als sich gebürt/erforschen/ vnd endlich nichts zerbrechen/ denn da sind die Gliedmassen (die Christen) gantz vnnd nicht widereinander / Denn der Geist vberwindet das Fleisch/ ob schon der Streit zwischen jhnen jmmerdar in diesem Leben wäret. Auff diese gemeine Regeln/ von den Taubenopffern / wöllen wir jetzt die Exempla etlicher Personen besehen.

Das erst ist Abrahams Opffer. Genes. 15. GOtt verspricht dem heiligen Abraham nicht allein einen Sohn/ den er in seinem Alter von Sara vberkommen sol / sondern auch das gantze Land Canaan/ welches seine Nachkommen einnehmen/ ererben vnd besitzen würden: Darmit er nun in seinem Glauben gestercket würde/ gibt er jhme ein Wortzeichen/ heisset jhn opffern/ darzu er denn eine Turteltauben vnd eine junge TAVBEN nimpt / die dreyerley Thier zutheilet er / aber die TAVBEN lest er gantz bleiben: Gott deutets selbs/die Vögel des Himmels /welche auff das Fleisch fielen vnd fressen wolten/seyen die Egyptier/ so des Abrahams Samen vnd Nachkommen gar auffressen vnd verschlingen wolten/aber doch wird es nicht geschehen/ Deñ in der vierden zeit sol Jsrael/ wie eine Taube/ aus Egyptenland dahin fliegen in das Land Canaan. Lutherus. Sicut animalium genera mactantur: ita 400. annis posteritas Abrahæ in Aegypto affligitur. Aves significant ultimam ætatem, qua Israel avolavit ex servitute in libertatem & terram promissam. Das ist: Gleich wie diese mancherley art der Thiere geschlachtet werden/ Also werden auch die Nachkommen des Abrahams gantzer vier hundert Jahr in Egypten geplagt: Die Vögel bedeuten das letzte Alter der Welt/ in welchem die Kinder Jsrael aus der dienst-

Exempel des Tauben Opffers Abrahams. Gen. 15.

Erklerung Gottes.

barkeit entflogen sein/ zur Freyheit vnnd in das verheischene Land. Gott lest zwar seine Christen zimlich lang vnnd wol plagen/ aber rettet sie doch endlich/ daß sie mit frewden vnnd grossem geistlichen Himmelischen Gut/ aus dem Jammerthal wegfliegen/ins ewige Vaterland.

Leuit. 5. Ein ander Exempel gibt Moses Leuit. 5. Wenn sich eine Seele versündiget vnd verschuldet/ daß er ein Fluch höret/ vnd nicht ansaget/ vnd vnwissend ein Aß anrüret/ oder aus vnbedacht ein Schwur thut/der sol sich den Priester versühnen lassen/ Vnd vermag er nicht ein Schaff zu bringen/ so sol er zwo Turteltauben/ oder zwo junge TAVBEN bringen/ eine zum Sündopffer/ die andere zum Brandtopffer. Ehe das Opffer erkleret wird/ sollen wir zuuor die zweyerley Sünde vnd Schuld betrachten. (Was die andere Sünde/vom Aß anrühren/ anlanget/wars Leuitisch/vnd gehet die Christen jetzt nicht an.)

Vrsach dieses Opffers/ sein 2. sünde.

I. Die erste Sünde ist/ Wenn einer den Nebenchristen höret schweren oder ein Eyd thun/ daß er diß vnd das nicht gethan habe/ so doch solchs geschehen were/ vnd ders gehört oder gesehen hat/ nit anzeiget/der versündiget sich/vnd mus seine Sunde beichten/ vnd ein Schaff oder TAVBEN opffern. Darumb lernen wir/ daß wir nicht allein für vns selbs die Sünde fliehen vnd meiden sollen/sondern auch fleis anwenden/ daß der Nebenmensch sich für Sünden hüte/vnd durch straffe daruon abgehalten werde: Welches kein verrehterey ist/ sonderlich wo es öffentlich/ vnd der Mißhändeler solches auff seinen Eyd nehmen wolte. Brentius. Etsi nemo illegitimè prodendus est, ac charitas exigit, ut proximi delicta, quantum legitimè fieri potest, celemus, ac eum pro Christiana regula, inter nos & ipsum arguamus:

Lehr.

mus: tamen tanta est Maiestas divini nominis, quod in iuramento usurpatur, ut nullus pius æquo animo ferre debeat prophanationem eius, & ad contumeliam eius, quæ infertur ipsi à falso iurante, silentio connivere. Das ist: Ob man wol niemandt vngebührlicher weise verrathen sol / vnnd es auch die Christliche Liebe erfodert / das wir des Nechsten Gebrechen/ so ferne es gebührlicher weise geschehen kan/ verhälen/ vnnd jhn / nach Inhalt der Christlichen Regel / zwischen vns vnnd jhme / straffen: Jedoch ist die Mayestät des Göttlichen Nahmens / der im schweren gebrauchet wird / so gros / daß kein Gottfürchtiger Mensch mit Gedult erleiden sol die entheiligung desselben/ vnnd zu der Schmach desselbigen/ welche jhm von dem/ der da vnrecht schweret / angethan wird / durch die Finger sehen/ etc.

II. Die ander Sünde vnd schuld wider das Gesetz/ ist vom vnbedachten schweren / welchs sehr gemein ist in täglichen Colloquijs vnnd reden. Darumb Syr. 23. handelt. Gewehne deinen Mund nicht zum schweren / vnd GOttes Nahmen zuführen/ Denn gleich wie ein Knecht/ der offt gesteupet wird/ nicht ohn Striemen ist/ Also kan der auch nicht rein von Sünden sein / der offt schweret vnnd Gottes Nahmen führet/ Wer offt schweret/ der sündiget offt/ etc. Schweret er/ vnd verstehets nicht/ so sündiget er gleichwol. Verstehet ers / vnd verachts / so sündiget er zwiefeltig/ Schweret er aber vergeblich/ so ist er dennoch nicht ohne Sünde/ Sein Hauß wird hart gestrafft werden. Brentius. Hic vides, quod etsi inconsiderata temeritas & incogitantia habeat suam quandam excusationem in humano iudicio, quam proposita animi malicia non habet: Coram Deo tamen iudicatur peccatum expiatione dignum. Ac ducit etiam

hoc

hoc exemplum nos in agnitionem peccatorum, videlicet quod peccatis ita simus inquinati, ut ne ea quidem quæ incogitanter proferimus, sine peccato proferamus, etiamsi mens abesse videatur. Das ist: Wiewol die vnbedachte vnbesunnene Vermessenheit/etlicher massen für der Menschen Gericht vnnd Vrtheil jhre entschüldigung hat/ daß bey der mutwilligen Boßheit nicht geschicht/ Jedoch so ist dieser vnbedacht auch vor GOTT eine schwere Sünde/ die gebüsset werden sol. Vnnd dis Exempel bringet vns zur Erkentnis der Sünden/ daß wir als nemlich also mit Sünden befleckt sein/ daß wir auch das jenige/ was wir vnbedachtsamer weise herfür bringen/ nicht ohne Sünde können an Tag geben/ ob schon das Gemüt ferne daruon zu sein scheinet/ ꝛc.

Wormit werden denn diese Sünde vnd schuld versühnet? Moses befihlet/ der Mißhändeler solle ein Schaff bringen/ wenn er reich ist/ Ist er aber arm/ so sol er Tauben bringen/ꝛc. Diese Tauben aber/ wie vor angezeiget/ sind auch ein Vorbild des Leidens vnd Sterbens Christi/ durch dessen Blut wir allein von Sünden gereiniget/ vnd GOtt versühnet werden. (Brentius. Quia etiam in hoc sacrificij genere sit iugulatio & sanguinis effusio, manifestum est, quod & hoc sacrificium adumbret sacrificium Christi, cuius solius sanguine mundamur à peccatis nostris, & cuius sanguinis utilitatem non minorem accipit pauper quàm dives, si non minorem fidem habeat.) Denn/ saget Brentius/ weil auch in diesem Opffer eine Würgung vnd Blutuergiessung geschicht/ so ist kund vnd offenbar/ daß auch dis Opffer vnd Vorbilde das Opffer des HERRN Christi/ durch welches Blut wir alleine von vnsern Sünden gereiniget werden/ Welches Bluts der Arme nicht weniger als der Reiche geneust / wenn er keinen geringern oder kleinern Glauben hat / etc. Wiewol Isychius abermal dieses auff die Christen deutet / die sich auff mancherley weise casteyen / jhr Fleisch creutzigen vnd Gott auffopffern.

Darbey vnd neben ist zu lernen / daß GOtt auch für der Armen Heil vnnd Wolfart fürsorge tregt / Denn da der Reiche zu seiner versühnung einen schweren thewren Beichtpfenning / ein Schaff geben mus / verordnet er den Armen nur ein par junge Tauben / oder ein par Turteltauben / Vnd sollen doch so wol versühnet werden / als die Reichen / wenn sie nur einen starcken Glauben bringen. Welches zu einem grossen Trost den armen verachten Menschen gereichet.

GOtt sorget für die armen eben so wol / als die reichen / wenn sie nur an Christum gleuben.

Ein ander Exempel stehet Leuit. 12. Daß die Kindbetterinn / wenn sie aus den Wochen gehen wolten / zuuor zu den Priestern kommen musten / vnd bringen ein Schaff vnd Turteltauben / oder junge Tauben / oder / wo sie arm waren / ein par Turteltauben / oder sonst zwo junge Tauben / die eine zum Brandtopffer / die ander zum Sündopffer / sich zuuersühnen. Daruon besihe aber drunden im Ehestandt / etc.

Leuit. 12. Einer kindbetterinn.

Weiter / so schreibet auch Moses den Aussetzigen für / Leuit. 14. Wenn sie rein worden sind / vnd sich im siebenden Tage wollen versühnen lassen / sollen die Arme / neben anderem Opffer / auch zwo junge Tauben / oder zwo Turteltauben bringen / eine zum Sündopffer / die andere zum Brandtopffer. Der Aussatz ist nicht allein eine Straffe / sondern auch ein eigentlichs Vorbild der Sünden / darinn alle Menschen empfangen vnnd geboren werden / vnnd also lebendig todt / außgeschlossen von dem Hause GOttes / vnnd der Gemeinschafft der heiligen Engeln. Welche nun wöllen rein sein / vnnd in die Christliche Gemeinschafft eintheidiget werden / die müssen mit dem Blut Jhesu Christi abgewaschen wer-

Leuit. 14. Der Aussetzigen.

werden/vnd GOttes Wort hören/wie dieses im Biblischen Thierbuch weiter außgeführet wird. Sanguis aviculæ & agni, scribit Brentius, quo mundandus aspersus fuit, respexit in sanguinem Domini nostri Iesu CHristi, quo solo mundamur à peccatis per fidem. Das ist/ Deñ/ wie Brentius schreibt/ so hat das blut des Vogels vnd des Lambs/ damit der jenige/ der da hat sollen gereiniget werden/ besprenget ist/ auff das blut vnsers HErrn Jhesu Christi gesehen/ durch welchs wir allein/ durch den glauben / von vnsern sünden gereiniget werden/ ꝛc. Ein solches Opffer sol auch bringen/ Leuit. 15. der einen fluss an seinem fleische hat/ am achten Tag seiner reinigung. Ist jetzt offt vermeldet/ was die Tauben bedeuten/ Was aber weiter bey dem Fluss zumercken/ besihe drunden im dritten Standt.

Leuit. 15.

Num. 6.

In diesen Orden gehört auch der Nasareer/ Num. 6. Wenn jemand für jhm vnuersehens plötzlich stirbt / da wird das Häupt seines Gelübds verunreiniget/ darumb sol er sein Häupt beschären am Tage seiner Reinigung/ das ist/ am 7. tage. Vnd am achten tage sol er zwo Turteltauben oder zwo junge Tauben bringen/ eine zum Sündopffer/ die ander zum Brandtopffer/ vnd sol jhn der Priester versühnen. Ist vnnötig hie zu handeln von der Nasareer Gelübden/ von jrer Verunreinigung/ gnug ists dißmal zuwissen/ daß abermal Christus durch die Tauben vorgebildet wird: Vnd doch die Israeliten/ durch die eusserliche Ceremonien/ Leuitischer weise/ rein gesprochen vnd versünet würden/ Welchs vns Christen/ nach den eusserlichen Buchstaben / nicht angehet.

Vom Mißbrauch dieser Taubenopffer vnnd anderer.

Dagegen ist der grosse Mißbrauch dieser Opffer von der TAVBEN vnd andern Thieren zumercken/ Da die Jüden dieselbige im Tempel feil hetten/ jhren nutz vnd gewiñ darinn suchten/ vnd die Leute von den Priestern beredet waren/

ren/ Die Reinigung vnd vergebung der Sünden/ werde mit dem Werck des Opffers erlanget. Darumb denn Christus die Taubenkrämer zwey mal aus dem Tempel zu Jerusalem mit der Geissel getrieben hat. Zum ersten/ im anfang seines Predigampts / Johan. am 2. Darnach wie er seinen Lauff vollendet/ vnd am Palmtage zu Jerusalem auff einer Eselin eingeritten war/ Matth. am 21. Marci am 11. Die Priester vnd Hierusalemitanische Bürger / haben zwar jre scheinursachen vnnd gute Meinung fürgewandt / nicht allein die Ehre GOttes vnnd seinen Befehlch von diesen Opffern/ Sondern auch der Jüden Vortheil/ daß die ankommende Jüden bald Opffer keuffen köndten / vnnd nicht mit grossen Vnkosten gen Herusalem führen dürfften. Aber Christus fraget darnach nicht/ Sondern schlegt sie mit einer Geissel zum Tempel hinaus: Welches ein sonderlich heroicum & personale factum ist. Darmit er seinen Eyfer gegen der falschen Religion vnd Glauben andeutet/ fürnemblich aber anzeiget/ er wölle auch seinen lebendigen Tempel/ die Christliche Kirchen/ für diesen Taubenkrämern/ Verfälschern vnd Verfolgern/ schützen vnd erhalten. Gibt auch einem Lehrer/ Prediger/ Regenten/ vnd allen Christen diese Lehre/ daß sie solche Krämerey vnd Abgötterey/ mit vnd durch die billiche Mittel jres verstands vnd Beruffs/ abwenden sollen.

Die austreibung d' Taubenkremer aus dem Tempel / leret 1. 2. 3.

Wer sind deñ die Taubenkrämer? Die fürnemste Patres beutens auff die vermeinte geistlichen/ so des H. Geistes gabē vmb Gelt verkeuffen wöllen/ wie der Zäuberer Simon zu den Aposteln sagt Act. 8. Gebt mir auch die macht/ daß/ so ich jemand die Hände aufflege/ derselbige den heiligen Geist empfahe/ Petrus aber sprach zu jhm / Daß du verdampt werdest mit deinem Gelde/ daß du meinest/ GOttes Gabe werde durch Gelt erlanget / Du wirst weder Theil noch anfall

Wer sein die Taubenkremer.

haben an diesem Wort/Denn dein Hertz ist nicht rechtschaffen für Gott.

Hiervon mercke die folgende Außlegung vnd Sprüche der Patrum. Ambrosius in Lucam. Cathedras vendentium columbas cur everterit, non intelligo: neque enim nundinatores avium vendicare sibi poterant honorati alicuius in nundinis solij dignitatem: Nam quæ prærogativa dignitatis est in columbis? Admonet tamen dominici forma Baptismatis, quando descendit spiritus sanctus in columbæ typo, eiectorum de templo huiusmodi mercatorum in ecclesia Dei, consortium eos non posse habere, qui sancti spiritus gratiam nundinentur. Gratis, inquit, accepistis, gratis date. Talis Simon fuit, &c. Das ist: Warümb er die Stüle der Taubenkrämer vmbgestossen habe/ verstehe ich nicht/ Denn es köndten jhnen ja die Taubenkrämer in der Krämerey keine Dignitet vnnd Wirde/ etwan eines ehrlichen Orts oder Stelle/ zuschreiben: Denn was ist für ein vorzug vnd Dignitet an den Tauben? Jedoch erinnert die Form der Tauffe des HERRN Christi/ da der heilige Geist in der gestalt einer Tauben hernider gefahren ist/ solcher aus dem Tempel außgetriebener Taubenkrämer/ daß sie in der Kirchen Gottes keine Gemeinschafft haben können/ die aus der Gnade des heiligen Geistes eine Krämerey machen/ Vmbsonst/ saget er/ habt jhrs empfangen/ vmbsonst gebts auch/ etc. Ein solcher Taubenkrämer ist Simon der Zäuberer gewesen.

Augustinus Tract. 10. in Iohan. Simon Magus de illis erat, qui columbas vendunt, etenim in columba apparuit Spiritus sanctus. Qui ergò vendunt columbas, fratres? Qui dicunt, nos (Donatistæ) damus spiritum sanctum. Quare enim hoc dicunt & quo precio vendunt?

dunt? Precio honoris sui. Accipiunt precium, cathedras temporales, ut videantur ipsi vendere columbas, caveant à flagello de resticulis, COLUMBA non est venalis, Gratis datur, quia gratia vocatur, &c. Das ist: Simon der Zäuberer ist einer von denen gewest / so die Tauben verkaufften / Denn der heilige Geist in einer Tauben erschienen ist. Derhalben / lieben Brüder / Wer sein die Taubenkrämer? Die da sagen / Wir (verstehet Donatisten) geben den heiligen Geist. Denn warumb sagen sie das / Vnd vmb was für Gelt verkeuffen sie denselben? Vmb jhre Ehre: Sie nehmen Gelt / zeitliche Ehrenstell / daß sie darfür angesehen werden / als verkäufften sie die Tauben / vnnd der Peitzsche / so aus Stricken gemacht ist / geübriget sein. Die Taube ist nicht feil / Sie wird vmbsonst gegeben / Denn sie wird eine Gnade genennet / etc.

Chrysost. hom. 38. in alt. comm. Matth. Quotidiè ingreditur Iesus in templum suum, id est, in sanctam Ecclesiam, & ejicit omnes vendentes gratiam Dei de Ecclesia, Episcopos, Presbyteros, Diaconos, omnesquè Ecclesiasticos, nec non & laicos, quia unius criminis habentur pariter Dei dona VENDENTES ET EMENTES: quia scriptum est, Gratis accepistis, gratis date. Columbas quoque vendentium cathedras evertit, ut quod honor sacerdotalis deberet auferri ab eis, doceret, qui pro terrena mercede opus Dei faciendum existimant, &c. Das ist: Der HERR Jhesus gehet teglich in seinen Tempel / das ist / in die heilige Christliche Kirche / vnd treibet aus der Kirche alle / welche die Gnade Gottes verkeuffen / als die Bischoffe / Vorsteher / Caplan / vnd alle Geistliche / ja auch die Leyen. Denn sie werden gleiches lasters schüldig geachtet / beydes / welche die Gaben

ben Gottes verkeuffen/ vnd auch die sie keuffen. Denn es stehet geschrieben/ Vmbsonst habt jhrs empfangen / vmbsonst gebets auch. Er hat auch die Stüle der Taubenkrämer vmbgekehret/anzuzeigen/daß die Priesterliche Ehre von jnen solte genommen werden / als die da meineten / daß GOTtes Werck vmb jrrdisches Lohns willen zuuerrichten sey/ꝛc.

Hieronymus in Matt. Cathedras vendentium columbas evertit, id est, qui vendunt gratiam Spiritus sancti, & omnia faciunt, ut subiectos populos devorent, &c. Das ist: Er hat die Stüle der Taubenkrämer vmbgekehret/ das ist / die da verkaufften die Gnade des heiligen Geistes/ vnd alles darumb thun/ daß sie das Volck / so jhnen vnterthan ist/ auffressen/ ꝛc.

Hilarius canon. 21. Templum introijt, id est ecclesiam traditæ à se prædicationis ingressus, à qua primum OMNIA sacerdotalis ministerij VICIA iure potestatis expellit: reddenda enim ab omnibus gratuita tradiderat, quæ gratuita fuerant consecuti, quæ neque emi aliquid per corruptelam sacerdotis, aut vendi, libertas doni debebat admittere. Cathedras autem præcipuè vendentium columbas evertit. Quæ porrò dignitas est in nundinis columbarum, aut quod privilegium in avium istarum commercijs reservatum est, ut vendentes eas honorem sibi arrogent cathedrarum? Sed in omni loco admonemur altius verborum virtutes in istiusmodi significationibus contuendas. In COLVMBA, secundum Prophetiæ exempla, sanctum spiritum intelligimus, in cathedris sacerdotum sedes. Ergò eorum, qui sancti Spiritus donum venale habent, cathedras evertit, quibus ministerium à Deo commissum negociatio est, &c.

Diese

Diese vnnd andere Patres mehr zeigen an/ wer die Taubenkrämer sind? Nemlich/ welche des heiligen Geistes Gaben/ Gottes Wort/ Vergebung der Sünden/ die Sacramenta/ vnnd andere geistliche Sachen/ vmb Ehr/ Gelt vnnd Gut/ andern Leuten verkeuffen/ die sie doch vmbsonst mittheilen solten: Vnter denen der Bapst mit seinem Geistlichen Hauffen/ der gröste Taubenkrämer ist/ der alles/ Geistlich vnnd Himmelisch/ vmb genandte Summa Gelt distrahirt/ Darumb auch Christus jhm seinen Stul vmbgestossen hat/ vnnd endlich den verdienten lohn in der Hellen geben wird. Wie Theophylactus mit den Fingern auff den Bapst deutet: In Matth. Vendunt columbas, & hi qui in Ecclesijs GRADVS vendunt, Spiritus enim gratiam, qui est columba, vendunt, unde eijciuntur ex superno & inferno templo, indigni enim sunt sacerdotio fungi. In Marcum: Sunt Pontifices vendentes spiritualia dona, Columba enim est donum Spiritus sancti. In Iohan. Multi ex PONTIFICIBVS in hunc modum peccant. Nam & ipsi negociatores, &c. vendunt Columbas, hoc est, spiritualia dona vendunt, & maiores dignitates conferunt his, qui plura dant, quos Dominus eijcit è templo indignos iudicans sacerdotio. Das ist/ Es sind auch die jenigen Taubenkrämer/ die da in den Kirchen die Ehrenstellen verkeuffen. Denn sie verkeuffen die Gnade des heiligen Geistes/ welcher eine Taube ist. Darumb werden sie außgetrieben aus dem vntern vnnd öbern Tempel/ als die da nicht wirdig sein/ daß sie das Priesterampt führen sollen. In Marcum: Es seind Hohepriester/ welche die geistliche Gaben verkeuffen. Denn die Taube ist eine Gabe des Heiligen Geistes. In Iohannem: Es sündigen jhr viel aus den Hohenpriestern auff diese weise: Denn sie seind

Der Bapst mit seinem hauffen ist d grössest Taubenkremer.

auch

auch Krämer: Sie verkeuffen die Tauben/das ist / die geistlichen Gaben verkeuffen sie/ vnd die höhesten digniteten vnd Wirden vbergeben sie denen/ die jhnen mehr Geschencke geben/ welche der HERR aus seinem Tempel stösset/vnnd achtet sie vnwirdig/ das Priesterampt zuführen/ 2c. Welches greifflich vnd augenscheinlich an dem Bapst/ Bischoffen vnnd Pfaffen/ erfüllet ist worden.

Wie ein jeder Christ/ d des H Geistes Tempel ist/ sich verunreinige mit Krämerey.

Brentius.

Darnach zeigen auch ermelte Lehrer/ daß ein jeder Christ des heiligen Geistes Tempel sey / vnnd denselben mit vngebührlichen Kauffhändeln verunreinige/Erstlich wie Brentius schreibet: Nundinatione, hoc est, confidentia humanorum meritorum. Genus enim nundinationis est, cum Deo quasi pacisci, ut det nobis cœlum pro meritis nostrorum operum. Nam qui confidunt sua iusticia, hi faciunt ex Deo venditorem, è meritis operum, pecuniam, & è seipsis emptores. Itaq; instituunt in seipsis, hoc est, in templo Dei nundinationem, qua certè templum Dei ita prophanatur, ut fiat spelunca latronum, hoc est, Satanarum. Das ist: Solche Krämerey geschicht / wenn man sich auff die guten Wercke verlest/ vnnd mit deren Verdienst GOtt den Himmel abuerdienen wil/ Denn aus Gott wird ein Krämer gemacht / Der verdienst guter Wercke/ ist das Gelt/ die Werckheiligen sind die käuffer: Aber durch diese Krämerey wird Gottes Tempel (der Mensch) also verunreiniget / daß er eine Gruben der Mörder/das ist / der Teuffel wird.

Theophyl

Weiter/ so geschicht dis auch mit schande vnd laster/ wie Theophylactus in Marcum schreibet: Quisquis gratiam, quæ ex Baptismate est & mundiciam diabolo prodit, hic vendidit columbam suam, propterea & templo ejicitur. Das ist: Der die Reinigkeit vnd Gnade der heiligen

gen Tauffe dem Teuffel verrhatet vnd vbergibt/ der verkeuffet seine Tauben / vnd wird aus dem Hause GOttes weggeworffen. Idem in Iohann. Zehlet auch die geitzige Prediger/ welche nicht ehe predigen wöllen/ man gebe jhnen denn Gelt vnd Gut gnug/ vnter die Taubenkrämer. Si quis sermonem & dogma vendat, & fortasſis cum ſit Doctor, non annunciet verbum niſi lucrum habeat, etiam eius menſam ſubvertit Dominus, ſedem dico doctrinæ, &c. Das iſt: So jemand das Wort vnd die Lehre verkeuffet/ vnd ſo er vielleicht ein Lehrer iſt/ das Wort nicht prediget/ er habe denn gewinn dauon/ desſelben Tisch kehret der HErr auch vmb/ das iſt / den Tisch der Lehre/ rc. Aber von dieſem Mißbrauch gnug/ Wir wöllen mehr Sprüche von der TAVBEN anhören.

Das nechſt vnnd fürnembſte Exempel iſt/ daß ſich Gott der heilige Geiſt ſelbſt in einer TAVBEN geſtalt/ bey der Tauffe Chriſti/ auff jhm ſchwebend / offenbaret hat. Matth. 3. Johannes ſahe den Geiſt Gottes/ gleich als eine TAVBE/ herab fahren/ vnd vber jn kommen. Marci am 1. Er ſahe den Geiſt/ gleich wie eine TAVBE/ herab kommen auff jhn. Lucæ 3. Vnnd der heilige Geiſt fuhr hernider in leiblicher geſtalt auff jhn / wie eine TAVBE. Johann. 1. Johannes ſprach/ Ich ſahe/ daß der Geiſt herab fuhr / wie eine TAVBE / vom Himmel/ vnnd bleib auff jhm. Hie wird erſtlich gefraget / was das für eine Taube/ obs eine natürliche / oder ſonſt nur eine ſolche ſichtbarliche geſtalt/ ohne einen waren Leib vnnd Fleiſch der Tauben geweſen ſey? Darauff wird nicht einerley antwort gegeben. Auguſtinus de agone Chriſtiano cap. 22. Ambo illa corpora, vera corpora credimus: ſicut enim non oportebat, ut homines falleret filius Dei: Sic non decebat, ut

Gott der H. Geiſt offenbaret ſich in Taubens geſtalt.

Matth. 3.
Marci 1.
Luc. 3.

Johan. 1.

Was das für eine taube ſey geweſt.

Auguſtin.

O falle-

falleret homines Spiritus sanctus: sed omnipotenti Deo, qui universam creaturam de nihilo fabricavit, non erat difficile corpus columbæ, sine aliarum columbarum ministerio figurare, &c. Sed stulti homines & miseri, quod aut ipsi facere non possunt, aut in vita sua nunquam viderunt, etiam ab omnipotente Deo fieri potuisse non credunt. Das ist: Wir gleuben/daß der Leib des Sons Gottes/ vnd auch der Tauben/ darinn der heilige Geist erschienen ist/ wahre Leiber gewesen sind/ Denn wie GOttes SOhn die Menschen nicht betriegen solte/ also stehets auch nicht zu dem heiligen Geist/ die Leute zu betriegen/ Vnnd war dem allmechtigen GOtt/ der alle Creaturen aus nichts erschaffen hat/gar nicht schwer/ auch der Tauben Leib/ ohn zuthun vnd dienst anderer Tauben/ zuerschaffen. Aber die thörichte elende Leute/ was sie nicht können thun/ vnnd nie in jhrem Leben gesehen haben/ gleuben nicht/ daß es der Allmechtige Gott dennoch schaffen vnd machen könne/ꝛc.

Wo diese Taube herkommen.

Woher hat er denn diese Tauben genommen vnnd erschaffen? Zwar nicht von den andern Vogeln/ Sondern hat sie von newen aus der LVFT erschaffen. Wie Augustinus schreibet: De Mirabilib. S. S. lib. 3. cap. 5. Quamvis corporali specie Spiritus sanctus super Dominum descendere dicitur, non tamen de AVIBVS sumpsisse columbam, sed ex aëre, minimè dubitatur, &c. Das ist: Ob man wol saget/ daß der heilige Geist in Leiblicher gestalt auff den HERRN Christum kommen sey/ Dennoch zweiffelt man nicht/ daß er die Taube nicht von den Vogeln/ sondern aus der Lufft genommen habe/ ꝛc.

Daß es aber keine solche annehmung der Tauben gewesen sey/ wie Christus die Menschliche Natur an sich genommen hat/ erkleret Augustinus mit vielen Worten hernach/

weils

weils vnnötig der Vögel halben gewesen. Vnnd schreibet auch weiter daruon/ lib. secundo cap. 6. de Trinit. Non ergò sic est assumpta creatura, in qua apparuit Spiritus sanctus, sicut assumpta est caro illa & humana illa forma ex virgine Maria. Neq; enim Columbam beatificavit Spiritus sanctus, sibiq; & suæ personæ in unitatem habitumq; coniunxit in æternum, &c. Cap. 7. Illa forma servi inhæsit ad unitatem personæ: Illæ verò corporales species ad demonstrandum quod opus fuit, ad tempus. Cap. 19. libr. 2. contra Maxim. Arrianorum Episcop. Cum ego dixerim: Spiritum S. non ad unitatem personæ suæ ullam suscepisse creaturā, tu (Maximine) ita Spir. S. in Columba & Igne apparuisse dixisti, sicut apparuit Christus in homine. Quasi columba & Spiritus una persona sit, sicut verbum & homo una persona est. Ad horam quippe apparuerunt illa, quæ Spiritum S. significando monstrarent visibiliter invisibilem: Et peracto significationis officio, corporales istæ species transierunt, atq; esse ulterius destiterunt. Deniq; ne putaretur columba vel flamma ad substantiam pertinuisse Spir. S. vel quod in hæc visibilia tantæ Maiestatis natura se converterit, aut in unitatem personæ suæ ista susceperit, nunq̄ postea sic apparuisse legitur Spir. S. Das ist: Wenn ich sage/ daß der H. Geist zu seiner Person keine Creatur angenomen habe/ so sagstu/ Maximine/ hinwider/ daß der H. Geist in der Taube vñ Fewer sich habe sehen lassen/ gleich wie Christus in der menschlichē natur/ gleich als ob die Taube vñ der h. Geist eben also eine Person weren/ wie das Wort vnd der Mensch eine Person ist. Denn diese ding sind nur ein augenblick sichtbarlicher weise erschienē/ auff das sie den vnsichtbarn h. Geist zeigeten. Vnd nach dem dis ampt der bedeutung des h. Geists ver-

verrichtet ist worden/ sein diese Leibliche gestalten vergangen/ vnd hinförder zusein auffgehöret. Endlichen / darmit man nicht meinet/ daß die Taube oder Flamme zu der Substantz vnnd Wesen des heiligen Geistes gehört habe/ oder daß sich diese Natur der vnaussprechlichen Mayestät/ in diese sichtbarliche dinge verwandelt habe / Oder aber dieselbigen/ zur vereinigung seiner Person/ an sich genommen habe/so wird niemals gelesen/ daß der heilige Geist auff diese weise jemals wider erschienen were/ ꝛc.

Wiewol aber diese weise der Gegenwart allhie verworffen wird/so wird doch eine andere von den Lutherischen Lehrern (wie man sie nennet) angezeiget/ vnd die warhafftige Gegenwertigkeit des Leibes vnd Bluts Christi im Abendmal darmit erkleret. Doctor Petrus Patiens / in seinem Vnterricht vom Abendmal/ Cap. 6. schreibet also daruon: Deßgleichen vereinbarte sich der heilige Geist auch mit der sichtbarlichen Taubens gestalt/die er an sich nahme/vnd sich gleich darein ließ vnd schluge/daß er damit oder darinnen erschiene. Daß daher Iohannes Bapt. recht saget/er habe den heiligen Geist gesehen/ vnd habe jhn zwar gesehen herab fahren/ vnd auff dem HERRN Jhesu ruhen vnnd bleiben. Auch kan er nicht anders denn also von der Sache reden vnd halten/ weil er Gottes Wort darüber hat/welches selber also daruon redet/ Vnd er auch gewis weis/ daß der heilige Geist von solcher Taubens gestalt nicht abwesend oder abgesondert/ sondern inn vnd mit derselbigen warhafftig zugegen ist/ Vnd eben mit dem erscheinen vnnd herab fahren solcher Gestalt/ seine Zukunfft auff Christum/augenscheinlich bezeuget vnnd darthat. Doch ist solche vereinbarung der zweyerley Wesen/ ꝛc. Nicht eine vermischung derselbigen in ein ding/ auch nicht eine natürliche/ oder auch so viel als eine Persönliche/

D. Petrus Patiens.

Was das für eine vereinigung sey des H. Geistes mit der Tauben.

liche/ oder sonsten beharrliche verbindung des vnsichtbaren Wesens mit dem sichtbarn/ Sondern es weret solche vereinbarung nur so lang vnd viel/ biß das Gottes fürnehmen vnd Werck/ nach seinem gegebenen Wort oder Einsetzung/ verrichtet wird/ vnd die/ so es angehet vnd betrifft/ der Göttlichen Offenbarung/ Willens/ Werck oder Gaben/ vorgewissert/ vnnd gleich so viel als geliefert sind/ ꝛc. Bißhero Patiens.

Wir wöllen aber nicht weiter daruon handeln/ sondern zum andern vernemen/ was der heilige Geist mit dieser seiner erscheinung habe lehren vnd anzeigen wöllen. Erstlich/ was Christum betrifft/ hat der heilige Geist melden wöllen/ er sey der allmechtige Sohn Gottes/ der Welt einiger Heyland/ so mit dem heiligen Geist teuffet/ Wie er denn/ seiner Verheissung nach/ denselbigen seinen Jüngern/ am Pfingstag gegeben hat/ vnnd noch täglich den außerwelten Kindern GOttes sendet vnnd schencket. Darnach wil der heilige Geist mit dieser Taubengestalt vber Christo fürbilden/ wie Jhesus Christus gesinnet sey/ daß er gantz milde/ gütig/ ohn falsch/ gegen allen armen bußfertigen Sündern sey. Wie Ambrosius Ser. 21. in Epiphania sagt: Videamus utrum sit aliqua similitudo columbæ (in cuius specie Spiritus sanctus descendit) & Domini. Est planè non parva: Columbam enim ipsum Dominum dixerim, quia est alacer, mitis & simplex. Columba est, quia sanctos suos esse præcipit ut columbas, dicens: Estote simplices ut Columbæ, &c. Quod autem columba Christus sit, Propheta dicit ex persona ipsius, describens post passionem reditum eius ad cœlum. Quis dabit mihi pennas, sicut Columbæ, & volabo & requiescam? Cum ergò Christus Dominus initiaret Ecclesiæ Sacramenta, è cœlo su-

Was der h. Geist mit dieser erscheinung hat lehren wöllen.

I.

II.

Ambrosius.

pervenit columba? Intelligo mysterium, agnosco etiam Sacramentum. Columba enim ipsa est, quæ nunc ad Ecclesiam Christi in Baptismo venit, quæ quondam ad arcam Nôe in diluvio properavit: Tunc illi securitatem annuncians olivæ ramo, modò ipsa pacem Christum sui substantia superfundens. Das ist: Last vns sehen/ob nicht etwa ein Gleichnis sey zwischen der Tauben (in deren gestalt der heilige Geist herab auff Christum gefahren ist) vnnd dem HERRN selbs: Vnd zwar ist nicht eine geringe vergleichung/ Denn wir mögen Christum den HERRN selbs eine Tauben nennen/ denn er ist frisch/ sanfftmütig vnd ohne falsch/ Vnd auch/ weil er auch seinen Heiligen gebeut/ sie sollen ohne falsch sein/ wie die Tauben. Daß aber der HERR Christus eine Taube heist/ sagts der Prophet in seiner Person/ in der beschreibung seiner Himmelfart: Wer gibt mir Flügel/ wie einer Tauben/ Ich wil fliegen vnd ruhen? Derhalben da Christus die Sacramenta der Christlichen Kirchen einsetzt vnd einweyhet/ kömpt vom Himmel eine Taube vber jhn/ da ich das Geheimnis vnd bedeutung leichtlich merck/ denn die Tauben ists/ die jetzund zur Kirchen Christi in der Tauffe kömpt/ die weiland in der Sündflut zur Archen Noe geflogen ist/ die jm damals mit dem Oelblat Fried vnd Sicherheit verkündiget/ die vberschüttet jetzund mit seinem wesen Christum den Frieden/ zwischen Gott vnd den Menschen/ etc. Aber von des Noah Tauben wollen wir hernach reden.

Gott der H. Geist mit seinen eigenschafften/ durch die Taube vorgebildet Chrysostom.

Darnach was den H. Geist anlanget/ wird er auch etlicher massen durch die Tauben mit seinen Eigenschafften vorgebildet. Chrysost. homil. 12. in Matth. Cur autem in specie columbæ venit? Mansuetum hoc animal ac mundum est. Quia igitur est mansuetudinis spiritus, propterea pſerca in eius ſpecie apparuit. In altero Com. hom. 4. Ideò Spiritus ſanctus ſpeciem columbæ ſuſcepit, quoniam præ omnibus animalibus hæc cultrix eſt charitatis. Omnes enim ſpecies iuſtitiæ, quas habent ſervi Dei in veritate, poſſunt habere & ſervi Diaboli in ſimulatione, &c. Solam autem charitatem ſancti ſpiritus non poteſt immundus ſpiritus imitari, &c. Ideò hanc privatam ſpeciem charitatis ſibi ſoli ſervavit Spiritus ſanctus, ut per nullius iuſticiam & teſtimonium ſic cognoſceretur ubi ſit Spiritus ſanctus, quemadmodum per gratiam charitatis. Das iſt: Warumb iſt er in Taubengeſtalt kommen? Sie iſt ein ſanfftmütiges vnd reines Thier. Weil er denn ein Geiſt der Sanfftmut iſt/ hat er die geſtalt der Tauben an ſich genommen/ vnd iſt in derſelbigen erſchienen. In alt. Com. homil. 4. Darumb hat der heilige Geiſt Taubens geſtalt angenommen/ weil ſie vor allen andern Thieren eine Pflegerinn iſt der Liebe. Denn wie die Diener GOttes in der that vnd warheit allezeit der gerechtigkeit nachſtreben/ Eben alſo können ſich die Diener des Teuffels zum augenſchein auch ſtellen: Aber allein der Liebe des heiligen Geiſtes kan der vnreine Geiſt nicht nachfolgen/ Darumb hat ſie der H. Geiſt jhm/ als eigen/ vorbehalten/ damit durch keines Gerechtigkeit vnd zeugnis dermaſſen möge erkandt werden/ wo der heilige Geiſt iſt/ als durch die Gnade der Liebe/ ꝛc.

Theophylactus in Matt. Quaſi columbam.) Propter innocentiam & manſuetudinem, & quod mundiſſima ſit columba, & ubi fœtor eſt, non maneat, ſic Spiritus ſanctus. Das iſt: Er hat Taubens geſtalt angenommen/ von wegen der vnſchuld vnd Sanfftmut/ vnnd daß ſie das reineſte Thier iſt/ vnnd nicht bleibet an einem vnſaubern vnd ſtinckenden ort/ Alſo auch der heilige Geiſt/ ꝛc. Theophyl.

In die-

Eigenschafften des H. Geistes.

In diesen Sprüchen sind folgende eigenschafften zu mercken. Erstlich die Sanfftmütigkeit vnnd milhigkeit des
1.
2. heiligen Geistes / gegen die arme Menschen. Darnach die Vnschuld/ vnd daß er ohne falsch/ als ein Geist der Warheit/ sey. Zum dritten/ sonderlich seine Reinigkeit/ Keuschheit
3. vnd Heiligkeit. Denn gleich wie die Tauben an vnflätigen / garstigen/ stinckenden örtern nicht lange bleiben / also weichet auch der heilige Geist von denen weg / so in den sünden / wider jhr Gewissen / fallen vnd liegen. Aber nacher sollen mehr eigenschafften angezeiget werden.

Der h Geist ist auch vmb d getaufften Christen willen in Taubens gestalt erschienen.

Weiter ist diese Erscheinung auch vmb der getaufften Christen willen geschehen/ Daß wir wissen/ der heilige Geist komme auch von den Himlischen Porten hernider auff vns/ in vnserer heiligen Tauffe/ da wir denn mit Salbung der Himlischen Glori vbergossen/ vnd mit des Vaters Stimm zu seinen Kindern adoptiret vnd angenommen werden. Wie

Hilarius.

Hilarius Can. 2. in Matth. schreibet: Filius Dei auditu conspectuq; monstratur, plebiq; infidæ & Prophetis inobedienti, testimonium de domino suo mittitur, & contemplationis & vocis simul, ut ex eis quæ consummabantur in Christo, cognosceremus, post aquæ lavacrum & de cœlestibus portis sanctum in nos spiritum involare, & cœlestis nos gloriæ unctione perfundi, & paternæ vocis adoptione Dei filios fieri, cum ita dispositi in nos Sacramenti imaginem ipsis rerum effectibus veritas præfiguraverit. Das ist: Der Sohn GOttes wird mit hören vnd sehen gezeiget vnd gewiesen/ vnd wird dem vngleubigen Volck/ daß den Propheten vngehorsam gewesen ist/ ein zeugnis gegeben/ beydes der erscheinung vnnd auch der Stimme / auff daß wir aus denen / so an Christo volnbracht werden/ erkenneten / daß nach dem Wasserbade/ aus den Himlischen Pforten der heilige Geist auch auff vns kom-me/ vnd wir mit dem Oele der Himlischen Ehre vnd Herr-ligkeit gesalbet werden/ vnd durch die Stimme des Vaters zu Kindern GOttes auff vnd angenommen werden/dieweil die Warheit an jhr selber das Bildnüs des Sacraments vor augen gestellet habe/ ꝛc.

Gleichmessige wort führet auch Chrysostomus ho-mil. 12. in Matth. Der Himmel hat sich darumb auffge-than/ daß du wissest / solches geschehe auch wenn du getaufft wirst/vnd daß du zum Himlischen Vaterland beruffen wer-dest / vnd nicht mehr mit den jrrdischen dingen dich beladen soltest. Welches/ ob du es schon jetzt nicht sihest/ soltu es darumb nicht für vngleubig halten vnd verlachen/ Denn sol-che wunderbarliche Geschicht/ Gesicht vnd Erscheinung be-geben sich nur anfenglich vmb der vnuerstendigen schwach-gleubigen willen/ Wenns aber hernach gesagt vnd geprediget wird/soltu es mit steiffem Glauben annehmen/ꝛc. Cuius rei gratia cœli patuerunt? ut discas etiam tu cum bapti-saris, hoc fieri, Deo te iam ad patriam cœlestem vocante, nihilq; cum terra commune habere suadente, &c. Post, ut disceres, quemadmodũ super te quoq;, cum sacro fonte dilucris, spiritus S. veniat. Iam verò non visibili spe-cie, qua utiq; non egemus, cum nobis pro cunctis SO-LA FIDES sufficiat, &c. Chrysostom.

Es erzehlet aber auch Augustinus allhie Tract. 6. in Johann. etliche Tauben art/ welche der Christen Tugenden sollen sein/ Als daß sie kürren vnd seufftzen / daß sie ohn Gal-len vnnd Zorn sind/ daß sie mit den Klawen nicht zerren/ vnnd beissen mit den Schnäbeln / daß sie nicht vom Fleisch vnnd Raub/ sondern von Früchten jhre nahrung haben/ daß Augustin.

sie freundligkeit vnd Brüderliche Einigkeit haben. Aber hier-
uon in andern folgenden Sprüchen.

Die Taube eine Beschreibung d Christlichen Kirchen. Cant. 5.

Die dritte Lehre vnd beschreibung der TAVBEN/
ist die heilige Christliche Kirchen/ so durch die Predigt Gött-
liches Worts / in einen Geist vnnd zu einem Glauben be-
ruffen vnnd versamlet wird. So spricht der Breutigam
Christus/ Cantic. am 5. Thue mir auff meine Freundin/
meine Schwester / meine TAVBE/ meine Fromme/
Denn mein Häupt ist voll Thawes / vnnd meine Locken
voll Nachtßtropffen. Darmit verstehet Christus seine
Kirchen / vnnd nennet sie eine TAVBEN / vmb jhrer
Gottseligen Einfalt/ Reinigkeit/ vnd anderer Tugend wil-
len / die sol Christo auffthun vnnd beherbergen / Welches
als denn geschicht/ so man die Verjagte/ vmb des Euan-
gelij willen/ vnnd die im Elend vmbher ziehen / bey Tage
vnnd Nacht/ Hitz oder Frost / leidet/ auffnimmet/ vnd be-
herberget. Wie Christus bezeuget Matth. am 25. vnnd
Cant. 6. sonsten mehr. Canticor. am 6. spricht Christus abermal:
Eine ist meine TAVBE/ meine Fromme. Welches 4.
4. Esdr. 5. Esdræ 5. vers. 26. gedeutet wird: Aus allen geschaffe-
nen Vögeln hastu dir eine TAVBEN ernennet. Vnd
aus allen lebendigen Thieren / hastu dir ein Schaff erse-
hen. Vnnd aus allen den mannichfältigen Völckern /
hastu dir ein Volck gesucht/ Vnd demselbigen Volck / dar-
zu du einen Wolgefallen hattest/ das allerbeste Gesetz ge-
geben/ 2c.

Wiewol Esdras nu dis auch auff das Jüdische Volck
deutet/ so ists doch in gemein von der Christlichen Kirchen zu-
uerstehen. Wie Augustinus Tractat. 5. in Iohannem,
Wilramus. diß außleget. Vnnd schreibet Abbas VVilramus diese
Lateinische Reimen vber die Cantica:

Vna

Vna columba mihi perfecta decori intenti,
Vna suæ matri di ecta suæ genetrici.
Quamvis multarum de personis facierum
Ecclesiæ populus se colligat, atq; duobus
Ordinibus, numerum discentum sive docentum
Compleat in finem: tamen hæc mea concio eidem
Spiritui paret, cuius charismate gaudet.
Pulchra columbinæ conservans munia vitæ
Atq; suæ matris, cui nomen visio pacis
Aemula nunc peregrè patrem sibi sortis amœnæ
Sperat apud superos cives mihi iam sociatos. Das ist:

Eine Taube gantz schön vnd vollkommen ich hab/
Die ist jr Mutter/ der Kirchen/ ein angenême Gab/
Ob wol die Kirche aus allerley gestalt
Der Völcker/ gesamlet wird so manigfalt/
Vnd darinn zween Hauffen zu finden sein/
Lehrer vnd Zuhörer in gemein/
Dennoch nur demselben Geist allein/
Diese meine Predigt gehorchet fein/
Hat lust vnnd frewd an seiner Gnad/
Helt sich nach der Tauben Leben art/
Vnd folgt hierinn nach jhrer Mutter zuhand/
Welch ein besuchung des Friedes genandt/
Vnd hoffe/ ihr theil sey zugerichtet schon/
Jetzt allber it in des Himmels Thron.

Diese Außlegung wird in paraphrasi Osiandri approbiret: Significabatur multas quidem passim in orbe terrarum plantatas iri Ecclesias, alias maioris existimationis & famæ, alias minoris: Ex his autem omnibus colligi unam ECCLESIAM nimirum Electorum: hæc est Christo charissima, quam non potest odisse, hæc illa est, de qua dicimus in Symbolo: Credo Ecclesiam catho- Osiander.

catholicam, sanctorum communionem, &c. Das ist: Ob schon hin vnnd wider in der gantzen Welt viel Kirchen gepflantzet sind / so erwehlet doch GOtt aus denselben eine Kirche/ die Christo die hertzliebste ist/ der er nicht feind sein oder werden kan. Cant. 1. sagt der Breutigam Christus von seiner Braut/der Christlichen Kirchen/ Augen: Sihe meine Freundin/du bist schön/ schön bistu/ Deine Augen sind wie TAVBEN Augen. Vnd abermal Cap. 4. vers. 1. Sihe meine Freundin/du bist schön / deine augen sind wie TAVBEN Augen/zwischen deinen Zöpffen. Wilramus erkleret die Augen also: Du bist schön von guten Wercken / wol gestalt an keuschen Gedancken / Deine EINFALT gläntzet in allen deinem fürnehmen/ Nichts falsch noch gleißnerisch thustu/ Deine Gedult vnnd Sanfftmütigkeit schawe ich an/ daß du so gar keine Gallen hast. Et in caput 4, Oculi tui columbini. Simplicitas quippe in te quam sancti spiritus informatione accepisti, relucet, &c. Das ist: Deine Augen sind wie Tauben Augen/denn die einfeltigkeit/ die du durch vnterweisung des heiligen Geistes bekommen hast / scheinet vnnd leuchtet daraus. Osiander nennet die Tauben Augen / Candorem & Simplicitatem, Auffrecht vnd Einfeltigkeit. Lutherus verstehet dardurch die Gottselige Regenten / Lehrer vnnd Prediger: Oculi sunt ductores & doctores: hos columbinos vocat, hoc est, simplicitate insignes, id enim præcipuè in doctore requiritur, ut maneat in simplicitate doctrinæ & religionis: Sed hîc observemus sponsam hanc habere columbinos oculos CORAM SPONSO, coram mundo enim nihil iudicatur fœdius aut deformius esse: Neque enim sapientia carnis hanc speciem iudicare potest, quam etsi videat & audiat, tamen videt eam ceu per coloratum vitrum.

Cant. 1.

Cant. 4.

Geistliche deutung der Tauben augen Wilrami.

Osiandri.

Lutheri.

vitrum. Das ist: Nennet die Lehrer TAVBEN Augen/von der Einfalt wegen/welche sonderlich an einem Prediger erfordert wird / daß er in der einfeltigkeit der Lehre vnd Glaubens bleibe. Zu mercken ists aber / daß die Braut diese TAVBEN Augen allein für jhren Breutigam hat: Denn für der Welt ist nichts heßlicher vnd vnflätiger/ sintemal die fleischliche Weißheit kan diese gestalt nicht vrtheilen / Vnnd ob sie es schon sihet vnnd höret/ so sihets doch gleich durch ein geferbtes Glaß an.

Eben dieser vrsach lobet auch die Christliche Kirche jhren Breutigam Christum/ Cant. 5. vers. 12. Seine augen sind wie TAVBEN augen/ an den Wasserbächen / mit Milch gewaschen / vnd stehen in der fülle. Lutherus. Die Augen sind die Christliche Lehrer vnnd Vorsteher / die nicht allein GOtt ehren/ sondern auch das Volck einfeltig vnd trewlich lehren. Vnd wird die Taube der Reinigkeit halben gerühmet / daß sie nur aus reinen klaren Bächen trincket/ darmit sie sich für den Habichten/deren Schatten vnd Bildnis sie im Wasser sihet / hüten könne. Also sind die waren Lehrer fürsichtig / die falsche Propheten vnnd Geister zu fliehen/ vnd bey den lautern der Schrifft zu bleiben. Non solum Deum colunt eiq; serviunt, sed etiam erudiunt & docent simpliciter & fideliter. Celebratur Columba ob mundiciem, quod non bibit nisi mundissimam aquã, idq; ideò ut possit sibi cavere ab accipitribus, quorum imaginem aqua reddit: Sic fideles doctores intenti sunt ad cavendos falsos spiritus, & versantur solliciti ad aquam mundam, hoc est, ad scripturam.

Cant. 5. Christi augen/ Tauben augen genent. Lutherus. Die Tauben trincken nur aus hellem Wass[er]

Eben diese Außlegung hat auch Wilramus in seinen Lateinischen Rhytmis:

Wilramus.

Hinc oculi pulchris similes super amne columbis.
Lacte prius lotæ quæ discunt flumen amare.
Cum videatur homo specialis gratia sponso
Ex Deitate manet qua spiritualia donet
Dona suis charis, ut eos concordia pacis
Atq; columbinæ delectent munia vitæ
Primitùs & vivis studeant aßidere rivis
Scripturæ sanæ: sed lac post historiale
Flumina verborum conentur amare sacrorum.
Sensus occultos scrutantes atq; profundos:
In quibus insidias Satanæ videant inimicas:
More columbarum, resident quæ littore aquarum.
Vt sic accipitrem prænoscant advenientem.

Bonavent. Von dreyerley art der Habichten/ so die Tauben fangen.

Bonavent. serm. 53. de Sanctis. vber diesen Spruch Cantici / erzehlet aus dem Gregorio: Daß eine Taube neunmal das Gesicht verliere/ vnd wider vberkomme: spricht auch weiter/ Daß Aristoteles libro de Animalib. schreibe von dreyerley art der Habichten/ so die Tauben jagen vnnd fangen. Etliche Habichte fangen die Tauben allein/ wenn sie auff der Erden sitzen. Die andere / wenn sie in der Lufft fliegen. Die dritte art/ wenn sich die Tauben auff die Bäume niderlassen. Aber doch kan die Taube / aus angeschaffener vorsichtigkeit/ diesen Habichten entfliehen. Denn wenn der Habicht sie in der Lufft fangen wil/ so fleugt sie zur erden nider. Wenn er auff der erden auff sie lauret/ so fleugt sie in vnd auff die Bäume. Wil er sie auff den Bäumen jagen/ so lest sie sich in die Lufft vber sich. Das thut auch die Christliche Kirche / vnd eine jede Seele/ wenn sie vom Teuffel gejaget wird / Denn es sind fürnemblich dreyerlerley leibliche Anfechtungen vnd Sünde/ GEITZ/ VVOLLVST vnd HOFFART oder Stoltz/ etc. denen die Gleubigen wol entgehen können.

Von der wonung der Christlichen Kirchen/ sagt Christus Cant. 2. ver. 14. Stehe auff meine Freundin/ vnd kom̃/ meine Schöne kom̃ her. Meine TAVBE in den Felßlöchern/ in den Steinritzen/ zeige mir deine gestalt/ laß mich hören deine stimme/ Denn deine stim̃e ist süß/ vnd deine gestalt lieblich. Wiewol Wilram. durch diese wonung der felßklüfften/ die Göttliche hülffe vnd Engelischen beystand/ Lutherus den Gottesdienst im Tempel zu Jerusalem/ vnd nicht in den Hainen/ hohen Bergen/ nach der Abgöttischen Heiden art/ verstehet / Jedoch ists dem Text etwas ehnlicher/ das man/ nach Osiandri außlegung/ dis deute auff die vorgehende eusserliche verfolgung/ dadurch die fromme Gottgleubige Menschen verursacht sind worden/ von jren Häusern vnd Gütern hinweg / in die Wildnüs vnd Steinklüfften/ zuflichen / auff daß sie sicher bleiben möchten. Wie dieses nicht allein zur Maccabeer zeit/ sondern auch in primitiva Ecclesia/ zur zeit der grausamen verfolgungen/ geschehen ist/ Darumb fordert sie Christus widerumb herfür / daß sie jre liebliche Stimm/ das heilige Euangelium/ wölle hören vnnd erschallen lassen/ Doch sol sie sich gleichwol für den Füchsen / das ist / für den falschen Propheten vnnd Lehrern / wol fürsetzen vnnd hüten / die in den zarten Weinstöcken grossen Schaden thun. Wie denn diese zweyerley verfolgung wider die Christliche Kirchen gerichtet werden. Erstlich eine leibliche oder zeitliche / da es Haab vnnd Gut/ Leib vnnd Leben antrifft. Darnach eine Geistliche/ durch die Fuchßische Propheten vnnd falsche Lehrer / da es die Seelen vnnd Seligkeit berühret/ rc.

Cant. 2. Von der wonung der Christlichen Kirchen. Wilramus. Lutherus.

Wir wöllen Osiandri Lateinische außlegung vnd paraphrasin hieher setzen: Age tu mea charissima, quæ hactenus te propter tempestatem persecutionum, in loca abdita & remota conferre necesse habuisti, ita ut videreris tantum non deleta & é mundo exterminata: progredere, fac ut conspiciaris in mundo, restaura publicos cœtus & cultus divinos (abolitos per Tyrannos) fac ut audiatur vox prædicationis Evangelij, & vox Psalmorum, qua Deum laudes pro accepta liberatione & pro beneficijs ipsius tam corporalibus quàm spiritualibus. Quia mihi cultus divinus gratissimus est, tuæq; laudes quas canis mihi, Deo tuo, dulcissimæ sunt in auribus meis. Das ist: Wolan/ meine Geliebte/ die du dich/ wegen des Vngewitters der Verfolgung/ an verborgene vnd weite örter hast begeben müssen/ also/ daß du geachtet würdest/ als werestu gar vertilget/ vnd aus der Welt außgerottet/ Gehe nun wider herfür/ laß dich sehen in der Welt/ richte widerumb an die öffentlichen Zusamenkunfften vnd Gottesdienste/ (welche durch die Tyrannen abgeschaffet seyen) Verschaffe/ daß die Stimme der Predigt des heiligen Euangelij gehöret werde/ vnd die Stimme der Psalmen/ darmit du Gott lobest/ für die empfangene Erlösung/ vnd vor seine leibliche vnnd geistliche Wolthaten. Denn der Gottesdienst ist mir am aller angenembsten/ Vnd dein Lob/ welchs du deinem Gott singest/ ist mir lieblich in meinen Ohren.

Lehr. Daraus ist zumercken/ Erstlich/ wie die Christen vnter
1. terweilen ohne ein eusserlich exercitium religionis sein müs-
2. sen/ in verfolgungs zeit. Darnach/ wenn sie Friede vnd Ruhe haben/ daß sie Gottes Wort stets vben/ vnnd GOtt dancken/ rc.

Wir wöllen/ zur besser erklerung des Predigampts/
Gen. 8. mehr Sprüche erzehlen/ vnd bey dem Mose anfahen. Genes. am 8. Auff daß Noah erführe/ ob das Gewässer (der Sündfluth/ nach dem eilfften Monden) auff Erden gefallen

len were/da ließ er eine Taube von sich außfliegen/ Da aber die Taube nicht fandt/ daß jhr Fuß ruhen kundte / kam sie wider zu jhm in den Kasten/ denn das Gewässer war noch auff dem gantzen Erdbodem. Da thet er die Hand her-aus/vnnd nam sie zu sich in den Kasten. Da harret er noch ander sieben Tage/ vnnd ließ abermal eine Tauben außflie-gen aus dem Kasten/ die kam zu jhm vmb Vesperzeit / Vnd sihe/ ein Oeleblat hatte sie abgebrochen / vnd trugs in jhrem Munde/ Da vernam Noah/daß das Gewässer gefallen we-re auff Erden. Aber er harret noch andere sieben Tage/vnd ließ eine Tauben außfliegen/ die kam nicht wider zu jm/ etc.

Die Vmbstände dieser Handelung wöllen wir vber-schreiten/ Als das Brentius schreibt/ Dem Noah sey die zeit vnd weile in dem Kasten lang gewesen/darūmb habe er / aus Menschlichem fürnehmen vnd rath/die Tauben außgesandt/ Vnnd ob er wol etlicher massen Hoffnung vnnd Trost ge-schöpfft habe/ ob dem abgebrochenen Oeleblat/ habe er doch ohne Gottes Befehl vnnd außgedrucktem Wort/ nicht aus dem Kasten gehen dörffen. Darumb sey der Trost/ so aus Menschlichem verstande herkömpt/ nicht gnugsam/ biß man aus Gottes Wort des Friedens / mit GOtt vnd der Selig-keit versichert ist. Diese vnd dergleichen Lehren wöllen wir anstehen lassen/ vnnd allein die Beschreibung der Tauben/ wer vnd was dadurch vorgebildet sey/betrachten.

Lutherus in deutschen Genesi: Die Prediger / so durch die Tauben bedeutet werden / sind / die einfeltig daher gehen in GOttes Wort / Wie S. Paulus seine Predigt rhümet / vnd spricht: Wir haben gewandelt vnd gehandelt in rechter Einfeltigkeit vnd Lauterkeit/ nicht mit fleischlicher Weißheit/ Das ist / Wir Prediger haben so einen einfelti-gen Sinn/wie die Tauben/Suchen nicht anders/ denn die

Dieser Tauben geistliche deutung. Lutherus.

Q reine

reine Lehr des Euangelij/ begeren weder Ehr noch Gunst/ wagen alles daran/ daß nur darumb darzu thun/ daß die Lere lauter bleibe/ es gehe jhnen wie Gott wil. Die andern aber sind nicht einfeltig/ sondern stecken voll eigenes nutzes/ das ist ein schalckhafftig Auge/ Wie Christus saget. Das ist nu die liebe Taube / die fleugt erstlich aus/ findet nichts/ ist noch nicht zeit/ daß man das Euangelium predige/ man mus GOTT lassen außzürnen/ bis daß der Rabe (daruon an seinem ort) sich voll Aß fresse/ Darumb kömmet sie wider in Kasten/ rc.

Zum andern / schickt er aber eine andere Taube aus/ die kömmet wider / vnd bringet ein Oelblat im Munde/ zur Vesperzeit. Es hat die gantze heilige Schrifft allenthalben angezeiget/ daß das Euangelium die letzte Predigt sein sol. Darumb man in der Schrifft hin vnd wider findet/ daß der Abend jmmer bedeut vnd angezeiget/ die letze zeit vnd Predigt/ darnach keine andere kommen sol. Darumb kömpt die Taube eben vmb Vesperzeit/ als der Tag schier wil ein Ende nehmen.

Was ist aber das Oelblat in jhrem Munde? Nichts anders/ denn das lauter Euangelium/ im Munde der reinen Prediger. Oel bedeut durch die gantze Schrifft/ Gnade vnnd Barmhertzigkeit / Denn es hat die art/ daß/ wie der Wein den Leib inwendig geschickt vnnd frölich machet/ Also macht Oel den Leib außwendig hübsch/ gelenck/ glatt vnnd geschickt. Weil es nu so fein gelind machet/ heilet vnd sänfftet mit seinem lieblichen feinen Safft/ So wird dardurch bedeutet / Göttliche Gnade vnnd Barmhertzigkeit/ geprediget durchs Euangelium/ Darumb führet die Taube das Oelblat im Munde/ denn das Blat bedeutet die Predigt/ wie die Frucht die Wercke. So sihe was das Euangelium ist/ nichts

anders/

anders/ denn wie das Oelblat/ daß die Taube in den Kasten bringet. Aus solchen Exempeln vnnd Figuren/ solten wir Christen billich ein täglich Sprichwort machen/ wider alle Menschenlehre vnd Gesetze/ daß wir in vnsern Reden ganghafftig sein liessen/ Die Taube bringet nichts im Munde/ denn das Oelblat / Das ist / Man sol in der Christenheit nichts anders predigen/ denn das lauter Euangelium/ Sonst wo etwas anders zu predigen were/ würde sie jrgend ein Blat von einem Holderbusch/ oder ein stück von einem faulen Aß bringen. Wer nun das Oelblat nicht führet/ ist nicht die reine TAVBE / das ist / kein Christlicher Prediger/ etc. Dis Lutherus.

Im Lateinischen Genesi handelt Lutherus weitleufftiger daruon/ Daß nemlich die Historia von der Tauben ein liebliches Vorbild des H. Euangelij sey / sonderlich / wenn man der Tauben Eigenschafft/ deren zehen erzehlet werden/ fleissig nachfolge. Zum ersten/ ist die Tauben ohne Galle vnd Bitterkeit. 2. Beist sie nicht hefftig mit dem Schnabel. 3. Beschediget niemand mit den füssen oder Klawen. 4. Lieset nur die saubere reine Körnlein auff. 5. Ernehret auch frembde Jungen. 6. Sie kürret für das singen. 7. Sie helt sich zu reinen hellem Wasser. 8. Fleugt mit dem Hauffen. 9. Nistelt an sichern örten. 10. Ist im fliegen behende vnnd schnell. Welche Eigenschafften in folgenden Versen begriffen sind:

Die Taube nach jren eigenschafften ein vorbilde des H. Euangelij.

Felle columba caret, rostro non lædit, & ungues
Poßidet innocuos, granaq; pura legit
Estq; frequens ad Aquas, pennaq; per aëra fertur
Præpete, pro cantu lugubre voce gemit
Educat alterius pullos, volitatq; gregatim.
Et studet in tutis nidificare locis.

Nur Taube mit dem ölblat/ bedeut das Predigampt im N. Testament.

Es zeiget aber das Newe Testament an/ daß der H. Geist in der gestalt einer Tauben erschienen sey. Darumb deuten wir diese Allegoriam recht auff das Ampt der Gnaden. Vnd meldet Moses / die erste Taube sey nicht vmb den Kasten hin vnd wider/ wie der Rabe/ geflogen/sondern zu Noah kommen/ vnd von jhm hinein genommen worden. Diese Taube ist ein Fürbilde der heiligen Propheten/welche zwar außgesandt sind/das Volck zu lehren/Aber die Sündflut/das ist/ die zeit des Gesetzes/ war noch nicht vergangen. So David /Elias/ Esaias / wiewol sie die zeit der Gnaden vnd des Newen Testaments nicht erreichet haben/ sind sie doch gesandt worden/ daß sie verkündigten / die Sündflut solt geendert werden/obs schon damals noch nicht geschehen war/ Darumb sind sie nach verrichter Botschafft wider in den Kasten kommen/das ist/ gerecht vnd selig worden/ ohn Gesetz durch den Glauben/ an den gebenedeyeten Samen/ an den sie gleubten vnd hofften. Nach dieser Tauben wird ein andere außgeschickt/ die den Erdbodem trucken/ vnnd nicht allein die Berge / sondern auch die Bäume vom Wasser bloß findet/ aber sitzet doch nur auff den Oelbaum/ vnd bringet ein abgebrochen Oelzweig zu Noah.

Diese Allegoriam deutet auch die Schrifft/so an manchem ort das Oel / der Gnaden vnd Barmhertzigkeit/ oder der Vergebung der Sünden vergleicht. Dieses Oelblat oder Gnade bringet die Taube im Maul/daß daß eusserliche Predigampt oder mundlich Wort darmit angezeiget werde. Denn der heilige Geist lehret nicht durch newe Offenbarungen/ausser dem Ampt des Worts/Wie die Enthusiaster vnd Widerteuffer schwermerisch träumen. Darumb/ wolt GOtt/daß der grüne Oelzweig im Munde zu Noah gebracht würde / darmit wir wüsten/ Gott wölle im Newen

Testament/ da die zeit der Sündflut oder des zorns fürüber ist/ seine Barmhertzigkeit der Welt/ durch das Mündliche Wort anzeigen vnd anbieten. Die Bothen dieses Worts sind Tauben/ das ist/ auffrichtige Leute/ ohne Bitterkeit vnnd Gallen/ voll des heiligen Geistes.

Die dritte Taube ist aussen blieb. Die dritte Taube ist nicht wider kommen. Denn da die Verheissung des Euangelij erfüllet/ vnd dasselbige durch der Tauben Mund der gantzen Welt verkündiget ist worden/ dürffen vnd sollen wir auff keine andere vnd newe Lehr mehr warten/ Sondern harren nur auff die Offenbarung der ding/ die wir jetzt gleuben. Derhalben ist dis ein gewisses Zeugnis/ die Lehr des Euangelij werde bis an der Welt ende auff Erden bleiben.

Cyprianus. Auff diese wolgegründete Außlegung Lutheri/ mögen wir wol auch der heiligen Patrum andeutunge besehen. Cyprianus (oder wer der Autor ist) in Epistola ad Novatianum hæreticum. Columba quæ pedibus suis requiem habere non poterat, lapsorum imaginem portabat, qui immemores divinarum prædicationum, vel simpliciter ignorantes, vel audacter dissimulantes ceciderunt, &c. Paulò post. Recepta columba, paucis etiam diebus interiectis, iteratò emittitur ex arca, quæ reversa, non tamen firma vestigia, sed & insignia suæ pacis atque victoriæ, per illa oleæ folia, quæ suo ore portabat, ostendit: Duplex ergò emissio illa duplicem nobis persecutionis tentationem ostendit. Prima in qua qui lapsi sunt, victi ceciderunt: Secunda in qua hi qui ceciderunt victores extiterunt, &c. Das ist: Die Taube/ welche jren Füssen nicht ruhen kundte/ war ein Vorbilde der gefallenen/ die da entweder der Göttlichen Predigt nicht eingedenck/ oder gantz vnd gar aus vnwissenheit/ oder daß sie sich trotziglich also gestellet/ gefallen sein/ etc. Vnd kurtz hernach: Die Taube/ so wider hinein genommen wird/ nach wenig Tagen wider aus der Arca gelassen/ welche/nach dem sie wider kömpt/ zeiget sie nicht allein einen festen Grundt/ darauff sie rutzen könne/ sondern auch anzeigung des Friedes vnnd Sieges/ durch die Oelbletter/welche sie in jhrem Munde trug. Darumb vns denn die zweyerley aussendung zweyerley versuchung der verfolgung zeiget: Die erste/ in welcher die/ so gefallen sind/ vberwunden worden: Die ander/ in welcher die/so gefallen/ Vberwinder gewesen sein/ etc.

Zweyerley verfolgungs Anfechtungen werden vorgebildet mit den zweyen Tauben ausschickung. Die erste Taube/ so keine Ruhe finden kundte jhren Füssen/ bedeutet die/welche aus vnwissenheit des heiligen Göttlichen worts/ oder Heuchlischer weise abfallen/ vnd vberwunden werden/ Die andere/ die jenigen/ die zwar fallen/ aber doch wider auffstehen vnd siegen.

Ambrosius. Ambros. in Luc. c. 3. Advertamus mysterium: Quare sicut columba (apparuit Spirit. S.) Simplicitatem enim lavacri requirit gratia, ut simus simplices sicut columbæ: Pacem lavacri requirit Gratia, quam in Typo veteri columba quondam ad illam arcam, quæ sola fuit diluvij immunis advexit. Docuit me cuius Typus columba illa fuerit, qui nunc descendere dignatus est in specie columbæ, Docuit in illo ramo, in illa Arca Typum fuisse pacis Ecclesiæ, quod inter ipsa mundi diluvia Spiritus sanctus ad Ecclesiam suam pacem afferat fructuosam. Das ist: Last vns auff dis Geheimnis achtung geben/ Warumb ist der heilige Geist/ wie eine Taube/ erschienen? Denn die Gnade erfordert die Einfalt der Tauffe/ auff daß wir einfeltig sein/wie die TAVBEN. Die Gnade erfordert

dert den Frieden der Tauffe/ welchen in der alten Figur die Taube vorzeiten zu der Arca/ welche alleine vor der Sündfluth frey gewesen / geführet hat. Sie hat mich gelehret/ was sie für eine Figur gewesen / als nemlich dessen/ der jetzt in Gestalt der TAVBEN sich hernieder gelassen hat. Sie hat mit dem Zweige zuuerstehen gegeben / daß in derselbigen Arca eine Figur des Friedes/ der Christlichen Kirchen gewesen sey/ daß der heilige Geist mitten in der Sündfluth der Welt / einen nützbarlichen Friede zu seiner Kirchen bringe.

Der heilige Geist / der in einer Tauben Gestalt erschienen ist/ hat angezeiget/ was die TAVBE Noah mit jhrem Oelzweig in dem Kasten bedeut/ Nemlich/ Daß der heilige Geist den Frieden zu seiner Kirchen bringe / in der Wasserfluth der heiligen Tauffe. Droben Serm. 21. in Epiph. S. Ambr ist dieses auch erzehlet worden.

Augustinus libro 12. capite 20. contra Faustum Manicheum. Quod columba emissa non inventa requie, reversa est, ostendit per Novum Testamentum requiem sanctis in hoc mundo non esse promissam. Deinde post septem dies dimissa, post illam septenariam operationem spiritualem, olivæ fructuosum surculum retulit: quo significaret nonnullos etiam extra Ecclesiam baptisatos, si eis pinguedo non defuerit charitatis, posteriore tempore quasi vespere, in ore Columbæ tanquam in osculo pacis, ad vnitatis societatem posse perduci. Quod post septem alios dies dimissa, reversa non est, significat finem seculi, quando erit sanctorum requies, non adhuc in Sacramento spei, quo in hoc tempore consociatur Ecclesia, quamdiu bibitur quod de Christi latere manavit, sed iam ipsa pfectione salutis æter- Augustin.

næ, cum traditur regnum Deo & patri, ut in illa perspicua contemplatione incommutabilis veritatis, nullis mysterijs corporalibus egeamus.

Das ist: Die erste Taube/ welche keinen ort findet/ da sie sitzen vnd ruhen kundte/ zeiget an/ daß im Newen Testament den Christgleubigen keine gewisse Ruhe vnd Wohnung verheissen sey.

Die andere Taube/ die zur Vesperzeit mit dem Oelblat wider kömmet/ lehret/ daß auch die/ so ausser der Kirchen getaufft werden/ nachmal zur Gemeinschafft der Einigkeit können gebracht werden/ wenn jhnen nur die festigkeit der Liebe nicht mangelt.

Die dritte Taube/ nach andern sieben Tagen außgelassen/ die nicht wider kömmet/ bedeut das ende der Welt/ da die Gleubigen Ruhe haben werden/ nicht nur im Sacrament der Hoffnung/ dadurch jetzt die Kirche vereiniget wird/ so lange man trincket/ daß aus der Seyten Christi geflossen ist/ Sondern in der Vollkommenheit des ewigen Lebens/ da das Reich Gott vnd dem Vater vbergeben wird/ daß wir in derselbigen hellen/ klaren anschawung/ der vnwandelbaren Warheit/ keiner leiblichen Fürbildungen vnnd Geheimnissen bedürffen.

Chrysost. homil. 26. in Genes. rühmet die Danckbarkeit der Tauben/ gegen Noah/ vnd daß sie mit jrer Widerkunfft jhn zur Gedult vnd Langmütigkeit vermahnet habe/ Er sol noch eine kleine weile harren vnd Gedult tragen/ so werde es besser werden/ ꝛc.

Chrysostom.

Daß auch die andere Taube widerkommen/ vnd ein Oelblat gebracht hat/ ist aus sonderlicher schickung GOttes geschehen/ ꝛc. Etwas anzudeuten: Tom. 5. in serm. de Spiritu sancto die Pentecostes. Arca est figura Ecclesiæ

Christi:

Christi: ex ista arca Noæ, evolavit corvus nec comparuit suffocatus in aquis (de quo suo loco.) Ex arca autem Ecclesiæ eliminatus est Diabolus, qui verè niger & tenebrosus corvus est, suffocatus in aquis Baptismatis. Dimissa est autem in figuram Dei à Noe, & columba, ut videret si cessasset diluvium, quæ cùm nondum inveniret requiem pedibus, post tempus iterum dimissa est, & rediit, secum virentem ramum olivæ in ore ferens, & post dies septem dimissa, inventaque sibi requie, confidens cessasse diluvium, nidificavit. Das ist: Die Arca ist eine Figur vnd Vorbilde der Kirchen Christi / Aus derselbigen Arca Noæ ist ein Rabe außgeflogen / vnd ist nicht wider gesehen worden / nach dem er im Wasser ersoffen / (daruon an seinem orte wird gesagt werden.) Es ist aber der Teuffel aus der Christlichen Kirchen Arca geworffen / der da warhafftig ein schwartzer Rabe ist / vnd im Wasser der Tauffe erseufft. Es ist aber auch eine Taube zur Gestalt vnd Bilde Gottes außgelassen / auff daß sie sehe / ob die Sündfluth auffgehöret hette / welche / da sie nicht fünde / darauff jr Fuß ruhen kündte / ist sie nach kurtzer zeit wider außgelassen / Vnd do sie wider kömmet / bringet sie in jhrem Munde einen grünen Oelzweig / Vnd da sie nach sieben Tagen widerumb ist außgelassen / vnnd Ruhe gefunden hat / nach dem sie vermeinet / daß die Sündfluth auffgehöret habe / hat sie genistet.

COLVMBA figura est adventus Spiritus sancti, quæ ante legem invisens creaturam, non invenit, quomodo super ea requiesceret, ita impietas omnia occuparat. Deinde post tempus quoddam iterum columba dimissa est, rediit, ferens ramulum olivæ in ore: fortè signans in lege ac in ore Prophetarum, parvum quendam fructum misericordiæ spiritum sanctum ferre. At post septem dies omnis cultus sabbatorum legis, emisit Deus Noe columbam, Spiritus filij sui & inventa requie apud fideles, & in eis habitavit, & delicatè deambulavit, nidificavit & mansionem apud nos fecit. Columba enim animal est, quod præ omnibus volatilibus cœli homines amat, & contubernale est ac mansuetum, innocens, fœcundum, domesticum, quod versatur, quiescit & habitat in domibus nostris, sicut & Spiritus sanctus dicit de nobis, quia habitabo & conversabor cum eis, &c. Die erste Taube ist ein Fürbild des heiligen Geistes/ der vor dem Gesetz bey dem Menschen Ruhe vnnd Wohnung suchte/ Aber vmb der grossen Boßheit willen/ welche alles eingenommen hatte/ kundte er nicht raum finden. Die andere Taube bedeut das Predigampt der heiligen Propheten/ durch welche der heilige Geist zimliche Frucht der Barmhertzigkeit vnnd Gnaden angerichtet hat. Aber im Newen Testament hat GOtt die Taube/ seines Sohns Geist/ in der Menschen Hertzen außgesandt/ der findet auch bey den Gleubigen ruhe/ hat seine Wohnung an jhnen/ bleibet bey jhnen/ vnnd ist fruchtbar. Wie denn eine Taube für allen andern Vögelein den Menschen liebt/ zahm/ vnschüldig/ ohne falsch/ fruchtbar/ gesellisch ist/ in vnsern Häusern wohnet vnd Jungen hecket. Vnd diß von des Noah Tauben/ etc.

Psal. 68. Eine Beschreibung der Apostel bey der Tauben.

Eine schöne liebliche Beschreibung der heiligen Apostel/ bey der Tauben/ gibt David Psalm. 68. Der HErr gibt das Wort mit grossen Scharen Euangelisten/ die Könige der Heerscharen sind vntereinander Freunde/ etc. Wenn jhr zu Felde lieget/ so glentzets als der Tauben Flügel/ die wie Silber vnnd Gold schimmern/ etc. Wir wöllen hierüber Lutheri Außlegung zum ersten anhören/ der gibt den Text also: So jhr werdet schlaffen zwischen den Gräntzen/

Luth. geistliche außlegung.

so wer-

so werden die Fittich der TAVBBN mit Silber vberzogen sein / Vnnd jhre Rückflügel werden sein Goldtfarbe/ ꝛc. Zum ersten ist das zu wissen / daß die Fittich der Vögel bedeuten Prediger oder Predigt/ wie das außweisen die Cherubim an der Arche/ Denn das Wort GOTTES Psalm. 147. läufft schnell / ja fleuget vnnd schwebet vber vns. Die TAVBE ist auch die Kirche/ die fleuget/ wenn sie prediget / die sind denn vbersilbert / wenn sie die reine Schrifft vnnd Wort GOttes prediget/ welches wird Silber genandt / Psalm. 12. vnd Esaiæ am 1. ꝛc. Aber wenn Menschen Lehre jrre fliegen/ das sind Fledermeuß flügel/ Esaiæ 2. mit Schlamm vnnd Stanck vberzogen/ oder sind schwartzen Raben Fittich. Die Silbern Fittich aber bedeuten die Lehr des Glaubens/ Aber die Rückflügel Goldfarb / sind die Lehr der Liebe/ Denn das gantz Euangelium lehret nicht mehr/ denn gleuben an GOTT/ vnnd lieben den Nechsten. Darumb nennet er die Fittich/ die sich vom Leibe außbreiten/ vbersilbert/ vnnd die Flügel/ die auff dem Rücken sich enden zum Leibe warts / Goldfärbig. Denn die Liebe tregt alle ding / vnnd nahet sich zum Leibe/ das ist/ zu vnserm Nechsten : Aber der Glaube strecket vns von sich zu GOTT. Nun ist an vielen örten der Schrifft die Liebe durchs Gold bedeutet/ Welche nun gleuben vnd lieben/auch also lehren/das sind dieser TAVBEN Fittich vnnd Flügel. Vnnd ohne zweiffel hat der Prophet diese Gleichnis von den natürlichen TAVBEN genommen / der man wol findet / mit weißglentzenden Fittichen/ wie das Silber / vnnd auff dem Rücken/ da die Flügel zusammen gehen/ hübsch grün goldfarb : Auch so ist die Taube ein Vogel ohne Galle / vnd viel geistlicher eigenschafft bedeutet/ die in Christo Volck sein sollen.

Augustin. Diese Außlegung findet man auch bey den Patribus. Augustinus. Nullam aliam melius hic intelligi puto columbam deargeatatam, quam illam, de qua dictum est Canticor. 2. Vna est Columba mea. Deargentata est autem, quæ divinis eloquijs est erudita: Eloquia namq; Domini alio loco dicuntur argentum igne examinatum terræ purgatum septuplum, &c. Quid sunt vel ipsæ alæ, nisi duo præcepta charitatis, in quibus tota lex pendet & Prophetæ? Das ist: Die vbersilberte Taube ist die / von deren Cant. 2. gesaget wird: Eine ist meine TAVBE / vnnd ist vbersilbert / weil sie mit dem Wort Gottes / welches dem bewerten Silber verglichen wird/vnterwiesen ist. Was sind die Flügel anders / als die zwey Gebot der Liebe/daran das Gesetz vnd die Prophen hangen?

Hilarius. Hilarius deutet das Silber vnd Gold auff die mancherley Gaben des heiligen Geistes / darmit er die Apostel vnnd Christgleubige gezieret/ darauff jhnen eine ewige Königliche Ehr nachfolget. Wie auch Osiander dieses auff

Osiander. des heiligen Geistes Gaben/ darmit die Apostel vnnd jhre rechte getrewe Nachfolger glåntzen vnd schimmern/applicirer. Hac pulchritudine castrorum Evangelicorum intelligit David dona Spiritus sancti, quibus radiant Apostoli, eorumq; veri successores, dum ministerio Evangelij belligerantur spiritualiter, ut quamplurimos homines lucrifaciant Christo, eiq; subiugent, &c. Das ist: Mit dieser schönheit der Euangelischen Gezält/ verstehet David die Gaben des H. Geistes / mit welchen die Apostel glåntzen/ vnd jhre warhafftige Nachfolger/ in dem sie durch das Ministerium des heiligen Euangelij streiten/ geistlicher weise / auff daß sie dem HERRN Christo viel Menschen gewinnen/ vnd jhm vnterthenig machen/ꝛc.

Weiter hat Esaias Cap. 60. auch eine schöne Predigt vom Beruff der Heyden/ vnd versamnung der Christlichen Kirchen / Vnd spricht drauff: Wer sind die/ welche fliegen wie die Wolcken/ vnd wie die TAVBEN zu jhren Fenstern? Lutherus. Mit verwunderung vnd grosser Frewde saget der Prophet/ Hilff Gott/ Wie krefftig wird das Euangelium sein/ wie bald wirds durch die gantze Welt lauffen/ ja fliegen. Wir Propheten wohnen nur in einem Winckel/ Aber zur zeit des Euangelij/ wird ein Apostel bald die gantze Welt erfüllen/ wie eine TAVBE behend vnd schnell zu jhrem Fenster einfleugt. Nubibus autem comparat Apostolos propter verbi efficaciam & fructus. Columbis comparat propter velocem cursum, quo feruntur ad fenestras suas, id est, ad suum populum, ubi auditores inveniunt. Das ist: Der Prophet vergleichet die Apostel den Wolcken/ von wegen der Krafft vnd frucht Göttliches Worts / Den Tauben aber vmb des schnellen flugs willen/ da sie jhre Fensterlein bald treffen/ Also werden auch die Apostel behend das Volck besuchen/ vnter dem sie Zuhörer finden. Esa. 60. Lutherus.

Brentius legts auch aus von den Heyden selbs/ welche häuffig/ wie die TAVBEN zu jhrem Taubenhaus/ fliegen/ Also werden sie zum Euangelio vnnd Christlichen Glauben geflogen kommen. Quemadmodum columbæ vna conglobatæ magno impetu irruunt in fenestras seu ostiola columbarij sui: Ita gentes irruunt in conciones Evangelij. Das ist: Gleich wie die Tauben zugleich hauffenweise/ mit grossem Vngestüm zu den Fenstern oder Löchern jhres Taubenhauses hinein fahren / Also kommen auch die Heyden zur Predigt des Euangelij. Brentius.

Zun angehöreten Sprüchen gehöret auch die vermanung

nung Christi an seine Apostel / an alle trewhertzige Prediger vnnd gleubige Christen. Matth. am 10. Seid klug / wie die Schlangen/ vnd ohne falsch/ wie die TAVBEN.

Matth. 10.

Lutherus.

Lutherus spricht/ Daß in Verfolgungs zeit ein jeder Prediger des Worts/diese zwo eigenschafft haben sol. Erstlich der Schlangen Klugheit/ daß er listig vnnd klug sey/ gegen den falschen vnnd auffsetzigen Laurer. Vnnd zum andern/gegen den frommen wahren Christen auffrichtig vnd redlich/ ohne falsch/ im lehren vnnd leben/ꝛc. Daß er lehre vnd predige/ vnd sich daruon nicht abwenden lassen / vndanck oder Danck der Menschen / wie die Taube jhre vnnd frembde Jungen aufzeucht vnd ernehret. Denn der Teufel vnnd Welt sucht gantz listiglich vrsach vnnd gelegenheit wider die frommen Prediger/ daß sie gut fug vnnd recht zu jhnen haben / sie zuuerfolgen / Da denn gebühren wil den Predigern/ daß sie vntadelich sein/ keine Vrsach noch Ergernis geben. Darneben aber ohne falsch sein/ jederman guts thun / ohne Vnterscheidt vnnd Ansehen der Person/ Dancks oder Vndancks.

Hieronym.

Hieronymus. Estote prud.) Vt per prudentiam devitent insidias, per simplicitatem non faciant malum: Simplicitas columbarum ex Spiritus sancti specie demonstratur: Durch die fürsichtigkeit vnnd Klugheit hütet man sich für den heimlichen listen vnd practiken: Durch die Einfalt meidet man das böse.

Chrysostom.

Chrysost. in alt. Com. homil. 24. Quare vult eos esse simplices? Vt non adversus proditores suos malitiæ memores sint, sed diligant inimicos suos, & benefaciant persequentibus se. Das ist: Warumb sollen sie einfeltig ohne falsch sein? Darumb / daß sie der bewissenen Boßheit

gegen

gegen jhre Vbelthäter nicht eingedenck seyen/ Sondern die Feinde lieben/ den Verfolgern gutes thun/ ꝛc. Denn ob man schon den TAVBEN jhre Jungen nimmet/ vnd sie verfolget/ schreibet Theophylactus/ so kommen sie doch wider zu jhrem Herren. Iubet eos simplices esse, hoc est, sinceros & absque malitia nullumquè offendentes sicut columbæ: illæ enim cum auferuntur eis fœtus & persecutionem patiuntur, rursus ad Dominos suos revertuntur, &c. Das ist: Er heisset sie einfeltig sein/ das ist/ lauter vnnd ohne Boßheit/ vnnd daß sie niemand beleidigen/ wie die Tauben/ Denn dieselbigen/ wenn jhnen gleich jhre Jungen genommen werden/ vnnd sie Verfolgung leiden/ So kommen sie doch wider zu jhrem Herren/ ꝛc.

Es werden aber auch die fromme geplagete Christgleubige Menschen durch die TAVBEN vorgebildet: David nennet sich im Titel des 56. Psalms/ eine stumme TAVBEN/ Da er für dem Saul aus dem Lande Jsrael zu den Philistern flohe/ vnnd doch daselbsten von den Knechten des Philistischen Königes/ erkandt/ gefangen für den König gebracht würde: David aber/ darmit er daruon käme/ verstellet seine Geberde vor jhnen/ kollert vnter jhren Händen/ vnnd stieß sich an die Thier vnnd Thor/ daß jhm sein Geiffer in den Bart floß/ dardurch er auch ledig ist gelassen worden/ ꝛc. 1. Samuelis am 21. Cap. Darumb nennet er sich eine stumme TAVBEN/ ꝛc. Da er aber noch im Lande Jsrael in der Saulischen Verfolgung/ vnnd nirgend sicher war/ saget er/ Psalm. 55. O hette ich Flügel/ wie TAVBEN/ daß ich flöge/ vnd etwa bliebe. Brentius. Ach wenn wünschen gelte vnd hülffe/ so wolt ich mir TAVBEN Flügel wünschen/

Fromme geplagte Christen durch die Tauben vorgebildet. Psal. 56.

Brentius.

schen/ darmit ich auff das schnellest hinweg flöge / vnd etwa in einer Wildnüs einen rühigen ort bekeme/ Warlich/ Ich wolte mich nicht lange seumen vnd vmbsehen / sondern auff das behendest eilen / auff daß ich dem vorstehenden grewlichen Wetter entfliehe. Aber dieweil wünschen nichts hilfft/ so seind die Schmertzen in meinem Hertzen desto grösser vnd schwerer/ je weniger ich weise vnd weg zu enerinnen/ erfinden kan. O Ich elendester vnnd arbeitseligster Mensch vnter der Sonnen.

Es haben die Patres diesen Spruch auch auff Christum gedeutet. Hieronymus. Quis dabit mihi pennas columbæ.) Non ab alio sumam evolationem evadendæ mortis, nisi à meipso: potestatem habeo ponendi animam meam & iterum sumendi eam, ut de tenebris ad cœlestia revertar. In columba autem spiritualem naturam designat, sicut in Baptismo ostensum est. Columba simplex animal est, absq; felle & à malicia fellis alienum: quæ osculum charitatis animæ significat, quia Ecclesia duas pennas habet, hoc est, duo præcepta charitatis, dilectionem DEI videlicet & proximi. Wer gibt mir Tauben Flügel.) Das ist: Ich wil von keinem andern Macht empfahen/ dem Tode zuentfliehen/ denn von Mir selbs. Denn ich habe Gewalt/ mein Leben zu lassen / vnnd dasselbige wider zunehmen/ daß ich aus dem Finsternis zum Himlischen Wesen komme. Vnd wird an der Tauben die Geistliche Natur/ wie in der Tauffe Christi erscheinet/angezeiget. Denn eine Taube ist ein einfeltiges Thier / ohne Gallen/ vnd von aller Boßheit entfrembdet/ welches denn einen Kuss der Liebe der Seele bedeutet/ Denn die Christliche Kirche hat zween Flügel/ das ist/ zwey Gebot der Liebe/ als nemlich/ die Liebe Gottes vnd des Nechsten.

Hieronym

Darnach

Darnach verstehets Hieronymus auch von den Gleubigen: Gleich wie die TAVBEN nicht vmb vnd bey den Menschen in jhren Stuben nisteln/ sondern von jhnen fliegen/ Also fliegen auch die Gleubigen von der Gemeinschafft der Weltkinder/ Vnd obs schon nicht allwegen mit dem Leibe geschicht/ so geschichts doch mit der Seel/ Hertzen vnd Gewissen. Die weitleufftige Außlegung Augustini hat diesen Verstandt: Auff zweyerley weise begehret man Tauben Flügel von den Menschen weg zu fliegen/ entweder zu Christo in das ewige Leben aus dieser Welt/ Wie Paulus diß für das beste vnd nützlichst achtet/ oder aber/ daß man sich von den Leuten absondere/ Vnnd wenn sich die Menschen weder mit Worten noch Wercken wöllen ziehen lassen/ in ein Wildnüs verreise/ doch daß die Liebe im Hertzen/ vnd das Gebet für sie/ darumb nicht gescheiden vnnd nachgelassen werde/ Aber da man ja durch das Ampt verhindert vnnd angebunden wird/ vnnd den Beruff nicht verlassen kan/ mag man mit Paulo wünschen/ Philip. 1. Ich begehre abzuscheiden/ vnd bey Christo zu sein. Convitia hominum ferre non possum, strident, rabie feruntur, accenduntur iracundia, in ira adumbrant me. Prodesse illis non possum. Vtinam requiescam alicubi ab eis separatus CORPORE non AMORE, ne in me conturbetur ipsa dilectio. Verbis meis & collocutione mea prodesse non possum, orando pro eis forsitan prodero. Dicunt ista homines, sed plerumque ita ligantur, ut volare non posint. Fortè enim non ligantur visco, sed ligantur officio: Si autem ligantur cura & officio & deserere non possunt: dicant, optabam dissolvi & esse cum Christo, multò enim magis optimum: manere in carne necessarium propter vos, Columba delicata,

Augustin.

cata, religata affectu non cupiditate, volare non poterat propter implendum officium, non propter parvum meritum, &c. Das ist: Ich kan die lesterung der Leute nicht erdulden/ sie schnurren/ sie wüten / sie sein zornig/ sie vberschatten mich im zorn/ Ich kan jhnen nicht dienen/ Ich wil jrgend ruhen / von jhnen abgesondert mit dem Leibe/ nicht mit der Liebe/ auff daß die Liebe nicht in mir zerrüttet werde. Mit meinen Worten vnd Rede kan ich jhnen nicht dienen/ Vielleicht werde ich jhnen dienen/ so ich vor sie bitte. Diß sagen die Leute/ aber gemeiniglich werden sie gebunden/ daß sie nicht fliegen können/ Denn vielleicht werden sie nicht gebunden mit Leim / sondern mit jhrem Ampt/ So sie aber mit jhrer Sorge vnnd Ampt gebunden werden/ vnd sie das nicht verlassen können/ mögen sie sagen: Ich wünschete auffgelöst zu werden/ vnnd mit Christo zu sein / Denn das ist viel besser: Im Fleische zu bleiben ist nötig ewrent halben. Die zarte Taube/ so gebunden ist mit innbrünstiger bewegung / nicht mit begierde/ kundte nicht wegfliegen/ wegen der erfüllung jhres Ampts/ nicht wegen eines geringen Verdienstes/ rc. Aber von diesem Spruche auch gnugsam.

Esa. 38. Esaias stellet auch zum Exempel für den Gottseligen König Jehiskia / dem er an GOTTES statt sein Leben abgekündiget/ vnd das Testament zu machen auffgemahnet hat. Cap. 38. vers. 14. Ich kirret / wie eine TAVBE/ Meine Augen wolten mir brechen/ HERR/ Ich leide noth/ linder mirs/ rc. Wir wöllen allhie die Vrsachen/ warumb Hiskia den Todt so sehr gefürchtet / vnnd mit seufftzen vnd kirren/ wie eine TAVBE / abgebeten/ vbergehen / Allein ist zubedencken / wie auch die fromme Gottesfürchtige Menschen für dem Tode vnnd GOttes Gericht erschrecken/ kirren vnd abbitten: Wieuiel mehr aber

wird

wird solch kirren vnnd schrecken die Gottlosen in jhren Leiblichen vnnd Geistlichen Nöthen vmbgeben vnnd vberfallen/ Darůmb sie nicht so sicher sein / vnnd inn den Tag hienein sůndigen sollen.

Ermelter Prophet weissaget auch im 59. Capittel/ vom Jůdischen Volck / wie es jhnen gehe / weil sie weder im Geistlichen noch Weltlichem Regiment recht handelen/ So werden sie auch gestrafft/ daß sie alle brummen wie die Båren / vnnd ächtzen wie die TAVBEN / Denn wir harren auffs Recht/ so ists nicht da / auffs Heil / so ists ferne von vns / ꝛc. Wir sind die aller årmesten vnnd můheseligsten Menschen/ da nichts denn ächtzen vnnd schreyen ist/ Denn wo GOttes Wort vnnd Gnade hinweg vnd verlohren ist da hilfft kein Trost/ so den Menschen erquicken vnd auffrichten kůndte. Also saget auch Ezechiel im 7. Capittel/ von den Jůden / welche der Straffe GOTTES in der Hierusalemitanischen Belagerung vnter dem Nebucadnezar entrinnen / ꝛc. Welche vnter jhnen entrinnen / die můssen auff dem Gebirge sein / vnnd wie die TAVBEN in Grůnden/ die alle vntereinander kirren/ ein jeglicher vmb seiner Missethat willen. Denckwirdig ists/ wenn GOtt straffet / daß die Menschen kein Hertz noch Muth haben/ sondern zaghafft vnnd geängstiget sind / wie die gescheuchte Tauben/ die nicht wissen/ wo sie auff den Bergen vnd grůnden bleiben sollen.

Esa. 59.

Ezech. 7.

Wenn Gott strafft/ so entfelt den Menschen das Hertz.

Wir mögen auch hieher ziehen den Spruch Hoseæ 11. von den Assyriern/ Wenn Gottes Sohn der Messias mit seinem Euangelio brůllen wird/ wie ein Lewe / So werden die im Lande Assur erschrecken/ wie TAVBEN/ vnd ich wil sie in jhre Håuser setzen/ spricht der HERR. Daruon ist droben bey den Vögeln/ vnd im Thierbuch bey dem

Ose. 11.

Lewen gehandelt worden. An diesem ort gehört auch Gottes Klagrede von der Jsraeliten Abgötterey/ Hoseæ 7. Ephraim (das Königreich Jsrael) ist wie eine verlockte Taube / die nichts mercken wil. Jetzt lauffen sie Egypten an/ denn lauffen sie zu Assur/Aber in dem sie hin vnd her lauffen/ wil ich mein Netz vber sie werffen / vnd herunter rücken/wie die Vögel vnter dem Himmel.

Ose. 6.

Zwo Sünden/ sampt der folgenden Straffe/werden angezeiget. Erstlich die Abgötterey/ daß sie diese Taube Ephraim/den wahren Gottesdienst/ verlest/ vnd treibt Abgötterey zu Dan / Bethel vnnd Gilgal/ fleuget also vom rechten Taubhaus zu Hierusalem/vnd lest sich verlocken/daß sie mit jhrem grossen Schaden vnd verderben in ein frembdes einfleugt. Die ander Sünde ist / daß sie Gott nicht trawen vnd anruffen/ sondern in jhrer noth dem Assyrier vnd Egyptier Hülff anschreyen / vnd sich darauff verlassen. Dem nach wil Gott sein Netz außwerffen/vnd mit seinen straffen verrücken. Osiander. Perinde ut columba aliqua nimium simplex, imò væcors & stulta, patitur se seduci, ut in aliud columbarium deflectat, suo proprio malè derelicto: Ita Israel ab impijs regibus & sacerdotibus persuasus, deserto templo Domini in Hierusalem, ubi verus Dei cultus viget, ad impia sacella in Bethel, Dan & Gilgal & alibi divertit, neq; patrisfamilias expectationi satisfacit. Das ist: Gleich wie eine einfeltige Taube / ja die da vnuerstendig vnd nerrisch ist/ sich lest verführen / daß sie in ein ander Taubenhaus einkehre/ vnd jr eigenes schendlich vergist / Also hat sich Jsrael von den Gottlosen Königen vnd Priestern vberreden lassen / daß er den Tempel des HERRN zu Jerusalem / da der wahre Gottesdienst im schwange gehet/verlassen/vber sich in die Heinen in Bethel/

Erklerung Osiandri.

Dan

Dan vnd Gilgal / vnd anderßwo hin begeben hat / vnd der Hoffnung des Haußvaters nicht gnug thut.

Das thun auch / die sich von der wahren Lehre des Euangelij / entweder zu der Papistischen Abgötterey / vnd zu der Zwingler oder dergleichen Schwermer Irrthumb vnnd falsche Meinung / wenden vnd begeben. Lutherus. Admodum elegans hæc similitudo est, sumpta ex Oeconomia: Columba inter omnes aves facilimè decipitur, ut obliviscatur nidi sui: Ita dicit Ephraim quoq; adsuefactum ad alienum nidum, dum deserto Deo & templo, quærit auxilia non à Deo, cuius nomen habitabat in Hierusalemis, sed à vicinis gentibus AEgyptijs & Assyrijs. Das ist: Vnter allen Vögeln kan die TAVBE am leichtesten verlockt vnnd verführet werden / daß sie jhres Nests vnd Wohnung vergisset / vnd in ein frembde Taubhaus eingehet / Also ist auch das Volck Israel / das verlest Gott vnd sein Wort zu Hierusalem / vnd begehret von den Heyden hülffe. Lutherus.

S. Hieronymus zeiget eine andere Eigenschafft an: Hieronym.
Andere Vögel bewaren jhre Jungen / lassens jhnen nicht 1.
leichtlich nehmen / Aber eine Taube fraget nichts darnach / wenn sie jhr schon genommen werden: Also fraget Israel auch nicht darnach / ob schon ein Theil des Volcks weggeführet wird / thut nicht busse / helt nicht darfür / daß es auch sie
alle treffen werde. Darnach saget er: Solche thörichte 2.
TAVBEN seyen auch die falsche Lerer / so Christum / die Göttliche Weißheit / vnd seine wahre Kirch verlassen / die er doch mit seinem Netze / Zeugnissen der Schrifft / vberzeiget vnd berückt / seine Straffen drewet / vnd sie demütiget / daß sie nicht verloren würden. Quæritur cur Ephraim non alijs avibus, sed columbæ comparatus sit? Aves cæteræ

pullos suos cum periculo vitæ suæ protegere festinant, & cum ad nidum suum accipitrem, colubrum, corvum sive cornicem accedere viderint: huc illucq; volitant & immittunt se morsu & unguibus lacerant, & dolorem parentis querula voce testantur: Sola columba ablatos pullos non dolet, non requirit. Et ideò rectè comparatur Ephraim, quod vastatum per partes populum non sentiat, sed negligens sit salutis suæ. Magistros contrariorum dogmatum, qui Christum relinquere sapientiam & de Ecclesia sunt egressi, rectè insipientem & excordem columbam possumus dicere, qui terrena desiderantes, Assyrijs sunt traditi. Et cum profecti fuerint de Ecclesia, expandit super eos Dominus rete suum testijs scripturarum & artifice sapientiæ sermone contextum, ut elevantes se contra sapientiam Dei, & instar avis ad excelsa volantes ad humilia detrahat, & corripiat eos comminatione & auditione pœnarum, ut correpti non pereant in æternum. Das ist: Es wird gefraget/ Warumb Ephraim nicht andern Vogeln/ sondern der TAUBE sey vergliechen worden? Die andern Vögel eilen/ jhre Jungen/ mit Gefahr jhres Lebens/ zu beschützen/ Unnd wenn sie sehen/ daß etwan der Habicht/ ein Haußschlange/ ein Rabe oder Krähe/ in jhr Nest kommen sey/ fliegen sie hin unnd her/ beissen und kratzen/ und bezeugen mit kläglicher Stimme jhren Schmertzen/ als der Alten. Aber die TAUBE bekümmert sich nichts/ wenn jhr jhre Jungen genommen sein/ unnd begehret sie auch nicht wider. Unnd darumb wird jhr Ephraim recht verglichen/ daß er das Volck/ welches zum theil verwüstet ist/ nicht spüret/ und sein Heil nicht achtet. Also können wir die Magister der widerwertigen Lehre/ welche CHRISTUM/ als die rechte Weißheit/ verlas-

verlassen / vnnd aus der Kirchen gangen sein/ recht eine vnbesunnene vnnd vnweise TAVBE nennen / welche / in dem sie nach jrrdischen dingen getrachtet/ den Assyriern sind vbergeben worden. Vnnd da sie von der Christlichen Kirchen sind weggezogen/ hat der HERR sein Netz vber sie außgespannet / nach Zeugnissen der heiligen Schrifft/ auff daß/ wenn sie sich außbreiteten wider die Weißheit GOTTES/ vnnd wie ein Vogel in die höhe fladerten / er sie herunter zöge/ vnnd sie straffte/ mit drewung vnd anhörung der Straffen/ auff daß/ so er sie züchtigete/ sie nicht ewiglich vmbkommen/ꝛc. Hæc Hieronymus.

Zum Beschluß dieses ersten vnd Geistlichen Standes/mag man die Eigenschafft der TAVBEN mercken/ welche Hugo Card. in Psalmum quinquagesimum quartum, auff die viros Ecclesiasticos, geistliche Prælaten vnd Prediger applicíert:

Grex, visus, pulli, fel, oscula, pugna, lapilli,
Grana, latex, nidus, turris, gemitus, color & pes,
Nuncia, simplicitas, fimus, ova, venus, fuga, cervix.

Eigenschafft der Tauben.

Das ist:

1. Die Taube fleuget hauffenweiß / vnnd locket auch frembde zu sich.
2. Sie hat rote Augen/ oder saubert dieselbigen mit Blut/ Canticor. 1.4.
3. Sie ernehret nicht allein jhre / sondern auch frembde (Jungen.
4. Ist ohne Gallen vnd Bitterkeit.
5. Hat auch den Kuss.
6. Streitet mit auffgehabenen Flügeln.
7. Sie isset kleine Steinlein / Die Geistlichen sollen die arme Leyen Christo einuerleiben.
8. Isset Korn vnd kein Fleisch/ wie die Raubuögel.

9. Sitzet

9. Sitzet gerne bey hellem Wasser.
10. Ihr hartes Nest bedeutet die Buß.
11. Wohnet in den Türnen.
12. Sie kürret vnd klaget/ rew der Sünden.
13. Hat vterschiedliche Farben.
14. Sie sind rauchfüssig/ vnnd bedeuten einen schnellen (flug.
15. Ist ein Both des Friedens/Genes. 8.
16. Ist ohne falsch/ Matth. 10.
17. Der Koth ist heiß/ die Buß der Geistlichen.
18. Die heissen Eyer melden die Hoffnung.
19. Ist fruchtbar.
20. Fleuget die Feinde.
21. Ist am Halse Goldfärbig/ bedeutet die Weißheit vnd wolredenheit/ rc.

Vnd

Der Ander Standt. Straffsprüche. Jerem. 48.

ZVM andern/ Was sind für Sprüche vnnd Lehren/ so den andern der Regenten vnd Vnterthanen Standt antreffen? Wiewol keine funden werden/ die jhr Ampt beschreiben/ sind doch folgende zu behalten/ dardurch jhre Straffe angedeutet wird. Jerem. am 48. prediget von der Straffe Gottes/ so vber die stoltze Moabiter/ durch den Nebucadnezar/ kommen sol: O jhr Einwohner in Moab/ verlasset die Städte/ vnd wohnet in den Felsen/ vnd thut wie die Tauben/ so da nisten in den holen Löchern. Diß ist eine Weissagung/ wie sich die Moabiter erzeigen werden/ wenn sie das Babylonische Kriegßheer sehen. Sie werden/ wie die erschrockene Tauben/ aus den Städten wegziehen/ in den hölen vnnd Steinklüfften sich verstecken/ daß sie nicht gefunden vnnd erwürget werden.

Vrsachen solcher straffen. 1.

Was sind für Vrsachen dieser Straffe? Zum ersten/ Israel hat dein Gespött sein müssen/ als wer er vnter den Dieben

gefunden

gefunden/ Vnnd weil du solches wider sie redest / soltu auch weg müssen. Zum andern/Man hat jmmer gesagt von dem stoltzen Moab/ daß er sehr stoltz sey / hoffertig/ hohmütig/ trotzig vnd vbermütig / Aber der HERR spricht/ Jch kenne seinen Zorn wol/ daß er nicht so viel vermag/ vnd vntersteheт sich mehr zuthun/denn sein vermögen ist. Zu lernen ist/ daß die stoltze vbermütige Verächter anderer Leute/nicht vngestraffet bleiben/ Vnnd daß jhnen in den angehenden Straffen jhr Hertz vnd Muth entfelt/flüchtig vnd verzaget werden/ als die TAVBEN.

2.

Lehr.

Der ander Spruch des Propheten Nahum/Cap. 2. gehet wider die Königin zu Niniue / vnnd jhr Frawenzimmer/wenn die Stadt sol gewonnen werden. Die Königin wird gefangen weggeführt werden / vnnd jhre Jungfrawen werden seufftzen/wie die TAVBEN/ vnd an jre Brüst schlagen/2c. Den Jammer werden sie nicht öffentlich klagen dürffen/sondern allein mit seufftzen vnnd Brüstschlagen anzeigen. Die Vrsachen sind leichtlich zuerachten: Stoltz/ Pracht/ Verachtung des Armen/ Wollust/ vnnd allerley Frewde in Pancketen/ Seitenspielen/ Vppigkeit vnd Büberey sind bey jhnen gemein gewesen/ Darauff mus ein solches trawriges klägliches Ende erfolgen.

Nahum 2.

Vrsach.
Hochmut bleibt nicht vngestrafft.

Hieronymus. Captivæ mulieres minabuntur ante ora victorum: tantusq; error erit, ut ne in singultus quidem & ululatum erumpat dolor, sed intra se tacitè gemant, & obscuro murmure devorent lachrymas in morem musitantium columbarum. Das ist: Die gefangenen Weiber werden drewen vor den Vberwindern/Vnd wird ein solch schrecken sein/ daß sie weder mit seufftzen noch heulen jhren Schmertzen an Tag geben/ Sondern heimlich bey sich seufftzen vnd mit stillschweigenden gedöhne auffressen/gleich wie die kirrenden Tauben.

In der Lateinischen Bibel wird auch an zweyen örten Columba, Tauben/ aber in vnser Deutschen Bibel Tyrañ vnd Tyrannisch / gelesen. Jerem. 25. Facta est terra eorum in desolationem à facie iræ columbæ. Luth. Translatio. Ist also jhr Land zerstöret für dem Zorn des Tyrannen. Denn das wörtlein/ Jonah/ im Ebreischen heist nicht allein eine Taube/ sondern auch einen Räuber oder Tyrannen: Vnd wird allhie der Babylonische König Nebucadnezar verstanden. Vermeinet doch Hieronymus/ Nebucadnezar könne auch wol eine Taube heissen/ weil jhn Gott seinen Knecht nennet. Non mirabitur columbam Domini intelligi Nabuchodonosor, qui supra eum vocari servum Domini legerit: Das ist: Es sol sich einer nit wundern/ daß durch die Taube des HErrn Nabuchdonos. verstanden werde/ der da droben gelesen hat / daß er ein Knecht des Herren genennet werde. Hugo Cardi erzelet mehr vermutungen/ darumb Nebucadnezar eine Taube heissen künde: Sicut in his regionibus hirundines ad calidas regiones devolant, & in æstate redeunt: Et sicut Columbæ à palæstina versus Aquilonem transvolant in æstate, & in hyeme in palæstinam redeunt: Sic Nabuchodonosor ab Aquilone venit in palæstinam, ut in ea faceret hyemem captivitatis, & ideò dicitur Columba. Vel sicut Columba non habet potestatem nocendi alijs avibus: Sic Nabuchodonosor à se non habuit potestatem nocendi Iudæis. Item in palæstina in domibus nobilium nutriuntur columbæ: quando autem debent longius recedere, & si fortè non possunt, propter aliquod impedimentum, in suas civitates reverti illi nobiles, vel nuncios mittere, ligant.

Jerem. 25.

gant literas collo columbæ: quæ dimissa redit ad locum ubi nutrita fuerat, & sic Domini sui nesciens fecit mandatum: Sic Nabuch. nescius quasi, fecit imperium Domini. Vel ideò fortè, quia in vexillis Nabuchod. & exercitus eius erat signum columbæ depictum. Vel per ἀντίφρασιν, quia crudelis erat. Et supra ca. 6. Crudelis est & non miserebitur. Columba autem mansuetissima est, ideò felle caret. Vel ex Gregor. in Moralib. Vt vim divinæ districtionis imperturbabilem demonstraret, & irā dixit & columbæ. Ideò non nisi mansuetus punit, &c. Das ist: gleich wie in diesen Landen die Schwalben in warme Länder fliehen/vnd im Somer widerkomen: Vnd wie die Tauben gegen Mitternacht fliegen im Somer/vnd im winter wider in Syrien komen/ Also ist Nabuchd. von Mitternacht in Syrien kommen/daß er daselbst Winterlager hielte/vnd darumb wird er eine Taube genandt. Oder gleich wie eine Taube nit gewalt hat andern Vögeln zu schaden/also hat Nabuchd. nit die macht von sich selbst gehabt/ den Jüden zu schaden. Item in Judea/in der statlichen leute häuser werden Tauben gehalten: weil sie aber ferne sollen weg weichen/vnd sie vielleicht wegen einer verhindernis in jre Stadt nit komen können/oder Boten schicken/bindē sie der Tauben ein Brieff an hals/welche deñ/so sie außgelassen wird/ wider an den ort/ da sie auffgezogen ist/kömmet/ vnd thut also vnwissend jres Herrn befehl: Also hat auch Nabuchd. gleichsam vnwissend den willen des HErrn gethan. Oder vielleicht darum/daß in den Fanen des Nabuchd. vor seines Krigsvolcks/das zeichen der Taube ist gemalet gewesen. Oder aber durch die Figur antiphrasin, darumb daß er tyrannisch war. Wie droben Capit. 6. Er ist Tyrannisch/ vnnd erbarmet sich nicht. Aber die TAVBE ist das aller sanfftmütigeste Thier / Darumb sie auch keine Galle hat. Oder aus dem Gregorio/aus seinen Moralib. Auff daß er darthete vnd beweisete/ wie daß die Göttliche Gewalt sich nicht bewegen lasse/ hat er sie den zorn der Tauben geneunet/ darumb/ daß sie nicht in zornigem/ sondern sanfftmütigen Gemüte straffet.

Zeph. 3. Darnach wird Zephan. 3. auch also gelesen: Væ provocatrix & redempta civitas: Columba non audivit vocem & non suscepit disciplinam. Luth. versio. Wehe der scheußlichen / vnflätigen / TYRANNISCHEN Stadt. Da abermal Jonah stehet/ vnnd kein Tauben/ sondern einen Raubern/ Verfolgern vnd Tyrannen heisset. Derwegen ohne noth / Hieronymi vnnd Hugonis coniecturas weiter zu erholen.

Dieser Spruch aber ist eine hefftige Straffpredigt wider die Stadt Hierusalem/ vnd das Jüdische Land/ welche Gerechtigkeit/ Liebe vnd Gottseligkeit vben vnd erhalten solten/ vnd sie sind selbs vngerecht / Tyrannisch/ rc.

Eine schreckliche Straffe Gottes wird auch bey der
2. Reg. 6. Tauben vorgebildet vnd angezeiget / 2. Reg. 6. Da GOtt die Abgötterey/ Verfolgung der trewen Propheten/ vnd andere Sünde mehr/ zur zeit des Gottlosen Königs Ahabs begangen/ vnnd noch vnter seinem Sohn Joram wehrende/ straffen wolte/ erweckt er den Syrischen König Benhadad/ der belägert die Stadt Samaria hefftig/ daß ein grosser hunger vnd Thewrung entstundt/ biß daß ein Eselßkopff (welchs Thier doch vnrein/ vnd zu essen verboten war) acht Silberling/ so viel Gülden oder Thaler / vnnd ein viertheil Cab TAVBEN Mist/ was sechs Eyer fassen/ fünff Silberling / oder so viel Thaler galt/ rc. Dieses Exempel sol billich die Menschen zur Gottseligkeit vnnd bußfertigem Leben vermahnen. Vnd das auch vom andern Standt.

ZUm dritten vnd Ehestandt sind fürnemblich der Kindbetterin vnnd vnreinen Weiber Opffer zu betrachten/Leuit. 12. Welches Gesetz / Luc. 2. von der Jungfrawen Maria erfüllet / widerholet wird. Wenn die Tage der Reinigung der Kindbetterinn aus sind/ für den Sohn oder Tochter / sol sie ein jährig Lamb bringen zum Brandtopffer / vnd eine junge TAVBEN zum Sündopffer/ oder wo sie arm ist / zwo junge TAVBEN/ eine zum Brandtopffer / die andere zum Sündopffer/So sol sie der Priester versühnen / daß sie rein werde / rc. Was die Reinigung oder vnreinigkeit der Kindbetterin betrifft / ist zu wissen/ daß solches an jhm selbst für Gott keine Sünde oder Reinigkeit ist/ Sondern erstlich ists eine Leuitische Vnreinigkeit / welche auch mit Leuitischen Ceremonien abgeschafft mus werden: Warumb aber GOtt den Jüden diese vnd andere vielfeltige Gesetz aufferleget habe / ist anderßwo angezeiget.

Der dritte Standt. Taubenopffer d Kindbetterin. Leuit. 12.

Zum andern/ists zuuerstehen von der schweren Haußarbeit/ vnd ehelicher Beywohnung/ darfür sie/ die Kindbetterin/ befreyet sollen sein. Weiter/ so wars eine andeutung vnd Vorbild der Erbsünde vnd natürlichen Vnreinigkeit/ darinn alle Menschen geboren werden/ Wie Dauid im 51. Psalm saget. Isychius in Levit. Non suæ matris peccatum aliquod accusans, sed matrem naturam appellat, immundiciam peccati, Adæ & Evæ in omne genus nostrum descendisse significans. Das ist: Nicht daß sie etwan eine Sünde jhrer Mutter anklaget/ sondern die Mutter nennet sie die Natur/ vnd zeiget an/daß die Vnreinigkeit Adams vnd Euæ auff alle vnser Geschlecht kommen sey.

Was nun dargegen die Reinigung anlanget / wars auch eine Leuitische eintheidigung der Kindbetterin/ Doch mit dem Opffer bekenneten sie jhren Glauben an den versprochenen Messiam/ der das Lamb Gottes ist/ vnnd alle/ die an jhn gleuben/ mit seinem heiligen Blut von aller Sünde vnd Missethat abwässchet vnd reiniget.

Erinnerung d Tauben/ bey diesem Opffer/ an die Eheweiber.

Die TAVBE aber erinnert die Eheweiber/ der fürnembsten Eigenschafften vnnd Tugenden/ die sie an jhnen haben/ vnnd der TAVBEN nachfolgen sollen/ deren droben viel sind vermeldet/ daß sie ohne Gall vnnd Bitterkeit sollen sein/ sich der Demut vnnd Keuschheit befleissigen/ Lieb vnnd Trew dem Ehemann erzeigen/ ohne falsch vnnd einfeltig sein/ die Kinder helffen aufferziehen/ ꝛc. Daruon auch bey der Turteltauben hernacher mehr folget.

Leuit. 15.

Ein gleiches Gesez ist Leuit. 15. Cap. den Weibern gegeben/ die jhren Blutfluß nicht allein zur gewöhnlichen/ sondern auch vber die gewöhnliche zeit haben: So das Weib nun rein wird von jhrem Fluß/ so sol sie sieben Tage zehlen/ darnach sol sie rein sein/ Vnnd am achten Tage sol sie zwo Turteltauben/ oder zwo junge TAVBEN/ eine zum Brandtopffer/ die andere zum Sündopffer/ dem Priester bringen/ Der sol sie versühnen für dem HERRN/ vber den Fluß jhrer Vnreinigkeit.

Erinnerung wider die Werckgerechtigkeit d Papisten.

Die Lere vnnd Erinnerung sollen aus dem vorgehenden Gesetz genommen werden/ sonderlich die/ von der Geistlichen Vnreinigkeit/ daruon Esaias im 64. Capittel saget/ Alle vnsere Gerechtigkeit ist/ wie ein vnflätig Kleid/ quasi pannus menstruatæ, wider die Werckheilige Phariseer vnd Papisten/ so jhre Frömbkeit/ vergebung der Sünden in jren Wercken suchen: Denn/ Ob schon GOTT auch die eusserliche vnnd leibliche Reinigkeit wolgefället/ so wird doch allein die Geistliche Reinigkeit für GOTT/ gefunden bey Jesu Christo/ durch die Opffer vorgebildet/ ꝛc.

DAS

Das ander Capittel/
Von der Turteltauben.

AM Ersten Standt / was den Gottesdienst vnnd Opffer anlanget / ist die Turteltaube aus allen Vögeln / von GOTT erwehlet vnnd außerlesen / vnd in dero mangel junge TAVBEN darfür gebraucht vnd genommen worden. Der erste Standt.

Daß aber GOTT der heilige Geist nicht allerley Vögel / Gänse / Hüner vnnd dergleichen / sondern allein die TAVBENart / zum Opffer deputiert hat / geschicht vmb der Bedeutung willen / Denn die Opffer solten Fürbilde sein / des einigen Opffers JHesu CHristi / der eine Versühnung ist für der gantzen Welt Sünde. Es wird aber sonderlich der TAVBEN Gedult / Sanfftmuth / Einfalt gerühmet. Wer ist aber gedültiger / sanfftmütiger / vnnd ohne einigen Falsch / als eben IESVS CHRISTVS? Welchem seine Apostel nachfolgen sollen. Wöllen derhalben die Opffer der Turteltauben kürtzlich besehen. Genesis 15. Cap. Zu dem befohlenen Opffer / dardurch vnnd mit GOTT des Abrahæ Glauben stercken / vnnd künfftige ding anzeigen wolte / muste er auch eine Turteltauben vnnd eine junge Tauben nehmen: Was aber darbey zu behalten / ist droben bey der Tauben / vnnd im Thierbuch gemeldet worden.

Warumb Gott nicht auch ander Vogel zum Opffer verordnet hat.

Gen. 15.

Die.

Die Gebot aber/ daß allein die Turteltauben zum Opffer sollen genommen werden/ stehen Leuit. 1. welches auch droben bey der Tauben zuersehen ist. Was aber für Personen dieselbige sollen bringen/ ist auch schon vorhin gesagt. Leuit. 12. Die Kindbetterin. Luc. 2. Leuit. 14. Ein Weib/ welches nach jhrem gewöhnlichen oder vngewöhnlichen Blutfluß rein worden ist. Ein solches Opffer muste auch der Aussetzige bringen/ Leuit. 15. Item/ ein Nasareer/ Num. 6. Was sie in gemein andeuten/ ist bey der Tauben angemeldet worden: Den Ehestandt aber belangend/ sol weiter im dritten Standt etwas folgen. Isychius in Levit. spricht: Turtur sumitur quia cognitionem habet. Das ist: Die Turteltaube wird darumb zum Opffer genommen / weil sie die erkentnis hat/ vnd die von Gott bestimpte zeit weis/ Wie denn jhr Nahme Thor/vom fleissigen nachforschen vnd verkündigen/ herkömpt. Setzt auch weiter hinzu/daß durch die Turteltauben vnd junge Tauben (contemplativa vita ac in meditatione conversans: & munda simplexq; significetur) ein eingezogen Leben/ da man stets mit Gottes Wort vmbgehet vnd betrachtet/ vnnd sonst ein heiliges / reines / keusches Leben/ ohne falsch führet / angemeldet werde. Ergò qui non potest vacare in continua afflictione & ærumna, ut panem suum cum cinere comedat, & potum suum cum fletu temperet, aliaq; his similia pœnitens agat, verbi gratia, infirmitate aut alia quacunq; necessitate prohibetur. Hic alio modo potest agere pœnitentiam, veluti offerens semetipsum, ad contemplandum Deum, & ad perscrutationem legis eius, totamq; mentem suam consecrans cœlesti conversationi, à terrenis rebus plenissime cohibens se, per hoc enim ei & peccatorum remissio & iustificatio procuratur, &c.

Leuit. 5. Leuit. 12. Luc. 2. Leuit. 14. 15. Num. 6.

Isychius. Warumb die Turteltaube zum Opffer gebrauchet wird.

Das

Das ist: Darumb / Wer da nicht in steter Trübsal vnnd Bekümmernis sein kan / daß er sein Brot mit Asschen esse / vnd seinen Tranck mit Thränen vermissche / vnd andere dergleichen mehr thun / als nemblich / entweder durch Schwachheit oder andere nothwendigkeit abgehalten wird / derselbige kan auff ein andere weise Busse thun / als nemlich / in dem er sich selbst darbringet / Gott anzuschawen / vnd zu erforschung seines Gesetzes / vnd sein gantzes Gemüt der Himlischen beywohnung vorbehelt / vnd sich gäntzlich von jrrdischen dingen abhelt / Also wird jhm dardurch beydes Vergebung der Sünden / vnd auch Gerechtigkeit verschaffet.

Nach diesen Opffern wird auch die Christliche Kirche selbst mit dem Turteltäublein abconterfeyt. Psalm. 74. Du woltest / HERR / nicht dem Thier geben / die Seele deiner TVRTELTAVBEN / Vnd deine Elende nicht so gar vergessen. Diß ist ein Gebet der Christlichen Kirchen / wider die Feinde vnd Verfolger / Gott wölle jhnen nicht zugeben / daß sie das kleine / arme / wehrlose / verlassene Turteltäublein / die Christenheit / erhasschen / zerreissen vnd fressen. Brentius. Observandum est, quod Psaltes vocet populum Dei seu Ecclesiam TVRTVREM, & alias Columbam: quod quemadmodum hæc avicula destituta est omni præsidio adversus harpyias: Ita Ecclesia Dei nudata est omni humano auxilio, adversus hostes suos tàm corporales quàm spirituales, &c. Das ist: Dauid nennet das Volck Gottes oder Christliche Kirchen eine Turteltauben / oder sonst eine Tauben: Denn gleich wie das Turteltäublein ohne alle Hülffe ist / wider die reissende Raubvögel: Also hat auch die Christliche Kirche keine Menschliche Hülffe noch Beystandt / wider jhre leibliche vnd geistliche Feinde / Aber doch ist sie also mit Gottes Schutz

Psal. 76. Die Christliche Kirche durch die Turteltaube beschrieben.

vnd Schirm versehen vnd vmbgeben/ daß weder Todt noch Leben / weder Engel noch Fürstenthumb/ oder Gewalt/ weder gegenwertiges noch zukünfftiges/ sie von der Liebe Gottes wird abscheiden können.

Osiandri Vrsachen. Osiander in paraphr. huius Psalmi, erzehlet drey Eigenschafften/ darumb die Christliche Kirche einer Turteltauben vergliechen wird.
I. Die erste ist / Columbina simplicitas/ die Täubische Einfeltigkeit / daß sie ohne falsch sey/ Daruon droben vber den Spruch/ Matth. 10. gesaget ist.
II. Die ander/ Amor quo prosequitur maritum suum Christum / die Eheliche Trew vnd Liebe/ die sie zu jhrem Breutigam Christo tregt.
III. Die dritte ist/ die Fruchtbarkeit/ daß die Christliche Kirche jrem Breutigam Christo täglich durch das heilige Predigampt vnd Sacramenta geistliche Kinder gebieret vnd zubringt.

Was aber die ander art/ die eheliche trew vnd keuschheit anlanget/ schreiben die Patres weitleufftig dauon. Chrysost. Tom. 2. hom. 26. Turtur amatrix eremi, quando in desertis degit locis, delectabilibus blandimentis arcessit comparem vocis suæ, convallia penetrans, & suum masculum in amœno & nemoroso pascentem convocat, & hinc avolare provocans hortatur ascensionem sui celerem facere. Vnanimi autem mente ad inculta & prærupta rupium, cubile fundantes. Exinde suos sine timore volare provocant pullos. Asseverant quidam turturem castam & amatricem comparis esse, ita ut si quando evenerit eius masculum ab aquila, sive aucupe capi, non se commiscere alteri, sed ipsum cupere, & ipsius præstolari adventum, & in amore eius, expectatione pendere, &c. Talis est omnis casta Ecclesia, viro quippe eius Christo crucifixo, & in cœlis ad dexteram patris sedente, alteri

viro

viro non commiscetur, sed ipsum desiderat, ipsum expectat, & desiderio eius commori cupit. Das ist: das Turteltäublein ist gerne in der Wüsteney/ vnd wenn sie in wüsten örtern ist/ rüffet sie mit lieblicher stimme jren Ehegatten zu sich/ fleugt durch die Thäle/ vnd rufft jn in dem lustigen Walde/ da er drinnen weydet/ Vnd wenn sie jhn von dannen weg zu fliehen rüffet/ reitzet sie jhn an sich auffs behendeste davon zu machen. Sie bawen aber einmütiglich jr Nest auff die vngebawete vnnd hohe Felsen/ von dannen sie jhre Jungen ohn alle furcht zu fliegen ruffen. Gleich wie das Turteltäublein sein Gegatten liebet/ jm nachfleugt/ vnd wenn er etwan vom Adler oder Vogler gefangen wird/ sich zu keinem andern gesellet/ sondern allein auff jhn wartet mit grossem verlangen: Also helt auch die Christliche Kirche die Keuscheit/ Denn da jr Breutigam gecreutziget ist/ vnd nu zur Rechten des Vaters im Himmel sitzt/ so henget sie sich an kein andern Mañ/ sondern erwünschet jn/ wartet auff jn/ vnd begehret in seiner begierde vnd verlangen zu ersterben.

Ambros. lib. 5. c. 19. Hex. Veniamus ad Turturem, quam lex Dei velut castæ hostiæ munus elegit. Deniq; cum Dominus circumcideretur, oblata est, quia scriptum est in lege Domini, ut darent hostiam par turturum aut duos pullos columbarum. Hoc est enim verum Christi sacrificium Pudicitia corporalis & Gratia spiritualis. Pudicitia ad turturem refertur, ad columbam gratia. Fertur .n. Turtur, ubi iugalis proprij fuerit amißione viduata, pertæsum thalamos & nomen habere coniugij, eô quod primus amor fefellerit eam dilecti morte deceptã, quoniam & infidelis ad perpetuitatem fuit, & amarus ad gratiam, qui plus doloris ex morte quam suavitatis ex charitate generaverit. Itaq; iterare coniunctionem recusat.

hat. Das ist: Last vns kommen auff die Turteltaube/ welche das Gesetz Gottes gleich als ein Geschenck eines reinen vnd keuschen Opffers erwehlet hat. Endlich/ da der HERR Christus beschnitten würde/ ist sie geopffert worden/ Denn es stehet geschrieben im Gesetz des HERRN/ daß sie geben zum Opffer/ein par Turteltauben oder zwo junge Tauben. Denn das ist ein wahres Opffer des HERRN Christi/ eine leibliche Keuschheit/ vnd geistliche Gnade. Die Keusch it wird auff die Turteltaube gezogen/ die Gnade anff die Taube. Denn man sagt/ daß/ wenn die Turteltaube jhren Ehegatten verlohren hat/ sie hernacher die Ehe/ vnd auch desselben Nahmen fliehe/ darumb/ daß jhr die erste Liebe gefeilet hat/ vnd sie durch den Todt jhres lieben Ehegatten betrogen worden sey/ weil dieselbige zur langwirigkeit vngetrew/ vnd zur Gnade bitter gewesen/ als die da mehr Schmertzen aus dem Tode/ als Liebligkeit aus der Liebe gezeuget hat/ Darumb sie denn die vereinigung mit einem anderen zu ernewren gantz abschleget/ ꝛc. Wie fern aber dieses zum Ehestand gehöre/ wöllen wir hernach vernehmen.

An diesem Ort sol billich auch erkleret werden der Cant. 2. Spruch Cantic. 2. da Christus seine Braut anredet: Stehe auff/ komm her/ meine Freundin/ Denn sihe der Winter ist vergangen/ der Regen ist weg vnd dahin/ Die Blumen sind herfür kommen im Lande/ Der Lentz ist herbey kommen/ vnnd die TVRTELTAVBE lest sich hören Lutherus. in vnserm Lande. Lutherus. Turturem vocat Ecclesiam. Turtur verius gemit quam canit. Post educationem autem (iuventutis quæ in præcedentibus verbis est indicata) hoc aliud commodum est pacis, quod Religio propagatur & hominibus suppetit ocium ad discendum verbum Dei. Das ist: Die Christliche Kirche nennet er eine Tur-

ne Turne Turteltauben: Der Lentze aber ist die friedliche fröliche zeit/ da man ohne verfolgung ist/welche Gott bescheret/daß GOttes Wort darinn gelehret/ gehöret vnd fortgepflantzet werde. Wie Osiander diß auch paraphrasirt: Tempus persecutionum iam cessavit, & rediit pax & fœlicitas, tempus iucundum & gratum, &c. Das ist: Die zeit der Verfolgung hat nun auffgehöret/ vnnd ist widerkommen Friede vnd Glückseligkeit/ eine liebliche vnd angenehme zeit. Osiander.

Chrysost. Tom. 2. homil. 26. verstehet der Turteltauben Stimm vnd Lentzen auff die fröliche Zukunfft des Sohns GOttes/ in die Welt/ welche die Christgleubige Kirche angemeldet hat: Turturem dicit omnem castam Ecclesiam. Vox Turturis huius cœlestem Christi nobis verni temporis significavit adventum: Audiamus igitur huius Turturis vocem melleam decantantem. Nigra sum & speciosa, &c. Das ist: Die Turteltaube nennet er eine jedere keusche Christliche Kirche. Die Stimme dieser Turteltauben hat vns die Himlische Zukunfft Christi der Lentzen zeit bedeutet. Darumb so last vns nun diese süsse vnd liebliche Stimme der Turteltauben hören. Chrysostom.

Origenes in homil. Cant. schreibet: Der heilige Geist werde nicht allein in der Tauben/ sondern auch in der Turteltauben vorgebildet: In dieser gestalt aber/ wenn er von hohen/ wichtigen/ vnbegreifflichen Geheimnissen rede/ wie denn die Turteltaube in den hohen Bergen vnd Bäumen wohnet: In jener/ der Tauben gestalt/ wenn er von gemeinen Glaubens Artickeln zu der menge des Volcks predige. Als die Turteltauben seyen Moses vnnd andere Propheten/ welche in die Wüsten vnd hohe Berge gehen/ vnnd allda Göttliche Wort vnd Reden empfahen. Origenes.

Hieronymus lib. 1. adversus Iovinianum, nennet Hieronym.

Christum/vmb der Keuschheit willen/die TVRTELTAVBEN/so jhre Stimme hören lest. Doch ist in gemein bey der Summ der Turteltauben die Predigt Göttliches Worts zuuerstehen/ Wie Lutherus saget. Vnnd VVilramus nennets auch der heiligen Aposteln holdselige tröstliche Predigt:

Wilramus.

Insonuit nostræ vox turturis inclita terræ:
Suasio dictorum crebrescit Apostolicorum.
Christicolas vitam quæ suadet habere pudicam
Mentibus innocuis, desiderijs gemebundis
Vt præsens gemitus veri det gaudia risus.

Das ist:

Die Turteltaub kirret süß in vnserm Land/
Die Apostolisch Red nimpt vberhand/
Die Christen sollen züchtiglich leben/
Ohn falsch ein Hertz/vnd seufftzend bgierd haben/
Auff daß nach dieser Welt Jammerthal/
Folg die ware frewd ins Himmels Saal.

Eben diese Meinung wird auch in Glossa inserirt: Vox turturis, vox Apostolorum vel quorumlibet prædicatorum, qui suo cantu abscessum hyemis & veris aduentum nunciãt: qui pro cantu humilem gemitum reddunt: qui pudicitiæ amatores sunt, qui semper in iugis montium, vel in verticibus arborum morantur, & conuersationem fugiunt hominum, dum in mundo, corpore positi, conuersationem habent in cœlis, incolatus sui & patriæ sibi promissæ memores, &c. Das ist: Die Stimme der Turteltauben ist die Stimm der Apostel/ oder sonsten anderer Lehrer vnd Prediger/ die da mit jhrem Gesange den Abschiedt des Winters/ vnnd Zukunfft des Lentzen anzeigen/ die da an stat des Gesanges seufftzen/ die da

Liebe

Liebhaber der Keuschheit sein/ die da allezeit auff den höhen der Berge/ oder auff den hohen Wippeln der Bäume verharren/ vnnd die Gemeinschafft der Leute meiden / Vnnd ob sie schon mit dem Leibe hie in dieser Welt sein /jedoch haben sie jhre Gemeinschafft im Himmel / in dem sie jhrer Wohnung vnnd des Vaterlandes,/ so jhnen versprochen ist / eingedenck sein/ rc.

Weil denn wir Christen auch noch die Stimme der Turteltauben in vnserm Lande haben / GOTTES Wort hören erschallen/Sollen wir billich diese fröliche zeit recht erkennen / vnnd gebührlich darinnen vns verhalten / daß wir nicht erger geachtet werden als die Turteltauben/ wie GOTT durch Jeremiam/ am achten Capittel/ vber der Menschen Vergessenheit klaget: Eine TVRTELTAVBE mercket jhre zeit/ wenn sie widerkommen sol/ Aber mein Volck wil das Recht des HERRN nicht wissen. Die Vögel / vnter denen auch die Turteltaube ist/ wissen die eingepflantzete Gesetz vnnd Ordnung/ denen sie fleissig nachkommen/ vnnd nicht vbertretten/ Aber Gottes Volck/ so das Göttliche Wort nicht allein etlicher massen in jhren Hertzen geschrieben haben/ Sondern auch noch darzu täglich aus dem Munde der Propheten hören / die Wunder vnnd ander Beweisung/ jmmerdar sehen vnnd erfahren/ vnnd wöllen dennoch nicht gleuben vnnd folgen. Lehr.

Zum Beschluß dieses ersten Standes/ ist das Distichon Hugonis / von der TVRTELTAVBEN Eigenschafften / zu mercken / welche den Geistlichen gehören: Hugo von den eigenschafften der Turteltauben.

Fulva, gemens, nescit bis nubere, nuncia veris:
Simplex, constipans, montes colit, arbore fœtat.

Im drit-

Der dritte Standt. Vom Opffer d Kindbetterin. Brentius.

IM dritten Standt der Ehe/ haben wir die droben angezeigete Opffer der Kindbetterinn/ von der Turteltauben zu betrachten. Leuit. 12. vnnd Luc. 2. Wie auch bey der Tauben schon gemeldet ist. Brentius in Lucam: Sacrificium Turturis aut pulli columbæ, præter significationem & admonitionem fidei continet etiam doctrinam morum, & format honestatem civilem. De Turturib. enim & Columbis scribunt, quod pudicitia illis prima sit, & ignota adulteria, coniugij fidem non violent, communemq; servent domum, nisi cœlebs aut vidua domum non relinquat, & imperiosos mares, subinde etiam iniquos ferant. Amor utrique sobolis æqualis, parturienti solatia & ministeria ex mare. Itaq; ut Mose coniuges non verbis tantum sed & signis officij sui admoneret, iussit puerperam offerre, non perdicem quæ ova sua frangit, non coccygem, qui parit in nidis alienis, & supponit ova alienis incubatoribus, sed Turturem aut Columbam, quæ sunt PVDICITIÆ, CASTITATIS & AMORIS coniugalis symbola. Die Turteltauben vnd andere Tauben/ so die Kindbetterinn opffern müsten/ erinnerten sie der Zucht vnd Keuschheit / der ehelichen Trew vnd Liebe/ Vnd daß sie die Kinder fleissig ernehren / vnnd den Ehemännern / ob sie schon vnterweilen streng vnd harte sind / gehorsam leisten.

Ambrosius.

Ambros. lib. 5. c. 19. Hex. Turtur iterare coniunctionem recusat, nec pudoris iura, aut complaciti viri resolvit fœdera, illi soli suam charitatem reservat, illi custodit nomen uxoris. Discite mulieres quanta sit viduitatis gratia, quæ etiam in avibus prædicatur. Quis igitur has leges turturi dedit? Si hominem quæro non invenio: Homo enim nullus est ausus, quoniam nec Paulus ausus est leges tenendæ viduitatis præscribere, &c. Optat Paulus in mulieribus, quod in turturibus perseverat. Et alibi iuniores hortatur, ut nubant, quia mulieres nostræ turturum pudicitiam implere vix possunt. Ergò turturibus Deus hunc infudit affectum, hanc virtutem continentiæ dedit, qui solus potest præscribere, quod omnes sequantur. Turtur non uritur flore iuventutis, non tentatur occasionis illecebra. Turtur nescit primam fidem irritam facere, quæ novit castimoniã servare prima connubij sorte prætermissa, &c. Das ist: Die Turteltaube verehliget sich nicht zum andern mal / Sie löset auch nicht auff das Verbündnis jhrer Schamhafftigkeit / vnd willen jhres Ehegenossen / Sie behelt jhm allein jhre Liebe / Jhm allein behelt sie den Nahmen des Eheweibes. So lernet nun hier / jhr Weiber / was für eine grosse Gnade es sey der Witwenschafft / die auch an den Vögeln gerühmet wird. Wer hat denn nun diese Gesetz den Turteltauben gegeben? Wenn ich einen Menschen suche / so finde ich keinen / Denn es hat kein Mensch thun dürffen / dieweil auch Paulus nicht gedurfft hat / Gesetze zu schreiben / von erhaltung des Witwenstandes. Es wünschet Paulus an den Weibern / was an den Turteltauben bestendig ist. Vnd anderßwo vermahnet er die Jungen Weiber / daß sie freyen / weil die Weiber die Keuschheit der Turteltauben kaum erfüllen können. Darumb hat GOtt den Turteltauben diese bewegung eingepflantzet / vnd diese Tugend der Keuschheit gegeben / daß sie alleine kan fürschreiben / was alle andere sollen nachfolgen. Die Turteltaube wird nicht entzündet zur Lust in der Jugend / Sie wird nicht versucht mit Wollust durch gelegenheit / Sie macht nit zu nichte die erste trewe / denn sie kan Keuschheit erhalten / nach dem sie jren ersten Ehegatten verlohren hat / rc. Vnd bißher von der Turteltauben.

Der ander Theil/ des

Das dritte Capitel/

von der Wachtel.

Der erste Standt.

AM ersten Standt allein/ haben wir eine denckwirdige lehrhafftige Histori von den Wachteln zu erwegẽ. Nemlich/ daß Gott den murrenden Israeliten zweymal Wachteln zu essen gegeben hat: Erstlich Exod.

Exod. 16. Num. 11.

16. darnach/ Num. 11. darauff Gottes straffe vñ eine schwere

GOtt hat den murrenden Israeliten Wachteln gegebẽ.

Pestilentz erfolget. Beyde Geschichten sind zu betrachten. Vnd vom ersten Wunder schreibet Moses/ Exod. 16. Daß die Israeliten dasselbige mit jhrem murren verursacht haben. Es murret die gantze Gemein der Kinder Israel/ wide Mosen vnd Aaron/ in der Wüsten/ Vnd sprachen: Wolt Gott/ wir weren in Egypten gestorben/ durch des HERRN Hand/ da wir bey den Fleischtöpffen sassen/ vnd hatten die fülle Brot zu essen/ Denn jhr habt vns darumb außgeführt

Wie eine schwere sünde es sey vmb dis murren der Israeliten.

in die Wüsten/ daß jhr diese gantze Gemein hungers sterben lasset/ ꝛc. Dieses murren ist nicht ein geringes ding/ sondern ein grosser schrecklicher Handel/ darinnen viel schwere Sünde stecken. Erstlich ists eine Vergessenheit vnd Vndanckbarkeit aller bewiesenen Wolthaten vnd Wunder/ die

I. sie bißhero gesehen vnnd erfahten hatten. Darnach rewet

II. es sie/ daß sie außgezogen/ vnnd Göttlichem Beruff gehorchet hatten/ wünschen auch aus Vngedult/ daß sie durch die Hand Gottes/ in jhren Mißhandelungen/ bey jhren Fleisch-

III. töpffen in Egypten/ gestorben werden. Item/ Sie zweiffeln an der an der Gnade vnd Allmacht Gottes/ als wenn er jhnen in der Wüsten nicht Fleisch zu essen geben köndte. Weiter/ sprechen sie öffentlich/ Mose vnnd Aaron haben sie verführet/ vnnd mit dem außziehen betrogen vnnd belogen/ es sey GOTTES Wille vnnd Meinung nicht gewesen/ Denn sonst würden sie nicht solchen Hunger vnd Kummer leiden dürffen. IIII.

Aus diesen Vmbständen erscheinet/ daß das murren vnnd Vngedult eine grosse schreckliche Sunde sey/ nicht nur wider Mosen/ sondern GOtt selbs/ Als Moses vnnd Aaron dem Volck antworten/ Ewer murren ist nicht wider vns/ sondern wider den HERRN. Solche Vngedult findet man auch bey allen Menschen/ wenn sie in jhrem Beruff/ Creutz/ Leiden/ Hunger/ Kummer haben müssen/ So doch die Christen sich mit Göttlichen Verheissungen trösten vnd auffrichten solten.

Zum andern/ Wie erzeiget sich denn Gott gegen das murrende Volck? Er höret jhr murren/ vnd gewehret sie jhrer bitte: Mose sprach zu Aaron/ Sage der gantzen Gemeine der Kinder Israel/ Kommet herbey für den HErrn/ Denn er hat ewer murren gehöret/ etc. Vnd sihe/ die Herrligkeit des HErrn erschiene in einer Wolcken/ Vnd der HErr sprach zu Mose/ Ich habe der Kinder Israel murren gehöret/ Sage jhnen/ Zwischen Abend solt jhr Fleisch zu essen haben/ vnd am Morgen Brots satt werden/ vnd jnnen werden/ daß Ich der HErr ewer Gott bin. Vnd am Abend kamen Wachteln herauff/ vnd bedeckten das Heer.

Wie erzeige sich Gott gegen die murrenden Israeliten?

Aus dieser Relation ist erstlich zu mercken/ GOttes Gedult/ Langmütigkeit vnd Güte/ daß er auch das vngedültige murren der Israeliten erhöret/ vnd jnen gutes thut. Nicht zwar/ daß sie es verdienet hetten/ oder daß jhr murren Gott gefalle.

Lehr. 1. GOttes grosse Güte vnd langmütigkeit.

gefalle: Nein/ Sondern vmb seiner Verheissung willen/ vnd das er beweise/ er sey jhr HERR vnd Gott. So er der vngedültigen murren erhöret/ Wieuiel mehr wil er erhören das gleubige Gebet der frommen/ die Tag vnd Nacht zu jhm schreyen? Luc. 18. Was ist denn für ein Vnterscheid zwischen den Frommen vnd Bösen/ so Gott beyde erhöret/ vnd jhnen gutes thut? Luc. 6. Antwort. Den Gottlosen gibt er allein leibliche vergenckliche Güter/ mit welchen er jhren Bauch füllet/ die da Kinder die fülle haben/ vnnd lassen jhr vbriges jhren Jungen. Psalm. 17. Aber den Frommen gibt er noch darzu die vollkommene ewige Himlische Güter/ Jch aber wil schawen/ saget David/ Psalm. 17. dein Antlitz in Gerechtigkeit/ Jch wil satt werden/ wenn ich erwache/ nach deinem Bilde.

Vnterscheid zwischen d Gottlosen vnd frommen erhörung bey GOtt.

2. GOttes Allmacht.

Darnach wird bey diesem Wunderwerck GOttes allmechtige Krafft vnd vermögen fürgehalten/ daß jm nichts vnmüglichs ist/ Denn er ein grosse menge der Wachteln herfür bringet/ daß ohn Weib vnd Kinder/ Knecht vnd Mägd/ sechs hundert tausent Mann darmit gesätiget werden/ welches zum andern mal geschehen ist/ Num. 11. in der zwölfften Mansion/ da ein jeglicher fanget vnd samlet zehen Homor/ daß sie dieselbige nicht allein frisch essen/ sondern auch außweiden/ einsaltzen/ vnd an der Lufft dörren/ daß sie ein gantzen Monden daran zu essen haben.

Wo hat Gott diese Wachteln genommen.

Es ist aber allhie die Frage: Wie vnd wo her Gott diese Wachteln genommen/ vnd den Jüden gegeben habe? Ob er sie von newen erschaffen/ oder von andern örten in die Wüsten gebracht habe? Osiander. Videntur mihi subitò è mari à Deo creatæ, quemadmodum & in prima creatione aves ex aquis emerserunt. Es dünckt mich/ Gott habe sie plötzlich aus dem Meer herfür gebracht/ vnnd

Osiander.

aus

aus dem Wasser erschaffen/ Wie denn solches auch im anfang geschehen ist. Vnd bestetiget schier dis der Text selbs/ Num. 11. Da fuhr aus der Wind von dem HERRN/ vnd ließ Wachteln kommen vom Meer/ vnd strewet sie vber das Låger. Vnnd Sapient. 19. Sie sahen eine newe art der Vögeln/ da sie lüstern würden/ vnd vmb niedliche Speise baten/ Denn es kamen jhnen Wachteln vom Meer/ jhre lust zu büssen. Augustinus aber helt darfür/ GOtt habe sie von einem andern ort dahin gebracht: lib. 1. cap. 27. de mirab. S. S. In hoc nihil novum vel contra naturam à Domino contribuitur, qui olim creaturam avium conditam & in abdito mundi quodam angulo reconditam, in necessitate populi sui præstare videtur: quamvis in libro Sapientiæ scribitur: Novam creaturam avium viderunt utiq; OSTENSAM, non nuper CREATAM. Quod olim Deus cum cæteris creaturis in principio condidit, hoc in tempore necessitatis plebi suæ ministravit. Das ist: Hierinn wird nichts newes oder wider die Natur vom HERRN gethan/ der da lange zuuor die Creatur der Vögel geschaffen/ vnd an einem verborgenen ort der Welt behalten hat/ Vnd nu dieselbige zur zeit der noth seinem Volcke herfür gibt. Ob wol im Buche der Weißheit geschrieben wird/ Sie haben eine newe gestalt der Vögel gesehen/ die da nicht newlich erschaffen. Was Gott der HERR vor zeiten mit den andern Creaturen anfenglich erschaffen hat/ dasselbige hat er zur zeit der noth seinem Volcke gegeben/ rc. Augustin.

Aber daran ligt nichts/ sintemal dennoch Gott seine grosse Stercke vnd Allmacht bewiesen hat/ daran doch Moses schier auch zweiffelte: Num. 11. Mose sprach zu Gott/ Sechs hundert tausent Mann Fußvolckes ist des/ darunter ich bin/Vnd du sprichst/Ich wil euch Fleisch geben/ daß jr esset einen Monat lang. Sol man Schaff vnnd Rinder schlachten/ daß jhnen gnug sey? Oder werden sich alle Fisch des Meers herzu samlen? Aber der HERR antwortet/ Ist denn die Hand des HERRN verkürtzt? etc.

Num. 11. Die ander Wachtel speisung wird Num. 11. beschrieben/Denn zum ersten mal gab er jhnen Wachteln zu essen/ Exod. 16. in der fünfften Mansion/Elim genandt/Jetzund aber in der zwelfften Mansion/ da das ort Lustgräber heist/ von dem grossen Sterben vnd Begräbnis der murrenden gesätigten Israeliten. Im ersten mal wird nicht gesaget/ wie lange sie Wachteln gessen haben/ Aber da wird die Mondzeit namhafftig gemacht. Dort folget kein Sterben/ aber da folget eine grosse Plage darauff. Daß also zwey mal den Israeliten Wachteln sind gegeben worden.

3. Gott kan eim wollet was zu gut halten.

Demnach zum dritten/ wird bey dieser Geschicht Gottes Gerechtigkeit und Zorn/ vber vnd wider die murrische Israeliten angemeldet: Er kan etlich mal für gut halten/Aber wenn man mutwillig vnd halßstarrig sündiget/ so mus Gott straffen/Das erste murren lest er vngestraffet hingehen/ aber das ander straffet er mit einem geschwinden Sterben/ Doch schadets denen auch dißmals nicht/ welche mit reinem Gewissen die Wachteln assen.

Augustin. Augustinus libr. 1. cap. 27. de mirabilib. S. S. Sed tum idcircò coturnices ad tale ministerium, quæ prius cum Manna contributæ nil adversi edentibus contulerant, ista vice (altera nimirum) iterum detulit, ne quisq; putaret, quod esca avium sine murmurationis culpa mortem populo præstitit, quoniam in hac vindicta, SANA CONSCIENTIA comedentes, incolumes servavit, & quando cum Manna data est, toti multitudini nihil

incom-

incommodi præbuit. Das ist: Daß nicht jemand meinte/ die Speise were selbs an dem sterben schüldig/ so schaden nit allein die Wachteln nicht denen/ so dißmals mit gutem Gewissen assen/ sondern auch seind sie zum ersten mal ohne allen schaden von der gantzen Gemeine gessen worden.

Lehr aus dieser Geschicht. 1.

Derhalben erscheinet in dieser Geschicht GOTtes Gnade vnd Gedult/ gegen den murrenden Israeliten: Darnach da sie zum andern mal vnnd mutwillig murren/ seine strenge Gerechtigkeit vnd zorniger Eyuer wider sie. Darumb denn dieses Wunderwerck/ als denckwirdig vnnd lehrhafft/ etlich mal in der Schrifft widerholet wird. Psalm. 78. Der HERR ließ weben den Ostwind vnter dem Himmel/ vnd erreget durch seine Stercke den Sudwind. Vnd ließ Fleisch auff sie regenen/ wie Staub/ vnnd Vögel/ wie Sand am Meer/ Vnd ließ sie fallen vnter jhr Läger allenthalben da sie wohneten: Da assen sie vnnd wurden allzu satt/ Er ließ sie jhre lust büssen. Da sie nun jhre lust gebüsset hatten/ vnnd sie noch dauon assen/ da kam der zorn Gottes vber sie/ vnd erwürget die fürnemesten vnter jhnen/ vnd schlug darnider die besten in Israel/ etc. Psalm. 105. Sie (die Israeliten in der Wüsten/ Exod. 16.) baten/ da ließ er (Gott) Wachteln kommen/ vnnd er sätiget sie mit Himmelbrot/ etc. 4. Esdræ 1. Cap. Diß redet der allmechtige HERR: VVACHTELN habe Ich euch zum Zeichen gegeben/ vnd ewer Heerläger beschirmet/ noch habt jhr daselbst gemurret. Sapient. 16. Gegen der Egyptier Plage/ thetestu/ GOtt/ deinem Volck guts/ vnnd bereitest jhm ein new Essen/ nemblich Wachteln zur Narung/ nach welchen sie lüstern waren/ durch solche dargegebene vnd zugeschickte Wachteln/ lerneten auch die natürliche Nothdurfft abbrechen/ etc. Sapient. 19. Sie sahen eine newe art der-

2.

Psal. 105.

4. Esdr. 1.

Sap. 16.

Sap. 19.

der Vögel / da sie lüstern würden/ vnd vmb niedliche Speise baten/ Denn es kamen jhnen Wachteln vom Meer/ jhre lust zu büssen / etc.

Geistliche Deutung Rabani.

Was nu die Allegorias vnd heimliche deutung anlanget / seind sie mancherley/ wöllen die fürnemsten/ vnd zur sachen etwas dienstlich/ besehen. Rabanus. Carnalis populus Iudæorum spreto cœlesti cibo carnes desideravit, sed Deus ita iudicium temperavit, ut puniret malos, nec fragilibus alimoniam denegaret, & tamen in ipsa concessione aliquid spirituale innueret. Non enim ferarum, non quadrupedum, nec terrestrium animalium esum tribuit, sed volucrum, ut discerent superna magis desiderare, quam terrena, spiritualia quam corporalia: Avium enim natura ex aquis processit, sed in aëre habitationem sibi acquisivit. Qui ergò volucres comedunt, ab imis ad superna cor levare monentur, ut licet in terrenis corporibus degant, animo tamen semper cœlestia petant. Das ist: Mit diesem Wunder hat er die Gottlosen gestraffet/ die frommen gespeiset vnd narung geben/ aber doch mit der Speise etwas Geistliches andeuten wöllen/ Denn er gibt jhnen nicht Fleisch von Wilden oder vierfüssigen jrrdischen Thieren/ sondern der Vögel Fleisch/ daß sie erinnert würden/ sie solten jhr Hertz vber sich gen Himmel heben/ vnd viel mehr Geistliche denn leibliche Gaben begehren/ etc.

Beschließlich ists eine erinnerung/ Man sol kein ekel vnnd vberdruß haben an der Himlischen Speise / GOttes Wort/ vnd wider zu den Egyptischen Fleischtöpffen/ zu den Abgöttischen Lehren/ zu rück sehen/ vnd vmb des genieß vnd Wollusts willen/ wie es leider geschicht/ Denn solche fallen in Gottes Zorn vnnd Straffen / etc.

Das vierde Capittel/ von dem Rebhun.

VON dem Rebhun lesen 1.Sam.26
wir in vnser Deutschen Bi-
bel nur einen Spruch/ der in
den andern Standt gehörig. 1. Sa-
muel. 26. Dauid redet seinen Ver-
folger den König Saul an/ Warumb
seine Königliche Mayestät/ jhm Dauidi/ als einem geringen
Menschen/ so nachstelle/ was er sich zeihe/ es sey jhm kein
Ehr noch Ruhm/ Denn es sey eben/ als wenn er einem Reb-
hun auff den Bergen nachjagete. In der Ebreischen Bibel
findet man diesen Vogel noch einmal. Jerem. 17. Perdix Jerem. 17.
fovet (excludit) ova, quæ non peperit. Welcher in vn-
ser Deutschen Bibel generaliter interpretirt wird/ gleich wie
ein Vogel/ der sich vber Eyer setzt/ vnd brütet sie nicht aus/
Also ist der/ so vnrecht Gut samlet/ denn er mus dauon/ wenn
ers am wenigsten achtet/ vnd mus doch zu letzt Spott darzu
haben. Daruon liese droben im dritten Standt des ersten
Theils. In der Lateinischen Bibel/ Syrach 11. (oder im Syr. 11.
anfang des 12. Capittels/ in der Deutschen Translation/
da doch generaliter VOGEL stehet) wird auch Perdix
Rebhun gelesen: Sicut Perdix in cavea, sic cor superbo-
rum. Ein falsch Hertz/ spricht die Deutsche version/ ist/ wie
ein Lockuogel auff dem Kloben. Daruon im ersten Standt
des Ersten Theils/ von den Vögeln/ in beschreibung der
Gottlosen falschen Menschen.

Von der Rebhüner natur. Basilius.

In gemein sind folgende Sprüche S. Patrum/ von dem Rebhun zu behalten. Basilius hom. 8. Hexam. Callida volucris, astuta, ac invida perdix est, malitioseq; cum venatoribus in præda agit. Das Rebhun ist ein listiger/ betriegischer vnd mißgünstiger Vogel/ vnd hinderführet die Vogler mit jhrem List/ Wie er dis in exhortatione ad Baptismum weiter erkleret: Vidi ego avis astutæ miram artem, cum pullos suos videat adhuc ob debilitatem prædæ periculo expositos, sese aucupi ante illos, ut prædæ paratam offerre, ita sese vertentem ac gestus dispensantem, ut nec periculo penitus aut manibus se præbeat, neq; item insidianti spem omninò eripiat: Sic itaq; illum inter utrumq; versando, occupando, in se retinendo, spacium dat natis ociosè fugiendi, ipsa ad extremum avolat. Cave igitur, ne tu aucupi similia patiaris, certa pro incertis relinquens, spem firmam vana commutans, &c. Das ist: wenn ein Vogler die jungen Rebhünerlein fangen wil/ die noch nicht so fertig vnnd flück sind weg zufliegen/ so ergibt sich das alte Rebhun schier in des Voglers Händ vnd gefahr/ erzeiget sich/ als wenn sie sich wolte greiffen lassen/ doch machet sie sich nicht so nahe hinzu/ vnd äffet den Vogler mit dem hin vnd her lauffen so lange/ biß die Jungen mit guter muße entrinnen/ Als denn fleuget sie auch hinweg/ vnd mus der Vogler mit leeren Händen/ ohne Jungen vnd Alten/ heimziehen. Also sind die Gesellen/ welche jre Tauffe vnnd Busse lange auffschieben/ müssen endlich neben dem zeitlichen vnd ewigen hingehen.

Ambrosius.

Daruon schreibet auch Ambrosius, Epistola 48. Dicitur avis ista plena esse doli, fraudis, fallaciæ, quæ decipiendi venatoris vias calleat, atq; artes noverit, ut eum à pullis avertat suis, omniaq; tentamenta versutiæ non præter-

prætermittere, quo posit venantem abducere á nido & cubilibus suis. Certè si insistere adverterit, tamdiu illudit, quamdiu soboli fugienti signum tribuat & potestatem: Quam ubi evasisse senserit, tunc se & ipsa subtrahit & lubrica arte deceptum insidiantem relinquit. Fertur etiam promiscuæ esse pmixtionis, ut in fœminas cum summo certamine mares irruant, & vaga calescant libidine. Vnde impurum & malevolum & fraudulentum animal, adversario & circumscriptori generis humani fallacisimoquè & impuritatis authori conferendum putatur. Clamavit ergò perdix, qui à perdendo nomen accepit, Satanas ille qui latinè contrarius dicitur: Clamavit in Eua, Cain, Pharaone, &c. His vocibus congregavit sibi populus, quos non creaverat, &c. Das ist: Man sagt/ daß dieser Vogel voller List vnd Betriegligkeit sey/ der da Wege wisse/ den Vogler zu betriegen/ vnd Künste könne/ daß sie jhn von jhren Jungen abwende/ vnd lasse keine listigkeit vnterwegen/ darmit sie den Vogler von jhrem Neste abführe/ Vnnd zwar/ wenn dieser Vogel mercket/ daß der Vogler stille stehe/ äffet sie jhn so lange/ biß sie jhren Jungen beydes ein zeichen weg zufliegen gebe/ vnnd gelegenheit verschaffe: Vnd wenn sie denn vermercket/ daß jhre Jungen entkommen sein/ als denn macht sie sich auch dauon/ vnnd lest also den Vogelsteller/ den sie betrogen hat. Man saget auch/ daß diese Vogel ohne vnterscheidt sich zusammen finden/ also/ daß die Häne mit grossem Streit auff die Seehen fallen/ vnd mit lust entzündet werden. Daher es denn ein vnzüchtig/ boßhafftig vnd betrieglich Thier ist/ als das dem Widersacher des Menschlichen Geschlechts/ ja dem aller betrieglichsten vnd schendlichen Anfenger der Vnkeuschеit zuuergleichen scheinet: Sintemal er ist das rechte

Perdix/ der rechte Verheerer vnd Verderber/ der vom verderben den Nahmen hat/ rc. Wird demnach diesem listigen/ mißgünstigen/ vnreinen Vogel/ der vnreine listige Satanas vergliechen/ welcher mit Irrthümen vnd Ketzereyen die Völcker zusammen locket vnd betreuget/ rc. Aber hiermit auch gnug vom Rebhun.

Das fünffte Capittel/

Vom Pfawen.

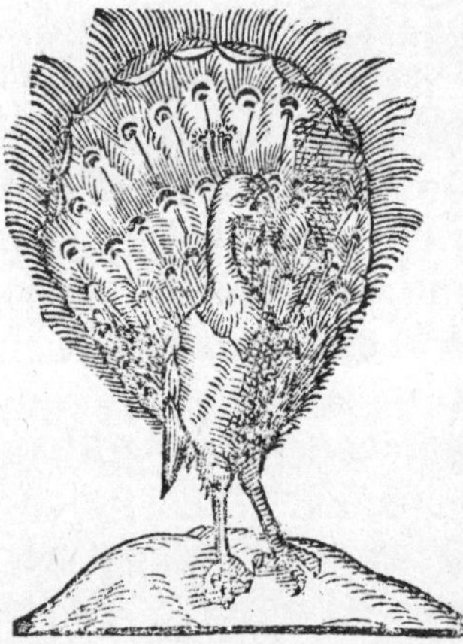

Der erste Standt. Job 39.

Dieser heimische schöne Vogel/ wird in vnser deutschen Bibel an zweyen örten lehrhafft gefunden. Als im ersten Stande/ Job 39. in der Beschreibung der Mayestät/ Gewalt vnd Weißheit Gottes. Die Federn des Pfawen (Rennanim/ welches andere Straussen verdeutschen) sind schöner/ denn die Flügeln vnd Federn des Storcks/ rc. Gott

Lehr.

lest seine Weißheit vnd Güte auch an den vnvernünfftigen Vögeln sehen/ vnnd theilet jhnen seine Gaben vnterschiedlich aus: Welchs dem Menschen nach zufolgen vnmüglich ist. Gleich wie aber die Vögel diese mancherley Gaben in jhrer art ge-

bürtich

bürlich gebrauchen/ Also solten die Menschen jhre empfangene Gaben nach GOttes willen anwenden / höhere andern nicht vergönnen/ noch mit den jhren stoltzieren.

DArnach wird der Pfawen (mit dem nahmen Thekijm) im andern Standt/ in der Beschreibung des Königes Salomonis Hoffhaltung / gedacht. 1. Regum 10. vnd Paral. 9. Das Mehrschiff Salomonis/ daß in dreyen Jahren ein mal kam / brachte vnter andern frembden Thieren auch Pfawen. Darmit wird Salomonis Mayestät vnd Herrligkeit gerühmet / daß er aus fernen Nationen frembde Thier vnd Vögel in das Jüdische Land gebracht hat: Welches an jhm selbst nicht vnrecht/ sonderlich wo man darbey GOttes Krafft / Weißheit vnnd Güte erspiegeln wil/ etc.

Der Ander Standt. 1. Reg. 10. 2. Paral. 9.

Es ist aber ein Fürbild des Geistlichen Reichs Jesu Christi / darinnen mancherley Menschen gefunden vnd gesehen werden / vnnd vnter denen auch Pfawen. Wer sind denn die Pfawen? Hieronymus in caput 12. Ieremiæ. nennet das Jüdische Volck ein sprenglichten Vogel oder Pfawen / weils mit mancherley Tugenden / vnnd allerley Göttlichen Gütern gläntze / vnnd doch endlich zun wilden Lewen worden ist. Avem discolorem, tinctamq́ per totum, iuxta literam pavum vocat. Tantam, inquit, habuit pulchritudinem Israel, & tantis Hierusalem distincta fuit virtutibus, ut nihil esset bonorum, quod non cerneretur in ea. Das ist: Einen sprenglichten Vogel/ nennet er nach dem Buchstaben / einen Pfawen / eine solche Schönheit hat Israel gehabt/ vnnd Hierusalem ist mit so grossen Tugenden begabet gewesen/ daß kein Gut sein könde/ daß nicht an jhr gesehen würde/ etc.

Geistliche deutung.

Wer sind die geistlichen Pfawen? Hieronym.

Rabanus. Rabanus aber in Glossa verstehet durch die Pfawen/ (welcher gedörret Fleisch lange zeit vnuerweßlich bleibt) die vollkommene/ so durch das Fewer der Trübsal wol gebraten/ von den bittern gesaltzen Meerwassern dieser Welt/ zu vnserm wahren Salomoni Christo gebracht vnd zugeführet werden. Andere deuten die Pfawen auff die gleißnerische/ stoltze Leut/ welche im Reich Christi wöllen sein / vnd doch nur mit jhren schönen Federn / eusserlichen Gaben/ vnd Scheinheiligen Wercken/ ohne wahren Glauben vnd GOttes Furcht prangen. Osiander. Pavones sunt illi, qui excellentibus donis ornati, iisdem superbiunt. Brentius setzet die Affen vnd Pfawen zusammen. Simiæ perfectam hominis similitudinem continent, facie, naribus, auribus, palpebris: iis quoque pollex & articuli: viscera etiam interiora, omnia ad exemplar. Pavones verò caudati expandunt colores adverso maximè Sole, qui sic fulgentius radiat. Ab autoribus non gloriosum tantum animal traditur sed & malevolum. Tales Simiæ & Pavones reperiuntur etiam in regno Christi, quod est Ecclesia. Hi sunt hypocritæ speciem pietatis possidentes, virtutem autem eius abnegantes, qui ieiunant & exterminant facies suas, ut videantur ab hominibus: qui orant pulchras preces in platea, qui eleemosynam largientes, tuba ante se canunt, ut ab hominibus commendentur. Das ist: Die Affen haben eine vollkommene Gleichnis des Menschen/ am Gesicht/ an der Nasen/ Ohren/ vnd Augen Liedern/ ja sie haben auch Daumen vnd gelencke/ Auch die Eingeweide des Affen komen mit dem Menschen vberein. Die Pfawen aber/ die da lange Schwäntze haben/ breiten jhre Farben aus gegen die Sonne/ fürnemblich/ auff daß sie desto heller gläntzen. Es lehren die autores/ daß es nicht allein ein stoltz

Osiander.
Brentius.

Thier/ sondern auch ein boßhafftig Thier sey. Solche Affen vnd Pfawen werden auch im Reich Christi/ welches ist die Christliche Kirche/ gefunden/ daß sind Heuchler/ die da einen schein der Gottfürchtigkeit haben/ aber sie verleugnen seine Tugend/ die da fasten/ vnd verstellen jr angesicht/ auff daß sie von den Leuten gesehen werden/ die da schöne Gebet thun auff den Gassen/ welche/ wenn sie Allmosen geben/ vor sich trommeten lassen / auff daß sie von den Leuten gelobet werden. Das sind die alte vnd newe Phariseer/ Münche/ Nonnen/ Pfaffen/ rc.

Chrysost. Tom. 2. homil. 1. in Psal. 51. vergleichet die stoltze Weiber vnnd andere hoffertige Menschen/ die mit jhrer schönen Gestalt prangen/ vnd ohne Glauben vnd Gottes furcht sind/ den Pfawen. Quid pavone pulchrius? sed pavo tamen solummodo in pennis, non in fructu decorus est. Hugo Card. schreibet die fünff Eigenschafften den Mönchen oder Geistlichen zu/ welche sie dieser zeit nicht haben. 1. Schlangen Kopff/ fursichtigkeit des verstandes. 2. Vox dæmonis/ schreckliche stim̃ des Teuffels/ das ist/ das Gebet vnd Predigt/ welches die Bösen erschreckt. 3. Passus latronis/ eines Mörders Schritt/ verhälung der Heiligung. 4. Penna angeli/ Engels Federn/ habitus religiosus / die geweihete Kleidung der Münche. 5. caro siccata & imputribilis, castitas corporis, das gedörret vnuerweißlich fleisch/ die leibliche Keuschheit. Die gantze Schöne stehet aber am Schwantz/ Denn beharren müssen sie biß an das ende. Wie fern aber diese eigenschafften den jetzigen München/ Nonnen vnd Pfaffen zugeeignet können werden/ sihet der Christliche Leser leichtlich vnd wol/ vnd kan bessere application machen/ denn Hugo. Die vnuerweßligkeit des Pfawen fleisches/ vnd der Gottlosen Leiber im hellischen fewer/ besihe bey August. lib. 21. c. 4. de Civit.

Chrysostom. Hugo. Augustino.

DAS

Der ander Theil/ des

Das sechste Capittel/ von dem Hane.

Der Erste Standt.

ZUM Ersten Standt/ wird der Häne zwey mal in vnser Deutschen Bibel/ erinnerungs weise/ gedacht: Erstlich/ daß Christus seinem Jünger Petro weissaget/ ob er sich schon noch so mutig vnd trotzig erzeige/ sein Leib vnnd Leben/ bey jhm zu lassen/ verspreche/ werde er jhn doch/ ehe der Han krähet/ drey mal verleugnen. Matthei am 26. Petrus sprach/ Wenn sie auch alle sich an dir ergerten/ So wil ich mich doch nimmermehr ergern. Christus antwortet/ Warlich/ Ich sage dir/ Ehe der Han krähet/ wirstu mich drey mal verleugnen. Marci 14. Jesus sprach zu Petro/ Warlich/ Ich sage dir/ Heute in dieser Nacht/ ehe denn der Han zwey mal krähet/ wirstu mich drey mal verleugnen. Luc. 22. Jhesus sprach/ Petre/ Ich sage dir/ Der Han wird heute nicht krähen/ ehe denn du drey mal verleugnet hast/ daß du mich kennest. Johann. 3. Jhesus antwortet Petro/ Soltestu dein Leben für mich lassen? Warlich/ Warlich/ Ich sage dir/ Der Han wird nicht krähen/ biß du mich drey mal habest verleugnet: Es bezeugen aber auch alle vier Euangelisten/ daß dis nach Christi Weissagung erfüllet sey worden/ Doch bekennen sie auch/ Da Petrus das Hanen Geschrey gehöret/ habe er an des HERRN Wort gedacht/ sey aus des Hohenpriesters Hoff

Matth. 26.

Marci 14.

Luc. 22.

Johan. 3.

vnd

vnd Pallast hinaus gegangen/ vnd habe seine verleugnung bitterlich beweinet vnd berewet. Lehr aus dieser Geschicht an Christo.

Was ist deñ aus dieser Geschicht zu lernen? Bey der Person Jesu Christi/ sehen vnd mercken wir seine gewisse vnfeilbare wissenschafft vnd erkentnis / vnd daß jhm nichts verborgen ist/ vnsere künfftige Fäll vnnd Mißhandelung sihet vnd weis/ Wie wolten jhm denn die gegenwertige vnnd begangene vnwissend sein? So ists auch eine anzeigung Göttlicher Trewe vnnd Güte / daß er dem heiligen Petro seinen künfftigen Fall zuvor anmeldet/ daß er sich nicht allein mit dem Gebet vnd andern Mitteln darfür hüten köndte/ Sondern auch/ wo es ja geschehe / hernacher nicht verzweiffelte/ sondern an Christi Wort gedächte/ vnd sich auffrichtete/ Als denn geschehen ist.

1.

2.

Bey der Person Petri/ ist erstlich zu behalten die vermessenheit/ wie er der jenige nit sein wil / wie jn doch Gottes Sohn selbs weis/ sihet vnd nennet: Jnmassen auch andere Menschen mit jrer stercke / künheit vnd andern Gaben prangen/ vnd gewaltige Leute wöllen sein/ ob schon Gott viel anders weiß vnd vns heist/ ꝛc. Darnach ist denckwirdig des Petri vnd aller Menschen Schwacheit vnd Gebrechligkeit/ Furcht vnnd Zagheit/ Denn niemand kan Jhesum einen HERRN nennen/ ohne durch den heiligen Geist. Gehöret zu diesen beyden Lehren der Spruch Jerem. 17. Es ist das hertz ein trotzig vnd verzagt ding/ Wer kan es ergründen? Jch/ der HERR/ kan das Hertz ergründen / vnd die Nieren prüfen/ ꝛc. Zum dritten/ ist auch bey Petro eine wahre Busse vnnd Erkentnis der Sünden zu lernen/ Denn da er durch das Hanen geschrey beweget wird/ an des HERRN Wort zugedencken/ beweinet vnnd berewet er seinen grewlichen Abfall vnd Verleugnung/ gantz bitterlich vnd mit heissen

An Petro. 1.

2.

Jerem. 17.

3.

 sen

sen Thränen. Darumb er auch zur Vergebung der Sünden kommen ist/ etc.

Am Hanen. Was aber den Hanen und sein Geschrey anlanget/ haben wir auch etliche erinnerung/ sonderlich bey den heili-

Brentius. gen Patribus. Brentius in Iohann. 13. Gallorum ge-

I. nus divinitus creatum est, ut sint nocturni vigiles, ut venientem diem cantu suo nuncient, & ut homines in opera excitent: Hic est mundanus & civilis eorum usus. Sed hoc loco & postea in abnegatione Petri traditur etiam spiritualis eorum usus:

II. Cantus enim Galli admonet Petrum de hoc verbo Christi: Non canet gallus donec me ter negaveris, &c. revocat eum ad agnitionem suæ defectionis, excitat ipsum ad suscipiendum opus pœnitentiæ, & nunciat ac ostendit ei lucem diei in Iesu Christo. Quare utamur gallicinio, non tantum ad civilia opera, sed multò magis ad spiritualia, ut galli sint nostri nocturni concionatores, quib. admoneamur huius noctis, in qua Christus captus est, & Petrus Christum abnegavit, & excitemur ad cognoscendam tàm nostram imbecillitatē, quàm divinam misericordiam in Iesu Christo ostensam. Das ist: Die Häne sind zu zweyerley Nutz unnd brauch er-

1. schaffen worden. Erstlich darzu/ daß sie nächtliche Wächter und Hüter sind/ den künfftigen Tag mit jhrem Geschrey ansagen/ und die Leute zur arbeit auffwecken. Unnd dis ist ein Weltlicher/ Bürgerlicher nutz unnd gebrauch. Darnach/

2. gleich wie der Han Petrum in die erkentnis seines Abfalls bringet/ jhn erweckt/ das Werck einer waren busse anzugreiffen/ verkündiget und anzeiget das Liecht des Tags in Christo: Also sollen auch wir der Hanen geschrey nicht allein zu bürgerlichen/ sondern viel mehr zu Geistlichen sachen gebrauchen/ daß sie unsere nächtliche Prediger seyen/ uns der Nacht erin-

erinnern/ daran Christus gefangen ist/Petrus Christum verläugnet hat/vnd daß wir ermahnet vnd aufferwecket werden/ nicht allein vnsere schwacheit/sondern auch die Barmhertzigkeit vnd Gnade Gottes/vns in Christo erzeiget vnd vermeldet/zu erkennen. Diese vnd mehr sachen erzehlet Ambros. l.5.c.24.Hex. Est galli cantus suavis in noctibus, nec solum suavis sed etiam utilis, qui quasi bonus cohabitator, & dormientem excitat, & sollicitum admonet, & viantem solatur, processum noctis canora significatione protestans. Hoc canente latro suas relinquit insidias. Hoc ipse Lucifer excitatus oritur cœlumq; illuminat. Hoc canente mœstitiam trepidus nauta deponit, omnisq; crebro vespertinis flatib. excitata tempestas & procella mitescit. Hoc canente devotus affectus exilit ad precandum, legendi quoq; munus instaurat. Hoc postremô canente ipsa Ecclesiæ petra culpam suam diluit, quam priusquam gallus cantaret negando contraxerat. Istius cantu spes omnibus redit, ægris levatur incommodum, minuitur dolor vulnerum, febrium flagrantia mitigatur, revertitur fides lapsis, IESVS titubantes respicit, errantes corrigit. Denique respexit Petrum, & statim error abscessit, pulsa est negatio, secuta confessio, &c. Das ist: Das Hanen Geschrey ist lieblich des Nachts/ vnd nicht allein lieblich/ sondern auch nützlich/ Der da/ als ein guter Beywohner/ den Schlaffenden auffwecket/ vnnd den Bekümmerten erinnert/vnd zeiget an mit heller Stimme den fortgang der Nacht. Vnd wenn er schreyet/ so vnterlest der Mörder seine Hinderlistigkeit/Von jhm erwachet gleichsam vnnd gehet auff der Morgenstern/ vnnd erleuchtet den Himmel. Wenn er schreyet/so lest der furchtsame Schiffman fahren seine Trawrigkeit/vnd wird offtmals das Vngewitter/

Ambrosius.

gewitter/ daß da von den späten Winden erreget wird/ vnd der Sturmwind stille: Wenn er schreyet/ so fänget der sein Gebet an/ der sich darzu versprochen vnnd gelobet hat/ Vnd fänget auch sein Ampt an zu lesen: Wenn er zum letzten singet/ so reiniget sich der Fels der Christlichen Kirchen von seiner Schuld/ die sie erstlich vor dem Hanen Geschrey mit verleugnen gemacht hatte/ Durch seinen Gesang bekömmet jederman eine Hoffnung/ Den Krancken wird jhrer Schmertze gelindert/ Der Schmertz der Wunden wird gereiniget/ Die hefftigkeit der Fieber wird sanffter gemachet/ Die Gefallenen vberkommen wider einen Glauben/ Der HERR Jhesus sihet die Strauchelnden wider an/ Die Jrrenden bringet er zu rechte: Da er Petrum endlich hat angesehen/ ist sein Jrrthumb als bald von jhm gewichen/ die Verleugnung ist weg getrieben worden/ vnd ist darauff erfolget eine Bekentnis/ rc.

Theophyl. Theophyl. in Matth. nennet GOttes Wort einen Han/ dardurch wir auffgewecket werden/ daß wir in Sünden nicht einschlaffen vnd schnarcken. Gallus est sermo, qui non sinit nos torpere & dormire, sed dicit: Vigilate: &, Surge qui dormis, &c. Hieronymus in Marc. verstehet Hieronym. durch den Han einen jeglichen Prediger/ der die Sünder vom Gottlosen Wesen abmahnet/ vnd zur Busse bekehret: Tunc nobis Gallus cantat, quando prædicator quisque per pœnitentiam corda nostra ad compunctionem excitat: Tunc incipimus flere, quando ignimur intus per scintillam conscientiæ, & foràs eijcimus, quod intus fuimus. Das ist: Als denn krähet vns der Han/ wenn ein Prediger durch die Busse vnsere Hertzen zur Rewe vnnd Leid auffmuntert. Als denn fangen wir an zu weinen/ wenn wir innwendig/ durch das Füncklein des Gewissens/ angezündet

werden/

werden / vnd wir heraus schütten / was inwendig verborgen gewesen.

Beda in Lucam repetirts mit gleichgeltenden worten: Hunc opinor Gallum aliquem Doctorum intelligendum, qui nos iacentes excitans & somnolentos increpans, dicat: Evigilate iusti & nolite peccare. Das ist: Durch diesen Han / halt ichs dafür / daß ein Lehrer zuuerstehen sey / der da vns / die wir niderliegen / auffwecket / vnd vns / die wir schlaffen / schelte vnd sage: Wachet auff jhr Frommen / vnd sündiget nicht / ꝛc. Beda.

Wir wöllen aber diesen Spruch mit S. Gregorij Außlegung beschliessen / der saget: Daß ein Prediger einem Hanen gleich sey / Als / der erstlich in der Finsternis dieser Welt / mit seinem predigen / als mit einem Gesange / das künfftige ewige Liecht verkündige. Darnach scheinet bey dem Han etlicher massen ein Verstandt oder Wissenschafft / daß er zuuor die Nachtstunde zu vnterscheiden weis / ehe er krähet / Also betenckt ein Prediger zuuor seiner Zuhörer Leben vnd Wesen / thun vnd lassen / ehe er seine Lehr / Vermanung / trost oder straffe anstellet / daß er wisse / was / wie / wem vnd welchem zu predigen sey. Item / Gleich wie ein Han sich mit den Flügeln schlegt / wacker vnd munter machet / ehe er krähet / Also gebühret auch einem Prediger / daß er sich zuuor in der Gottseligkeit vnd guten Wercken vbe / sein gantzes Leben durchsuche / ehe er andere lehret. Wir wöllen seine Lateinische wort auch hieher setzen: lib. 30. cap. 4. 5. 6. 7. moralium. Gallo similis est prædicator, qui inter tenebras vitæ præsentis studet venturam lucem prædicando, quasi cantando nunciare, dicit enim nox præcessit, &c. 2. Intelligentiam Gallus accepit, ut prius nocturni temporis horas discutiat, & tunc demum voces excitationis Gregorius.

 emit-

emittat, quia sanctus prædicator in auditoribus suis prius qualitatem vitæ considerat, & tum demum ad audiendum congruam vocem prædicationis format. Quasi enim noctis horas discernere est actionum tenebras, aperta increpationis voce corripere. Gallo intelligentia datur, quia Doctori veritatis, virtus discretionis, ut noverit quibus, quid, quando, quomodo inferat, divinitus monstratur: Non enim una eademq; omnibus exhortatio convenit, sæpè enim quæ aliis officiunt, aliis prosunt. 3. Gallus cum ædere cantus parat, prius alas solerter excutit, & semetipsum feriens, vigilantiorem reddit: Ita prædicatores cum verbum prædicationis movent, prius se in sanctis actionibus exercent, ne in semetipsis torpentes opere alios excitent voce: sed ante se per sublimia facta excutiunt, & tunc ad benè agendum alios sollicitos reddunt, prius sua punire fletibus curant, & tunc quæ aliorum sunt punienda denunciant: prius alis insonant quam cantus emittant, quando, antequam verba exhortationis proferant, omne quod locuturi sunt, operibus clamant. Hæc Gregorius.

Diese vnnd viel mehr Eigenschafften/schleust Hugo Card. in etliche Versiculn zusammen/ vnnd applicierts auff die Prediger: In Lucam 22.

Pugnat, calcar habet Gallus, cristamq; rubentem.
Se ferit ad cantum, scalpit, noctis docet horas.
Ova facit vetulus, quibus exoritur basiliscus.
Insidet Ecclesiæ, rostrum quoq; tendit in auras,
Caudam sustollens, habet ista notanda magister.
Gignit & ad pastum vocat & sublime cubile.

Allhie ists ohne noth/ die application der Zeugnissen Göttlicher Schriffe einzuführen.

Zum andern mal wird des Hanens Geschrey errinnerungs

rungs weise gedacht. Marci 13. Wachet/ Denn jhr wisset nicht/ wenn der Haußherr (Christus im Jüngesten Tage) kömpt / Ob er kömpt am Abend/ oder zu Mitternacht oder vmb des Hanen Geschrey/ oder des Morgens/ auff daß er nicht schnell komme / vnd finde euch schlaffend. Was aber ich euch sage/ das sage ich allen/ Wachet. Diß ist eine trewhertzige Vermahnung an alle Menschen / daß / weil sie den Jüngsten Tag / oder jhr letztes Stündlein nicht wissen/sie allezeit gerüst vnd bereit sollen sein/ darmit sie nicht vnuersehens vberfallen/ gericht vnd verdampt werden. Theophylactus. Vtiliter abscondit Deus consummationem vitæ sive omnium in communi, sive uniuscuiusq; in singulari: ut dum incertus est finis, semper solliciti simus ac anxij, expectantes illum & timentes, ne imparatis superveniat. Tardè quidem tunc adest finis, quando quis in bona senecta moritur: Media autem nocte, cum mediam ætatem peregerit: In Gallicinio autem, quando in nobis ratio completa fuerit. Gallus enim ratio est, quæ nos à somno excitat & stuporem repellit: Cum igitur puer incipit iuxta rationem vivere & sapere, tunc gallus ei canit: Ante gallicinium autem omninò puerilis ætas est. Omnes igitur finem in memoria habere oportet, etiâmsi quis puer sit, providendum ne fortè non baptisatus moriatur. Das ist: Gut vnd nützlich ists/ daß Gott seine letzte Zukunfft/ vnd eines jeden Sterbstündlein vns verborgen hat/ daß wir stets in bereitschafft stehen/ vnnd vns der Tag nicht vnuersehens vberfalle. Einem kömpt sein Stündlein spät/ nemlich/ wenn er in gutem Alter dahin stirbt: Mitternacht heist/das gestanden mittelmessig Alter: Der Hanen geschrey ist/ wenn wir zu gutem vollkommenen Verstandt vnd Vernunfft kommen/ Damals schreyet vns der Hane/ rc.

Marci 13.

Theophyl.

Job 38. in versione latina. In der Lateinischen Bibel finden wir zwar noch dreymal den Gallum oder Hanen / Aber es ist in der Deutschen vnd Ebreischen nicht ein Buchstaben daruon: Job am 38. Quis dedit Gallo intelligentiam? Wer hat dem Han verstendnis gegeben? Welches in der deutschen heist: Wer gibt verstendige Gedancken? Hieronymus zwar/ oder wer der Autor ist/Comment. in Iob. schreibet: Gallum puto esse unumquemq; sanctorum, qui in nocte & tenebris huius mundi, accipiunt fidem, intelligentiam & virtutis constantiam clamandi ad Deum, &c. Das ist: Ich halts darfür / daß der Han bedeute alle vnnd jede Heiligen/ die da in der Nacht vnd Finsternis dieser Welt / Glauben/ Vorstendnis/ vnnd Bestendigkeit zu Gott zu ruffen/ vberkommen/ ꝛc. Aber zweiffelt doch an der Translation. Hoc in loco aliorum multò aliter interpretatio habet, &c. Es heisset aber das wörtlein Shæcheui ein wolgerüstetes bereits Geschirr oder Gefäß/ nemlich das Hertz oder Nieren der Menschen.

Prou. 30. Der ander Spruch stehet Prouerb. 30. Gallus succinctus lumbis. Darüber Hieronymus supposit. schreibet: Id est, Prædicatores sancti inter huius noctis tenebras, verum mane nunciantes, qui succincti lumbis sunt, quia à membris suis luxuriæ fluxa restinguunt. Das ist: Die heiligen Prediger/ so in der Finsternis der Nacht den rechten morgen ankündigen/ sind vmbgürtet vmb jhre Lenden/ Denn sie von jhren Gliedern die vnbestendige vnd nicht lang werende Geilheit außtilgen/ ꝛc. Aber das wörtlein Sarsir heist ein Jagehund oder Wind/von guten lenden.

Esa. 22. Der dritte Spruch ist in Esa. 22. Ecce Dominus asportari te faciet, sicut asportatur gallus gallinacius, &c. Gabær, bekennet zwar Hieronymus/ daß alle interpretes

virum

virum einen Mann transferirt haben/ Allein sein Præce-
ptor in der Ebreischen Sprache / der ein Jüde gewesen/ ha-
be es jhm also gesagt: Galæer omnes virum inter ... ta-
ti sunt. Hebræus autem, qui nos in veteris instrumenti
lectione erudivit Gallum gallinacium transtulit. Fol-
gen auch dieser vngereimeten Version die andere/ als Lyra,
Hugo Card. der also darüber schreibet: Sicut asportatur.)
id est, facilè & sine labore & resistentia. Gallus gallina-
cius dicitur, qui ducit pullos ad modum Gallinæ devi-
ratus. Et in mystica expositione. Gallus est bonus
prælatus, qui gallinas, id est, subditorum animas custo-
dit & impregnat, &c. Gallinacius verò, qui generare
non potest, est prælatus, qui prædicare nescit & pullos
ducit alienos: Qui portatur ad forum pedibus ligatis &
capite verso in terram, sic & malus prælatus præcipita-
tur in gehennam, pedibus affectuum ligatis & capite ver-
so, Matth. 22. b. Das ist: Ein Haußhan ist / der die
jungen Hünerlein führet/ wie eine Hänne / rc. Vnnd in
der Geistlichen deutung: Der Haußhan ist ein guter Præ-
lat/ der die Hünner/ das ist / der Vnterthanen Seelen/ver-
wahret/ vnd sie fruchtbar machet/ rc. Aber ein Han / der da
nicht Junge zeugen kan/ bedeutet einen solchen Prælaten/
der da nicht predigen kan/ vnd führet frembde Jungen: Der
da zum Marckt getragen wird/ mit gebundenen Füssen/ vnd
mit nidergehengetem Häupt zur Erden: Also wird auch ein
böser Prælat oder Vorsteher ins Hellische Fewer
gestürtzet / gleichsfals mit gebundenen
Füssen/ vnnd vmbgekertem
Häupte / rc.

Aa Das

Der ander Theil / des

Das siebende Capitel / von der Henne.

Der erste Standt.

DIE Henne wird auch allein im ersten Standt / den tröstlichen Schutz vnd Schirm GOttes / gegen die Gleubigen / beschreibend / gefunden. 4. Esdræ 1. Das saget der Allmechtige

4. Esdr. 1.

HERR / Habe ich euch nicht gebeten / wie ein Vater sein Kind / wie eine Mutter jhre Töchter / wie eine Amme jhre Seuglinge / daß jhr mein Volck sein woltet / So wolte ich ewer Gott sein / &c. Ich habe euch zuhauff gesamlet / wie eine Henne samlet jhre Küchlein vnter jhre

Matth. 23.

Flügel. Welchen Spruch Christus / Matth. am 23. auff sich deutet: Jerusalem / Jerusalem / die du tödtest die Propheten / vnnd steinigest die zu dir gesandt sind / Wie offt habe ich deine Kinder versamlen wöllen / wie eine HENNE versamlet jhre Küchlein vnter jhre Flügel / Vnnd jhr habt nicht gewolt. Sihe / ewer Hauß sol euch wüste gelassen werden / &c. Luc. am 13. Cap. Wie offt habe ich deine Kinder

Luc. 13.

versamlen wöllen / wie eine HENNE jhr Nest vnter jhre Flügel / Vnnd jhr habt nicht gewolt / &c.

Lehr aus dieser gleichnis. 1.

Was ist denn bey dieser Gleichnis zu lernen? Erstlich / die grosse Liebe / Gnade vnd Barmhertzigkeit Gottes gegen sein Volck vnnd alle bußfertige Sünder / daß / gleich wie die Gluckhenne jhren jungen Hünlein locket vnd gluckt / sie führet vnnd leitet / für den Geyern warnet / vnter die Flügel nimmet vnnd beschirmet / Also thut GOtt auch gegen seinem

seinem Volck/ Er locket jhnen mit seinem heilsamen Wort/ beruffet sie zur Busse/ Er führet sie auff die Weyde der hochwirdigen Sacramenta / Er leitet sie mit seinem heiligen Geist / Er nimmet sie vnter die Flügel seines allmechtigen Schutzes / daß sie für den Leiblichen vnnd Geistlichen Feinden gnugsam befreyet vnd sicher sein/ welches der gröste trost ist in den höchsten nöthen.

Das aber GOtt also gesinnet sey / hat er in seinen Creaturen/ der HENNEN/ sehen lassen/ Denn so er solche zuneigung vnnd Liebe jhr angeschaffen vnnd eingepflantzet hat/ Warumb solte nicht viel mehr der Allmechtige / Barmhertzige Schöpffer / diese Gnade vnnd Liebe gegen seinen vernünfftigen Creaturen / nach seinem Bilde erschaffen/ in jhm haben vnnd auch erzeigen? Wie Brentius dis außleget: Paulus ait: Invisibilia Dei ex creatione mundi pervidentur, dum per opera intelliguntur. Invisibile est, quod DEVS in periculis præstò nobis adsit ac defendat nos, sed hoc invisibile Dei efficitur nobis in Gallina visibile, quæ advolante milvo statim colligit pullos suos sub alas suas, ut eos ab impetu milvi tueatur: Nam si DEVS hanc naturam Gallinæ indidit, ut nihil prius habeat, quàm pullos suos in periculis conservare: Quî fieri posset, quod DEVS ipse creator non hoc affectu erga homines, pullos suos longè excellentius, quàm humanus animus cogitare potest, præditus esset? Das ist: Paulus saget / Die vnsichtbare dinge GOTTES / werden aus der Erschöpffung der Welt gesehen / in dem sie durch die Werck verstanden werden. Es ist ein vnsichtbares ding/ daß GOtt der HERR in Gefährligkeiten bey vns ist /vnnd vns beschützet: Aber dis vnsichtbare ding wird vns in der Gluckhenne gleichsam sichtbar gemacht / welche/ wenn der Geyer kömpt/ jhre Jungen bald vnter jhre Flügel samlet / daß sie dieselbigen vor dem einfall des Geyers beschütze / Denn so Gott diese Natur der Hennen eingepflantzet hat/ daß sie nichts liebers habe / als daß sie jhre Jungen in der Gefahr erhalte: Wie köndte es müglich sein / daß GOtt der HERR selber gegen die Menschen / als seine Jungen/ nicht weit besser/ als je ein Menschliches Gemüt gedencken kan/ solte gesinnet sein?

2. Die ander Lehr ist von der Schwacheit/ mancherley Gefahr vnd nöthen der Menschen/ daß sie (wie die jungen Hünlein für den Geyern) kein Augenblick sicher seind / sondern allezeit vnnd stunde sorgen müssen/ sie werden von den grawsamen reissenden Geyern/ Teuffeln vnd Welt / vberfallen/ zurissen vnd verschlungen/ Welches denn alle Menschen anmahnen vnd treiben sol/ GOtt dem HERRN nachzufolgen vnd gehorchen.

3. Zum dritten/ klaget vnd sagt Christus von der grossen Vndanckbarkeit vnd Vnuerstandt des Jüdischen Volckes / vnd der meisten Leute auff Erden/ daß sie nicht folgen/ sondern die gesandte trewhertzige Locker/ Leiter vnd Führer/ verachten / verfolgen/ erwürgen: Were das nicht ein vnerhöretes ding / Wenn die jungen Hünlein jhre Henne (die sie außschleifft/ locket/ zum Essen führet/ verthädiget für den Geyern) vberfielen/ zu tode bissen/ vnnd zerrissen? Welches doch wider jhre art ist: Aber eben das thun die mutwillige Sünder/ Wenn GOtt sie locken/ führen / speisen / schützen wil/ Denn seine Gesandten verachten/ verjagen / vmbbringen sie. Derhalben drewet Christus den Jüden / daß sie den raubischen Geyern/ den Römischen Kriegßknechten/ vnd den Teuffeln zutheil sollen werden/ Wie auch geschehen ist.

Diese erzehlete Gleichnis / sampt den Lehren / allegiren auch die Patres. August. lib. 1. quæst. 36. quæst. Evang. Hoc genus animantis (Gallina) magnum affectum in filios habet, ita, ut eorum infirmitate affecta & ipsa infirmetur: & quod difficilius in cæteris animantibus invenies, alis suis filios protegens, contra milvum pugnat. Sic etiam mater nostra, sapientia Dei, per carnis susceptionem infirmata est quodammodo, protegit infirmitatem nostram, & resistit Diabolo, ne nos rapiat: In qua defensione, quod illa adversus milvum conatur affectu, hæc adversus Diabolum perficit potestate. Das ist: Gleich wie die Henne eine solche grosse zuneigung zu jhren Jungen tregt / daß sie sich jhnen gleich stellet / vnnd auch gering vnd schwach wird mit jhnen / Mit den Flügeln dieselbigen beschirmet / vnnd wider den Geyer streitet: Also auch vnser Mutter / die Weißheit GOTtes (Gottes Sohn) ist durch annehmung vnsers Fleisches gleichsam schwach vnd gering worden / bedeckt vnd beschützet vnser Schwacheit / vnd wehret dem Teuffel / daß er vns nicht wegführe: Denn was die Henne thut mit jhrer zuneigung wider den Geyer / Das verrichtet Christus mit seiner Gewalt. Augustin.

Daruon handelt er auch im 58. Psalm. Ob schon andere Vögel / Sperlinge / Schwalben / Storcken / Tauben / auch auff den Eyern sitzen / außbrüten / So erzeigen sie sich doch nicht gegen jhre Jungen / wie die Henne gegen jhre Hünlein / Eine andere Stimme nimmet sie an / Sie wird gantz rauch / Lest die Flügel hangen / vnd stellet sich eben / als geringe vnd schwach / gegen sie: Also thut auch Christus / da er Menschliche Natur von vns annimpt / sich geisselen / verachten / verspeyen / vnd creutzigen lest / auff daß er die armen

men Heyden vnter seine Flügel samle. Gallina quomodo hoc habet? Certè notam rem dico, quæ in conspectu nostro quotidiè versatur, quomodo raucescit vox, quomodo fit hispidum totum corpus, demittuntur alæ, laxantur plumæ Et vides circa pullos nescio quid ægrotum & ea est materna charitas, quæ invenitur infirmitas. Quare ergò Dominus, nisi propter hoc Gallina esse voluit in sancta scriptura dicens: Hierusalem, Hierusalem, quoties volui congregare filios tuos tanquam gallina pullos suos sub alas, & noluisti? Congregavit autem omnes gentes tanquam gallina pullos suos, qui infirmatus est propter nos, accipiens carnem à nobis, id est, à genere humano, crucifixus, contemptus, alapis cæsus, flagellatus, ligno suspensus, lancea vulneratus. Ergò hoc maternæ infirmitatis est non amissæ Maiestatis, &c. Das ist: Wie hat die Henne dieses an sich? Warlich/ich erzehle ein bekandt ding/ welches vns täglich vor augen ist/ Wie heischer wird jhre Stimme/ wie rauch jhr gantzer Leib/ Die Flügel hangen nider/ Die Federn thun sich von einander. Vnnd du sihest/ wie sie vmb jhre Jungen schwach ist/ Vnd das ist die Mütterliche Liebe/ welche eine Schwachheit befunden wird. Darumb denn der HERR Christus vmb nirgends anders/ als darumb/ eine Henne hat sein wöllen/ do er in der heiligen Schrifft saget/ Jerusalem/ Jerusalem/ Wie offt habe ich deine Kinder versamlen wöllen/ wie eine Henne jhre Jungen vnter jhre Flügel/ Vnnd du hast nicht gewolt: Er hat aber/ wie eine Henne/ alle Heyden versamlet/ Der da vmb vnsert willen ist schwach worden/ in dem er das Fleisch von vns / das ist/ von dem Menschlichen Geschlechte/ genommen/ ist er gecreutziget/ verachtet/ geschlagen/ gegeisselt/ ans Holtz gehangen/ vnnd mit einem Speer durchstochen werden. Darumb ists ein zeichen der Mütterlichen Schwachheit / nicht aber der verlohrenen Mayestät / etc.

Idem Tract. 15. in Ioh. setzet fast einerley wort mit den vorgehenden: Fortitudo Christi te creavit, infirmitas Christi te recreavit. Fortitudo Christi fecit, ut quod non erat, esset, infirmitas Christi fecit, ut quod erat, non periret. Condidit nos fortitudine sua, quæsivit nos infirmitate sua. Nutrit ergò infirmus infirmos, tanquam gallina pullos suos, huic enim se similem fecit: Quoties volui, inquit, te congregare, &c. Videtis autem fratres, quemadmodum gallina infirmetur cum pullis suis, nulla enim alia avis, quod sit mater, agnoscitur. Videmus nidificare passeres quoslibet ante oculos nostros, hirundines, ciconias, columbas quotidiè videmus nidificare: quos nisi quando in nidis videmus, parentes esse non agnoscimus. GALLINA verò sic infirmatur in pullis suis, ut etiamsi ipsi pulli non sequantur, filios non videas, matrem tamen intelligas: Ita fit alis demissis, plumis hispida, voce rauca, omnibus membris demissa, & abiecta, ut, quemadmodum dixi, etsi etiam filios non videas, matrem tamen intelligas, &c. Das ist: Die Stercke des HERRN Christi hat dich erschaffen / Die Schwachheit Christi hat dich erquicket / Die Stercke Christi hat gemacht / daß das jenige were / was da nicht war / Die Schwachheit Christi hat gemacht / darmit das jenige / was da war / nicht vmbkomme / Er hat vns mit seiner Stercke erschaffen / Er hat vns mit seiner Schwachheit wider gesuchet. Darumb er / als ein Schwacher / erheit die Schwachen / wie eine Henne jhre Jungen / Denn derselbigen hat er sich vergleichet. Wie offt / saget er / habe ich

ich euch wollen versamlen/ꝛc. Jhr sehet aber/lieben Brüder/ wie die Henne mit jren Jungen so schwach werde/ Denn sonst kein ander Vogel kan also erkandt werden/ daß er eine Mutter sey. Wir sehen wol/ daß die Sperlinge vor vnsern Augen nisten/ die Schwalben/ die Störche/ die Tauben/ welche/ wo wir sie nicht auff den Nesten sehen/ erkennen wir nicht/ daß sie Mütter sein. Aber die Henne wird vber jren Jungen so schwach/ daß/ob schon die Jungen jhr nicht folgen/ vnnd du sie nicht sihest/ dennoch mercken könnest/ daß es die Mutter sey/ Also gehet sie mit nidergehangenen Flügeln/ Sie ist straubicht/ heischer/ vnd an allen Gliedern so matt/ daß/ wie ich gesagt habe/ wenn du gleich die Jungen nicht sihest/du gleichwol die Mutter erkennest/ ꝛc.

Chrysostomus hom. 57. in Matth. priore Comment. Amorem suum ab imagine significavit: ferventi namq; amore aves pullos diligunt suos: Crebrò autem hæc imago avis & alarum apud Prophetas invenitur, &c. Mirabilem providentiam & eximiam protectionem denotans. Das ist: Seine Liebe hat er durch dieses Bildnis angezeiget/ Denn die Vögel haben jre Jungen hefftig lieb: Dis Bildnis aber des Vogels vnd der Flügeln/wird gar offt bey den Propheten gefunden. Vnd diese Bildnis bedeutet nicht allein die Liebe GOttes gegen den Frommen/ Sondern auch seine wunderbarliche Fürsehung vnnd Schutz/ꝛc.

Die Gluckhenne ein Bild der Kirchen.

In post. Comment. Homil. 46. Gallinam Ecclesiæ ponit similitudinem. Sicut enim pulli gallinarum pastum suum quærentes, per diversa vagantur, & maternis vocibus congregantur ad ipsum, & iterum similiter pascentes disperguntur, & iterum maternis vocibus congregantur: Sic & populus Dei carnalem voluptatem & mun-

mundialem concupiſcentiam ſequentes, per diverſos vagantur errores, quos Eccleſia mater per Sacerdotes, modò increpationibus, modo blandimentis, quaſi quibuſdam vocibus congregare & allectare feſtinat. 2. Et quemadmodum Gallina habens pullos, vocando illos non ceſſat, ut aſsidua voce vagaſitatem corrigat pullorum ſuorum: Sic & ſacerdotes in doctrina ceſſare non debent, ut ſtudio & aſsiduitate doctrinarum ſuarum negligentiam populi errantis emendent. 3. Et quemadmodum gallina habens pullos, non ſolum ſuos calefacit, ſed etiam cuiuſcunq; volatilis filios excluſos à ſe diligit quaſi ſuos: Ita etiam Eccleſia non ſolū ſuos Chriſtianos ſtudet vocare, ſed ſive gentiles ſive Iudæi, ſi ſuppoſiti illi fuerint, omnes fidei ſuæ calore vivificat, in Baptiſmo generat, in ſermone nutrit, & materna diligit charitate.

Das iſt: Durch dieſe Henne wird auch die Chriſtliche Kirche in den Lehrern vnd Predigern vorgebildet. Denn gleich wie die jungen Hünlein hin vnd wider der Speiſe nachlauffen/ vnd durch das locken zuſammen beruffen werden/ nachmals widerumb verlauffen/ vnd doch zum öfftermal zuſammen gelocket werden: Alſo lauffen die Bekerten den fleiſchlichen Wollüſten vnd Irrthümen nach/ aber werden doch von der Chriſtlichen Kirchen/ durch die Lehrer vnd Prediger/ mit guten vñ böſen worten widerumb zuſamen beruffen. I.

Darnach/ wie die Henne nicht allein jhre Eyer außbrütet/ ſondern allerley Eyer/ die vntergelegt werden/ liebet ſie auch/ als jhre eigene Jungen: Alſo auch die Chriſtliche Kirche berüffet nicht allein die Chriſten/ ſondern pfleget auch Jüden vnd Heyden/ wenn ſie jhr vntergeben werden/ mit der Hitz des Glaubens lebendig zu machen/ in der Tauffe wider zu gebehren/ mit dem Wort zu ernehren/ vnd mit Mütterlicher liebe vnd trew zu II.

Diese vnd andere Eigenschafften hat Hugo in Matthæum in diese versus eingeschlossen:

Eigenschaften der Hennen / so der Christlichen Kirchen gemeß.

Hispida raucescit, scalpit, super alta quiescit.
Affectu plena dolet, ova fovens aliena,
In milvos mota, macra, gloscida, pulvere plena.

1. Erstlich / So berüffet die Henne jhre Jungen zur speise.
2. Locket sie sonst jmmerdar zusammen.
3. Liebet frembde von jhr außgeschleiffte Jungen / als jhre eigene.
4. Sie wird gleichsam mit den jungen gering vñ schwach.
5. Sie bedecket die Jungen mit den Flügeln / vnnd streitet wider den Geyer.
6. Sie ist gar rauch vñ vnansehnlich oder gering. Thre. 1.
7. Für stetem geschrey vnd locken wird sie heischer / Ps. 68.
8. Mit den Füssen scharret sie vnd suchet körnlein / Phil. 3.
9. Bey der Nacht sitzet sie in der höhe / Phil. 3. Nostra conversatio in cœlis est.
10. Sie wälgert sich im Staub oder Sandt / Esa. 47. vnd Esa. 52. Pulvis pœnitentiæ.

Eben also erzeiget sich auch in jetzt erzehleten Eigenschafften / die heilige Christliche Kirche / wie die application leichtlich zu finden ist / ꝛc.

Das

Das achte vnd letzte Capittel/ vom Sperling oder Spatz.

DEr gemeine / vnnütze/
diebische vnd doch heimische
Vogel/ den die Leute auch
essen/ Sperling oder Spatz/
wird allein im Ersten Standt allen
Christen zu einer tröstlichen Lehr fürge-
stellet. Matt. 10. Fürchtet euch nicht/ Matt. 10.
spricht Christus zu seinen Aposteln/ für
denen / die den Leib tödten/ vnnd die
Seele nicht mögen tödten: Keuffet man nicht zweene
Sperlinge vmb einen Pfennig? Noch fellet derselbigen kei-
ner auff die Erden/ ohne ewren Vater: Nun aber sind auch
ewre Haar auff dem Häupt gezehlet/ Darumb fürchtet euch
nicht / Ihr seid besser denn viel Sperlinge. Vnnd Luc. 12. Luc. 12.
Verkäuffet man nicht fünff Sperlinge vmb zween pfennig?
Noch ist derselbigen für Gott nicht eins vergessen/ Auch sind
die Haar auff ewrem Häupt gezehlet/ Darumb fürchtet
euch nicht/denn jr seid besser denn viel Sperlinge/ꝛc. Mit Christus
des Sperlings Exempel tröstet Christus seine Jünger vnnd tröstet mit
alle Gläubige/ daß sie sich in den verfolgungen für der Fein- dē Sperling
den toben vnd wüten nicht fürchten sollen: Denn so kein alle gleu-
vnnützer/ diebischer Sperling/ ohne den Willen / Beschluß bige.
vnd Verhengnis Gottes im Himmel/ gefangen vnd erwür-
get wird/ Wie solt denn einem Menschen/ der zum Ebenbild

Gottes/ vnnd ein Herr der Vögel/ Fisch vnd Thieren / erschaffen ist/ etwas schädliches an Leib oder Leben/ohn Gottes Willen vnnd Verhengnis/ begegenen können ? Das ist vnmüglich.

Allhie wird vns vorgehalten die Lehr von Göttlicher Fürsorge / Vorsehung vnd Prouidentz/ welche den betrübten vnd verfolgeten dazu dienet/ daß sie in Verfolgung nicht verzagen/ sondern wissen/ Gott habe aller Sachen gründliche Erkendtnis / konne nicht allein die Gleubigen erhalten/ sondern auch die Feinde stürtzen vnd vertilgen / wenns ihme wolgefällig. Von dieser Vorsehung vnd allgemeinen Regierung Gottes handelt S. August. l. 5. c. 21. de Gen. ad lit. Quod ore suo salvator dicit, unum passerem non cadere in terram, sine Dei voluntate, & quod fœnum agri post paululum mittendum in clibanum, ipse tamen vestiat: Nonne confirmat non solum totam istam mundi partem rebus mortalibus & corruptibilibus deputatam, verum etiam vilissimas eius abiectissimasq; particulas divina providentia regi, &c. Wir wöllen aber Lutheri erklerung besehen: Apparet vos meos discipulos (ait Christus) similes esse passeribus ad occasionem & sacrificia natis & traditis, qui vilissimè occiduntur. Sic & vos vilissimè mactamini. Et estis planè etiam illis similes. Sed ecce nisi, nisi Deus pater ita vellet, non posset unus passer ab omnibus hominibus capi, multò minus occidi. Sed quia Dei voluntas est, qui tradit passeres, ideò capiuntur, &c. Si ergò Deus etiam passeres singulos sic numerat & curat, ut nisi ipse velit, ne unus quidem caperetur, quantò magis vos non solum homines, sed etiam meos servos & credentes, certissimè numerat\& curat, & nullum vestrum sinit affligi, sine certa scientia & voluntate sua, licet

Augustin.

Lutherus.

licet appareat vos nesciri, & negligi ab ipso. Certè qui passerem unum vilissimum non negligit, multò minus vestrum aliquem negligit, &c. Das ist: Ihr/ meine Jünger / scheinet den Sperlingen gleich sein / die man gar leichtlich/ als dem schlachten vnnd opffern vbergeben/ fähet vnd würget / Also leicht werdet jhr auch vmbkommen. Aber doch das solt jhr wissen / Wenns nicht Gottes Wille were/ so köndten alle Menschen auff Erden nicht einen eintzigen Sperling fangen / Sondern/ weils Gottes Wille ist/ der die Sperlinge vbergibt / so werden sie gefangen. So denn Gott auch die Sperlinge zehlet vnd bewahret / daß ohne seinen Willen nicht ein einiger gefangen wird/ Wieuiel mehr zehlet vnd erhelt Gott gewißlich euch / nicht allein als Menschen/ sondern viel mehr als meine Diener vnd Gleubigen/ daß keiner/ ohn sein wissen vnd willen/ geplaget kan werden/ obs schon scheinet/ als wenn jhr nichts geacht vnnd versäumet würdet / rc.

Chrysost. alt. Comment. Matth. Hom. 25. Si passer eventu non moritur nec cadit, propter hoc ipsum quia opus Dei est: quantò magis iustus homo non est in eventu positus, quia imago Dei est: Sed aut à Deo traditus moritur, aut à Deo liberatus evadit. Si in passeribus nihil sine ratione agitur, quorum duorum precium unus est assis, quanto magis in vobis sine me nihil agitur, quorum precium est sanguis meus. Si sic habentur passeres, quomodo habendi sunt filij? Ideo non debetis timere homines, quia non est in vos illorum potestas, sed Dei. Non enim quando volunt impij, tunc possunt nocere sanctis, sed quando Deus illis nocendi tempus concesserit, ut provideant sanctis suis coronam. Das ist: So der Sperling nicht ohne gefehr stirbt/oder auff Chrysostom.

die Erden felt/ darumb/ weil er Gottes Geschöpff ist/ Wieviel weniger stirbet der Mensch ohne gefehr/ dieweil er Gottes Bild ist/ Denn so es bey den Sperlingen nicht ohne vrsach geschicht/ die doch so ein geringes werths sind/ Wieuiel weniger geschichts bey euch Aposteln / ohne mich/ die jhr mit vnd durch mein thewres Blut erlöset seid. Hats die gestalt mit den Sperlingen/ Wie solts denn mit den Kindern Gottes geschehen? Darumb solt jhr die Menschen nicht fürchten/ denn sie haben keine Gewalt vber euch/ Sondern Gott allein / Denn die Gottlosen können den Frommen keinen Schaden zufügen/ es sey denn Gott vergönne vnd verhenge es jhnen/ꝛc.

Ambrosij Geistliche deutung.

Ambros. in Luc. allegorisirt vnd deutet die Sperlinge auff die fromme vnd böse Seelen/ Diese seyen die Menschen/ so sich mit den jrrdischen Lastern angehenget haben/ daß sie nicht vber sich fliegen können: Der fromme Christ aber sey der Sperling/ der mit dem Glauben vnd guten wercken vber sich fleuget. Passer bonus est, cui volandi natura suppeditat: Malus passer, qui volandi usum terrenæ vitio labis abolevit. Fast dahin sihet auch Hilarius Canon. 10. in Matth. Die verkäuffte Sperlinge seyen die Sünder vnnd Verfolger selbs / welche zwar von Christo erlöset sind/ daß sie vber sich fliegen kondten/ aber sich selbs vmb geringe sünde vnd werth der zeitlichen vnd vergenglichen Wollüsten des Leibs verkäuffen. Quod duo passeres asse veneunt, seipsos peccato minimo vendunt , natos ad volandum, & ad cœlum pennis spiritualibus efferendos; sed capti precijs præsentium voluptatum & ad luxum seculi venales totos se talibus auctionibus nundinantur, &c. Diß sey gesagt vom Sperlinge/ in vnser Deutschen Bibel/ an obgemeltem ort.

Hilarius.

Aber

Aber in der lateinischen Bibel wird dieses Vogels (vnterm Hebreis. namen Zipor/ der doch in gemein ein Vogel heist) mehrmals gedacht. Als Leuit. 14. Wenn der Aussetzige sich wil reinigen lassen/ sol er zween lebendige Ziporim/ passeres / Sperlinge (welches in der deutschen translation zween Vogel heist) zum Priester bringen. Daruon droben im ersten Theil gesaget ist. Isychius deutet beyde Vögel auff Christum / seine Menschliche vnnd Göttliche Natur. Prouer. 26. Wie ein (Zipor, passer) Vogel dahin fehret/ vnd eine Schwalbe fleuget/ also ein vnuerdienter Fluch trifft nicht. Daruon ist auch droben gesagt. Vnnd da in fünff vnterschiedlichen Psalmen/ als im eilfften/ vier vnd achtzigsten/ ander vnd hunderten/ hundert vnnd vierden/ hundert vier vnd zwantzigsten / im lateinischen passer gelesen wird/ haben wir in vnser Deutschen version/ Vogel/ Wie dieselbige Sprüche/ sampt den Lehren/droben im ersten Theil angezogen sind. Wöllen doch aus ermelten örten etliche Eigenschafften/ so die Patres anzeigen/hier inseriren. Leuit. 14.

Augustin in Psal. 10. deutet die Berge auff die falsche Lehrer vnd Ketzer/ die von Christo ab/vnd zu sich/die Menschen weisen/Aber ein Christ sol passer pennatus virtutibus & præceptis Dei sein/ ein Sperling mit Tugenden vnnd Gottes Geboten gefiedert/ welche Gebot erinnern / man sol die Hoffnung vnd vertrawen nicht auff die Berge oder stoltze Menschen / sondern auff den einigen GOtt allein setzen. Welches wider die Anruffung der Papistischen Heiligen/ vnnd jhrer Patrum authoritet ist. In Psalmo 83. Invenit sibi domum passer, invenit sibi domum cor meum. Exercet pennas in virtutibus huius temporis, in ipsa fide, spe & charitate, quibus volet in domum suam: & cum venerit, permanebit, & iam querula vox Psal. 10. Augustini Geistliche deutung.

passe-

passeris quæ hic est, non erit ibi. Nam ipse est querulus passer, de quo in alio Psalmo 101. dicit: Sicut passer singularis in tecto, de tecto volat ad domum, iam sic sit in tecto, calcet domum carnalem, habebit quendam cœlestem locum, perpetuam domum, &c.

Wir wöllen aber alle bekandte Eigenschafften des Sperlings/ welche den Religiosis / den Geistlichen vnd andern frommen Leuten/ auch dagegen den Gottlosen attribuiert vnd zugeschrieben werden / mit des Hugonis versiculis erzehlen. Von den ersten Eigenschafften/ den frommen zugehörig/ sagt er:

Die eigenschafften des Sperlings / frommen Christen gehörig.

Prole potens, hominum vicinus, & hostia lepræ,
Callidus, & cantans, hyemans cibus est, volat, ignit.

1. Erstlich / Sol ein Geistlicher/ oder sonst ein frommer Christ/ viel geistliche Kinder/ durch Gottes Wort vnd Sacramenta/ wider gebehren vnd ernehren.

2. Darnach sol er der Menschen Nachtbar/ das ist/ freundlich / gutwillig vnd gelinde sein/ gegen jederman/ wie Paulus thet/ 1. Cor. 9.

3. Waren die Sperlinge der Aussetzigen Opffer/ (nach der Lateinischen Version) Also sollen sich die Prediger vnd Geistliche gerne auffopffern lassen/ vmb der gleubigen willen/ 2. Corinth. 12. Vnd auch das Leben für die Brüder lassen/ wie Johannes lehret.

4. Sollen die Geistliche klug vnd verschmitzt sein/ sich fürsehen/ Prouerb. 22. Prouerb. 14. Matth. 10.

5. Sol er Gott auch lob singen vnd dancken/ Psal. 103. Cantabo Domino in vita mea psallam Deo meo, quamdiu sum.

6. Sol er auch wintern/ das ist/ vmb der Widerwertigkeit vnd verfolgung willen seinen ort vnd Station nicht verlassen.

7. Sol

7. Sol er auch eine Speise/ das ist/ein Exempel der nachfolg / im Christlichen Glauben vnnd Leben / andern sein.

8. Fleuget ein Geistlicher vnnd jeglicher Gleubiger auch/ nemlich / contemplatione/ mit seinem fleissigen lesen/nachdencken/ beten.

9. Endlich sol er auch erhitzt sein mit dem Fewer des heiligen Geistes.

Andere Eigenschafften des Sperlings/ böser meinung/ welche Hugo Card. den bösen Prælaten / Thumbherren/ vnd gantzer Clerisey zuschreibet:

Lascivus, nido molli, perit Igne, caducus
Vilis, rivalis, leprosus, stercorat aras,
Ova calent Veneri, fur frugum, templa columbis
Aufert, venatur muscas, parvus, malè mordet.

Andere eigenschafften des Sperlings/so bösen Prelaten vnd Papistischē Pfaffen gemein sein.

1. Erstlich sind die Pfaffen vnnd Canonici geil vnd vnzüchtig/ wie die Sperlinge/ Ose. 4. Quasi vacca lasciviens declinavit Ephraim.

2. Schlaffen vnd schnarcken sie in weichen Betten/Amos 6. Jhr schlaffet auff Helffenbeinen Lagern/ vnd treibet vberfluß mit ewren Betten/ etc.

3. Verderben sie durch die nächtliche Brunst vnnd Fewer jhrer Vnzucht.

4. Haben sie die schwere hinfallende Kranckheit/ Prouer. 4. Nesciunt ubi corruant.

5. Sind sie geringes schlechtes Geldes werth/ Prouerb. 6. Precium scorti vix est unius panis: ergò similiter & scortatoris. Ierem. 2. Quam vilis facta est nimis iterans vias tuas.

6. Rivalis: Da zweene an einer hangen / Amos am 7.

Vxor tua in civitate fornicabitur. Eccleſ. 14. In bonis illius alius luxuriabitur.

7. Sind ſie auſſetzig mit des Gehaſi Auſſatz/vmb des geitz vnnd der Simoney halben/4. Reg. 5. Lepra Naaman adhærebit tibi & ſemini tuo, id eſt, his qui Simoniam committunt, uſq; in ſempiternum.

8. Stercorat aras, Dieſe Pfaffen beſchmeiſſen vnd beſudeln nur die Altar Gottes/Rom. 2. Per vos nomen Dei blaſphematur. Malach. 1. Magnum nomen meum in gentibus, dicit Dominus, & vos polluiſtis illud, &c.

9. Gleich wie der Sperlinge Eyer hitzig ſind/ alſo brennet jre Hoffnung võ fewer des Ehrgeitzes. Eccl. 23. Anima calida quaſi ignis ardens, non extinguetur, donec aliquid glutiat. Et hoc VENERI, ut ſcil. nutriat ſuam luxuriam. Lucæ 15. de filio prodigo dicitur, quod diſsipavit omnem ſubſtantiam ſuam vivendo luxurioſè.

10 Fur frugum, id eſt, fructuum Eccleſiæ, Jſt ein Korndieb / Alſo nemen auch die Geiſtliche die Kirchengüter vnd verpraſſens/ Joh. 10. Qui non intrat per oſtium, ſed aſcendit aliundè, ille fur eſt & latro. Et benè dicit Frugum non Animarum, de quib. non curat, ſed dimittit eas in manu Diaboli. Zachar. 11. Suſcitabo paſtorem in terra, qui derelicta non viſitabit, diſperſa non quæret.

11. Templa columbis aufert. Den Tauben raubet er die Kirchen/das iſt/Er beſitzt den oberſten vnd fürnemeſten ort/ welchen ein frommer/ Gottſeliger/ gelerter Mañ ſolt einnemen. Je gröſſer Narr/ je beſſer Pfarr. Eccleſ. 10. Eſt malum quod vidi ſub Sole, quaſi

per

per errorem egrediens à facie principis, positum Stultum in dignitate sublimi, &c. Et divites sedere deorsum, scilicet, divites veris divitijs spiritualibus. Et hoc malum egreditur à facie principis, id est, maioris prælati, quasi per errorem, non veré per errorem, sed per malitiam: sed fingunt errorem dicentes se deceptos esse, quia prius credebant istos esse bonos & in veritate sciebant eos esse malos.

12. Venatur muscas. Die Pfaffen vnnd Thumbherren fangen Mücken/ das ist/ Temporalia/ zeitliche Hab vnd Wollüsten jagen sie/ wie die Spinnweb mit jhrem Web die Mücken.

13. Der Sperling ist ein kleiner Vogel. Also die Canonici vnd Prælaten/ ob sie schon in jhren vnnd der vnuerstendigen augen gros scheinen/ sind sie doch für Gott veracht vnd klein. Abdiæ 1. Parvulum te dedi, &c.

14. Vnd zum beschluß/ Malè mordet passer/ Der Sperling beist vbel vnd hart/ Also auch ein Prælat vnnd Pfaff/ malè mordet detrahendo/ beist vbel mit seinen Verleumbdungen vnd Nachreden/ Eccl. 10. Si mordeat serpens in silentio, nihil eò minus habet qui occultè detrahit.

Diese Sperlings art mögen die Meßpriester vnnd Prælaten vom Hugone für gut auffnehmen/ etc.

Der dritte Theil/ des Biblischen Vogelbuchs / von den vnreinen/wilden/ vnd zum theil räubischen Vögeln.

Das Erste Capittel/ vom Adler.

GLEich wie Gott vnter den Thieren einen vnterscheid gemacht/ etliche den Jüden zu essen erläubt/etliche verboten hat/ Also macht er auch bey den Vögeln ein vnterscheid/ etliche erleubt/ etliche verbeut er jhnen.

Warumb Gott die Fleischfressende Vögel den Jüden verboten.

Was nu die reine vnd vnreine Thier vnd Vögel bedeuten/ hat man im Thierbuch angehöret. Doch hat Gott sonderlich / durch das Verbot der räuberischen fleischfressenden Vögel/ die Jüden vom Raub vnd Freuel/vom morden vnd würgen / abschrecken wöllen. Wie Eusebius de præpar. Evang. lib. 8. cap. 3. schreibet/ Daß der Hohepriester Eleasar / des Königes Ptolomæi Philadelphi Abgesandten/

Aristæo

Aristæo eine solche Antwort vnnd Bericht gegeben habe: Volucres omnes, quibus utimur domesticæ mundæq; sunt, tritico aut leguminibus connutritæ, ut columbæ, turtures, perdices, anseres, cæteraq; huiusmodi. Quæ verò prohibitæ sunt, eas RAPACES carnibusquè aliarum avium nutriri comperies, à quibus, agnis hædisq; raptis, hominibus quoq; tàm vivis quàm mortuis infertur iniuria. Quæ omnia meritò immunda nominavit, ut vel hinc RAPINA & CÆDE nos deterreret, & ad iusticiam hortaretur, moneretq; iustissimè atque pacificè vivere, sicut omnes volucres mundæ, quæ nulli avium, nec omninò alijs iniuriantur. Ita his quasi symbolis ad iusticiam intelligentes convertit, &c. Das ist: Alle Vögel/ die wir brauchen/ sein zam vnnd rein/ werden mit Weitzen vnnd anderm Gesäm ernehret/ Als die Tauben/ Turteltauben/ Rebhüner/ Gänse vnd dergleichen. Die aber verboten sein/ wirstu befinden / daß es räuberische Vogel sein/vnd die sich mit ander Vögel fleischfressen erhalten/den Schafen vnd Böcken/lebendigen vnd todten Menschen allerley vngemach anthun/welche er billich alle vnrein genennet hat/ vns auch darmit vom Raub vnnd Todschlag abzuhalten/ zur Gerechtigkeit anzumahnen/ vnd recht vnnd friedlich zu leben / anzutreiben/ Wie auch alle reine Vogel keinem andern Vogel noch jemand im geringsten zuwider sein. Mit solchen Zeichen wil er gleichsam die Menschen/ so vernünfftige Seelen haben/zur Gerechtigkeit bekehren/rc.

Hesychius. Rapaces & cibum aliorum malè sectantes, quæstibusq; iniustis gaudentes per prædicta significat. Das ist: Durch die Raubvögel werden angedeutet die Räuber / vnnd andere/die sich mit vngebührlichen Mitteln nehren/ rc.

Vnter diesen vnreinen Vögeln wird der Adler (Næschær vom starcken ansehen) von ersten genennet. Leuit. am 11. Deuter. 14. Wollen seine Sprüche nach einander in allen dreyen Ständen besehen vnd hören.

Der erste Standt. Exod. 19. GOtt durch ein Adler fürgebildet/ seinen schutz anzuzeigen Deut. 32.

ES bildet sich Gott der HErr/ was den ersten Stand anlanget/ bey dem Adler selbs für/ Exod. 19. Der HERR rieff zu Mose/ vnd sprach: So soltu sagen zu dem Volck Israel/ Ihr habt gesehen/ was ich den Egyptern gethan habe/ vnnd wie ich euch getragen habe auff Adelers flügeln/ vnd hab euch zu mir bracht/ ꝛc. Damit Gott seinen schutz vnd schirm vnd behendigkeit anzeigen wil/ dardurch er sie aus Egyptenland geführet hab: Ist ein Symbolum der Trew/ Liebe vnd Wolthaten Gottes gegen sie/ vnd wird vom H. Mose in seinem Valete/ Deut. 32. allegieret. Er führet Israel/ vnnd gab jhm das Gesetz/ Er behütet jhn wie sein Augapffel. Wie ein Adeler außführet seine Jungen/ vnd vber jhnen schwebet/ Er breitet seine Fittich aus/ vnnd nam jn/ vnd trug sie auff seinen Flügeln/ Der HERR allein leitet jn/ vnd war kein frembder Gott mit jn. Er ließ jhn hoch herfahren auff Erden/ vnd nehret jhn mit den Früchten des Feldes.

Lutherus.

Luth. His verbis significat, quomodo eos in deserto foverit, mores eorum tulerit, atq; tentaverit, ac benefecerit, ut discerent volare, id est, fidere in eum. Das ist: Mit diesen worten zeiget er an/ wie er sie in der Wüsten ernehret/ mit jhrem thun gedult getragen/ sie versuchet/ vnd allerley guts gethan habe/ daß er sie fliegen/ das ist/ an jn gleuben vnd jm vertrawen lehrete. Glossa. Aquila, ut aiunt, cum plumescere pullos suos videt, ad Solem convertit, & illum nutrit, qui irreverberata acie aspicit radios solis, & si lumina deflectit, quasi degenerem negligit, pullosq;

ad voad volandum provocat, & lassos alis sustentat: Sic Deus ad verum solem nos invitat, infirmitatibus nostris compatitur & alis gratiæ sustentat. Das ist: Der Adler / wie man saget/ so er sihet / daß sich seine Jungen befiedern / helt er sie gegen der Sonnen/ Die nun mit vnuerwandelten Augen die Sonne ansehen / ernehret er/ Die aber mit den Augen blintzeln / wirfft er hinweg/ als vnartig/ reitzet seine Jungen an zu fliehen/ So sie müde sein / treget er sie auff seinen flügeln: Also lest vns GOtt zu der rechten Sonnen ruffen / hat Gedult mit vnser Schwacheit / vnd tregt vns auff den Flügeln seiner Gnaden/ꝛc. Daruon bald mehr.

Bey diesem Vogel zeiget Gott auch seine Weißheit vnd Allmacht an. Job 39. Fleuget der Adler/spricht Gott zu Job / aus deinem Befehl so hoch / daß er sein Nest in die höhe machet? In Felsen wohnet er/ vnd bleibet auff den Kipffen an Felsen/ vnd in festen örtern. Von dannen schawet er nach der Speise/ vnd seine Augen sehen ferne. Seine Jungen sauffen Blut/ Vnd wo ein Aß ist/ da ist er. Allhie erzehlet GOtt etliche Eigenschafften/ welche er nach seiner Weißheit vnnd Allmacht dem Adler gegeben habe / so den Menschen vnbegreifflich. Die erste ist der hohe flug/ daß er höher als kein Vogel sonst fliege/ vnnd der Sonnen Glantz jhn nicht hindere. Die ander/ daß er seine Jungen an einen sichern ort / auff die hohen Felsen lege/ daß sie keinen schaden nehmen/ oder jhm geraubet werden. Die dritte ist sein scharffes Gesicht. Glossa. Aquila (ab acumine oculorum vocata) tam acutè videt, ut cum super maria immobili penna feratur, nec humanis visibus pateat, pisciculos in mari natare videat, instar tormenti descendens raptam prædam ad littus pertrahit. Das ist: Der

Job. 39. GOtt erinnert vns auch der Göttlichen weißheit vnd Allmacht/ bey des Adlers eigenschafften.

I.

II.

III.

Adler.

Adler sihet so scharff / daß / wenn er schon vber sich fleuget / vnnd kein Mensch mit den Augen jhn droben ansehen kan / so ersihet er doch die kleinen Fischlein im Meer schwimmen / scheust wie ein Pfeil auff sie dar / vnnd zeucht den Raub an das Gestad. Sic Christus super cœlos exaltatus & humanis subtractus aspectibus, in mari huius mundi natantes, oculis misericordiæ videt, & pennis amoris pertrahit ad littus æternæ securitatis. Das ist: Also sihet auch Christus / der vber die Himel erhöhet / vnd dem menschlichen anschawen entnomen ist / die jenigen / so in dem Meer dieser Welt schwimmen / mit den Augen seiner Barmhertzigkeit an / Vnd mit den Federn seiner Liebe zeucht er sie an das Vfer oder Gestad / der ewigen Ruhe vnd Friedes / rc. Dar-
III. von bald hernach. Die vierde Eigenschafft des Adlers ist / daß er seine Jungen mit Raub ernehret / rc.

Doch schreibet man von dem Adler / daß er vntrew sey gegen den Jungen / Denn den einen werffe er aus dem Nest hinweg / aus vberdruß vnnd Faulheit viel zu ernehren / Wie Basilius lehret / oder viel mehr nach Ambrosij Meinung / daß er die seine probiert / darmit nicht ein vnartiger jm nachfolge / Sintemal er die Jungen also probiert / daß er sie mit den Augen gegen der Sonnen halte / welche die Augen vnuerendert halten / erkenne er für die seine / Die aber die Augen wenden / oder blintzeln / werffe er als Pastart vnd vnartige hinweg / Doch wird der hingeworffene von einem andern Vogel (Fulica oder Phene) auffgenommen / vnd vnter den seinen ernehret. Basilij wort sind diese: Homil 8. in Hex. Iniquissima volucris aquila in educanda sua prole dicitur esse: Pullorum enim alterum exclusorum alis percussum abigit, extrudit, præcipitat, alterum solum uti suum assumptum educat. Tædio porrò nutriendi

endi quem genuit ipsa fugat, sed hunc eiectum ut aiunt, cognati generis ossifraga haud negligit, neq; perire sinit, sed excipit & una cum suis educat pullis. TALES PARENTES ij sunt, qui paupertatis prætextu liberos suos infantes exponunt, quiq; in distribuendo filijs suis patrimonio iniquissimi sunt. Est enim par profectò, consentaneumq; rationi naturæ, ut æquè cuiq; tribuere vitam, sic etiam æquè vivendi facultates præstare. Das ist: Die jenigen Eltern werden allhie gestrafft/ welche entweder die Armut fürwenden/ vnnd die Kinder wegwerffen/ oder sonst in vbergebung des Erbtheils vnrecht mit den Kindern vmbgehen/ Denn die natürliche Billigkeit erfoderts/ daß/ welche das Leben gleich empfangen haben/ sollen auch die Güter gleich empfahen.

Ambrosius lib. 5. cap. 18. Hex. Aquila plurimo sermone usurpatur, quod suos abdicet fœtus, sed non utrumq;, verum unum ex pullis duobus. Quod aliqui putaverunt fieri geminandorum alimentorum fastidio: Sed id non arbitror facilè credendum, præsertim cum Moses tantum testimonium pietatis in pullos suos huic dederit avi. Deuter. 32. ut diceret, sicut aquila protegit nidum suum, &c. Quomodo ergò expandit alas suas, si occiderit alterum? Vnde puto NON AVARICIA nutriendi eum inclementem fieri, sed EXAMINE IVDICANDI. Semper enim fertur probare quos genuit, ne generis sui inter omnes aves quoddam regale fastigium degeneris partus deformitas decoloret. Itaq; asseritur, quod pullos suos radijs Solis obijciat, atque in aëris medio, pio parvulus ungue suspendat: ac si quis repercussus Solis lumine intrepidam oculorum aciem inoffenso intuendi vigore servaverit, probatur, Ambrosius.

quod veritatem naturæ ſinceri obtutus conſtantia demonſtraverit. Sin verò lumina ſua præſtrictus radio Solis inflexerit, quaſi degener & tanto indignus parente reijcitur, nec æſtimatur educatione dignus, qui fuit indignus ſuſceptione. Non ergò eum acerbitate naturæ ſed IVDICII integritate condemnat: Nec quaſi ſuum abdicat, ſed quaſi alienum recuſat. Hanc tamen, ut quibuſdam videtur, Regalis avis inclementiam, plebeiæ avis excuſat clementia. Avis enim cui Fulica nomen eſt, quæ Græcê dicitur Phene, ſuſceptum illum ſive abdicatum ſive non agnitum Aquilæ pullum, cum prole ſua connectit, atque intermiſcens ſuis, eodem quo proprios fœtus maternæ ſedulitatis officio & pari nutrimentorum ſubminiſtratione paſcit & nutrit. Ergò Phene alienos nutrit, nos verò noſtros immiti crudelitate proijcimus. Aquila verò ſi proijcit, non quaſi ſuum proijcit, ſed quaſi degenerem non recognoſcit: nos quod peius eſt, quos noſtros recognoſcimus, abdicamus, &c. Aber weil diese Lehr in den Ehestandt gehöret / wöllen wirs jetzt einstellen.

Gregorius libr. 31. cap. 34. 35. &c. moralium. Deutet diese Eigenschafft auff die Christgleubige Gottesfürchtige Menschen/ Daruon drunden jhr beschreibung folgen wird/ mögen doch die Außlegung Gregorij hie mercken. Hoc loco aquilæ nomine ſubtilis ſanctorum intelligentia, & ſublimis eorum contemplatio figuratur. 1. Cunctarum quippe avium acies aquilæ ſuperat, ita ut Solis radius fixos in ſe eius oculos, nulla lucis ſuæ coruſcatione reverberatus claudat. Ad præceptum ergò Dei elevatur aquila, dum iuſsionibus divinis obtemperans in ſupernis ſuſpenditur fidelium vita. 2. Quæ & in arduis nidum ponere dicitur, quæ deſideria terrena deſpiciens, ſpe iam de cœleſtibus nutritur. In arduis nidum

dum ponit, qui habitationem mentis suæ in abiecta & firma cõversatione non construit. Phil. 3. Nostra conversatio in cœlis est. &c. 3. In petris manet. In sacro eloquio cum singulari numero petra nominatur, Christus accipitur: Cum verò petræ pluraliter appellantur, membra eius videlicet, sancti viri, qui illius robore solidati sunt, exprimuntur. Ista itaq; aquila in petris manere dicitur, quia in dictis antiquorum & fortium patrum mentis statione collocatur. Eorum quippe vitam, quos in via Dei præijsse se conspicit, ad memoriam reducitur, atq; in celsitudine illorum fortitudinis studendo nidum construit sanctæ meditationis. Cúq; eorum acta dictaq; tacitè cogitat, cum præsentis vitæ gloriam in comparatione æternæ excellentiæ, quàm sit abiecta, considerat, quasi sub se esse ima terrarum in petris residens observat. Vel: Vir sanctus cum terrena despicit more aquilæ se ad altiora suspendit, & per contemplationis spiritum sublevatus perennem angelorum gloriam præstolatur, atq; huic mundo hospes, illa appetendo quæ aspicit, tam in sublimibus figitur. Recte ergò dicitur in petris manet, id est, in tentatione cordis inter illas cœlestes virtutes residet, &c. 4. Oculi eius de longe pros.) Quantumlibet enim in hac vita positus quisq; profecerit, nec dum Deum per speciem, sed per ænigmatis speculum videt. E vicino autem cum respicimus verius cernimus, cum verò longius aciem tendimus sub incerto visu caligamus. Quia igitur sancti viri in alta se contemplatione erigunt, & tamen Deum sicut est videre non possunt, benè de hac aquila dicitur, Oculi eius delongè prospiciunt, quasi dicerent, Intentionis aciem fortiter tendunt, sed nec dum propinquum aspiciunt, cuius claritatis magnitudinem penetrare nequaquam possunt. A luce enim incorruptibili caligo nos nostræ corruptionis obscurat, cumq; & videri aliquatenus potest, & tamen videri lux ipsa, sicut est, non potest, quam longè sit indicat, 5. Vnde & sancti prædicatores, cum auditores suos divinitatis verbum capere non posse conspiciunt, ad sola incarnationis Dominicæ verba descendunt. Vnde benè & illicò subinfertur. Pulli eius lambunt sanguinem.) quasi diceret, Ipsa quidem

dem (aquila) divinitatis contemplatione pascitur, sed quia auditores eius divinitatis percipere arcana nequaquam possunt: cognito crucifixi Domini cruore satiantur: Sanguinem quoq; lambere est passionis Dominicæ infirma penetrare. 6. Et ubicunq; cadaver est statim adest.) Cadaver quippe à casu dicitur: Et non immeritò Corpus Domini propter casum mortis cadaver vocatur. Quod autem hic de hac Aquila dicitur: Vbicunq; cadaver erit, &c. hoc de egredientibus animabus fieri veritas spondet, dicens: Vbicunq; fuerit corpus illic congregabuntur & aquilæ, quasi diceret, Quia cœlesti sede incarnatus redemptor vester præsideo, electorum quoq; animas, cum carne solvero, ad cœlestia sublevabo. Sed & aliter hoc intelligi potest. Omnis qui in peccati mortem ceciderit, non inconvenienter poterit cadaver vocari: quasi exanimis namq; iacet, qui iusticiæ Spiritum vivificantem non habet. Quia ergò sanctus quisq; prædicator, ubi peccatores esse considerat, illuc anxiè pervolat, ut in peccati morte iacentibus lucem vivificationis ostendat, benè de hac Aquila dicitur, Vbicunq; fuerit cadaver, &c. id est, illuc tendit ubi utilitatem prædicationis prospicit, ut ex eo quod iam spiritualiter vivit, alijs in morte sua iacentibus prosit, quos corripiendo quasi edit, sed ab iniquitate ad innocentiam permutando in sua membra, quasi edendo convertit, &c. Bißhero die allegorische Außlegung Gregorij/ der den Adler mit obenerzehleten Eigenschafften auff die hochverstendigen Gottseligen Lehrer deutet. Ohne noth zu interpretirn/ dieweil der frommen Christen Sprüche bald hernach folgen werden.

Prouer. 30. Dieweil aber GOtt zu Job sagt/ wie wunderbarlich es mit dem Adler stehe/ so widerholet dis der weise König Salomon/ Prouer. 30. Drey ding sind mir zu wünderlich/ vnd das vierde weis ich nicht: Des Adlers Weg im Himmel. Welchs denn auff mancherley weise gedeutet wird. Ambrosius aber lib. de Salom. c. 1. verstehets von Christo. Aquilam in hoc loco Christum Dominum nostrum debemus acci-

Ambrosius vergleichet Christum dem Adler.

accipere, qui post venerandam resurrectionem, qua docuit humanum genus in vitam redire posse post mortem, velut aquila revolavit ad patrem, prædam secum referens, id est, hominem quem rapuerat de faucibus inimici, &c. Hæc est aquila quæ tegit nidum suum, id est, Christus ecclesiam. Et renovabitur sicut Aquilæ iuventus tua. Nam 1. ut Aquila colona quasi ita mater nidi semper unius est, nec ad procreandam sobolem aliud aliquãdo cubile perquirit. 2. Et cum primum calidis ovis maturo ortu fœtus eruperit interior, pullos educit implumes: hos contra faciem fervidi Solis opponit, ut qui ægram & invalidam corusco radiorum appulsu aciem submiserit oculorũ materno damnatus arbitrio et fratrũ consortio separetur & deijciatur in terrã. 3. Et sicut avis ista inimica serpentũ est, quos cum in aëre alarũ remigio, subvectando supportat, hos obunco rostro, & armatis quasi quibusdam telis, pedib. suis lacerat ac divellit, quos cũ devorat, calore suo interno noxiũ illud virus extinguit. Ita ergo & Christus. 1. Vnã diligit ecclesiam, ut aquila nidum suum, quam ab æstu psecutionis alarum suarum defendit umbraculo. 2. Sic quoq; extra ecclesiam pijcit, in quib. fidei lumẽ infirmum est, qui igneam Evangel. lucem vitijs secularib. inquinati, ferre non possunt. 3. Et ut aquila serpentes devorat, & eorum venena calore coquit interno: Ita & Christus Dominus noster percusso dracone, id est, Diabolo lacerato, dum humanum sibi corpus assumit, peccatum illud quod hominem tenebat obnoxium, tanq̃ perniciosum virus extinxit. Hoc est ergò quod ait, vestigia aquilæ volantis quia etsi post pasionẽ & resurrectionem suam præsentib. Apostolis Dominus noster ascendit in cœlum, tamen cuius hominis tam altus sensus & tantus est, ut explicare posset, quomodo illa tanta maiestas de cœlo aut venire dignata fuerit, aut redire? Cum hoc solum nobis scire liceat, quod aut venit aut rediit. Quis enim cognoscere potest quemadmodum VERBVM in virginem venerit, ut repentè conceperit, ut tàm fœlicem fœtum partus virginalis effunderet, ut hominem Deus indueret, quem totus mundus non potest nec sufferre nec capere? Id est, quod ait vestigia aquilæ volantis, id est Christi Domini advenientis ad terram aut redeuntis ad cœlos vestigia cōprehendi enarrariq; non posse. Das ist: Des Adlers Weg im Himmel/das ist/die zukunfft des Sohns Gottes in den Jungfrewlichen Leib/ Vnd widerumb seine Himmelfart kan kein Mensch mit seinem Verstande vnd Sinnen begreiffen/ vnd außreden.

Christus hat dreyerley Adlers eigenschafften.

Er gibt aber Christo dreyerley Adlers Eigenschafften. 1. Gleich wie ein Adler nur bey einem Neste bleibt/ vnd nicht mehr machet/ wenn er Eyer legen vnd Jungen ziehen wil: Also liebet Christus auch nur ein Nest/ seine Christliche Kirche/ welche er mit dem Schatten seiner Flügel/ für der Hitz der Verfolgung vertheidiget vnnd beschirmet. 2. Gleich wie der Adler seine Jungen/ wenn sie noch blut sind/ gegen der Sonnen glantz aufftruckt/daß ers probiere/ ob sie guter art vnd seines Geschlechts seyen/vnd welche nicht mit vollen starcken Augen die Sonne anschawen/ sondern blintzeln/ aus dem Nest wegwirfft/ vnnd von den andern Jungen absondert: Also thut auch Christus/ Er wirfft die jenigen aus der Kirchen vnnd seinem ewigen Reich/ in welchen das Liecht des Glaubens gar tunckel vnd verloschen ist/ vnd die mit jhrem sündhafftigen Leben das helle Liecht des Euangelij nicht dulden können. 3. Vnd endlich wie auch die Adler die Schlangen zerreissen/ fressen/ vnnd das Gifft mit jhrer innerlichen Hitz verdawen vnnd verzehren: Also hat auch

auch Christus die alte Hellische Schlange/den Teuffel/ zurissen/ das Teuffelsche Gifft/ die sünde/ dardurch alle Menschen verderbet vnd vergifft waren/ mit seinem Leiden/ Sterben/ Aufferstehen vnd Himmelfart verdawet/ verzehret vnd verschlungen. Bißhero Ambrosius.

Dieweil denn Christus von den S. Patribus hie vnd an andern örten einem Adler vergliechen wird / wöllen wir mehr Adlerische Eigenschafften / so Christo gebüren/ anhören. Bonavent. Serm. 26. de Tempore. Die erste Eigenschafft des Adlers ist das scharffe gesicht/ der mit stracken vnbeweglichen/vnuerletzten Augen den hellen Sonnenglantz anschawen kan/ Vnd wenn er auch bey den Wolcken droben schwebet / vnd von keinem Menschen kan ersehen werden/ so sihet er doch die kleinen Fischlein im Meer/lest sich herab/ erhascht vnd verschlinget sie: Also schawet Christus nach seiner Menschheit klar an die ewige Sonne/ vnd empfehet daher ein solches Liecht/ daß er aller ding wissenschafft hat/alles weis/was Gott weis/ꝛc. Sic & Salvator noster secundum HOMINEM divinitati unitus irreverberata acie Solem cernens æternum, tantum illius luminis ad se traxit, ut SCIENTIAM OMNIUM RERUM acceperit, ut SCIAT OMNE, QUOD DEUS SCIT. Weil er denn alle ding weis vnd sihet/ (welches doch die Sacramentirer lesterlich verneinen) fromme vnd bösen/sollen sich die Gottlosen/der Sünden halben/ schemen vnnd fürchten/ Die frommen aber / denen offt leid vnd vnrecht geschicht/ sich frewen vnd trösten/weils der allwissende HERR an Tag bringen vnnd richten wird.

Mehr Eigenschafften des Adlers/ Christo gehörig/erzelet Bonaventura

1.

2. Gleich wie der Adler einen scharffen Geruch hat/ daß er ein Aß von ferne vnd vber Meer riechen kan / vnd bald daselbst ist/ ja auff dem Raube den Heeren nachfleuget: Also hat 2.

hat der fromme HERR vnnd Heyland Christus in seines Vaters Schoß/ vnsere stinckende Aß/ Elend vnnd Jammer gerochen/ ist aus hohem mitleiden herab kommen/ vns nicht
3. zuuerschlingen/ sondern zu heilen. 3. Wie der Adler eine grosse Liebe zu seinen Jungen tregt (vber alle andere Vögel) daß er auch einen edlen Stein/ Amethystum/ wider alles Gifft dienstlich/ in das Nest leget/ vnd wenn die Jungen erstarcken fliegen lehret/ ob jhnen schwebet/ daß jhnen nichts widerwertiges begegene: Also hat Christus vns so hoch geliebet/ daß er sich selbst/ den besten edlen Stein/ in das Nest der Christlichen Kirchen geleget/ vnnd alles Teuffelisches Gifft von vns getrieben hat/ Lehret vns auch gen Himmel fliegen/ wie er vns denn vorgegangen ist. 4. Wie auch der
4. Adler seine Jungen probieret/ So thut gleicher gestalt Chri-
5. stus/ als vor Ambrosius angezeiget hat. 5. Gleich wie sich der Adler wider erjunget/ (daruon bald bey den Gleubigen folgen wird) Also ist Christus von den Todten aufferstanden/ vnd in ein vnsterbliches ewiges Reich/ mit seinen glori-
6. ficirten Leibe/ eingangen. 6. Wie der Adler im fliegen nicht müde wird/ sondern vber sich in die höhe vber alle Vögel sich schwinget/ Also ist Christus ohn aller Menschen vnd Engeln Hülffe/ aus eigener Krafft gen Himmel gefahren.
7. 7. Vnd zum letzten/ Gleich wie der Adler sein Nest in das höchste vnnd sicherste ort leget/ Also hat auch Christus das höchste ort (so zunennen) eingenommen/ ist erhaben vber alle Creaturen/ eingesetzt in den Thron vnd Stul des Allmechtigen Himlischen Vaters/ daß jhn anbeten sollen alle Engel vnd Ertzengel/ alle Knie sich beugen/ deren die im Himmel/ auff Erden/ vnd vnter der Erden seind/ etc. Phil. 2.

Christgleubige Menschen bey Was aber die fromme Christgleubige Menschen anlanget/ werden sie auch bey vnnd mit den Adlern abgebildet.

Esa. 40.

Esa. 40. Die auff den HERRN harren/ kriegen newe Krafft/ daß sie auffahren mit Flügeln/ wie Adler/ daß sie lauffen vnd nicht matt werden/ daß sie wandeln vnnd nicht müde werden. Ist ein Trost der Christen/ Gott wölle sie in jhrem Beruff/Creutz vnd Widerwertigkeit erhalten/langwiriges Leben/ Krafft vnd vermögen verleihen/daß sie außtawren/ vnd aus allem Vnglück/ in das Himlische Wesen vnnd Leben/ entrinnen mögen. Erstlich wirds verstanden de statu culpæ & gratiæ/daß sie von der Sünde zur Gnaden Gottes kommen/ vnnd darinnen Krafft vnd Bestendigkeit erlangen. Darnach von dem Ampt vnnd Beruff der Christen/ darinnen sie beharren/ vnd sich von dem Christlichen Leben nicht abwenden lassen. Item/auch vom Creutz vnd Leiden / daraus sie entfliehen. Hieronymus deutets auch auff die Aufferstehung in jener Welt: Sanctos repuerascere, & assumpto immortali corpore, laborem non sentire mortalium, sed rapi in nubibus obviam Christo, & nequaquam esurire, quia præsentem Dominum habeant cibum.

dem Adler vorgebildet Esa 40.

Hieronym.

Gleicher weise redet auch David / Psalm. 103. darvon/ Lobe den HERRN meine Seele/ etc. Der deinen Mund frölich macht/ Vnd du wider jung wirst/ wie ein Adler. Augustinus schreibet darüber/ Daß die sage sey/ Wenn der Adler alt werde/ so wachse jhm der öberste Schnabel im Maul so krum vntersich / daß er daß Maul nicht mehr auffthun/ vnnd die Speise fassen könne: Demnach verfüge er sich zum Felsen/ stoß vnd wetze den krummen Schnabel so lange vnd viel daran/ biß er jhm herab gehet/ als denn fleugt er wider zu seiner Nahrung/ wird wider starck vnnd jung/ wachsen jhm die schönen Federn wider/ etc.

Psal. 103.

Augustin.

Wie gehets aber mit dem Menschen zu? Erstlich geschichts durch das Wort Gottes vnd Sacramenta/wie Hieronymus sagt: Vt muteris de veteri in novum hominem. Daß du von einem alten ein newer Mensch wirst. Ambros. Tom.3. Ser. 54. David ait: Renovabitur sicut Aquilæ iuventus tua.) Intelligens per gratiam Baptismi occidua nostræ vitæ posse reviviscere, & iuventute quadam renovari posse, id quod in nobis fuerat delictorum vetustate collapsum. Das ist: Durch die Gnade der H. Tauffe/ wird das gefallene vnsers Lebens wider lebendig / Vnd was durch die älte der Sünden verdorben war/ widerumb ernewert vnd verjunget.

Ambrosius.

Honorius.

Honorius Ser. de circumcisione: deutet diese Ernewerung vnd Verjungung auff die wahre Busse der Sünder/die nichts Geistlich schmecken noch essen können/so lang biß sie mit einem wahren Glauben an dem Felsen Christo jhr Härtigkeit ablegen vnd wegthun. Vt Aquila per senectutem, tam curvum acquirit rostrum, ut vesci non possit, nisi ad lapidem percutiendo aduncitatem frangat, quo facto rursus edit & bibit & reiuvenescere dicitur: Sic peccator, qui peccatis est prægravatus, nil spirituale ei sapit & morietur fame, nisi ad petram Christum per pœnitentiam se fortiter ac diu percutiat usq; ad propositi mutationem & duriciei abiectionem.

Augustin.

Darnach zum andern/wird diese Vernewerung auch außgelegt von der Aufferstehung der Todten/ da vnsere Leiber glorificirt aufferstehen werden. Augustinus. Resurrectionem quandam significavit nobis: Et quidem renovatur iuventus aquilæ, sed non ad immortalitatem: data est enim similitudo quantum de re mortali, potuit trahi ad rem utcunq; significandam immortalem, non ad demonstrandam. Post. Quod de aquila dictum est, non ad

immor-

immortalitatem Aquila reparatur, nos autem ad vitam æternam. Sed tamen propterea inde ducta est similitudo, ut quod nos impedit, petra nobis auferat. Non ergò præsumas de viribus tuis: firmitas petræ tibi excutit vetustatem, petra autem erat Christus. In Christo renovabitur sicut Aquilæ iuventus nostra, &c.

Weiter nennet Christus selbst alle Gleubige/Adler/ die sich nach jm sehnen/ sich zu jm finden/ Matth. 24. Luc. 17. aus dem Sprichwort/ Job 39. Wo ein Aß ist/da versamlen sich die Adler. Die Apostel frageten den HERRN/ Wo sie denn in der grawsamen verstörung vnd verfolgung des Jüdischen Lands vnd Volcks bleiben solten? Darauff antwortet Christus: Wo ein Aß ist/da samlen sich die Adler. Brentius, Vos benè confidite, tutissimũ habebitis asylum, quo in omnibus adversis servabimini: Sicut enim Aquilæ & cadavera facilimè congregantur: Ita ego & vos semper una erimus. Vos facilè me invenietis, ego autem nunq̃ vos deseram. Nam in quavis calamitate, quæcunq; acciderit orbi terrarum, semper CHristus & credentes in Christum coniuncti sunt. CHristus caput est, credentes membra sunt. Caput autem membris, membra capiti adhærent. Das ist: Seid getrost/ liebe Jünger vnd alle Christen/ jr habt eine sichere freyung vnd burg / daß jr in allen nöten erhalten werdet. Denn gleich wie die Adler vnd das Aß bald bey einander sind/vnd sich zusamen finden/ Also wil ich vnd jr jm̃erdar bey einander sein/ jr werdet mich leichtlich finden/so wil ich euch nirgend vnd nim̃er verlassen/Jr seid meine glieder/ich bin das Häupt/ Wie köndten wir getrennet sein?

Matt. 24. Luc. 17.

Brentius.

Ambrosius in Lucam. Vbi fuerit corpus.) Prius quæ sint aquilæ conijciamus, ut quod sit corpus diffiniamus: Iustorum enim animæ aquilis comparantur. 1.

Ambrosius.

Quod alta petant. 2. Humilia derelinquant. 3. Longævam ducere referantur ætatem. Vnde & David animæ suæ dicit, Renovabitur sicut aquilæ iuventus tua. Si igitur intelleximus aquilas de corpore iam dubitare non possumus, maximè si meminerimus quod à Pilato Ioseph corpus acceperit. Nonnè tibi videntur Aquilæ circa corpus, Maria Cleophæ, & Maria Magdalenæ, & Maria mater Domini, Apostolorumq; conventus circa Domini sepulturam? Nonnè tibi videntur Aquilæ circa corpus, quando veniet in illa die cum intelligibilibus nubibus filius hominis, & videbit eum omnis oculus, & qui in eum compunxerunt? Est etiam corpus, de quo dictum est, Caro mea verè est cibus, & sanguis meus verê est potus: Circa hoc Aquilæ sunt, quæ alis circumvolant spiritualibus. Sunt & circa corpus Aquilæ, quæ credunt Iesum in carne venisse, quia omnis spiritus, qui confitetur Iesum Christum in carne venisse, de Deo est: Vbi ergò fides, ibi Sacramentum, ibi diversorium sanctitatis est. Est etiam corpus Ecclesia, in qua per Baptismi gratiam renovamur spiritu & occidua senectutis in redivivas reparantur ætates. Das ist: Die Adler sind die Gottesfürchtigen Christen / welche das nidrige jrrdische verlassen/ vber sich mit jhren Gedancken zun Himlischen dingen fliegen/ ja mit dem Gemüt schon im Himmel wohnen/ vnd ein langes ewiges Leben haben. Das Aß/ Corpus/ ist Christus selbst/ zu dem sich bey seiner Begrebnis die fromme Weiber vnd Apostel finden/ Darnach die schnelle Adler sind die gleubige Christen in seiner andern vnnd letzten Zukunfft/ Item/ die Gottseligen kommen zu seinem Leib vnnd Blut im heiligen Abendmal. So ist auch die Christliche Kirche sein Leib/ da man durch die gnade der heiligen Tauffe im Geist ernewert vnd erjunget wird. Summa/ Welche da gleuben/ daß Jesus ins Fleisch kommen sey/ ꝛc.

Hilarius Canone 25. Matth. Christus hat die Heiligen Adler genennet / von wegen des behenden schnellen flugs/ vnd bewegung deß geistlichen Leibes/ vnd angedeutet/ daß sie am ort des Leidens Christi (durch der Engel versamlung) jhren Conuent am Jüngsten Tag haben werden/ Denn billich ists/ daß man da der herrlichen Zukunfft warte / da er mit seinem Leiden vnnd tieffen Demut die ewige Herrligkeit vns erlanget hat. Hilarius.

August. lib. 1. quæst. Evangel. quæst. 42. Illic congregabun. Aquilæ.) dictum est de spiritualibus, qui eius passionem humilitatemq́ꝫ imitando tanquam de eius corpore saturarentur. Die Geistliche/ so Christi Leiden vnd Demut nachfolgen/ vnd als von seinem Leibe gesetiget werden. Chrysost. in post. Commen. hom. 49. verstehet den Jüngsten Tag / da die grosse Menge der Engel/ Märterer vnd andere Heiligen/ als Adler/ Christo zufliegen/ vnnd bey jhm versamlet werden. Denn wie des Adlers Jungen an der Sonnen probieret werden/ ob sie rechte natürliche / oder Pastart seyen/ Also wird auch im Jüngesten Tage geschehen/ Denn welche von Hertzen das Wort der Gerechtigkeit Christi ergreiffen/ die sind rechte Kinder/ Welche es aber nicht können/ die sind Pastart vnd vom Teuffel. Ideò sancti aquilis assimilantur, quia sicut filij Aquilarum ad Solem probantur, ut siquidem recto aspectu intendere potuerint contra radios Solis, intelligantur esse legitimi, si aũt non potuerint, cognoscantur adulterini: Sic & filij Dei ad iusticiam Christi comprobantur, si enim potuerint pleno corde iusticiæ verba suscipere, intelligũtur esse legitimi, si autem non potuerint, cogno- Augustin. Chrysostom.

Origenes. scuntur de diabolo esse nati,&c. Origenes. Vide quia non dixit(ubicunque fuerit corpus,ibi cong.)vultures,aut corvi, sed Aquilæ,volens ostendere Magnificos & Regales omnes, qui in passione Domini crediderunt. Das ist: Christus hat nicht genent die Geyer oder Raben/sondern die Adler anzuzeigen/daß alle/die an Christi Leiden gleuben/ herrliche vnd Konigliche Personen sein werden.

Hugo. Warumb die Gerechten den Adlern verglichen werdē.

Wir wöllen aber aus Hug. vber Eze. 17. die eigenschafften zusamen fassen/warumb die Gerechte den Adlern verglichen werden. 1. Quia aquila rostrum acuit ad petram,& iustus verbum & cibum ad exemplum Christi, qui nihil locutus est nisi utile. Das ist: Wie der Adler seinen schnabel an den Felsen wetzet/etc. Also helt ein Christ sein Leben vnd Reden gegen dem Exempel Christi/der hierinn recht gehandelt. 2. In æstu Solis deponit veteres plumas: Ita iustus in fervore desiderij deponit veterem hominem cum actibus suis. Das ist: Wie der Adler an der Sonnen Hitz die alte Federn fallen lest/Also sol ein frommer in dem brunst seiner begierde/den alten Menschen mit seinem thun hin vnd ablegen. 3. In fonte lavatur ut novis plumis induatur: ita iustus in fonte contritionis. Wie der Adler sich im Wasser badet/ daß die Federn wider wachsen/ So sol sich der Christ mit seinen threnen waschen. 4. Famis est patiens,ita iustus. Wie der Adler/also sol der Christ auch hunger leiden können. 5. Vngues studiosè respicit,ita iustus novis s. sua. Wie der Adler seine klawen fleissig beschawet/ also sol der gerechte auff das end achtung geben. Eccl.7. 6. Volat sublimius cæteris avib. ita iustus per contemplationem ad Dominum. Er sol mit betrachtung der Himlischen ding andere vbertreffen/ vnd zu Gott nahen. 7. Brevius est sinistrum crus, ita iusto brevior est cura temporalium,à quib.non quærit nisi necessi-

cesſitatem. Wie dem Adler der lincke fuß kürtzer iſt denn der
rechte/alſo ſol der Chriſten ſorge für zeitliche narung geringer
vnd kürtzer ſein/ als die nur die nothwendige vnterhaltung be-
dürffen. 8. Nidificat in alto, ita iuſtus per contemplati- 8.
onem cogitationũ & deſideriorum in æternis pullos col-
locat. Wie der Adler in der höhe niſtelt/alſo der frome ſuchet
ſein Neſt vñ ruhe im Himliſchen weſen. 9. In nido ponit la- 9.
pidem hechitem, qui facilem partum & excluſionem o-
vorum facit, & pullos cuſtodit: Hæc eſt memoria crucis
Chriſti. Die gedechtnis des leidens Chriſti macht alles leicht.
10. Irreverberata acie intuetur ſolem, ita iuſtus ſolem iu- 10.
ſticiæ. Gleich wie der Adler mit vnuerwandtem Geſicht die
helle Sonne anſihet/ alſo auch der Gerechte ſchawet an die
Soñe der gerechtigkeit. 11. Pullos degeneres abijcit & vi- 11.
gentes ad volandum erudit: ſic iuſtus de ſuis operib. vel
ſubditis. Wie der Adler die vnartige Jungen aus dem Neſt
wegwirfft/ſo thut auch der gerechte mit ſeinen wercken vñ an-
gehörigen Vnterthanen. 12. Aquila nigræ caudæ facilius 12.
cibat pullos ſuos, ſic iuſtus conſiderans vitam præteritam
ardentior eſt in bonis operibus. Der Adler mit ſchwartzem
ſchwantz/ſpeiſet viel leichter vnd lieber ſeine jungen/als ande-
re/Alſo weñ der gerechte ſein vorgehendts ſchwartzes oder bö-
ſes leben betrachtet vnd zu gemüt füret/ſo iſt er viel emſiger vñ
eiferiger in den guten wercken. 13. Vnd letzlich. Aquila do- 13.
meſtica brachata capit leporem, ſic robuſti in continen-
tia poſſunt alios prædari domino. Wie die zahmgemachte
Adler auch wol Haſen ergreiffen vnd jagen/alſo können auch
die Gottſelige züchtige Chriſtẽ dem HErrn viel andere men-
ſchen erjagen vnd gewinnen/ꝛc. Vnd das ſey in gemein von Ezech. 1.
den gerechten geredt/aber in ſpecie wird Ezech. 1. Apocal. 4. Apoc. 4.
gedacht/ daß vnter den vier Thieren eines ein Adler geweſen
iſt.

Gemeinlich deuten die Interpretes diesen Adler auff Iohannem Apostolum & Evangelistam/ der gleichsam mit Adlers Federn vnnd Flügel vber sich geflogen/ von dem Wort vnd Gottheit Jhesu Christi geprediget/ vnd darmit sein Evangelium vnd Epistel angefangen hat. Andere applicirens nicht allein auff Johannem/ sondern auch alle Apostel vnnd Prediger/ daß sie nicht von Weltlichen/ Irrdischen/ sondern von hohen Himlischen dingen predigen/ vnd nicht jhre Gedancken vnnd Menschen Satzungen/ sondern das ewige Wort Gottes fürtragen sollen. Osiander. Facies Aquilæ admonet non proponendas esse humanas traditiones, aut philosophicas & terrenas speculationes, sed cœlestem doctrinam, quæ omnem rationis humanæ captum superat, &c.

Osiander.

Aller Menschen Vergengligkeit/ straffen vnd Creutz bey dem Adler angezeiget. Job. 9.

Neben diesen Beschreibungen vnnd Lehren/ werden auch bey dem Adler des Menschen Schwacheit/ Vergengligkeit/ Creutz vnd Straffen fürgehalten. Job. am 9. bekennet in seinem Elend: Meine Tage sind vergangen/wie der Adler fleuget zur Speise. Gleich wie der Adler gantz giriglich vnd auff das aller schnelleste/ als ein Pfeil/ zum Raub vnnd Speise geflogen vnd gefahren kömpt/ Also schnell vnnd behende sind auch meine Tage dahin geflogen.

Hier wird erstlich fürgebildet die Vergengligkeit vnsers elenden Lebens auff Erden/ welche den Menschen wol einzubilden ist/ daß sie nicht so sicher in den tag hinein sündigen/ sondern in der zeit Busse thun. Darnach redets Job nicht gebührlicher weise/ sondern viel mehr aus Vngedult/ Denn viel Wolthaten heit er von Gott empfangen/ Aber da er jn nur ein wenig vnsanfft nidersetzt/ schreyet er darüber/ vnd vergisset aller empfangenen Gutthaten/ Das ist eine böse vnart an den geplagten Christen im Creutz/ welche man fliehen/

oder

oder ja erkennen vnd Gott abbitten sol. Gregorius lib. 9. cap. 25. moral. deutets auff den hohen trefflichen Standt der Vnschuld / darinn das Menschliche Geschlecht ist erschaffen worden / Aber darinn nicht geblieben / Sondern wie der Adler sich zur Speise herunter lest / Also seind sie vmb der Speise vnd Apffel willen in den elenden vnd tieffesten Jammer gerathen. Aquila in alto valdè volatu in aëre suspenditur & liberatur, sed per appetitum ventris terras expetit, sesecꝙ a sublimibus repentè deorsum fundit: Sic humanum genus in parente primo ad ima de sublimibus corruit, quod nimirum conditionis suæ dignitas, in rationis celsitudinem, quasi in aëris libertatem suspenderat: sed quia contra præceptum, cibum vetitum contigit, per ventris concupiscentiam ad terras venit, & quasi post volatum carnibus pascitur, quia illa libera contemplationis inspiracula perdidit, & deorsum corporeis voluptatibus lætatur, &c. Gregorius.

Darnach wird auch bey den Adlern angezeiget / die späte Rew / das heulen vnd schreyen / welches von den straffen Gottes kommen. Michæ. 1. zu end: Laß die Haar abscheren / vnnd gehe kahl vber deine zarte Kinder / Mache dich gar kahl wie ein Adler / Denn sie sind von dir gefangen weggeführet. Mich. 1. Ist eine Weissagung vom Volck Israel / daß die Israeliten vom Assyrischen König gefangen weggefüret sollen werden / vmb jhrer Abgötterey vnd Vnbußfertigkeit willen / Als denn so werden sie jhr Haar außräuffen / vnnd kahl daher gehen / wie die Adler / wenn sie in der Mauß die Federn fallen lassen. Vnnd das drewet auch Lutherus / vber diesen Text / dem Deutschland / von wegen der Abgötterey / darüber die Bischoffe vnd Pfaffen so steiff halten. Lutherus.

Der ander Standt. Weltliche Regenten mit dem Adler fürgebildet.

IM andern Standt werden auch die Weltliche Regenten vnnd Könige mit den Adlern beschrieben vnnd abgebildet. Denn die fürnemeste Eigenschafften der Adler sollen den Regenten können zugeschrieben werden. Erstlich/Gleich wie der Adler andere Vögel
1. mit Hoheit vnnd Fürtrefflgkeit vbertrifft/ Also sollen auch die Könige vnd Oberherren mit Gewalt/ Tapfferkeit vnnd
2. Mayestät den Vnterthanen vorgehen. Zum andern/Sollen sie auch mit des Adlers art begabet sein/ daß sie vnter den anbefohlenen bösen vnnd frommen Vnterthanen einen Vnterscheid wissen zu machen/ Die Bösen straffen / die From-
3. men schützen. Roman. am 13. Cap. Zum dritten/Sollen sie auch des Adlers Gesicht vnnd Geruch haben/ Das ist/ fürsichtig sein / die Sachen recht vnd wol erkündigen vnnd
4. berathschlagen. Zum vierden/ Den schnellen flug haben/ Was recht vnd wol beschlossen/ behende vnnd schnelliglich exequiren vnd vollnstrecken. Mit diesen vnnd andern Eigenschafften sollen die Regenten begabet sein/ Wie die nachfolgende Sprüche oder Exempla augenscheinlich darthun.

Vom Königе Saul/ vnd dem Gottseligen/tapffern Fürsten Jonatho/die von den Philistern erschlagen würden/ spricht vnnd klaget David in seinem Epitaphio carmine:
2. Sam. 1. 2. Samuel. 1. Saul vnd Jonathan holdselig/ sind auch am Tode nicht gescheiden / leichter denn die Adler/vnd stercker denn die Lewen. Darmit rühmet David jhres Leibes vnd Gemüts behendigkeit/ welche in wichtigen vnnd hohen Krigßsachen eine nützliche vnd nötige Tugend ist/ Wo man anders die gute Gelegenheit vnd Glück nicht aus der Hand wil fahren lassen/ꝛc.

Vnd diese Eigenschafft findet man nicht allein bey den Regenten des Volcks Gottes/ Sondern auch bey den

Heyd-

Heydnischen Königen vnnd Völckern: Moses drewet dem Jüdischen Volck/ wenns Gottes Wort vbertritt/ vnd den Satzungen Gottes vngehorsam ist/ so werde ein solcher behender Feind sie vberfallen. Deut. 28. Der HERR wird ein Volck vber dich schicken von ferne / von der Welt ende/ wie ein Adler fleugt/ des Sprach du nicht verstehest/ ein frech Volck/ daß nicht ansihet die Person des Alten/ noch schonet der Jünglingen/ etc. Wiewol Moses mit diesem Spruch die schnelle behendigkeit der Feinde vnd Verfolger des Jüdischen Volcks anzeiget/ Jedoch so sihet er auch auff die Feinde selbs/ wer sie seyen/ nemlich nicht die Chaldeer deren sprache der Jüdischen nicht so vngleich/ sondern die Römer/ die ein Adler im Fänlein führeten/ Wie Epis. Burgensis in additionibus dahin sihet: Vnd Bucholcerus in seiner Isagoge Chronologica weiter außfüret: Quin etiam Moses comparat exercitum Romanum AQVILÆ in Iudæam involanti ad eam excidendam, cum ait: Excitabit contra te Dominus, &c. Inspiciatur totum Caput Deuter. 28. videbit lector, Mosen non solum prophetiam texere, sed excidij Iudaici historiam scribere, cum Iosephi narratione prorsus congruentem. Impletum est hoc Mosis vaticinium post annos 1548. tot Annis antè prævidit Moses Vespasianum & Bellum Iudaicum, quando urbem Hierosolymam circumvolabant vexilla Romanorum, & in vexillis AQVILA vastatrix, &c. Das ist: Moses vergleichet auch das Römische Kriegeevolck einem Adler/ der ins Jüdische Land fleuget / dasselbige zuuerheeren/ Da er spricht: Der HERR wird vber vnd wider dich erwecken / etc. Man sehe das gantze 28. Capittel an/ so wird man sehen/ daß Moses nicht allein geweissaget/ sondern auch beschrieben der Jüden Vntergang/ welchs mit

Deut. 28.

Josephi erzehlung gar vberein trifft. Vnd ist solche Weissagung Mosis erfüllet worden nach 1548. Jahren/ So viel Jahr hat Moses zuvor gesehen/ den Vespasianum vnd den Jüdischen Krieg/ da der Römer Fänlein/ vnd in demselbigen ein Adler/ der alles verwüstet/ vmb die Stadt Hierusalem herumb flogen/ rc.

Doch beschreiben die Propheten auch andere Könige darmit/ wie folgende Exempla außweisen. Jeremias nen-
Jerem. 4. Nebucadnezar mit einem Adler beschrieben. net den Babylonischen König mit diesem Namen/ Cap. 4. Sihe/ Er/ der Babylonische König Nebucadnezar/ fehret daher/ wie Wolcken/ vnd seine Wagen sind wie ein Sturmwind/ Seine Ross sind schneller denn Adler/ Wehe vns/
Jerem. 48. Wir müssen verstöret werden. Cap. 48. So spricht der HERR/ Sihe/ Er fleugt daher/ wie ein Adler/ vnd brei-
Jerem. 49. tet seine Flügel aus vber Moab. Cap. 49. Sihe/ Er fleuget herauff/ wie ein Adler/ Vnd wird seine Flügel außbreiten
Thren 4. vber Bazra. Vnnd in den Klagliedern/ Cap. 4. Vnsere Verfolger waren schneller denn die Adler vnter dem Himmel/ Auff den Bergen haben sie vns verfolget/ vnnd in der Wüsten auff vns gelauret Hieronymus. Per rapidum
Hieronym9. volatum avium, validam & velocem significat persecutionem hostium, qui intra patriam constitutos & deserta patria fugitivos, nimia crudelitate persecuti sunt. Das ist: Durch den schnellen flug der Adler/ wird der Verfolger Behendigkeit vnnd plötzlicher Einfall der Feinde angemeldet/ daß man jhnen weder inn noch ausserhalb dem Land entfliehen könne. Denn wenn Gott straffen wil/ so kan er den Feinden solche schnelle Füß vnnd Flügel machen/ daß man jhnen gar durch keinem wege/ denn allein eine wahre Buß/ entrinnen mag.

Ezech. 17. Der heilige Prophet Ezechiel/ Capit. 17. gedencket auch zweyer grossen Adlern / des Babylonischen vnd Egyptischen Königs/ welche dem Jüdischen Volck grossen schaden zugefüget haben. Du Menschen Kind / sprach der HERR zu mir/ Lege dem Hauß Israel ein Rätzel vnnd Gleichnis für/Vnd sprich: Ein grosser Adler mit grossen Flügeln vnd langen Fittichen / vnd voll Federn/ die bundt waren/ kam auff Libanon/ vnd name den Wipffel von dem Ceder/ vnd brach das öberste Reiß ab/ vnnd führet es ins Krämerland / vnd setzet es in die Kauffmansstadt/ ꝛc. Das ist/ Der Babylonische König Nebucadnezar hat den Jechoniam/ König in Juda/ gefenglich gen Babel geführet/ vnd seinen Vettern Sedechiam an die stäte gesetzt/ Aber er vergisset seiner Pflicht vnd Eydes/ verbindet sich mit einem andern grossen Adlern/dem Egyptischen Könige/ Darumb sol er vom ersten grossen Adler gestraffet werden. beschreibet zween grosse Adler.

Der gestalt beschreibet auch Daniel 7. Capit. Das erste Keyserthumb vnd Monarchiam der Babylonier/ Das erste Thier war wie ein Lew/ vnd hatte Flügel/ wie ein Adler/ die jhm doch außgerauffet würden. Habac. 1. nennet auch die Chaldeer oder Babylonier / so das Jüdische Volck vberfallen/ vnd jhre Reuter daher ziehen werden mit grossen Hauffen/ als flögen sie/ wie die Adler zum Aß eilen. Darmit er nicht allein die plötzliche schnelle zukunfft anzeiget/ sondern auch den Geitz vnnd Begierigkeit nach den gesamleten Schätzen/ Denn wenn man gros Gelt vnd Gut mit vnrecht samlet / so fliegen hernach solche Adler daher/ die den Raub außtheilen vnd wegnehmen. Dan. 7. Habac. 1

Osiander. Avaritia militum punit Deus avaritiam populi sui, qui iniustè divitias cum detrimento proximi corradit, ut quæ malè parta sunt, avarus miles diripiat. Das ist: Die hungerige nackende Kriegßgurgeln Osiander.

 müssen

müssen das erschundene Gut ererben / vnnd vnter sich theilen. Lutherus. Sie fliegen daher / wie ein Adler zum Aß.) Da rhümet er den schnellen Zug vnnd Lauff / Wie es denn auch düncket den / der das Heer kommen sihet / sonderlich / wenn er weis / daß es jhm gilt / so dünckeet jhn / sie fliegen gleich / vnnd kommen allzu bald / ehe man sich könne zur Wehre rüsten. Also brauchet Habacuc die Maler Kunst / daß er denn Einzug der Feinde für die Augen mahlet / vnnd darneben anzeiget / wie denen zu sinn ist / denen es gilt / nemlich / daß sie dünckeet / Es sey mit jhnen nichts anders / denn daß sie sich müssen fressen lassen / Wie ein Adler ein Aß frisset / daß sich sein nicht erwehren kan.

Lutherus.

Hose. 8.

Hoseas hat auch eine Weissagung / Capit. 8. Er kömmet schon vber das Hauß des HERRN / wie ein Adler / darumb / daß sie meinen Bund vbertreten / vnnd von meinem Gesetz abtrünnig werden. Ist eine Weissagung wider das Königreich Juda / vnnd die Häuptstadt Hierusalem / daß der König in Assyrien / Sennaherib / wider sie schnell vnnd grawsamlich herauff ziehen / vnnd vmb jhrer Abgötterey willen hefftig plagen werde / welches vnter dem König Hißkia geschehen ist.

Lutherus.

Lutherus. Similitudo AQVILÆ tum ad celeritatem tum ad potentiam hostis referenda est. Vtroque enim vincit Aquila inter omnes aves, & ideò regium nomen habet. Hieronymus aber deutet dis auff den Babylonischen König Nebucadnezar / etc. Eine weitleufftige Beschreibung eines Adlers / mit zwölff Fittichen vnnd dreyen Häuptern (dardurch mechtige Regenten verstanden werden) lieset man auch 4. Esdr. 11. vnd 12. Cap.

Hieronymus.

Weltlicher Potentaten hochmut bey

Dargegen so mahlen die Propheten auch bey dem Adler der Könige Stoltz vnnd Hochmut für / welche vngestraffet

straffet nicht bleiben sollen. Gott spricht durch Jeremiam/ am 49. Cap. von den Edomitern: Dein Trotz vnnd deines Hertzen Hohmut hat dich betrogen/ weil du in Felsenklüfften wohnest/ vnnd hohe Gebirge jnnen hast. Wenn du denn gleich dein Nest so hoch machtest/ als der Adler/ Dennoch wil ich dich von dannen herunter stürtzen/ spricht der HERR. Osiander. Etiamsi reges & principes arces suas tàm altè locare possent, quàm solent Aquilæ nidificare, tamen ubi Dominum Deum impietate & sceleribus irritaverint, illas munitiones retinere & defendere non poterunt. Quare nequaquam in locis munitis sed in solo Deo spem suam habere debent, &c. Das ist: Wenn Weltliche Könige vnnd Fürsten jhre Schlösser so hoch bawen köndten/ als die Adler jhre Nest machen/ So werden sie dieselbigen doch nicht erhalten noch beschützen können/ wenn sie GOtt den HERRN mit jhrem Gottlosen Wesen vnd Sünden erzürnet haben. Darumb sol man sich im geringsten nicht auff wolgebawete Schlösser verlassen/ sondern alle Hoffnung allein auff Gott setzen/ etc.

dem Adler beschrieben. Jerem. 49.

Osiander.

Vnd diese drewung Jeremiæ widerholet auch Obadia/ in seiner Weissagung/ vers. 4. Wenn du gleich in die Höhe führest/ wie ein Adler/ vnnd machest dein Nest zwischen den Sternen/ Dennoch wil ich dich von dannen herunter stürtzen. Hieronymus inserirt hie den hohen flug vnd das scharffe Gesicht des Adlers/ vergleicht auch darneben diese hochfliegende Adler Geistlicher weise/ den falschen Lehrern vnd Ketzern/ die sich in die Christliche Kirche einmengen/ vnd sich der Geheimnis hoch rühmen/ etc. Aber sollen doch gestürtzet vnnd zu schanden werden.

Obadias.

Hieronymus.

Der dritte Standt. Den Kindern. Prou. 30.

ZVM dritten/ der Ehe oder Haußstandt/ sind zween Sprüche vom Adler zu mercken. Der erste den Kindern/ Prouerb. 30. Ein Auge/ daß den Vater verspottet vnnd verachtet/ der Mutter zu gehorchen/ daß müssen die Raben am Bach außhacken/ vnd die jungen Adler fressen. Das ist/ Welche Kinder sich nicht lehren/ weisen vnd warnen lassen wöllen/ die sterben keines natürlichen Tods/ Sondern werden entweder vom Nachrichter an Galgen gehengt/ oder auff das Rad gelegt/ da sie denn der Adler vnnd Raben Speise werden/ Wie die Erfahrung Exempla gnug gibt/ vnd das vierde Gebot trewlich vnnd ernstlich darfür warnet.

Den Hausvätern. Prou. 23.

Der ander Spruch trifft die Nahrung an/ Prouerb. 23. Bemühe dich nicht/ reich zu werden/ Vnd laß ab von deinen Fündlin/ Laß deine Augen nicht fliegen dahin (zu Gelt vnd grossen Gütern) daß du nicht haben kanst/ Denn dasselbe macht jhm Flügel/ wie ein Adler/ vnnd fleuget gen Himmel. Das ist/ Trachte nicht nach grossem Guth/ Denn wenn du meinest/ du seyest am nechsten darbey/ vnnd habsts schon in der Hand/ so verschwindets doch aus den augen weg/ Vnd so wenig du einen hochfliegenden Adler hernider bringen vnnd fangen kanst/ So wenig wirstu auch die verhoffte Güter erhaschen vnnd behalten können. Derwegen sollen die Haußväter jre arbeit verrichten/ vnd was sie eröbern/ mit dancksagung vnd gutem willen geniessen/ etc.

Das

Das Ander Capittel/

von etlichen vnreinen vnd zum theil räubischen Vögeln/ derer nur in wenigen örten der Schrifft gedacht wird.

Von dem Habicht.

DIeweil etliche Vögel in wenigen örten der Schrifft vermeldet / auch nicht mit einerley worten von den interpretibus verdeutschet werden / wöllen wir dieselbige in dieses ander Capitel einschliessen / vnd bey dem Habicht anfahen. Er wird aber (mit dem namen Pæræs) nur Leuit. 11. vnd Deut. 14. verbots weise eingefüret/ vnd von Hieronymo Gryphus vel Gryphes genandt: Est autem Gryphus animal pennatum & quadrupes, & nascitur in Hyperboreis montibus; in pedibus & toto corpore similis leoni, in alis verò & facie similis aquilæ, equis naturaliter infestum, homines etiam vivos decerpit: per quam potentum crudelitas designatur, qui ferina rabie in subditos debacchantur. Wir wöllen aber diese translation beseit setzen.

Leuit. 11.
Deut. 14.

Des Habichts wird in unser deutschen Bibel (unter einem andern Ebreisch. namen / Næz, Nisi, eines Sperbers) erwehnet. Job 39. Cap. Fleuget der Habicht / saget GOtt zu Job / durch einen Verstandt / und breitet seine Flügel gegen Mittag? Darmit beweiset Gott seine Weißheit unnd Krafft / daß er dem Habicht eine solche Eigenschafft mittheile / die jhm kein Mensch geben könne. Und verstehen etliche die Erneweurung der Federn / Wenn ein warmer Mittagwind wehet / so breitet er seine Flügel und Federn gegen der Sonnen Hitz aus / daß sich die pori auffthun / die alte Federn außfallen / unnd newe wider wachsen.

Job 39.

Lyra. Accipiter mirabilem habet industriam in sui reformatione: qui flante Austro, qui est ventus calidus, extendit alas suas contra ardorem Solis, ut sic aperiantur pori, & veteres pennæ & plumæ decidant & novæ supernascantur, quibus agilius volet. Gregor. lib. 31. cap. 32. moral. Quid est Accipitrem in Austro plumescere, nisi quod unusquisque Sanctorum tactus flatu S. Spiritus concalescit & usum vetustæ conversationis abiiciens novi hominis formam sumit. Vetustam pennam proiicere est inveterata studia delosæ actionis amittere: & novam pennã sumere est mitem ac simplicem benè vivendi sensum tenere. Penna namque veteris conversationis gravat & pluma novæ immutationis sublevat, ut ad volatum tantò leviorem quantò leviorem reddat. Das ist: Dieser Habicht bildet die Heiligen für / welche / mit dem blasen des Heiligen Geistes angerüret / erwarmen / daß sie den alten Wandel wegwerffen / und die form und weise des newen Menschen anziehen / rc.

Lyra.

Gregorius.

Diese Lehr wird auch bey Philippo Presb. funden: Consequens est, ut hunc Accipitrem in bonam partem

Phil. Pres.

intel-

intelligamus: Sanctum populum scilicet & ad meliora mutatum: qui sapientiam Dei per conversionem acceperit, ut prædari & rapere iam cesset, carnibus etiam secularium sensuum vivere desistat, qui veteris hominis exuvias in Baptismo deposuerit, ut plumescens quodammodo renovata sit, sicut Aquilæ iuventus eius, maximè cum promissionem habens præsentis vitæ & futuræ, (quæ in alijs significata est) ad Austrum, unde calor fidei est, se convertit, unde Christum venisse cognovit, &c.

Andere applicieren diese Eigenschafft in gemein auff seinen Flug/ darmit er dem Menschen dienet/ Dennn/wenn er von jhme gezähmet vnd gewehnet wird/ fähet er Vogel/ vnnd bringts seinem Herren/ Welche Geschickligkeit jhme von GOtt angeschaffen/ vnd darinne GOttes Weißheit zuerspiegeln ist. Osiander. Non sine admiratione est considerandum, quod Accipiter ea est industria à Deo donatus, ut ab homine adsuefactus, alias aves capiat & homini captas sistat. Osiander.

Ambrosius lib. 5. cap. 18. Hex. schreibet von den Habichten: Wenn jhre Jungen die Flügel auffthun/ vnd im Nest sich zum fliegen gewehnen wöllen / werffen sies bald hinaus / schlagens mit den Fittichen weg/ treibens mit Gewolt vnd entziehung der Nahrung dahin/ daß sie sich dessen vnterstehen / darob sie sonst schew tragen/ auff daß sie beyzeit lernen fürsichtig sein/ die Gefahren meiden / vnnd sich nicht zur Faulheit gewehnen. Wieuiel mehr aber sollen die jungen Kinder von Jugend auff zur Arbeit erzogen werden/ daß sie nicht in den Müssiggang/ des Teuffels Pful/ geraten / 2c. Ambrosius.

Vom Vogel Naez.

WEil der zehende verbotene vnreine Vogel/ Leuit. am 11. (Næz, Nisus, Sperber) auch Accipiter Habicht/ allhie in der Lateinischen/ vnd Job 39. in der Deutschen Bibel genennet wird/ wöllen wir jhn hie auch mit begriffen haben/ Schreibet auch Hesychius daruon: Accipiter inter rapaces aves est, habet autem quiddam aliud, propter quod à legislatore positus est, mansuescit quippe & cooperatur ad rapacitatem. Quem imitantur hi qui mansueti quidem videntur esse, & sensu tranquilli, sunt autem cum potentibus & avaris atq; rapacibus. Vel secundum Hugon. Accipiter est avis rapax, sed mansuetus domino suo prædam ei acquirit. Et significat præpositos & officiales, qui dominis suis bona pauperum rapiunt violenter, quæ ipsi miseris restituere non possunt. Das ist: Die Habicht oder Sperber sind zwar Raubvögel/ aber werden doch zahm/ vnd fangen dem Herrn andere Vöglein/ Das sind die Official/ vorgesetzte Amptleute/ welche der armen Vnterthanen Haab vnd Gut mit gewalt oder list an jre Herren bringen/ etc.

Hesychius.

Hugo.

Vom Meer oder Fischar.

DEr Meer oder Fischar wird nur Leuit. 11. vnd Deuter. 14. mit dem Ebreischen nahmen/ Asinah gelesen/ der von der Stercke seinen nahmen hat/ vnnd sich der Fischen nehret/ Darumb er Haer Haliæetus interpretiert wird. Vnd nennet jn Hugo vnrecht einen Sperber. Aliætus, id est, Nisus: Avis parva, sed rapax, & significat officiales potentum, qui parva rapiunt, quia maiora non possunt.

Von dem Geyer.

DEs Geyers/ mit dem nahmen Daah/ wird auch Job 28. gedacht: Man findet Saphir an etlichen örten/ vnd Erdenklöß da Gold ist/ Den steig kein Vogel erkandt hat/ vnd kein Geyers Auge gesehen. Osiander. Etsi vultures inter alias aves acute admodum videant, tamen non possunt visu penetrare ad ea loca, é quibus gemmæ & aurum producuntur, quæ hominis diligentia deprehenduntur, neque tamen homo Dei sapientiam sui ingenij acumine comprehendit. Das ist: Ob schon die Geyer für andern Vögeln gar scharff sehen/ So können sie doch mit jhrem gesicht nicht dahin kommen/ daher die Edelstein vnnd Gold herfür bracht werden/ Vnd ob schon der Mensch mit seinem fleis dis erreichet/ so kan er doch mit seinem hohen Verstande Gottes Weißheit nicht ergreiffen. Osiander.

Philipp. Presbyter verstehet durch den Vogel in genere das Jüdische Volck/ welches den Weg zum Vater/ Jesum Christum/ für jhren guten Wercken nicht hat ergriffen: Der Geyer ist das blinde Heydnische Volck/ so den Irrhümen der todten Menschen nachfolge/ vnd daruon Phil. Pres.

genehret ward/ das erkennnet Christum/ der in den Verheissungen verborgen lag/ auch nicht. Carnalis Iudæa fidem in Christo non habens, sed potius legis operibus vivens, Christum pro nobis factum semitam sive viam qua reditur ad patrem, ut incredulus ignoravit, quæ propter electionem suam, qua putabat se legis operibus posse iustificari, AVIS, dicta est, LEVIS utiq; & vaga, atque in ipsis operibus legis instabilis. VVLTVRI verò gentium populus ideò assimilari videtur, quoniam per errores mortuorum hominum discurrebat, & reb. mortuis pascebatur. Et hic ergò populus Gentium, quemadmodum & Iudæorũ Christum legis litera obtectum, & terram repromissionis, quæ mansuetorum terram per Iesum Christum futuram significabat præoccupatus significationum umbraculis, non potuit omninò perspicere, &c.

Gregorius deutet den Geyer auff Christum.

Gregor. l. 18. c. 21. mor. appliciert den Geyer auff Christum/ der sich vom Himmel hernider/ als ein Geyer/ zu uns todtes Menschen gelassen/ vnd vmb vnsert willen auch gestorben ist: Sein Aug aber war sein fürnehmen vnd intent/ daß wir durch seinen Todt vnnd Aufferstehung vom ewigen Tode erlöset würden. Welches das vngleubige Jüdische Volck nicht hat mercken wöllen. Quis hoc loco avis nomine, nisi ille signatur, qui corpus carneum quod assumpsit, ascendendo ad æthera libravit? Qui aptè vulturis etiam appellatione exprimitur. Vultur quippe dum volat, si iacens cadaver conspicit, ad esum cadaveris se deponit, & plerumq; sic in morte capitur: dum ad mortuum animal de summis venit. Rectè ergò mediator Dei & hominum, redemptor noster vulturis appellatione signatur, qui manens in altitudine divinitatis suæ, quasi

quo-

quodam volatu sublimi cadaver mortalitatis nostræ conspexit in infirmis, & sese de cœlestibus ad ima submisit. Fieri quippe propter nos homo dignatus est, & dum mortuum animal petiit, mortem apud nos, qui apud se erat immortalis, invenit. Sed huius VVLTVRIS OCVLVS fuit ipsa intentio nostræ resurrectionis, quia ipse ad triduum mortuus ab æterna nos morte liberavit. Ille ergò perfidus Iudææ populus mortalem vidit, sed quod morte sua nostram mortem destrueret, minimè attendit. Conspexit quidem vulturem, sed oculus vulturis non aspexit, &c. Aber dieweil dieses etwas vom Text abweichet / wöllen wirs vbergehen / etc.

Isychius in Leviticum. Vultur rixis & bellis gaudet propter cadavera præliorum, in tantum ut etiam sequatur exercitium. Non ergò oportet aliorum casibus pasci, atque nutriri eum, qui contemplationi dat operam. Das ist: Der Geyer frewet sich des Kriegs vnnd Vnfriedes / vmb der Aß willen / Also / daß er auch von ferne den Heeren nach fleuget. Welche aber rechtgleubige Christen sein wöllen / sollen Zanck vnnd Hader meiden / vnd sich mit anderer Leute Schaden nicht mesten vnnd nehren. Isychius.

Basilius octava hom. Hex. Compluribus avium generibus in edendis ovis non opus est copula marium, sed sine coitu pariunt ova, quæ subventanea nuncupantur: Verum in cæteris quidem irrita vanaq; sunt, neque quicquam ex illis foris excluditur: VVLTVRES autem magna ex parte parere sine coitu subventanea fœcunda ferunt, & esse longissimæ vitæ: Quippe quibus ad centenos usq; annos plerunque vita protenditur. Basilius.

Id ex.

Id ex alitum ipse historijs notatum habeas, animadversumq; velim: ut cum nostrum ARCANVM nonnullos homines irridere conspexeris, quasi fines naturæ cancellosq; transgrediatur, fieriq; non possit, ut virgo pariat, virginitate ipsius integra, intemerataq; persistente, veniat in mentem tibi, DEVM cui libuit per stultitiam prædicationis salvare credentes. Complura ex ipsa natura rerum ad fidem talibus mirabilibus adhibendam exempla, iam inde ab initio, seminaquè præmisisse, &c.

Ambrosius. Eadem Ambrosius lib. 5. cap. 20. Hex. Negantur vultures indulgere concubitui, & coniugali quodam usu nuptialiq; copulæ sorte misceri, atq; ita sine ullo masculorum concipere semine, & sine coniunctione generare, natosq; ex his in multam ætatem longæ vitæ procedere, ut usq; ad centum annos vitæ eorum series producatur, nec facilè eos angusti ævi finis excipiat. QVID AIVNT, qui solent nostra ridere mysteria, cum audiunt, quod VIRGO generavit, & impossibilem innuptæ, cuius pudorem nulla viri consuetudo temerasset, existimant partum? Impossibile putatur in Dei matre, quod in vulturibus possibile non negatur? Avis sine masculo parit & nullus refellit, & quia desponsata viro Maria peperit, pudoris eius faciunt quæstionem. Nonnè advertimus, quod Dominus ex ipsa natura plurima exempla antè præmisit, quib. susceptæ incarnationis decorem probaret & astrueret veritatem? &c. Das ist: So die Geyer ohne vermischung des Männlins Eyer legen/ vnd dieselbige außhecken/ die Jungen viel Jahr erreichen/ Warumb solts vnmüglich vnnd vngleublich sein/ daß die Jungfraw Maria/ ohne verletzter Jungfrawschafft/ den Sohn

Gottes

Gottes geboren hat? So Gott erzehlete vnnd viel andere Exempla in der Natur fürstellet/ daß es wol müglich/ ꝛc.

Mit einem andern nahmen wird auch der Geyer/ Esaiæ 34. genennet / daß er in den verstöreten Landen vnnd Städten wohnen werde/ welches auch auff den Vntergang der gantzen Welt applicieret wird. Vnnd bedeuten diese vnreine Raubuögel / die bösen/ vnreinen / Hellischen Geister/ Wie Osiander in seiner paraphrasi andeutet.

Von dem Weyhe.

DER Weyhe wird auch jetzt mit diesen/ denn mit andern nahmen genennet/ vnd neben beyden örten/ Leuit. 11. Deut. 14. auch Esa. 34. gelesen/ vnter den Vögeln/ so in eingefallenen wüsten/ verheerten Städten/ Schlössern vnd Ländern wohnen/ Wie allererst jetzt gesagt. Was aber die Lateinische Bibel anlanget/ finden wir diesen vnreinen Raubuogel auch/ Jerem. 8. Zachar. 5. Doch sagt Hieronymus in Comment. beyder Propheten/ daß im Ebreischen Hasida stehe/ Dauon an seinem ort. Hugo in Levit. Milvus est avis rapax, semper insidians, & significat latrones, qui in suis viribus non confidunt, sed potius in insidijs. Das ist: Dieser listige Raubuogel bedeutet die Räuber vnnd Mörder/ welche sich nicht verlassen dürffen auff jhre Stercke/ sondern allein auff jhre List vnnd Betrug / darmit sie die vnfürsichtige vberfallen vnnd vmbbringen. Idem in Esa. 34. Illuc congregantur milvi alter ad alterum.) In hoc mundo congregantur, ut simul

Der Weyhe.

Hugo.

rapiant. Proverb. 1. cap. Marsupium unum sit omnium nostrum, &c. Sed in inferno milvi congregabuntur alter ad alterum, raptores ad Diabolum, ut simul puniantur. Diabolus enim milvus: unde & ipsi attribuitur circumvolare, quod propriè milvi est, &c. Das ist: Gleich wie sich die Weyhen / das ist / die Räuber oder Mörder / hie in dieser Welt samlen / Also müssen sie auch dort zum Teuffel versamlet werden / rc.

Vom Guckuck.

DER Guckguck (ebraicè Schaphaph, à tumore & scabie, schebicht vnd schüpicht / genant) wird auch allein Leuit. 11. Deut. 14. vnter den vnreinen / verbotenen Vögeln gelesen / Vnd in der gemeinen Rede für einen vndanckbaren Menschen genommen. In der Lateinischen Bibel wird er Larus interpretiert / wecher ein Wasseruogel ist / oder der im Wasser vnnd trocken sein Leben hat.

Leuit. 11. Deut. 14.

Isychius. Isychius Larus animal est in utroque vivens, id est, Aqua & Terra, qui sicut avis quidem volat, ut aquatile autem natat: Cui non malè comparantur hi, qui simul circumcisionem venerantur & Baptisma: ad quos Paulus dicit: Si circumcidemini Christus nobis nihil prodest.

Hugo. Hugo. Larus est animal, quod modò natat in Aqua, modò volitat super terram. Et significat Theologos luxuriosos, qui modò ad cœlestia volant, inspiciendo Scripturas, modò in Aquis luxuriæ volitant, &c. Das ist: Der Guckuck ist ein solch Thier / daß bißweilen

auff

auff dem Wasser schwimmet/ bißweilen vber der Erden fleuget: Vnnd bedeutet die Geistliche Wollüstler/ welche in betrachtung der Schrifft nach Himmlischen trachten/ bißweilen in Wollüsten sich sudeln vnnd weltzen/ ꝛc.

Vom Heher.

DEr Neher (ebraicè Anaphah vom blasen oder schnauffen der Nasen/ vnnd hefftigem zorn) ist auch allein in diesen beyden örtern der Schrifft/ Aber wird auch jetzt so/ denn so verdeutschet/ Doch gemeinlich GRACVLVS. Hugo. Charadrius Avis linguosa & significat garrulos. Iacob. 3. Omnis natura bestiarum volucrum & serpentum domari potest, linguam autem nullus hominum domare potest.

Isychius. Quando charadrion prohibet, linguæ intemperantiam prohibet. Das ist: Der Heher ist ein waschhafftiger spöttischer Vogel/ vnnd bedeutet die vnnütze Wäscher vnnd Plauderer/ Darumb/ wenn GOtt diesen Vogel/ als vnrein/ verbeut/ so wil er das schwätzen vnnd plaudern verboten haben. Isychius.

Vom Teucher.

DEr Teucher (vom werffen/ weil er sich nach den fischen vnter das wasser sencket vnd wirfft/ Schalach) bedeutet die/ so sich in den Wollüsten/ Fressen vnnd Sauffen ergeben. Hugo. Hugo.

Mergulus in aquis moratur & sub undis seipsum submergit: & significat gulosos, qui carnis voluptatibus absorbentur. Philip. 3. Quorum Deus venter est, &c.

Vom Schwan.

Der schwan zeiget vns GOttes Weißheit.

DEr Schwan (im Ebreisch. Thinschæmæts, Porphyrio & Cygnus transferiert) wird nur in diesen zweyen örten heiliger Schrifft gefunden/ Vnd ist auch deren Vogel einer/ so einen langen Halß haben/ vnd aus dem tieffen Wasser jhre Narung suchen. Die Patres wöllen auch bey jhm die Weißheit GOttes andeuten/ daß er einen langen Halß habe/ darmit er seine Nahrung suchen/ vnd desto lieblicher singen könne/ ob er schon etwas kürtzere Füsse vnd einen schweren Leib habe. Basilius. Homil. 8. Hex. Si animadverteris ut olor in profundam aquam immisso collo, ex imo sibi cibum hauriat, apertè tum CREATORIS inspexeris SAPIENTIAM, compererisquè porrectius collum, quàm sint pedes, ideò opificem adiunxisse, ut illud perinde atque lineam piscariam ipse deducens in altum, occultum inde pabulum consequatur.

Basilius.

Ambrosius lib. 5. cap. 22. Hex. Cygnus cur prolixiore collo utatur in promptu est, ut quia est paululum segnior corpore, nec facilè potest aquarum inferiora penetrare, cervicem extendat ad prædam, quæ quasi prævia reliqui corporis, escam quam invenerit rapiat atque eruat de profundo: Adde & illud, quia suavior & magis canorus per procera modulus colla distinguitur, & longi-

Ambrosius.

longiore exercitatione purior longè resultat. Doch werden auch etliche böse Werck vnd Sünde dardurch verboten / Wie Isychius vom Schwan sagt: Quando cygnum, altæ cervicis superbiam prohibet. Das ist: Wenn Gott den Schwanen mit dem langen Halß/als vnrein/verbeut/ So wil er den auffgereckten stoltzen Hals verboten haben. Vnnd Hieronymus in 3. Cap. Sophon. Erecta cervix frangitur, & cygnus extento collo & in sublime se tendens inter immundas volucres computatur. Das ist: Der Schwan wird darumb vnter die vnreine Vögel gezehlet/weil er einen hohen auffgereckten halß hat/die Hoffart/so zu meiden sey/anzudeuten. Hugo in Levit. Cygnus est avis candida, extenti colli, magna corpore, nigra in carne: Et significat illos, qui splendore vestitus, plus æquo gloriantur, nigri intus nigredine peccatorum, quorum unus erat dives, Lucæ 16. Das ist: Der Schwan ist ein weisser Vogel/ mit einem langen Halß / hat ein grossen Leib vnd schwartz Fleisch/ Vnd bedeutet die jenigen/welche von schönen Kleidern außwendig gläntzen / aber inwendig mit Sünden befleckt sind/ Wie der reiche Mann/ Luc. 16.

Der schwan straffet auch vnsern Hoffart vnnd Pracht.

Isychius.

Hieronym.

Hugo.

Vom Widhopffen.

DJeser nahme / Duciphat/ wird von etlichen/ des zwiefachen Kamps wegen / ein Welscher oder Indianischer Han vnnd Henne verdeutschet / Aber Hieronymus / die Griechen vnd Lutherus / interpretierens Vpupam einen Widhopffen /der ein vnflätiger Vogel ist bey den Todten Gräbern/ vnnd in dem

Menschen Köth wohnet/darmit auch sein Nest machet/und mit den Würmlein/so darauß wachsen/seine Jungen erneh-ret: Wie Hieronymus in Zach. cap. 5. bezeuget: Vpupam (quam nos de Græci nominis similitudine traximus, nam & ipsi ἔποπα appellant ab eo, quod stercora humana consideret.) Avem dicunt esse spurcissimam, semper in sepulchris, semper in stercore humano cõmorantem: Deniq; & nidum ex eo facere dicitur, & pullos suos de vermiculis stercoris alere putrescentis. Verstehet aber die jenigen/so im Koth der Unzucht vnnd Geilheit jmmerdar liegen. Qui volutantur in cœno libidinum & sordibus sempiternis.

Hieronym. vergleicht den Widhopffen den Unzüchtigẽ.

Dieweil aber der Widhopff auch bey den Gräbern seine Wohnung/ vnd die Trawrigkeit lieb hat/ vergleichet jhn Isychius den Leuten/ welche die Welt Trawrigkeit/ so den Todt wircket/ lieben/ vnnd nicht im HERRN frölich sind/ die des heiligen Geistes Krafft vnnd Wirckung ist. Vpupa lugubre animal amansq; luctum est, seculi autem tristitia mortem operatur: propter quod oportet eum, qui diligit Deum, semper gaudere, sine intermissione orare, in omnibus gratias agere, quia gaudium fructus est Spiritus. Lyra in moral. Vpupa in stercoribus nidificat, ideò permanentes in fœtore luxuriæ designat. Das ist: Der Widhopff nistet im Koth/ bedeutet die im stanck der vnzucht bleiben. Hugo legt jn auch von den Geistlosen Prælaten aus/ die mit jhren verthülichen vnd vnzüchtigen Nachkommen vnnd Verwandten der Kirchen vorstehen: Vpupa nidificans in stercore, significat prælatos, qui Ecclesiam nidificant in nepotulis suis & cognatis.

Isychius denen/ so dieser Welt Trawrigkeit lieben.

Lyra.

Hugo.

Das Dritte Capittel/

von etlichen vnreinen Nachtvögeln/ Eulen/ Nachteulen/ Vhu/ Käutzlin/ Fledermaus.

Von der Eulen oder Nachteulen.

DJE vier erste Nachtvögel sind schier einerley art/ vnnd werden sonst in wenig örten der Schrifft gelesen/ denn Leuit. 11. vnd Deut. 14. Esaias zwar in der deutschen Bibel hat auch/ Esa. 13. vnterm vnbekandten nahmen/ die Eulen/ vnnd Esa. 34. vers. 11. Nachteulen/ vnter denen Vögeln/ die in wüsten/ verheerten vnd verstörten örtern wohnen. Baruch beweiset auch 6. Cap. mit der Nachteulen die Eitelkeit der Babylonischen (vnnd auch Papistischen) Götzen/ Als auff denen die Nachteulen sitzen/ vnd sie beschmeissen./ für denen sie sich nicht erwehren können: Wie solten sie denn Götter sein? Dabey denn erstlich die grosse Thorheit der Heyden vnnd Papisten zu mercken/ die solche Götter ehren/ welche von den Vögeln geunehret/ vnd mit jhrem Koth besudelt werden. Darnach warnen diese Nachtvögel für Sünden vnnd Schanden mit jhrem heulen/ vnnd schreyen an wüsten örten/ welche vmb der Mißhandelung willen dahin gerathen/ vnnd zur Wohnung der heßlichen Vögel worden sind.

Baruch 6. beweiset der Götzen Eitelkeit mit diesen nachtvögeln.

Wir

Basilius vergleicht diesen nacht vögeln die leute/so nur auff das zeitliche dencken.

Wir wöllen aber etliche Allegoricas expositiones interpretum daruon hören: Basilius hom. 8. Hex. Vt noctuæ aspectus noctu quidem valet, sole autem illucescente non mediocriter obfuscatur: sic & istorum hominum mens, acutissima quidem ad vanas res perspiciendas esse videtur, hebetissima verò caligineq́ referta ad ipsam lucem veram percipiendam evasit. Basilius gibt zuuor den Menschen diese Lehr/ So die Nachtuögel jhre narung bey Nacht suchen/ vnd vmbher fliegen/sollen viel mehr die Menschen/ welche nicht schlaffen können/ anleitung vnd vrsach von jhnen nehmen/ jhren von Gott verliehenen Eigenschafften nachzudencken/seine Weißheit lernen erkennen/ loben vnd preisen. Doch vergleichet er darneben diese Nachtuögel denen Leuten/ welche sich mit vergeblichen vnnützen Weltsachen vnd Menschlichen Fündlin sehr bemühen/ vnd darfür das wahre Liecht des heiligen Euangelij nicht erkennen/ vnd anschawen wöllen noch können.

Isychius.

Diese Lehr helt auch Isychius für: Noctuam asserunt in nocte acuti esse visus, sole autem apparente, minus utilitate oculorum frui: Tales sunt, qui legis gloriantur contemplatione & scientia, lucem Evangelicæ conversationis capere non valentes. Die sich des Gesetzes betrachtung viel rühmen/ vnd doch das Liecht des heiligen Euangelij nicht ergreiffen können noch wöllen/ wie die Werckheiligen/ Phariseer vnnd Papisten thun/ Sind den Nachteulen nicht vngleich/ 2c.

Ambrosius.

Etwas weitleufftiger schreibet hieruon Ambrosius lib. 5. cap. 24. Hex. Noctua ipsa quemadmodum magnis & glaucis oculorum pupillis nocturnarum tenebrarum caligantem non sentit horrorem, & quò fuerit nox obscurior, eò contra usum cæterarum avium inoffensos

exer-

exercet volatus. Exorto autem die & circumfuso splendore Solis visus eius hebetatur, quasi quibusdam erret in tenebris. QVO INDICIO SVI DECLARAT ESSE ALIQVOS, qui cum oculos habeant ad videndum, videre non soleant, & visus sui officio Solis fungantur in tenebris. DE CORDIS OCVLIS loquor, quos habent sapientes mundi & non vident, in luce nihil cernunt, in tenebris ambulant, dum dœmoniorum tenebrosa rimantur & cœli alta se videre credunt, describentes radio mundum, mensuram aëris ipsius colligentes: porrò autem à fide devij perpetuæ cæcitatis tenebris implicantur, habentes in proximo diem Christi & lumen Ecclesiæ, & nihil videntes, aperiunt os quasi scientes omnia, acuti ad vana, hebetes ad æterna & longæ disputationis anfractu, prudentes, inscij propriæ inscitiæ: Cæcitatem itaq; dum cupiunt subtilibus evolare sermonibus, quasi noctuæ in lumine evanuerunt, &c. Das sind die weise Vernünfftler in dieser Welt / die am hellen Tage nichts sehen / wandeln im Finstern / weichen ab vom rechten Glauben / vnnd werden mit Finsternis ewiger Blindheit geschlagen / rc.

Vom Vhu.

DE Bubone Hugo in Levit. Bubo avis nocturna, omnibus avibus odiosa, pastum de nocte quærens, significat adulteros. Iob 24. Oculus adulteri observat caliginem. Aves diuturnæ sunt honestatis amatores, qui si Bubonem viderint

Hugo verstehet durch den Vhu die Ehebrecher.

rint apparere, statim contra ipsum congregantur, ut eum redarguant (ut Iohannes Baptista usque ad capitis obtruncationem.) Cavendum est ergò ne aliquis potentior, in huiusmodi immundicia denotatus, perniciosi favoris silentium sortiatur, & quasi Bubo liberam prodeundi in publicum respiciat potestatem. Das ist: Dieser Nachtvogel Vhu/ oder Käutzlein/ ist allen andern Vogeln verhasset/ vnnd suchet seine Nahrung bey Nacht: Bedeutet aber die Ehebrecher. Die andere Vögel sind die ehrliebende Menschen/ welche sich wider einen öffentlichen Sünder versamlen/ denselbigen straffen/ vnnd nicht zugeben/ daß er mit seiner Schande öffentlich an Tag komme.

Von dem Käutzlein.

Psal. 102. Gleubige Christen ein Vhu genandt.

WEiter wird des Käutzleins oder Bubonis (mit dem namen Cos) auch gedacht/ Psalm. 102. Ich bin (sagt der Elende vnnd Betrübte in seinem Gebet zu GOtt) gleich wie ein Käutzlein in verstöreten Städten: Welches nicht allein von Dauid/ sondern auch von der gantzen Christlichen Kirchen zuuerstehen ist.

1. Erstlich/ Wie dieser Vogel in der Wüsten vnd einöde ist/ Also mus auch die Christliche Kirche im Elend vnd Wüsten sein/ Die Gottlose Weltkinder besitzen die besten/ fürnemesten/ fruchtbaresten Städte vnd Land. Darnach/

2. Gleich wie alle Vögel diesen hassen/ auff jhn stechen vnd anschreyen/ Also müssen die Christgleubigen von allen Weltkindern/ vmb Christi Nahmens willen/ gehasset vnnd verfolget werden. Daher helt Osiander darfür/ der sprencklichte Vogel/ Jeremiæ am 12. könne ein solch Käutzlein verstanden;

den: Ist denn mein Volck ein Kautz worden / daß jederman auff jhn stechen mus?

Bey den Griechen wird dieser Vogel / Psalm. 102. νυκτικόραξ, ein Nachtrabe genennet / Vnd schreibet Isychius in Levit. daruon: Nycticorax est animal, quod in nocte tantummodò repit atq; operatur, sicut sunt gentes. Das ist: Die Nachtraben sind die Heyden / welche in den Wercken der Finsternis vnd Nacht liegen / Hurerey / Vnreinigkeit / Abgötterey vnnd dergleichen Schanden. Hieronymus in Psalm. 102. erzehlet eine andere Eigenschafft / die schwärtze des Rabens / daß der arme Sünder / seiner Mißhandlung halben / so schwartz / wie ein Nachtrabe worden sey: Scimus quia corvus niger est, & nihil habet in se album. Hyperbolicè voluit dicere, quia factus sum sicut nycticorax: Si ergò in die niger est, quantò magis in nocte? Sic ergò factus sum propter PECCATA MEA, memetipsum considerans.

Isychius.

Hieronymus.

Von der Fledermaus.

WIr wöllen auch allhier vnter die Nachtvögel die Fledermeuse rechnen / Denn ob schon in vnser deutschen Bibel / Levit. 11. Deut. 14. der letzte verbotene Vogel / Athaleph / Schwalbe verdeutschet wird / so wird doch eben dieser name Atalephim Esa. 2. Fledermeuß interpretiert. Vnd von der Schwalben folget an seinem ort. Es wird aber die Fledermaus darumb vnrein gehalten / weil sie viel mehr ein fliegende Maus / denn ein Vogel zu halten ist / denn sie vier füsse vnd zeen hat / jhre jungen auch bald außhecke vnd wirfft / vnd keine Eyer legt.

Von der Fledermaus.

Warumb sie vnrein.

Isychius. Isychius. Vespertiliones circa terram volant, ita ut pennis pro pedibus utantur, quando ambulant, quod indignum est in eis, qui contemplationi dant operam: quorum enim est volatus circa terram, horum etiam contemplatio procul dubio in terrenis occupatur. Dieweil sie auff der Erden daher fliegen / sind sie der vermeineten Christen Fürbild / die allein mit zeitlichen Haab vnd Gütern vmbgehen. Lutherus in Psal. 68. vergleichet sie den falschen Lehrern / wie bald folget.

Basilius vnnd Ambrosius / von der Fledermeuse Eigenschafft. Basilius hom. 8. Hex. vnd Ambrosius lib. 5. c. 24. Hex. schreiben von der Fledermeuse Eigenschafft / daß sie sich an den Wänden / wie Traubenbeer / an einander hengen / vnd wenn die eusterste wegfleuget / daß sie alle daruon fliegen: Also solten viel mehr die Christen mit der Brüderlichen Liebe an einander hangen / vnd einander nicht verlassen. Habet illud hoc vile animal quod sibi invicem adhærent, & quasi in speciem Botri ex aliquo loco pendent, ac si se ultima quæq; laxaverit, omnes resolvuntur. Quod fit quodam munere CHARITATIS, quæ difficilè in hominibus huiusmodi reperitur.

Esa. 2. Beschließlich gedencket Esaias 2. Cap. wie droben vermeldet / auch der Fledermäuse / Wenn Christus sein Gericht halten / vnd die Sünden straffen werde / so werden die Menschen alle jhre güldene vnd silberne Götzen in die Löcher der Maulwürffe vnd Fledermäuse wegwerffen: Welches nicht allein von den Götzen zuuerstehen ist / Sondern auch von dem vertrawen auff eigene Gerechtigkeit vnnd guten Wercken / welches alles für Gottes Gericht / hie im Gewissen / vnd dort nacher / verschwinden wird.

Hieronym. Hieronymus verstehet durch die Fledermaus / dogmata veritati contraria, das ist / alle jrrige Lehr / so wider die Göttliche Warheit sein.

sein. Vnd Lutherus in Psal. 68. Wenn Menschen Lehre jrre fliegen / daß sind Fledermäuß Flügel / Wie sie Esaias am 2. Capittel nennet / mit Schlam vnd stanck vberzogen. Lutherus.

Das Vierde Capitel / Von dem Raben.

WJEwol der Rabe / oder Grapp / mit seiner art / Leuit. 11. Deuter. 14. als vnrein / vnnd ein fleischfressender Raubuogel / verboten ist / vnd nacher die Vrsachen allegorice / wer die Raben seyen / angezeiget sol werden: Jedoch stellet Gott selbs diesen Vogel / im ersten Stande / mit etlichen seinen eigenschafften / zur Lehre für: Als nemlich / Gottes Gnade / Weißheit / vnd barmhertzige Fürsorge für die Raben / anzuzeigen. Job 39. Wer bereitet dem Raben die Speise / wenn seine Jungen zu Gott ruffen / vnd fliegen jrre / wenn sie nicht zu essen haben? Brentius schreibet darüber: Etliche sagen / daß die alten Raben jre Jungen / weil sie weisse Federlein gewinnen / verlassen / Denn sie meinen / sie seyen nicht jhre eigene Jungen / biß sie schwartze Federn bekommen / vnd den alten ehnlich werden: Wer erneheret sie denn? Gott verschaffet / daß Mücklein vnd Würmlein inn vnd bey jhren Nestern sind / die sie fressen / vnd von GOtt wunderbarlich erhalten werden. Aber dis lest Brentius in seinem werth vnd

Der erste Standt. Der Rabe leret vns von Gottes väterlicher fürsorge. Job. 39.

Brentius.

vnwerth beruhen/ vnd erzehlet aus dem Aristotele vnd Plinio/ daß der alte zwentzig Tage ob jhnen sitze vnd außbrüte/ aber sie hernach aus dem Neste werffe. Wer speiset sie denn dieweil/ biß sie alt werden/ erstarcken vnd jhre Nahrung selbs suchen können? Der allmechtige HERR vnd Schöpffer aller Creaturen/ bescheret jhnen Speise vnnd Nahrung/rc.

Diß lehret auch David/ Psalm. 147. da er jederman zu GOttes Lob vermahnet: Der dem Viehe sein Futter gibt/ den jungen Raben/ die jhn anruffen. Denn sie werden von den Alten verlassen/ wie vor gesagt/ Wenn sie denn GOtt anruffen (welches mit jhrem gilffen vnd schreyen geschicht/ so erbarmet sich Gott vber sie/ lest in jhren Nestern/ aus dem Koth/ Würmlein wachsen/ daruon sie ernehret/ oder anderer sage nach/ vom Taw vom Himmel erhalten werden. So nun GOtt den heßlichen vnnützen Vögeln die Nahrung gibt/ Warumb solt ers dem Menschen/ der nach seinem Ebenbilde erschaffen ist worden/ versagen?

Augustin. vnd Hieron. legen dis aus von den bekereten Heyden.

Augustinus vnd Hieronymus allegorisierten dis von den bekehreten Christen aus der Heydenschafft/ deren Eltern schwartze Raben/ Abgötter vnnd grosse Sünder gewesen/ vnd mit dem Teuffel in die Helle gefahren sind/ Die Jungen aber bekeret/ vnd Gott angeruffen haben. Arnobius ist auch dieser meinung: Corvi fuerunt patres nostri, qui in nigredine idololatriæ permanentes ad arcam nunquam reversi sunt: Nos verò pulli eorum sumus, qui invocamus Dominum. Aber die eigentliche Lehr ist von der Güte vnnd Fürsorge Gottes/ auch für die scheußlichen vnnützen Vögel/ daß die Menschen Gott erkennen/ vnd jhm trawen lerneten. Wie Christus daher seine Vermahnung genommen hat/ Luc. 12. Sorget nicht für ewer Leben/ was jr essen

sollet/

sollet/ auch nicht für ewren Leib/ was jhr anthun sollet/ etc. Nehmet war der Raben/ Die seen nicht/ Sie erndten auch nicht/ Sie haben auch keinen Keller noch Scheuren/ vnnd GOtt nehret sie doch/ Wieviel aber seid jhr besser denn die Vogel? In Caten. Aquin. wird Theod. vnd Euseb. angezogen. Jener saget/ Daß Christus darumb andere Thier vnd Vogel vbergangen/ die Raben eingeführet/ vnnd zum Exempel fürgestellet habe. Erstlich vmb der Jungen willen/ die von den alten verlassen/ vnnd wunderbarlich von Gott gespeiset werden. Darnach weil sie frässig vnd räuberisch sind. Eusebius thut hinzu/ Andere Vögel/ so Früchte essen/ mögen leichtlicher jhre Nahrung haben/ denn die fleischfressende Raben. So aber GOtt auch diese erhelt/ Warumb solt er nicht viel mehr die Gleubige Menschen erhalten vnnd ernehren? Ideò omissa mentione aliorum volatilium, corvorum mentionem facit, quia pullos corvorum speciali providentia Deus nutrit: nam corvi pariunt quidem, non autem nutriunt sed negligunt pullos suos: quibus miro modo ab aëre pabulum quadam aura delatum ad os pervenit, quod hiantes suscipiunt, & sic nutriuntur: Deinde remittit hic specialiter ad corvos tanquam gulosiores & rapaciores. Eusebius. In corvis etiam plus aliquid plus significat: avibus enim colligentibus legumina, promptius est alimentum: Vescentibus verò carnibus, sicut corvis, difficilius est ad habendum, nec tamen huiusmodi aves defectum pabuli patiuntur propter providentiam Dei ubiq; diffusam.

In Caten. Aquin.

Eusebius.

Zur Beweisung dieser Güte vnd Göttlichen Fürsorge für die Gleubigen/ stellet GOtt ein Exempel für 1. Reg. 17. Da nach des Propheten Eliæ Wort vnd Weissagung/ eine Thewrung im Königreich Jsrael/ vnter dem Ahab/ entstund/

Ein Exempel Göttlicher fürsorg für die gleubigen.

1. Reg. 17.

stund / sprach GOtt zu Elia: Gehe weg von hinnen / vnnd wende dich gegen Morgen / vnnd verbirg dich am Bach Crith / der gegen dem Jordan fleust / Vnd solt vom Bach trincken / Vnnd ich habe den RABEN geboten / daß sie dich daselbst sollen versorgen. Er gieng hin / vnd thet nach dem Wort des HERRN / Vnnd die Raben brachten jhm Brot vnd Fleisch / des Morgens vnd des Abends / Vnd er tranck des Bachs / ꝛc. Osiander. Es solte wol den Propheten Eliam seltzam vnd vngleubig gedeucht haben / daß er von den Raben solte gespeiset werden / die von Natur Diebisch vnnd fräßig sind / jhre eigene Jungen verlassen vnnd nicht ernehren. Aber der Prophet hat Gottes Wort gegleubet / vnd mit seinem Exempel vermahnet / daß wirs auch thun sollen / Denn Gott kehret ehe die Ordnung der Natur vmb / ehe er vns hungers sterben ließ. Aber doch sollen wir die geringe tractation auch für lieb vnd gut nehmen.

Osiander.

Augustin. Warumb Gott den Raben hat gebraucht / Eliam zu erhalten.

Augustinus lib. 2. cap. 15. de mirabilibus S. S. Corvis præcipitur ministrare Prophetæ, ut scilicet culpam quam commiserat in terra, purgare avis illa videretur: dum ut fidelis minister efficeretur Eliæ, qui negligens & fallax erat antea Nöe. Præterea in hoc ministerio illud etiam ostenditur, qualiter homo, si non peccasset, etiam infructuosorum animalium nunc ministerijs uteretur. Vnde verò eas carnes & panes ille Corvus detulerit, ipse viderit, qui tale officium committebat. In quo tamen intuendum est, quod ex aliquorum hominum scientium aut inscientium industria corvi hæc acciperent, qui coctos panes & carnes quaslibet qualtiercunque

I. præparabant. Das ist: GOtt hat dem Raben diesen Dienst aufferleget / daß / weil er zuuor dem Noah vntrew war / jetzund gleichsam trew erzeiget / vnd seine vorige Schuld büssete.

büssete. Darnach wird auch angedeutet / daß die Menschen / wenn sie in Stande der Unschuld geblieben / die vnnützen Thier vnd Vögel zu gehorsame Diener hetten gebrauchen können. Woher aber dieser Rabe das Brot vnnd Fleisch / welches rein sein muste / genommen habe / ist Gott allein bewust / der jhm dieses Speisemeister Ampt aufferleget hat. Gleichwol ist zuuermuten / daß die Menschen selbige bereitet haben / ꝛc. Idem Tom. 10. hom. 18. in libro 50. hom. vnd Sermone de Tempore 146. spricht: Daß Gott darmit angezeiget habe / woher / vnd wie er seinen Diener Eliam / vnd alle Gottgleubige / in der Thewrung speisen vnnd ernehren könne vnd wölle / obs schon nicht allwege natürlich zugehe / ꝛc.

II.

Wo der Rabe die speise genomen / so er Eliae gebracht.

III.

Chrysost. Tom. 5. Serm. de Elia. Durch die Raben / Eliæ Tischdiener / welche sonst jhre Jungen verlassen / vnd nicht speisen / wil Gott den Propheten erinnern / Er sol gegen seine Kinder / die Israeliten (denen er Hunger vnnd Thewrung in die vierdhalb Jahr gewünschet vnd erbeten) nicht vnbarmhertziger sein denn die Raben / die nu jhre art verlassen / nicht so vnbarmhertzig vnd vnfreundlich sind / ja den hungerigen Propheten mit Fleisch vnd Brot versehen vnd erhalten: Wieuiel mehr sol der Prophet gegen seine Israeliten barmhertziger vnd freundlicher erscheinen / ꝛc. Proinde per patres illos (corvos seniores) filiorum suorum osores apud Eliam (qui Iudæis ut filijs malæ frugis succensebat.) Deus intercedit: quasi ad eum silenter ita diceret: Ne tanto Iudæorum, filiorum tuorum ocio teneare, quanto erga pullos suos corvi: Et ecce illi nunc conversi sunt, vide vel eorum misericordiam: qui natura pullis sunt immisericordes & inhumani, illi ipsi ut hospites cibi serviunt: absurdum est ô Elia, quod apud te

Chrysostom. Elias sol gegen die Israeliten barmhertzig sein / wie gegen jm die Raben.

misericordiæ meæ patrocinantur corvi, tu autem pro Iu- dæis, in quos sævio, non intercedis. Erubesce & vel cor- vorum exemplo Iudæis esto clementior.

Ambrosius verstehet diese Historia von der Heyden bekehrung.

Ambrosius in Lucam cap. 3. verstehet diese histo- riam auch allegoricè / von der Heyden Bekehrung / daß die- selbigen / als die Raben / welche im Aß jhre nahrung suchten / nun forthin den Propheten Speise bringen würden / das ist / jhre Predigt annehmen / vnnd den Willen GOttes thun. Eliam corvi cibo adventitio & lucrativo potu inter de- serta paverunt, ut indicio foret populos nationum, te- tro squalentes colore meritorum, qui antè cibum in fœ- tidis cadaveribus requirebant, nunc de se adventitiam Prophetis alimoniam præbituros, cibus enim Prophe- tarum divinæ voluntatis effectus est. Iohan. 4. Meus cibus est, &c. Aber die Häuptlehr dieser Historien ist von Göttlicher Prouidentz gegen den GOttesfürchtigen. Wie auch Basilius serm. 3. in divites avaros meldet: Das bey- des im Alten vnnd Newen Testament viel Exempel Gött- licher Fürsorge zu finden / Wie sonderlich die räuberischen Raben dem Eliæ haben müssen Speise bringen / rc. In- gredere Vetus ac Novum Testamentum, in utroque invenies permultos diversis nutritos Dei providentia modis. Carmelus mons sublimis ac desertus, Heliam item desertum habuit, viaticum cibusque ei spes erat in Deo. Et cum ita viveret, fame tamen extinctus non est, sed avium rapaciss. ac voraciss. corvi cibum ei attulere, & qui alienas solebant escas invadere, viro iustiss. ministri fuere: naturæ quoq; obliti, in pane carneq; ei afferendis Dominico præcepto paruerunt. Vnd dis sey gesagt von des Eliæ Raben / gehört auch in den 3. Standt / von mangel zeitlicher narung / da man Gott trawen sol / der wird die Got- tesfürchtige nicht verlassen / rc.

Basilius.

Weiter wird auch der Breutigam von seiner Braut der Christlichen Kirchen gerühmet. Cantic. am 5. Seine Haarlocken sind krauß / schwartz wie ein Rabe. Das schwartze Haar ist bey den Jüden löblich gewesen / als eine anzeigung des tapffern Männlichen Hertzens / Krafft vnd Stercke / Wie Lyra spricht: Nigredo capillorum attestatur fortitudini & iuventuti. Vnd Lutherus. Fuerunt nigri capilli laudati apud Iudæos. Sicut apud Horat. quoq;: Cant. 5.

Spectandum nigris oculis, nigroq; capillo.

Wer sind aber Christi schwartze Haarlocken? Entweder getrewe Lehrer vnd Prediger / oder auch alle Gleubigen / so Christo / jhrem Häupt angehören. Lutherus verstehet die Priester bey dem Volck Gottes / vnter Salomone / welche ernsthafftige vnd doch freundliche Leute waren / helt aber nicht darfür / daß sie der verachtung halben schwartz vnd Raben heissen / sondern von wegen des ernsts vnd Mañligkeit. Sacerdotes erant graves viri, in quorum vultu & gestib. iucunda severitas inerat: nisi quis malit accipere nigram comam ob externam speciem contemptam, id quod non puto. Doch diese Eigenschafft wird in Glossa angezeiget. Man ist jhnen / den Predigern / so feind / als den schwartzen schreyenden Raben: Oder mögen auch darumb Raben genennet werden / daß / wie die Raben jhren Jungen keine Speise vnd Nahrung bringen / biß sie der Mutter ehnlich werden / Also reichen die wahre Prediger den Vnbußfertigen keine Sacramenta / biß sie jre Sünde erkennen / vnd der Mutter / der Christlichen Kirchen / gleich werden: Oder mögen auch Raben darumb heissen / weil sie erkennen / sie sein von Natur schwartz vnnd sündhafft. Despicabiles mundo quasi illa clamosa & improba avis. Vel, quasi Corvus, ut nulli Sacramentum Ecclesiæ committant, donec sibi

CHristi schwartze Haarlocken.
Lutherus.
1.
2.
3.
4.

vel matri similari videant, vel quia cum pulchri sunt, se fuisse nigros intelligunt ex natura sua.

Wilramus. VVilramus in Cant. verstehet nicht allein die Prediger/ sondern auch alle Brüder vnnd Schwestern Christi/ oder alle Gleubige/ die steiff an jhrem Häupt hangen/ vnnd erkennen/ sie seyen zwar von Natur schwartz vnd sündhafft/ Aber durch die Gnade GOttes gewaschen vnnd schneeweiß worden.

Vnicus hic autem Genitori per Deitatem
Factus homo, fratres sibi fecit, sive sorores
Qui veluti crines ad colla decora reclines
Et numerum densant, sponsoq́ʒ tenaciter hærent
Speq́ʒ fideqʒ virent, virtutum germine florent
Et quasi palmarum spatulæ conantur in altum
Viribus haud proprijs fidunt, sed origine carnis
Se reputant nigros, nisi Gratia candidet illos.

Hugo verstehets von der menschlichen natur Christi. Hugo appliciert diß auff Christi Menschliche Natur selbs/ welche mit dem Sohn GOttes/ als dem Häupt/ vereiniget/ am Stammen des Creutzes gantz schwartz/ das ist/ veracht vnd gering/ vnd im Fewerofen des Leidens vnd Trübsalen gebraten war. Comæ capitis eius, corpus & anima Christi divinitati, quæ caput est, per unionem hærentes & eam tegentes, quæ elatis palmarum comparantur, quæ solent coronare victores, quia per eam diabolum in cruce devicit. Quæ comæ in passione nigræ fuerunt, quasi corvus, quia non erat ei species neqʒ decor, cum carnes eius essent in clibano crucis exustæ igne passionis & tribulationis, &c. Gnug aber von diesem Lobspruch Salomonis.

Genes. 8. Geschicht Noah. Eine denckwirdige Geschicht ist an diesem ort ferner zu betrachten. Genes. 8. Nach viertzig Tagen (demnach sich zuuor

zuuor der Berge spitzen/ den ersten Tag des zehenden Monden/ herfür gethan vnd heiten sehen lassen) thet Noah das Fenster auff an dem Kasten/ daß er gemacht hatte/ vnd ließ einen Raben außfliegen/ der flog jmmer hin vnnd wider her/ biß das Gewässer vertrocknet auff Erden/ ꝛc. Dieses Raben gedencken schier alle Lehrer/ wöllen der fürnembsten meinung erzehlen/ vnd von Luthero anfangen. (Doch ist zuuor zuwissen/ daß die Patres aus der Lateinischen version jhre Allegorias mehrerteils genommen/ Der Rabe sey nicht widerkommen/ sondern außblieben/ Welches dem Ebreischen Text zuwider/ wie neben Luthero auch Lyra bezeuget.)

ein Raben außfliegen.

Lutherus im deutschen Genesi. Wenn man dis wil deuten/ kan mans nicht besser thun/ denn auff die Prediger. Die Christliche Kirche/ durch den Kasten Noah bedeutet/ hat zweyerley Prediger. Zum ersten/ die Bauchdiener vnd Fräßlinge/ die sind durch den Raben bedeutet/ die durch das predigen nichts suchen/ denn daß sie gnug haben/ vnd jhren Wanst füllen/ Wo das Wort nicht wil dienen zu jhrem Bauch/ da drehen sie jhm eine Nasen an/ daß es sich darzu lencken mus/ Darzu/ wenns zum treffen gehet/ daß sie es sollen bekennen/ so leugnen sie/ das sind vnreine Schelmen/ die Aß fressen/ die müssen wir auch haben/ denn so ists gangen zu allen Propheten vnd Aposteln zeiten/ biß hieher/ daß neben der rechten Lehr außfliegen fasche Lehrer/ darzu sol man diesen Raben hoch heben/ daß er predige das rechte Gottes Gesetze/ wiewol ers nicht recht außleget. Vnsere Lumpenprediger/ die allein Menschen tandt predigen/ sind noch nicht so gut. Nu diese kommen auch aus dem Kasten/ haben den nahmen/ daß sie in die Christenheit gehören/ sind Prediger vnd Bischoffe/ Was thun sie aber? Fressen eitel vnrein todt Aß/ das ist/ jhre Lehr ist gantz vom Fleisch vnd

Lutherus verstehet diesen Raben von der Kirchen Bauchpredigern.

Blut/ vnnd eusserlichen Wercken/ da ziehen sie die Schrifft hin/ da bleiben sie jnne/ kommen nicht wider/ Wie Paulus saget: Sie haben jhr Vrtheil dahin/ Der Rabe bringet kein gut Zeugnis/ noch nichts tröstliches/ solche Lehrer predigen/ da niemand keine frewde von hat/ machen eitel angst des Gewissens/ ꝛc. Von den andern Predigern in der Kirchen/ besihe droben die Tauben.

Im Lateinischen Genesi führets Lutherus weiter aus/ vnnd applicierts nicht allein auff die Papistische Lehrer/ sondern auch in gemein auff die Gesetzprediger/ welche kein Zeichen der Gnaden GOttes bringen/ vnnd nichts denn Trawrigkeit anrichten. Wöllen allein die Lateinische wort hieher setzen: Nos theologicam sententiam decet quærere, primùm corvo eam laudem tribuit scriptura, quod non sua sponte arcam deserat, sed à Noah quasi nuncius dimittitur, ut investiget, num Aquæ cessarint, & ira Dei finita sit. Sed corvus non redit, nec est tam læti ominis nuncius, manet enim extra arcam & quamvis it & redit, tamen non patitur se apprehendi à Noah sed manet extra arcam. Hæc omnia pulcherrimè conveniunt cum ministerio legis: nam & NIGREDO, quam peculiarem habet, tristitiæ signum est, & sonus oris insuavis est: Tales sunt omnes Doctores legis, qui docent operum iusticiam, sunt enim ministri mortis & peccati. Et tamen Moses cum ista doctrina divinitus mittitur, sicut corvum dimittit Noah. Vult enim Deus doceri homines de moribus & sancta vita, vult annunciari iram & pœnas certas transgressoribus legis: Et tamen tales doctores nihil sunt quàm corvi, qui oberrant circa arcam nec afferunt indicium certum placati DEI, &c. Porrò hæc pictura est non solum legis di-

vinitus

vinitus traditæ, sed universæ Rationis & prudentiæ humanæ, omnium legum & totius Philosophiæ: Tantum enim dicunt, quid faciendum sit, non autem suppeditant facultatem faciendi, &c. Emittitur quidem Corvus, vult enim DEVS doceri legem, & eam revelat divinitus, imò omnium hominum mentibus eam inscribit: & sunt ex hac ipsa naturali cognitione omnes Philosophorum saniorum libri nati, &c. Sed revera si de conscientia pacanda & certa spe vitæ æternæ quæras, sunt tanquam corvus, qui circa arcam hic oberrat, pacem foris non invenit, intus autem in arca non quærit, &c. Iam qui vult, amplificet hanc allegoriam & quærat proprietates huius avis.

Impurum est animal, nigro & funesto colore, duro rostro, insuavi voce & ferali, olfacit cadavera, quantumvis per longinquum spacium, ac horrent ideò vocem eius, tanquam certum omen futuri funeris: pascitur cadaveribus, gaudet ijs locis, quæ publicis supplicijs fœda sunt: Hæc omnia & singula etsi legi non accommodamus, tamen quis non videt, bellissimè convenire PAPISTIS, SACRIFICVLIS, MONACHIS, qui non solum ex occisis conscientijs per falsam doctrinam, splendidè sunt pasti, sed etiam mortua cadavera ad victum suum transtulerunt, dum vigilijs anniversarijs, lustralibus aquis ad sepulchra, ipso purgatorio quoque ad parandos nummos usi sunt: Ac sanè ista mortuorum cura plus eis profuit, quàm vivorum. Verè igitur corvi sunt, victitantes cadaveribus, & ijs insidentes cum ferialibus vociferationibus. Hæc Papistis cum corvis bellè conveniunt: Sed verè totum ministerium Papatus, ubi est optimum, nihil aliud facit, quàm quod excarnificat &

occi-

occidit conſcientias: Ad veram iuſticiam non perducit, ſed tantum hypocritas facit, ſicut lex quoq;, &c. Hæc de Corvo Allegoria ad miniſterium translata, etſi quis non dicat eſſe propriam, tamen vera eſt, & convenit cum fundamento, ac ad docendum non ſolum aptiſsima ſed etiam vtiliſsima eſt.

Was die Patres anlanget / deuten ſie den Raben mehrertheils auff die abgefallene vnd außgetretene Sünder / die nicht widerumb in die Kirche Gottes mit einer wahren buſſe vmbkehren. Wie S. Cyprianus in Epiſtola ad Novatianum hæretic. ſchreibet: Ex arca emittuntur duæ aves, Corax & Columba: Qui corax verè hominum immundorum & in tenebris perpetuis futurorum per ſeculi latam viam, & immunda veſcentium Apoſtatarum futurorum, & ad Eccleſiam ſe ultra non vertentium, figuram portabat, quem legentes invenimus emiſſum & non amplius reverſum. Huic ergò avi, id eſt, immundo ſpiritui, quiq; fuerunt ſimiles inventi ad Eccleſiam amplius rtverti non potuerunt, &c.

Cyprianus.

Auguſtinus lib. quæſt. 65. quæſt. 59. Was bedeutet der außgelaſſene Rabe / der in den Kaſten nicht widerkommen iſt? Antwort. Daß der Rabe nicht widerkommen iſt (aber wie dis wider den Ebreiſchen Text ſey / iſt droben vermeldet) geſchicht entweder / daß er vom Waſſer auffgefangen vnnd erſäufft / oder durch das Aß auffgehalten worden iſt. Vnd bedeutet die Menſchen / welche den fleiſchlichen Lüſten ergeben / Gottes Wort verachten / durch Sünde vnd Schande von der Kirchen abtretten / vnd nicht wider durch eine wahre Buſſe vmbkehren: Oder / So der Rabe vom Waſſer auffgefangen vnd erſäufft iſt / bedeutet er die / ſo von der wahren Kirchen außweichen / vnnd ſich von den

Auguſtin.

Ketzern

Ketzern wider täuffen lassen/ etc. Dis wird repetiert lib. 12. cap. 20. contra Faustum Manich. Quod post dies quadraginta emissus corvus non est reversus, aut aquis utique interceptus, aut aliquo supernatante cadavere illectus: significat homines in immundicia cupiditatis teterrimos, & ab hoc ad ea quæ foris sunt in hoc mundo nimis intentos, aut rebaptizari, aut ab his quos præter arcam, id est, præter Ecclesiam Baptismus occidit, seduci & teneri, &c. Idem tractat. 6. in Iohannem. Cui benè est in hoc seculo, imò qui putat, quod ei benè sit, qui læticia rerum carnalium & abundantia temporalium & vana fælicitate exultat, habet vocem corvi, vox enim corvi clamosa est non gemebunda. Pòst: Qui sunt corvi? Qui sua quærunt. Das ist: Welchem in dieser Welt wol ist/oder meinet/ es sey jhm wol / frewet sich seines Vberfluß vnd Wollüsten/ der fleischlichen vnd jrrdischen Wolfart vnd Glücks/der hat eine Raben Stimm: Vnd die sind Raben/ welche allein das jrige suchen. Idem Tomo 10. Serm. 16. de verbis Domini secundum Matth. vergleichet die Sünder / welche ein langes Leben hoffen/ vnd darumb jhre Busse von Tag zu Tag auffschieben/einem solchen schreyenden schwartzen Raben/ CRAS, CRAS, Mergen/morgen wil ich kommen. Scio ego & mecum omnis homo qui paulo attentius consideraverit, neminem timentem Deum sub verbis eius non se corrigere, nisi qui putat, quia plus habet vivere. Ipsa res est quæ multos occidit, cum dicunt, CRAS, CRAS, & subitò ostium clauditur. Remansit foris cum voce corvina, quia non habuit gemitum columbinum, Cras, Cras, corvi vox, &c.

Bißher ist der Rab. fast böser meinung gedeutet worden auff die Sünder/ Ambrosius aber deutets auch auff die Ambrosius verstehet

Ll Sünde

durch diesen Raben die sünde.

Sünde vnd Boßheit selbs / welche die fromme Christen aus jhrem Hertzen außlassen/ vnd nicht mehr wider einnehmen sollen. Libro de Noë & Arca, cap. 17. Omnis iustus, quando mundare se incipit, quæ tenebrosa sunt & immunda & temeraria primò à se repellit: Siquidem omnis impudentia atq; culpa tenebrosa est, & mortuis pascitur sicut Corvus. Lumini autem vicina virtus quæ mentis puritate & simplicitate resplendet. Et ideò tanquam emittitur & fugatur culpa & separatur ab innocentia, ut nihil remaneat in viri iusti mente tenebrosum. Deinde egressus Corvus non revertitur ad iustum, quia fugitans culpa omnis æquitatis, nec probitati videtur & iustitiæ convenire. Deniq; evasisse se credit iniustus tanquam de vinculis, cum iustus ab eius se consortio separaverit diluvij cuiusdam & corruptelæ familiaris, ut corvus qui cum siccitatem terræ nusquam invenerit, non reversus est sed remansit. Dieweil denn der Rabe vnter andern Sündern auch fürbildet einen abtrünnigen aus der Kirchen/ einen Verleumbder/ der andern die Augen außhacket/ vnd einen vnbußfertigen/ der seine Busse von Tag zu Tag auffscheubet/ so sind diese Raben art auch in folgenden zweyen Verßlein beschlossen. Hugo in Lucæ 12. cap.

CRAS crocitat, vivit per secula, non timet ungue:
Pullos odit, amat nummos, oculos fodit alter.

Der ander Standt.

IM andern Standt wird der Rabe auch/ als ein trawriges Zeichen der elendiglichen endlichen Verwüstung Länder vnd Städten/ fürgehalten. Esaiæ 34. Das Land Edom wird für vnd für wüste sein/ daß niemand dardurch gehen wird ewiglich/ &c. Sondern Nachteulen vnnd Raben werden daselbst wohnen/ &c. Durch das

Esa. 34.

Land Edom verstehet Osiander das Bapsthumb/ darin sol- Osiander.
che vnflätige/ das ist/ vnreine Geister wohnen/ vnd die bey
jhnen in der Hellen in alle ewigkeit bleiben werden/ rc. Eine
gleiche verstörung drewet der Prophet Zephania 2. Cap. der
Stadt Niniue vnnd Assyrern/ daß auff den Balcken jhrer Zeph. 2.
Thürme die Raben (vnd andere vnreine Vögl/ daruon an
jhrem ort) sitzen werden. Hieronymus verstehets nicht al- Hieronym.
lein von der Stadt Niniue/ sondern tropologicè auch von verstehets
der Christlichen Kirchen/ welche zur zeit des Antichrists vnd von der
seiner Gliedmassen gar zur Wüsten werden sol/ daß nur sol- Christlichen
che vnreine Vögel/ falsche Lehrer vnd Gottlose Menschen Kirchen
drinnen wohnen vnnd herrschen werden. Qui considera- verwüstung.
verit illud Apostolicum, 2. Timoth. 3. In novissimis
temporibus instabunt, &c. Et illud Evangelij, Matth.
24. Putas filius hominis, &c. non mirabitur de Ecclesiæ
vastitate, quod regnante Antichristo (Papa Romano)
redigenda sit in solitudinem & tradenda bestijs, & passu-
ra quæcunque nunc Propheta describit. Welchs Hugo mit Hugo ap-
folgenden worten repetiert/ vnd auff die Geistliche zu seiner plicirts auff
zeit applicirt: Per Niniven intelligitur Ecclesia quæ tem- seine Geist-
pore Antichristi redigetur quasi in solitudinem & bestijs liche.
varijs, id est, ANTICHRISTO & MEM-
BRIS illius posidenda tradetur. Das ist: Durch
Niniue wird verstanden die Christliche Kirche/ so zur zeit
des Antichrists gleich wüste werden wird/ vnnd mancherley
wilde Thier/ das ist/ der Antichrist vnd seine Gliedmassen
werden sie jnnen haben/ rc.

Hoc etiam exponit Hieronym. DE ECCLE-
SIA MODERNA, IN QVA, heu, MVLTI
SVNT GREGES VENTRI SERVIEN-
TES, MVLTÆ BESTIÆ CRVDELI-

TATE SÆVIENTES, MVLTI CHAMÆLEONTES vitiorum varietati inhærentes, multi HERICII spinis detractionum alios lacerantes, MVLTI CORVI VANA LOQVENTES: Et tamen inter hæc omnia habitant in confidentia, vel secundum 70. in spe de salute consequenda & Superbè de misericordia præsumentes, propter quod meritò relinquuntur dœmonibus, & fiunt cubile dæmonum, qui prius erant habitatio Angelorum, qui non iam manentes in illis, sed transeuntes ab ipsis stupent, sibilant & à protectione eorum manus amovent, & non solum ipsi sed & dœmones ipsi ipsos derident, &c. Ist das nicht das Bapsthumb?

Der dritte Standt.

Im dritten Standt ist auch ein lehrhafftiger Spruch / das vierde Gebot vnnd die Kinder betreffend / Du solt deinen Vater vnd Mutter / rc. Prou. 30. Ein Auge / daß den Vater verspottet / vnd verachtet der Mutter zu gehorchen / das müssen die Raben am Bach außhacken. Von diesem Vngehorsam der Kinder gegen jhre Eltern / ist auch droben bey dem Adler erinnerung geschehen / Suche daselbsten im dritten Standt. Gleichwol deutet dis Hieronymus auff die Geistliche Kinder / nemblich die Christen / welche die Lehr Jesu Christi / vnnd die Zucht der Mutter / der Christlichen Kirchen Predigt / verachten vnd verlassen / die sollen von den Raben am Bach / das ist / von den Lehrern vnnd Predigern aus der heiligen Göttlichen Schrifft vberwunden / vnnd wider bekehret werden / Sintemal den Raben auch die Prediger / wie droben gehöret / verglichen werden. Perversi dum divina iudicia reprehendunt, subsannant patrem, & quilibet Hæretici, dum prædica-

Prouer. 30.

Hieronym. deutets auff die Christen

dicationem sanctæ Ecclesiæ deridendo contemnunt, partum matris despiciunt, quia de ipsa exeunt, qui contra ipsam loquuntur, &c. Quorum intentionem dum prædicatores catholici de SCRIPTVRARVM DIVINARVM fluentis procedentes increpando revincunt, quasi OCVLVM NEFANDVM CORVI de torrentibus effodiunt, & filij Aquilæ comedunt. CORVI etenim vocantur Doctores sancti, quia per humilitatis gratiam peccati in se nigredinem confitentur, &c.

Auff diese Meinung widerholets Hugo: Oculum, id est, hæreticum vel quemlibet perversum, qui subsannat patrem, CHRISTVM, eius doctrinam & Religionem irridendo, & despicit filios Ecclesiæ, ex qua & ipse exivit, effodiant eum, ostendentes EI SVVM ERROREM, convincant Corvi de torrentibus, id est, Doctores vel prædicatores de fluentis scripturarum procedentes, &c. Wie aber die Papistische Inquisitores diesem zuwider vnd entgegen handeln / ist am Tag / etc. Hugo.

Vnnd bißhero von
dem Raben.

Der dritte Theil / des

Das fünffte Capittel/

Von dem Straussen.

DJe Scribenten zweiffeln schier/ob sie den Straussen/ Jaenah / einen Vogel oder ein Thier nennen sollen/ Denn ob er schon Flügel vnd Federn hat / kan er doch/ von wegen des schweren Leibes/ nicht fliegen/ sondern wird darmit nur an seinem schnellen Lauff gefürdert. Es zehlet jhn aber Moses/ Levit. 11. Deut. 14. nicht vnter die Thier / sondern vnter die vnreine Vögel/ Vnnd schreibet Hesychius in Levit. Daß durch den Straussen bedeutet werden die jenigen / welche Geistlich wöllen sein / vnnd sich Gottes Worts rühmen / vnd doch mit den Weltlichen Sachen vnnd Händeln vmbgehen/ wie sich die Papistische Bischoffe vnnd Prælaten erzeigen. Struthio avis quidem est, sed volare non potest, totamquè vitam suam circa terram occupat, quales sunt quidam DEO militantes & SECVLI SE negocijs implicantes. Welche Außlegung in Glossa repetieret wird.

Hugo in Levit. aber vergleichet die Heuchler vnnd Gleißner einem Straussen/ Denn/ wie der Straus Federn vnd Flügel / aber keine Krafft vnnd Vermögen zu fliegen: Also hat auch der Gleißner einen Schein der Tugend/ Aber keine Krafft vnd nachdruck derselben. Wie auch der Strauß seiner Eyer nicht achtet noch außbrütet (daruon hernach) Also lasso lassen auch die Gleißner jre gute Werck / von der Brůderlichen Liebe vnd Christlichem vorsatz/ nicht erwarmen. Struthio alas habet, sed non volat, hic est Hypocrita speciem virtutis habens sed nihil virtutis operatur. Item ova non non fovet, sic hypocrita opera sua non fovet per charitatem & bonam intentionem. Dis sey nun gesagt / warumb Gott den Straussen allegoricè vnrein genennet vnnd verboten habe.

Wir wöllen aber andere Sprůche im Ersten Standt daruon besehen. Job 39. Penna Struthionis, &c. Oder nach Osiandri correction: Alæ Struthiocameli sunt elegantiores quàm alæ & plumæ Ciconiæ. In der deutschen Bibel haben wir zwar Pfawen/ (im Ebreischen Rannenim) welches in der Lateinischen/ auch der beschreibung vnnd eigenschafft nach/ viel besser ein Strauß heisset/ etlicher Meinung nach. Die Federn des Straussen (Pfawen) sind schöner/ denn die Flůgel vnnd federn des Storcks: Der seine Eyer auff die Erden lest/ vnnd lesset sie die heisse Erden außbrůten: Er vergist/ daß sie möchten zutretten werden/ vnnd ein Wild Thier sie zubreche. Er wird so hart gegen seine Jungen / als weren sie nicht sein/ Achtets nicht / daß er vmbsonst arbeitet/ Denn Gott hat jm die Weißheit genommen/ vnd hat jm keinen verstandt mitgetheilet: Zur zeit / wenn er hoch fehret/ erhöhet er sich/ vnnd verlachet beyde Ross vnd Mann. Der erste Standt.

Brentius. Etsi quidam pavonem, alij nocturnam avem horrendi clamoris esse dicant: tamen ego Struthiocamelum esse puto, hac maximè causa, quod quæ hic enumerantur de natura huius avis, ferè conveniant cum his, quæ alias de Struthiocamelo scripta sunt. Aviũ grandiss. & penè bestiarũ generis sunt Struthiocameli Aphrici & Æthio-

Æthiopici (ait Plinius) altitudinem equitis insidentis Equo excedunt, celeritatem vincunt: ad hoc demum datis pennis, ut currentem adiuvent, cætera non sunt volucres, nec à terra tolluntur: Vngulæ ijs cervinis similes quibus dimicant bisulcæ, comprehendendis lapidibus utiles, quos in fuga contra insequentes ingerunt pedibus, concoquendi sine delectu devorata, mira natura: Sed non minus stoliditas, in tanta reliqui corporis altitudine, cum colla frutice occultaverint, latere sese existimantiũ. Præmia ex ijs ova propter amplitudinem pro quibusdam habita vasis, conosq; bellicos & galeas adornantes pennæ. Hæc Brentius ex Plinio.

Wir wöllen aber diese vnnd andere Eigenschafften vbergehen / vnd allein die von Gott erzehlete art/ sampt den nützlichen Lehren vnd Errinnerungen/ anzeigen.

Erstlich wird vermeldet/ daß dem Straussen schönere Federn vnnd Flügel gegeben seyen/ denn dem Storcken/ als die auff den Helm zu Rhum vnd Ehren auffgesteckt werden. Darbey in gemein Gottes Weißheit vnd Prouidentz abzunehmen vnd zu betrachten ist / der auch mit diesen gegeringen dingen zuthun hat / daß er auch einem Vogel schönere Federn gibt als einem andern. Vnnd in specie sehen wir/ daß Gott seine Gaben auch den Thieren vnd Vögeln vnterschiedlich außtheilet / vnd nicht einem alle alleine gibt/ welches auch bey den Menschen gespüret wird/ darumb sie darinnen den Vögeln nachfolgen / sich der hohen vnd besseren Gaben nicht vberheben / die geringere nicht verachten sollen. Osiander & Brentius. Deus etiam inter animantia irrationabilia variè sua dona distribuit, nec uni omnia dat, nec omnes omnia possunt.

Denn zum andern wird gesagt/ daß dieser grosse Vogel/

gel/ voller schönen Federn/ doch kein verstandt vnd weißheit habe/ darmit andere geringere Vögel zum Wunder begabet sind. Gott hat jhm die Weißheit genommen/ vnd hat jhm keinen Verstandt mitgetheilet/ welcher doch weit besser/ nützlicher vnd nötiger ist/ denn die eusserliche Schöne.

Worbey erscheinet seine Thorheit? Erstlich/ daß er seine Eyer auff die Erden lest/ vnd lest sie die Erden außbrüten/ vnd sorget nicht/ daß sie etwan möchten zutretten/ oder vom wilden Thier zubrochen werden. Da sonst andere geringere Vögel jhre natürliche zuneigung zu den Eyern tragen/ vnd selbige erwärmen vnd außbrüten/ wie die erfahrung außweiset/ *rc.* 1.

Darnach ist seine Thorheit noch grösser/ daß/ wenn die Jungen schon von der Sonnen wärme auff dem heissen Sant außgeschleifft sind/ so nimpt er sich dennoch derselben nicht an/ wird so hart gegen seinen Jungen/ als weren sie nicht sein/ achtets nicht/ das er vmbsonst arbeitet: Wie sich aber andere Vögel gegen jhre Jungen mit Ernehrung/ Schutz vnnd Schirm/ erzeigen ist allen Menschen bewust. Vnnd sind doch manche fahrlässige Eltern/ vnuerstendiger denn die Straussen/ (welches in den dritten Standt drunden gehörig.) Denn viel ernehren jhre Kinder nicht/ ziehen sie nicht zu ehrlicher Handthierung/ viel weniger aber zu der Zucht vnd Vermanung zum HERRN: Die haben den Glauben verläugnet/ vnd sind erger als die Heyden worden. Osiander. Huius avis stoliditatem impietate vincunt parentes ἄστοργοι, qui non alunt liberos suos, eosq; in pietate & liberalibus artibus aut honestis opificijs instituendos non curant. Huiusmodi enim homines (si tamen non monstra verius quàm homines) Paulus dicit, fidem abnegasse & Ethnicis deteriores factos. 1. Tim. 5. 2.

3. Zum dritten/ sagt man noch von einer Thorheit des Straussen/ daß/wenn man jhm nachjaget/ vnd er hinder einen Baum oder Streipich kömet/seinen Kopff allein verbirget vnd versteckt/meine er/er habe sich gar mit allen Gliedern verborgen/ daß man jhn nicht sehe/dardurch er denn von den Jägern gar leichtlich gefangen werde: Diese Thorheit erzehlet Tertullianus lib. de velandis virginib. zu ende/ Vnd spricht: Daß etliche Weiber/ welche zwar den gantzen Leib bedecken / allein ein blosses vnbedecktes Häupt haben/ dem Straussen (ders vmbkehret/ ein verborgen Kopff vnd blossen Leib hat) nicht vngleich geachtet werden/ Sintemal sie in einerley Gefahr gerathen vnd gefangen werden. Aliæ (mulieres) quibus planè maior est palla, omni fimbria & filo, non minus capite suo abutuntur, ut bestia quædam magis quàm avis, licet pennata, brevi capite, protracta cervice, cætera altegradia. Hanc aiunt cum delitescendum habet, caput solum planè totum in condensum abstrudere, reliquam se in aperto relinquere. Ita dum in capite secura est, nuda qua maior est, capitur tota cum capite, tales erunt & istæ (mulieres) minus quàm utile est tectæ.

Zum dritten/ Ob wol der Strauß in diesen sachen thöricht ist/ so hat er doch noch ein andere gabe von Gott/daß er mit seiner höhe/weñ er sich erhebt/vñ mit seiner schnelle/weñ er läufft/ Roß vnd Mann vbertrifft/vnd sie verlachet. Derwegen sollen wir auch die Weißheit GOttes/ jhme zu Ehr/ vnd vns zum besten/ in den Vögeln vnnd vnuernünfftigen Thieren/betrachten vnd erspiegeln/vnd vns gebürlich halten.

Was nu die Allegoricas expositiones hierüber belanget/ sind sie vngleich vnd zimlich weit gesucht/Wöllen doch etliche inseriren. Philippus Pres. in Iobem. Struthionem secundum spiritualem intelligentiam sensusq; divinos,

Eccle-

Ecclesiam non absurdè sentimus, quæ per lavacrum regenerationis & verbum, munda in Christo effecta est, qui similem quidem pennam habet pennis avium, quæ carnibus vescuntur & sanguine, sed illæ remigio alarum in hoc aëre velut in pelago id agunt, ut de cæteris avibus prædam capiant (unde sub hac figura inimici nostri spirituales intelliguntur.) Struthio verò longè dissimili modo pennis suis utitur, eô quod eas velut per fidem & spem duorum Testamentorum gubernaculis vivens habitantem extendat. Ova sive filios, novam creaturam atq; in CHristo generatam & candidam progeniem sanctæ Ecclesiæ intelligere debemus. Sed in OVIS illos esse noverimus, qui doctrina quotidiana, quasi fœtus quidam Ecclesiæ matris nutriuntur, ut quandoque de initiorum frugalitate & imperfectione procedentes, ad ultimum testa virtutum, veluti distinctis atq; formatis membrorum compagibus existant, cum ex tenebris vitiorum hoc modo facti fuerint lux in Domino, proficientes quotidiè ad ætatum morumq; soliditatem. Obliviscitur Ecclesia natos suos, dum eis pressurarum molestias adversarios inferre non prohibet. Duratur ad filios.) Præsentibus filiorum suorum tribulationibus Ecclesia dura & impia videtur, quoniam non ingemiscit & plangit angustias, interitumq; natorum, &c. Privata est à Deo Ecclesia sapientia atque intelligentia huius mundi, &c. Das ist: Die Christliche Kirche ist dem Straussen gleich/ Denn sie hat allezeit Jungen/ welche mit Gottes Wort zu erachren sind/ Sie vergisset der geplageten Christen/ in dem sie den Feinden nicht widerstrebet/ Beweinet auch die Märterer nicht/ So hat sie auch nicht die Weltweißheit/ die für Gott eine Thorheit ist/ 2c.

Gregorius lib. 31. moral. cap. 15. 16. 17. vergleichet die Jüdische Synagog dem Straussen/ Die Eyer vnd Jungen sind die Apostel/ ꝛc. Quid struthionis nomine nisi Synagoga signatur? quæ alas legis habuit, sed corde infimis repens nunquam se à terra sublevavit. Qui ergò per struthionis ova: nisi de Synagogæ carne æditi Apostoli designantur, qui dum se in mundo despectos atque humiles exhibent, sperare gloriam in supernis docent: Abiecti namq; & quasi nullius momenti apud elatos habiti, in terra velut ova iacuerunt, sed intus in eis latebat unde viverent, & sublevati spei pennis ad cœlestia volarent. Quæ ova struthio in terra derelinquit, quia eos quos carne genuerat synagoga Apostolos audire contemnens, vocandæ gentilitati deseruit. Mira autem potentia Dominus hæc eadem in pulvere ova calefacit, quia vivos Apostolorum fœtus in illa abiecta dudum gentilitate suscitavit, & quos synagoga velut insensatos, inviviticatosq; despexerat, ipsi nunc in veneratione gentium per doctrinæ magisterium viventes volant, &c. Obliviscitur quod pes.) Tunc ova pes calcat & bestia agri conterit, cum in terra deseruntur. Quia videlicet humana corda, dum semper terrena cogitare, semper quæ imu sunt agere appetunt, ad conterendum se agri bestiæ, id est, diabolo sternunt, ut cum diu in infima cogitatione abiecta sunt, quandoque etiam maiorum criminum perpetratione frangantur. Synagoga ergò ova quæ genuit, à terra suspendere benè viveado neglexit. Sed omnipotens Deus multos eius filios, quamvis in terrenis desiderijs mortuos ac frigidos reperit, calore tamen sui amoris animavit. Duratur ad filios.) Se in Apostolorum cruciatibus exercet, atq; invidiæ facibus inflammata; in qui-

quibus non laboravit ut possent vivere, laborat ut debeant interire, &c. Glossa vnd Lyra selbs moralisierens von den Gleißnern vnd Heuchlern: Struthio quæ pennas habet ad currendum velocius per terram sed non ad volandum, Hypocritam significat, qui habet alas scilicet apparentiam sanctitatis & devotionis, quibus festinat ad questum terrenorum, sed non elevatur ad amorem supernorum: Quod verò ova negligit, significatur quod hypocrita vult esse singularis apparentiæ, &c. Et cum videt tempus aptum ad potentes huius mundi decipiendum, Sanctitatem & devotionem, & sic eos decipiens illudit. Sind das nicht die Papistische Heuchler vnd Jesuiter?

Neben diesem Spruch Gottes vom Straussen/ darin vnd bey er vns seine Weißheit vnd Mayestät sehen lest/ verkündiget Gott auch durch Esaiam/ Cap. 43. Ich wil Wege in der Wüsten machen/ vnnd Wasserströme in der Einödde/ daß mich das Thier auff dem Felde/ die Drachen vnd Straussen loben sollen. Diß ist eine Weissagung von der Predigt des Euangelij im Newen Testament/ dardurch die grawsame vnd wilde Leute (in den Thieren vnd Vögeln fürgebildet) zu Christo sollen bekehret werden/ daß sie jhre Grawsamkeit/ Abgötterey vnd Einsamkeit einstellen/ Gottes Wort annehmen/ Gott in höchsten frewden loben vnnd preisen sollen/ rc. Per struthionem vana gloria vel hypocrisis designatur, ut dicit Gregor. Die Ehrgeitzige/ stoltze Leute/oder die Heuchler/sollen zum theil bekehret werden.

Der heilige Job / Cap. 30. spricht von jhm selbs: Ich bin ein Bruder der Schlangen / vnnd ein Gesell der Straussen: Darmit er lehret/ Gleich wie die Drachen vnd einsame Vögel in der Wüsten sind/ vnd grawsam schreyen/ Also begegne jhm jetzt auch in seinem hohen Creutz vnd Leiden / da er keinen Tröster habe / vnd von seinen guten Freunden verspottet werde. Phil. Presb. Socius Struthionum.) Fatuꝰ factus sum & insipiens, ut struthio avis stultissima, ut præ dolore frustra me æstiment laborasse. Weil ich so grosse schmertzen habe / in einer so grossen noth stecke / so halten meine Freunde mich für ein Thoren vnd Gottlosen / der ich vmbsonst gearbeitet habe. (Wiewol ein ander Exemplar anders lautet: Vt hebes præ dolore frustrà me æstimem laborasse, auffs Jobs Vrtheil gezogen.) Gregorius libro 20. cap. 29. Moral. applicierts auff den Job / daß er vnter Heuchlern vnd Gleißnern wohnen müsse / Vnnd sey ein fürbild der Christlichen Kirchen / darinnen allezeit Gleißner vnnd öffentliche Sünder gewesen seyen. Qui Struthionum appellatione nisi simulatores intelligi solent? Struthio etenim pennas & volatum non habet: quia simulatores quiq; speciem sanctitatis habent, sed virtutem sanctitatis non habent: Visio quippe bonæ actionis eos decorat, sed à terra minimè penna virtutis levat. Electus itaq; sanctæ Ecclesiæ populus, quia pacis suæ tempore intra se quosdam maliciosos ac simulatores patitur, dicat, fratrer fui Draconum & socius Struthionum.

Lyra meinet / Job klage / er werde von seinen Freunden verlassen / wie die jungen Straussen von jhren Eltern: deutets doch moraliter auff die abtrünnige / vnd vom Antichrist verführete / welche die Rechtgleubigen hefftig verfolgen würden / ꝛc.

Der ander Standt.

DEn andern Standt mögen wir referiren die Exempla der verstöreten Königreichen vnnd Ländern / welches bey den Straussen angezeiget wird / da doch auch der Zorn vnd Gerechtigkeit GOttes im ersten

Standt

Standt mit einfelt. Esaias 13. vers. 21. weissaget vom Königreich Babel/ rc. Babel das schöneste vnter den Königreichen/ die herrliche Pracht der Chaldeer/ sol von GOtt vmbgekehret werden/ wie Sodoma vnd Gomorra/ daß man fort nicht mehr da wohne/ sondern Zihim, Ohim vnd Straussen werden da wohnen/ rc. Diese grawsame verwüstung widerholet Jeremias 50. vers. 39. Babel ist ein Götzenland / vnd trotzen auff jhre schreckliche Götzen / Darumb sollen vngehewre Thier vnd Vogel darinnen wohnen/ vnd die jungen Straussen/ Vnd sol nimmermehr bewohnet werden/ vnnd niemand drinnen hausen für vnd für/ rc.

Diese Verstörung / wie Lutherus in Esaiam saget/ gibt zwo Lehren. Die erste ist/ daß man sich mit geringem vnd wenigem benügen lassen sol/ Denn dieweil Menschliche Weißheit grosse Güter nicht recht verwaltet/ sondern vnbillich wider GOtt vnd den Nechsten gebrauchet / (daß man schier sagen kan: Grosse Königreiche seyen nichts anders/ denn grosse vnbilligkeit:) So mus Gott solche grosse Imperia vertilgen vnd außreuten/ vmb der Boßheit willen. Vnd wenn ers thun wil/ so nimpt er den Regenten Weißheit vnd verstandt/ Wenn er die Eyer zubrechen wil/ so setzt er Narren darüber/ rc. Politicus locus est, ut discamus paucis cōtenti esse, nam magna imperia ferè nihil aliud sunt quā magnæ iniuriæ. Ideò etiam magnorum principum adeò miseri sunt exitus. Non quod imperia aut administratio imperiorum mala res sit, sed quod HVMANA Sapientia ijs uti non possit: Ea est enim natura sapientiæ humanæ, quæ cum in amplas dignitates & opes incidit, non potest eas sine Dei & hominum iniuria administrare, sed abutitur bonis creaturis Dei contra Deum & proximum. Quare Deus tandem cogitur Magnos Reges perde-

perdere & excindere potentia Regna propter nostram malitiam, &c. Babylonijs non deerant vires, non opes, non multitudo subditorum, & tamen Regnum cessabat, quia cessabant PERSONÆ. Idem GERMANIÆ ACCIDET, quæ satis virium, armorum & & equorum habet, sed desunt VIRI CORDATI, quare neq; illa subsidia bellorum subsistere sine his poterunt, &c.

Die andere Lehre ist locus Theologicus, daß Gott Gewalt vnd Macht habe/ die Königreich zubestellen/erhalten oder zu endern. Sonderlich aber daß Gott die fromme Regenten vnd Vnterthanen schützen vnd erhalten/ die rohe/ sichere/ stoltze aber stürtzen vnd vertilgen wölle. Wie nicht allein die Babylonier ein Exempel sind / Sondern auch das Geistliche/ sichere/ stoltze Babel / das Bapsthumb (welches Fall allhie D. M. Luth. allegiert: Quæ spes liberationis erat sub Papa, qui omnia impijs doctrinis & tyrānide sua tenebat: nunquam enim mihi in mentem venerat, quod eum invadere vellem: Quia autem Deus simpliciter comminatus est impijs in primo præcepto: Ego sum Deus zelotes, &c. Hæc comminatio præcipitavit Papam eo tempore, quo Papatus in summa securitate fuit. Nam cum Augustæ essem (anno 1518.) dicebat ad me Cardinalis: (Thomas Caietanus) Quid curat Papa Germaniam? tanta erat securitas, & tamen cæperunt ruere & ruunt, &c. Wie denn Johannes/ Apoc. 18. das Bapsthumb die grosse Babylon nennet/ vnd von jhrem Vntergang redet.

Osiander in Ieremiam. Cum Spiritus sanctus in Apocal. Iohannis per Babylonem adumbret Antichristum Romanum, non dubitemus, quin & illius HOR-

REN-

RENDAM RUINAM, ETIAM CORPORALEM, ECCLESIA CHRISTI aliquando sit visura, quæ iam ipsius spiritualem ruinam vidit, qua in re Dominus Deus D. Lutheri præclara opera est usus, &c. Das Bapsthumb/ welches durch das eusserliche Babel ist fürgebildet/ sol auch noch einen zeitlichen eusserlichen Untergang nehmen/ wie es schon geistlicher weise/ durch das Wort GOttes/ ist angegriffen vnnd gestürtzet worden.

Die dritte Lehr vnd Erinnerung gibt Brentius in Esaiam/ Daß die grosse/ gewaltige/ mechtige/ feste Städte/ wie Babel war/ nicht auffhalten vnnd beschirmen können/ wenn man Gottloß Wesen treibet/ Sondern werden gar leichtlich verstöret. Darumb man sich mehr der GOttseligkeit vnnd Christliches Regierens befleissigen sol/ denn der hohen trefflichen Festungen. Ecclesiast. 7. Die Weißheit (GOttseligkeit) stercket den Weisen mehr/ denn zehen Gewaltige oder Fürsten/ die in der Stadt sind/ rc.

Eine gleiche Verheerung drewet auch Esaias 34. den Edomiten: Dornen werden wachsen in jhren Pallästen/ Nesseln vnd Disteln in jhren Schlössern/ Vnd wird eine Behausung sein der Drachen/ vnnd Weyde für die Straussen/ rc. Droben ist schon daruon gehandelt worden/ wird auch bey mehren Vögeln weiter nacher folgen.

Hieher gehöret auch die Klage des Propheten Michæ 1. Ich mus klagen vnd heulen/ Ich mus beraubet vnd bloß daher gehen/ Ich mus klagen/ wie die Drachen/ vnd trawren/ wie die Straussen. Denn jhrer Plag ist kein rath/ die biß in Juda kommen/ vnd biß an meines Volcks Thor/ gen Jerusalem hinan/ reichen wird. Ist eine Weissagung von der verstörung des Königreichs Israel/ oder zehen Geschlechter/sonderlich geschehen von Sennaherib/ König in Assyrien/ der auch ins Land Juda gefallen/ vnd biß für die Stadtthor Jerusalem kommen ist.

Diesen zukünfftigen Jammer klaget vnnd beweinet der Prophet: Denn wenn die angehörige vnd vertrawete Pfarrkinder vnnd Zuhörer von GOtt gestraffet werden/ sol es den Lehrern vnd Predigern zu Hertzen gehen/ mit dem Gebet die Göttliche Plagen abbitten. Ezechiel. am 13. Capit. O Israel/ Deine Propheten sind wie die Füchse in den Wüsten/ Sie tretten nicht für die Lücken/vnnd machen sich nicht zur Hürten/ vmb das Hauß Israel/ Vnnd stehen nicht im Streit am Tage des HERRN/ rc. Die Klage aber des Propheten Michæ ist gros vnd hefftig: Wie die grawsame Drachen schreyen/ wenn sie von den Elephanten erleget werden: Oder/ wie die jungen Straussen schreyen/ wenn sie/ von jhren Alten verlassen/ hin vnd wider in der jrre gehen: Ein solch schreyen vnnd klagen sol auch bey den vberfallenen vnnd geplageten Israeliten erfolgen. Von den Straussen vnnd jhrer Thorheit/ in dem sie die Jungen verlassen/ ist droben aus dem Job angehöret.

Ezech. 13.

Luth. in Micham.

Luth. in Micham. Propheta allegat magnas bestias, ut exaggeret futuram miseriam, nam pro magnitudine corporum etiam magnos rugitus edunt. De Struthionibus est apud Iob, quod sit vecors & crudele in pullos suos animal. Siquidem ponunt ova in terram, & postea ea negligunt. Diserte igitur Propheta pullorum meminit, ut ostendat populum prorsus derelictum, sicut verè derelictus pullus est cum à matre negligitur. Das ist: Das Volck Israel sol von GOtt vnnd jederman/ wie die jungen Straussen von jhren Eltern/ verlassen werden/ vmb jhrer Sünde vnnd Abgötterey

willen/

willen/die sie getrieben haben. Welches eine Warnung ist an alle Christen/ daß sie nicht sicher sein/ vnnd in Sünden leben sollen/ Denn Gott kan sie sonst verlassen: Wer wil aber als denn helffen? ꝛc.

Droben in der beschreibung des Straussen thorheit/ist eine Lehr angezeiget worden/von etlicher Eltern vnachtsam vnnd fahrlässigkeit/ daß sie jhre Kinder/ weder mit Nahrung vnd Kleidung/ noch mit Vnterweisung vnd Lehr/ versorgen/ Diese Lehr gehöret auch hieher in den dritten Standt/ ohn noth widerumb allhie zuerholen. Der dritte Standt.

Jeremias saget Cap. 4. in seinen Klagliedern: Die Drachen reichen die Brüste jhren Jungen/ vnd seugen sie/ Aber die Tochter meines Volcks mus vnbarmhertzig sein/ wie ein Strauß in der Wüsten/ ꝛc. Gleich wie die Straussen/ als vergessene thörichte Vögel/ jhre Jungen verlassen/ jhnen keine Nahrung reichen. Job. 39. Also ists auch in der Babylonischen Belägerung zugangen/ daß die Mütter jhren Kindern keine Speise vnd Nahrung haben reichen können/ Sondern der Mütterlichen Liebe vnd Trew vergessen müssen. Ist aber eine sonderliche Straffe der Sünden/ da etwan die Eltern jhre Kinder/ wider das vierde Gebot/ vnrecht aufferziehen/ jhnen zärtlen vnd allen Mutwillen zulassen/ daß sie nacher mit einander gestraffet werden. Jerem. 4.

Osiander. Fames gravis etiam στοργὰς φυσικὰς in parentibus & liberis delet: Et: Miserrimum est, audire voces liberorum petentium panem, ubi nulla sunt alimenta, quam miseriam ne experiamur definiamus DOMINVM crapula & ebrietate irritare, &c. Osiander.

Hieronym. Geistliche deutung.

Was die Allegorias betrifft/ deutet Hieronymus diese Vnbarmhertzigkeit auff die Jüdische Synagog/ welche die Apostel vnnd andere Lehrer/aus dem Jüdischen Geschlecht geboren/ verachtet/ als frembd gehalten/ vnd vberall auch vnter den Heyden verfolget haben. Indurata est crudelis Synagoga Iudæorum contra Apostolos & prædicatores novi Testamenti, qui de ipsa gente nati fuerant, quasi non essent sui filij, odio eos habens & externos deputans, crudeliter illos ubiq; in deserto gentium persequebatur propter Evangelium Christi. Daruon besihe droben Gregorium in Iob.

Hugo.

In gemein verstehets Hugo von den Prælaten/ welche jhre angehörige erwärmen vnnd ernehren solten / mit der Predigt des heiligen Euangelij/wie sie es denn jnniglich begehren/vnd darnach seufftzen/Aber da ist niemand ders jhnen gibt / Wie mans an den Papistischen Bischoffen vnnd Prælaten erfähret / etc.

Das ſechſte Capittel/ vom Rohrdommel.

UNter die einſamen/ die wüſten / liebhaben Vögelein / wird auch die Rohrdommel (Onocrotalus, Kaat) gezehlet / hat den nahmen vom ſpeyen vnd köcken / Denn wenn er den Halß in das Waſſer ſteckt/ ödemet/ vnd das Waſſer wider außſpeyet / ſol er / wie ein Eſel / ein Geſchrey / daruon er denn den Nahmen bey den Griechen empfangen / von ſich geben. Etliche/ wie auch Hieronymus / verdeutſchen jhn Ibin, welcher ein Egyptiſcher Vogel iſt / dem ſie auch Göttliche Ehr beweiſen/ dieweil er das Vngezieffer/ Schlangen / Hewſchrecken/ Raupen/ wegreumet vnd aufffriſt. Wie Euſebius lib. 2. cap. 1. de præp. Evangelica bezeuget: Nonnulli uſus, utilitatiſq; cauſa, multa ex animalibus in Deorum numero apud Ægyptios ſuſcepta contendunt. Ex avibus, ibidem utilem dicunt ad ſerpentum, locuſtarum, erucarum interitum, &c.

Rohrdommel wo von er den namen Onocrotalus.

Hieronym.

ES ſey nun dieſer oder ein ander frembder/ vns in Deutſchland vnbekandter Vogel / ſo wird er doch dem Jüdiſchen Volck / als ein vnreiner Vogel/

Der erſte Stande.

Rohrdommel ein vnreiner Vogel. Leuit. 11. Deut. 14. Bedeutet die geitzigē.

gel / im Ersten Standt verboten. Leuit. 11. Deut. 14. Bedeutet aber / wie Hugo in Leviticum schreibet / die Geitzigen / welche aus dem Wasser der Güter vnd Wollüsten dieser Welt / viel in den Halß vnnd Kragen fassen / aber dasselbige widerumb mit grossem Geschrey vnd klagen außspeyen müssen. Job am 20. Die Güter / die er verschlungen hat / mus er wider außspeyen / vnd GOtt / etc.

Doch nennet sich David / Psalm. 102. mit diesem Nahmen: Ich bin gleich wie ein Kaat, Rohrdommel in der Wüsten: Darmit denn der Zustandt vnnd Gefahr der Christlichen Kirchen beschrieben wird / daß die Gleubigen in dieser Welt in verachten / geringen vnnd wüsten örten wohnen müssen / in heulen vnnd weheklagen / da dargegen die Weltkinder die beste / köstliche Länder vnd Städte besitzen / Welches die Gottesfürchtigen anmahnet / daß sie nach einem bessern ewigen Leben trachten.

Der ander Stand. Esa. 34. Zeph. 2.

WAs den andern Standt belanget / wird dieser Vogel auch / Esa. 34. in der Verstörung der Edomiter Land / Vnnd Zephan. 2. der mechtigen Stadt Niniue / vnnd des Assyrischen Keyserthumbs / genennet / Wie schon zum öfftermal von diesen Klagvöglein gesaget, daß sie vber vnd wider die sünde schreyen / darumb die Königreich vnd Städte verheeret vnd verstöret werden / andern zur warnung.

APPEN-

APPENDIX
Vom Pelican.

DJE Weil in vorermeltem 102. Psal. das wort Kaat, von Hieronymo vnd auch den Griechen / ein Pelican / vnnd sonsten Racham im 8. Capit. folgends / ein Pelican interpretiert wird / wöllen wir auch daruon incidenter aus den Patribus etwas anmelden. Augustinus in allegat. Psal. schreibt: Daß Christus durch denselben vorgebildet werde / vmb zweyerley Vrsachen willen. Der Pelican ein fürbild Christi. Augustin.

I. Erstlich / weil man sagt / daß der Pelican seine Jungen tödten sol / drey Tage lang beklagen / vnd hernacher sich selbs verwunden / mit seinem Blut sie besprengen / vnd wider lebendig machen: Welches auch bey Christo erscheinet / der vns mit seinem Gesetz erschreckt vnnd tödtet / mit seinem Blut besprenget / vnd wider lebendig macht.

II. Darnach / weil diese Sage vngewiß / vergleichet er doch Christum dem Pelican / der Einsamkeit wegen / als der auch in solitudine gewesen / da er vnter allen Menschen / allein von einer Jungfrawen geboren / in der Wüsteney versuchet / vnd offt darinn gebetet habe. Seine Wort sind diese: Quod dicitur vel etiam legitur de hac ave, id est de Pelicano, non taceamus, non aliquid affirmantes temerè, sed tamen non tacentes quod qui scripserunt & legi & dici voluerunt: Vos sic audite, ut si verum est congruat, si falsum est non teneatur. Dicuntur hæ aves tanquam

cola-

colaphis rostrorum occidere parvulos filios suos, eosdemquè in nido occisos à se lugere per triduum: postremò dicunt matrem seipsam graviter vulnerare, & sanguinem suum super filios fundere, quo illi superfusi reviviscunt. Fortasse hoc verum fortasse falsum sit: tamen si verum est, quemadmodum illi congruat qui nos vivificavit sanguine suo, videte, &c. Gallinam se dicit super pullos suos. Matth. 23. Cap. &c. Habet enim paternam authoritatem, habet maternum affectum, &c. Habet ergò hæc avis magnam similitudinem carnis Christi, cuius sanguine vivificati sumus. Sed quomodo congruat Christo, quod ipsa occidit filios suos? An & illi non congruit? Ego occidam & ego vivicabo, ego percutiam & sanabo, &c. Sed hoc viderint qui scripserunt, non in incerto intellectum nostrum constituere nos debemus. Hanc avem potius in solitudine cognoscamus, &c. Puto ego hic intelligi, CHRISTUM natum de virgine, solus enim sic, ideò solitudo, &c.

Diese andere Eigenschafft allein erzehlet auch Hieronymus / und nennet den Vogel Onocrotalus.

Das siebende Capitel/

Vom Igel.

WJewol gemeinig-
lich dieser nahme Ki-
phod (vom abbrech-
en/abschneiden/verwüsten ge-
nandt) vom stachlichen Thier
Ericio, Igel/verstanden wird/
Jedoch reimet sichs viel baß
zum Vogel/ wie die verstendi-
ge der Ebreischen Sprache an-
zeigen/ vnd auch der contextus orationis mit bringet. O- Osiander.
siander nennets Noctuam. Esa. 34. vnd Zephan. 2. An-
dere transferierens anders. Das ist aber klar/ daß es ein
einsamer Vogel ist/der in der Einöde vnd Wüsten seine wo-
nung hat. Darumb wird er auch nur im andern Stande
funden/ vnter den Klag vnd Trawrvöglein/ welche in den
verstöreten vnd verheereten örten wohnen/ nicht allein pre-
digen vnd schreyen von den grawsamen Straffen GOttes/
Sondern auch vber die vielfeltige Sünde vnd Schande/ so
in denselbigen örten begangen/ vnd die Rache vnnd Plage
Gottes verursachet haben. Esaiæ 34. Das Edomiterland Esa 34.
wird wüste sein/ Rohrdommel vnnd Igel werdens jnne ha-
ben/Nachteulen vnd Raben werden daselbst wohnen. Vnd
vers. 15. Der Igel wird auch daselbst nisten vnd legen/brü-
ten vnd außhecken/vnter jhrem Schatten. Vnd Zephan. Zephan. 2.
2. Niniue wird er (der HERR) öde machen/ dürre/ wie

eine Wüste/ daß darinnen sich lagern werden allerley Thier vnter den Heyden/ auch Rohrdommel vnnd Igel werden wohnen auff jhren Thürmen/ 2c.

Osiander. Osiander. Hic finis solet esse urbium, arcium & domorum, quæ maximis sumptibus & insano luxu, è sudore & sanguine pauperum ædificantur. Das ist: Ein solch Ende nehmen die Städte/ Schlösser vnd Häuser/ die mit grossen vnkosten vnd vbrigem Pracht/ von armer Leute schweis vnd Blut erbawet werden/ 2c.

Das Achte Capittel/ vom Storcken.

Von des Storcken Namen.

DJeser wolbekandte zimliche grosse Vogel/ Storck/ (vom Griechischen wörtlein σοργὴ, Liebe/ freundlichen anmutung) genandt/ wird in vnser Bibel aus zweyen worten/ Raham oder Rahama vnnd Hasida/ Storck verdeutschet/ welche beyde auch grosse barmhertzigkeit/ Güte/ Wolthätigkeit heissen: Darumb ists nicht vnbequem/ ehe wir zu den Sprüchen schreiten/ etwas von dieses Vogels freundlichen Liebe vnnd Gutthätigkeit zusagen/ Weil auch die Griechen von des Storcken art ἀντιπελάργωσιν, die vergeltung der empfangenen Wolthaten/ genennet haben.

Von des Storcken Freundligkeit.

Basilius

Basilius Homil. 8. Hexam. Pietas & obsequium Ciconiarum erga suos senio confectos parentes, satis profectò liberos nostros benevolos parentibus atque observantissimos efficere potest, modò mentem adhibere velint: Cum nemo prorsus adeò demens expersque prudentiæ sit, ut aut non mediocri pudore dignum existimet, alitibus adeò rationis expertibus sese inferiorem esse virtute. Illæ genitorem pennis iam ob senectutem exspoliatum, suis proprijs pennis circumdatum fovent, & abundè victum lauteque subministrantes, subsidium etiam ei, quoad fieri potest, in ipso volatu præstant, sensim utrimque suis eum sublevantibus alis. Idque adeô divulgatum est adeoque notum, ut quidam ἀντιπελάργωσιν harum ipsarum alitum nomine gratiæ redditionem appellent. Das ist: Die Liebe vnd Gehorsam der Störche gegen jhre alte Eltern/ kan vnsere Kinder gnugsam bewegen/ daß sie gutthätig vnd ehrerbietig sich gegen jhre Eltern erzeigen/ so sie anders klug sein wöllen: Sintemal keiner so närrisch vnd vnuerstendig ist/ der sich nicht ein wenig schäme/ daß er sich von den vnuernünfftigen Vögeln mit Tugend vbertreffen lasse. Denn sie bedecken jhren alten Vater mit jhren Federn/ speisen jhn/ helffen jhm/ nach vermögen im flug/ in dem sie jhn allgemach auff beyden seyten mit jhren Flügeln tragen: Vnd das ist so gemein vnd bekandt/ daß auch etliche von diesen Vögeln die Dancksagung nehmen/ etc. Basilius.

Ambrosius lib. 5. cap. 16. Hex. Quàm verò rationabilium excedat pietatem ac prudentiam avis huius clementia considerandum, quam nec post exemplum irrationabilium quisquam nostrorum imitari poterit. Nam depositi patris artus per longævum senectutis, plu- Ambrosius.

marum tegmine, alarumquè remigio nudatos, circumstans soboles pennis proprijs fovet. Et quid dicam collatitio cibo pascit, quando etiam ipsa reparat naturæ dispendia, ut hinc atq; inde sublevantes senem fulcro alarum suarum ad volandum exerceant, & in pristinos usus desueta iam revocent pij patris membra? Quis nostrum ægrum non fastidiat patrem? Quis fessum senem suis humeris imponat, quod in ipsa historia vix credibile habetur. Quis, ut pius sit, non hoc servulis mandat obsequium? At verò Avibus non est grave, quod pietatis est plenum, non est onerosum quod solvitur naturæ debito. Non recusant aves pascere patrem, quod etiam præscripta necessitate sub terrore pœnarum, plerię; hominum recusarunt. Aves non scripta sed nata lex stringit. Aves ad hoc munus nullo præcepto conveniunt, sed gratiæ naturalis officio. Aves non erubescunt reverendi senis membra portare. Est enim victoria pietatis, quod eousq; frequenti testificatione percrebuit, ut congruè mercedem remunerationis invenerit. Nam Romanorum usu pia avis vocatur. Et quod vix uni Imperatori consulto senatus delatum dicitur, hoc istæ Aves in commune meruerunt. Habent ergò Aves istæ decreta patrum ad propriæ insigne clementiæ: pios enim filios patrum prius oportuit iudicio prædicari. Habent etiam universorum suffragia: nam beneficiorum retributio ἀντιπελάργωσις nominatur. πέλαργος enim ciconia dicitur: Virtus itaque ab his nomen accepit, cum relatio gratiarum Ciconiæ vocabulo nuncupatur. Das ist: Gleich wie die Storcken jhre Alten/ wenn sie Alters halben keine federn mehr haben/ nicht mehr auff die Weyde fliegen können/ dieselbigen auff jhre Flügel nehmen/ vnd auff dem Rücken auff die Weyde tragen/ oder sonst Speise bringen / Also sollen billich die Kinder solche Vergeltung vnnd Wolthat jhren Eltern widerumb erzeigen/ wo sie nicht vnbarmhertziger vnd vnuerstendiger sein wöllen / als die vnuernünfftige Storcken. Aber doch werden wenig Kinder funden/ die es jhnen nachthun. Dieses gehöret nun in den dritten Standt/ Aber des Nahmens halben ists vorher gesetzt worden/ Vnd wöllen jetzt die Sprüche besehen.

ZVM Ersten / wird er auch vnter die vnreine Vögel / welche den Jüden verboten waren / gerechnet. Leuit. 11. Deuteron. am 14. vnter dem Nahmen Raham oder Rahama /nach vnser Deutschen Bibel / Oder / wenn man jhn Hasida nennen wil / auch daselbsten bald hernach. Ist ein Fürbild der jenigen/ welche nur jhre Nahrung / Lust vnnd Frewde in der Tieffen suchen/ vnnd nicht droben im Himmel. Der erste Standt. Leuit. 11. Deut. 14. wird er vnter die vnreinen Vogel gezehlet.

Hugo Card. in Leviticum. CICONIA est avis alba, domestica, serpentes comedit rostro per posteriora immisso ventrem purgat : Et significat quosdam qui iniurias proximorum devitant, sed sibi crudeles animas suas interficiunt, ore fœdissimo sua viscera egerentes. Das ist: Der Storck ist ein weiser zahmer Vogel / isset Schlangen / reiniget seinen Leib mit dem Schnabel / bedeutet die jenigen / welche die Vnbilligkeit des Nechsten verhüten/ bringen aber jhre Tyrannische Seelen selbst vmb/ in dem sie mit jhrem vnflätigen Munde jhr Eingeweyde außwerffen/ &c. Hugo.

Doch nennet Gott den Storcken auch (mit dem namen Hasida) in seinem Gespräch/ mit dem Job gehalten/ Cap. 39. Die Federn des Pfawen (Straussen) sind schöner/ Job. 39.

ner/ denn die Flügel vnd Federn des Storcks/ xc. Wiewol der Pfaw oder Strauß schönere federn hat denn der Storck/ Jedoch hat der Storck weit löblichere Eigenschafft/ denn eben der Pfaw oder Strauß/ wie zu anfang vermeldet worden. Darumb sich keiner seiner empfangenen Gaben vberheben/ vnd den Nechsten neben sich verachten sol. Besihe bey dem Straussen vnd Pfawen droben.

Jerem. 8. Vō Storcke / so gewisser zeit wegfleuget vnd widerkömmet.

Eine andere art zeiget Jeremias am 8. Cap. an. Der Storck (Hasida) vnter dem Himmel weis seine zeit (wenn er wegfliegen vnd widerkommen sol.) Aber mein Volck wil das Recht des HERRN nicht wissen. Als wolt er sagen: Der Storck handelt nicht wider die eingepflanzte art vnnd natur/ er weis wenn er von vns aus den kalten Landen wegfliegen/ vnd zu Frülings zeiten widerkommen sol/ Vnd handelt gar nicht darwider/ (hat jhn auch der Bapst Gregorius XIII. mit seinem Calender nie zwingen können/ wenn er noch so grawsam mit dem Bann gedonnert vnnd geblitzet hette.) Aber die Menschen/ darzu welche GOttes Volck sein wöllen/ handeln offt nicht allein wider das Gesetz der Natur/ Sondern auch wider das außgedruckte öffentliche Wort GOttes. Da wir denn sehen vnnd lernen/ was der Mensch ohne GOttes Gnade vnnd Regierung des heiligen Geistes ist/ daß er durch die Sünde vnnd Verblendung des Satans/ erger vnnd vnuerstendiger wird/ als ein Storck. Welche vnart zubehertzigen/ Gott vmb Beystandt vnd Regierung des guten H. Geistes anzuruffen ist.

Basilius.

Weil wir aber von dem wegfliegen vnnd widerkommen des Storcken/ aus dem Jeremia hören/ ists nicht vneben/ etwas weitleufftiger aus den Patribus hieruon zuuernehmen. Basilius Serm. 8. Hex. Mores Ciconiarum haud longè dixeris à prudentia rationeq; distare. Ita uno

tem-

tempore omnes in nostras provincias veniunt, ita rursus abituræ certo congregantur in loco, indeq́ universæ ceu lege prædicta die recedunt. Cornices autem nostrates veluti lictores ipsas satellitesq́ comitantur atque deducunt. Quin ut mihi videtur, & socias sese offerunt adversus ipsis adversarias atq́ hostes. Cuius rei argumento sunt illa: Primo quod nostris in provincijs illo tempore nulla prorsus cornix conspicitur. Deinde cum vulneribus redeuntes, apta suppetiarum indicia nobis afferunt & societatis pugnandi. QVIS APVD IPSAS HOSPITALITATIS, quæso, IVRA præscripsit? Quis ipsis deserti exercitus pœnam minatus est, ut nulla prorsus deducendis sese subtrahat copijs atq́ turmis? Audiant hæc homines ij, qui hospitio non indulgent, ianuasq́ suas occludunt, & neq́ hyeme neq́ noctu, solo tegmine peregrinos advenasquè suscipiunt.

Ambrosius lib. 5. capit. 16. Hex. Ciconias ferunt collecto proficisci agmine, si quo pergendum putant, & simul plerisq́ circa orientem locis invehi, & quasi tessera militari pariter omnes moveri. Exercitum credas cum suis signis pergere, sic omnes viandi comitandiq́ & præeundi ordinem servant. Cornices autem deducunt eas ac dirigunt, & velut quibusdam turmis stipatricib. persequuntur, adeò ut ad iumenta quædam bellantibus adversus inimicas aves conferre credantur, & proprijs periculis bella aliena suscipere. Cuius rei indicium est, quia nullæ per intervallum aliquod temporis residere in illis locis reperiuntur. Et quia cum vulnerib. revertentes manifesta quadam sui sanguinis voce cæterisq́ loquuntur indicijs, gravium se certaminum subijsse confli- Ambrosius.

conflictum. Quis igitur illis pœnam desertionis indixit? Quis derelictæ militiæ supplicia præscripsit formidolosa, ut nulla prosequendis hospitalibus turmis sese subtrahere nitatur, sed certatim omnes deductionis munere officioq; fungantur? Discant homines hospitalia servare iura, & ex avibus cognoscant, quid religionis hospitibus sit deferendum, quod obsequium deputandum, quibus cornices etiam pericula sua negare non soleant. His igitur non ianuas claudimus, quibus aves etiam animas suas conferunt, & quos illæ consortio prosequuntur discriminis, eos tecti prohibemus hospitio: & quorum illæ bella suscipiunt, his nos bella frequenter inferimus, &c. Das ist: Wenn die zeit jhres wegreisens verhanden ist/ so versamlen sie sich alle an einen gewissen ort/ vnd fliegen an einem tag mit einander/ als in einer Schlacht vnd Heerordnung hinweg: Sonderlich aber beleiten sie die Kråen/ streitten auch für sie mit den widerwertigen Vögeln/ Denn zum warzeichen kommen sie blutrůstig wider zu Hauß/wenn sie die Stőrcke/ als jhre gewesene Gåste/ weit gnug beleitet/ vnnd in Sicherheit gebracht haben/ rc. Daraus abzunehmen/ wie die Storcken gleichsam verstendig vnd klug sind/ sonderlich als Gåste vnd Frembdlinge/ von den Kråen sicher an jhren ort beleitet werden. Darnach sollen auch die Menschen handeln/ die Gåste vnnd Frembdlinge gerne vnd williglich beherbergen/ sicher Geleit geben vnd für sie streiten: Aber die Menschen handeln stracks darwieder/ schliessen die Thůr wol für den Frembdlingen zu/ Vnd denen sie guten Friede vnd Geleit anbieten vnd mittheilen solten/ wider dieselbigen tragen sie Feindschafft/ führen Krieg wider sie/ rc.

Wiewol das wort/ Hasida, auch Psalm. 104 gelesen wird/

sen wird. Jedoch weils in vnser Bibel Reyger heisset/ wöllen wirs auff das folgende Capittel sparen. Noch einen Spruch lesen wir vom Storcken/ Zachar. 5. Capit. GOtt zeiget dem Propheten ein Epha (Metzen oder Scheffel) der gieng heraus/ Ein Weib saß darinn/ vnd ein Centner Bley schwebet darüber/ Vnd er warff das Weib in den Epha/ vnd den Klumpen Bley darauff. Das deutet der HERR selbst auff die Gottlose Lehr/ vnd daß sie doch durch das Vrtheil Gottes vntergedrücket vnd gedempffet wird. Aber sihe/ es giengen zwey Weiber heraus/ vnd hatten Flügel/ die der Wind treib/ Es waren aber Flügel wie Storcks Flügel/ vnd führeten den Epha zwischen Erden vnnd Himmel/ biß ins Land Sinear/ etc. Zach. 5.

Diese zwey Weiber bedeuten die falsche Lehrer: Denn gleich wie das Weib (Eua) den Mann/ vnd nicht der Mann das Weib verführet hat: Also verführen die falschen Lehrer die Zuhörer. Darnach/ wie die Weiber glatte Wort geben vnd schmeicheln/ aber darneben furchtsam sind: Also gehets vnd stehets auch bey den falschen Predigern/ die in den Gefahren feig vnd erschrocken sind/ aber daraussen verführen sie die Einfeltigen mit jhren glatten Schmeichelworten. Oder nach Lutheri Außlegung: Ists ein Weib vnd nicht ein Mann/ daß jhr Lehre nichts Männliches noch Göttliches lehret/ (denn der Man ist GOttes Bild) sondern gehet nach der schönen zarten Vernunfft/ wie die tichtet vnd richtet/ so mus die Lehre gehen/ Gottes Wort bleibe wo es kan. Nu ist die Vernunfft wol schön anzusehen/ wie ein Weib gegen einem Mann/ aber zu leren vnd regieren taug sie nicht/ Gleich wie einem Weib zu lehren vnd regieren verboten ist/ Dennoch lehret vnd regieret sie hie im Heuchelleben/ ist eine hübsche Docke anzusehen/ gegen die rechte Lehre/ welche ein Lutherus.

Männlich ernstlich Bild führet / daß rauch vmbs Maul her ist / vnd hat einen scharffen Bart / Denn sie heuchelt nicht / vnd ist ernsthafftig / Weiber aber haben glatte Mäuler / Also auch die Heuchelprediger. Daß aber der Weiber zwey sind / zeiget an die Conspiration vnnd Einträchtigkeit der Lügenprediger / die zusammen setzen / die Irrthumb zuuertheidigen / Die Weiber führens zwischen Himmel vnd Erden / Denn jhr ding wil oben schweben / saget Lutherus / vnd hoch herfahren für der Welt vnd Vernunfft / Aber doch ist jhr Wesen mit solcher Lehre weder Himmlisch noch jrrdisch / haben weder Priesterthumb noch Königreich / weder geistlich noch weltlich Regiment / (nemlich die jetzige Jüden.) Oder mag dis schweben zwischen Himmel vnnd Erden auch sein / daß jhre Lehre dem Gewissen keine Rühe gibt / weder in zeitlichen noch ewigen Gütern / Denn sie ist ohne Gottes Wort. Alæ celeritatem & progressum velocem falsæ doctrinæ denotant, eo promovetur impulsu mali spiritus. Osiander. Die Flügel bedeuten den schnellen fortgang der Irrthümen / die vom bösen Geist getrieben vnd gefördert werden. Oder / wie Lutherus sagt / daß sie fladernde vnd außgebreitete Flügel hatten / bedeutet / daß die Gottlosen wäschig vnd schwätzig sind / ohne auffhören / Sie können mehr von einer Blumen schwätzen / denn ein frommer Lerer von einer gantzen Wiesen / Sie schlagen jhre Flügel nimmer nider / vnnd lassen keine Spinnweb für jhrem Maul wachsen. Es sind auch jhre Flügel Storcksflügel / so ein vnreiner Vogel im Gesetz Mosis verboten zu essen: Es sind freylich nicht Taubenflügel / das ist alles so viel gesagt / Es ist eitel vnrein / vngeistlich vnd vnheilige Predigt / die sie treiben / da eitel Vernunfft vnd kein Geist / noch jchtes reines jnnen ist.

Osiander. Lutherus.

Osiander. Alæ ciconiarum sunt albæ & nigræ: Ita

illi quædam alba, hoc est, bona & vera habent, reliqua nigra sunt, hoc est, impia & detestanda. Nisi enim falsi doctores aliqua vera suis falsis dogmatibus admiscerent, eaq; multis verbis ostentarent, quis eos audiret? Itaq; nullus unquam hæreticus fuit, qui non in quibusdam articulis rectè senserit, &c. Das ist: Die Flügel der Störcke sind weiß vnd schwartz: Also haben sie etliche weisse/ das ist/ gute vnd ware dinge/ Die andern sind schwartz/ das ist/ Gottloß vnnd abschewlich. Denn wo die falschen Lehrer nicht etwas wahres in jhre falsche Lehre einmengeten/ vnnd dasselbige rühmeten / Wer wolte sie hören? Derhalben ist niemals kein Ketzer gewesen/ der da nicht in etlichen Artickeln recht gemeinet habe/ꝛc.

Das neunde Capittel/ vom Reyger.

REyger / (den Lutherus vnterweilen also aus dem wort Hasida verdeutschet) ist auch der vnreinen verbotenen Vogel einer/ Leuit. 11. vnnd Deuter. am 14. Sonst wird er allein/ Psalm. 104. in vnser Bibel gelesen: Die Reyger wohnen auff den Dannen. Psal 104. Damit David die fürsehung/ Weißheit vnd Güte GOttes rühmet/ die er auch den Vögeln erzeiget/ Denn neben andern viel nützbarkeiten der Dannen

nen vnd Bäume/ hat Gott sie auch zu Häuser gebawet vnd verordenet/ daß die Reyger vnnd andere Vögel darauff jhr Nest vnd Wohnung haben können. So denn Gott den geringen Vögeln jhr Hauß vnnd Wohnung verschaffet/ Warumb solte er nicht viel mehr für der Menschen Hütten

Osiander. sorgen? 2c. Osiander. Dum Dominus arbores producit, quasi domicilia avibus ædificat, ubi tutò nidificare possunt: Tanta est DEI bonitas, sapientia & prudentia, &c.

Ambrosius. Ambrosius lib. 5. cap. 13. schreibet von dem Reyger: Wenn Vngewitter verhanden sey/ so verlesset er seine stätte/ vnd die Pfützen/ darinn er die Nahrung suchet/ vnd fliege vber die Wolcken/ daß er vom Vngewitter vnbeschädiget bleibe. Ipsa ardea quæ paludibus inhærere consuevit, notas deserit sedes, imbresq; formidans, supra nubes volat, ut procellas nubium sentire non posit.

Das zehende Capitel/

Vom Kranch.

Der Erste Standt. Jerem. 8.

AN zweyen Orten/ Deutschen Bibel / stehet Kranch/ Agur. Erstlich remiæ am 8. Ein Kranch mercket die zeit/ wenn er wegfliegen vnnd widerkommen/ wachen vnnd andere führen sol. Wie allererst vom Storchen auch gesagt.

gesagt. Die Patres erzehlen fürnem ich zwo Eigenschafften von den Kranchen. Die erste / Daß sie Nächtlicher zeit eine nach der andern wache halten / alle schlaffen / nur eine besichtiget vnd bewachet die schlaffenden / daß sie Ruhe vnd Sicherheit haben / Wenn jhre zeit aus ist / so begibt sie sich auch zur Ruhe / vnd folget eine andere in der wache / so die ordenung trifft. Des Kranchen eigenschafften. I.

Die andere Eigenschafft ist / Daß sie auch eine solche feine Ordnung im fliegen halten / Einer führet ein zeitlang den hellen Hauffen / als ein Oberster vnd Hertzog / Aber die Ehre vnnd Ampt behelt er nicht jmmerdar / Sondern vbergibts seinem Nechsten nach jhm / vnnd also fortan mit allen / rc. II.

Basilius hom. 8. Hex. Grues excubias nocturnis temporibus vicissim habere solent, & cæteræ quidem dormiunt, una verò vigilat, omnesq; lustrat, & erecto prospicit collo, securitatem dum dormiunt universis præstando. Exacto deinde tempore definito, illa quidem emisso clangore sese ad somnum carpendum vertit, alia verò succedit, & quam accepit reddit in parte securitatem. Hunc eundem ordinem in ipsarum volatu profectò conspicere licet: Interdum enim alia ducendi cæteras officium subit, statoquè tempore hoc munere functa, ad totius agminis sese terga recipiens, idem ei ducendi munus quæ post ipsam prima volabat, tradit, &c. Das ist: Die Kranchen pflegen einer nach dem andern des Nachts wache zu halten / die andern schlaffen / Einer aber wachet / vnd sihet auff die andern / vnnd sihet sich vmb mit auffgerecktem Halß / vnd macht also / daß sie mögen sicher sein / dieweil sie schlaffen. Darnach aber / wenn die bestimpte zeit fürüber ist / als denn gibt er mit seiner Stimm zuuerstehen / Basilius.

stehen / daß er sich auch zur Ruhe begeben wil: Als denn aber kömmet ein anderer/ vnd verschaffet widerümb daß sie sicher sein/ wie jhm geschehen ist. Eben diese ordnung kan man auch in jhrem fliegen sehen / Denn bißweilen nimmet einer das Ampt auff sich/ daß er die andern führet/ Vnnd wenn er eine gewisse zeit dis sein Ampt verrichtet hat/ begibt er sich widerumb hinter den gantzen Hauffen / vnd vbergibt dis Ampt dem jenigen/ der zu nechst nach jhm flohe/ ꝛc.

Ambrosius. Weitläufftiger widerholet beyde Eigenschafften S. Ambrosius / vnd saget: Daß eine natürliche Kriegßordenung/ vnd eine treffliche Verwaltung jhres Regiments/ als etwan in den Freystädten/ zuspüren sey/ da keiner den andern mit Dienstbarkeit beschwere/ vnd alle einerley Ampter vnd Ehr/ ohne einigen Zwang/ Vnwillen / Vortheil vnd Ansehen/ vberkomme vnd trage. Wir wöllen seine schöne Lateinische Wort aus dem 15. Capittel des 5. Buchs Hex. hieher gantz schreiben: In Gruibus politia quædam & militia naturalis, in nobis coacta atq; servilis. Quam iniussi & voluntario usu Grues in nocte sollicitam exercent custodiam, dispositos vigiles cernas & cæteris consortibus generis quiescentibus, aliæ circumeunt & explorant, ne qua ex parte insidiæ tententur, atq; omnem deferunt impigro sui vigore tutelam. Post ubi vigiliarum tempus fuerit impletum, perfuncta munere, in somnum se, præmisso clangore, componit, ut excitet dormientem cui vicem muneris traditura est. At illa volens suscipit sortem, nec usu nostro invita & pigrior somno renunciat, sed impigrè suis excutitur stratis, vicem exequitur & quam accepit gratiam pari cura atq; officio repræsentat. Ideò nulla desertio, quia devotio naturalis, Ideò tuta custodia quia voluntas libera, HVNC

etiam

etiam volantes servant ORDINEM, & hac mode- ratione omnem laborem allevant, ut per vices fungan- tur sui ductus munere: Præcedit enim una & præcurrit cæteris præstituto sibi tempore, & quasi ante signa præ- currit: deinde convertitur, & sequenti sortem ducendi agminis cedit. Quid hoc pulchrius & LABOREM OMNIBVS ET HONOREM esse COM- MVNEM, nec paucis arrogare potentiam, sed qua- dam in omnes voluntaria sorte transscribi? Antiquæ hoc Reipub. munus & instar liberæ civitatis est. Sic ab initio acceptam à natura exemplo avium politiam homi- nes exercere cæperunt, ut COMMVNIS ES- SET LABOR; COMMVNIS DIGNI- TAS, per vices singuli curas partiri discerent, obsequia imperiaq; dividere, nemo esset honoris expers, nullus immunis laboris. Hic erat pulcherrimus rerum status, nec insolescebat quisquam perpetua potestate, nec diu- turno servitio frangebatur, quia & sine invidia erat or- dine muneris & temporis moderatione delata promo- tio & tolerabilior videbatur, quæ communi cadebat sor- te custodia. Nemo audebat alium servitio premere, cuius sibi successuri in honorem mutua forent subeunda fastigia. Nemini labor gravis, quem dignitas secutura relevaret. Sed postquam dominandi libido vendicare cæpit indebitas & susceptas nolle deponere potestates, posteaquam militia non ius commune cæpit esse sed ser- vitus, posteaquam non ordo factus est suscipiendæ po- tentiæ sed studium vendicandæ, cæpit etiam ipsa laboris functio durius sustineri, & quæ non est voluntaria citò relinquit locum incuriæ. Homines quam inviti sube- unt vigiliarum munia, quam ægrè unusquisq; in castris

pericu-

periculum sortitus excubat, quod tuendum sibi regali præceptione committitur? Proponitur pœna desidiæ, & tamen plerumque obrepit incuria, non servantur excubiæ. Necessitas enim quæ invitò imponit obsequium, affert plerumque fastidium. Nihil enim est tam facilè quin habeat difficultatem, quod facias invitus. Ergò & iugis labor avertit affectum, & continua & diuturna potentia gignit insolentiam. Quem invenias hominem qui sponte deponat imperium, & Ducatus sui cedat insigne fiatque. VOLENS NVMERO postremus ex primo? Nos autem non solum de primo sed etiam de medio sæpè contendimus, & primos discubitus in convivio vendicamus, ac si semel delatum fuerit volumus esse perpetuum. Ideò inter Grues æquanimitas in laboribus est, humilitas in potestatibus. Admonentur ut exerceant custodiæ vices, non admonentur ut de potestatibus decedant, quia ibi naturalis quies somni interpellanda, hic voluntariæ sedulitatis gratia præstanda est. Das ist: In den Kranchen ist ein natürlich Regiment vnd Kriegßordenung / In vns aber ein gezwungenes vnd Knechtisches: Sie halten vngeheissen vnd von sich selbs des Nachts eine sorgfeltige Wache / also / daß man sehen kan / wie die Wächter geordenet sein / Vnd wenn die andern ruhen / gehen etliche / als Wächter / herumb / vnnd sehen auff / daß sie nicht etwan an einem ort vberfallen werden / vnd vertragen die gantze Wache gar vnuerdrossen. Wenn aber die Wachezeit verrichtet / vnd der Wächter sein Ampt vollnbracht hat / begibt er sich auch zur Ruhe / schreyet aber zuuor / auff daß er den jenigen auffwecke / welchem er sein Ampt befehlen wil: Derselbige nimmet solch Ampt willig auff sich / vnd schlegets nicht ab / aus Vnwillen oder Faulheit / wie wir zu-

thun

thun pflegen/ sondern macht sich vnuerdrossen herfür aus seinem Bette/ bestellet das Ampt / vnnd was er für Wolthat empfangen / dieselbige vergilt er mit gleicher Sorge vnnd Mühe / Darumb ist da keine verlassung / denn es ist ein natürlich Verbündnis / Darumb ist da eine sichere Hut/ denn es ist ein freyer Wille. Eben diese Ordenung halten sie auch in dem fliegen/ vnnd auff diese weise lindern sie alle Arbeit / in dem einer vmb den andern dis Ampt bestellet. Denn einer fleuget vor den andern her/ eine gewisse vnd bestimpte zeit/ vnd fleuget gleich vor dem Fähnlein her / Darnach kehret er sich vmb / vnnd vbergibt dem folgenden sein Ampt / die andern zu führen. Was kan schöners sein als dieses/ daß nemlich beydes die Arbeit vnd Ehr allen gemein sey/ vnd daß nicht etlichen die Gewalt entzogen/ sondern mit gleicher bewilligung auff alle außgetheilet werde? Dieses ist gleich als ein Ampt eines alten Regiments / vnd gleich eine Freystadt. Also haben nun die Menschen ein Regiment von der Natur empfangen / nach dem Exempel der Vogel angestellet/ auff daß jhnen die Mühe vnd Arbeit gemeine were/ so wol auch die Ehre vnd Wirde/ vnd lerneten einer vmb den andern zusorgen/ den Gehorsam vnd Regierung außzutheilen/ darmit keiner ohne Ehre/auch keiner ohn Arbeit sey. Dieses war ein herlicher Zustandt/Es erhub sich keiner wegen der steten Macht/ vnd ward auch keiner vnwillig wegen der langwirigen Dienstbarkeit. Denn jhme ohn allen Neid nach Ordnung des Ampts vnd der Zeit dieses auffgetragen ward/Vnd scheinet auch desto lieblicher zusein/ weil die Wache nach dem gemeinen Glück einen jeden betraff. Es dürffte auch niemand den andern mit Dienstbarkeit beschweren/ der da nach jhm zu solchen ehren kommen solte. Es war keinem diese Arbeit schwer/ welche die folgende

Wirde leicht vnd gering machte. Aber nach dem die lust vnd Begierde zu herrschen/vnd sich zurechnen angefangen/ nach dem auch solche Leute die vngebärliche vnd genommene Macht nicht haben wollen fallen lassen/ vnd nach dem der Krieg vnd nicht das gemeine Recht/ sondern die Dienstbarkeit zu sein angefangen hat/ vnd nach dem keine Ordenung mehr gehalten worden / die Macht vnd gewalt auff sich zunehmen/ sondern nur die Begierde sich zurechnen bey allen mehrentheils vberhand genomen/ ist auch die arbeit schwerer worden/ Vnd was da nicht willig geschicht/ das wird auch nachlessiglich verrichtet. Wie vngerne nehmen die Leute die Wache auff sich/ Wie vngerne bestellet ein jeder die Schiltwache im Kriege/wenn jn das Loß hat troffen/ wenn jm die Wache zu verrichten/ aus Befehl des Obersten/ wird aufferleget. Es wird eine Straffe gesetzt der Faulheit/ vnd kömmet dennoch der Vnfleis mit herzu/ vnd wird keine wache gehalten. Denn die noth/ welche einen dringet zu gehorchen/macht gemeiniglich dem/ der es nicht gerne thut/einen ekel. Denn es ist nichts so leichte/ daß da nicht schwer vorfalle/wenn mans nicht gerne thut. Derhalben benimmet die stetige Arbeit die böse Lust/vnnd die stetige vnd langwirige Gewalt macht hafferlig. Denn wo woltestu einen Menschen finden/ der seine Macht vnnd Gewalt also von sich selbst auffgebe/vnd die Wapen seines Hertzogthumbs ablegete/ vnd würde also willig aus dem ersten der letzte/ wie der Kranch? Wir aber streiten vnd zancken nicht allein vmb den öbern / sondern auch vmb den mittelsten ort/ vnd wöllen vns in Gastereyen die öbersten Stellen zuschreiben/Vnnd wenns vns einmal widerfahren ist/ so wöllen wirs stets haben. Darumb ist vnter den Kranchen eine Gleichheit in der Arbeit / vnd eine Demut in der Macht vnnd Gewalt: Sie

werden

werden erinnert / die Wache auff sich zunehmen / Aber sie lassen sich nicht vermahnen oder darzu treiben / daß sie jhre Gewalt wider vbergeben sollen. Denn dort mus die natürliche Ruhe des Schlaffs auffgemuntert vnnd eingestellet werden / aber hier müssen sie den willigen fleis beweisen / ꝛc.

Aus diesen worten sihet man / von welcher zeit der Prophet Jeremias redet / Darumb lernet man erstlich hie die Weißheit Gottes / welche auch an den erschaffenen Vögeln leuchtet vnd gespüret wird. Denn wer hat jhnen diesen Fleis vnd Ordnung angezeiget vnd gegeben / als eben der gemeine Schöpffer?

DArnach sind sie im andern Standt Vnterthanen vnd Oberherren zum Exempel vorgestellet: Daß ein jeder sein aufferlegtes Ampt fleissig verrichten / sonderlich aber sollen die Regenten die Vnterthanen nicht zu hefftig beschweren / jhrer Gewalt vnd Ehr sich erheben / sondern betrachten / wie es etwan der Wechsel vnd das Glückrad vmbkehret / ꝛc. Aber die Menschen sind vnuernünfftiger vnd böser als die Kranch / ꝛc. Der ander Stande.

Der ander Spruch von dem Kranch stehet Esaiæ am 38. Cap. in dem Lobgesange des frommen Königs Hißkiæ / Denn da jhm das Leben / aus Gottes Befehl / vom Propheten Esaia abgesaget ward / vnd aber mit seinem Gebet zu Gott den Todt abbate / vnnd noch funfftzehen Jahr zu leben erlangete / zeigete er an mit etlicher Vögeln art / wie jhm zu muthe gewesen / da er sterben solte / daß er für grossen Schmertzen / Anfechtungen vnnd Bekümmernis kein gantz Wort habe machen vnd reden können / Sondern er habe gewinselt vnd gekirret / wie ein Kranch: Doch habe Gott sein winseln erhöret / vnnd jhm außgeholffen. Welches zu Lehr Esa 38.

 vnd

vnd Trost zu mercken/ was der Sünden halben den schier-sterbenden für Schmertzen vnnd Bekümmernis fürfallen/ doch Gott jhr seufftzen vnnd winseln erhört.

Cal. Eò se redactum esse dicit, ut vocem articulatam ædere non posset, sed confuso quodam sono streperet, ut ij qui animam ferè exhalant. Vnde apparet gravissimos fuisse cruciatus. Doloris enim magnitudo vocem adimit, &c. Das ist: Er saget/Es sey mit jhm dahin kommen/ daß er keine deutliche Stimme hat von sich geben können/ sondern nur ein vnuerstendlichen laut vnd geiyön / wie die jenigen/ die jetzt bald sterben wollen: Daraus denn zuuernehmen/ daß er grossen Schmertzen gehabt. Denn die grösse des Schmertzens macht/ daß man nicht reden kan/ ꝛc.

Das eilffte vnd letzte Cap. von der Schwalbe.

Leuit. 11. Deut. 14.

DIE Schwalbe wird in etlichen vnterschiedlichen namen in vnser Deutschen Bibel gelesen: Erstlich / Leuit. 11. Deuter. am 14. wird sie zu ende der vnreinen Vögel (aus dem wort Athaleph / daß sonst eine Fledermaus heisset/ Esa. 2. daruon droben) verdeutschet vnnd gegeben Schwalbe / ꝛc. Darnach wird das Ebreische wörtlein Sus oder

oder Sis, auch von etlichen eine Schwalben / von andern anders genennet. Jeremiæ am 8. Die Schwalbe weis vnd mercket jhre zeit/wenn sie wegfliegen/ vnd zu Sommer oder Frülings zeiten widerkommen sol/welchem doch die Menschen nicht nachkommen/ wie bey vorgehenden Vögeln auch andeutung geschehen ist. Also nennet sich auch der fromme König Hiskias/ Esa. 38. Jch winselt wie eine Schwalbe. Besihe bey dem Kranch daruon/ etc. Jerem. 8. Esa. 38.

Mit dem eigentlichen wort Deror von der Freyheit vnd vnuerhindertem flug genommen / nennet sich Assaph/ Psalm. 84. Meine Seele verlanget sich nach den Vorhöfen des HERRN/ etc. Denn der Vogel hot ein Haus funden/ vnd die Schwalbe ein Nest/ da sie Jungen hecken/ nemlich / deine Altar / HERR Zebaoth/ etc. Psal. 84.

Brentius. Quemadmodum aves, etiamsi hinc inde in aëre vagentur, tamen seligunt sibi certa loca, ad quæ in tempestatibus sese conferant: & præcipuè hirundines construunt sibi in tectis domorum nidos, in quos reponunt pullos suos, & si quando opus fuerit, confugiant: Ita ô Domine Iesu Christe, Rex meus & Deus meus, refugium & receptaculum nostrum sunt altaria tua, hoc est, Evangelium tuum & Ecclesiæ, quæ ex omnibus gentibus per Evangelium Apostolicum colliguntur. Ibi est domicilium nostrum, ibi nidus noster, in quo sicut nos exclusi & foti sumus: Ita etiam alios excludimus & fovemus. Huc nos quicquid acciderit conferimus, & tanquam ad tutissimum asylum ac receptaculum convolamus. Hic invenimus omnia genera bonorum & omnem felicitatem. Das ist: Gleich wie die Vöglein vnd Schwalben/ ob sie schon einen freyen flug haben / dennoch gewisse örter suchen / darinn sie nisten/ Eyer Brentius.

darein legen / Jungen außhecken / vnd sonst für dem Vngewitter dahin fliegen: Also auch / HERR Jesu Christe / mein König vnd mein Gott / ist allein vnser Zuflucht / Herberg vnd Hütten / dein Altar / das ist / dein heiliges Euangelium vnd deine Kirchen / so durch die Predigt der Apostel aus allen Völckern zusammen versamlet vnd beruffen sind / Da ist vnser Hütten / Da ist vnser Nest / da wir durch das Wasser vnnd heiligen Geist wider geboren sind / Welches auch noch geschicht / Dahin verfügen wir vns / vnd fliegen hauffenweiß darzu / wenn vns vbel gehet / Da finden wir auch Trost / allerley Güter vnd Seligkeit

Dieweil aber in diesem Psalmen der Schwalbennester gedacht wird / so ists nicht vnbequem / aus Basilio vnnd Ambrosio zu erzehlen / was sie für Geschickligkeit / Kunst vnnd Fürsorge in jhrem bawen gebrauchen.

Basilius. Von der Schwalben Kunst vnnd geschickligkeit.

Basilius Homil. 8. Hexam. Nemo paupertatem deploret, nec is de sua vita desperet, actumquè iam de ipsa esse putet, cui nihil est de patrimonio suo relictum, ad Hirundinis respiciens ingenium, quo facilè admodum Hirundo sibi subvenire subministrarequè videtur. Nam illa nidulum extruens, stramenta quidem ore legit, ad eumquè locum, ubi est ædificandus, deportat: Lutum autem cum deferre pedibus nequeat, extremitates pennarum aqua primum madefacit: Deinde tenuissimo pulvere sese involvens, hoc pacto sibi luti comparat usum. Tum paulatim compactis inter se floccis, colligatisquê stramentis, interposito perinde atque glutine, luto, in ipso nidulo iam extructo, suos tandem exclusos editis ovis pullos nutrit: Quorum si quispiam pupugerit oculos, habet quandam à Natura sibi concessam facultatem medendi, qua quidem ad valcitudinem priſtinam lumina ſuæ prolis reducit. HÆC TE DOCEANT, HÆC TE ADMONEANT non ob paupertatis incommoda ad flagitia ulla, fraudesquè compelli: nec in graviſsimis calamitatibus conſtitutum, eiecta ſpe penitus inertem, animo labefactato fractoq́ꝫ ſine actione, ſineq́ꝫ operatione ulla iacere, ſed ad DEVM ipſum confugere, qui ſi tantis muneribus HIRVNDINEM affecit, quantò maiora beneficia in eos homines conferet, qui toto corde ipſum invocant, ad ipſumq́ꝫ confugiunt, &c. Das iſt: Es ſol niemand/ vmb ſeiner Armut willen/ an ſeinem Leben verzagen / Sondern ſol anſehen der Schwalben Kunſt vnnd Geſchickligkeit / darmit ſie jhr ſelbſt nütz vnd beförderlich iſt. Denn/ Wenn ſie jhr ein Haus vnnd Neſt bawen wil/ ſo samlet ſie mit dem Maule Strohälmlein vnd Stupffeln/ Vnnd weil ſie den Leimen oder Koth mit den Füßlein nicht tragen kan / ſo netzet ſie das eusserſte Theil der Flügel mit Waſſer/ wältzet es in den Staub/ vnnd bereitet jhr den Leimen/ darmit ſie denn jhr Hauß zu den Jungen bawet: Hat auch von Natur dieſe Kunſt/ daß/ wenn jhre Jungen an den Augen geſtochen/ oder beſchädiget ſind / daß ſie es heylen / vnnd widerumb ſehend machen kan. Das lehret vnd erinnert aber dich / daß du dich/ vmb deiner Armut willen / nicht in Schande/ Laſter vnnd Betrug ſolleſt begeben / oder aus Vertzweiffelung gar loſs vnnd faul ſein/ vnd müſſig gehen / Sondern mit dem Gebet zu GOTT kommen/ derſelbige / der die Schwalben ſo begnadet / wird viel gröſſere Wolthaten dem Menſchen erzeigen / der jhn von gantzem Hertzen anrüffet/ Hülff vnd Zuflucht bey jhm ſuchet/ꝛc.

Vber-

Ambrosius. Vber diese beyde geschicklichkeit vnd kunst der Schwalben zu bawen vnd zu artzneyen / erzehlet Ambrosius libro 5. cap. 17. Hex. auch die Fürsichtigkeit vnd Sorge für die Jungen / daß sie jhr Nest nicht an einen jeden ort bawen / sondern an die Häuser / da Menschen innen wohnen / auff daß die Jungen bey jhnen wider die fressende Raubvögel Schutz vnnd Schirm haben. Wöllen ermeltes Capittel auch hieher verzeichnen: Accipiamus maternæ sedulitatis in filios grande documentum. Hirundo minuscula corpore, sed egregiè pio sublimis affectu, quæ indiga rerum omnium preciosiores auro nidos construit, quia sapienter nidificat. Nidus enim sapientiæ preciosior est auro. Quid enim sapientius, quàm ut & volandi vaga libertate potiatur, & hominum domicilijs parvulos suos & tecta commendet, ubi sobolem nullus incurset? Nam & illud est pulchrum, ut à primo ortu pullos suos humanæ usu conversationis assuescat, & præstet ab inimicorum avium insidijs tutiores. Tum illud præclarum, qua gratia domos sibi sine ullo adiutore tanquam artis perita componat. Legit enim festucas ore, easq; luto illinit, ut conglutinare posit. Sed quia lutum pedibus non potest deferre, summitatem pennarum aqua infundit, ut facilè his pulvis adhæreat, & fiat limus, quo paulatim festucas vel minutos surculos sibi colligat, atq; adhærere faciat, eo genere nidi totius fabricam struit: ut quasi pavimenti solo pulli eius intra ædes suas sine offensione versentur, nec pedem aliquis interserat per rimulas texturarum aut teneris frigus irrepat. Sed hoc industriæ officium propè commune multis avibus. Illud verò singulare, in quo est præclara cura pietatis & prudentis intellectus & cognitionis insigne, tum quædam

medicæ

medicæ artis peritia: quod si qua pulli eius fuerint cæci-tate suffusi oculos sive compuncti, habet quoddam medendi genus, quo posit eorum lumina intercepto usui reformare. NEMO IGITUR DE INOPIA QUERATUR, quod vacuas pecuniæ proprias ædes reliquerit: Pauperior est HIRUNDO, quæ vacua æris abundat industria. Ædifica, nec impendit, tecta attollit, & nihil aufert proximo: nec indigentia & paupertate ad nocendum alij compellitur, nec in gravi filiorum imbecillitate desperat. Nos verò & paupertas afficit, & inopiæ necessitas vexat, & plerosq; indigentia cogit in flagitium, impellit in crimen. Lucri quoq; studio in fraudes versamus ingenium, aptamus affectum, atq; in gravissimis passionibus spem deponimus, fractiq; animo resolvimur, improvidi & inertes iacemus, cum de divina miseratione tunc sperandum amplius sit cum præsidia humana defecerint. Das ist: Last vns allhie eine schöne Lehr nehmen der Mütterlichen Sorgfeltigkeit für jre Kinder. Die Schwalbe ist ein klein Thierlein / Aber wegen der schönen Tugendt ist sie gros / welche / ob sie gleich arm vnd nichts vermag / machet sie gleichwol köstlichere Nester als Gold. Denn ein Nest der Weißheit ist köstlicher als Gold. Was ist aber weiser vnd verstendiger als sie / in dem sie darauff bedacht ist / daß sie jhr Nest an einen solchen Ort mache / da sie frey darzu vnd dauon fliegen könne / vnd jhre Jungen vnnd Nester den Wohnungen der Menschen vertrawe / da sie niemand könne vberlauffen? So ist das auch schöne / daß sie jhre Jungen hiermit als bald gewehnet zu den Menschen / vnd sie vor anderer feindseliger Vogel list gesichert. So ist auch dieses herrlich / daß sie jhr ohne alle hülffe / als ob sie die Kunst wol gelernet / so feste Nester machet:

Denn sie liesst mit dem Munde Strohälmlein/ vnnd netzet sie mit Koth/ daß sie sie zusammen fassen könne/ Aber weil sie den Koth mit den Füssen nicht tragen kan/ netzet sie das eusserste jhrer Flügel mit Wasser/ auff daß der Koth daran hange/ vnd Leimen daraus werde/ darmit sie jhr Stoppeln vnd Reißlein samle vnd daran henge/ Auff solche art macht sie jhr gantzes Nest/ daß also jhre Jungen sicher sein mögen in jhren Nestern/ lassen auch keine Spalte daran/ daß die Kälte nicht hienein gehe/ vnnd den Jungen schade/ weil sie noch zart sein. Diese Geschickligkeit ist fast vielen Vogeln gemein: Aber dis ist ein sonderlichs/ in welchem eine feine Sorge ist der Gottes Furcht/ vnd eines weisen Verstandes anzeigung/ zu dem auch eine erfahrung in der Artzney/ daß/ so jhre Jungen etwan verblendet sein/ oder gestochen/ hat sie eine Artzney/ darmit sie jhnen jhre Augen wider sehend machen kan. Darumb sol niemand vber seine Armut klagen/ daß jhm ein lediges Haus ohne Gelt gelassen sey/ Denn die Schwalbe ist noch ärmer/ welche nichts vermag an gelt/ ist aber desto geschickter. Sie bawet jhr Nest/ vnd wendet nichts darauff/ Sie hebt jhr Nest empor/ vnd nimmet des Nechsten nichts/ vnd lesset sich den Mangel vnnd Armut/ einem andern zu schaden/ nicht bewegen/ Vnd verzweiffelt auch nicht ob der grossen Schwacheit jhrer Jungen. Vns aber ficht die Armut an/ betrübet vns/ vnd treibet manchen Faulen zu Schande vnnd Laster/ Wir wenden auch vnsere Gedancken/ nur Gewinß halben/ auff den Betrug/ Vnnd in schwerem Creutz lassen wir vnsere Hoffnung fallen/ vnd werden zaghafftig/ liegen allda vnuorsichtig vnd faul/ Da wir als denn desto mehr auff Göttliche Hülffe vnd Erbarmung hoffen solten/ wenn alle Menschliche Hülffe aus ist/ etc.

Gleich

Gleich wie nu die Schwalben mit jhren Eigenschafften des Schöpffers Güte vnd Weißheit andeuten/ vnd alle Menschen zum Gleuben vnnd vertrawen zu GOtt in aller Widerwertigkeit anmahnen: Also warnen sie für der schendlichen / Heydnischen / vnnd Papistischen Abgötterey vnnd Gottesdienst / vnd Anruffung. Baruch 6. Die Götzenbilder sind vnter jhrem Angesicht schwartz vom Rauch im Hause / Die Schwalben vnd andere Vögel setzen sich auff jhre Köpffe/ daran jhr ja mercken könnet/ daß es nicht Götter sind / Darumb fürchtet sie nicht. Hieuon ist auch sonsten etlich mal gehandelt worden. Baruch 6.

Droben ist auch in gemein bey dem Vogel Salomonis Spruch/ Prouerb. 26. erkleret zu finden. Wie ein Vogel dahin fehret / vnd eine Schwalbe fleuget/ Also ein vnuerdieneter Fluch trifft nicht/ ꝛc. Sihe droben. Prou. 26.

Hieronymus. Verba quidem rectè avibus comparantur, quod sonando per aëra transvolent ab ore videlicet loquentis ad aures usq; audientis: Sed distant in eo, quia potest fieri, ut avis quò libet volans, eo loco resideat, ubi nil ei certè necessitatis aut utilitatis suppetat: Verba autem quæ loquimur, non quò libet dispersa in ventum defluunt atq; evanescunt, sed in autorem suum cuncta revertuntur, & vel benè prolata iuvant loquentem, vel malè ædita gravant: Itaq; si pro omni verbo ocioso rationem in die iudicij reddere cogamur, quantò magis autem maledicta, non solum ea quæ maliciosa mente in insontem iaculantur, verum etiam illa, quæ negligentium consuetudine passim in quoslibet proferuntur, non alium sed ipsum maledicum opprimunt: Neque enim maledici regnum Dei possidebunt, &c. Das ist: Die Wort werden zwar den Vögeln vergliechen/ Hieronym.

chen/ weil sie durch die Lufft erschallen/ vnd von dem Munde des / der da redet / biß zu dem Gehör des / der sie höret/ kommen: Aber hier ist der Vnterscheidt / daß es geschehen kan / daß ein Vogel/ der da fleuget / wohin es jhm gefellet / an einem Ort nider sitzet/ da es jhm nicht nötig vnnd nütze ist: Aber die Wort / die wir reden / vergehen oder verschwinden nicht in der Lufft/ sondern gelangen wider an den/ der sie geredt hat/ vnnd sind jhm entweder nütze / wenn sie wol geredt sein / oder schädlich / so sie vbel geredt sein. Darůmb/ So wir am Tage des Gerichts von einem jeden vnnützen Wort rechenschafft geben můssen/ Wieuiel mehr werden wir verantworten müssen die Scheltwort/ nicht allein die/ welche wir vorsetziglich vnd boßhafftiger weise auff die Vnschüldigen geredt haben/ Sondern auch die/ welche aus Gewonheit der vnachtsamen hin vnnd wider auff einen jeden geredt haben: Diese werden niemand anders/ als dem Lästerer schaden/ Denn die Lästerer werden das Reich Gottes nicht ererben/ ꝛc.

Tob. 2. Vom creutz Tobiae/ durch die Schwalbe im zugefügt.

Wir müssen aber hie auch erwegen das grosse Creutz/ Trübsal vnnd Plage des frommen alten Tobiæ / welches er willigzlich getragen/ vnnd dessen tröstlich widerumb erlediget vnnd ergetzet worden ist. Tobiæ am 2. Capittel. Es begab sich auff einen Tag/ daß Tobias heim kam / als er Todten begraben hatte/ vnd müde war/ vnd sich neben eine Wandt leget / vnnd entschlieff / schmeisset eine Schwalbe aus jhrem Neste/ das fiel jhm also heiß in die Augen / davon ward er blind/ Aber ob er schon des Gesichts eine zeitlang beraubet ist/ wird er doch widerumb darmit mit grössern Frewden begabet. Warumb aber G O T T jhn also heimgesuchet habe / wird im Text vermeldet. Solch Trübsal ließ GOtt vber jhn kommen/ daß die Nachkommen ein

Exem-

Exempel der Gedult hetten/ wie an dem heiligen Job. Denn er murret nicht wider GOTT/ daß er jhn hat lassen blind werden/ Sondern bleibet bestendig in der Furcht GOttes/ vnnd dancket GOTT sein lebenlang: Ob auch schon die Freunde seiner spotteten / Da sehe man / was jhme seine GOttesfurcht vnd Allmosen nützeten/ Straffet er sie doch/ vnnd saget: Wir sind Kinder der Heiligen/ vnd warten auff ein (anders/ ewiges/ seliges) Leben/ welches Gott geben wird denen / so im Glauben starck vnnd fest bleiben für jhm/ ꝛc. Augustinus Serm. 226. de Tempore. Ad hoc cæcitatis incurrit exitium, ut angelum susciperet medicum, qui divinis facibus sic anhelavit: Honesta est oratio cum ieiunio & eleemosyna. ORATIO IVSTI CLAVIS EST COELI. Ascendit precatio & descendit Dei miseratio, &c. Augustin.

Von seiner Gedult in seiner Blindheit schreibet auch Ambrosius libro de Tobia capit. 2. Fraudari magis se doluit obsequiorum quam oculorum munere, nec cæcitatem pœnam sed impedimentum putabat, &c. Das ist: Die Blindheit hat jhm nicht so wehe gethan / als daß er den Leuten nicht mit Allmosen vnd Begrebnis dienen kundte/ hielts nicht für eine plage/ sondern für ein hindernis/ ꝛc. Ambrosius.

Was die Allegorias anlanget wird in Glossa ord. angezeiget/ Diese Blindheit bedeute der Jüdischen Synagog verstockung vnd Blindheit vnter den Römern/ da sie Gottes Gesetz vbertratten vnd Christum verachteten. Item/ Die Schwalben mit jhrem schnellen flug/ sey ein Fürbilde der Leichtfertigkeit vnd Stoltzes/ dadurch vnd mit die Menschen verblendet werden. Lyra moralisierets von den zeitlichen Gütern/ die/ als der Schwalben Koth / der Weisen Augen verblenden. Geistliche deutung. Lyra.

Hugo vergleichet einen fromen Mann einer Schwalben.

Hugo Card. in exposit. Tob. vergleichet einen gerechten frommen Mann der Schwalben / dieser folgenden Eigenschafft halben:

1. Hirundo in altum volat: sic vir iustus cœlestia meditatur.

2. Hirundo nigra est & alba, & similiter vir iustus niger est per tribulationes quas sustinet, sed albus est propter præmium quod expectat.

3. Nidus hirundinis conversatio viri iusti: Nidus enim hirundinis exterius asper est, interius mollis, utrobiq; tenax, sic conversatio viri iusti suavitatem habet mundæ conscientiæ & asperitatem duræ vitæ, tenacitatem constantiæ.

4. Stercora hirundinis quæ cadunt de hoc nido, sunt divitiæ huius mundi, quas vir iustus è corde suo abijcit, & ut stercora proijcit. Hæc stercora dormientem iuxta parietem, id est, pigrum, carni indulgentem excæcant, quia calida sunt per nimium appetitum, &c. Das ist:

I. Die Schwalbe fleuget in die höhe: Also auch der Gerechte trachtet nach Himlischen dingen.

II. Die Schwalbe ist schwartz vnnd weis / Also ist auch ein frommer Mensch schwartz / wegen der Trübsal / die er außstehet / Aber weis ist er / wegen der Belohnung / die er erwartet.

III. Das Nest der Schwalben ist das Leben eines fromen Gottfürchtigen. Denn ihr Nest ist außwendig scharff / inwendig weich / vnd hanget an beyden seyten feste an / Also hat auch der Wandel eines Gottfürchtigen eine Liebligkeit eines reinen Gewissens / vnd eine gestrengigkeit eines harten lebens / vnd eine werende bestendigkeit.

IIII. Der

IIII. Der Koth der Schwalben / so aus dem Nest fellet/ sind die Reichthümer dieser Welt / welche ein GOtt- fürchtiger aus seinem hertzen/wie Koth/ von sich wirfft. Dieser Koth verblendet den/ so da sicher an der Wandt ligt/ schläfft vnd faullentzet/ vnd dem Fleisch nachhen- get/vnd ist sehr heiß/ wegen der grossen Begierde/rc.

Dagegen vergleichet er auch die Fuchsschwäntzer vnd Schmeichler/vmb anderer eigenschafft willen/den Schwal- ben. In expos. Esaiæ 38.

Nigra, domum fingit sub tecto, nec ruit illud
Nulli præda, volat velox, & in aëre pascit.
It, redit æstate, scabiem dat, stercore cæcat.

Ein schmeichler einer Schwalben vergliechen.

Hirundo significat Adulatorem propter novem:

1. Quia niger est in immundicia propriæ conscientiæ,ut Hirundo.
2. Quia domum fingit hirundo de luto, & adulator magnam loquelam facit de nihilo.
3. Quia hirundo non destruit domum propriam, nec adulator vituperat Dominum suum unquam.
4. Quia hirundo nulli avi præda est, & adulator omnibus amicus est.
5. Quia velociter volat, & adulator velocissimè fert rumores unde placeat.
6. Quia in aére vivit, & adulator vento vanitatis, favorisq; humani se pascit.
7. Quia recedit in hyeme & redit in æstate, sic adulator tempore adversitatis recedit, sed tempore prosperitatis redit.
8. Quia hirundo scabiem dat, & adulator auditorib. scabiem excellentiæ ministrat.

9. Quia

9. Quia Hirundo stercoribus excæcat, & adulator auditoribus suis oculos propriæ cognitionis cæcat, &c.

Das ist: Die Schwalbe bedeutet den Schmeichler vmb neunerley Vrsach willen:

I. Denn er ist schwartz / wegen der Vnreinigkeit seines eigenen Gewissens/wie die Schwalbe.

II. Die Schwalbe bawet jr Haus von Leimen/Also schwatzet auch der Schmeichler viel vnnütze ding.

III. Wie die Schwalbe jhr eigen Haus nicht verwüstet/ Also schilt auch der Schmeichler niemals auff seinen Herren.

IV. Wie die die Schwalbe keinem Vogel zum raub wird/ Also ist auch der Schmeichler jedermans Freund.

V. Wie die Schwalbe gar schnelle fleuget/ Also wäscht vnd tregt der Schmeichler bald aus/was er höret/ darmit er jhm bey vielen Gunst mache.

VI. Wie die Schwalbe in der Lufft lebet/ Also erhelt sich auch der Fuchsschwäntzer von seiner Leichtfertigkeit vnd Gunst der Leut.

VII. Wie die Schwalbe im Winter wegzeucht/ vnnd im Sommer widerkömpt/Also weichet auch der Schmeichler zur zeit der Widerwertigkeit/Aber zur zeit des glücks kömpt er wider.

VIII. Wie die Schwalbe krätzig machet/ Also macht auch der Schmeichler bey andern/ so zuhören/ eitel Vnlust.

IX. Gleich wie die Schwalbe mit jhrem Koth verblendet/ Also verblendet auch der Schmeichier seinen Zuhörern jren eigenen verstandt/rc.

Der

Der vierde vnd letzte Theil / von etlichen fliegenden kleinen Vögelein vnd Thierlein / die zum theil Insecta / zum theil anders heissen.

Das Erste Capittel / von etlichen fliegenden Thierlein vnd Vögelein / welche Hewschrecken vnd mit andern nahmen genennet / vnnd den Jüden rein vnnd zu essen erläubet waren / etc.

VIererley Hewschrecken / mit Nahmen / Selaam / Hargol / Arbe vnd Hagab / vns Deutschen vnbekandt / waren dem Jüdischen Volck rein / vnd zu essen erläubet: Leuit. am 11. Alles was sich reget vnter den Vögeln / vnnd gehet auff vier Füssen / das sol euch ein schew sein: Doch das sollet jhr essen von Vögeln / daß sich

Von viererley art der Hewschrecken. Leuit. 11.

reget/ vnd gehet auff vier Füssen/ vnd nicht mit zweyen Beinen auff Erden hüpffet/ von denselbigen möget jhr essen/ Als da ist/Arbe mit seiner art/ (hat den nahmen von der viele vnd menge/ weils fruchtbar sind/ vnnd hauffenweiß daher kommen) Vnd Selaam mit seiner art/(wird von einem Felsen genennet/denn diese art wohnet in den Felsen vnd Steinritzen/ Hieronymus interpretieret jhn Attacum) Vnd Hargol mit seiner art/ (von kurtzen gebogenen Füssen / denn er sol mehr springen vnd hüpffen / denn fliegen) Hieronymus deutet jhn vnrecht Ophimachum) Der vierde vns vnbekandte Hewschreck/ (den etliche Bruchum/ Käfer verdeutschen) heist Hagab.

Arbe. Selaam. Hargol. Hagab.

Hesychius in Levit. deutet diese Hewschrecken allegoricè darumb rein/ daß/ ob sie schon auff Erden vnnd im Fleisch sind/ dennoch nicht nach dem Fleisch leben / sondern springen weg von den vnflätigen Wercken des Fleisches/ vnd sind darumb allein bey den Sündern/ daß sies lehren/ etc. Quibus sunt crura excelsiora pedum, ut per ea exiliant à terra, inter munda propterea ponuntur, quia cum sint in carne, non secundum carnem militant, sed à sordidis exiliunt actionibus & secularibus hominibus, ut doceant eos atque instruant, permiscentur: ita ut & cum adulteris aliquando, & cum publicanis habitent, & tamen immundis eorum non commisceantur actionibus: resiliunt enim ab eis & avolant, & cum societatem peccati ipsorum refugiant, peccatoribus tamen, ut eos à peccatorum sordibus liberent atque revocent, plerumque cohabitant. Sicut Dominus qui peccatum non fecit, nec in ore eius dolus fuit, cum peccatoribus comedebat & bibebat, doctrina eos institutioneque iustificans, & ad sui provocans æmulationem, nihil eorum ipse imitans nec

ab eis

ab eis inquinatus. Das ist: Denn sie bißweilen bey den Ehebrechern / bißweilen bey den Zölnern wohnen / vnnd dennoch durch jhre vnreine Werck nicht verunreiniget werden: Denn sie springen von jhnen / vnd fliehen weg / Vnd dieweil sie die Gemeinschafft jhrer Sünde fliehen / so wohnen sie nur bey jhnen / daß sie dieselbigen von Sünden erledigen vnd abhalten / Wie auch der HERR Christus / so keine Sünde gethan / vnd kein Betrug in seinem Munde erfunden ist / mit den Sündern aß vnd tranck / sie mit seiner Lehr vnd vnterweisung gerecht machete / vnd sie dahin anhielte / daß sie jhm nachfolgeten / doch er doch jhnen nicht nachfolgete / auch von jhnen nicht befleckt ward / etc.

Dieweil aber Selaam vnnd Hargol nur an diesem ort / Leuit. 11. stehen / wöllen wir Sprüche der andern zweyen arten / Arbe vnd Hagab / in der Schrifft besehen.

Diese art sind auch rein / vnd den Jüden zu essen erläubet gewesen / Leuit. 11. Vnnd haben im Newen Testament zum Exempel Johannem Baptistam / Matth. am 3. Seine Speise war Hewschrecken / (im Ebreischen Euangelio Matth. stehet Arbe) vnd wild Honig. Bezeuget auch Hieronymus lib. 2. adversus Iovinianum: Daß die Völcker in Lybia vnd andern Morgenländern / in der grossen hitzigen Wüsten / Hewschrecken essen / welche doch in Phrygia vnd Ponto ein Schewsal sein. Orientalibus & Lybiæ populis, quia per desertum & calidam eremi vastitatem locustarum nubes reperiuntur, locustis vesci moris est. Hoc verum esse Iohannes quoq; Baptista probat: Compelle Phrygem & Ponticum ut locustam comedat, nefas putabit.

Leuit. 11. Arbe vnd Hagab.

Hieronym. Von diesen Hewschrecken / so Joh. Bap. gessen.

Was Johannem betrifft / hat er ein solches strenges Leben führen wöllen vnd sollen / auff daß er in einem Ansehen

 were /

were/ vnd mit grossen nutzen das Euangelium von Christo fürtragen kündte/ dennoch aber bey den fürnehmen Leuten wenig Frucht schaffen können/ Wie Christus jhnen auffrücket. Er hat aber mit diesem strengen Leben keinen sonderlichen Orden gestifft/ darein man tretten solte/ wenn man Vergebung der Sünden haben wolte/ Wie im Bapsthumb geschehen/ vnd doch die Johanniter Brüder im geringsten nicht Johanni Bapt. was sein Essen vnd Trincken anlanget/ nachgefolget haben.

Osiander.

Von diesen Hewschrecken saget Osiander. Fuit in Iudæa species locustarum, quæ in nostris Regionibus non visuntur, illas enim Iudæis in cibum assumere licebat. Et de illa locustarum specie videtur Plinius scripsisse, cum dicit: Locustas Parthis in cibo gratas esse, & partem quandam Æthiopum vivere tantum locustis, fumo & Sole duratis, in annua alimenta, &c. Das ist: Es ist in Judæa eine art der Hewschrecken gewest/ die in vnsern Landen nicht gesehen werden/ welche die Jüden essen durfften: Vnnd von denen scheinet/ als habe Plinius geschrieben/ da er saget: Daß die Hewschrecken den Parthern eine angenehme Speise seyen/ vnd daß ein Theil der Moren nur von Hewschrecken lebe/ die da vom Rauch vnd der Sonnen gedörret sein/ ꝛc.

Der Patrum geistliche außlegung.

Was die Patres anlanget/ so allegorisieren sie schier alle von dieser geringen Speise/ auff seine geringe vnd wenige Zuhörer/ die er gehabt vnd bekehret habe/ Denn andere vnd mehr solt Christus haben. In altero Comm. Chrys. homil. 3. Locustæ sunt volatilia quidem munda, tamen parva & non satis in altum volantia, quæ manducabat Iohannes constitutus in deserto: Quos docebat Iohannes, idem manducabant, Volatilia quidem erunt,

non

non autem magna volatilia, nec satis in altum volantia, quia secundum iusticiam legis metu pœnæ corporalis vivebant, non secundum spiritualia & altissima Christi præcepta, &c. Das ist: Die Hewschrecken sind zwar fliegende reine Thierlein/ jedoch klein/ vnd die nicht hoch fliegen/ welche Johannes aß/ da er in der Wüsten war: Welche Johannes lehrete/ die assen sie auch/ ꝛc.

Ambrosius in Lucam cap. 3. deutets auff die Heyden/ welche der Propheten Geistliche Speise gewesen/ die sie gesuchet vnd bekehret haben/ ob sie schon gering/ flüchtig/ ohn Arbeit vnd Nutzen waren/ ꝛc. Cibus quoq; Propheticus, index officij nunciusq; mysterij est. Quid enim tam ociosum ad hominis officium, quam locustas quærere, & quid tam plenum ad vatis mysterium? Nam quò magis ad fructum inutiles, ad usum laboris inertes, ad tactum fugaces, vagæ saltu, ore stridulæ sunt locustæ: eò convenientius his figura populi gentilis aptatur, qui nullo usu laboris, nullo operis sui fructu, sine gravitate, sine voce sonum querelæ æderet, verbum vitæ ignoraret. HIC IGITVR POPVLVS CIBVS EST PROPHETARVM, &c. Das ist: Die Speise der Propheten ist auch eine anzeigung vnd verkündigung jhres Ampts. Denn was ist so müssig zum Ampt des Menschen/ als Hewschrecken suchen/ Vnd was ist so völlig zum Geheimnis eines Propheten? Denn je vntüchtiger sie sein zu jrgend einem Nutze/ vnd träge zur Arbeit/ vnnd flüchtig anzurühren/ springen hin vnd her/ vnnd schnarren mit dem Maul: je bequemer kömpt mit jhnen vberein die Gestalt des Heydnischen Volckes/ welches ohne nutz der Arbeit/ ohne Frucht seines Wercks/ vnd ohne Ansehen/ ohne Stimm einen laut der Klage von sich geben/ vnnd das Ambrosius.

Wort des Lebens nicht weis. Darumb ist das Völck eine Speise der Propheten/ etc.

Theophyl. Wiewol Theophylactus in Matthæum schreibet: Quidam dicunt herbas esse locustas, quidam fructus agrestes. Das ist: Etliche sagen / Die Hewschrecken sein Kräuter / Etliche aber/ es seyen wilde Früchte/ etc. Jedoch verstehets er in Marcum von den rechten Hewschrecken. Cibus Iohannis continentiam manifestat: fortasis autem & indicium erat spiritualis alimoniæ populi, qui tunc erat, qui non comedebat puras quasdam cœli volucres: sublime quiddam intelligebat, sed sermone quidem pascebatur qui visus est in sublime saltitare, sed rursus statim decidit: Locustarum enim natura est subsaltare, iterumq; decidere. Das ist: Die Speise Johannis offenbaret seine Mässigkeit. Aber vielleicht ists auch eine anzeigung der Geistlichen Speise des Volcks/ so dazumal war/ vnd nicht reine Vogel aß/ vnd verstanden etwas hohes: Aber es würde gespeiset mit dem Wort/ daß da in die höhe springet/ aber bald wider herunter fället. Denn der Hewschrecken Natur ist/ auffspringen vnd wider niderfallen/ etc.

Hilarius. Hilarius in Matthæum. In esum eliguntur locustæ fugaces hominum, & ad omnem adventus nostri sensum avolantes. Nos scilicet, qui ab omni sermone & congressu Prophetarum impijs quibusdam corporum saltibus efferebamur, voluntate vagi, in operibus inutiles, in verbis queruli, sede peregrini, nunc sumus sanctorum alimonia, & satietas Prophetarum electi simul cum melle sylvestri, dulcissimum ex nobis cibum, non ex alevarijs legis, sed ex truncis sylvestrium arborum præbituri, &c. Aber gnug von Allegorijs.

Der Hochweise König Salomon meldet/ Prouerb. 30. vnter den vier kleinen / die klüger sind denn die Weysen/ auch die Hewschrecken: Wiewol die Hewschrecken keinen König haben / so ziehen sie dennoch aus mit Hauffen/ nemlich/ wenn sie ein Land vberfallen / vnd/ aus Gottes Rache vnd Straffe/ die Früchte vnnd ander grünes Gewächs abfressen wöllen. Diese jhre Einigkeit vnd Versamlung sol vns Menschen auch zur Einigkeit vnnd einträchtigem Gemüt vermahnen. Osiander. Hæc Bestiola admoneat nos concordiæ, ut coniunctis animis communibus hostibus nos opponamus, &c.

Prou. 30. Von der Hewschrecken einträchtigkeit.

Osiander.

Diesen jhren einmütigen Heerzug beschreiben die Patres gar fein. Basilius Hom. 8. Hex. Quo nam pacto tibi militias exercitusq; locustæ terribiles enarravero? quæ velut agmine facto, sub una tessera sublimis universa simul elata, castris latè toto agro positis, non antea sanè fructus depascitur, quàm ipsi sit id à Deo concessum atq; mandatum. Vt Graculus (ἡ σελευκὶς) eam insequatur, remedium cladis, edendi sine fine vorandiq; facultatem obtinens, insatiabilem à creatore naturam sortitus, quo tanta, divino beneficio, pernicies è medio, perbrevi tempore, tolli possit?

Basilius.

Ambrosius libr. 5. cap. 23. Hex. Vsq; ad LOCVSTAM quoq; GRATIA DIVINA penetravit, quæ cum agmine conferto, Regionis cuiusque occupaverit latitudinem, innoxio primum fertur habitaculo, nec fructus inhospitali incursione depascitur, nisi signum divinæ præceptionis acceperit. Etenim sicut in Exodo legimus, ea quoq; cœlestis offensionis ultionem exequitur, piæ ministra vindictæ. Hanc quoq; devorat avis Seleucis: data ad remedium malorum, quæ

Ambrosius.

locusta

locusta consuevit inferre, cui creator inexplebilem dedit devorandi naturam, ut insatiabili pastu plagam possit extinguere. Das ist: Gottes Güte vnd Weißheit erstreckt sich auch bis auff die Hewschrecken/ die mit einem grossen Heer vnd hellen Hauffen/ als vnter einem Fähnlein vnnd Feldzeichen/ daher ziehen/ein Land vberfallen: Doch im Eingang des Landes verschonen/ vnd so lange keinen Schaden thun/ biß sie von Gott erläubnis vnd Befelch/ zu fressen vnd verderben/ empfahen: Denn sie sind des billichen vnd gerechten Zorns GOttes Dienerinn. Gleichwol lest sich bald widerumb Gottes Gnade sehen/ Denn auff den Hauffen der Hewschrecken folgen etliche Vögel/ die vnersättig frässig sind/ so die Hewschrecken verschlingen/ vnd die plage wider abwenden.

Hieronym. Geistliche deutung. In comm. Hieron. in Proverb. werden die Hewschrecken auff die Heyden gedeutet/ die weiland ohne einen König/ ohn Christo/ ohn Propheten vnd Lehrern waren/ Nun aber in des Glaubens Einigkeit versamlet/ zum Geistlichen Streit wider den Teuffel außgerüstet werden/ rc.

Was aber die weißheit Gottes/ dahin Salom. sihet/ vnd bey den Hewschrecken gespüret wird/ betrifft/ so führet auch jhr Exempel ein/ Syrach 43. da er etliche Werck vnd Wunder Gottes rühmet: Die Winde weben den Schnee durcheinander/ daß er sich zu Hauffen wirfft/ als wenn sich die Hewschrecken nider thun. Wir wöllen aber aus GOttes Wort Sprüche vnd Exempla erzehlen/daraus zuuernehmen/ wie Gott diese Hewschrecken zu seinen Dienern vnd Kriegeßknechten vber die Länder aussende/ die Menschen am Getreyde vnd Gewächs zu straffen. GOtt drewets durch Mosen/Deuteron. 28. vers. 38. Wenn du der Stimme des HERRN vngehorsam bist/ rc. So wirstu viel Samens außfüh-

Syr. 43. — Gott strafft mit vnnd durch die Hewschrecken vnsere Sünde. — Deut. 28.

außführen auff das Feld/ vnd wenig einsamlen/ Denn die Hewschrecken werdens abfressen.

Demnach / Da Salomon den Tempel zu Jerusalem bawet/ vnd zum Bethhauß einweyhet/ gedencket er dieser Straffen/ vnd bittet Gott/ wenn er das Jüdische Volck/ vmb jhrer Sünden willen / mit Hewschrecken straffen werde/ vnd sie sich mit einer wahren Busse zu jhm bekehren/ im Tempel zu jhm schreyen vnd ruffen/ so wölle er doch jhnen die Sünde verzeihen/ vnd die Straffen abwenden. 1. Reg. 8. 2. Paral. 6. vnd 7. Cap. Welches auch Gott Salomoni verspricht. Daraus zu lernen / wie GOtt die geringe Vögelein auch zu Rächer vnd Sträffer der Mißhandelungen gebrauchen kan / Aber doch widerumb / so man Busse thut/ Gnade vnd Abschaffung der Plagen verleihen wölle/ ꝛc. Joel. am 1. Höret diß/ jhr Eltesten/ vnd mercket auff alle Einwohner im Lande/ Ob ein solches geschehen sey zu ewren zeiten/ oder bey ewer Väter zeiten? Saget ewren Kindern dauon/ Vnd lassets ewre Kinder jhren Kindern sagen/ vnnd dieselbigen Kinder jhren andern Nachkommen/ Nemlich: Was die Rauppen lassen/ das fressen die Hewschrecken/ Was die Hewschrecken lassen/ das fressen die Käfer / ꝛc. Vnnd 2. Cap. Jch wil euch (so jhr Busse thut) die Jahr erstatten / welche die Hewschrecken/ Käfer (die mein grosses Heer waren/ so ich vnter euch geschicket) gefressen haben / ꝛc.

Joel. 1.

Joel. 2.

Osiander. Est una ex gravibus pœnis divinis, multitudo Locustarum, Bruchorum, &c. quam deprecari debemus. Et ante maiores clades (præsertim ante incursionem hostium & barbarorum populorum) Deus tales calamitates præmittit: & vult, ut homines resipiscant, & mala maiora effugiant. Quod si in carnali secu-

Osiander.

ritate perrexerint, tandem cruentis bellis totas gentes delet atq; regna devastat. Das ist: Die Menge der Hewschrecken ist eine aus den Göttlichen Straffen/ welche wir Gott abbitten sollen. Vnd vor den grössern Straffen/ fürnemblich/ für dem Einfall der Feinde vnnd Barbarischer Völcker/ schicket Gott solche Straffen vorher/ vnnd wil/ daß sich die Leute bekehren/ vnd dem grössern Vnglück entfliehen. Wenn sie aber in der fleischlichen Sicherheit fortfahren/ so vertilget er durch Krieg gantze Völcker/ vnd verwüstet grosse Königreiche/ ꝛc.

Lutherus. Die Patres verstehens zwar ad literam von den Feinden/ Aber/ neben Osiandro/ legets auch Lutherus selbs von den Hewschrecken aus/ darauff doch der Feind ein Einfall thue/ Wie er Exempla erzehlet/ so Anno 1544. vnd 1546. geschehen/ vnd die Spanier darauff in Deutschland kommen/ welches Lutherus zwar nicht erlebet/ aber geweissaget hat. Moveor primum autoritate Mosis, ut historica hæc & non allegorica esse iudicem. Deut. 28. Ergô plaga seu peccati pœna definita est noxiorum vermium copia, qua annona perit. Deinde conuenit cum Mose experientia quoq;: Etsi enim hæc noxiorum vermium multitudo per se pœna est peccati: tamen videmus eam etiam cum significatione esse alicuius gravioris pœnæ secuturæ. In multis Germaniæ partibus, Anno 1544. locustæ ingruerunt, ac longè lateq; depopulatæ sunt agros: ac superiore Anno, hoc est, 1546. finitima Italiæ loca ad Tridentum & Saxoniæ partem, quæ Silesiam attingit, magno numero infestarunt, ac usque ad Regium montem Francorum progressæ sunt. Vastati igitur agri, ac radicitus excisæ segetes per se sunt pœnæ peccatorum; Sed cum inusitatum quiddam ac multis retrò seculis

non

non auditum hoc malum esset, etiam pro signo id pij acceperunt, quo DEVS ostenderet futuras clades per impiam & Barbaram aliquam multitudinem, &c. Das ist: Es beweget mich erstlich Moses/ daß ich dafür halte/ daß solches eine Historia sey/ vnnd nicht allein eine Bedeutung. Darumb ist die Straffe der Sünden durch die Menge der schadhafftigen Würmer angezeiget/ durch welche der Vorrath vmbkömmet. Darnach kömpt auch mit Mose vberein die Erfahrung. Denn/ ob wol die Menge dieser schädlichen Würmer an sich selbst eine Straffe der Sünden ist/ jedoch sehen wir/ daß diese Straffe eine anzeigung ist einer grössern folgenden Straffe. Anno 1544. sind an vielen örten Deutsches Landes Hewschrecken nidergefallen/ vnnd haben weit vnnd breit die äcker verwüstet: Vnd Anno 1546. haben sie die benachbarten örter Welschlandes/ zu Trident/ vnnd den Theil Sachssen/ der an die Schlesien rühret/ sehr verwüstet/ vnd biß an Königßberg in Francken fortgezogen. Darumb/ Wenn die äcker verwüstet/ vnd die Saat gantz vnd gar verheeret wird/ so ists zwar für sich selbst eine Straffe der Sünden/ Aber dieweil es vngewönlich/ vnd in den vorigen zeiten nicht erhöret gewesen/ haben es die Gottfürchtigen auch für ein Zeichen auffgenommen/ mit welchem Gott der HERR anzeigete/ daß grewliche Schlachten/ durch Gottlose vnnd Barbarische Völcker/ erfolgen werden/ 2c.

Amos am 7. zeiget an/ daß er ein Gesicht gesehen habe/ wie einer Hewschrecken (Gebim/ welches Wort sonst Käfer heisset) Macht/ die alles grünend Kraut verzehren solten/ Aber durch des Propheten Fürbitte wird die Straffe auffgehalten. Osiander. Locustæ multæ sunt supplicium peccatorum, quia omnia depascuntur, & famem indu- Amos. 7. Osiander.

 cunt.

cunt. Vnde quidam Ethnicus vocat eas Iram Deorum, &c.

Ein fürnehmes Exempel haben wir zu behertzigen/ Exod. 10. Exodi am 10. in der achten Plage der Egyptier. Mose vnd Aaron sprachen zu Pharaoni: So spricht der HERR/ der Ebreer GOtt/ Wie lange wägerstu dich für mir zu demütigen/ daß du mein Volck lassest/ mir zu dienen? Wägerstu dich/ mein Volck zu lassen/ Sihe/ So wil ich morgen Hewschrecken kommen lassen/ an allen örten/ daß sie das Land bedecken/ also/ daß man das Land nicht sehen könne/ Vnd sollen fressen/ was euch vbrig/ vnnd errettet ist für dem Hagel/ etc. Da sie hinaus waren/ Da sprach der HERR zu Mose: Recke deine Hand vber Egyptenland/ vmb die Hewschrecken/ daß sie auff Egyptenland kommen/ Vnd Mose recket seinen Stab vber Egyptenland/ vnd der HERR treib einen Ostwind ins Land den gantzen Tag/ vnd die gantze Nacht/ Vnd des Morgens führet der Ostwind die Hewschrecken her/ vnnd sie kamen vber das gantze Egyptenland/ vnnd liessen sich nider an allen örten in Egypten/ so sehr viel/ daß deßgleichen vor nie gewesen ist/ noch hinfort sein wird/ Denn sie bedeckten das Land vnnd verfinstertens: Vnnd sie frassen alles Kraut im Lande auff. Pharao fordert Mose vnd Aaron zu sich/ vnd sprach: Ich habe mich versündiget an dem HERRN ewrem GOtt/ Vergebet mir meine Sünde dißmal auch/ vnnd bittet den HERRN ewren Gott/ daß er doch nur diesen TODT von mir wegnehme: Das theten sie/ Da wendet der HErr einen sehr starcken Westwind/ vnnd hub die Hewschrecken auff/ vnnd warff sie ins Schilffmeer/ daß nicht eine vbrig bliebe an allen örten Egypti.

Diese Egyptische Plage wird etlich mal in andern

cken der Schrifft widerholet/ Als Psal. 78. vers. 46. Der HERR gab der Egyptier Saat den Hewschrecken. Vnd Sapient. am 16. Jene/ die Egyptier/ wurden durch Hewschrecken/ ꝛc. zu tode gebissen/ vnd kundten keine Hülffe jres Lebens finden/ Denn sie warens werth/ daß sie damit geplaget würden/ ꝛc. Da denn sonderlich Gottes grosse Gewalt vnd Allmacht zu mercken ist/ Wenn er die Vngehorsame straffen wil/ können sie sich der geringesten Thierlein nicht erwehren/ sie müssen vntergehen. Wie denn die Menschen gegen Gott geringer/ als die Hewschrecken/ zu achten sind. Esaias am 40. spricht: Wisset jhr nicht? Höret jhr nicht? Ists euch vor niemals verkündiget? Habt jhrs nicht verstanden von anbegin der Erden? Er/ DER HERR/ sitzet vber dem Kreiß der Erden/ Vnd die darauff wohnen/ sind wie (Hagabim) Hewschrecken/ ꝛc. Wir wöllen aber der Lehrer Außlegung vber die Egyptische achte Plage besehen.

Psal. 78. Sap. 16. Esa. 40.

Brentius. Deus non solum manifestavit & illustravit hoc locustarum supplicio nomen suum in terra Ægypti, sed etiam consecravit LOCVSTAS in publicum & generale supplicium Regionum, quo Deus revelat iram suam & inobedientiam hominum, ut à peccatis resipiscant. Deut. 28. Hæc pestis tantum exitium infert Regionibus, si multiplicetur, ut ab Ethnicis dicatur, DEORVM IRA. Sunt qui scribant, Locustarum infestatione oppida derelicta. In Cyrenaica regione, autore Plinio, lex est ter anno debellandi eas: primò ova obterendo: deinde fœtum: postremò adultas. Desertoris pœna in eum qui cessaverit. Et in Lemno Insula certa mensura præfinita est, quam singuli enecatarum ad Magistratum referant. Necari & in Syria mili-

Brentius.

tari imperio coguntur, &c. Das ist: Gott hat mit dieser Straffe der Hewschrecken nicht allein in Egypten seinen herrlichen Nahmen geoffenbaret / Sondern hat auch die Hewschrecken zu einer gemeinen Landstraffe geheiliget/ darmit Gott der HERR seinen Zorn offenbaret / vnnd den Vngehorsam der Menschen straffet/ auff daß sie von Sünden ablassen. Diese Straffe bringet den Landen einen solchen mercklichen Schaden/ so sie offtmals kömmet/ daß sie auch von den Heyden der Götter Zorn genennet wird. Es schreiben etliche / Daß / wegen der Verwüstung von den Hewschrecken/ auch gantze Städte wüste sein gelassen wordē. In der Cyrenischen Landschafft/ wie Plinius schreibet/ ist ein sonderlich Gesetz/ daß sie drey mal des Jahrs dieselbigen bekriegen müssen: In dem sie jhnen erstlich jre Eyer zerbrechen / Darnach die Jungen vmbbringen / Letzlichen auch die Alten tödten: Es ist auch eine Straffe gesetzet vber den/ so wider sie zu streiten auffhöret. Vnd in der Insel Lemno ist ein gewisses Maß verordenet/ welches voll erschlagener Hewschrecken ein jeder vor die Obrigkeit bringen mus. Vnnd in Syria werden sie auch mit Gewalt darzu gezwungen/ wider sie zu streiten vnd sie zu tödten/ 2c. Ohne noth die Exempla zu erzehlen.

Origenes. Wir wöllen auch die Allegorische Bedeutung besehen. Origenes hom. 4. in Exodum. Mit dieser achten Plage der Hewschrecken/ wil Gott die Vnbestendigkeit vnd Zwytracht der Menschen straffen/ Denn ob schon die Hewschrecken ohne einen König / ja ohne Vernunfft sind/ So fahren sie doch/ als in einem Heer/ ordentlich vnd einmütig daher / Aber die Menschen / so vernünfftig/ können weder sich selbest recht regieren / noch GOttes Regierung dulden vnd leiden.

Hiero-

Hieronymus widerholet fast mit einerley Worten diese Meinung Origenis: In locusta humani generis discordiæ confutantur. Quæ cum sine rege ordinatum ducat exercitum: Humanum tamen genus semper dissidet ac discordat. Hieronym.

Augustinus in Psalmum 78. sagt: Die Hewschrecken/ welche die Früchte zerbissen/ bedeuten die lügenhafftige falsche Mäuler. Locusta est malicia ore lædens, infideli scilicet testimonio. Augustin.

Gregorius aber verstehet durch die Hewschrecken die Fuchsschwäntzer vnd Schmeichler/ welche die guten Werck der Ehrgeitzigen zu sehr vnd hoch rühmen/ vnd damit das gute verderben. Per locustas quæ plus quàm cætera minuta animantia frugibus nocent, LINGVÆ ADVLANTIVM figurantur, quæ terrenorum mentes aliqua bona proferentes, immoderatius laudando, corrumpunt: Fructus enim Ægyptiorum, opera κενοδόξων, quæ locustæ exterminant, dum adulantes linguæ ad appetendas laudes transitorias cor operantis inclinant. Herbam locustæ comedunt, quando adulatores verba loquentium favoribus extollunt. Poma arborum devorant, cum vanis laudibus quorundam iam quasi fortium opera enervant. Idem lib. 33. Moral. cap. 39. erkleret Joelis Predigt/ von den Hewschrecken/ vnnd applicieret es auff die Ehrgeitzigen vnd Ruhmrätigen/ die sich vermessentlich vnd fälschlich auffblähen. Quid per locustam, quæ saltibus evolat, nisi inanis gloria exprimitur, quæ se vanis præsumptionibus exaltat, &c. Gregorius.

Hugo Card. hat zweyerley heimliche deutung: Die eine/ so mit Augustini Lehr/ von den Verleumbdern/ vberein stimmet: Locusta ore lædit & altera alteram devorat. Hugo.

Hi sunt.

Hi sunt DETRACTORES, qui fruges & fructus, dum adhuc sunt in herba vel teneritudine, devorant, id est, bona aliorum consumunt & corrodunt, dum adhuc sunt in principio suæ nativitatis. Detractores qui alios iudicant & peccatorum sanguinem lingunt. Das ist: Eine Hewschrecke beleidiget die andere / vnd eine frisset die andere: Das sind die Verleumbder/ welche die früchte bald in der Saat vnnd Blüt aufffressen/ das ist/ anderer Leute Güter verzehren/ wenn sie nur zu wachsen vnd zu zunehmen angefangen haben/ ꝛc.

Die andere heimliche Deutung ist von den Bischoffen/ Prælaten/ vnd anderm geschmierten Pfaffengesinde/ die das gantze Volck/ mit jhrem Schweiß vnd Blut/ einen nach dem andern/ fressen vnnd verschlingen/ gleich wie die Hewschrecken/ wenn sie einen Baum haben abgefressen vnd abgezehret/ auff einen andern/ vnd von diesem zum dritten/ sich begeben vnd springen/ ꝛc. Locustæ sunt EPISCOPI, ARCHIDIACONI, DIACONI & huiusmodi, QVI TOTVM POPVLVM DEVORANT, ET LABORES EORVM COMEDVNT. Quando locusta corrodit & consumpsit unam arborem, transit ad aliam, & de illa ad tertiam: Sic faciemt ISTI MAIORES, PRÆLATI, EPISCOPI, ARCHIDIACONI, quando unam partem terræ consumpserunt, transeunt ad aliam: Vna nocte consumunt unum sacerdotem, in crastina saliunt ad alium. PARVVLA autem LOCVSTA circa se devorat: Ita isti MINORES & RVRALES DECANI circa se totum devorant, ubi audent extendere habenas suas: Hi sunt locustæ locustarum, &c.

Hieher

Hieher gehören die Hewschrecken / Apocal. 9. Der fünffte Engel posaunet / Vnd ich sahe einen Sternen / gefallen vom Himmel / vnd jhm ward der Schlüssel zum Brunnen des Abgrunds gegeben: Vnnd er thet den Brunnen des Abgrundes auff / vnd es gieng auff ein Rauch aus dem Brunn / wie ein Rauch eines grossen Ofen / Vnd es ward verfinstert die Sonne vnd die Lufft / vom Rauch des Brunnen. Vnd aus dem Rauch kamen Hewschrecken auff die Erden / vnd jhnen ward Macht gegeben / wie die Scorpion auff Erden Macht haben / Vnd es ward zu jhnen gesaget: Daß sie nicht beleidigten das Gras auff Erden / noch kein Grünes / noch keinen Baum / sondern allein die Menschen / die nicht haben das Siegel Gottes an jhren Stirnen. Vnd es ward jhnen gegeben / daß sie sie nicht tödten / sondern sie qveleten fünff Monden lang / Vnd jhre Qual war wie ein Qual von Scorpion / wenn er einen Menschen häwet / rc. Vnnd die Hewschrecken sind gleich den Rossen / die zum Kriege bereitet sind / vnnd auff jhrem Häupt wie Kronen / dem Golde gleich / vnd jhr Antlitz / wie der Menschen Antlitz / Vnd hatten Haar / wie Weiber Haar / vnd jhre Zeene waren / wie der Lewen. Vnnd hatten Pantzer / wie eyserne Pantzer / vnnd das rasseln jhrer Flügel / wie das rasseln an den Wägen vieler Ross / die in Krieg lauffen. Vnd hatten Schwäntze / gleich den Scorpion / vnd es waren Stacheln an jhren Schwäntzen / Vnd jhre Macht war / zu beleidigen fünff Monden lang / vnd hatten vber sich einen König / einen Engel aus dem Abgrundt / des Nahmen heisset auff Ebreisch Abbadon / vnd auff Griechisch hat er den Nahmen Apollyon / rc. Apoc. 9.

Durch diese Hewschrecken / wie Doct. Mart. Luth. in der Vorrede / vber Apocalypsin / anzeiget / werden die Außlegung Lutheri.

ARRIANISCHEN Ketzer/welche Christi Gottheit verleugneten/ vnd die Sonne der Gerechtigkeit/ Christum/verfinsterten/vorgebildet: Vnnd wöllen jhre Be-
Osiandri. schreibung/aus Osiandri paraphrasi/ hieher setzen: Sie
I. werden aber erstlich den Hewschrecken verglichen/ von wegen der viele vnd grossen Menge/ Denn dieselbige Ketzerey ist bald von viel tausent Menschen angenommen worden/ ob sie schon Abbadon/ der Teuffel selbs/ aus dem abgrundt
II. der Hellen herfür gebracht hat. Darnach so haben sie auff Erden Macht/ wie Scorpion/ nemlich zu vergifften vnd beschädigen/ Denn die Arrianische Ketzerey ist ein schädliches Gifft der Seelen/ so nicht zuheilen noch zuuertreiben ist. Doch werden allein die beschädiget/ die von Gott nicht bezeichnet sind/ Denn GOtt erhelt allwegen/ in solchen gefährlichen zeiten/ seine außerwehlete Kinder/ Die andere/ nemblich die vngezeichnete/ werden nicht zeitlich erwürget/ sondern ewiglich an der Seelen geplaget werden: Wäret auch diese Ketzerey fünff Monden/ da ein jeder tag ein Jahr bedeutet/ die machen bey 150. Jahr/ Denn diese Ketzerey hat viel Jahr gewähret. Wir wöllen aber der Hewschrecken
III. Form besehen. Zum dritten/ Sehen sie wie geharnischte Ross zum Streit/ Vnd jhr rasseln ist wie der Heerwägen: Darmit angedeutet wird/ daß die Arrianer auch mit eusserlicher Gewalt/ Wehr vnd Waffen/ die warglеubige Christen verfolgen würden/ Wie jhre Geschicht außweiset. Die Kronen auff den Häuptern vermelden/ daß auch Keyser vnd Könige dieser Ketzerey zufallen vnd verfechten werden/ Wie Constans/ Constantius/ Valens vnd andere mehr gewesen sind. Durch das Menschliche Angesicht/ wird der Arrianischen Ketzer gleißnerische Freundligkeit/ Sanfftmut vnd Demut præfiguriret. Das lange Weiber Haar aber

ist eine

ist eine anzeigung jhrer Hinderlist vnd Furcht/ Denn ehe sie Raum vnd Platz kriegen/ halten sie listiglich hinderm Berg/ geben gute Wort/ dürffen sich mit der Stimme nicht heraus lassen/ was sie im Hertzen haben/ Aber/ wenn sie Lufft vnd Gewalt vberkommen/ so haben sie Lewen Zeene/ sind grawsam vnd beissig/ Wie sie denn auch im Schwantz jhr Gifft haben/ das ist/ zu letzt lassen sie jhr Gifft aus/ daß sie lange hinderhalten haben/ etc.

Dieweil denn diese grewliche giefftige Hewschrecken in Siebenbürgen/ Polen vnnd anderßwo/ widerumb aus dem Abgrundt herfür kriechen/ ist sich wol fürzusehen/ Vnd weil sie von dem Caluinischen oder Zwinglischen Irrthumb verursachet werden/ sol man sich darfür trewlich hüten/ Sintemal durch den Caluinischen Traum man gar leichte zum Arrianischen Schwarm kommen kan/ etc. Sed & à Calvinismo studiosè caveamus: quippe quòd facilis transitus est ad Arrianismum, qui à Calvinismo in Arrianismum sunt prolapsi, &c. Ist ohne noth anderer Außlegung/ von den Feinden der Israeliten/ dahin etliche die Hewschrecken deuten/ einzuführen.

Hugo verstehet dieses Gesicht von dem Antichrist/ (welcher der Bapst zu Rom ist mit seinem Anhang.) Locustæ in terram.) Id est: Exibunt tempore Antichristi pseudoprædicatores, prava eius doctrina imbuti & ab eo missi: Comparantur autem locustis, quia saliunt per superbiam, cadunt in terram per avaritiam, nec habent fixum gradum in terra per luxuriam, quæ totum expendit. Ioël. 1. Residuum erucæ comedit locusta. Per Erucam corruptio humana, & significat pravos mores qui modò sunt in Ecclesia: & qui non corrumpitur malis moribus, decipietur ab illis falsis prædicatoribus. Isti Hugo.

etiam velociter saltabunt sicut locusta, sed citò cadent, quia per prædicationē Enoch & Eliæ (Lutheri & parastatarum) prava eorum doctrina destruetur, &c. Das ist: Die Hewschrecken/ das ist/ die falschen Propheten/ werden zur zeit des Antichrists ins Land kommen/ welche mit seiner falschen Lehr eingenommen/ vnd von jhm gesandt sind. Sie werden aber den Hewschrecken vergliechen/ denn sie springen vor Hoffart/ Sie fallen auff die erden vor Geitz/ Vnnd haben auff Erden keinen bestendigen Gang vor der Schwelgerey/ welche alles verzehret. Joel. am 1. Was die Rauppe vbrig lest/ das frisset die Hewschrecke: Durch die Rauppe wird verstanden die Menschliche Verderbung/ vnd bedeutet die bösen Sitten/ die jetzt in der Kirchen sein/ Vnd der da nicht durch böse Sitten verderbet wird/ der wird durch diese falsche Prediger betrogen/ Dieselbigen werden auch schleunig springen/ wie die Hewschrecke/ Aber sie werden bald fallen. Denn durch die Predigt Enoch vnnd Eliæ/ (Lutheri vnnd seiner Mitgehülffen) wird jhre falsche Lehre verstöret werden/ etc.

Der ander Standt Heydnische König werden den Hewschrecken vergliechen.
Jud. 7.

IM andern Stande werden die Heydnischen Könige/ als Feinde des Volcks GOttes/ den Hewschrecken vergliechen/ als in folgenden Exempeln zusehen. Judic. am 7. Zur Zeit des Richters Gideon/ hatten sich die Midianiter vnd Amalekiter/ vnnd alle aus dem Morgenland/ nidergelegt in Grund/ wie eine Menge Hewschrecken/ vnd jhre Kamelen waren nicht zuzehlen/ für der Menge/ wie der Sandt am Vfer des Meers/ Dargegen so heisset GOtt den Gideon nur drey hundert Mann zu sich nehmen/ die solten in jhrer rechten Hand eine Posaunen/ vnd in der lincken eine Fackel/ vnd ledige Krüge haben/ mit der

der Posaunen blasen/ vnd die Krüge zerbrechen/ vnd sprechen: Hie HERR vnd Gideon/ Da sie das theten/ flohen die Feinde/ vnd eines jeglichen Schwert war wider des andern/ ꝛc. Allhie lernen wir/ daß allwege der grosse Hauffe Gottloß ist/ vnnd wider die wahre Kirchen kämpffet vnnd streittet/ Daß man mit dem grossen Hauffen nicht argumentieren vnd schliessen kan/ von dem rechten Glauben. Darnach ist allhie ein lehrhafftig Exempel/ daß der grosse Gottlose Hauffe/ der sich wider die kleine verachte Kirche leget/ vnd wie Hewschrecken das grüne Kraut fressen vnd verzehren wil/ nicht allwege die Oberhand behelt vnd sieget/ sondern zu schanden werden mus.

Es ist aber auch ein Vorbild des trefflichen siegreichen Triumphs/ den Jesus Christus wider die Sünde/ Tod/ Teuffel vnd Helle erhalten hat/ vnd auch alle Christgleubige erhalten/ Welches geschicht durch die Posaunen/ das ist/ durch die Predigt des heiligen Euangelij/ vnd die zuschlagene oder zubrochene Krüge/ welches das Leiden vnnd Tod Christi andeutet/ ꝛc.

Brentius. Hac pugna adumbratur pugna Chisti, & per Christum omnium Christianorum, adversus spirituales astutias, in cœlestibus adversus peccatum, mortem & infernum. Nam Buccinæ adumbrant prædicationem Evangelij: Lagenæ confractæ significant passionem CHRisti, qui continet intra se lumen æternum, quod post passionem eius in resurrectione & missione Spiritus sancti eluxit. Prædicatione igitur Evangelij & passione Christus adversarios nostros, Satanam, mortem & infernum, ita exterruit, ut suis ipsorum armis perierint, &c. Sic & omnes, qui in Christo sunt, vincunt omnia adversa per verbum Evangelij & fidem in passio- Brentius.

 nem

nem Christi, adeoq; superant afflictionibus afflictiones, doloribus dolores, morte mortem: Idq; in CHristo Iesu Domino nostro, &c. Das ist: Durch diesen Streit wird angedeutet der Streit des HERRN Christi/ vnnd durch Christum aller gleubigen Christen/ wider die geistliche List in Himlischen Dingen/ wider die Sünde/ Tod vnd Helle. Denn die Posaunen bedeuten die Predigt des Euangelij/ Die zubrochene Krüge bedeuten das Leiden Christi/ der in sich hat das ewige Liecht/ welches nach seinem Leiden in seiner Aufferstehung/ vnd in der Sendung des heiligen Geistes/ geleuchtet hat. Derwegen hat er auch durch die Predigt des Euangelij/ vnnd durch sein Leiden vnsere Feinde/ den Teuffel/ Tod vnd die Helle dermassen erschreckt/ daß sie durch jhre eigene Waffen vnnd Wehren sein vmbkommen. Also vberwinden auch alle/ die in Christo sind/ alles Vbel vnd Widerwertigkeit durch das Euangelium/ vnnd durch den Glauben an das bittere Leiden Christi/ Vnnd vberwinden also die Trübsal mit Trübsal/ die Schmertzen mit Schmertzen/ den Tod mit dem Tode. Vnd solches alles in Christo Jesu vnserm HERRN/ etc.

Die gleubigen so gering als Hewschrecken geachtet. Num. 13.

Wie nun diese Gottlose Weltkinder auff jhre Menge/ Viele vnd Stercke/ trotzen vnd bawen/ daß jhrer so viel als der Hewschrecken sind/ Also werden dogegen die Gleubigen vnd GOttes Volck so schwach vnnd gering/ as die Hewschrecken geachtet. Num. 13. Da die Kundschaffer vnd Außspeer des Landes Canaan/ die Moses abgefertiget hat/ widerkomen/ sprachen sie zum Volck Jsrael: Wir vermögen nicht hinauff zuziehen in das Land/ denn sie sind vns zu starck/ Alles Volck/ daß wir drinnen sahen sind Leute von grosser länge/ Wir sahen auch Riesen daselbs/ Enaks Kinder/ von den Riesen/ Vnd wir waren für vnsern Augen als

als die Hewschrecken/ vnd also waren wir auch für jhren Augen (Hagabim.) Diese zehen vngleubige Exploratores achten der Verheissung GOttes/ von seinem Beystandt/ nichts/ sehen nur auff sich vnd jhr Vermögen: Darumb so bringen sie mit jhrem Vnglauben nicht allein sich/ sondern das gantze Volck/ daß jhnen beyfället/ in grossen Jammer/ daß sie alle/ außgenommen Caleb vnd Josua/ in der Wüsten sterben musten/ vnnd das gelobte Land nicht betretten. Die zween aber kommen hinein/ Denn sie sprachen also zu der Gemeine: Fallet nicht ab von dem HERRN/ vnd fürchtet euch für dem Volck dieses Landes nicht/ Denn wir wöllen sie/ wie Brot/ fressen/ Es ist jhr Schutz von jhnen gewichen/ Der HERR aber ist mit vns/ Fürchtet euch nicht für jhnen.

Origenes hom. 1. in Num. gibt eine feine deutung allhie: Das Himmelreich vnd ewige Leben ist das gelobte Land/ Wöllen wir nur darein/ so müssen wir die Riesen/ die Hellischen Geister/ vberwinden/ schlagen vnnd erwürgen/ sonst werden wir nicht hinein kommen. Wir sind aber gegen den mechtigen Geistern/ wie Hewschrecken/ sonderlich wenn wir keinen steiffen/ festen Glauben an Jesum Christum haben/ Doch/ so wir Gott/ wie Josua vnd Caleb/ trawen/ vnd auff seine Hülffe verlassen/ so sind die Teuffel nichts gegen vns/ ꝛc. Quantum ad comparationem humanæ & dœmoniacæ naturæ, nos locustæ sumus, præcipuè si dubia sit fides nostra, & nos perterreat infidelitas, illi verò Gigantes erunt, nos locustæ: Si verò sequamur Iesum & credamus verbis eius, tanquam nihil erunt in conspectu nostro. Origenis Geistliche deutung.

Brentius führet eben diese Allegoriam ein: Allein/ spricht er/ der Satan halte vns vnsere Sünde vnnd Tod/ Brentius.

als

als grawsam: schreckliche Riesen/ für / die vns erschrecken vnd hindern sollen am Eingang des Himmelreichs. Hi decem Exploratores adumbrant nobis tumultum illum, quem Satan excitat in conscientia nostra, cum susceperimus profectionem in cœleste regnum. Postquam enim coniecti fuerimus in periculum mortis, & speramus nos ingressuros æternam vitam: tum Satan fatetur quidem nihil esse felicius, nihil iucundius cœlesti vita, sed interim obijcit nobis peccata nostra, quæ veluti Gigantes obstant, ne possimus in eam ingredi. Obijcit nobis gravitatem mortis, tanquam urbes muratas, præ qua non possimus assequi veram vitam, & multa id genus alia. Nostrum verò officium est non intueri in illa, quæ Satan obijcit, sed in ea quæ Deus nobis propter Christum promisit: Deus verax est, Satan autem mendax, Et magna sunt quæ nobis obijciuntur, sed maiora quæ Deus promisit, &c. Das ist: Diese zehen Kundschaffer bilden vns für den Tumult/ so der Teuffel in vnsern Gewissen anricht/ wenn wir vns geschicket haben in das Himlische Reich zu wandern. Denn nach dem wir in die gefahr des Todes gerathen sein/ vnd verhoffen in das ewige Leben zu kommen/ bekennet zwar der Teuffel als denn/ Es sey nichts glückseligers/ auch nichts lieblichers/ denn das Himlische ewige Leben: Helt vns aber vnter des vor vnsere Sünden/ welche vns/ gleich als Riesen/ im wege stehen/ darmit wir nicht hinein kommen können. Er helt vns vor den grewlichen Tod/ als feste Städte/ vor welchen wir das ewige Leben nicht erlangen können/ vnd dergleichen ding mehr. Aber da wil vns gebühren/ daß wir nicht auff die dinge sehen/ die vns der Teuffel vorhelt/ Sondern auff das jenige/ so vns GOtt der HERR/ wegen seines geliebten Sohns Jesu

Christi/ verheissen hat: Gott ist warhafftig/ Aber der Teuf-
fel ist ein Lügner/ Vnd es sind zwar grosse ding/ die vns für-
gehalten werden / Aber viel grössere sind die/ so vns GOtt
verheissen hat/ etc.

Droben ist auch auß Esaia 40. Cap. angezeiget/ daß
wir gegen Gott zu rechnen sind/ wie (Hagabim) Hewschre-
cken. Was wöllen wir denn prangen?

Der Prophet Nahum/ Cap. 3. saget von den Nini- Nahum. 3.
uitischen Herrn: Deiner Herrn / O Niniue/ ist so viel/ als nennet die
der Hewschrecken. Vnd gleich zuuor: Das Fewer wird Herrn zu
dich vberfallen/ wie Hewschrecken (Arbe.) Hie nennet der Niniue vnd
Prophet erstlich die Niniueter Hewschrecken. Darnach auch jre Feinde
jhre Feinde sollen vber sie fallen mit hauffen/ wie Hewschre- Hewschre-
cken / vnd sie verzehren. Was nun die Niniuiter anlanget/ cken.
sagt er/ sie seyen Hewschrecken. Denn gleich wie die Hew-
schrecken alles grünes Kraut abfressen/ also thun auch jhre
Herrn oder Minsaraim (die Nasareer mögen heissen) welche
jhre Haar lassen wachsen vnd Zärtling sind.

Osiander. Principes & Optimates vocat ditissi- Osiander.
mos mercatores, qui aliorum opes exedunt quasi locu-
stæ. Das ist: Die reichen Kauffleute/ welche Fürstmessig
waren/ nennet er Hewschrecken/ weil sie anderer Leute Gut
vnd Haab in sich fressen.

R. VValtherus verstehet durch die Minsaraim das Waltherus.
vnnütze Gesinde/ Spielleute/ Gauckler/ Täntzer/ Schma-
rutzer/ auch die Wirt/ so allerley lose Gesinde herbergen/ vnd
was dergleichen Gesellen sind/ die vngebürliche Wollust er-
dencken/ nirgend zu nütze / denn zu fressen/ sauffen: Wie
sonderlich an grosser Herrn Höfen vnd fürnehmen Städten
solches Gesindleins viel ist: Denn da haben sie vollauff/ wie
jhr denn ohne zweiffel zu Niniue nicht wenig werden gewe-

sen sein/ die nicht haben mögen arbeiten/ ꝛc. Comprehen-duntur hoc titulo molles & delicatuli, omnesq́ illicitarum voluptatum ministri sive artifices: quales sunt mimi, ludiones, circulatores, cantores, citharædi, parasiti, leones, & his omnibus deteriores, Eunuchi, spadones atq́ cynædi. Solent tales Regum magnorum aulas & urbes celebriores frequentare, eò quod in illis quæstum uberrimum sibi propositum videant. Nec dubium est Niniven his abundavisse, cum omnia illic ad lasciviam & luxum instituta essent. Hos verô locustis confert Propheta, non modò propter multitudinem, sed potius propter ignavum ocium, & quod fruges consumere nati, nihil interea faciunt vel quod honestum sit vel ad publicam utilitatem aliquid conferat.

Er vergleichet sie aber den Hewschrecken/ weil sie nur verzehren/ vnd kein ehrlich Gewerb treiben/ ꝛc. Darumb so müssen sie auch von den Feinden/ als Hewschrecken/ mit grosser Menge vnuersehens vberfallen vnnd auffgefressen werden/ ꝛc.

Der dritte Standt. Eccles. 12.

IM dritten vnd gemeinen Standt mag man die Beschreibung des beschwerlichen Alters mercken. Eccles. 12. Der Prediger vermahnet/ man sol sich in der Jugend vnd bey zeit zu Gott bekehren/ ehe das Alter kömmet/ vnd saget vnter anderm/ ehe denn die Hewschrecken beladen wird. Brentius. Oneratur locusta.) Pro nomine Locustæ Hebræus habet Hagab, quod est nomen quadrupedis avis, Levit. 11. & à nobis plerumq́ Locusta legitur, quæ hoc in loco spinam dorsi notat, propter multas vertebras quæ in utroq́ & Hagab & spina apparent. Sic oneratur Locusta cum senes incurvi

Brentius.

ince-

incedunt, inflexa spina dorsi & extantibus scapulis, &c. Das ist: Hewschrecken heisset den Rückgrad/von wegen der vielen gleich vnd gewerb/ꝛc. Wenn die alten Leute gebogen vnnd gebücklicht daher gehen/vnd die Schulderbein vber sich heraus ragen/wird die Hewschrecke beladen/dahin sol man die busse nicht auffschieben/ꝛc.

Das Ander Capittel/

von den Käfern/ vnter den nahmen Hasil/ Gob vnd Jeleck.

IM ersten Stande werden die Käfer gefunden/ als dardurch Gott seine Gerechtigkeit/ Zorn vnd Straffen anzeiget/ vnd exequiret wider vnnd gegen die Gottlose Menschen vnd Vbertreter seines Worts/ wie denn im ersten Stande des vorgehenden Capittels zusehen ist bey den Hewschrechen/ denen schier allwegen die Käfer

Der erste Standt.

Gott straffe mit den Käfern die Gottlosen.

Joel. 1. etc. käfer zugesellet vnd zugesetzt werden. Als Joel 1. vnd 2. die
1. Reg. 8. käfer fressen alles getreid auff was die Hewschrecken vberlassen. Item 1. Reg. 8. vnd 2. Paral. 6. Psal. 78. u. 46. (da Hasil steht.) Psal 105. daruon beyden Hewschrecken Esaias 33. vnd 4. setzt Hasil vnd Gebim zusamen/ welches also in vnser Bibel verdeuscht ist: Man wird euch auffrassen als ein Raub / wie man die Hewschrecken (Hasil) auffrafft. Vnd wie die Käfer (Gebim) zuscheucht werden wen man sie vberfellt.

Dieser spruch gehört in den andern stand vnd ist ein Weissagung von den Assyriern / wie sie sollen geschlagen vnd gescheucht werden wie die Käfer/ vnd andern ein Raub sein. Den Gott nimpt den grossen potentaten vnd Völckern den muth / das sie zu schanden vnd andern zu theil
Jerem. 51. werden. Wieder die Stadt Babel spricht Jeremias Cap.
die Meden 51. vnd 14. der Herr Zebaoth hat bey seiner Seelen ge-
vnd Persen schworen / Ich wil dich ô Babel / mit Menschen füllen als
Käfern ge- werens Käfer. Vnd vers. 28. bringet herauff Roß (wie-
nent. der Babel) wie fladernde Käfer (Jeleck) die sollen dir ein liedlein singen (das dir nit wolgefellt vnd annemlich zuhören ist. Das waren die Meden vnd Persen/ so Babylon bekriegten vnnd eroberten. Werden den Käfern vmb der menge vnd behendigkeit willen / das sie schier daher geflogen kommen sind / verglichen. Sonderlich aber Predigt Nä-
Nahum. 3. hum 3. von den Niniuitern (wie droben bey den Hewschrecken auch angezeigt ist) du Niniue hast mehr Hendler denn Sterne am Himmel sind / aber nun werden sie sich ausbreiten wie Käfer (Jeleck) vnd dauon fligen. Deiner Häuptleuth ist souiel als der Käfer (Gebin) die sich an die Zeun lägern in den kalten tagen / Wen aber die Sonne auffgeht/ heben sie sich dauon daß man nicht weis wo sie bleiben. Vnd

zuuor:

zuuor: Das Fewer wird dich abfressen wie die Käfer / es wird dich vberfallen wie Käfer.

Dreyerlei Menschen werden in diesen worten beschrieben vnd abconterfeit. Zum ersten sinds die feind der Assyrier oder Niniuiter / die mit grossem hauffen daher geflogen kommen vnd sie vberfallen / Denn Gott kan den Feinden baldt schnelle Füsse vnd leichte Flügel machen / die muttwillige Sünder zu vberfallen vnd zu straffen.

Die andere sind die Kauffleuthe zu Nineue / die so vil sind als die Käfer / welche andere Leuthe mit Hautt vnd Haar schinden vnd fressen / vnd müssen doch endtlich verarmen vnd mit einem schelmen entlauffen / das verursacht das vnrecht gewonnen gut / der Pracht in Kleidung / vberfluß in Essen vnd Trincken / vnd andere wollust.

Die sehr schinden müssen endtlich verarmen.

Vbel gewonnen / schnell zerronnen.

Rod. Gualtherus paraphrasierts also: Vultis né scire, ô Niniuitæ, quales sint mercatores vestri: Bruchi sunt, qui sibiipsis quidem & suis rebus consulunt, vobis verò ad Regni & Patriæ defensionem nihil consulunt. Vt enim Bruchi frequenter quidem arua & prata occupant, & insatiabili voracitate arborum flores, herbas & segetes depascuntur, vbi verò nihil reliquum esse vident, subitó auolant: Ita ista nunc quidem magnis agminibus ad vos conueniunt, & in vrbe vestra negocia sua exercent, mercatoriis artibus & vsuris, tum publicas tum priuatas opes ad se rapiunt, at vbi quæstum fecerint, & vobis viderint periculum imminere, mox sese aliò conferent, ne commune periculum vobiscum subire cogantur.

Rudolph. Gualtherus.

Das ist: Wolt jhr wissen / O jhr Niniuiter/ was ewer Kauffleute sein? Käfer sind sie / die zwar jhnen selbst vnd jhren Sachen rathen: Aber euch/ zu ewres Reichs vnd Vaterlandes Beschützung / weder rathen noch helffen. Deñ wie die Käfer zwar stets auff die äcker vnd Wiesen fliehen/ dieselbige einnehmen / vnd mit vnersättlicher Frässigkeit die Blüt an den Bäumen/ die Kräuter vnnd Saat abfressen/ Aber wenn sie sehen/ daß nichts mehr verhanden ist / bald wider dauon fliehen: Eben also kommen auch die Kauffleute häuffig vnd in grosser anzahl zu euch/ vnnd treiben in ewer Stadt jhre Kauffmanschafft / vnd bringen durch jhrer Kauffmanschafft Griff/ Tücke vnd Wucher/ an sich allerley Gemeine/ vnd eines jeden eigene Güter. Aber wenn sie nun sehen / daß sie jhren Gewinst zu sich bracht haben/ daß nicht viel mehr zu gewinnen da ist/ vnd mercken/ daß jhr ein Vnglück zugewarten habe / werden sie sich bald anderßwo hin begeben/ darmit sie nicht mit euch das gemeine Vnglück müssen außstehen vnd leiden / ℞.

Das dritte Volck sind die Häuptleute/ welche Gualtherus das frembde Adeliche Hoffgesinde verstehet / das sich in Friedeßzeiten wol erzeiget / als wenns Schutz vnd Schirm leisten wolte/ aber helt doch nicht Glauben: Denn gleich wie die Käfer in den kalten Morgenßstunden hinder den Zäunen liegen/ vnd daselbsten bleiben/ alldieweil sie von dem Zaun für vnd wider den Frost Schutz haben/ Aber so bald die Sonne scheinet vnd sie erwärmen/ mit hauffen hinweg fliegen: Also thun auch solche frembde Junckern/ weil sie von dem Hoff / Wärme/ Schutz vnd Hoffsuppen haben/ so bleiben sie/ Aber wenn die Hitz des Kriegß / Widerwertigkeit / Verfolgung verhanden ist/ vnd auff sie sticht/ so machen sie sich aus dem Staub vnd daruon/ vnd suchen ein

bessers

bessers vnd rüwigers Orth. Derwegen sol man sich ja auff solche vnbestendige Wetterwendische Käfer / die sich die Hitze so bald aufftreiben lassen / nicht verlassen / Sondern auff Gott trawen / der in allen fürfallenden nöten der beste Schutz vnd Schirm ist / ꝛc.

Das Dritte Capittel / von Hornissen / Zireah.

DIeses fliegenden / stachlichten / vergifftigen Thierleins wird allein gedacht in dem grossen Werck Gottes / da er die Cananiter feig gemachet / aus jhrem Lande vertrieben / vertilget / vnd das Volck Jsrael darein gesetzt hat. Exod. 23. Jch wil mein schrecken vor dir her senden / spricht der HERR / vnd alles Volck verzagt machen / dahin du kömmest / Vnd wil dir geben alle deine Feinde in die Flucht. Jch wil Hornissen für dir her senden / die für dir heraus jagen die Heuiter / Cananiter / Hethiter / ꝛc. Moses widerholet diese Verheissung / Deuter. 7. Wirstu in deinem Hertzen sagen: Dieses Volck ist mehr denn ich bin / Wie kan ich sie vertreiben? So fürchte dich nicht für jhnen / Gedencke / was der HERR dein Gott Pharao vnd allen Egyptern gethan hat / ꝛc. Dazu wird der HERR dein Gott Hornissen vnter sie senden / biß vmbbracht werde / was vbrig ist / vnd sich verbirget für dir / ꝛc. Für seinem Absterben versamlet Josua / Cap. 24. alle

Exod. 23.

Stämme

stände Israel zu sich erzehlet die wolthaten Gottes vnd vermahnet sie zum wahren Gottes dienst/ vnd spricht vnder andern : Ich sandte / spricht der HERR / Hornissen für euch her / die trieben sie aus für euch her / die zween König der Amoriter / nicht durch dein Schwerdt noch durch deinen Bogen / rc. Vnd dis bezeugt auch das Buch der Weisheit Cap. 12. du verschonest HERR (eine zeitlang) derselbigen (Cananiter) als Menschen vnd sandest für dir her/ deine vortraber / nemlich dein Heer / die Hornissen / auff das sie dieselbigen mit der weile vmbbrechten.

Cap. 12.

Was aber dis für Hornissen gewesen disputieren die Lehrer drüber. August. lib. quæst. supra Exod. quæst. 93. sagt daß durch diese Hornissen die stachel des schreckens vnd forcht vieleicht vorstanden werden / damit die Cananiter vberfallen / gantz feig / kleinmütig vnd erschrocken worden/ das sie gahr leichtlich zuschlagen gewesen sind. Vespæ istæ (Crabrones) Aculei timoris intelligendæ sunt fortasse, quibus agitabantur memoratæ gentes, vt cederent filijs Israel. aber neben dieser meinung schreibt er lib. quæst. sup. Iosuæ, quæst. 27. das auch die böse geister in den lüfften oder sonst ware natürliche Hornissen verstanden mögen werden / obs schon nicht so deutlich in der schrifft verzeichnet sey. An fortè translato verbo vespas intelligi voluit acerrimos timoris aculeos : aut 2. Aërios occultos spiritus, quod in Psalmo dicunt. per Angelos malignos. Nisi fortè quis dicat, non omnia quæ facta sunt esse conscripta, & hoc quoque 3. Visibiliter factum vt veras vespas velit intelligi. Vnd diese letzte meinung neben der ersten erzehlet auch Lyra in lib. Sapientiæ. Dicunt expositores aliqui, quod ante ingressum filiorũ Israël ad terram promissionis, Dominus, ad literam, immisit Chananeis

Augusti.

Lyra.

Vespas

Vespas habentes aculeos venenatos, quæ plures Chananæorum interfecerunt. Alij dicunt quòd vespæ istæ dicuntur TIMORES &c. Das ist: Es sagen etliche ausleger/ das/ ehe die Kinder Jsrael in das gelobte landt kommen sein/ der Herr Hornissen geschickt habe/ die da vergiffte stacheln gehabt/ vnd damit viel Cananiter vmbracht haben. Andere sagen das diese Hornissen genent werden/ das schrecken/ fürchten vnd entsetzen/ ꝛc.

Es scheinet/ Lutherus habs auch Metaphoricè von den Schrecken des bösen Gewissens vorstanden. In Deuter. Crabones mitti ante nos inter gentes est terrore legis & aculeis mortiferis conscientiæ agitari impios, vt sese abscondere nequeant, donec pereant & impietatem confiteri cogantur. Porrò vt in manu Israëlitarum non erat Crabrones permittere: Ita & nostrum non est, vllum impium præterrefacere: Sed Deus est qui conturbat & pauefacit corda eorum, vt conterriti dicant cum Paulo, Domine quid me vis facere. Das ist: Das Hornissen vor vns hergesandt werden vnter die Heiden/ bedeut/ das die Gottlosen mit dem gesetz erschreckt vnd mit tödtlichen stacheln des Gewissens sollen geplagt werden/ das sie sich nicht verbergen können/ bis sie vmbkommen/ vnd jhre vntugent bekennen müssen: vnd wie es nicht stunde bey den Jsraeliten/ Hornissen vorherschicken: Also stehts auch nicht bey vns einen Gottlosen zuschrecken. Aber Gott ists/ der da bewegt vnnd erschreckt derselbigen Hertzen/ das sie mit Paulo sagen: HERR was wiltu/ das ich thun soll. Lutherus.

Brentius in Exod. lassen beydes bleiben: Es sey nu durch die vergiefte Thierlein/ oder durch den eingeiagten schrecken geschehen/ so sey es doch ein gros wunder Gottes. Brentius

Siue de bestiolis illis externis intelligatur, siue figuratè dicuntur de repentinis terroribus, certè manifestum est, populos terræ Chanaan magis miraculis diuinitus territos, stupefactos & deuictos esse. Also sihet auch Pomeranus in Deut: auff die Thierlin.

Pomera. Die Israeliten sollen sich nicht fur der grossen menge der Cananiter fürchten / daß der HERR sie nicht dörffte mit dem Schwerdt / sondern könne sie leichtlich wol mit kleinen Vögeln vertreiben vnd aus dem Lande jagen / ehe sie hienein kommen: Also hat Gott der HERR verlacht vnd nicht geacht des Pharaonis grosse macht vnd seiner weisen weisheit / in dem er jhnen nur allerley klein gewürm zugeschickt / vnd sie damit geschlagen. His confortatur Fides populi, vt non timeat potentiam & multitudinem aduersarij populi, quam adeò contemptam habeat Dominus, vt non gladio, sed minutis animantibus eiecturus sit, antequam ipsi introeant. Sic & irrisit potentiam Pharaonis Deus & sapientiam Philosoporum eius, dum immisit eis omnis generis Muscas. Darbey ist Gottes Weisheit vnd stercke / vnd der Menschen schwacheit zu betrachten.

Das vierde Capittel/ von den Bienen.

WIewol das kleine Thierlein ein gifftigen stachel hat/ darmit es sich wehret / vnd die Menschen verletzt/ das es sehr aufflaufft vnd geschwilt: Jedoch wirds nicht allein von den Heidnischen sondern auch Christlichen Scribenten gerühmet: Zwar nit das Vöglein für sich selbst / sondern zuforderst der Allmechtige Gott vnd Schöpffer/ der seine krafft vnd weisheit in diesem geringen Vögelin fürgestellt vnd sehen hat lassen. Was nu den Ersten stand anlangt / spricht Syrach 10 (nach vnser Deutschen Bibel) Die Biene ist ein kleines Vögelin vnd gibt doch die allersüsseste frucht. Darmit er nit allein die Biene jhrer arbeit halben / vnd demnach Gottes Weisheit lobet / sondern auch ferner die erinnerung thut/ man sol keinen Menschen seines grossen ansehens halben rühmen / wenn er ein Tapffere grosse Person/ mit köstlicher Kleidung vnd schöne des Leibs gezieret/ vnd von vielen dienern beleitet wirt: Auch niemand seines geringen ansehens willen verachten : Denn Gott theilet offt seine grosse vnnd nützlichste gaben den geringen vnansehlichen Personen mit/ denen grosse vnd mechtige Leuth manglen. Osiand Inepti sunt qui de ignotis hominibus iudicant ex Corporis statura heroica, ex vestitu splendido, ex multo famulitio, ex incessu turgido. Etsi enim interdum externæ Heroicæ, staturæ respondent interna animi dona, tamen multi reperiuntur, qui forma corporis admodum

Der erste Standt.

Syrach 10

Osiander.

sunt

sunt conspicui, quorum tamen animus nullus est precij: ita vt de tali homine rectè dicere possis, ô quale caput, & cerebrum non habet.

Von der Bienlein frucht vnnd arbeit. Chrysosto.

Wir wöllen aber nach außweisung dieses spruchs ein spatziergang thun / vnd etwas von der arbeit vnd süssen frucht des Bienlins aus den Patribus besehen / vnnd wie die Christglaubigen jhnen nachfolgen sollen. Chrysost. homil. 12. ad populum Antioch. spricht/das ein jeder Christ von der Bienen lernen sol 1. die reinigkeit vnnd sauberkeit 2. den grossen fleiß vnd arbeit 3. die liebe: denn sie arbeitet jhr nicht allein sondern den Menschen: also sollen die Christen all jhr thun vnd arbeit dem nechsten zu nutz vnd besten anwenden vnd verrichten. Ab ape disce mundiciam, solertiam & charitatem: Etenim illa non magis sibijpsi quam nobis laborat & quotidie fatigatur: quod maximè Christianorũ proprium est non sua quærere, sed quæ aliorum: Sicut itaq; illa circumuolat omnia prata, vt promptam alteri præparet mensam: Sic & tu fac homo, siue pecunias congreges in alios expende, siue doctrinæ verba habeas, ne defodias sed apponas indigentibus in medium: siue aliud peculiare habeas, indigentibus laborum tuorum vtilis fias, Non cernis quòd propterea ANIMALIVM GLORIOSISSIMA est Apis, NON QVIA LABORAT: Sed quoniam alijs laborat: Hugo Card. in hoc dictum: erzehlet nicht allein diese vleissige arbeit sondern auch andere eigenschaffte des Bienlins vnd applicierts auff die Lehrer vnd Prediger/ mit diesen Versibus.

Hugo Card. applicirets auff die Prediger.

Sedula, parca, Breuis, vox maior corpore, mel dat:
In grege sub rege est, perit vncta, reuiuit aceto:

Cruce

Crure secat, stimulat, pede cassa est, florida pascit:
Nascitur ex tauro, sexangula mœnia condit:
Fumos, fœtores, strepitum fugit, & lapides fert
In vento: pugnat defuncto Rege, rapitq́;
Cedit portanti, palmam colit, est pigra Bruma
Rex fit in examen, quæ plus valet & calet omnis. Das ist.

1. Ein Bin ist arbeitsam vnd vleissig / so sol auch ein Prediger sein. Rom. 12.
2. Ihr ist sie sparsam andern milt / also auch ein Prediger. 2. Corint. 6.
3. Sie ist kurtz vnd gering: also ꝛc. Matth. 11.
4. Die Stimm ist grösser denn der Leib / also sollen die Prediger von den Sündern werden gehört.
5. Tregt Honig in Munde / also auch ein Lehrer in der Predigt. Cant 4.
6. Sie ist der Herd vnd andern gantz gleich / so sollen sie auch thun 1. Corint. 9.
7. Sie ist vnderm König / also sol ein Prediger von Christo regiert werden.
8. Stirbt / wens mit öhl begossen wirdt / also ein Prediger durch Heucheley.
9. Durch essig wirds wieder lebendig / also ein Prediger wen er an Christi Leiden gedenckt. Aber ohn noth die ander zu referiren vnd zuuerdeutschen.

Basilius.

Wir wollen aus andern Lehrern dis bedencken. Basilius homil. 8. Hexam. schreibt / das etliche Vöglin nicht einsam sind / sondern als Bürgern sich des Gemeinen nutzens befleissen / vnd all jhr arbeit vnd thun gemein haben / wie an den Bienlin zu spüren. Sie haben eine gemeine wohnung/ gemeinen pflug/ gemeine arbeit / all jhr thun verrichten sie vnder einem König / das sie nicht ehe auff die Weyd ausflihen / jhr König zihe denn fornen an : vnd derselben König ist nicht durch die stimm des gemeinen Pöbels erwehlet / der offt einen vnmüchtigen ins Regiment auffnimpt/ auch nicht durch das loß / das offtermals so wol einen schalck alß frommen trifft : viel weniger thut das die succession vnd Väterliche nachfolg / da die jungen Regenten / durch der Schmeicheler fuchsschwentzerey / fressen / sauffen vnd andere wollüsten verderbet werden / sondern der erhelt das Regiment von Natur / so von grösse/ gestalt vnd Sanfftmütigkeit dem andern vorgeht vnd vbertrifft (à Natura principatum omnium obtinet, Magnitudine, forma, mansuetudine cæteris omnibus antecellens) denn ob wol der König auch seinen Spies vnd stachel hat / so lest er sich doch nicht zur raach auffbringen / das er denselben brauchte. Welches gesetz der Natur sind / ob sie schon nicht in den Büchern auffgeschrieben seind / das die Oberherrn / so grosse gewalt vber andere haben / langsam zur straff vnnd raach sein sollen : Ja die Bienen selbst welche dem König in dieser Tugent nicht folgen / sondern raach vben / gerewet es bald/ müssen straffe leiden vnd sterben / ꝛc. Das sollen die Christen hören vnd mercken / die ein Gebott von Gott haben/ das sie böses mit bösen nicht sollen vorgelten / sondern das böß mit gutem vberwinden. Folge der Bienen nach/ die niemand schadet/ frembde frucht nicht verstört / sondern eigene Waapen macht/ vnd wunderbarlicher weiß die sechsfachen cellulein zuricht vnd Honig darein tregt / ꝛc. Diß Basilius.

Ambrosius. Ambrosius lib. 5. Cap. 21. Hex. gedenckt neben jetzt erzehlten eigenschafften auch ein gebürt / das sie nicht

durch

durch vermischung sondern in der Jungfrawschafft Jungen ziehen / aus den Blumen vnd Kräutiern mit dem Munde jhre jungen lesen vnd versamlen :c. Wellen seine treffliche Lateinische Wort hieher setzen. Nunc ago quæ Aues velut quandam Remp. curare videntur, expediam, atq; vitæ huius ætates agere sub legibus. Hic enim Reip. vsvs est, Leges esse omnibus communes, atq; obseruari eas deuotione communi, vno omnes teneri vinculo non alterius esse, quod alius intelligat sibi non licere, sed, quod liceat licere omnibus, & quod non licet omnibus non licere. Esse etiam communem Reuerentiam Senatorum, quorum consilio Resp. gubernetur, commune omnibus vrbis domicilium, communis conuersationis officium, vnum præscriptum, omnibus vnum esse consilium. Magna hæc, sed quantò in Apibus præstantiora, quæ solæ in omni genere animantium COMMVNEM omnibus sobolem habent, vnam omnes incolunt mansionem, vnius patriæ clauduntur limine, in commune omnibus labor, communis cibus, communis operatio, communis vsus & fructus est, communis volatus. Quid plura? Communis omnibus Generatio, integritas quoq; corporis virginalis omnibus communis & partus, quoniam neq; vllo concubitu miscentur, nec libidine resoluuntur, nec partus quatiuntur doloribus, & subitô maximum filiorũ examen emittunt è FOLIIS ET HERBIS ORE SVO PROLEM LEGENTES. Ipsæ sibi Regem ordinant, ipsæ sibi populos creant, & licet positæ sub rege, sunt tamen liberæ. Nam & prærogatiuam iudicij tenent, & fidæ deuotionis affectum, quia & tanquam à se substitutum diligunt & anto honorant examine. Rex autem non sorte du-

citur.

citur, quia in sorte euentus est non iudicium, & sæpè irrationabili casu sorte melioribus vltimus quisque præfertur, neque imperitæ multitudinis vulgari clamore signatur, quæ non merita virtutis expendit, nec publicæ vtilitatis emolumenta rimatur, sed mobilitatis nutat incerto: neque priuilegio successionis, & generis Regalibus thronis insidet, siquidem ignarus publicæ conuersationis cautus atque eruditus esse non poterit: adde adulationes atque delitias, quæ teneris inolitæ ætatibus, vel acie ingenium eneruare consueuerunt, tum institutiones spadonum, quorum plærique suo magis quæstui quam vsui publico animum Regis inclinant. APIBVS autem Rex NATVRÆ clarus formatur Insignibus, vt Magitudine corporis præstet & specie, tum quod in Rege præcipuum est MORVM MANSVETVDINE: Nam etsi habeat aculeum, tamen eo non vtitur ad vindicandum: Sunt enim Leges Naturæ non scriptæ literis sed impressæ moribus, vt leniores sint ad puniendum, qui maxima potestate potiuntur: Sed ad Apes illæ quæ non obtemperauerint Legibus Regis, pænitenti se multant condemnatione, vt immoriantur aculei sui vulneri. Quod Persarum populi hodieque seruare dicuntur vt pro commissi precio ipsi in se propriæ mortis exequantur sententiam. Itaque nulli sicut Reges persarum tam grauissimas in subditos habent leges. Non Indi, non populi Sarmatarum tantam, quantam Apes Reuerentiam deuotionis obseruant, vt nullæ è domibus exire audeant, non in aliquos prodire pastus, nisi Rex fuerit egressus, & volatus sibi vendicauerit principatum. Processus autem est per. rura redolentia, vbi inhalantes horti floribus, vbi fugiens riuus per

gramina

gramina, ubi amæna riparum, illic ludus alacris iuuentutis, illîc campestre exercitium, illic curarum remissio. Opus ipsum suaue de floribus, de herbis dulcibus fundamina castrorum prima ponuntur. Quid enim aliud est fauus, nisi castrorum quædam species? Denique ab his præsepibus Apum fucus arcetur. Quæ castra quadrata tantum possunt habere artis & gratiæ, quantum habent crates fauorum, in quibus minutæ ac rotundæ cellulæ connexione sui inuicem fulciuntur? Quis enim architictus eas docuit, Hexagenia illa cellarum indiscreta, laterum æqualitate componere, ac tenues inter domorum septa ceras suspendere, stipare mella, & intexta floribus horrea nectare quodam distendere? Cernas omnes certare de munere, alias inuigilare quærendo victualia, alias sollicitam castris adhibere custodiam, alias futuros explorare imbres, & speculari cursus nubium, alias de floribus ceras fingere, alias rorem infusum floribus ore colligere: Nullam tamen alienis insidiari laboribus, & rapto victum quærere: Atque vtinam raptorum insidias non timerent. Habent tamen spicula sua & inter mella fundunt venenum si fuerint lacessitæ, animasque ponunt in vulnere ardore vindictæ. Ergò medijs castrorum vallibus humor ille roris infunditur, paulatimque processu temporis in mella cogitur, cum fuerit liquidus ab exordio, & coalitu ceræ florumque odore fragrare mellis incipit suauitatem. Meritô quasi BONAM OPERARIAM Scripturæ Apem prædicat dicens: Vade ad Apem & vide quomodò Operaria est. Operationem quoque quam venerabilem mercatur, cuius laborem reges & mediocres ad salutem sumunt; appetibilis enim est omnibus & chara. Audis quid dicat Propheta. Mittit vtique te, vt Apiculæ illius sequaris exemplum, imiteris operationem. Vides quam laboriosa quam grata sit. Fructus eius ab omnibus desideratur & quæritur, nec pro personarum diuersitate discernitur, sed indiscreta sui gratia, Regibus pariter ac mediocribus æquali suauitate dulcescit Nec solum voluptati sed etiam saluti est, fauces obdulcat & curat vulnera, internis quoq; medicamentum infundit vlceribus. Itaque cum sit infirma robore Apis, valida est VIGORE SAPIENTIÆ & AMORE virtutis. Denique Regem summa protectione defendunt, & perire, pro eo pulchrum putant: Incolumi regi nesciunt mutare iudicium, mentem inflectere: Amisso, fidem seruandi muneris derelinquunt, atq; ipsæ sua mella diripiunt, quòd is qui principatum habuit muneris interemptus est. Itaq; cum aliæ Aues vix in anno ædant singulos fœtos, Apes geminos creant & duplici cæteris fœcunditate præponderant. Et Cap: seq. APES ipsæ nec insuaue quiddam canunt: Habent enim gratam in rauco illo vocis suæ murmure suauitatem, quam nos fracto tubarum sonitu lentiùs primùm videmur imitari, quo crepitu ad excitandos animos in vigorem nihil aptius æstimatur. Et hæc illis gratia manet, cum pulmonem, respirandique munus atq; vsum nequaquam habere prodantur, sed aërio vesci spiramine. Denique si quis eas superfundat oleo properè necantur, eò quod obstructis poris aërium spiramen illud haurire non possint: Continuoq; si quis acetum his superfundat illicò reuiuiscunt, eo quod vis aceti illos poros, qui concretione olei obstruuntur, humore feratur aperire.

Das

Das ist: Wolan / ich wil erzehlen / wie die vogel ein Regiment zuführen scheinen / vnd jhr Leben gleichsam vnter den gesetzen zubringen. Denn das ist der nutz des regiments / das die gesetz allen gemein sein / vnd in gemein gehalten werden / das alle gleichsam an einem Joch ziehen / das keiner macht habe zuthun / was ein ander nicht thun darff / sondern was einem vergönnet wird / das allen vergönt sey / vnd keinem allein gezieme / was nicht allen in gemein geziemet: Das auch eine gemeine ehrerbietung sey gegen alle Rathsherrn / durch welcher Rath das Regiment geführet wird / das die Stadt allen eine Gemeine wohnung sey / das ein gemeiner wandel / einerley gesetz / vnd einerley Rathschlag sey. Dis sind grosse ding: Aber noch vortrefflicher sind sie in den Bienen / die vnder allen Thieren die Jungen gemein haben vndereinander / sie haben einerley wohnung / sie werden gleichsam in ein Vaterland geschlossen / die arbeit ist jhnen allen gemein / die Speiß / das werck / der nutz vnd frucht / vnd der flug ist jhnen allen gemein. Was sol ich mehr sagen? Sie ziehen zugleich jhre Jungen auff / die Jungfräwliche reinigkeit des Leibes vnd die Geburt ist jhnen allē gemein: Dañ sie vermischen sich nicht miteinander / seind nicht zur vnzucht geneigt / geberen nicht mit schmertzen / vnd bringen gleichwol schnell einen grossen hauffen Jungen heraus / welche sie von den Blettern vnd Kreuttern zusammen lesen / sie setzen jhnen selbst einen König / sie zeugen jhnen selber Völcker / vnd ob sie gleich vnder einem König sind / so sind sie dennoch frey: Denn sie haben einen vorzug des Gerichts / vnd begierde des getrewen verbündnis. Denn sie lieben jhn / gleich als einen / der von jhnen bestellet ist / vnd ehren jhn mit grossem hauffen.

Der König aber wird nicht durchs loß erwehlet: Denn im loß erwartet man des Glücks / nicht der vernunfft vrtheil / vnd wird offt durchs loß zufelliger weis vnnd ohn gefehr ein vnwirdiger den vorstendigen vorgezogen: Er wird auch nicht durchs gemeine geschrey der vnerfahrnen gemeine erwehlet / welche die belohnung der Tugend nicht bedenckt / auch nicht den gemeinen nutzen in acht nimpt / sondern wancket mit vnbestendigkeit / jtzund hieher / baldt dorthin: So sitzt er auch nicht auff Königlichem Throne aus vorzug der succeßion oder anerbung vnd des geschlechtes / dieweil einer / der da vnerfahren ist in gemeinem Leben / nicht vorsichtig noch geschickt sein kan: Zuschweigen der Heucheley vnd wollust / welche in den Jungen Jahren eingewurtzelt / den verstandt schwechen / vnd dann auch der vnderweisung / welche von den Kemmerling geschicht / welche gemeiniglich die Könige dahin bewegen / das sie mehr auff jhren / als auff den gemeinen nutz sehen.

Aber die Bienen haben einen König / der mit Herrlichen gaben der Natur gezieret ist / das er beydes an der größ / so wol auch an der gestalt / vnd / welches das vornembst ist an einem König / mit sanfftmut die andern weit vbertrifft. Denn ob er gleich einen stachel hat / dennoch braucht er denselbigen nicht zur rach. Dann es sind gesetze der Natur / nicht geschribene / sondern in die Natur eingepflantzet / das die jenigen gelinder sein sollen zur straff / welche grosse gewalt bekommen haben.

Aber die Bienen / so den gesetzen des Königes nicht gehorchet haben / straffen sich selbst hart gung / in dem / das jhre stacheln in den wunden stecken bleibē / vnd gar offt drüber sterben: Welches die Perser noch heut zu tag halten / das sie wegen der begangenen vbelthat vber sich selbst das vrtheil sprechen.

sprechen. Darumb haben sonst keine Könige so scharffe gesetz vber die vnterthanen als die Perser/weder die in India/ noch die völcker in Sarmatia halten so scharffe gesetz wie die Bienen/ das keine dörfen aus den Heusern gehen/ noch auff die weide flihen/ wo nicht der König heraus gegangen/vnd jhm den vorzug zuflihen zu geeignet hat. Jhr auszug ist durch das wolrichende Feldt / da die lieblichen Gärten sein/da ein lustiger Bach ist durch das Graß / da lustige Vfer sein/ daselbst ist der vnuerdrossenen Jugend kurtzweil/ daselbst ist jhre vbung/ daselbst ist ergetzung der sorgen/ das werck selbst ist lieblich von blumen gelegt. Denn was ist ein Waab der Bienen in jhren stöcken anders / denn eine gestalt vnd form der gezehlt.

Endlich wird von den Bienstöcken die Hummel abgetrieben. Welche viereckichte gezellt mögen doch souiel kunst vnd gunst haben / als die Waaben der Bienen in jhren stöcken/ in welchen kleine vnd runde löchlein nacheinander auffgesteigert werden? Denn welcher Bawmeister hat sie gelehrt / wie sie machen sollen die sechs cellulen / mit gleichen seiten /vnd das Wachs zwischen inne so dünn auffzuhengen/ mit Honig zufüllen / vnd die mitten eingemachte Heußlein von Blumen mit süssen Honig vollzumachen? Du mögst auch sehen / wie sie in jhren Ampt so vleissig sein / in dem etliche Speise samlen / etliche Wachen / etliche achtung auffs gewitter geben / vnd schawen auff den lauff der Wolcken/etliche Wachs machen aus den Blumen/etliche samlen mit dem Maul den Taw / so in den Blumen steckt : Doch stelen oder nehmen sie nicht/ was ein anderer mit seiner arbeit erworben hat / essen auch nicht dauon : Wenn sie sich nur nicht fürchten musten / das jhnen das jhre genommen würde. Jedoch haben sie auch jhre stacheln / vnnd wenn sie gereitzet

reitzet werden/thun sie gifft zwischen den Honig / vnd lassen jhr Leben in den Wunden / nur aus grosser begird sich zu rechen. Darumb wird der safft des tawes mitten in jhre gezelt geschüttet/vnd wird allgemach Honig draus / do er anfenglich weich gewesen/begōnet er aus der zusammenfügung des wachses vnd aus dem geruch der blumen süsse zu werden.

Die Heilige Schrifft nennt die Bien billich eine gute Arbeiterin/in dem sie sagt: Gehe hin zur Bienen / vnd sihe/ wie sie arbeitet/vnd was für ein löbliche arbeit sie verrichtet/ welcher arbeit beides Könige vnd gemeine Leuth zu jhrer gesundheit brauchen: Denn sie einem jeden lieb vnd anmutig ist / rc. Hörestu was der Prophet sagt? Er schickt dich hin/ das du der Bienen Exempel vnnd arbeit nachfolgest: Du sihest/ wie arbeitsam vnnd angenem sie sey/ jhre frucht wirdt von jederman begeret / vnd wird nach dem vnderscheidt der Personen vnderschieden/ sondern sie ist ohn vnderscheidt beides Königen vnnd geringen Leuthen süß vnd lieblich: vnnd dienet nicht allein zur lust / sondern auch zur gesundheit / sie macht die Kehl süß/vnd heilet die Wunden/vnd ist auch den inwendigen geschwären ein artzney. Darumb ob wol die Bien ein geringes vnnd schwaches Thierlein ist/ So ist sie doch starck in Weisheit vnd liebe der tugent. Endtlich verteidigen sie jhren König mit grossem vleis / vnd achtens für ein herrlich ding/ wenn sie für jhnen sollen jhr Leben lassen: Wenn sie jhren König nicht haben/widersprechen sie seinem vrtheil nicht/begeren jhn auch nicht anders sinnes zumachen. Wenn sie jhn aber verloren haben / verlassen sie jhr Ampt/ vnd verzehren jhr Honig selbst / darumb das der jenige/welcher die vberhand gehat hat/vmbkommen ist. Darumb weil die andern Vogel nur einmal im Jahr Jungen bringen/so haben die Bienen zweymal Junge / vnd vbertreffen also die andern mit doppelter fruchtbarkeit/etc. Vnnd diß von der Wunderbarlichen Weißheit/arbeit/ vnd andern eigenschafften der Bienen aus dem Ambrosio.

Auff diese erklerung vnd bericht wollen wir nu andere sprüch vnd Historien der Bienen besehen. Judic 14. Simson zerreißt einen Lewen/wie man ein Böcklin zerreißt/ sagts doch seinen Eltern nicht an vnd da er nach etlichen tagen gen Thimnath gieng eben denselbigen weg/ jhm ein Weib zu nemen/tratt er aus dem Wege/ daß er das Aaß des Lewens besehe/ Sihe da war ein Bienschwarm in dem Aaß des Lewens vnd Honig/vnd nams in seine Hand vnnd aß dauon vnderwegen/gabs seinen Eltern auch/ aber sagt jhnen nicht an/das er das Honig von des Lewen Aaß genommen hatte/ denn dauon name er naher sein Rätzel/ Speiß gieng von den fresser/ vnd süßigkeit von dem Starcken. Daruon an seinem ort im Thierbuch.

Judic. 14. wachsen in eines Lewn Aaß Biene.

Waß nu die Bienen anlangt/scheinet aus dem vmbstenden/das sie von dem Todten Lewen gewachsen sind/wie sie sonsten/ der gemeinen sag nach auß einem geschlachteten Stier oder Jungen Ochsen wachsen. Isidorus Apes, experti sunt plærique, nasci ex Boum cadaueribus: nam pro his creandis, vitulorum occisorum carnes verberantur ex putrefacto cruore vermes nascuntur, qui postea efficiuntur Apes. Propriè Apes vocantur ortæ de Bobus: Sicut crabrones de Equis, Fuci de mulis, vespæ de Asinis.

Das ist: Die erfahrung bezeugte/das offtmals Bienen aus dem Aaß der Ochsen sein gewachsen. Denn damit sie entstehen mögen/so wirdt das Fleisch der getödteten Kälber geschlagen/ auff das aus dem verfaulten Blut würmer werden/aus welchen hernach Bienen wachsen.

Es

Es werden aber eigentlich Bienen genent / die auß den Ochsen wachsen/ gleich wie die Käfer von den Pferden/ die Hummeln von den Maulthieren / die Wespen von den Eseln / ꝛc. Aber doch ziehen sie auch in jhren Bienkörben/ wiewol ohn vermischung / ihre Jungen / wie vor aus Ambrosij worten erscheinet. Vnd Augustinus lib. 3. Cap. 8. de Trinit. sagt: Certè Apes semina filiorum non coeundo concipiunt, sed tanquam sparsa per terras ore colligunt. Denn Samen / daraus die Jungen werden / samlen sie hin vnd wieder auff der Erden in den Blumen: Daher deutet er lib. 3. Cap. 2. de Mirabilib. S. S. dieses Exempel / Das es nicht vnmüglich sey/ die Jungfraw Maria Christum zugeberen. Quam rem (Natiuitatem Christi) ne sine exemplo Naturæ alicuius, velut nouam in DEI Creaturis dimittamus, multa animantia absque parentum coitu gigni comprobamus. Qualiter Apes sine patribus, fotu materni corporis tantummodò crescunt & omnia illiusmodi volatilia fœtus suos taliter concipiunt.

Das ist: Welches (versteht die Geburt Christi) damit wirs nicht ohne Exempel der Natur / gleich als etwas newes in den Creaturen Gottes / furüber lassen / so zeugen wir / das viel Thier ohne vermischung der Eltern geboren werden / als die Bienen ohne Vater wachsen/nur gleichsam von der Mutter ausgebrüttet: Vnd auff diese weis bringen alle fliegende Thierlein jhre Jungen.

Was die deutung dieses Bienschwarms betrifft/ ist sie nicht einerley / denn etliche verstehen durch den erwürgten Lewen / Christum / etliche den Satanam / etliche die Tyrannen vnd verfolger (wie denn alle drey Personen mit dem Lewen fürgebildet werden) vnd daher werden auch die

Bienen

Bienen underschiedlich außgelegt. August. Serm. 107. de Tempore. Ego ſum panis viuus, &c. quem humana exacerbauit iniquitas, eicq; aceti & fellis amaritudinem propinauit, atq; ab eo plebs gentium conuerſa vitæ dulcedinem ſuſcepit, ac ſi de MORTVI Leonis ore, id eſt, de Chriſti morte, qui accubans dormiuit vt Leo, Apum, id eſt, CHRISTIANORVM proceſſit Examen. Von dem verſtorbenen Chriſto iſt herkommen vnd gewachſen / der ſchwarm der Bienen / das iſt / der Chriſten hauff vnd menge. Aber lib. 12. Cap. 32. contra Fauſt. Manich. Verſteht er den Lewen von den verfolgern / das die geſetz der Weltlichen Reich / die Weiland wieder Chriſtum getobet haben / nu nach abgelegter grauſſamkeit / der ſüſſigkeit der Euangeliſchen Lehr / ſchutz vnnd ſchirm geben.

Quid ſibi vult in ore ipſius Leonis occiſi fauus extructus, niſi quia ecce conſpicimus, Leges ipſas terreni Regni, quæ aduerſus Chriſtum ante fremuerant, nunc iam perempta feritate dulcedini Euangelicæ prædicandæ etiam munimenta præbere? Lyra moraliſierts in ſpecie von dem Verfolger Paulo / welcher nach ſeiner bekehrung die Honigſüſſe Lehr des Euangelij in ſeinem Mund geführt vnd weit ausgebreitet hat.

Hugo verſteht durch das Aaß des Lewens Vniuerſitatem peccatorum, aller Sünder vmb deren willen Chriſtus kommen iſt / ſie zur buß zuberuffen / aber der Bienſchwarm im Mundt des Lewens ſeind die PREDIGER. (Apis enim habet aculeum cum melle: Sic prædicator aſperitatem & exhortationem cum conſolatione habet in prædicatione) vnnd iſt dieſer Schwarm / indes Lewen / das iſt / des Teuffels Mundt / denn wenig ſind fromme

Prediger/die der Teuffel nicht in seinen Rachen verschlingt: Aber daraus hat Christus seine Apostel vnd Jünger geruffen vnd genommen. Oder der Todte Lew ist ein böser Prelat in dessen Mundt wol Honig ist / aber er versuchts vnd schmeckts selbs nicht.

Der ander Standt. Weltliche Regenten vnd verfolger Bienen genant. Esaias 7.

IM andern standt haben wir drey sprüch von den Bienen/dardurch die Weltliche Regenten vnd verfolger angedeutet werden / zu mercken. Esaias 7. spricht zum König Ahas/zu der zeit wirt der HERR zischen/2c. der Bienen im Land Assur/ daß sie kommen/ vnd alle sich legen an die trockene Bäch vnd in die Steinklüffte/ in alle Hecken vnd in alle Büsche /2c. Der Prophet versteht dadurch den König zu Assyrien vnnd seine Kriegsknecht / welche durch Gottes zischen /pfeiffen oder locken auffgemahnet/daher geflogen kommen / vnnd alle örter des Jüdischen Landts einnehmen sollen. Werden aber nicht vmb des Honigs/sondern des Stachels willen / vnnd weil mehrtheils damal Pfeil gebraucht worden / den Bienen vergliechen. Brentius sagt es sein auch jtziger zeit zweierley Kriegsknecht: Etliche sein faule hungerige Mucken /die alle ort nur beschmeissen/verwüsten vnd die victualia auffressen: aber andere sein Bienen/ welche streng vnd Männlich sind/ die armen nicht berauben noch vnderdrücken / sondern die Feind vom gemeinen Vaterlandt / wie die Bienen die grossen Hummeln von jhren Bienstöcken abtreiben. Non inepte tribues hæc duo Epitheta (Muscarum & Apum) etiam militibus, qui hoc tempore militiam profitentur. Alij enim sunt velut Muscæ, qui propter ignauiam non sunt ideoni ad gerendum Bellum, sed tantum ad fædanda contaminanda & deuastanda quæuis loca, ad quæ

Brentius

profi-

proficiſcuntur, &c. de his infra. Alij ſunt velut Apes. Hi ſunt ſtrenui & fortes milites, qui ſuſcipiunt militiam non vt prædentur & miſeros opprimant, ſed vt hoſtes à ceruicibus patriæ depellant, ſicut Apes, ignauum FVCOS pecus à præſepibus arcent. Hugo verſteht dieſe Biene von den Verrhätern / Gleißnern vnnd Fuchßſchwentzern / die nu von Hoff (da ſie ſich zuuor gehalten) wegziehen / in der Mönch Klöſter vnd bey den Thumherrn einkehren. Apis quæ habet in ore Mel & in Cauda aculeum, eſt adulator vel proditor, quæ eſt in terra Aſſur, id eſt, in Curia potentum vbi regnat proditio ſimul & Adulatio, ſed iam REQVIESCVNT IN CLAVSTRIS Monachorũ, & in Capitulis Canonicorum. Hugo.

Der ander ſpruch Deut. 1. v 44. Da die Iſraeliten (ohn vnd wieder Gottes Wort) aus der Wüſten wieder die Amoriter zu ſtreitten außzogen / wurden ſie geſchlagen / denn die Amoriter ſo auff dem Gebirg wohneten / ſagt Moſes / zogen aus euch entgegen / vnd jagten euch wie die Bienen thun vnd ſchlugen euch zu Seir biß gen Harma / &c. Denn erſtlich wolten die Iſraeliten den exploratoribus Joſua vnnd Caleb / nicht glauben / zweiffelten an Gottes verheiſſung / ſie können das Landt nicht erobern / wollen nicht hienein / Jtzt aber ohn Gottes Wort / wöllen ſie hienein / vnd werden / wie von den Bienen zu rück geſchlagen. Da ſihet man der Menſchen böſe art / die entweder zuuiel oder wenig thun / vnd nach Gottes Wort nicht handeln wöllen. Darumb iſt kein glück darbey / vnd werden als von den Bienen geſtochen vnd gehindert. Deut. 1.

Der dritte ſpruch iſt vnſers HERRN Chriſti Pſal. 118. Sihe meine Feind vmbgeben mich wie Bienen / Sie dampffen wie ein Fewr. Gleich wie die Bienen / wenn Pſal 118.

sie gereitzt vnd erzörnet werden/so gifftig vñ Raachgirig sind/ daß sie ehe das Leben wollen lassen/ vnnd mit verlust des Stachels sterben/ denn das sie güttig vnd still solten sein. Also theten auch die Feind Christi / vnd thuns jederzeit die verfolger des Euangelij / das sie Gut vnnd Blutt zusetzen wöllen / das Euangelion außzurotten / ehe sie jhres bösen Lebens halben (zur besserung erinnert vnd gestrafft wöllen

Osiander. sein. Wie Osiander spricht. Apes tanto vindictæ studio tenentur, vt vitam potius amittere, quam non nocere velint (Apes enim amisso aculeo, quem relinquunt in vulnere, moriuntur.) Sic hostes Christi, quia ipsorum falsa religio & mores praui ministerio Euangelij traducuntur & damnantur, tanto furore Christum in membris eius persequuntur, vt perire quam desistere malint. Lutherus Tom. 5. Germ. Ien. in hunc Psalm.

Lutherus. Ein Biene ist so ein zornigs hefftigs Thierlin wenns ergrimmet / so steckts seinen Stachel in seinen Feind / vnnd lest jhn drinnen / vnangesehen/ daß es das Leben drüber lest/ oder nimmermehr kein Honig nicht machen kan. Denn wo ein Bielin sein stachel verleuret/stirbts nicht/so machts doch hinfurt kein Honig mehr / vnnd hat also sein edles süsses handwerck schendlich verloren vber seinen zorn vnd raachgir/ muß hinfurt ein Wasserträger sein / vnd den andern Bienen Wasser zuführen / auff das es auch mit Essen möge/ vnnd ist nu ein Knecht im Hausse vnder den andern Bienen: Also sind die Feinde Christi auch so Raachgirig vnnd heiß begossen/ das sie ehe drüber zu grunde gehn / ehe sie nicht solten schaden thun / oder sich rechnen / verlieren doch alle Gnade in Ewigkeit guts zu thun vnd rechte Christen zu werden: Sie scharren vnd saußen auch mit jhren fittigen / vnnd stossen jhren stachel in den Christum hienein / kühlen so jhr müttlin

mit.

mit jhren ewigen schaden/ vnd verderben beide hie vnd dort. Augustinus. Ipsum Dominum Caput Ecclesiæ rectè accipimus circumdatum à persecutoribus, sicut circundant apes fauum. Quid enim ab Ignorantibus gestum sit, mystica subtilitate Spiritus Sanctus loquitur. Mel quippe Apes operantur in fauis: Nescientes autem persecutores Domini, fecerunt eum nobis in passione dulciorem, vt gustemus & videamus quàm suauis sit Dominus, qui mortuus est propter delicta nostra, & resurrexit propter iustificationem nostram.

Gleich wie die Bienen vmb den Waaben herumb stehen vnnd Honig machen: also haben die Feind Christum auch vmbgeben / aber ohnwissend / Christum vns viel lieblicher im Leiden gemacht / das wir jetzt schmecken vnd sehen wie lieblich der HERR ist / denn vmb vnser Sünde willen ist er dahin gegeben worden/ vnd vmb vnser Gerechtigkeit willen / wieder aufferstanden. Hieronymus versteht's von den Christglaubigen / welche von den Feinden darumb vmbgeben werden als von Bienen / daß sie jhnen die von Christo eingegossene süssigkeit (den waren glauben vnnd lebendige hoffnung) wegnehmen vnd rauben/ ꝛc. Hieronymus

HVGO. Rectè Apibus comparantur Iudæi propter duas causas: quia scilicet Apes mellificant aliis non sibi: Et quia Apes pungendo alios, seipsas euiscerant: Sic Iudæi mellificauerunt nobis dulcedinem in passione Christi, & ipsum nobis dulciorem fecerunt: Vnde eis potest dici, Sic vos non vobis mellificatis Apes. Item vt Christum pungerent clauis passionis se euiscerauerunt & animas suas perdiderunt. Vmb zweyerlei vrsachen willen / werden die Jüden als Christi Feind den Bienen vergliechen; Erstlich gleich wie die Bienen jhnen Hugo.

 selbs.

selbs nicht/ sondern den Menschen arbeiten vnd Honig machen: Also haben die Jüden in der verfolgung vnnd marter Christum den HERRN den gecreutzigten/ nicht jhnen sondern vns Gleubigen Heyden/ lieblich vnd angeneme gemacht. Darnach wie die Bienlin sich selbst Tödten wenn sie andere stechen: Also haben die Jüden/ in dem sie Christum durchnagelten/sich selbs jhr Leib vnnd Seel verderbet.

Das fünffte vnd letzte Capitel / von der Mücken oder Fliege.

Der erste Standt. Sap. 16.

IM ersten Stand beweist Gott seine Gerechtigkeit / Zorn vnd billiche Plagen vber die Sünder. Sapientiæ 16. Jene / die Egypter wurden durch Hewschrecken vnd Fliegen zu Todt gebissen / vnnd kundten keine hülff jhres Lebens finden / denn sie wahrens wehrt daß sie darmit geplagt wurden.

Sap. 19.

Vnnd Cap. 19. An statt der gebornen Thieren bracht die Erde Fliegen. Sihe aber auff die Egyptischen plagen darmit sie sind gestrafft worden.

Exo. 8.

Denn in der vierden plag Exod. 8. v. 20. steht also: Der HERR sprach zu Mose/Mache dich Morgen frühe auff / vnd tritt für Pharao ꝛc. vnd sprich zu jhm: So sagt der HERR / laß mein Volck das es mir diene / Wo nicht /Sihe so wil ich (Arob) allerley vnziefer lassen kommen vber dich/ꝛc. das geschahe auch/ denn es kam viel vn-

ziefer

ziser in des Pharao Hauß/ in seiner Knecht Heuser / vnnd vber gantz Egyptenland / vnnd das Land war verderbt von vngezifer. Im Lateinischen haben wir Muscam grauissimam. Etliche Patres lesen nach der Griechischen Bibel κυνόμυια hundsmucken/da es doch κοινόμυια, allerley mucken vnd vngezifer solt heissen/Augustinus verstehts Allegoricè de Caninis moribus. Wie auch Origenes de Secta Cynicorum. Isidorus. Quarto loco Ægyptus muscis percutitur. Musca autem insolens & inquietum est animal, in quo insolentes curæ carnalium desideriorum figurantur. Ægyptus verò muscis percutitur, quia corde eorum qui seculum diligunt, desideriorum inquietudinibus feriuntur. Augustin. Isidorus.

Das ist: Aegypten wird/zum vierden/auch mit Fligen geschlagen. Die Flige aber ist ein auffgeblasen vnnd vnruhig Thier/ durch welche die Hoffertigen sorgen vnd fleischlichen begierden vorgebildet werden. Es wird aber Aegypten mit Fligen geschlagen: Denn die Hertzen der jenigen/ so die Welt lieben/ werden mit vnruhe böser lust vnd begierden geschlagen.

Hieher gehört Christi sprichwort / das er zu den Heuchlerischen Phariseern vnnd Schrifftgelerten sagt Matth. 23. Wehe euch Schrifftgelerten vnd Phariseer jhr Heuchler/ die jhr verzehendet die Müntz Till vnd Kümmel/ vnd lasset dahinden das schwärest im Gesetz/nemlich das Gericht/ die Barmhertzigkeit vnd den Glauben / diß solt man thun vnnd jenes nicht lassen. Jhr verblendte Leuthe/ die jhr Mücken seihet vnd Camel verschluckt. Origenes homil. 25. in Matth. Tales expellunt à se minima peccata, quæ culices vocauit, & committunt maxima delicta, quæ nominauit Camelos; animalia videlicet tortuosa, & grandia

Matth. 23. Die Pharisee er heist Christus Mückenseiher.

Origenes.

grandia. Das ist: Solche hüten sich vor den geringsten Sünden/welche Christus Mücken nennet/vnd begehen die grösten Sünden/die er Cameel nennet/als grosse vnnd höck=richte Thier. Osiander. Hæc prouerbialis sententia v=surpatur de ijs, qui in rebus minimis sunt superstitiosi & maxima interim non curant. Germani dicunt. Ein löffel auffheben / vnnd ein Schüssel zertretten. Tales sunt Hypocritæ in Papatu, qui in sexta feria & tempore qua=dragesimali à carnibus abhorrent, sed toto anno non ab=horrent à scortationibus & adulterijs. Die Papistische Heuchler die ein schew tragen Fleisch zu Essen an den ver=botnen tagen/ vnnd schewen sich nicht das gantze Jahr der Hurerey vnd Ehebruchs / sind solche Mückenseiher vnnd Camelverschlucker.

Osiander.

WAs den andern/den Weltlichen Standt be=trifft spricht der Prediger Salomon Cap. 9. Weisheit ist besser denn Harnisch/ aber ein einiger Bube verderbt viel guts/ also verderben schädliche Fliegen gute salben. Lutherus. Sicut Muscæ mortuæ perdunt optimũ vnguentum, sic est optimum aliquod consilium in Republica in Senatu, in Bello, sed ecce venit malus quispiam nebulo & dissipat omnia. Brentius. Quem=admodum Muscæ bonum vnguentum corrumpunt: Ita interdum fit, vt improbus homo, & ad quoduis scelus promptus, suo consilio totum Regnum summis difficul=tatibus ac periculis inuoluat. Das ist. Gleich wie Todte vergiffte Fligen baldt ein köstliche salben verwüsten vnd zu nicht machen/also geschichts auch in den Regimen=ten/ daß etwan ein böser verrähterischer Bube ein heilsamen Raht oder That zurück treibt vnd verhindert/ vnd ein gantze

Der ander Standt. Eccles. 9. Brentius.

Stadt

Stadt vnd Land in grossen schaden vnnd gefahren bringt/ wie die erfahrung bezeuget.

HVGO sagt / daß die böse Buben vnnd Sünder vmb viererley vrsachen Mücken oder Fliegen genent werden. 1. Die Mücken wachsen aus dem vnflat. 2. wohnen an vnflätigen Orten. 3. suchen grindige schebichte Leuth. 4. vnd sindt den Menschen vberlästig vnd verdrießlich: Also sind auch die böse Buben von Baalzebub dem HERRN der Mucken/ sind gern da man vnzüchtige Wort vnnd Werck treibt/ suchen jhres gleichen/ vnd sind den frommen verdrießlich/ 1. Sicut Muscæ de immunditia oriuntur. 2. immundicijs adhærent & loca immunda frequentant. 3. scabiosos & vlcerosos circumeunt & sequuntur, 4. importunæ, infestæ & tumultuosæ sunt; sic etiam peccatores. Hugo.

August. libro contra Fulgentium Donatistam: vergleicht die Donatistische Ketzer solchen Mucken. Muscæ morituræ, Donatistæ, circumuolant per totius corporis membra, sicubi reperiant vulnerata, sana pungunt, ægra lambunt, & eorum vlceribus peccatorum vermes fundunt, quæ conscientiam mordeant, quæ animam finiant, quæ putredinem nutriant, quæ nec ipsis mortuis cadaueribus parcant: Muscæ morituræ cum oleum exterminant, oleo perimuntur, neq; enim viuitis vos Donatistæ, qui Spiritum Sanctum efflatis. Augusti.

Das ist: Die sterbenden Fliegen seind wie die Donatistische Ketzer/ sie flihen vmb alle glider des Leibes vmbher/ ob sie etwan wunden finden mögen / die gesunden stechen sie / die Krancken lecken sie / vnnd thun jhnen zugleich in jhre schwären die nagende Würmer der Sünden/ welche das Gewissen nagen vnd plagen/ die Seele Tödten/

die verfäulung erhalten / vnd der verstorbenen Aasen auch nicht schonen. Die sterbende Fliegen/ wenn sie das Ohle verschütten/ kommen sie dadurch vmb : Also ist auch kein Leben in euch Donatisten / die jhr den H. Geist von euch austreibet.

Epiphanius

Epiphanius lib. 1. Tom. 3. hæres. 40. nennt die Ketzer Archonticos, welche die Tauff verfluchten solche stinckende verterbende Mucken/ die auch das allerbeste vnd wolrichende öhl verderben vnd zu schanden machen/ Archontici Baptismum detestātur, velut Muscæ immorientes, & olei odorati compositionem vitiantes : Quemadmodum de his & similibus ipsis parabola apud Ecclesiasten dicta est, &c. aber das gehört in 1. standt.

Esai. 7.

Beschließlich nennet Gott auch die Egypter Mucken oder Fliegen/ Esaiæ 7. weil am gestad Nili ein grosse menge der Mucken ist/ zu der zeit wird der HERR zischen der Fligen am Ende der Wasser in Egypten/ ꝛc. Die sollen das Jüdische Landt verwüsten. Ist aber ein beschreibung der Hungerigen Mucken oder Landsknechte/ die nur die Länder vnd Städt berauben/ verderben vnd verwüsten. Brentius. Milites quidam hoc tempore sunt velut Muscæ, qui propter ignauiam non sunt idonei ad gerendum bellum, sed tantum, ad fædanda, contaminanda & deuastanda quæuis loca, ad quæ proficiscuntur : Notum enim est, quibus sceleribus & flagitijs sordidatum sit hoc genus militum, qui passim ad vexandos agricolas obambulant : Hos si Muscas dixeris, minùs dices quàm meriti sunt : Sed rectè eos apellaueris Erucas, Vespas & Crabrones. Das ist : Etliche Landsknecht zu vnserer zeit sein wie die Fliegen / die so faul sein / das sie zum Krieg nicht dienen/ sondern nur alle örter/ wo sie hinkommen/ beschmeissen/

Brentius.

sen/ verderben vnd verheeren. Denn man weis / mit was Budenstücken die Landsknecht zum theil vmbgehen/die nur vmbher streiffen /vnd die Bawren plündern. Solche gesellen Fliegen zu nennen/ ist zu gering : Man mag sie billig vnnd gahr wol Igel/Wespen vnd Käfern heissen.

Der Allmechtige Güttige Gott vnd Vater vnsers HERRN Jhesu Christi/ der ein Gott des Friedes ist/ wölle vns nicht allein den zeitlichen Frieden vnnd Ruhe/ für diesen beissenden schedtlichen Mucken/verleihen/ sondern auch vmb seines lieben Sohns / vnsers HERRN willen / den Geistlichen vnd ewigen Friden gnediglich schencken.

AMEN.

ΙΧΘΥΟΒΙΒΛΙΑ.

Biblisch Fischbuch:

Darinn die Fisch/ deren in der Bibel gedacht wird/ sampt jhren Eigenschafften vnnd anhangenden nützlichen Historien/ beschrieben sind.

Mit der Alten vnd Newen KirchenLehrer Auslegung erkleret/ vnd auff die drey Hierarchias, den Geistlichen/ Weltlichen vnd Haußstand/ Lehr/ Straff vnd Trostsweise gerichtet.

Mit schönen Figuren gezieret.

Cum Gratia & Priuilegio, &c.

Gedruckt zu Leipzig/ bey vnd in vorlegung Johann Beyers/ Im Jahr:

M. D. XCIIIJ.

REVERENDIS, ERVDITIONE ET PIETATE ORNATISSIMIS VIRIS, DOMINIS, VALENTINO BONFICHT, GEORGIO HVGOni, Adamo Heunischio, Guilielmo Zeisio: & Georgio Medero, amicis & in Christo fratribus, in Ecclesia Suinfurtensi συμμύσαις honorandis.

S. P.

QVoniam duas priores collectionum mearum partes, in hac ciuitate primoribus non immeritò consecraui: hanc tertiam licet exiguam (quam ἄνευ προοιμίου καὶ προσφωνήσεως, *in lucem exire nolebam) vestro nomini, Reuerendi & ornatissimi viri, dilecti collegæ, dedicare volui. Exigebat enim id series & ordo. Noster in tradenda Ecclesiæ Christi doctrina consensus requirebat: quem (magnifico exornatum à Psalmista præconio, Ecce quàm Bonum & quàm iucundum habitare fratres in vnum) Immanuel noster autor & dator pacis deinceps quoq; integrum & minimè fucatum inter nos conseruare dignetur.*

Cum primis verò hanc nominis vestri compellationem ipsa libelli huius materia, muneri nostro communi aptissimè respondens, postulabat: nam & vetus & Nouum Testamentum Sanctos Apostolos, aliosq; verbi diuini prædicatores titulo Dauagim, PISCATORVM insigniunt: quo sanè multarum in officio rerum admonentur. Est Piscatura opificium in oculis Mundi vile & spretum: Quid abiectius & contemptius munere Ecclesiastico apud homines huius seculi? Nos Apostoli, ait Paulus, spectaculum facti sumus Mundo & Angelis & hominibus. Nos stulti Christum, vos autem prudentes per Christum. Nos imbecilles, vos autem validi, vos clari, nos contempti &c. Veluti excrementa mundi facti sumus, omnium reiectamentum in hunc usq; diem. Deinde laboriosa est piscatio, dormientibus enim & altum stertentibus cæteris, seduli piscatores, qui sola piscium captura victitant, nocte dieq; operari necesse habent, sæpius incassum laxantes retia: Sic nec fideles Ecclesiastæ sudoribus & laboribus carent: Si Euangelizem, scribit Apostolus, non est quod glorier, necessitas enim mihi incumbit. Væ mihi nisi Euangelizem: Nam si volens hoc faciam, præmium habeo, sin inuitus, dispensatio nihilo minus mihi commissa est. Quàm grauibus verbis discipulum suum Timoth. ad sedulam & indefessam muneris commissi administrationem cohortatur? Et de Episcopali officio ait. Si quis ἐπισκοπῆς desiderat, bonum opus expetit, explicare voluit, iuxta Augustini expositionem, quid sit Episcopatus, quod scilicet nomen OPERIS non HONORIS sit. Opus inquit Paulus, iuxta Hieronymum, non Dignitatem, Laborem non delitias: Opus per quod humilitate decrescat, non fastigio intumescat: Vnde pigri ac desides suisq; tantum intenti rebus grauissimè à Prophetis reprehenduntur. Esaiæ 56. Speculatores eius cæci omnes, nescierunt vniuersi: Canes muti non valentes latrare, videntes iacent & amant somnum. Et canes sunt impudentissimi, nescierunt saturitatem. Ipsi Pastores ignorauerunt intelligentiam, omnes in viam suam declinauerunt, vnusquisque ad auaritiam suam à summo usq; ad nouissimum. Venite sumamus vinum & impleamur ebrietate, mitto Ieremiæ, Ezechielis, Zachariæ vaticinia, minas & pœnas.

Præterea quantis discriminibus Piscatores in profundo & tempestuoso flumine aut Salo opus exercentes, obnoxij sint, miserrimi profectò casus demonstrant: At non minus periculorum quotidiè expectare aut subire coguntur prædicatores, qui non adulatori!

latoriè, aut perfunctoriè, sed dextrè, grauiter & cum Zelo demandata munia exequi volunt: Ex hac parte nauclero aut necessitas procellarum & fluctuum impetus incumbit, vt minarum truculentia & persecutionum metu perterritus retrocedat, & fugam arripiat: aut Sireniis adulatorum cantilenis, fauorem, gratiam & dona spirantibus, delinitus, ad voluntatem eorum captum sese dedat. Quotus enim quisq; est, qui Magnatum gratiam non osculetur & aucupetur: qui toruitatem & fulmina eorum non formidet: adeoq; infracto duret animo?

Quid verò nobis deniq;, in hoc difficili versantibus ordine est agendum? Spes prædæ & victus acquirendi necessitas piscatores in hoc laborioso & periculoso retinent statu: Sic multa eademq; grauissimæ sunt rationes, quæ Ecclesiastas ad munus imperterrito animo perficienaum incitare, & in eo constantes ac fortes conseruare debent. Sedula mente salus commissarum animarum voluenda est, neglectarum verò pernicies diligenter perpendenda, cum de singulis iusto Iudici Christo ἀρχιποιμένι ratio reddenda sit. Væ mihi si non Euangelizem, scribit de se Apostolus. Non minus diligenter cogitanda sunt præmia & Iustitiæ corona, quæ Christus Iesus iustus Iudex ἐν τῇ τῆς ἀποκαταστάσεως ἡμέρᾳ, τοῖς ἀνεπαισχύντοις ἐργάταις redditurus est. Idem hoc S. Augustinus in Epistola ad Valerium inculcauit: Ante omnia, inquit, Peto, vt cogitet religiosa prudentia tua, nihil esse in hac vita & maximè hoc tempore facilius & lætius & hominibus acceptabilius Episcopi aut presbyteri aut Diaconi officio, si perfunctoriè atq; adulatoriè res agatur sed nihil apud Deum miserius & tristius & damnabilius Item nihil esse in hac vita & maximè hoc tempore difficilius, laboriosus, periculosius Episcopi, aut presbyteri aut Diaconi officio, sed apud DEVM nihil BEATIVS si eo modo militetur, quo noster Imperator iubet.

Nolo ἀντίθεσιν inserere & papicolarum, sacerdotum, presbyte-

byterorum, Episcoporum de hoc munere gloriantium, studia & mores inculcare: Audiatur saltem S. Bernhardus. In labore hominum non sunt Psalm. 73.) Hoc ad nullos potius arbitror quam ad nostri temporis clericos referendum: Habent enim singula hominum officia aliquid LABORIS *& aliquid quod* DELECTET. *Sed aduerte prudentiam istorum, qui nouo inter hæc artificio discurrentes, solùm quod delectant eligunt & amplectuntur, quod molestum est fugiunt & declinant. Cum militibus quidem* FASTVS *superbiæ, amplam familiam, phaleras equorum, accipitres & aleas & huiusmodi frequentant:* A MVLIERIBVS *dependentes à collo murium pelles, ornatos thalamos, balnea & omnem molliciem mutuantur. Cauent omninò loricæ pondus, insomnes castrorum noctes, incerta bellorum discrimina, atq; muliebrem verecundiam & disciplinam, & si quid laboris sexus ille videtur habere, declinantes. Cum ergò resurgere cœperint homines in ordine suo, vbi putas generatio ista collocabitur? Si diuertere voluerint ad milites, exufflabunt eos, eò quòd secum minimè labores & pericula tolerârunt: Sic agricolæ, sic vinitores & singuli ordines hominum, à suis, eos similiter arcebunt finibus, vtpote qui in labore hominum non fuerunt. Restat ergò vt quos omnis ordo expellit pariter & accusat, illum locum sortiantur, vbi nullus ordo sed sempiternus horror inhabitat: Sint enim necesse est in labore Dæmonum, qui in labore hominum non fuerunt. Idem alibi. Ministri Christi sunt & seruiunt Antichristo, honorati incedunt de* BONIS *Domini, qui Domino honorem non ferunt. Vnde his quem quotidie vides meretricius nitor, histrionicus habitus, regius apparatus, inde aurum in frenis, in sellis, in calcaribus, & plus calcaria quam altaria fulgent. Inde mensæ splendidæ & cibis & scyphis, inde comessationes & ebrietates inde cythara, & lyra, & tibia, inde redundantia torcularia & promptuaria plena eructantia ex hoc in illud, inde dolia pigmen-*

mentaria, inde referta marsupia: PRO HVIVSMODI VOLVNT ESSE ET SVNT ECCLESIARVM PRAEPOSITI & DECANI & EPISCOPI & ARCHIEPISCOPI.

Accedat huic Hugo Cardinalis in sua Postilla testis fide dignus. In Cap. 2. Iudicum. Quatuor debent prælati subditis, prædicationem, Orationem, Sacramentorũ administrationem, Bonorum suorum communicationem. Sed contrà faciunt MVLTI PRAELATORVM. OVES suas non liberant vt Pastores sed spoliant vt FVRES. Excoriant vt Carnifices, Tondent vt Mercenarij, deuorant vt Lupi. Idem in Psalm. 61. FILII DIABOLI & veteris Adæ sunt illi qui se volunt eximere à potestate Superiorum, sicut multi Abbates qui in signum suæ libertatis portant cornua: de quibus Amos. 6. Cap. Lætamini in nihilo &c. & vere lætantur in NIHILO: quia secundum hoc non sunt nisi VMBRA & PICTVRA DIABOLI. Habentes enim MITRAM & ANNVLVM & BACVLVM, NEC OFFICIVM NEC DIGNITATEM EPISCOPI Habent. Eiusdem votum quoq; obseruetur In cap. 20. Prouerb. Olim filij Ecclesiæ se morti pro ea exponebant, vna manu muros Hierusalem construentes & alia manu gladium contra hostes tenentes: Sed HEV MODO Voluntatibus Corporis vacant, in FECIBVS suis putrescentes, sicut legitur Ieremiæ 48. de Moab.

CREDO QVOD VTILE ESSET CLERO NOSTRO SVSCITARI PERSECVTIONES vt Transfunderetur de VASE Voluptatis in vas Humilitatis, de vase contumeliæ in vas pœnitentiæ, tunc DEVOTI essent & FERVIDI, qui modò sunt DELITIOSI & TEPIDI. Sed dies me potiùs deficeret, quàm hæc & consimilia elogia, quibus Mitrati, Cornuti, Annulati, Presbyteri, Episcopi, Archiepiscopi àb HVGONE fratre, exornantur, hîc recitarem. Eò ergò vnde digres-

Votum & vaticinium Hugonis.

digressus sum reuertor. Dedicare & commendare volui vobis, Doctissimi & Ornatissimi viri, collegæ amicissimi, unà cum Ichthyobiblijs officium commune, quod (si bona cum conscientia exerceatur) contemptum laboriosum, periculosum, sed tamen in oculis Dei augustum, illustre, honorificum est. Optimè spero, vobis omnibus & singulis, hanc nuncupationem & commonefactionem non esse displicituram. Immanuel noster seu θεάνθρωπος ad dextram patris sedens, suæ Ecclesiæ protector, etiam hoc nostrum tenue hospitiolum contra vim Arctolyci & vulpecularum astus, quam diutissimè sartum tectum conseruet. Amen. Ex ædibus parochialibus, Suinfurti. 20. Ianuarij 1 5 9 4.

Vester collega & frater in Christo.

M. H. H. Frey.

EPIGRAMMATA
ad lectorem
τοῦ ἰχθυοβιβλίου.

REVERENDI, ET VITÆ HONESTATE AC AVTORITATE, VIRI Dn. M. HERMANNI HEINRICHI FREII, Ecclesiæ Suinfurtensis Pastoris, & Superintendentis dignissimi.

AEternæ mentis non stant vestigia tantùm
Cœlo, non terris sunt monumenta modò.
Aëre nec solùm passim sunt obuia nobis,
Argumenta Dei, signaq́; certa, manus.
Si quis auet cœcos pelagi lustrare recessus,
Quæq; latent imo, monstra videre, mari.

Si quis gramineis viridantia flumina ripis,
Si pigra stagna lacus quis penetrare cupit.
Illîc & Domini sit quanta potentia cernet:
Cernet quanta Dei vis sit vbiqꝫ patris.
Nam te quod doceat cetus, Delphinus, & orca,
Quod doceat mullus, piscis & omnis, habet.
At minus est tutum vasto se credere ponto,
Ire aut cuiusuis per vada cœca loci.
Et gelidis præceptores audire sub vndis,
Pisces, & quæ sunt monstra stupenda freto.
Huc ades ergo, tibi discendi piscibus omne
Tutior hîc ratio commodiorq́ꝫ datur.
Quod didicisse potes fluuiali pisce, marino
Pisce tibi lector quod didicisse potes.
Id præsente potes didicisse volumine, multa
Istud si voluas sedulitate modò.
Nam traxit pelago pisces, & flumine traxit
Pisces, miranda FREIIVS arte tibi.
Hoc & tam paruo conclusit codice, ab illis
Posis vt breuiter discere dicta bona.

M. Nicolaus Vuillius ciuis & Ludirector Suinfurtensis.

AD

Autorem τοῦ θηροβιβλίου ὀρνιθοβιβλίου καὶ ἰχθυοβιβλίου.

CVm multis pisces & aues, HERMANNE, feræq́ꝫ,
Delitiæ, multis tu quoqꝫ delitiæ.
Quòd simul & pisces, & aues (res mira) ferasq́ꝫ
Venales miro promis ab ingenio.

Idem.

Das

Das Erste Capittel/ von den Fischen/vnd jhren Lehrhafften Eigenschafften in gemein.

DIeweil das Wasser oder Meer/ aller Gelärten sage nach/ viel höher weitter vnnd grösser als die Erde sein sol/ist kein zweiffel / das auch darinnen viel mehr allerley seltzame wunderbarliche Creaturen vnnd geschöpff / erschreckliche Meerwunder / grossen vnd kleinen Fisch/denn auff dem Erdboden Thier/gefunden werden: den die es erfahren haben/sagen/daß das Meer ein jeglichen Monden vier oder fünfferley newe art von Fischen bringt/wie Lutherus in Psalm 65. bezeugt. Vnd steht in Glossa. ord. Lyr. vber das 47. Cap. Ezechielis/ das die von den Thieren geschrieben haben/sprechen / Es werden/ hundert drey vnd funfftzigerley art der Fischen gezelet.

153. Art der Fisch werden gezehlet.

Aiunt qui de Animantium scripsere Naturis, esse 153. piscium genera. Darauß leichtlich abzunehmen / was für grosse wunderbare geschöpff in den Wassern sind/ welche alle nicht allein zur erkentnis Göttlicher Allmacht vnd Weißheit führen/ sondern auch dem Menschen selbs/ mancherlei lehr zu seiner erkentnis nötig vnd dienstlich anmelden. Weil aber in der H. Schrifft/ daraus diß Fischbuch gezogen/ weniger Fisch/besonders aber/ in specie, mit

nahmen/

nahmen / gedacht wirdt / wöllen wir auch allein bey diesem Methodo / welcher von Gott selbs in seinem Wort monstriert wird / bleiben / von den Biblischen Fieschen / ihren eigenschafften / Historien / vnd denckwürdigen erinerungen handeln vnd hören.

Genes. 1.

Von erschaffung der Fisch.

Wer vnd woraus die Fisch erschaffen.

Von Erschaffung der Fische / schreibt Moses Gen. 1. Gott sprach am fünfften oder Donnerstag / Es errege sich das Wasser mit bebenden vnd lebendigen Thieren / etc. vnd Gott schuffe Grosse Wallfische vnd allerley Thier / daß da Lebt vnd Webt / vnd vom Wasser erregt ward ein jglichs nach seiner art / etc. Mit diesen wortten / wirdt nicht allein aller Fischen Erschaffer / der Allmechtige Gott namhafft gemacht / sondern auch das mittel vnd vrsach daraus sie gemacht / das Meer oder Wasser / gemelt / Welchs ein grosses wunder / daß das stumme Wasser / welches kein Leben hat / lebendige Thier herfür bringen sol / wie 4. Esdræ 6. steht. Am fünfften tag / sprachestu / Gott / zu den siebenden theil / da das Wasser versamlet war / das er lebendige Thier / Vögel vnd Fisch herfür brächt / vnnd es geschahe also: Das Stumme Seellose Wasser bracht nachdem beuehl Gottes / die bestimpte lebendige Thier herfür / auff das dadurch alle Völcker verursacht würden deine Wunder zu rühmen. Alß sonderlich David thut Psal. 104. HERR wie sind deine Werck so groß vnd viel: Das Meer dz so groß vnd weit ist / da wimmelts ohne zahl / beide groß vnd kleine Thier.

Gott segnet auch die Fisch.

Darnach so erschafft Gott nicht allein die / sondern segnets auch / daß sie fruchtbar seyn / vnd sich mehren sollen. Gott segnet sie vnnd sprach / Seidt fruchtbar vnnd mehret euch vnd erfüllet das Wasser im Meer / wie vorhin angezeigt / daß sie gantz fruchtbar seind / da einer viel hundert oder tausent Jungen bringt. Lutherus im Deutschen Gen.

Lutherus.

Da

Da geht nu das erstemahl an daß Gott der HERR den Segen gibt/ welches er bißher nicht gethan hat/ denn der Segen gehet nur vber das/ so da lebet/ dazu/ das es sich mehren oder Fruchtbar sein sol. Denn er hat allen die Natur vnnd geschickligkeit in jhren Leib gegeben/ das sie können Früchte zeugen vnd viel tragen/ das noch immer anzeiget/ das keins solchs von jhm selbß hat/ denn der Text sagt zum ersten/ das sie Gott habe heissen aus dem Wasser kommen/ vnd sich erregen/vnd sie also geschaffen/ vnd jhnen das Leben geben: Aber Fruchtbar kundten sie noch nicht sein/ biß er weitter das Wort vber sie spricht/vnd damit er sie segnet/ vnd heisset sie sich mehren. Das ist nun ein eingepflantzte Natur/ wie er oben in die Erden gepflantzt hat die Krafft/ das Graß vnd Beum zu tragen/ wo er sie nu nicht herfür bracht hette/ würden sie die Krafft nicht gehabt haben sich zu mehren. Darumb ists jhre Natur nicht/daß sie Junge zeugen/sondern ein sonderlich Werck Götlicher Maiestet/ vnd seines Worts oder Segens in die Natur gepflantzet/rc. Ich halt auch das sichs viel mehr mehret vnnd ein grössere menge von Fischen im Wasser ist/ denn andere Thier im Landt/ vnnd freilich das Wasser das reicheste Element ist. In den Tischreden: Es ward Lutheren angesagt/ das in Behemen ein Herr ein Wasser hette/ das solte gahr gute Backfisch geben/ vnnd wenn man Erden oder Rasen aus demselbigen Wasser oder Teich grebet/ vnd setzets in ein ander Wasser/ so wachsen aus derselbigen Erden Fische. Darauff spricht D. Luther/ das ist die Natur des Wassers/ so der Rasen in sich gesoffen hat. Vnd sagt weitter. Das erst Cap. Genes. spricht nicht/ Gott hat die Fisch ins Wasser gesetzt/ sondern Gott sagt/ Wasser rege dich/ da wurden Fisch: aus dem regen. In Genes. Lat. Hic cernitur

quid

quid propriè sit Benedictio nempe Multiplicatio: nos quando benedicimus nihil facimus nisi quôd benè precamur, Hoc autem quod precamur non possumus præstare. Sed Dei benedictio sonat in multiplicationem & statim est efficax. Hanc ergò benedictionem Philosophi vocant fœcunditatem, cum scilicet corpora integra & viua á corporibus integris & viuis producuntur, cuius nihil simile est in arboribus, neq; enim arbor generat simile sibi, sed semen generat, &c, Magnum hoc miraculum, sed sicut cætera, ita hoc quoq; vsu viluit. Videmus verbum huius diei adhuc esse efficax, quòd simpliciter ex Aqua generantur pisces. Nam piscinæ & lacus gignunt pisces, sicut videmus lucios in piscinis natos, in quibus antea nulli fuerunt. Nam mihi non fit verisimile, quód nugantur, pisces ab auibus captos, cum in aëre vehuntur, ex sublimi semen in piscinas & lacus demittere, id postea in aquis concrescere. Hæc autem sola & vera causa est, quòd iubetur hic Aqua producere pisces. Hoc verbum adhuc est efficax & operatur ista.

Das ist: Hie sihet man/was eigentlich der Segen sey/nemlich das mehren. Wenn wir segnen/ thun wir nichts mehr/als das wir gutes wüntzschen. Ob wir aber gleich etwas wüntzschen/können wir doch nicht machen/ das es geschehe: Gottes segen aber wehret vnd ist baldt krefftig. Disen Segen nennen Weltweise Leuth die Fruchtbarkeit/ weñ von gesunden vnd Lebendigen widerumb gesunde vnd Lebendige Cörper gezeugt werden. Denn ein Baum bringt nur Samen/ nicht seines gleichen. Die Wunderwerck / weil es offt geschicht/ achtet man gering. Wie auch andere. Wir sehen aber/ das der Segen Gottes währet noch / denn in etlichen Teichen vnnd Wassern wachsen Fisch sonderlich

Hecht/darinn zuuor keine gewesen sind / vnnd geschicht diß nicht von den Vögeln/ welche in der Höhe fligen/ vnnd den Samen der Fisch/ so sie gefressen / herunder in die Wässer lassen vnd schmeissen/sondern daß ist des gesegneten Wassers art. Wie auch Ambrosius lib. 5. Cap. 3. Hex. vbereinstimpt, Innumeri vsus, innumera piscium genera. Aqua igitur animat & creat , & adhuc mandati illius primi, tanquam Leges perpetuas,munus exequitur; blanda quædam mater animantium. Das ist: Das Wasser ist noch ingedenck vnd hat in acht / was jhn Gott erstlich befholen/ vnd bringt noch stets Fisch/ als eine Mutter solcher Thier/ꝛc. vnd diß sey von der erschaffung vnd mehrung der Fische gesagt.

Ambrosius.

Hie fallen etliche fragen für. Augustinus lib. 9. Cap. 12. de Genes. ad literam fragt wer den Fischen die Nahmen gegeben/ obs Gott also genent/ vnnd der Mensch hernaher die nahmen gelernet / oder ob der Mensch jhnen/ auch wie anderen Thieren die Nahmen gegeben hab ? Darauff antwortet er / daß der Mensch nach vnnd nach auch den Fischen die Nahmen aufferlegt habe / da er jhre art vnnd eigenschafft erkennet hat. Non igitur vllo modo credibile est,in eadem (Hebraica) lingua , nomina piscium non ab homine sed diuinitus instituta , quæ Deo dicente, homo postea disceret: Sed credendum est paulatim cognitis piscium generibus, nomina imposita, &c. Daher lisset man im ersten Buch der König/Cap. 4. Vom Hochweisen König Salomon /das er auch von den Fischen/jhrer art vnd eigenschafft geredt vnd disseriret habe.

Wer den Fischen jhre Nahmen gegeben. Augusti.

Ein andere frag ist / Ob die Fisch in der Sündfluth auch vmbkommen sein ? Darauff antwortet Augustinus lib. 1. de Mirabilibus Sacræ S, Cap. 4. Daß die Fisch

Ob die Fisch in der Sündfluth auch vmbkommen sein.

vnd Meerthier in der Sündfluth nicht vmbkommen seint / Augustin.
sondern allein die Thier / welche auff Erden / die vmb der Sünden willen verflucht wardt / ihr nahrung haben / daß aber das Wasser nicht vermaledeyet ist / geschicht daher / weil erstlich / der Mensch nicht das Wasser (das doch vnuerbotten) getruncken / sondern von den Früchten der Erden wider Gottes gebott gessen hat: Darnach vmb der H. Tauff willen / darinn vnd durch Gott alle Sünd abtilgen wolt / welches in der Sündfluth ist vorgebildet. Vniuersa quæ in aquis viuere possunt, plaga illa diluuij non tetigit, terrena tantum animalia mortificauit. Quo in loco astutè quærentibus ac solutione indigens quæstio subuenit: Quamobrem terrena animalia humanæ vindictæ plus quàm aquatica succumbunt, quorum nec plura peccaminum gesta subueniunt. In peccato tamen primi hominis, terra de qua gustauerat, statim maledicitur. Maledicta terra in opere tuo, &c. Qua in re notandum IPSA ANIMALIA quæ maledictam terram manducauerunt, expertia maledictionis esse non posse, præsertim cum terra cum suis animalibus, maledicta erat. Iterùm ergò alia adhuc quæstio surgit: Quare Deus etiam aquis in Adæ maledicto non maledixit? Cui facilimè respondetur, quòd NON AQVAM contra interdictum Domini bibit, sed de terræ fructu homo comedit: Exceptis quoq; his rationibus, aquis à maledicto Adæ Deus pepercit, quoniam per aquam diluere maledictionem illam parauerat, quod in diluuio est factum, & nunc per Baptismum indulgetur: nam in aqua & Spiritu cuncta humana corporalia crimina simul & Spiritualia purgantur. Aquatilia enim maledicto vindictæ non succumbunt, quia in maledictionis

participatione non sunt: Ac per hoc Dominus, cum mortis humanæ maledictum resurgendo deposuerat, non terrestrium sed aquatilium carnem animalium comedebat, cum ad confirmationem resurrectionis coram discipulis, piscis assi partem & fauum mellis manducauit, &c. Diß sey in gemein von etlichen fragen von den Fischen kürtzlich gesagt.

Etliche Fisch hat Gott vergönt/ etliche verbotten zu essen.

Wiewol aber nu die Fisch/ wie jetzt gesagt/ dem fluch Adæ nicht vnderworffen sein sollen/ Jedoch finden wir nit allein den vnderscheidt der reinen vnd vnreinen Fischen/ sondern auch die Göttliche Raach vnnd Straff die Gott den Menschen in mangel vnd ertödtung der Fischen auffleget: wie hernacher sol angezeiget werden. An diesem ort ist zu mercken/ das Gott selbs ein vnderscheid zwischen den Fischen machet/ das etliche Rein vnd zu Essen erlaubt/ andere vnrein vnd zu Essen verbotten sein solten. Leuit. 11. Deut. 14. Diß solt jhr Essen vnder dem das inn Wasser ist. Alles was floßfedern vnd schuppen hat im Meer vnd Bächen/ solt jhr Essen: Alles aber was nicht floßfedern vnd schuppen hat im Meer vnnd Bächen/ vnder allem das sich reget vnnd Lebet im Wasser/ sol euch ein schew sein/ daß jhr von jhrem fleisch nicht esset/ vnd für jhrem Aaß euch schewet/ ꝛc. Waß aber diß für ein Reinigkeit vnd vnreinigkeit dem Buchstaben vnd Mosaischen Gesetz nach sey/ ist droben im Thier vnnd Vogelbuch gnugsam gesagt/ ohne noth alhie zu widerholen.

Leuit. 11. Deut. 14.

Geistliche deutung der flosfedern vnd schupen vn den Fischen. Lutherus.

Waß aber die Geistliche deutung vnnd lehr betrifft wöllen wir Lutherum in Deut. drüber hören. Per pinnulas, quæ sunt piscibus vice alarum, quibus regunt cursum suum, significatur Doctrina fidei, quæ verbo Dei regit & agit corda in hoc mundo: Squamæ verò sunt velut arma & ornatus corporis eorum, sine quibus cætera natantia cantia sunt velut nuda. Significant autem fidem non esse ociosam, sed operosam per Spiritum charitatis. Si qua igitur sunt squamosa sine pinnulis, significant operarios sine fide & verbo vt serpentes. Si qua pinnulas habent sine squamis, significant eos; qui habent verbum sine fructu & opere, vt anguillæ, murenæ, &c. Alia nec pinnulas nec squamas habentia, sunt qui nec fide nec opere valent, vt vermes, sanguisugæ. His omnibus vesci non licet nec communicari. Das ist / Die floßfedern an den Fischen welches als flügel sind darmit sie jhren gang leiten / bilden für die Lehr des Glaubens / welcher mit Gottes Wort der Menschen Hertzen in dieser Welt regieret vnnd treibt. Die Schupen / welche zierd vnnd Waffen der Fisch sind / bedeuten / daß der Glaube nicht nachlässig / sondern durch die Liebe kräfftig vnd schäfftig sein sol. Welche aber schupen haben vnnd keine floßfedern sind die Werckler ohn Glauben vnd Wort als die Schlangen: Welche floßfedern haben vnd keine schupen / sind / die Gottes Wort haben / aber keine frucht vnd gute Werck bringen. Die beider / der schupen vnd floßfedern mangeln / sind / welche weder Wort / Glauben noch gute Werck haben.

Isychius hat diese außlegung. Die Heyden so zum Euangelio bekehrt sind worden / sein die Fisch / die nicht allein ein rechten verstand Göttliches Worts haben / sondern auch ein Heiliges hohes Himlisches Leben führen sollen / so durch beide floßfedern bedeutet sind. Dieweil sie aber zuuor in der Heydenschafft in vnwissenheit vnd vnuerstand der H. Schrifft lebten / als die keine Propheten noch Hohe Göttliche erkentnis hetten / sollen sie schupen haben des vnuerstands / die bald können weggenommen werden / daß sie nicht immerdar vnwissend bleiben / sondern abgethanen schu-

Isychius.

 pen /

pen/ das Helle Liecht des Euangelij sehen mögen. Wie das Exempel Pauli außweiset. Act. 9. dem auff des Ananiæ Predigt die schupen von den augen gefallen sind / vnnd das gesicht wiederkommen ist. Dargegen sind etliche Fisch die keine weiche Haut/ sondern harte schalen haben / vnnd die schupen nicht können abgeschabt werden/ das sind die/ welche die schupen jhres vnuerstands vnd vnwissenheit mit Gottes Wort nicht wollen ablegen/ noch das Messer oder Schwert des H. Geists annehmen/ darumb ob sie schon im Meer der H. Tauff/ oder im Wasser der Buß funden werden/ sind sie doch ein abschew vnd grewel : sintemal sie zwar das Leben in der Tauff empfangen haben / aber jhren beruff vnnd ernewerung schenden sie wiederumb / in dem sie kein Heiliges Leben noch erkentnus der Hohen Himlischen sachen haben. Das sey von den Reinen vnd vnreinen Fischen gesagt.

Warumb Gott die Fisch erschaffen.

Warumb hat aber Gott die Fisch erschaffen? Nicht allein vmb des Menschen willen daß ers behersche vnd Esse (daruon denn drunden im dritten standt folgen wird) sondern auch zu seinem selbs brauch/ daß er darmit seine Weißheit/ Krafft/ Gütte vnd Miltigkeit / seinen Zorn vnd billiche straffen den Menschen fürbilden könnet : Wie denn dieses im Ersten Stand zubedencken ist. Job 12. Cap. spricht in seiner antwort den freunden gegeben : Die Fisch im Meer werden dirs erzehlen / daß Gott diß alles gemacht hat/ &c.

1. Gott gibt sich inn vnd bey den Fischen vnnd jhrer art zu erkennen.

Das ist/ alle Creaturen/ sonderlich auch die Fisch im Meer/ preisen vnd rühmen / mit jhrer zaal/ art vnnd eigenschafft wenn man sie betrachten wil/ die Allmacht vnd Weißheit Gottes : Wie man sagt/ daß ein kleines Fischlin Echeneis genannt/ Wenn es sich vnden an den Schiffboden henge/ die grosse Schiff stellen vnnd auffhalten könne : Welches Exempel Brentius in Job einführet. Si quis probè consi-

Job. 12.

Brentius.

deret,

deret Bestiarum, volatilium & piscium naturam, inueniet miram Creatoris prudentiam, &c. Quid de piscibus dicam? Vel vnam Remoram considera: est enim paruus admodum piscis, expes, quo carinis adhærente, naues quamuis ingentes remoratur (inde etiam nomine imposito) quæ si quis in tam paruo animalculo conspexerit, nonne qualemcunq; Creatoris potentiæ ac industriæ imaginem contemplabitur? proinde è Naturis animalium maiestas Dei inuisibilis redditur visibilis & manifesta

Das ist: Wenn der Wilden Thier / Vögel oder Fisch Natur eigentlich betrachtet / so ist Gottes / jhres Schöpffers / wunderbare Weisheit / daraus leichlich abzunehmen. Wer kan aber hie von allen Fischen sagen? Sihe nur an das kleine Fischlin / Echeneis oder Remora genant / welchs ein klein Fischlein ist / hat keine Füsse: Noch wenn es sich vnden an ein Schiffboden hengt / kan es auch die grösten Schiff auffhalten: (wie es denn auch daher sein Namen hat bekommen) Welches so es einer in acht nimpt / wie solt er nicht dabey ein Bildnis nehmen der Allmacht vnnd vnerforschlichen Weisheit jhres Schöpffers? Darumb wird durch der Thier Naturen Gottes vnsichtbare Mayestet vnd Herrligkeit offenbahret.

Diß bezeugen auch mit gleichlautenden worten Basilius vnnd Ambrosius vom Fischlein Echeneide. Basil. hom. 7. Hex. Si audieris maximas naues, extentis velis secundo per æquora flatu labentes, pisciculum minutum Remaram dictum, si carinis adhæserit, adeò facilè sistere, vt immobiles haud paruo tempore detineat, moreturq; quasi in medijs fluctibus fixas, nonne ab exiguo quoq; pisce demonstrationem acceperis IPSARVM Basilius.

Ambrosius. RVM VIRIVM Creatoris? Ambros. lib. 5. cap. 10. Hex. Quis neget diuinitus piscibus infusum esse ingenium atq; virtutem, cum videat aliquos in exiguo corpore tantum validitatis assumere, vt maximas nauium plenis currentes velis in medijs fluctibus sistant, sicut breuis pisciculus Echeneis tanta facilitate memoratur nauem ingentem statuere, vt quasi radicatam Mari hærere videas nec moueri, aliquandiu enim immobilem seruat: An & huic putas sine creatoris munere tantum potuisset suppetere virtutis? Ermelte Patres erzehlen mehr Exempla als vom Meer Igel welcher die vngestümmigkeit vnd vngewitter des Meers vorsihet vnnd merckt/ aber ohne noth solche exempla hie alle zu allegieren.

Esai. 50. Predigt von Gottes stercke bey den Fischen.

Von der Stercke Gottes an vnnd bey dem Fischen/ haben wir ein spruch Esa. 50. Ist meine Hand nu so kurtz worden/ das sie nicht erlösen kan? oder ist bey mir keine Krafft zuerretten? Sihe mit einem schelten mache ich das Mehr trocken/vnd mache die Wasserströme als eine Wüsten/daß jhre Fische für Wassers mangel stincken vnd dursts sterben/ etc. Darmit sihet Esaias/ nach Hieronymi vnnd Lutheri auslegung/ auff die grosse wunderzeichen in Egypten geschehen/ doch sollen Christi wunderwerck im newen Testament nicht geringer sein. Aber wir kommen wieder auff des Jobs spruch/ das die Fisch (auff ein andere weiß) Gottes gewalt vnnd Weisheit rühmen. Philippus allegorisierts also: Die Fisch sind die fürwitzige Philosophi/ welche von der Welt vnd jhrer eigenschafft viel forschen/ grüblen/ vnd disputieren. Oder welche in vngestümmen Meer dieser Welt nach einem bessern rüwigen vnnd seligern ort trachten vnd durch das Wasser der H. Tauff das leben empfahen/ oder mögen auch die Jungen Kindlein/ die bald

Philip geistliche deutung vber Jobs spruch

nach

nach empfangener Tauff von ihnen abscheiden/ verstanden werden. Denn diese alle rühmen vnnd preisen Gottes gewalt vnnd weißheit. Gregorius lib. 11. Cap. 2. moral. Quid per pisces maris nisi curiosas cogitationes huius seculi debemus accipere? de quibus Psalmus ait: qui perambulant semitas maris, id est, qui in magnis rerum inquisitionibus, quasi in abditis fluctibus latent. q. d. Siue sensu tardiores, seu sublimia sapientes, siue terrenis actibus deditos, seu huius mundi occupatos inquisitionibus requiras, cuncta hæc Creatorem omnium Deum fatentur, & de potestate eius concorditer sentiunt, quamuis sub eo non concorditer viuant: Quod enim iustus quisque etiam viuendo loquitur, hoc iniustus plærumque de Deo vel SOLA VOCE compellitur fateri: Fitque vt mali, autori omnium, cui operibus resistunt, attestatione famulentur, quia quem impugnare moribus ausi sunt: creatorem omnium negare non possunt. Allerley Menschen/ vnuerstendige vnnd Hochgelarte/ geitzige vnnd fürwitzige müssen einmütig Gottes gewalt bekennen: Die frommen mit dem Mundt vnnd Leben. Die Gottlosen aber allein mit den worten. Waß aber anlangt Gottes Güte vnnd Zorn/ so er bey den Fischen weiset/ wollen wir drunden im dritten stand besehen. Gregorius.

Weitter den Gottes dienst betreffend/ warnet auch Gott für abgötterey Deut. 4. Bewaret ewre Seelen wol/ daß jhr euch nicht verderbet vnnd euch irgendt ein Bildt macht (Gott darinn zu ehren) daß gleich sey einem Mann oder Weib/ ꝛc. oder Fisch im Wasser vnder der erden. Gott wil nach seinem wort/ vnnd nicht nach Menschlicher meinung aus guter andacht geehret sein/ darumb haben die Papisten mit jhren vielfältigen Götzen grosse abgötterey getrieben. Deut. 4. Gott warnet euch für abgötterey bey den Fischen.

ben. (Etliche schreiben/ daß der Philister Abgott Dagon 1. Sam. 5. oberhalb des Leibes eines Menschen/ aber drunder eines Fisches gestalt habe. Cicero lib. 3. de Natura Deorum. Piscem Syrij venerantur: Weil denn das Philisterland in Syria gelegen/ mag er vieleicht auff diesen Abgott Dagon gesehen haben.) Wir wollen die Abgötter fahren lassen vnnd vom wahren lebendigen Gott vnterm HERRN Jhesu Christo hören/ waß für sprüch vnd geschicht von Fischen jhn antreffen.

2. Von Christo seiner gewalt reundlkgkeit vnd güte. Psal. 8.

David spricht Psal. 8. (in beschreibung der grossen vnd Allmechtigen gewalt vnnd Mayestet so den Menschen Christo in der Person vbergeben) Du hast alles vnder seine Füsse gethan/ die Vogel vnder dem Himmel/ vnd die Fische im Meer vnd waß im Meer gehet/ ohne noth Augustini/ Hieronymi vnnd anderer allegorias von den fürwitzigen Leuthen allhie zu erzehlen. Wir haben ad literam fürtreffliche stattliche Historien vnd exempla darmit Christus diesen vbergebnen gewalt im newen Testament bewiesen hat.

Luc. 5. fischt Petrus vnd fengt viel fisch auff des H. Christi beuehl.

Lucæ 5. Nach dem Christus in das H. Apostels Petri Schiff getretten/ das Volck darauß gelehret/ vnd die Predigt vollendet hat/ spricht er zu Petro/ daß er auff die Höhe fahren/ das Netz auswerffen/ vnnd ein zug thun sol. Vnd wiewol Petrus vermeldt/ er hab die gantze Nacht gearbeitet/ vnnd nichts gefangen: Jedoch wil er auff Christi Wort vnd beuehl außwerffen/ vnd da sie es theten/ beschlossen sie ein grosse menge der Fische/ vnd das netz zureiß/ vnd sie winckten jhren gesellen die im andern Schiff waren/ daß sie kemen vnnd hülffen jhnen ziehen/ vnd sie kamen vnd fülleten beyde Schiff voll/ also das sie suncken. Da das Simon Petrus sahe/ fiel er Jhesu zu den Knien vnd sprach/ HERR gehe von mir hinaus/ ich bin ein Sündiger Mensch/ denn

es war

es war jhn ein schrecken ankommen vnd alle die mit jhm waren/ vber diesem Fischzug den sie miteinander gethan hatten. Aber Christus tröstet vnd berufft sie ins Apostelampt. Die weitleufftigkeit vnnd ausführliche erklerung dieses wunderbarlichen Fischzugs findet vnnd lieset man in den Postillen/ wie vnsere arbeit vergeblich ist/wenn nicht Gott sein Wort/ benehl vñ segen darzu verleihet. Item/weñ man Fisch fänget Gelt/Gutt vnd nahrung vberkömpt/daß man sich nicht darauff verlassen sol/denn dieselbige sind vbestendig/ das Netz zureißt/ die Fische fallen wieder ins Meer / das schiff fehet an zu sincken / das es gahr mißlich darmit ist.

Hie ist gahr wol zubedencken die Lehr von Christo vnnd seiner gewalt / der alle Fisch im Meer in seiner Hand hat/ dieselbige nur mit seinem willen versamlen vnd ins Netz bringen kan: Welche Mayestet Petrus mit seinen gesellen erkennt/ sich für Christo als den wahren Allmechtigen Gott fürchtet/ vnd bittet er wölle von jhm hienaus gehn / er sey ein armer sündiger Mensch/ ꝛc. Brentius in Lucam hom. 41. Das auff das Wort Christi eine solche grosse menge Fisch in einem zug beschlossen wirt: ist erstlich ein sigill der warheit des Euangelij / welches Ihesus prediget / nemlich das er der ware Messias sey / so der Menschen Sünde büssen vnnd Gott versöhnen solt / vnnd das alle die an jhn Glauben / den Todt nicht sehen/sondern das Ewige Leben haben.

Aus diesem fischzug beweiset Brentius,

1. Das Christus der rechte Messias sey.

Darnach vber diese lehr wirt insonderheit mit diesem wunderwerck bewiesen/das Christus nicht allein der Erden/ sondern auch des Meers / vnnd alles was drinnen ist/ ein HERR sey. Denn wo er nicht vber die Fisch im Meer Herschete / wie kündte sonst ein solche menge auff sein wort beschlossen vnnd gefangen werden? So nu Christus ein

2. Da Christus ein Herr sey aller Creaturen.

HERR ist des Meers/vnd alles des was drinnen ist/warumb wiltu der du durch den glauben sein gliedmaß worden bist/ verzagen/wenn du in des Meers gefahr kommest? Sey getrost. Woß deinem Haupt Christo vnderworffen ist/ das ist dir als seinem glied auch also vnderworffen / daß es dir zum besten gerichten vnd dienen muß. Waß die nahrungen mittel in der dritten lehr antrifft/ sind die Postillen zu lesen.

Gregorin Nyssenu

In Catena Aquinatis wirt Gregorius Nyssenus allegiert: Cum mandasset demergere retia, tanta piscium capta est, copia quantam ipse Dominus Maris & terræ voluerat, Vox enim VERBI SEMPER EST VOX VIRTVTIS, cuius præcepto in origine Mundi Lux & cæteræ creaturæ prodibant. Da beuehl geschahe daß Petrus sein Netz auswerffen solt/fing er ein solche menge fisch/ souiel vnd groß der HERR der Erden vnnd des Meers haben wolt/ denn die stimm des Worts (des Sons Gottes) ist allzeit ein stimm der krafft/durch welches heissen in erschaffung der Welt das Licht vnnd andere Creaturen herfür kommen sind (wie auch Ambrosius sagt/ Nihil est medium inter opus Dei atq; præceptũ, quia in præcepto est opus. Waß das zurissen Netz betrifft spricht Augustinus libro 2. Quæstionum Euangelicarum Quæst. 2. Quòd retia rumpebantur piscium copia, & nauiculæ impletæ sunt, ita vt mergerentur: significat hominum carnalium multitudinem tantam futuram in Ecclesia, vt etiam diruptione pacis, exeuntibus inde hæresibus & schismatibus, tanta remaneret & tanta esset futura illi amissio fidei & bonorum morum, vt Christo dicere videatur talis ecclesia: exi à me quia homo peccator sum tanquam turbis carnalium repleta & eorum moribus penè submersa, regimen spiritualium, in quibus maximè Christi persona

Geistliche deutung das das Netz reist vnd dz Schiff sincket.

persona eminet, à se repellat quodammodò: Non enim hoc voce linguæ dicunt homines bonis ministris Dei, vt eos à se repellant: sed voce morum & actuum suorum suadent, à se recedi, ne per bonos regantur, eò vehementius, quo deferunt eis honorem, & tamen factis suis à se recedere admonent, vt eorum honorificentiam significauerit Petrus cadens ad pedes Domini, mores autem eorum quòd dixit, exi à me. Quod tamen quia non fecit Dominus, non enim recessit ab eis, sed eos subductis nauibus ad littus perduxit, significat in bonis & spiritualibus viris non esse oportere hanc voluntatem, vt peccatis turbarum commoti, quo quasi securius tranquilliusq; viuant, munus Ecclesiasticum deserant.

Das ist / Daß das Netz zerreist vnnd die schiff für der menge der Fisch sincken / bedeutet / Daß ob schon durch zubrechung des Geistlichen friedens die Ketzerey vnd Rotten heraus schwimmen / dennoch ein solche menge der fleischlichen Menschen vnd ein solcher verlust an glauben vnd guten Wercken in der Christlichen Kirchen sein werde: Daß solche Kirch gleichsam zu Christo spricht / gehe von mir hinaus denn ich bin ein sündiger Mensch / das ist / ich bin erfüllet mit hauffen der fleischlichen Leuth / vnnd durch jhre böse Werck versincke ich schier: Solches hinweisen geschicht / wenn man das Geistliche Regiment die Prediger nicht leiden mag. Vnnd ob schon solches nicht allwegen mit dem Mund gesagt wirt / so redens doch jhre werck vnnd vntugent / können wol ehrerbietung erzeigen / vnnd ein fussfall thun / aber mit den sündlichen wercken stossen sie die Prediger hinweg. Doch weil Christus darumb nicht weichet / sondern sie an das gestad beleitet / lehret er die Prediger / daß sie vmb der Sünden willen des Volcks jhr ampt vnnd beruff nicht einstellen

Wie man Christum heist hienaus vnnd von sich gehen.

 oder

oder verlassen sollen/vnnd gute sichere faule tage suchen/ rc.
Diß sey vom ersten grossen Fischzug Christi gesagt.

Johan. 21. Fengt Petrus 153. Fisch.

Denn andern grossen wunderbarlichen Fischzug beschreibt Johannes 21. Nach der Aufferstehung Christi/ da Petrus mit etlichen seinen mit Aposteln Fischen gieng/ kompt Jhesus zu jhnen/vnnd stund Morgens am Vfer/sie wußtens aber nicht das es Jhesus war/fragt er sie: Kinder habt jhr nichts zu Essen. Sie antworten / Nein. Spricht er zu jhnen/werffet das Netz zur rechten des Schiffs/ so werdet jhr finden / da wurffen sie vnnd kundtens nicht mehr ziehen (darbey sie auch Christum erkandten) vnnd da Petrus hienein stieg/vnd das Netz heraus zoge auffs Land / wahren hundert drey vnd funfftzig grosser Fisch/vnnd wiewol jhr viel wahren/ zureiß doch das Netz nicht. Die fürnembste lehr dieses wunderbarlichen Fischzugs ist/von der Gewalt/Herrschafft/Freundligkeit vnd Güete Christi gegen seine Jünger/ die ein gantze Nacht arbeiten/aber nichts fangen / biß Christus zu jhnen kömpt.

Christus zeigt hiemit seine gewalt

Seine gewalt beweist er / daß er die Fisch im Meer mit seinem Wort zusammen treibt / darmit die Jünger kein fehlwurff theten/ wie sie denn 153. grosser Fisch beschlossen/ daß sie es nicht erziehen kundten/darnach ob schon ein solcher hauff grösser Fisch im Netz ware/ hat dennoch Christus dasselbige gantz vnnd vnuerschret behalten / daß es nicht zureiß/ vnd die Fisch heraus kommen/wie im vorgehenden Fischzug geschehen.

Freundligkeit.

Seine Güete vnnd Freundligkeit lest er sehen / daß er frühe am Morgen bey dem Jüngern ist / da sie die gantze Nacht vber gearbeitet vñ nichts gefangen haben/daß er jhnen zur narung behülfflich vnd förderlich wehre. Wie er deñ jhnen bald anleitung giebt/wo sie das Netz einwerffen sollen / daß

sie

sie Fisch fangen/rc. vnnd vber das hat er auch schon am Vfer ein Malzeit zubereitet/einen Fisch auff den Kolen gebraten/ vnd Brot dartzu verschafft/ daß sie sich erquicken möchten. Theophylactus sagt/das er diesen Fisch vnnd Brodt/ nicht aus vorgewessener Materia gemacht (wie in seinen andern Malzeiten/ daruon hernaher) sondern aus nichts erschaffen vnd bereitet hab. Non faciebat ex materia præposita, sicut cum satiaret de duobus piscibus & panibus quinq;, tot millia, sed simpliciter ex Nihilo. Paulo post, Solùm comedebant ea, quæ eis creauerat. Quomodo autem creauit ? SVA POTESTATE. Non iam in cœlum suspicit & patrem inuocat, illa enim fiebant vt se nobis attemperaret. Theophylo.

Was die Allegorias anlangt/deuten die Patres/diesen vnd vorgehenden Fischzug / auff die Christliche Kirchen in dieser vnnd auch künfftiger Welt: Der erst Fischzug im Luca/da das Netz zureiß vnd die Fisch entrinnen/ ist ein fürbild militantis Ecclesiæ/ der Kirchen in dieser Welt / darinn böse vnd gute Fisch sind / fromme vnd böse Leuth / da die Ketzer das Netz zerreissen vnd herauß springen. Der ander Fischzug im Johanne bedeutet Triumphantem Ecclesiam, die gemeine Gottes in der aufferstehung so zur Rechte Gottes gestelt vnnd ins Vaters Reich beleitet wirt/ da alle böse vnd Gottlosen werden abgeschafft sein. Geistliche deutung dieser beyden Fischzüg.

August. lib. octog trium quæst. quæst. 81. Ante pasionem de reticulo dicitur misso in mare, quia tantum piscium ceperunt, vt vix ad littus trahendo perducerent & vt retia rumperentur: Nō enim missa sunt in dexterā partem: habet enim multos malos Ecclesia huius temporis neq; in sinistrā, habet enim etiā bonos, sed passim vt permixtionem bonorum malorūq; significarent. Augustin.

Quòd

Quòd autem rupta sunt retia, charitate violata multas hæreses exijsse significat. Post Resurrectionem verò cùm vellet Ecclesiam futuri temporis præmonstrare, vbi omnes perfecti atq; sancti futuri sunt, iussit mitti etiam retia in dexteram partem, & capti sunt ingentes pisces 153. mirantibus discipulis, quód cum tam magni essent, retia non sunt disrupta. Horum magnitudo, magnitudinem sapientiæ iustitiæq; significat, numerus verò ipsam disciplinam & corporali dispensatione & æterna regeneratione perfectam.

Das ist: Vor dem Leiden Christi wird von dem Netz gesagt / das / nachdem es sey ins Meer ausgeworffen worden / sie eine solche menge Fisch beschlossen haben / das sie dieselbigen kaum haben können ans Vfer bringen / vnd daß das Netz zurissen sey. Denn domals haben sie es nicht auff die rechte seiten ausgeworffen: Weil in die Christliche Kirchen auff dieser Welt noch viel böser Buben mit vnterlauffen: Sie habens auch nicht auff der lincken seiten allein ausgeworffen: Denn es sind ja noch fromme Hertzen / sondern auff allen seiten haben sie gefischt / anzuzeigen / das es auff dieser Welt anders nicht werde zugehen / als / das immer böse vnnd fromme werden vnter vnd beyeinander sein. Daß aber das Netz zurissen / zeigt an / das die Liebe erkalten / vnnd allerley Ketzerey entstehen werden.

Nach seiner Aufferstehung aber / als er die triumphirende Kirche in ewigen Leben fürbilden wollen / da wir alle gantz volkommen vnd heilig sein werden / hat er das Netz heissen auff die rechte seiten auswerffen / da sie dann 153. grosse Fisch gefangen / vnd ist doch das Netz nicht zurissen / ob sie wol sehr groß waren: darüber sich die Jünger selbst verwundert. Das aber die Fisch alle so gros sein / zeigt an die voll-

kommene

kommende Weißheit vnd Gerechtigkeit: die grosse anzahl aber erinnert vns der Zucht vnd Erbarkeit / so hie zeitlichen angefangen vnd durch die ewige widergeburt sol vollkommen werden. Idem tract. 122. in Iohannem. Hoc est magnum Sacramentum in magno Iohann. Euangelio, & vt vehementius commendaretur loco vltimo scriptum. Quòd ergò septem discipuli fuerunt in ista piscatione, suo septenario numero finem significant temporis. Vniuersum quippe septem diebus voluitur tempus. Ad hoc pertinet, quod mane facto Iesus stetit in littore, quia etiam littus est finis maris, & ideo finem significat seculi. Eundem finem seculi ostendit & quod Petrus rete traxit in terram, hoc est in littus. Quòd ipse Dominus aperuit Matth. 13. Sic erit in cõsummatione seculi. Sed illa verbi est non rei gestæ parabola. Re autem gesta, sicut hoc loco, qualiter in fine seculi futura sit. Ita Dominus alia piscatione significauit Ecclesiam qualiter nunc sit. Quod autem illud fecit in initio prædicationis suæ, hoc verò post resurrectionem suam, hinc ostendit, illam capturam piscium Bonos & malos significare, quos nunc habet Ecclesia. Istam verò tantummodò Bonos, quos habebit in æternum, completa in fine huius seculi resurrectione Mortuorum. Deniq; ibi Iesus non sicut hîc in littore stabat, quando iussit pisces capi: sed ascendens in vnam nauim, quæ erat Simonis rogauit, &c. Lucæ 5. Et illîc quod captum piscium in nauiculis fuit, non sicut hîc rete extraxerunt in terram. His signis & si qua alia poterunt reperiri, ibi Ecclesia in hoc seculo, hîc verò in seculi figurata est: Ideo illud ante hoc autẽ post resurrectionẽ Domini factũ est, quia nos ibi Christus significauit vocatos, hîc resuscitatos; ibi retia nõ mittũtur in dexrerã, ne solos significet bonos, nec in sinistrã ne solos malos, sed indifferenter, laxate inquit, retia vestra &c. vt permixtos intelligamus bonos & malos. Hîc autem inquit, mittite in dexteram nauigij rete, vt significaret eos qui stabunt ad dexteram solos bonos. Ibi rete propter significanda schismata rumpebatur: hîc verò quoniam tunc in illa summa pace sanctorum nulla erunt schismata, pertinuit ad Euãgelistam dicere, & cum TANTI essent id est, tam magni non est scissum rete: tanquam illud respiceret vbi scissum est, & in illius mali comparatione commendaret hoc bonum: Ibi capta est multitudo piscium tanta, vt impleta duo nauigia in submersionem premerentur, non enim mersa sunt, sed tantùm periclitata. Vnde enim existunt in Ecclesia quæ gemimus, nisi cũ tantæ multitudini obsisti non potest, quæ ad submergendam propemodum disciplinam intrat, cum moribus suis à sanctorum moribus penitus alienis? Hîc autem miserunt rete in dexteram partem & iam non valebant illud trahere, nisi illi qui pertinent ad resurrectionem vitæ, id est, ad dexteram & intra Christiani nominis retia defunguntur, non nisi in littore id est, in fine seculi cum resurrexerint, apparebunt, &c. (Hæc expositio allegorica repetitur sermone 148, de Tempore.

Das ist: Dieses ist ein gros geheimnis in dem Euangelio Johannis/ vnd damit es desto mehr gelobt würde/ ist es zu letzt beschriben worden. Das nun der Jünger in diesem Fischzug siben gewest seind / wird durch sölche zaal das endt der Welt angedeutet. Denn auff siben tagen bestehet vnd wirdt vollendet die gantze zeit: Darzu gehört auch/ das nach dem der tag angebrochen / Jesus am Vfer des Meers gestanden: Denn das Vfer ist des Meers ende/ vnd

darumb

darumb bedeutets auch das ende der Welt: wie denn solche endtschafft der Welt auch das anzeiget / das Petrus das Netz auffs Landt/das ist/ an das Vfer zeugt: wie solches der HERR Christus selbst Matth. 13. erkleret hat: Also wirds sein am ende der Welt, Doch ist dasselbig nur ein wortgleichnis / nicht eines dings so geschehen ist. Aber hie/ da es also sich begeben / lehrt es wie es am ende der Welt sein werde. Also hat der HERR Christus mit einem Fischzug angezeiget/ den zustand der Christlichen Kirchen auff dieser Erden. Das aber der erste Fischzug geschehen ist im anfang seines Predigampts/ der ander aber nach seiner Aufferstehung/ Ist hieraus zuuernehmen / das der erste Fischzug bedeutet die frommen vnd bösen / wie sie hie auff dieser Erden in der Kirchen sein: Der ander aber nur die frommen/ die am ende der Welt nach der Aufferstehung der todten bey der triumphierenden Kirchen sein werden.

Endlich so ist der HERR Jesus bey dem ersten Fischzug nicht am Vfer gestanden/ da er hat heissen das Netz auswerffen, wie hie/ sondern ist in ein Schiff / welches Simonis war/ getretten/ vnnd hat jhn gebeten in die höhe zu fahren rc. Luc. 5. Vnnd was daselbst für Fisch gefangen worden/ die sind in die Schiff gethan worden/ ist das Netz nicht/ wie allhie/ zu land gebracht worden.

Durch diese vnd dergleichen zeichen wirdt die Christliche Kirch vorgebildet/ beydes wie sie ist auff dieser Erden/ so wol auch wie sie am ende der Welt sein wirdt. Darumb ist auch jener Fischzug vor/ der ander nach der Aufferstehung des HERRN Christi geschehen / denn durch den ersten hat Christus angedeutet / das wir beruffen sein/ hie aber das wir aufferweckt sein: Im ersten wird jhn nicht befohlen/ das sie das Netz sollen zur rechten auswerffen / darmit nicht die frommen allein angezeiget würden / auch nicht zur lincken damit die bösen nicht allein scheineten verstanden werden: sondern er spricht / werffet ewre Netz aus / an alle ort / das wir fromme vnnd böse verstehen sollen.

Hie aber im andern Fischzug / spricht er / werffet ewre Netz aus zur rechten des Schiffes / anzuzeigen / das allein die from vnnd selig würden / so zur rechten stehen werden. Im ersten Fischzug zurissen die Netz / zur anzeigung der abscheidung: In diesem aber hat der Euangelist müssen dartzu setzen / daß das Netz nicht zurissen sey / vngeachtet / das diese Fische alle sehr groß gewest sein / sintemal die Heiligen vnnd auserwehleten in stettem fride / ohne einige trennung sein werden.

Gleich als wolt der Euangelist selbst vns damit weisen auff jenen Fischzug / da das Netz zurissen ist / vnnd also dieser desto mehr für jenem gerühmet würde / wenn sie gegen einander gehalten würden. Im ersten Fischzug ist eine solche menge Fisch gefangen worden / das sie zwey Schiff damit dermassen gefüllet / das sie auch angefangen haben zusincken / denn sie seind nicht gahr vndergesuncken / sondern nur angefangen. Denn woher kömpts / das die Christliche Kirche seufftzet / als wenn man einer so grossen meng nicht wiederstehen kan / die alle zucht wil vnterdrücken / vnd in das Schiff kömpt / vnnd frembde newe sitten mit sich bringet? In diesen Fischzug aber haben sie das Netz auff die rechte seiten geworffen / vnnd da vermöchte niemand zuziehen / ohn die da gehören zur Aufferstehung des Lebens / das ist / die zur rechten vnnd in dem Netz Christliches nahmens gestorben sein / vnnd die werden nicht / als nur am Vfer / das ist am ende der Welt / nach der Aufferstehung / erscheinen / etc. Diese geistliche auslegung wird widerholet / Sermon. 148. de tempore.

Die-

Dieweil aber diese auslegung nicht eigentlich in diesen ort sondern in die beschreibung der Christlichen Kirchen (daruon drunden) gehört/mag mans daselbsten widerholen.

Wir wollen zu Christo Jesu kommen der diese seine gewalt vnd Mayestet auch mit andern wunderzeichen von seinen Göttlichen vbernatürlichen Malzeiten bewiesen vnd bestettiget hatt. Matth. 14. Jesus nimpt fünff Brodt vnd zwene Fische/sihet auff gen Himmel/Dancket brichts vnnd gibts seinen Jüngern / die Jünger gebens dem Volck / sie assen alle vnd wurden satt vnd huben auff zwölff Körb voll/ die aber gessen hatten / waren bey fünff tausent Mann ohn Weib vnnd Kinder. Diese Historiam beschreibt auch Johannes Cap. 6. vnd spricht / Desselbigen gleichen gabe er auch seinen Jüngern VON DEN FISCHEN VVIE VIEL ER VVOLTE. Marcus. 6. Luc. 9. Cap. haben diese Malzeit auch verzeichnet.

> Matth 14. theilet Christus 2 fische vnter fünfftausent Mann.

Ein ander wunderbarlich Herrgotts Maltzeit beschreibt auch Mattheus 15. cap. Da er viertausent Männer ohn Weib vnnd Kinder mit siben Brot vnd ein VVENIG FISCHLIN in der Wüsten gespeiset vnnd gesettiget hat/ da sie doch nacher siben Körb voll brocken auffheben/ vnnd diese gasterey beschreibt auch Marcus 8. da er von den Fischen spricht/ Sie hatten ein wenig Fischlin/vnd Jesus dancket vnnd hieß dieselbigen auch fürtragen / daruon sie denn assen vnnd satt wurden/ꝛc. Die gantze auslegung dieser wunderlichen Malzeiten sind in den Postillen zulesen: Allein ist abermal hie/ wie in vorgehenden Fischzügen zumercken die gewalt vnnd güte Christi/der nicht allein die Fisch im Meer in seiner Hand hat / sondern auch dieselbige/ wo sie wenig vnnd gering / mehren vnd viel tausent darmit speisen kan.

> Matth. 15. speist Christus mit wenig Fischlin 4000 Mañ ohn Weib vnd Kindt.

Chrysost. homil. 50. in Matth. Cur panes non facit ex eo quod non est? Vt Marcionis & Manichæi impudentia ora hinc obstruantur, qui eum non esse creatorem asseuerant. His enim operibus docet opera sua esse omnia quæ videntur, et esse eum qui terræ fructus præbet, qui ab initio dixit, Germinet terra herbam fœni & producat reptilia viuentia animarum. Non est certè minus illis, nam etsi ex eo quod non est reptilia tunc producta videntur, ex AQVIS tamen fuere. Nec est minus ex quinque panibus tot panes produxisse, & EX DVOBVS PISCIBVS tam magnam multitudinem piscium, quam aut germinasse à principio terram, aut aquas pisces produxisse. Hoc nempe signum erat Terræ ac Maris esse ipsum Creatorem.

Das ist: Warumb macht Christus nicht Brot aus nichts? damit er des Marcionis vñ Manichæi vnuerschampte Meüler stopfen köne / die jhn nicht wollen für ein Schöpffer erkennen: denn mit solchen wercken beweiset er / das seine werck weren / die man jhn sehe thun / vnnd das er die Erde fruchtbar mache / der anfenglich gesagt: Es lasse die Erde wachsen / Graß / vnd bring herfür lebendige Thier. Dieses aber ist warlich nit ein geringers wunder. Denn ob schon damals aus nichts erschaffen vns dünckten lebendige Thier: So waren sie doch aus dem Wasser. So ist es nichts geringers / aus fünff Broten so viel Brot machen / vnnd aus zween Fischen eine solche menge Fische machen / als das die Erde erstlich graß geben / vnd das Wasser Fische bracht hat. Denn diß war ein anzeigung / das er beydes die Erde vnnd das Meer erschaffen hat.

Fast mit solchen worten vnd gleicherweise redet auch dauon Hilarius Canone 14. in Matth. Non quinque

panes

panes multiplicantur in plures, sed fragmentis fragmenta succedunt & fallunt semper præfracta frangentes: Crescit deinde materies, nescio vtrum in mensarum loco, an in manibus sumentium, an in ore edentium. Ne mirēre fontes fluere, inesse vuas vitibus, & vuis vina diffundi, & omnes Mundi opes annuo quodam meatu indefessoque defluere. Autorem enim huius Vniuersitatis tantus panum profectus ostendit, per quem tali incremento modus pertractatæ materiæ adderetur. Agitur enim in opere visibili inuisibilis molitio, & arcanorum cœlestium Dominus arcanum negocij præsentis operatur. Superat autem omnem naturam VIRTVS operantis, & supergreditur facti intelligentiam ratio virtutis, & sola relinquitur admiratio potestatis. Hilarius.

Augustinus tract. 24. in Iohan. Dieweil Gott in seinem Wesen mit leiblichen augen nicht kan gesehen werden/vnd die Göttliche grosse wunderwerck/damit er Himmel vnnd Erden regiert vnnd erhelt (dardurch er doch solt erkennet werden) von den Menschen/weil sie stets geschehen/gering vnnd vnachtsam gehalten werden. So hat er nach seiner Barmhertzigkeit etliche vorbehalten/die er zu gelegener zeit/vber den lauff der Natur verrichtet/das dieselbigen mit verwunderung anschaweten/die seltzam/vngewönlich vnnd nit grösser weren: Denn es ist ein grösser wunderwerck/das Christus die gantze Welt regieret/als das er mit wenig Brot Fünff Tausent Menschen gespeiset/vnnd wundert sich doch niemandt jenes wunders/ob diesem verwunderten sich die Leuth/nicht das es grösser sey/sondern weils seltzam vnnd vngewöhnlich ist rc. wir wollen die Allegorische deutung alhie vbergehen. Augusti.

Bey

Bey diesen wunderlichen Gastereien sollen wir auch die Maltzeit Christi mit seinen Aposteln nach der Aufferstehung gehalten/ besehen. Luc: 14. Da er am Ostersuntag zu Abent bey den versamleten Jüngern erschiene / sagt er zu jhnen/vnderandern, habt jhr hie etwas zu Essen / vnnd sie legten jhm für ein stück vom gebratenem FISCH vnnd Honigseims/ vnnd er nams vnnd aß für jhnen : Darmit er den probieren wolt/das er warhafftig lebte vnd von den todten erstanden were.

Luc. 24. Isset Christus Fisch nach seiner Aufferstehung.

August. Serm. 147. de Tempore. Quærunt homines vtrum corruptio ista corporis, quam sentiunt in carne sua, futura sit in resurrectione morruorum? Dicimus non futuram. Respondent nobis, si corruptio non erit, cur manducabitur: Aut si non manducabitur, Quare post Resurrectionem Dominus manducauit? Modò cum Euangelium legeretur audiuimus, quia cum exhiberet se viuum oculis manibusq; discipulorum suorum, parũ illi visum est ad demonstrandam euidentiam corporalem, sed addidit. Habetis hîc aliquid quod manducetur? Et obtulerunt ei partem piscis assi & fauum mellis, manducauit, & reliquias dedit eis. Dicitur enim nobis, si corruptio corporis non resurget, quare manducauit Dominus Christus? Legistis quia manducauit, nunquid legistis quia esuriuit? Quod manducauit Iesus POTESTATIS FVIT NON EGESTATIS, si desideraret manducaret, egeret, rursus si manducare non posset minùs valeret. Das ist: Die Leuth fragen offtmals/ ob die verwesung jhres Leibes/die sie hie im fleisch fühlen/auch in der Todten Aufferstehung sein werde? Antworten wir nein. Sagen sie wieder: So die verwesung nicht sein wird/ warumb wird man den Essen? Oder so man

Augustinus

nicht

nicht Essen wird/ warumb hat denn Christus der HERR gessen? Antwort: Jtzt da das Euangelium gelesen ward/ haben wir gehört/das/als er sich lebendig gezeiget hat seinen Jüngern/sich sehen vnnd greiffen lassen / solchs jhm zu wenig hat gedünckt oder zugering/seine leibliche gegenwart damit zubeweisen/ darumb hat er noch darzu gesetzt: Habt jhr allhie etwas zu Essen? Vnnd sie haben jhm fürgetragen ein stück gebratenen Fisch vnnd auch Honigsaim/ vnnd er hat gessen/ vnd das vbrig jhnen widergeben. Denn sie sagen zu vns: Soll die verweßligkeit des Leibes nicht sein vnd bleiben in der Aufferstehung/ warumb hat den der HERR Christus gessen? Jhr habt gelesen / das er gessen habe / jhr habt Jo nicht gelesen/ das jhnen gehungert hab? Das aber der HERR Jesus gessen hat/ zeigt an seine macht vnnd gewalt/nicht seine notturfftigkeit: So er zuessen begeret / so bedürfft er Speiß/ so er aber nicht könt essen / wer es seines vnuermögens ein anzeigung.

Eben diß widerholet Augustinus an andern orten/ zeigt auch an/ das es einander nicht zuwieder sey / das Christus nach seiner Aufferstehung habe gessen / vnnd das man in der Aufferstehung / die vns zugesagt vnnd versprochen/ keine speiß bedürffe: wie man denn auch list das Engel auch gessen haben warhafftig/nicht notturfft halben/sondern jhre macht anzuzeigen/ rc. Als / Epistola 49. Quomodo contrarium est & Christum post resurrectionem cibatum & in resurrectione qua promittitur ciborum indigentiam non futuram: cum & angelos legamus eiusdem modi escas, eodemque modo sumpsisse, non ficto & inani phantasmate sed manifestissima veritate, nec tamen necessitate sed POTESTATE? Aliter enim absorbet terra aquam sitiens, aliter solis radius candens. Illa indigentia, iste potentia. Futuræ ergò resurrectionis corpus imperfectæ fælicitatis erit, si cibes sumere non potuerit, Imperfectæ fælicitatis, si cibis eguerit. Libro 3. de Mirabilibus cap. 14. De cibo Domini post resurrectionem, Hunc autem carnalem cibum qualiter resurrectionis caro susceperit, docti requirunt, dum resurrectura corpora spiritualia esse, cuncti fideles sciunt, vt dicitur, resurget corpus spirituale. Quapropter resurgent corpora non gustatura, sano sensu creditur possibilitatem edendi cibos si necesse foret, habitura. Hæc Dei exempla minimè denegant, vt angeli iuxta ilicem Mambre. Sed hóc non vt nos ruminatos cibos stomacho & intestinis conferunt, sed statim vt accepta velut videntur degustent, in spiritalem naturam non ex parte sed tota transformant. Aber von diesem essen in genere gnung.

Warumb Christus fisch vnd nit ander thier fleisch gessen

Warumb aber Christus Fische gessen habe vnd nicht ander fleisch nach seiner Aufferstehung/ wirt lib. 1. cap. 4. de Mirabil. angedeutet. Aquatilia enim maledicto vindictæ non succumbunt, quia in maledictionis participatione non sunt, Ac per hoc Dominus cum mortis humanæ maledictum resurgendo deposuerat non terrestrium sed Aquatilium carnem animalium comedebat, cum ad confirmationem resurrectionis coram discipulis PISCIS assi partem & fauum mellis manducauit. Das ist: Dieweil das wasser vnd die fisch/ dem fluch Adam nit vnderworffen/ so hat Christus nicht ander vich/ sondern fisch/ fleisch/ nach seiner aufferstehung/ dieselbige zubeweisen/ gessen. Was aber dieser gebraten Fisch für ein deutung habe/ zeigt Beda in Luc. cap. 9 an. Er hab sich selbs darmit fürbilden wollen/ als daß er in seinem Leiden am stamme des Creutzes/ vmb vnsert

Deutung dises fisch vnd Honigseims. Beda.

willen

willen / in heisser Liebe gebraten ist / vnd in seiner Aufferstehung lieblich vnd Honigsüsse worden ist: Oder wirt auch in den Honigseim vnd waben die vereinigung beyder Naturen vorgestelt: denn wie honig im wachß: also ist auch die Göttliche Natur / auff eine vnaussprechliche weise / in dem Menschen Christo. Welches essen zur nachfolg geschrieben ist / deñ hie mus man trübsal einnemen / vnd doch von der innerlichen süssigkeit nit abweichen / biß darauff die ewige Himlische süssigkeit vnd freud erfolget. Quid signare credimus piscem assum, nisi ipsum mediatorem Dei & hominum, hominē passum? Ipse enim latère dignatus in aquis generis humani, capi voluit laqueo mortis nostræ, & quasi tribulatione assatus est tempore passionis suæ. Sed qui piscis assus fieri dignatus est in passione, fauus mellis nobis extitit in resurrectione. An qui in pisce asso figurari voluit tribulationem passionis suæ, in fauo mellis vtramq; naturam exprimere voluit personæ suæ? Fauus quippe mel in cera est, Mel verò in cera est diuinitas in humanitate. Sic autem redemptor sua indicat, vt imitationis viam nobis sequentibus sternat. Ecce enim in cibo suo, pisci asso, cōiungere voluit Fauum, quia videlicet illos in suo corpore ad æternam quietem suscipit, qui cum hic tribulationes ꝓ Deo sentiunt ab amore internæ dulcedinis non recedūt. Cum asso pisce fauus sumitur, quia qui hîc afflictionem ꝓ veritate suscipiunt, illic dulcedine vera satiantur. Diese allegoriam hat er ohn zweiffel aus August. genoñen / deñ er deutet den gebratnen Fisch auch auff den gecreuzigten Christum Tract. 123. Johann. (vber die ander Malzeit Christi nach seiner Aufferstehung mit den Aposteln gehalten / daruon droben gesagt ist) piscis assus Christus est passus. Ipse est & panis viuus qui de cælo descendit. Augustinus

Theophy. Theophylactus gibt ein andere allegoriam. Habet ænigma quoddam, quod partem piscis comederit, significat enim quod naturam nostram, quæ in salluginoso hoc mari natat, igne suæ Deitatis assârit & exiccâuit omnem humorem quem ex profundis fluctibus habebat, vt fieret diuinus cibus, & qui prius erat abominabilis, fieret nunc dulcis Deo.

Das ist: Christus hab vnsere Natur / die im gesaltzen Meer dieser Welt schwimmet / mit dem Fewer seiner Gottheit gebraten vnnd alle feuchtigkeit (der Sünden) welche von den tieffen Wasserwellen anklebet / außgetrücknet / daß sie nu ein libliche Götliche speiß wird / so zuuor abschewlich war. Von dem andern Maltzeit Johann. 21. ist schon jetzt vnnd auch droben gehandelt. Vnnd das sey von Christo gesagt.

3. Das predigampt bey den Fischen abgemahlet. Matth. 4. Luc. 5. Vom dritten / wird bey den Fischen das Apostolat vnnd Predigtampt abconterfeit: Denn da Christus Matth. 4. Marci. 1. Luc. 5. Petrum / Andream / Jacobum / Johannem / zum Apostelampt vnnd in seine disciplin erfordert vnnd beruffe / spricht er zu jhnen / folget mir nach / ich wil euch Menschen fischer machen / da verliessen sie Schiff / netz vnd alles vnd folgeten jhm nach. Hie mögen wir der Fischer handthierung / so jhre nahrung auff dem Meer vnd Wasser suchen müssen vleissig vnd stückweiß betrachten / werden wir etlicher massen sehen / was der Prediger ampt ist.

1. Erstlich sihet man bey den Aposteln als Fischern Luc. 5. Johann. 21. Daß sie manchen wurff vergebens thun vnd nichts fahen. Menschen arbeit Krafft vnd vermögen ist vmbsonst / wo nicht Gott seinen segen vnnd gedeien darzu

spricht

spricht vnnd gibt: Also ists auch mit dem Prediger ampt geschaffen/sie können allein die Ohren mit dem gepredigten Wort füllen/aber Gott muß der Menschen Hertzen mit seinen finger rühren/ bewegen vnnd fangen. Wie in Opere Imperf. Matth. apud Chrysost: homil. 7. steht. Sicut qui retia iactat in aquam, nescit quos pisces comprehensurus est, sed quos Deus illi transmiserit, illi intrant in retia: Sic & doctor quando diuini sermonis retia super populum iactat, nescit qui sunt accessuri ad Deum, sed quoscunque Deus excitauerit, illi adhærent doctrinæ. Chrysost.

2. Zum andern/Ob aber der Fischer schon nicht weiß/ was er für Fische fahet oder nicht fahet/ so vnderlest er doch die arbeit nicht/ sondern wirfft das Netz immerdar auff hoffnung aus/ vnd gehet nicht gern mit lehren Henden wider zu Hauß: Also sollen die Prediger jhr Ampt vnuerdrossen verrichten/ alle jhre gedancken/geberd wort vnnd werck dahin wenden/daß sie die Menschen beschliessen vnnd Gott zubringen. Idem vbi suprà Sicut in piscatione labor solus requiritur piscandi, Deus autem transmittit capturam: Sic & in doctore nihil requiritur nisi instantia doctrinæ, populum enim non corrigit homo, sed Deus.

3. Zum dritten/ gleich wie die Fischer auff dem Wilden vngestümmen Meer vnnd Wasser/manchen schrecken/ gefahr/windwirbell vnnd anlauff der grossen Meerwunder ausstehn müssen: Also stehen auch die Prediger in grossen gefahren bey den Teuffeln vnd Menschen. teste Chrysost. in antè repetito loco: Denn die Welt nennet er Falsum fluctuabundum, tempestuo sum, instabilem, perfidum, semper periculosum & nemini vnquam tutum.

4. Zum vierden/müssen auch die Prediger das rechte gute wolgestrickte Netz haben/nicht sollen sie eusserlichen

gewalt oder Menschen satzungen gebrauchen / sondern das Netz des H. Euangelij Matth. 13. Das Himmelreich (Predigtampt) ist gleich einem Netz welches ins Meer / rc.

Theophyla. Theophyl: in Matth. Sagena est doctrina piscatorum Apostolorum, quæ ex miraculis & testimonijs Prophetarum comexa est: Quæ enim docebant Apostoli, firmabant miraculis & Prophetarum vocibus. Das ist: Das Netz ist die Apostolische lehr welche aus wunderwercken vnd Prophetischen zeugniß zusammen gestrickt ist: Denn was die Apostel lehrten das bewiesen sie mit zeichen vnd der Propheten stimm.

Von falschn Predigern Habac. 1. Vom falschen Netz vnd garn redet Habacuc 1. (daruon auch im andern stand drunden folget) Sie ziehens alles mit dem Hamen vnd fahens mit jhrem Netze vnnd samlens mit jhrem garn / deß frewen sie sich vnnd sind frölich / darumb opffern sie jhrem Netze / vnnd reuchern jhrem garn / weil dieselbe jhr theil so fett / vnnd jhr speiß so völlig worden ist. Derhalben werffen sie jhre Netz noch immer aus / vnnd wollen nicht auffhören Leuth zuerwürgen. Waß diß für ein Fescher sey nach dem Buchstaben / hastu drunden zu

Hieronymi geistliche deutung. lesen. Hieronymus aber allegorisierts auch von den falschen lehrern vnnd Ketzern. Potest & de hæreticorum accipi peruersa multiplicíq; doctrina, quòd & ipsi hamo suo & reti suo & sagenis suis, plurimos pisces capiant, & multa reptilia comprehendant, & idcircò lætentur, & sermonem suum quo decipere & persuadere potuerunt quasi Deum adorent, & illum colant, illum expoliant, ipsi omni arte deseruiant, per quem sciant à se tantas victimas interfectas, & tantos potentium atq; sanctorum esse deceptos, quos pinguem partem & electas escas scriptura nunc nominat. Propterea in similitudinem

Bestiarum, quæ gustatum semel sanguinem semper sitiunt, expandunt rete suum: & hoc omne eorum studium est, vt non paucos sicut in principio, sed plures interficiant. Non ambigit de interfectione multarum gentium, qui tantam hæreseon & peruersarum doctrinarum multitudinem Diaboli viderit hamo reti sagenisq; comprehensam & tamen capturæ eorum finis interitus est.

Das ist: Dieses kan man auch verstehen von der Ketzer mancherley vnd jrrigen lehr/ das sie mit jhrem Hamen/ Netz vnd garn viel Fische fangen vnnd beschlissen/ darüber frölich werden/ vnnd jhr Wort/ damit sie die Leuth haben bereden vnd betriegen können/ als Gott selbst ehren/ rühmen vnnd treulich in acht nehmen/ weil sie wissen/ das sie dadurch so viel opffer geschlachtet/ so viel gewaltige vnd heilige betrogen/ welche die schrifft alhie das fette vnd beste theil/ vnnd völlige speise nennt. Darumb gleich wie die wilde/ grimmige vnd vnuernüfftige Thier/ immer mehr dürstet nach dem Blut/ das sie einmal gekostet haben: Also werffen auch die Ketzer immer jhre Netz aus/ vnnd trachten nur dahin/ das sie nicht wenig/ wie erstlich/ sondern jhr viel mögen vmbringen. Vnnd hat ein Ketzer kein bedencken/ zweiffelt auch nicht viel Völcker vmbzuringen/ wenn er sihet/ das so viel Ketzerey vnnd jrrige lehr im Hamen Netz vnnd garn des Teuffels beysammen sein/ vngeacht/ das letzlich das endliche verderben jhm zu lohn wirdt.

Dieses ist eigentlich an den Papstumb erfüllet/ denn erstlich haben sie den Leib der Menschen vnder sie gebracht/ vnnd schlachten vnd würgen sie hefftig ferro flamma fune. Das ist/ mit Köpffen/ Brennen/ vnnd mit Hencken/ Darnach auch die Seelen bestrickt/ mit dem Netz vnd spinnewe-

bem

ben jhrer Menschen satzungen: sonderlich aber zum dritten mit dem garn / als die rechte geistliche Babylonier Thier der gantzen Welt Haab vnnd Gutt/ Land vnd Leuth gantze Fürstenthumb beschlossen/ welches jhnen Christus nit eingereumet.

Die Propheten im alten Testament fischer genant.

Es werden aber die H. Apostel vnnd alle getrewe Prediger nicht allein im newen Testament mit diesen namen / Fischer / intituliert/ sondern die H. Propheten vermelden denselbigen namen auch im alten Testament.

Jere. 16.

Jeremiæ 16. Ich wil die verstoßne widerbringen in das Landt das ich jhren Vätern gegeben hab. Sihe ich wil Fischer aussenden/ spricht der HERR/ die sollen sie Fischen. Hieronymus interpretirts von den H. Aposteln vnd allen Apostolischen Predigern/ welche die gefangne Seelen mit dem Wort Gottes aus den Sünden vnd listen dieser Welt zum Ewigen Leben fahen sollen.

Ezech. 47.

Ezechiel cap. 47. Es werden die FISCHER am selbigen wasser stehn von Engeddi biß zu Eneglaim/rc. Das seind auch die Apostel/ wie dieser spruch bald jetzt sol erkleret werden.

Die Christliche Kirch fische genent

ZVm vierden/wird auch die Christliche Kirche mit der Fisch namen beschrieben/ denn gleich wie gute vnd böse / kleine vnnd grosse/ nützliche vnd schädliche/ reine vnd vnreine Fisch mit dem Netz beschlossen vnnd gefangen werden. Also werden auch mit der Predigt des Euangelij vnnd Sacramenten allerley Menschen in die eusserliche gemeinschafft der Kirchen eingeführet/ da offt die böse die oberhand behalten / in den höchsten Emptern vnnd würden sitzen. Daruon ist etwas droben gehört bey der Apostel ampt wir wollen aber deutliche sprüch besehen.

Ezech. 47.

Ezechiel 47. Der Engel führet mich (sagt der Prophet)zu der

Thür

Thür des Tempels/vnd sihe da floß ein wasser heraus vnder der Schwelle des Tempels gegen Morgen / vnnd das wasser lieff an der rechten seiten des Tempels/ neben dem Altar hin gegen Mittag. Vnd diß Wasser (sagt er drunden)wirt durchs blachfeld fliessen ins Meer (welches das Todte Meer genennt wirt) vnnd von einem Meer ins ander / vnd wen es dahin (ins todte Meer) kömpt/da sollen dieselbige wasser gesund werden/ Ja alles was drinnen lebt vnnd webt / dahin diese ströme kommen das sol leben / vnnd sol sehr VIL FISCHE haben/ vnd sol alles gesundt werden vnnd leben/wo dieser strom hinkömpt. Vnnd es werden die Fischer am selbigen stehen / von Engeddi biß zu Eneglaim wirt man die fischgarn auffspannen/denn es werden daselbst sehr viel fisch sein/gleich wie im grossen Meer / Aber die Teich vnd lachen darneben/werden nicht gesundt werden/ sondern gesaltzen bleiben.

Diß ist ein libliche beschreibung der Christlichen Kirchen im newen Testament /vnnd mögen die vmbstende nach einander besehen. Das Wasser welches aus dem Tempel zu Hierusalem flosse / ist ein fürbild des H. Predigampts/ des H. Euangelij vnnd Sacramenten/ welche von Christo in Cananeischen land eingesetzt / in die gantze Welt ausgebreitet/ je lenger je tieffer vnnd grösser worden sind. Wie Osiander schreibt. Hic fluuius designat ministerium Euangelij de Iesu Christo(quod complectitur doctrinam, Baptismum & Cœnam Domini) & institutum est à Christo in terra Chanaan. Etenim Spiritus Christi qui per Euangelij prædicationem datur, reficit animas sitientes Dei gratiam. Iohann. 7. Vt autem fluuius ille initiò admodum tenuis erat, progressu autem tam fiebat profundus, vt pedibus transiri non amplius potuerit.

Dieser fluß ist ein fürbilt des Predigampts vnnd Sacrament

Osiander.

rit : Ita initia Euangelij fuerunt admodum tenuia, cum Christus in templo doceret. Postea verò cùm etiam extra Iudæam Euangelion prædicaretur latißimè sese diffudit in orbe, & fuit instar altißimi fluuij, qui sisti nequaquam potuit, etiam si Monarchæ orbis terrarum Ministerio Euangelij omnibus viribus aduersarentur.

Das ist: Dieser fluß bedeutet das Predigampt des H. Euangelij von Jesu Christo (welches das Wort / die Tauff vnnd Abendmal begreifft) vnnd ist von Christo im lande Canaan eingesetzt. Denn des HERRN Christi geist / welcher durch die Predigt des Euangelij gegeben wirdt / erquickt die Seelen / so da dürstet nach der Gnade Gottes. Johann. 7. Gleich wie aber diß Wasser erstlich klein gewest / aber immer grösser vnd tieffer worden ist / das man nicht durch hat gehen können: Also ist auch der anfang des Euangelij sehr gering gewest. Do es aber hernach ausserhalb des Jüdischen Landes geprediget worden / hat es sich in die gantze Welt ausgebreitet / vnd ist gewest / wie ein grosser Wasserstrom / dem man nicht hat wehren können / vngeacht das sich viel Weltliche Potentaten mit aller jhrer macht dem Predigampt des Heiligen Euangelij widersetzen.

2. Dieser fluß fleust ins todte Meer der sünden.

Darnach fleust diß Wasser in das todte Meer / da vorzeiten die gewaltige grosse vnnd doch Gottlose Städt Sodoma / Gomorra / rc. stunden vnnd vndergiengen / das ist / die Menschen welche in den Sünden Todt sind / werden durch das H. Euangelion vnd Sacramenta bekehrt / lebendig vnnd selig. Ministerium Euangelij (quo etiam Baptismus intelligitur) sanat imò viuificat eos qui in peccatis mortui fuerant, & qui ad omne bonum opus reprobi erant.

Zum dritten seind bey diesem wasser Fischer/denn es werden daselbst sehr viel fisch sein / gleich wie im grossen Meer. Die Fischer seind die Apostel vnnd alle ware successores vnd getrewe lehrer/ die viel vnd mancherley Fische seind die bekehrte Menschen. Pisces sunt qui Euangelion amplectuntur. Hierony. Plurimæ species imô genera piscium erant in mari quondam mortuo, Quos pisces ad dexteram partem iubente Domino extraxit Petrus, & erant 153. ita vt præ multitudine eorum retia rumperentur: Aiunt autem qui de animantium scripsere naturis & proprietate, qui ἁλιευτικά tam Latino quam Græco didicere sermone, de quibus Oppianus Cilix est poëta doctissimus 153. esse genera piscium, quæ omnia capta sunt ab Apostolis, & nihil remansit incaptum, dum & nobiles & ignobiles diuites & pauperes & omne genus hominum de Mari huius seculi extrahitur ad salutem,

3. Die Apostel sind die fischer dabey

Hierony.

Das ist: Es waren vorzeiten viel vnnd mancherley art Fisch im Todten Meer/ die Petrus zur rechten handt/ auff des HERRN befehl hat heraus gezogen/ vnd waren jhr 153. also das auch die Netz von solcher menge zurissen. Es schreiben aber die Naturkündiger / die von der Fischerey in Lateinischer vnd Griegischer sprach geschrieben/ (vnder welchen auch ist Oppianus aus Cilicia/ ein gelerter fürtrefflicher Poët) es sein ein hundert drey vnnd funfftzigerley art der Fisch/ derer alle die Apostel gefangen haben: In dem sie Edele vnnd vnedele/ reiche vnd arme / vnnd allerley Menschen aus dem sündenmeer dieser Welt gezogen vnd zur seligkeit bracht haben.

4. Die teich das ist Ketzer werden nit gesundt.

Zum vierden spricht Ezechiel/ die Teiche vnd lachen darneben/ werden nicht gesundt werden / sondern gesaltzen bleiben/

bleiben / das sind Ketzer vnnd abtrünnige leuth / welche sich Gottes Wort nicht vnderwerffen / sondern ohn vnnd ausser demselben Rotten vnd Secten anrichten.

Tit. 3. Hæretici qui ab Ecclesia egrediuntur, pias admonitiones spernentes non redeunt ad sanam mentem, sed sunt omninò insanabiles, præsertim hæresiarchæ) Die man auch / nach Pauli vermanung / nach einer oder zwo warnung vnnd erinnerung flihen vnd meiden sol / vnnd wissen das sie verkehret / vnd von jhrem eigenen Vrtheil verdampt sindt.

Matth. 13. erkleret Christus diese weissagung. Diese Prophetische weissagung vom H. Predigampt erkleret Christus selbst Matth. 13. Das Himmelreich ist gleich einem Netze / das ins Meer geworffen ist / damit man allerley gattung fahet / wenn es aber voll ist / so ziehen sie es heraus an das Vfer / sitzen vnd lesen die guten in ein gefäß zusammen / aber die faulen werffen sie weg: Also wirt es auch am ende der Welt gehn / die Engel werden ausgehn / vnnd die bösen von den gerechten scheiden / vnnd werden sie in den Fewrofen werffen / da wirt heulen vnnd zeenklappen sein.

Dieweil denn gute vnnd böse oder faule fisch in der Christliche Kirchen sein / sollen die gute sich nicht darob ergern vnd vnwillig werden / sondern mit gedult der absonderung die im Jüngsten tag geschehen wirdt / erwarten. Dargegen mögen die faule stinckende fisch / die Gottlose scheinchristen für jhrem schaden gewarnet sein / denn es wirt gewißlich an ein scheiden gehn.

Ambrosius. Ambrosius lib. 5. cap. 6. & 7. Hexaem. Piscis es ô homo. Audi quia piscis es: Simile est regnum cœlorum reti misso in mare & ex omni genere piscium congregaati. Cum autem esset impletum &c.) Sunt ergò

BONI

BONI & MALI pisces: Boni seruantur ad precium mali statim ardent. Bonum piscem nec retia inuoluunt, sed eleuant, nec hamus interficit sed preciosi vulneris perfundit sanguine, in cuius oris confessione bonum precium reperitur, quo tributum Apostolicum & census Christi posit exolui. Sic enim scriptum est &c. Matt. 17. Noli igitur ô bone piscis Petri hamum timere, non occidit sed consecrat. Noli quasi vilem te contemnere, quia vides corpus infirmum, habes in ore tuo, quod & pro Petro & pro Christo offeras. Noli timere Petri retia, cui dicit Iesus, duc in altum & laxate retia. Non enim insinistram partem mittit, sed in dexteram, sicut iussus á Christo est. Noli timere sinum eius quia dictum est ei: Ex hoc eris homines VIVIFICANS. Ideo misit retia & complexus est Stephanum, qui de Euangelio primus ascendit, habens in ore suo staterem iusticiæ. Nec te moueat, quod pro Mari Euangelium posui. Euangelium est quo Christus ambulauit: Euangelium est quo licet titubauerit Petrus, non tamen negauit, quando per dexteram Christi fidei munimentum stationis inuenit. Euangelium est de quo martyr ascendit. Euangelium est mare, in quo piscantur Apostoli, in quo mittitur rete, quod simile est regno cœlorum. Euangelium est mare in quo Christi figurantur mysteria: Euangelium est are in quo Ebræus euasit, Ægyptius interemptus est: Euangelium est mare, in quo est sponsa Christi Ecclesia & diuinæ gratiæ plenitudo, quæ supra maria fundata est. Exili super vndas ô homo, quia piscis es: non te opprimant seculi istius fluctus. Si tempestas est, pete altum & profundum: si serenitas lude in fluctibus, si procella caue à scopuloso littore, ne te in rupem furens æstus illidat.

Das ist: Höre Mensch/ du bist wie ein Fisch: Das Himmelreich ist gleich einem Netz/ das ins Meer geworffen wird/ vnnd damit allerley Fisch fengt/ nicht auch gute / sondern auch faule: die gute behelt man/ verkaufft sie/ die faulen werden baldt hienaus in Fewerofen geworffen/ zuuerbrennen. Ein guter Fisch wird im Netz nicht verwickelt/ sondern heraus gezogen/ die angel tödtet jhn auch nicht / sondern besprengt jhnen mit den theuren vnnd werthen Blut/ in seines Mundes bekentnis wirdt das gute geldt gefunden / darmit der zoll vnd zinß für die Apostel vnd Christum bezahlt wirt/ wie geschrieben steht/ Matth. 17. ꝛc. Dorumb sol sich kein guter Fisch für dem Angel Petri fürchten / er tödt nicht/ sondern heiliget: Sol auch keiner sich zu vnwürdig achten/ ob er gleich einen gebrechlichen Leib hat / wenn er nur im Munde hat/ das er für Petrum vnnd Christum bezahlen kan. Denn Petrus wirfft nicht auff die lincke seiten aus / sondern auff die rechte seiten/ wie es jhm von Christo befohlen: Sol sich auch keiner für seinen schoß fürchten. Denn zu jhm ist gesagt: von nun an soltu Menschen Lebendig machen. Darumb hat er sein Netz ausgeworffen / vnnd Stephanum gefangen / den ersten Märterer/ der auch in seinem Munde den groschen der gerechtigkeit hatte/ ꝛc.

Es sol sich aber hie keiner nichts jrren lassen / das durch das Meer das Euangelium verstanden wird. Das Euangelium ist/ darauff Christus gewandelt: Das Euangelium ist/ darauff Petrus zwar gewanckt hat/ hats aber nicht gahr verleugnet / denn er durch die rechte Hand Christi seines glaubens sterckung bekommen.

Die Gottlose werden faule fische genannt. Basilius.

Dieweil aber die Gottlose Menschen auch Fisch/ zwar faule böse Fisch heissen/ muß man auch daruon etliche sprüch vnnd exempla besehen: Ja Basilius homil. 7. Hex. beweist/

beweist/das die Menschen wol erger als die Fisch sein. Piscis diuinæ legi non aduersatur, & homines salutaria sibi præcepta non ferunt, non patiuntur? Noli flocci pendere pisces quòd voce careant, quòd Animalia sint penitus expertia rationis, sed vereri & permetuere velis, ne creatoris obstando præceptis, rationis illis expertior videare.

Das ist: Die Fisch widerstreben Gottes Gesetz nit vnd die Menschen wollen die heilsame gebott weder dulden noch leiden: Achte die Fisch darumb nicht gering / weil sie stumm vnnd ohn vernunfft sind / Ja sihe du daß du mit deinem vngehorsam gegen Gott / nicht vnuernünfftiger denn die Fisch geschätzt werden.

Zum Ersten ist aber zumercken der vnersättliche geitzige fraß vnnd Tyrannisch wesen der Menschen gegen vnd vndereinander / welches bey den Fischen vorgebildet wirt. Habacuc 1. Der Gottlose verschlinget den/der frommer ist denn er/du lässest (HERR die Menschen gehn wie Fisch im Meer/rc. Welches nicht allein die Jüden von den Babylonier sagten / sondern alle geringe arme betrangten klagens von den Gottlosen stoltzen Geitzhälsen / wer nur kan der jaget / fahet / verschlingt sein nechsten / wie die grosse Fisch die geringere / biß sie endlich in ein Bauch kommen.

Gott bildet auch der Menschen geitz bey den fischen Haba. 1.

Basilius. Maior pars piscium liguriunt alter alterum atq; deuorant, & minor apud illos esca maioris est, & si vnquam euenerit, vt is qui minorem superauerat, alterius præda fiat, ambo tum simul deglutiuntur, & vnum vltimi piscis immersi ventrem ingrediuntur. QVID IGITVR QVÆSO NOS HOMINES ALIVD AGIMVS, cum vim afferimus inferioribus, rapimusq; eorum fortunas? Quid interest

inter-

inter eum & vltimum piscem, qui sua improba cupiditate diuitias consequenti, in inexplebiles Auaritiæ sinus imbecilles ingerit homines atq; abdit. Ille pauperis patrimonium raptum habuit, tu illum oppressum partem tuarum facultatum fecisti: iniustis iniustiorum profectò atq; auaris auariorem te ostendisti. Caue sis ne finis idem tibi qui piscibus euenire crebrò solet, occurrat, hamus forsitan aut nassa aut etiam rete. Et nos enim omninò cum multa peregerimus mala atq; iniqua, iudicium illud extremum, pœnam illam vltimam non euitabimus.

Das ist: Vnder den Fischen frist vnnd verschlinget einer den andern/ der kleiner ist des grösten speiß / vnnd wens sich zutregt der den geringen verschlungen hat / auch gefressen wird / so kommen sie endlich mit einander in des dritten Bauch. Lieber was thun wir Menschen anders / so den geringen gewalt thun vnd jhre gütter rauben? Was ist auch für ein vnderscheid zwischen dem dritten vnnd letzten Fisch/ vnd dem der mit seiner geitzigen begird / Reichthum zu vberkommen/ die schwache geringe Menschen/ oder auch andere vermögliche in seinen geitzwanst verschlungen vnnd geschappet hat. Einer raubt dem armen sein erbtheil / du kommest vnd beraubest jetzt der Räuber vnd samlest zu deinem gut? Du beweisest damit dz du viel vngerechter vñ geytziger seist / denn die vngerechten vñ geitzigen. So magstu wol zusehen/ das dir nicht auch ein gleiches end/ wie den Fischen begegne / vnnd mit Hamen/ Netz oder einem garn bestrickt werdest / vnnd wenn wir schon vnrecht thun / werden wir doch dem letzten gericht vnnd endtlichen straffen nicht entgehen.

Ambrosius. Dieses repetirt Ambrosius lib 5. c. 5. Hexaem. vnnd setzt von den Menschen hinzu. Ipsis piscibus postea

hæc

hæc iniuria accreuit, sicut in nobis non ex NATVRA cœpit, sed ex AVARITIA: aut quia ad vsum hominum dati sunt, in SIGNVM quocꝫ facti sunt, vt in HIS NOSTRORVM MORVM VICIA VIDEREMVS & caueremus exempla, ne quis potior inferiorem inuaderet, daturus in se potentiori exemplum iniuriæ. Itacꝫ qui alterum lædit sibi laqueum parat, in quem ipse incidat.

Das ist: Es hat hernach diese vnbilligkeit auch bey den Fischen vberhand genommen/ wie auch wir es nicht von Natur haben/ sondern nur aus geitz/oder aber/ weil sie dem Menschen zu nutz vnd besten gegeben sind/sie jhm auch zum zeichen geordnet/ das wir an jhnen vnsere Laster betrachteten/ vnnd vns forthan hüteten/ das nicht ein starcker den schwachen vnterdrücke/ vnnd also einem gewaltigern/ als er ist/vrsach gebe/ dergleichen vnbilligkeit zuüben. Derwegen wer einen andern beleidigt/der zeucht jhm selbst ein vnglück vber sein Hals/vnnd fellt in die gruben/die er einem andern gemacht hat. Sie erzehlen in specie auch die exempla Cancri & Polypi, ohne noth hie zu inseriren.

Zum andern hat Gott bey etlichen Fischen die tugende fürstellen vnnd die Menschen darzu vermahnen wollen / denen sie doch bey weitem nicht gleich seind. Ambrosius lib. 5. cap. 3. Pisces quidam viuos fætus ædunt de suo corpore, vt mustelæ, caniculæ, cete ingentia, delphines & focæ aliaecꝫ cete huiusmodi: Quæ cum ædiderint partus, si quid forte insidiarum, terrorisꝫ præsenserint circa catulos suos quenquam moliri, quo tueantur eos, vel teneræ ætatis pauore materno affectu comprimant, aperire ora, & innoxio partus suos dente suspendere, interno quocꝫ recipere corpore & genitali

Gott vermanet vns auch zur tugent durch die Fisch.

Ambrosius.

feruntur

feruntur aluo abscondere. Qui humanus affectus hanc piscium pietatem posit imitari? Oscula nobis societatis sunt, illis non satis est aperire viscera, natosq; recipere ac reuocare integros, atq; iterum fotu quodam eos sui caloris animare & spiritulare, duosq; in vno corpore viuere, donec aut securitatem deferant, aut corpore suo obiecto natos suis defendant periculis. Quis hæc videns, & si posit obtinere, non tantæ piscium pietati cedat? Quis non miretur & stupeat, vt seruet Natura in piscibus quod non seruat in hominibus.

Das ist: Man saget von etlichen grossen Meerfischen/ welche nicht Eyer/ sondern bald Junge hecken/ als die Meerdreuschen oder Meerhund/ Meerschwein/ Wallfisch vnnd dergleichen/ wenn sie mercken/ das man jhren Jungen nachstellet/oder sonst erschrocken sind/ das sie dieselbige aus Mütterlicher trew vnd zuneigung mit den Zeenen im Maul ergreiffen vnnd bewaren/ Ja wol gahr wider in den Leib hienein nemen/ biß sie der gefahr entrinnen/ vnnd als denn so geberens widerumb. Welche Menschliche Liebe kan dieser Fischen frömmigkeit vnnd freundligkeit nachfolgen? In gemeltem Capitel spricht auch Ambrosius/ das an den Fischen etliche trew gespühret werde/ in dem sie sich allein zu jhres gleichen halten/ vnnd frembde art der Fischen meiden. Quam pura & inuiolata succeßio? Nullus alteri sed suo generi miscetur, Tymallus Tymallo, lupus lupo, Scorpena quoq; castitatem immaculati connubij generi suo seruat &c. Nesciunt igitur alienigenarum genera piscium adulterina contagia &c. Aber diß gehöret in den 3. stand vnnd gnug hieruon.

Wir wollen mehr sprüch Göttliches Worts von den
Eccles. 9. lehrhafften Fischen besehen. Der Prediger Salomon cap.
9. be-

9. beschreibet darmit den vngewissen eyttelen zustandt der Menschen auff Erden: Der Mensch weiß seine zeit nicht/ sondern wie die Fisch gefangen werden mit einem schädlichen Hamen: so werden auch die Menschen berückt zur bösen zeit / wenn sie plötzlich vber sie fellt. Lutherus. Piscis cibum petit & hamum vorat: Sic nos cum bona elegimus & sperauimus, fallimur: Vbi mala videntur impendere, bona impendent, &c. Lutherus.

Gleich wie der Fisch / wenn er nach dem angesteckten würmlin vnnd köder schnapt/ den angel ergreifft: also gehts auch vns Menschen / wenn wir glückselige tag vnnd gute ding hoffen vnnd erwehlen / so werden wir betrogen vnd begegnet vnß das widerspiel: Wen wir vns des vngelücks besorgen/ so kompt vns glück zu Haus. Wir wickeln vns in die händel daraus wir nimmermehr kommen können/vnd wissen nicht wie vns geschicht/ die vrsach ist / weil vns stund vñ zeit verborgen ist/darumb so gehts nicht nach vnserm willen vnd anschlag/sondern widersinnisch/2c.

Brentius sagt: Perinde vt piscis cum vermiculum captat, præter opinionem in hamo hæret: Sic homo repentè & nihil eiusmodi suspicans, ærumnis implicatur, & quidem tunc, cum adeò læto rerum successu fruitur, vt tristiorem aliquem casum aut fortunam nihil deinceps iuris in se habere existimet. Brentius.

Augustinus de Agone Christiano Cap. 7. Der Fisch frewet sich wenn er den Hamen oder Angel nicht sihet vnnd die speiß frist/ aber wenn der Fischer jhn heraus zeugt/ so schneid vnnd schmertzt jhn der Angel im Leib / darnach wirt er von seiner freud/ die er an der speiß hett / zum todt gebracht: Also gehets allen Menschen/die sich der zeitlichen güeter vnnd wollust halben selig achten/sie haben den Angel Augustinus

 im

in Leib stecken / vnnd fahren damit vmbher : Aber es wirt einmal die zeit kommen/das sie innen werden / mit was begierd vnd lust sie so grossen schmertzen gefressen haben.

Gaudet piscis quando hamum non videns escam deuorat, sed cum piscator eum adducere cæperit, viscera eius torquentur primò, deinde ab omni lætitia sua per ipsam escam de qua lætatus est ad comsumptionem trahitur : Sic sunt omnes qui de BONIS TEMPORALIBVS Beatos se esse putant : hamum enim acceperunt, & cum illo sibi vagantur, veniet tempus vt sentiant quanta tormenta cum auiditate deuorauerint.

Geistliche deutung. Hieronym.

Hieronymus allegorisiert diesen Hamen auch auff die falsche lehrer vnnd Ketzer/die mit jhrem libkosen/ freundlichen vnnd geschmirten worten/ scheinfasten / geringer kleidung vnnd dergleichen die Leuth betriegen. Sagena hæreticorum, per quam pisces capiunt ad interitum, est sermo affabilis, blandum eloquium, simulata aut coacta ieiunia, vestis humilis, virtutum imitatio. Hugo verstehts auch von der Sünd/darmit der Teuffel die Menschen fenget/ vnnd endlich heraus zeugt. In Psalm. 52. Quid gloriaris in malicia &c.) peccatum hamus est quem homo in hac vita cum auiditate deuorat: Et sic in fine piscante diabolo extrahitur & torquetur. Daß die Menschen mit Krieg vnnd anderm vnglück wie Fisch gefangen werden/ beweisen die Exempel so drunden in andern standt erzehlet werden.

Hugo.

Num. 11. werden die Kinder Israel lüstern nach fischen.

Wir wollen mehr sprüch anhören / darbey der Menschen Sünd zu mercken seind. Num. 11. v. 5. Das Volck Israël war lüstern worden in der Wüsten / sassen vnnd weineten vnnd sprachen / wer wil vns fleisch zu essen geben?

Wir

Wir gedencken der FISCHE die wir in Egypten vmbsonst assen / vnnd der Kürbsen / Pfeben / Lauch / Zwibel / Knobloch / nu aber ist vnser Seel matt / rc. Gott erhört zwar jhr murren vnd schicket Wachteln (besihe das Vogelbuch hieruon) aber da das fleisch noch vnder jhren Zeenen war / straffe vnd schlug sie Gott mit einer sehr grossen Plag. Wie dis David Psalm. 78. widerholet / daruon auch droben.

Diß ist eine grosse schendliche vndanckbarkeit der Israeliten / die aus einer so harten dinstbarkeit außgeführt / die wunder vnnd zeichen Gottes gesehen / vil wolthaten von jhm empfangen hatten / nu so bald murren / vndanckbar seind / vnnd ziehen diesen grossen wolthaten Gottes weit für jhr Egyptische fisch / Zwibel vnd Knobloch / rc.

Aber diß geschicht leider noch / vnnd ist ein fürbilde der vermeinten Christen / welche durch die Predigt des H. Euangelij aus der finsterniß vnnd dienstbarkeit des Papstumbs erlöset sind / aber nu vmb des schendlichen vergenglichen geldtes vnd guts willen / wider zurück sehen / vnnd sich wol gahr dahin begeben vnnd gefangen nemen lassen. Wie Brentius diß deutet. Tolerabile fortaßis eßet, si talis ingratitudo vna cum Israelitis sepulta eßet; nunc autem nostris temporibus non dißimile exemplum ingratitudinis vidimus. Non est ignotum quantum fuerit iugum papisticum, non tantùm in expilandis externis facultatibus, verum etiam quod maximum erat, in cruciand a conscientia perpetuis doloribus. Quanta carnificina erat auricularis confeßio ? Et, quantus cruciatus, expectatio ignis illius fictitij purgatorij ? Et tamen cum institueretur opinata Reformatio, quæ dicta est, Interim, & quæ non erat nisi instauratio papisticæ Tyrannidis, magna pars respiciebat in papatum.

Geistliche deutung.

Brentius.

Eadem ingratitudine sunt ferè priuati quique homines, qui cum ab ineunte ætate multis beneficijs diuinitùs sunt affecti, & aliquoties mirando modo è difficilimis periculis liberati: tamen si postea vel minimus digitus paululum intumuerit, solent extrema contumelia tàm in Deum quam in homines grassari.

Das ist: Wenn solcher vndanck mit den Israeliten were vergangen vnd ausgerottet worden/ könte man etlicher massen zu friden sein. Aber zu vnserer zeit ist der vndanck jo so groß vnnd gemein/ als bey den Kindern Israël. Denn man weis ja/ wie schweren Joch im Bapstumb man hat müssen vnderworffen sein/ da sie den armen Layen nicht allein ausgesogen vnd alle güter zu sich gezogen/ sondern auch das noch viel härter war/ die gewissen fort vnnd fort geengstet haben. Welch ein Pein war es mit der Ohren beicht? wie engsteten sie iederman mit dem fegfewer? Noch dennoch als eine vermeinte Reformation/ das interim genant/ vorgenommen wardt/ob es gleich nur eine ernewerung war der Bäpstlichen Tyranney/ wüntzschen dennoch jhr viel nach dem Bapstumb.

Diese grosse verfluchte vndanckbarkeit/ findet man nicht allein bey den abtrünnigen Mammelucken/ sondern auch bey gemeinen Leuthen/ Gott erzeigt manchen viel hohe wolthaten von Jugent auff/aber wenn eim nacher nur der klein finger wehe thut/so murret vnd schnurret er wider Gott vnnd die Menschen/ ꝛc. Lyra moralisierts auff die Bettelmönch welche nach jhrer profeß nicht an wenigen wollen content vnnd vergnügt sein/ sondern den vollauff haben/ vnnd seind allermeist/ die zuuor nicht viel gehabt/ vnnd die armut sie in die Kloster getriben hat/ ꝛc.

Lyra.

In

In gemelten Capittel wirt auch der schwache glaub vnnd zweiffel des grossen wundermanns Gottes des Mosis/ angezeigt. Mose sprach zu Gott/ Sechshundert tausent Mann fuß Volcks ist des/ darunter ich bin/ vnnd du sprichst/ Ich wil euch fleisch geben/ das jhr esset einen Monden lang/ ꝛc. werden sich alle Fische des Meers hertzu versamlen/ daß jhnen gnug sey? Der HERR antwortet/ Ist denn die hand des HERRN verkürtzt? Wiewol etliche Mosen hie endtschüldigen/ er hab Gott nicht mißtrawet/ sondern nur de Modo gefragt/ von der weiß vnnd weg/ ob die Fisch im Meer sich hertzu finden werden/ oder ob sie Ochsen schlachten solten. Ist doch der text vnnd antwort Gottes hell vnnd deutsch gnug/ daß Moses auch anfahet zu zweiffeln/ in dem er den grossen hauffen des Volcks ansihet/ die zeit vnnd das ort betrachtet. Aber Gott lehrt man sol allein in die vnuerkürtzte handt des HERRN sehen/ ꝛc. Num. 11. zweiffelt Moses an Gottes güte vñ allmacht.

Ein andere Sünd wirt gemeldet Nehemiæ 13. Zurselbigen zeit sahe ich in Juda Kelter tretten auff den Sabbath vnnd garben herein bringen/ vnnd Esel beladen mit Wein/ Trauben/ Feigen vnnd allerley last zu Jerusalem bringen auff den Sabbath/ ꝛc. Es wohneten auch Tyrer drinnen die brachten Fische vnnd allerley wahr/ vnnd verkauffetens auff den Sabbath den Kindern Juda vnd Israël/ da schalt ich die Obersten in Juda vnnd sprach zu jhnen/ Was ist das böse ding/ das jhr thut/ vnd brecht den Sabbather tag? theten nicht vnsere Väter auch also/ vnnd Gott führet alle diß vnglück vber vns vnd vber diese Stadt? vnd jhr macht des Zorns vber Israël noch mehr/ das jhr den Sabbath brecht: Vnd da die Thoren zu Jerusalem auffgezogen waren für dem Sabbath/ hieß ich die Thür zuschliessen/ Nehe. 13. straffte die fischtremerey am Sabbath.

schliessen/vnnd befahl man solt sie nicht auffthun/ biß nach dem Sabbath/vnnd ich bestelt meiner Knaben etliche an die Thor/das man kein last herein brechte am Sabbater tag. Da blieben die Krämer vnnd verkäuffer mit allerley waar/ vber nacht draussen für Jerusalem einmal oder zwey/da zeuget ich jhnen vnd sprach/Warum̃ bleibet jhr vber nacht vmb die Mauren ? werdet jhrs noch eins thun/so wil ich diehandt an euch legen. Von der zeit kamen sie des Sabbats nicht mehr/2c. Diese Historia vom Fischkauff vnd Krämerey gibt erstlich die lehr/ daß es eine grosse Sünd sey/an denen tagen darinn man Gottes Wortt handlen hören vnnd thun sol/ der Krämerey vnd andern Weltlichen geschefften obliegen. Wie diß in der auslegung des dritten gebots gehört wirt.

Die andere lehr/ trifft im andern standt die Oberkeit vnd Regenten an/daß sie/ vnangesehen den nutzen/ solchen handel mit Krämerey am Sontage abschaffen sollen.

Die glossa allegorisierts vnd verstehet durch diese faule Fische vnsere schwache gedancken / wenn wir vns in sorgen dieser Welt vertieffen / in welche vns die Tyrer am Sabbath wollen beybringen / in dem die bösen vnruhigen geister vnß mit Weltsorgen zu vberraschen gedencken. Aber Nehemias strafft die Regenten Juda wegen solcher Krämerey 2c. Piscis malus est infirma cogitatio, quæ se curis huius mundi vltra modum immergit : quam nobis Tyrij, id est, coangustati quærunt in Sabbato vendere ; cum immundi spiritus quietem nostræ cogitationis importunè profundis seculi curis obruere tentant. Sed pro tali mercatu Nehemias Optimates obiurgat Iuda & castigat : dum diuina inspiratio eos qui professioni pietatis seruire conantur, ab huiusmodi cogitationibus purgat,&c. Vnnd diß sey vom ersten standt.

WJewol allererst jetzt vnnd auch droben etliche lehrhaffte sprüch von den Fischen in den Andern Standt gehörig erzehlet worden sind: wollen wir doch auch alhie mehr in Hypothesi vnd specie melden ꝛc. Der ander Standt.

Der Prophet Habacuc 1. cap. weissagt vnnd klaget vber den grausamen zustand des Israëlitischen Volcks/welches von den Babyloniern / wie Fisch von den Fischern/ sollen gefangen vnnd erwürgt werden. Warumb sihestu/ HERR / den verächtern zu / vnnd schweigest / daß der Gottlose verschlinget/den / der frommer/den er ist ? vnd lessest die Menschen gehn/wie FISCH im Meer/wie gewürm/ das keinen Herrn hat. Sie zihens alles mit dem Hamen/ vnd fahens mit jhrem Netze/vñ samlens mit jhrem garn/ des frewen sie sich vnd sind frölich/darum̃ opffern sie jhrem Netze vnnd räuchern jhrem garn / weil durch dieselbige jhr theil so fett/ vnnd jhre speiß so völlig worden ist. Derhalben werffen sie jhre Netze noch immer auß/ vnnd wollen nicht auffhören Leute zu erwürgen. Habac. 1. Weissaget den Israeliten sie sollen wie Fisch gefangen vnd getödtet werden.

Die Allegorische vnnd heimliche deutung ist droben gesagt: Waß aber den Buchstaben vnnd eigentliche auslegung dises spruchs betrifft / so redet der Prophet von den Babyloniern oder Chaldeern/ die als vnbarmhertzige schreckliche Fischer / vber die Jüden kommen / sie vnnd andere Völcker als Fischer fangen vnnd vmbringen werden. Lutherus. Diß ist alles geredt / spricht Lutherus / im kampffglauben von der Gottlosen Babylonier glück vber ander Land vnd Leuthe. Wie gehn die Fisch im Meer ? Sie haben kein Regement noch ordnung sich zu wehren wider jemand/ sondern schweben daher / wer da fehet der fehet / wer da haschet der hat / da ist niemand der da wehret vnnd vertheidiget/das solche Fische nicht anders sind / denn den fres- Lutherus.

sern für die augen gelegt/ Menschen fahen vnnd fressen sie/ grosse Fisch vnnd Ottern/ fressen sie/ Adler/ Weihe vnd ander Vogel fressen sie/ Bieber vnnd ander Thier fressen sie/ Sie sind nur Speiß/ beide der Menschen/ Vogel Thiern vñ Fischen. Eben so lassestu alle Land vnnd Leute den Chaldeern sein/ das sie nur fahen fressen vnnd schlingen. Ists nu nicht verdrißlich / das solchen bösen Gottlosen Leuten/ sollen alle fromme land vnnd leute sein/ wie Küchenfische/ die sie fahen schlachten vnnd fressen wie sie wollen? Das ander/ wie gewürm das keinen Herren hat / ist eben dasselbige/ denn er redet nicht/ meines achtens/ vom gewürm auff dem land/ sondern im Meer (als da sind die kleinen Fische / wie Psalm. 104. da ist gewürm ohn zall im Meer / denn Ræmesh auff Hebraisch heist/ alles was da kreucht vnd schleucht welches ich gewürm heisse / wiewol das Wort zu eng ist/ aber ich hab kein anders / wir sprechen es krimmelt vnnd wimmelt) vnd Habacuc setzt das hinzu/ zu deuten von welchen Fischen er redet / nemlich von den kleinen/ welche gar arme würmlin gegen jhre fresser sind / denn da hat der Mensch angel/ Netz/ Garn/ Körb/ Reusen vnnd allerley gerüst/ das man sie fehet vnnd frist / ohn was Vogel vnnd grosse Fische mit schnäbeln vnnd klawen thun / diese alle haben keinen Herrn/ das ist/ sie haben kein ordnung/ wissen sich auch an niemand zu halten / sondern fahren in der jere / nur zur speise den andern/ rc.

Die kleinen fischlich können sich nit weren gegen jhren fresser.

Bey diesen armen Fischen vnnd grausamen zustand/ ist zu mercken / Erstlich / wenn man sich mit Sünden an Gott vergreifft/ daß man sich darnach nicht wehren kan/ sondern aller Gottlosen Raub muß sein. Darnach das Gottes gericht an seinem Hauß anfahe vnnd er seine Kinder mit der Rutten züchtiget/ hernacher aber die gebrauchte Rutten

Die Sünd macht vns wehrlos vñ zum raub der Gottlosen.

in den.

in den Ofen werffe vnnd verbrenne. Weiter sollen wir auch mercken / die art vnnd eigenschafft der Chaldeer als fischer / wie Moses Gen. 10. aus dem Nimrod einen Jäger macht. Vnnd wie ich gesagt hab / der Mensch hat mancherley gezeug die Fisch zu fahen / Also gibt er, hie dem König zu Babylon auch / das er ein gewaltiger geschickter Fischer sey / der mit mancherley gewalt alles zu sich zihe / fahe vnnd samle. Diese Hamen / Netze / garn / sind nichts anders / denn seine grosse mechtige Heere / darmit er alle Land vnnd Leute gewonnen / vnnd aller Welt güter / Kleinot / Silber vnnd Gold / Zinß vnnd Rente zu sich gen Babylon gezogen hat / also das er auch die gefesse im Tempel zu Jerusalem weg führet. Denn was ists anders / wenn solch ein grosser König sein Heer außgeschickt vber ein Land vnnd gewinnet es / das er alle Barschafft nimpt an Gelt vnnd Kleinot / dartzu die Leute wegführet / zu letzt auch Zinß vnd Rente im selbigen Land behelt / denn als ein Fischer der sein Netze auswirfft vnnd zeugt alles zu sich / was er fehet / vnd behelts was gut ist / etc. Wir wollen aber aus dem Propheten allein diser Babylonischer Fischer art verzeichnen.

Der König zu Babel ein fischer.

Der Babylonischer fischer art ist das sie

Erstlich ist jhr Geitz vorgebildet wie sie mit jhrem Netze / hemen vnnd garn alles vnersättlich zu sich ziehen. Rod. Gualth. Quemadmodum auarus & improbus piscator non contentus cepisse quantum in præsens sufficit, pisces omnes simul attrahere, adeoque latus & maria omnia exhaurire cupit: Ita Babylonius iste suos hamos huc usque omnibus regnis & populis circumquaque iniecit, suis retibus & sagenis omnes prouincias attraxit, & totius orientis opes ad se congessit. Das ist: Gleich wie ein emsiger geitziger fischer nicht vergnügt ist / an den fischen die er auff einmal bedarff / sondern begert / wo müglich / alle

1. Geitzig.
Gualtherus

fisch zu fangen/ alle Wasser vnd Meer/ zuerössen vnnd erschöpffen: Also hat der Babylonischer König sein Netz vnd garn vber alle Königreich Land vnd Völcker außgeworffen/ beschlossen/vnd alle schätz des Morgenlands zu sich gerafft. Diß ist aber ein grosse Sünd/ander leuth haab vnd gut begeren vnd zu sich reissen.

2. Barmhertzig. Die Ander eigenschafft ist die grosse freud vnnd frolocken bey diesen Babylonischen Brachfischer/ kein mitleiden noch erbarmen ist da/ sondern in dem die arme Leuth heulen/schreyen/weheklagen/so iubilieren vnd jauchtzen sie/ Welche vnbarmhertzigkeit mit gleicher Müntz bezalet wirt.

3. Abgöttisch. Die dritte / Sie opffern jhrem Netze vnd räuchern jhrem garn/ weil durch dieselbe jhr theil so fett vnd jhr speiß so völlig worden ist. Etliche verstehn jhre Götzen / andere jhre eigene macht vnnd Heerskrafft darmit sie die Reichthumb eroberten. Lutherus setzts zusammen/ꝛc. Droben

Lutherus. sagt der Prophet als deñ mus sein Sieg seines Gottes sein/ das ist/er gibt die Ehr seinem Abgott BEL vnd NEBO/ vnnd nicht dem rechten Gott zu Jerusalem: Hie spricht er / das er seinem Netze opffere vnnd seinem garn räuchere / so wir doch jetzt gesagt haben/das sein Netz vnnd garn sey seines Heerskrafft zuuerstehn: Wie opffert er den denselbigen vnnd gibt doch zugleich die ehre seinem Gott. Antwort/Der Prophet ist so vber die Chaldeer entzündet/ das er für grossem Eiuer den er zu Gott vnnd seinem Volck hat/ des Königs zu Babylon vnnd der seinen spottet/sampt jhrem Gott vnn Gottesdinst: q. d. wenn räuchert vnnd opffert jhr/ ist doch da kein Gott/ so ist der Götz auch nichts / Ich wil euch wol sagen / wem solch opffern vnnd räuchern geschicht. Nemlich/ Ewerm Netz/ ewer eigen macht / denn wer sich eines dings rühmet/ vnnd ist frölich vnnd fro darüber/

der/ wie jhr seid vber solchem glück/ dancket aber dem rechten Gott nit/ wie jhr auch thut/ d' macht sich selbs zum Abgott/ gibt jhm selbs die ehre/ frewet sich nicht in Gott/ sondern in seiner krafft vnnd werck. Darumb ob jhr wol mit dem Mund Gott nennet/ vnnd mit der Hand für den Götzen opffert vnnd räuchert/ so ists doch im grund ewers Hertzens nichts/ sondern jhr haltet von euch selbs wol das jhr solches vermöcht/ vnnd meinet jhr seits werth vnnd habets verdienet/ darumb ist ewer Netze/ das ist/ ewer Macht vnnd Gewalt ewer Gott/ dem opffert vnd räuchert jhr/ denn auff ewer gewalt verlast jhr euch/ trotzet rühmet euch derselbigen/ wo die nicht were/ ewer Götz solt euch wenig helffen oder erfrewen/ ꝛc. Das ist ein eusserliche vnnd innerliche Abgötterey zusampt der Heucheley.

Zum vierden ist jhr vnersättigkeit angezeigt vnd gestrafft. Lutherus. Je mehr des gelds wirdt/ Je grösser der Geitz wirt/ daß man den mit gut nimmermehr kan settigen/ sondern nur weitter macht/ ꝛc. So schreiben die Heyden vom grossen Alexandro/ das er nicht gesettiget war an einer gantzen Welt/ dann da er höret von einem Philosopho/ das viel mehr denn eine Welt were/ seufftzet er vnd sprach/ vnd ich hab noch nicht eine gewonnen. Also schilt hie Habacuc den vnersettigen Geitz des Königs zu Babylon/ daß er jhm nicht benügen lest/ sondern weil sein theil so fett ist/ wirfft er sein Netz noch immer aus/ mehr Land vnnd Leuthe zu gewinnen/ aber er mus solchs wider ausspeyen.

4. Vnersettigk. Lutherus.

Fast gleiche weiß zu reden braucht auch der Prophet Amos 4. in dem er den Fürsten vnnd Häuptern im Königreich Samaria (die nur den armen vnderdrückten/ in fressen vnd sauffen lagen) der Assyrer/ jhrer feinden/ vberfall drewet. Der HERR HERR hat geschworen bey seiner

Amos. 4. drewet den Obersten in Samaria der Assyrier einfall vber sie.

seiner herligkeit/sihe es kömpt die zeit vber euch/das man euch wird heraus rücken mit angeln/vnnd ewre nachkommen mit fischhäcklin. Est simile à piscatoribus petitum. Quam facilè piscis quantumuis magnus, hamo trahitur, tam facilè vos extrahemini ex Samaria, vt in captiuitatem migretis.

Das ist: So leichtlich ein Fisch der schon gros ist/ mit dem angel heraus gezogen wirt/ so leichtlich werdet jhr auch aus Samaria gezogen/ das jhr ins gefengnis gehet. Welches auch geschahe. Denn wenn Gott straffen wil/ so hülfft keine gewalt menge vnnd festung darfür/ Alß er auch vrsach gnung darzu hatte/ denn die Fürstenräth vnnd Hoffleuth vnderdruckten vnnd plageten den armen/ lebten in teglichen wollusten/ fressen vnnd sauffen: Welches auch den Aulicis dieser zeit zumercken ist.

Ezech. 26. An diesen ort gehört auch die Straffpredigt Ezechielis cap. 26. v. 5. vnd 14. Ich wil einen blossen felß/ aus dir/ Tyrus/ machen/ vnd ein werth/darauff man die fischgarn auffspannet/das du nicht mehr gebawet werdest. Denn ich bin der HERR der solchs redet/ spricht der HERR HERR. Diese gewaltige gewerbstadt sol vom Nebucadnezar oder grossen Alexandro also verwüstet werden/ das da die schöneste Pallast gewesen/ die Fischer jhre Netze vnnd garn auffhencken vnd trücknen sollen. Warumb? Vmb der grossen vilfaltigen Sünd vnnd laster willen/ welche in diesen trefflichen Emporij im schwanck gehn/ da arm sein vnnd kein gelt haben/die gröste Sünd ist/rc.

Wir wollen noch einen lieblichen vnnd löblichen spruch zum andern stand gehörend aus dem Newen Testament anzeigen. Matth. 17. Da Christus mit seinen Jüngern gen Capernaum kam/ giengen zu Petro die den zinßgroschen

Matth. 17. fengt Petrus ein fisch der hat ein stater im Mund

groschen einnahmen / vnnd sprachen / pfleget ewer Meister nicht den zinßgroschen zu geben? Er sprach/ Ja: vnnd als er heim kam/ kam jhm Jesus zuuor vnnd sprach/ Was düncket dich Simon? Vom wem nemen die Könige auff Erden den zoll oder zinß von jhren Kindern oder von frembden? da sprach zu jhm Petrus: von den frembden. Jesus sprach zu jhm. So seid jhr Kinder frey: Auff das aber wir sie nit ergern/ so gehe hin an das Meer/ vnnd wirff den angel/ vnd den ersten Fisch der aufferfehrt/ den nim / vnnd wen du seinen Mund auffthust/ wirstu einen Stater finden / denselben nim/ vnnd gib jhn für mich vnnd dich/ ꝛc.

Dieser wunderbarliche Fischzug Petri / aus Christi geheiß geschehen/ ist auch vleissig zu behalten. Vnnd zwar was Christum anlanget/ welches in den ersten stand gehört/ vernemen wir hiebey seine Mayestet / wissenschafft/ gewalt vnnd Herrligkeit. Denn ob schon Christus bey dem gesprech Petri vnd des Zöllners nicht leiblich gegenwertig ist/ weiß er dennoch dasselbig/ kompt Petro für mit dem fragen. Darnach so weiß er auch was in der tieffe des Meers geschicht/ vnd sihet den Stater in des Fisches Maul / er verschafft/ das derselbige Fisch herauff fehret / anbeist vnnd gefangen wirdt. Beweis der Allmacht vnd allwissenschafft Christi.

Chrysost. homil. 59. in Matth. Vt rerum omnium Dominum se esse ostenderet, vtq; MARIS ipsius ditionem habere videretur, non à reconditis, sed mirabili quodam modo inuentam pecuniam deferri iubet: Et quamuis tum increpatione, tum quia virtute sua super fluctus Petrus ambulauit, Maris Dominus demonstraretur, tamen alio quodam modo non minùs mirabili, idipsum impræsentiarum ostendit. Non erat quippe paruum prædixisse à profundissimis fluctibus Chrysosto.

eum.

eum piscem hausturum hamum, qui vectigal erat so= luturus. Ita imperio eius quasi iaculo in mar demerso, illic captus est piscis, in quo stater reseruabatur. Diuinæ igitur ac ineffabili eius virtuti munera pelagus offere= bat, & vndiq; subiectionem suam ostendebat, vel quia increpatum ex furore in tranquillitatem subitò se con= uertit.

Das ist: Damit Christus bewise/daß er ein HERR aller ding sey/vnd die Herrschafft des Meers in seiner Hand habe/so lest er den zinßgroschen nicht aus seinem Beuttel vñ vorrath/sondern auff eine wunderbarliche weiß ein gefundes zinßgeldt/herbringen. Ob er auch wol sonsten mit seinem scheltwort / vnnd Petrus durch seine krafft auff dem Meer gegangẽ/seine Herrschafft vber das Meer angezeigt hat/ Je= doch geschichts nit mit wenigern vñ geringern wunder allhie: Deñ es ist nit ein schlechtes wunder zuuor vorkündigẽ/dz ein Fisch aus der tieffen des Meers herauff fahren / am angel anbeissen vnnd den zinßgroschen erlegen solt. Also ists mit seinem gebott vnnd wort/ als mit einem pfeil ins Meer ge= schossen / der Fisch so den statt hat / gefangen worden. Da= rumb so bringt das Meer seiner Göttlichen vnaußsprechli= chen krafft gaben vnnd verehrung / vnnd erzeigt seinen ge= horsam/daß es auff Christi schelten still wirt.

Hieronn. S. Hieronymus weiß nicht wes er sich fürnemlich verwundern solle/der wissenschafft Christi oder seiner macht/ denn beydes sey da zu mercken. Quid primùm mirer in hoc loco nescio, Vtrum præscientiam an magnitudi= nem Saluatoris. Præscientiam quòd nouerat piscem ha= bere in ore staterem, & quòd primus ipse capiendus esset: Magnitudinem atq; virtutem: si ad verbum eius statim stater in ore piscis creatus est, & quod futurum erat loquendo fecerit.

Das

Seine krafft ist daran zu spühren/ das er gleich dem Stater in des Fisches Maul erschaffen/ vnd mit dem reden/ das künfftige/gemacht hab: Denn darfür halten wir es / der stater sey nicht ins Meer gefallen/ vnd vom fisch auffgefangen/ sondern von Christo von newen erschaffen worden. Wie Christianus Druthmarus in Matthæum Hieronymi meinung widerholet. Qui prædixit ipse & creauit, & piscem & aurum quod in ore habebat. Neq; enim putandum est alicui decidisse in ipsum lacum, vt de alterius damno se liberaret Dominus, sed ad hoc creatum est ipsum aurum, & in ore adhuc piscis habebat, non in ventre, &c. Vnnd diß gehört in den dritten stand von Christo Mayestet/Allwissenschafft vnd Krafft.

Die ander lehr dieses Fischzugs welche in diesen stand gehört/ist von dem Zoll vnd Zinß welche der Weltlichen Oberkeit gereicht sol werden. Da Christus vnnd die Apostel ergernis zuuerhüten den zoll erlegen.

Ergernis zuuerhütten gibt Christus zoll den er nicht schuldig war.

Christus beweist zwar/das er zollfrey sey / weil er nit allein nach der Göttlichen Natur / ein erschaffer der gantzen Welt/vnnd austheiler aller Königreich/ sondern auch nach seiner Menschheit vom Königlichen geschlecht sey: aber doch ergerniß zuuerhütten vnnd daß er nicht auffrührisch gescholten könte werden: so wil er gern vnnd williglich den zoll geben / darmit er allen Christen die vermahnung gibt/ ob sie schon Gottes Kinder vñ also durch Göttliches recht võ allen beschwerden befreyet sind/wie Christus spricht Matth. 5. Selig sind die sanfftmütigen/ denn sie werden das Erdreich besitzen / vnnd die Gottlosen Weltkinder nur knecht sind/ Jedoch sollen sie die beschwerden auff Erden/biß jhnen die posses des erdbodens vnnd aller Creaturen eingereumbt wirt / williglich leiden. 1. Cor. 3. Rom. 8. &c.

Wolffgang Musculus

VV. Musculus in Matt. Ergo Christiani tanquã filij Dei sunt liberi & immunes ab omni seruitute tanquam hæredes Dei & Domini terræ (iuxta allegata scripturæ loca) Ista dignitas agnoscenda est, quia plurimum habet consolationis & spei Christianæ fulcimentum. Christiani rerum potiuntur vt filij, impij vt alieni, quos certum est, in omni rerum vsu peccare & olim perdendos esse.

Warumb Christus den zinßgroschen aus dem Meer holen lassen. 1. Hieronym.

Das aber Christus aus dem Meer den Zinßgroschen holen lest/ist vmb zweierley willen zubedencken vnd mercken. Erstlich/das wir seine armut sollen sehen vnnd behertzigen/ Wie Hieronymus schreibt. Sed & simpliciter intellectum ædificat auditorem, dum tantæ Dominus fuerit paupertatis, vt vnde tributa pro se & Apostolo redderet non habuerit. Quod si quis obijcere voluerit, & quomodo Iudas in loculis portabat pecuniam? Respondebimus: Rem pauperum in vsus suos conuertere nefas putauit, nobisq; idem tribuit exemplum.

Das ist: Weñ man dieses nur nach dem Buchstaben/ vorstehet so hat der zuhörer zulernen/das Christus so arm gewesen ist/das er für sich vnd Petro den zinßgroschen zugeben nicht vermocht. Denn das jemand fürwenden wolt/ habe doch Judas geldt im Beuttel getragen? Antwort ich/ Christus habs für vnbillich geacht/ das er solches armen oder allmosen geldt in seinen nutzen wenden solt/ vnnd hat vns diß exempel auch hinderlassen. Darauff spricht Wolffgang Musculus. Bone Deus, in vsus Christi necessarios non licuit vsurpare pecuniam pauperibus destinatam, & hodie licet Apostolorum successoribus patrimonium crucifixi & pauperum illius, in omnia libidinum genera profundere, nedum in priuatos necessarios vsus. Das ist: Hilff Gott/ hat Christus das geldt so den armen verordnet

Wolffgang Musculus.

ordnet war/ in seinen nöttigen nutz vnnd brauch nicht wenden dürffen/ vnd ist jetziger zeit/ bey Bäpsten/ Bischoffen/ etc. die sich der Apostel nachfolger rühmen/ wol vergönnet vnnd erlaubt / das erbtheil Christi vnnd armen gütter/ in allerley vppigkeit / fressen / sauffen/ Hurerey / zuuerschwenden etc Ich wil der teglichen notturfft geschweigen / etc. Ist auch hie vnnötig zuuermelden / wie der Bäpstische hauff diesen fischzug vnnd zollgeldt mißbraucht / jhre vermeinte freiheit/ immunitatem Ecclesiasticam genant/ die hoheit vnnd primat des Bapsts darmit zuuertheidigen / welchs wider den klaren text vnnd exempel Christi ist.

Darnach so lest Christus / Petrum den zollgroschen erfischen/ das er lehrt/ das alle Gottesfürchtige Handwergs leuthe vnnd Haußväter/ die fleissig arbeiten vnnd Gott vmb seinen segen anruffen / mit jhrem Handwerck vnd beruff allwegen souiel erarbeiten/ das sie jhren zoll vnnd zinß geben können: Die arbeit soll vnnd wil den zoll mitbringen. Wie Osiander sagt. Sicut Petrus piscator ex piscatione potuit soluere tributum: sic quisque ex sua vocatione comparare poterit tantum pecuniæ. vt tributa & census persoluat: modò in vocatione sua strenuè laboret, & Dominum pro benedictione inuocet, 2. Osiander.

Waß nu weitter die Allegorias anlangt / werden mancherley daruon gelesen/ wollen wenig verzeichnen. Theophyl. Discamus & hîc mysterium quoddam: Nostra enim Natura est piscis in profundo incredulitatis mersus, sed Apostolicus sermo extrahit nos & in ore nostro inuenit staterem. Qualem staterem: duo drachma tenentem. Quia & Christus duas Naturas habet, homo existens & Deus. Hic igitur stater datus est pro duobus, pro Iudæis & Gentibus, pro iustis & peccatoribus. Geistliche deutung des zinßgroschens Theophyl.

 Quod

Quod etsi auarum quempiam videris, nihil aliud habentem in ore, nisi aurum & argentum, hunc habe pro pisce in mari huius vitæ natantem: at vbi inuentus fuerit præceptor, qualis Petrus, qui mittat hamum in mare, is eripiet ex ore illius aurum & argentum

Das ist: Vnser Natur ist der Fisch/ in der tieffe des vnglaubens versuncken / die Apostolische Predigt aber zeugt vns heraus vnd findet in vnserm Mundt ein stater der zwey drachmans helt/ den Christus hat zwo Naturen/ist wahrer Mensch vnnd Gott / welcher für zween/ für Jüden vnnd Heyden/ für gerechte vnd sünder dahin gegeben ist worden. Item: Wenn du einem geitzigen Reichen Mann sihest/der nichts im Maul hat denn Silber vnnd Gold (daruon er stets redet) den halt für einem Fisch/ der im Meer dieses elenden lebens schwimmet /aber wenn ein Lehrmeister kömpt wie Petrus einer gewesen ist/ der kan mit dem angel Gottes Wortes jhn heraus ziehen/ aus seinem Mundt das Goldt vnnd Silber wegnemen / das er sich nicht darauff verleßt vnd stets rühmet/wie zuuor/ꝛc.

Hilarius. Hilarius deutet zwar dieses Fischfangen auff die predigt Petri / aber den Fisch verstehet er/ den ersten Merterer Stephanum / in dessen Mundt die newe predigt des Euangelij war. Welches auch bey dem Ambrosio lib. 5.

Ambrosius. cap. 6. Hex. zusehen ist. Piscis es ô homo, &c. Ideò misit Petrus retia & complexus est Stephanum, qui de Euangelio primus ascendit, habens in ore suo staterem iusticiæ, &c. Idem de hac re lib. 1. Epistolarum Epistola 1. ad Iustum. Das ist: O Mensch du bist wie ein Fisch/ darumb hat Petrus sein Netz ausgeworffen vnd Stephanum gefangen/welcher der erste Märterer war/ vnd hat in seinem Mundt den Stater der gerechtigkeit.

Zum-

ZVm dritten / den gemeinen Ehe vnnd Nahrungs standt betreffendt / finden wir nicht wenig sprüch / welche zum theil die Häußliche narung fleissig vorbilden / zum theil dero mangel vnnd hunger andeuten. Wie droben im ersten standt bey den Zorn vnnd straffen Gottes insinuiret ist. Welches auch hiehero gehöret. Zuforderst aber ist zubehertzigen / die grosse Gnad Gottes / damit er den Menschen in der erschaffung gewürdiget vnnd erhöhet: daß er jhm die Herrschafft nicht allein vber die Vogel vnderm Himmel vnnd Thieren auff Erden / sondern auch vber die Fisch im Meer vbergeben hat / ohn noth in gemein von der Herrschafft zu reden. Welche Chrysost. hom. 10. in Genes. Basilius homil. 10. in Hexaem. höchlich preisen: Doch ist sie jtzund nichts mehr gegen der vorigen Domination im stand der vnschuldt / wie Lutherus in Gen. schreibt: Hoc leprosum corpus habet adhuc Dei beneficio speciem aliquam Domini in alias creaturas: Sed id perexiguum est & longè inferius illo primo Dominio, vbi non arte, non dolis opus fuit (vt nunc) sed simpliciter diuinæ voci paruit creatura, cum iuberentur Adam & Eua dominari eis. Ergò nomen & vocabulum Dominij retinæeus ceu nudum titulum: Ipsa AVTEM RES FERE TOTA AMISSA est: Et tamen bonum est ista scire & cogitare vt suspiremus illum venturum diem, in quo hæc nobis restituentur, quæ in paradyso per peccatum amisimus,

Der dritte Standt.

Gott hat den Menschen auch vber die fisch zu Herren gemacht.

Lutherus.

Das ist: Dieser vnreiner Leib hat noch etlicher massen die Herrschafft vber die Creaturen: wiewol sie gering ist / vnnd lang nicht mit der ersten zuuergleichen / da man weder list noch kunst bedürffte / sondern alle Creaturen der stimm Gottes gehorchten / da Adam vnnd Eua befolen ward vber sie zuherschen. Darumb haben wir noch den blossen namen: Aber die herrschafft ist fast gahr verlohren: doch ist es gut solchs wissen vnd bedencken/auff das wir vns sehnen nach dem Jüngsten tage/ da vns alles wider sol erstattet werden/ was wir durch die Sünd verlohren haben.

Basilius. Wir wollen etwas in specie von der Herrschafft vber die Fisch hören. Basilius homil. 10. Hex. Primùm nobis principatus in ea datus est quæ nobiscum non habitant. Non dixit dominentur Animantibus quæ sunt eiusdem alimoniæ & conuictus, sed PISCIBVS. Illi vitam agunt in vndis. Igitur piscium nobis primùm datus est principatus. QVOMODO DOMINAMVR? 1. Sicubi obseruasti quomodo ad stagnum aliquod constitutus vmbra corporis tui perterrefeceris. Quis vsq; adeò domus tuæ Dominus est, vt si quando illi disturbatæ subitò immineat, mox ita tranquillam reddat & omnia decoro, præsentia sua, vtpote dominantis restituat: quomodo vniuersa aquatilis creatura ad vnius hominis conspectum, schema suum immutat? Discursum suum non amplius habet liberum, nec audet superficiei maris aut stagni natando committere. Delphin si quando vicinum sibi conspicatus fuerit hominem, etiamsi inter natatilia sit magnificentissimus, metu tamen corripitur. Cùm verò videas rationem tuam omnia penetrare ac nihil non superare, quomodo non esses cæterorum Dominus? 2. Vidi ego industria humana quo pacto hamos adornent illisq; esculenta quædam illecebrosa magnitudini Cetorum, qui ea voraturi sint, competentia adaptent, deinde extremitatibus funium, quibus hami annexi sunt, in altero illo cum termino vtres inflatos finibus funium alligatos in vndarum superficie nataturos mari immittant. Allecti ad hunc modũ per esculentorum illecebram immanes Ceti voratis hamis, vtres quidem ad fundum maris secum detrahunt: Quoniam verò vtrium Natura est vt superna petant, fit vt illi per vtres iterum ad superficiem retrahantur, vbi cibo isto quasi inebriati sursum ac deorsum insanorum more iactantur, atque ita alterato discursu ac strepitu profunda repetunt. Itaque hoc pacto captus cetus pelago vbiꝗ remenso, multoꝗ conatu frustra consumpto, tandem per hamum illum capturæ exponitur, & magna laboris fatigatione domitus, fameꝗ confectus cum vtribus enectus trahitur, venatio factus venatori, paruo magnus, imbecilli vastus & immensus. Quanàm ratione? Quoniam per Rationis videlicet facultatem immanes hasce Belluas homo ACCEPTA DOMINANDI POTENTIA, veluti malos quosdam ac fugitiuos seruos, immorigeros ad iustam obedientiam cogit. Hos quia mansuetudine non ducuntur, necessitate ad seruitutem adigit: Ac istum vbique modum inditam sibi à creatore dominandi potentiam habet homo, &c.

Das ist: Die Herrschafft vber die Fisch erscheinet erstlich darbey: Das / wenn ein Mensch zum gestadt des Meers oder Teiches zunahet / die Fisch so zuuor am selben geschwummen / erschrecken vnnd wegweichen / sich nicht mehr sehen lassen.

Darnach ists auch am Fischfang offenbar / das die Menschen auch die grossen Waalfisch wunderbarlicher weiß / mit aaß an grosse angel gesteckt vnnd auffgeblassene blasbelgk oder schleuch daran gehenckt / fangen beherschen vnnd erwürgen.

Es

Es ist aber doch/sagt Lutherus/ ein vnderscheid zwischen dieser vnnd der ersten Domination, denn jetzund fürchten die Fisch/Thier vnnd Vogel/ den Menschen als einen Tyrannen: wie die wort Genes. 9. zu den Patriarchen Noha gesprochen/ lautten: Ewer forcht vnnd schrecken/rc. Zuuor sind die Thier/Fisch vnd Vogel den Menschen auch gehorsam vnnd vnderthenig gewesen/ aber wir lesen nicht/ sagt Lutherus. Das die Bestien den Menschen so geförcht vnd geflohen haben/ wie hie Moses anzeigt/ die vrsach ist/das die thier bißher für dem Todt sind befreyet vnd nicht des Menschen speiß gewesen: Denn der Mensch war wie ein Bürgerlicher vnnd freundlicher Herr/ vnd kein todtschleger vnnd fresser der Thieren: Jetzt aber werdens dem Menschen als einem Tyrannen der Lebens vnd Todts gewalt vber sie hat/ vnderworffen/ darumb fürchten sie den Menschen/rc. Daruon wissen die Heyden nichts/ das die Menschen durch vnd von dem Wort Gottes solchen gewalt empfangen haben/ sie meinen es gehe also vngefehr.

Frag: Ob auch die Wölff Lewen/rc. den Menschen fürchten.

Hie fellt aber eine frage für: Wie kan die forcht vnd schrecken vber die Thie sein/ so sie die Menschen fressen/vnd der Mensch sie fürchtet/ wie an den Schlangen/ Wolff/ Lewen/rc. zu sehen ist/darob der Mensch erschrickt/sie fürcht vnnd fleucht? Antwort. Wiewol der Mensch aus furcht der gefahr/ diese Thier fleucht/ so ists doch auch war/ daß des Menschen furcht vber jhnen ist/ denn auch die grausamste thier erschrecken erstlich/ wenn sie den Menschen ansichtig werden/aber/so sie gereitzt werden/ vberwinden sie mit stercke jhres Leibs. Warumb fürchten sie den Menschen so sie stercker sind? Antwort: Sie wissen das der Mensch mit vernunfft begabet/sie alle darmit vbertriffe vnnd vberwindet. Wie man sihet/das die Menschen die Elephanten

mit

mit jhrer kunst zämen / ein kleiner Knab / Kühe vnnd Ochsen treiben / vnd ein pferdt reitten kan wohin er wil. Ist aber kein zweiffel / das dieser schrecken vnnd furcht zur zeit der Ertzvätter / da die gerechtigkeit grünet vnnd der Sünden weniger waren / viel grösser vnd hefftiger gewesen ist als jetzund / da Gott den Thieren gewalt gibt die Sünd vnnd missethat an den Menschen zu straffen. Bißhero Lutherus.

In gemeltem 9. cap. Genes. erlaubt Gott dem Menschen auch allerley Fleisch von dem Vihe / Fisch vnnd Vogeln zu essen / darmit er ohne zweiffel den betrübten Noa ergetzen wil. Lutherus. Dieses wort verordnet die metzel vnnd schlachtbanck / stecket die Hasen / Gänß / Hüner an den bradtspieß / vnnd erfüllet die Tisch mit allerley trachten. Vnnd lehret die noth die Menschen / das sie nicht allein Wildtpräth Jagen / sondern auch zame thier mesten / daß sie speise haben können. Darumb so ist Gott allhie gleich als ein Metzger fürgestellet / der mit seinem wort allerley essende Thier schlachtet vnd würget / darmit er den grossen schmertzen / den Nooh in der Sündfluth eingenomen / erstatte vnd ergötzte.

Genes. 9. Vergönnet Gott den Menschen allerley fleisch zuessen vom vihe vnnd fischen.

Derwegen sol man nicht achten das es ohne gefehr so geschehe / wie die Heyden meinen / daß es ohn gefehr plumpßweiß geschehe / sondern durch Gottes Wort wirts zugelassen vnnd geordnet / denn sonst hette ohne Sünd kein Thierlein noch Vogel oder Fischlin erwürget können werden / wo es Gott nicht erlaubt hette. So ists demnach eine grosse freiheit / das der Mensch sicher allerley Thier tödten vnnd zum essen bereiten mag. Die Gottlosen Menschen die Heyden / auch weise Philosophi verstehen das nicht / vnd meinen es sey allezeit breuchlich gewesen. So handlen auch wider diese freiheit die lesterliche vnnd gotlose Bepste / die gesetz

Die Papisten handlen wider Gottes ordnung das sie an etlichen tagen verbitten fleisch zuessen.

gesetz vnnd verbott machen / da Gott erlaubt vnnd keine Sünd ist/ꝛc. denn an gewissen verbottenen tagen sol fleisch essen eine todtsünde sein/doch vergünstigen vnd erlauben sie die Fisch/ gleich als wen es nicht fleisch were / so doch die Vogel vnnd Fisch aus einerley materia gemacht / die Thir vnnd Vogel neben vnnd mit den fischen erlaubt werden/ Genes. 9. vnnd Paulus 1. Cor. 15. Der Fisch/ Fleisch nennet/ꝛc. aber hieruon ist auch bey den Thieren vnnd Vogeln gesagt.

Gott zeigt sein zorn an mit mangel der fisch.

Weiter / wiewol Gott aus sonderlichen gnaden vnnd güete die Fisch dem Menschen zur nahrung vnnd auffenthaltung gegeben hat/ Jedoch sol entzeucht er dieselbige zum offtermal/vnnd straffet die Menschen mit dero mangel/ oder zeigt sonsten bey den Fischen sein vngnad vnnd zorn an/ als das die Fisch in grossen gefahren in dem Meer vnnd wassern erschrecken sollen. 4. Esdræ 16. v. 12. Das Erdreich erzietert mit seiner grundfeste / das Meer brauset von seiner tieffe auff/vnnd sind die Wellen vnd Fisch darinnen vnruhig für dem HERRN vnnd seiner herlichen krafft.

Ezech. 38.

Ezechiel 38. Zurselbigen zeit / wenn der Gog vnnd Magog (der Türck mit seinem anhang die Christenheit vberzeucht) so wird groß zittern sein im Land Israël (in der Christenheit) das für meinem (zornigen) angesicht zittern sollen/die Fisch im Meer / die Vogel vnder dem Himmel. Daraus denn nicht allein Gottes macht vnnd zorn zuerkennen ist/sondern auch zu mercken/wie die Menschen/ Ja alle Creaturen erschrecken vnnd nicht bestehen können. Hieronymus versteht die Menschen so erneuter Thier art im Leben führen.

Hugo.

Hugo Card. Per pisces Maris intelliguntur Auari & curiosi qui nesciunt viuere, nisi in amaritudine curararum huius mundi. Das ist: Die Geitzige vnnd fürwitzige Leute welche sampt andern hefftig erschrecken werden in der Antichristischen verfolgungen/rc. Wir wollen aber etliche Exempla der Fischtewrung vnnd mangel erzelen.

In der ersten straff der Egyptier do Gott durch Mosen Exod. 7. Alle Bäch/ströme/ See vnd wassersümpfe in Blut verwandelte/da sturben die Fisch in strom vñ der strom ward stinckend. Diese straff widerholet der Psalm. 105. Er verwandelt jhr wasser in Blut vnnd tödtet jhre Fische. Vnd Sapientiæ. 19. v. 10. Das wasser gab an statt der Fische/ frösche die menge. Diese straff weret nicht nur ein / zween/ oder drey sondern siben gantzer tag lang/rc.

Exod. 7. sterben die fisch.

Psal. 105. Sap. 19.

Gott wolt in gemein / darmit sein Mayestet gewalt vnnd herrligkeit offenbaren/für aller Welt bekandt machen/ vnnd auch das wasser zum sonderlichen straffmittel weichen vnnd ordnen.

Von diesen Fischen schreibt Hieronymus in vor angezogenem Psalm. Pisces) Qui inter fluctuosas huius mundi fælicitates regnum esse putabant. Die Ketzer vnnd falsche lehrer /welche meineten das Reich Gottes were in der vngestümmen glückseligkeit dieser Welt. Hugo in Psalm. Pisces Ecclesiæ sunt simplices & pauperes, qui deberent nutriri in anima, Aquis doctrinæ & sapientiæ prælatorum: & in corpore Aquis diuitiarum. Sed quia TOTVM studium prælatorum est ad promouendos parentes, & diuitiæ eorum ad ditandos consanguineos conuertuntur: Ideo pauperes & simplices moriuntur fame animæ & fame corporis, & ipsi prælati qui subtrahunt eis, rei sunt mortis.

Geistliche deutung. Hieronymus. Hugo.

Das ist: Die Fische sind die einfeltige vnnd arme Leute in der Christlichen Kirchen / welche von dem prælaten

ten vnnd Bischoffen an Leib vnnd Seel mit dem Göttli-
chen wort vnnd eusserlichen güetern ernehret vnnd erhalten
solten werden. So wenden die Bischoffe vnnd prælaten
allen fleiß dahin/das sie allein jhre Eltern befördern/ jhre
blutsfreund Reich machen/ daher die einfeltige armen / an
Leib vnnd Seel hungers sterben müssen/ vnd sind deswegen
die prælaten todtswürdig.

Esat. 19. verkündiget auch den mangel an fischen vnnd wasser.

Esaias 19. verkündiget mit folgenden worten den
Egyptern ein grossen mangel an Fischen. Das wasser in
den Seen wirt vertrocknen / darzu der strom wirt versiegen
vnnd verschwinden. Vnnd die wasser werden verlauffen
das die Seen an tämmen werden gering vnd trocken werden/
beyde Rohr vnnd schilff verwelcken/ vnnd das graß an den
wassern verstieben/vnnd alle saat am wasser wirt verwelcken
vnnd zu nicht werden. Vnnd die Fischer werden trauren/
vnnd alle die angel ins wasser werffen / werden klagen / vnd
die so Netz aus werffen auffs wasser/werden betrübt sein. Es
werden mit schanden bestehn /die da gute garn wircken vnnd
Netz stricken / vnnd die da helter haben / sampt allen die
Teich vmbs lohn machen / werden bekümmert sein.

Deutung dieser Prophecetung.

Mit dieser weitleufftigen beschreibung wil der Pro-
phet anzeigen / jhr fischerhandwerck werde gahr darnieder
ligen/weil von wegen des wassers mangel/keine Fisch mehr
vorhanden sein werden. Versteht aber durch die Fischerey
welche der gröst handel in Egypten war / allerley handthie-
rung/so der innerlichen Krigen halben keinē fortgang haben

Brentius. gibt seine erklerung.

können. Brentius. Non est intelligendum quod Mare &
Nilus , ac reliqua flumina Ægypti , ita vnquam exic-
cata fuerint, vt nulla in eis aqua remanserit, sed per exic-
cationem maris & fluminum in Ægypto intelligit apud
Ægyptios in ciuili dissensione cessaturam omnem ne-

gocia-

gociationem & piscationem, &c. Das ist: Wann die handthirung (welche der Prophet hierdurch versteht) darnider ligen vnnd nichts mehr gelten / so geschichts nicht ohn sonderlichen Rath Gottes.

Denn Erstlich so strafft er dardurch der Kauffleute vnd Händtler lüegen vnd betrug / sintemal / wenn friede vnd ruhe ist / so verhandelen sie auff das theurest jhre auch böse keinnütze waar / vnnd schweren auch darzu / etc. Welche sünd durch Krieg vnnd empörung gestrafft werden. 1.

Darnach wil Gott die Kauff vnnd Handwergsleute der messigkeit vnd sparsamkeit erinnern / die sonsten / wenn jhre handwercken wolgelten / kein maß noch ziel in fressen / sauffen vnnd ander vppigkeit halten. 2.

Vber das meldet Gott auch / das der Mensch nicht vom Brot allein / das ist / von der handthierung lebe / sondern von einem Jeden wort / das aus dem Mundt Gottes geht / denn ob schon der gewinn auffhöret / so höret doch Gottes güete vnnd gnad noch nicht auff / bey denen / so von ersten das Reich Gottes vnd seine gerechtigkeit suchen. Diß Brentius. Ohn noth dißmals Hieronymi vnd andere allegorias hie zu inseriren. 3.

Hoseas Cap. 4. weissagt auch von einem mangel an den Thieren / Vogeln vnd Fischen / etc. Es ist kein trew / kein liebe / kein wort Gottes im landt sondern Gotteslestern / liegen / morden / stelen vnnd Ehebrechen hat vberhand genommen / vnd kömpt ein Blutschuld nach der andern. Darumb wirt das landt jemmerlich stehn / vnnd allen einwohnern vbel gehn / denn es werden auch die Thier auff dem felde die Vogel vnder dem Himmel / vnnd die Fisch im Meer weggerafft werden / etc. Dieser spruch wirt von Hieronimo / Luthero / Brentio vnnd andern / nach dem Buch- Oseas. 4.

staben von den Fischen ausgelegt. Vernemen auch das solches vmb der Sünden willen von Gott verhengt wirt.

Brentius Gottes zorn ist ein vnerregliche last.

Brentius. Gottes Zorn ist so streng wider die Sünd/ das wen er anbrennet/nicht allein die Sünder/ sondern auch die Wilden Thier verzehret. Vnd die verachtung Gottes Worts ist auch ein solche schwere Sünd vnd tödtliches gifft / das nicht allein die Menschen / sondern auch die Thier Fisch vnnd Vogel vnnd alles was Lebet vergifftet vnnd tödtet.

Zephani. 1.

Zephaniæ. 1. Ich wil alles aus dem Land wegnemen spricht der HERR / Ich wil beide Menschen vnnd Viehe / beide Vögel des Himmels vnnd Fische im Meer wegnemen sampt den ergernissen vnnd Gottlosen spricht der HERR / Ist ein weissagung vber das Königreich Juda welches auch ermelte straff ausstehen sol.

4. Esd. 5.

Ein Engel berichtet auch den Esdram 4. cap. 5. das wenn zur letzten zeit einer Regieren werd/ des man sich nicht versehen hette/würden die Vogel wegfliegen vnnd das Sodomitische Meer seine Fisch auswerffen. Diß sey gnug von Fischmangel vnnd theurung/ daruon ein sprichwort ist / die theurung oder wolfeile kommen aus dem Wasser.

Der dritte Standt. Matth. 7. Luc. 11.

Was ferner im Ehestand der Eltern liebe gegen die Kinder anlangt/haben wir Christi tröstlichen spruch Matth. 7. vnnd Luc. 11. zumercken. Wo bittet vnder euch ein Son den Vater vmb einen Fisch/ der jhme eine Schlange biete? So denn jhr / die jhr doch arge seid/rc. Die erste lehr ist die Kindliche zuuersicht vnnd zuflucht der Kinder zu jhren Eltern. Die ander ist die Vätterliche zuneigung vnd bereitwillige hülff gegen den Kindern. Die dritte ist die Application auff Gott vnd alle Christglenbige Menschen: nemlich / Das hertzlich Kindliche vnd vertrawlich gebet

der

der Christgleubigen zu Gott dem Barmhertzigen Vater: vnnd auch Gottes Vätterliche zuneigung vnnd hülff gegen allen währen anbetern. Darvon besihe im Thierbuch bey der Schlangen.

Das Ander Capitel/ von Wallfische.

WIewol in dis ander Capittel alle grosse Meerwunder/ die Leuiathan / Meerdrachen vnnd Wallfisch heissen/ könten eingezogen werden/ Jedoch wollen wir von den vnderschiedlichen namen in vnser deutschen Bibel/auch in vnderschiedenen Capitteln hören vnnd bey den Wallfischen anfahen.

VOn der Wallfischen erschaffung schreibt Moses Genes. 1. Gott sprach / es errege sich das Wasser mit bebenden vnnd lebendigen Thieren vnnd Gott schuff GROSSE VVALLFISCHE Thaminim gedolim. Alhie fragt man warumb Moses nur die Wallfische mit namen nenne vnnd der andern als kleiner Fische geschweig? Antwort Lutherus in Gen. Lat.

Wer die Wallfische erschaffen.

Darumb geschichts/das wir Menschen wissen/ diese grosse corpora vnnd Thier sein Gottes werck vnnd geschöpff/ vnnd das man der grösse halben nicht meine / sie sein

Vrsach warumb Moses allein der Wallfische gedenckt.

sein des Teuffels gespenst. So nu erwiesen ist / das diese grosse Meerwunder von Gott erschaffen sind / kan man leichtlich erachten die geringere fisch sein auch Gottes geschöpff. Dieser grosse Meerfisch vorbild thun vns die augen auff / erwecken vnnd stercken den glauben / das wir Gott trawen / er werde auch vns / die wir weit geringer sind / wol erhalten vnnd ernehren. Diß Lutherus. Waß jhre grösse anlangt / sind seltzame vnnd vnglaubige sagen daruon.

Von jhrer gros Plinius. Lyra.

Plinius schreibt / das einer vier Jauchart acker groß sey. Etliche sprechen wie dryaden folget / sie sein wie die grossen hoher berg vnd Insulen im Meer anzusehen. Lyra in descriptione Leuiathan apud Iobem ait: Audiui à quodam experto in mari & homine veridico, quòd in ripa maris iuxta Portugaliam fuerit inuentus Cetus, de cuius lingua particulatim decisa, fuerunt onerati viginti quatuor muli, ex quo satis apparet magnitudo capitis & cerebri, oculorum.

Das ist: Ich habe von einem glaubwürdigen vnd des Meers erfahrnen Mann gehört / spricht Lyra / das am gestadt des Meers neben Portugal ein so grosser Wallfisch gefunden sey / das von seiner Zungen / die man zustücken zerhawen / 24. Maullthier beladen worden sind / daher die grösse des Kopfs / Augen vnnd gantzen Cörpers abzunemmen.

Chrysost.

Chrysost. homil. 7. in Genes. Da Gott die Wallfische geschaffen / ꝛc. hat er bald gesagt / vnnd Gott sahe es an das es gut war) Darmit Gott etlicher Wäscher freuel niderlegt / die alles ohn vrsach tadeln. Denn darmit nicht jemand sagen möcht: Warumb sind die Wallfische erschaffen? was haben wir für einen nutz dauon? So hat Gott bald drauff gesagt / Sie sein gut / als wolt er sprechen / Gott tadelt darumb nicht die Creaturen / weil du jhren nutzen vnnd

Die Wallfische sind gut / ob wir schon jhren nutz nicht wissen.

vrsachen

vrsachen nicht weiß vnnd verstehest. Höre / Gott lobet sie das sie gut sein/ wie bistu so kühn vnnd toll / das du sagest/ warumb sind sie erschaffen/vnnd verklagest Gott seines geschöpffs halben: Denn wenn du verstendig vnnd klug werest: so köndestu aus der Wallfische erschaffung erlernen/ Erstlich/Gottes Krafft vnnd Allmacht/darnach seine güete vnnd barmhertzigkeit: Seine Allmacht zwar/das er mit einem wort vnd gebott aus dem wassern solche grosse Thier herfür gebracht vnnd erschaffen hat. Seine Barmhertzigkeit aber das er jhnen ein sonderlich ort im Meer eingegeben/ da man nicht schiffet/das sie niemand einigen schaden zufügen/ sondern Gottes großmechtige krafft anmelden.

Die erschaffung der Wallfische rühmet auch David Psalm. 104. Das Meer das so gros vnd weit ist / da wimmelts ohne zahl/beide gros vnnd kleine Thier/daselbs gehen die Schiffe/da sind Wallfische (im Ebreischen Leviathan dauon an seinem ort) die du gemacht hast / das sie drinnen schertzen: Darmit zeigt David die vrsach an/warumb Gott solche Wallfische erschaffen vnnd was sie im Meer verrichten. Psal. 104. Die Wallfische schertzen im Meer

Deuten aber die Patres fast alle das wort Schertzen für verspotten vnnd verhönen. Lyra. Ex hoc quod Leuiathan factus est à Deo in corporr tam magno, sequitur quod necessaria sit ei magna cibatio ex alijs piscibus maris quos deuorat, propter quòd alij pisces Cetum videntes ex instinctu naturali fugiunt aduersus ripam, vbi Cetus natare non potest propter aquæ paruitatem, & ideò Cetus eos insequens impingit ad terram, & à piscatoribus ibi occiditur, quia non potest se mouere & sic illusus sua spe frustratur. Auslegung. Lyra.

Das ist: Weil der Wallfisch eines grossen Cörpers ist/muß er nothhalben viel vnnd grosse speiß vnnd nahrung haben/vnnd andere Fische im Meer verschlingen. Demnach wenn die andere geringere Fisch ihn sehen/ so schwimmen sie aus Natürlichem trieb vnd eingebung an das gestad/ dahin der Wallfisch von wegen des wenigen vnnd seichten wassers nicht kommen kan/wenn er den jhnen nachjaget vnd vnbeweglich daselbst bleibet/wirt er von den Fischern getödet vnnd also seiner hoffnung betrogen vnd verspottet.

Doch appliciert Lyra diß auch auff den Satanam/ der vermeinet/er wolle Christum in seinem Leiden vnd sterben gahr verschlingen/ wie denn auch die Christgleubigen in den verfolgungen/aber er wirt zu spott/wie das am Jüngsten tag erscheinen wirt/ wie er mit ketten der Finsternis gebunden gewesen ist.

Augustinus Augustinus spricht: Das wir den Satan verlachen sollen/doch können wirs nicht ehe/wir werden denn auch Engel/weil aber das noch auff Erden vmb der Sünden willen vnmüglich ist/ so verlachen vnsere heilige Engel den Satan vnnd hindern jhn das er vns nichts schedtliches zufügen kan.

An tradidit illum ad illudendum, hoc est, vt illudatur, id est, Putaremus quòd Deus illi illuderet, nisi scriptura Iob soluisset quæstionem, ibi enim dictũ est, ad illudendum ei ab angelis meis. Vis illudere Draconi? Esto angelus Dei. Sed nondum es Angelus Dei, donec sis, si eum cursum tenes vt sis, sunt Angeli qui illudant Draconi, ne tibi noceat: Præpositi enim sunt Angeli cœlorum super potestates aêreas.

Hierony. Hieronymus Deutets auch auff den Teuffel/ doch das er der Menschen spotte/in dem er sie mit seinen teuffelischen

schen eingebung vnd sünde von Gott abbringet vnd stürtzet. Draco iste est qui de paradiso eiectus est, qui decepit Euam, & datus est in hoc mundo ad illudendum nobis. Quantos enim Monachos & clericos præcipitauit, &c. ohn noch mehr dergleichen allegorias zu inserieren, Denn ad literam wirt der Wallfisch verstanden der sein wohnung in dem Meer hat / drinnen sich vbet vnnd schertzet. Vnnd gedencks auch Syrach 43. Durch sein wort weret Gott dem Meer/ das es nicht außreisse / vnnd hat Insulen drein gesetzet/die auff dem Meer fahren sagen/von seiner fehrligkeit/ vnd die wirs hören verwundern vns. Daselbst sind seltzame wunder/mancherley Thier vnnd Wallfische durch dieselbige schiffet man hin. Mit diesem spruch kommen vberein des H. Basilij vnnd Ambrosij reden in Hexaem. Basilius homil. 7. Nachdem er vermeldet/das ein jegliche art der Fische in seinem/von der Natur eingegebnen ort bleibe (welchem doch die Menschen zu wider handlen/ein Haus an das ander bringen /ein acker nach dem andern kauffen/vnd nicht satt werden können/welches in den dritten stand gehört) so dencket er auch der Walfische/so in jhrem deputierten ort verharren/mit diesen worten. Syra. 43. Basilius.

Sciunt Cete prouinciam eam quam definiuit ipsis Natura. Id occupant Mare, quod vltra plagas habitabiles collocatur, quod insulis fermè caret: cui continens vltrà succedere nulla vnquam conspicitur. Quamobrem innauigabile est, & nec explorandi ratio nec vlla necessitudo prorsus, vt æquor vnquam aggrediantur, nauigantibus persuadet. Hoc mare, Cetarium genus maximorum montium instar, vt ferunt qui conspexerunt, occupatum tenet in suis finibus manens, nec vllum prorsus detrimentum aut insulis aut vrbibus maritimis afferens.

Das ist: Die Wallfische wissen das ort so jhnen die Natur selbs vmbschrieben vnnd gegeben hat / denn sie haben das Meer innen da die Menschen nicht wohnen können / in dem auch keine oder gar wenig Insulen sind / vnnd nachdem kein trocken land mehr gesehen wirt. Derwegen so kan man nicht darauff schiffen / ist auch kein noth noch vrsach / darumb man sich auff dasselbige begeben solt.

Warumb die Wallfische vnnd dergleichen thier erschaffen.

Dieses Atlantisch Meer bewohnen die Wallfische welche wie grosse berg / daher schwimmen vnnd weder Insulen noch Meerstätten schaden zu fügen. Vnnd bald hernach: Auff das wort vnnd sprechen Gottes sind bald alle ding herfür kommen entweder dem Menschen zu dienst vnd nützen. 2. oder zu verwunderung an solchen Creaturen Gottes / oder auch 3. zum schrecken vnnd forcht / das vnser schlefferig / treg vnnd faul gemüth auffwache. Wenn man die Wallfische im Atlantischen Meer / wie die grosse berg vnnd Insulen daher schwimmen sihet. Vnnd dieses repetirt Ambrosius mit gleichstimmenden worten. lib. 5. cap. 10. Hex. Daraus erscheinet nu warumb Gott solche grosse Wallfisch erschaffen hab.

Psal. 148. die Walfisch sollen Gott loben.

Wir kommen aber widerumb zu den sprüchen heiliger schrifft. Psalm. 148 Ist eine ermanung / das alle Creaturen Gott loben sollen / vnnd spricht vnder anderm. Lobet den HERRN auff Erden. Jhr Wallfische vnnd alle tieffe / ꝛc. vnd die drey Männer im Fewerofen sagen in jhrem gesang v. 79. Wallfische vnd alles was sich reget im wasser / lobet den HERRN / preißet vnnd rühmet jhn ewiglich.

Diß loben der Wallfische / ist nichts anders denn jhr gehorsam / denn sie nach jhrer angeschaffner art vnd Natur / Gott dem Allmechtigen Schöpffer leisten / vnnd auch den Menschen / so jhre grösse vnd andere eigenschafft wissen anlei-

anleitung vnd vrsach geben/jetztgemelten schöpffer zu fürchten / ehren vnnd preisen.

Hieher gehöret auch die klag des H. Jobs in seinem hohen leiden. cap. 7. Bin ich ein Meer oder Wallfisch/ das du mich also verwarest. Osiander. Gleich wie die grosse Wallfisch im Atlantischen Meer (schier als einem kercker verschlossen vnnd bewaret sind/ das sie die Schiffleut nicht beschedigen vnnd verderben: Also hastu / Herr Gott/ mich vberall mit Creutz vnd leiden vmbgeben vnd gefangen/ das ich nirgend entrinnen kan / gleich als sol ich elender Mensch /den Erdboden bewegen vnnd vmbkehren ? Ist das deiner Göttlichen Mayestet nicht zu nahe vnnd verkleinerlich ? Das sind nu hefftige wort darmit Job seine grosse eusserliche vnnd innerliche schmertzen an tag gibt / welches bey den kleinmütigen erschrockenen gewissen auch gespühret wirt / Deßwegen billich Gott zu fürchten vnnd ehren ist/der vns mit allerley Creutz vnnd Trübsal dermassen verwahren vnnd beschlissen kan/ das wir jhm nicht entflihen mögen.

Job. 8. Osiander.

Doch ist auch ein trost den verfolgten Christglaubigen Menschen/ bey dem Wallfischen zu mercken. Psalm. 74. Du HERR/ du schlehest die Köpff der Wallfische (doch stehet in Ebreischen Leuiathan) vnd gibst sie zur speiß dem Volck in der Einöde/das ist/ Ob schon die Wallfische vnmeßlich gros mechtig vnnd starck sind / so gibstu sie doch in der Menschen gewalt/ das sie es fangen/vmbbringen vnd zur speiß gebrauchen/sonderlich aber in Aethiopia do sie sich der Fisch allein nehren. Dardurch wirt aber verstanden der mechtige greßliche Teuffel mit seinem hellischen Geistern vnnd allerley grausamen verfolgern vnnd Tyrannen/welche doch die Kirchen Gottes nicht vberweltigen mögen/sondern von jhr endlich vberwunden vnnd verschlungen werden.

Verfolgte Christen bey dem Walfischen getröst. Psalm. 74.

Geistliche deutung.

Daruon wirt aber weitter im Cap. vom Leuiathan folgen.

Auff diese erzehlte sprüche sollen wir zwo berümpte denckwürdige lehrhaffte geschichten von den Walsischen betrachten. Die eine ist des Jonæ/die ander des Jungen Tobiæ / so in jhren intitulierten Büchern zu finden.

Jonas wird von eim Walsische verschlungen.

Da Gott den Propheten Jona in die grosse Könígliche Stadt Nineue schicken wolt/ das er jhnen Bußpredigte vnnd zur frömmigkeit vermahnte/ wolt ers nicht thun vnd flohe für dem HERRN auffs Meer/ aber Gott schickte ein grossen wind vnnd vngestümm auff das Meer / das nicht allein die Schiffleute zu jhren Göttern schrien vnd den schlaffenden Jonam auffweckten / sondern auch das loß wurffen/wer vnder jhnen das vngestümm wetter verursacht hette/da traff das loß Jonam/ vnnd nach dem er seinen vngehorsam bekante/wurffen sie jhn auff seinem beuehl vnnd gefeltes vrtheil ins Meer / vnd als bald ward das Meer still. Aber Gott verschafft einen grossen Fisch Jonam zuuerschlingen. Vnd Jona war im Leib des Wallfisches drey tag vnd drey nacht/ darinn er engstiglich vnnd bußfertiglich zu Gott schrie vnd rüffte / da sprach der HERR zum Fisch / vnnd derselbe speyet Jona aus ans Land. (Wie Josephus lib. 9. cap. 11. Antiquit. Iud. anzeigt / so ists geschehen am gestade des Meers Euxini / das der Fisch innerhalb dieser zeit / wie etliche ausrechnen/ vber dritthalb hundert meilen fort geschossen ist/von dannen er nacher gen Nineue in die zwey hundert meil weges gangen vnd Bußgepredigt hat.)

Das dieser Fisch ein Wallfisch gewesen sey/wirt im newen Testament von Christo angezeigt/daruon ferner bericht geschehen sol.

Hat

Hat aber diese kurtz erwehnte Historia viel nützlicher lehren vnnd erinnerung / die zubedencken sind. Erstlich bey der Person des Propheten / der so ein hocherleuchter Mann gewesen / Gott vngehorsam ist / sich des Predigens entschlagen / in kein gefahr hohn vnnd spott bey den Abgöttischen Heyden begeben wil / besorgt vielleicht / wie etliche dafür halten / Gott möchte die Jüden fahren lossen / vnd die Heyden annemen: oder viel mehr ists jhm vmb seinen guten namen zu thun / er möchte als ein lügner gehalten werden / wenn Gott auff der Nineuiter buß barmhertzigkeit erzeiget / vnnd die gedrewete straff einstelte. Wie er denn diese seine gedancken im 4. cap. an tag gibt.

Jonæ vngehorsam zur warnung fürgestellet.

Brentius. Metuit ne si concionetur Nineuitis, subuersionem, & hi resipiscant ac conseruentur, habeatur ipse vanus & mendax Propheta. Demnach wil er mit dem vngehorsam (der ein grosse Zauberey / Sünd / abgötterey vnnd götzendinst ist / 1. Sam. 15. ein guten namen behalten / welches so thörlich von einem solchen hohen Propheten gehandelt ist / denn einem weisen Mann widerfehrt kein kleine thorheit: Aber mit seiner flucht vnnd fürnemen entrinnet er der gefahren so gahr nicht / das er sich allererst in die höchste angst / noth vnd gefahr wirfft / wie er in seinem gebet / bekennet. Derwegen sol jederman in seinem beruff Gott gehorsam leisten / wie doch Jonas nach eingenomner straff thun muß.

Brentius.

Darnach ist seine grosse Sicherheit angedeutet / das er meinet Gott werde jhn anderswo nicht finden / schlefft in Schiff gutes muts dahin / biß er endlich herfür gezogen / durchs loß getroffen vnnd ins Meer gestürtzet wirt.

Jonas denckt Gott sol jhn anderswo nit finden.

Niemand wird Gott entlauffen. Wie die Allegorias nacher außweisen.

Zum

Gott verschafft Jonas ein herberg im Bauch des des Walfisches.

Zum andern/ist das grosse wunderwerck Gottes selbs zubehertzigen/darinn vnd mit er seine Barmhertzigkeit/Vorsorg/ vnnd grosse krafft vnnd macht an dem eingeworffen Jona beweiset. Gott verschafft/das ein Walfisch den Jonam zu gast vnd in die Herberg auffnimpt/ für den todt bewaret/ vnuerdawet behelt/ wider lebendig an das Landt ausspeyet.

Lutherus.

Lutherus sagt daruon: Das sind freilich die lengste tag vnnd nacht gewesen/ die vnder der Sonnen je kommen sind/so man auff Jona gedancken sihet. Denn es hat jhn müssen aus dermassen lange düncken/ das er alda im finstern gesessen/ Ja ich halt er hab zuweilen gelegen vnd gestanden/ Er hat weder Sonn noch Mond gesehen/ vnnd gar keine stund zelen mögen/ er hat auch nicht gewust wo er im Meer vmbher gefahren ist mit dem fisch. Wie offt mögen jhn die lung vnnd lebern geschlagen haben? Wie wundersam ist sein wonung da gewesen vnder dem eingeweyde vnd grossen Rieben? Aber er ist so gahr im todt gefangen gewest/ das er sich nicht viel bekümmert hat vmb den fisch/ vnnd immer gedacht/ wenn/ wenn/ wenn wils doch ein ende werden? Hilff Gott welch ein wunderlich werck ist doch das/ wer kan es gnugsam bedencken/ das ein Mensch sol drey tag vnd nacht so einsam/ohn Licht/ohn speiß/mitten im Meer / im fisch leben vnnd widerkommen? Das mag wol ein seltzame schiffart heissen.

Lutherus. Vom ausspeyen des fisches.

Vom ausspeyen redet Lutherus ferner. Der HERR sprach zum fische) Das ist auff rechte Schrifftweise geredt/ als das Gott alle ding thut vnd macht durchs sprechen oder wort. Johan. 1. Psalm. 33. Also hat der Fisch nicht Jonas müssen verdawen / vnnd die Natur des Fisches/hat

da

da nicht allein müssen still halten von jhrer gewöhnlichen wirckung vnnd dawung/sondern hat auch müssen die Speiß widergeben/ dartzu ans land tragen vnnd vnuerseert ausspeyen/ das also eitel grosse wunder Gott an dem Jona wircket. Da ists alles vmbgekehrt/was vorhin zum todte dienet/muß zum leben dienen/da mus der Fisch/der zuuor des todtes gezaw war/des lebens gezaw sein/ vnnd mus Jona durch den zum leben kommen/durch welchen er zum todt gefangen vnd geführet ward. Das Meer mus auch raum geben/ vnnd seinen Gast gehen lassen ans land/ hie halten der berge gründe nicht mehr/rc. Das ist alles vnser trost vnnd zuuersicht/ das wir lernen Gott trawen/ bey dem es gleich ist todt vnnd leben/ vnnd so leichte als spiele er damit/ wenn er eins gibt vnnd das ander nimpt/ oder eines vmbs ander wechselt. Aber vns sind es grosse vnmügliche ding/ daran er vns seine macht vnnd kunst beweiset. Was die heimliche vnnd geistliche deutung anlangt/erzehlet Lutherus drey/ welche hie zu mercken sind.

Jonas todt wirt jhm zum leben.

Geistliche deutung Lutherus.

Die Erste Allegoria/Jona heist auff Hebreisch ein Taube/ Nu ist im Newen Testament die Taube des H. Geistes gestalt. Luc. 3. Johann. 1. vnd sonderlich der offenbarliche H. Geist/ welcher gegeben ist/ Christum in aller Welt durchs Euangelium zuuerkündigen. Also das Jonas mit seinem nahmen ein fürbild ist des H. Geistes/ vnd seines ampts/nemlich des Euangelij/ das alle Apostel vnnd Prediger sollen auch Jona sein vnnd die Taube/ das ist/den H. Geist haben/vnnd nichts von sich selbst ohn den geist lehren vnnd thun. Matth. 10. Seid ohne falsch wie Tauben/rc. das sie das Wort Gottes lauter vnnd rein ohn allen zusatz einfeltiglich lehren/wie es der H. Geistes gibt/ vnd mit niemand felschlich vmbgehen in wercken so wol als in der lehre.

1. Jonæ nahm ist ein fürbild des H. Geists vnd seins ampts

Nineue bedeutet die Welt

Nineue heißt auff Hebreisch/ die Schöne oder hüpsche/ wie ein hüpsche wolgebawete Stadt schön ist / das ist die Welt/ so in jhrem Reichthum/ wollust/ weißheit/ stercke/ heiligkeit vnnd ehren lebt vnnd schwebt/ auffs aller schönest vnd feinest: Aber da ist vnder eitel grewel vnnd sünde für Gott. Das sie nu das wort höret vnnd annimpt/ fastet vnd säck anzeucht/ vnnd in die aschen sich setzet/ deutet/ das Gottes Wort frucht bring t vnnd kehret alles vmb / vnd macht das sie jhre heiligkeit/ stercke/ reichthum/ lust / ehr vnnd gut / für Sünd/ schwacheit/ armut / vnlust/ schand vnnd schaden helt/ vnnd alles veracht. Das auch Jonas aus dem Jüdischen land so in ein frembd land gesand wird / bedeut / das der Geist vnnd Gottes Wort solte von dem Jüdischen Volck genommen vnnd den Heyden gegeben werden. Matth. 21.

Jonæ flucht bedeut das creutz vnd verfolgung des Euang

Das er aber fleucht vnnd im Meer solche gefahr leidet/ bedeut das Creutz vnd verfolgung/ so dem Euangelio in der Welt widerfehrt/ das sichs anlest/ als flihe das Christliche Predigampt/ vnnd wolle vndergehn vnnd verloren sein. So gahr schwach scheinet es gegen solchem wesen/ vmb des willen/ das die Personen die es erfahren flüchtig / das ist/ schwache geringe Menschen sind.

Der Walfisch ist der Teuffel mit seinern dienern.

Das Meer ist die Welt/ welch groß vnd mechtig ist/ mit jhren wüeten vnnd toben. So ist der VVALFISCH grausam vnnd erschrecklich mit seinem Rachen vnd Zeenen/ das ist/ der Welt Fürst vnnd Gott/ der Teuffel/ ist grausam durch seine Fürsten vnd grosse Herren mit würgen vnd tödten. Aber doch wird Jona erhalten mechtiglich durch Gottes krafft/ vnnd kan seine Predigt weder durch sein eigen fluch/ noch durch des Meers toben verhindert werden / sondern tringet fort vnnd kömpt doch gen Nineue. Also ob

wol

wol die Prediger schwach/die Welt gewaltig ist / so ist doch
Gottes Wort/ das H. Euangelium / mechtiger / tringet
durch vnd ist vngehindert/ vnnd wenn gleich alle Prediger
verschlungen werden / gehet es nur desto stercker vnnd kömpt
doch in die Welt vnnd kehret sich vmb wie wir sehen/ das an
den Aposteln ergangen ist / vnß zu trost / das wir auch nicht
erschrecken für dem Meer vnd Wallfisch/gewiß / das vnser
Wort vnd Euangelium mechtiger ist.

Die Ander ist von geistlicher verfolgung/ wie es mit 2. Diese Historia bedeut die geistliche verfolgung/ eines sünders der bekehret wirt.
einem Sünder zugeht/ wenn er geistlich stirbt vnnd lebendig
wirt/das ist/wenn er sol gerecht vnnd von Sünden loß wer-
den. Das gehet also zu. Das ist die erst Sünd/darein wir alle
sind gefallen/ durch Adams vngehorsam / vnnd haben die-
selbige erger vnd grösser gemacht/durch vnsern eigen vnge-
horsam/vnnd sind also von Gottes angesicht geflohen / das 1.
wir nicht thun was Gott wil/ vnnd sonderlich wenn wir in
die schöne Sünd fallen/das ist/ in heucheley vnnd falschen
Gottesdinst/vom rechten Gottes Wort / das ist der vnge-
horsam/vnnd fliehen Jona von Gottes angesicht. Denn
weil wir in Sünden sind / sehen wir Gott nicht vnd sind
ferne weg/wie der verlorne Sohn im Euangelio. Daß er 2.
aber auffs Meer fleucht/vnd an keinen gewissen ort/ bedeut/
das der Sünder/ so er von Gott fleucht / nirgends gewisses
fürnimpt/sondern gehet vnd fehret nach dem fleisch vnnd der
Welt/wo der Teuffel jhn hinführet vnnd treibt / fragt auch
nicht darnach wo er hinkommet / ohn allein/ das er nicht
dürffte im land vnnd vnder Gottes gehorsam sein / sondern
seinen gutdünckel folge.

Er kömpt aber hinab gen Japho/ vnd find ein schiff 3.
das auffs Meer fehrt/ gibt fehrgelt/vnd tritt drein/ legt sich/
schlefft vnnd fehret so dahin. Japho heist hüpsch oder fein/

das ist der Gottlose hauffe/ die da ein gleissend leben führen
in Gottes vngehorsam. Diese statt ist denn ebenrecht für
den vngehorsam / gutdünckel vnnd eigen erwehlte gerechtig-
4. keit/ denn da findet er ein Schiff/das ist/als jhn düncket eine
gute weiß vnnd lehr /die jhn sol führen/als da ist / das gesetze
Gottes auff Menschlichen dunckel verstanden / da sind
Schiffmenner/das ist/lehrer/solchs gesetzs vnd eigener werck
vnnd führen/das man nicht weis wohin / sondern nur auffs
Meer / denn da ist kein gewiß noch sicher Gewissen für
Gott/sondern fehret/wie das Meer gehet.
5. Diesen gibt Jonas fehrgelt / denn solche lehrer sind
Bauchdiener/ vmb geldt lehren vnnd führen sie/ man gibts
jhnen auch gern/vnnd macht sie Reich/gleich wie Gott dem
Volck Jsrael das land Canaan gab/ auch vmb jhre werck/
Aber den Aposteln vnnd Euangelisten gibt man nichts/son-
dern nimpt jhnen wol dartzu was sie haben.
6. Da tritt Jona in das Schiff vnnd gibt sich in die
lehre/ ligt vnden im Schiff vnnd schnarcket/ das ist/ er ist
sicher/vnnd meinet er sey nu wol dran/vnd fehret in dem we-
sen immer hin.
7. Aber da kömpt nu Gott vnnd wil den vngehorsamen
heiligen auffwecken/vnnd seine heiligkeit offentlich zu Sün-
den machen/vnnd lest ein Wetter kommen / das ist / seinen
Zorn vnnd Gericht lest er fühlen / da gehet denn vnter alle
eigene heiligkeit/da verzweiffelt denn beide lehrer vnd Schül-
ler/vnnd wollen die werck denn nicht halten noch bestehen/
da wil das Schiff zubrechen vnnd vndergehn / da rufft ein
jglicher seinen Gott an/das ist/wil sich trösten seines guten
lebens. Aber da hört vnnd hilfft der Götzen keiner/ denn des
rechten Gottes kennen sie nicht.

Da wecken sie Jona auch auff/ das ist/ da werden sie 8.
rechte gesetzlehrer / da kompt das gesetz zu seinem rechten ampt/ vnnd lehret nicht mehr werck noch falsche gewissen/ sondern zeiget Sünd vnnd Gottes zorn/ vnd erschreckt das gewissen/ das ist / da sie loßen vnnd die Sünd suchen/ vnd treffen Jona. Denn das gesetz lest nicht abzusuchen vnd zu marterern das gewissen/ biß es den Sünder finde vnd zwinge zubekennen. Das loßen aber bedeut/ das sich die Sünde findet vngefehr/ vnnd das gesetz vns trifft / nicht wenn wir meinen/ sondern wenn wirs am wenigsten gedencken/ so kömpt der Haußvater vnd findet vns.

Da muß Jona heraus vnnd dem gesetz bekennen 9.
vnnd recht geben/ wie er ein Sünder sey/ Sonst (spricht er) höret das Meer nicht auff/ vnnd wiewol sie sehr treiben vnd rudern/ das sie zu land möchten kommen/ hilffts doch nicht/ das ist/ wiewol ein solch gewissen vberwunden ist/ noch wils nicht gern das vrtheil des tods leiden / obs wo bekennet/ es sol vnnd musse es leiden/ vnd hab es wol verdienet / darumb springet Jona nicht selbs ins Meer/ sondern wirt hienein geworffen.

Zu letzt werffen sie Jona ins Meer / weil es nicht 10.
anders sein wil/ bitten aber Gott/ das ers jhnen nicht zurechne/ vnd fürchten vnnd dienen Gott/ ꝛc. das bedeut/ daß das gesetz / wenn es zu seinem rechten ampt kömpt / so dienet es Gott/ das ist/ es macht forchtsame/ demütige diener Gottes/ welches zuuor/ da es zu Japho noch war in mißbrauch der werck vnd des gutdünckels/ dienet es dem Bauch vnnd nam fehrgeldt / vnnd macht schnarckende sichere falsche werckheiligen.

Hie kömpt nu der VVALFISCH vnnd ver- 11.
schlinget Jona / das ist/ Der Todt vnd die Helle. Denn

so gehets nach einnander / zu erst das gesetz / darnach die Sünd / zu letzt den todt / ꝛc. Da stirbt nu Jona drey tag vnd nacht im Wallfisch / das ist / der Sünder ligt in solchem schrecken vnd todtesnöten / vnd ringet mit dem todt biß er gahr verzweiffelt / darnach kömpt das lebendige Gottes Wort / das Euangelium der gnaden / vnd spricht zum Fisch / das ist / es gebeut dem tode / das er den Menschen lebendig lasse / da gehet der Glaub an / vnd wirt der Mensch beide von Sünden vnd Todt ledig vnnd loß / vnnd lebet also in gnaden vnnd gerechtigkeit mit Christo.

Da lernet nu Jonas das stücklein singen / Ich wil mit danck opffern ꝛc. vnd schilt die jenigen so sich auff eitelkeit verlassen / vnd achten der gnaden nicht / denn solche leute erfahren / das werck vnd gesetzleben / eitel vnnütze ding sey / vñ allein Gottes gnad helffen muß. Vnd so werden denn leute draus / die grossen nutz in der Welt schaffen / denn sie können recht lehren / rahten vnd regieren / weil sie es nicht allein aus den Büchern oder worten / sondern aus dem Geist vnd eigen erfahrung haben / da schneit denn vnnd ist krefftig was sie lehren.

3. Diese Historia ist ein fürbild des leidens Christi. Matth 12.

Die Dritte Allegoria. Hat Christus selbst auff sich gedeutet Matth. 12. Wiewol es nicht eine gantze allegori oder deutung ist / sondern ein Beyspiel / denn Christus nimpt Jona allein für sich: Wie er im Wallfisch ist gewesen / vnd spricht / er werde eben also auch in der Erden todt ligen / vnd nennets ein zeichen Jona / das ist / ein zeichen / das Jona gleich sey / denn er macht die drey tag nicht geistlich / wie sichs gebürt in geistlichen deutungen / darumb ists ein gleichnis mehr / denn ein Allegoria. Vnd niemand dürfte es so deuten / wo es nicht Christus selbs hette gethan. Nu dauon ist hie nicht viel zu reden / weil es alles selbs am tag vnd in in aller

Welt

Welt bekandt ist/wie Christus gestorben vnd aufferstanden ist/ vnnd das solches das wunderzeichen sey / das den vngläubigen Jüden gegeben ist/ Ja aller welt fürgetragen wirt/durchs Euangelium/auff das sie wissen sollen / wie sie altzumal durch dasselbige wunderzeichen vnnd trefflich Göttlich werck erlöset sind/vnd daran sich halten sollen mit rechtem glauben. Demnach so gedencken Matth. 12. vnnd Luc. 11. des wunderzeichens / wie Jonas drey tag vnnd nacht im Bauch des Wallfisches gewest/ welches ein fürbilde war Christi begrebnis vnnd Aufferstehung. Wie aber dieses zeichen auff die Jüden applicirt werde / sind die lehrer nicht einerley meinung. Brentius in Lucam. Christus weissaget hiemit von der verstörung vnnd verstossungen der Jüden/ welchs im 40. Jahr nach Christi Aufferstehung vnderm Tito Vespasiano geschehen ist. Denn Jonas solte den Nineuiten Buß Predigen/ entweich aber vnnd flohe auff das Meer/ vnnd ward von einem Wallfisch verschlungen. Aber da er nach dreyen tagen ins land ausgespeyen / gen Nineue gieng/ predigt er/ Nineue solt innerhalb viertzig tagen zu grund gehen/wo sie sich nicht besserten. Also erscheinet Christus am dritten tage nach seiner Aufferstehung den Aposteln viertzig tagiang/vnd erlangt das der Jüden Regiment noch viertzig Jahr vnangefochten bleibe/ vnder dessen das Euangelion gepredigt würde / auff das die da wolten buß thun/vnnd sich bekehren möchten/ vnd die vnbußfertigen hernach verstöret/in alle ende der Welt zerstrewet vnnd hingeworffen würden/das sie nicht mehr Gottes Volck weren.

Von der application auff die Jüden.

Brentius.

Chrysost. homil. 4. in Matth. Christus wil so viel sagen: Ich hab euch Jüden vnzehlich viel wolthaten erzeigt/ vnnd doch euch damit nicht bewegen können/das jhr mich annemet / vnnd mein Allmechtigen gewalt erkennetet:

Chrysost.

Aber

Aber jhr werdet diß à contrarijs erkennen vnnd an dem gegentheil erfahren / wenn jhr ewre Stadt geschleifft/die mauren nidergeworffen / den Tempel vmbgekehrt / anschawen werdet/da jhr ewerer vorigen freiheit des lebens vnd der lehr beraubt/ in die gantze Welt flüchtig zerstrewet werdet.

In altero Comment. Matth. homil. 30. Welches ist das zeichen Jonæ? das ergernis des Creutzes. Das die so nach der vernunfft richten vnnd vrtheilen nicht selig werden/ sondern die einfeltig der lehr glauben: Denn jenen ist das Creutz ein Ergernis / diesen aber heil vnnd seligkeit.

Ambrosius.

Ambrosius lib. 5. cap. 11. Hexaem. Was sol ich von Jona sagen / den ein Wallfisch verschlungen hat/ das er beim leben bliebe/ den er auch wider (das Predigampt zuuerrichten) heraus geben hat? das wasser hat jhn fromm gemacht/ den die Erde abwendig macht.

Im Bauch des Wallfisches sang er/ der auff Erden trawerte/ vnnd das beyder Elementen errettung angezeigt werde/so ist der Erden heyl im Meer vorher gegangen/ dann das zeichen Jonæ ist ein zeichen des Menschen Sons. Deñ wie Jonas im Bauch des Wallfisches / also war auch Jesus mitten in der Erden: Bey beyden erscheinet heylung vnd artzeney/aber ein grössers Exempel der güete vnd Barmhertzigkeit ist im Meer/denn die Fisch haben auffgenommen/ den die Menschen verworffen haben/ vnd den die Menschen gecreutziget / haben die Fisch erhalten/2c.

Augustinus

Augustinus in Psalm. 65. deutet diß auff Christi aufferstehung welche das mechtigste zeichen ist vnder allen wundern: Denn es ist je viel grösser/ das ein todter wider lebendig werde / als das ein lebendiger nicht sterbe.

Quomodo fuit Ionas in ventre Ceti? nonne vt postea viuus euomeretur? Hoc fuit infernus Domino quod Ionæ Cetus. Hoc signum proprium commendauit, hoc est potentissimum: Potentius est reuixisse mortuum, quam non fuisse mortuum. Vnnd diß sey gnug von dem Wallfisch vnd Schiffart Jonæ.

Ein Andere denckwürdige Historia / welche mehrertheils in den DRITTEN STANDT der Ehe gehörig/ wirt erzehlt im Buch Tobiæ/ deren summa hie zuuerzeichnet ist. Da der Junge Tobias von seinem alten Vater/ außgeliehen geldt einzumahnen/ mit dem Engel Raphaël (der wie ein Jüngling erschiene vnnd sich Asaria nennete) abgefertigt ward/ blieben sie die erste tagereisse bey dem Wasser Tigris / Tob. 6. vnnd Tobias gieng hin/ das er seine Füsse wüsche/ vnnd ein grosser Fisch fuhr heraus jhn zuuerschlingen. Er erschrack für jhm vnnd schrey mit lauter stimm dem Engel zu / O HERR er wil mich fressen. Ergreiff jhn bey den floßfedern vnnd zeuch jhn heraus / vnd er zoch jhn auffs land/ da zappelt er für seinen Füssen. Der Engel sprach/ hawe den Fisch von einander / das Hertz die Gallen vnnd Leber behalt dir / denn sie sind sehr gut zur Artzeney. Vnnd etliche stück vom Fisch brieten sie / vnd namens mit auff den weg/ das ander saltzten sie ein / das sie es vnderwegens hetten / biß sie kämen in die Stadt Rages in Meden.

Tob. 5. Der junge Tobias nimpt einen Wallfisch / der jhn wolt verschlingen bey den floß federn vnd zeugt jhm aus dem wasser.

Der Engel heist Tobiã das hertz / die gall vnd leber behalten.

Er vermeldet aber dem Tobia die Artzeney: Wenn du ein stücklein vom hertzen legest auff glüende kolen / so vertreibet solcher Rauch allerley böse gespenst/ von Mann vnd von Frawen/ also/ das sie nicht mehr schaden können. Die Galle vom Fisch ist gut die Augen damit zu salben / das einem den Star vertreibe. Nacher v. 18. 19. vnnd cap. 8. wirt die Artzeney wider den bösen geist probiert. Denn der Engel verkündiget Tobiæ / das jhm Sara des Raguelis

N Tochter

Tochter zum Weib solt gegeben werden / Sie sey zwar vorhin sibē Mennern vormehlet gewesen / aber vom bösen Geist (welcher gewalt habe vber die jenigen / so Gott verachten / vnd allein vmb vnzucht willen Weiber nemen / wie das thun me Vihn) sein sie erwürgt worden. Darumb sol er sich gebürlich vnd Gottfürchtig erzeigen / drey tage sich jhrer enthalten / mit jhr Gott anruffen / vnnd beten / vnnd dieselbige nacht die leber vnnd hertz des Fisches auff die kolen legen / so wird der Teuffel vertrieben werden.

Tobias braucht die leber vnd das hertz des Wallfisches / wie jhm der Engel befohlen.

Tobias gehorchet dem Engel Cap. 8. Er langet aus seinem secklin die erste nacht der Hochzeit / ein stücklein von der leber vnd legets auff die glüende kolen. Vnnd der Engel Raphaël nam den geist gefangen / vnd bande jhn in die Wüsten ferne in Egypten. Da sie nu wider zu Hauß mit freuden vmbkehrten cap. 11. spricht der Engel zu Tobia / Nim zu dir von des Fisches Gallen / denn du wirst jhr bedärffen / vnd er thets / vnnd der Engel sprach weitter / Bald wenn du wirst ins Haus kommen / so bete vnd ruffe zum HERRN vnd danck jhm / gehe darnach zu deinem Vater / vnnd alsbald salb jhm die Augen mit der Gallen vom Fisch / so werden von stund an seine augen geöffnet werden / vnnd dein Vater wird wider sehen vnd sehr fro werden.

Tobias salbet seinem alten blinden Vater seine augen mit der galle vom Wallfisch / das er sehend wirt

Tobias nam von der Gallen des Fisches / vnd salbet dem Vater seine Augen / vnnd er leidet das fast eine halbe stunde / vnnd der Star gieng jhm von den augen / wie ein heutlein von einem Ey / vnnd Tobias nam es / vnnd zog es von seinen Augen / vnd alsbald ward er wider sehend vnnd sie danckten / lobeten vnnd preiseten Gott.

Diese wolthaten des Engels repetiet auch Tobias cap. 12. Er hat mir zu diesem Weibe geholffen / den bösen geist vertrieben / vnd jhre Eltern erfrewet. Ja mich selbs hat er erfrewet. Ja mich selbsten hat er errettet / da mich der GROSSE FISCH fressen wolt/ vnnd hat dir wider geholffen zu deinem gesichte/vnnd hat vns vber die massen viel gutes gethan/wie können wir denn jhme solche grosse wolthat vergelten/rc. Diß gnug von der geschicht.

Waß die lehre betrifft/ seind sie fast auff den Ehe vnd nahrungs standt gericht / denn auch des Heiligen Engels werck vnnd wolthaten dahin sehen. Doch könten sie auch in den ersten stand von den H. Engeln/ jhren Emptern/von der gleubigen creutz vnnd doch frölichen außgang / gezogen werden. Denn die erste lehr ist / wie der Junge Tobias in seiner Reiße bey dem wasser Tigris in grosse leibsgefahr kömpt/ das jhn ein grausamer fisch verschlingen wolt. Aber Gott schicket durch den Engel bald errettung / daß die gefahr nicht schedtlichen / sondern auch zu vielen dingen nützlich vnd gut ist.

Gott hilfft seinen gleubigen aus aller noth.

Es ist aber auch allhie Gottes gnade vnnd güete zubetrachten/der die seinē in der gefahr nicht stecken lest/sondern heraus führet vnnd tröstet/ das jhnen alles zum besten dienen muß. Denn der Junge Tobias vberwindt vnd zeucht aus dem wasser heraus den grossen Fisch (durch die Engelischen krefftige wort) vnd gebraucht jhnen zu dreyerley nutzen im dritten standt.

Wozu Tob. der Walfisch nütz gewest.

1. Erstlich / das sie das fleisch des fisches braten/ essen/zum theil auff dem weg zu brauchen einsaltzen. Vnnd das thun sie nicht aus Papistischem aberglauben vnd fasten weiß: denn Fisch haben eben so wol fleisch als Vogel oder Vihe/ wie droben auch gesagt.

Zum andern dienet das Hertz vnd Leber vom Fisch darzu/ das/wenn Tobias Gott fürchten vnd jhn anruffen/ die leber in der Hochzeitnacht auff die kolen legen werde/ so

 müsse

mässe der Teuffel Asmodi von den Menschen weichen / wie bey seiner vertraweten Sara geschehen ist. Daruber schreibt Osiander. Wenn diß ein warhafftige geschicht ist/so sol man wissen/daß Gott der HERR/durch ein sonderliche weiße vnnd wunder/mit diesem stücklin vom hertzen vnnd leber des Fisches auff kolen gelegt/ den Teuffel vertrieben hat: wie Christus der blinden augen mit koht vnd seinē speichel angerüret vnd geöffnet hat: Dañ sonsten dienen die leibliche artzeneiē nicht dartzu/das die bösen geister veriagt werden/ein glaubigs eyferigs gebet muß vorhanden sein/ꝛc. Dieser meinung ist auch Lyra.

Osiander.

Lyra.

Quia dæmones sunt substantiæ simpliciter intellectuales, ideò nulla corporalis creatura potest in eis facere aliquam impreßionem: propter quod fumus iste non expulit dæmonem, sed figurauit eius expulsionem: Significauit autem fumus ille ex igne procedens VIRTVTEM ORATIONIS Tobiæ Iunioris & Saræ, cuius merito Angelus Raphaël expulit dæmonem à Sara: vnde non dicitur infrà cap. 8, quòd fumus ille dæmonem expulerit, sed quòd angelus Raphaël ipsum apprehendit & religauit in deserto Ægypti. Quòd autem aliquando Dæmones ab obsessis corporibus recedunt ad deportationem aliquorum lapidum, herbarum & pronuntiationem carminum & huiusmodi, non fit VIRTVTE TALIVM sed Dæmones hoc FINGVNT voluntariè, vt teneant homines in errore.

Das ist: Dieweil die Teuffel nur geister sein/so kan kein leibliche Creatur jhnen ein leid thun/ darumb hat der rauch den teuffel nicht vertrieben/ sondern nur solches angedeutet. Dieser rauch aber / so vom fewer aussgangen/ hat

bedeu-

bedeutet die krafft des gebets/des Jungen Tobiæ vnnd Saræ/ derwegen der Engel Raphaël den Teuffel von jhr ausgetrieben. Darumb stehet drunden im 8.cap. nicht/das der rauch den Teuffel habe ausgetrieben/ sondern/ das jhn der Engel genommen/ vnnd in die Wüsten gebunden in Aegypten. Das aber die Teuffel bißweilen weichen von besessenen/ wenn man sonderliche steine/ kreutter vnnd wort vnd dergleichen an jhnen braucht/ geschicht nicht/ das dieselbigen ding solche krafft hetten/ sondern die Teuffel thun es willig/darmit sie die Leute in solchen jrrthumb stecken.

Der Dritte Nutz/ ist die eröffnung der Augen des alten Tobiæ. cap. 11. Da Tobias seinem Vater die Augen schmiret auff ein halbe stunde/ da gehet ein heutlein daruon wie eines Eyes. Welches nach Lyræ meinung natürlicher weiß auß krafft vnnd wirckung der Gallen geschehen ist. Die Artzeney ist ein gab des höchsten/ꝛc. Darauff folget die grosse freud zwischen dem Sohn vnd den Eltern/zwischen dem Breutigam/Braut/Schweher vnnd Schwiger/ꝛc. 3. Lyra.

Die Ander lehrhaffte Person/ ist der Engel mit seinen gutthaten. Er beleitet den Jungen Tobiam auff seinem wege/wie der 91.Psalm.lehret.Er errettet jhn aus der gefahr des Fisches/der jhn verschlingen wolt. Dem alten Tobiæ stellet er das gesicht wiederumb zu. Sonderlich aber fördert er den Ehestandt/ denn er freyet dem Jungen Tobiæ die Saram/ ladet gäst zur Hochzeitlichen freud/ lehret den Jungen Tobiam/ wie der Ehestandt recht vnnd gebürlich anzufahen sey/ vertreibet vnnd nimpt den Eheteuffel Asmodi gefangen/ vermeldet auch/das die Gottlosen/ welche vmb Vnzucht willen nur Weiber nemen/ wie das thumme Vihe/ in des Teuffels gewalt Was Raphael am Tobia gethan.

sein/ von jhm auch offt leiblicher weiß geplagten vnd vmbbracht werden.

Geistliche deutung.

Die alten deuten diese geschicht allegorice auff Christum Jesum / welchen der grosse Fisch der Teuffel / im wasser dieser Welt fressen vnnd verschlingen wolt / aber Christus hat jhn heraus gezogen / erwürget jhn / vnnd nimpt dreyerlei von seinem Eingeweyde vnnd innerlichen glidern / so den Glaubigen / wenn sie es wissen / nicht schedtlich / sondern nutz sein sollen. Das Hertz / das ist / seine listigkeit / die in der schrifft verkündigt vnnd offenbart ist. Die Galle / der grimm vnnd wüeten seiner Boßheit / darmit er wieder das Menschliche Geschlecht tobet. Die Leber / seine boßhafftige anschlege wieder vns / die er semptlich durch die Prediger Göttliches worts allen Menschen zur warnung anzeigen lest.

Das Dritte Capitel/

von dem Meerdrachen/oder Drachen im wasser.

IM Thierbuch ist gesaget vnnd gehandelt worden / von den Drachen in der Wüsten vnnd zulandt/ an diesem ort wollen wir etliche sprüche von den Meerdrachen besehen: welche auch Thannin im Ebreischen heissen. Gemeiniglich aber gehören sie in den andern Standt/ denn durch sie werden die grausamen Tyrannen/ so vom Teuffel dem roten Drachen angereitzet werden / verstanden. Psalm. 74. Gott ist mein König von alters her(sagt Assaph in der Person der Christlicken Kirchen) der alle hülffe thut so auff Erden geschicht/du zertrennest das Meer durch deine krafft/vñ zubrichst die Köpffe der DRACHEN im Wasser. Osiander: Perdidisti Pharaonem

Der ander Standt.

Psal. 47.

Osiander.

raonem Tyrannum, & principes eius. Tyrannus enim in mundo est instar Ceti aut Balenæ in mari. Hæc enim reliquos pisces minores & inferiores pro sua libidine crudeliter tractat.

Das ist: Dieser Drach ist der König Pharao mit seinen Fürsten/welche Gott in roten Meer erseufft hat: Gleich wie nu die Meerdrachen oder andere grosse Fische mit den kleinen erbermlich vmbgehn / fangen vnnd verschlingen / also thun auch die Tyrannen auff Erden. Esaias 27. Zu der zeit wirt der HERR heimsuchen mit seinem harten grossen vnd starcken schwerd/2c. vnd wirt die Drachen im Meer erwürgen/ dardurch die mechtige Könige auff Erden / sonderlich aber der Aegyptische verstanden werden. Daruon besihe weitter im folgenden Capittel vom Leuiathan.

Esai. 27.

Ezechiel nennet auch den Egyptischen König an zweyen orten einen Drachen im wasser/cap. 29. So spricht der HERR/ Sihe ich wil an dich Pharao/ du König in Egypten/ du Grosser DRACH / der du in deinem wasser ligst/vnnd sprichst / der strom ist mein / vnd ich hab jhn mir gemacht/aber ich wil dir ein gebiß ins Maul legen/ vnnd die Fisch in deinen wassern an deine schupen hencken/ vnd wil dich aus deinem strom heraus ziehen / sampt allen Fischen in deinen wassern/die an deinen schupen hangen/ich wil dich mit den Fischen aus den wassern in die Wüsten wegwerffen/2c. darumb daß sie dem Hauß Israel ein Rohrstab gewesen sind/welcher/wenn sie jhn in die hand fasseten/ so brach er vnnd stach sie durch die seiten/wenn sie sich aber darauff lehneten / so zu brach er vnnd stach sie in die lenden.

Der Egyptische König ein Meerdrach gnant. Ezech. 29.

Cap. 32. Du Menschen Kindt mache eine Weheklage vber Pharao den König zu Egypten / vnnd sprich zu jhm: du bist wie ein Lew 2c. vnnd wie der Meerdrache/ vnd springest

Ezech. 32.

in

in deinen strömen/ vnnd trübest das wasser mit deinem Füssen /vnd machest seinen ström glum/ꝛc.

Diß ist nu ein abconterfeiung der Tyrannischen Königen vnnd Regenten auff Erden. Erstlich sprechen sie/ das ist alles mein / sind stoltz / auffgeblasen / verlassen sich auff jhre gewalt vnnd macht. Zum andern / wie die grossen Fisch vnnd Meerdrachen die kleinen Fischlein jagen/ erhaschen vnnd verschlingen / wie droben gehört : also verschlingen vnnd verfressen die Tyrannen / nicht allein jhre vnderthanen / sondern auch andere/ deren sie mechtig können werden. Zum dritten halten sie jhren bundgenossen/ wenn sie jhren nutzen vnnd vortheil ersehen / keinen traw noch glauben : sondern sind wie ein Rohrstab/der zerbricht vnnddie Handt durchbort. Aber Zum vierdten sol jhr Kopff zuschmissen vñ sie in das truckẽ dürre land heraus gezogen vnd erwürget werden.

Tyrannischr Regenten, beschreibung

1.

2.

3.

4

Biblisch

Das Vierde Capitel/ vom Leuiathan.

ES ist kein zweiffel mit diesem nahmen/ werden die grossen Wallfische beschrieben / davon schon im andern Capittel gesagt ist: dieweil aber diß ein sonderlich speciale nomen ist / vnnd fürnemlich den erschrecklichen grausamen Teuffel bedeutet / wollen wir von dem namen/ darnach seine beschreibung vnnd etliche sprüche anhören.

Vrsachen warumb der Teuffel Leuiathan heisse.

Phil. presb.

LEuiathan Ebreisch / heist additamentem, colligatio, societas sua vel earum, Seine zugab/ verbündnis oder geselschafft/ vnnd geben die Patres etliche vrsachen / warumb der Teuffel also heist. Philippus presb. spricht/ dieweil den Satan in der warheit nicht bestanden/ sondern gefallen sey in den stoltz vnnd hochmut / vnnd diß laster hinzu gethan/ Ja die eigenschafft der guten von Gott erschaffnen Creatur gantz abgetilget / heißt er Additamentum, ein zusetzer. Qui in veritate non stetit, & excedens præsumptionis modum addidit sibi Superbiam, quasi supra Naturæ Bonum in tumorem, morbo elationis excreuit: Proinde additamentum dictus est, vocabulum enim factum de crimine, operuit conditionem Naturæ bonæ, quam Deus bonus creauerat.

Grego-

Gregorius meldet/ das er darumb ein zusetzer / oder zugab heist: Erstlich/ Weil er dem Menschen/der vnschüldig / heilig vnnd gerecht war/nicht allein damals die Sünd zugegeben mit seinen listen: sondern auch noch teglich / da er gefallen/nicht ablest ein Sünd nach der ander einzublasen. Darnach / dieweil dem Menschen spöttlich zugesagt / er wolle jhm die Gottheit mittheilen / er sol vom verbotenen Apffel essen/ so würde er Gott gleich sein. Omait er doch jhnen/diß nicht allein nicht gegeben / sondern auch was sie zuuor gehabt genommen vnnd geraubt hat.

Gregorius. 1.

2.

Lib.4. cap.11. Moral. Leuiathan interpretatum dicitur additamentum eorum: quorum scilicet nisi hominum? Rectè autem additamentum eorum dicitur: quia postquam primam culpam mala suggestione intulit, hanc quotidiè augere grauioribus persuasionibus non desistit. Vel certè per exprobrationem Leuiathan dicitur. Eos namq; in paradiso immortales reperit, sed diuinitatem immortalitatis promittendo quasi eis aliquid vltrà quàm erant se addere spopondit: Sed dum blandè non habita se daturum perhibuit callidè & habita subtraxit. Eben diß schreibet auch / lib. 33. cap. 12. Leuiathan additamentum eorum dicitur, Quorum videlicet nisi hominum, quibus semel culpam præuaricationis intulit, & hanc vsq; ad æternam mortem quotidiè pessimis suggestionibus extendit. Quibus dum reatum fœnore peccati multiplicat, pœnas procul dubio sine fine vel cessatione coaceruat. Potest Leuiathan etiam per Irrisionem vocari. Primo quippe homini persuasione callida diuinitatem additurum se prohibuit, sed immortalitatem tulit. Additamentum ergò hominum per Irrisionem dici potuit, quibus dum hoc quod non erant, se addere spopondit, etiam hoc quod erant, fallendo subtraxit.

Hugo. Diß zeugt Hugo kurtz zusamen in Esai. 27. Diabolus dicitur Leuiathan, id est, additamentum: quia peccatum peccato, suggestionem suggestioni, deceptionem deceptioni accumulat. Vel per ἀντίφρασιν: quia cum se addere primis parentibus promisit, promissum minuit. Der Teuffel heist darumb Leuiathan / dieweil er immerdar eine grosse gesellschafft hat / bey den Gottlosen Menschen. So man aber den grossen Wallfisch versteht / hat er den namen von seiner vnmeßlichen grösse / darmit er weit allen andern Fischen vberlegen ist.

Beschreibung des Leuiathans mit seinen fürnembsten gliedmassen. Job. 14. Wir wollen jetzt seine beschreibung nach seinen fürnembsten gliedmassen aus den 41. Capittel Jobs anhören. Gott redet mit dem Job / vnnd spricht. Kanstu / Job / den Leuiathan ziehen mit dem Hamen / vnnd seine Zunge mit dem strick fassen? Kanstu jhm ein Angel in die Nasen legen / vnnd mit einem stachel jhm die Backen durchboren? q. d. O Job du wirst kein so grossen weitten hamen haben / darmit du dē Wallfisch kündtest beschliessen / oder einen solchen angel der durch sein Maul / Nasen vnnd Zungen gieng / vnnd heraus ziehen möchtest? warumb wiltu dich denn wieder seinen Schöpffer legen / vnd mit jhm hadern? Was nu die Wallfisch anlangt / ist drobē gnugsam daruō gehandelt. Vermahnet demnach Gott / das wir bey den Creaturen des Schöpffers weißheit vnnd sterckе betrachten sollen.

1. Seine sterck. Es wirt aber darbey des Teuffels gewalt vnd stercke fürgebildet / der mit keiner Menschlichen macht / kunst / list / wehr vnnd waffen kan bezwungen vnd vberwunden werden / allein hat Christus der Allmechtige Gottes Sohn / den Teuffel mit Ketten der finsternus gebunden. 2. Pet. 2. Greg. lib.

Gregorius.

lib. 33. cap. 12. Leuiathan iste hamo captus est, quia in redemptore nostro, dum per satellites suos escam corporis momordit, diuinitatis illum aculeus perforauit. Das ist: In dem der Leuiathan durch seine Trabanten die speyse des Leibes Christi (im todt) angebissen / hat jhn die Gottheit / als ein Stachel durchboret: vnnd mit dem strick Göttliches worts / von der H. Dreyfaltigkeit / seine Zunge / das ist / die Weltweißheit / falsche lehr vnnd jrrthum / gefast / gestillet vnnd getilget.

2. Zeiget Gott die grausamkeit des Teuffels an. Meinestu er werde dir nicht flehens machen / oder dir heucheln? Meinestu das er einen bund mit dir machen werde / das du jhn immer zum knecht habest / kanstu mit jhm spielen wie mit einem Vogel? Der Teuffel liebkoset vnnd heuchelt keinem / denn vmb der Sünden willen seind alle Menschen Göttlichem zorn vnnd des Teuffels gewalt vnderworffen. Ephes. 2. So wirdt er auch keinen bund mit den elenden Menschen machen / jhnen immerdar zu dienen / vnnd jhn an einem faden oder schnürlein zu haben / mit jhm wie mit einem Vögelein zu schertzen. Nein. Es ist mit dem Teuffel nicht gut schertzen / vnd sol jhn niemand an die wandt malen / er kömpt selbest. 2. Seine grausamkeit.

So betriegen sich demnach sehr: Erstlich die Magi & Nigromantici. Die Schwartzkünstler / welche sich mit dem Teuffel auff gewisse conditiones verschreiben vnnd verbinden / das er jhr Knecht vnd diener sein sol / denn ob er schon eine zeitlang den willen erfüllet / ist er doch / wie der Euent außweist / jhr Herr vnd Meister. Darnach sinds die Epicurische spötter Esai. 28. die da sagen. Wir haben mit dem Todt einen Bund / vnnd mit der Hellen einen verstandt gemacht / wenn eine fluth daher gehet / wirdt sie vns nicht treffen/denn wir haben die lügen vnser zuflucht gemacht.

3. Seine macht vnd stercke. 4. Meinestu die geselschafften werden jhn zu schneiden/das er vnder die Kauffleuthe zertheilet wirt? Kanstu das Netz füllen mit seiner haut vnnd die fischreusen mit seinem Kopff rc. diß ist auch von der grösse vnnd stercke des Leuiathans oder Wallfisches geredt/daß/wenn jhn die Fischer aus der tieffen herfür bringen kündten/so würden sie gnugsam zu handthieren haben mit den Kauffleuthen: Aber sie dürffen sich an jhn nicht machen/vnnd wagen sie es/wirt sie der schimpf bald gerewen: Also ists auch mit dem hellischen Leuiathan geschaffen/das sich kein mensch aus eigenē krefften an jhn machen darff. Was aber den Kauffhandel anlangt/

Brentius. schreibt darüber Brentius. Der Satan hat schier den gantzen Weltkreiß zu seiner handthierung vnnd Kauffhandel versamlet/denn alle Menschen sind lügner vnnd Sünder/weil denn nu der Teuffel ein Vater der lügen vnnd brunnquell der Sünden ist/so ist wol zu erachten/das die Menschen in des Satans sachen handthieren. Der zertheilte Leuiathan ist/das einer mit dem Geitz/der ander mit Stoltz/der dritte mit Feindtschafft vnnd neid ein anderer mit vnzucht vnnd vberfluß in allen dingen/handthieren vnnd sein gewerb treibt.

Was zertheilte Leuiathan sey.

Gregorius. Auff ein andere weiß schreibt Gregorius lib. 33. cap. 22. Moral. wirdt der Leuiathan oder der Teuffel zertheilet. Wenn/mit vnnd durch die Predigt des H. Euangelij/die Gottlosen von der gemeinschafft der Sünden/vom Leib des Teuffels abgeschnitten/vnnd zum waren glauben an Christum bekehret werden. Leuiathan iste toties conciditur, quoties diuini verbi gladio, sua ab illo membra separãtur: Iniqui enim cũ veritatis audiũt verbũ & sancto timore rimore perculsi ab antiqui hostis imitatione suspendunt, ipse in corpore suo diuiditur, cum hi qui prauè inhæserant, subtrahuntur. Idem Philip. Presb. Amici & negociatores Sancti intelligendi sunt, & omnes veritatis prædicatores: Corpus verò huius Draconis conciditur atque diuiditur, dum per eosdem ad fidem Christi de perditorum eius multitudine quamplurimi separantur.

4. Jch muß nu sagen/ wie groß/ wie mechtig/ vnnd wolgeschaffen er ist. Wer kan jhm sein Kleid auffdecken? Wer kan vnnd darff dem Leuiathan/ dem Satan/ seine haut abziehen? Niemand denn allein Gott/ der dem Teuffel die Laruen vnnd Kappen abzeucht vnnd jhn zu erkennen gibt. Brentius. Satan non vult videre propria specie sed occultat se sub Boni larua: Solus autem Dominus huic Beluæ λεοντῆ detrahit. Similiter & spiritualis, qui per spiritum Domini astus Satanæ intelligit 1. Cor. 2.

4. Er lest sich nicht entdecken.

Brentius.

Das ist: Der Teuffel lest sich in seiner eigenen grausamen gestalt nicht gern sehen/ sondern er verbirgt sich vnderm schein vnnd gestalt eines guten: Aber Gott allein zeucht jhm die Haut abe: also ein geistlicher erkennet durch den Geist des HERRN/ den list vnnd betrug des Satans 2. cor. 2. Eben diese außlegung hat auch Philippus Presb. Reuelatur facies eius à Domino, cum artes nequitiarum illius, conuerso homine, deteguntur.

Philippus Presb.

Stimpt auch darmit Gregorij meinung vberein. lib. 33. cap. 28. Das der Teuffel den frommen heimlich nachstellet/ vnnd mit dem schein der heiligkeit sie betriege/ vnd das böse/ darzu er sie bereden wil/ pflege zu bementeln: vnnd das solche seine heucheley ohne Göttliche gnade nicht könne erkandt werden.

Leuia-

Leuiathan iste aliter religiosas mentes hominum, aliter verò huic mundo deditas tentat: nam prauis, mala quæ desiderant, objicit: bonis autem latenter insidians, sub specie sanctitatis illudit. Illis velut familiaribus suis, iniquum se manifestus insinuat: Istis verò velut extraneis cuiusdam quasi HONESTATIS prætextu se palliat, vt mala quæ eis publicè non valet, tecta bonæ actionis velamine subintromittat.

In eo quod iniquitatis opus molitur, specie sanctitatis induitur, & NISI PER DIVINAM GRATIAM, simulationis eius detegi indumenta non possunt. Sed Deus seruorum suorum mentibus Gratiam subtilissimæ discretionis inspirat, vt reuelata malicia faciem eius videant, quam coopertam ille sub habitu sanctitatis occultat.

5. Von seinen Zeenen. Brentius.

5. Wer darff es wagen jhm zwischen die Zeen zu greiffen / wer kan die Kinbacken seines Antlitzs auffthun? schrecklich stehen seine Zeen vmbher. Brentius. Von Simson list man / das er einen Lewen in stücken zerrissen hat / aber kein Simson findet sich / der dem Leuiathan ins gebiß vnd maul griffe / seine Handt zwischen die Zeen stecke: Grewlicher ist der Teuffel / denn das er leiß mit jhm laß vmbgehn / stercker ist er / den daß einer sein Hand vnuerletzt auß seinem Rachen widerbringe / wenn er nur seine Zeene bleckt / so erstarret man daruon. Diß alles dienet darzu / das man lerne / wie schrecklich vnüberwindlich allen Menschen sey der leidige Teuffel. Allein Jesus Christus hat jhm seine Hand in den Rachen gesteckt / vnnd vnuerletzt wider heraus gezogen / in dem er mit seinem leiden vnnd sterben die Sünd gebüßt / durch den Todt vnnd Helle in das Leben vnnd Himmelreich hindurch gedrungen hat: denn der Todt vnd Helle

sind

sind des Teuffels Zeene die Christus zerbrochen hat. Darumb welcher mit diesem grausamen Thier streitten wil / sol sich nicht auff seine kreffte verlassen / sondern Christum vmb sein hülff vnnd beystand anruffen.

Gregorius. Von den pforten seines Mundes.

Der H. Gregorius nennet die portas vultus eius. Die pforten vnnd Thier dem Antlitzs / oder Mundts / die falschen lehrer vnnd Prediger / durch die man eingehet: Denn wie die Schrifft die reine Prediger Sions pforten nennet / also werden die verfürische lehrer Maulpforten des Leuiathans oder Teuffels genent: Wenn jhre falsche predigt angenommen wirt / so wirt den elenden zuhörern der weg des verderbens geöffnet / vnnd sind zwar diese pforten vnnd thür / die Menschen einzuführen offen / aber können doch nicht leichtlich begriffen werden / das man sie kennete. Quia recta in specie exhibent, sed opere praua persuadent. Denn sie weisen wol im schein das gute / aber mit dem werck vnnd that vbergeben sie das böse: das sie nicht so offentlich erkennet werden / so bewaren vnnd beschlissen sie sich mit eusserlicher heucheley / welche doch Gott der HERR mit seiner wunderbarlichen krafft auffthut vnnd offenbart / daß die außerwehlten der heuchler sinn vnnd hertzen erfahren vnd mercken.

Von seinen Zeenen.

Was auch die Zeene des Leuiathans oder Satans anlangt / applicirt Gregorius lib. 33. cap. 28. 29. auch dieselbige auff die ketzer vnnd falsche lehrer / sonderlich aber auff den Antichrist / der nicht allein falsche lehre vnnd jrrthum durch die Ketzer den einfeltigen einreden / sondern auch mit hülffe Brachij secularis, mit beystandt der Weltlichen Oberherren / sie dartzu zwingen vñ nötigen / Ja weil er selbst die höchste gewalt / wirt er sie darmit wol gezemen können. Quia Antichristus veniens ipsas summas huius seculi potestates obtinebit, qui duplici errore sæuiens conatur ad se corda hominum, & MISSIS PRÆDICATORIBVS trahere, COMMOTIS POTESTATIBVS inclinare: benè de Leuiathan isto Dominus subdidit, dicens: Per GYRVM dentium eius formido. Mutato namq; nomine, hos eius DENTES insinuare aliter voluit, quos superius PORTAS vocauit. Peruersi ergò prædicatores portæ eius sunt, quia ingressum perditionis aperiunt: DENTES eius sunt, quia eos quos in errore capiunt, à veritatis soliditate confringunt.

Quia reproborum vitam mordendo dilaniant, & eos à veritatis integritate subductos, in sacrificio falsitatis mactant. Quorum quidem prædicatio facilè ab auditoribus despici poterat, sed hanc ante humana iudicia, adiunctus secularium potestatum terror exaltat. INIQVOS PRÆDICATORES ANTICHRISTI PERVERSÆ HVIVS SECVLI PROTEGVNT POTESTATES. Das ist greifflich war an den Papisten vnd Jesuiten/rc.

6. Seine Schupen.

6. Seine stoltze Schupen sind wie feste Schilde/ fest vnnd enge in ein ander. Eine rühret an die ander / das nicht ein lüfftlein dartzwischen gehet. Es henget eine an der ander vnnd halten sich zusammen/das sie nicht von einander trennen.

Brentius.

Brentius. Hæc est descriptio conditionis impiorum, sunt enim fortia scuta, id est, in Mundo non tam seculari quàm spirituali potestate potentissimi, valent gladio & hypocrisi, doctrina & tyrannide, autoritate & imperio. Præterea colligati sunt arctissimè, nam fœderibus inter se, principes & Episcopi, ita sunt coniuncti,

vt

vt nullus hominum NODVM (Santam Ligam) dissoluere posit.

Das ist: Diß ist ein beschreibung des zustands der Gottlosen/die in dieser Welt starcke schildt sind/dz ist/haben nit allein Weltlichen/sondern auch Geistlichen gewalt/haben das Schwerdt vnnd heucheley/lehr vnnd Tyranney / ansehen vnd herrschafft. Sind auch Bischoff vnnd Fürsten so zusamen verbunden/das kein Mensch diesen Knopff aufflösen kan. Also durch die schupen welche nahe vnnd hart aneinander stehn/werden die Gottlosen verstanden/die in jhren krefften mit vnaufflößlichem band einander verpflichtig sind. Der H. Gregorius deutets auch dahin / daß / wenn schon das Schwerdt oder pfeil Göttliches worts wider die Gottlosen gehet/das sie sich nicht ergeben vnnd die Sünd erkennen / sondern schutzreden suchen / damit sie als mit einem schildt jhr thun vertheidigen /vnd die anklage von sich schlagen: Also hilfft darinn auch ein Gottloser dem andern: Quos similis reatus sociat, concordi pertinacia etiam defensio peruersa constipat, vt de facinoribus suis alterna se inuicem defensione tueantur. Gregorius.

7. Sein Niesen glentzet wie ein Licht / seine AVGEN sehen wie die Augenliede der Morgenröte. Aus seinem MVNDE fahren fackeln / vnnd fewerige funcken schiessen heraus. Aus seiner Nasen gehet Rauch / wie von heissen töpffen vnd Kesseln. Sein Athem ist wie lichter lohe/ vnnd aus seinem MVNDE gehen flammen.

7. Sein heller glantz an dẽ Augen Mundt etc. bedeut seinẽ zorn.

Mit diesen gliedern vnnd jhren eigenschafften wirt der grosse zorn vnnd grimm des Sathans/vnnd seiner glieder vorgestellet / denn an Odem / schnauffen / vnnd brinnende Augen erkennet man des Menschen vnnd Thieren zorn. Vnder andern grausamen zornigen wercken des Teuffels

Brentius. fels zehlet Brentius auch den Bepstischen Bann / welcher wie ein fewer aus des Bapsts maul vnnd Nasen gangen ist/ vnnd jederman Hohes vnnd Nidriges stands erschreckt hat. Den / sagt der Bepstische Bann/ wer diß nicht alles thun wird (verstehet was die Bäpstische heiligkeit fürschreibt) der sol wissen/ das er des Allmechtigen Gottes vnnd der H. Apostel Petri vnnd Pauli zorn vnnd vngnadt auff jhm hat.

Præter alia terribilia Satanæ machinamenta in pios, hoc loco pulchrè etiam describitur FVLMEN EXCOMMVNICATIONIS, quo hactenus ANTICHRISTVS in orbe dominatus est. Quid enim est aliud Excommunicationis Papisticæ fulmen eiaculari, quàm Ignem è naribus spirare & halitu carbones incendere: breuiter omnia terribilia minitari? nam ait, quisquis hoc non feceret, nouerit se incursurum indignationem omnipotentis Dei & Beatorum Apostolorum Petri & Pauli.

Gregorius. Von dem Niesen der Nasen. Gregorius lib. 33. cap. 34. Was der Nasen Niesen / welches von der Brust in das Hirn auffsteigt / vnd das Haupt hefftig bewegt/antrifft: bedeuts die letzte vnd eusserste bewegung/darmit der Teuffel den Verdampten Menschen (Antichrist) einnimpt/ besitzt/vnnd durch jhn vber die verlorne Menschen herschet / der sich als denn mit solcher krafft bewegt/solche wunder vnd zeichen thut/das/wo müglichen /auch die auserwehlten gliedmassen des HERRN betrübt vnd verführet werden.

Wer die Augen sein. Cap. 35. Durch die AVGEN verstehet man nicht vnbillich des Antichrists Consiliarios vnd rahtgeber/ welche mit jhren boßhafftigen verkehrten fündlein / was zu thun vnnd lassen / des Antichrists operarijs vnd arbeitern/ den weg bereiten vnd weisen. Vnd werden recht den Augen-

lidern.

genlidern der Morgenröte verglichen/ deñ die augenlieder der Morgenröte verstehen wir die letzte stund der nacht/ darinnen die nacht jhre augen/ so zureden/ auffthut/ vnd des einbrechenden lichts anfang verkündiget: Also thun die Weltweisen räht des Antichrists/ den Glauben an Christum halten sie als ein Nacht oder finsternis der Irrthum/ aber die Verehrung des Antichrists sey der rechte helle Morgen/ Sie verheissen/ sie wollen die finsternis vertreiben/ vnnd das licht der warheit mit jhren scheinenden wunderzeichen herfür bringen: denn sie kündten niemandt bereden/ wo sie nicht bessere ding verhiessen. Das sind jtziger zeit die Jesuiter/ von Gregorio wol abconterfeit.

Was des Leuiathans/ des Antichrists Mundt anlangt/ daraus fackeln vnd funcken schiessen/ sagt Gregorius sein die falsche prediger/ welche mit jhren predigten der Menschen Seelen verkehren/ vnnd anzünden den betrug der Irrthumen zu lieben/ lust zu haben an der vnwarheit vnnd falschem Glauben. Von seinem Funckeln dem mundt.

8. Er hat einen starcken Halß/ vnnd ist seine lust wo er etwas verderbet. Brentius. Der Teuffel ist ein Fürst dieser Welt/ darumb/ so vberwindet er in seinen sachen allezeit mit stercke. Christi Reich aber ist nicht von dieser Welt/ derhalben vberwindets nicht mit der stercke zu thun/ sondern zu leiden: denn der Teuffel vberwindet Actione mit dem thun/ Christus aber pasione mit dem leiden. des Satans lust ist verderbnis vnnd schaden/ darumb/ so richtet er auch all sein thun dahin/ das er schaden zufügen möge. 8 Sein halß.

Dargegen ists Christi freude helffen/ erhalten/ Seligmachen. Derowegen so leidet vnd duldet er alles das er hülff vnnd heil beweise.

Phil. presb.

Philippus Presb. Deutets auff den stoltz vnd halßstarrigen hochmut / darmit er vbel thut. Colli nomine, id est, ceruicis tumorem & arrogantiam Diaboli dicit, cuiq; dicitur per Prophetam Esai. 48. Neruus ferreus ceruix tua, in qua principalis peccati malum habitet & moretur. Hac igitur se superbiæ fortitudine induit, sicut ait Ezechiel. 28. Fortitudinem faciam.

Gregorius.

Gregorius lib. 34. cap. 1. bleibet bey dem Antichrist (zu Rom) vnnd verstehet durch den starcken halß/ den grossen stoltz/ der mit eusserlicher stercke vnnd krafft gewapnet vnnd bewehret ist / darmit er sich wider vnd vber Gott erhebet vnnd auffblaset: doch mit einem schein grosser heiligkeit: denn alles/was er nur fürnimpt / was er nur zuthun gedenckt/ das thut er mit hülff weltlicher Oberherrn vnd Regenten: vnnd ist/ wie Daniel saget / nichts als list vnnd betrug in seiner hand / vnd in aller seiner krafft.

Quid Collo Leuiathan istius, nisi ELATIONIS ostensio designatur? qua CONTRA DEUM se ERIGENS cum simulatione sanctitatis & tumore potestatis extollitur. In collo ergò Leuiathan istius demorari dicitur, quia Elationi illius SUBIUNCTA POTENTIA suffragatur. Nam quicquid tunc superbè extollitur, quicquid callidè machinatur, etiam CUM VIRTUTE POTENTIÆ SECULARIS exequitur. Quod Daniel ait, Dolus in manu eius dirigetur, dolus quippe in manu est Fraus in virtute: quia omne quod nequiter volet, hoc ad tempus exequi etiam fortiter potest: dolus dirigi dicitur, quia FRAUDIS eius malicia nulla difficultate præpeditur. Hat das nicht auch der Pabst erfüllet.

6. Die

9. Die Gliedmassen seines Fleisches / hangen an einander vnd halten hart an jhm/das er nit zerfallen kan. Die Gottlosen sind des Teuffels glieder/welche mit einem harten festen band also zusamen verknipfft vnd verbunden sint/ das sie nicht von einander/ denn allein / durch Gottes geist/ zertrennet werden. 9. Seine glieder hangen hart aneinander.

Philippus presb. sagt/ es sein die glieder/ die er droben Schupen geheissen hab/werden aber hie darumb seines Fleisches gliedmassen genennet/ weil sie den fleischlichen boßhafftigen wercken ergeben sind/vnd dem Teuffel /alles vbels vrsachen/anhangen. Diese außlegung ist auch Gregory/ doch das er durch den Leuiathan den Antichrist verstehet/ wer nu des Römischen Antichrists gliedmaßen/vnnd wie sie zusamen halten/ist am tag vnd offenbar. Phil. presb.

10. Sein Hertz ist so hart wie ein Stein / vnnd so fest wie ein stück vom vndersten Muhlstein/2c. Vmb dreyerley vrsachen willen/ wirt des Teuffels Hertz oder gemüth/ einem harten stein verglichen. Erstlich / von wegen seiner grossen stercke vnd macht. Zum andern/weil er in seiner boßheit verhartet vnnd verstocket ist/das er nicht buß thun kan. Nulla vnquam conuersionis pænitentia mollietur. Zum dritten/ vmb seiner vnbarmhertzigkeit willen/ gegen dem Menschlichen geschlecht/ welches er gantz vnd gar zuuerterben sich bemühet vnd vnderstehet. 10. Sein hertz ein Stein verglichen. 1. 2. 3.

In der gemeinen Lateinischen version stehet für ein Mühlstein/ein Amboß / dem des Leuiathans Hertz gleich sey : gibt Gregorius ein fein gleichnis daruon : Gleich wie man auff einem Amboß allerley geschirr vnnd zeug mit dem schlagen zurichten/deenen/vñ bequem zum brauchen machen kan / der Amboß aber bleibt hart vnnd vnbeweglich : Also ist der Teuffel mit seinen verfolgungen der Menschen Amboß/ Gregorius.

darauff

darauff sie geschlagen/vnnd tüchtige geschirr ins Haus Gottes gearbeitet werden/ Er aber bleibet verhartet vnd verstockt. In Incude alia vasa formantur, ipsa verò tot percussionibus in vas aliud non transfertur. Rectè ergò iste Leuiathan incudi comparatus est, quia illo nos persequente, componimur: Ipse autem & semper percutitur, & in vas vtile nunquam formatur. Æternæ illum percussioni relinquimus & nos superni artificis manu in eius tentatione percussi, per illum quasi vascula formata transimus: In ipso enim tundimur, vt ad vsum domus supernæ veniamus. Bißher von den fürnembsten gliedern des Leuiathans/der zwar ein grosser Wallfisch im Meer ist/aber doch durch jhn der grausame Satan mit seinen eigenschafften beschrieben ist.

4.Esd. 6. Esdræ 4. cap. gedencket auch zweyer grossen Thier/ vnnd ist das eine/ Leuiathan/ dem reumestu HERR vnnd Gott ein/ den sibenden theil/da die wasser sind/ vnnd behelst jhn daselbst das er Verschlinge/welche vnd wann du wilt. Denn durch diese grosse schreckliche thier wil Gott nit allein seine weißheit vnnd macht fürmalen/ sondern auch den Gottlosen Menschen damit seinen zorn vnd straff drewen. Er kan niemand verschlingen sagt Esdras vom Leuiathan/ Gott wolle es den: Ja Gott muß jhm die Personen nennen/ fürwerffen/ vnnd vber das/ die zeit auch fürschreiben: welches auch vom Teuffel/ dem schrecklichen Leuiathan zu mercken ist/ denn ob er schon mechtig/trotzig/ grimmig ist/ so kan er doch nur soviel als jhm von Gott vergönnet vnnd verhengt wirt.

Gottlosen zorn vnnd straff vber die gottlosen zeigen solche thier an.

Job. 3. Wir kommen wiederumb zum Job: der sagt vnnd wündscht cap. 3. Es verfluchen/die nacht darinn ich geboren bin/ die verflucher des tags vnd die da bereit sind zu erwecken den

Von den erweckern des Leuiathans

den Leuiathan. Mit diesen worten / wil der geplagte Job sein tag vnnd nacht / darinn er geboren war / verfluchen / vnd sollen auch dieselbige verfluchen vnd vermaledeyen / die verflucher / so den Leuiathan erwecken.

Dieser spruch von den erweckern des Leuiathans / wirt auff mancherley weise außgelegt. Osiander. Vtinam incantatores & magi, qui spectra diabolica solent producere suis incantationibus, execrentur & infaustam reddant eam noctem. Das ist: Wolte Gott das alle vnholden vnnd Zauberer diesen tag vnglückhafft machten. Brentius. Wolte Gott / das der tag meiner geburt mit dem Satan verflucht sey / es wollen vnnd mögen jhn die H. Engel (so den Leuiathan verfluchen vnnd schelten) vermaledeyen vnd verfluchen. Philippus presb. verstehet die glaubige heiligen / welche die vbertrettung jhres todtes / vnd den Teuffel selbst als einen vrsacher alles vbels / mit verschwerung verfluchen / aber weil sie jhm wiederstehn / in den lüsten vnd sünden nicht willfahren wollen / so erwecken sie wieder sich denselben zum grausamen feindt. Gregorius lib 4. cap. Mit diesen worten wirt angezeigt / das der H. Job darmit die zukunfft vnnd vndergang / des Antichrists (Bapsts zu Rom) gesehen vnnd verkündiget hab / denn der Satan sey durch seine Sünd zur Nacht worden / werde sich aber doch am ende der Welt in einen hellen tag verstellen / als wenn er Gott sey / vnnd sich erheben vber alles das Gott oder Gottesdienst heist. His verbis apertè ostenditur, quod à sancto viro in fine mundi ventura Antichristi perditio præuidetur: Malignus namque spiritus, qui per meritum Nox est, diem se in mundi fine simulat: cum se quasi Deum hominibus ostendit, cum claritatem sibi diuinitatis fallaciter tribuit, & se supra omne, quod Deus vel

Osiander.

Brentius.

Phil presb.

Gregorius.

dicitur vel colitur, extollit. Noctem igitur maledicit qui maledicit diem, quia ille tunc eius malitiam destruit, qui illustratione aduentus sui tunc etiam potentiam eius fortitudinis extinguet.

Esai 27. Esaias. 27. hat auch ein spruch vom Leuiathan: Zu der zeit wirt der HERR heimsuchen mit seinem harten grossen vnnd starcken schwerdt/beyde/den Leuiathan der eine schlechte schlange/ vnnd den Leuiathan der eine krumme schlange ist. Lutherus. Lutherus spricht/die Römer sein dieses schwerdt gewesen/darmit er den Egyptischen vnd Assyrischen Leuiathan/das ist/Könige gedemütiget vnnd vnder jhren gewalt gebracht habe/daß das H. Euangelion in der gantzen Welt vnuerhindert könne geprediget werden. Brentius. Brentius versteht den Geistlichen Krieg Christi/den er durch die Aposteln volführen werde/erstlich wieder den Teuffel Todt vnd Helle/dieselbige vnderwerffen vnnd erlegen/darnach wieder die Weltlichen potentaten/die er mit der predigt des H. Euangelij gewünnen/bekehren/oder verstören werde:

Hieronymi. Lyra. Osiander. Hieronymus, Lyra, Hugo, Osiander, vnd ander Interpretes deutets auch auff den Teuffel vnd sein gantzes Reich/welche die Christglaubigen auff Erden plagen vber die sol Gottes Raach vnd straff gehn/welches in Christi leiden vnd sterben angefangen/aber gentzlich im Jüngsten tag vollstrecket wirt. Hieruon ist auch bey der Schlangen vnd Drachen etwas gesagt. Vber diese angezogene sprüch/findet man noch zweymal in der Ebreischen Bibel/das wort Leuiathan/nemlich Psalm. 74. v. 14. vnd Psalm. 104. v. 26. Da wir in der Deutschen Bibel Wallfisch lesen. Derwegen/was sie deuten ist nicht allein aus vorgehnden außlegungen kund/sondern auch droben bey den Wallfischen deutlich erkleret worden. (Psal. 74. et 104.)

Das

Das Fünffte vnnd letzte Capittel von der Eigel / Aluka.

WIewol dis kein Fisch/ sondern ein Wurm ist/ Jedoch weiler im Wasser seine wohnung hat/ ist er nicht zu vberschreitten. Es gedencket aber dieses wasserwurms der hochweise König Salomon im dritten standt/ wider die Geitzige vnersettige Menschen: Prouerb. 30. Die Eigel hat zwo töchter/ BRING HER/ BRING HER. Osiander. Est sanguisuga reptile, quod sugendo sanguinem (vel hominis vel animalis) adeò non satiatur, vt sugat donec rumpatur. Hanc dicit habere filias, quæ & ipsæ sint inexplebiles. Significatur autem, Auaritiam esse bestiam inexplebilem, & cupiditatibus varijs, quæ ex ipsa proueniunt, nunquam planè satisfieri. Fugiamus autem auaritiam & simus nostra sorte contenti.

Der dritte Standt.

Prou. 30.

Osiander.

Das ist: Die Eigel ist ein krichende thier / vnnd so gar nicht kan ersettiget werden / mit blut (eines Menschen oder thieres) das nicht auffhöret blut zusaugen/ biß es zerberste/ vnnd hat zwo töchter/ die auch nicht zuersettigen sein. Ein solcher Eigel vnnd blutwurm ist der Geitzige geltnar/ der nicht satt kan werden / die töchter sind seine begierd vnnd lüsten/ denen auch nicht gnug kan geschehen. Darumb sol man billich den geitz fliehen vnnd an vnserm bescheiden theil vergnügt sein.

Hieronymus, Sanguisuga Diabolus est, qui siti peccandi ac peccata suadendi incessanter accenditur. Hic duæ sunt filiæ, quia duæ specialiter humani generis illecebræ hunc antiqui hostis imitantur ardorem, videlicet, LVXVRIA & PHILARGYRIA. Nam & luxuriæ, quò liberius frena laxantur, eò noxius delectatur.

Das ist: Der Teuffel ist die Eigel vnnd blutwurm/ der vom durst/ zu sündigen vnnd jrr sünd zubereden/ ohn vnderlaß/ angezündet wird. Der hat zwo töchter (denn es sind zweyerley fürnembste anreitzungen des Menschlichen geschlechts/ die dem Teuffel nachschlagen) die seind vnzucht/ oder Geilheit/ vnd der GEITZ/ Je mehr man jhnen nachhenget/ je mehr man lust darzu gewinnet/ vnd wirt nicht gesettiger.

Hugo. Dieses führet Hugo weitleuffiger aus/ vnnd vermeldet/ wem der Hellische Vater Satanas diese seine zwo schöne töchter vermehlet hab. Sanguisuga Diabolus est, qui siti peccandi & peccata suadendi perpetuò ardet: DVÆ sunt filiæ, quas in nobis generat, suggerendo scilicet: AVARITIA ET LVXVRIA.

Prima filia semper clamat, affer aurum, argentum, possessiones, quibus impleri animam est impossibile, sed arcam vel Bursam. Ideoque semper vacua est Anima Auari. Secunda filia similiter insatiabilis est: quia sicut ignis lignis appositis non extinguitur, sed augetur: Ita Luxuria voluptatibus nutritur & augetur. Prima filia sanguisugæ spoliat omnes, sed spoliatur ipsa à secunda filia: quia quicquid Auaritia colligit, Luxuria dispergit: Vnde sæpè accidit diuino iudicio, quod vsurarius vel mercator, vel quilibet qui per

Auari-

Auaritiam multa congregauit, filium habet luxuriosum, qui omnia luxuriosè viuendo dispergit. HAS DVAS FILIAS suas charissimas maritauit Diabolus olim: PRIMAM dedit IVDÆIS quasi PRIMOGENITO, SECVNDAM GENTILIBVS, SED CLERICI NOSTRI TEMPORIS, VTRAMQVE RAPVERVNT, ET SIBI ILLICITE COPVLAVERVNT.

Das ist: Die erste Tochter des Teuffels / AVARITIA, genant / schreit immerdar bring her / Goldt / Silber / güter / dardurch doch die Seel nicht satt wirt / sondern allein der beutel oder kasten.

Die ander tochter LVXVRIA, Geilheit / wirt auch durch keine wollust erfüllet / sondern allein dardurch ernehret vnnd gemehret. Was auch die erste tochter erkrimmet vnd erkratzt / andern leuten abschindet vnd raubet / das verthut die ander gantz redlich ohn tauren: wie an der Reichen Geltnarren kindern scheinet.

Denn das geschicht gar offt aus gerechtem vrtheil vnnd gericht Gottes / das ein wucherer oder Kauffman / oder sonst ein geitzhals / der viel zusammen gekratzt hat / ein Prasser vnnd schweiger zum Sohn hat / der alles vnnützlich verschwendet vnd vmbbringet.

Diese seine zwo liebe töchter / hat der Fürst dieser Welt / Satanas vermehlet / die erste / dem Jüdischen Volck als dem erstgebornen / die ander aber den Heyden: ABER DIE GEISTLICHE ODER BEPSTISCHE CLERISEI zu vnser zeit HABEN BEIDE TOCHTER GERAVBET VND VNBILLICHER VVEIS IHNEN VERTRAVET.

Eben diese zwo töchter erzehlet auch Hugo Philip. 4. Luxuriam & auaritiam sacerdotum, die immer schreien/ Bring her/ Bring her/ rc. Setzt noch dazu (prælatus est sanguisuga, quia comedit libenter peccata populi, quæ sunt sanguis, & sugit delitias eorum oblata pro peccatis) das der Prælat oder Bapst ein Eigel sey: denn er fresse gern die sünde des Volcks/ vnnd haben jhre lust an den Sündopfern / können nicht satt werden.

Sage nu einer die Meßpriester sein nicht ehlich / so sie
des Teuffels Eidamer doch worden sind/ doch spricht Hu-
go darneben sie sein Raptores/ vnnd habens mit vnrecht.
Gleichwol wollen wir Hugoni zugefallen glauben / dieweil
2.Pet.3. sonderlich der erste Pabst/ S. Petrus / diß von seinen ver-
meinten stulerben vnnd nachkömlingen / prognosticirt hat.
Sie achtens für wollust das zeitliche wolleben/ sie sind schand
vnd laster voll / prangen von ewrem allmosen (kirchengü-
tern) haben augen voll ehebruchs/ haben ein hertz durchtri-
ben mit geitz / verfluchte leute / verlassen den richtigen weg
vnd gehen jrre. Diß sey auch kürtzlich von den Fischen
vnnd angehörigen/ geschichten vnd was
darbey zu lernen / gesagt.

Ende des Biblischen Fischbuchs.

Register des Biblischen Thierbuchs/ nach dem Alphabeth/ ordentlich vorzeichnet.

Regi-

Register des andern theils von den Vogeln vnnd Fligenden Thierlein.

Register des Biblischen Fischbuchs.

Ende der dreyen Register des Biblischen Thierbuchs.